EUROPA-FACHBUCHREIHE
für Kraftfahrzeugtechnik

Fachkunde
Kraftfahrzeugtechnik

26. neubearbeitete Auflage

Bearbeitet von Gewerbelehrern und Ingenieuren (siehe Rückseite)

Lektorat: R. Gscheidle, Studiendirektor, Winnenden – Stuttgart

VERLAG EUROPA-LEHRMITTEL · Nourney, Vollmer GmbH & Co.
Düsselberger Straße 23 · 42781 Haan-Gruiten

Europa-Nr.: 20108

Autoren der Fachkunde Kraftfahrzeugtechnik:

Bohner, Max	Dipl.-Ing., Studienprofessor	Heilbronn
Gscheidle, Rolf	Studiendirektor	Winnenden – Stuttgart
Keil, Wolfgang	Studiendirektor	München
Leyer, Siegfried	Dipl.-Ing., Studienprofessor	Weinsberg – Heilbronn
Saier, Wolfgang	Oberstudienrat	Stuttgart
Schmidt, Harro	Dipl.-Ing., Studienprofessor	Karlsruhe
Siegmayer, Paul	Dipl.-Ing., Studiendirektor	Langenalb – Pforzheim
Wimmer, Alois	Oberstudienrat	Stuttgart
Zwickel, Heinz	Dipl.-Ing., Studiendirektor	Karlsruhe

Leitung des Arbeitskreises und Lektorat:
Rolf Gscheidle, Studiendirektor, Winnenden – Stuttgart

Bildbearbeitung:
Zeichenbüro des Verlags Europa-Lehrmittel, Leinfelden-Echterdingen

Das vorliegende Buch wurde auf der **Grundlage der neuen amtlichen Rechtschreibung** erstellt.
Alle Angaben in diesem Buch erfolgten nach dem Stand der Technik. Alle Prüf-, Mess- oder Instandsetzungsarbeiten an einem konkreten Fahrzeug müssen nach Herstellervorschriften erfolgen. Der Nachvollzug der beschriebenen Arbeiten erfolgt auf eigene Gefahr. Haftungsansprüche gegen die Autoren oder den Verlag sind ausgeschlossen.

26. Auflage 1999
Druck 5 4 3 2 1
Alle Drucke derselben Auflage sind parallel einsetzbar, da sie bis auf die Behebung von Druckfehlern untereinander unverändert sind.

ISBN 3-8085-2066-3

Alle Rechte vorbehalten. Das Werk ist urheberrechtlich geschützt. Jede Verwertung außerhalb der gesetzlich geregelten Fälle muss vom Verlag schriftlich genehmigt werden.

Umschlaggestaltung und Titelbild unter Verwendung von Fotos und Bildern der Firmen Audi AG Ingolstadt – Neckarsulm, Bayerische Motorenwerke AG München, Gottlob Auwärter GmbH + Co Stuttgart, DaimlerChrysler AG Stuttgart, Volkswagen AG Wolfsburg.

© 1999 by Verlag Europa-Lehrmittel, Nourney, Vollmer GmbH & Co., 42781 Haan-Gruiten
Satz: Grafik Meis, 44801 Bochum
Druck: Tutte Druckerei GmbH, 94121 Salzweg/Passau

Vorwort zur 26. Auflage

Die Fachkunde Kraftfahrzeugtechnik soll den Auszubildenden des Kraftfahrzeugwesens eine Hilfe sein beim Erfassen von technischen Vorgängen und Systemzusammenhängen. Mit diesem Werk kann das nötige theoretische Fachwissen für die praktischen handwerklichen Fertigkeiten erlernt werden.

Dem Gesellen, Facharbeiter, Meister und Techniker des Kraftfahrzeughandwerks soll das Buch als Nachschlagewerk, zur Information und zur Ergänzung der fachlichen Kenntnisse dienen. Allen an der Kraftfahrzeugtechnik Interessierten soll dieses Werk eine Erweiterung des Fachwissens durch Selbststudium ermöglichen.

Die Grundstufe wurde überarbeitet und ist in ihrer Zielsetzung auf das Berufsfeld Metall, Schwerpunkt Kraftfahrzeugtechnik, ausgerichtet. Die berufsspezifische Fachstufe wurde dem aktuellen Stand der Technik angepasst. Ergänzt und erweitert wurde das Buch um die Kapitel **Zweiradtechnik, Nutzfahrzeugtechnik, Komfort- und Sicherheitselektronik** sowie **Messen und Testen**. Aus der Fülle des Stoffes wurden die Sachgebiete im Umfang und Inhalt so ausgewählt, dass sie die Anforderungen der Neuordnung der Ausbildungsberufe nach Lernfeldern erfüllen. Die Autoren haben besonderen Wert auf eine klare und verständliche Darstellung gelegt, die sich insbesondere durch zahlreiche mehrfarbige Bilder, Skizzen, Zeichnungen und Diagramme ausdrückt. Im verstärkten Maße werden neben Funktionsabläufen und Funktionszusammenhängen auch elektrische und hydraulische Schaltpläne dargestellt und erläutert. Dadurch wird das Erfassen und Durchdringen des komplexen Stoffes der gesamten Kraftfahrzeugtechnik dem Lernenden und dem Interessierten erleichtert.

Die **Fachkunde Kraftfahrzeugtechnik** bildet mit den weiteren Büchern der Fachbuchreihe Kraftfahrzeugtechnik des Verlages, wie

- **Tabellenbuch Kraftfahrzeugtechnik**
- **Prüfungsbuch Kraftfahrzeugtechnik**
- **Prüfungstrainer programmiert Kraftfahrzeugtechnik**
- **Arbeitsplanung, Technische Kommunikation Kraftfahrzeugtechnik**
- **Formeln Kraftfahrzeugtechnik**
- **Arbeitsblätter Kraftfahrzeugtechnik**
- **Kalkulation für Kfz-Meister**

eine Einheit. Diese Bücher der Fachbuchreihe sind so aufeinander abgestimmt, dass mit ihnen methodisch das Prinzip eines fächerverbindenden und fächerübergreifenden Unterrichts nach Lernfeldern durchgeführt werden kann.

Die neuesten Normen wurden, soweit erforderlich, eingearbeitet. Verbindlich sind jedoch nur die DIN-Blätter selbst.

Das in enger Zusammenarbeit mit dem Handwerk und Industrie entstandene Werk wurde von einem Team pädagogisch erfahrener Berufsschullehrer und Ingenieure erstellt. Verlag und Autoren sind für Anregungen und kritische Hinweise dankbar.

Wir danken allen Firmen und Organisationen, für Ihre freundliche Unterstützung mit Informationen, Bildern und technischen Unterlagen.

Die Autoren des Arbeitskreises Kraftfahrzeugtechnik   Frühjahr 1999

Firmenverzeichnis

Die nachfolgend aufgeführten Firmen haben die Autoren durch fachliche Beratung, durch Informations- und Bildmaterial unterstützt. Es wird Ihnen hierfür herzlich gedankt.

Alcan Aluminiumwerke GmbH, Werk Nürnberg
Alfa-Romeo-Automobile, Mailand/Italien
Aprilia Motorrad-Vertrieb, Düsseldorf
Aral AG, Bochum
Audatex Deutschland, Minden
Audi-AG, Ingolstadt – Neckarsulm
G. Auwärter GmbH & Co (Neoplan) Stuttgart
BBS Kraftfahrzeugtechnik, Schiltach
BEHR GmbH & Co, Stuttgart
Beissbarth GmbH Automobil Servicegeräte, München
BERU, Ludwigsburg
Aug. Bilstein GmbH & Co KG, Ennepetal
Boge GmbH, Eitdorf/Sieg
ROBERT BOSCH GMBH, Stutgart
Bostik GmbH, Oberursel/Taunus
BLACK HAWK, Kehl
BMW
BMW Bayerische Motoren-Werke AG, München/Berlin
Robert Bosch GmbH, Stuttgart
CAR BENCH INTERNATIONAL.S.P.A., Massa/Italien
Continental AG, Hannover
Celette GmbH, Kehl
Citroen Deutschland AG, Köln
DaimlerChrysler AG, Stuttgart
Dataliner, Ahlerstedt
Deta Akkumulatorenfabrik, Bad Lauterberg
Deutsche BP AG, Hamburg
ESSO AG, Hamburg
FAG Kugelfischer Georg Schäfer KG aA, Ebern
Friedrich Dick GmbH Feilen- und Raspelfabrik – Esslingen
DUNLOP Sp Reifenwerke, Hanau/Main
J. Eberspächer, Esslingen
EMM Motoren Service, Lindau
Ford-Werke AG, Köln
Carl Freudenberg, Weinberg/Bergstraße
GNK Gelenkwellenbau GmbH, Essen
Gesipa GmbH, Frankfurt
Getrag Getriebe- und Zahnradfabrik, Ludwigsburg
Girling-Bremsen GmbH, Koblenz
Glasurit GmbH, Münster/Westfalen
Globaljig, Deutschland GmbH, Cloppenburg
Glyco-Metall-Werke B.V. & Co KG, Wiesbaden/Schierstein
Goetze AG, Burscheid
Michael Graesser KG, Steinenbronn
Grau-Bremse, Heidelberg

Gutmann Messtechnik GmbH, Ihringen
Hazet-Werk, Hermann Zerver, Remscheid
HAMEG GmbH, Frankfurt/Main
Hella KG, Lippstadt
Hengst Filterwerke, Nienkamp
Hewlett Packard Deutschland, Böblingen
Fritz Hintermayr, Bing-Vergaser-Fabrik, Nürnberg
HITACHI Sales Europa GmbH, Düsseldorf
HONDA DEUTSCHLAND GMBH, Offenbach/Main
Hunger Maschinenfabrik GmbH, München und Kaufering
IBM Deutschland, Böblingen
IVECO-Magirus AG, Neu-Ulm
ITT Automotive (ATE, VDO, MOTO-METER, SWF, KONI, Kienzle), Frankfurt/Main
IXION Maschinenfabrik Otto Häfner GmbH & Co, Hamburg-Wandsbeck
Jurid-Werke, Essen
Kawasaki-Motoren GmbH, Friedrichsdorf
Knecht Filterwerke GmbH, Stuttgart
Knorr-Bremse GmbH, München
Kolbenschmidt AG, Neckarsulm
KONI, Ebernholm
KS Gleitlager GmbH, St. Leon-Rot
KTM Sportmotorcycles AG, Mattighofen/Österreich
Kühnle, Kopp und Kausch AG, Frankenthal/Pfalz
Lemmerz-Werke, Königswinter
LuK GmbH, Bühl/Baden
MAHLE GmbH, Stuttgart
Carl Mahr GmbH & Co Präzisionsmess- und Lehrwerkzeuge, Esslingen
Mannesmann Sachs AG, Schweinfurt
MAN Maschinenfabrik Augsburg-Nürnberg AG, München
Mauser, Oberndorf
Mazda Motors Deutschland GmbH, Leverkusen
Messer-Griesheim GmbH, Frankfurt/Main
Metzeler Reifen GmbH, München
Michelin Reifenwerke KGaA, Karlsruhe
Microsoft GmbH, Unterschleißheim
Mitsubishi Electric Europe B.V., Ratingen

Mitsubishi MMC, Trebur
Officine Meccanicho Nicola Ruaro u. Figlioo, Schio/Italien
MOBIL OIL AG, Hamburg
Adam Opel AG, Rüsselsheim
OSRAM AG, München
Panasonic Deutschland GmbH, Hamburg
Peugeot Deutschland GmbH, Saarbrücken
Pierburg GmbH, Neuss
Pioneer Electrics GmbH, Willich
Pirelli AG, Höchst im Odenwald
Dr. Ing. h.c.F. Porsche AG, Stuttgart-Zuffenhausen
Purolator Filter GmbH, Heilbronn
Samsung Eleconics GmbH, Köln
SATA Farbspritztechnik GmbH & Co, Kornwestheim
SEKURIT SAINT-GOBAIN Deutschland GmbH, Aachen
Siemens AG, München
SCANIA Deutschland GmbH, Koblenz
SKF Kugellagerfabriken GmbH, Schweinfurt
SOLO Kleinmotoren GmbH, Maichingen
Stahlwille E. Wille, Wuppertal
Steyr-Daimler-Puch AG, Graz/Österreich
Subaru Deutschland GmbH, Friedberg
SUN Elektrik Deutschland, Mettmann
Suzuki Gmbh, Oberschleißheim/Heppenheim
Telma Retarder Deutschland GmbH, Ludwigsburg
VARTA Autobatterien GmbH, Hannover
Vereinigte Motor-Verlage GmbH & Co KG, Stuttgart
ViewSonic Central Europe, Willich
Voith GmbH & Co KG, Heidenheim
Volkswagen AG, Wolfsburg
Volvo Deutschland GmbH, Brühl
Wabco Westinghouse GmbH, Hannover
Webasto GmbH, Stockdorf
Yamaha Motor Deutschland GmbH, Neuss
ZF Zahnradfabrik Friedrichshafen AG, Friedrichshafen/Schwäbisch Gmünd

Inhaltsverzeichnis

Grundkenntnisse

1	**Prüftechnik**	9
1.1	Grundbegriffe der Längenprüftechnik	9
1.1.1	Arten des Prüfens	9
1.1.2	Prüfmittel	9
1.1.3	Einheiten des Messwertes	10
1.1.4	Messabweichungen	10
1.1.5	Messverfahren	12
1.2	**Messgeräte**	12
1.2.1	Maßverkörperungen	12
1.2.2	Messschieber	13
1.2.3	Messschrauben	15
1.2.4	Messuhr	16
1.2.5	Winkelmessgeräte	16
1.3	**Lehren**	17
1.4	**Toleranzen und Passungen**	18
1.5	**Anreißen**	21

2	**Fertigungstechnik**	22
2.1	Einteilung der Fertigungsverfahren	22
2.2	**Urformen**	24
2.2.1	Gießen	24
2.2.2	Sintern	26
2.3	**Umformen**	28
2.3.1	Biegeumformen	29
2.3.2	Zugdruckumformen (Tiefziehen)	30
2.3.3	Zugumformen	30
2.3.4	Druckumformen (Schmieden)	31
2.3.5	Richten	33
2.3.6	Blechbearbeitungsverfahren	34
2.4	**Trennen durch Spanen**	39
2.4.1	Grundlagen der spanenden Formung von Hand	39
2.4.2	Meißeln	40
2.4.3	Sägen	41
2.4.4	Feilen	42
2.4.5	Schaben	43
2.4.6	Reiben von Hand	44
2.4.7	Gewindeschneiden von Hand	45
2.4.8	Grundlagen der spanenden Formung mit Werkzeugmaschinen	47
2.4.9	Bohren und Senken	49
2.4.10	Drehen	52
2.4.11	Fräsen	55
2.4.12	Schleifen	56
2.4.13	Feinbearbeitung	57
2.4.14	Sonderverfahren für die Kraftfahrzeuginstandsetzung	58
2.5	**Trennen durch Zerteilen**	59
2.5.1	Scherschneiden	59
2.5.2	Keilschneiden	60

2.6	**Fügen**	61
2.6.1	Einteilung der Fügeverbindungen	61
2.6.2	Gewinde	63
2.6.3	Schraubverbindungen	64
2.6.4	Stiftverbindungen	69
2.6.5	Nietverbindungen	70
2.6.6	Welle-Nabe-Verbindungen	71
2.6.7	Pressverbindungen	72
2.6.8	Löten	73
2.6.9	Schweißen	75
2.6.10	Kleben	82
2.7	**Beschichten**	83
2.9	**Arbeitssicherheit und Unfallverhütung**	85

3	**Werkstofftechnik**	87
3.1	**Eigenschaften der Werkstoffe**	87
3.1.1	Physikalische Eigenschaften	87
3.1.2	Technologische Eigenschaften	89
3.1.3	Chemische Eigenschaften (Korrosion)	90
3.2	**Einteilung der Werkstoffe**	92
3.3	**Aufbau der metallischen Werkstoffe**	93
3.3.1	Kristallgitter der reinen Metalle	93
3.3.2	Kristallgitter von Metalllegierungen	95
3.4	**Eisenwerkstoffe**	96
3.4.1	Roheisengewinnung	96
3.4.2	Erzeugung von Eisenschwamm	96
3.4.3	Stahlerzeugung	97
3.4.4	Eisengusswerkstoffe	98
3.4.5	Einfluss der Zusatzstoffe auf die Eisenwerkstoffe	100
3.4.6	Bezeichnung der Eisenwerkstoffe	100
3.4.7	Einteilung und Verwendung der Stähle	103
3.4.8	Handelsformen der Stähle	105
3.4.9	Wärmebehandlung von Eisenwerkstoffen	106
3.5	**Nichteisenmetalle**	109
3.5.1	Bezeichnung der NE-Metalle	109
3.5.2	Nichteisenschwermetalle	110
3.5.3	Leichtmetalle	111
3.6	**Kunststoffe**	112
3.6.1	Thermoplaste	112
3.6.2	Duroplaste	112
3.6.3	Elastomere	112
3.7	**Verbundwerkstoffe**	115
3.7.1	Teilchenverstärkte Verbundwerkstoffe	115
3.7.2	Schichtverbundwerkstoffe	115
3.7.3	Faserverstärkte Verbundwerkstoffe	115
3.8	**Schneidstoffe**	116

4 Maschinen- und Gerätetechnik 117

- 4.1 Maschinen als technische Systeme 117
- 4.1.1 Stoffumsetzende Maschinen 117
- 4.1.2 Energieumsetzende Maschinen 119
- 4.1.3 Informationsumsetzende Maschinen und Geräte 121
- 4.2 Funktionseinheiten von Maschinen und Geräten 124
- 4.2.1 Teilsysteme im Gesamtsystem Kraftfahrzeug 124
- 4.2.2 Baugruppen im Gesamtsystem Kraftfahrzeug 125
- 4.2.3 Stoff- und Energiefluss im System Kraftfahrzeug 125
- 4.2.4 Sicherheitseinrichtungen am System Kraftfahrzeug 125
- 4.2.5 Funktionseinheit Bohrmaschine 126
- 4.3 Bedienung und Instandhaltung technischer Systeme 128

5 Steuerungs- und Regelungstechnik 130

- 5.1 Grundlagen Steuern und Regeln 130
- 5.1.1 Steuern 130
- 5.1.2 Regeln 131
- 5.2 Aufbau und Funktionseinheiten von Steuereinrichtungen 133
- 5.2.1 Signalglieder, Signalarten, Signalumformung 133
- 5.2.2 Steuerglieder 135
- 5.2.3 Stellglieder und Antriebsglieder 136
- 5.3 Steuerungsarten 137
- 5.3.1 Mechanische Steuerungen 137
- 5.3.2 Pneumatische und hydraulische Steuerungen 138
- 5.3.3 Elektrische Steuerungen 142
- 5.3.4 Verknüpfungssteuerungen 144
- 5.3.5 Ablaufsteuerungen 145

6 Grundlagen der Informationstechnik 146

- 6.1 Einführung in die Computertechnik 146
- 6.2 Arbeitsweise des Computers 146
- 6.3 Aufbau eines Computersystems 148
- 6.4 Bedienung des Computers 155
- 6.5 Betriebssysteme 156
- 6.6 Programmieren 160
- 6.6.1 Grundlagen des Programmierens 160
- 6.6.2 Programmstrukturen 160
- 6.6.3 Programmiersprachen 161
- 6.6.4 Programmieren in Turbo Pascal 162
- 6.7 Anwendersoftware 165
- 6.8 Datenkommunikation 167
- 6.9 Datensicherung und Datenschutz 170
- 6.9.1 Datensicherung 170
- 6.9.2 Gesetzlicher Datenschutz 172

7 Elektrotechnik 173

- 7.1 Elektrische Spannung 174
- 7.2 Elektrischer Strom 174
- 7.3 Elektrischer Widerstand 176
- 7.4 Ohmsches Gesetz 178
- 7.5 Leistung, Arbeit, Wirkungsgrad 178
- 7.6 Schaltung von Widerständen 179
- 7.7 Wirkungen des elektrischen Stromes ... 180
- 7.8 Schutz vor Gefahren des elektrischen Stromes 181
- 7.9 Messungen im elektrischen Stromkreis . 183
- 7.9.1 Analog anzeigende Messgeräte 183
- 7.9.2 Digital anzeigende Messgeräte 184
- 7.9.3 Vielfachmessgeräte 185
- 7.9.4 Oszilloskop 186
- 7.10 Spannungserzeugung 188
- 7.11 Wechselspannung und Wechselstrom ... 190
- 7.12 Dreiphasenwechselspannung und Drehstrom 191
- 7.13 Magnetismus 191
- 7.14 Selbstinduktion 193
- 7.15 Kondensator 194
- 7.16 Elektrochemie 194
- 7.17 Elektronische Bauelemente 196
- 7.17.1 Dioden 197
- 7.17.2 Transistoren 199
- 7.17.3 Thyristoren 200
- 7.17.4 Halbleiterwiderstände 201
- 7.17.5 Optoelektronik 202
- 7.17.6 Magnetbeeinflusste Halbleiterbauelemente 204
- 7.17.7 Druckbeeinflusste Halbleiterbauelemente 204
- 7.17.8 Integrierte Schaltungen 205

8 Reibung, Schmierung 206

9 Lager, Dichtungen 208

10 Betriebsstoffe und Hilfsstoffe im Kraftfahrzeug 212

- 10.1 Kraftstoffe 212
- 10.2 Schmieröle und Schmierstoffe 216
- 10.3 Gefrierschutzmittel 220
- 10.4 Kältemittel 221
- 10.5 Bremsflüssigkeit 221

11 Umwelt und Betrieb 222

- 11.1 Umweltschutz im Kfz-Betrieb 222
- 11.2 Qualitätsmanagement, Qualitätssicherung im Kfz-Betrieb 228

Fachkenntnisse

1	**Kraftfahrzeug**	231
1.1	Entwicklung des Kraftfahrzeuges	231
1.2	Einteilung und Aufbau der Kraftfahrzeuge	232

2	**Motor**	233
2.1	Otto-Viertaktmotor	233
2.1.1	Aufbau und Arbeitsweise	233
2.1.2	Physikalische und chemische Grundlagen	235
2.1.3	Arbeitsdiagramm	238
2.1.4	Steuerdiagramm	239
2.1.5	Zylindernummerierung, Zündfolgen	239
2.1.6	Motorkennlinien	241
2.1.7	Hubverhältnis, Hubraumleistung, Leistungsgewicht	242
2.1.8	Kolben	243
2.1.9	Pleuelstange	250
2.1.10	Kurbelwelle	252
2.1.11	Zweimassenschwungrad	255
2.1.12	Zylinder, Zylinderkopf	256
2.1.13	Motorsteuerung	265
2.1.14	Variable Steuerzeiten	272
2.1.15	Kraftstoffversorgungsanlage	275
2.1.16	Luftfilter	279
2.1.17	Gemischbildung bei Ottomotoren	280
2.1.18	Vergaser	282
2.1.19	Benzineinspritzung	288
2.1.20	Schadstoffminderung in den Abgasen	309
2.1.21	Abgasanlage	319
2.1.22	Schmierung	322
2.1.23	Kühlung	330
2.1.24	Belüftung, Heizung und Klimatisierung	340
2.2	Otto-Zweitaktmotor	346
2.2.1	Aufbau	346
2.2.2	Arbeitsweise	346
2.2.3	Steuerungsarten	349
2.2.4	Bauliche Besonderheiten	351
2.2.5	Vor- und Nachteile des Otto-Zweitaktmotors	353
2.3	Dieselmotor	354
2.3.1	Aufbau	354
2.3.2	Wirkungsweise	354
2.3.3	Arbeitsweisen des Dieselmotors	354
2.3.4	Schadstoffminderung im Abgas	356
2.3.5	Merkmale des Dieselmotors	356
2.3.6	Einspritzverfahren	357
2.3.7	Starthilfsanlagen	358
2.3.8	Einspritzausrüstung	359
2.3.9	Elektronische Dieselregelung (EDC)	362
2.3.10	Einspritzdüsen	367
2.4	Kreiskolbenmotor (KKM)	369
2.5	Auflading	371
2.5.1	Dynamische Auflading	371
2.5.2	Fremdaufladung	373
2.6	Alternative Antriebskonzepte	377
2.6.1	Hybridantriebe	377
2.6.2	Wasserstoffantrieb-Brennstoffzelle	378
2.6.3	Erdgasantrieb	379
2.6.4	Elektromotor als Fahrzeugantrieb	379
2.6.5	Gasturbine	380

3	**Kraftübertragung**	381
3.1	Antriebsarten	381
3.1.1	Hinterradantrieb	381
3.1.2	Vorderradantrieb	382
3.1.3	Allradantrieb	382
3.1.4	Hybridantrieb	382
3.2	Kupplung	383
3.2.1	Reibungskupplung	383
3.2.2	Hydrodynamische Kupplung	391
3.2.3	Magnetpulverkupplung	391
3.2.4	Fliehkraftkupplung	391
3.2.5	Automatisches Kupplungssystem (AKS)	392
3.3	Wechselgetriebe	394
3.3.1	Aufgaben	394
3.3.2	Bauarten von Wechselgetrieben	395
3.3.3	Schaltmuffengetriebe	395
3.3.4	Synchronisiereinrichtungen	396
3.3.5	Verteilergetriebe	398
3.3.6	Wartungsarbeiten und Fehlersuche	399
3.3.7	Planetengetriebe	400
3.4	Hydrodynamischer Drehmomentwandler	403
3.5	Automatische Getriebe	406
3.5.1	Gestufte vollautomatische Getriebe mit hydraulischer Steuerung	407
3.5.2	Hydraulische Steuerung	407
3.5.3	Elektrohydraulische Steuerung	411
3.5.4	Stufenlose Automatische Getriebe	415
3.6	Gelenkwellen, Achswellen, Gelenke	416
3.6.1	Gelenkwellen	416
3.6.2	Achswellen	416
3.6.3	Gelenke	417
3.7	Achsgetriebe	419
3.7.1	Kegelrad-Achsgetriebe	419
3.7.2	Stirnrad-Achsgetriebe	420
3.7.3	Werkstattarbeiten	420
3.8	Ausgleichsgetriebe	423
3.9	Ausgleichssperren	424
3.10	Allradantrieb	429

4	**Fahrwerk**	432
4.1	Fahrzeugaufbau (Karosserie)	432
4.1.1	Getrennte Bauweise	432
4.1.2	Mittragende Bauweise	432
4.1.3	Selbsttragende Bauweise	432
4.1.4	Werkstoffe im Karosseriebau	433

4.1.5	Sicherheit im Fahrzeugbau	435
4.1.6	Schadensbeurteilung und Vermessen	439
4.1.7	Unfallschadensreparatur	443
4.1.8	Korrosionsschutz an Kraftfahrzeugen	448
4.1.9	Fahrzeuglackierung	449
4.2	**Federung**	**453**
4.2.1	Aufgaben der Federung	453
4.2.2	Wirkungsweise der Federung	453
4.2.3	Federarten	455
4.2.4	Schwingungsdämpfer	459
4.3	**Fahrdynamik**	**463**
4.4	**Radstellungen**	**465**
4.5	**Radaufhängung**	**468**
4.5.1	Starrachse	468
4.5.2	Halbstarrachse	468
4.5.3	Einzelradaufhängung	469
4.5.4	Wankzentrum und Wankachse	471
4.6	**Lenkung**	**472**
4.6.1	Drehschemellenkung	472
4.6.2	Achsschenkellenkung	472
4.6.3	Lenkgestänge	473
4.6.4	Lenkgetriebe	473
4.6.5	Zahnstangen-Lenkgetriebe	474
4.6.6	Servotronic	475
4.6.7	Elektrische Servolenkung	475
4.7	**Achsvermessung**	**476**
4.7.1	Achsvermessung mit optischem Achsmessgerät	476
4.7.2	Computer-Achsvermessung	477
4.8	**Bremsen**	**478**
4.8.1	Hydraulische Bremse	480
4.8.2	Hilfskraftbremse	490
4.8.3	Bremskraftverteilung	491
4.8.4	Mechanisch betätigte Bremse	492
4.8.5	Bremsenprüfung	492
4.8.6	Elektronische Fahrwerk-Regel-Systeme	493
4.9	**Räder und Bereifung**	**502**
4.9.1	Räder	502
4.9.2	Bereifung	503

5	**Zweiradtechnik**	**510**
5.1	Kraftradarten	510
5.2	Kraftübertragung	513
5.3	Kraftradvergaser	515
5.4	Motorkühlung	517
5.5	Motorschmierung	517
5.6	Elektrische Anlage	518
5.7	Motronic-Anlage	521
5.8	Auspuffanlage	521
5.9	Kraftübertragung	522
5.10	Fahrdynamik	524
5.11	Motorradrahmen	525
5.12	Radführung, Federung und Dämpfung	526
5.13	Bremsen	528
5.14	Räder, Reifen	530

6	**Nutzfahrzeugtechnik**	**533**
6.1	**Einteilung**	**533**
6.2	**Motoren**	**534**
6.3	**Kraftstoffanlage, Einspritzsysteme**	**534**
6.3.1	Einspritzausrüstungen mit herkömmlicher Reiheneinspritzpumpe	535
6.3.2	Reiheneinspritzpumpe mit mechanischer Steuerung und Regelung	539
6.3.3	Elektronisch geregelte Einspritzsysteme	544
6.4	**Kraftübertragung**	**545**
6.5	**Fahrwerk**	**547**
6.5.1	Federung	547
6.5.2	Räder und Bereifung	549
6.5.3	Druckluftbremsanlage	550
6.6	**Startanlagen für Nutzfahrzeuge**	**563**

7	**Elektrische Anlage**	**567**
7.1	**Spannungserzeuger**	**567**
7.1.1	Starterbatterien	567
7.1.2	Generatoren	571
7.2	**Elektrische Verbraucher**	**578**
7.2.1	Elektrische Motorantriebe	578
7.2.2	Starter	581
7.2.3	Zündanlagen	585
7.3	**Zündungsoszillogramme**	**599**
7.4	**Zündkerzen**	**602**
7.5	**Beleuchtung im Kfz**	**604**
7.5.1	Leuchtmittel	604
7.5.2	Fern- und Abblendscheinwerfer	606
7.5.3	Leuchtweitenregulierung	608
7.6	**Relais**	**609**
7.7	**Mechanischer Schalter mit magnetischer Auslösung**	**609**
7.8	**Signalgeber**	**610**
7.9	**Komfort- und Sicherheitselektronik**	**611**
7.9.1	Zentralverriegelung	611
7.9.2	Diebstahlschutzsystem	613
7.9.3	Elektrische Fensterheber	616
7.9.4	Navigationssysteme	617
7.10	**Messen, Testen, Diagnose**	**619**
7.11	**Schaltpläne**	**623**

8	**Kraftfahrzeugtechnische Abkürzungen und Übersetzungen**	**627**

Sachwortverzeichnis 630

Längenprüftechnik   1 Prüftechnik

Grundkenntnisse

1 Prüftechnik

Das Prüfen ist in der Technik die Bedingung für die maßgenaue Fertigung von Werkstücken und die Feststellung von Fehlern bei der Überwachung und Instandhaltung von Maschinen und Geräten.
In der Kraftfahrzeugtechnik wird das Prüfen oft als Testen bezeichnet, z. B. Zündungstest, Abgastest, Bremsentest.

> Durch Prüfen wird festgestellt, ob der Gegenstand den geforderten Sollzustand aufweist.

Subjektives Prüfen. Es wird ohne Geräte nur durch Sinneswahrnehmung durchgeführt, z. B. Sichtprüfung, Funktionsprüfung oder Tasten.
Objektives Prüfen. Dieses erfolgt mit Prüfmitteln z. B. durch Messen (Achsvermessung) oder Lehren (Fühlerlehre).

1.1 Grundbegriffe der Längenprüftechnik

1.1.1 Arten des Prüfens (Bild 1)

> Messen ist das Vergleichen einer Messgröße (Länge oder Winkel) mit einem Messgerät. Es wird dabei ein Messwert ermittelt.

Messwert. Es ist der gemessene Istwert der Messgröße. Er wird als Produkt aus **Zahlenwert** mal **Einheit** angegeben, z. B. 15 mm (**Bild 2**).

> Lehren ist ein Vergleichen des Prüfgegenstandes mit einer Lehre. Man erhält keinen Zahlenwert.

Durch Lehren stellt man fest, ob der Prüfgegenstand in Bezug auf Größe und Form eine gegebene Grenze nicht überschreitet, also innerhalb der Toleranz liegt. Das Ergebnis ist nur eine Feststellung, z. B. „Gut" oder „Ausschuss" und kein Zahlenwert.

1.1.2 Prüfmittel

Als Prüfmittel (**Bild 3**) verwendet man Messgeräte, Lehren und Hilfsmittel.
Messgeräte können Maßverkörperungen oder anzeigende Messgeräte sein.

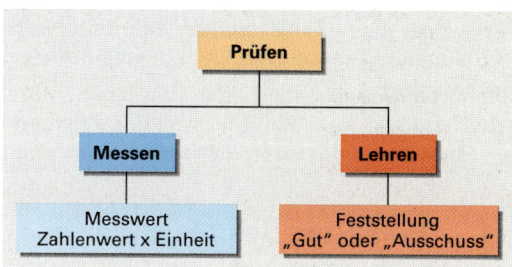

Bild 1: Prüfen in der Längenprüftechnik

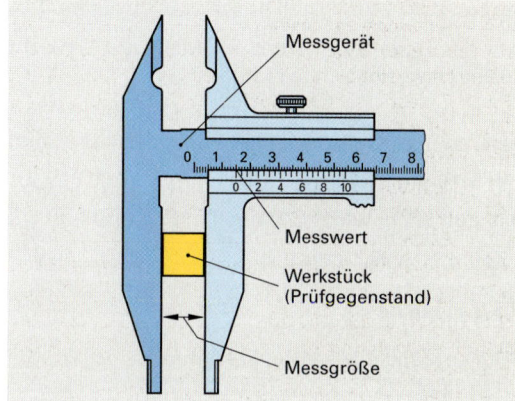

Bild 2: Bezeichnungen beim Messen

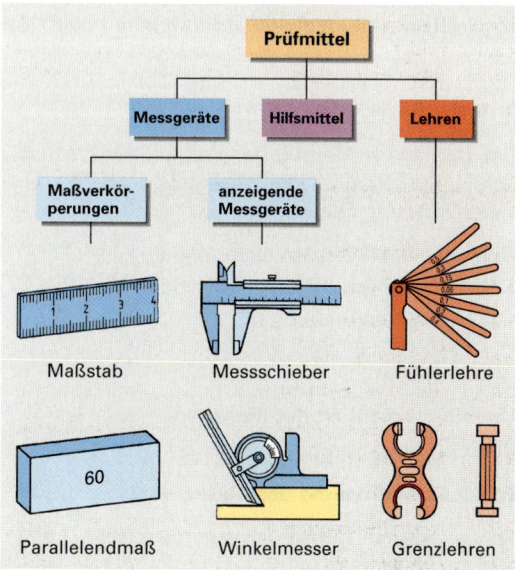

Bild 3: Prüfmittel

Maßverkörperungen. Sie verkörpern die Messgröße durch den festen Abstand von Strichen (Strichmaße), den Abstand von Flächen (Endmaße) oder die Winkellage von Flächen (Winkelmaße).

Anzeigende Messgeräte wie z. B. Messschieber, Messschraube, Messuhr, Winkelmesser zeigen den Messwert bei Skalenanzeige (analog anzeigend) an einer Strichskala durch eine bewegliche Marke oder einen Zeiger an. Bei Zifferanzeige (digital anzeigend) erscheint der Messwert in Ziffern in einem Anzeigefenster.

Hilfsmittel (Bild 1) tragen oder stützen Prüfmittel oder Werkstück beim Prüfen, z. B. Halter, Messständer, Prismen oder sie übertragen Maße beim indirekten Messen, z. B. Taster.

1.1.3 Einheiten des Messwertes

Längeneinheiten

> Die Basiseinheit der Länge ist das Meter (m).

Von der Generalkonferenz für Maß und Gewicht wurde 1983 die Basiseinheit der Länge festgelegt.

Das **Meter** ist die Länge der Strecke, die Licht im Vakuum während der Dauer von 1/299 792 458 Sekunden durchläuft.

1 m = 10 dm = 100 cm = 1 000 mm = 1 000 000 µm (Mikrometer)

Das **Zoll (inch)** wird z. Zt. noch in England und USA verwendet.

1 Zoll = 1″ = 25,4 mm.

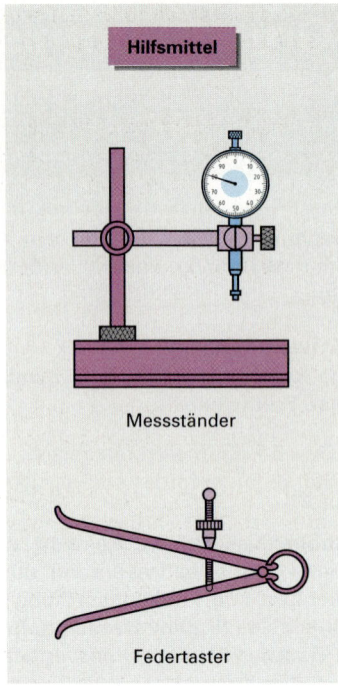

Bild 1: Hilfsmittel beim Messen

Winkeleinheit

> Die gebräuchlichste Winkeleinheit ist der Grad (°).

Der Vollkreis hat 360°, Teile des Grades sind Minuten und Sekunden.

1° (Grad) = π/180 rad = 60′ (Minuten) = 3 600″ (Sekunden)

1.1.4 Messabweichungen

Der bei einem Messvorgang abgelesene Messwert weicht meist vom genauen Wert der Messgröße ab. Diese Abweichung kann viele Ursachen haben.

Ursachen von Messabweichungen
- Unvollkommenheit des Messgegenstandes
- Falsche Handhabung der Messgeräte
- Unvollkommenheit der Messgeräte
- Umwelteinflüsse.

Unvollkommenheit des Messgegenstandes
Bearbeitungsspuren wie Grate oder Riefen.

Falsche Handhabung des Messgerätes
Schräges Ansetzen des Messgerätes **(Bild 2)** wie z. B. Durchmesser schräg, Tiefenmaßzunge nicht parallel zur Messfläche oder Werkstück verkantet.

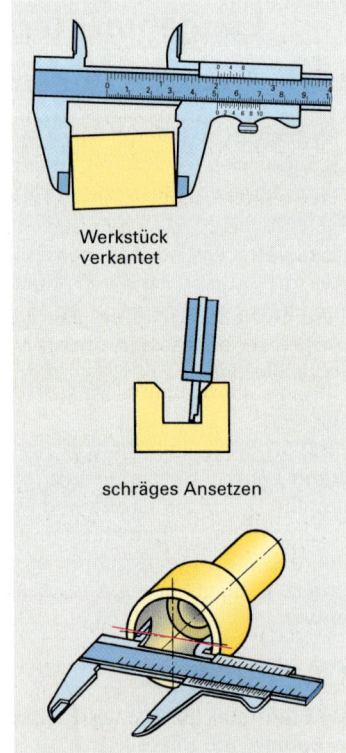

Bild 2: Falsches Ansetzen des Messgerätes

Zu hohe Messkraft (**Bild 1**). Dadurch können meist elastische dünne Hülsen zusammengedrückt oder das Messgerät elastisch verformt werden.

Parallaxe (**Bild 2**). Eine Messabweichung entsteht, wenn Ablesemarke und Skale nicht in einer Ebene liegen und nicht mit senkrechter Blickrichtung abgelesen wird.

Unsauberkeit der Messflächen. Die Messflächen an Messgerät oder Werkstück können mit Schmutz, Spänen oder Fett behaftet sein.

Umwelteinflüsse

Es sind meist Temperatureinflüsse (**Bild 3**) wie Handwärme, Sonneneinstrahlung oder Arbeitswärme aber auch Luftdruck z. B. beim Messen des Reifendruckes können eine Rolle spielen.

> Messwerkzeuge und Werkstücke haben bei der Bezugstemperatur von 20° C ihre Nennwerte.

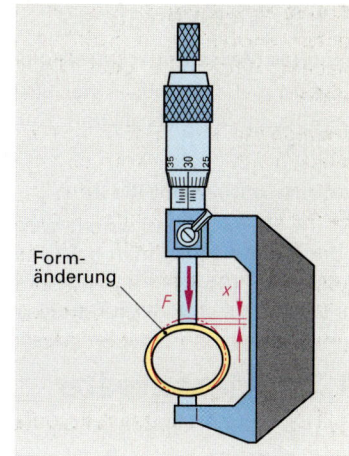

Bild 1: Zu hohe Messkraft

Arten von Messabweichungen

Dies können systematische Messabweichungen, wie erfassbare Geräteabweichungen sein oder es sind zufällige Messabweichungen, die nicht immer in gleicher Größe und gleichzeitig auftreten.

Systematische Messabweichungen

Dies sind z. B.
- Teilungsabweichungen bei Skalen
- Steigungsabweichungen bei Gewindespindeln
- unebene Messflächen
- Formänderungen durch andauernd hohe Messkraft
- gleichbleibende Abweichung von der Messtemperatur.

Diese systematischen Messabweichungen lassen sich berücksichtigen, da sie bei gleichen Messbedingungen immer wieder in gleicher Größe und mit gleichem Vorzeichen + oder – auftreten.

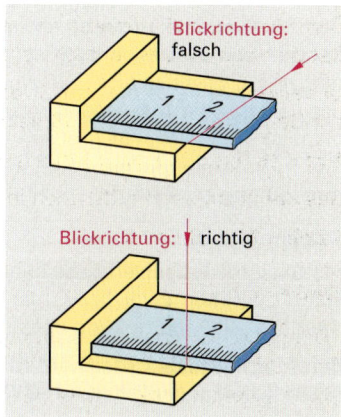

Bild 2: Abweichung durch Parallaxe

> Um den genauen Wert der Messgröße zu erhalten, muss der abgelesene Messwert um die systematische Abweichung korrigiert werden.

Zufällige Messabweichungen

Sie ergeben eine **Messunsicherheit**. Bei Messgeräten mit Skalenanzeige beträgt die Messunsicherheit des Messwertes bis zu 1 Skalenteilungswert.

Die Ursachen für zufällige Messabweichungen können sein:
- Ablesefehler durch Parallaxe
- ungleiches Anliegen des Messgerätes durch Schmutz oder Grat
- nicht erfassbare Temperaturschwankungen
- Messkraftschwankungen durch Änderung von Reibung oder Spiel
- Kippfehler durch zu großes Spiel und falsche Handhabung
- schräges Anliegen des Messgerätes durch falsche Handhabung.

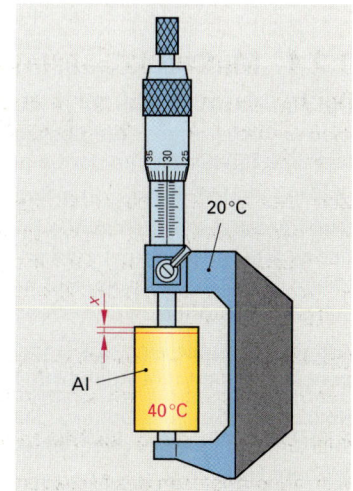

Bild 3: Messabweichung durch Temperatureinflüsse

1.1.5 Meßverfahren

Direktes Messen oder unmittelbares Messen (Bild 1)
Es wird z. B. die Länge eines Werkstückes mit der Skale eines Längenmessgerätes verglichen. Der Messwert kann direkt abgelesen werden.

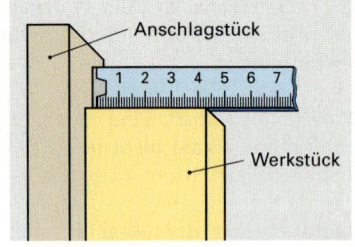

Bild 1: Direktes Messen

Indirektes Messen (Bild 2)
Ist die Messstelle an einem Werkstück für ein Messgerät nicht zugänglich, so muss man ein Messhilfsmittel, z. B. Außen- oder Innentaster, verwenden. Damit wird die Messgröße abgenommen und dann mit einem Meßgerät gemessen.

1.2 Messgeräte

Zu den Messgeräten gehören Maßverkörperungen und anzeigende Meßgeräte wie z. B. Messschieber, Messschraube, Messuhr, Winkelmesser.

Messbereich (Meb)
Der Messbereich umfasst meist den Anzeigebereich des Messgerätes. Seine Größe entspricht der Differenz aus Endwert und Anfangswert. Er muss nicht bei Null beginnen; z. B. bei Messschrauben beträgt die Messspanne nur 25 mm, damit die Messspindel nicht zu lang wird. Für größere Längen gibt es Bügelmessschrauben mit Messbereichen von z. B. 0 mm bis 25 mm, 25 mm bis 50 mm, 50 mm bis 75 mm.

Skalenteilungswert (Skw)
Als Skalenteilungswert bezeichnet man bei Skalenanzeige den Abstand zwischen zwei benachbarten Skalenstrichen. Beim Strichmaß mit Millimeterteilung beträgt der Skalenteilungswert 1 mm.

Bei Ziffernanzeige bezeichnet man die Differenz zweier direkt aufeinanderfolgender Ziffern als **Ziffernschrittwert (Zw)**.

Skalenteilungswert und Ziffernschrittwert geben die kleinste Ablesemöglichkeit des Messgerätes an und werden in der Einheit der Messgröße angegeben.

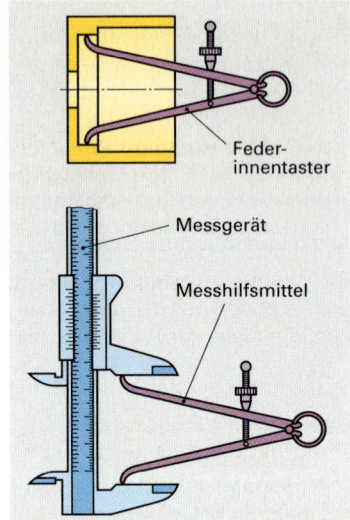

Bild 2: Indirektes Messen

1.2.1 Maßverkörperungen

Strichmaßstäbe (Bild 3) sind die am meisten verwendeten Maßverkörperungen. Sie besitzen als Maßverkörperung eine einheitliche Strichskale, an der beim Messen die Messwerte direkt abgelesen werden.

Stahlmaßstäbe bestehen aus dünnem gehärtetem Federstahl. Sie haben einen Skalenteilungswert von 0,5 mm bzw. 1 mm und eine Länge von 300 mm oder 500 mm. Sie werden für einfache Messungen in der Werkstatt verwendet.

Arbeitsmaßstäbe sind aus ungehärtetem Stahl. Der Verwendungszweck bestimmt ihre Ausführung und ihren Skalenteilungswert.

Rollbandmaße aus Leinen, Stahl oder Kunststoff ermöglichen auch Messungen an gebogenen Längen. Sie eignen sich nur für gröbere Messungen.

Gliedermaßstäbe aus Metall, Holz oder Kunststoff werden dann verwendet, wenn keine große Messgenauigkeit erforderlich ist.

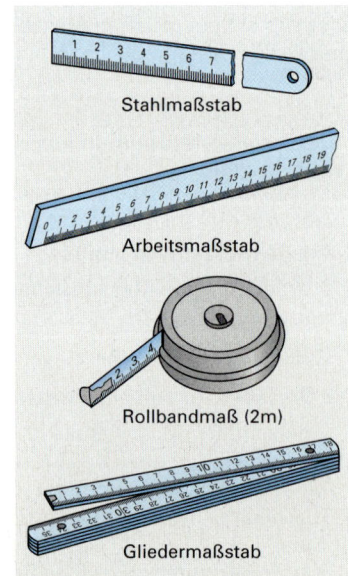

Bild 3: Strichmaßstäbe

Messgeräte 1 Prüftechnik 13

Parallelendmaße (Bild 1) verkörpern sehr genau die Längeneinheit durch den Abstand von zwei parallelen Flächen. Sie haben meist rechteckigen, seltener kreisförmigen Querschnitt. Ihre Messflächen haben eine hohe Oberflächengüte und bestehen aus Stahl oder Hartmetall. Man verwendet Endmaße zum Prüfen und Einstellen von Lehren und anzeigenden Messgeräten, zum Messen von Werkstücken und Einstellen von Maschinen. Verschiedene Endmaße lassen sich durch Anschieben zu einem gesuchten Maß kombinieren.

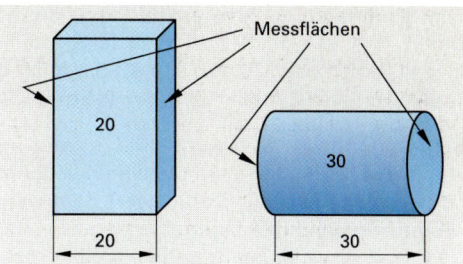

Bild 1: Parallelendmaße

1.2.2 Messschieber

Der Messschieber ist wegen seiner vielseitigen Verwendbarkeit, wie Außen-, Innen- und Tiefenmessungen das am häufigsten benutzte anzeigende Messgerät mit beweglichen Marken.

Der **Taschenmessschieber (Bild 2)** besteht aus einer Schiene, mit der ein Messschenkel und eine Kreuzspitze rechtwinklig verbunden sind. Auf der Schiene befindet sich der Hauptmaßstab. Er trägt eine Millimeterskale und darüber eine Zoll(Inch)-Skale. Ein zweiter Messschenkel, verbunden mit einer Kreuzspitze, lässt sich auf der Schiene verschieben. Man bezeichnet ihn deshalb als Schieber. Er hat beiderseits der Schiene je eine Strichskale, die Nonius genannt wird. Eine mit dem Schieber verbundene Messstange dient als Tiefenmesseinrichtung. Ein Klemmhebel ermöglicht das Feststellen des Schiebers zum sicheren Ablesen.

> Der Nonius gestattet es, Bruchteile von Millimetern bzw. von Zoll abzulesen.

Der **Noniuswert (Now)** eines Messschiebers ist die Differenz zwischen Skalenteilungswert und Noniusteilungswert. Er kann $1/10$ mm = 0,1 mm oder $1/20$ mm = 0,05 mm, seltener jedoch $1/50$ mm = 0,02 mm betragen. Der Noniuswert gibt an, bis zu wieviel Bruchteilen von Millimetern eine Ablesemöglichkeit besteht.

Beim **$1/10$-Nonius (Bild 3)** sind 9 mm in 10 Teile geteilt. Ein Noniusteil ist also 9 mm : 10 = 0,9 mm lang, während die Teilung auf der Skale, der Skalenteilungswert, 1 mm beträgt. Die Teilungsdifferenz, der Noniuswert, ist 1 mm – 0,9 mm = 0,1 mm. Es besteht also eine Ablesemöglichkeit bis $1/10$ mm.

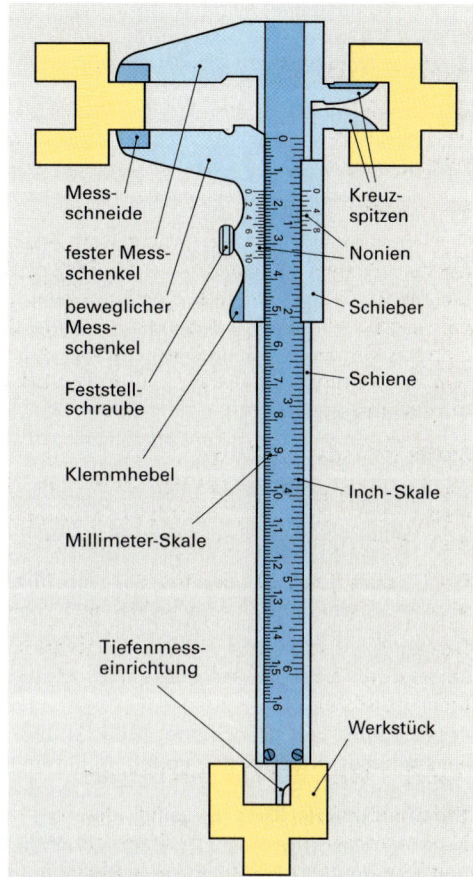

Bild 2: Taschenmessschieber

> **Ablesen des Messschiebers**
>
> Den Nullstrich des Nonius betrachtet man als Komma, das die Ganzen von den Zehnteln trennt. Man liest zuerst links vom Nullstrich des Nonius auf der Skale die vollen Millimeter ab und sucht dann auf dem Nonius den Teilstrich, der sich mit einem Teilstrich auf der Skale deckt. Dieser Noniusteilstrich gibt die Zehntel an. Der Nullstrich des Nonius darf dabei nicht mitgezählt werden.

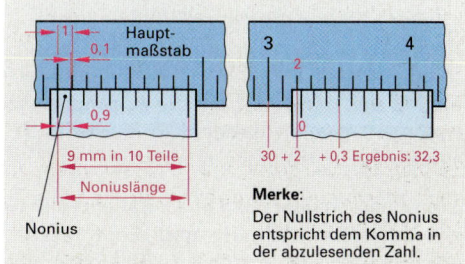

Bild 3: $1/10$-Nonius

Beim genormten $^1/_{10}$-**Nonius (Bild 1)** ist der Nonius erweitert, d. h. es sind 19 mm in 10 Teile geteilt. Ein Noniusteil ist demnach 19 mm : 10 = 1,9 mm lang und der Noniuswert also 2 mm − 1,9 mm = 0,1 mm = $^1/_{10}$ mm.

Beim genormten $^1/_{20}$-**Nonius** sind 39 mm in 20 Teile geteilt. Ein Noniusteil ist in diesem Falle 39 mm : 20 = 1,95 mm lang und der Noniuswert demnach 2 mm − 1,95 mm = 0,05 mm = $^1/_{20}$ mm.

Beim **Zollnonius** beträgt der Skalenteilungswert $^1/_{16}$″. Sieben Skalenteile (= $^7/_{16}$″) entsprechen 8 Noniusteilen. Ein Noniusteil ist also $^7/_{16}$″ : 8 = $^7/_{128}$″. Da ein Skalenteil = $^1/_{16}$″ bzw. $^8/_{128}$″ ist, beträgt die Differenz und damit der Noniuswert $^8/_{128}$″ − $^7/_{128}$″ = $^1/_{128}$″.

Nonius	Einstellung	Ablesung
$^1/_{10}$		= 42,7
$^1/_{20}$		= 63,25
Zoll		2 $^1/_{64}$″

Bild 1: Ablesebeispiele

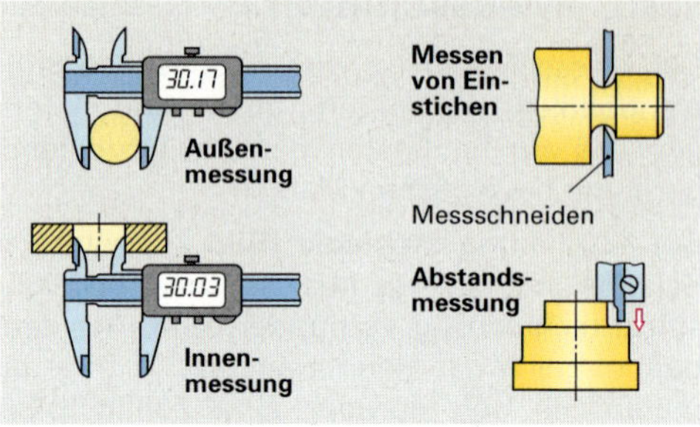

> **ARBEITSREGELN**
>
> - **Drehteile** nicht bei laufender Maschine messen, da der Messschieber beschädigt werden kann bzw. Unfälle auftreten können.
> - **Außenmessungen (Bild 2).** Messschenkel weit über das Werkstück führen. Dabei auf saubere Messflächen, richtigen Messdruck und richtiges Halten des Messschiebers achten. Messschneiden nur zum Messen von Einstichen, engen Nuten und Kenndurchmessern benutzen.
> - **Innenmessungen** erfolgen mit den Kreuzspitzen. Feste Spitze zuerst in der Bohrung anlegen, dann die bewegliche Spitze gegenüber anschieben.
> - Kreuzspitzen nicht zum Anreißen verwenden.
> - **Tiefen- und Abstandsmessungen** erfolgen mit der Tiefenmessstange. Schräges Ansetzen vermeiden. Deshalb soll die abgesetzte Seite der Tiefenmessstange am Werkstück anliegen, damit nicht Übergangsradien oder Schmutz das direkte Anliegen behindern.

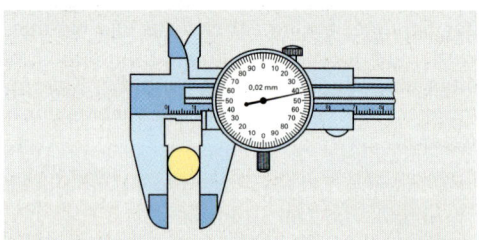

Bild 2: Messen mit dem Messschieber

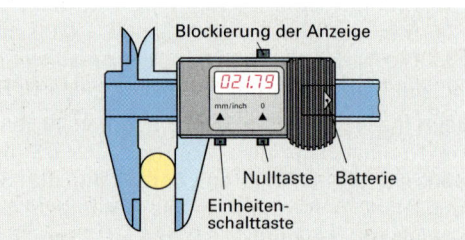

Bild 3: Messschieber mit Rundskale

Messschieber mit Rundskale (Bild 3). Bei diesem Messschieber werden die vollen Millimeter an der Vorderkante des Schiebers auf der Skale des Lineals abgelesen und die Teile des Millimeters an der Rundskale. Der Messwert lässt sich dadurch schnell und sicher bestimmen. Man verwendet Skalenteilungswerte von 0,1 mm, 0,05 mm oder 0,02 mm.

Messschieber mit elektronischer Ziffernanzeige (Bild 4) haben Ziffernschrittwerte von $^1/_{100}$ mm. Durch die Anzeige des Messwertes in Ziffern kann einfach, schnell und nahezu ohne Ablesefehler abgelesen werden. Mit der Nulltaste kann die Anzeige an jeder Stelle auf Null gestellt werden. Es lassen sich dadurch Unterschiedsmessungen ausführen.

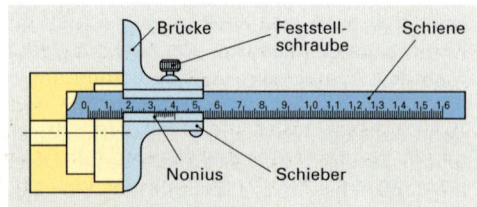

Bild 4: Messschieber mit Ziffernanzeige

Tiefenmessschieber (Bild 5). Er hat einen Schieber mit einer Feststelleinrichtung und einer Brücke, die ein gerades Ansetzen erleichtert. Er eignet sich besonders zum Messen von abgesetzten Bohrungen.

Bild 5: Tiefenmessschieber

1.2.3 Messschrauben

Bei den Messschrauben (**Bild 1**) benutzt man die Steigung eines Gewindes zur Ermittlung der Messgröße. Jede volle Umdrehung der geschliffenen Messspindel verändert den Abstand der Messflächen um die Steigung des Gewindes der Messspindel. Die Messspindel ist damit Träger der Maßverkörperung.

Die Steigung der Messspindel beträgt meist 0,5 mm. Auf der Skalentrommel (Mantelhülse) sind dabei 50 Teilstriche angebracht (**Bild 2**).

> Der Skalenteilungswert der Messschraube ist 0,50 mm : 50 = 0,01 mm = $^1/_{100}$ mm.

Die Skalentrommel ist mit der Messspindel fest verbunden. Die Messspindel ist im Muttergewinde der Skalenhülse verschraubt. Um stets gleichen und nicht, durch die Übersetzung des Gewindes, zu großen Messdruck zu erhalten, ist die Messspindel mit einer Kupplung versehen, die die Messkraft begrenzt.

Die Messspanne ist meist nur 25 mm groß, damit die Messspindel nicht zu lang wird.

> **Ablesen der Messschraube**
> Die ganzen und die halben Millimeter werden auf der Skalenhülse, die Hundertstel werden auf der Skalentrommel abgelesen. Gibt die Skalentrommel auf der Skalenhülse einen halben Millimeter frei, so muss dieser zu den Hundertsteln hinzugezählt werden.

Bügelmessschraube (Bild 1). Sie wird für Außenmessungen verwendet. Ihre Teile sind: Bügel mit Amboss, Isolierplatte zum Wärmeschutz und Skalenhülse; Messspindel mit Skalentrommel, Kupplung und Feststellvorrichtung. Um den Verschleiß klein zu halten, sind die Messflächen von Spindel und Amboss gehärtet oder mit Hartmetall bestückt.

Elektronische Bügelmessschraube (Bild 3). Sie hat neben der normalen Rundskale mit einem Skalenteilungswert von $^1/_{100}$ mm noch eine Ziffernanzeige. Der Skalenteilungswert der Ziffernanzeige beträgt $^1/_{1000}$ mm.

Die Elektronik des Messgerätes ermöglicht es, zur Unterschiedsmessung die Anzeige auf Null zu stellen, Messwerte zu speichern und die Daten an einen Rechner auszugeben.

Innenmessschraube (Bild 4). Mit ihr werden Durchmesser von Bohrungen und Innenabstände gemessen. Die Messflächen sind kugelig, damit sie in einer Bohrung sicher anliegen. Zum Messen größerer Bohrungen gibt es Verlängerungen.

> Beim Messen muss die Innenmessschraube genau im Durchmesser und senkrecht zur Achse der Bohrung eingeführt und in dieser Stellung eingestellt werden.

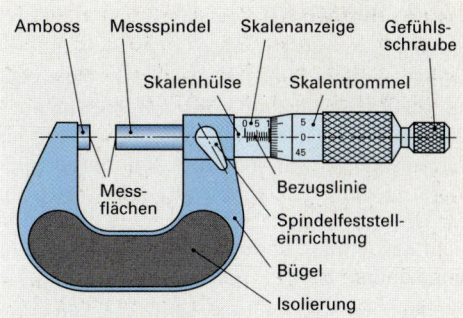

Bild 1: Bügelmessschraube

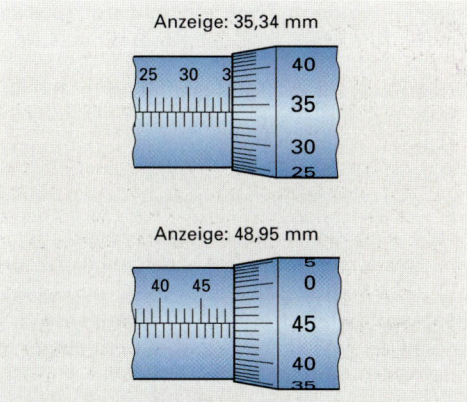

Bild 2: Ablesebeispiele

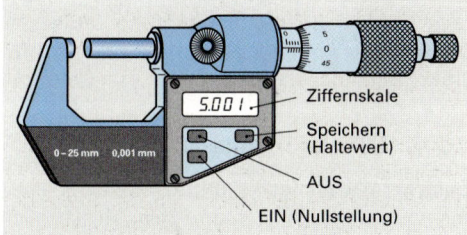

Bild 3: Elektronische Bügelmessschraube

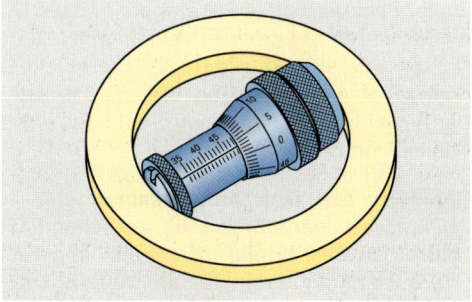

Bild 4: Innenmessschraube

1.2.4 Messuhr

Die Messuhr **(Bild 1)** dient zum Einstellen von Werkzeugmaschinen, zum Prüfen von Werkstücken auf Rundlauf (z. B. Wellen) oder von Flächen auf Ebenheit (z. B. Kupplungsscheibe). Zusammen mit einem Innenmessgerät kann man den Zylinderverschleiß beim Motor feststellen. Die Messuhr wird also vornehmlich für Unterschiedsmessungen verwendet. Man misst nicht das Istmaß, sondern die Abweichung von einem eingestellten Istwert.

Der Weg des Messbolzens wird über eine Zahnstange und Zahnradübersetzung durch einen Zeiger auf einer Skale vergrößert angezeigt. Das Skalenblatt ist drehbar und kann somit bei jeder Zeigerstellung auf Null gestellt werden. Zwei einstellbare Toleranzmarken dienen zum Markieren des Kontrollbereichs.

> Das Skalenblatt der Messuhr ist in 100 Teile geteilt. Bei einer Zeigerumdrehung bewegt sich der Messbolzen um 1 mm. Der Skalenteilungswert beträgt somit 0,01 mm = $^1/_{100}$ mm.

Dreht sich beim Messen der Zeiger der Messuhr mehrmals, so wird die Anzahl seiner Umdrehungen auf einer kleinen Millimeter-Skala angezeigt, da jede Zeigerumdrehung einem Messweg von 1 mm entspricht. Es gibt auch Messuhren mit einem Skalenteilungswert von 0,001 mm und mit 1 mm Anzeigebereich. Der genormte Anzeigebereich liegt bei 3 mm und 10 mm.

Durch Spiel und Reibung in Zahnstange und Zahnrädern ergeben sich bei der Bewegung des Messbolzens je nach Bewegungsrichtung andere Anzeigen. Die Anzeigen unterscheiden sich um die **Messwertumkehrspanne**, die bis zu 0,005 mm betragen kann.

1.2.5 Winkelmessgeräte

Einfacher Winkelmesser (Bild 2). Er erlaubt eine Messung von Winkeln nach Graden. Sein Messbereich beträgt 180°. Der Anzeigewert entspricht nicht immer dem Messwert. Oft muss der Messwert erst errechnet werden.

Universalwinkelmesser (Bild 3). Seine Hauptskale ist in vier Sektoren mit je 90° eingeteilt. Zwei Noniusskalen liegen rechts und links von einem Nullstrich. Jede Noniusskale hat 23°, die in 12 Teile geteilt sind; dies ermöglicht eine Ablesung bis zu 5 Winkelminuten. Der bewegliche Schenkel wird auf den zu messenden Winkel eingestellt.

> **Ablesen des Universalwinkelmessers.** An der Hauptskale werden von 0° ausgehend bis zum Nullstrich des Nonius die Grade abgezählt. Danach liest man in der gleichen Ablesrichtung am Nonius die Winkelminuten ab.

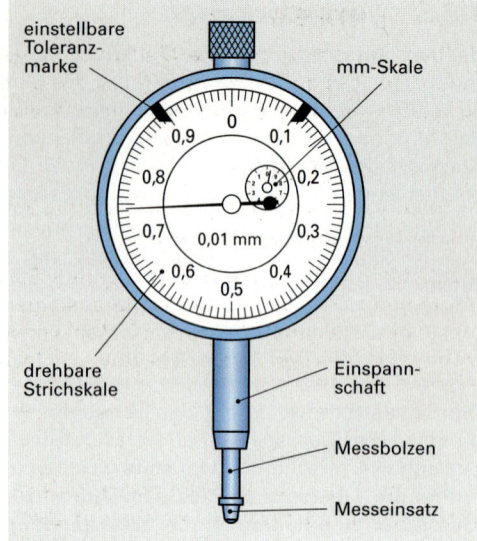

Bild 1: Messuhr

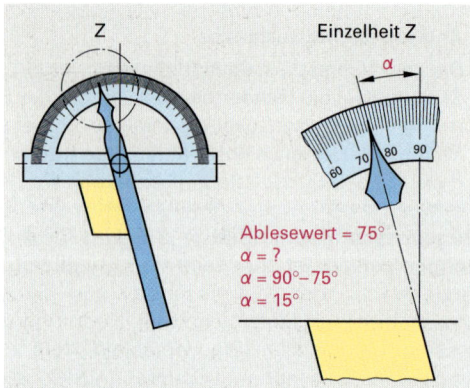

Bild 2: Einfacher Winkelmesser

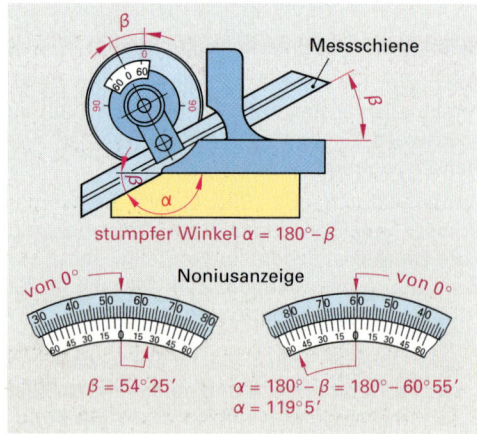

Bild 3: Universalwinkelmesser

1.3 Lehren

Lehren sind Prüfmittel, die Maß oder Form, zuweilen auch Maß und Form des zu prüfenden Werkstückes verkörpern. Beim Prüfvorgang werden an den Lehren keine Teile verschoben.

1.3.1 Maßlehren

Maßlehren sind Draht- und Blechlehre (**Bild 1**), Bohrungslehre, Fühlerlehre und Parallelendmaße.

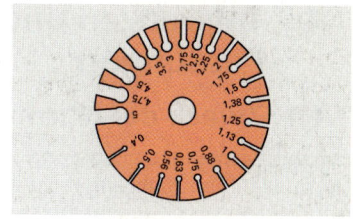

Bild 1: Blechlehre

Fühlerlehre (Bild 2). Sie besitzt mehrere Stahlzungen, die in ihrer Dicke von z. B. 0,05 mm bis 1 mm ansteigen. Jede Stahlzunge ist mit ihrem Nennmaß beschriftet. Man verwendet die Fühlerlehre z.B. zum Prüfen des Spiels bei Lagern, Kolben, Ventilen und Schlittenführungen.

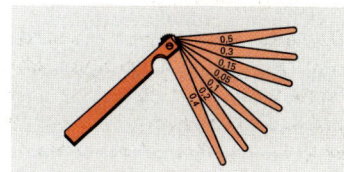

Bild 2: Fühlerlehre

1.3.2 Formlehren

Mit Formlehren wie Radienlehre, Winkellehre, Haarlineal prüft man im Lichtspaltverfahren die Form von Radien, Profilen, Winkeln und die Ebenheit von Flächen. Der Lichtspalt soll möglichst klein sein.

Radienlehren (Bild 3) verwendet man zum Prüfen von Bögen an Werkstücken. Sie bestehen meist aus Sätzen von Stahlblättchen mit verschiedenen konkaven und konvexen Bögen.

Winkellehren. Sie verkörpern die Form eines festen Winkels. Man verwendet Flach-, Anschlag- oder Haarwinkel.

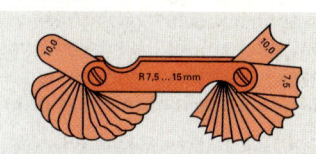

Bild 3: Radienlehre

1.3.3 Grenzlehren

Man unterscheidet Grenzlehrdorne und Grenzrachenlehren. Sie haben eine Gut- und eine Ausschussseite; zum besseren Erkennen hat die Ausschussseite einen roten Farbanstrich.

Grenzlehrdorn (Bild 4). Er dient zum Prüfen von Bohrungen. Das Maß der Gutseite entspricht dem Mindestmaß der Bohrung, das der Ausschussseite ihrem Höchstmaß. Gleichzeitig ist auf der Ausschussseite der Messzylinder etwas kürzer.

Grenzrachenlehre (Bild 4). Mit ihr werden Wellen geprüft. Das Maß der Gutseite entspricht dem Höchstmaß der Welle, das der Ausschussseite ihrem Mindestmaß. An der Ausschussseite ist die Lehre angeschrägt, damit beim Prüfen keine Riefen entstehen.

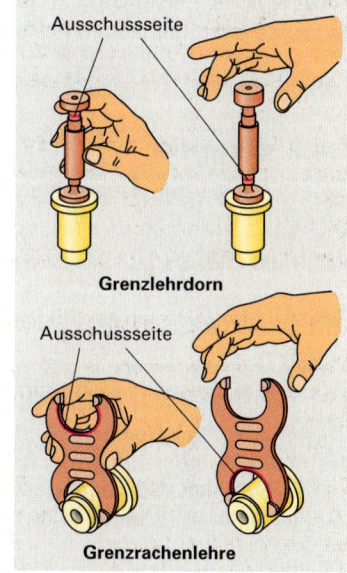

Bild 4: Handhabung von Grenzlehren

> **ARBEITSREGELN**
> - Lehrdorn niemals in die Bohrung einführen, wenn das Werkstück noch warm ist.
> - Rachenlehren bzw. Lehrdorne dürfen nicht über- bzw. in das Werkstück gepresst werden.
> - Grenzrachenlehre vorsichtig ansetzen. Sie soll nur durch ihr Gewicht über das Werkzeug gleiten.

WIEDERHOLUNGSFRAGEN

1. Worin unterscheiden sich Messen und Lehren?
2. Wodurch können Messabweichungen auftreten?
3. Wie können Parallaxefehler entstehen?
4. Was ist eine Maßverkörperung?
5. Wie liest man den Nonius ab?
6. Wie liest man die Messschraube ab?
7. Wozu hat die Messschraube eine Kupplung?
8. Wozu verwendet man Messuhren?

1.4 Toleranzen und Passungen

1.4.1 Zweck der Normung

Bei der maschinellen Fertigung von Werkstücken, Normteilen und Halbzeugen ist es aus fertigungstechnischen und wirtschaftlichen Gründen möglich, das in der Zeichnung verlangte Konstruktionsmaß absolut genau einzuhalten. Es gilt für jegliche maschinelle Fertigung:

> Die Genauigkeitanforderung an das Werkstück soll nur so hoch sein, daß es seine Funktion erfüllen kann.

Um die Funktion des Werkstückes sicherzustellen, muss es so gefertigt werden, dass das tatsächliche Maß zwischen zwei Grenzmaßen, dem Höchstmaß und dem Mindestmaß, liegt. Der Bereich zwischen den beiden Grenzmaßen wird als Toleranzfeld bezeichnet (**Bild 1**).

Liegt das gefertigte Werkstück innerhalb des Toleranzfeldes, so ist das Werkstück „Gut". Liegt es außerhalb des Toleranzfeldes, so muss geprüft werden, ob es nachgearbeitet werden kann, z. B. durch weitere Spanabnahme; andernfalls ist es „Ausschuss".

1.4.2 Begriffe

Die in ( ) gesetzten Kurzzeichen für die Bezeichnungen sind nicht genormt.

Nennmaß *(N)*. Es ist das in der Konstruktionszeichnung angegebene Maß, auf das die Grenzabmaße bezogen werden (**Bild 1**).

Istmaß *(I)*. Es ist das am fertigen Werkstück durch Messung festgestellte Maß (**Bild 1**).

Grenzmaße. Das **Höchstmaß** *(H)* und das **Mindestmaß** *(M)* an einem Werkstück sind die Grenzmaße. Zwischen den zugelassenen Grenzmaßen muß das **Istmaß** *(I)* liegen (**Bild 1**).

Nulllinie *(NL)*. Sie ist die Bezugslinie für das Nennmaß (**Bild 1**).

Abmaße. Man versteht darunter die Differenz zwischen den jeweiligen Grenzabmaßen und dem Nennmaß bzw. zwischen dem Istmaß und dem Nennmaß. Grenzmaße sind das obere Abmaß und das untere Abmaß. Die Abmaße für Wellen werden mit den Kleinbuchstaben *es* und *ei* und die Abmaße für Bohrungen mit den Großbuchstaben *ES* und *EI* bezeichnet (**Bild 1**).

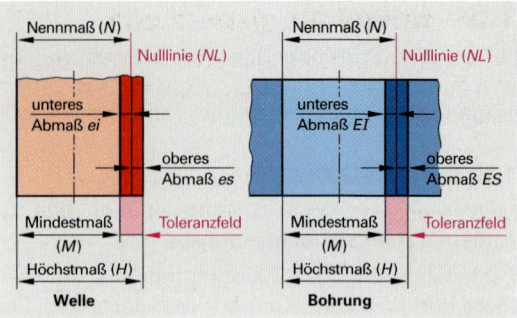

Bild 1: Begriffe

Oberes Abmaß *ES* **bzw.** *es*.* Es ist die jeweilige Differenz zwischen dem Höchstmaß und dem Nennmaß.

Unteres Abmaß *EI* **bzw.** *ei***. Es ist die jeweilige Differenz zwischen dem Mindestmaß und dem Nennmaß.

Maßtoleranz, Toleranz *(T)*. Sie ist die zulässige Abweichung vom Nennmaß. Man ermittelt sie als Differenz zwischen dem oberen Abmaß ES, es und dem unteren Abmaß EI, ei.

Toleranzfeld. Es ist die grafische Darstellung der Toleranz. Es wird gekennzeichnet durch die Größe der Toleranz (Höchst- und Mindestmaß) und deren Lage zur Nulllinie. Dabei ergeben sich vier Möglichkeiten der Lage der Toleranzen zur Nulllinie (**Bild 2a bis 2d**):
– beide Grenzabmaße sind positiv (2a)
– beide Grenzabmaße sind negativ (2b)
– die Grenzabmaße haben verschiedene Vorzeichen (2c)
– ein Grenzabmaß ist Null, das andere Negativ oder positiv (2d).

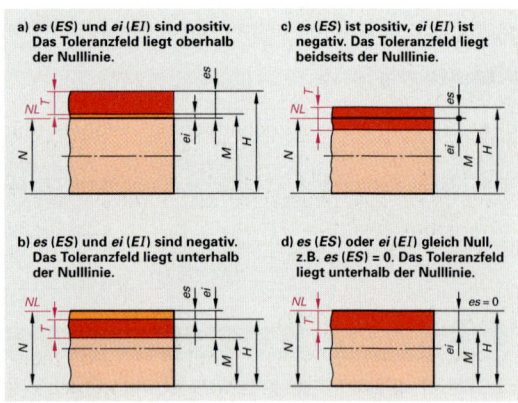

Bild 2: Lage des Toleranzfeldes zur Nulllinie

---

* ES bzw. es **E**cart **S**upérieur (franz.) Oberes Abmaß
** EI bzw. ei **E**cart **I**nférieur (franz.) Unteres Abmaß

1.4.3 Anwendungsbereiche

Das ISO-System für Grenzmaße und Passungen gilt für folgende Passungsformen an Werkstücken (**Bild 1**)

- **Flachpassungen**. Es handelt sich um ebene Werkstücke mit parallelen Passflächen, z. B. zwischen Nut und Feder (**Bild 1a**).
- **Kreiszylinderpassung**. Es handelt sich um zylindrische Werkstücke mit kreisförmigem Querschnitt, z. B. zwischen Welle und Bohrung (**Bild 1 b**).

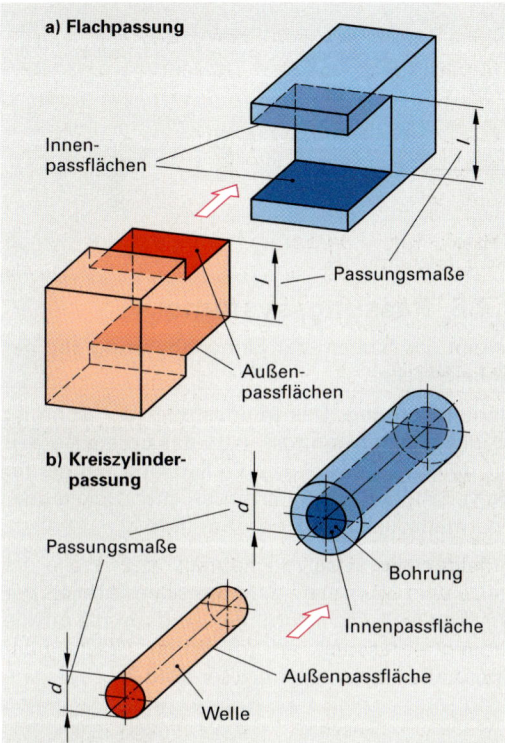

Bild 1: Passungsformen

ISO ist das Kurzzeichen für **I**nternational **S**tandardizing **O**rganisation. Sie ist die internationale Normenorganisation. ISO-Normen sind international gültig.

1.4.4 Passungen

Werden Welle und Bohrung mit gleichem Nennmaß und jeweilig dazugehörigem Toleranzfeld miteinander gefügt, so können aufgrund der Lage der Toleranzfelder folgende Passungen entstehen:
- Spielpassung
- Übermaßpassung
- Übergangspassung.

Zwei zu einer Passung gehörende Passteile haben das gleiche Nennmaß.
Als Passung bezeichnet man den Maßunterschied zwischen dem Maß der Innenpassfläche und dem Maß der Außenpassfläche vor dem Fügen.

Spielpassung. Die Bohrung und die Welle haben nach dem Fügen stets ein Spiel. Das Mindestmaß der Bohrung ist größer, im Grenzfall gleich dem Höchstmaß der Welle (**Bild 2**).

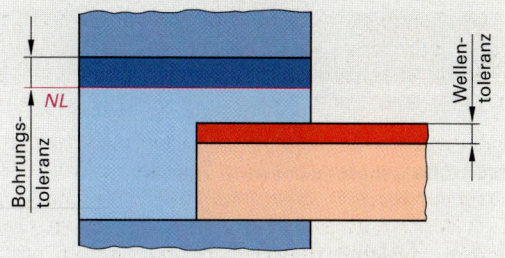

Bild 2: Spielpassungen

Mindestspiel. Es ergibt sich aus der Differenz zwischen dem Mindestmaß der Bohrung und dem Höchstmaß der Welle.
Höchstspiel. Es ergibt sich aus der Differenz zwischen dem Höchstmaß der Bohrung und dem Mindestmaß der Welle.

Eine Spielpassung liegt vor, wenn der Maßunterschied positiv ist.

Übermaßpassung. Beim Fügen von Bohrung und Welle besteht ein Übermaß. Das Höchstmaß der Bohrung ist kleiner oder im Grenzfall gleich dem Mindestmaß der Welle (**Bild 3**).

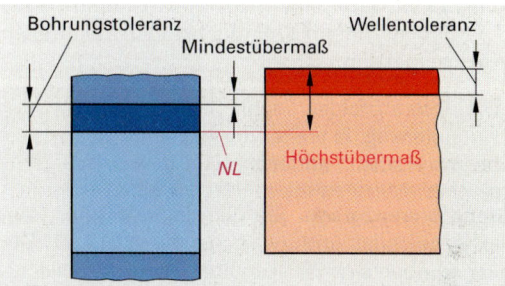

Bild 3: Übermaßpassung

Mindestübermaß. Es ist die Differenz zwischen dem Höchstmaß der Bohrung und dem Mindestmaß der Welle vor dem Fügen.
Höchstübermaß. Es ist die Differenz zwischen dem Mindestmaß der Bohrung und dem Höchstmaß der Welle vor dem Fügen.

Eine Übermaßpassung liegt vor, wenn der Maßunterschied negativ ist.

Übergangspassung. Bohrung und Welle haben nach dem Fügen innerhalb der Toleranzfelder entweder Spiel oder Übermaß **(Bild 1)**.

Eine Übergangspassung liegt vor, wenn sowohl eine Spielpassung als auch eine Übermaßpassung auftreten kann.

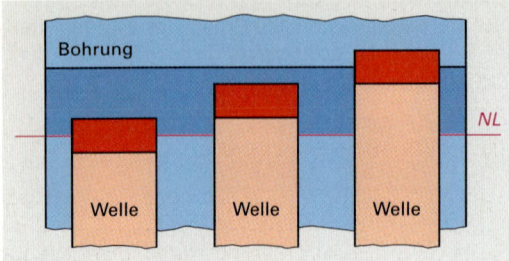

Bild 1: Übergangspassungen

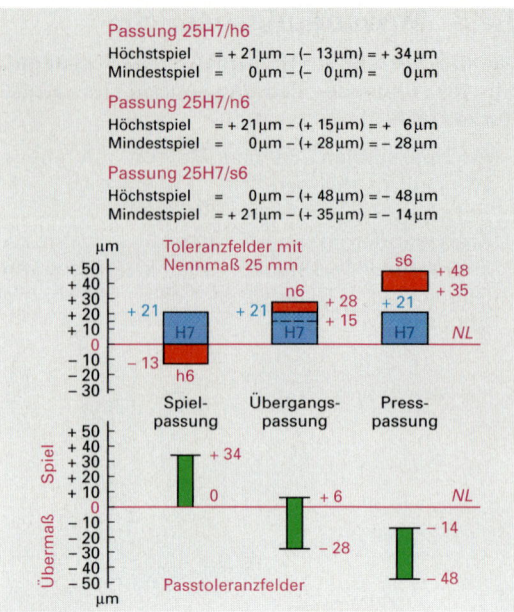

Bild 2: Toleranzfelder

1.4.5 Toleranzangaben

Toleranzangaben durch Grenzabmaße

Toleranzen können frei gewählt werden. Die Abmaße werden in der Konstruktonszeichnung hinter das Nennmaß gesetzt.
Meistens wird das obere Abmaß, ohne Rücksicht auf das Vorzeichen, höher, das untere Abmaß tiefer als das Nennmaß gesetzt, z. B. $80^{+0,6}_{-0,2}$.

Toleranzangabe durch ISO-Toleranzen

ISO-Toleranzen werden durch Buchstaben und Zahlen gekennzeichnet.

Toleranzfeldlage. Die Lage des Toleranzfeldes zur Nulllinie wird mit einem Großbuchstaben (A bis ZC) oder mit einem Kleinbuchstaben für Wellen (a bis zc) gekennzeichnet.

Die Toleranzfelder liegen um so weiter von Nulllinie weg, je weiter der jeweilige Buchstabe von H bzw. h entfernt ist.

Grundtoleranzgrade. Sie werden mit einer Zahl gekennzeichnet und zwar mit 01, 0, 1...18. Daraus ergeben sich 20 Grundtoleranzgrade. Mit zunehmender Zahl wird das Toleranzfeld größer, d. h. die Anforderung an die Fertigungsgenauigkeit nimmt ab **(Bild 2)**.

Die Fertigungsgenauigkeit ist um so größer, je kleiner die Zahl für den Grundtoleranzgrad ist.

Die Toleranzangabe besteht aus dem Nennmaß und dem ISO-Kurzzeichen, das aus Buchstaben und Zahlen besteht, z.B. Bohrung 25 H7; Welle 25 n6; Passung 25 H7/n6 oder 25 $\frac{H7}{n6}$.

1.4.6 Passungssysteme

Es gibt das System der **Einheitsbohrung** und der **Einheitswelle**.

Einheitsbohrung. Das Mindestmaß der Bohrung ist gleich dem Nennmaß, d. h. das untere Abmaß der Bohrung ist Null. Die Wellen sind um die für die verlangte Passung erforderlichen Spiele oder Übermaße kleiner oder größer **(Bild 3)**.

Einheitswelle. Das Höchstmaß der Welle ist gleich dem Nennmaß, d. h. das obere Abmaß der Welle ist Null. Die Bohrungen sind um die für die verlangte Passung erforderlichen Spiele oder Übermaße kleiner oder größer **(Bild 3)**.

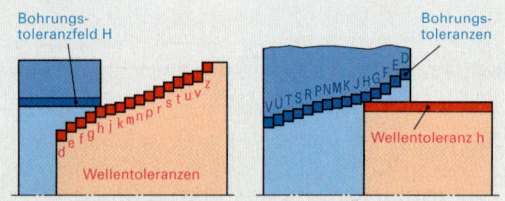

Bild 3: Passungssysteme

> **WIEDERHOLUNGSFRAGEN**
>
> 1. Was versteht man unter den Begriffen Nennmaß, Nulllinie und Istmaß?
> 2. Erklären Sie die Begriffe Grenzabmaß und Toleranz.
> 3. Wie setzt sich das ISO-Toleranzkurzzeichen zusammen?
> 4. Von welchen Größen ist die Toleranz abhängig?
> 5. Was versteht man unter Spiel und Übermaß?

1.5 Anreißen

Beim Anreißen werden die Maße der Zeichnung auf das zu bearbeitende Werkstück übertragen.

- Anrisse müssen gut sichtbar sein
- Maße müssen genau übertragen werden
- Oberflächen dürfen nicht beschädigt werden.

Die **Reißnadel** aus Stahl oder Messing dient zum Ziehen der Risslinien **(Bild 1)**.

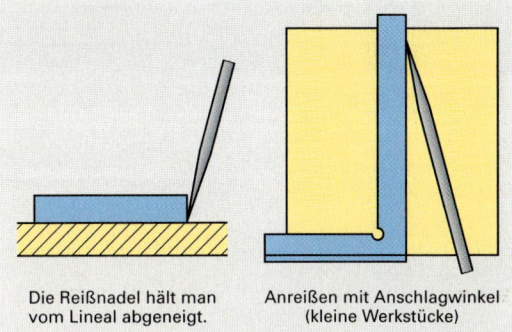

Bild 1: Anreißen mit der Reißnadel

Reißnadeln aus Messing verwendet man zum Anreißen auf verzunderten Blechen, bei sehr harten Werkstoffen und bei Oberflächen, die durch Anrisse nicht beschädigt werden dürfen. Leichtmetallbleche werden an Biegekanten mit dem Bleistift angerissen, um Kerbwirkung zu vermeiden, die beim anschließenden Biegen zum Bruch führen können.

Spitzzirkel (Bild 2) und **Stangenzirkel (Bild 2)** benützt man zum Übertragen von Maßen zum Anreißen von Kreisen und zum Antragen von gleichen Teilstrecken.

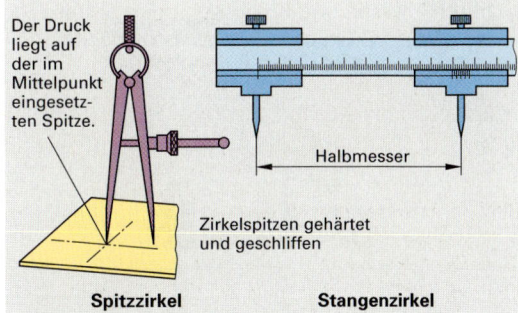

Bild 2: Spitzzirkel und Stangenzirkel

Höhenreißer. Mit ihm können Linien in beliebiger Höhe parallel zur Anreißplatte gezogen werden. Die Höheneinstellung erfolgt am Maßstab mit Feineinstellung **(Bild 3)**.

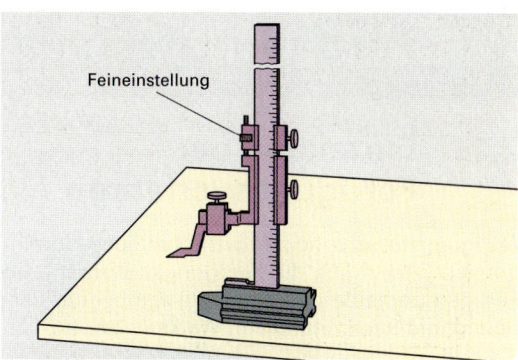

Bild 3: Höhenreißer mit Strichskale

Beim **Parallelreißer** ist zur Höheneinstellung ein zusätzliches Standmaß erforderlich.
Weitere für das Anreißen notwendige Werkzeuge sind **Stahlmaßstäbe, Anschlagwinkel, Gehrungswinkel, Flachwinkel** und **Lineale**. Den Mittelpunkt von runden Scheiben und Wellen bestimmt man mit Zentrierwinkeln oder Zentrierglocken.
Um auf blanken Stahlflächen Risslinien besser sichtbar zu machen kann man sie mit Anreißlack oder Kupfervitriol bestreichen. Dunkle Werkstoffe kann man mit Kreide weißen.

Der **Körner (Bild 4)** wird zum Ankörnen von Mittelpunkten und Risslinien verwendet. Nach der Bearbeitung sollen die Kontrollpunkte noch zur Hälfte sichtbar sein.

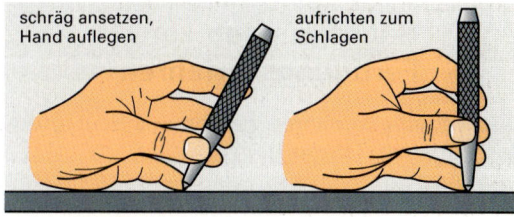

Bild 4: Anwendung des Körners

ARBEITSREGELN

- Die Reißnadel ist im Parallelreißer so kurz wie möglich einzuspannen.
- Die Anreißplatte darf nicht zum Richten von Werkstücken verwendet werden.
- Der Körner ist schräg anzusetzen, damit der Mittelpunkt sichtbar wird; beim Ankörnen ist er senkrecht zu stellen.

WIEDERHOLUNGSFRAGEN

1. Welche Aufgabe hat das Anreißen?
2. Welches sind die wichtigsten Werkzeuge zum Anreißen?
3. Welchen Vorteil haben Reißnadeln aus Messing?
4. Warum darf die Anreißplatte nicht zum Richten von Werkstücken verwendet werden?

2 Fertigungstechnik

2.1 Einteilung der Fertigungsverfahren

Fertigungstechnische und wirtschaftliche Überlegungen bestimmen die Fertigungsverfahren, die Fertigungsabläufe und Arbeitsgänge bei der Fertigung und Bearbeitung von Werkstücken.

> In der Fertigung sind alle Arbeitsvorgänge zusammengefasst, die ein Werkstück vom Rohzustand in einen planmäßig bestimmten Fertigzustand überführen. Das Werkstück befindet sich vor jedem Arbeitsvorgang im Ausgangszustand, danach im Endzustand.

Mit unterschiedlichen Fertigungsverfahren kann ein für die Herstellung eines Werkstückes erforderlicher Werkstoffzusammenhalt erst geschaffen oder, wenn schon vorhanden, vermindert oder vermehrt werden oder die Form eines Werkstückes oder die Stoffeigenschaften von Werkstoffen verändert werden.

2.1.1 Hauptgruppen von Fertigungsverfahren

Die Fertigungsverfahren werden in 6 Hauptgruppen eingeteilt (**Tabelle 1**).

Bei den einzelnen Fertigungsverfahren können Zusammenhalt (Stoffeigenschaft) und Form des Werkstoffes geschaffen, geändert, beibehalten, vermehrt oder vermindert werden.

- **Zusammenhalt schaffen** bedeutet, daß formlose Stoffe, z. B. Pulver, Flüssigkeiten in geometrisch bestimmte feste Körper urgeformt werden, z. B. durch Pressen, Sintern, Gießen.
- **Zusammenhalt beibehalten** heißt, dass ein bereits geformtes Teil oder Werkstück bei der Fertigung umgeformt wird, z. B. durch Biegen.
- **Zusammenhalt vermindern** heißt, dass Werkstoff oder Werkstückteile in der geometrischen Form getrennt werden, z. B. durch Sägen.
- **Zusammenhalt vermehren** heißt, dass Werkstücke oder Werkstoffe hinzugefügt werden, z. B. durch Schrauben, Auftragsschweißen.

Tabelle 1: Hauptgruppen der Fertigungsverfahren

Stoffeigenschaft	Form	Fertigungsverfahren
Zusammenhalt schaffen	Form schaffen	Urformen
Zusammenhalt beibehalten	Form ändern	Umformen
Zusammenhalt vermindern	Form ändern	Trennen
Zusammenhalt vermehren	Form ändern	Fügen
Zusammenhalt vermehren	Form beibehalten	Beschichten
Zusammenhalt beibehalten vermindern vermehren	Form beibehalten	Stoffeigenschaftändern

2.1.2 Gliederung der Hauptgruppen

Urformen

Beim Urformen wird aus formlosem Stoff ein fester Körper mit einer bestimmten Form gefertigt (**Bild 1**). Die Formgebung kann abgeschlossen sein oder eine Vorstufe für weitere Fertigungsverfahren ergeben.

Der Zusammenhalt wird geschaffen aus dem
- flüssigen Zustand, z. B. durch Gießen
- teigigen oder plastischen Zustand, z. B. durch Extrudieren (Verdrängen), Spritzgießen
- pulverförmigen oder körnigen Zustand, z. B. durch Pressen und Erwärmen beim Sintern
- ionisierten Zustand durch elektrolytisches Abscheiden, z. B. durch Galvanoplastik.

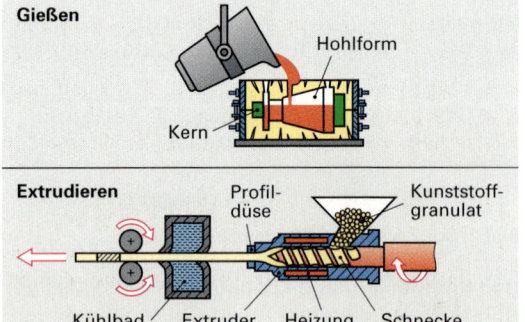

Bild 1: Urformen

Fertigungsverfahren 2 Fertigungstechnik

Umformen

Beim Umformen werden die Masse und der Zusammenhalt eines Stoffes beibehalten. Die Form eines festen Körpers (Rohling) wird durch plastisches (bildsames) Umformen verändert **(Bild 1)** durch

- Druckumformen, z.B. Freiformschmieden, Gesenkformen, Walzen
- Zugdruckumformen, z. B. Tiefziehen, Durchziehen, Drücken
- Zugumformen, z. B. Längen, Weiten, Tiefen
- Biegeumformen, z. B. Abkanten, Gesenkbiegen
- Schubumformen, z. B. Verschieben, Verdrehen.

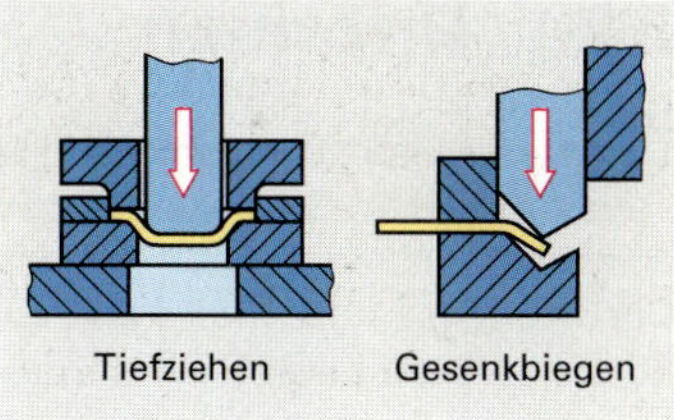

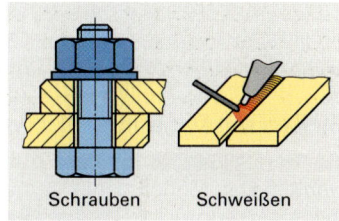

Bild 1: Umformen

Trennen

Beim Trennen wird die Form eines festen Körpers geändert **(Bild 2)**. Dabei wird der Zusammenhalt eines Stoffes örtlich aufgehoben durch

- Zerteilen, z. B. Beißschneiden, Scherschneiden, Reißen, Brechen
- Spanen mit geometrisch bestimmten Schneiden, z. B. Meißeln, oder mit geometrisch unbestimmten Schneiden, z. B. Schleifen
- Abtragen, z. B. Brennschneiden (thermisches Abtragen), Erodieren
- Zerlegen und Entleeren, z. B. Abschrauben, Auskeilen, Auspressen
- Reinigen, z. B. Bürsten, Waschen, Entfetten, Beizen
- Evakuieren, z. B. Auspumpen von Gasen aus Glühlampen.

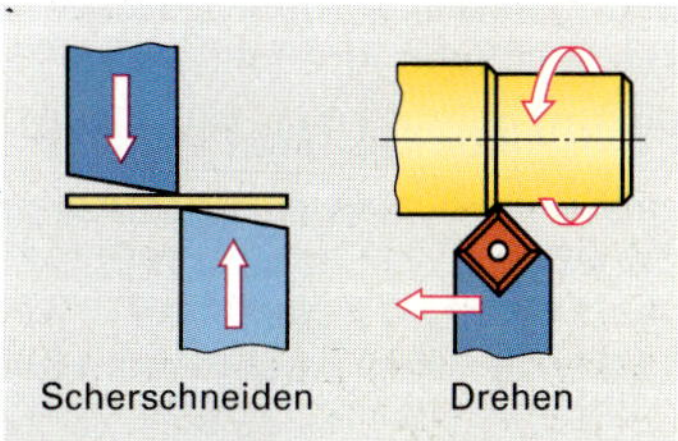

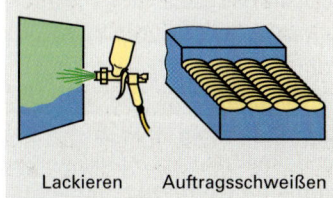

Bild 2: Trennen

Fügen

Beim Fügen werden Werkstücke verbunden **(Bild 3)** durch

- Zusammensetzen, z. B. Auflegen, Einhängen, Einrenken
- An- und Einpressen, z. B. Schrauben, Klemmen, Verspannen
- Schweißen, z. B. Schmelzschweißen, Pressschweißen
- Umformen, z. B. Bördeln, Falzen, Quetschen, Nieten
- Löten, z. B. Weichlöten, Hartlöten
- Kleben, z. B. Nasskleben, Kontaktkleben, Reaktionskleben.

Bild 3: Fügen

Beschichten

Beim Beschichten wird ein formloser Stoff als festhaftende Schicht auf ein Werkstück aufgebracht **(Bild 4)** aus dem

- gas- oder dampfförmigen Zustand, z. B. Aufdampfen
- flüssigen oder pastenförmigen Zustand, z. B. Auftragschweißen
- ionisierten Zustand, z. B. Galvanisieren (chemisches Abscheiden)
- festen oder körnigen Zustand, z. B. Wirbelsintern.

Bild 4: Beschichten

Stoffeigenschaftändern

Beim Umlagern, Aussondern oder Einbringen von Stoffteilchen werden Stoffeigenschaften von festen Stoffen geändert **(Bild 5)** durch

- Umlagern von Stoffteilchen, z. B. Härten, Anlassen
- Aussondern von Stoffteilchen, z. B. Entkohlen
- Einbringen von Stoffteilchen, z. B. Aufkohlen, Nitrieren.

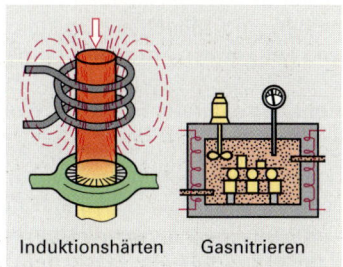

Bild 5: Stoffeigenschaftändern

> **WIEDERHOLUNGSFRAGEN**
> 1. Welche Hauptgruppen der Fertigungsverfahren gibt es?
> 2. Welche Fertigungsverfahren verändern die Form eines Werkstückes?
> 3. Welche Fertigungsverfahren schaffen einen Stoffzusammenhalt?
> 4. Nennen Sie Verfahren zur Änderung der Stoffeigenschaften.

2.2 Urformen

> Urformen (Form schaffen) ist das Fertigen eines festen Körpers aus formlosem Stoff durch Schaffen des Stoffzusammenhaltes.

Der Stoffzusammenhalt kann geschaffen werden, z.B. aus einem flüssigen Stoff beim Gießen oder einem festen Stoff beim Sintern.

2.2.1 Gießen

Beim Gießen wird ein geschmolzenes Metall in eine Form gegossen. Die Schmelze füllt die Hohlräume der Form aus. Nach Erstarren der Schmelze ist die Urform eines Werkstückes geschaffen.

Tabelle 1: Übersicht über Form- und Gießverfahren			
Gießen in verlorene Formen mit Schwerkraft	Gießen in Dauerformen mit		
	Schwerkraft	Druck	Zentrifugalkraft
Dauermodelle	ohne Modelle	ohne Modelle	ohne Modelle
Handformen Maskenformen	Kokillenguss Strangguss	Druckgießen	Schleudergießen
verlorene Modelle		Kaltkammer-verfahren	Horizontal-Schleuderguss
Feingießen Vollformgießen		Warmkammer-verfahren	Vertikal-Schleuderguss

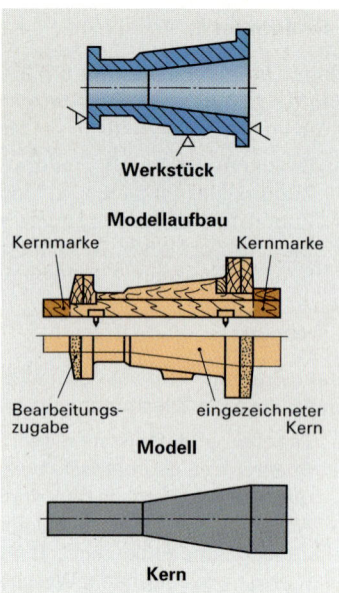

Bild 1: Modell und Kern

Gießen mit Dauermodell in verlorener Sandform

Zur Herstellung verlorener Formen werden Modelle **(Bild 1)** verwendet. Das Modell benötigt man zum Einformen der Außenkontur des Werkstückes. Unter verlorener Form versteht man eine Gießform, die nach einem Gießvorgang unbrauchbar geworden ist. Gießmetalle ziehen sich beim Abkühlen zusammen, sie „schwinden". Das Modell wird deshalb größer hergestellt (0,5% ... 2 %) als das Gussstück.

Um in einem Gussstück einen Hohlraum zu erhalten, muss in die Form ein Kern eingelegt werden. Der Kern dient zur Erstellung der Innenkontur. Er ist nach dem Gießvorgang unbrauchbar (verloren).

Zum Einformen **(Bild 2)** des zweiteiligen Modells werden untere Modellhälfte und Unterkasten auf das Modellbrett gelegt und mit Formstoff (Formsand) aufgefüllt. Dieser wird durch Stampfen verdichtet. Nach Umdrehen des Unterkastens wird der Oberkasten aufgesetzt. Nach Aufsetzen der oberen Modellhälfte werden Modelle für Einguss und Speiser gelegt, Formstoff eingefüllt und festgestampft. Nach Abheben des Oberkastens werden beide Modellhälften und Modellteile entnommen. Danach werden Anschnitte und Lauf in den Formstoff eingeschnitten und der Kern eingelegt. Beim Zusammensetzen von Ober- und Unterkasten entsteht ein Hohlraum, der der Form des Werkstückes entspricht.

Das Füllen der Form erfolgt durch den Einguss. Speiser lassen beim Füllen die Luft entweichen. Durch die großen Speiserquerschnitte kann beim Abkühlen flüssiges Metall in das erstarrende Werkstück nachfließen, dadurch werden Schwindungshohlräume (Lunker) vermieden. Nach dem Abkühlen wird die Form zerstört und das Gussstück entnommen.

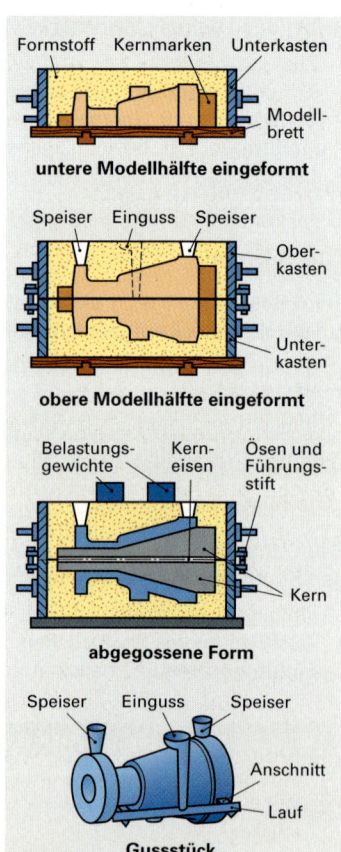

Bild 2: Kastenformerei

Urformen 2 Fertigungstechnik

Druckgießen

> Beim Druckgießen wird Metall in flüssigem oder teigigem Zustand unter hohem Druck schnell in eine Dauerform (Stahlform) gedrückt.

Nichteisen-Schwermetalllegierungen z. B. Feinzink-Gusslegierungen und Leichtmetalllegierungen z. B. Aluminium- oder Magnesium-Gusslegierungen werden vielfach durch Druckgießen vergossen. Die Gießdrücke betragen je nach Verfahren 100 bar ... 2 500 bar.

Beim Druckgießen im Warmkammerverfahren befindet sich die Druckkammer in der Schmelze, beim Kaltkammerverfahren (**Bild 1**) wird die Schmelze von außerhalb in die Druckkammer gefüllt.

Vorteile des Druckgießens
– Abgüsse mit größter Maßgenauigkeit
– Herstellung von Fertigteilen möglich, da Bohrungen und Gewinde eingegossen werden können. Nur Grate und Einguss entfernen.

Feingießen (Modellausschmelzverfahren)

> Feingießen ist ein Gießen mit verlorenen (ausgeschmolzenen) Modellen in einer verlorenen einteiligen Form.

Nach einem Mustermodell werden Modelle aus einem niedrig schmelzenden Wachs oder Kunststoff gefertigt und zu einer „Modelltraube" (**Bild 2**) zusammengesetzt. Die „Modelltraube" wird mehrmalig in einen Keramikbrei getaucht, mit Keramikpulver bestreut und danach getrocknet. Zur Erhöhung der Festigkeit wird die Gießform (Keramikschale) bei etwa 1 000°C gebrannt. Die Modelle schmelzen dabei aus und bilden die Hohlräume zum Ausgießen.

Vorteile des Feingießens
– Fast alle Werkstoffe vergießbar, auch schwer zerspanbare Metalle
– für kleinste Teile und geringe Wandstärken geeignet
– sehr hohe Maßgenauigkeit und hohe Oberflächengüte, gratfrei
– Gießen von Fertigteilen möglich, Nacharbeiten nur an Passflächen
– Herstellung komplizierter Teile mit Hinterschneidungen möglich.

Schleudergießen

> Die Schmelze wird in eine schnell umlaufende Dauerform (Kokille) gegossen und durch die Zentrifugalkraft an die Innenwände der Form geschleudert, wo sie erstarrt.

Horizontal-Schleudergießen dient vor allem zur Erzeugung von Hohlkörpern z. B. Rohre, Kolbenringe, Ringträger.

Vertikal-Schleudergießen (Bild 3) dient zur Herstellung niedriger Werkstücke z. B. Zahnräder, Riemenscheiben.

Vorteile des Schleudergießens
– Fliehkraft bewirkt verdichtetes Gefüge und höhere Festigkeit
– Gefüge ist frei von Gasblasen, Lunkern und Verunreinigungen, die eine geringere Dichte als die Schmelze haben.

Kokillenguss

> Die Schmelze wird in Metalldauerformen (Kokillen) gegossen, wobei die Füllung durch Schwerkraft erfolgt.

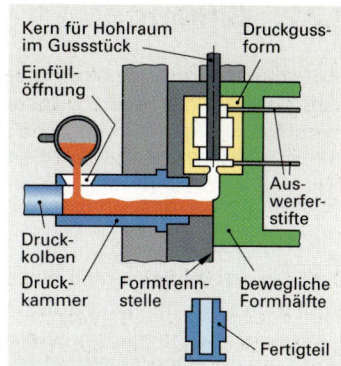

Bild 1: Druckgießen

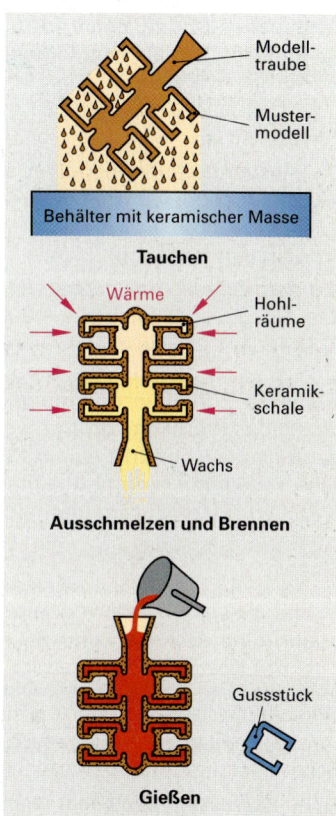

Bild 2: Feingießen

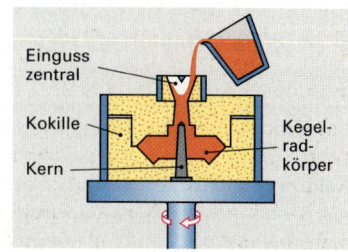

Bild 3: Schleudergießen

2.2.2 Sintern

Die Herstellung von Sinterteilen ist ein Urformen von Werkstücken aus dem festen Zustand von Stoffen durch Pressen von Werkstoffpulvern und nachfolgendem Sintern.

Herstellung von Sinterteilen (Bild 1)

Pulverherstellung
Die Ausgangsstoffe werden pulverisiert z. B. durch Zerstäuben einer Metallschmelze mit Druckluft. Ausgangsstoffe sind z. B. Metall-, Metallcarbid-, Metalloxid-, Graphit- und Kunstharzpulver. Carbide sind Verbindungen eines Metalls mit Kohlenstoff. Die gewünschten Eigenschaften der Sinterteile werden vor allem bestimmt durch die auf den Verwendungszweck jeweils abgestimmten Mischungen aus den pulverförmigen und teilweise körnigen Bestandteilen. Um das nachfolgende Pressen zu erleichtern, können Gleitmittel (z.B. Stearin) zugegeben werden.

Pulvermischen
Die Ausgangsstoffe in pulverförmigem oder körnigem Zustand werden in der gewünschten Zusammensetzung gemischt.

Pressen (Formgebung)
Die gemischten Ausgangsstoffe werden in einer Form unter hohem Druck von 2 000 bar ... 8 000 bar bis auf etwa 20% ... 50% des Ausgangsvolumens zusammengepresst. Je nach Pressdruck vergrößern sich dadurch die Berührungsflächen der Pulverteilchen, wobei der Porenraum kleiner wird und die Raumerfüllung und die Dichte des Presslings größer werden. An den Berührungspunkten der Pulverteilchen tritt eine Kaltverfestigung ein. Durch mechanische Verklammerung und Adhäsion der Pulverteilchen erhält der Pressling seinen Zusammenhalt.

Sintern

Sintern ist ein Glühen von gepressten Metallpulverteilchen, bei dem durch Diffusion und Rekristallisation ein zusammenhängendes Kristallgefüge entsteht.

Beim Sintern erhält der Pressling seine endgültige Festigkeit durch Glühen der Metallpulverteilchen unter Schutzgaseinfluss oder im Vakuum. Dabei tritt eine Diffusion ein, d. h. die Atome wandern in benachbarte Pulverteilchen. An den kalt verfestigten Berührungsstellen kommt es zu einer Rekristallisation (Kristallneubildung). Die Sintertemperatur liegt etwas unterhalb der Schmelztemperatur des Hauptbestandteils der Pulvermischung. Das Sintern kann auch schon während des Pressens erfolgen (Heißpressen). Werkstücke, die besonders hohe Dichte und Festigkeit haben sollen, werden nach dem Sintern nochmals nachgepresst und nachgesintert (Doppelpressen, Nachsintern).

Kalibrieren (Nachbehandlung)
Bei höheren Ansprüchen an Maßgenauigkeit und Oberflächengüte werden die Sinterteile nach dem Sintern bei einem Druck von etwa 1 000 bar nachgepresst (kalibriert).

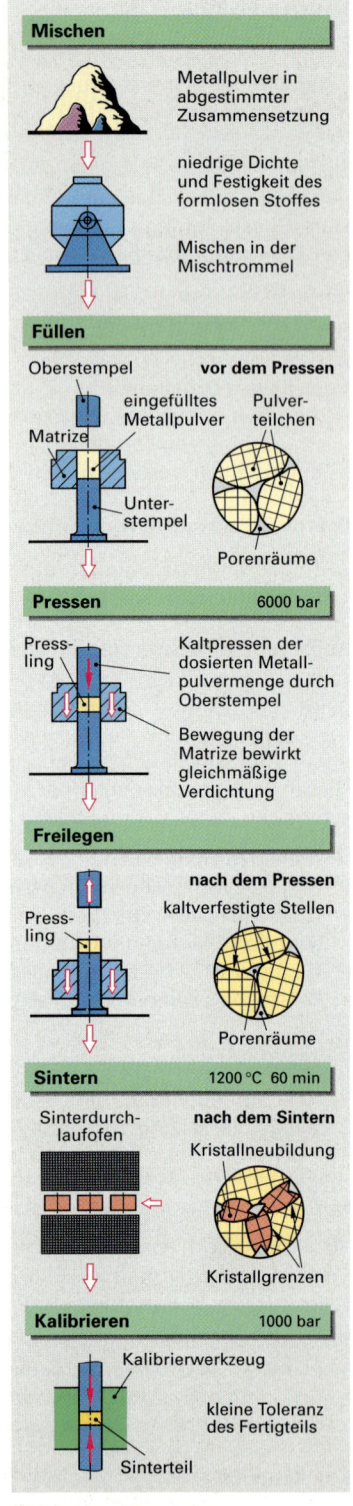

Bild 1: Vorgänge beim Einfachpressen, Sintern und Kalibrieren

Arten der Sinterwerkstoffe

Poröse Sinterwerkstoffe werden für Filter und selbstschmierende Gleitlager (**Bild 1**) verwendet. Ausgangsstoffe sind Reinsteisen- oder Eisen-Kupfer-Zinn-Legierungen. Sintergleitlager werden mit Öl getränkt oder erhalten eine Schmierstoffreserve durch Fett. Sie sind wartungsfrei und haben gute Lauf- und Notlaufeigenschaften.
Verwendung z. B. Lagerbuchsen von Startern und Wasserpumpen.

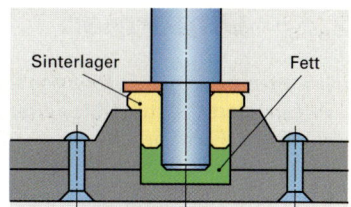
Bild 1: Wartungsfreies Sintergleitlager

Hochporöse Sinterwerkstoffe werden wegen ihrer niedrigen Raumerfüllung und ihres großen Porenvolumens bis 27% als Filter verwendet.

Sinterreibstoffe enthalten u. a. CuSn-, Pb- und Graphitbestandteile und mineralische Zusätze. Sie sind verschleißfest und haben eine gute Wärmeleitfähigkeit und Temperaturbeständigkeit.
Verwendung z. B. für Beläge für Kupplungen und Bremsen.

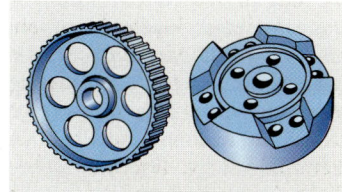
Bild 2: Zahnriemenrad, Stoßdämpferkolben

Sinterwerkstoffe für Formteile haben als Ausgangsstoffe Eisen-, Gusseisen- oder Stahlpulver (Sintereisen, Sinterstahl), zu denen noch Legierungsmetallpulver zugegeben werden können. Eine Wärmebehandlung wird vielfach bei Sintereisen und Sinterstahl durchgeführt. Kohlenstoffhaltige Sinterstähle können gehärtet und eventuell angelassen werden.
Verwendung z. B. für Zahnriemenräder, Stoßdämpferkolben (**Bild 2**).

Gesinterte Hartmetalle sind Verbundwerkstoffe. Als Ausgangsstoffe dienen in der Hauptsache Wolfram-, Titan- und Tantalcarbid; als Bindemittel wird wegen seines niedrigen Schmelzpunktes Kobalt zugegeben. Hartmetalle sind meist spröde, stoßempfindlich und bis 900°C schneidhaltig.
Verwendung z. B. für Schneidstoffe, Verschleißteile.

Bild 3: Wendeschneidplättchen aus Oxidkeramik

Oxidkeramische Schneidstoffe sind Verbundwerkstoffe und bestehen hauptsächlich aus Edelkorund (Al_2O_3), dem Metalloxide (MgO, ZrO_2, Carbid (TiC) und keramische Bindemittel beigemischt sind. Wendeschneidplättchen (**Bild 3**) ermöglichen wegen ihrer großen Härte und Verschleißfestigkeit die Bearbeitung sehr harter Werkstoffe.

Dauermagnetwerkstoffe werden durch Sintern aus Eisen, Aluminium, Nickel und Kobalt (ALNICO) hergestellt, z. B. für Starter.

Sinterschmiedeteile (Bild 4). Aus legierten Stahlpulvern werden gesinterte Vorformteile im Schmiedewerkzeug in ihre Endform gebracht. Wegen des gleichmäßigeren Gefüges besitzen sie bessere mechanische Eigenschaften als Gesenkschmiedeteile.

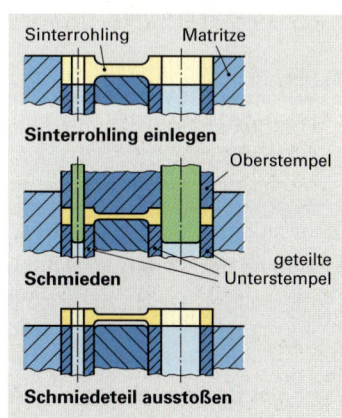
Bild 4: Sinterschmieden einer Pleuelstange

Vorteile von gesinterten Werkstücken
- Herstellung einbaufertiger Teile mit engen Toleranzen
- Verbinden von Stoffen, die nicht oder nur schwer legierbar sind
- Eigenschaften beeinflussbar durch entsprechende Pulvermischung
- kostengünstige Herstellung von Massenteilen, da kein Verschleiß

WIEDERHOLUNGSFRAGEN

1. Was versteht man unter Gießen?
2. Welche Gießverfahren unterscheidet man?
3. Welche Vorteile bietet das Feingießen?
4. Welche Vorteile bietet das Druckgießen?
5. Welche Vorteile bietet das Schleudergießen?
6. Was versteht man unter Sintern?
7. Wie wird ein Sinterteil hergestellt?
8. Welche Vorteile haben gesinterte Gleitlager?

2.3 Umformen

> Umformen ist ein Fertigungsverfahren, bei dem ein plastisch verformbarer fester Körper durch Einwirkung äußerer Kräfte eine neue Form erhält.

Voraussetzung für jedes Umformen ist die plastische Verformbarkeit des Werkstoffes. Durch Einwirkung von äußeren Kräften wird das Werkstück elastisch, bei höherer Belastung plastisch verformt. Die Masse und der Zusammenhalt des Werkstoffes bleiben dabei erhalten, die Form wird jedoch geändert d. h. umgeformt.

Das Umformen erfolgt in einem Bereich über der Streckgrenze R_e und unterhalb der Zugfestigkeit R_m (**Bild 1**). Dabei tritt eine Gefügeveränderung ein, es wird verformt. Beim Erwärmen des umgeformten Werkstücks bildet sich bei der – für jeden Werkstoff charakteristischen – Rekristallisationstemperatur ein neues unverformtes Gefüge. Dadurch werden die Spannungen im Werkstück vermindert.

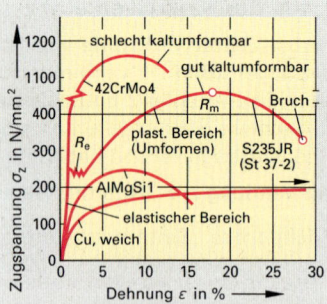

Bild 1: Umformbereiche im Spannung-Dehnung-Diagramm

Warmumformen erfolgt oberhalb der Rekristallisationstemperatur. Durch Gefügeneubildung werden Spannungen im Werkstück vermindert. Mit steigender Temperatur nimmt die Festigkeit ab, Dehnung und Verformbarkeit nehmen zu, die Umformkräfte werden kleiner.

Kaltumformen erfolgt unterhalb der Rekristallisationstemperatur, es erfolgt also keine Gefügeneubildung. Durch die teilweise großen Gefügeveränderungen ergibt sich eine Erhöhung der Festigkeit und eine Verminderung der Dehnung (Kaltverfestigung). Die Gefahr einer Rissbildung nimmt zu.

Vorteile des Umformens

- Verbesserung der Werkstoffeigenschaften, weil der Faserverlauf (**Bild 2**) erhalten bleibt und dadurch die Kerbwirkung verringert wird
- die Festigkeit kann sich beim Kaltumformen wesentlich erhöhen
- verlustarme Werkstoffverarbeitung, da die Rohteile häufig den Fertigteilen angenähert sind, wenig Abfall
- kürzere Fertigungszeiten gegenüber der spanenden Formgebung
- Möglichkeit zur Herstellung einbaufertiger Teile mit hoher Oberflächengüte und kleinen Maßtoleranzen.

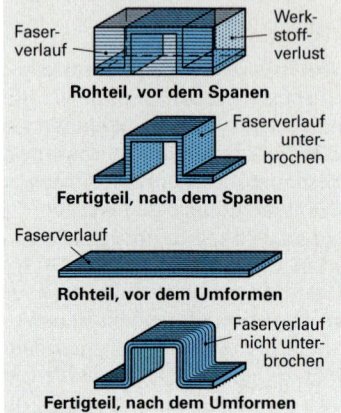

Bild 2: Faserverlauf

Einteilung der Umformverfahren

Die Einteilung kann erfolgen nach der **Temperatur** (Kalt-, Warmumformen), nach der **Werkstückform** (Massiv-, Blechumformen) und nach der **Beanspruchungsart** (**Bild 3**) beim Umformen.

Nach der Beanspruchung des Werkstückquerschnittes unterscheidet man:

- **Biegeumformen**, z. B. Abkanten, Bördeln, Sicken, Profilieren
- **Zugdruckumformen**, z. B. Tiefziehen, Drücken, Durchziehen
- **Zugumformen**, z. B. Streckrichten (**Bild 4**)
- **Schubumformen**, wobei zwei benachbarte Querschnitte des Werkstückes durch die Schubbeanspruchung gegeneinander parallel (Verschieben) oder in einem Winkel zueinander (Verdrehen, **Bild 5**) verschoben werden.
- **Druckumformen**, z. B. Freiformen (Schmieden), Walzen.

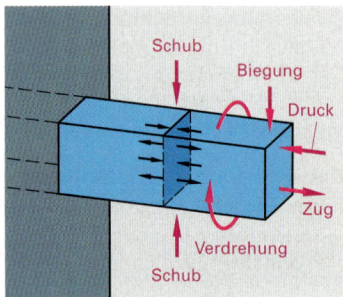

Bild 3: Beanspruchungen im Werkstückquerschnitt

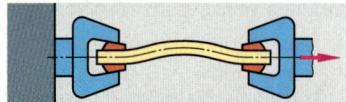

Bild 4: Zugumformen, Streckrichten

Bild 5: Schubumformen, Verdrehen

2.3.1 Biegeumformen

> Biegeumformen (Biegen) ist das Umformen eines festen Körpers, wobei der plastische Zustand im wesentlichen durch eine Biegebeanspruchung hervorgerufen wird.

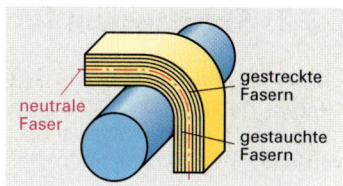
Bild 1: Faserverlauf beim Biegen

Voraussetzungen für das Biegen:
- Werkstoff muss ausreichend dehnbar sein
- Elastizitätsgrenze des Werkstoffes muss überschritten werden
- Bruchgrenze des Werkstoffes darf nicht erreicht werden.

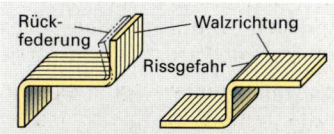
Bild 2: Walzrichtung beim Biegen

Beim Biegen soll keine wesentliche Veränderung des Werkstückquerschnittes eintreten. Der Zusammenhalt des Werkstoffes bleibt erhalten, nur ein Teil des Werkstückes, die Biegezone, wird verformt.

Biegevorgang
Beim Biegen eines Werkstücks werden die äußeren Fasern gestreckt (Zugbeanspruchung), die inneren gestaucht (Druckbeanspruchung). Zwischen beiden befindet sich eine spannungslose, neutrale Faser, deren Länge unverändert bleibt **(Bild 1)**. In Nähe der neutralen Faser ist die Verformung elastisch. Dadurch federt das Werkstück geringfügig zurück. Diese Rückfederung ist beim Biegen zu berücksichtigen. Beim Biegen von Blech ist wegen Rissgefahr auf die Walzrichtung zu achten **(Bild 2)**.

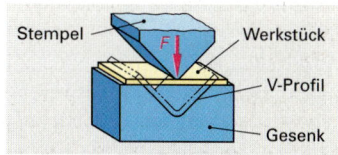
Bild 3: Gesenkbiegen

Die Biegekraft ist abhängig von:
- Dehnbarkeit des Werkstoffes
- Biegeradius
- Temperatur des Werkstoffes
- Größe und Form des Biegequerschnittes
- Lage der Biegeachse.

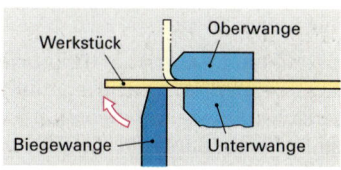
Bild 4: Schwenkbiegen

Biegeverfahren
- **Gesenkbiegen (Bild 3).** Das Werkstück wird mit einem Stempel in das Biegegesenk gedrückt.
- **Schwenkbiegen (Bild 4)** mit der Biegemaschine.
- **Abkanten (Bild 5)** ergibt einen kleinen Biegeradius.
- **Rundbiegen** mittels Biegewalzen ergibt einen großen Biegeradius.
- **Bördeln (Bild 6)** dient zum Umbiegen eines Randes an Blechen.
- **Sicken** bewirken eine Blechversteifung z. B. in Wellblechen.
- **Profilieren.** Blechstreifen erhalten beim Walzen ihre Profile.

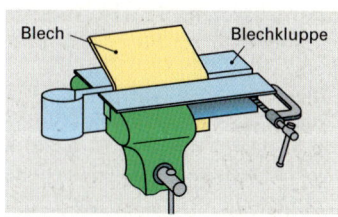
Bild 5: Abkanten

Biegen von Rohren
Beim Biegen von Rohren und anderen Hohlprofilen liegen in den meist dünnwandigen Profilen die gestreckte Zone (Zugbeanspruchung) und die gestauchte Zone (Druckbeanspruchung) sehr nahe beieinander. Durch die Verringerung des Werkstückquerschnitts kann es leicht zum Einknicken kommen. Rohre lassen sich kalt biegen, wenn sie mit trockenem Sand, Kolophonium, Blei oder einer Schraubenfeder satt ausgefüllt werden. Die Enden werden mit Holzstopfen verschlossen. Der Biegeradius soll nicht kleiner als der dreifache Rohrdurchmesser sein. Bei längsgeschweißten Rohren muss die Naht immer in die neutrale Zone gelegt werden, da sie sonst aufplatzt. Durch die seitliche Abstützung der Rohre in der Biegevorrichtung **(Bild 7)** entfällt das zeitraubende Ausfüllen der Rohre für den Biegevorgang.

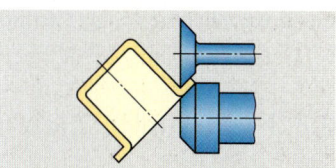
Bild 6: Bördeln

Bild 7: Rohrbiegevorrichtung

2.3.2 Zugdruckumformen

Beim Zugdruckumformen werden feste Körper umgeformt, wobei der plastische Zustand durch eine zusammengesetzte Zug- und Druckbeanspruchung herbeigeführt wird.

Zugdruckumformverfahren
- Durchziehen, z. B. Drahtziehen durch eine Ziehdüse
- Drücken, z. B. Drücken über eine rotierende Form (**Bild 1**)
- Tiefziehen.

Tiefziehen

Tiefziehen ist das Zugdruckumformen eines ebenen oder bereits vorgeformten Blechzuschnittes in einem oder mehreren Arbeitsgängen ohne beabsichtigte Veränderung der Blechdicke.

Voraussetzung für Tiefziehen ist ein fließfähiger Werkstoff wie z. B. Tiefziehblech, CuZn- (Messing) und Aluminiumbleche. Durch Tiefziehen werden Karosserie-, Fahrgestell- und Rahmenteile hergestellt.

Das Tiefziehwerkzeug (**Bild 2**) besteht aus dem Ziehstempel, Niederhalter, Ziehring und Auswerfer.

Tiefziehvorgang

Der ebene Blechzuschnitt (Ronde, **Bild 2**) wird auf den Ziehring gelegt. Dann drückt der Niederhalter auf die Ronde und klemmt sie zwischen Niederhalter und Ziehring fest. Danach zieht der Ziehstempel die Ronde in die Öffnung des Ziehrings, wobei der Werkstoff in Richtung Ziehringkante fließt. Die Umformkraft beansprucht den Werkstoff auf Zug und Druck. Der Niederhalter glättet die anfangs entstehenden Falten, wobei der überschüssige Werkstoff durch Stauchen in die Wandung des Ziehteils einfließen muss. Bei großer Ziehtiefe wird der Flansch verringert und verschwindet beim vollständigen Durchzug der Ronde. Nach Beendigung des Ziehvorganges geht der Ziehstempel zurück. Das durchgezogene Werkstück federt etwas aus und wird am Ziehring abgestreift. Bei Ziehteilen mit Flansch dient der Niederhalter als Abstreifer, der erst nach dem Ziehstempel nach oben geht und das Werkstück freigibt. Meist sind mehrere Züge zur Fertigstellung eines Ziehteiles notwendig.

Beim Tiefziehen wird durch Schmierstoffe die Reibung zwischen Blech und Ziehwerkzeug verringert, wodurch Werkzeugverschleiß und Werkstoffbeanspruchung vermindert werden.

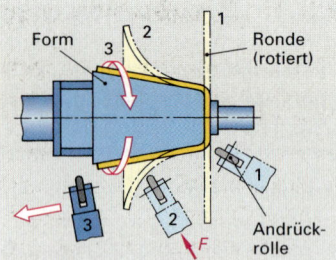

Bild 1: Außenformdrücken

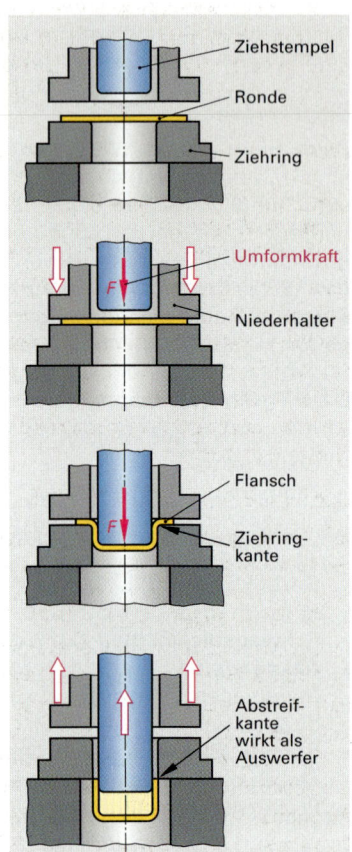

Bild 2: Tiefziehvorgang

2.3.3 Zugumformen

Zugumformen ist das Umformen eines festen Körpers, wobei der plastische Zustand hauptsächlich durch eine ein- oder mehrachsige Zugbeanspruchung herbeigeführt wird.

Beim Streckziehen (Zugumformen, **Bild 3**) wird der Blechzuschnitt fest eingespannt. Die Zugvorrichtung bewirkt die Verformung des Bleches durch Zugbeanspruchung. Durch Streckziehen werden Blechformteile mit großen Abmessungen und Krümmungen hergestellt, z. B. Beplankungen für Fahrzeuge und Omnibusaufbauten.

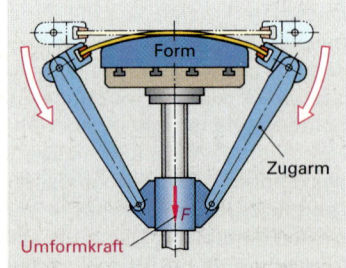

Bild 3: Streckziehen mit Kurvenzug

2.3.4 Druckumformen

Druckumformen ist das Umformen eines festen Körpers, wobei der plastische Zustand durch Druckkräfte hervorgerufen wird.

Zum Druckumformen gehören das
- **Walzen (Bild 1)**. Zwischen sich stetig oder schrittweise drehenden Walzen werden Profile, Bleche, Rohre, Drähte hergestellt.
- **Eindrücken**. Dabei dringt das Werkzeug nur an einzelnen Stellen in die Oberfläche des Werkstückes ein, z. B. Anreißen.
- **Durchdrücken**. Beim **Strangpressen (Bild 2)** werden erwärmte Werkstoffe durch eine Matrize gedrückt und zu Profilen geformt. Beim **Fließpressen (Bild 3)** werden Werkstoffe mittels Stempel und Matrize zu Voll- oder Hohlkörpern gepresst.
- **Freiformen** (Schmieden) und **Gesenkformen** (Gesenkschmieden).

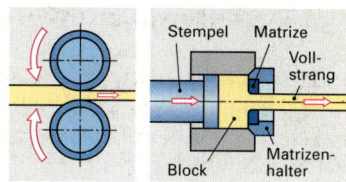
Bild 1: Walzen   Bild 2: Strangpressen

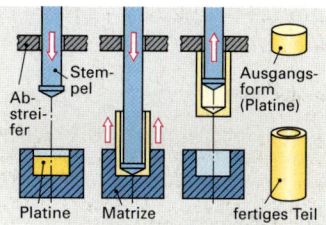
Bild 3: Rückwärts-Fließpressen

Freiformen und Gesenkformen (Schmieden)

Schmieden ist Druckumformen von warmen Metallen im plastischen Zustand.

Beim Schmieden formt man Werkstücke meist in glühendem Zustand durch Schlag oder Druck spanlos um. Durch Stauchen und Strecken des Werkstoffes wird sein Gefüge geändert. Geschmiedete Werkstücke haben einen zusammenhängenden Faserverlauf **(Bild 4)**. Das dichte Gefüge und der beanspruchungsgerechte Faserverlauf gewährleisten die hohe Festigkeit und Belastbarkeit von Schmiedestücken.

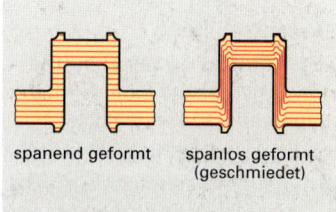
Bild 4: Faserverlauf

Schmiedbarkeit der Werkstoffe

Die wichtigsten schmiedbaren Metalle sind Stahl, Aluminium und seine Legierungen, Kupfer, CuZn- und CuSn-Legierungen. Gusseisen ist nicht schmiedbar, weil es beim Erwärmen nicht knetbar wird. Mit zunehmendem Kohlenstoffgehalt und höheren Legierungsbestandteilen nimmt die Dehnung und damit die Schmiedbarkeit der Stähle ab. Je geringer der Kohlenstoffgehalt eines unlegierten Stahles ist, desto höher muss die Schmiedetemperatur sein. Die Schmiedbarkeit von Werkstoffen ist auch abhängig von den Anfangs- und Endschmiedetemperaturen **(Bild 5)**, die nicht über- bzw. unterschritten werden dürfen. Beim Formen im Bereich der angegebenen Temperaturen wird das Gefüge dicht und fein und die Festigkeit hoch. Erwärmt man über die Anfangstemperatur hinaus und hält das Werkstück längere Zeit auf dieser Temperatur, wird der Stahl überhitzt. Überhitzter Stahl ist grobkörnig und spröde.

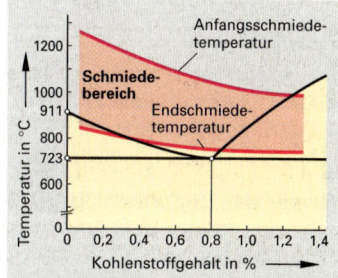
Bild 5: Schmiedebereich unlegierter Stähle

Freiformen

Beim Freiformen kann der Werkstoff zwischen den Wirkflächen von Amboss und Hammer bzw. Presse frei verdrängt werden.

Freiformen kann erfolgen durch
- **Stauchen (Bild 6)**, eine Verringerung der Höhe bei gleichzeitiger Querschnittvergrößerung der erwärmten Werkstückzone
- **Absetzen (Bild 7)**, Schmieden eines scharfkantigen Absatzes
- **Recken (Strecken, Bild 8)**, eine Verlängerung des Werkstücks bei gleichzeitiger Querschnittverminderung.

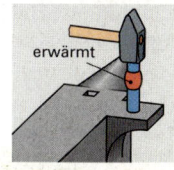
Bild 6: Stauchen

Bild 7: Absetzen

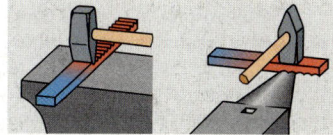
Bild 8: Recken (Strecken)

Schmiedewerkzeuge

Das Schmieden von Hand geschieht vorwiegend auf dem Amboss (**Bild 1**). Ambosshilfswerkzeuge (**Bild 2**) werden in die Löcher im Amboss eingesteckt. Schmiedezangen (**Bild 3**) dienen zum Festhalten der warmen Werkstücke. Mit Schmiedehämmern (**Bild 4**) wird die Umformkraft erzeugt.

Schmiedemaschinen

Maschinenhämmer formen durch Schläge, wobei große Werkstücke nicht bis in den Kern verdichtet werden. Schmiedepressen formen durch Druck und kneten den Werkstoff bis in den Kern durch.

Gesenkformen

Beim Gesenkformen wird ein schmiedewarmer Rohling in eine entsprechende Hohlform (Gesenk) geschlagen oder gepresst.

Beim Gesenkformen ist der Werkstoff ganz oder zu einem wesentlichen Teil vom Gesenk umschlossen, während er beim Freiformen frei fließen kann.

Gesenkschmieden

Gesenke (**Bild 5**) bestehen meist aus zwei Hälften, dem Ober- und dem Untergesenk, deren Hohlräume der Form des fertigen Gesenkschmiedeteils entsprechen. Durch meist mehrmaliges Schlagen wird aus dem schmiedewarmen Rohling das Werkstück geformt.

Das Volumen des Rohlings wird etwas größer gewählt als das Gesenkvolumen. Der überschüssige Werkstoff garantiert das vollständige Ausfüllen der Hohlform. Der entstehende Grat wirkt als Puffer und verhindert das harte Aufschlagen der Gesenkteile.

Gesenkpressen

Das Umformen erfolgt durch die Druckkraft einer Schmiedepresse (**Bild 6**). Durch genaue Führung zwischen Ober- und Untergesenk erreicht man große Herstellungsgenauigkeit und besonders gute Formannäherung des Schmiedestückes an das Fertigteil.

Vorteile des Umformens gegenüber spanender Formgebung
- Höhere Festigkeit der Werkstücke
- Werkstoffersparnis, da geringer Abfall. Gestaltungsoptimierung
- kurze Fertigungszeit, rationelle Fertigung
- gute Maßhaltigkeit, hohe Oberflächengüte.

ARBEITSREGELN
- Wärmebehandlungsvorschriften der Werkstofflieferer beachten.
- Vorschlaghammer neben dem Körper führen. Rundschlag verboten!

WIEDERHOLUNGSFRAGEN
1. Was versteht man unter Umformen?
2. Welche Umformverfahren gibt es?
3. Welche Vorteile bietet das Umformen?
4. Welche Voraussetzungen müssen für das Biegen vorhanden sein?
5. Wie läuft ein Tiefziehvorgang ab?
6. Was versteht man unter Schmieden?
7. Welche Vorteile hat das Gesenkformen gegenüber der spanenden Formgebung?

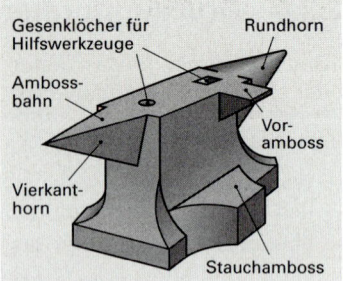

Bild 1: Amboss

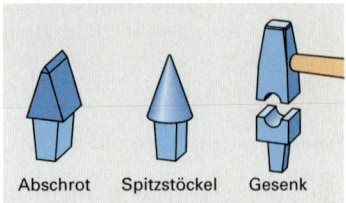

Bild 2: Ambosshilfswerkzeuge

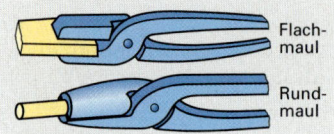

Bild 3: Schmiedezangen

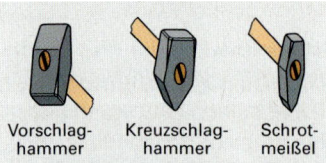

Bild 4: Schmiedehämmer

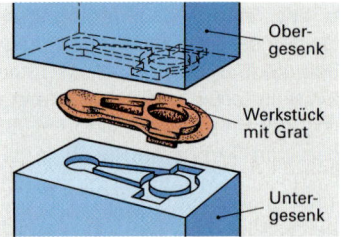

Bild 5: Schmiedegesenk

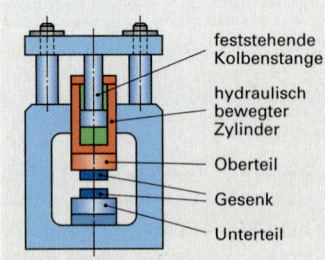

Bild 6: Schmiedepresse

2.3.5 Richten

Richten ist die Beseitigung ungewollter Verformungen zur Wiederherstellung der Sollform von Halbzeugen und Fertigteilen.

Durch Richten werden ungewollte Verformungen an Fertigteilen (z. B. Fahrzeugrahmen, Kotflügel) und an Halbzeugen (z. B. Profilstangen) beseitigt. Verformungen können entstehen durch Transport, Lagerung, Unfälle oder Bearbeitung, z. B. einseitige Erwärmung oder Abkühlung oder auch durch einseitige spanende Formgebung.

Voraussetzung für das Richten ist die plastische Verformbarkeit des Werkstoffes. Es kann im kalten oder warmen Zustand vorgenommen werden. Richten erfolgt durch **Umformen** (Biegen, Strecken, Stauchen, Verdrehen) und durch **Wärmeeinwirkung** (Flammrichten).

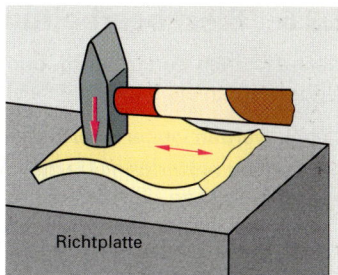

Bild 1: Richten von Flachstahl

Richten durch Umformen

Verbogene Halbzeuge und Werkstücke mit kleineren Querschnitten können auf der Richtplatte gerichtet werden. Sie werden mit ihrer hohlen Seite **(Bild 1)** auf die Richtplatte gelegt und mit dem Hammer in kleinen Abschnitten gerade gerichtet. Mit dem Hammer wird dabei auf die Wölbung geschlagen. Für dünne Bleche und weichere Werkstoffe verwendet man einen Holz-, Gummi- oder Kunststoffhammer. Werkstücke aus härterem Werkstoff werden durch Dengeln (Strecken, **Bild 2**) gerichtet. Dabei wird das Werkstück durch eng nebeneinandergesetzte Schläge mit der Hammerfinne auf seiner hohlen (zu kurzen) Seite gestreckt. Richten von hochkantig verbogenen Teilen erfolgt ebenfalls durch Streckschläge, um die beim Biegen verkürzte Seite wieder zu verlängern **(Bild 3)**.

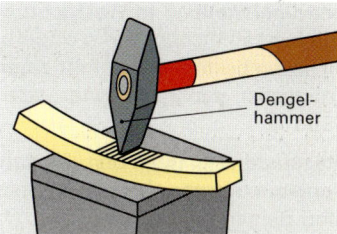

Bild 2: Richten durch Dengeln

Verdrehte Profilstangen, Schienen usw. werden im Schraubstock mittels Windeisen oder unter einer Presse gerichtet.

Beulen in Blechen können durch Hämmern entfernt werden (Einziehen von Beulen). Die Stauch- und Streckzonen im verformten Blechteil müssen durch gezielte Hammerschläge abgebaut und eingezogen werden. Im Normalfall beginnen diese Ausbeularbeiten am Rand der Verformung und werden spiralförmig zur Mitte weitergeführt. Windschiefe Bleche liegen immer auf der kürzeren Diagonalen auf **(Bild 4)**. Durch Streckschläge entlang dieser Linie tritt eine Verlängerung des Werkstoffes auf und das Blech wird wieder eben (Spannen).

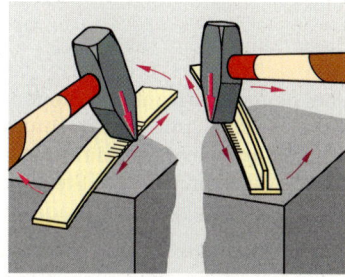

Bild 3: Richten von Profilen

Richten durch Wärmeeinwirkung

Beim Flammrichten **(Bild 5)** wird die zu lange Seite des Werkstückes durch Wärmekeile noch verlängert. Durch die Ausdehnung des erwärmten Metalls entstehen große Druckspannungen. Das plastisch (teigig) gewordene Metall im Wärmekeil zieht sich bei der Abkühlung zusammen. Die dabei auftretenden Zugspannungen stauchen das Werkstück auf seiner längeren Seite so stark, dass es gerade wird.

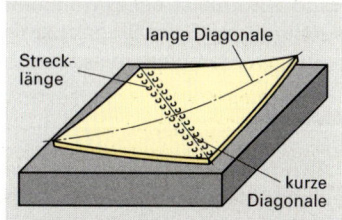

Bild 4: Spannen windschiefer Bleche

Beulen in Blechen lassen sich auch durch Flammrichten einziehen. Bei kleineren Flächen werden die Wärmepunkte in einem Arbeitsgang spiralförmig von außen nach innen gesetzt. Danach wird mit einem nassen Lappen oder einem kalten Metallteil abgekühlt. Dabei wird der Werkstoff gestaucht und die Beule eingezogen. Die Wärmebehandlung kann jedoch durch eine eventuelle Gefügeumwandlung im Blech zu Festigkeitsverlusten führen.

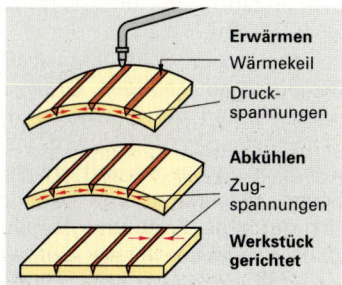

Bild 5: Flammrichten

2.3.6 Blechbearbeitungsverfahren

Bleche werden durch Warm- oder Kaltwalzen hergestellt. Die Halbzeuge werden als Band (Blechrollen) oder als Blechtafeln geliefert.

Bleche werden weiterverarbeitet z. B. durch
- Zugdruckumformen (Tiefziehen, Drücken)
- Zugumformen (Streckziehen)
- Biegeumformen (Biegen, Gesenkbiegen, Rohrbiegen).

Biegen von Blechen

Walzrichtung. Bleche werden bei der Herstellung durch das Walzen überwiegend in Walzrichtung gestreckt und erhalten dadurch ein faserähnliches Werkstoffgefüge. Beim Biegen parallel zur Walzrichtung besteht die Gefahr einer Rissbildung. Bleche sind deshalb möglichst senkrecht oder schräg zur Walzrichtung zu biegen (**Bild 1**).

Rückfederung. Nach dem Biegen eines Bleches tritt eine Rückfederung ein, die von Werkstoff, Walzrichtung, Blechdicke, Biegewinkel und Biegeradius abhängig ist. Damit der gewünschte Biegewinkel erreicht wird, muss das Blech zunächst „überbogen" werden. Der Rückfederungswinkel (**Bild 1**) beträgt etwa 1 % ... 3 % des Biegewinkels.

Biegeradius. Beim Biegen von Blechen dürfen die Mindestbiegeradien nicht unterschritten werden, um eine Rissbildung – besonders beim scharfkantigen Biegen – zu vermeiden. Kleine Biegeradien bewirken große Verformungen und dadurch große Spannungen im Blech. Der Mindestbiegeradius ist abhängig von Werkstoff, Walzrichtung und Blechdicke. Die Mindestbiegeradien der wichtigsten Bleche sind genormt.

Zuschnittlängen für Blechbiegeteile werden mittels der neutralen Faser berechnet.

Biegen kann von Hand oder mit Maschinen erfolgen. Biegen von Hand wird meist bei Einzelanfertigung und bei Reparaturarbeiten durchgeführt. Beim Biegen von größeren Blechteilen und Mehrfertigung werden Biegemaschinen, z. B. Abkantpressen, verwendet.

Abkanten

Abkanten (Kanten) ist ein scharfkantiges Biegen eines Bleches längs einer geraden Kante mit sehr kleinem Biegeradius.

Abkanten dient meist zur Herstellung von Profilen. Es kann im Schraubstock, am Amboss, mittels Spannschiene (**Bild 2**) oder mit einer Abkantmaschine durch Schwenkbiegen erfolgen. Beim Formbiegen im Schraubstock (**Bild 3**) werden die Bleche mittels Biegebeilagen gebogen. Durch die Verwendung von Schonhämmern werden die Bleche vor Beschädigungen geschützt. Beim Schwenkbiegen (**Bild 4**) wird das Blech zwischen Ober- und Unterwange festgespannt und mit der schwenkbaren Biegewange gebogen. Biegeradius und Form des gebogenen Bleches ergeben sich durch die Form und Abmessung der eingesetzten, auswechselbaren Schiene in der Oberwange. Profile bzw. Blechteile mit vielen Biegungen können mit der Abkantpresse einfacher hergestellt werden als mit der Schwenkbiegemaschine.

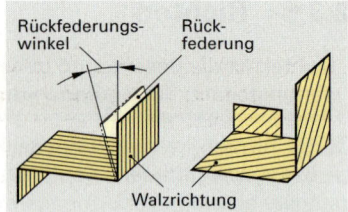
Bild 1: Walzrichtung, Rückfederung

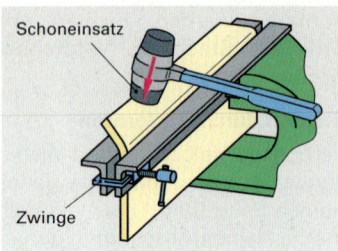
Bild 2: Abkanten mit Spannschiene

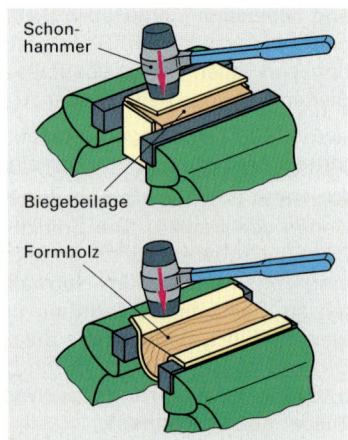
Bild 3: Formbiegen

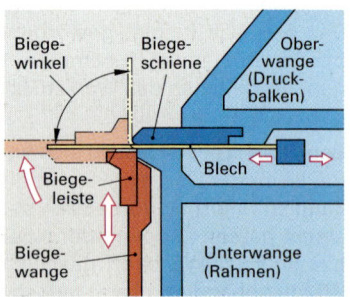
Bild 4: Schwenkbiegen

Umformen 2 Fertigungstechnik

Runden

> Runden ist Biegen eines Bleches längs einer geraden Kante mit einem großen Biegeradius oder mit großen Krümmungen.

Runden kann von Hand im Schraubstock, am Sperrhaken, am Ambosshorn oder über einem Rohr erfolgen **(Bild 1)**.

Bild 1: Runden von Hand

Schweifen (Strecken)

> Beim Schweifen werden bestimmte Teile eines Bleches durch gezieltes Hämmern gestreckt (verlängert).

Beim Schweifen wird das Blech am Rand gehämmert und gestreckt. Dabei nimmt die Blechdicke ab und das Blech krümmt sich **(Bild 2)**. Der Schweifhammer oder die Hammerfinne darf nur den Rand des Bleches treffen und soll immer zum Mittelpunkt der Krümmung zeigen.

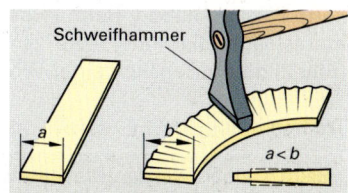

Bild 2: Schweifen

Anwendung des Schweifens:
- Herstellung von Außenrändern an runden Teilen **(Bild 3)**
- Runden, Krümmen oder Richten von Profilen
- Aufweiten von Rohren, um Zusammenstecken zu ermöglichen.

Bild 3: Rohr mit Außenbördel

Einziehen (Stauchen)

> Beim Einziehen werden bestimmte Teile eines Bleches verkürzt (eingezogen), wobei der Werkstoff gestaucht wird.

Einziehen (Stauchen) ist das Gegenteil von Schweifen (Strecken). Beim Einziehen werden Bleche am Rand durch Stauchen des Werkstoffes verdickt und damit verkürzt. Der zu verkürzende Blechabschnitt wird zunächst in Wellen gelegt **(Bild 4)**, die dann durch gezieltes Hämmern in sich zusammengestaucht werden. Beim Einziehen von Hand werden die Wellen mit der Rundzange, mit einem Faltenzieher oder mittels Schraubstock angefertigt **(Bild 4)**.

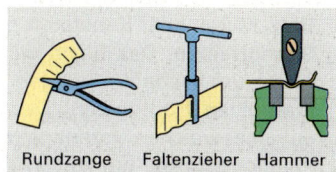

Bild 4: Fertigen von Wellen

Anwendung des Einziehens:
- Herstellung von Innenrändern an runden Teilen **(Bild 5)**
- Runden oder Richten von Profilen (evtl. zusammen mit Schweifen)
- Einziehen von Rohren, um Zusammenstecken zu ermöglichen.

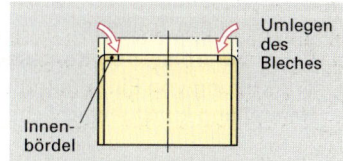

Bild 5: Rohr mit Innenbördel

Aufziehen

> Beim Aufziehen wird eine Blechfläche im Zentrum (innen) gestreckt und am Rand (außen) gestaucht.

Durch Aufziehen stellt man flach gewölbte Blechteile her **(Bild 6)**. Als Unterlage verwendet man einen Holzklotz oder eine Bleiplatte.

Bild 6: Aufziehen

Poltern

> Beim Poltern wird ein Blech nur durch Strecken des Werkstoffes über einer Hohle in eine gewölbte Form gebracht.

Poltern kann z. B. erfolgen durch Hämmern eines Bleches mit einem Kugelhammer über einer Rohröffnung, (Hohle, **Bild 7**).

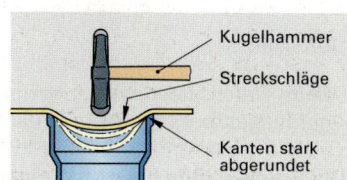

Bild 7: Poltern

Schlichten (Glätten)

> Beim Schlichten werden die Oberflächen verformter Bleche geglättet, kleine Unebenheiten beseitigt, sowie Form und Aussehen der Blechteile verbessert.

Schlichtwerkzeuge müssen glatte, riefenfreie und möglichst polierte Flächen haben. Beim **Ausschlichten (Bild 1)** treffen die Hammerschläge die Innenseite einer Wölbung, beim **Abschlichten (Bild 2)** die Außenseite einer Wölbung.

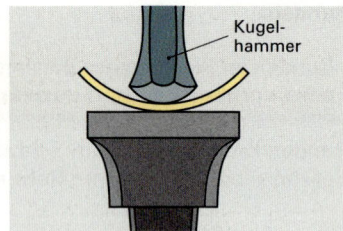

Bild 1: Ausschlichten

Treiben

> Beim Treiben werden Bleche durch die verschiedenen Blechverformungsverfahren von Hand oder mit Maschinen umgeformt.

Treiben erfolgt in der Hauptsache durch Strecken und Stauchen des Bleches, sowie durch Aufziehen, Poltern, Schlichten und Hämmern. Durch Hämmern werden meist Verzierungen in Blechen hergestellt. Wird durch das Treiben die Kaltverfestigung des Bleches zu groß, muss sie durch Zwischenglühen (Rekristallisation) aufgehoben werden.

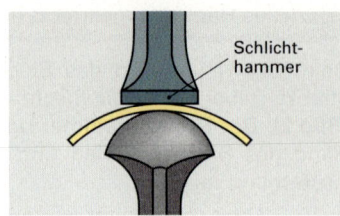

Bild 2: Abschlichten

Man unterscheidet beim Treiben:
- **Formtreiben.** Das Blech wird in eine vorgefertigte Form aus Holz, Metall oder Kunststoff getrieben.
- **Spanntreiben.** Das Blech wird auf einer harten Unterlage geformt, um flache Wölbungen anzufertigen **(Bild 3)**.
- **Freitreiben** (Hohltreiben). Das Blech wird in Mulden, Hohlen oder auf einer weichen Unterlage (z. B. Bleiplatte, Ledersack mit Sandfüllung) geformt, um tiefe Wölbungen zu fertigen. Dabei wird zuerst das Blech durch Vortreiben **(Bild 4)** umgeformt, dann erfolgt das Fertigtreiben (Schlichten) auf einer harten Unterlage.

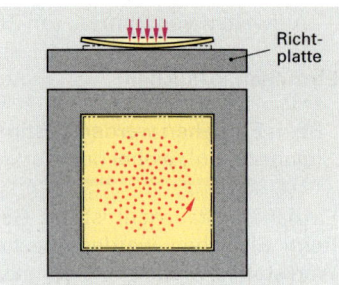

Bild 3: Spanntreiben

Anwendung des Treibens:
- Reparaturarbeiten an Karosserien und Karosserieteilen
- Anfertigung von Einzelteilen und Spezialkarosserien
- Herstellung kunstgewerblicher Gegenstände.

Absetzen

> Beim Absetzen wird der Randstreifen eines Bleches (meist parallel zum Blechrand) um etwa eine Blechdicke herausgebogen (abgesetzt).

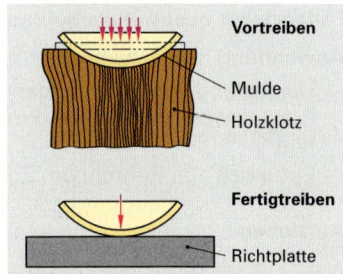

Bild 4: Freitreiben

Absetzen **(Bild 6)** ist meist eine Vorarbeit, um bei überlappenden Blechen eine fluchtende Außenfläche zu erhalten, z. B. bei Abschnittsreparaturen von Karosserien. Absetzen bewirkt auch eine Blechversteifung. Das Absetzen eines Bleches von Hand kann durch Hämmern oder mit speziellen Absetzzangen erfolgen.

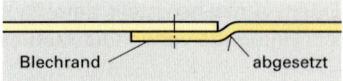

Bild 5: Absetzen

Durchsetzen

> Beim Durchsetzen wird innerhalb eines Bleches eine Teilfläche herausgearbeitet, die meist parallel zur Blechebene verläuft.

Durchsetzen **(Bild 6)** bewirkt eine örtliche Versteifung von Blechen, auch können Blechflächen dekorativ verziert werden.

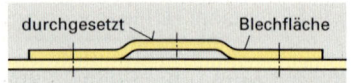

Bild 6: Durchsetzen

Randverformung (Bördeln)

> Beim Bördeln werden kurvenförmig geschnittene Bleche an ihren Kanten meist im rechten Winkel zu schmalen Rändern aufgestellt (umgebogen). Die Ränder werden als Bördel bezeichnet.

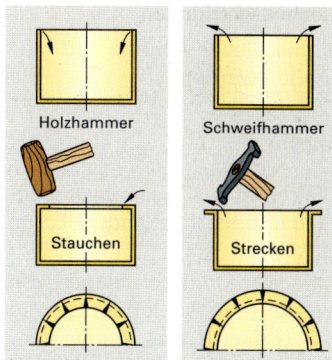

Bild 1: Einbördeln
Bild 2: Ausbördeln

An gerade geschnittenen Blechen erfolgt das Aufstellen von Rändern durch Abkanten. Bördeln ist eine Randverformung von Blechen und dient zur Versteifung oder als Vorarbeit für eine Nahtbildung durch Falzen, Nieten, Löten, Schweißen.

Einbördeln. Beim Einbördeln (**Bild 1**) muß das Blech zu einem Rand nach innen gebogen worden. Da zu viel Werkstoff vorhanden ist, muss zur Bildung des Innenrandes das Blech gestaucht (eingezogen) werden. Zum Innenbördeln verwendet man meist Holz-, Gummi- oder Kunststoffhämmer (Schonhämmer). Entstehen beim Einbördeln Wellen, so müssen diese durch weiteres Stauchen eingezogen werden.

Ausbördeln. Beim Ausbördeln (**Bild 2**) muss das Blech zu einem Rand nach außen gebogen werden. Da zu wenig Werkstoff vorhanden ist, muss zur Bildung des Außenrandes das Blech gestreckt (geschweift) werden. Zum Ausbördeln verwendet man die Hammerfinne, den Schweifhammer oder einen Dengelhammer.

Randversteifungen

- **Umschläge.** Der Blechrand wird zur Herstellung des Umschlages ein- oder mehrmals umgebogen (**Bild 3**).
- **Drahteinlagen.** Der Blechrand wird um einen Draht gebogen (gerollt) und dann evtl. noch durchgesetzt (**Bild 4**).
- **Wulsten.** Der Blechrand wird zu einem Rundwulst oder auch zu einem Dreikant gebogen (**Bild 5**). Dabei entsteht in der Randversteifung ein Hohlraum. Wulsten erfolgt nur an geraden Blechkanten.

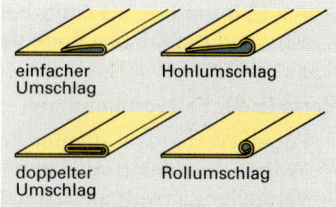

Bild 3: Umschläge

Anwendung der Randversteifungen:
- Erhöhen der Festigkeit von Blechen und Blechrändern
- Verhinderung der Verletzungsgefahr an scharfen Blechrändern
- Wulste bewirken eine besonders große Versteifung. Sie werden auch als Tropfkanten oder zur Verzierung angebracht.

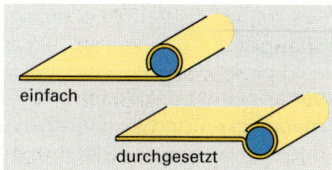

Bild 4: Drahteinlagen

Blechversteifungen (Sicken)

> Beim Sicken werden meist geradlinige, rinnenförmige Teile eines Bleches aus seiner ebenen Blechfläche herausgeformt.

Sicken dienen zur Versteifung von Blechflächen, zur Verzierung oder auch als Anschläge, z. B. für eine Rohrschelle oder einen aufzuschiebenden Schlauch auf ein Rohr.

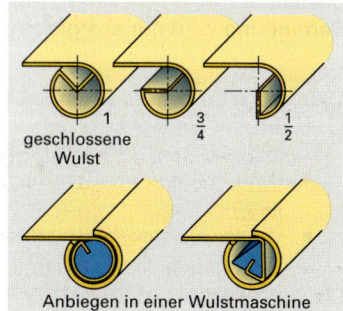

Bild 5: Wulsten

Sickenherstellung von Hand erfolgt auf einem Sickenstock (**Bild 6**) mit der Hammerfinne, dem Sicken- oder Kornsickenhammer. Die Sicken verlaufen meist parallel zu einer Blechkante. Bei der Herstellung von Sicken am Rande eines Bleches wird der Werkstoff zusammengezogen, wobei sich die Blechränder verformen. Das Blech muss dementsprechend größer geschnitten werden, um die Blechränder nach der Sickenherstellung wieder zu begradigen. Durch die Verformung wird das Blech gestreckt, die Festigkeit gesteigert und durch die Profilierung die Stabilität und die Steifigkeit von Blechflächen erhöht.

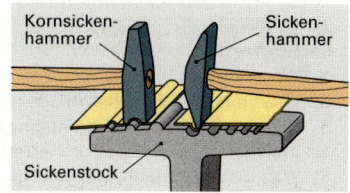

Bild 6: Sicken

Blechverbindungen

Dünne Bleche können z. B. durch Falzen oder durch Lappen verbunden werden.

Falzen

> Falzen ist das Zusammenfügen von Blechen durch Zusammenhaken und anschließendem Zusammendrücken ihrer Blechränder.

Falze werden durch Biegen von Hand (Kanten, Bördeln) oder maschinell hergestellt (**Bild 1**). Wegen der großen Werkstoffbeanspruchung dürfen zum Falzen nur gut verformbare und zähe Bleche verwendet werden.

Falze unterscheidet man nach der
– Lage in Stehfalze und in Liegefalze (**Bild 2**)
– Ausführung z. B. als einfacher oder doppelter Falz (**Bild 3**)
– Verwendung z. B. als Bodenfalz oder Eckfalz (**Bild 4**).

Vorteile der Falzverbindungen
– Fügen (Verbinden) dünner Bleche ohne evtl. Verzug durch eine Wärmeeinwirkung wie beim Löten oder Schweißen
– Versteifungen von Blechkonstruktionen möglich
– keine Beschädigung korrosionsgeschützter Bleche beim Falzen
– flüssigkeitsdichte Blechkonstruktionen möglich (Behälter).

Verlappen

> Verlappen ist das Zusammenfügen von Blechen durch Zusammenstecken und anschließendem wechselseitigem Umbiegen oder Verdrehen der Blechzungen (Blechlappen).

Schlitze und Lappen (**Bild 5**) werden mittels Spezialmaschinen hergestellt. Es wird kein Zusatzwerkstoff für das Fügen benötigt. Die Verbindung wird nur aus gleichwertigem Werkstoff geschaffen.

ARBEITSREGELN
- Bei Blecharbeiten müssen die persönlichen Schutzeinrichtungen vorhanden sein und verwendet werden.
- Beim Entladen und Transport von Blechtafeln Schutzhandschuhe tragen.
- Vor der Blechbearbeitung Blechkanten entgraten.
- Beim Bohren von Blechen auf Maschinen Bleche unbedingt fest einspannen und gegen Herumreißen durch den Bohrer sichern.
- Beim Bohren keine Handschuhe tragen.
- Beim Hämmern von Blechen unbedingt Gehörschutz tragen.

WIEDERHOLUNGSFRAGEN
1. Worauf muss beim Biegen von Blechen geachtet werden?
2. Wovon ist das Rückfedern eines Bleches beim Biegen abhängig?
3. Warum darf der Mindestbiegeradius nicht unterschritten werden?
4. Welchen Vorteil bietet das Absetzen bei überlappten Blechen?
5. Was versteht man unter Durchsetzen?
6. Wie kann das Absetzen eines Bleches erfolgen?

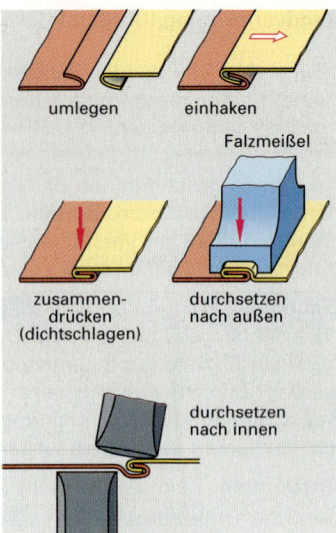
Bild 1: Herstellen einer Falzverbindung

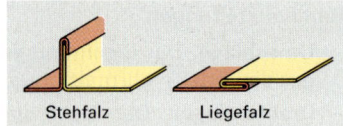
Bild 2: Lage der Falze

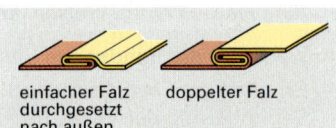
Bild 3: Ausführung der Falze

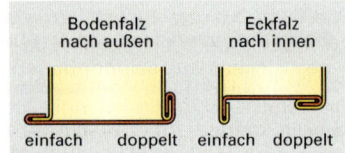
Bild 4: Verwendung der Falze

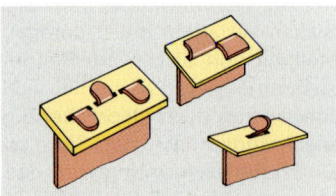
Bild 5: Verlappverbindung

2.4 Trennen durch Spanen

Spanen ist das mechanische Abtrennen von ungeformten Stoffteilchen. Der Zusammenhalt eines Stoffes wird örtlich aufgehoben.

Die Verfahren zur spanenden Formung werden nach Schnittbewegung und Schneidengeometrie unterschieden. Die Schnittbewegung kann durch das Werkzeug oder das Werkstück ausgeführt werden.

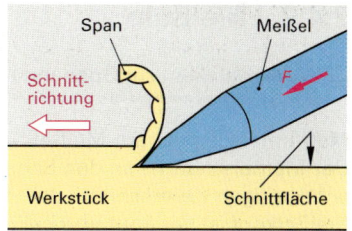

Bild 1: Spanbildung beim Meißeln

Tabelle 1: Spanende Formung (Auswahl)		
Schneidenform	Schnittbewegung des Werkzeuges	
	geradlinig	kreisförmig
geometrisch bestimmt	Meißeln, Feilen Schaben Sägen (Bügelsäge)	Bohren, Senken Reiben Sägen (Kreissäge)
geometrisch unbestimmt	Bandschleifen Flachhonen	Scharfschleifen Trennschleifen

Die für die spanende Formung verwendeten Werkzeuge heben mit ihrer Schneide Späne vom Werkstoff ab (**Bild 1**). Dabei sind folgende vier Grundforderungen zu erfüllen:
- Die bearbeitete Fläche soll so glatt werden wie erforderlich
- die Bearbeitungszeit soll möglichst kurz sein
- der Kraftaufwand am Werkzeug soll möglichst klein sein
- die Standzeit des Werkzeuges soll möglichst groß sein.

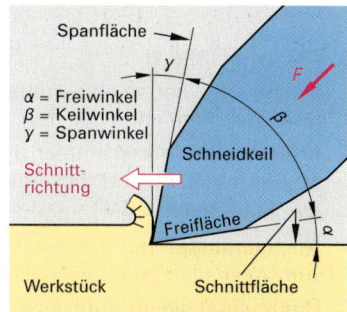

Für Frei-, Keil- und Spanwinkel gilt immer:

$$\alpha + \beta + \gamma = 90°$$

Bild 2: Winkel am Schneidkeil

2.4.1 Grundlagen der spanenden Formung von Hand

Bei der spanenden Formung von Hand werden Werkstücke mittels einfacher Werkzeuge, wie z. B. Meißel, Säge, Feile bearbeitet.

Grundform der Werkzeugschneide aller Werkzeuge zur spanenden Formung ist der Keil (Schneidkeil).

Flächen und Winkel am Schneidkeil (Bild 2)
Spanfläche ist die Fläche am Schneidkeil, an der der Span abläuft.
Freifläche ist die Fläche am Schneidkeil, die der entstehenden Werkstückoberfläche (Arbeitsfläche) gegenüberliegt.
Freiwinkel α (Bild 2) ist der freie Winkel zwischen Schneidkeil und Werkstückoberfläche (Schnittfläche). Bei zu kleinem Freiwinkel reibt der Rücken des Schneidkeils auf der Werkstückoberfläche.
Keilwinkel β (Bild 2) ist der Winkel des in das Werkstück eindringenden Schneidkeils, der von Frei- und Spanfläche eingeschlossen wird.

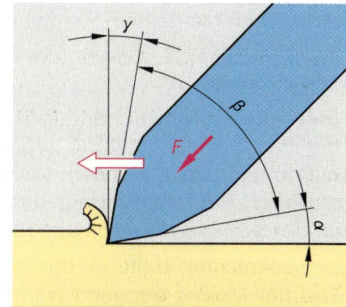

Spanwinkel positiv, schneidende Wirkung
$$\alpha + \beta + \gamma = 90°$$

Weiche Werkstoffe ermöglichen kleine Keilwinkel.
Harte Werkstoffe erfordern große Keilwinkel.

Spanwinkel γ (Bild 2) ist der Winkel zwischen Spanfläche – an dieser gleitet der Span entlang – und einer gedachten Linie senkrecht zur Bearbeitungsrichtung. Der Spanwinkel kann positiv oder negativ sein (**Bild 3**). Bei negativem Spanwinkel wirkt das Werkzeug schabend, die Werkstoffabtragung ist dabei sehr gering.

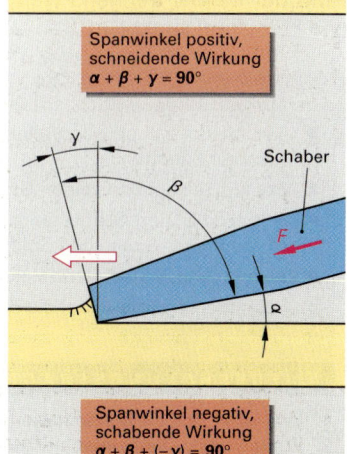

Spanwinkel negativ, schabende Wirkung
$$\alpha + \beta + (-\gamma) = 90°$$

Bild 3: Vorzeichen für Spanwinkel

2.4.2 Meißeln

Der Meißel dient zur Spanabnahme und zum Trennen.

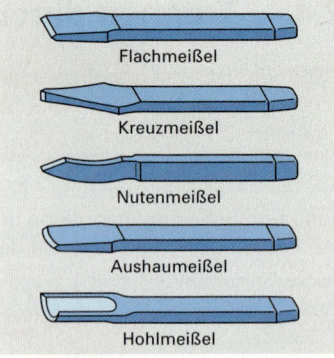

Bild 1: Meißelarten

Man unterscheidet am Meißel Schneide, Kopf und Schaft **(Bild 4)**. Der Meißelschaft ist an den Schmalseiten gerundet oder hat einen achtkantigen Querschnitt, damit er gut in der Hand liegt. Der Meißelkopf ist verjüngt und ballig.

Der Keilwinkel der Meißelschneide liegt zwischen 40° und 70°; zur Bearbeitung von mittelhartem Stahl wählt man etwa 60°.

Meißelarten (Bild 1)
- **Flachmeißel** haben eine breite, gerade Schneide und dienen zur Spanabnahme und zum Trennen
- **Kreuzmeißel**, mit schmaler und quer stehender Schneide zum Meißelschaft, dienen zum Ausmeißeln schmaler Nuten
- **Nutenmeißel** dienen zum Aushauen von Schmiernuten
- **Aushaumeißel** mit breiter bogenförmiger Schneide werden zum Aushauen von Blechteilen verwendet
- **Hohlmeißel** dienen zum Aushauen von Rundungen in Blechen
- **Trennstemmer** haben vier gerade Schneiden und dienen zum Durchtrennen von Stegen zwischen Bohrungen **(Bild 2)**.

Bild 2: Arbeiten mit dem Trennstemmer

Zum Trennen von Karosserieteilen, Lösen von Punktschweißungen, Schneiden und Trennen von Auspufftöpfen und Anschlüssen, Abscheren von Nieten können Meißeleinsätze **(Bild 3)** in druckluftbetriebenen Meißelhämmern verwendet werden.

Meißelvorgang

Span- und Freiwinkel hängen von der Meißelhaltung **(Bild 4)** ab. Eine flache Meißelhaltung ergibt einen kleinen Freiwinkel, der Meißel neigt dazu, aus dem Werkstück herauszutreten. Bei einem zu großen Freiwinkel dringt der Meißel zu tief in das Werkstück ein, der Span wird zu dick und die Schnittkraft zu groß.

Bei senkrechter Haltung des Meißels zur Werkstückoberfläche wirkt der Meißel trennend (zerteilend) und nicht spanend. Span- und Freiwinkel sind beim Trennen 0°.

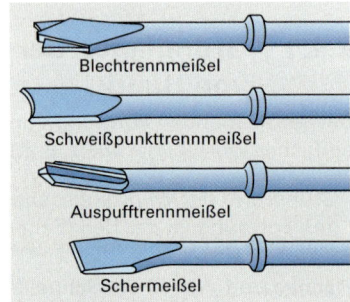

Bild 3: Meißeleinsätze

ARBEITSREGELN
- Nur Meißel mit einwandfreier Schneide und einen einwandfreien Hammer benutzen.
- Der Meißelkopf darf keinen Grat (Bart) aufweisen.
- Schutzbrille und Schutzhandschuhe tragen, Schutzschilde gegen abspringende Späne und Splitter verwenden.
- Wenn möglich Meißel mit Handschutz verwenden.
- Beim Meißeln immer auf die Meißelschneide blicken.

WIEDERHOLUNGSFRAGEN
1. Wie wirkt sich die Meißelhaltung auf Frei- und Spanwinkel aus?
2. Wovon ist der Keilwinkel der Meißelschneide abhängig?
3. Wodurch unterscheiden sich Spanen und Trennen?
4. Wie wird mit dem Trennstemmer gearbeitet?

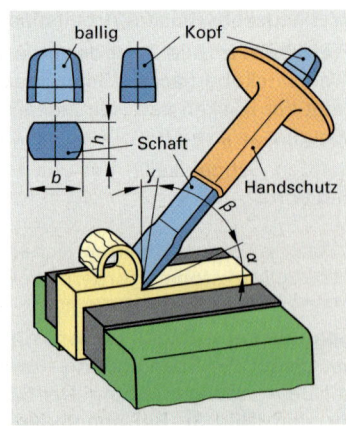

Bild 4: Meißelhaltung

2.4.3 Sägen

Sägen ist Spanen mit einem vielzahnigen Werkzeug geringer Schnittbreite und geometrisch bestimmten Schneidkeilen (Sägezähnen).

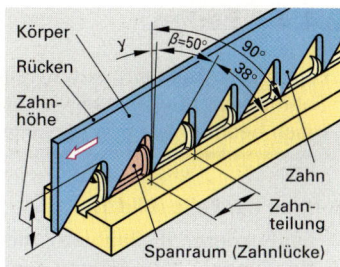

Bild 1: Wirkungsweise der Säge

Sägen verwendet man zum
- Trennen von Werkstoffen oder Werkstücken
- Einschneiden von Nuten und Schlitzen.

Wirkungsweise der Sägen
Das Sägeblatt besteht aus vielen hintereinanderliegenden meißelartigen Schneiden, die nacheinander zum Eingriff kommen und kleine Späne abtrennen. Die Spanräume (Zahnlücken) nehmen die Späne auf und transportieren sie aus der Schnittfuge heraus (**Bild 1**). Beim Sägen erwärmen sich Werkzeug und Werkstück durch Reibung. Damit das Sägeblatt nicht klemmt und sich freischneiden kann, sind die Sägezähne gewellt oder geschränkt (**Bild 2**).

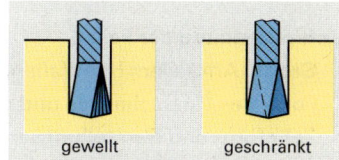

Bild 2: Freischneiden des Sägeblattes

Zahnteilung

Zahnteilung ist der Abstand von Zahnspitze zu Zahnspitze.

$$\text{Zahnteilung} = \frac{\text{Bezugslänge}}{\text{Zähnezahl}} = \frac{1 \text{ Zoll}}{\text{Zähnezahl}} = \frac{25{,}4 \text{ mm}}{\text{Zähnezahl}}$$

Bei langen Schnittfugen und weichen Werkstoffen, z. B. Aluminium, ergibt sich eine große Spanmenge. Man benötigt in diesem Fall ein Sägeblatt mit grober Zahnteilung (**Tabelle 1**), da die große Spanmenge sonst in den Spanräumen keinen Platz mehr hat.
Die Zahnteilung ist umso feiner zu wählen, je härter der zu bearbeitende Werkstoff ist (**Tabelle 2**).

Zahnform
Handsägeblätter haben meist Winkelzähne (**Bild 1**). Die Schneidkeile von Sägeblättern sind durch kleine Spanwinkel und große Freiwinkel bestimmt. Für das Sägen von Stahl beträgt der Keilwinkel eines Zahnes etwa 50°, der Freiwinkel etwa 38°, der Spanwinkel etwa 2°.

Tabelle 1: Zahnteilung

Zahn-teilung	Zähne Zoll	Anwendung
grob	...16	Kupfer, Aluminium, Baustahl
mittel	...22	Baustahl, Messing, Gusseisen
fein	...32	Dünnwandige Rohre, Bleche, Hartguss, Stahl

Tabelle 2: Sägeblattwahl

Zahn-teilung	Werk-stoff	Schnitt-fuge
grob	weich	lang
fein	hart	kurz

Arten der Handsägen
- **Bügelsägen (Bild 3)** bestehen aus Spannbogen und Sägeblatt. Die Zahnspitzen des Sägeblattes müssen in Stoßrichtung zeigen.
- **Einstreichsägen (Bild 4)** dienen zum Einschneiden schmaler Schlitze mit genauer Schlitzbreite.
- **Stichsägen (Bild 5)** dienen vor allem zum Erweitern kleinster Öffnungen. Damit das Sägeblatt nicht klemmt, ist es am Rücken dünner als an den Zahnspitzen.

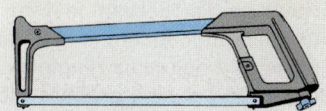

Bild 3: Bügelsäge

ARBEITSREGELN
- Sägeblatt gerade und straff einspannen, Zähne in Stoßrichtung.
- Zahnteilung des Sägeblattes entsprechend Form und Werkstoff des Werkstückes auswählen.

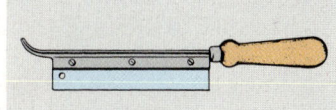

Bild 4: Einstreichsäge

WIEDERHOLUNGSFRAGEN
1. Wozu werden Sägen verwendet?
2. Wonach richtet sich die Zahnteilung eines Sägeblattes?
3. Wie bestimmt man die Zahnteilung eines Sägeblattes?

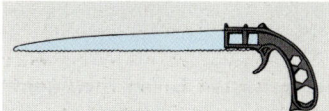

Bild 5: Stichsäge

2.4.4 Feilen

Feilen ist Spanen durch eine geradlinige wiederholende Schnittbewegung eines vielzahnigen Werkzeuges mit geometrisch bestimmten Schneidkeilen (Feilenzähnen).

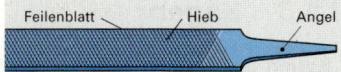

Bild 1: Flachfeile

Aufbau der Feile (Bild 1)
- Feilenkörper (Feilenblatt) mit den eingehauenen Hieben oder den eingefrästen Zähnen
- Angel zur Befestigung des Feilengriffes (Feilenheft).

Unterscheidung der Feilen
- **Größe:** Armfeilen, Handfeilen, Schlüsselfeilen, Nadelfeilen
- **Form des Querschnittes und der Kennbuchstaben (Bild 2)**
- **Zahnform** und **Herstellungsart der Zähne (Bild 3, Tabelle 1)**
- **Hiebart, Hiebzahl, Hiebteilung, Hiebnummer.**

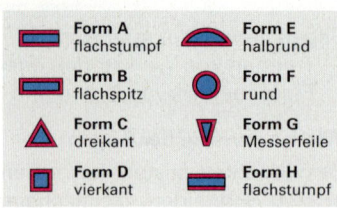

Bild 2: Kennbuchstabe für Feilenquerschnitte

Hiebarten
- **Einhiebige Feilen** dienen besonders zur Bearbeitung weicher Metalle und zum Schärfen von Sägen und anderen Werkzeugen.
- **Doppelhiebige Feilen** (Kreuzhieb, **Bild 4**) werden für härtere Metalle verwendet. Winkel und Teilung von Ober- und Unterhieb sind verschieden groß. Dadurch sind die Feilenzähne versetzt im Eingriff und verhindern so eine starke Riefenbildung.
- **Feilen mit Raspelhieb** (Pockenhieb) sind geeignet zur Bearbeitung von Holz, Kunststoffen, Leder, Kork, Gummi.

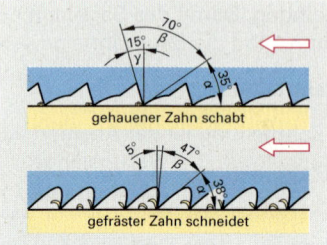

Bild 3: Zahnformen

Hiebzahl ist bei gehauenen Feilen die Anzahl der Einkerbungen auf 1 cm Feilenlänge (beim Kreuzhieb bezogen auf den Oberhieb), beim Raspelhieb die Anzahl der punktförmigen Einkerbungen auf 1 cm² der behauenen Raspelfläche.

Hiebteilung ist der Abstand von einem Hieb (Einkerbung) zum anderen in Längsrichtung der Feile gemessen.

Hiebnummer. Sie gibt die Feinheit des Hiebes an. Je größer die Hiebnummer ist, desto feiner wird die Hiebteilung, d. h. desto größer ist die Hiebzahl je 1 cm Feilenlänge. Mit steigender Hiebnummer und abnehmender Länge der Feile wird die Hiebzahl größer und daher die Hiebteilung feiner. Eine kurze Feile mit Hiebnummer 3 hat eine größere Hiebzahl als eine lange Feile mit der gleichen Hiebnummer.

Tabelle 1: Zahnformen		
Zahnherstellung	gehauen mit Haumeißel	gefräst mit Fräser
Spanwinkel	negativ ...15°	positiv 2°...5°
Wirkung	schabend	schneidend
Einsatz für Werkstoff	hohe Festigkeit St, GG	niedrige Festigkeit Cu, Al, Pb-Sn

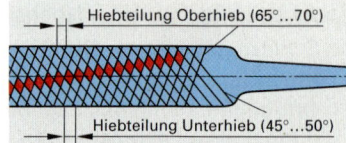

Bild 4: Kreuzhieb

Tabelle 2: Hiebnummer und Hiebzahlen für gehauene Feilen			
Hieb-Nr.	Hiebzahl	Feilenname	Verwendung
00	nicht genormt	Schrotfeile	grobe Putzarbeiten
0	nicht genormt	Schruppfeile	Schrupparbeiten
1	6...17	Bastardfeile	Vorfeilen
2	9...23	Halbschlichtfeile	Vorschlichten
3	13...28	Schlichtfeile	Schlichten
4	16...34	Doppelschlichtfeile	Passarbeiten
5...10	nicht genormt	Feinschlichtfeile	feinste Passarbeiten

Bei gefrästen Feilen bzw. gefrästen Feilenblättern **(Bild 5)** unterscheidet man Zahnung 1...3 mit 3,5 Zähnen...7,1 Zähnen auf 1 cm Feilenlänge.

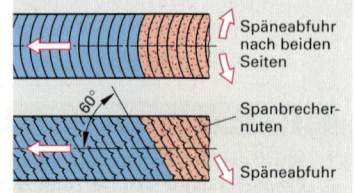

Bild 5: Feilen mit gefrästen Zähnen

Frässtifte (Umlauffeilen, **Bild 1**) werden in schlagfreien Spannfuttern eingespannt und meist über eine biegsame Welle oder direkt durch einen elektrischen oder pneumatischen Handmotor angetrieben.

Feiltechnik
Die rechte Hand umfasst den Feilengriff bei obenliegendem Daumen. Die linke Hand hält die Feile waagerecht und führt sie. Die Feilbewegung erfolgt in Richtung der Feilenachse, wobei sich die Feile um eine halbe Feilenbreite nach rechts oder links verschieben soll. Nur während des Vorstoßens darf auf die Feile gedrückt werden. Das Spannen zum Feilen erfolgt im Schraubstock **(Bild 2)**.

Feilarbeiten
- **Überfeilen:** Beseitigung von groben Unebenheiten
- **Schruppen:** Werkstoffabnahme über 0,5 mm
- **Schlichten:** Werkstoffabnahme unter 0,5 mm
- **Feinschlichten:** Werkstoffabnahme unter 0,2 mm
- **Abziehen:** Führung der Feile quer zur Feilenachse

Reinigen der Feile erfolgt mit der Feilenbürste, um die festsitzenden Späne zu entfernen. Bei feinhiebigen Feilen verwendet man ein Kupfer- oder Messingblech, um die Späne seitlich herauszuschieben.

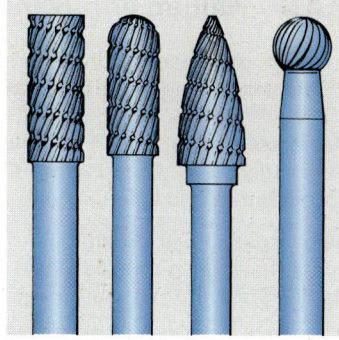

Bild 1: Frässtifte

ARBEITSREGELN
- Feilen nur mit der Feilenbürste oder einem Kupfer- oder Messingblech reinigen.
- Stets auf einen festen Sitz des Feilengriffes achten.

WIEDERHOLUNGSFRAGEN
1. Worin unterscheiden sich gehauene und gefräste Feilen?
2. Wie wird die Hiebteilung gekennzeichnet?
3. Welche genormten Feilenquerschnitte gibt es?

2.4.5 Schaben

Schaben ist Spanen mit einem Schabwerkzeug zur Veränderung der Werkstückoberfläche durch Abtragen kleinster Werkstoffteilchen.

Durch Schaben erzielt man auf Metallwerkstücken eine glatte, riefenfreie und gleichmäßig tragende Oberfläche, wie sie meist für Führungs-, Gleit- und Dichtungsflächen erforderlich ist.
Man verwendet Flach- und Ziehschaber für ebene Flächen und Dreikant- und Löffelschaber für gewölbte Flächen **(Bild 3)**. Durch richtige Schaberhaltung erhält man einen negativen Spanwinkel und damit die schabende Wirkung **(Bild 4)**. Schabarbeiten benötigen jedoch viel Zeit und Geschicklichkeit und sind daher teuer. Man ersetzt deshalb das Schaben nach Möglichkeit durch Schleifen.

Bild 2: Parallelschraubstock mit Höhenverstellung

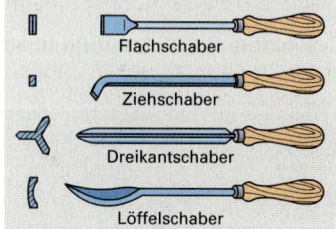

Bild 3: Schaberarten

ARBEITSREGELN
- Nur mit gut geschärftem Schaber arbeiten.
- Nach jedem Schabvorgang die Schabfläche mit Polierleinwand oder einem Ölstein überreiben.

WIEDERHOLUNGSFRAGEN
1. Welchen Zweck hat das Schaben?
2. Welche Schaberarten werden verwendet?
3. Wie erreicht man die schabende Wirkung an der Werkzeugschneide?

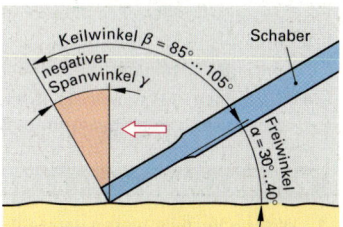

Bild 4: Winkel am Flachschaber und Schaberführung

2.4.6 Reiben von Hand

> Reiben ist Aufbohren mit geringer Spanungsdicke durch ein Werkzeug mit geometrisch bestimmten Schneidkeilen.

Das Reiben dient zum Fertig- und Feinbearbeiten vorgebohrter Bohrungen, z. B. Lagerbuchsen, um die geforderte Maßtoleranz, Formtoleranz und Oberflächengüte (Rauheit) zu erhalten.

Reibvorgang. Die Spanabnahme erfolgt durch die drehende Schnittbewegung und die axiale Vorschubbewegung der Reibahle. Da der Spanwinkel 0° oder negativ ist **(Bild 1)**, erfolgt die Spanabnahme schabend. Die Verwendung von Schneidölen verbessert die Oberflächengüte, vermindert den Werkzeugverschleiß und erhöht so die Standzeit der Reibwerkzeuge. Gusseisen wird trocken gerieben.

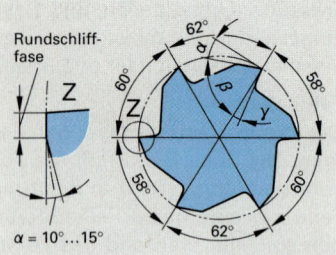

Bild 1: Ungleiche Zahnteilung einer Reibahle

Aufbau der Handreibahle (Bild 2). Der **Anschnitt** (kegelig) bewirkt die Spanabnahme, der **Führungsteil** führt die Reibahle und glättet die Bohrung durch die Rundschlifffasen **(Bild 1)**, der **Schaft** mit Vierkant dient zur Aufnahme z. B. in ein Windeisen.

Maschinenreibahlen (Bild 3) haben einen kurzen Anschnitt und einen zylindrischen Schaft oder einen kegeligen Schaft. Durch den kurzen Anschnitt können mit Maschinenreibahlen Sacklöcher bis fast zum Grund aufgerieben werden.

Gerade Zähnezahlen sind meistens vorhanden, um den Durchmesser der Reibahle einfach mit einer Meßschraube messen zu können.

Ungleiche Zahnteilungen (Bild 1) vermeiden Rattermarken, da die nachfolgenden Schneiden beim Reibvorgang nicht an derselben Stelle eingreifen.

Zähne der Reibahlen können gerade oder schraubenförmig mit Linksdrall angeordnet sein **(Bild 4)**. Der Linksdrall verhindert ein Hineinziehen der Reibahle in die Bohrung oder das Einhaken in einer Nut der Bohrung. Gleichzeitig werden die Späne durch den Linksdrall in Vorschubrichtung abgeführt.

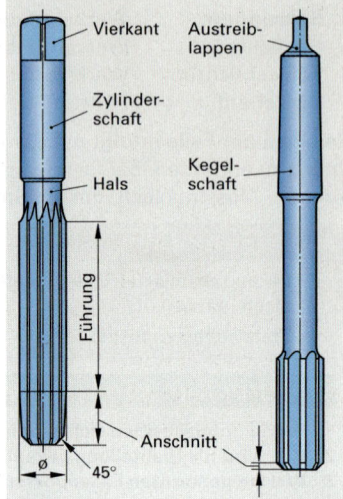

Bild 2: Handreibahle

Bild 3: Maschinenreibahle

Geschlitzte Reibahlen (Bild 5) können durch einen kegeligen Stift gespreizt und dadurch in engen Grenzen verstellt werden.

Reibahlen mit eingesetzten Messern (Bild 5) haben einen größeren Verstellbereich. Beim Verstellen werden die Messer durch zwei Gewinderinge auf schrägen Flächen verschoben. Der Durchmesser der Reibahle wird dadurch bis zu 3 mm vergrößert bzw. verkleinert.

ARBEITSREGELN

- Reibahle rechtwinklig zum Werkstück einführen und anschneiden. Je nach Werkstoff Schneidöl verwenden.
- Reibahle mit gleichmäßigem Druck im Uhrzeigersinn eindrehen und im Uhrzeigersinn herausdrehen.
- Reibahlen nie rückwärts drehen wegen Gefahr eines Schneidenbruches durch eingeklemmte Späne.

WIEDERHOLUNGSFRAGEN

1. Welche Vorteile bieten verstellbare Reibahlen?
2. Weshalb dürfen Reibahlen niemals rückwärts gedreht werden?
3. Warum haben schraubenförmig verzahnte Reibahlen Linksdrall?

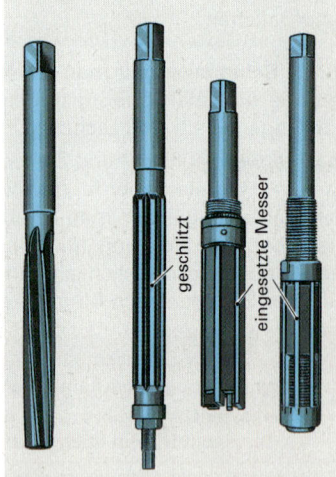

Bild 4: Schraubenförmig verzahnte Handreibahle

Bild 5: Verstellbare Handreibahlen

2.4.7 Gewindeschneiden von Hand

Beim Gewindeschneiden werden Gewindegänge auf Bolzen oder in Bohrungen mit mehrschneidigen Werkzeugen spanend geformt.

Gewinde (**Bild 1**) können hergestellt werden als
- Innengewinde (Muttergewinde) mit Gewindebohrern
- Außengewinde (Bolzengewinde) z. B. mit Schneideisen.

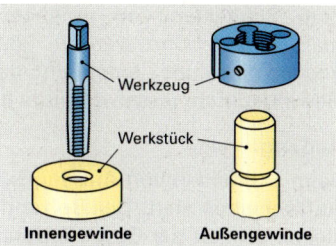

Bild 1: Gewindearten

Innengewinde (Bild 2)

Der Kernlochdurchmesser für das Innengewinde muss etwas größer gebohrt werden als es dem Kerndurchmesser des Innengewindes entspricht. Der Gewindebohrer schneidet den größten Teil der Gewindegänge. Ein Teil des Werkstoffes wird jedoch vom Gewindebohrer nach innen spanlos verdrängt. Dabei wird das Gewinde leicht aufgedrückt und dadurch die Kernlochbohrung verkleinert. Diesen Vorgang nennt man Aufschneiden. Dieses Aufschneiden ist bei zähen Werkstoffen (z. B. Stahl, Zinklegierungen, Kupfer, Aluminium) größer als bei spröden (z. B. Gusseisen, Messing). Deshalb muss bei zähen Werkstoffen das Kernloch größer gebohrt werden als bei spröden.

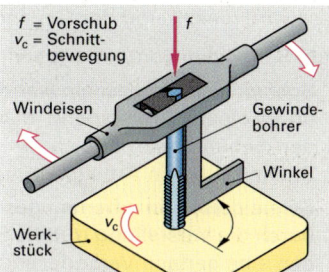

Bild 2: Innengewinde schneiden

Grundlochbohrungen werden einseitig, Durchgangsbohrungen beidseitig auf Gewindenenndurchmesser angesenkt. Damit wird erreicht, dass der Gewindebohrer besser anschneidet und die äußeren Gewindegänge nicht aus der Kernlochbohrung herausgedrückt werden.

Das Ansetzen des Gewindebohrers muß in Richtung Bohrlochachse erfolgen und wird mit einem Winkel geprüft. Die Spanungsbewegung setzt sich aus der Hauptbewegung (Drehung des Gewindebohrers) und der Vorschubbewegung (Axialbewegung) zusammen. Zum Drehen der Gewindebohrer benützt man meistens Windeisen. Das Gewinde soll zügig geschnitten und der Gewindebohrer während des Schneidens möglichst nicht zurückgedreht werden, da häufiges Abscheren der Späne und Neuanschneiden zu vorzeitiger Abstumpfung der Gewindebohrer führen.

Abgebrochene Gewindebohrer dreht man mit einem Gewindebohrer-Ausdreher aus dem Gewindeloch. Man kann sie auch durch leichte Schläge mit Hilfe eines Durchtreibers lockern und mit einer Zange herausdrehen.

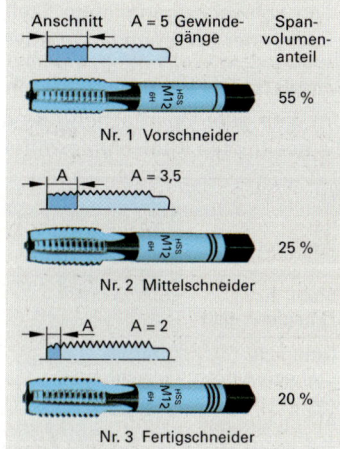

Bild 3: 3-Satzgewindebohrer

Gewindebohrer

Zum Schneiden von Innengewinden verwendet man:
- **3-Satzgewindebohrer (Bild 3)** bestehen aus Vor-, Mittel- und Fertigschneider, die durch 1, 2 und 3 (bzw. ohne Ringe) gekennzeichnet sind. Das Zerspanungsvolumen wird auf die drei Gewindebohrer verteilt (etwa 55 % : 25 % : 20 %), um die Gewindeschneidwerkzeuge nicht zu stark zu beanspruchen und um saubere Gewindegänge zu erhalten.
- **2-Satzgewindebohrer** (Nr. 1 Vorschneider und Nr. 2 Fertigschneider) werden zum Schneiden von Feingewinden verwendet.
- **Einschnitt-Handgewindebohrer (Bild 4)**, werden verwendet zum Schneiden von Gewinden in Blechen oder Werkstücken, deren Dicke unter 1,5 x Gewindenenndurchmesser liegt. Durch den Schälanschnitt ist eine geringere Anschnittlänge notwendig.
- **Gewindebohrer für Leichtmetalle** haben geräumige Spannuten und große Spanwinkel (**Bild 5**).

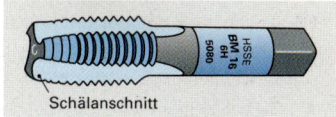

Bild 4: Einschnitt-Gewindebohrer

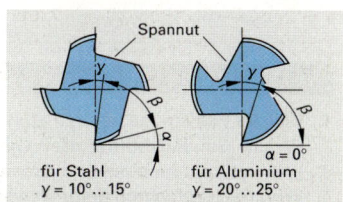

Bild 5: Winkel am Gewindebohrer

Zum Schneiden von Innengewinden müssen die Kernlöcher maßhaltig gebohrt werden. Für metrische ISO-Gewinde (Regel- und Feingewinde) entspricht der Kernlochdurchmesser d_K dem Gewindedurchmesser d minus der Gewindesteigung P (Tabelle 1).

Außengewinde
Beim Schneiden von Außengewinden (**Bild 1**) findet ebenfalls ein Aufschneiden statt. Der Bolzendurchmesser muss deshalb etwas kleiner sein als der Gewindedurchmesser (**Tabelle 1**).

Zum geraden Ansetzen des Schneideisens muß der Bolzen mindestens bis auf den Kerndurchmesser angefast werden. Durch die Fase wird gleichzeitig der Gewindeanfang geschützt.

Zum Schneiden von Außengewinden verwendet man:
- **Schneideisen in geschlossener Form (Bild 2)** schneiden Gewinde in einem Arbeitsgang maßhaltig fertig. Schälanschnitte in den Schneideisen erleichtern das Anschneiden und führen die Späne sauber in Arbeitsrichtung ab.
- **Schneideisen in offener, geschlitzter Form (Bild 2)** gestatten durch die Verstellung mittels Spreizschraube oder Druckschrauben eine geringe Veränderung des Gewindedurchmessers.
- **Schneideisen in Sechskantform (Bild 3)** dienen zum Nachschneiden beschädigter Gewinde oder zum Gewindeschneiden an schwer zugänglichen Stellen, da sie mit Schraubenschlüsseln oder Ratschen bewegt werden können.

Schmiermittel beim Gewindeschneiden
Um eine gute Oberflächengüte der Gewinde zu erhalten, müssen die geeigneten Kühlschmiermittel verwendet werden (**Tabelle 2**).

$$d_K = d - P$$

Tabelle 1: Abmessungen in mm für metrische ISO-Gewinde

Gewinde d	Kernloch d_K	Steigung P	Bolzen-Ø Außengewinde*
M3	2,5	0,5	2,9
M4	3,3	0,7	3,9
M5	4,2	0,8	4,9
M6	5,0	1	5,9
M8	6,8	1,25	7,9
M10	8,5	1,5	9,85
M12	10,2	1,75	11,85
M16	14,0	2	15,8

* Die Erfahrungswerte (nicht genormt) hängen jeweils vom Aufschneiden des verwendeten Bolzenwerkstoffes ab.

Tabelle 2: Kühlschmierstoffe für das Gewindeschneiden

Werkstoff	Kühlschmierstoffe	Werkstoff	Kühlschmierstoffe
Stahl, Ti, Ti-Legierungen	Schneidöl	Mg, Mg-Legierungen, Duroplaste, Thermoplaste, Faserverstärkte Kunststoffe	Druckluft
Grauguss, Cu, Cu-Legierungen, Zink, Al, Al-Legierungen	Wassermischbare Kühlschmierstoffe		

Arbeitsregeln
- Gewindekernloch beidseitig auf Gewindeaußendurchmesser ansenken. Gewindebolzen auf Kerndurchmesser anfasen.
- Gewindeschneidwerkzeuge beim Anschneiden senkrecht ansetzen. Rechtwinkligkeit weiter kontrollieren.
- Nach Möglichkeit Gewindeschneidwerkzeuge nicht zurückdrehen, da häufiges Abscheren der Späne und Neuanschneiden zu vorzeitiger Abstumpfung führen. Werkzeugbruchgefahr.
- Geeigneten Kühlmittelschmierstoff ausreichend verwenden.

Wiederholungsfragen
1. Welche Werkzeuge werden zum Gewindeschneiden benötigt?
2. Welche Gewindebohrerarten werden verwendet? Einsatzbereiche?
3. Was versteht man unter Aufschneiden bei der Gewindeherstellung?
4. Worauf ist zu achten beim Gewindeschneiden in Grundlöchern?
5. Welchen Einfluss hat das Schmiermittel auf die Gewindegüte?

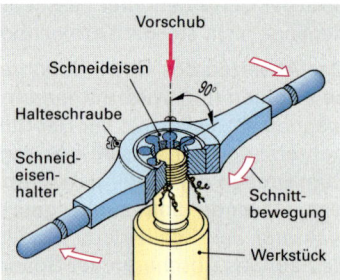
Bild 1: Außengewinde schneiden

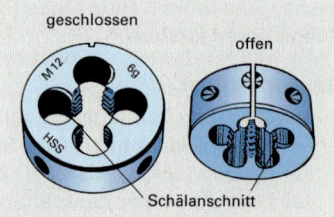
Bild 2: Schneideisen (Rund)

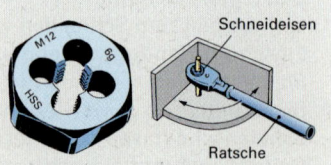
Bild 3: Schneideisen (Sechskant)

2.4.8 Grundlagen der spanenden Formung mit Werkzeugmaschinen

Werkzeugmaschinen für spanende Formung können ebene, zylindrische, kegelige und gekrümmte Flächen bearbeiten.
Um eine bestimmte Fläche zu erhalten, sind Werkstück und Werkzeug entsprechend zueinander zu bewegen.

Bewegungen an Werkzeugmaschinen (Bild 1)
Drei verschiedene Bewegungen werden unterschieden:
– Haupt- oder Schnittbewegung
– Vorschubbewegung
– Zustellbewegung.

Haupt- oder Schnittbewegung. Sie wird entweder vom Werkzeug oder vom Werkstück ausgeführt. Sie ist kreisförmig, z. B. beim Bohren, Drehen, Fräsen, Schleifen oder geradlinig, z. B. beim Stoßen.

Die Schnittgeschwindigkeit v_c ist die Geschwindigkeit mit der die Spanabnahme erfolgt.

Die Schnittgeschwindigkeit wird allgemein in m/min, beim Schleifen jedoch in m/s angegeben.

Vorschubbewegung. Sie verschiebt das Werkzeug bei kreisförmiger Bewegung stetig, bei geradliniger Schnittbewegung ruckartig. Sie kann manuell (von Hand) oder zwangsläufig durch die Maschine erfolgen.

Die Vorschubgeschwindigkeit v_f (mm/min) ist die Geschwindigkeit, mit der sich Werkstück und Werkzeug beim Spanen aufeinander zubewegen.

Vorschub f. Er ist der Weg des Werkzeugs (Bohren, Schleifen) oder des Werkstücks je Umdrehung (Drehen) bzw. je Hub (Stoßen).

Zustellbewegung. Sie ist die Bewegung zwischen Werkstück und Werkzeug, welche die Dicke des abzunehmenden Spanes bestimmt.
Die Zustellbewegung ergibt die Schnitttiefe a_p bzw. die Schnittbreite, a_e.

Die Schnittgeschwindigkeit, die Vorschubgeschwindigkeit und die Zustellbewegung hängen ab von
– dem Arbeitsverfahren
– der Bauart der Maschine
– dem zu zerspanenden Werkstoff
– dem Schneidstoff des Werkzeuges
– der verlangten Oberflächengüte
– der Schmierung und Kühlung der Werkzeugschneide.

Zeitspanungsvolumen Q. Es ist ein Maß für die Leistungsfähigkeit einer Werkzeugmaschine; es wird in cm³/min ermittelt. Beim Drehen wird es aus der Schnitttiefe a_p, dem Vorschub f und der Schnittgeschwindigkeit v_c ermittelt.

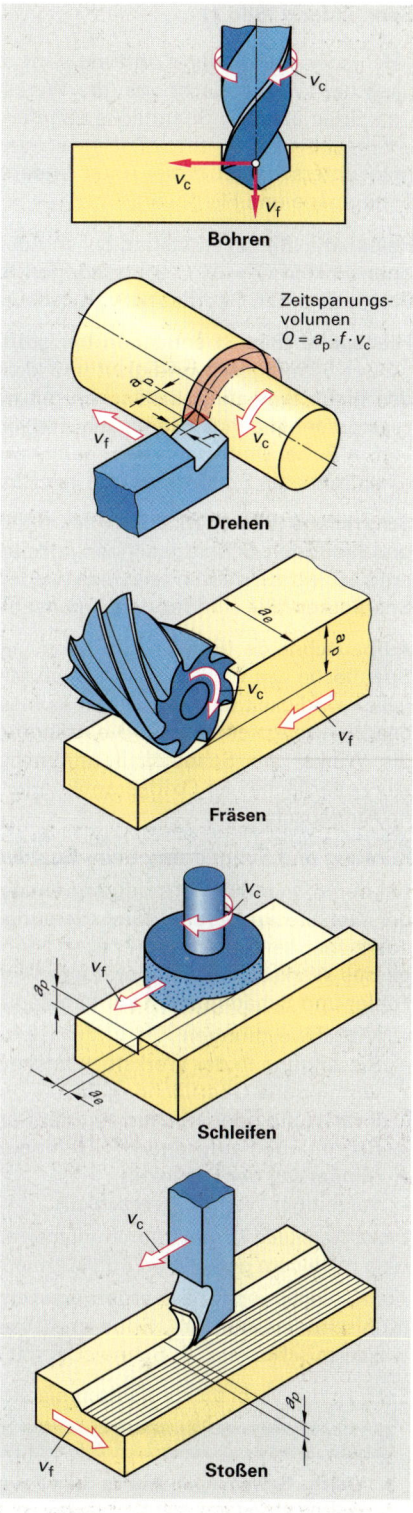

Bild 1: Schnitt-, Vorschubgeschwindigkeit, Schnitttiefe, Schnittbreite

Spanbildung (Bild 1)

> Bei jeder spanenden Formung wird durch den eindringenden Schneidkeil der Werkzeugschneide der Werkstoff gestaucht, getrennt und dann als Span über die Spanfläche abgeführt.

Man unterscheidet dabei unter anderem folgende Spanarten: Reißspäne, Scherspäne und Fließspäne.

Reißspäne (Bild 2) entstehen bei spröden Werkstoffen, z.B. Grauguss, kleinen Spanwinkeln ($\gamma = 0° \ldots 8°$), niedrigen Schnittgeschwindigkeiten und großer Schnitttiefe. Die Oberfläche wird dabei rau und nicht maß- und formgenau.

Fließspäne (Bild 3) entstehen bei großem Spanwinkel, zähen Werkstoffen, großer Schnittgeschwindigkeit und kleiner bis mittlerer Schnitttiefe. Es werden glatte Werkstückoberflächen mit hoher Oberflächengüte erzielt. Lange, zusammenhängende Fließspäne sind jedoch nachteilig, da sie den Arbeitsablauf, z. B. bei Drehautomaten, behindern können. Man wählt deshalb häufig einen mittleren Spanwinkel und verzichtet somit auf die Fließspanbildung.

Scherspäne (Bild 4) entstehen bei mittlerem Spanwinkel, zähen Werkstoffen und niedrigen Schnittgeschwindigkeiten. Diese Späne bröckeln schuppenartig ab, verschweißen teilweise wieder miteinander und bilden meist kurze Spanlocken. Sie sind für den Arbeitsablauf nicht hinderlich.

Aufbauschneide (Bild 5). Sie bildet sich beim Spanungsvorgang auf der Spanfläche des Werkzeugs. Die Aufbauschneide kann bei zu kleiner Schnittgeschwindigkeit, ungenügender Kühlschmierung oder zu rauer Spanfläche des Werkzeugs entstehen. Die Ablagerung von Werkstoffteilchen verändert die Winkel am Schneidkeil ungünstig und verursacht eine raue Werkstückoberfläche. An Oxidkeramik- oder Diamantwerkzeugen bildet sich keine Aufbauschneide.

Kühlung und Schmierung beim Spanen

Bei der spanenden Formgebung entsteht an der Werkzeugschneide und in der Werkstückrandzone durch Reibung Wärme. Erfolgt beim Spanen keine ausreichende Kühlschmierung, so können am Werkzeug und in der Randzone des Werkstückes Temperaturen von über 1 000 °C entstehen. Folgende Fehler und Schädigungen können dadurch auftreten:

- Maßabweichungen
- Rissbildung in der Werkstückrandzone
- verminderte Oberflächengüte
- Enthärtung oder Neuhärtung der Randschicht
- Spannungen aufgrund von Gefügeumwandlungen
- Minderung der Festigkeit
- vorzeitiger Werkzeugverschleiß.

Diese Nachteile können durch intensive, gleichmäßige Kühlung und Schmierung mit einem geeigneten Kühlschmiermittel weitgehend vermieden werden.

Als Kühlschmierstoffe werden **wassermischbare**, z. B. Bohröl und Wasser (Kühlschmieremulsion), Soda und Wasser (Kühlschmierlösung) und **nichtwassermischbare**, z. B. Schneidöle mit Zusätzen verwendet.

Entsorgung. Verbrauchte Kühlschmierstoffe sind als Sondermüll zu behandeln.

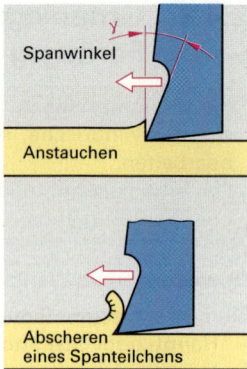

Bild 1: Spanbildung

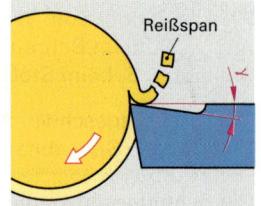

Bild 2: Reißspan

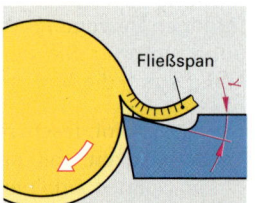

Bild 3: Fließspan

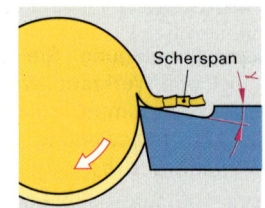

Bild 4: Scherspan

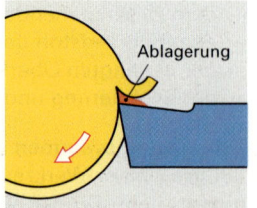

Bild 5: Aufbauschneide

WIEDERHOLUNGSFRAGEN

1. Welche Bewegungen gibt es beim Spanen auf Werkzeugmaschinen?
2. Welche Bedeutung hat das Zeitspanungsvolumen einer Werkzeugmaschine?
3. Welche Einflüsse wirken sich auf die Spanbildung aus?
4. Welche Folgen hat mangelnde Kühlschmierung beim maschinellen Spanen?

2.4.9 Bohren und Senken

Bohren

> Bohren ist in der Metalltechnik ein maschinelles Spanen mit geometrisch bestimmten Schneiden und überwiegend mehrschneidigen Werkzeugen zur Herstellung von zylindrischen Löchern (Bohrungen).

Spiralbohrer (Bild 1). Er ist das meist verwendete Bohrwerkzeug. Seine Vorteile sind:
- günstige Winkel an den Schneiden
- gute Einspannmöglichkeit
- gleichbleibender Durchmesser beim Nachschleifen
- selbsttätige Spanabfuhr
- gute Zufuhr von Kühlschmierstoff.

Bohrvorgang. Die Haupt- bzw. Schnittbewegung ist immer eine Drehbewegung, die meist das Bohrwerkzeug ausführt. Gleichzeitig wird das Werkzeug in axialer Richtung gegen das Werkstück bewegt (Vorschub). Daraus ergibt sich eine kontinuierliche Spanbildung. Die Schnittgeschwindigkeit hängt im wesentlichen vom Werkstoff des Werkstücks und vom Schneidstoff des Bohrers ab. Der Vorschub ist vom Bohrerdurchmesser, vom zu bearbeitenden Werkstoff und vom Bohrverfahren abhängig.

Schneidengeometrie des Spiralbohrers (Bild 2).

Hauptschneiden. Zwei schraubenförmige Spannuten bilden an der Bohrerspitze die Hauptschneiden. Sie übernehmen die eigentliche Zerspanungsarbeit.

Nebenschneiden. Sie werden durch die Spannuten am Schneidteil gebildet und glätten die Bohrung.

Querschneide. Sie erschwert den Spanungsvorgang, da sie nicht schneidet, sondern schabt. Bei großem Bohrerdurchmesser ist vorzubohren. Zusätzlich kann die Querschneide ausgespitzt werden.

Führungsfasen. Sie bewirken eine sichere Führung des Bohrers in der Bohrung. Außerdem vermindern sie die Reibung, und somit die Gefahr des Klemmens des Bohrers in der Bohrung.

Spitzenwinkel. Er wird von den Hauptschneiden gebildet und ist abgestimmt auf den zu bearbeitenden Werkstoff. Für die Bearbeitung von Stahl, Stahlguss, Gusseisen, Temperguss, Kupfer-Zink-Legierungen beträgt er 118°.

Freiwinkel. Er ergibt sich durch Hinterschleifen der Hauptschneiden. Der Freiwinkel ermöglicht das Eindringen des Bohrers in den Werkstoff. Bei einem Spiralbohrer mit einem Spitzenwinkel von 118° ergibt sich bei richtigem Hinterschliff ein **Querschneidenwinkel** von 55°. Dies entspricht dem richtigen Freiwinkel für die Bearbeitung von Stahl.

Seitenspanwinkel γ. Es ist der Winkel der Spanflächen (Spannuten) mit der Achse des Bohrers. Er bestimmt den Spanwinkel. Seitenspanwinkel und Spanwinkel können durch Schleifen des Bohrers nicht geändert werden. Bei Spiralbohrern der **Typen N, H, und W (Tabelle 1)** hat der Seitenspanwinkel je nach Bohrerdurchmesser und zu bearbeitendem Werkstoff eine bestimmte Größe. Für die Bearbeitung von Stahl, Gusseisen und Temperguss eignet sich ein Seitenspanwinkel von 19° ... 40°.

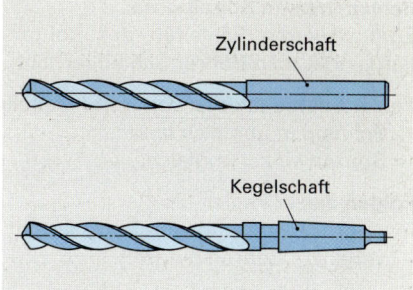

Bild 1: Spiralbohrer mit Zylinder- und Kegelschaft

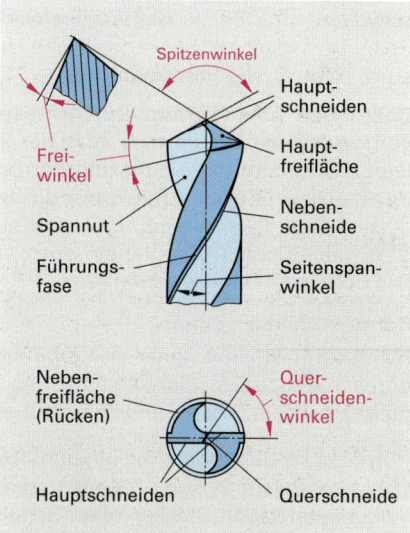

Bild 2: Schneidengeometrie des Spiralbohrers

Tabelle 1: Seitenspanwinkel		
Bohrertyp		
N	H	W
118°	118°	130°
$\gamma = 19°...40°$	$\gamma = 10°...19°$	$\gamma = 27°...45°$
normalharte	harte und zähharte	weiche und zähe
metallische Werkstoffe		

Schleifen beim Spiralbohrer
Zum genauen Schleifen der Bohrerschneiden verwendet man Bohrer-Schleifvorrichtungen.

Fehler beim Schleifen von Hand (Tabelle 1) sind
- Schneiden ungleich lang
- Spitzenwinkel ungleich.

Folgen dieser Fehler
- zu große Bohrungsdurchmesser
- verkürzte Bohrerstandzeit.

Um diese Fehler zu vermeiden muß der Anschliff des Bohrers mit der Schleiflehre geprüft werden.

Bei zu großem Freiwinkel brechen die Schneidkanten des Bohrers aus, da der Werkzeugkeil geschwächt wird. Bei zu kleinem Freiwinkel ist die Reibung zwischen Bohrerfreifläche und Werkstück zu groß, der Bohrer glüht aus.

Bohrungen über 15 mm Durchmesser müssen vorgebohrt werden, da ansonsten der Bohrer verläuft. Außerdem wäre aufgrund der Querschneide eine zu große Vorschubkraft erforderlich. Aus diesem Grund werden häufig Bohrer ausgespitzt, d. h. die Querschneidenlänge wird auf rd. 1/10 des Bohrerdurchmessers verkürzt.

Bohrmaschinen
Handbohrmaschinen eignen sich für Bohrungen, für die eine geringe Genauigkeit erforderlich ist. Sie sind meist mit einem Dreibackenbohrfutter ausgerüstet.

> Elektrische Handbohrmaschinen dürfen nur in einwandfreiem Zustand benutzt werden. Beschädigte Kabel, Stecker oder Gehäuse sind tödliche Gefahren.

Tisch- und Säulenbohrmaschinen (**Bild 1**) eignen sich für Bohrarbeiten mit hoher Genauigkeit und großer Zerspanungsleistung.

Spannen der Bohrer (Bild 2)
Kleine Bohrer bis etwa 12 mm Durchmesser haben meist einen zylindrischen Schaft und werden in Dreibackenbohrfuttern, Spannzangen oder Klemmhülsen gespannt. Größere Bohrer haben in der Regel einen kegeligen Schaft. Sie werden mit den Innenkegel der Bohrspindel durch axiales Einschieben kraftschlüssig verbunden. Ein Austreiber ist zum Lösen des Bohrers aus der Bohrspindel erforderlich.

Spannen der Werkstücke.
Es ist sorgfältig durchzuführen. Dabei ist darauf zu achten, dass die Werkstücke, z. B. Bleche, vom Bohrwerkzeug nicht mitgerissen werden können. Beim Austritt des Bohrers aus der Bohrung hakt dieser leicht ein, dadurch können Unfälle entstehen. Kleinere Werkstücke spannt man in den Maschinenschraubstock (**Bild 1**).

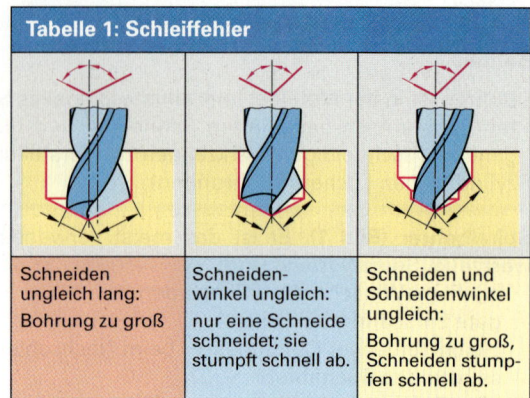

Tabelle 1: Schleiffehler

Schneiden ungleich lang: Bohrung zu groß	Schneidenwinkel ungleich: nur eine Schneide schneidet; sie stumpft schnell ab.	Schneiden und Schneidenwinkel ungleich: Bohrung zu groß, Schneiden stumpfen schnell ab.

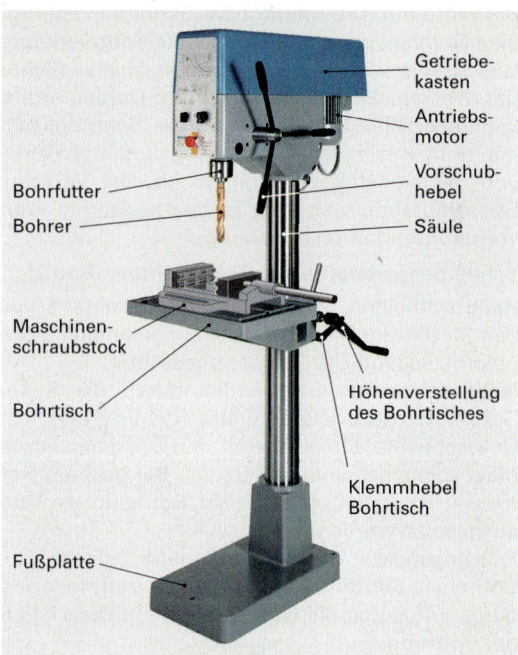

Bild 1: Säulenbohrmaschine

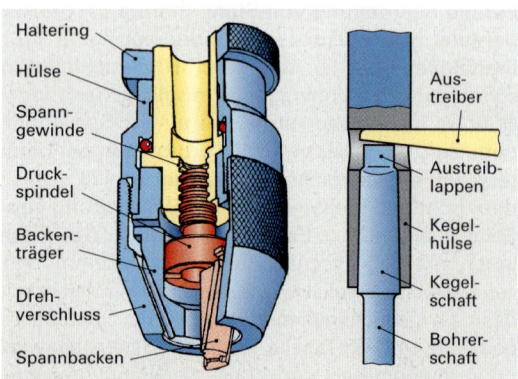

Bild 2: Schnellspann-Bohrfutter

Bohrer mit Kegelschaft

Arbeitsregeln

- Auf größte Sauberkeit bei Aufnahmekegeln, Reduzierhülsen und Bohrerschäften achten.
- Bohrer nicht mit Gewalt in das Bohrfutter zwängen.
- Auf festen Sitz und genauen Rundlauf des Bohrers achten.
- Eingespannte Bohrer nicht durch Schlagen ausrichten.
- Bohrer mit kegeligem Schaft nicht im Bohrfutter spannen.
- Bohrmitte ankörnen ggf. vorbohren.
- Beim Bohren für festen Halt des Werkstückes sorgen.
- Richtigen Bohrertyp mit korrektem Anschliff wählen. Auf richtige Schnitt- und Vorschubgeschwindigkeit achten.
- Geeignetes Kühlschmiermittel verwenden.

Unfallverhütung

Auch bei ordnungsgemäßen Bohrwerkzeugen und Bohrmaschinen drohen durch Unachtsamkeit schwerste Unfälle. Folgende **Unfallverhütungsvorschriften** müssen unbedingt beachtet werden:

- Arbeitskleidung tragen, die gut anliegt und enge Ärmel hat.
- Kopfbedeckung bei langen Haaren tragen, z. B. Haarnetz.
- Bohrfutterschlüssel oder Austreiber aus der Bohrspindel sofort nach Gebrauch entfernen.
- Beim Bohren spröder Werkstoffe eine Schutzbrille tragen.
- Werkstücke gegen Mitreißen sichern.
- Alle Schutzvorrichtungen müssen beim Arbeiten angebracht sein.
- Bohrspäne mit einem Pinsel entfernen oder absaugen.
- Riemen dürfen nur beim Stillstand der Maschine umgelegt werden.
- Schäden an der elektrischen Anlage sofort von einem Elektriker instandsetzen lassen (nicht selbst reparieren).

Senken

Senken ist ein Sonderbohrverfahren zur Erzeugung von senkrecht zur Drehachse liegenden Planflächen oder Kegelflächen in bereits vorhandene, z. B. vorgebohrte Bohrungen.

Senkerarten und ihre Verwendung

Flachsenker haben einen festen oder auswechselbaren Führungszapfen, um das Werkzeug in der Bohrung zu führen. Flachsenker zum **Planeinsenken (Bild 1)** werden z. B. zur Herstellung von zylindrischen Einsenkungen für Schraubenköpfe mit Innensechskant, TORX oder Kreuzschlitz verwendet.

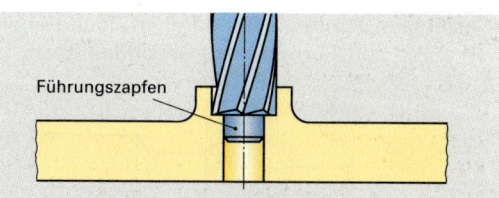

Bild 1: Flachsenker zum Planeinsenken

Kegelsenker (Bild 2) sind ein-, drei- oder vielschneidig. Es gibt sie mit und ohne Führungszapfen. Diese Senker werden zum Entgraten von Bohrungen und zum Erzeugen kegeliger Profilsenkungen für Niet- und Schraubenköpfe verwendet. Ihre Spitzenwinkel sind genormt, z. B.

- 60° zum Entgraten
- 75° für Nietköpfe
- 90° für Senkschrauben und für Innengewinde
- 120° für Blechniete.

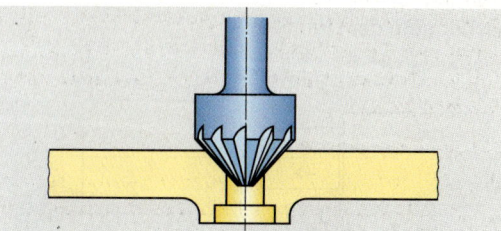

Bild 2: Kegelsenker zum Profilsenken

Wiederholungsfragen

1. Wie groß sind Spitzen-, Querschneiden- und Seitenspanwinkel für das Bohren von Stahl?
2. Wodurch werden zu große Bohrungsdurchmesser verursacht?
3. Geben Sie mögliche Ursachen für das Ausglühen von Bohrern an.
4. Worauf ist beim Spannen der Bohrwerkzeuge und Werkstücke zu achten?
5. Weshalb muss beim Bohren spröder Werkstoffe eine Schutzbrille getragen werden?
6. Welche Winkel haben Kegelsenker?

2.4.10 Drehen

Drehen ist ein maschinell spanendes Fertigungsverfahren mit geometrisch bestimmter Schneide. Mit einem einschneidigen Werkzeug werden dabei runde oder ebene Flächen hergestellt.

Einteilung der Drehverfahren

Sie erfolgt nach der
- Lage der Bearbeitungsflächen in Außen- und Innendrehen **(Bild 1)**
- Vorschubrichtung in Längsdrehen (Runddrehen) und Querdrehen (Plandrehen) **(Bild 2)**
- erzeugten Fläche in Runddrehen, Plandrehen, Profildrehen, Formdrehen, Gewindedrehen.

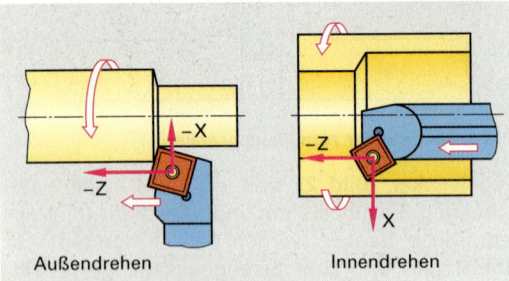

Bild 1: Lage der Bearbeitungsflächen

Vorschubbewegung (Bild 2). Sie erfolgt beim Längsdrehen in der Z-Achse (Werkstückachse), beim Querdrehen in X-Achse (quer zur Werkstückachse). Der Vorschub f wird in mm je Umdrehung angegeben. Er beeinflusst die Oberflächengüte der Drehfläche.

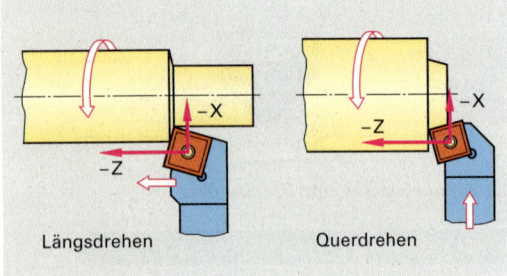

Bild 2: Vorschubrichtung beim Drehen

Bewegungsvorgänge beim Drehen (Bild 3)

Schnittbewegung. Sie erfolgt durch das in der Drehmaschine eingespannte Werkstück, das die Drehbewegung ausführt. Aus dem Durchmesser und der Drehzahl ergibt sich die Schnittgeschwindigkeit, die in m/min angegeben wird. Bei der Wahl der Schnittgeschwindigkeit sind zu berücksichtigen:

- Werkstoff
- Kühlschmierung
- Schneidstoff
- Oberflächengüte.

Zustellbewegung (Bild 3). Sie erfolgt beim Längsdrehen in der X-Achse, beim Querdrehen in der Z-Achse. Die **Schnitttiefe a** entspricht der Zustellung des Drehmeißels.

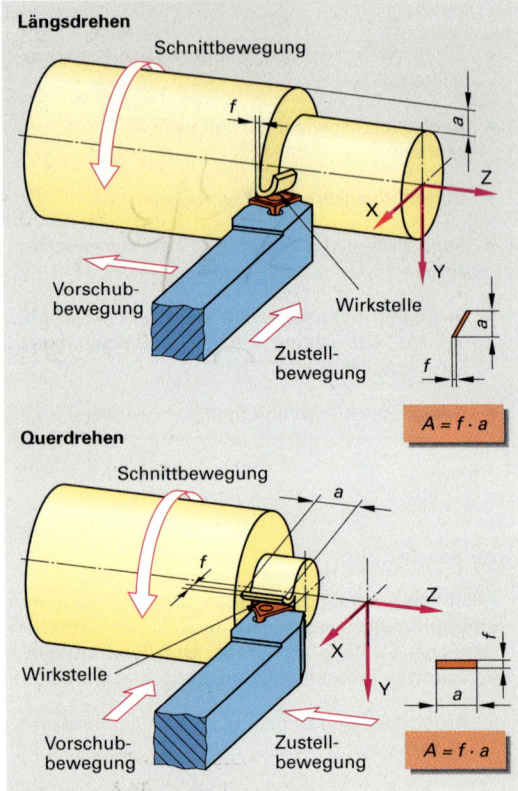

Bild 3: Bewegungsvorgänge beim Drehen

Spanbildung

Durch das Zusammenwirken von Schnittbewegung und Vorschubbewegung bei vorgegebener Zustellung entsteht ein Span mit dem Spanungsquerschnitt A.

Spanungsquerschnitt A (Bild 3). Er ist das Produkt aus dem Vorschub f und der Schnitttiefe a. Für eine möglichst kurze Fertigungszeit muss mit hoher Schnittgeschwindigkeit und großem Spanungsquerschnitt gedreht werden. Diese Forderungen werden begrenzt durch die Leistungsfähigkeit der Drehmaschine, die Standzeit des Drehwerkzeuges und die Oberflächengüte.
Daher muss bei großen Spanabnahmen in mehreren Stufen gedreht werden, z. B. erst Schruppen, dann Schlichten.

Trennen durch Spanen   2 Fertigungstechnik

Bild 1: Universaldrehmaschine

Auf ihr können fast alle vorkommenden Dreharbeiten ausgeführt werden. Da sie meist eine Leit- und eine Zugspindel besitzt, wird sie auch als Leit- und Zugspindeldrehmaschine (LZD) bezeichnet.

Hauptbaugruppen
- Gestell
- Spindelstock
- Leitspindel
- Reitstock.
- Drehmaschinenbett
- Werkzeugschlitten
- Zugspindel

Drehmaschinenbett. Es besteht aus den beiden, meist prismatischen Drehmaschinenwangen, mit gehärteten Führungsbahnen, auf denen Werkzeugschlitten und Reitstock geführt werden.

Spindelstock. In ihm ist die Arbeitsspindel gelagert und geführt. Die Arbeitsspindel dient zur Aufnahme der Spannmittel, z.B. Drehmaschinenfutter. Sie ist hohl, um Stangenmaterial hindurchführen zu können. Der Antrieb der Arbeitsspindel erfolgt über einen Elektromotor, dem ein Getriebe nachgeschaltet ist.

Werkzeugschlitten (Bild 2). Er dient zum Spannen und Bewegen der Drehwerkzeuge. Er besteht aus folgenden Hauptteilen
- Schlosskasten mit Schaltelementen für Zug- und Leitspindel
- Bettschlitten
- Querschlitten
- Oberschlitten.

Schlosskasten: Er enthält die Schaltelemente zur Einleitung der Bewegungsvorgänge für Bett- und Querschlitten. Die Zugspindel besteht meist aus einer glatten Welle mit Längsnut. Sie überträgt die Kräfte für die Längs- und die Querbewegung der einzelnen Schlitten. Die Leitspindel besitzt ein genau gearbeitetes Trapezgewinde, das nur beim Gewindeschneiden zur Bewegung des Werkzeugschlittens verwendet werden darf. Der Bettschlitten dient zur Längsbewegung und der Querschlitten (Planschlitten) zur Querbewegung des Drehwerkzeugs. Mit dem Oberschlitten kann das Drehwerkzeug in der Ebene der X- und der Z-Achse in beliebiger Richtung von Hand bewegt werden.

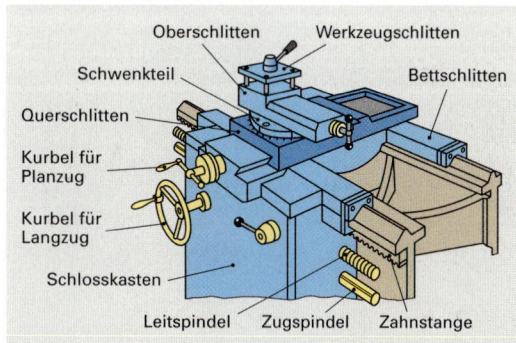

Bild 2: Werkzeugschlitten

Reitstock (Bild 1). Er dient als Gegenlager beim Drehen zwischen den Spitzen, sowie zur Aufnahme von Werkzeugen, z.B. Bohr- und Senkwerkzeugen. Er wird auf den Drehmaschinenwangen geführt und kann an jeder beliebigen Stelle durch einen Spannhebel festgeklemmt werden.

Schneidengeometrie am Drehmeißel

Winkel und Flächen (Bild 1). Der Drehmeißel entspricht in seiner Grundform einem Keil mit Freiwinkel α, Keilwinkel β, und Spanwinkel γ. Der Span wird an der Schnittfläche des Werkstücks durch den Drehmeißel abgenommen.

Haupt- und Nebenschneide. Die Hauptschneide weist zur Vorschubrichtung. Sie bewirkt das eigentliche Spanen. Haupt- und Nebenschneide bilden eine gerundete Schneidenecke Sie wirkt sich auf die Tiefe der entstehenden Riefen aus.

Freiwinkel α. Er wird durch die Freifläche und die Senkrechte an die Schnittfläche begrenzt. Seine Größe bestimmt die Reibung bzw. die Flächenpressung zwischen Werkstück und Drehmeißel.

Keilwinkel β. Er wird von der Freifläche und der Spanfläche gebildet. Seine Größe richtet sich nach dem zu bearbeitenden Werkstoff und nach der Oberflächengüte.

Spanwinkel γ. Er wird von einer horizontalen Ebene durch die Drehachse und der Spanfläche gebildet.

Einstellwinkel χ (Bild 1). Er wird von der Hauptschneide und der Drehteilkontur gebildet. Zusammen mit der Zustellbewegung bestimmt er die beim Spanen wirksame Schneidenlänge.

Spannen der Drehmeißel
Der Drehmeißel muss möglichst kurz und fest gespannt werden. Die Schneidenecke wird dabei normalerweise auf Werkstückmitte (Höhe der Drehachse) eingestellt. In dieser Einstellung haben Frei- und Spanwinkel ihre richtige Größe.

Wendeschneidplatten (Bild 2). Sie besitzen mehrere Schneidkanten, die durch einfaches Drehen bzw. Wenden zum Einsatz gebracht werden können, wenn eine Schneide abgenützt ist. Dadurch entfällt das Nachschleifen des Drehmeißels. Wendeschneidplatten können durch unterschiedliche Klemmvorrichtungen im Klemmhalter befestigt werden.

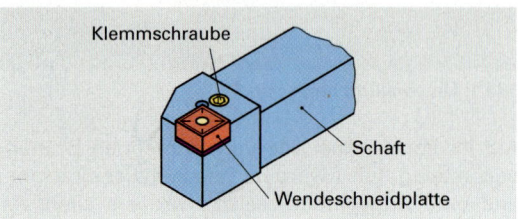

Bild 2: Klemmhalter mit Wendeschneidplatte

Formen der Drehmeißel (Bild 3, Bild 4). Man unterscheidet nach
- Schneidrichtung (**R** rechtsschneidend, **L** linksschneidend, **N** neutral)
- Lage der Eingriffsstelle (Außen- und Innendrehmeißel).

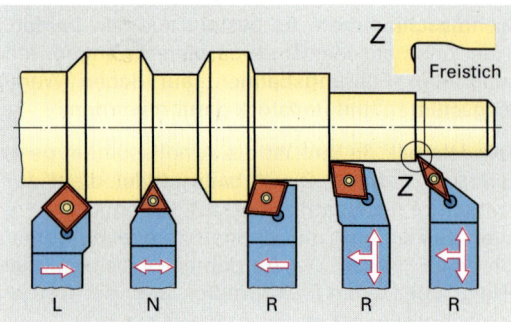

Bild 3: Außendrehmeißel

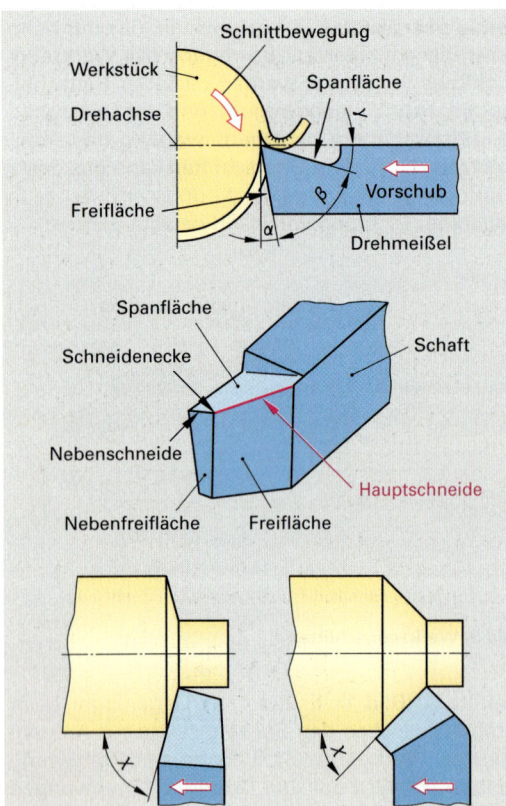

Bild 1: Winkel und Flächen am Drehmeißel

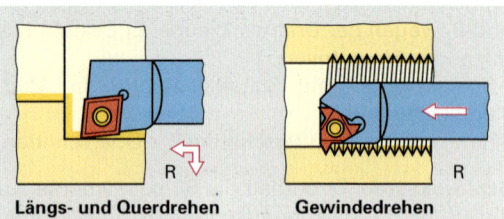

Bild 4: Innendrehmeißel

Trennen durch Spanen   2 Fertigungstechnik

Spannen der Werkstücke

Drehteile müssen entsprechend ihrer Form auf der Drehmaschine gespannt werden. Folgende Spannmittel werden dabei verwendet
- Spannfutter
- Spannzange
- Zentrierspitzen
- Planscheibe.

Spannfutter (Bild 1). Es gibt Drei- und Vierbackenfutter. Zylindrische Werkstücke können in beiden Spannfuttern gespannt werden. Mehrkantwerkstücke, deren Kantenzahl durch **3** teilbar ist werden im Dreibackenfutter gespannt. Ist die Kantenzahl durch **4** teilbar, so werden sie im Vierbackenfutter gespannt.

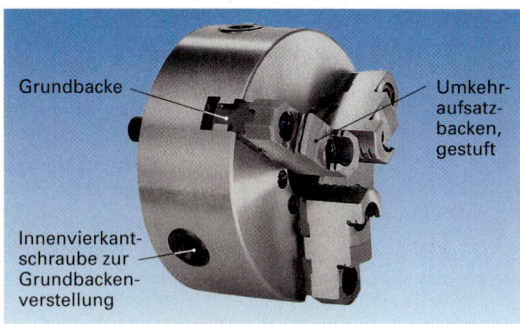

Bild 1: Dreibackenfutter

ARBEITSREGELN

- Spannbacken dürfen nicht weit aus dem Spannfutter herausragen.
- Die Spannkraft muss dem Werkstück und der Größe der Zerspankraft angepasst sein.
- Schlüssel des Spannfutters immer sofort abziehen.
- Drehmeißel stets fest, sicher, so kurz wie möglich und auf Werkstückmitte einspannen.
- Drehmeißel darf nicht bei laufender Maschine ein- oder ausgespannt werden.
- Vorschubgetriebe nur im Stillstand schalten.

WIEDERHOLUNGSFRAGEN

1. Wie ist die Vorschubrichtung beim Längs- und beim Querdrehen?
2. Welches sind die Hauptteile einer Universaldrehmaschine?
3. Welche Aufgabe hat die Zugspindel?
4. Welche Aufgabe hat die Leitspindel?
5. Warum muss der Drehmeißel auf Werkstückmitte eingestellt werden?

2.4.11 Fräsen

Fräsen ist ein maschinell spanendes Fertigungsverfahren mit geometrisch bestimmten Schneiden. Dabei werden mit mehrschneidigen rotierenden Werkzeugen ebene und gekrümmte Flächen hergestellt.

Fräsvorgang

Das Fräswerkzeug führt eine kreisförmige Schnittbewegung (Hauptbewegung) aus. Vorschub- und Zustellbewegung erfolgen meistens durch das Werkstück. Nach der Lage der Fräserachse zum Werkstück unterscheidet man Umfangsfräsen und Stirnfräsen.

Umfangsfräsen (Bild 2). Hierbei liegt die Fräserachse parallel zur Fräsfläche. Beim Umfangsfräsen unterscheidet man Gegenlauffräsen und Gleichlauffräsen.

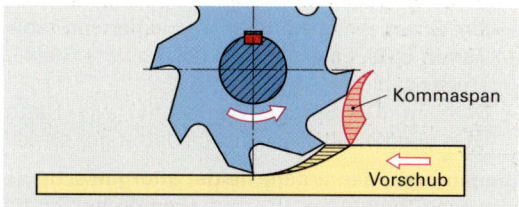

Bild 2: Umfangsfräsen

Gegenlauffräsen (Bild 3). Es erfolgt die Vorschubbewegung entgegengesetzt zur Schnittrichtung.

Geichlauffräsen (Bild 3). Vorschub- und Schnittbewegung sind gleichgerichtet. Der Fräser hat eine längere Standzeit, Schnittleistung des Werkzeugs und Werkstückoberflächengüte nehmen im Vergleich zum Gegenlauffräsen zu. Gleichlauffräsen erfordert jedoch spezielle Werkzeugmaschinen.

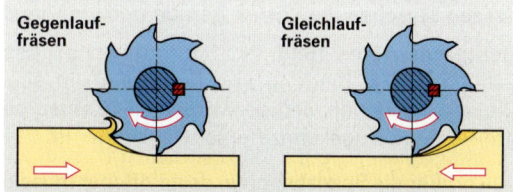

Bild 3: Gegenlauffräsen und Gleichlauffräsen

Stirnfräsen (Bild 4). Bei diesem Verfahren steht die Fräserachse senkrecht zur Fräsfläche. Es schneiden mehrere Zähne gleichzeitig.

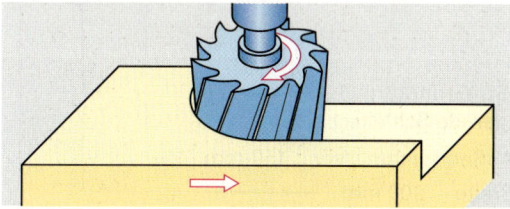

Bild 4: Stirnfräsen mit dem Walzenstirnfräser

2.4.12 Schleifen

Schleifen ist ein spanendes Fertigungsverfahren mit geometrisch unbestimmten Schneiden (**Bild 1**).

In der Fertigungstechnik werden durch Schleifen große Maß- und Formgenauigkeit bei hoher Oberflächengüte erreicht.
Die hauptsächlichen Schleifarbeiten im Kraftfahrzeugbereich sind:
- Trennschleifen, z.B. bei Reparaturarbeiten
- Oberflächenschleifen, z.B. Schwingschleifen
- Formschleifen, z.B. Nockenformschleifen
- Planschleifen, z.B. Zylinderfläche
- Scharfschleifen von Werkzeugen, z.B. Spiralbohrer.

Schleifkörper. Sie bestehen aus Schleif- und Bindemittel.
Schleifmittel. Gebräuchlich sind:
- Elektrokorund (**A**) (Normalkorund, Halbedelkorund, Edelkorund). Korunde eignen sich besonders zum Schleifen von ungehärteten und unlegierten Stählen, Chromstahl und Temperguss.
- Siliciumkarbid (**C**). Es eignet sich zum Schleifen von Hartmetallen, Gusseisen, gehärteten und legierten Stählen, Titan und Glas.
- Bornitrid (**B**). Es eignet sich für zähharte Stähle, wie z. B. Schnellarbeitsstähle.
- Diamant (**D**). Spröde Werkstoffe, wie Hartmetall, Grauguss, Glas und Keramik lassen sich damit gut schleifen.

Bindemittel. Man unterscheidet **anorganische** Bindungen, z.B. keramische Bindungen (**V**) und **organische** Bindungen, z.B. Kunstharz (**B**), Gummi (**R**), Gummibindung faserstoffverstärkt (**RF**). Der durch das Bindemittel bewirkte Widerstand der Schleifkörner gegen das Ausbrechen wird als Härtegrad bezeichnet. Die Härtegrade werden mit Buchstaben gekennzeichnet (**Tabelle 1**).

Für harte Werkstoffe wählt man Schleifkörper mit weichen und für weiche Werkstoffe Schleifkörper mit harten Bindungen.

Körnungsnummer (Tabelle 2). Sie entspricht bei Korunden und Siliciumkarbid der Maschenzahl eines Siebes mit 1 Zoll Länge, durch dessen Maschen die Körner gerade noch hindurchfallen.

Gefügekennziffer (Bild 2). Sie bezeichnet das Verhältnis von Schleifkörnern, Bindung und Porenraum in einem Schleifkörper. Die verschiedenen Gefüge werden mit Zahlen gekennzeichnet. Je größer die Gefügekennziffer, desto offener ist das Gefüge

Je größer die Spanabnahme, desto offener muss das Gefüge sein.

Schleifkörperbezeichnung. Sie erfolgt nach folgendem Schema:

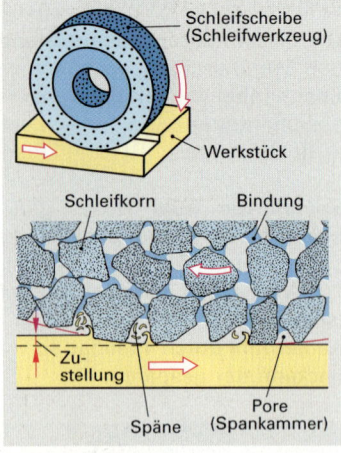

Bild 1: Schleifvorgang

Tabelle 1: Härtegrade	
äußerst weich	A, B, C, D
sehr weich	E, F, G
weich	H, I, J, K
mittel	L, M, N, O
hart	P, Q, R, S
sehr hart	T, U, V, W
äußerst hart	X, Y, Z

Tabelle 2: Körnungen	
grob	6 ... 24
mittel	30 ... 60
fein	70 ... 180
sehr fein	220 ... 1200

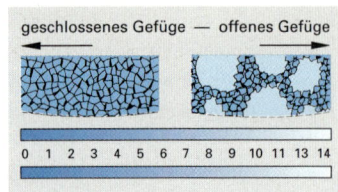

Bild 2: Gefügekennziffer

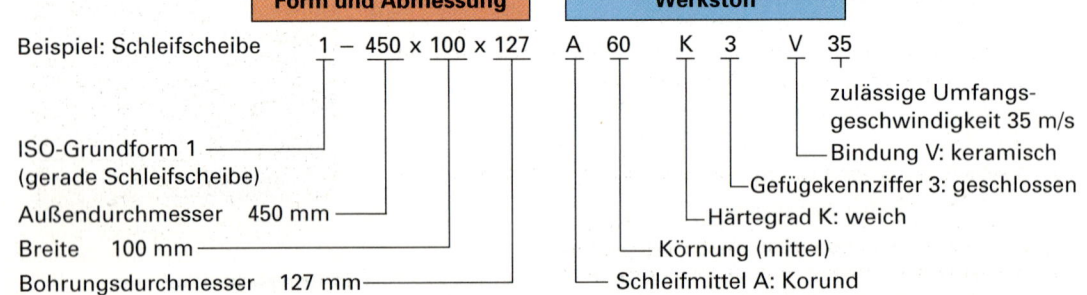

2.4.13 Feinbearbeitung

Bei der Feinbearbeitung von Kfz-Bauteilen können folgende Eigenschaften erreicht werden
- geringe Rauigkeiten
- hoher Traganteil
- gutes Gleitverhalten
- hohe Maß-, Form- und Lagegenauigkeit.

Die Feinbearbeitung erfolgt mit sehr geringen Vorschüben und geringer Schnitttiefe.

Mechanische Verfahren der Feinbearbeitung
Läppen

> Läppen ist eine Feinbearbeitung durch Spanen mit ungebundenen (losen) Schleifkörpern, die geometrisch unbestimmte Schneiden aufweisen.

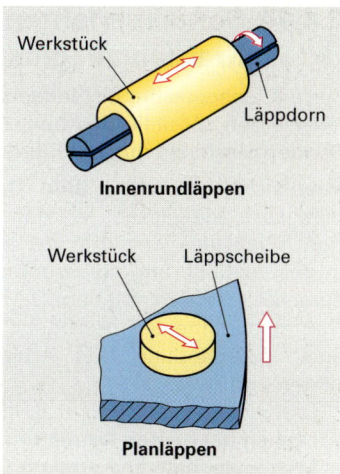

Bild 1: Läppverfahren

Innenrundläppen. Dabei werden zwei Bauteile bei geringstem Spaltmaß zueinander gepasst, z.B. Pumpenelemente von Einspritzpumpen, Düsenelemente, Schaltventile bei Automatikgetrieben. Die Bauteile können nur paarweise verwendet werden.

Planläppen. Dabei werden Flächen von Bauteilen so fein bearbeitet, dass sie in der Regel ohne zusätzliche Dichtungen ausreichend abdichten, z.B. Zahnradölpumpenfläche.

Beim Läppen werden ungebundene Schleifmittel zwischen Werkstück und Werkzeug gebracht. Unter Druck und ständigem Richtungswechsel werden Werkstück und Werkzeug gegeneinander hin- und herbewegt **(Bild 1)**. Als Läppgemisch werden mit Läppflüssigkeit vermischte Läpppulver aus Korund, Silicium- oder Borkarbiden verwendet.

Honen (Ziehschleifen)

> Honen ist eine Feinbearbeitung durch Spanen mit gebundenen Schleifkörpern, die geometrisch unbestimmte Schneiden aufweisen.

Gehont werden z. B. Hauptzylinder, Radzylinder, Nockenwellen, Motorzylinder **(Bild 2)**. Beim Honen eines Motorzylinders entsteht durch eine Dreh-Hubbewegung des Honwerkzeugs ein Kreuzschliff. Dadurch wird die Haftfähigkeit des Öls an der Zylinderwand verbessert.

Beim Honen wird das Werkstück zur Verbesserung der Oberflächengüte, der Maß- und Formgenauigkeit nur noch geringfügig spanend bearbeitet
Die Honsteine des Honwerkzeugs bestehen aus Edelkorund, Siliciumkarbid oder Diamant mit entsprechender Bindung. Reichliche Zuführung von Honöl dient der intensiven Kühlung und dem Herausspülen von Steinabrieb und Werkstoffspänen.

Bild 2: Zylinderhonen

> **WIEDERHOLUNGSFRAGEN**
> 1. Welche Eigenschaften von Kfz-Bauteilen will man durch Feinbearbeitung verbessern?
> 2. Wodurch unterscheiden sich Läppen und Honen?
> 3. Welche Bauteile werden im Kraftfahrzeug geläppt?
> 4. Welche Bauteile werden im Kraftfahrzeug gehont?

2.4.14 Sonderverfahren für die Kraftfahrzeuginstandsetzung

Für die fachgerechte Instandsetzung von Kfz-Teilen werden spezielle Bearbeitungsverfahren mit Sondermaschinen durchgeführt.

Ventilsitzdrehmaschine (Bild 1). Mit ihr können Ventilsitze feingedreht werden. Der Führungsdorn (Pilot) des Ventildrehwerkzeugs muss dazu in der Ventilführung spielfrei und winkelgerecht eingesetzt werden. Mit dem Drehmeißel, der drei Hartmetallschneiden besitzt, ist es möglich, mit einer Aufspannung drei Arbeitsgänge auszuführen und zwar:
- Drehen des Ventilsitzes (z.B. 45° Winkel)
- Drehen der oberen Korrektur (z.B. 15° Winkel)
- Drehen der unteren Korrektur (z.B. 75° Winkel).

Ventilkegel-Drehmaschine (Bild 2). Mit ihr können Ventilteller feingedreht werden. Das Ventil wird an den federnden Zentrierkegel im Spindelstock gedrückt und gespannt. Die Führung des Ventils erfolgt in einer Lünette. Zustellung und Winkelanstellung erfolgen über den Meißelhalter.

Kombinierte Bremsscheiben- und Bremstrommel-Drehmaschine (Bild 3). Mit ihr können sowohl Bremstrommeln als auch Bremsscheiben überdreht werden. Der Vorschub kann in Richtung Bremstrommel oder Bremsscheibe eingestellt werden. Die Zustellung erfolgt von Hand. Statt des Drehmeißels können auch Schleifeinrichtungen angebracht werden.

Bremsbelagabdrehmaschine (Bild 4). Mit ihr können Übermaßbremsbeläge in montiertem Zustand auf das gewünschte neue Maß entsprechend dem Bremstrommeldurchmesser rundgedreht werden. Das Gerät wird dazu auf den Achstrichter montiert. Durch das Abdrehen lassen sich folgende Fehler ausgleichen
- verzogene Bremsbacken
- Rundheitsabweichungen der Bremsbeläge.

> Beim Abdrehen muss der Staub abgesaugt werden.

Zylinderblock- und Zylinderkopf-Schleifmaschine/Fräsmaschine (Bild 5). Sie sind spezielle Maschinen, die sich zum Bearbeiten von Dichtflächen (planen) an Zylinderköpfen und Zylinderkurbelgehäusen aus Gusseisen oder Aluminiumlegierung eignen. Dabei bewegt sich das auf dem Werkzeugtisch festgespannte Bauteil in axialer Richtung hin und her. Die Schnitt- und Vorschubbewegung führt eine im Werkzeugkopf eingespannte rotierende Segmentscheibe aus. Bei Aluminiumlegierungen wird anstelle der Segmentscheibe ein Messerkopf verwendet.

Bild 1: Ventilsitzdrehmaschine

Bild 2: Ventilkegeldrehmaschine

Bild 3: Kombinierte Bremsscheiben- und Bremstrommel-Drehmaschine

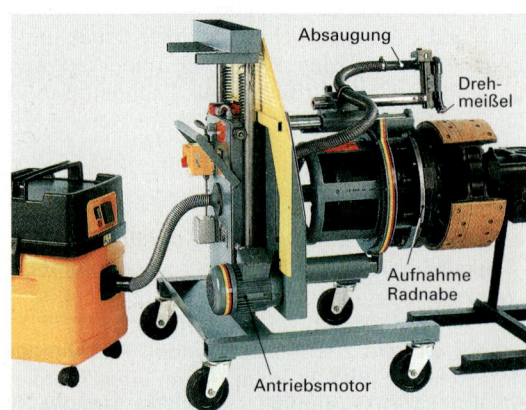

Bild 4: Bremsbelagabdrehmaschine

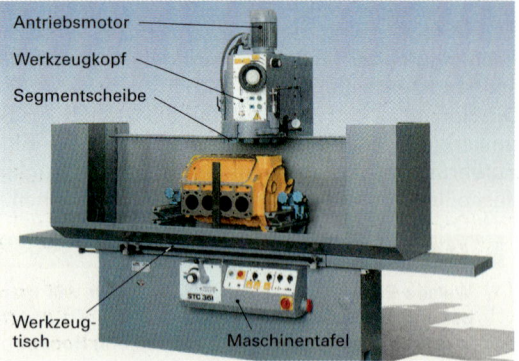

Bild 5: Zylinderblock- und Zylinderkopf-Schleifmaschine/Fräsmaschine

2.5 Trennen durch Zerteilen

Zerteilen ist ein mechanisches Trennen. Es entsteht dabei ein Werkstückrest in vorher festgelegter Form (keine Späne).

Beim Zerteilen unterscheidet man:
- Brechen: Abbrechen, Durchbrechen
- Reißen: Abreißen, Durchreißen, Einreißen
- Schneiden: Scherschneiden, Keilschneiden.

2.5.1 Scherschneiden

Scherschneiden ist ein spanloses Zerteilen zwischen zwei Schneiden, die sich aneinander vorbei bewegen. Der Werkstoff wird dabei abgeschert.

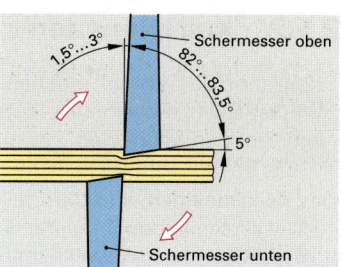
Bild 1: Winkel an den Schermessern

Offen-Schneiden ergibt eine offene Schnittlinie, z. B. beim Abschneiden eines Streifens mit einer Blechschere.

Geschlossen-Schneiden ergibt eine in sich geschlossene Schnittlinie z. B. bei einem kreisförmigen Ausschnitt mit einem Locheisen.

Schneiden mit Scheren
Beim Schneiden mit der Hand- oder der Maschinenschere durchschneiden die Schermesser etwa $7/10$ der Werkstoffdicke, der restliche Teil des Querschnittes bricht vollends durch.

Die Schneiden der Schermesser haben einen Spanwinkel von etwa 5°. Dies erleichtert das Eindringen in den Werkstoff. Der Freiwinkel von 1,5° bis 3° verringert die Reibung beim Durchschneiden **(Bild 1)**.

Handblechscheren (Bild 2) dienen zum Trennen von Blechen bis 1,2 mm Dicke, maximal bis 1,8 mm. Sie werden nach ihrer Verwendung in rechte und linke Scheren unterschieden **(Tabelle 1)**.

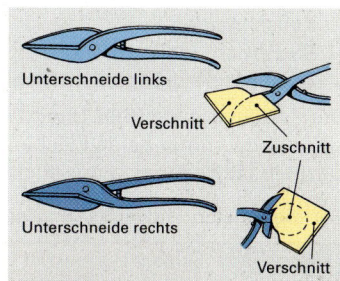
Bild 2: Handblechscheren

Tabelle 1: Handblechscheren			
Blechschere	Schnittrichtung	Zuschnitt	Verschnitt
links	linksherum	links	rechts
Unterschneide links			
rechts	rechtsherum	rechts	links
Unterschneide rechts			

Durchlaufblechscheren (Pelikan-Form) werden verwendet für lange gerade Schnitte. Der Drehpunkt der Scherschneiden liegt über dem Blech. Das Blech läuft unterhalb der Hände, es besteht keine Verletzungsgefahr. Zuschnitt und Reststück werden nicht verformt.

Lochblechscheren werden verwendet zum Schneiden von Aussparungen. Das Ausschneiden beginnt meist von einer Bohrung aus.

Knabber-Blechscheren (Bild 3) schneiden dünne Bleche – auch gebogene und gewellte – ohne Deformation der Blechoberfläche. Beim Schneiden entsteht ein schmaler Blechstreifen, der sich spiralenförmig aufrollt. Die Schnittkanten sind sauber und gratfrei. Es lassen sich Figurenschnitte mit engen Radien und rechteckige Ausschnitte ohne Spanbehinderung herausarbeiten.

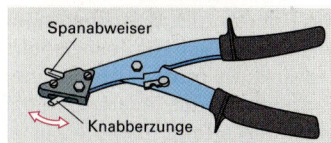
Bild 3: Knabber-Blechschere

Hebelscheren schneiden Bleche bis etwa 6 mm Dicke.

Schlagscheren (Hebeltafelscheren) können Blechtafeln ohne Verformung auf einer größeren Länge in einem Schnitt zerteilen.

Rollen-Blechscheren (Bild 4) schneiden auf einer sehr kurzen Schnittfläche mit geringem Kraftaufwand. Transportrolle und Rollenmesser laufen gegeneinander und ziehen das zu schneidende Blech gratfrei durch die Rollenblechschere. Durch die sehr kurze Schnittfläche sind auch Kurvenschnitte möglich.

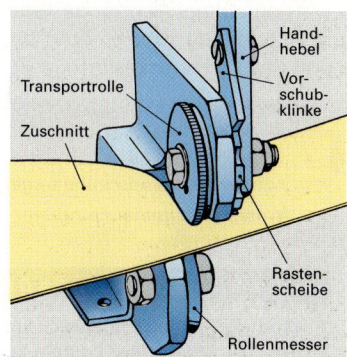
Bild 4: Rollen-Blechschere

2.5.2 Keilschneiden

Keilschneiden ist ein mechanisches, spanloses Zerteilen von Werkstücken mit einer keilförmigen Schneide oder mit zwei keilförmigen Schneiden.

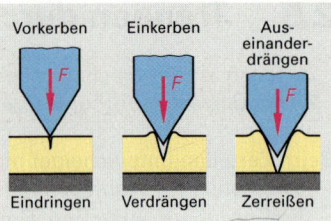

Bild 1: Zerteilvorgang

Das Keilschneiden wird unterteilt in
- Messerschneiden mit einer Schneide z. B. mit einem Locheisen
- Beißschneiden mit zwei Schneiden z. B. mit einem Vornschneider.

Vorgang beim Keilschneiden (**Bild 1**):
- Vorkerben des Werkstückes durch Eindringen einer oder beider Keilschneiden
- Einkerben und Verdrängen des Werkstoffes
- Auseinanderdrängen und schließlich Zerreißen des Werkstoffes.

Der Zerteilvorgang (**Bild 1**) wird allein nur durch den Keilwinkel bestimmt, da immer beide Flächen des Schneidkeils im Eingriff sind. Deshalb ist weder ein Frei- noch ein Spanwinkel vorhanden.

Für die Keilschneidwerkzeuge gilt

Keilwinkel	Schlageindringkraft	Trennkraft	Werkzeugstandzeit
groß	groß	klein	groß
klein	klein	groß	klein

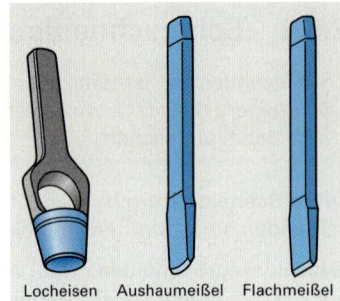

Bild 2: Einschneidige Werkzeuge

Messerschneiden

Einschneidige Werkzeuge zerteilen das Werkstück mit einer keilförmigen Schneide von einer Seite aus. Beim Messerschneiden weicher Werkstoffe wie z. B. Kork dringt die Messerschneide nach dem Zerteilvorgang in die Unterlage ein, deshalb muß sie aus einer weichen Platte bestehen. Dadurch wird die Messerschneide nicht beschädigt. Einschneidige Zerteilwerkzeuge sind senkrecht wirkende Flachmeißel und Aushaumeißel, Locheisen, Rohrabschneider (**Bild 2**).

Rohrabschneider (**Bild 3**) dienen zum rechtwinkligen Abschneiden von Rohren z. B. Bremsleitungen. Beim Drehen der Zustellschraube spannen sich die Tellerfedern, das Schneidrad wird in das Rohr gedrückt. Es zerteilt beim Drehen des Rohrabschneiders durch die Anpresskraft der Tellerfedern das Rohr. Die Regulierung der Federspannung erfolgt über die Zustellschraube.

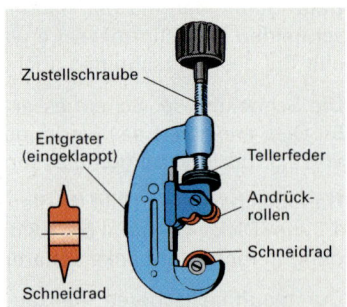

Bild 3: Rohrabschneider

Beißschneiden

Zweischneidige Werkzeuge (**Bild 4**) zerteilen das Werkstück durch die Aufeinanderzubewegung der beiden Keilschneiden. Die Trennung des Werkstückes erfolgt von beiden Seiten aus.

ARBEITSREGELN
- Da beim Schneiden von Blechen scharfe Kanten und Grate entstehen, Arbeitshandschuhe tragen.
- Werkstücke immer entgraten.

WIEDERHOLUNGSFRAGEN
1. Wodurch unterscheiden sich linke und rechte Handblechschere?
2. Welcher Unterschied besteht zwischen Scher- und Keilschneiden?
3. Welche Vorgänge bewirken das Keilschneiden?

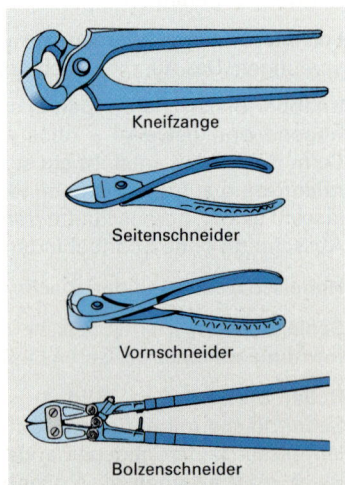

Bild 4: Zweischneidige Werkzeuge

2.6 Fügen

Kraftfahrzeuge, Maschinen und Geräte bestehen aus vielen Einzelteilen. Bei Herstellung oder Zusammenbau werden viele dieser Einzelteile so miteinander verbunden, dass sie mit den anderen Bauteilen des Systems die geforderte Funktion erfüllen können.

2.6.1 Einteilung der Fügeverbindungen

Fügen ist das Verbinden von zwei oder mehreren Werkstücken miteinander. Dadurch wird der Zusammenhalt an der Verbindungsstelle hergestellt und insgesamt vergrößert.

Durch den Zusammenhalt können an den Berührungsflächen die im Betrieb auftretenden Kräfte von einem auf das andere Bauteil übertragen werden. So wird z. B. im Verbrennungsmotor die aus dem Druck der Verbrennungsgase entstandene Kolbenkraft an den Bolzennaben des Kolbens auf den Kolbenbolzen und vom Kolbenbolzen auf das Pleuelauge der Pleuelstange übertragen (**Bild 1**).

Je nachdem wie beim Fügen der Zusammenhalt an der Verbindungsstelle erreicht wird, unterscheidet man:
- **kraftschlüssige Verbindungen**
- **formschlüssige Verbindungen**
- **vorgespannt formschlüssige Verbindungen**
- **stoffschlüssige Verbindungen**.

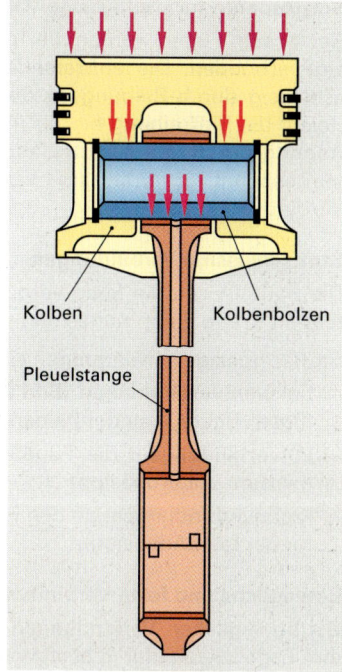

Bild 1: Kraftübertragung an Fügeverbindungen

Kraftschlüssige Verbindungen
Die Werkstücke werden beim Fügen so aufeinander gepresst, dass die Reibung an den Berührungsflächen ausreicht, um die im Betrieb auftretenden Kräfte zu übertragen. Die Reibungskraft zwischen den Berührungsflächen muss größer sein als die größte im Betrieb auftretende Kraft zum Verschieben.

Häufig vorkommende kraftschlüssige Verbindungen sind
- Schraubverbindungen
- Klemmverbindungen
- Pressverbindungen
- Reibungskupplungen.

Bei der Einscheibenkupplung (**Bild 2**) wird die Kupplungsscheibe von der Kupplungsdruckplatte so gegen das Schwungrad gepresst, dass die Umfangskraft an Schwungrad und Kupplungsdruckplatte sicher auf die Kupplungsscheibe übertragen werden kann.

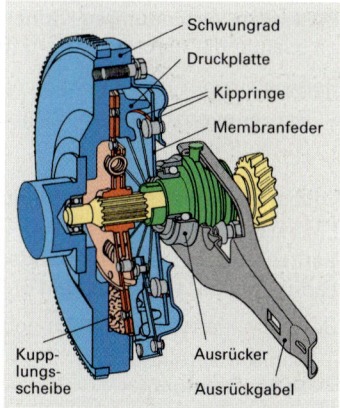

Bild 2: Kraftschlüssige Verbindung

Formschlüssige Verbindungen
Die Werkstücke werden beim Fügen durch ihre ineinanderpassenden geometrischen Formen so verbunden, dass die auftretenden Kräfte übertragen werden können.

Häufig vorkommende formschlüssige Verbindungen sind
- Stiftverbindungen
- Passschraubenverbindungen
- Passfederverbindungen
- Keilwellenverbindungen.

Bei der Keilwellenverbindung (**Bild 3**) greifen die Keile des gefrästen Wellenprofils in die Nuten des entsprechenden Nabenprofils und übertragen die Umfangskraft von der Welle auf die Nabe.

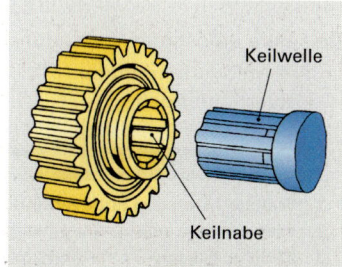

Bild 3: Formschlüssige Verbindung

Vorgespannt formschlüssige Verbindungen

Bei diesem Fügen werden die Teile kraftschlüssig und formschlüssig verbunden. Die auftretenden Kräfte werden zunächst kraftschlüssig durch Reibung an den Berührungsflächen übertragen. Reicht die Haftreibung hierfür nicht mehr aus, wird die Kraftübertragung durch den zusätzlichen Formschluss gewährleistet. Eine vorgespannt formschlüssige Verbindung ist z. B. die Welle-Nabe-Verbindung in **Bild 1**.

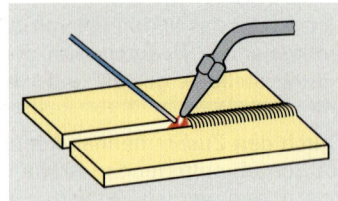

Bild 1: Vorgespannt formschlüssige Welle-Nabe-Verbindung

Stoffschlüssige Verbindungen

Die Bauteile sind so innig verbunden, dass die im Betrieb auftretenden Kräfte durch Kohäsion und Adhäsion übertragen werden.

Stoffschlüssige Verbindungen sind

- Schweißverbindungen (**Bild 2**); die Berührungsflächen der gefügten Bauteile sind miteinander verschmolzen (Kohäsion)
- Lötverbindungen; die Fügeflächen der Bauteile legieren sich mit dem Lot (Kohäsion)
- Klebeverbindungen; an den Fügeflächen der Bauteile haftet der Kleber fest (Adhäsion).

Bild 2: Stoffschlüssige Schweißverbindung

Bewegliche und feste Verbindungen

Bei **beweglichen Verbindungen** können die gefügten Werkstücke ihre Lage zueinander in bestimmten Grenzen verändern (**Bild 3**).

Beispiele beweglicher Verbindungen sind
- Schlittenführungen
- Gelenkgabeln
- Gewindespindel mit Mutter
- Schiebestück auf Gelenkwelle

Bild 3: Schlittenführung als bewegliche Verbindung

Bei **festen Verbindungen** können die gefügten Werkstücke ihre Lage zueinander nicht verändern (**Bild 4**).

Beispiele fester Verbindungen sind
- Schraubverbindungen
- Stiftverbindungen
- Nietverbindungen
- Pressverbindungen.

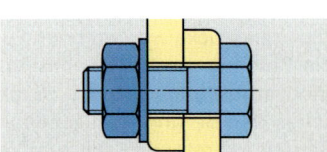

Bild 4: Schraubenverbindung als feste Verbindung

Lösbare und unlösbare Verbindungen

Lösbare Verbindungen können ohne Zerstörung der verbundenen Bauteile oder des Verbindungselementes zerlegt und wieder zusammengebaut werden (**Bild 5**).

Beispiele lösbarer Verbindungen sind
- Schraubverbindungen
- Stiftverbindungen
- Klemmverbindungen
- Passfederverbindungen.

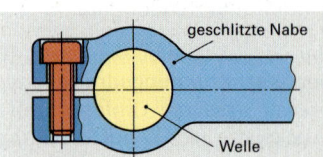

Bild 5: Klemmverbindung als lösbare Verbindung

Unlösbare Verbindungen können nur durch Zerstörung der gefügten Bauteile wieder getrennt oder durch Zerstörung des Verbindungselementes wieder in ihre Bauteile zerlegt werden (**Bild 6**).

Beispiele unlösbarer Verbindungen sind
- Schweißverbindungen
- Lötverbindungen
- Klebverbindungen
- Nietverbindungen.

Bild 6: Trennen einer unlösbaren Verbindung

> **WIEDERHOLUNGSFRAGEN**
>
> 1. Welche Arten von Fügeverbindungen unterscheidet man?
> 2. Was versteht man unter einer kraftschlüssigen Verbindung?
> 3. Welche Art von Verbindung wird durch eine Keilwellenverbindung hergestellt?

2.6.2 Gewinde

Durch Schrauben werden Bauteile kraftschlüssig miteinander verbunden. Dabei wird die Verbindung durch Verschrauben eines Außengewindes mit einem Innengewinde erreicht.

Schraubenlinie. Sie entsteht, wenn eine schiefe Ebene um einen Zylinder gewickelt wird **(Bild 1)**. Dabei entspricht die Grundlinie der schiefen Ebene dem Zylinderumfang, die Höhe der schiefen Ebene der Steigung P der Schraubenlinie. Die dem rechten Winkel gegenüberliegende Seite entspricht der Länge der Schraubenlinie. Der von der Grundlinie und der Schraubenlinie eingeschlossene Winkel ist der Steigungswinkel α.

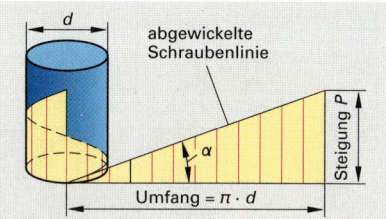

Bild 1: Schraubenlinie

Gewindeeinteilung. Gewinde kann man einteilen nach – Gewindeprofil, – Verwendungszweck, – Gängigkeit, – Gewindeaufbau.

Gewindeprofile (Bild 2). Es gibt Spitz-, Trapez-, Sägen- und Rundgewinde. Blech- und Holzschrauben haben besondere Profile.

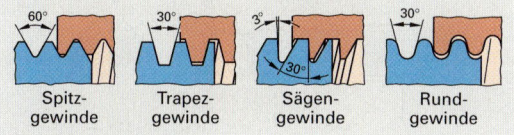

Bild 2: Gewindeprofile

Befestigungsgewinde sind vorwiegend Spitzgewinde. Die Reibung an den Gewindeflanken bewirkt, dass eine Selbsthemmung eintritt, d. h. die Schrauben können sich nicht selbst lösen; dies ist der Fall, wenn der Steigungswinkel kleiner als 15° ist.

Bewegungsgewinde sind vorwiegend Trapezgewinde. Sie können drehende in geradlinige (z. B. Leitspindel) oder geradlinige in drehende Bewegungen (z. B. Drillbohrer) umwandeln.

Gängigkeit (Bild 3). Man unterscheidet ein- und mehrgängige Gewinde. Die Gängigkeit gibt an, wieviel Gewindegänge (Schraubenlinien) um den Zylinder laufen. Sie ist bestimmt durch die Anzahl der Gewindeanfänge. Mehrgängige Gewinde haben eine große Steigung; man erreicht durch eine kleine Drehung eine große axiale Bewegung.

Gewindeaufbau und Normung. Die Normen für Gewindeprofile erfassen u. a. folgende Größen **(Bild 4)**
– Außendurchmesser   – Flankenwinkel
– Kerndurchmesser   – Steigung
– Flankendurchmesser   – Rundungen, Abflachungen.

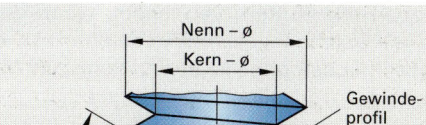

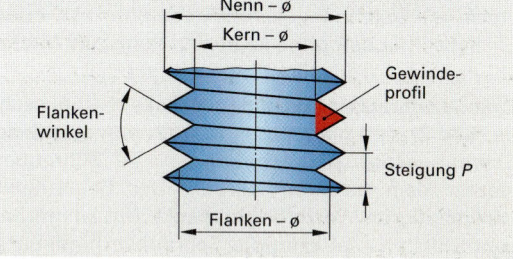

Bild 4: Bezeichnungen am Gewinde

Metrisches ISO-Gewinde, Regelgewinde **(Bild 5)**. Der Flankenwinkel beträgt 60°. Das Gewindekurzzeichen bei einem Nenndurchmesser von 42 mm ist **M 42**.

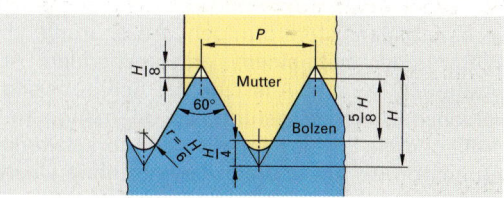

Bild 5: Metrisches ISO-Gewinde

Metrisches ISO-Feingewinde. Es hat bei gleichem Flankenwinkel wie das Regelgewinde eine kleinere Gewindetiefe. Wegen der kleineren Steigung lässt es sich bei gleichem Anzugsdrehmoment stärker vorspannen. Das Gewindekurzzeichen bei einem Nenndurchmesser von 16 mm und einer Steigung von 1,5 mm ist **M 16 x 1,5**.

Vorteile des Feingewindes gegenüber dem Regelgewinde sind:
– größere Dichtwirkung
– größere Spannkraft und Selbsthemmung bei gleichem Anzugsdrehmoment
– größere Kraftübertragung.

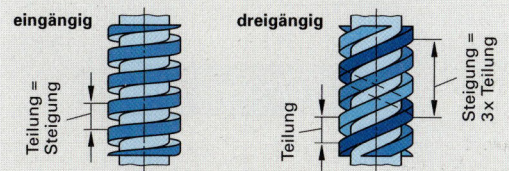

Bild 3: Ein- und mehrgängiges Gewinde

> **WIEDERHOLUNGSFRAGEN**
> 1. Wie entsteht eine Schraubenlinie?
> 2. Warum verwendet man mehrgängige Gewinde?
> 3. Welches sind die wichtigsten Gewindearten?
> 4. Was versteht man unter der Gewindesteigung?

2.6.3 Schraubverbindungen

Schraubverbindungen sind meist lösbare kraftschlüssige Verbindungen, einige von ihnen sind formschlüssige Verbindungen.

Schraubverbindungen sind die am häufigsten vorkommenden Fügeverbindungen. Die verwendeten Schrauben unterscheiden sich vor allem in der Form des Schraubenkopfes und des Schraubenschaftes.

Schrauben und Muttern

Sechskantschrauben (Bild 1) werden als Durchsteckschrauben mit Muttern verwendet, wenn das Werkstück mit Durchgangslöchern versehen ist, oder als Einziehschrauben ohne Muttern, wenn das Muttergewinde in das Werkstück eingeschnitten ist.

Zylinderschrauben mit Innensechskant (Inbusschraube, **Bild 2**) sind platzsparend durch den zylindrischen Schraubenkopf. Dadurch können die Schraubenabstände klein gehalten werden. Der Schraubenkopf wird häufig im Werkstück versenkt. Mit einem Sechskant-Stiftschlüssel kann die Schraubverbindung auch dort noch angezogen werden, wo ein Maul- oder Ringschlüssel nicht mehr angesetzt werden kann. Als Sonderbauformen werden auch Zylinderschrauben mit Innenvielzahnprofil und mit Innenkeilprofil verwendet.

TORX-Schrauben (Bild 3) sind Kopfschrauben mit einer besonderen Kopfform. Der Kopf ist mit einer sechszahnigen sternförmigen Aussparung (Innen-TORX) oder mit einem entsprechenden Aufsatz (Außen-TORX) zum Ansetzen der Schraubwerkzeuge versehen. Durch die gerundeten Übergänge im Kopfprofil und die flächige Anlage der Schraubwerkzeuge können große Anziehdrehmomente ohne Überbeanspruchung von Schraubenkopf und Schraubwerkzeug sicher übertragen werden.

Stiftschrauben (Bild 4) verwendet man an Stelle von Kopfschrauben, wenn die Schraubverbindung häufig gelöst werden muss und das Innengewinde im Werkstück durch häufiges Lösen abgenützt würde. Die Stiftschraube wird mit dem kurzen Gewindeende in das Innengewinde mit Hilfe eines Stiftsetzers fest eingesetzt und im allgemeinen nicht mehr herausgeschraubt. Beim Lösen der Verbindung wird nur die Sechskantmutter gelöst.

Passschrauben (Bild 5) sind mit ihrem geschliffenen Schaft, dessen Durchmesser etwas größer ist als der Gewindedurchmesser, in die geriebene Bohrung der Werkstücke eingepasst. Durch den Schraubenschaft können große Querkräfte zwischen den Werkstücken übertragen werden, Daneben können mit Passschrauben-Verbindungen an den Fügeflächen der Werkstücke große Reibungskräfte übertragen werden. Außerdem wird durch eine Passschrauben-Verbindung die genaue Lage der Werkstücke zueinander gewährleistet.

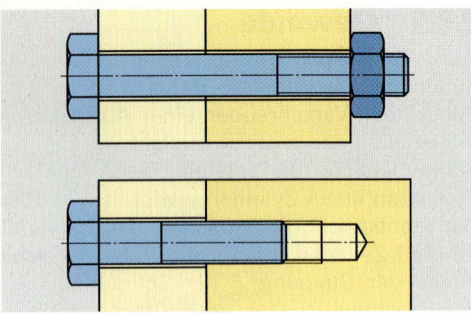
Bild 1: Sechskantschrauben

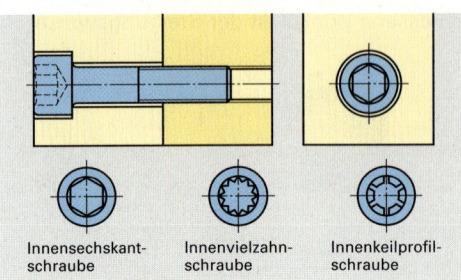
Bild 2: Zylinderschrauben

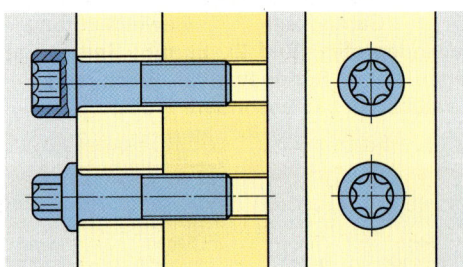
Bild 3: TORX-Schrauben

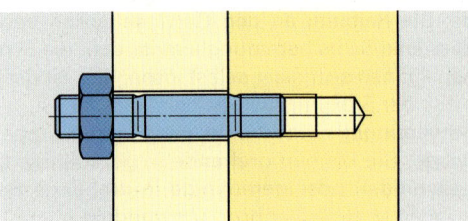
Bild 4: Stiftschraube

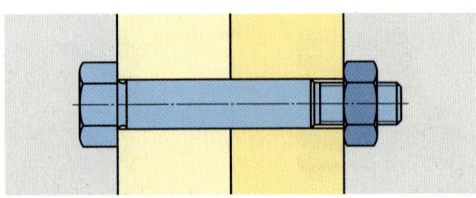
Bild 5: Passschraube

Dehnschrauben (Bild 1) verwendet man, wenn die Schraubverbindung im Betrieb dauernden Wechselbelastungen ausgesetzt ist, z .B. am Pleuelfuß. Normale Schaftschrauben würden bei dauernder Wechselbelastung nach einiger Zeit infolge Ermüdung brechen, auch wenn sie genügend stark ausgeführt sind. Der Schaftdurchmesser der Dehnschraube beträgt nur etwa 90% des Gewindekerndurchmessers, ausgenommen an Stellen, an denen die Dehnschraube in der Bohrung anliegen soll. Durch den dünnen Schaft wird die Dehnschraube zur formelastischen Schraube. Die mit dem Drehmomentschlüssel richtig angezogene Dehnschraube ist mit einer Zugkraft vorgespannt, die wesentlich größer ist als die im Betrieb von außen einwirkende Zugkraft. Im Betrieb kann die Dehnschraube im elastischen Bereich bis dicht an die Streckgrenze beansprucht sein. Dehnschrauben halten ihre Vorspannung selbst und benötigen daher keine Schraubensicherung. Die Gewinde müssen leichtgängig sein.

Schlitzschrauben und **Kreuzschlitzschrauben (Bild 2)** können als Zylinder-, Senk-, Linsen- oder Linsensenkschrauben mit Schlitz oder Kreuzschlitz ausgeführt sein. In den Schraubenköpfen mit Kreuzschlitz zentriert sich der Schraubendreher besser und ermöglicht ein festeres Anziehen als bei Schraubenköpfen mit Schlitz.

Gewindestifte (Bild 3) sind Schrauben mit Gewinde auf der ganzen Länge. Je nach Verwendung sind sie mit verschiedenartigen Enden, z. B. Spitze, Zapfen oder Ringschneide, versehen. Sie dienen zum Befestigen oder Sichern von Naben oder Lagern.

Blechschrauben (Bild 4) werden für Verbindungen mit Blechen verwendet. Sie werden hergestellt als Schlitz-, Kreuzschlitz- oder Sechskantschrauben. Sie schneiden sich beim Einschrauben das Muttergewinde selbst. Das Loch im Blech soll etwa den gleichen Durchmesser wie der Schraubenkern haben.

Gewindeeinsätze (Bild 5) werden verwendet, wenn das Muttergewinde sonst in einen weichen Werkstoff eingeschnitten werden müsste und die Schraubverbindung wiederholt gelöst werden muss oder wenn das Muttergewinde im Werkstück zerstört ist, z. B. ein Zündkerzengewinde in einem Leichtmetall-Zylinderkopf.

Solche Gewindeeinsätze sind mit Innen- und Außengewinde versehen und gehärtet. Sie besitzen an ihrem Einschraubende Schneidschlitze oder Schneidbohrungen, mit deren Hilfe das Gewinde im Werkstück beim Eindrehen des Einsatzes selbsttätig geschnitten wird.

Eine andere Bauart von Gewindeeinsätzen besteht aus rhombenförmigem Stahldraht. Der Stahldraht wird zu einer federnden Wendel geformt, wobei ein Innen- und ein Außengewinde entsteht. In das Kernloch des Werkstücks wird mit einem Spezialgewindebohrer ein Gewinde geschnitten und der Gewindeeinsatz mit einem Einbauwerkzeug unter Vorspannung eingedreht.

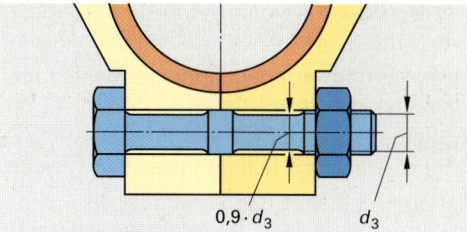
Bild 1: Dehnschraube

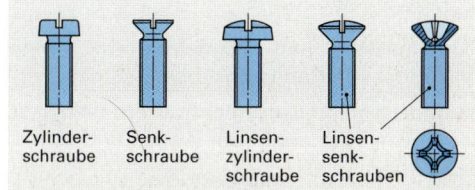
Bild 2: Schlitzschrauben

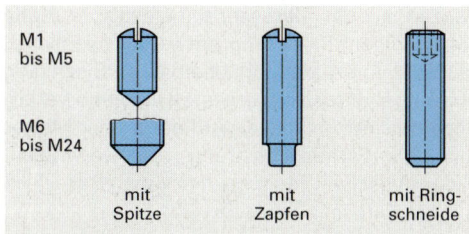
Bild 3: Gewindestifte

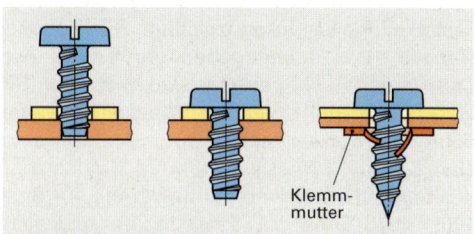
Bild 4: Blechschrauben

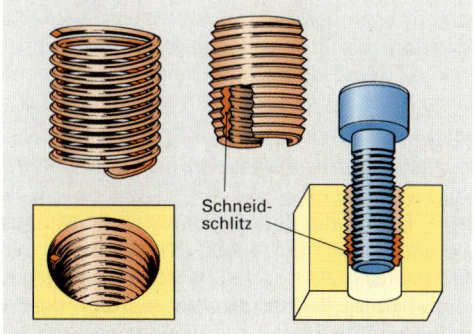
Bild 5: Gewindeeinsätze

Muttern (Bild 1) werden, ihrem Verwendungszweck entsprechend, in sehr verschiedenen Formen hergestellt.

Sechskantmuttern haben eine Höhe von etwa 0,8 x d oder 0,5 x d (Flachmuttern).

Kronenmuttern mit 6 oder 10 Schlitzen werden verwendet, wenn mit Splinten gesichert werden soll.

Hutmuttern decken das Gewinde nach außen ab, schützen es vor Beschädigung, geben der Verschraubung ein schönes Aussehen und schützen vor Verletzungen.

Überwurfmuttern verwendet man bei Rohrverschraubungen.

Flügelmuttern und **Rändelmuttern** können ohne Hilfsmittel von Hand angezogen werden.

Nutmuttern und **Kreuzlochmuttern** dienen zum Befestigen von Wälzlagern auf Wellen und zum Einstellen des axialen Spiels.

Schweißmuttern und **Käfigmuttern** werden im Karosseriebau verwendet. – Schweißmuttern sind meist mit Bund in der Bohrung zentriert und durch Schweißwarzen an der Karosserie befestigt. – Käfigmuttern sind in einem Blechkäfig entweder lose eingelegt oder mit Hilfe von Kunststoffscheiben im Blechkäfig beweglich eingehängt. Die Kunststoffscheiben verhindern dabei eine elektrostatische Aufladung der Mutter und damit eine Farbbeschichtung des Gewindes bei der elektrolytischen Tauchgrundierung. Der Blechkäfig ist mit der Karosserie verschweißt.

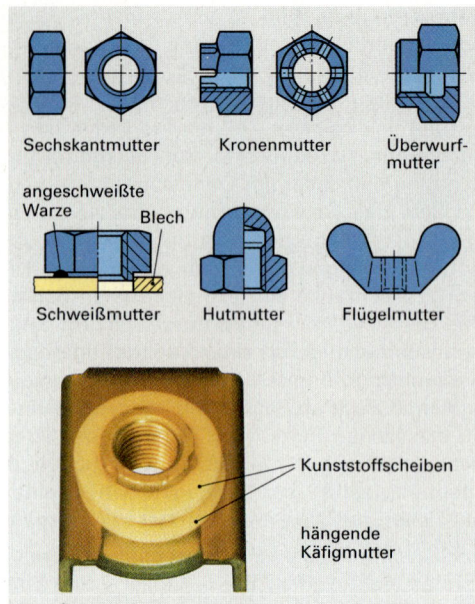

Bild 1: Mutternformen

Festigkeitsklassen von Schrauben und Muttern

Schrauben aus Stahl sind mit Herstellerzeichen und Festigkeitsklasse gekennzeichnet. Die Festigkeitsklasse **(Tabelle 1)** wird angegeben durch zwei Zahlen, die durch einen Punkt getrennt sind, z. B. 10.9 **(Bild 2)**. Die erste Zahl gibt $1/100$ der Mindestzugfestigkeit des Schraubenwerkstoffes an. Durch Multiplikation der ersten Zahl mit 100 erhält man die Mindestzugfestigkeit des Schraubenwerkstoffes in N/mm² (im Beispiel 10 · 100 = 1000 N/mm²). Die zweite Zahl gibt das 10-fache des Streckgrenzenverhältnisses (Mindeststreckgrenze zu Mindestzugfestigkeit) an. Das Produkt beider Zahlen (im Beispiel 10 · 9 = 90) entspricht $1/10$ der Mindeststreckgrenze des Schraubenwerkstoffes. Durch Multiplikation des Produktes beider Zahlen mit 10 erhält man die Mindeststreckgrenze des Schraubenwerkstoffes in N/mm², im Beispiel (10 · 9) · 10 = 900 N/mm².

Muttern aus Stahl sind mit Herstellerzeichen und Festigkeitsklasse **(Tabelle 2)** gekennzeichnet. Die Festigkeitsklasse gibt $1/100$ der Prüfspannung in N/mm² an; z. B. gibt die Zahl 10 an, dass die Mutter belastet werden kann mit einer Prüfspannung von 1000 N/mm² (Bild 2). Bei der Paarung von Schraube und Mutter muss darauf geachtet werden, dass die Prüfspannung der Mutter mindestens so groß ist wie die Mindestzugfestigkeit der Schraube.

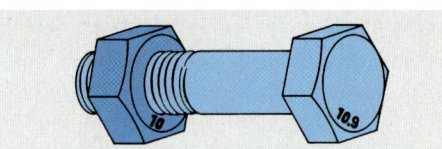

Bild 2: Festigkeitskennzeichnung von Schrauben und Muttern

Tabelle 1: Festigkeitsklassen von Schrauben				
Festigkeitsklasse	3.6	4.6	5.8	6.8
Mindestzugfestigkeit in N/mm²	300	400	500	600
Mindeststreckgrenze in N/mm²	180	240	400	480
Festigkeitsklasse	8.8	10.9	12.9	14.9
Mindestzugfestigkeit in N/mm²	800	1000	1200	1400
Mindeststreckgrenze in N/mm²	640	900	1080	1260

Tabelle 2: Festigkeitsklassen von Muttern				
Festigkeitsklasse	6	8	10	12
Prüfspannung in N/mm²	600	800	1000	1200
zur Paarung geeignete Schrauben	5.8 6.8	6.8 8.8	10.9	12.9

Schraubensicherungen

Bei Schraubverbindungen, die ruhender Belastung ausgesetzt sind, reicht die selbsthemmende Wirkung des Gewindes als Sicherung gegen Lösen aus. Wechselbelastungen im Betrieb, Schwingungen, Erschütterungen haben jedoch eine dynamische Beanspruchung der Schraubverbindungen zur Folge. Die meisten dieser Schraubverbindungen müssen gegen unbeabsichtigtes Lösen gesichert werden.

Man unterscheidet
- kraftschlüssige Schraubensicherungen
- formschlüssige Schraubensicherungen
- stoffschlüssige Schraubensicherungen.

Kraftschlüssige Schraubensicherungen (Bild 1) erreichen ihre Wirkung durch Einbau als federnde Elemente unter dem Schraubenkopf bzw. der Mutter oder durch Erhöhen der Gewindereibung.

Als federnde Elemente verwendet man Federringe, Federscheiben, Zahnscheiben, Fächerscheiben. Sie gleichen ein zu starkes Abfallen der Vorspannkraft aus, das durch plastische Verformung im Gewinde oder durch Kriechen des Werkstoffes bei zu großer Flächenpressung oder durch Setzen der Oberflächenrauheiten oder durch Setzen eingelegter Dichtungen auftreten kann.

Zur Erhöhung der Gewindereibung verwendet man gegeneinander verspannte Doppelmuttern, Muttern mit eingelegtem Kunststoffring und geschlitzte Muttern. Die große Gewindereibung wirkt als Sicherung gegen Losdrehen.

Formschlüssige Schraubensicherungen (Bild 2) erreichen ihre Wirkung durch die ineinanderpassenden geometrischen Formen, die ein Losdrehen verhindern. Verwendet werden Kronenmutter mit Splint, Sicherungsblech, Sperrzahnschraube bzw. -mutter, Drahtsicherung.

Stoffschlüssige Schraubensicherungen (Bild 3) entstehen, wenn die Gewinde miteinander verklebt werden. Dies kann mit einem Einkomponentenklebstoff auf zwei Arten durchgeführt werden.

Im ersten Fall wird der flüssige Klebstoff auf das Schraubengewinde aufgetragen und anschließend die Schraubverbindung hergestellt.

Im zweiten Fall sind die Schrauben bereits vom Hersteller mit einem Klebstoff-Trägermaterial beschichtet, welches sogenannte Mikrokapseln enthält. Beim Einschrauben platzen die Mikrokapseln auf und benetzen das Trägermaterial.

In beiden Fällen härtet der Klebstoff bei Metallkontakt unter Luftabschluss aus und sichert dadurch die Verschraubung.

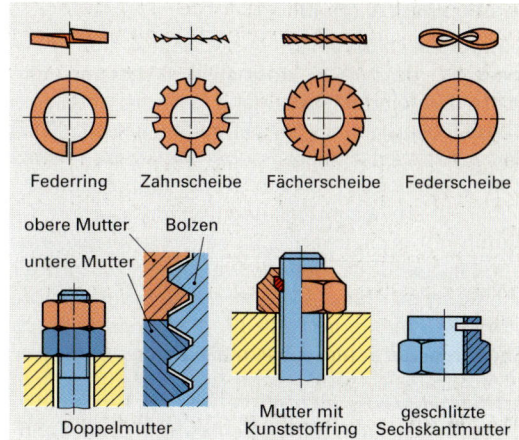

Bild 1: Kraftschlüssige Schraubensicherungen

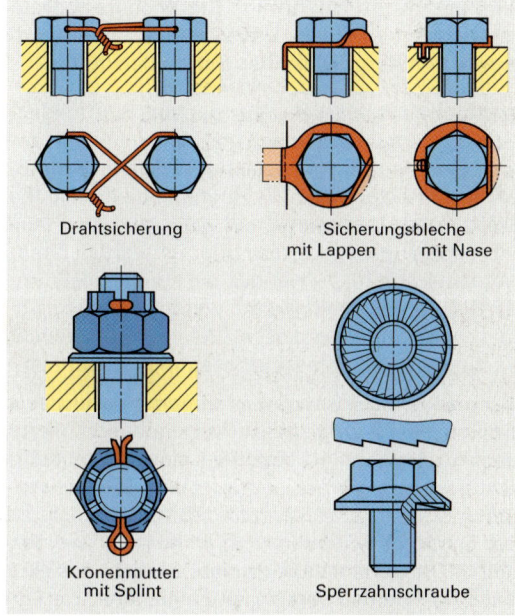

Bild 2: Formschlüssige Schraubensicherungen

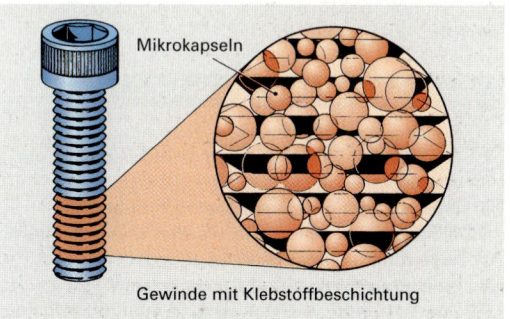

Bild 3: Stoffschlüssige Schraubensicherung

Schraubwerkzeuge (Bild 1)

Schraubenschlüssel sind in der Hebellänge so bemessen, dass bei normalem Anziehen die Schraubverbindung genügend fest wird und keine Überbeanspruchung der Schraube eintritt. Wird der Schraubenschlüssel durch Aufstecken eines Rohres verlängert, so kann die Schraube beim Anziehen überbeansprucht und zerstört werden. Es dürfen nur gut passende Schraubenschlüssel verwendet werden. Bei Verwendung zu großer Schraubenschlüssel werden die Schraubenköpfe oder Muttern beschädigt; außerdem können durch Abgleiten des Schlüssels Unfälle entstehen.

Schraubendreher werden verwendet für Schlitz-, Kreuzschlitz- und TORX-Schrauben. Zur Schonung des Schraubenkopfes sind Schraubendreher richtiger Größe zu verwenden. Schlitz-Schraubendreher müssen flach angeschliffen sein und nicht keilförmig. Kreuzschlitz-Schraubendreher haben ein gefrästes Profil entsprechend dem Kreuzschlitz des Schraubenkopfes.

Drehmomentschlüssel. Eine genaue Beurteilung, ob die Schraubverbindung mit der richtigen Vorspannung angezogen ist, ist nur mit dem Drehmomentschlüssel möglich. Er zeigt an einer Skale die Größe des Drehmomentes an, mit dem die Schraube angezogen wird, oder es werden Drehmomentschlüssel verwendet, die auf ein bestimmtes Drehmoment eingestellt werden können. Sobald beim Anziehen dieses Drehmoment erreicht wird, rastet der Schlüssel hörbar und fühlbar aus.

Hält man beim Einsatz des Drehmomentschlüssels die von den Kfz-Herstellern angegebenen Werte ein, so werden alle Schrauben einer Verbindung richtig und gleichmäßig angezogen. Die Schrauben und Muttern werden auf diese Weise nicht zu fest angezogen, wodurch sie beschädigt werden könnten, andererseits auch nicht zu lose, was eine ungenügende Befestigung zur Folge hätte.

Für Drehmomentschlüssel gibt es zahlreiche Einsteckwerkzeuge, insbesondere zum Festziehen von Sechskantschrauben und Sechskantmuttern verschiedener Größen.

> **WIEDERHOLUNGSFRAGEN**
> 1. Welches sind gebräuchliche Schraubenarten?
> 2. In welchen Fällen werden Stiftschrauben verwendet?
> 3. Was versteht man unter Dehnschrauben?
> 4. Welche Festigkeitswerte werden durch die Zahlen auf dem Schraubenkopf angegeben?
> 5. Welche Arten von Muttern unterscheidet man?
> 6. Welches sind kraftschlüssige Schraubensicherungen?

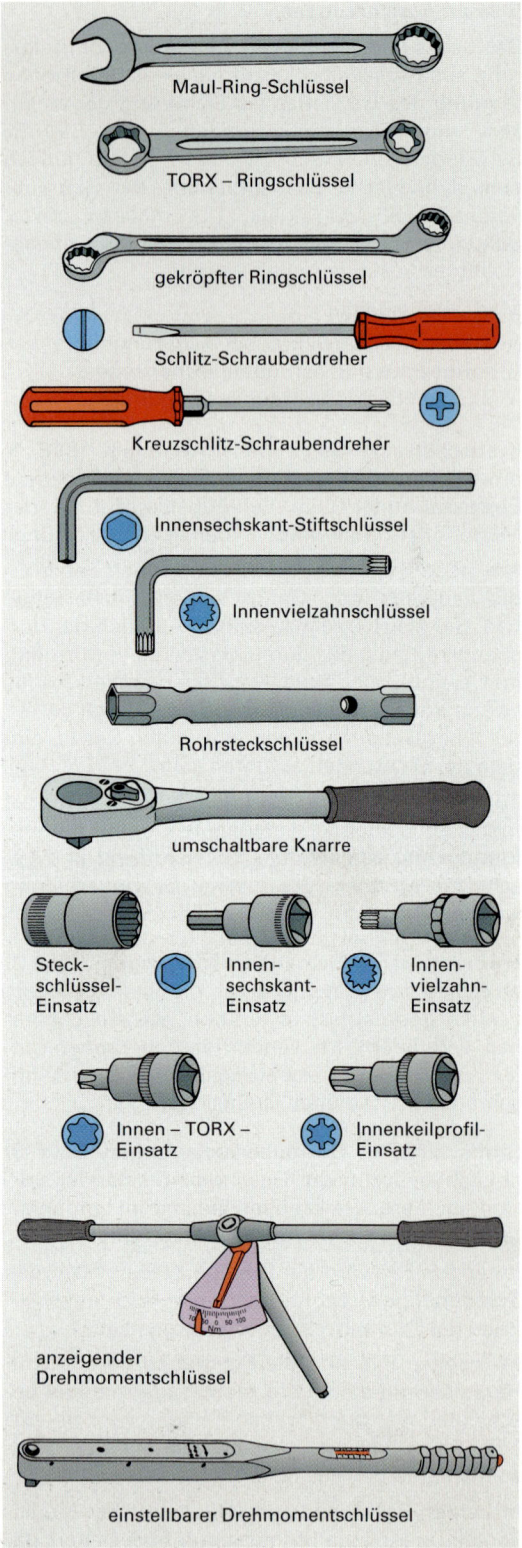

Bild 1: Schraubwerkzeuge

2.6.4 Stiftverbindungen

Stiftverbindungen sind formschlüssige lösbare Verbindungen. Entsprechend ihrem Verwendungszweck (**Bild 1**) unterscheidet man Befestigungsstifte, Passstifte, Abscherstifte.

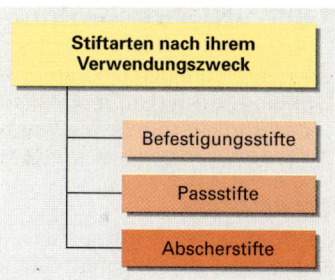

Bild 1: Stiftarten

Befestigungsstifte verbinden zwei oder mehrere Werkstücke kraftschlüssig und formschlüssig miteinander. Sie werden mit Übermaß in die Bohrung getrieben und können auch Kräfte übertragen.

Passstifte sollen keine Kräfte übertragen, sondern die genaue Lage zweier Werkstücke zueinander festlegen. Sie verhindern ein Verschieben der Werkstücke, vor allem bei der Montage, und erleichtern so den Zusammenbau.

Abscherstifte sichern empfindliche Bauteile vor Überbeanspruchung. Sie übertragen die gesamte Antriebskraft und werden dabei auf Abscheren beansprucht. Der Abscherstift ist die Sollbruchstelle der Verbindung. Bei zu großer Beanspruchung wird er abgeschert und damit die Verbindung unterbrochen.

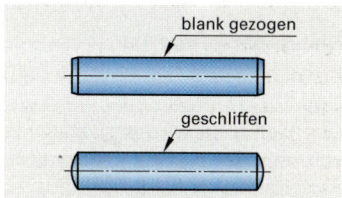

Bild 2: Zylinderstifte

Nach der Form kann man Stifte einteilen in:
– Zylinderstifte – Kegelstifte
– Spannstifte (Spannhülsen) – Kerbstifte.

Zylinderstifte (Bild 2) werden hergestellt mit Kegelkuppe oder mit Linsenkuppe. Zylinderstifte mit Kegelkuppe sind gefertigt aus blank gezogenem Rundstahl (Toleranzfeld h8). Sie können meist mit Spiel in die geriebene Bohrung eingesetzt werden. Zylinderstifte mit Linsenkuppe sind geschliffen (Toleranzfeld m6). Sie müssen meist mit Übermaß in die geriebene Bohrung getrieben werden.

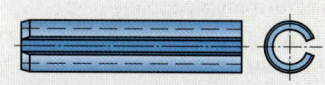

Bild 3: Spannstift

Spannstifte (Spannhülsen, **Bild 3**) sind geschlitzte Hohlzylinder aus Federstahl. Ihr Durchmesser ist 0,2 mm bis 0,5 mm größer als die Bohrung im Werkstück. Die Bohrung kann mit dem Spiralbohrer hergestellt werden. Spannstifte müssen so eingetrieben werden, daß der Schlitz in der Wirkungslinie der zu übertragenden Querkraft liegt. Beim Eintreiben wird der Spannstift elastisch verformt und erzeugt die notwendige Anpressung.

Kegelstifte (Bild 4) haben eine Kegelverjüngung von 1 : 50. Die Bohrung im Werkstück wird mit dem kleinsten Kegelstiftdurchmesser vorgebohrt und anschließend mit der Kegelreibahle ausgerieben, bis sich der Kegelstift von Hand so weit eindrücken lässt, daß seine Kuppe 3 mm bis 4 mm über der Lochkante liegt. Danach wird der Kegelstift mit dem Hammer eingetrieben, bis die Stiftkuppe bündig mit dem Werkstück abschließt.

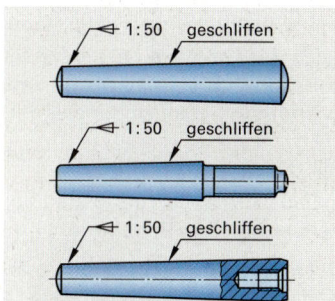

Bild 4: Kegelstifte

Beim Lösen der Verbindung muss der Kegelstift bei Durchgangsbohrungen von der gegenüberliegenden Seite ausgetrieben werden. Kegelstifte für Grundbohrungen haben einen Gewindezapfen oder ein Innengewinde, mit deren Hilfe sie wieder aus der Bohrung gezogen werden können.

Kerbstifte (Bild 5) sind zylindrische Stifte, die am Umfang mit drei eingewalzten Kerben versehen sind. Durch unterschiedliches Einwalzen der Kerben lassen sich verschiedene Formen von Kerbstiften herstellen. Beim Eintreiben in die Bohrung drücken sich die Wulste teilweise in die Kerben zurück und ergeben auch in nicht ausgeriebenen Bohrungen einen festen Sitz.

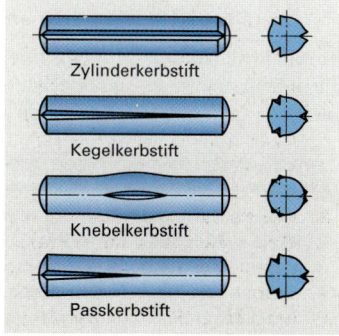

Bild 5: Kerbstifte

2.6.5 Nietverbindungen

> Nietverbindungen sind unlösbare Verbindungen. Bei ihrer Herstellung wird der überstehende Nietschaft durch Stauchen oder Bördeln zum Schließkopf umgeformt.

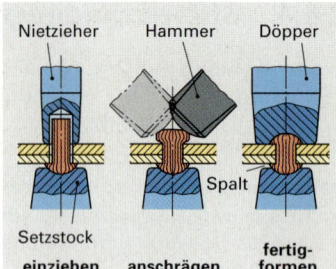

Bild 1: Arbeitsgänge beim Nieten

Nietwerkstoffe
Der Nietwerkstoff muss sich gut umformen lassen; er darf beim Bilden des Schließkopfes nicht reißen. Zur Vermeidung von Korrosion sollen die Niete möglichst aus dem gleichen Werkstoff bestehen wie die Werkstücke. Verwendet werden Niete aus Kupfer, Kupfer-Zink-Legierungen, Aluminium und Stahl.

Nietvorgang (Bild 1)
Der eingesetzte Niet wird mit dem Setzkopf auf dem Setzstock aufgelegt. Mit dem Nietzieher werden die Werkstücke zusammengepresst. Der Nietschaft wird angestaucht und angeschrägt. Mit dem Döpper wird der Schließkopf geformt. Zur Bildung des Schließkopfes muss das überstehende Schaftende eine bestimmte Länge haben, z. B. 3 mm bei Hohlnieten mit 4 mm Schaftdurchmesser. Der fertig geschlagene Niet besteht aus Setzkopf, Schaft und Schließkopf.

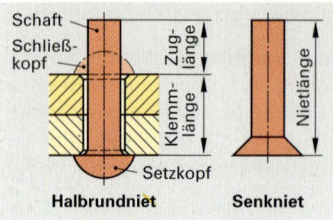

Bild 2: Niete mit vollem Schaft

Nietformen
Niete mit vollem Schaft (Bild 2) werden verwendet, wenn große Kräfte zu übertragen sind. Man verwendet sie z. B. zur Verbindung von tragenden Bauteilen an Rahmen von Nutzfahrzeugen.

Hohlniete (Bild 3) und **Niete mit angebohrtem Schaft** werden verwendet zum Aufnieten von Kupplungsbelägen und Bremsbelägen. Der Schließkopf wird gebildet durch Umbördeln des Schaftendes.

Nach der **Kopfform** unterscheidet man bei Nieten mit vollem Schaft vor allem Halbrundniete und Senkniete. Hohlniete und Niete mit angebohrtem Schaft sind meist mit flachem Kopf ausgeführt.

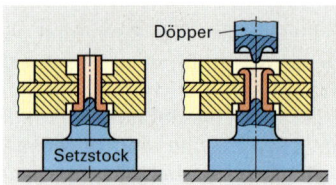

Bild 3: Hohlniet

Blindniete
In Fällen, in denen die Nietstelle nur von einer Seite zugänglich ist, verwendet man Blindniete.

Dornniete (Bild 4) bestehen aus einem Hohlniet mit Dorn. Mit der Nietzange wird durch den Dorn das überstehende Schaftende zum Schließkopf geformt. Der Dorn bricht an der Sollbruchstelle.

Blindnietmuttern (Bild 5). Im Innengewinde der Nietmutter wird ein Gewindedorn eingeschraubt, der beim Nieten mit der Nietzange den überstehenden Nietschaft einzieht und den Schließkopf formt.

Spreizniete (Bild 6) sind Hohlniete mit geschlitztem Schaftende, in die ein Kerbstift eingesetzt ist. Beim Einschlagen des Kerbstiftes wird das geschlitzte Schaftende aufgeweitet.

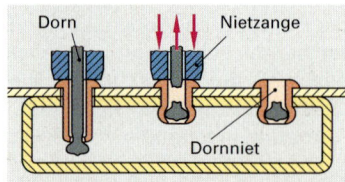

Bild 4: Dornniet

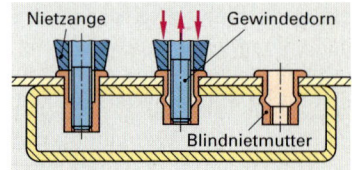

Bild 5: Blindnietmutter

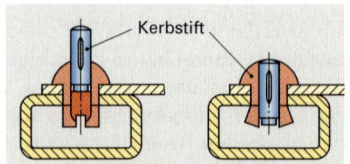

Bild 6: Spreizniet

> **WIEDERHOLUNGSFRAGEN**
> 1. Welche Stifte unterscheidet man nach der Form?
> 2. Welche Aufgaben haben Passstifte?
> 3. Wozu dienen Befestigungsstifte?
> 4. Welche Kfz-Teile können durch Hohlniete bzw. durch Niete mit angebohrtem Schaft verbunden sein?
> 5. In welchen Fällen verwendet man Blindniete?

2.6.6 Welle-Nabe-Verbindungen

> Welle-Nabe-Verbindungen sind meist formschlüssige lösbare Verbindungen. Der Formschluss gewährleistet die sichere Übertragung des Drehmomentes; die Lösbarkeit erleichtert die Montage bzw. die Demontage.

Welle-Nabe-Verbindungen dieser Art sind
- Passfeder-Verbindungen
- Keilwellen-Verbindungen
- Scheibenfeder-Verbindungen.
- Kerbzahn-Profile
- Zahnrad-Profile

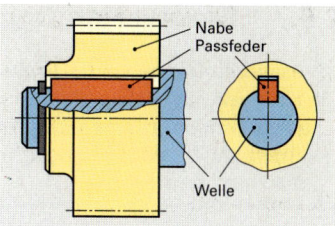

Bild 1: Passfeder-Verbindung

Passfeder-Verbindungen (Bild 1). In die Welle ist eine Längsnut gefräst, meist mit einem Schaftfräser. Die Nabe hat in ihrer Bohrung eine Längsnut von gleicher Breite. Die in die Wellennut eingelegte Passfeder überträgt mit ihren Seitenflächen die Umfangskraft von der Welle auf die Nabe. Durch die Passfeder entsteht eine Mitnehmerverbindung. Gegen axiales Verschieben der Nabe auf der Welle muss die Passfeder-Verbindung gesichert werden. Soll dagegen die axiale Verschiebung der Nabe auf der Welle ermöglicht werden, z. B. bei Schaltzahnrädern, die auf der Welle verschoben werden, wird die Passfeder-Verbindung zu einer **Gleitfeder-Verbindung**. Dies wird dadurch erreicht, daß die Passung zwischen Nabennutbreite und Passfederbreite als Spielpassung ausgeführt wird. Die Gleitfeder muss entsprechend dem Verschiebeweg länger sein als eine Passfeder.

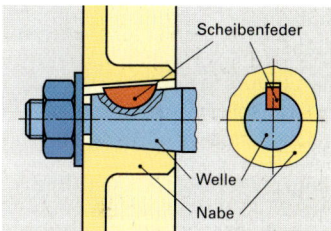

Bild 2: Scheibenfeder-Verbindung

Scheibenfeder-Verbindungen (Bild 2) werden nur selten angewendet, da die Welle durch die tief eingefräste Nut in ihrem Querschnitt stark geschwächt wird. Solche Verbindungen können nur kleine Drehmomente übertragen. Scheibenfeder-Verbindungen an kegeligen Wellenenden sind kraftschlüssige Verbindungen, die erst bei Überschreiten der übertragbaren Reibungskraft formschlüssig werden. Die Scheibenfeder hat vor allem eine Sicherungswirkung.

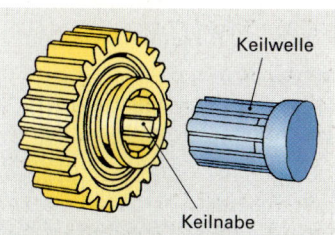

Bild 3: Keilwellen-Profil

Keilwellen-Verbindungen (Bild 3). Stoßartige Drehmomentbelastungen führen bei Passfeder-Verbindungen zu erhöhtem Verschleiß an den Seitenflächen von Passfeder und Nabennut. Für solche Belastungen sind Keilwellen-Verbindungen besser geeignet, weil das Drehmoment auf mehrere Eingriffe verteilt am Umfang übertragen werden kann. Daneben sind Keilwellen-Verbindungen sehr gut geeignet für bewegliche Welle-Nabe-Verbindungen, z. B. Kupplungsscheibe auf Getriebeantriebswelle oder Schiebestück auf Gelenkwelle.

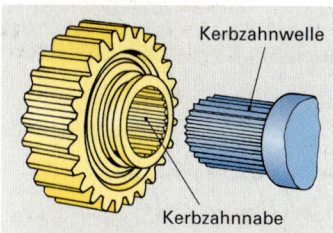

Bild 4: Kerbzahn-Profil

Kerbzahn-Profile (Kerbverzahnungen, **Bild 4**) schwächen mit ihrem feineren Profil Welle und Nabe nicht so sehr durch tiefe Nuten wie das Keilwellen-Profil und verteilen das Drehmoment noch besser auf den Umfang. Durch die kleinere Teilung kann die Lage von Welle und Nabe einander gut zugeordnet werden, z. B. das Lenkrad auf der Lenkspindel oder der Drehstab in der Federschwinge.

Zahnrad-Profile (Bild 5) verwenden z. B. eine Evolventenverzahnung vor allem zur beweglichen Verbindung von Welle und Nabe. Die Art der Verzahnung ist die gleiche wie die üblicherweise an Zahnrädern verwendete Verzahnung. Evolventenzahn-Profile werden z. B. verwendet bei Viscokupplungen oder Lamellenkupplungen zur Führung der Lamellen und zur Kraftübertragung zwischen Lamellen und Kupplungskorb.

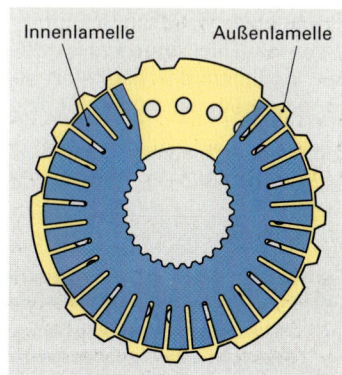

Bild 5: Kupplungslamellen mit Zahnrad-Profil

2.6.7 Pressverbindungen

Pressverbindungen sind kraftschlüssige Verbindungen. Zwischen Außen- und Innenteil besteht vor dem Fügen Übermaß. Die Kräfte werden durch Haftreibung zwischen den Fügeflächen übertragen.

Pressverbindungen werden angewendet zum Fügen von Kurbelwellen für Zweitaktmotoren, Ventilsitzringen, Zahnkränzen, Wälzlagern, Lagerbuchsen.

Man unterscheidet
- Längspressverbindungen
- Querpressverbindungen.

Längspressverbindungen (Bild 1) entstehen, wenn Innen- und Außenteil kalt in axialer Richtung, meist mit Hilfe einer Presse, ineinandergepresst werden. Die Rauheitsspitzen der Fügeflächen werden etwas eingeebnet. Dadurch wird das Übermaß zwischen Innen- und Außenteil etwas verringert.

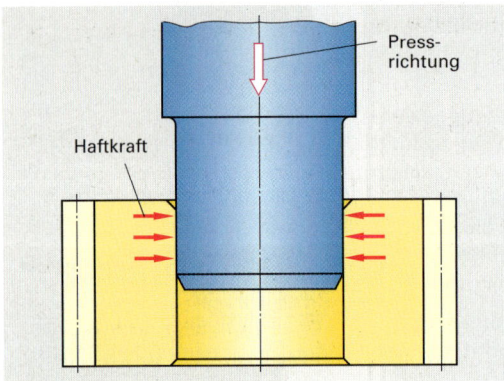

Bild 1: Längspressverbindung

Querpressverbindungen entstehen, wenn vor dem Fügen durch Erwärmen des Außenteils bzw. durch Unterkühlen des Innenteils das Übermaß aufgehoben wird. Außen- und Innenteil können dann mit Spiel ohne Presskräfte gefügt werden. Ein Einebnen der Rauheitsspitzen wie bei den Längspressverbindungen findet nicht statt.

Querpressverbindung durch Erwärmen des Außenteils (Bild 2). Durch Wärmedehnung des Außenteils wird der Bohrungsdurchmesser so vergrößert, dass ein Fügen mit Spiel möglich wird. Bei der Kfz-Instandsetzung werden hierfür vor allem Anwärmplatten oder beheizte Ölbäder verwendet. Nach dem Fügen entsteht die Pressverbindung beim Abkühlen durch Schrumpfen des Außenteils.

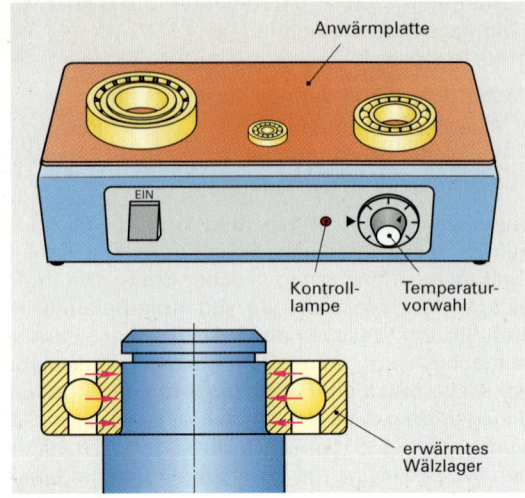

Bild 2: Querpressverbindung durch Erwärmen des Außenteils

Querpressverbindung durch Unterkühlen des Innenteils. Das Innenteil wird in einem Kältemittel abgekühlt. Entsprechend der Temperatur des verwendeten Kältemittels verkleinert sich dabei der Außendurchmesser des Innenteils, so dass ein Fügen von Außen- und Innenteil mit Spiel möglich ist. Als Kältemittel werden Trockeneis (festes Kohlendioxid, – 78°C) oder flüssige Luft (– 191°C) verwendet. Nach dem Fügen entsteht die Pressverbindung beim Erwärmen durch Dehnung des Innenteils.

Querpressverbindung durch Erwärmen des Außenteils und Unterkühlen des Innenteils. Das Außenteil wird erwärmt und gleichzeitig das Innenteil unterkühlt. Dieses Verfahren wird angewendet,
- wenn das Übermaß zwischen Außenteil und Innenteil besonders groß ist
- wenn das Außenteil nur verhältnismäßig geringer Temperaturerhöhung ausgesetzt werden darf.

Kombinierte Querpressverbindungen werden in der Kfz-Technik z. B. angewendet beim Einsetzen der Ventilsitzringe in den Zylinderkopf.

WIEDERHOLUNGSFRAGEN

1. Welche Art von Welle-Nabe-Verbindung wird durch eine Passfeder hergestellt?
2. Welche Vorteile hat ein Kerbzahnprofil gegenüber einer Passfederverbindung?
3. Wo werden im Kraftfahrzeug Pressverbindungen angewendet?
4. Wodurch unterscheidet sich eine Querpressverbindung von einer Längspressverbindung?

2.6.8 Löten

Löten ist unlösbares stoffschlüssiges Verbinden metallischer Werkstücke durch ein geschmolzenes Zusatzmetall (Lot). Die Werkstücke bleiben in festem Zustand. Die Schmelztemperatur des Lotes ist niedriger als die der zu lötenden Werkstücke.

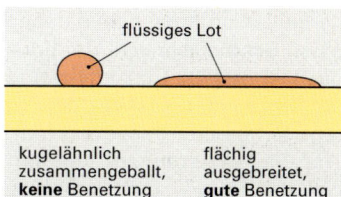

Tabelle 1: Lötverfahren und Schmelztemperatur

Weichlöten	unter 450°C
Hartlöten	über 450°C

Nach der Schmelztemperatur des Lotes richtet sich häufig das Lötverfahren (Weich- oder Hartlöten, **Tabelle 1**). Um eine feste Bindung zwischen Lot und Werkstück zu erreichen, werden meist Flussmittel verwendet. Die Flussmittel sollen die Oxidhäute auf der Lötfläche lösen und während des Lötvorgangs erneute Oxidation verhindern.

Vorgänge beim Löten

Die Lötflächen werden auf Löttemperatur erwärmt. Das hinzugegebene Lot schmilzt auf der Lötfläche. Dabei soll sich das Lot nicht kugelähnlich zusammenballen, sondern die Lötfläche durch flächiges Ausbreiten **benetzen (Bild 1)**. Dadurch kann es in die Randschicht des Werkstücks eindringen und sich mit dem Werkstoff legieren. Die Festigkeit der Verbindung ist um so größer, je dünner die Lotschicht ist, weil sich dann fast das gesamte Lot mit den Werkstoffen legieren kann. Voraussetzung dafür ist, dass die Lötflächen nicht oxidiert oder verunreinigt sind und dass sie einen engen Lötspalt bilden, in den das Lot durch Kapillarwirkung hineingezogen wird.

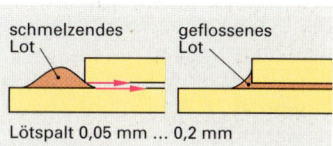

Bild 1: Benetzen der Lötfläche

Bild 2: Kapillarwirkung im Lötspalt

Der Lötvorgang vollzieht sich in drei Stufen (**Bild 2**).

- **Benetzen:** Flüssiges Lot verteilt sich auf der Lötfläche; innige Berührung zwischen Werkstück und Lot.
- **Fließen:** Flüssiges Lot drängt Flussmittel aus dem Lötspalt.
- **Binden:** Lot dringt an den Korngrenzen des Werkstoffes ein und bildet mit dem Werkstoff eine Legierung.

Weichlöten

Die Schmelztemperatur des Lotes liegt unter 450°C. Das Weichlöten wird vor allem zum Spaltlöten angewendet, im Karosseriebau auch beim Flammlöten mit Schmierlot (Verschwemmen). Schmierlote sind in einem relativ großen Temperaturbereich in breiigem Zustand. Weichgelötete Verbindungen eignen sich,

- wenn nicht zu große Ansprüche an die Festigkeit gestellt werden,
- wenn die Verbindung dicht sein muss, z. B. im Kühlerbau,
- wenn guter elektrischer Kontakt gefordert wird.

Weichgelötet werden vor allem Verbindungen aus Kupfer, Kupferlegierungen, Zink, Zinn und Blei.

Die Lötstelle wird gereinigt und mit einem Flussmittel bestrichen. Beim Kolbenlöten wird der Lötkolben **(Bild 3)** unter Lotzugabe so an der Naht entlang geführt, dass das flüssige Lot die Lötfläche benetzen und den Lötspalt füllen kann. Nach dem Löten sind alle Flussmittelreste zu entfernen, da sonst Korrosion auftreten kann.

Flussmittel zum Weichlöten sind Lötwasser, verdünnte Salzsäure, Salmiakstein und Lötfett. Lötwasser benutzt man zum Löten von Stahl, Nickel, Kupfer, Kupfer-Legierungen, Blei und Zinn. Verdünnte Salzsäure nimmt man zum Löten von Zink. Lötfett verwendet man für kleinere Lötungen, z. B. Kabellötungen. Mit dem Salmiakstein wird die Finne des Lötkolbens gereinigt und anschließend verzinnt.

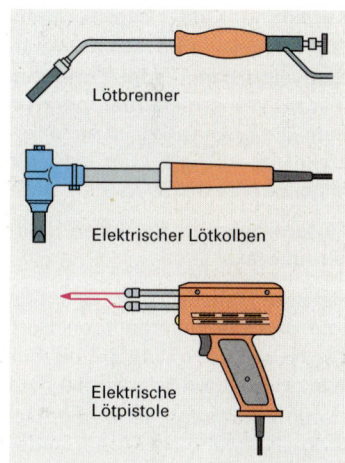

Bild 3: Lötkolben und Lötpistole

Tabelle 2: Weichlote für Schmermetalle (Auswahl)

Kurzzeichen	Anwendung
L-PbSn 20 Sb	Karosseriebau (Schmierlot)
L-PbSn 40 Sb	Kühlerbau
L-Sn 60 Pb	Elektr. Anschlüsse, Kabellötungen

Weichlote (Tabelle 2, Seite 73) sind meist Legierungen aus Zinn (Sn) und Blei (Pb). Überwiegt im Lot der Zinnanteil, so nennt man es Zinn-Blei-Weichlot; überwiegt dagegen der Bleianteil, so nennt man es Blei-Zinn-Weichlot.

Wegen der unterschiedlichen Zusammensetzung haben Zinn-Blei-Lote verschiedenes Schmelzverhalten **(Bild 1)**. Die Legierung aus 63 % Sn und 37 % Pb hat einen **Schmelzpunkt** von 183°C. Alle anderen Legierungen haben dagegen keinen Schmelzpunkt, sondern einen **Schmelzbereich**. Bei Erwärmung über die sogenannte Soliduslinie bei 183°C schmelzen die ersten Kristalle. Mit zunehmender Temperatur wird das Lot breiiger bis es bei Erreichen der oberen Temperaturgrenze an der Liquiduslinie flüssig wird. Den Zinn-Blei-Legierungen können weitere Legierungsbestandteile hinzulegiert sein, um bestimmte Eigenschaften zu erreichen.

Weichlote kommen als Stangen, Draht, Hohldraht (mit Flussmittelfüllung) und als Pulver in den Handel.

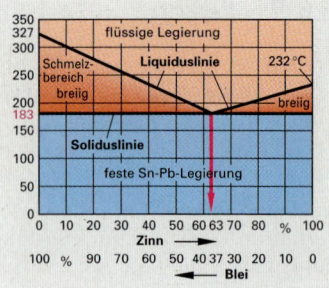

Bild 1: Zinn-Blei-Zustandsschaubild

Hartlöten

Die Schmelztemperatur des Lotes liegt über 450°C. Das Hartlöten wird angewendet,
- wenn hohe Anforderungen an die Festigkeit der Lötnaht gestellt werden, z. B. bei Rohrrahmen **(Bild 1)**,
- wenn die Lötnaht fest und dicht sein muss, z. B. bei Behältern,
- wenn die Verbindung warmfest sein muss, z. B. bei Drehmeißeln mit Hartmetallplättchen.

Hartgelötet werden vor allem Werkstücke aus Stahl, Temperguss, Kupfer und Kupfer-Legierungen.

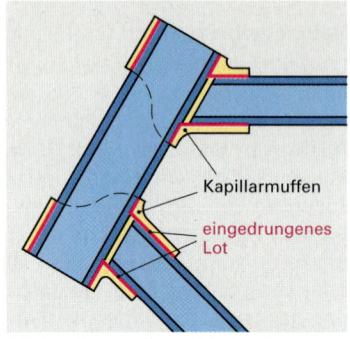

Bild 2: Hartgelöteter Rohrrahmen

Die Lötstelle wird gereinigt, mit Flussmittel versehen und mit Schweißbrenner oder Lötbrenner **(Bild 3)** auf Löttemperatur erwärmt. Wenn die Löttemperatur erreicht ist, wird das Lot zugegeben. Die Erwärmung ist so lange fortzusetzen, bis das Lot den Lötspalt voll ausfüllt. Man lässt langsam abkühlen und entfernt die Flussmittelreste.

Flussmittel zum Hartlöten sind vor allem gebrannter Borax und Streuborax.

Hartlote (Tabelle 1). Die wichtigsten Hartlote sind die Kupferbasislote und die silberhaltigen Hartlote. Beispiele: **L-CuZn 46** ist ein Kupferbasislot mit 46% Zink, Rest Kupfer. **L-Ag 12** ist ein silberhaltiges Hartlot mit 12% Silber, Rest Kupfer und Zink.

Hartlote kommen als Stäbe, Draht, Hohldraht (mit Flussmittelfüllung), Folie und als Körner in den Handel.

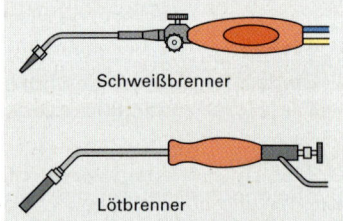

Bild 3: Brenner zum Hartlöten

Tabelle 2: Hartlote für Schmermetalle (Auswahl)	
Kurzzeichen	Anwendung
L-CuZn 46	Stahl, Temperguss, Kupfer, Cu-Legierungen
L-Ag 12	Stahl, Temperguss, Kupfer, Cu-Legierungen
L-SFCu	Hartmetall auf Stahl (SF = sauerstofffrei)

ARBEITSREGELN
- Lötnaht vor dem Löten reinigen.
- Nicht bei zu niedriger oder zu hoher Temperatur löten.
- Vor dem Löten die Werkstücke gut zusammenpassen.
- Nach dem Löten stets die Flussmittelreste entfernen.

WIEDERHOLUNGSFRAGEN

1. Was versteht man unter Löten?
2. Welches sind die Voraussetzungen für eine vollkommene Lötung?
3. Welche Aufgaben haben die Flussmittel?
4. Wodurch unterscheiden sich Weichlote von Hartloten?
5. Wofür eignen sich weichgelötete Verbindungen?
6. Wofür eignen sich hartgelötete Verbindungen?

2.6.9 Schweißen

> Schweißen ist unlösbares stoffschlüssiges Verbinden von meist gleichartigen Werkstoffen. Die Werkstücke werden an der Verbindungsstelle durch Anwendung von Wärme in flüssigem Zustand oder durch Anwendung von Wärme und Druck in teigigem Zustand miteinander verbunden.

Schweißverbindungen sind die am häufigsten verwendeten stoffschlüssigen Verbindungen. Man unterscheidet **Schmelzschweißen** und **Pressschweißen (Bild 1)**.

Gasschmelzschweißen (Gasschweißen)

Beim Gasschweißen **(Bild 2)**, auch Autogenschweißen genannt, wird der Werkstoff durch die Wärme einer Brenngas-Sauerstoff-Flamme zum Schmelzen gebracht. Als Brenngas wird meist Acetylen (C_2H_2) verwendet, da mit Acetylen eine hohe Flammentemperatur von etwa 3 200°C erreicht wird. Acetylen und Sauerstoff kommen in Stahlflaschen in den Handel.

Sauerstoffflasche. In ihr ist reiner Sauerstoff unter hohem Druck gespeichert. Bei einem Flaschenvolumen von 40 Litern und einem Fülldruck von 150 bar beträgt der Inhalt 150 x 40 l = 6 000 l Sauerstoff. Entsprechend enthält eine Sauerstoffflasche von 50 l Inhalt und 200 bar Fülldruck 10 000 l Sauerstoff. Die Sauerstoffflasche hat einen Anschluss von $R^3/_4$, ihre Kennfarbe ist blau.

> Sauerstoffflasche am Flaschenventil wegen der Explosionsgefahr frei halten von Fett und Öl.

Acetylenflasche. Acetylen kann nicht unter hohen Druck gesetzt werden. Beim Einfüllen in Stahlflaschen wird das Acetylen in Aceton gelöst. In der Acetylenflasche befindet sich eine poröse Masse, deren Poren mit Aceton gefüllt sind; in diesem Aceton ist das Acetylen gelöst. Bei einem Fülldruck von 18 bar enthält eine Acetylenflasche etwa 6 000 l Acetylen. Bei Gasentnahme (Druckabfall) wird das Acetylen wieder frei. Die Acetylenflasche hat einen Bügelverschluss, ihre Kennfarbe ist gelb.

> Acetylenflasche nicht liegend verwenden, damit kein Aceton mit herausgerissen wird. Nie mehr als 1000 l in der Stunde entnehmen; notfalls mehrere Flaschen kuppeln.

Sicherheitsvorlage (Bild 2). Zur Sicherung gegen Flammenrückschlag und Gasrücktritt ist am Acetylenschlauch eine Sicherheitsvorlage zwischen Druckminderer und Schweißbrenner erforderlich. Sie wird als Gebrauchsstellenvorlage am Druckminderer oder als Einzelflaschensicherung am Schweißbrenner angeschlossen. Am Sauerstoffschlauch ist häufig ebenfalls eine Sicherheitsvorlage angeschlossen.

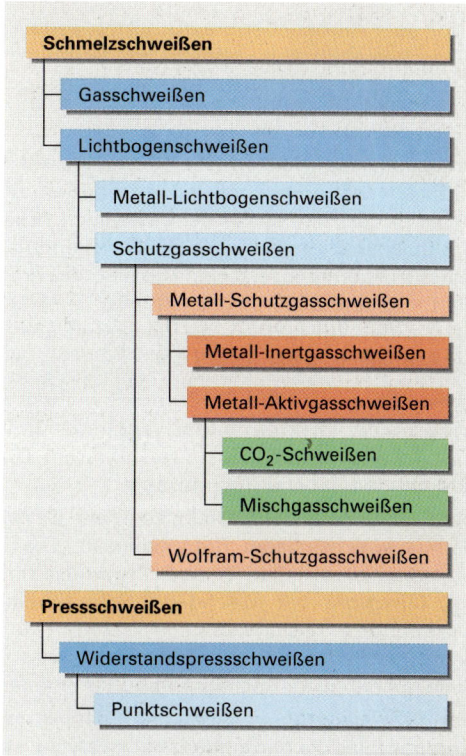

Bild 1: Einteilung der Schweißverfahren

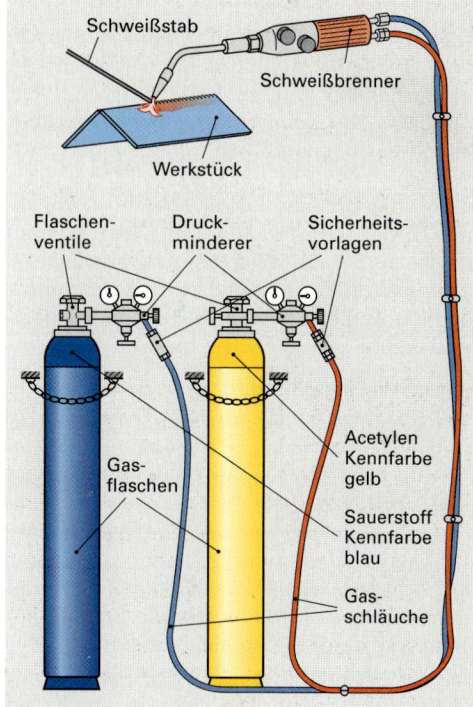

Bild 2: Gasschweißanlage

> Vor dem Anschließen des Druckminderers **(Bild 1)** Flaschenventil kurz öffnen, um Schmutzteilchen aus dem Anschluss auszublasen. Einstellschraube zurückdrehen.

Druckminderer (Bild 1). Der Druckminderer wird am Flaschenventil angeschlossen, er reduziert den hohen Druck in der Flasche auf den jeweiligen Arbeitsdruck. Das **Inhaltsmanometer** zeigt den Flaschendruck an; das **Arbeitsmanometer** zeigt den Arbeitsdruck an, der über die Einstellschraube eingestellt wird. Zum Schweißen beträgt der Arbeitsdruck bei **Sauerstoff etwa 2,5 bar**, bei **Acetylen 0,25 bar** bis **0,5 bar**.

Schweißbrenner (Bild 2). Zum Schweißen wird vorwiegend der **Injektorbrenner** verwendet. In ihm wird das Acetylen durch den unter höherem Druck ausströmenden Sauerstoff angesaugt.

Der Schweißbrenner besteht aus dem Griffstück und dem auswechselbaren Brennereinsatz. Die Teile des Brennereinsatzes **(Bild 2)** sind: Druckdüse (Injektordüse), Mischrohr mit Mischdüse, Schweißdüse, Überwurfmutter. In Mischdüse und Mischrohr werden Acetylen und Sauerstoff gemischt, um vor der Schweißdüse in Form einer Stichflamme zu verbrennen.

Der Schweißbrenner ist mit den Gasflaschen durch Gummischläuche verbunden. Für Acetylen werden rote und für Sauerstoff blaue Schläuche benutzt. Der Sauerstoffschlauch hat bei gleichem Außendurchmesser eine kleinere lichte Weite als der Acetylenschlauch.

Acetylen-Sauerstoff-Flamme (Bild 3). Sie wird an den Ventilen des Schweißbrenners eingestellt. Bei normaler Einstellung werden Sauerstoff und Acetylen im Verhältnis 1 : 1 gemischt. Bei diesem Verhältnis reicht jedoch der Sauerstoff zur vollständigen Verbrennung des Acetylens nicht aus; diese wird erst mit dem Sauerstoff der Umgebungsluft erreicht. Dadurch entsteht eine sauerstofffreie Zone vor dem Flammenkegel, welche als Schweißzone bezeichnet wird. Sie wirkt reduzierend, in ihr liegt etwa 2 mm bis 4 mm vor dem Flammenkegel die höchste Flammentemperatur von etwa 3 200 °C.

> **Normale Einstellung:**
> Bei einem Mischungsverhältnis von 1 : 1 von Sauerstoff und Acetylen ist der weißleuchtende Flammenkegel scharf begrenzt; man nennt diese Flammeneinstellung „neutral".

Bei Acetylenüberschuss zerflattert der Flammenkegel und sieht grünlich aus. Die Flamme führt in diesem Fall freien Kohlenstoff mit, der in die Schweißnaht dringt. Diese wird durch die Anreicherung mit Kohlenstoff hart.

Bei Sauerstoffüberschuss wird der Flammenkegel kürzer und bläulich. Die Naht nimmt Sauerstoff auf und wird spröde; die Flamme wirkt oxidierend.

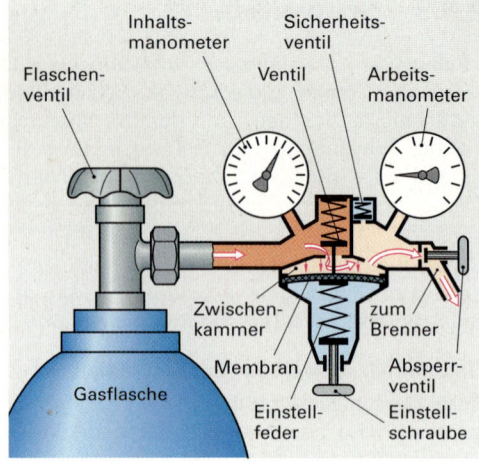

Bild 1: Druckminderer

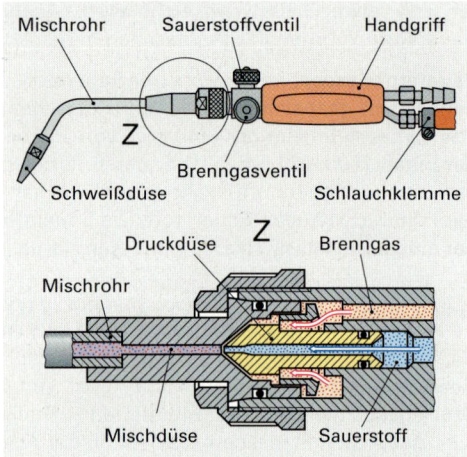

Bild 2: Schweißbrenner

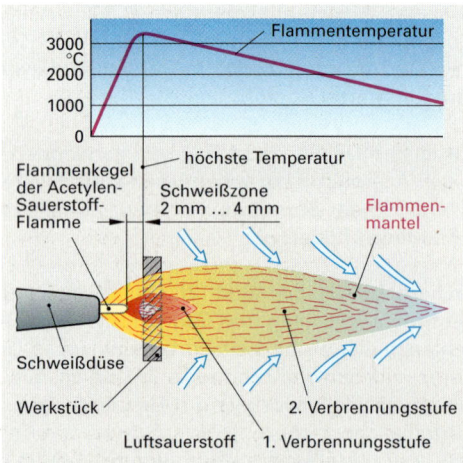

Bild 3: Acetylen-Sauerstoff-Flamme

Schweißbrenner- und Schweißstabführung. Eine bestimmte Schweißbrenner- und Schweißstabhaltung ist nicht vorgeschrieben. Es kann sowohl „nach links" als auch „nach rechts" geschweißt werden.

Die **Nachlinksschweißung (Bild 1)** wird angewendet zum Schweißen dünner Bleche bis 3 mm Dicke. Die Schweißflamme zeigt in Schweißrichtung, das Schmelzbad liegt außerhalb der höchsten Flammentemperatur, außerdem wird die Schweißflamme durch den Schweißstab am Durchschmelzen der Nahtwurzel gehindert. Die voreilende Schweißwärme wärmt die Schweißfuge vor und ermöglicht eine hohe Schweißgeschwindigkeit.

Die **Nachrechtsschweißung** wird angewendet zum Schweißen dicker Bleche über 3 mm Dicke.

Gasschweißstäbe für das Verbindungsschweißen sind nach ihrer Zusammensetzung und Eignung für die verschiedenen Stähle in sieben Schweißstabklassen, G I bis G VII, eingeteilt. Für allgemeine Baustähle eignen sich besonders die Schweißstabklassen G II bis G IV. Die Schweißstabklasse ist auf jedem Schweißstab eingeprägt. Schweißstäbe gibt es in verschiedenen Durchmessern, ihre Verkupferung dient dem Korrosionsschutz.

Brennschneiden von Stahl

Beim Brennschneiden wird die Eigenschaft des Stahls, in reinem Sauerstoff zu verbrennen, ausgenutzt. Der **Schneidbrenner (Bild 2)** ist eine Art Schweißbrenner, an dem noch ein Rohr mit einem Ventil angebracht ist, um den Schneidsauerstoff zuzuführen.

Die Anschnittstelle wird durch die Vorwärmflamme des Schneidbrenners auf Zündtemperatur (etwa 1 200°C) angewärmt. Nach Öffnen des Schneidsauerstoffventils trifft der gebündelte Sauerstoffstrahl der Schneiddüse die glühende Stelle. Die Verbrennung des Stahls geht in reinem Sauerstoff sehr rasch vor sich. Durch den Druck des Sauerstoffstrahls wird die Schlacke aus der Schnittfuge geblasen. Die Schneidkanten bedürfen meist keiner Nacharbeit.

Metalllichtbogenschweißen

Beim Metalllichtbogenschweißen **(Bild 3)** wird die Wärme des elektrischen Lichtbogens zum Schmelzen der Werkstoffe an der Schweißstelle ausgenützt. Der Lichtbogen entsteht nach einem kurzzeitigen Kurzschluss zwischen Elektrode und Werkstück und bildet eine elektrisch leitende Gasstrecke hoher Temperatur. Der von der Elektrode abschmelzende Werkstoff bildet mit dem aufgeschmolzenen Werkstoff des Werkstücks die Schweißraupe. Der Lichtbogen soll kurz sein (Lichtbogenlänge ≈ Elektrodendurchmesser), um die Aufnahme von Sauerstoff und Stickstoff in das Schmelzbad gering zu halten.

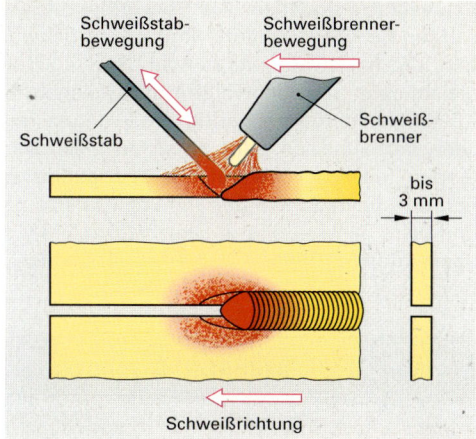

Bild 1: Nachlinksschweißung

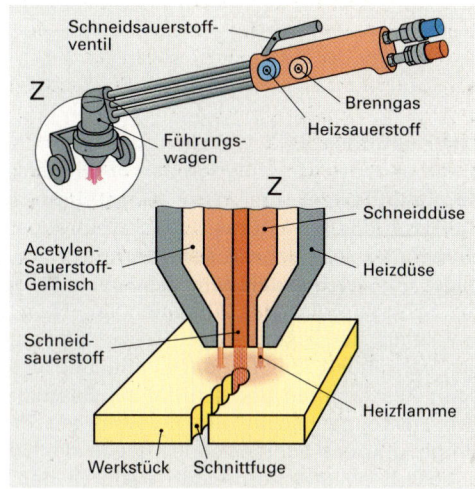

Bild 2: Brennschneiden von Stahl

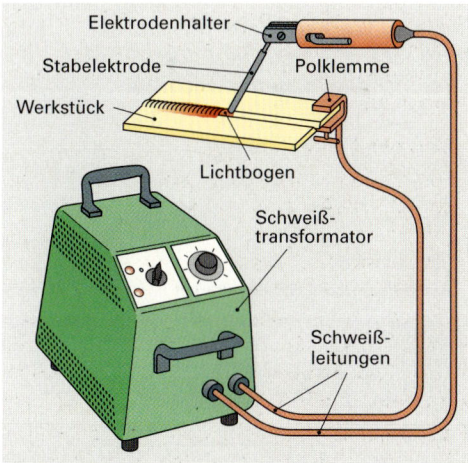

Bild 3: Metalllichtbogenschweißen

Schweißstromquellen. Als Schweißstromquellen werden Schweißtransformatoren zum Schweißen mit Wechselstrom verwendet bzw. Schweißgleichrichter zum Schweißen mit Gleichstrom. In Kfz-Werkstätten wird häufig unter engen räumlichen Verhältnissen oder zwischen elektrisch leitenden Teilen geschweißt. Die Leerlaufspannung darf dort beim Schweißen mit Wechselstrom 48 V und beim Schweißen mit Gleichstrom 113 V nicht überschreiten. Solche Schweißstromquellen sind besonders gekennzeichnet **(Tabelle 1)**.

Tabelle 1: Kennzeichnung von Schweißgeräten für Schweißarbeiten unter erhöhter elektrischer Gefährdung		
Schweißgerät	max. Leerlaufspannung	Kennzeichen
Schweißtransformator	48 V	S
Schweißgleichrichter	113 V	S

Stabelektroden (Bild 1) bestehen aus dem Kerndraht und der Umhüllung. Der abschmelzende **Kerndraht** bildet mit dem aufgeschmolzenen Werkstoff des Werkstücks die Schweißraupe. Die **Umhüllung** schmilzt mit dem Kerndraht ab und bildet auf der Schweißnaht die Schlacke. Durch die Schlacke wird das Abkühlen der Naht verlangsamt, dadurch werden Schrumpfspannungen vermindert. Ein Teil der Umhüllung vergast beim Abschmelzen und schirmt als Gasschlauch den Lichtbogen sowie die Schweißnaht in der Umgebung des Schmelzbades gegen die Umgebungsluft ab und vermindert dadurch den Abbrand von Legierungsbestandteilen. Der elektrisch leitende Gasschlauch ermöglicht auch einen gleichförmigen Lichtbogen; beim Schweißen mit Wechselstrom müsste der Lichtbogen sonst ständig neu gezündet werden, da die Stromrichtung dauernd wechselt.

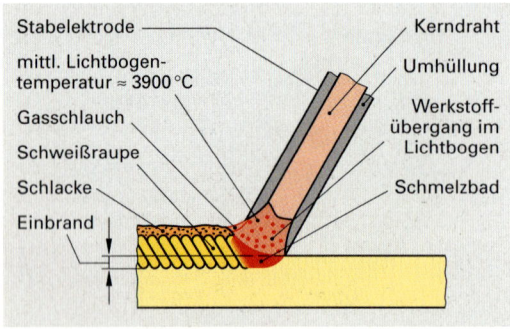

Bild 1: Elektrischer Lichtbogen

Schweißwerkzeuge (Bild 2). Im **Elektrodenhalter** sind zum Schutz vor elektrischer Spannung und vor Verbrennungen Griffstück und Spannvorrichtung, mit Ausnahme der Kontaktfläche für die Elektrode, isoliert. **Pickhammer** und **Drahtbürste** dienen zum Entfernen der Schlacke. Der **Schweißerschutzschild** ist mit dunklen Spezialgläsern (Schweißschutzfilter) versehen, denen meist Klargläser vorgesetzt sind. **Stulpenhandschuhe** und **Schürze**, meist aus Leder, schützen gegen Strahlen, Funkenflug und Verbrennungen.

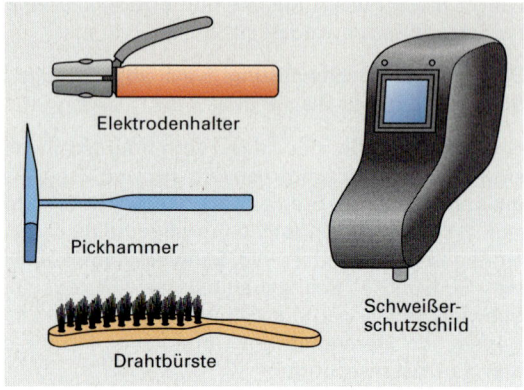

Bild 2: Schweißwerkzeuge

Schutzgasschweißen

Das Schutzgasschweißen ist ein Lichtbogenschweißen, bei dem der Lichtbogen und das Schmelzbad in eine Schutzgasatmosphäre eingehüllt und dadurch gegen die Umgebungsluft abgeschirmt sind. Das Schutzgas wird der Schweißstelle durch den Schweißbrenner zugeführt.

Man unterscheidet das Wolfram-Inertgasschweißen mit einer nichtabschmelzenden Wolframelektrode und das Metall-Schutzgasschweißen mit einer abschmelzenden Drahtelektrode. Das jeweils verwendete Schutzgas richtet sich nach dem Schweißverfahren und dem zu schweißenden Werkstoff.

Der Schweißbrenner wird von Hand oder vollmechanisiert oder automatisch geführt. Schweißbrenner für die Schweißung dünner Bleche sind luftgekühlt. Für dicke Bleche und große Schweißstromstärken sind die Brenner wassergekühlt.

Die Vorteile des Schutzgasschweißens sind:
- keine Umgebungsluft im Schmelzbad
- kein Verbrennen von Legierungsbestandteilen
- keine Schlackenbildung
- hohe Schweißgeschwindigkeit
- schmale Erwärmungszone
- geringer Verzug.

Wolfram-Inertgasschweißen (WIG-Schweißen, Bild 1)

Der Lichtbogen brennt zwischen einer Wolframelektrode, die praktisch nicht abbrennt, und dem Werkstück. Der Schweißstab wird von Hand seitlich in das Schmelzbad geführt. Je nach Werkstoff des Werkstücks wird mit Gleichstrom oder mit Wechselstrom geschweißt. Als Schutzgas wird das reaktionsunwillige Edelgas Argon verwendet oder ein Gemisch aus Argon und Helium.

Das WIG-Schweißen eignet sich vor allem zum Schweißen von Blechen, Profilen und Rohren bis etwa 5 mm Dicke aus hitzebeständigen, säurebeständigen oder nichtrostenden Stählen, aus Kupfer oder Kupfer-Legierungen sowie aus Aluminium oder Aluminium-Legierungen.

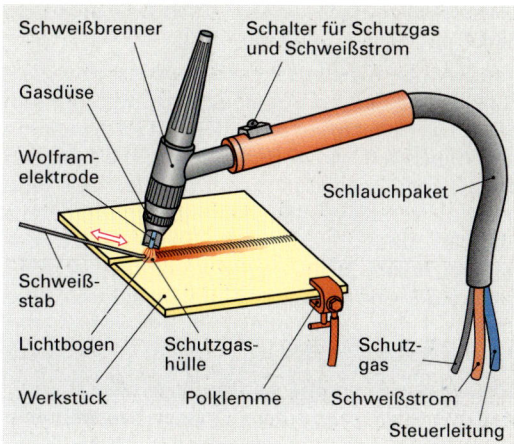

Bild 1: Wolfram-Schutzgasschweißen

Metall-Schutzgasschweißen (MSG, Bild 2 und Bild 3)

Der Lichtbogen brennt zwischen der abschmelzenden Drahtelektrode und dem Werkstück. Die Drahtelektrode ist auf einer Drahtspule aufgewickelt und wird mit dem Drahtvorschubmotor durch einen biegsamen Schlauch im Schlauchpaket dem Schweißbrenner zugeführt.

Zum MSG-Schweißen wird Gleichstrom verwendet, welcher der Drahtelektrode im Schweißbrenner an der Stromkontaktdüse kurz vor dem Lichtbogen zugeleitet wird. Der Pluspol wird meist an die Drahtelektrode gelegt. Der kleine Elektrodenquerschnitt ermöglicht eine hohe Stromdichte, große Abschmelzleistung, große Schweißgeschwindigkeit und tiefen Einbrand.

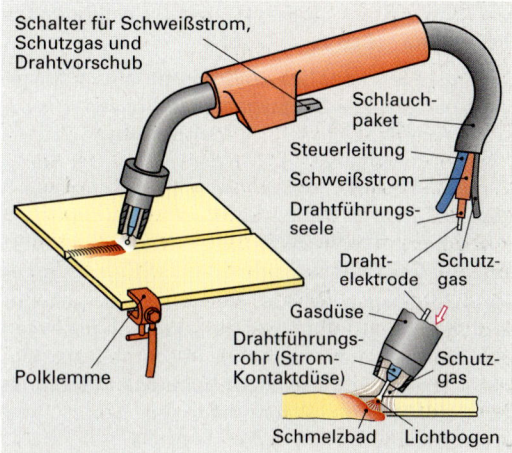

Bild 2: Schweißbrenner für MIG-MAG-Schweißen

Metall-Inertgasschweißen (MIG-Schweißen, Bild 2 und Bild 3)

Das MIG-Schweißen eignet sich zum Schweißen dicker Bleche aus hochlegierten Stählen, aus Kupfer oder Cu-Legierungen sowie aus Aluminium oder Al-Legierungen. Bei der Herstellung von Leichtmetall-Karosserien werden auch Dünnbleche aus Al-Legierungen untereinander und mit Druckgussteilen und Strangpressprofilen aus Al-Legierungen MIG-geschweißt.

Das Schutzgas richtet sich nach dem Werkstoff und nach dem Schweißverfahren. Beim **Metall-Inertgasschweißen (MIG-Schweißen)** werden inerte Schweißgase (z. B. Argon) verwendet, die keine chemischen Reaktionen während des Schweißvorgangs eingehen. Beim **Metall-Aktivgasschweißen (MAG-Schweißen)** werden Gasgemische aus Argon, Kohlendioxid und Sauerstoff als Schutzgas verwendet oder reines Kohlendioxid.

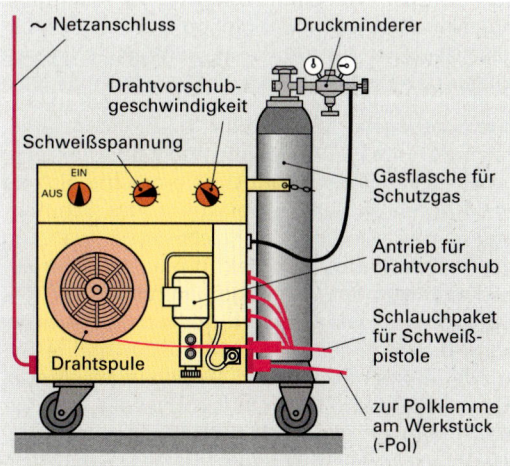

Bild 3: MIG-MAG-Schweißmaschine

Metall-Aktivgasschweißen (MAG-Schweißen. Bild 2 und Bild 3, Seite 79)

Das MAG-Schweißen ist ein Schutzgasschweißen zum Schweißen von unlegiertem und legiertem Stahl. Die Schutzgase enthalten mit Kohlendioxid und Sauerstoff aktive Bestandteile, die mit dem Schmelzbad reagieren. Die Drahtelektrode enthält deshalb als wichtige Legierungsbestandteile Mangan und Silizium zur Desoxidation des Schmelzbades. Beide Stoffe verbinden sich mit Sauerstoff, der entweder beim Zerfall von Kohlendioxid frei wird oder als Bestandteil des Mischgases vorhanden ist.

Schutzgasschweißarbeiten werden in der Kfz-Werkstatt meist mit nur einem Drahtelektrodendurchmesser durchgeführt; vorwiegend wird die Drahtelektrode 0,8 mm, eventuell 1 mm verwendet.

Schweißrichtung. Man unterscheidet „Stechendes Schweißen" (**Bild 1**) und „Schleppendes Schweißen" (**Bild 2**).

Die Einstellung der Schweißmaschine und das jeweils verwendete Schutzgas beeinflussen
- die Ausbildung des Lichtbogens
- den Einbrand
- den Werkstoffübergang
- die Spritzerbildung.

Je nach Art des eingestellten Lichtbogens unterscheidet man:

Sprühlichtbogen (MAGs, **Bild 3**). Er ist gekennzeichnet durch feinsttropfigen, kurzschlussfreien Werkstoffübergang bei hoher Abschmelzleistung, vor allem bei argonreichem Schutzgas. Geeignet für Kehlnähte in Wannenlage an Mittel- und Grobblechen.

Langlichtbogen (MAGl, **Bild 3**). Er ist gekennzeichnet durch grobtropfigen, nicht immer kurzschlussfreien Werkstoffübergang, vor allem bei unlegiertem Stahl mit Kohlendioxid als Schutzgas. Geeignet für Kehlnähte in Wannenlage an Mittel- und Grobblechen.

Kurzlichtbogen (MAGk, **Bild 4**). Er ist gekennzeichnet durch feintropfigen Werkstoffübergang im Kurzschluss bei niedriger Stromdichte. Sobald der Tropfen an der Drahtelektrode das Schmelzbad berührt, erlischt der Lichtbogen; während des Kurzschlusses wird der Tropfen im Schmelzbad abgelegt; der Lichtbogen brennt wieder frei. Der Vorgang wiederholt sich beim Schweißen von Karosserie-Dünnblech 100 ... 200-mal je Sekunde. Als Schutzgas wird Mischgas aus Argon, Kohlendioxid und Sauerstoff verwendet oder nur Kohlendioxid. Das Verfahren wird in der Kfz-Werkstatt vor allem angewendet zum Schutzgasschweißen von Karosserieblechen.

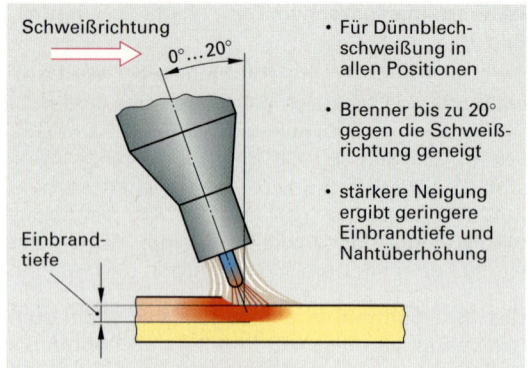

Bild 1: Stechendes Schweißen

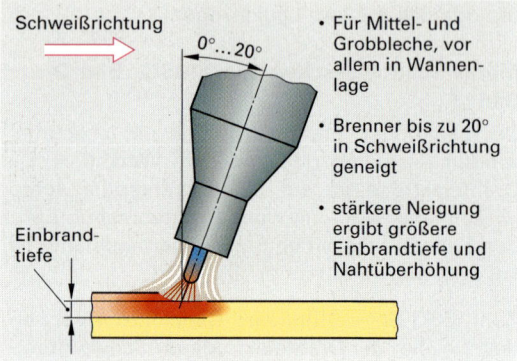

Bild 2: Schleppendes Schweißen

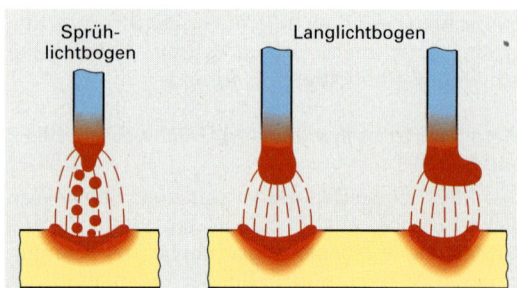

Bild 3: Sprüh- bzw. Langlichtbogen

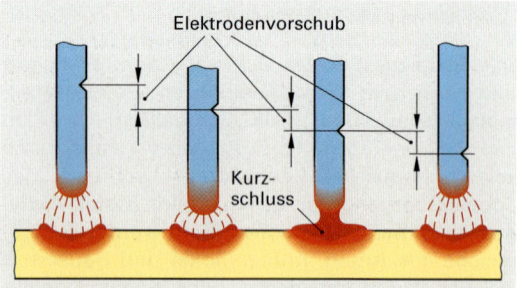

Bild 4: Kurzlichtbogen

Punktschweißen

> Punktschweißen ist ein Widerstandspressschweißen. Es entsteht eine unlösbare stoffschlüssige Verbindung dadurch, dass zwei aufeinander liegende Bleche in teigigem Zustand ohne Zusatzwerkstoffe an einzelnen Schweißpunkten durch Wärme und Druck miteinander verbunden werden.

Der benötigte Druck wird über die stiftförmigen Kupferelektroden ausgeübt. Über die Kupferelektroden und die zusammengepressten Bleche fließt kurzzeitig ein großer Strom. Die erforderliche Schweißwärme entsteht sehr schnell durch den großen elektrischen Widerstand an der Verbindungsstelle. Druck, Stromstärke und Schweißzeit müssen aufeinander abgestimmt sein.

Für die Kfz-Instandsetzung gibt es kleine tragbare **Punktschweißzangen (Bild 1)** mit eingebautem Transformator. Die Elektroden werden bei Betätigen des Handhebels zusammengepresst. Elektrodenarme gibt es in verschiedenen Ausführungen, um auch an sonst unzugänglichen Stellen der Karosserie Schweißpunkte setzen zu können. Die Schweißstelle muss jedoch für die Schweißzange immer von beiden Seiten zugänglich sein.

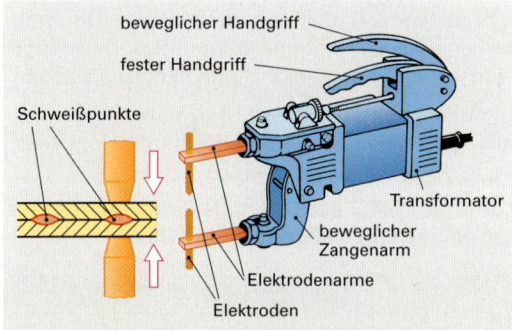

Bild 1: Punktschweißen mit der Schweißzange

Mit dem **Stoßpunkter (Bild 2)** kann gearbeitet werden, wenn die Schweißstelle nur von einer Seite zugänglich ist. Zum Punktschweißen wird die Elektrode der Schweißpistole so gegen die Schweißstelle gepresst, dass sich beide Bleche berühren, und dann der Schweißpunkt gesetzt.

Der Stoßpunkter ist vielseitig einsetzbar:
- einseitiges Punktschweißen
- Ausbeulen von Blechen (in Verbindung mit dem Ausziehhammer)
- Einziehen von Blechen
- Aufschweißen von Gewindebolzen und Stiften.

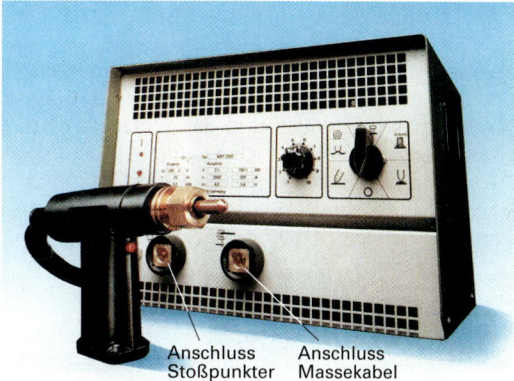

Bild 2: Stoßpunkter

ARBEITSREGELN

- Beim Gasschweißen und Autogenen Schneiden immer eine Schutzbrille tragen.
- Flaschenventile langsam öffnen.
- Öl und Fett nicht an den Verschluss der Sauerstoffflasche bringen (Explosionsgefahr).
- Gasflaschen vor Stoß und Fall, vor Wärme und Kälte schützen.
- Beim elektrischen Lichtbogenschweißen Schutzschild mit Seitenschutz benutzen.
- Beim Lichtbogenschweißen die Arbeitsstelle so abschirmen, dass Mitarbeiter durch die Strahlung nicht geschädigt werden.
- Geschlossene Arbeitskleidung und Handschuhe tragen. Sie schützen vor Spritzern und vor der Strahlung des Lichtbogens.
- Für gute Entlüftung des Arbeitsplatzes sorgen.

WIEDERHOLUNGSFRAGEN

1. Warum dürfen Öl und Fett nicht an Verschlüsse von Sauerstoffflaschen gelangen?
2. Woran erkennt man eine Acetylenflasche?
3. Welche Messwerte werden am Druckminderer abgelesen?
4. Warum wird beim Acetylen-Schweißen von Stahl die Schweißflamme neutral eingestellt?
5. Worauf beruht das Brennschneiden?
6. Welche Schmelzschweißverfahren unterscheidet man?
7. Welche Aufgabe hat die Umhüllung einer Elektrode?
8. Welche Schweißrichtungen werden beim Schutzgasschweißen angewendet?
9. Welche Vorteile hat das Schutzgasschweißen gegenüber anderen Schweißverfahren?
10. Wodurch unterscheidet sich das MIG-Schweißen vom MAG-Schweißen?

2.6.10 Kleben

Kleben ist unlösbares stoffschlüssiges Verbinden von gleichen oder verschiedenartigen Werkstoffen mit Hilfe eines Klebstoffes (nichtmetallischer Stoff).

Beanspruchung und Gestaltung der Klebeverbindung

Die Festigkeit der Verbindung hängt ab von den **Kohäsionskräften** in der Klebstoffschicht sowie von den **Adhäsionskräften** zwischen dem Klebstoff und den Fügeflächen der Werkstücke (**Bild 1**).

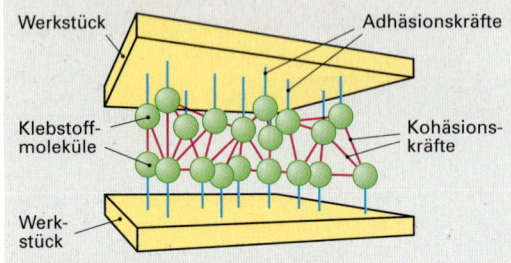

Bild 1: Kräfte in der Klebeverbindung

Während die Kohäsionskräfte in der Klebstoffschicht im wesentlichen von dem verwendeten Klebstoff abhängen, sind die Adhäsionskräfte vor allem davon abhängig, ob die Fügeflächen vor dem Klebstoffauftrag sorgfältig gereinigt wurden, um die Haftkraft des Klebers bestmöglich auszunutzen. Zur Übertragung großer Kräfte sind immer große Fügeflächen erforderlich. Die Klebeverbindung soll möglichst nur **Druckkräfte** und **Scherkräfte** übertragen (**Bild 2**), **Zugkräfte** sollten nur in geringem Umfang auftreten und Schälkräfte ganz vermieden werden, da dadurch die Klebeverbindung aufreißen kann.

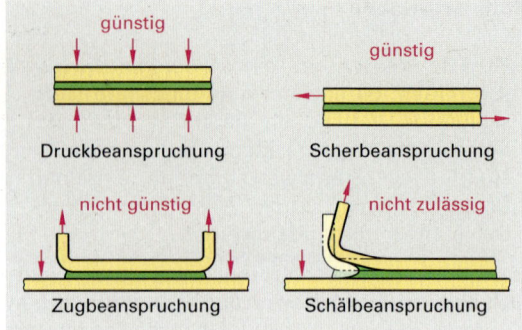

Bild 2: Beanspruchung der Klebeverbindung

Klebstoffarten

Reaktionsklebstoffe (Tabelle 1) härten durch chemische Reaktion der Bestandteile aus. Nach der Zusammensetzung unterscheidet man Einkomponentenklebstoffe und Zweikomponentenklebstoffe, nach der Verarbeitungstemperatur unterscheidet man Kaltkleber und Warmkleber.

Einkomponentenklebstoffe enthalten alle zum Kleben erforderlichen Bestandteile. Sie benötigen keinen Härterzusatz.

Zweikomponentenklebstoffe bestehen aus zwei getrennten Bestandteilen, aus Kleber und Härter. Nach dem Mischen setzt das Aushärten des Klebstoffes durch chemische Reaktion in Abhängigkeit von der Temperatur ein. Der Klebstoff muss in einer bestimmten Zeit verarbeitet sein (Topfzeit), weil er sonst zu weit ausgehärtet ist und die Fügeflächen nicht mehr ausreichend benetzen kann.

Kaltkleber härten schon bei Raumtemperatur aus. Sie werden häufig als Dichtstoffe eingesetzt.

Warmkleber härten bei Temperaturen von etwa 120°C bis 250°C aus. Niedrige Temperaturen haben eine lange Aushärtezeit zur Folge.

Tabelle 1: Reaktionsklebstoffe in der Kfz-Instandsetzung (Auswahl)			
Klebstoff	Komponenten	Härtung durch	Anwendungsbeispiel
Polyurethan	1	Luftfeuchtigkeit	Karosseriedichtmasse
Polyurethan	2	Härter	Kleben von Windschutzscheiben, Karosserieteilen
Anaerobe Kleber	1	Luftabschluss + Metallkontakt	Schraubensichern, Gewindedichten, Flächendichten
Epoxidharz	2	Härter	Kleben von Karosserieteilen bei Abschnittsreparatur
Cyanacrylat	1	Luftfeuchtigkeit	„Sekundenkleber" für Metall, Keramik, Gummi

Wiederholungsfragen

1. Welche Kräfte bewirken den Zusammenhalt einer Klebeverbindung?
2. Warum haben Klebeverbindungen meist große Fügeflächen?
3. Welche Beanspruchungsarten sind günstig für eine Klebeverbindung?
4. Was versteht man unter der Topfzeit eines Klebers?

2.7 Beschichten

> Beschichten ist das Auftragen einer festhaftenden Schicht aus formlosem Stoff auf ein Werkstück.

Beschichten von Werkstücken bewirkt
- Schutz gegen Korrosion, z. B. durch Aufspritzen von Zink
- Verbesserung des Aussehens, z. B. durch Anstriche
- Verbesserung der Verschleißfestigkeit von Grundwerkstoffen, z. B. durch Hartverchromen, Panzern von Ventilen
- Isolation gegen Elektrizität, Wärme, Schall.

Reinigungsverfahren (Tabelle 1)
Vor dem Beschichten müssen die Werkstücke gereinigt werden, um einwandfrei haftende Beschichtungen zu erhalten.

> Reinigen ist das Entfernen von Verunreinigungen oder unerwünschter Schichten von der Oberfläche der Werkstücke.

Mechanische Trockenreinigung. Sie kann erfolgen z. B. durch Bürsten, Polieren, Hämmern, Strahlen (Sandstrahlen), Schleifen. Beim Trommeln (Gleitschleifen) werden die Werkstücke mit losen Schleifmitteln in eine rotierende Trommel gegeben, um z. B. Unebenheiten und Grate zu entfernen oder um die Teile zu polieren.

Mechanische Nassreinigung. Sie kann erfolgen durch Abwaschen, Abspritzen, Dampfstrahlen, Ultraschallreinigen. Beim Ultraschallreinigen wird die Reinigungsflüssigkeit in hochfrequente Schwingungen versetzt, wobei kleinste Vakuumbläschen entstehen (Durchmesser etwa 0,000 01 mm). Beim Zerplatzen (Implodieren) der Bläschen entstehen Drücke bis zu 1 000 bar, dabei werden auch kleinste Schmutzpartikel aus Poren und Haarrissen entfernt.

Chemisches Reinigen. Es erfolgt z. B. durch Entfetten oder durch Beizen. Beim Entfetten (**Bild 1**) wird das Fett durch organische Lösungsmittel beim Eintauchen oder Besprühen in kleinste Fettteilchen zerlegt (dispergiert). Sie verteilen sich gleichmäßig im Waschwasser, emulgieren und werden dann mit dem Waschwasser weggeschwemmt. Alkalische Lösungsmittel (z. B. Natronlauge, Soda) verwandeln verseifte Schmierstoffe in Seifen um, die dann mit Wasser abgewaschen werden können.

Beim Beizen werden Oxid- und Zunderschichten auf Eisen- und Nichteisenmetallen mit verdünnten Säuren abgebeizt.

Beschichtungsverfahren (Tabelle 2)

Metallspritzen (thermisches Spritzen)

> Beim Metallspritzen wird der Schichtwerkstoff im feinstverteilten, geschmolzenen Zustand auf die Werkstückoberfläche geschleudert.

Die Beschichtung haftet auf dem Werkstück durch Adhäsion, Kohäsion der einzelnen Metallteilchen und teilweisem Anschmelzen der Werkstückoberfläche. Beim thermischen Spritzen können z. B. Carbide, Boride, Nitride, Oxide, Silikate aufgespritzt werden.

Tabelle 1: Reinigungsverfahren

mechanisch trocken	chemisch
Bürsten Polieren Schleifen Hämmern Strahlen	Entfetten, z. B. mit Laugen (Verseifung), mit organischen Lösungsmitteln (Fettlöser)
mechanisch nass	Beizen, z. B. mit verdünnter Schwefelsäure zum Entfernen von Oxid- oder Zunderschichten (anschließend Spülen und Trocknen)
Abwaschen Abspritzen Dampfstrahlen Ultraschallreinigen	

Bild 1: Entfetten

Tabelle 2: Beschichtungsverfahren

Arten der Überzüge	
metallisch	nichtmetallisch anorganisch
Metallspritzen z. B. Flammspritzen, Plasmaspritzen, Galvanisieren Tauchen z. B. Zinnbad, Zinkbad, Bleibad, Aluminiumbad	Aufbringen einer Schutzschicht Emaillieren Keramik Umwandlung des Grundwerkstoffes z. B. Phosphatieren, Bondern Chromatieren Nitrieren Oxidieren, z. B. Brünieren Eloxieren
	nichtmetallisch organisch
	Farbüberzüge Lacküberzüge Kunststoffüberzüge, z. B. Wirbelsintern

Beim Metallspritzen unterscheidet man nach der Erschmelzungsart
- **Schmelzbadspritzen.** Niedrig schmelzende Metalle werden im Schmelzkessel geschmolzen und auf das Werkstück gespritzt.
- **Flammspritzen (Bild 1).** Metalle mit einem Schmelzpunkt unter 3 000°C werden in einer Brenngas-Sauerstoffflamme geschmolzen und durch Gasdruck auf das Werkstück gespritzt.
- **Lichtbogenspritzen (Bild 2).** Der Beschichtungsmetalldraht wird bei über 5 000°C geschmolzen und meist mit Druckluft auf das Werkstück gespritzt.
- **Plasmaspritzen (Bild 3).** Hochschmelzende Metalle und auch Nichtmetalle (z. B. Aluminiumoxid) werden in Pulverform als Beschichtungsstoff bei 10 000°C ... 20 000°C geschmolzen und mittels Plasmastrahles auf das Werkstück geschleudert.

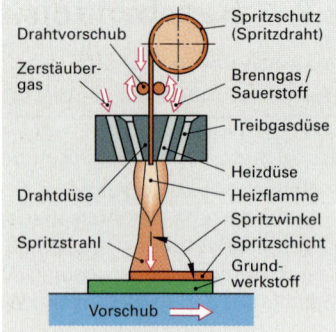

Bild 1: Flammspritzen

Galvanisieren
Galvanisieren ist ein elektrochemisches Abscheiden von Metallen auf metallischen oder elektrisch leitenden Schichten mittels eines Elektrolyten.

Als Korrosionsschutz werden viele Teile eines Kraftfahrzeuges durch Galvanisieren beschichtet, z. B. Kolben mit Zinn, Karosseriebleche mit Zink, Stoßfänger mit Kupfer, Nickel, Chrom.

Emaillieren
Beim Emaillieren wird ein Gemisch aus feuerfesten Stoffen (Quarz, Fließ- und Haftmittel) auf der Werkstückoberfläche bei etwa 1 000°C eingebrannt. Emaillierte Teile sind beständig gegen Säuren, Laugen, Wärme. Der Überzug ist ein elektrischer Nichtleiter. Allerdings ist der Überzug empfindlich gegen Schlag, Stoß, Biegung.

Keramische Beschichtungen
Keramische Stoffe können durch chemisches Spritzen aufgeschleudert werden. Sie haften nur durch Verzahnung (Formschluss) mit der Werkstückoberfläche. Keramikbeschichtungen dienen als Wärme-, Korrosions- und Verschleißschutz.

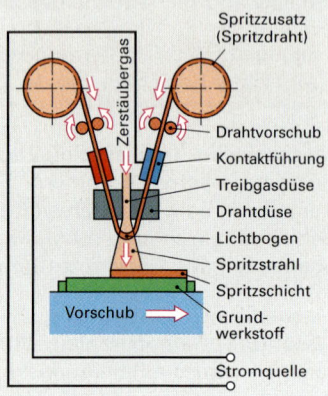

Bild 2: Lichtbogenspritzen

Oxidieren
Beim Oxidieren von Metalloberflächen wird eine künstliche Korrosion hervorgerufen, z. B. durch Brünieren, Schwarzbrennen, Eloxieren. Oxidieren bewirkt eine Umwandlung des Grundwerkstoffes an seiner Oberfläche; es erfolgt also kein eigentlicher Schichtaufbau.

Kunststoffüberzüge
Kunststoffbeschichtungen sind auf fast allen Werkstoffen möglich, z. B. durch Anstreichen, Spachteln, Tauchen, Folien überziehen, elektrostatische Beschichtungen, Flammspritzen, Wirbelsintern.

Beim Wirbelsintern **(Bild 4)** wird das vorgewärmte Werkstück (bis etwa 300°C) in das durch Druckluft aufgeschüttelte Kunststoffpulver gehalten. Das Pulver haftet auf dem Werkstoff und ergibt die Beschichtung. Kunststoffüberzüge bewirken Korrosionsschutz, Schall- und Wärmedämmung, elektrische Isolation und dekoratives Aussehen.

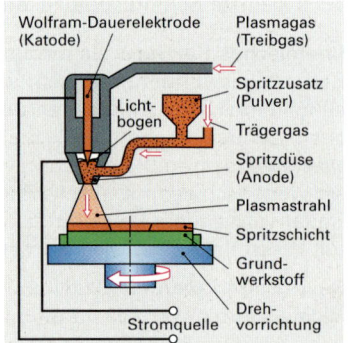

Bild 3: Plasmaspritzen

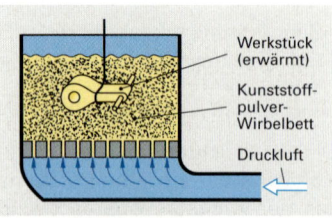

Bild 4: Wirbelsintern

WIEDERHOLUNGSFRAGEN
1. Was versteht man unter Beschichten?
2. Warum muss vor dem Beschichten das Werkstück gereinigt werden?
3. Welche Vorteile bieten Kunststoffüberzüge?
4. Was versteht man unter Metallspritzen?

2.9 Arbeitssicherheit und Unfallverhütung

Der Betrieb von Maschinen und der Umgang mit technischen Systemen sowie mit Werk- und Hilfsstoffen birgt stets Gefahren in sich. Durch unfallverhütende Maßnahmen im Arbeitsbereich sollen sowohl der Mensch als auch Einrichtungen, Gebäude und die Umwelt vor Schaden bewahrt werden. Zur Förderung der Arbeitssicherheit und damit zur Verminderung des Unfallrisikos gibt es für jeden Berufszweig verbindliche **Unfallverhütungsvorschriften (UVV)**. Sie werden von den jeweils zuständigen **Berufsgenossenschaften (Bild 1)** erlassen. Die Berufsgenossenschaft Metall ist z. B. für Kfz-Reparaturbetriebe verantwortlich. Die Unfallverhütungsvorschriften müssen in jedem Betrieb gut erkennbar und leicht zugänglich ausgelegt sein. Jeder Betriebsangehörige ist verpflichtet, dass er diese Vorschriften genau einhält. Durch sicherheitswidriges Verhalten können schwere oder gar tödliche Verletzungen entstehen, Krankheiten ausgelöst, sowie hohe Sach- und Umweltschäden verursacht werden.

Bild 1: Zeichen der gewerblichen Berufsgenossenschaften

Sicherheitswidrig verhält sich jeder, der Sicherheitsvorschriften und Sicherheitszeichen nicht beachtet oder missachtet und somit seine Mitmenschen, die Einrichtungen und Anlagen des Betriebes und die Umwelt gefährdet.

2.9.1 Sicherheitszeichen

Sie sollen die Sicherheit am Arbeitsplatz erhöhen. Es wurden dazu Gebots-, Verbots-, Warn- und Rettungszeichen genormt.

Gebotszeichen (Bild 2) sind runde Scheiben in den Farben blau und weiß. Skizzen zeigen die gebotene Schutzmaßnahme als zwingende Verhaltensweise an. So muss z. B. bei Arbeiten unter hohem Lärm (ab 90 db(A)) ein Gehörschutz verwendet werden.

Verbotszeichen (Bild 3) sind weißgrundige, runde Scheiben, die die verbotene Handlung als schwarze Skizze zeigen. Ein roter Querbalken und rote Umrandung heben die Verbotszeichen hervor. Brennbare Flüssigkeiten, die bei Raumtemperatur verdunsten (z. B. Benzin) oder brennbare Gase (z. B. Wasserstoff) oder auch Feinstäube (z. B. Mehl) können in einem geschlossenen Raum mit der Luft ein hochexplosives Gemisch bilden. In diesen Räumen muss das Zeichen, das Feuer, offenes Licht und Rauchen untersagt, gut sichtbar angebracht sein.

Warnzeichen (Bild 1, Seite 86) sind gelbgrundige Schilder in der Form eines gleichseitigen Dreiecks, dessen Spitze nach oben zeigt. Warnbild und Umrandung sind schwarz. Mit dem Warnzeichen, das gut sichtbar angebracht sein muss, wird ein Umfeld gekennzeichnet, in dem vor einer bestimmten Gefahr gewarnt wird. Lagerräume, in denen z. B. ätzende Schwefelsäure für Starterbatterien gelagert wird, müssen mit dem entsprechenden Warnzeichen versehen sein.

Rettungszeichen (Bild 2, Seite 86) sind grüngrundige Schilder in Rechteckform. Sie weisen durch weiße Piktogramme (Symbolbilder) und ggf. Pfeile auf Stellen hin, an denen sich Rettungsmittel (z. B. Tragen) befinden. Sie kennzeichnen auch die Fluchtwege und die Fluchtrichtungen, über die Gefahrenbereiche schnell und sicher verlassen werden können. Diese Fluchtwege müssen stets frei sein, sie dürfen nie durch Gegenstände blockiert oder durch abgeschlossene oder gegen die Fluchtrichtung öffnende Türen gehemmt sein.

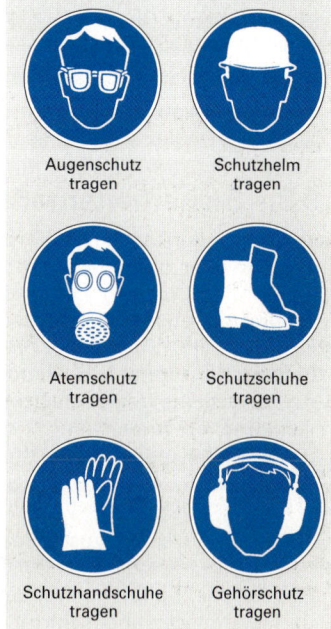

Bild 2: Gebotszeichen

Bild 3: Verbotszeichen

2.9.2 Unfallursachen

Trotz größter Sorgfalt und umfangreichster Sicherheitsvorkehrungen werden sich Unfälle nie ganz vermeiden lassen. Ihre Zahl kann aber sehr wohl durch Untersuchung und Auswertung der Unfallursachen mit den sich daraus ergebenden Unfallverhütungsvorschriften eingedämmt werden. Bei den Unfallursachen ist zu unterscheiden

- **menschliches Versagen** durch Unkenntnis der Gefahr, Gedankenlosigkeit, Leichtsinn und Bequemlichkeit. Diese Unfallursache kann durch gründliche Schulung, Erziehung zu sicherheitsbewusstem Arbeiten und Einsatz von technischen Sicherheitseinrichtungen, z. B. Schutzgitter, Sicherheitsschalter, entschärft werden.
- **technisches Versagen**, z. B. durch Werkstoffermüdung oder unvorhersehbare Überlastung. Hier können Unfälle durch technische Sicherheitsvorkehrungen, z. B. Verstärkung des Bauteils, das durch Bruch zu einem Unfall geführt hat, verhindert werden.
- **höhere Gewalt** durch nicht vorhersehbare Fremdeinwirkung, z. B. abnormaler Witterungseinfluss.

2.9.3 Sicherheitsmaßnahmen

Viele Unfälle können durch vorbeugende Sicherheitsmaßnahmen vermieden oder zumindest in ihren Folgen vermindert werden.

Gefährdung muss verhindert werden.

- Elektrische Geräte, z. B. Handbohrmaschinen mit beschädigten Anschlussleitungen dürfen nicht benutzt werden.
- Gefahren für Augen und Gesicht, z. B. beim Schweißen oder durch Metallsplitter beim Schleifen, sind durch Schutzbrillen, Schutzschirme und Schutzschilder abzuwenden.

Gefahrenstellen sind abzuschirmen und auffallend zu kennzeichnen.

- Rädertriebe, Spindeln, Wellen und bewegte ineinander greifende Teile müssen abgeschirmt sein, z. B. durch Schutzgitter.
- Behälter mit Gefahrstoffen (z. B. Benzin, Säuren, Brenngase) müssen vorschriftmäßig, z. B. mit den entsprechenden Warnzeichen **(Bild 1)**, gekennzeichnet und sicher aufgestellt sein.

Gefahren müssen beseitigt werden.

- Maschinen und Werkzeuge mit Sicherheitsmängeln müssen sofort von der Verwendung ausgeschlossen werden. Sie sind umgehend der Instandsetzung oder der Ausmusterung zuzuleiten.
- Scharfe, spitze Werkzeuge dürfen nicht offen (z. B. ohne Schutztasche) in der Arbeitskleidung getragen werden.
- Ringe, Uhren, Schmuckstücke sind ggf. vor der Arbeit abzulegen, so dass sie von rotierenden Teilen nicht erfasst werden.
- Verkehrs- und Fluchtwege müssen stets frei von Hindernissen sein.

Warnung vor Flurförderzeugen

Warnung vor schwebender Last

Warnung vor feuergefährlichen Stoffen

Warnung vor explosionsgefährlichen Stoffen

Warnung vor ätzenden Stoffen

Warnung vor giftigen Stoffen

Warnung vor radioaktiven oder ionisierenden Strahlen

Warnung vor gefährlicher elektrischer Spannung

Warnung vor Laserstrahl

Warnung vor einer Gefahrenstelle

Bild 1: Warnzeichen

Erste Hilfe

Richtungspfeil für Rettung

Rettungsweg nach links

Rettungsweg durch Ausgang

Bild 2: Rettungszeichen

WIEDERHOLUNGSFRAGEN

1. Nennen Sie 3 Beispiele für sicherheitswidriges Verhalten im Kfz-Reparaturbetrieb.
2. Welche Berufsgenossenschaft ist für Kfz-Reparaturbetriebe zuständig?
3. Welche Gruppen der Sicherheitszeichen werden unterschieden?
4. Nach welchen Gesichtspunkten können Unfallursachen eingeteilt werden?

3 Werkstofftechnik

Für ein qualifiziertes Arbeiten am Kraftfahrzeug muss man die Eigenschaften und die Verarbeitung der Werkstoffe kennen.

3.1 Eigenschaften der Werkstoffe

Die Auswahl der Werkstoffe z. B. für ein Kfz wird durch folgende Bedingungen bestimmt:
- Beanspruchungen durch die Betriebsbedingungen
- Werkstoffkosten
- Fertigungskosten
- Umweltverträglichkeit
- Recyclingfähigkeit.

Der Werkstoff, dessen Eigenschaften am besten diese Bedingungen erfüllen, wird verwendet.

Tabelle 1: Dichte von Stoffen

Stoff	Dichte kg/dm³
Wasser	1,00
Aluminium	2,70
Titan	4,54
Gusseisen	7,25
Stahl	7,85
Kupfer	8,93
Blei	11,30
Wolfram	19,20
PVC	1,40
Dieselkraftstoff	0,82...0,86
Superbenzin	0,73...0,78

Luft bei 0° C und 1,013 bar $\varrho = 1{,}29$ kg/m³

3.1.1 Physikalische Eigenschaften

Physikalische Eigenschaften bewirken keine Stoffveränderung; sie kennzeichnen das Verhalten der Werkstoffe. Es sind
- Dichte
- Wärmeausdehnung
- Wärmeleitfähigkeit
- Schmelztemperatur
- elektrische Leitfähigkeit
- Spannung, Festigkeit
- Elastizität, Plastizität
- Zähigkeit, Sprödigkeit, Härte.

Dichte

Die Dichte ϱ (rho) eines Stoffes wird bestimmt durch das Verhältnis seiner Masse m zu seinem Volumen V (**Bild 1**).

Bild 1: dm³-Würfel (Kupfer)

$$\text{Dichte} = \frac{\text{Masse}}{\text{Volumen}}$$

$$\varrho = \frac{m}{V}$$

Die Dichte wird in kg/dm³, g/cm³ oder t/m³ angegeben (**Tabelle 1**).

Wärmeausdehnung

Bei Temperaturerhöhung dehnen sich die Körper allseitig aus. Bei festen Stoffen wird nur die Längenausdehnung in einer Richtung (**Bild 2**) je 1 K Temperaturerhöhung gemessen und als mittlere Längenausdehnungszahl α (alpha) in 1/K angegeben. Die Längenausdehnung eines Werkstoffes beim Erwärmen hängt von der Länge vor der Erwärmung l_0 (in m), von der Temperaturdifferenz ΔT (in K) und vom Werkstoff selbst ab. Den Einfluss des Werkstoffes berücksichtigt die Längenausdehnungszahl α (in 1/K) (**Tabelle 2**).

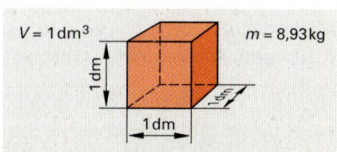

Bild 2: Wärmeausdehnung

$$\text{Längenausdehnung} = \text{Länge vor der Erwärmung} \times \text{Längenausdehnungszahl} \times \text{Temperaturdifferenz}$$

$$\Delta l = l_0 \cdot \alpha \cdot \Delta T$$

Wärmeleitfähigkeit

Die Wärmeleitfähigkeit der einzelnen Stoffe ist verschieden groß. Sie ist festgelegt durch die Wärmeleitzahl.
Gute Wärmeleiter sind Metalle wie z. B. Kupfer und Aluminium. Schlechte Wärmeleiter sind z. B. Luft, Glas und Kunststoffe.

Tabelle 2: Längenausdehnungszahl α

Stoff	α 1/K
Stahl	0,000 011 5
Aluminium	0,000 023 8

Schmelztemperatur (Schmelzpunkt)

Bei der Schmelztemperatur wird ein Stoff durch Schmelzen flüssig. Sie wird in °C angegeben, **(Tabelle 1)** Reine Metalle haben einen ausgeprägten Schmelzpunkt, Metalllegierungen und -gemische haben einen Schmelzbereich.

Elektrische Leitfähigkeit

Die elektrische Leitfähigkeit $\varkappa$ (kappa) gibt an, wie gut bzw. wie schlecht ein Stoff den elektrischen Strom leitet **(Tabelle 2)**. Alle Metalle leiten den Strom. Nichtmetalle z. B. Kunststoffe, Porzellan sind Nichtleiter; man verwendet sie als Isolierstoffe.

Spannung

Wirken auf einen Körper äußere Kräfte ein, so entsteht in ihm eine mechanische Spannung σ (sigma). Diese kann als Verhältnis der äußeren Kraft F zum Querschnitt S ausgedrückt werden **(Bild 1)**. Die mechanische Spannung wird meist in N/mm² angegeben.

Je nach Richtung der äußeren Kräfte entsteht eine unterschiedliche Spannung und Beanspruchung wie Zug-, Druck-, Scher-, Biege-, Knick- und Torsionsspannung.

Festigkeit

Die Festigkeit ist die größte Spannung, die im Werkstoff eines Werkstückes auftritt, wenn es zerstört wird. Die Zugfestigkeit wird durch den Zugversuch an einem Probestab ermittelt **(Bild 1)**.

Der Stab wird in die Zerreißmaschine eingespannt und solange belastet bis er reißt. Messwerke stellen Zugkraft und Dehnung fest.

Zunächst nimmt die Dehnung im gleichen Verhältnis wie die Zugkraft bis zur **Streckgrenze R_e** zu. In diesem Bereich verhält sich der Werkstoff elastisch. Nach Überschreiten der Streckgrenze bleibt bei zunehmender Verlängerung die Zugkraft erstmalig gleich oder fällt sogar ab. Bei weiterer Steigerung der Zugkraft wird dann der Werkstoff plastisch verformt und die bleibende Dehnung nimmt rasch zu. Bei Punkt B ist die Belastbarkeit des Werkstoffes, seine **Bruchgrenze**, erreicht. Aus diesem Wert wird die **Zugfestigkeit R_m** errechnet. Sie wird auf den Anfangsquerschnitt S_0 bezogen und in N/mm² angegeben. Der Stab schnürt sich an der späteren Bruchstelle stark ein und reißt schließlich ab.

Tabelle 1: Schmelztemperaturen	
Stoff	Schmelzpunkt (°C)
Blei	327
Aluminium	660
Gusseisen	1200
Wolfram	3400

Tabelle 2: Elektrische Leitfähigkeit	
Stoff	$\varkappa$ in $\dfrac{m}{\Omega \cdot mm^2}$
Silber	60
Kupfer	56
Aluminium	36

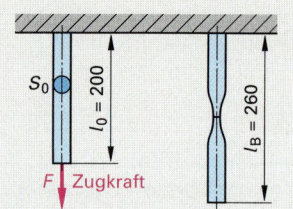

Anfangsquerschnitt $S_0 = 100$ mm²

Spannung $\delta = \dfrac{F}{S_0}$ N/mm²

Zugfestigkeit $R_m = \dfrac{F_m}{S_0} = \dfrac{37\,000\,N}{100\,mm^2}$

$= 370$ N/mm²

$$\text{Zugfestigkeit} = \frac{\text{größte Zugkraft (Bruchkraft)}}{\text{Anfangsquerschnitt}} \qquad R_m = \frac{F_m}{S_0}$$

Elastizität

Ein Werkstoff ist elastisch, wenn er nach Aufhebung einer Belastung seine ursprüngliche Form wieder annimmt. Eine Feder wird z. B. durch Belastung zusammengedrückt; nach Entlastung dehnt sie sich wieder aus. Stahl **(Bild 1)** verhält sich bei Belastung durch eine Kraft elastisch bis zu seiner Streckgrenze.

Plastizität

Behält ein Werkstoff nach seiner Verformung durch eine Kraft die neue Form bei wie z. B. Blei oder Kupfer, so bezeichnet man diese Eigenschaft als Plastizität.

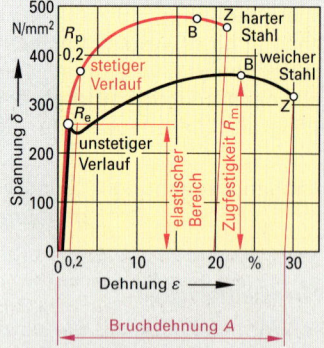

Bild 1: Schematische Darstellung des Zugversuchs

Eigenschaften der Werkstoffe 3 Werkstofftechnik

Zähigkeit, Sprödigkeit, Härte

Zähigkeit ist die Eigenschaft eines Werkstoffes, der sich durch äußere Kräfte plastisch verformen lässt, ohne dabei zu Bruch zu gehen. Er setzt dieser Verformung aber einen großen Widerstand entgegen. Baustahl, Blei, Kupfer z. B. sind zähe Werkstoffe.

Sprödigkeit nennt man die Eigenschaft von Werkstoffen, die durch Einwirkung von Kräften, besonders bei Schlag- und Stoßkräften, sich nicht verformen, sondern in Stücke zerspringen, wie z. B. Glas, Gusseisen mit Lamellengraphit, zu stark gehärteter Stahl.

Härte ist der Widerstand, den ein Werkstoff dem Eindringen eines Körpers, z. B. einer Stahlkugel **(Bild 1)** entgegensetzt. Harte Werkstoffe sind z. B. gehärteter Stahl, Hartmetall, Diamant.

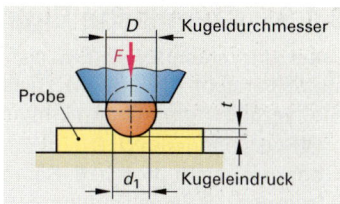

Bild 1: Härteprüfung nach Brinell

3.1.2 Technologische Eigenschaften

Die technologischen Eigenschaften **(Bild 2)** bestimmen die Eignung eines Werkstoffes für die verschiedenen Fertigungsverfahren, z. B.

Gießbarkeit. Ein Werkstoff ist gut gießbar, wenn er beim Schmelzen dünnflüssig wird und kaum Gas aufnimmt, keine zu hohe Schmelztemperatur hat und beim Erstarren nicht stark schwindet. Gut gießbar sind z. B. Gusseisen, Aluminium-, Kupfer-Zink-Gusslegierungen; schwer gießbar sind z. B. unlegiertes Aluminium, Kupfer.

Umformbarkeit besitzt ein Werkstoff, der sich unter Einwirkung von Kräften zu einem Werkstück plastisch verformt.

Man unterscheidet
- Kaltumformen wie z. B. Kaltwalzen, Biegen, Tiefziehen
- Warmumformen wie z. B. Warmwalzen, Schmieden.

Gut umformbar sind z. B. kohlenstoffarmer Stahl, Blei, sowie Kupfer, Aluminium und deren Knetlegierungen; nicht umformbar sind z. B. Eisen-Gusswerkstoffe, Hartmetalle.

Spanbarkeit ist die Eigenschaft für Werkstoffe, die sich durch spanende Bearbeitung wie Drehen, Fräsen, Bohren, Schleifen leicht formen lassen. Es sollen dabei kurze Späne und glatte Oberflächen auftreten und die Standzeit der Werkzeuge muss ausreichend sein. Gut spanbar sind nur solche Werkstoffe, die geringe Zähigkeit und mittlere Festigkeit haben, wie z. B. unlegierte und niedrig legierte Stähle, Gusseisen, Aluminium und seine Legierungen.

Schweißbarkeit ist die Eigenschaft eines Werkstoffes, der sich in flüssigem bzw. teigigem Zustand gut zu Werkstücken verbinden lässt. Werkstoffe für den Fahrzeugbau müssen meist gut schweißbar sein wie z. B. Baustähle, Aluminium-Knetlegierungen. Schwer und nur mit Spezialverfahren schweißbar ist z. B. Gusseisen.

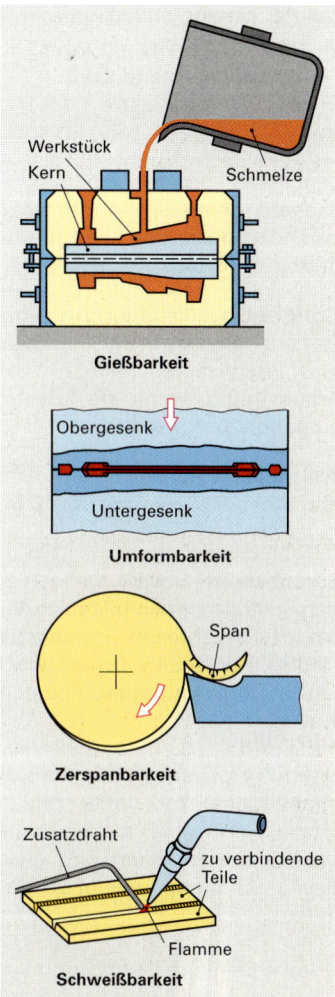

Bild 2: Technologische Eigenschaften

WIEDERHOLUNGSFRAGEN

1. Nach welchen Bedingungen wird der Werkstoff für ein Bauteil ausgewählt?
2. Nennen Sie physikalische Eigenschaften!
3. Wovon hängt die Längenausdehnung eines festen Körpers beim Erwärmen ab?
4. Wie unterscheidet sich die Wärmeausdehnung von Stahl und Aluminium?
5. Was gibt die Dichte an?
6. Was bedeuten die Streckgrenze R_e und die Zugfestigkeit R_m eines Probestabes?
7. In welchem Fall ist ein Stoff elastisch?
8. Was versteht man unter Härte und Sprödigkeit?
9. Nennen Sie technologische Eigenschaften!
10. Welche Arten der Umformbarkeit gibt es?

3.1.3 Chemische Eigenschaften

Unter den chemischen Eigenschaften der Werkstoffe versteht man deren Verhalten bzw. deren Stoffveränderungen beim Einwirken von
- Umwelteinflüssen (z. B. Luftfeuchtigkeit, Wasser)
- aggressiven Stoffen (z. B. Säuren, Laugen, Salze)
- Wärme (z. B. beim Glühen).

Je nach Verhalten des Werkstoffes beim Einwirken der genannten Faktoren ergeben sich folgende Eigenschaften:
- Korrosionsbeständigkeit
- Giftigkeit
- Wärmebeständigkeit
- Brennbarkeit.

Korrosionsbeständigkeit. Es ist die Beständigkeit gegenüber aggressiven Medien (z.B. Säuren, Laugen), deren Einwirkung zu keinen messbaren Veränderungen der Werkstoffoberfläche führen dürfen.

Giftigkeit. Werkstoffe können giftig wirken, wenn sie mit Lebensmitteln in Berührung kommen, z. B. Fruchtsäuren mit Zink. Blei und Cadmium wirken giftig, wenn sie über die Schleimhäute aufgenommen werden.

Wärmebeständigkeit. Die meisten Stähle verzundern beim Glühen über 600°C in nicht sauerstofffreier Atmosphäre.

Brennbarkeit. Sie ist bei den meisten Metallen gering. Ausnahmen bilden z. B. Kalium, Natrium, Magnesium. Ihre Entzündungstemperatur ist sehr niedrig. Kunststoffe neigen wegen der niedrigen Entzündungstemperatur ebenfalls zum Brennen.

Korrosion
Unter Korrosion versteht man die Reaktion eines metallischen Werkstoffes mit den umgebenden Medien, die eine messbare Veränderung des Werkstoffes bewirken und gleichzeitig zu einer Beeinträchtigung der Funktion des Bauteils führen.

> Umwelteinflüsse und aggressive Stoffe können bei metallischen Werkstoffen Korrosion hervorrufen.

Man unterscheidet **elektrochemische Korrosion** und **chemische Korrosion**.

Elektrochemische Korrosion
Sie tritt auf, wenn zwei verschiedene Metalle und ein Elektrolyt (säuren-, laugen- oder salzhaltige Flüssigkeit) zusammentreffen. Es bildet sich ein galvanisches Element. Die Höhe der entstehenden Spannung ist abhängig von der Stellung der Metalle innerhalb der elektrochemischen Spannungsreihe (**Bild 1**).

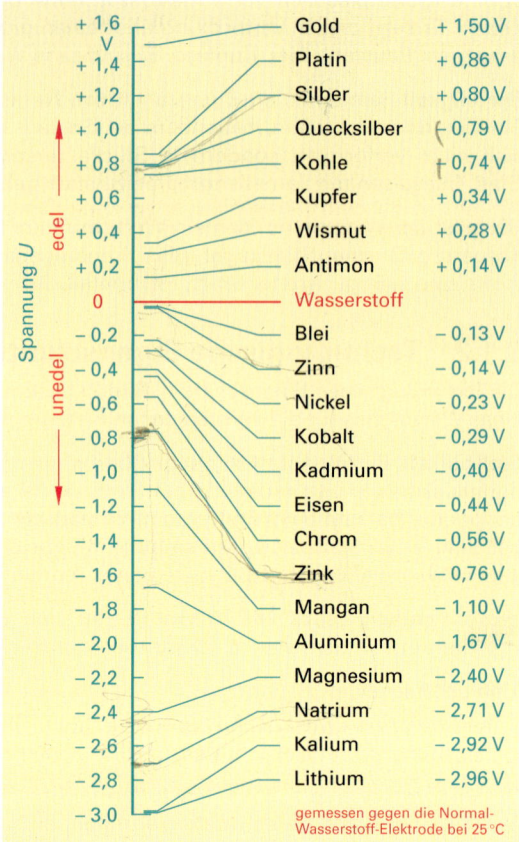

Bild 1: Elektrochemische Spannungsreihe

> Die Spannung zwischen zwei Metallen ist um so höher, je weiter sie in der Spannungsreihe auseinander liegen.

Die Korrosion wird mit zunehmender Spannung stärker. Das unedlere Metall wird immer zerstört bzw. abgetragen. Die aufgrund der elektochemischen Vorgänge aus dem unedleren Werkstoff herausgelösten Teilchen können mit dem Elektrolyten chemische Verbindungen eingehen. Außerdem kann der Elektrolyt auch chemisch mit der Werkstoffoberfläche reagieren. Es findet dann gleichzeitig auch eine chemische Korrosion statt.

Chemische Korrosion
Die meisten Metalle werden unter der Einwirkung von Säuren, Laugen, Salzlösungen oder Gasen (z. B. Sauerstoff) von der Oberfläche ausgehend chemisch verändert. An der Oberfläche entsteht eine Schicht aus der chemischen Verbindung des Metalls und des einwirkenden Stoffes.

Ist die entstandene Korrosionsschicht porenfrei, wasserunlöslich und gasundurchlässig, so kann sie das Fortschreiten der chemischen Korrosion unterbinden und als Schutzschicht wirken, z. B. bei Aluminium. Ist die entstandene Korrosionsschicht porös, wasserlöslich oder Wasser anziehend, so geht die Korrosion weiter, bis der Werkstoff zerstört ist, z.B. Rosten von Stahl.

Einflüsse

Die Korrosion des Werkstoffes kann beeinflusst werden, durch
- die chemische Zusammensetzung z. B. durch Legieren bei Edelstählen
- den Reinheitsgrad, z. B. durch unerwünschte Legierungsbestandteile bei der Verarbeitung von Schrott
- die Oberflächenbeschaffenheit, z.B. durch Polieren der eloxierten Oberfläche von Aluminium
- die Zusammensetzung des angreifenden Mittels, z. B. Salz-, Sauerstoff- und Kohlensäuregehalt im Wasser, Anteil von Schwefelstoffen in Flüssigkeiten, Anteil von Staub und festen Bestandteilen in Gasen.
- den Druck und die Temperatur des angreifenden Mittels.

Korrosionsarten

Gleichmäßige Flächenkorrosion (Bild 1). Das Metall wird überall annähernd parallel zur Oberfläche abgetragen, unabhängig davon, ob sich die Korrosionsgeschwindigkeit ändert. Bei tragenden Stahlkonstruktionen, z. B. bei Brückenkonstruktionen, wird die Festigkeitsabnahme des Teils durch entsprechende Dimensionierung berücksichtigt.

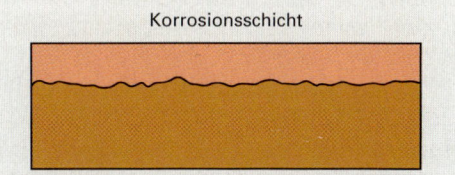

Bild 1: Gleichmäßige Flächenkorrosion

Lochkorrosion (Bild 2). Es ist ein örtlicher Korrosionsvorgang, der zu kraterförmigen oder nadelstichartigen Vertiefungen und im Endzustand zu Durchlöcherungen führt.

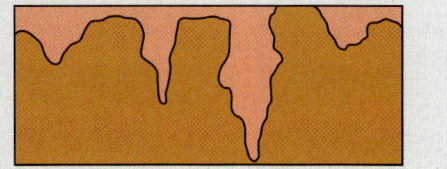

Bild 2: Lochkorrosion

Die Tiefe der Lochfraßstelle ist in der Regel größer als ihr Durchmesser.

Berührungskorrosion (Kontaktkorrosion) **(Bild 3).** Sie erfolgt, wenn zwei in der Spannungsreihe weit auseinander liegende Metalle sich berühren und an der Berührungsstelle ein Elektrolyt hinzutritt, z. B. am Berührungsspalt von zwei Bauteilen. In dem entstehenden galvanischen Element wird das unedle Metall zerstört. Die Elementbildung kann verhindert werden, wenn die Berührungsstelle vor dem Elektrolyten geschützt wird.

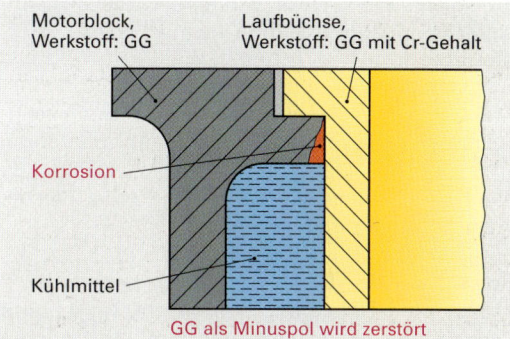

Bild 3: Berührungskorrosion

Interkristalline Korrosion (Korngrenzenkorrosion) **(Bild 4).** Die elektrochemische Korrosion erfolgt bei Legierungen zwischen den unterschiedlichen Metallkristallen entlang deren Korngrenzen, wobei feine, nicht sichtbare Haarrisse auftreten.

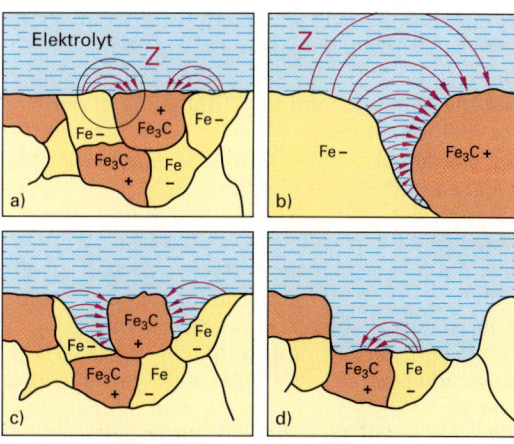

Bild 4: Fortschreitende interkristalline Korrosion

> **WIEDERHOLUNGSFRAGEN**
>
> 1. Was versteht man unter chemischer und elektrochemischer Korrosion?
> 2. Wodurch kommt interkristalline Korrosion zustande?
> 3. Wodurch kann die Korrosion eines Werkstoffes beeinflusst werden?

3.2 Einteilung der Werkstoffe

Damit man einen Überblick über die große Anzahl der verschiedenen Werkstoffe erhält, teilt man sie nach ihrer Zusammensetzung oder nach gemeinsamen Eigenschaften in die 3 Hauptgruppen Metalle, Nichtmetalle und Verbundwerkstoffe ein **(Bild 1)**. Diese Hauptgruppen lassen sich noch in Untergruppen einteilen.

Eisen-Gusswerkstoffe haben gute Festigkeit und lassen sich leicht in Formen gießen. Sie werden für solche Werkstücke verwendet, die sich am einfachsten durch Gießen formen lassen, z. B. Motorblock.

Stähle sind Eisenwerkstoffe mit großer Festigkeit, die sich besonders für ein Umformen durch Walzen, Schmieden oder Trennen durch Spanen eignen. Aus ihnen werden z. B. Profile, Bleche, Wellen und Zahnräder hergestellt.

Schwermetalle (Dichte größer 5 kg/dm³) sind z. B. Kupfer, Zink, Zinn, Blei, Chrom, Nickel. Ihre Verwendung hängt meist von ihren besonderen Eigenschaften ab. Kupfer wird z. B. wegen seiner guten elektrischen Leitfähigkeit für elektrische Leitungen verwendet.

Leichtmetalle (Dichte unter 5 kg/dm³) sind Aluminium, Magnesium und Titan. Werkstücke aus ihnen haben geringes Gewicht bei guter Festigkeit. Sie werden deshalb vor allem im Kraftfahrzeug- und Flugzeugbau eingesetzt.

Natürliche Werkstoffe sind Stoffe, die in der Natur vorkommen, wie z. B. Leder, Kork, Faserstoffe. Sie werden in besonderen Fällen eingesetzt, wie z. B. Leder für Polsterungen.

Künstliche Werkstoffe sind Werkstoffe, die künstlich durch verschiedene Verfahren oder durch Umwandlung von Naturstoffen hergestellt werden. Zu ihnen zählen z. B. die Kunststoffe.

Verbundwerkstoffe. Bei ihnen sind verschiedene Werkstoffe miteinander verbunden, um deren Eigenschaften zu kombinieren. Zu ihnen gehören z. B. Bremsbeläge, Glasfaserspachtel, elektrische Leiterplatten.

Betriebs- und Hilfsstoffe
Maschinen benötigen zu ihrem Betrieb Betriebsstoffe, z. B. Kraftfahrzeuge brauchen Kraftstoff, Schmierstoff, Kühlflüssigkeit, Bremsflüssigkeit. Ferner erfordert ihre Herstellung und Bearbeitung Hilfsstoffe.

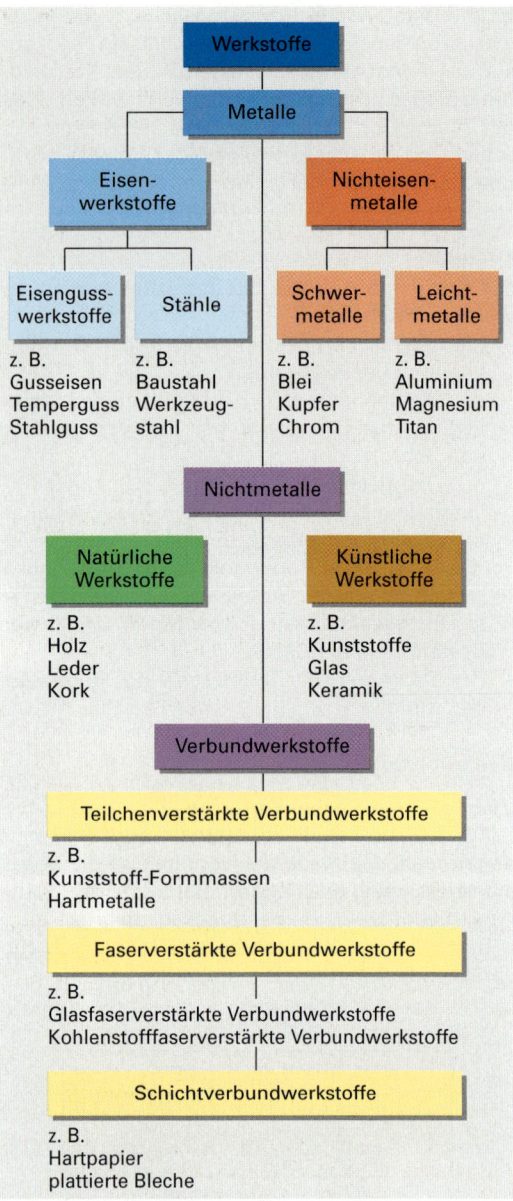

Bild 1: Einteilung der Werkstoffe – Übersicht

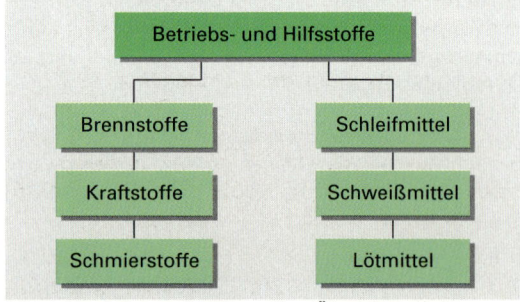

Bild 2: Betriebs- und Hilfsstoffe – Übersicht

3.3 Aufbau der metallischen Werkstoffe

Alle Metalle bilden Kristalle beim Erstarren aus dem schmelzflüssigen Zustand. Dabei nehmen die Atome ihren Platz im Kristall nach bestimmten Regeln ein, die dem jeweiligen Metall eigentümlich sind (**Bild 1**). Die Atome der meisten Nichtmetalle ordnen sich dagegen beim Erstarren aus der Schmelze ohne feste Regel (amorph) nebeneinander an.

Metallbindung (Bild 2). Die Metalle sind im Atomaufbau dadurch gekennzeichnet, dass sie außer den an den Atomkern festgebundenen Elektronen auf der äußeren Elektronenschale ein oder mehrere, „freie" Elektronen besitzen. Beim Lösen dieser negativ geladenen freien Elektronen von den Atomen werden aus den vorher elektrisch neutralen Metallatomen positiv geladene Metallionen. Die freien Elektronen sind an keinen festen Platz gebunden, sie durchdringen den Metallionenverband, können ihn aber aus eigener Kraft nicht verlassen.

Die elektrischen Anziehungskräfte zwischen den negativ geladenen Elektronen und den positiv geladenen Metallionen bewirken den festen Zusammenhalt und damit die Festigkeit des metallischen Werkstoffes. Diese Art der Bindung zwischen den Metallionen und den freien Elektronen nennt man **Metallbindung**, weil sie für alle Metalle kennzeichnend ist.

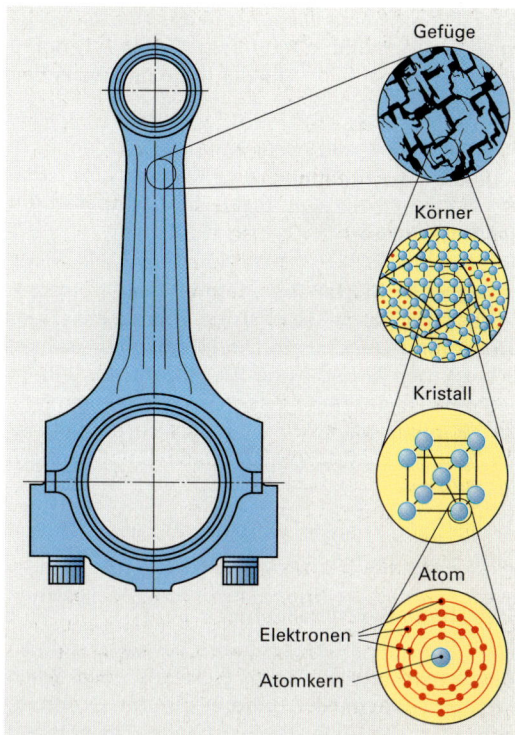

Bild 1: Aufbau der metallischen Werkstoffe

3.3.1 Kristallgitter der reinen Metalle

Die Metallionen nehmen beim Erstarren ihre Plätze in den entstehenden Kristallen nach bestimmten Regeln ein. Die räumliche Anordnung der Metallionen ist für das jeweilige Metall typisch. Metalle kristallisieren vor allem in drei **Kristallformen**:
- kubisch raumzentrierter Kristall (krz)
- kubisch flächenzentrierter Kristall (kfz)
- hexagonaler Kristall (hex).

Die Grundform des Kristalls lässt sich in seiner kleinsten Einheit, der **Elementarzelle,** darstellen. Man zeichnet entweder die Metallionen als Kugeln oder verbindet die Mittelpunkte der Metallionen durch Striche zu einem Strichmodell.

Kubisch raumzentrierter Kristall (krz, Bild 3). Die Grundform des Kristalls ist ein Würfel. Die Metallionen ordnen sich so an, dass die Verbindungslinien zwischen ihren Mittelpunkten einen Würfel bilden. Zusätzlich befindet sich noch ein Metallion in der Raummitte des Würfels.

Kubisch raumzentrierte Kristalle bilden z. B. Chrom, Molybdän, Vanadium, Wolfram sowie Eisen bei Temperaturen unterhalb etwa 900°C.

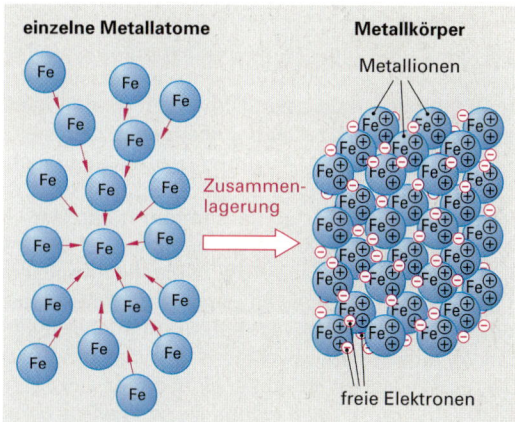

Bild 2: Entstehung der Metallbindung

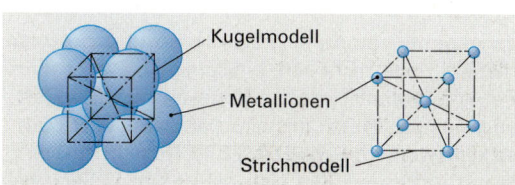

Bild 3: Kubisch raumzentrierter Kristall

Kubisch flächenzentrierter Kristall (kfz, Bild 1). Die Grundform dieses Kristalls ist ebenfalls ein Würfel. In den acht Eckpunkten des Würfels ist jeweils ein Metallion angeordnet. Zusätzlich befindet sich ein Metallion in jeder Mitte der sechs Seitenflächen.

Kubisch flächenzentrierte Kristalle werden z. B. gebildet von Aluminium, Blei, Kupfer, Nickel, Platin, Silber sowie von Eisen bei Temperaturen oberhalb etwa 900°C.

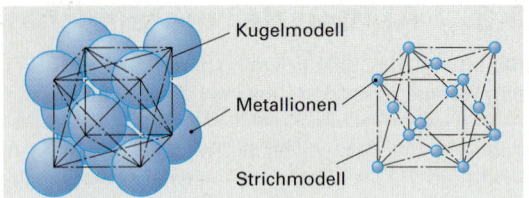

Bild 1: Kubisch flächenzentrierter Kristall

Hexagonaler Kristall (hex, Bild 2). Die Grundform dieses Kristalls ist ein Prisma mit sechseckiger Grund- und Deckfläche. Die Metallionen ordnen sich in der Grund- und Deckfläche zu einem Sechseck; in der Mitte dieser Flächen ist ebenfalls ein Metallion angeordnet. Zusätzlich enthält der hexagonale Kristall drei Metallionen im Innern des Prismas.

Hexagonale Kristalle werden z.B. gebildet von Cadmium, Magnesium, Titan, Zink.

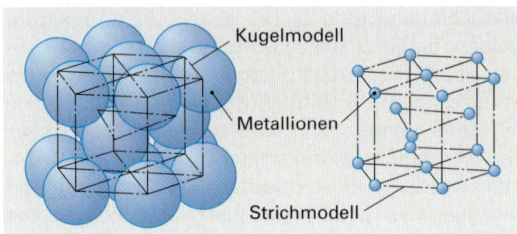

Bild 2: Hexagonaler Kristall

Entstehung des Metallgefüges
In der flüssigen Metallschmelze bewegen sich die Metallionen und die freien Elektronen willkürlich durcheinander (**Bild 3**). Eine bestimmte Ordnung, ein Gefüge, ist noch nicht vorhanden, es entsteht erst beim Erstarren der Metallschmelze zu einem festen Körper.

Bei Abkühlung der Schmelze gehen an den Stellen, an denen die Erstarrungstemperatur zuerst erreicht wird, einzelne Teilchen vom flüssigen in den festen Zustand über. Die ersten Metallionen lagern sich zu **Kristallisationskeimen** zusammen. Mit fortschreitender Abkühlung erreichen auch die umgebenden Bereiche der Schmelze die Erstarrungstemperatur, so dass immer mehr Metallionen sich an den Kristallen anlagern, es bilden sich **Kristallgitter** aus. Die Kristalle wachsen durch weiteres Erstarren der Restschmelze so lange, bis sie an den Nachbarkristallen anstoßen. Ein weiteres Kristallwachstum ist nicht möglich. Die entstandenen Kristalle sind daher unregelmäßig begrenzt, man nennt sie **Kristallite** oder **Körner**. Die einzelnen Körner des erstarrten Metalls stoßen an den **Korngrenzen** zusammen. Es ist das **Gefüge des Metalls** entstanden.

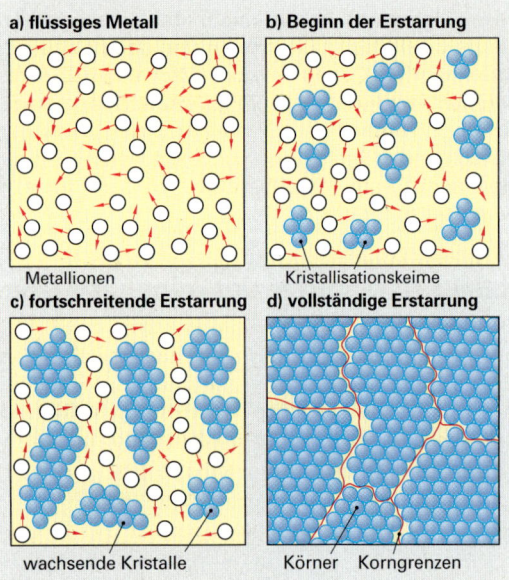

Bild 3: Entstehung des Metallgefüges (schematisch)

Im allgemeinen kann man die Körner in einem Metallgefüge nicht mit bloßem Auge erkennen. Betrachtet man jedoch eine geschliffene, polierte und geätzte Metallfläche unter dem Mikroskop, so kann man im **Schliffbild (Bild 4)** die Körner und die Korngrenzen, die sich als dünne Linien zwischen den Körnern abzeichnen, erkennen.

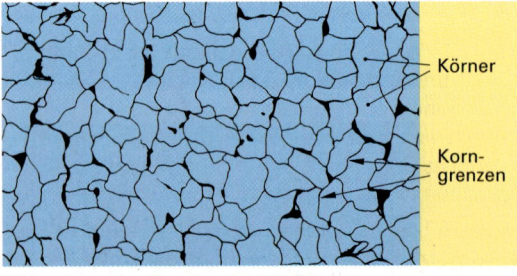

Bild 4: Metallgefüge im Schliffbild

3.3.2 Kristallgitter von Metalllegierungen

In der Technik werden die Metalle vorwiegend nicht in reinem Zustand, sondern in Form von Legierungen verwendet. Ihre Herstellung erfolgt meist durch Zusammenschmelzen der Bestandteile, dabei lösen sich die Legierungszusätze in dem flüssigen Grundmetall. Beim Erstarren der Schmelze kommt es je nach Grundmetall und Legierungszusätzen zu unterschiedlichen Gefügeausbildungen.

Mischkristall-Legierungen entstehen, wenn beim Erstarren die Teilchen des Legierungselementes im Kristallgitter des Grundmetalls gelöst bleiben. In den Kristallen des Grundmetalls treten die Teilchen des Legierungselementes an die Stelle eines Metallions (Austauschmischkristall, **Bild 1**) oder sie ordnen sich zwischen den Metallionen an (Einlagerungsmischkristall, **Bild 2**). Im Schliffbild des Gefüges sind die gelösten Legierungsbestandteile nicht erkennbar.

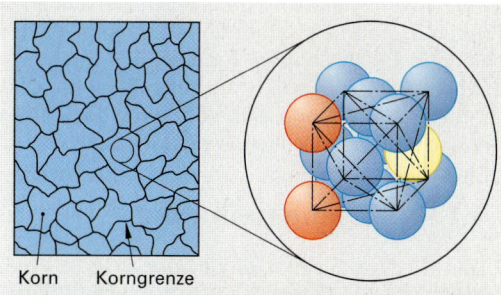

Bild 1: Gefüge mit Austauschmischkristallen

Härte und Festigkeit der Mischkristall-Legierung sind wegen der Verspannung des Gitters durch die eingelagerten Legierungsbestandteile größer als die des Grundmetalls. Mischkristall-Legierungen entstehen z. B. beim Legieren von Eisen und Mangan oder von Eisen und Nickel oder von Kupfer und Nickel.

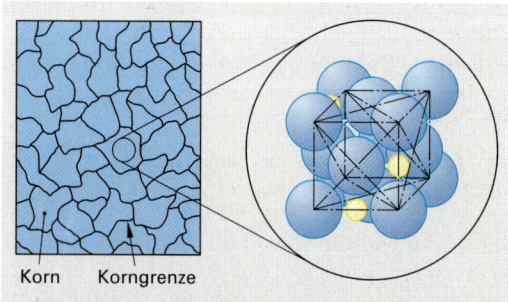

Bild 2: Gefüge mit Einlagerungsmischkristallen

Kristallgemisch-Legierungen entstehen, wenn sich beim Erstarren der Schmelze die Legierungsbestandteile entmischen. Jeder Bestandteil bildet eigene Kristalle (**Bild 3**). Im Schliffbild des Gefüges sind die Körner der einzelnen Legierungsbestandteile deutlich erkennbar.

Kristallgemisch-Legierungen entstehen z. B. beim Legieren von Blei und Antimon (Hartblei) oder von Eisen und Kohlenstoff (Gusseisen).

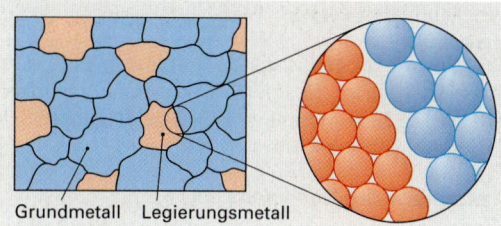

Bild 3: Gefüge mit Kristallgemischen

Unlegierte Stähle stellen eine Besonderheit unter den Kristallgemisch-Legierungen dar. Der Kohlenstoff ist im Stahl chemisch gebunden als Eisenkarbid Fe_3C (Zementit). Zementit bildet keine eigenen Körner im Gefüge, sondern durchzieht die Körner der kubisch-raumzentrierten Ferrit-Kristalle in dünnen Streifen (**Bild 4**). Diese Körner aus nebeneinanderliegenden Streifen von Ferrit und Zementit nennt man **Perlit**. Stähle mit Perlit-Gefüge sind zäh, fest und gut umformbar.

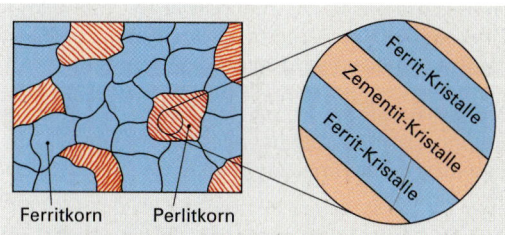

Bild 4: Gefüge von unlegiertem Stahl

WIEDERHOLUNGSFRAGEN

1. Welche Kristallformen kommen bei den Metallen hauptsächlich vor?
2. Was versteht man unter der Metallbindung?
3. Wie entstehen die Körner und Korngrenzen eines Metallgefüges?
4. Was versteht man unter einer Elementarzelle?
5. Auf welche Art werden Legierungen meistens hergestellt?
6. Wodurch unterscheiden sich Mischkristalle und Kristallgemische?

3.4 Eisenwerkstoffe

Die Eisenwerkstoffe sind preiswert herzustellen und zu verarbeiten. Durch bestimmte Verfahren kann man ihnen verschiedene Eigenschaften verleihen. Sie haben z. B. hohe Festigkeit, sind gießbar, umformbar, spanbar und schweißbar. Deshalb gehören sie zu den in der Technik am meisten verwendeten metallischen Werkstoffen.

3.4.1 Roheisengewinnung

> Eisen wird aus Eisenerzen gewonnen.

Die Eisenerze (**Tabelle 1**) sind chemische Verbindungen des Eisens mit Sauerstoff oder anderen Stoffen. Diese Verbindungen sind in den Erzen mit „taubem Gestein" (z. B. Sand, Kalk) vermengt und enthalten noch die sogenannten Eisenbegleiter wie Schwefel, Phosphor, Silicium und Mangan.

Hochofen

> Im Hochofen wird aus Eisenerz durch Reduktion mit Koks Roheisen gewonnen.

Der Hochofen (**Bild 1**) wird abwechselnd mit Koks und Möller (Erz und Zuschläge) beschickt. Der Koks verbrennt zum Teil und erzeugt die zur Reduktion der Erze notwendige Schmelz- und Reduktionswärme. Dem Eisenerz wird durch das entstehende Kohlenmonoxid (indirekte Reduktion) und einen Teil des Kokses (direkte Reduktion) der Sauerstoff entzogen und Eisen entsteht. Durch Aufkohlung wird der Schmelzpunkt des Eisens herabgesetzt. Es wird flüssig und sammelt sich im Gestell. Die Zuschläge binden die unerwünschten Bestandteile der Erze zu flüssiger Schlacke, die auf dem Eisen schwimmt.

Erzeugnisse des Hochofens

Der Hochofen erzeugt weißes oder graues Roheisen (**Tabelle 2**) und als Nebenprodukte Schlacke und Gichtgas.

Weißes Roheisen ist manganhaltig. Mangan fördert die Bindung des Kohlenstoffs an das Eisen (Fe_3C).
Weißes Roheisen wird zu Stahl verarbeitet.

Graues Roheisen ist siliciumhaltig. Silicium bewirkt die Graphitausscheidung bei der Abkühlung.
Es wird zur Erschmelzung von Gusseisen verwendet.

3.4.2 Erzeugung von Eisenschwamm

Eisenschwamm wird aus pulverisierten Eisenerzen in **Direktreduktionsverfahren** durch Entziehen des Sauerstoffs im festen Zustand hergestellt. Die Reduktionsgase CO und H_2 werden aus Erdgas, Erdöl oder Kohle erzeugt. Sie reduzieren je nach Verfahren in Schacht-, Drehrohr- oder Retortenöfen die Eisenerze. Der Eisenschwamm wird meist im Lichtbogenofen zu Stahl verarbeitet oder im LD-Konverter anstelle von Schrott eingeschmolzen.

Tabelle 1: Eisenerze (Auswahl)

Bezeichnung	Chemische Formel	Eisengehalt in %
Magneteisenstein	Fe_3O_4	60...70
Brauneisenstein	$2Fe_2O_3$ $3H_2O$	20...45
Roteisenstein	Fe_2O_3	40...60
Spateisenstein	$FeCO_3$	30...45

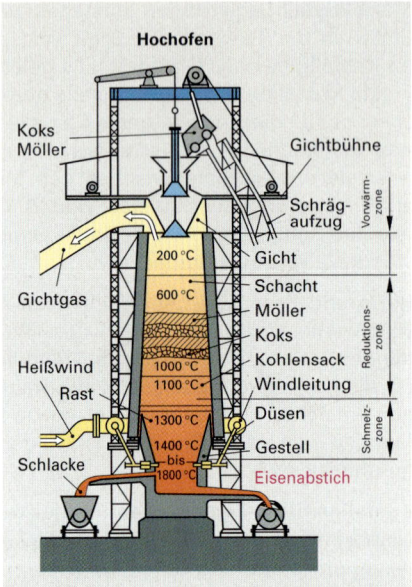

Bild 1: Hochofen

Tabelle 2: Chemische Vorgänge im Hochofen

Vorgang	Chemische Reaktionsgleichung
Indirekte Reduktion durch CO	$3Fe_2O_3 + CO = 2Fe_3O_4 + CO_2$ $Fe_3O_4 + CO = 3FeO + CO_2$ $FeO + CO = Fe + CO_2$
Direkte Reduktion durch glühenden Koks	$Fe_3O_4 + 4C = 3Fe + 4CO$ $FeO + C = Fe + CO$

Tabelle 3: Roheisen (Bestandteile)

Roheisenbestandteile		weiß %	grau %
Kohlenstoff	C	3,5	4
Silicium	Si	0,7	2,5
Mangan	Mn	2	0,8
Phosphor	P	0,2	0,5
Schwefel	S	0,04	0,04

3.4.3 Stahlerzeugung

Zur Umwandlung von weißem Roheisen oder Eisenschwamm in Stahl werden durch Oxidation der Kohlenstoff-, der Silicium- und der Mangangehalt in Eisen herabgesetzt, Phosphor und Schwefel werden weitgehend beseitigt. Man bezeichnet dies als **Frischen**. Es erfolgt durch die Sauerstoff-Blasverfahren oder Elektro-Stahlverfahren.

> Stahl ist ohne Nachbehandlung schmiedbarer Eisenwerkstoff.

Sauerstoff-Blasverfahren

Die Sauerstoffblas-Verfahren (Oxigen-Verfahren) werden wegen ihrer Wirtschaftlichkeit, geringeren Umweltschädlichkeit und der Erzielung guter Stahlqualitäten heute am meisten verwendet.

LD-Verfahren (Linz-Donawitz, **Bild 1**). Der LD-Konverter wird mit flüssigem Roheisen, Schrott oder Eisenschwamm beschickt. Danach wird Sauerstoff durch eine ausfahrbare wassergekühlte Sauerstofflanze auf die Eisenschmelze geblasen. Die heftig einsetzende Verbrennung (Oxidation) der Eisenbegleiter sorgt für eine Durchwirbelung der Schmelze. Die Entkohlung und die Verbrennung der schädlichen Beimengungen wird dadurch je nach Blasdauer soweit wie nötig erreicht. Die verbrannten Eisenbegleiter entweichen als Gase oder werden durch jetzt zugesetzten Kalk zu flüssiger Schlacke gebunden. Je nach Art des zu erzeugenden Stahls können am Ende des Frischens auch Legierungsstoffe zugesetzt werden. Danach wird zunächst die Schlacke und dann die Stahlschmelze abgegossen.

LDAC-Verfahren (**L**inz-**D**onawitz-**A**RBED-**C**entre-National-Verfahren). Bei ihm kann durch zusätzliches Einblasen von Kalkstaub mit dem Sauerstoff phosphorreiches Roheisen verarbeitet werden. Die sich dabei bildende Schlacke nimmt fast den gesamten Phosphor auf.

Die in den Sauerstoff-Blasverfahren hergestellten Stähle sind sehr rein und von guter Qualität; sie enthalten fast keinen Stickstoff, da zum Frischen keine Luft verwendet wird. Die Verfahren sind wegen der kurzen Blaszeiten (ca. 20 Minuten) wirtschaftlich. Oxigenstahl wird für Baustähle und Qualitätsbleche verwendet.

Elektro-Stahlverfahren

Es können Eisenschwamm, hochwertiger Schrott und Roheisen zu Stahl verarbeitet werden oder es wird LD-Stahl veredelt.

Lichtbogenofen (Bild 2). Er hat meist 3 Kohleelektroden. Zwischen ihnen und dem Schmelzgut wird der Lichtbogen, der Temperaturen bis 3 500°C erzeugt, gezündet. Der Einsatz kommt zum Schmelzen, und die unerwünschten Beimengungen verbrennen zum größten Teil. Die hohen Schmelztemperaturen ermöglichen es, schwer schmelzbare Stahlveredler wie Wolfram, Molybdän und Tantal mit einzuschmelzen.

Elektrostähle sind sehr rein und haben einen niedrigen Phosphor- oder Schwefelgehalt. Man bezeichnet sie daher als **Edelstähle**.

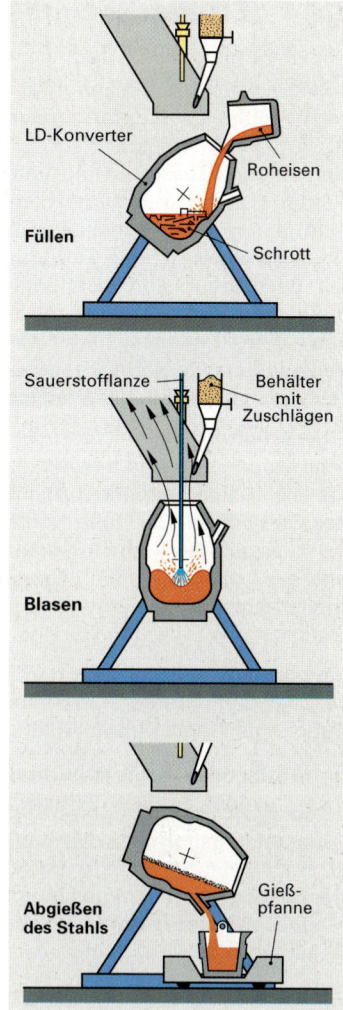

Bild 1: LD-Verfahren

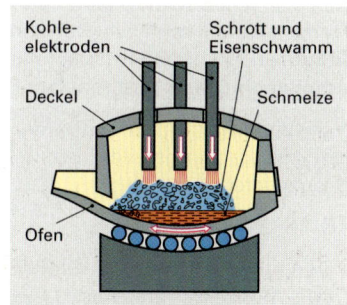

Bild 2: Lichtbogenofen

WIEDERHOLUNGSFRAGEN

1. Welche Vorgänge laufen im Hochofen ab?
2. Welches sind die Hochofenerzeugnisse?
3. Wie erzeugt man Eisenschwamm?
4. Wodurch erfolgt das Frischen von Stahl?
5. Wie arbeitet das LD-Verfahren?
6. Wie arbeitet der Lichtbogenofen?

3.4.4 Eisengusswerkstoffe
Gusseisen mit Lamellengraphit (Grauguss) **GG**

> Gusseisen mit Lamellengraphit ist Gusseisen, in dem der Graphit lamellenförmig ausgebildet ist.

Herstellung. Gusseisen mit Lamellengraphit, sogenannter Grauguss, wird in Schmelzöfen (Kupolöfen oder Elektroöfen) aus grauem Roheisen, Gussbruch, Kreislaufmaterial (Trichter, Speiser) und Stahlschrott erschmolzen **(Bild 1)**. Zur Beseitigung von Eisenbegleitern durch Schlackenbildung wird Kalk beigegeben. Beim langsamen Abkühlen nach dem Gießen scheidet sich Kohlenstoff als Graphit meist in Lamellenform (Blättchen) aus und lagert sich zwischen den Kristallen des Werkstoffes an **(Bild 2)**.

Eigenschaften. Graphit verleiht der Bruchfläche die typische graue Farbe und bewirkt die guten Gleiteigenschaften, die leichte Bearbeitbarkeit und die Schwingungsdämpfung des Gusseisens. Der hohe Kohlenstoffgehalt von 2,8 % bis 3,6 % ergibt den verhältnismäßig niedrigen Schmelzpunkt und die gute Gießbarkeit. Die Graphitlamellen im Gusseisen erzeugen eine Kerbwirkung. Es werden dadurch Zugfestigkeit und Dehnung stark herabgesetzt.

Verwendung z. B. für Zylinderblöcke, Kolbenringe, Gehäuse, Auspuffkrümmer, Bremstrommeln, Bremsscheiben, Kupplungsdeckel, Kupplungsdruckplatten verwendet.

Gusseisen mit Kugelgraphit (Kugelgraphitguss) **GGG**

> Gusseisen mit Kugelgraphit ist Gusseisen, in dem der Graphit kugelförmig ausgebildet ist.

Herstellung. Wird dem geschmolzenen Gusseisen im Tiegel Magnesium hinzugefügt, so scheidet sich der Graphit beim Abkühlen kugelförmig (globular) aus **(Bild 2)**.

Eigenschaften. Die Graphitkugeln erzeugen im Gegensatz zu Lamellen keine Kerbwirkung. Dadurch werden Dehnung, Biege und Zugfestigkeit erhöht. Kugelgraphitguss hat hohen Verschleißwiderstand und gute Laufeigenschaften. Durch Glühen kann die Dehnung und durch Vergüten die Biege- und Zugfestigkeit gesteigert werden. Er ist gut zu bearbeiten und lässt sich randschichthärten,

Verwendung z. B. für Kurbelwellen, Nockenwellen, Pleuelstangen, Lenkungsteilen, Bremstrommeln, Bremsscheiben, Bremssättel.

Temperguss GT

> Temperguss ist durch Glühbehandlung (Glühfrischen oder Tempern) zäh gewordenes Gusseisen.

Herstellung. Die zunächst gegossenen Gussstücke bezeichnet man als Temperrohguss. Seine Zusammensetzung ist so eingestellt, dass bei ihm der Kohlenstoff in Form von Eisencarbid chemisch gebunden bleibt. Wegen der großen Härte und Sprödigkeit werden die Gussstücke einer Glühbehandlung unterworfen. Diese führt zum Zerfall des Eisen-

Gusseisen mit Lamellengraphit

Kurzzeichen	GG
Dichte	7,25 kg/dm³
Schmelzpunkt	1 150...1 250°C
Gießtemperatur	etwa 1 350°C
Zugfestigkeit	100...400 N/mm²
Dehnung	fast keine
Schwindmaß	1 %

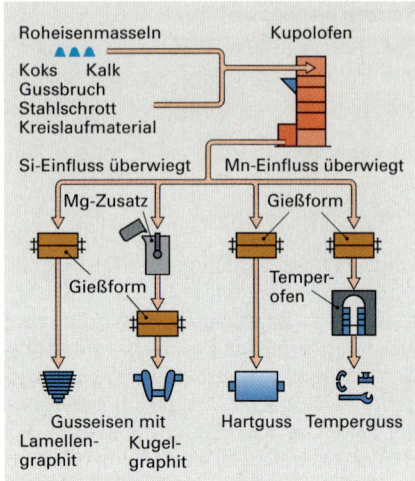

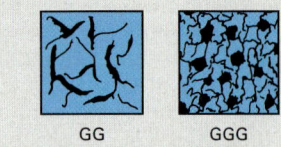

Bild 2: Gefüge von GG und GGG

Gusseisen mit Kugelgraphit

Kurzzeichen	GGG
Dichte	7,1...7,3 kg/dm³
Schmelzpunkt	1 400°C
Zugfestigkeit	400...800 N/mm²
Dehnung	15...2 %
Schwindmaß	0,5...1,2 %

Temperguss

Kurzzeichen	GTW, GTS
Dichte	7,4 kg/dm³
Schmelzpunkt	1 300°C
Zugfestigkeit	GTW 350...650N/mm²
	GTS 250...700N/mm²
Dehnung	GTW 15...3 %
	GTS 1...2 %
Schwindmaß	GTW 1...2 %
	GTS 0,5...1,5 %

carbids. Je nach Art der Glühbehandlung unterscheidet man zwei Tempergussgruppen, deren Benennung früher vom Bruchaussehen abgeleitet wurde.

Entkohlend geglühter Temperguss GTW (früher: Weißer Temperguss). Man erhält ihn, wenn man die Temperrohgussstücke mit Roteisenerzgrieß und Hammerschlag (Eisenoxide) in Glühkästen luftdicht verpackt und bei etwa 1 000°C längere Zeit in Glühöfen glüht. Bei diesem **„Glühfrischen"** verbindet sich der aus den Eisenoxiden freiwerdende Sauerstoff mit dem Kohlenstoff des zerfallenden Eisencarbids des Gussstückes **(Bild 1)**. Da die Entkohlung nur in der Randschicht erfolgt (bis etwa 5 mm), soll dieses Verfahren nur für dünnwandige Gussstücke verwendet werden.

Nichtentkohlend geglühter Temperguss GTS (früher: Schwarzer Temperguss). Bei seiner Wärmebehandlung tritt nur eine Gefügeänderung ein; sie ist an keine Dicke der Werkstücke gebunden. Die Gussstücke werden längere Zeit unter Luftabschluss geglüht. Dabei wird aus dem Eisencarbid der Kohlenstoff als Graphit in Form von rundlichen Flocken ausgeschieden. Dieser Flockengraphit lagert sich im Gefüge ab **(Bild 1)**.

Eigenschaften von Temperguss. Gussstücke aus Temperguss bekommen durch das Tempern stahlähnliche Eigenschaften; sie werden zäh. Sie sind gut spanbar, man kann sie weich- und hartlöten, vergüten, randschichthärten und nach einer Wärmebehandlung schweißen.

Verwendung. Weißer Temperguss wird für dünnwandige Gussstücke wie z. B. Rohrverschraubungen, Rahmenmuffen für Motor- und Fahrräder, Bremstrommeln, Bremsscheiben, Getriebegehäuse verwendet, schwarzer Temperguss für Pleuelstangen, Radnaben, Ausgleichgehäuse, Schaltgabeln.

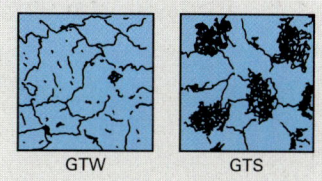

Bild 1: Gefüge von GTW und GTS

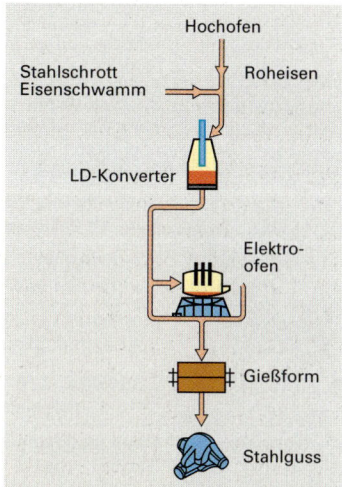

Bild 2: Herstellung von Stahlguss

Stahlguss

> Stahlguss ist in Formen gegossener Stahl für Gussstücke hoher Festigkeit.

Herstellung (Bild 2). Nach dem Gießen müssen die Gussstücke geglüht werden, um die durch ungleiche Wanddicken entstandenen Gussspannungen zu beseitigen. Die Glühtemperatur liegt je nach Kohlenstoffgehalt zwischen 800°C und 900°C.

Eigenschaften. Stahlguss besitzt die Eigenschaften von Stahl wie z. B. Festigkeit und Zähigkeit bei gleichzeitiger Gießbarkeit **(Bild 3)**. Es lassen sich dadurch auch ungünstig geformte Werkstücke herstellen.

Verwendung z.B. für Bremstrommeln, Bremsscheiben, Bremssättel, Hinterachsgehäuse, Radnaben, Anhängekupplungen für Lkw, Turbinen, Hebel.

Stahlguss	
Kurzzeichen	GS
Dichte	7,85 kg/dm³
Schmelzpunkt	1300...1400° C
Zugfestigkeit	400...800 N/mm²
Dehnung	25...8 %
Schwindmaß	2 %

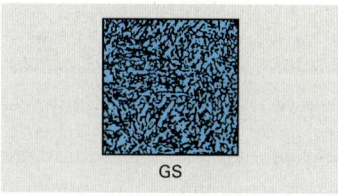

Bild 3: Gefüge von Stahlguss

WIEDERHOLUNGSFRAGEN

1. Wie wird Gusseisen mit Lamellengraphit erzeugt?
2. Welche Eigenschaften hat Gusseisen?
3. Welche Eigenschaften verleiht Graphit dem Gusseisen?
4. Wozu wird Gusseisen verwendet?
5. Wie wird Gusseisen mit Kugelgraphit hergestellt?
6. Welche Eigenschaften hat Kugelgraphitguss?
7. Was versteht man unter Glühfrischen?
8. Wie unterscheiden sich weißer und schwarzer Temperguss?
9. Was ist Stahlguss?

3.4.5 Einfluss der Zusatzstoffe auf die Eisenwerkstoffe

Tabelle 1: Der Einfluss von Nichtmetallen und Metallen auf die Eisenwerkstoffe

Element	erhöht	erniedrigt	Beispiel
Nichtmetalle (Eisenbegleiter)			
Kohlenstoff C	Festigkeit, Härte, Härtbarkeit, Giesbarkeit bei Gusseisen	Schmelzpunkt, Zähigkeit, Dehnung, Schweiß- und Schneidbarkeit	C45
Silicium Si	Zugfestigkeit, Elastizität, Korrosionsbeständigkeit	Schmiedbarkeit, Schweißbarkeit, Zerspanbarkeit	60SiCr7
Phosphor P	Warmfestigkeit, Blaubrüchigkeit, Dünnflüssigkeit bei GG	Dehnung, Zähigkeit, Schweißbarkeit	
Schwefel S	Spanbrüchigkeit, Rotbrüchigkeit beim Schmieden	Zähigkeit, Schweißbarkeit, Korrosionsbeständigkeit	15S10
Metalle (Legierungselemente)			
Chrom Cr	Zugfestigkeit, Warmfestigkeit, Korrosionsbeständigkeit	Zähigkeit, Schweißbarkeit, Dehnung gering	X5Cr17
Mangan Mn	Zugfestigkeit, Warmfestigkeit, Korrosionsbeständigkeit	Verschleißfestigkeit, Schweißbarkeit, Zerspanbarkeit	28Mn6
Molybdän Mo	Zugfestigkeit, Warmfestigkeit, Schneidhaltigkeit, Zähigkeit	Schweißbarkeit	20MoCr4
Nickel Ni	Zugfestigkeit, Warmfestigkeit, Korrosionsbeständigkeit	Wärmedehnung, Schweißbarkeit, Zerspanbarkeit	36NiCrMo16
Vanadium V	Dauerfestigkeit, Warmfestigkeit, Härte	Schweißbarkeit	115CrV3
Wolfram W	Zugfestigkeit, Härte, Warmfestigkeit, Schneidhaltigkeit	Verschleißfestigkeit, Korrosionsbeständigkeit	105WCr6

3.4.6 Bezeichnung der Eisenwerkstoffe

Die Eisenwerkstoffe unterteilt man in Eisengusswerkstoffe und Stahl. Die Angabe der Werkstoffart durch den Kurznamen ermöglicht in kürzester Form eine eindeutige Bestimmung des Werkstoffes. Anstelle der Kurznamen können auch genormte Werkstoffnummern verwendet werden, die sich besonders zur Erfassung mit Anlagen der elektronischen Datenverarbeitung (EDV) eignen z. B. **S235JR** (Kurznamen) – **100 37(xx)** (Werkstoffnummer).

Tabelle 2: Kennbuchstaben für Eisengusswerkstoffe

G	Gusswerkstoff
GG	Gusseisen mit Lamellengraphit (Grauguss)
GGG	Gusseisen mit Kugelgraphit
GS	Stahlguss
GTS	nicht entkohlend geglühter (schwarzer) Temperguss
GTW	entkohlend geglühter (weißer) Temperguss

Bezeichnung der Eisengusswerkstoffe nach Norm

Die Kurznamen für Gusseisen, Temperguss und Stahlguss werden noch nach dem bisherigen Bezeichnungssystem nach DIN gebildet. Die **Angabe zur Herstellung (Tabelle 2)** besteht aus dem Buchstaben **G** und weiteren Buchstaben, die die Gussart angeben. Es folgt ein Bindestrich und die **Angabe der Festigkeit** durch eine **Kennzahl**, aus der man mit 10 (genau mit 9,81) multipliziert, die Mindestzugfestigkeit in N/mm² erhält z. B. **GG-25** ist Gusseisen mit Lamellengraphit mit 250 N/mm² Mindestzugfestigkeit. Bei Temperguss gibt eine mit Bindestrich angehängte Zahl die Bruchdehnung in Prozent an, z. B. **GTS-65-02**.

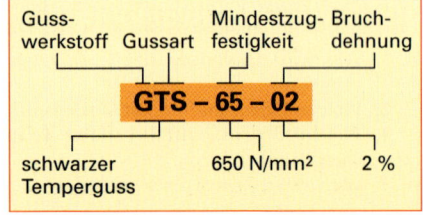

Bezeichnungssystem für Stähle nach EN

Die Kurznamen für Stähle und Stahlguss werden nach zwei Hauptgruppen gebildet. Der **Kurzname** besteht aus **Haupt-** und **Zusatzsymbolen**, die ohne Zwischenräume aneinandergereiht sind.

Hauptgruppe 1: Kurznamen mit Hinweisen für Verwendung und Eigenschaften

Die Kurznamen beginnen mit einem Kennbuchstaben für den Verwendungszweck der Stähle, danach folgen Angaben über die Eigenschaften. Für die Kfz-Technik kommen in der Hauptsache nur die Maschinenbaustähle (Kennbuchstabe E) und die Stähle für den Stahlbau (S) in Betracht.

Hauptsymbole

Kennbuchstaben geben den Verwendungszweck an. Bei Stahlguss wird der Buchstabe **G** vorangestellt.

Die dem Kennbuchstaben folgende dreistellige **Zahl** gibt die Mindeststreckgrenze R_e in N/mm² an z. B. **E350**.

Zusatzsymbole

Zusatzsymbole für Stähle sind **Buchstaben** und **Buchstaben mit Ziffern**. Man unterteilt in **Gruppe 1** und **Gruppe 2**. Zusatzsymbole für Stahlerzeugnisse (Tabelle 1) können mit einem Pluszeichen (+) an den Kurznamen angehängt werden.

Tabelle 1: Zusatzsymbole für Stahlerzeugnisse (Auswahl)

für besondere Anforderungen	
+ C	Grobkornbaustahl
+ F	Feinkornstahl
+ H	Mit besonderer Härtbarkeit
für die Art des Überzugs*	
+ AZ	Mit Al-Zn-Legierung überzogen
+ S	Feuerverzinnt
+ Z	Feuerverzinkt
+ ZE	Elektrolytisch verzinkt
für den Behandlungszustand*	
+ A	Weichgeglüht
+ C	Kaltverfestigt
+ N	Normalgeglüht
+ Q	Abgeschreckt bzw. gehärtet
+ QT	Vergütet
+ U	Unbehandelt

* Um Verwechslungen mit anderen Symbolen zu vermeiden, kann bei den Arten des Überzugs ein S (z.B. + SA) bzw. bei dem Behandlungszustand ein T (z.B. + TA) vorangestellt werden.

Beispiele für Stähle der Hauptgruppe 1

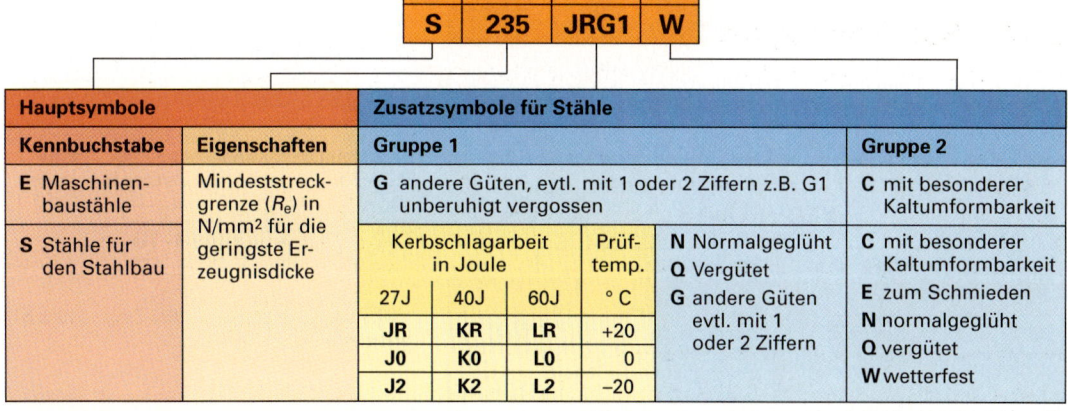

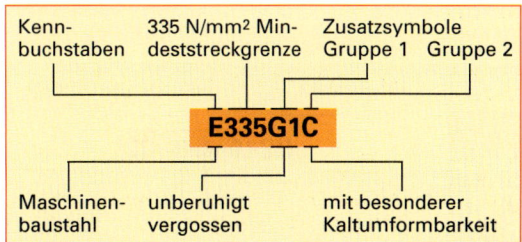

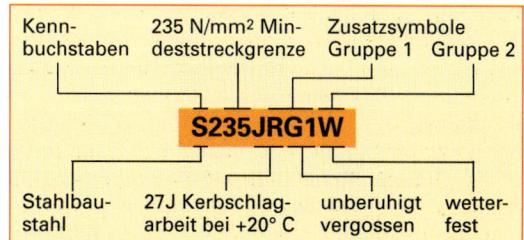

Hauptgruppe 2: Kurznamen mit Hinweisen auf die chemische Zusammensetzung (siehe Tabelle 1).

Hauptsymbole
Es sind **Kennbuchstaben** und **Kennzahlen**. Die Kennbuchstaben sind die Symbole der Legierungselemente; die Kennzahlen geben Auskunft über deren Prozentgehalte.

Zusatzsymbole
Zusatzsymbole für Stähle der Gruppe 1 werden nur bei den unlegierten Stählen mit Mn-Gehalt < 1 % verwendet. Sie bestehen aus **Buchstaben** bzw. **Buchstaben mit Ziffern**. Zusatzsymbole für Stahlerzeugnisse (Tabelle 1, Seite 101) können mit Pluszeichen (+) angehängt werden.

Beispiele für Stähle der Hauptgruppe 2

Unlegierte Stähle mit einem mittleren Mn-Gehalt < 1 %

Tabelle 1: Hauptgruppe 2, Multiplikationsfaktoren

Element	Faktor
Cr, Co, Mn, Ni, Si, W	4
Al, Be, Cu, Mo, Nb, Pb, Ta, Ti, V, Zr	10
Ce, N, P, S	100
B	1000

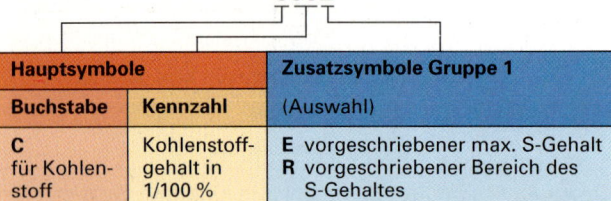

Hauptsymbole		Zusatzsymbole Gruppe 1
Buchstabe	Kennzahl	(Auswahl)
C für Kohlenstoff	Kohlenstoffgehalt in 1/100 %	E vorgeschriebener max. S-Gehalt R vorgeschriebener Bereich des S-Gehaltes

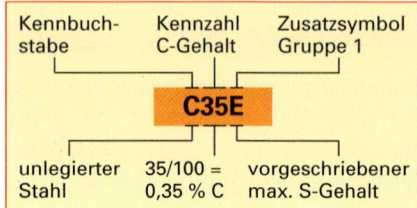

Unlegierte Stähle mit ≥ 1 % Mn-Gehalt, unlegierte Automatenstähle, sowie legierte Stähle, wenn der Gehalt der einzelnen Legierungselemente < 5 % ist.

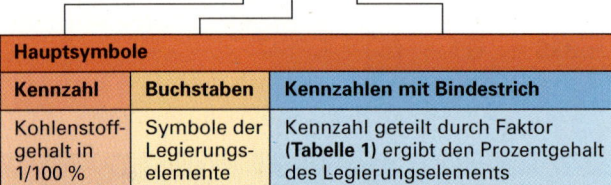

Hauptsymbole		
Kennzahl	Buchstaben	Kennzahlen mit Bindestrich
Kohlenstoffgehalt in 1/100 %	Symbole der Legierungselemente	Kennzahl geteilt durch Faktor **(Tabelle 1)** ergibt den Prozentgehalt des Legierungselements

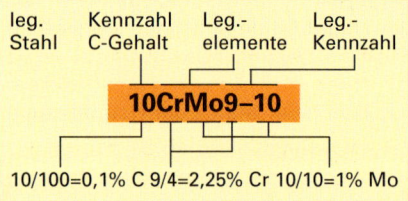

Legierte Stähle, wenn der Gehalt eines Legierungselementes ≥ 5 % ist (ohne Schnellarbeitsstähle)

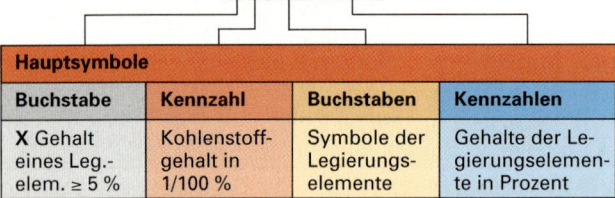

Hauptsymbole			
Buchstabe	Kennzahl	Buchstaben	Kennzahlen
X Gehalt eines Leg.-elem. ≥ 5 %	Kohlenstoffgehalt in 1/100 %	Symbole der Legierungselemente	Gehalte der Legierungselemente in Prozent

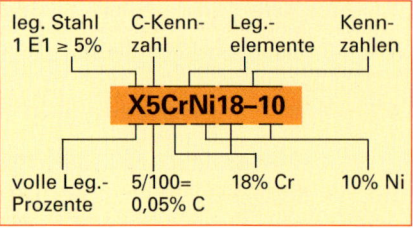

Schnellarbeitsstähle

HS10–4–3–10

Hauptsymbole	
Buchstabe	Kennzahlen
HS	Gehalte der Legierungselemente in Prozent in der Reihenfolge W, Mo, V, Co

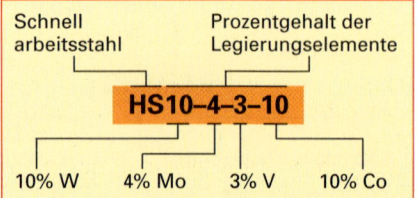

3.4.7 Einteilung und Verwendung der Stähle

Die Stähle werden nach der Zusammensetzung in unlegierte und legierte Stähle und nach der Verwendung in Baustähle und Werkzeugstähle eingeteilt **(Bild 1)**. Die legierten Stähle kann man noch in niedriglegierte und hochlegierte Stähle unterteilen. Nach ihrer Reinheit und ihren Gebrauchseigenschaften kann man sie auch als Grundstähle, Qualitätsstähle oder Edelstähle bezeichnen.

Baustähle

Unter Baustählen versteht man Stähle, die zum Bau von Maschinen, Fahrzeugen, Geräten und im Stahlbau verwendet werden.

Unlegierte Baustähle, z.B. S235JR (St 37-2), E335 (St 60)

Für ihre Verwendung ist die Mindeststreckgrenze und die Schweißbarkeit entscheidend. Ihr Kohlenstoffgehalt liegt zwischen 0,17 % und 0,5 %. Es sind Grundstähle und Qualitätsstähle. Sie lassen sich gut spanend bearbeiten und sind schweißbar. Die Qualitätsstähle können nach allen Verfahren geschweißt werden.
Verwendung z. B. für Stahlkonstruktionen, Maschinenteile, Bleche, Schrauben, Muttern, Niete.

Einsatzstähle, z. B. C15, 16MnCr5

Sie werden für Bauteile verwendet, die durch Einsatzhärten eine harte und verschleißfeste Randschicht und hohe Festigkeit erhalten sollen, während der Kern weich und zäh bleiben soll. Es können legierte oder unlegierte Qualitäts- oder Edelstähle sein.
Verwendung z. B. für Kolbenbolzen, Kurbelwellen, Zahnräder.

Nitrierstähle, z.B. 31CrMoV9

Sie sind mit Cr, Al, Mo oder Ni legiert und werden mit Stickstoff in der Randschicht gehärtet.
Verwendung. Sie werden für Teile verwendet, die sich beim Härten nicht verziehen dürfen und die nicht mehr nachbearbeitet werden, wie z. B. Kolbenbolzen, Kurbelwellen, Zahnräder, Wellen, Messgeräte.

Vergütungsstähle, z. B. C45E, 30CrNiMo8

Es gibt sie unlegiert oder teilweise mit Cr, Mn und Mo, vereinzelt auch mit V und Ni legiert. Durch Vergüten erhalten sie eine hohe Festigkeit bei guter Zähigkeit bis in den Kern. Durch Salzbadnitrieren wird ihre Randschicht verschleißfest. Es sind Qualitäts- oder Edelstähle.
Verwendung. Für hochbeanspruchte Teile wie z. B. Kurbelwellen, Pleuelstangen, Gelenkwellen, Achsschenkel, Lenkungsteile.

Automatenstähle, z. B. 9S20

Sie enthalten geringe Mengen Schwefel und Blei. Durch die Warmbrüchigkeit, die der Schwefel bewirkt, entstehen bei hohen Schnittleistungen und den entstehenden hohen Temperaturen kurzbrechende Späne. Sie ermöglichen einen störungsfreien Betrieb von Automaten.

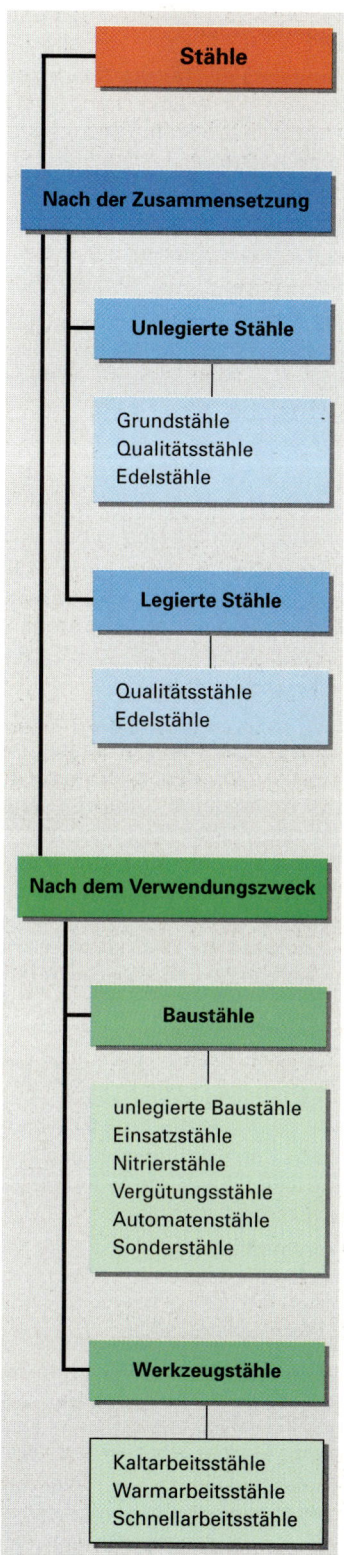

Bild 1: Einteilung der Stähle

Sonderstähle

Sonderstähle (**Tabelle 1**) sind Stähle mit besonderen Eigenschaften für entsprechende Verwendungszwecke wie z. B. nichtrostende Stähle, warmfeste und hitzebeständige Stähle, Ventilstähle, Federstähle. Es sind meist legierte Edelstähle.

Nichtrostende Stähle sind gegen Säure beständig. Sie sind in der Regel tiefziehfähig und schweißbar.
Man verwendet sie z. B. für Auspufftöpfe und Radkappen.

Warmfeste und hitzebeständige Stähle verlieren durch Zusatz von Cr, Mo, Ni, V oder Si auch bei hohen Temperaturen nicht ihre Festigkeit und sind bis 1100°C zunderbeständig. Sie werden z. B. für Auspuffrohre und Turbinenschaufeln verwendet.

Ventilstähle müssen bei guter Wärmeleitfähigkeit warm-, abbrand-, zunder- und verschleißfest sowie korrosionsbeständig sein. Sie sind mit Cr, Si, Ni und V legiert.

Federstähle müssen hohe Elastizität und Dauerfestigkeit besitzen. Sie haben meist einen höheren Si-Gehalt. Federstähle werden vergütet bzw. gehärtet.

Tabelle 1: Sonderstähle

Kurzname	Verwendung
Nichtrostende Stähle	
X2CrTi12 X2CrNi18-9	Auspufftöpfe Kochtöpfe
Warmfeste Stähle	
16CrMo4 X40CrNiCo13-10	Auspuffrohre Turbinenteile
Ventilstähle	
X45CrSi9-3 X55CrNiMo20-8	Einlassventil Auslassventil
Federstähle	
60SiCr7 X12CrNi17-7	Federn Ventilfedern

Werkzeugstähle

Werkzeugstähle sind Stähle mit großer Härte und Festigkeit, aus denen Werkzeuge zum Trennen (Spanen), Umformen und Urformen hergestellt werden.

Werkzeugstähle sind immer Edelstähle. Durch Wärmebehandlung erhalten sie ihre Gebrauchshärte. Man kann sie einteilen in:
– Kaltarbeits-, Warmarbeits- und Schnellarbeitsstähle
– unlegierte und legierte Werkzeugstähle.

Kaltarbeitsstähle

Kaltarbeitsstähle verlieren ihre Härte und Schneidhaltigkeit bereits bei einer Temperatur von 200°C. Es sind unlegierte Werkzeugstähle, deren Verwendung im wesentlichen durch ihren Kohlenstoffgehalt bestimmt wird; mit seiner Zunahme steigt ihre Härte, während ihre Schmiedbarkeit sich verschlechtert.

Verwendung für Werkzeuge wie z. B. Hämmer, Meißel, Schermesser.

Kaltarbeitsstahl

C-Gehalt	0,5...1,5 %
Härtetemperatur	770...830°C
Abschreckmittel	Wasser
Anlasstemperatur	180...300°C
Schmiedetemperatur	1 000...750°C
Arbeitstemperatur	bis 200°C

Warmarbeitsstähle

Warmarbeitsstähle verlieren ihre Härte und Schneidfähigkeit erst bei Temperaturen über 400°C, daher werden sie Warmarbeitsstähle genannt. Es sind legierte Werkzeugstähle. Sie enthalten, je nach Verwendungszweck, bis zu 5 % Legierungselemente, wie Wolfram, Chrom, Mangan, Nickel und Vanadium.

Verwendung für Werkzeuge, mit höheren Beanspruchungen, wie z. B. Spiralbohrer., Reibahlen, Metallsägen, Fräser

Warmarbeitsstahl

C-Gehalt	0,6...1,5 %
Härtetemperatur	760...900°C
Abschreckmittel	Öl
Anlasstemperatur	180...300°C
Schmiedetemperatur	1 100...900°C
Arbeitstemperatur	bis 400°C

Schnellarbeitsstahl

C-Gehalt	bis 2,2 %
Härtetemperatur	780...1 300°C
Abschreckmittel	Luft
Anlasstemperatur	220...600°C
Schmiedetemperatur	1 200...1 000°C
Arbeitstemperatur	bis 600°C

Schnellarbeitsstähle

Es sind ebenfalls legierte Werkzeugstähle, aber mit mindestens einem Legierungselement über 5 %. Sie können bis zu 30 % Legierungselemente, wie Wolfram, Molybdän, Vanadium, Cobalt, außerdem noch Nickel und Titan enthalten. Ihre Arbeitstemperatur von 600°C ermöglicht hohe Schnittgeschwindigkeiten bei großen Spanquerschnitten; man nennt sie daher Schnellarbeitsstähle (SS-Stähle).

Verwendung: Sie werden für Bohrer, Drehmeißel, Fräser, Gewindeschneidwerkzeuge verwendet.

3.4.8 Handelsformen der Stähle

Die Stahlwerke bringen die Stähle meist als Halbzeuge in genormten Formen in den Handel.

Die Handelsformen bzw. Halbzeuge sind

Stabstähle wie Rund-, Flach-, Breitflach-, Quadrat-, Sechskant-, Halbrund- und Bandstahl. Sie können blankgezogen, geschliffen und poliert oder warmgewalzt sein. Als Werkstoffe kommen alle Baustahlsorten infrage, für blankgezogene Rund- und Sechskantstähle vor allem 35S20+C, für blanken Flach- und Quadratstahl meist S235JRG1.

Formstähle wie Winkel-, U-, T-, Doppel-T- und Z-Stahl sind meist aus S235J0. Sie werden gewalzt und gezogen in Längen von 3 m bis 15 m hergestellt.

Stahldrähte werden gewalzt und gezogen in Ringen oder auf Spulen geliefert.

Stahlbleche werden unterschieden nach Feinstblechen und Weißblechen sowie in Fein-, Mittel- und Grobbleche (**Tabelle 1**). Die Stahlart der Bleche ist abhängig vom Verwendungszweck und der Weiterverarbeitung. Es werden unlegierte Baustähle, Einsatz- und Vergütungsstähle oder auch nichtrostende Stähle verwendet. Stahlbleche kommen als Schwarz-, Riffel-, Wellbleche, verzunderte, dekapierte (entzunderte), gelochte, verzinkte, verbleite und verzinnte Bleche (Weißbleche) in den Handel.

Feinbleche sind für Umformungsarbeiten wie Tiefziehen und anschließende Oberflächenbehandlung wie Lackieren oder Galvanisieren bestimmt. Es sind verschiedene Gütegruppen, Oberflächenarten und Oberflächenausführungen genormt (**Tabelle 2**).

Rohre werden stumpfgeschweißt, überlappt geschweißt und nahtlosgezogen hergestellt.

Kleinzeug. Darunter versteht man Schrauben, Muttern, Niete, Stifte, Federn, Scheiben, Schraubensicherungen, Splinte, Nägel.

Bezeichnung für Formstahl

Form — Norm — Werkstoff
L-Profil DIN 1028-S235J0
L 45 × 5
Schenkelbreite — Schenkeldicke

Tabelle 1: Einteilung der Stahlbleche

Blechart	Dicke in mm
Feinstblech	unter 0,5
Feinblech	0,5 bis 3
Mittelblech	3 bis 4,75
Grobblech	über 4,75

Tabelle 2: Feinbleche

Kurznamen	Gütegruppe
FeP02	Grundgüte
FeP03	Ziehgüte
FeP04	Tiefziehgüte
Kennzeichen	**Oberfläche**
A	kaltgewalzt
B	beste
Kennbuchstabe	**Oberflächenausführung**
g	glatt
m	matt
r	rauh

Bezeichnung für Feinblech

Form — Norm — Blechsorte
Blech DIN 1541-FeP03Bg-
0,70 × 1000 GK × 3000
Dicke — Breite — geschnittene Kante — Länge

WIEDERHOLUNGSFRAGEN

1. Wie kann man die Stähle einteilen?
2. Was besagen die Werkstoffbezeichnungen: GG-20, S275J2G1, C45E, 16MnCr5, X6CrMo17-7?
3. Welche besonderen Eigenschaften haben Vergütungsstähle?
4. Was versteht man unter Baustahl?
5. Wozu werden Einsatzstähle verwendet?
6. Wie kann man die Werkzeugstähle unterteilen?
7. Welche Handelsformen gibt es bei den Stählen?
8. Wie unterteilt man Stahlbleche?

3.4.9 Wärmebehandlung von Eisenwerkstoffen

Wärmebehandlung von Eisenwerkstoffen ist ein Ändern der Stoffeigenschaften durch
- Umlagern von Stoffteilchen, z. B. beim Härten, Vergüten
- Einlagern von Stoffteilchen, z. B. beim Aufkohlen, Nitrieren
- Aussondern von Stoffteilchen, z. B. beim Entkohlen (Tempern).

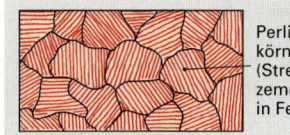

Bild 1: Perlit-Gefüge

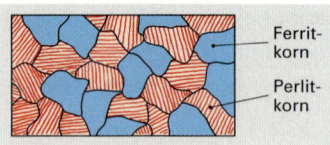

Bild 2: Ferrit-Perlit-Gefüge

Gefüge des unlegierten Stahls

Reines Eisen hat ein Kristallgefüge, das als α-**Eisen** oder **Ferrit** bezeichnet wird, es ist weich und zäh. Unlegierter Stahl enthält neben dem Eisen noch bis zu 1,5 % C, der sich mit einem Teil des Eisens zu **Eisencarbid Fe_3C**, auch **Zementit** genannt, chemisch verbunden hat. Zementit ist hart und spröde.

Das Gefüge des unlegierten Stahls hängt vor allem ab von seinem C-Gehalt. Einen Überblick über den Gefügezustand bei verschiedenem C-Gehalt gibt das **Eisen-Kohlenstoff-Schaubild (Bild 6)**.

Stahl mit 0,8 % C (eutektoider Stahl) besteht aus einem einheitlichen Gefüge, bei dem alle Ferrit-Körner von dünnen Zementit-Streifen durchzogen wird. Man nennt dieses Gefüge wegen des perlmuttartigen Aussehens **Perlit (Bild 1)**.

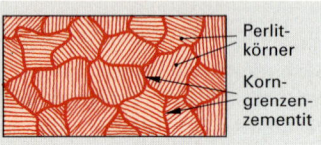

Bild 3: Perlit-Zementit-Gefüge

Bei **Stahl mit weniger als 0,8 % C (untereutektoider Stahl)** reicht der C-Gehalt zur Bildung eines reinen Perlit-Gefüges nicht aus. Das Gefüge besteht aus Ferrit und Perlit **(Bild 2)**.

Bei **Stahl mit mehr als 0,8 % C (übereutektoider Stahl)** ist der C-Gehalt größer als zur Bildung von Perlit notwendig ist. Außer Perlit entsteht noch Zementit **(Bild 3)**.

Bei Erwärmung über 723°C wandelt sich das Gefüge des Stahls um, weil sich die Kristallform des Eisens ändert und der Zementit zerfällt. Die **kubisch-raumzentrierten Kristalle (Bild 4)** des Ferrits (α-Eisen) klappen um zu **kubisch-flächenzentrierten Kristallen** des γ-Eisens. Im leeren Würfelraum des flächenzentrierten Kristalls kann das γ-Eisen ein C-Atom des zerfallenden Zementits aufnehmen **(Bild 5)**. Da das Einlagern des C-Atoms im Kristall des γ-Eisens in festem Zustand vor sich geht, spricht man von einer **festen Lösung des Kohlenstoffs im Eisen**. Die entstehenden γ-**Mischkristalle** nennt man **Austenit**.

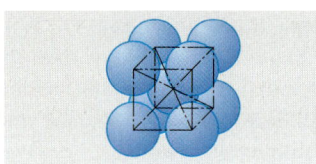

Bild 4: Raumzentriertes α-Eisen (Ferrit)

Die Perlitkörner des Gefüges wandeln sich unmittelbar bei 723°C in Austenit um. Der daneben je nach C-Gehalt noch vorhandene Ferrit und Zementit wandelt sich bei weiterer Erwärmung bis zur Linie G-S-E in Austenit um.

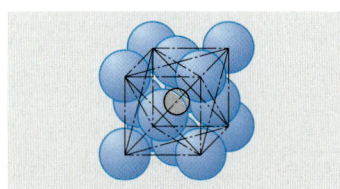

Bild 5: Flächenzentriertes γ-Eisen mit C (Austenit)

Bei **langsamer Abkühlung** bilden sich immer wieder die alten Gefüge zurück. Beim **Abschrecken** aus dem Temperaturbereich oberhalb G-S-K wird jedoch die Perlitbildung unterdrückt. Beim Umklappen des Kristallgitters von der flächenzentrierten in die raumzentrierte Form bleibt den C-Atomen keine Zeit, um mit Eisenatomen Zementit zu bilden. Die C-Atome werden in den raumzentrierten Kristallen eingespannt. Es entsteht ein verzerrtes Kristallgitter, der Stahl ist sehr hart und spröde. Das entstandene feinnadelige Gefüge wird als **Martensit** bezeichnet.

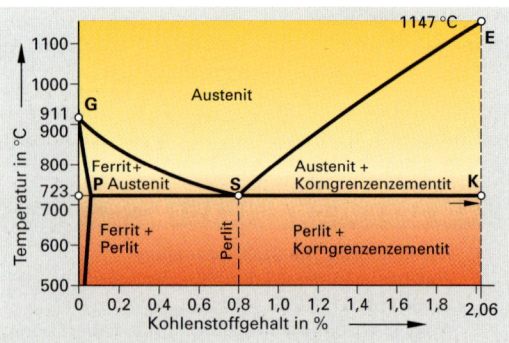

Bild 6: Eisen-Kohlenstoff-Schaubild

Glühen

> Glühen ist eine Wärmebehandlung, bei der das Werkstück auf Glühtemperatur erwärmt, zum Durchwärmen auf dieser Temperatur gehalten und danach langsam abgekühlt wird (**Bild 1**).

Weichglühen wird je nach Kohlenstoffgehalt zwischen 680°C und 750°C durchgeführt, um das Werkstück danach besser spanlos oder spanend formen zu können.

Normalglühen wird je nach Kohlenstoffgehalt zwischen 750°C und 950°C durchgeführt, um nach dem Walzen oder Schmieden wieder ein gleichmäßiges, feinkörniges Gefüge zu erzielen.

Spannungsarmglühen wird zwischen 550°C und 650°C durchgeführt, um innere Spannungen, die durch Walzen, Schmieden, Schweißen entstanden sind, zu beseitigen.

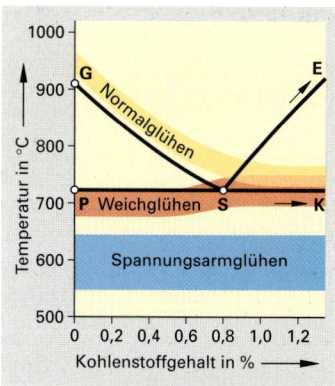

Bild 1: Glühtemperaturen

Härten von Werkzeugstahl

> Härten (**Bild 2**) ist eine Wärmebehandlung, bei der das Werkstück auf Härtetemperatur erwärmt, zum Durchwärmen der zu härtenden Zone auf dieser Temperatur gehalten und anschließend abgeschreckt wird. Nach dem Abschrecken wird angelassen.

Durch das Härten soll der Stahl hart und verschleißfest gemacht werden. Die Härtetemperatur von unlegiertem Werkzeugstahl liegt zwischen 770°C und 830°C. Für niedriglegierte und hochlegierte Werkzeugstähle sind höhere Härtetemperaturen erforderlich.

Nach dem verwendeten Abschreckmittel unterscheidet man
- Wasserhärtung, vorwiegend für unlegierte Werkzeugstähle
- Ölhärtung, vorwiegend für niedriglegierte Werkzeugstähle
- Lufthärtung für hochlegierte Werkzeugstähle.

Durch das Abschrecken sind die Werkzeuge glashart und spröde geworden. Durch Anlassen zwischen 180°C und 300°C wird die Zähigkeit verbessert und die Sprödigkeit vermindert; auch die Härte nimmt etwas ab, der Stahl bekommt seine **Gebrauchshärte**.

Härten der Randzone von Baustahl

Das Härten der Randzone wird angewandt, wenn Werkstücke wie z. B. Wellen, Zahnräder an den Gleitflächen hart und verschleißfest sein müssen, im Kern jedoch gute Zähigkeit aufweisen sollen.

Einsatzhärten

> Einsatzhärten ist eine Wärmebehandlung, bei der die Randzone des Werkstücks aus kohlenstoffarmem Stahl mit Kohlenstoff angereichert und anschließend gehärtet wird.

Einsatzstähle enthalten bis etwa 0,2 % C. Um die Randzone härtbar zu machen, wird das Werkstück in Kohlenstoff abgebenden Mitteln geglüht. Diesen Vorgang nennt man **Aufkohlen (Bild 3)**. Dabei wird die Randzone mit Kohlenstoff angereichert.

Nach dem Aufkohlen werden die Werkstücke gehärtet. Dabei wird die aufgekohlte Randzone hart, der Kern bleibt ungehärtet und zäh. Danach wird angelassen.

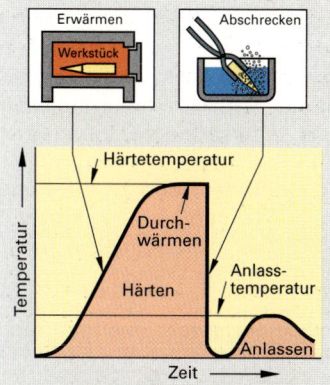

Bild 2: Temperaturverlauf beim Härten

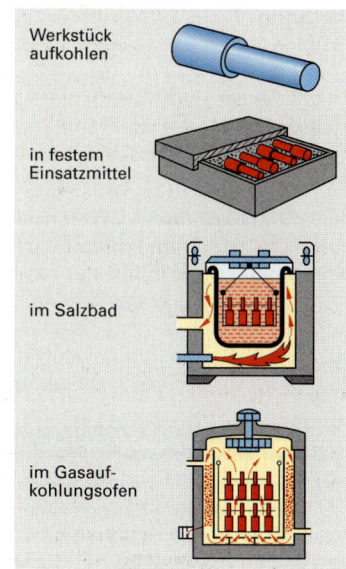

Bild 3: Aufkohlen beim Einsatzhärten

Nitrieren

> Nitrieren ist eine Wärmebehandlung, bei der die Randzone des Werkstücks mit Stickstoff angereichert wird.

Man unterscheidet Gasnitrieren (**Bild 1**) und Salzbadnitrieren. Nitrierstähle erhalten durch das Nitrieren eine dünne, sehr harte, verschleißfeste Randzone. Die Härte entsteht direkt beim Nitrieren durch Bildung der harten Nitride bei Glühtemperaturen bis etwa 570° C. Es wird nicht abgeschreckt und nicht angelassen, daher tritt kein Verzundern und kein Verziehen der Werkstücke auf, sie können vor dem Nitrieren fertig bearbeitet werden.

Randschichthärten

> Randschichthärten ist eine Wärmebehandlung, bei der die Randschicht des Werkstücks aus härtbarem Stahl schnell auf Härtetemperatur erwärmt und anschließend sofort abgeschreckt wird.

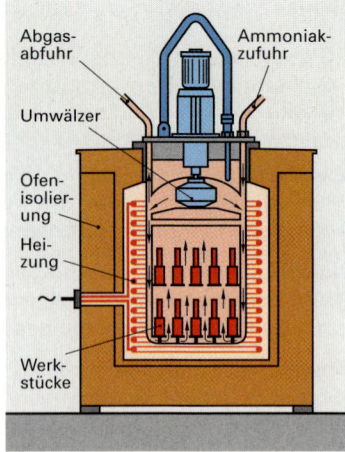

Bild 1: Gasnitrieren

Die Werkstücke werden meist aus Vergütungsstahl hergestellt, da dieser den zum Härten notwendigen Kohlenstoff bereits enthält. Man unterscheidet Flammhärten und Induktionshärten.

Flammhärten (Bild 2). Die Randschicht des Werkstücks wird mit einer Brennerflamme in kurzer Zeit auf Härtetemperatur erwärmt. Noch bevor die Wärme bis ins Innere des Werkstücks vordringt, wird mit einer Wasserbrause abgeschreckt.

Induktionshärten. Eine Hochfrequenzspule umgibt das Werkstück in geringem Abstand. Ein hochfrequenter Wechselstrom in der Spule induziert starke Wirbelströme, welche die Randschicht des Werkstücks schnell auf Härtetemperatur erwärmen. Mit einer Wasserbrause wird abgeschreckt, noch bevor die Wärme bis ins Innere vordringt.

Vergüten

> Vergüten ist eine Wärmebehandlung, bei der das Werkstück nach Härten und Abschrecken auf so hohe Temperaturen angelassen wird, dass es an Stelle der Härte große Zugfestigkeit bei guter Dehnung und Zähigkeit erhält (**Bild 3**).

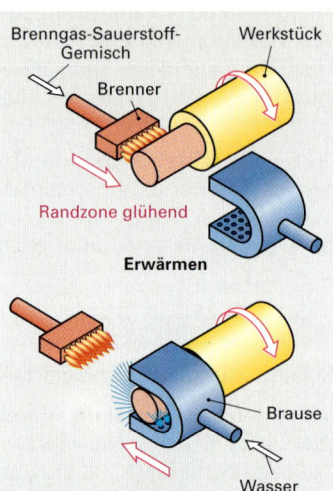

Bild 2: Flammhärten

Beim Härten erhält das Werkstück große Festigkeit und Härte, aber nur geringe Dehnung und Zähigkeit. Beim Anlassen auf Temperaturen von 500°C bis 670°C nimmt die Härte stark ab, auch die Festigkeit wird etwas geringer, Zähigkeit und Dehnung nehmen zu. Beim Anlassen an der unteren Temperaturgrenze ist die Festigkeit größer als an der oberen Temperaturgrenze; Zähigkeit und Dehnung sind dagegen beim Anlassen an der oberen Temperaturgrenze größer.

WIEDERHOLUNGSFRAGEN

1. Was versteht man unter Härten von Stahl?
2. Warum werden Stähle nach dem Abschrecken angelassen?
3. Was versteht man unter Einsatzhärten?
4. Warum werden Werkstücke, die randschichtgehärtet werden sollen, meist aus Vergütungsstahl hergestellt?
5. Warum wird beim Vergüten auf hohe Temperaturen angelassen?

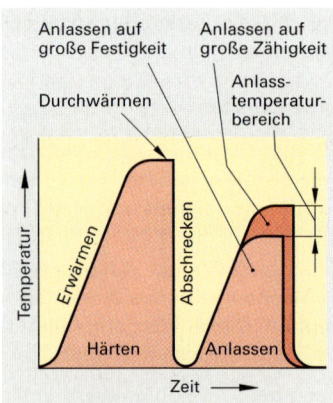

Bild 3: Temperaturverlauf beim Vergüten

3.5 Nichteisenmetalle

Nichteisenmetalle (NE-Metalle) sind alle Metalle und deren Legierungen mit Ausnahme des Eisens.

Man unterteilt die Nichteisenmetalle nach ihrer Dichte in Schwermetalle und Leichtmetalle (**Bild 1**).

Gewinnung. Grundsätzlich werden die NE-Metalle auf folgende Weise gewonnen: Rösten der Erze und Überführung in ein Oxid, Reduktion des Oxids mit Kohle bzw. Wasserstoff, Reinigung durch Elektrolyse.

Legierungen der NE-Metalle
Die meisten reinen Metalle, wie z. B. Kupfer, Blei, Aluminium, sind sehr weich und besitzen nur geringe Festigkeit. Durch Legieren lassen sich die Eigenschaften der reinen Metalle verbessern.

Unter Legieren versteht man das Mischen zweier oder mehrerer Metalle in flüssigem Zustand.

Härte und Festigkeit werden durch Legieren fast immer höher, während die Dehnung abnimmt. Die elektrische Leitfähigkeit wird schlechter. Bei der spanenden Formung bilden sich günstigere Späne. Man kann stets nur Legierungen herstellen, die niedriger schmelzen als das Grundmetall. Auch die Farbe lässt sich verändern.

Man unterscheidet Guss- und Knetlegierungen.

3.5.1 Bezeichnung der NE-Metalle

Bei reinen Metallen steht hinter dem chemischen Zeichen des Metalls der Reinheitsgrad in Prozent.

Legierungen werden durch die chemischen Zeichen ihrer Bestandteile angegeben. Das Zeichen des Grundmetalls (Metall mit dem größten Anteil) steht an erster Stelle, meist ohne Angabe des Prozentgehaltes; er wird als Differenz aus der Summe der anderen Legierungszusätze bestimmt. Nach dem Grundmetall folgen die Zeichen der Legierungszusätze jeweils mit der Angabe ihres Prozentgehaltes. Sie sind nach fallenden Prozenten geordnet. Die Prozentangabe entfällt bei geringem Anteil.

Gusslegierungen werden durch Kennbuchstaben für Herstellung und Verwendung (**Tabelle 1**) gekennzeichnet. Diese stehen, durch Bindestrich getrennt, vor der Angabe der Legierung. Hinter ihr können durch Kurzzeichen Angaben für besondere Eigenschaften (**Tabelle 1**) oder den Behandlungszustand gemacht werden oder es wird die Zugfestigkeit in 1/10 N/mm² als Zahlenwert mit vorangestelltem F angegeben.

Knetlegierungen haben keine Kennbuchstaben für die Herstellung und Verwendung.

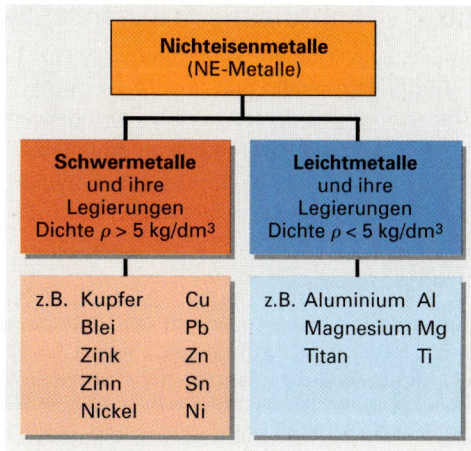

Bild 1: Einteilung der NE-Metalle

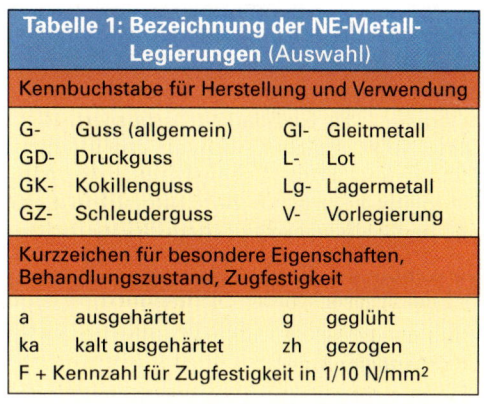

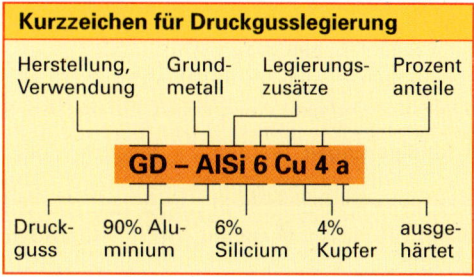

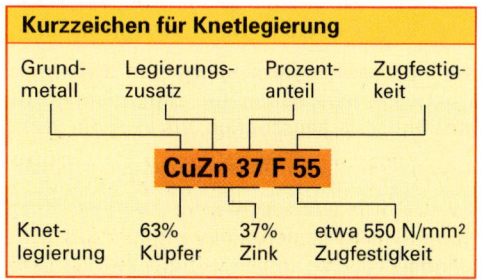

3.5.2 Nichteisenschwermetalle

Die NE-Schwermetalle kann man einteilen **(Tabelle 1)** in
- Gebrauchsmetalle und ihre Legierungen. Reine Metalle, die so verwendet werden und Legierungen von ihnen
- Legierungsmetalle. Metalle als Anteile von Legierungen
- Edelmetalle, Metalle für besondere Zwecke (z. B. Katalysator, Zündkerze) oder für Schmuck.

Kupfer

Eigenschaften. Kupfer ist weich, zäh, dehnbar und von rotbrauner Farbe. Es besitzt sehr gute Leitfähigkeit für Elektrizität und Wärme. Verunreinigungen setzen die elektrische Leitfähigkeit jedoch stark herab. Es ist sehr korrosions- und feuerbeständig. An der Luft bildet sich eine dünne grüne Schutzschicht, die Patina. Bei Einwirkung von Essigsäure bildet sich der giftige Grünspan.

Bearbeitbarkeit. Kupfer lässt sich kalt und warm sehr gut umformen. Durch Kaltumformen wird es hart und muss durch Rekristallisationsglühen wieder weich gemacht werden. Wegen seiner Neigung in flüssigem Zustand Gase aufzunehmen lässt es sich nicht so gut gießen. Durch Zusätze von bestimmten Metallen wird die Gießbarkeit verbessert. Weiches reines Kupfer ist schlecht spanbar, weil es „schmiert". Man wählt große Spanwinkel, hohe Schnittgeschwindigkeiten und geeignete Schmiermittel wie z. B. Bohrölemulsion. Es lässt sich gut weich- und hartlöten und mit besonderen Verfahren schweißen.

Verwendung z. B. für elektrische Leitungen, Rohre für Benzin, Öl oder Wasser, Kühler, Dichtungen und Legierungen.

Kupferlegierungen

Man unterscheidet Kupfer-Gusslegierungen, Kupfer-Knetlegierungen **(Tabelle 2)** und Kupferbasislote.

Kupfer-Zink-Legierungen (Messing)
Gusslegierungen lassen sich gut gießen und haben eine höhere Festigkeit und eine viel größere Zähigkeit als Gusseisen.

Knetlegierungen werden zu Blechen oder Bändern gewalzt. Durch entsprechendes Legieren und Weiterverarbeiten lassen sich ihre Eigenschaften in weiten Grenzen verändern. Man kann daher Bleche mit verschiedenen Härtegraden herstellen.

Kupfer-Zinn- (Gussbronzen) und **Kupfer-Zinn-Zink-Gusslegierungen** (Rotguss) enthalten für technische Zwecke bis zu 12 % Zinn. Sie sind dadurch gut gießbar, verschleißfest, meerwasserbeständig und haben gute Gleiteigenschaften.

Kupfer-Blei-Zinn-Gusslegierungen eignen sich wegen ihrer guten Gleiteigenschaften für Lagermetalle. Blei sorgt dabei für gute Notlaufeigenschaften, weil es selbstschmierend wirkt.

Kupfer-Aluminium-Gusslegierungen haben hohe Festigkeit, sind korrosionsbeständig und vertragen Stoßbelastungen.

Kupfer-Nickel-Legierungen mit 40 % bis 45 % Nickel (z. B. Konstantan) haben großen elektrischen Widerstand.

Tabelle 1: Einteilung der NE-Schwermetalle

Metall	Chem. Zeichen
Gebrauchsmetalle und ihre Legierungen	
Kupfer	Cu
Zink	Zn
Blei	Pb
Nickel	Ni
Zinn	Sn
Legierungsmetalle	
Molybdän	Mo
Tantal	Ta
Wolfram	W
Chrom	Cr
Kobalt	Co
Mangan	Mn
Vanadium	V
Wismut	Bi
Antimon	Sb
Edelmetalle	
Silber	Ag
Gold	Au
Platin	Pt

Kupfer (lat. Cuprum)

Dichte	8,93 kg/dm³
Schmelzpunkt	1 083°C
Zugfestigkeit	200...370 N/mm²

Tabelle 2: Kupferlegierungen

Kurzzeichen	Verwendungen
Kupfer-Gusslegierungen	
G-CuZn 33 Pb	Sandgussteile
GD-CuZn 38 Pb	blanke Gussteile
G-CuSn 12	Schneckenräder
GZ-CuSn 7 ZnPb	Pleuelbuchsen
G-CuPb 10 Sn	Mehrschichtlager
G-CuAl 11 Ni	Schraubenräder
G-CuAl 10 Fe	Buchsen, Ritzel Synchronringe
Kupfer-Knetlegierungen	
CuZn 39 Pb 3	Vergaserdüsen
CuZn 37	Kühlerrohre, Wasserkästen
CuZn 31 Si	Lagerbuchsen, Ventilführungen
CuNi 44	Konstantan, Widerstandsdraht

3.5.3 Leichtmetalle

Die technisch wichtigsten Leichtmetalle sind **Aluminium (Al)**, **Magnesium (Mg)** und **Titan (Ti)**. Weitere Leichtmetalle wie Beryllium und die Alkalimetalle Lithium, Natrium und Calcium finden in einigen Fällen als Legierungszusätze Verwendung.

Aluminium

Eigenschaften

- Silberweiß, überzieht sich an der Luft mit einer Oxidschicht und wird dadurch sehr korrosionsbeständig
- weich und hat nur geringe Zugfestigkeit
- Härte und Zugfestigkeit lassen sich durch Legieren steigern
- gute elektrische Leitfähigkeit (etwa 2/3 der des Kupfers)
- gute Wärmeleitfähigkeit
- gut verformbar und gut legierbar
- gut spanbar durch Werkzeuge mit großen Spanwinkeln.

Verwendung. Reinaluminium z. B. für Folien, Tuben, Dosen, Reflektoren, Zierleisten, Fahrzeugaufbauten als Baustoff und als Legierungszusatz.

Herstellung. Die Herstellung von Aluminium erfolgt in 2 Stufen:
- Gewinnung der Tonerde aus Bauxit
- Reduktion der Tonerde durch Schmelzelektrolyse zu Aluminium.

Zur Erzeugung von 1 t Aluminium **(Bild 1)** sind 20 000 kWh elektrischer Energie erforderlich.

Aluminiumlegierungen

Die Aluminiumlegierungen unterteilt man in Knet- und Gusslegierungen. Es gibt aushärtbare und nicht aushärtbare Legierungen.

Eigenschaften der Legierungen

Aluminium mit Kupfer hat hohe Festigkeit aber nur geringe Korrosionsbeständigkeit. Aluminium mit Magnesium, Silicium und Mangan hat neben hoher Festigkeit gute Korrosionsbeständigkeit. Aluminium mit Kupfer, Magnesium und Silicium ist aushärtbar und erreicht dadurch höhere Festigkeit. Aluminium mit bestimmtem Anteil von Magnesium, Silicium und Mangan ist nicht aushärtbar, gute Festigkeit ist bereits vorhanden.

Verwendung. Knetlegierungen, z. B. **AlCuMg 2**, werden für Querlenker, Radnaben, Kurbel- und Nockenwellenräder, **AlMgSi 1** für Räder, Profile für Fahrzeugaufbauten, **AlMg 2** für Bleche für Karosserieteile und **AlSi 17 CuNi** für gepresste Kolben verwendet. Aus Gusslegierungen, wie z. B. **G-AlSi 12**, werden Kurbelgehäuse, Ölwannen, Getriebegehäuse, aus **G-AlSi 10 Mg** Kurbelgehäuse und wassergekühlte Zylinderköpfe und aus **GK-AlSi 12 CuNi** gegossene Kolben hergestellt.

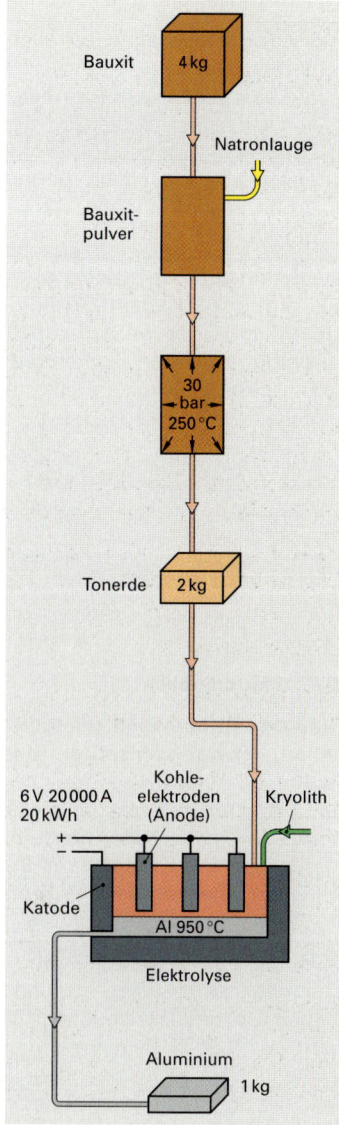

Aluminium (Al)	
Dichte	2,7 kg/dm^3
Schmelzpunkt	658°C
Zugfestigkeit	90...200 N/mm^2 je nachdem, ob geschmiedet oder gewalzt

Bild 1: Aluminiumgewinnung

WIEDERHOLUNGSFRAGEN

1. Wie kann man die Nichteisenmetalle einteilen?
2. Welches sind die Gebrauchsmetalle?
3. Welches sind die Eigenschaften von Kupfer?
4. Nennen Sie Kupferlegierungen.
5. Wie wird Aluminium gewonnen?
6. Wozu wird Aluminium verwendet?

3.6 Kunststoffe

Als Kunststoffe bezeichnet man künstlich (synthetisch) hergestellte Werkstoffe.

Sie werden über verschiedene Zwischenstufen aus den Ausgangsstoffen Erdöl, Erdgas, Kohle, Kalk, Luft und Wasser hergestellt. Es sind meist Kohlenstoffverbindungen, also organische Stoffe.

Typische Eigenschaften fast aller Kunststoffe sind:
- geringe Dichte
- gut bearbeitbar und formbar, einfärbbar
- korrosionsfest, beständig gegen Säuren und Laugen
- elektrisch nicht leitend, geringe Wärmeleitung
- große Wärmedehnung, geringe Wärmebeständigkeit.

Die Grundstoffe der Kunststoffe bauen sich meist aus einfachen kleinen Grundmolekülen (Monomeren) auf. Diese werden auf chemischem Wege vielseitig (polymer) miteinander verknüpft zu sehr großen Molekülen (Makromolekülen, **Bild 1**).

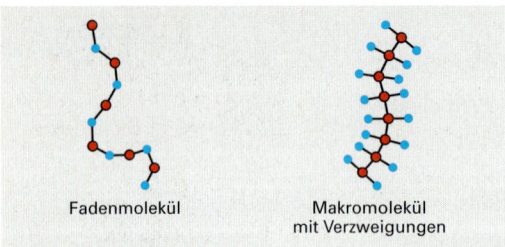

Bild 1: Makromoleküle

Die Verknüpfung kann erfolgen durch: **Polymerisation**, **Polykondensation** oder **Polyaddition**. Form und Anordnung der chemischen Bindungen (Struktur) der Makromoleküle bestimmt vornehmlich das Verhalten der einzelnen Stoffe. Es lassen sich drei Gruppen von Kunststoffen unterscheiden: **Thermoplaste, Duroplaste, Elastomere**.

3.6.1 Thermoplaste

Thermoplaste bestehen aus ineinander verfilzten, langen Fadenmolekülen, die nicht miteinander vernetzt sind (**Bild 2**). Beim Erwärmen geraten die Moleküle in Wärmeschwingungen, das Gefüge lockert sich, der Stoff schmilzt und wird weich. Sie sind bei Raumtemperatur hart und kaum elastisch, werden aber bei jedem Erwärmen immer wieder weich. Es sind **nicht härtende Kunststoffe**. Im erwärmten Zustand lassen sie sich spanlos durch Gießen, Biegen, Schweißen formen. Bei sehr hohen Temperaturen werden sie zerstört. Durch Zusatz von nicht flüchtigen Lösungsmitteln („Weichmachern") werden sie zäh, lederartig oder elastisch (Thermoelaste).

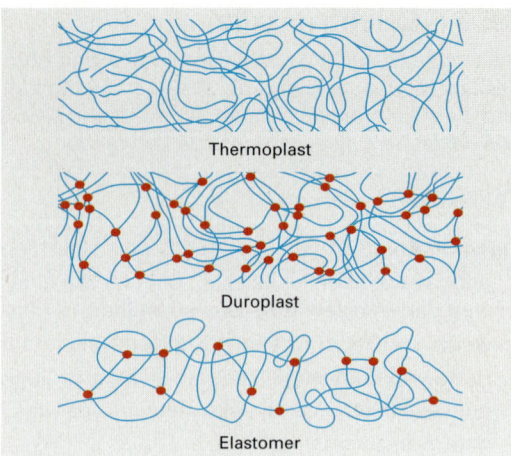

Bild 2: Strukturen der Kunststoffe

3.6.2 Duroplaste

Duroplaste haben fadenförmige Makromoleküle, die nach dem Härten engmaschig miteinander vernetzt sind. Dadurch können keine Wärmeschwingungen auftreten und sie werden nicht mehr weich. Ihre flüssigen oder schmelzbaren Vorprodukte werden auch **Kunstharze** genannt. Sie härten durch Pressen bei Temperaturen um 170°C oder durch Zusatz von Härtern (Gießharze, Klebeharze) aus. In ausgehärtetem Zustand sind sie glasig hart und werden durch Erwärmen nicht mehr weich. Man bezeichnet sie als **härtende Kunststoffe**. Sie sind in keinem Lösungsmittel lösbar, nicht schweißbar und nur noch spanend formbar.

Duroplaste werden meist zusammen mit Füllstoffen zu Verbundwerkstoffen verarbeitet. Die Füllstoffe verbessern die Eigenschaften oder dienen als Streckmittel.

3.6.3 Elastomere

Elastomere bauen sich aus ungeordneten Fadenmolekülen auf, bei denen durch **Vulkanisation** eine sehr weitmaschige Verknüpfung erfolgt ist. Ihre Vorstufen sind synthetische Kautschuke oder Naturkautschuk. Sie können durch kleine Kräfte gedehnt werden und federn wieder zurück. Man bezeichnet sie als **gummielastische Kunststoffe**. Bei Temperaturerhöhung schmelzen sie nicht, sondern sie bleiben elastisch bis zu ihrer Zerstörung bei höheren Temperaturen. Sie haben gute Festigkeit bei großer Dehnung und eine große Elastizität. Sie sind nicht schmelzbar, nicht spanlos formbar und nicht schweißbar; sie können quellen, aber sie lassen sich nicht auflösen.

Kunststoffe   3 Werkstofftechnik   113

Beispiele für Thermoplaste

Polyvinylchlorid PVC (Hostalit, Mipolam, Trovidur; Vinoflex)

Eigenschaften: Transparent, einfärbbar, kleb- und schweißbar; beständig gegen Öl, Benzin, Laugen; empfindlich gegen Azeton, **Hart-PVC:** Hart, zäh, **Weich-PVC:** weich, flexibel, durch Zusätze gummi- oder lederartig.
Verwendung: Hart-PVC: Auskleidungen, Einstiegsleisten, Kennzeichenverstärkungen, Leisten an Dachrahmen, Rohre. **Weich-PVC:** Dichtungen, Folien, Fußmatten, Kabelisolierungen, Leder, Kunstleder.

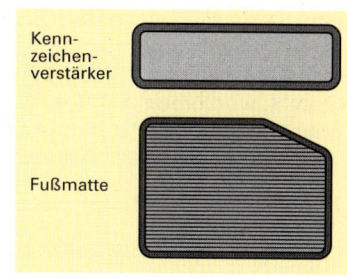
Kennzeichenverstärker

Fußmatte

Polystyrol PS (Hostyran, Polystyrol, Trolitul, Styropor)

Eigenschaften: Glasklar, einfärbbar, hart, spröde, klebbar; beständig gegen Öle, Säuren, nicht aber gegen Benzin und Benzol.
Verwendung: Folien, Gehäuse, Isolierteile, Abdeckungen für Leuchten, Spielzeug; **PS-Schaum:** Schaumstoff, Platten (Styropor).

 Abdeckung für Innenleuchte  Styroporplatten

Styrol-Butadien SB (Lustrex, Styrolux, Vestyron)

Eigenschaften: Undurchsichtig, schlagzäh, sonst wie Polystyrol aber nicht so spröde, temperaturbeständig.
Verwendung: Teile der Innenausstattung, Batteriekästen.

Batteriekasten

Acrylnitril-Butadien-Styrol ABS (Novodur, Terluran)

Eigenschaften: Gedeckte Farben, sehr schlagzäh, temperaturbeständig; beständig gegen Säuren und Öl, aber nicht gegen Benzol.
Verwendung: Kühlergrill, Instrumentenrahmen, Surfbretter.

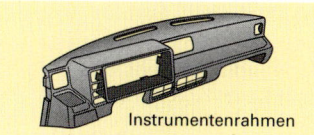
Instrumentenrahmen

Polyolefine: Polyethylen PE (Hostalen); **Polypropylen PP** (Novolen)

Eigenschaften: Farblos bis milchig weiß, einfärbbar, unzerbrechlich, fühlt sich wachsartig an, schweißbar; nicht klebbar; beständig gegen Säuren, Laugen, Benzin, Benzol.
PE: Je nach Dicke weich bis steif; flexibel und unzerbrechlich.
Verwendung: Weich-PE: Achsmanschetten, Behälter, Faltenbälge.
Hart-PE: Kraftstoff-, Scheibenwaschbehälter, Luftfiltergehäuse.
PE-Schaumstoff: Dachhimmel, **PP:** Fahrpedale, Lüfter, Radkappen.

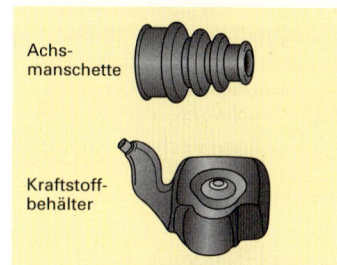
Achsmanschette

Kraftstoffbehälter

Polymethylmethacrylat (Acrylglas) **PMMA** (Degalan, Resarit, Plexiglas)

Eigenschaften: Glasklar, polierfähig, hart, elastisch, kleb- und schweißbar; beständig gegen Benzin, Öl, Säuren.
Verwendung: Blink- und Schlussleuchten, Elektroteile, Schutzbrillen, Schutzgläser, Verglasungen.

Abdeckung für Schlussleuchte

Polytetrafluorethylen PTFE (Fluon, Hostaflon, Teflon)

Eigenschaften: Milchig weiß, fühlt sich wachsartig an, gleitfähig, weich, zäh, abriebfest, nicht klebbar; chemikalienbeständig; bis 280°C temperaturbeständig.
Verwendung: Beschichtungen (z. B. Pfannen), Dichtungen, Faltenbälge, hitzebeständige Kabelisolierungen, wartungsfreie Lager.

Dichtungen

Schlauchtülle für Halogenlampe

Polyamid PA; (Durethan, Nylon, Perlon, Ultramid)

Eigenschaften: Milchig weiß, hart, zäh, gleitfähig, verschleißfest; beständig gegen Öl, Benzin, Benzol, Lösungsmittel, als Aramide (**aro**matische Poly**amide**) unbrennbar und temperaturfest bis über 260°C.
Verwendung: Buchsen, Gleitlager, Lüfterräder,

Lüfterrad

Beispiele für Duroplaste

Phenolharz PF

Eigenschaften: Nur dunkle Farben hart, spröde, klebbar; nicht lichtecht, wird braun, hat Phenolgeruch.
Verwendung: Mit Füllstoffen als Pressmassen für dunkle Formteile, Schichtpressstoffe, Kunstharzlacke, Gießharze.

Vergaserflansch

Harnstoffharz UF; Melaninharz, MF

Eigenschaften: Glasklar, lichtecht, geruchlos, einfärbbar; hart, spröde, beständig gegen schwache Säuren, Lösungsmittel.
Verwendung: Mit Füllstoffen als Pressmassen für helle Formteile, Schichtpressstoffe, Kunstharzlacke, Warmleim, Kaltleim.

Verteilerkappe

Polyesterharz UP

Eigenschaften: Glasklar, kann hart, spröde, weich oder elastisch sein, gut gießbar, gute Haftfähigkeit; beständig gegen Öl, Benzin, Lösungsmittel, schwache Säuren und Laugen.
Verwendung: Metallkleber, Spachtelmassen, Gießharz, glasfaserverstärkte Kunststoffe.

Karosseriespachtelmasse

Epoxidharz EP

Eigenschaften: Farblos bis gelb, hart, schlagzäh, sehr gut gießbar, gut haftfähig.
Verwendung: Klebstoff, umgießen von Teilen der Elektronik, glasfaserverstärkte Kunststoffe.

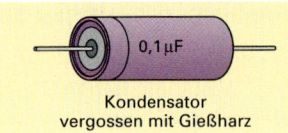
Kondensator vergossen mit Gießharz

Polyurethanharz PUR

Eigenschaften: Gelb, transparent, hart, zäh, weich oder gummielastisch, haftfähig, schäumbar.
Verwendung: Hart-PUR: Lager, Zahnräder; **Mittelhart** bis **Weich-PUR:** Stoßfänger, Kleber, Schuhsohlen; **PUR-Schaum:** Fahrzeugpolster, Integralschaum für Verkleidungen im Kfz.

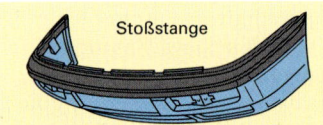
Stoßstange

Beispiele für Elastomere

Gummi (Naturgummi) NR

Eigenschaften: Elastizität nimmt mit zunehmendem Schwefelgehalt ab, nicht beständig gegen Öl, Benzin, Benzol und Alterung.
Verwendung: Weichgummi: Beimischung in Reifen, Wasserschläuche, Dichtungen, Keilriemen; **Hartgummi:** Batteriekästen.

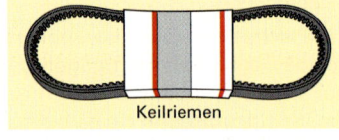
Keilriemen

Styrol-Butadien-Kautschuk (Kunstgummi) SBR

Eigenschaften: Ähnlich wie Gummi aber abriebfester, alterungsbeständiger, weniger elastisch; beständig gegen Öl und Benzin.
Verwendung: Beimischung zu Fahrzeugreifen, Manschetten, Schläuche.

WIEDERHOLUNGSFRAGEN

1. Was sind Kunststoffe?
2. Welche typischen Eigenschaften haben Kunststoffe?
3. Wie unterscheiden sich Thermo- und Duroplaste?
4. Welches sind wichtige Thermoplaste?
5. Welche besonderen Eigenschaften haben Elastomere?
6. Wie unterscheiden sich Gummi und Kunstgummi?

3.7 Verbundwerkstoffe

> Verbundwerkstoffe sind Stoffe, bei denen zwei oder mehrere Stoffe zu einem neuen Werkstoff verbunden worden sind. Die Einzelstoffe sind meist erkennbar enthalten.

Durch den Verbundwerkstoff werden wie bei den Legierungen die Eigenschaften der einzelnen Stoffe dem Verwendungszweck angepasst. Man erreicht z. B. größere Festigkeit, Härte, Zähigkeit oder Elastizität; auch die Leitfähigkeit für Wärme und Elektrizität, die Verschleißfestigkeit, Korrosions- und Temperaturbeständigkeit kann man verbessern. Bei den glasfaserverstärkten Kunststoffen wird z. B. die geringe Festigkeit des Kunststoffes durch die hohe Festigkeit der Glasfasern erhöht, während die Zähigkeit des Kunststoffes die Sprödigkeit der Glasfasern überdeckt (**Tabelle 1**). Man unterscheidet nach der Form der Einzelstoffe: **Teilchenverstärkte Verbundwerkstoffe**, **Schichtverbundwerkstoffe** und **faserverstärkte Verbundwerkstoffe**.

Tabelle 1: Verbundwerkstoff-Eigenschaften

Glasfaser	+ Kunstharz	→	glasfaserverstärkter Kunststoff
sehr fest aber spröde	zäh und wenig fest		sehr fest und zäh

3.7.1 Teilchenverstärkte Verbundwerkstoffe

Kunststoff-Pressmassen
Es sind mit Füllstoffen gemischte Kunstharze, wie Phenol-, Harnstoff-, Melamin- oder Polyesterharz oder Thermoplaste (PA, PP, PS, PVC), die zu Formteilen gepresst werden. Füllstoffe können Gesteins-, Holzmehl oder Ruß, Textilfasern, Papier-, Holz- oder Gewebeschnitzel sein. Sie bestimmen mit die Eigenschaften der Formteile wie Festigkeit, Sprödigkeit, Wärmeleitung und Isolierfähigkeit, ferner dienen sie als Streckmittel.

Verwendung z. B. für Lenkräder, Schalthebelgriffe, Brems- und Kupplungsbeläge, elektrische Isolierkörper (**Bild 1**), Gehäuse.

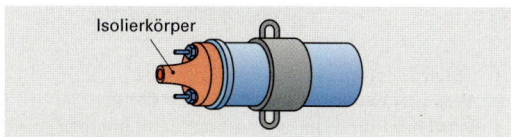

Bild 1: Zündspule

Schleifscheiben bestehen aus dem körnigen Schleifmittel und einer Bindung. Schleifmittel sind Korund, Siliciumcarbid oder Diamant. Die Bindung kann Kunststoff, Keramik oder Metall sein.

Sinter-Verbundwerkstoffe. Durch Sintern kann man Stoffe miteinander verbinden, die nur schwer oder überhaupt nicht legiert werden können. Sinter-Verbundwerkstoffe sind z. B. Hartmetalle, oxidkeramische Schneidstoffe, Dauermagnetwerkstoffe und Kohlebürsten.

3.7.2 Schichtverbundwerkstoffe

Hartpapier, **Hartgewebe** oder **Schichtpressholz** sind mit Kunstharz getränkte Papier- oder Gewebebahnen bzw. Holzfurniere, die aufeinander geschichtet und bei Aushärtungstemperatur gepresst sind. Sie haben hohe Biegefestigkeit und Zähigkeit.

Verwendung: Schichtpressholz: Laufräder, Möbelteile, **Hartpapier:** Isolierplatten und -rohre, Wandverkleidungen. **Hartgewebe:** Lagerschalen, Zahnräder, Schutzbacken (**Bild 2**).

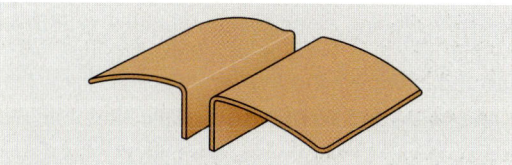

Bild 2: Schutzbacken

Bimetalle bestehen aus zwei Blechen mit stark unterschiedlicher Wärmedehnung, die aufeinandergewalzt sind. Bei einer Temperaturänderung tritt eine Verbiegung des Bimetalls ein.

Verwendung z. B. für Thermometer (**Bild 3**) und zur temperaturabhängigen Gerätesteuerung.

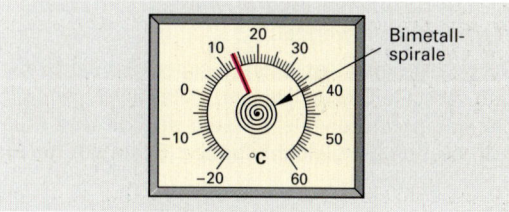

Bild 3: Bimetallthermometer

3.7.3 Faserverstärkte Verbundwerkstoffe

Sie bestehen aus in Kunststoff eingebetteten Fasern wie Glas-, Kohlenstoff- oder Aramidfasern. Ihre Eigenschaften werden beeinflusst durch die Art und die Anordnung der Fasern sowie die Art des zur Bindung verwendeten Kunstharzes. Sie haben höhere Festigkeiten bei geringerem Gewicht als herkömmliche metallische Werkstoffe.

Verwendung z. B. im Automobilbau, in der Luft- und Raumfahrt, im Bauwesen und bei Sportgeräten.

Glasfaserverstärkte Verbundwerkstoffe (GFK) werden durch verschiedene Verfahren hergestellt; am bekanntesten ist das Handlaminieren, z. B. für Karosserieteile oder Boote.

Verwendung z. B. für Boote, Federblätter, Flugzeugteile, Karosserieteile (**Bild 1**), Lüfterräder, Schalensitze, Ski, Zahnräder.

Kohlenstofffaserverstärkte Verbundwerkstoffe (CFK). Sie werden wegen ihrer noch hohen Kosten nur vereinzelt im Kraftfahrzeugbau eingesetzt. Ihre Vorteile sind z. B. hohe Festigkeit, geringe Massenkräfte, geräusch- und vibrationsarm, geringe Reibung.

Verwendung z. B. Bremsscheiben in Rennfahrzeugen, oder für Karosserieteile und bewegte Motorenteile, wie Pleuelstangen (**Bild 2**), Flugzeugbau.

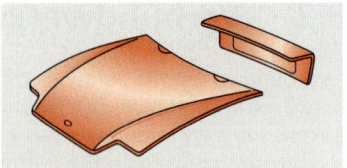

Bild 1: Motorhaube und Kofferraumdeckel aus GFK

3.8 Schneidstoffe

Schneidstoffe sind Werkstoffe, die für den Schneidkeil von trennenden Werkzeugen verwendet werden.

Die Schneidstoffe müssen, um ihre Anforderungen zu erfüllen, sehr hart und schneidhaltig auch bei höheren Temperaturen (warmfest) sein. Ferner sollen sie eine große Verschleißfestigkeit haben und eine hohe Beständigkeit gegen wechselnde Biegebelastungen und wechselnde stark unterschiedliche Temperaturen.

Kaltarbeits- und Warmarbeitsstähle sind unlegierte und niedriglegierte Werkzeugstähle, die nur eine geringe Warmhärte (**Tabelle 1**) besitzen. Sie eignen sich daher weniger für Maschinenarbeiten; sie werden meist zum Spanen von Hand verwendet.

Schnellarbeitsstähle sind höher legierte Werkzeugstähle mit höherer Warmhärte; sie lassen größere Schnittgeschwindigkeiten zu und werden für Maschinenarbeiten eingesetzt.

Gesinterte Hartmetalle lassen wegen ihrer großen Härte und ihrer möglichen hohen Arbeitstemperaturen noch größere Schnittgeschwindigkeiten zu. Werkzeuge mit meist aufgeklemmten Hartmetallscheidplättchen (**Bild 3**) werden zum Spanen von sehr harten Werkstoffen verwendet.

Schneidkeramik (oxidkeramischer Schneidstoff) ist noch härter und verschleißfester als Hartmetall und ermöglicht sehr hohe Arbeitstemperaturen. Da sie sehr spröde und bruchempfindlich ist, soll sie nur für gleichbleibende Schnittkräfte und ohne Kühlung eingesetzt werden.

Diamant ist der härteste Schneidstoff. Die Feinbearbeitung z. B. von NE-Metallen, Gusseisen, Kunststoffen, Glas und Keramik kann mit Diamanten besetzten Werkzeugen erfolgen. Zur Bearbeitung von Stahl ist Diamant allerdings nicht geeignet, da er schnell verschleißt, weil Kohlenstoffatome in den Stahl diffundieren.

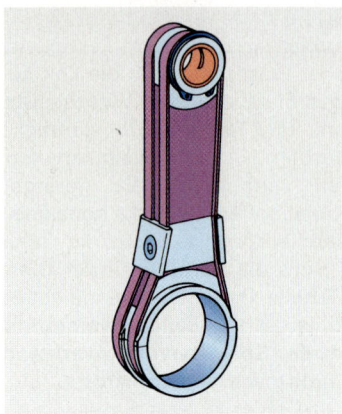

Bild 2: Pleuelstange aus CFK

Tabelle 1: Arbeitstemperaturen von Schneidstoffen

Schneidstoff	Arbeitstemperatur in °C
Kaltarbeitsstahl	200
Warmarbeitsstahl	400
Schnellarbeitsstahl	600
Hartmetall	900
Schneidkeramik	1200
Diamant	1500

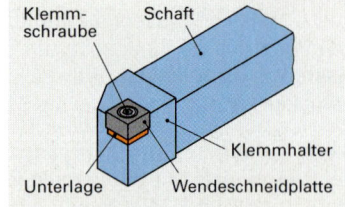

Bild 3: Drehmeißel mit Wendeschneidplatte

WIEDERHOLUNGSFRAGEN

1. Was sind Verbundwerkstoffe?
2. Welche Gruppen von Verbundwerkstoffen unterscheidet man?
3. Was versteht man unter GFK und CFK?
4. Was versteht man unter einem Schneidstoff?
5. Welche Stoffe verwendet man als Schneidstoffe?

4 Maschinen- und Gerätetechnik

Durch Maschinen, die Wärmeenergie in mechanische Energie umsetzen, wurde die Industrialisierung Europas eingeleitet. Anlagen, Maschinen, Geräte sowie technische Einrichtungen fasst man zum Begriff „Technische Systeme" zusammen. Sie sind aus vielen einzelnen Bauelementen zusammengesetzt (**Tabelle 1**). So besteht das System Kraftfahrzeug z. B. aus Motor, Kurbeltrieb, Kolben, Kolbenring.

4.1 Maschinen als technische Systeme

Einem technischen System wird immer etwas zugeführt, das im System nach einem festgelegten Plan verändert wird und danach in neuer Form ausgegeben wird. Um z. B. aus einer Drehmaschine ein Teil einer bestimmten Form zu erhalten (**Fertigteil**), muß ein Rohteil eingespannt werden, das nach bestimmten Informationen (z. B. CNC-Programm) gefertigt wird (**Bild 1**).

Maschinen können Stoffe, Energie oder Informationen zugeführt werden. Nach der Umsetzung unterscheidet man
- stoffumsetzende Maschinen: Arbeitsmaschinen, Kraftstoffförderanlage
- energieumsetzende Maschinen: Kraftmaschinen, Verbrennungsmotor
- informationsumsetzende Maschinen: Datenverarbeitende Maschinen, Lenkung im Kraftfahrzeug.

4.1.1 Stoffumsetzende Maschinen

> Mit **stoffumsetzenden Maschinen** werden Stoffe von einem Ort zum anderen transportiert, oder sie werden so verändert, dass sie eine neue Form erhalten.

Fördermittel oder einfache Maschinen dienen dem Stofftransport, Werkzeugmaschinen übernehmen die Stoffumformung (**Tabelle 2**). Beim Stofftransport wird z. B. eine ruhende Flüssigkeit (Benzin im Kraftstoffbehälter) durch eine Pumpe in Bewegung gebracht und zur Einspritzanlage befördert. Um diese Umsetzung durchführen zu können, muss den Arbeitsmaschinen, z. B. Kraftstoffpumpe, elektrische Energie zugeführt werden.

Für Stofftransport und Stoffumformung sind Kräfte von besonderer Bedeutung.

Kräfte an festen Körpern
Wirkt auf einen festen Körper eine Kraft, so kann diese entweder eine Verformung oder eine Beschleunigung oder eine gleichgroße Gegenkraft des Körpers hervorrufen.

Kraft = Masse x Beschleunigung	$F = m \cdot a$

Die abgeleitete SI-Einheit der Kraft ist das Newton (N).

Bestimmung und Darstellung von Kräften
Zugfedern sind sehr gut als Kraftmesser geeignet, da ihre Dehnung im gleichen Verhältnis mit der Belastung durch die Gewichts- oder Muskelkraft zunimmt. Bei doppelter Belastung zeigt die Feder doppelte Dehnung (**Bild 2**).

Tabelle 1: Von Element zum System

Element	Schraube, Hebel, Welle, Zahnrad, Kolben, Pleuelstange, Kurbelwelle
Gruppe	Kurbeltrieb, Riementrieb, Getriebe
Einrichtung	Verbrennungsmotor
System	Kraftfahrzeug

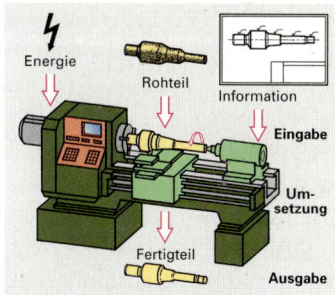

Bild 1: Technisches System Drehmaschine

Tabelle 2: Stoffumsetzende Maschinen (Arbeitsmaschinen)

- einfache Maschinen
  Hebel, Rolle, schiefe Ebene
- Fördermittel
  Pumpen, Transportmaschinen
- Werkzeugmaschinen

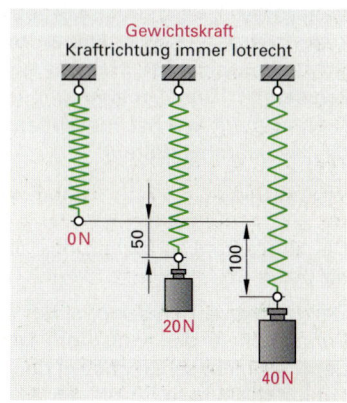

Bild 2: Feder als Kraftmesser

Eine Kraft ist eindeutig bestimmt durch
- Angriffspunkt   - Größe (N)   - Richtung und Wirkungslinie.

Die Kraft wird zeichnerisch durch eine Pfeilstrecke dargestellt. Die Größe der Kraft ergibt sich, je nach dem gewählten Kräftemaßstab, aus der Länge der Pfeilstrecke **(Bild 1)**.

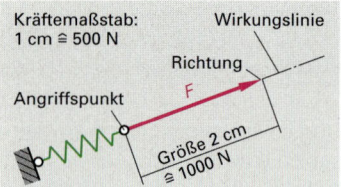

Bild 1: Zeichnerische Darstellung einer Kraft

Zusammensetzen von Kräften

Kräfte auf derselben Wirkungslinie werden, je nach Richtung, zusammengefasst oder voneinander abgezogen. Greifen 2 Kräfte F_1 und F_2 unter einem Winkel an einem Punkt an, so kann ihre Wirkung auf den betreffenden Körper zeichnerisch durch eine Ersatzkraft F im **Kräfteparallelogramm (Bild 2)** dargestellt werden. Der Körper verhält sich also so, als würde an ihm nur die Ersatzkraft F angreifen.

Beispiel: Ein Motorrad mit einer Gesamtgewichtskraft G = 2 000 N (Maschine und Fahrer) fährt durch eine Kurve mit 100 m Halbmesser. In diesem Fall wirkt bei einer Fahrgeschwindigkeit von
$$135 \text{ km/h auf } G \text{ eine Fliehkraft } F_C = 2\,880 \text{ N}.$$

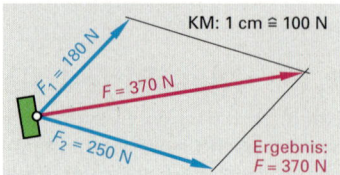

Bild 2: Kräfteparallelogramm

Um diesen Fliehkräften entgegenzuwirken, muss sich der Fahrer in die Wirkungslinie der Ersatzkraft F neigen. Dadurch stützt er gleichzeitig G und F_C gegen die Fahrbahn ab **(Bild 3)**.

Zerlegen von Kräften

Soll eine Kraft nach 2 Richtungen übertragen und verteilt werden, so kann man die Größe der Teilkräfte ebenfalls zeichnerisch mit Hilfe des Kräfteparallelogramms bestimmen.

Beispiel Schiefe Ebene: Befindet sich ein Pkw mit einer Gewichtskraft G = 12 000 N auf einer schiefen Ebene mit 30 % Steigung, so ist die Kraft senkrecht zur Fahrbahn (Normalkraft) nur noch F_N = 11 600 N. Gleichzeitig wirkt jedoch eine Hangabtriebskraft F_H = 3 500 N **(Bild 4)**.

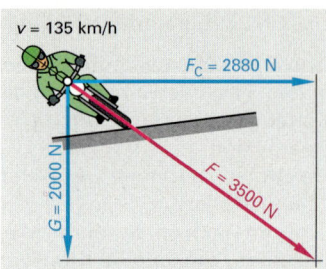

Bild 3: Fliehkraftwirkung

Einfache Maschinen

Einfache Maschinen sind
- Hebel,   - schiefe Ebene.

Bei kleinem Kraftaufwand können große Kräfte oder Drehmomente erzeugt werden.

Hebel und Drehmoment

In der Physik wird jeder Körper, an dem eine Kraft eine Drehwirkung verursacht, als Hebel bezeichnet, z. B. Zange, Schere, Schraubenschlüssel, Hebeisen, Rolle, Zahnrad, Kurbelwelle, Balkenwaage. Die Drehwirkung nennt man Drehmoment. Das Drehmoment wächst mit zunehmender Kraft und mit der Länge des Hebelarmes **(Bild 5)**.

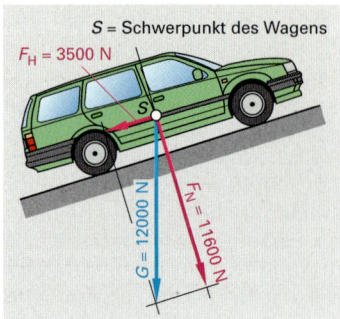

Bild 4: Kraftzerlegung

Drehmoment = Kraft x Hebelarm	$M = F \cdot r$

Die abgeleitete SI-Einheit des Drehmomentes ist das Newtonmeter (Nm).

Der **wirksame Hebelarm** ist der kürzeste (senkrechte) Abstand der Wirkungslinie der Kraft vom Drehpunkt. Steht die Wirkungslinie der Kraft nicht senkrecht auf dem Hebel, muss vom Drehpunkt das Lot auf die Wirkungslinie der Kraft gefällt werden, um den wirksamen Hebelarm zu erhalten (siehe **Bild 1, Seite 119**).

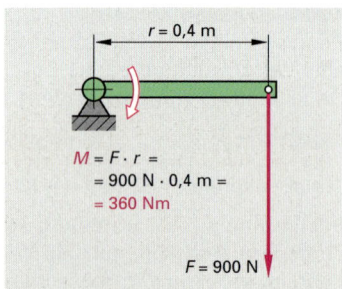

Bild 5: Drehmoment = Kraft x Hebelarm

Gleichgewicht am Hebel

Ein Hebel ist im Gleichgewicht, wenn das linksdrehende Moment gleich dem rechtsdrehenden Moment ist **(Bild 1)**.

$$M_1 = M_2 \qquad F_1 \cdot r_1 = F_2 \cdot r_2$$

Greifen mehr als 2 Kräfte am Hebel an und entstehen dadurch mehr als 2 Drehmomente, so gilt:

Summe aller linksdrehenden Momente	=	Summe aller rechtsdrehenden Momente

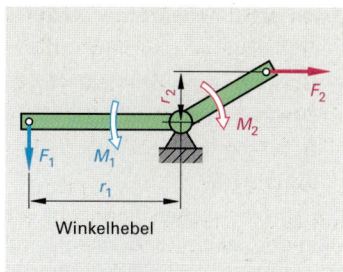

Bild 1: Gleichgewicht am Hebel

Schiefe Ebene

In der Physik bezeichnet man jede gegen eine Hauptachse (zumeist waagrechte) geneigte Ebene als schiefe Ebene (z. B. Auffahrt zur Laderampe, Keil). Man kann auf ihr mit einer kleinen Kraft F eine große Gewichtskraft G aufwärts bewegen, also letzten Endes heben **(Bild 2)**. Dabei ist die aufgewendete Fortbewegungsarbeit W_1 gleich der aufgewendeten Hubarbeit W_2.

$W_1 = W_2$ Kraft x Kraftweg = Gewichtskraft x Hubhöhe	$F \cdot s = G \cdot h$

Dementsprechend verhält sich

$$\frac{\text{Kraft}}{\text{Gewichtskraft}} = \frac{\text{Hubhöhe}}{\text{Kraftweg}} \qquad \frac{F}{G} = \frac{h}{s}$$

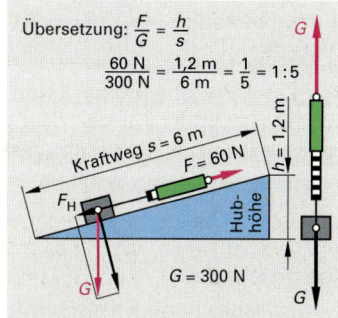

Bild 2: Kraftübersetzung bei der schiefen Ebene

4.1.2 Energieumsetzende Maschinen

In **energieumsetzenden Maschinen** wird eine der Maschine zugeführte Energie in eine andere Energieform umgewandelt.

Dabei können zusätzlich Stofffluss und Informationsfluss auftreten. Da sie in energieumsetzenden Maschinen eine Nebenfunktion ausüben, werden sie meist nicht aufgeführt **(Tabelle 1)**.
Der Verbrennungsmotor (Ottomotor, Dieselmotor) ist eine energieumsetzende Maschine. Die Umwandlung der chemischen Energie des Kraftstoffes in die zum Antrieb des Kraftfahrzeuges benötigte Bewegungsenergie steht im Vordergrund. Der Stofffluss (Eintritt des Kraftstoffes und Austritt der Abgase) sowie der Informationsfluss (Kraftstoff-Luft-Gemisch, Drehzahlregelung) stellen nur eine Nebenfunktion dar **(Bild 3)**.

Tabelle 1: Energieumsetzende Maschinen (Kraftmaschinen)

- Motoren
  Verbrennungsmotoren
  Elektromotoren
  Druckluftmotoren
  Hydromotoren
- Zylinder
- Verdichter

Arbeit, Energie

Mechanische Arbeit wird verrichtet, wenn ein Körper unter der Einwirkung einer Kraft einen Weg in der Kraftrichtung zurücklegt.

Die mechanische Arbeit W wächst mit der Größe der Kraft F und mit der Länge des Kraftweges s.	$W = F \cdot s$

Die abgeleitete SI-Einheit der mechanischen Arbeit ist das Newtonmeter (Nm) oder das Joule (J) oder die Wattsekunde (Ws).

1 Newtonmeter ist die mechanische Arbeit, die verrichtet wird, wenn der Angriffspunkt der Kraft von 1 N in Richtung der Kraft um 1 m verschoben wird.

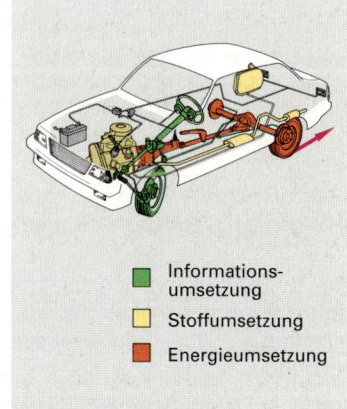

Bild 3: Technisches System Kraftfahrzeug

Arten der mechanischen Arbeit
- Hubarbeit = Gewichtskraft x Hubhöhe
- Bremsarbeit = Bremskraft x Bremsweg
- Dreharbeit = Drehkraft x Drehweg
- Beschleunigungsarbeit = Beschleunigungskraft x Beschleunigungsweg

Die gleiche Arbeit kann entweder mit großer Kraft bei kleinem Weg oder, wenn z. B. unsere Muskelkraft nicht ausreicht, mit kleiner Kraft bei großem Weg verrichtet werden. Für den zweiten Fall braucht man Vorrichtungen, die es ermöglichen, **„Kraft zu Lasten des Weges zu sparen"** (**Bild 1**). Dabei kann aber die abgegebene Arbeit nie größer sein als die aufgewendete.

Bild 1: „Kraft zu Lasten des Weges sparen"

Mechanische Energie
Das Wasser eines Bergsees kann in einer tiefer gelegenen Turbine eine mechanische Arbeit verrichten; also ist in dem Wasser des hochgelegenen Bergsees Arbeitsvermögen gespeichert (**Bild 2**). Dieses Arbeitsvermögen bezeichnet man auch als mechanische Energie.

Man unterscheidet Energie der Ruhe und Energie der Bewegung:

Energie der Ruhe
Diese gespeicherte Energie wird auch als Energie der Lage oder als potentielle Energie bezeichnet.
Beispiele: Bergseen, Stau- und Speicherseen, Druckluft im Behälter, gespannte Feder.

Bild 2: Energie eines Bergsees

Energie der Bewegung
Diese in einem bewegten Körper enthaltene Energie wird auch als kinetische Energie oder Wucht bezeichnet.
Beispiel: Strömende Flüssigkeit, Wind, fallendes Gewicht, rollendes Fahrzeug.

Energie kann nur umgewandelt werden, z. B. lässt sich Energie der Ruhe in Bewegungsenergie umwandeln und umgekehrt. Energie kann jedoch weder erzeugt noch vernichtet werden.

Leistung, Wirkungsgrad
In Maschinen wird Energie umgewandelt und nutzbar gemacht. Bei jeder Energieumwandlung treten Energieverluste auf, die durch Reibung, Wärmeableitung und Wärmestrahlung bedingt sind (**Bild 3**). Das hat zur Folge, dass die abgegebene Leistung einer Maschine stets kleiner ist als die aufgenommene Leistung. Um Maschinen hinsichtlich ihrer Leistungsfähigkeit vergleichen zu können, gibt man ihren Wirkungsgrad η (eta) an.

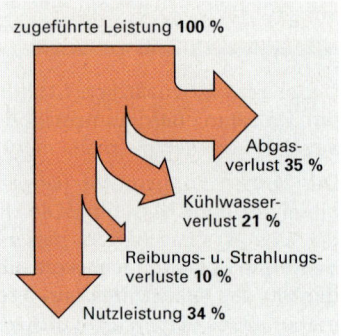

Bild 3: Verluste am Verbrennungsmotor

> Wirkungsgrad η ist das Verhältnis von abgegebener Leistung P_{ab} zu zugeführter Leistung P_{zu}.
>
> $$\eta = \frac{P_{ab}}{P_{zu}}$$

Da die abgegebene Leistung stets kleiner ist als die zugeführte, ergibt sich für den Wirkungsgrad immer ein Wert kleiner als 1 bzw. kleiner als 100 % (**Bild 4**). Die zugeführte Leistung entspricht immer 100 %.

Den besten Wirkungsgrad haben elektrische Maschinen, den schlechtesten haben Wärmekraftmaschinen, wie z. B. Otto- und Dieselmotoren.

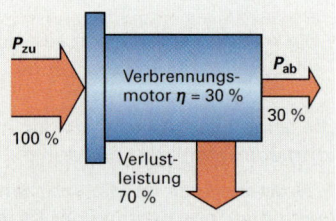

Bild 4: Wirkungsgrad

4.1.3 Informationsumsetzende Maschinen und Geräte

> Sie dienen zur Übermittlung von Informationen, der Verarbeitung und Übertragung von Daten und der Kommunikation.

Informationsumsetzende Maschinen und Übertragungssysteme z. B. A/D-Wandler, Impulsformer (IF), Steuergeräte, CAN-Bus-Controller, Diagnosegeräte („Tester") sind für den Betrieb und die Wartung moderner Fahrzeuge unentbehrlich.

Informationen. Es sind Kenntnisse über Sachverhalte und Vorgänge. In einem Kraftfahrzeug sind z. B. Motortemperatur, Fahrgeschwindigkeit, Lastzustand usw. Informationen, die für den Betrieb des Fahrzeugs erforderlich sind. Die Informationen werden als Daten z. B. von einem Steuergerät zum anderen übertragen. Sie werden aus den Signalen gewonnen.

Signale. Sie sind die physikalische Darstellung von Daten.
Im Kraftfahrzeug werden Signale von Sensoren, z. B. für Drehzahl, Temperatur, Drosselklappenstellung erzeugt. Dabei können Sie in analoger oder digitaler Form vorliegen.

Analoge Übertragung. Die Signalstärke der Daten entspricht der zu übermittelnden Information, z. B. bedeuten am NTC-Widerstand ein großer Spannungsabfall eine niedrige Temperatur, ein kleiner Spannungsabfall bedeutet eine hohe Temperatur.

Digitale Übertragung. Mit Hilfe von digitalen Signalen werden Informationen verschlüsselt (codiert). Sie werden in binärer Form durch die Binärzeichen 0 und 1 übertragen.
Dem Binärzeichen 0 wird ein Spannungsbereich kleiner oder gleich 2 Volt und der Signalpegel **LOW** zugeordnet. Dem Binärzeichen 1 wird der Spannungsbereich zwischen 3,5 und 5 Volt und der Signalpegel **HIGH** zugeordnet **(Tabelle 1)**.

Tabelle 1: Binärzeichen – Signalpegel		
Binärzeichen	Signalpegel	Spannungsbereich
0	LOW	kleiner 2 Volt
1	HIGH	3,5 Volt bis 5 Volt

Mit Hilfe von Signalpegeln **(Bild 1)** ist es möglich, dem Schaltzustand elektronischer Schalter, wie Transistoren, Tyristoren genau einen binären Wert entweder 0 oder 1 zuzuordnen.
Ein Einheitsschritt im Diagramm **(Bild 1)** entspricht einem Bit. Die Anzahl der Bit je Sekunde gibt die Übertragungsgeschwindigkeit an. Ihre Einheit ist das Baud (Bd). Es entsprechen z. B. 10 000 Bit je Sekunde 10 000 Bd.

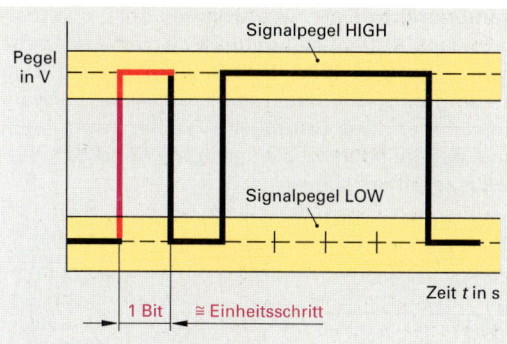

Bild 1: Digitales Signal

Informationsfluss
Der Weg von Informationen **(Bild 1, Seite 123)** in einem Kraftfahrzeug lässt sich in folgende Schritte gliedern:

- Signalerzeugung
- Signalumformung
- Datenverarbeitung/Signalverarbeitung
- Datenübertragung
- Leistungsstufen/Signalverstärkung
- Informationsumsetzung.

Signalerzeugung. Mit Hilfe von Sensoren werden Informationen z. B. Motordrehzahl, Motortemperatur, Einspritzzeitpunkt, Fahrerwunsch (Drosselklappenstellung) usw. erfasst und in elektrische Signale umgewandelt.

Signalumformung. Die Signale der Sensoren werden durch elektronische Schaltungen z.B. Impulsumformer (IF), Analog-Digital-Wandler (A/D) in digitale Signale umgewandelt, die für den Mikroprozessor des Steuergerätes lesbar sind.

Datenverarbeitung. Der Mikrocomputer verarbeitet die Informationen, die in Form binärer Signale vorliegen zu Daten. Daten sind Zeichenfolgen, die eine Information enthalten. Diese werden mit vorhandenen Daten, wie sie z. B in einem Kennfeld vorliegen verknüpft und entsprechend der Programme im Mikrocomputer ausgewertet. Die so gewonnenen Daten können nun anderen Mikrocomputern über einen Datenbus (Datensammelleitung) zur Verfügung gestellt werden.

Datenübertragung. Sie ermöglicht den Transport und den Austausch von Informationen in Form von Daten und Signalen. Innerhalb der Datenübertragung werden die Informationen in einen binären Code z. B. 1 0 1 1 verschlüsselt und nach bestimmten, in einem Protokoll festgelegten Regeln übertragen.

Herkömmliche Datenübertragung. Bei ihr werden in einem Kraftfahrzeug für jede Schaltaufgabe zwei Leitungen **(Bild 1)**, z.B. vom Sensor zum Steuergerät, vom Steuergerät zum Aktor, verwendetet. Über diese Leitungen wird die Information und gegebenenfalls die Leistung für einen Verbraucher übertragen.

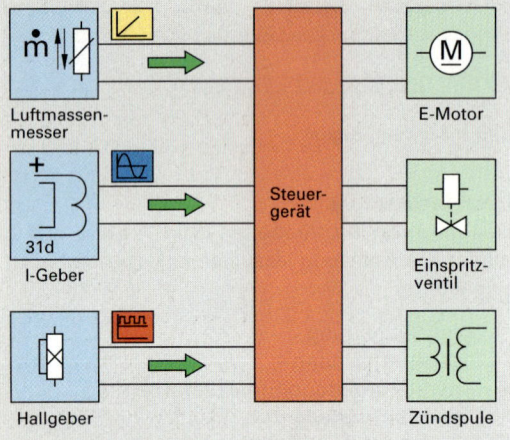

Bild 1: Herkömmliche Datenübertragung

Die Nachteile dieser Art der Datenübertragung sind ein hoher Materialaufwand an Leitungen, eine große Anzahl von Steckverbindungen und die damit verbundene Störanfälligkeit der Datenübertragung.

Multiplexverfahren. Es wird bei der Datenübertragung in einem Kraftfahrzeug verwendet, um die Anzahl der Datenleitungen möglichst klein zu halten. Multiplexer sind elektronische Schaltungen, die verschiedene Eingangssignale erfassen und diese zeitlich oder mit unterschiedlicher Frequenz versetzt über eine Leitung übertragen **(Bild 2)**.

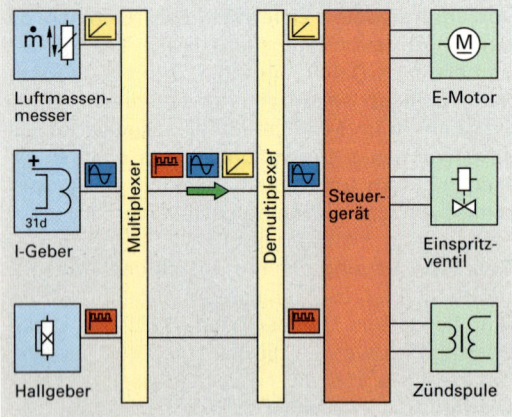

Bild 2: Prinzip des Multiplexverfahren

Nach der Übertragung werden die Signale durch eine weitere elektronische Schaltung, dem Demultiplexer getrennt und ihren Empfängern zugestellt. Mit Hilfe des Multiplexverfahrens wird es im Kraftfahrzeug möglich, aus verschiedenen Informationsquellen, die weit voneinander entfernt eingebaut sind wie z.B. Sensoren für Innenraumtemperatur, Lufttemperatur, Beladungszustand usw. deren Daten den Steuergeräten über **eine** Datenleitung zu zuführen.

Datenbus System CAN. Weil die Datenübertragung durch das Multiplexverfahren für bestimmte Systemgruppen z.B. Motorsteuerung, ABS/ASR mit 10 000 Baud bis 100 000 Baud zu langsam ist, benötigt man für diese Komponenten schnellere Datenübertragungungssysteme, sogenannte Datenbusse.
Ein Datenbus ist eine Datensammellleitung, deren Daten von allen angeschlossenen Steuergeräten, Computern benützt werden können.
Der Begriff **CAN** (**C**ontroller **A**rea **N**etwork) stammt aus dem Computerbereich und bedeutet in der Kraftfahrzeugtechnik, dass ein Datenaustausch zwischen allen Steuergeräten eines Kraftfahrzeugs z. B. dem Steuergerät für Gemischbildung, Zündung, automatisches Getriebe, aktives Fahrwerk, ABS, ASR, elektronisches Fahrpedal (EGAS) usw. über einen Datenbus erfolgt.

Der CAN-Bus ist ein serieller Hochgeschwindigkeitsbus, der bis zu 1 Million Bit pro Sekunde (1 000 000 Baud) übertragen kann **(Bild 3)**.

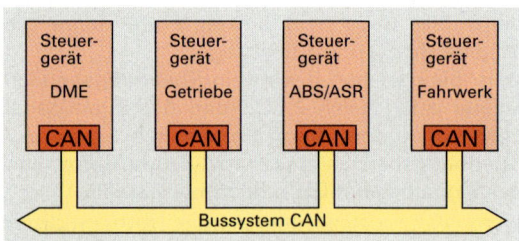

Bild 3: Vernetzung über CAN-Datenbus

Die Vernetzung der Steuergeräte bringt folgende Vorteile

– weniger Sensoren, da die Informationen der Sensoren wie z. B. Motortemperatursensor, Kurbelwellensensor, Lenkwinkelsensor usw. von allen Steuergeräten verwendet werden können,

– weniger elektrische Leitungen, da die Datenübertragung über nur eine Leitung erfolgt,

– weniger Steckverbindungen, dadurch weniger Fehlerquellen und geringere Störanfälligkeit,

- hohe Übertragungszuverlässigkeit der Daten auch bei großen Entfernungen,
- kurze Übertragungszeiten. Z. B. stehen für die Zeit der Steuerung von Zündung und Einspritzung bei einem Sechszylindermotor und einer Motordrehzahl von 6000 1/min nur 3,3 Millisekunden zur Verfügung. Um bei zylinderselektiver Bestimmung von Einspritzmenge und Zündzeitpunkt die Daten zu übertragen, muss dies in einem Bruchteil dieser 3,3 Millisekunden erfolgen.
- Übertragungsfehler werden vom CAN-Controller erkannt und gegebenenfalls beseitigt. Dies ist bei sicherheitsrelevanten Systemen sehr wichtig, wie z. B. bei ABS, ASR.
- Diagnose aller Systeme kann über eine Schnittstelle von einem Diagnose-Computer auf einfache Weise erfolgen.

Weitere Anwendungsmöglichkeiten dieser Technologie im Kraftfahrzeug sind Karosserie- und Komfortelektronik (z. B. Beleuchtung, Sitz- und Spiegelverstellung, Klimaregelung), mobile Kommunikation (Bedien- und Anzeigesysteme, Autoradio, Autotelefon, Navigation) und Diagnosesysteme.

Neben der Verwendung im Kraftfahrzeug wird der CAN-Bus auch in anderen Bereichen, wie Aufzugtechnik, Medizintechnik, Autowaschbahnen, Prüfstände, Werkzeugmaschinen (CNC), Schiffsbau u.a. eingesetzt.

Leistungsstufen. Mit ihnen werden die Signale des Mikrocomputers an die Aktoren verstärkt. Dadurch können z. B. elektromagnetische Ventile für das ABS, Einspritzventile, Stellmotoren usw. mit der erforderlichen elektrischen Leistung angesteuert werden.

Informationsumsetzung. Durch die Sensorinformationen kann der Mikrocomputer den momentanen Betriebszustand des Motors erkennen und auf der Grundlage seiner Arbeitsvorschriften (Programme) die notwendigen Änderungen im Betriebsverhalten veranlassen. Ist es z. B. erforderlich, dass der Motor kurzfristig mehr Leistung abgeben muss, wird die Einspritzzeit der Einspritzventile verlängert und der Zündzeitpunkt vorverlegt. In **Bild 1** ist der prinzipielle Informationsfluss von Teilsystemen in einem Kraftfahrzeug dargestellt.

Wiederholungsfragen

1. In welche Schritte lässt sich der Informationsfluss gliedern?
2. Welche Möglichkeiten der Datenübertragung gibt es?
3. Welche Vorteile hat der CAN-Bus im Vergleich zum Multiplexverfahren?
4. Wo wird im Kraftfahrzeug der CAN-Bus eingesetzt?
5. In welcher Einheit wird die Datenübertragungsgeschwindigkeit angegeben?

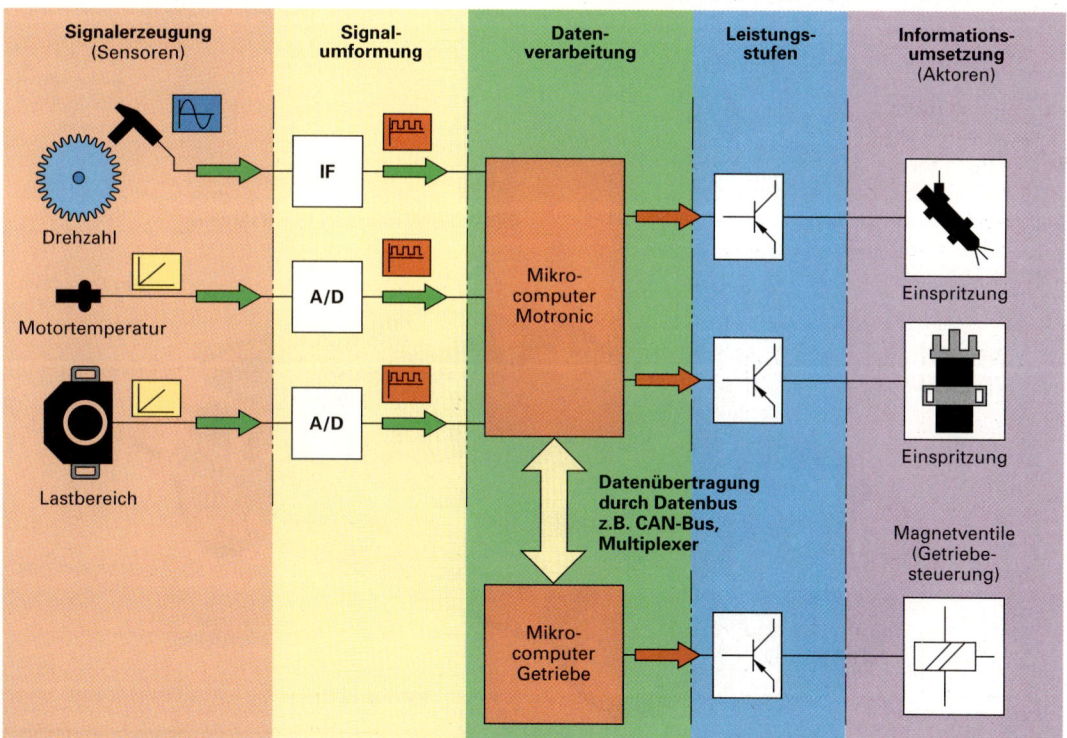

Bild 1: Informationsfluss

4.2 Funktionseinheiten von Maschinen und Geräten

Jede Maschine bildet ein technisches Gesamtsystem. Sie erfüllt durch ihre Arbeit eine bestimmte Hauptfunktion. So ist z. B. die Hauptfunktion eines Personenkraftwagens der Transport von Personen. Die Hauptfunktion eines Lastkraftwagens ist dagegen z. B. der Gütertransport. Um diese Hauptfunktionen erfüllen zu können, besteht das Gesamtsystem aus verschiedenen Teilsystemen (**Bild 3**). Durch Kenntnis der Funktionsabläufe in den Teilsystemen, z. B. Motor, Antriebsstrang, kann das Gesamtsystem Kraftfahrzeug im Hinblick auf Wartung, Diagnose und Reparatur besser verstanden werden.

> Jedes System (**Bild 1**) ist gekennzeichnet durch **Eingabe** (Input) und **Ausgabe** (Output) über die **Systemgrenze**. Innerhalb der **Systemgrenze** erfolgt die **Verarbeitung**.

Die Systemgrenze trennt das jeweilige System oder die jeweilige Funktionseinheit vom Umfeld ab.

Ein Gesamtsystem entsteht z. B. durch die Verkettung von Teilsystemen.

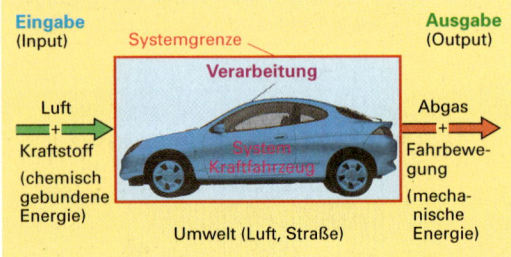

Bild 1: System Kraftfahrzeug

4.2.1 Teilsysteme im Gesamtsystem Kraftfahrzeug

Damit ein Kraftfahrzeug seine Hauptfunktionen erfüllen kann, müssen verschiedene Teilsysteme zusammenwirken (**Bild 2**), das sind z. B.
– Motor – Kupplung – Getriebe
– Achsantrieb – Antriebsräder.

Dabei ist für jedes Teilsystem das EVA-Prinzip gültig (**Bild 2**).
Auf der Eingangsseite des Getriebes (Eingabe) wirken die Motordrehzahl, das Motordrehmoment und die Motorleistung. Im Getriebe werden Drehzahl und Drehmoment gewandelt (Verarbeitung). Auf der Ausgangsseite werden Abtriebsdrehzahl, Abtriebsdrehmoment und Abtriebsleistung abgegeben. Die Abtriebsleistung ist um die Verluste im Getriebe vermindert (Wirkungsgrad). Das Teilsystem Getriebe ist über weitere Teilsysteme, wie z.B. Gelenkwelle, Achsgetriebe, Antriebswellen mit den Antriebsrädern verkettet.

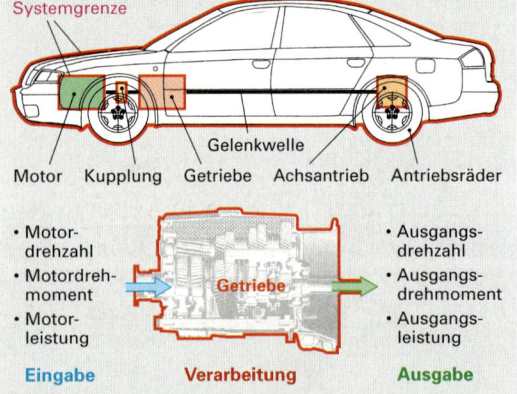

Bild 2: Teilsysteme im Kraftfahrzeug

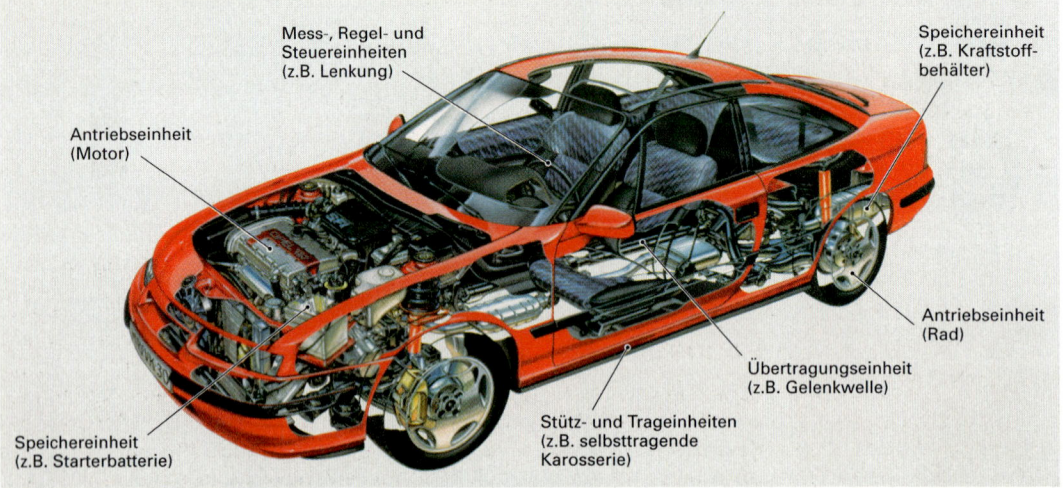

Bild 3: Personenkraftwagen als Systemverbund verschiedener Funktionseinheiten

4.2.2 Baugruppen im Gesamtsystem Kraftfahrzeug

Das Kraftfahrzeug als Gesamtsystem besteht aus folgenden Baugruppen (**Bild 1**).

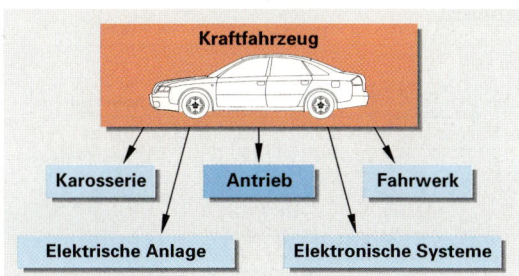

Bild 1: Baugruppenstruktur eines Kfz

Eine Baugruppe im Systemverbund des Kraftfahrzeugs (**Bild 2**) besteht aus verschiedenen Teilsystemen, die zusammenwirken. Der Antrieb besteht z. B. aus den Teilsystemen Motor, Getriebe, Gelenkwelle, Achsgetriebe, Antriebswellen und Antriebsräder.

Die Teilsysteme werden wiederum durch das Zusammenwirken von Grundsystemen gebildet.

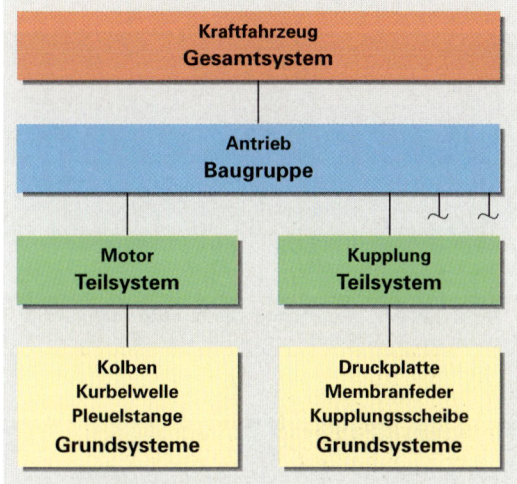

Bild 2: Systemverbund des Kraftfahrzeugs

4.2.3 Stoff- und Energiefluss im System Kraftfahrzeug

Man kann das System Kraftfahrzeug auch unter dem Gesichtspunkt des Stoff- und Energieflusses betrachten (**Bild 3**). Dem System Kraftfahrzeug wird Luft und die im Kraftstoff chemisch gespeicherte Energie zugeführt. Diese wird im Motor in Wärmeenergie und in mechanische Energie umgewandelt. Dabei entstehen im Stofffluss aus dem Kraftstoff und der Luft neue chemische Verbindungen (Abgas). Damit der Stoff- und der Energiefluss optimal ablaufen, müssen die Teilsysteme in einer bestimmten Art und Weise zusammenwirken. Dazu ist jedoch erforderlich, dass Mess-, Regel- und Steuereinheiten das Zusammenwirken der Teilsysteme überwachen und aufeinander abstimmen (**Informationsfluss, Bild 1, Seite 126**).

Im Verbund Speichereinheiten, Antriebseinheit, Übertragungseinheiten und Einheiten zur Umweltverträglichkeit des Kraftfahrzeuges sowie der Arbeitseinheit werden der Energie- und der Stofffluss dargestellt.

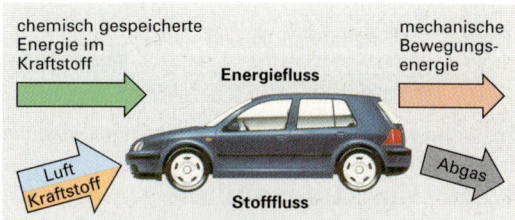

Bild 3: Stoff- und Energiefluss im Kfz

Um die Energieübertragung sicherzustellen, sind im Gesamtsystem Kraftfahrzeug Stütz- und Trageinheiten erforderlich.

4.2.4 Sicherheitseinrichtungen am System Kraftfahrzeug

Sie sind zum Schutz der Fahrzeuginsassen, der Ladung des Fahrzeugs und der anderen Verkehrsteilnehmer vorhanden. Sicherheitseinrichtungen sind z. B.

- Stoßfänger
- Knautschzonen
- Seitenversteifungen
- Airbags
- Sicherheitsgurte
- Sicherheitslenkung
- Antiblockiersystem
- Außenverglasungen aus Sicherheitsglas.

Diese Sicherheitseinrichtungen können durch elektronische Überwachungseinheiten kontrolliert werden. Bei Störungen kann ein Teilsystem abgeschaltet werden oder in einem Notlaufprogramm weiterarbeiten. Die Funktionsstörung kann durch eine Kontrollleuchte angezeigt und ggf. in einem Fehlerspeicher des Steuergeräts gespeichert werden.

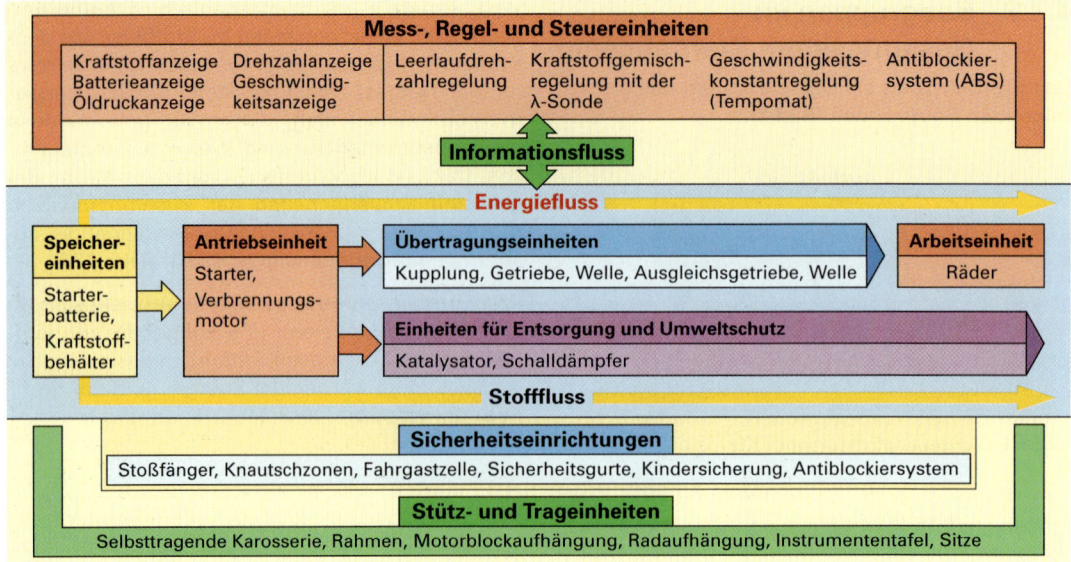

Bild 1: Struktur der Teilsysteme und Funktionseinheiten des Gesamtsystems Personenkraftwagen

4.2.5 Funktionseinheit Bohrmaschine

Auch eine Säulenbohrmaschine kann als Gesamtsystem (**Bild 2**) nach ihrem konstruktiven Aufbau in Baugruppen mit Teilsystemen und deren Grundsysteme unterteilt werden. Sie lässt sich aber auch aufgrund ihrer Haupt- oder Gesamtfunktion in Funktionseinheiten untergliedern.

Damit diese Werkzeugmaschine ihre Hauptfunktion erfüllen kann, besteht sie aus den nachstehend aufgeführten sieben Teilsystemen mit ihren jeweiligen Teilfunktionen.

Bild 2: Gesamtsystem Säulenbohrmaschine

Die Hauptfunktion des Gesamtsystems Säulenbohrmaschine ist das Bohren von Löchern in Werkstücke.

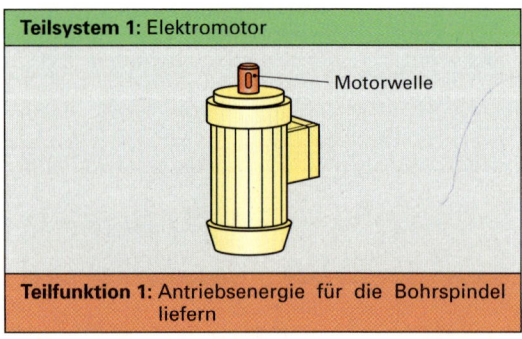

Teilsystem 1: Elektromotor

Teilfunktion 1: Antriebsenergie für die Bohrspindel liefern

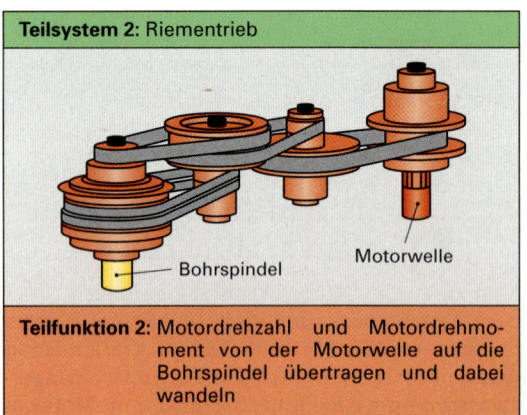

Teilsystem 2: Riementrieb

Teilfunktion 2: Motordrehzahl und Motordrehmoment von der Motorwelle auf die Bohrspindel übertragen und dabei wandeln

Funktionseinheiten 4 Maschinen- und Gerätetechnik

Teilsystem 3: Bohrspindel

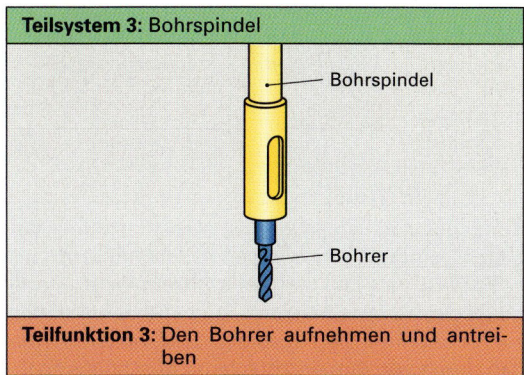

Teilfunktion 3: Den Bohrer aufnehmen und antreiben

Teilsystem 7: Gehäuse des Bohrkopfs

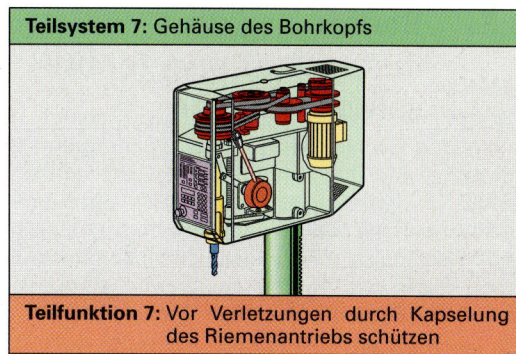

Teilfunktion 7: Vor Verletzungen durch Kapselung des Riemenantriebs schützen

Teilsystem 4: Maschinensäule mit Maschinenfuß

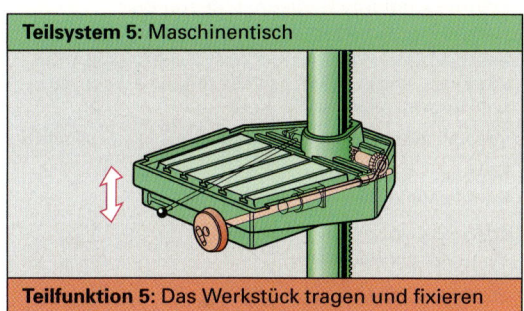

Teilfunktion 4: Werkstück und Teilsysteme der Maschine tragen und ggf. führen

Kennt man die einzelnen Teilsysteme mit ihren Grundsystemen und die Aufgaben der zugehörigen Teilfunktionen sowie ihr Zusammenwirken, so kann die Arbeitsweise der Maschine klar erkannt werden.

WIEDERHOLUNGSFRAGEN

1. Welche Hauptfunktion kann als Gesamtsystem ein Kraftomnibus erfüllen?
2. Wodurch ist jedes System gekennzeichnet?
3. Aus welchen Baugruppen besteht ein Kraftfahrzeug?
4. Nennen Sie die wesentlichen Teilsysteme eines Kraftfahrzeugs.
5. Nennen Sie einige Grundsysteme des Kraftfahrzeugs.
6. Wie erfolgt beim Kraftfahrzeug der Stoff- und der Energiefluss?
7. Wie verläuft der Informationsfluss?
8. Welche Systemeinheiten sind im Kraftfahrzeug erforderlich, um durch das Zusammenwirken der Teilsysteme den Stoff- und Energiefluss optimal ablaufen zu lassen?
9. Welche Aufgaben erfüllen Sicherheitseinrichtungen am System Kraftfahrzeug?
10. Welche Sicherheitseinrichtungen sind am Kraftfahrzeug gebräuchlich?
11. Wodurch kann die Funktionssicherheit der Sicherheitseinrichtungen eines Kraftfahrzeugs sichergestellt werden?
12. Welche Haupt- oder Gesamtfunktion hat eine Bohrmaschine?
13. Aus welchen Teilsystemen kann eine Säulenbohrmaschine bestehen?
14. Welche Teilfunktion hat die Bohrspindel?

Teilsystem 5: Maschinentisch

Teilfunktion 5: Das Werkstück tragen und fixieren

Teilsystem 6: Steuereinheit

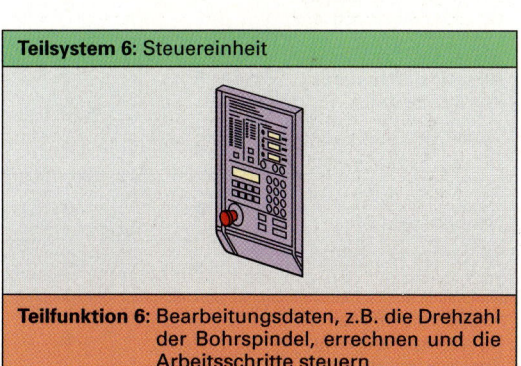

Teilfunktion 6: Bearbeitungsdaten, z.B. die Drehzahl der Bohrspindel, errechnen und die Arbeitsschritte steuern

4.3 Bedienung und Instandhaltung technischer Systeme

Bedienung technischer Systeme, z. B. eines Kraftfahrzeugs und ihre Instandhaltung setzt umfassende Systemkenntnisse voraus, um einen umweltschonenden und sicheren Betrieb für Mensch und Maschine zu gewährleisten. Zu jedem technischen Gerät, z. B. Kraftfahrzeug, wird vom Hersteller eine Betriebsanleitung mitgeliefert.

Betriebsanleitungen enthalten zur umfassenden Betriebsinformation:

- Systembeschreibungen
- Erläuterungen zu Funktionen
- Systemdarstellungen
- Funktionsskizzen
- Anleitungen zur sachgerechten Bedienung und Anwendung
- Wartungs- und Inspektionspläne
- Hinweise zu Betriebsstörungen
- Angaben zu zulässigen Betriebsstoffen, z. B. Motoröle
- technische Daten
- Notdienstadressen.

Betrieb. Kraftfahrzeuge und Maschinen dürfen nur von dazu qualifizierten und ausdrücklich dazu berechtigten Personen ingangggesetzt und betrieben werden. Vorgeschrieben ist z. B., dass
- der Führer eines Personenkraftwagens im öffentlichen Verkehrsraum die erforderliche Fahrerlaubnis, z. B. mindestens den Führerschein der Klasse 3 bzw. der neuen Klasse B besitzt
- eine Hebebühne in der Kfz-Reparaturwerkstatt nur von über 18 Jahre alten Personen bedient werden darf, wenn sie entsprechend unterwiesen und zur Bedienung berechtigt sind.

Zur Durchführung von Instandhaltungsarbeiten werden vom Hersteller Instandhaltungspläne und Ersatzteilkataloge bereitgestellt sowie Reparaturanweisungen herausgegeben. Diese stehen z. B. als Reparaturhandbuch, Mikrofiche oder als menügesteuerte Computerprogramme für PCs zur Verfügung.

Instandhaltung. Zur Erhaltung der Betriebssicherheit eines Kraftfahrzeuges bzw. einer Maschine und auch zur Wahrung von Gewährleistungsansprüchen ist fachkundige Instandhaltung entsprechend der Herstellervorschriften, z. B. durch den Kundendienst, notwendig. In der **Tabelle 1** sind diese Instandhaltungsarbeiten aufgeführt.

Tabelle 1: Instandhaltungsarbeiten

Wartung, z.B.	Inspektion, z.B.	Instandsetzung, z.B.
– Reinigen – Ölwechsel – Schmieren – Nachstellen	– Messen – Prüfen – Diagnostizieren	– Ausbessern – Reparieren – Austauschen

Kundendienst. Fahrzeug- bzw. Maschinenhersteller bieten einen sachkundigen Kundendienst an, z. B. wird von ihm ein neues Kraftfahrzeug ordnungsgemäß zur Erstinbetriebnahme dem Kunden zur Übernahme bereitgestellt. Des weiteren werden durch von ihm entsprechend geschultes Fachpersonal Instandhaltungsarbeiten durchgeführt, die der Betreiber nicht selbst erledigen kann.

Die zur Funktions- und Werterhaltung notwendigen Maßnahmen sind vom Hersteller in den Instandhaltungsvorschriften festgelegt. Sie sind für Kraftfahrzeuge z. B. in **Wartungs- (Tabelle 2)** und **Inspektionspläne (Tabelle 1, Seite 129)** festgehalten. Häufig ist im Wartungsplan der Inspektionszeitpunkt zugeordnet, z. B. wird nach 20 000 km oder nach 12 Monaten Betriebszeit auch eine Hauptinspektion durchgeführt. Der vorgeschriebene Umfang der Inspektion, ist aus **Tabelle 1, Seite 129,** zu entnehmen. Die Wartungs- und Inspektionsarbeiten sind entsprechend der Pläne durchzuführen. Die Ausführung der Arbeiten sind auf dem Arbeitsplan zu kennzeichnen und durch Unterschrift vom ausführenden Mechaniker zu bestätigen.

Tabelle 2: Wartungsplan

Wartungs- und zugeordnete Inspektionsintervalle km oder Monat	Fahrzeuge mit Ottomotor	Fahrzeuge mit Dieselmotor
5000 km / 3 Monate **Erste Inspektion**	●	
10 000 km / 6 Monate **Öl- und Filterwechsel**	●	
20 000 km / 12 Monate **Hauptinspektion**	●	●
30 000 km / 18 Monate **Öl- und Filterwechsel**	●	●
40 000 km / 24 Monate **Hauptinspektion mit Zusatzarbeiten**	●	●
50 000 km / 30 Monate **Öl- und Filterwechsel**	●	●
60 000 km / 36 Monate **Hauptinspektion**	●	●
70 000 km / 42 Monate **Öl- und Filterwechsel**	●	●
80 000 km / 48 Monate **Hauptinspektion mit Zusatzarbeiten**	●	●

Tabelle 3: Inspektionsplan EURO 200

Inspektionsplan EURO 200 (VIN RF)

Durchgeführte Arbeiten sind zu kennzeichnen

* So markierte Arbeiten sind in der Zeitvorgabe nicht enthalten und werden getrennt in Rechnung gestellt.

Erste Inspektion	nicht o.k. x	o.k. ✓
1 Motorenöl und Filter erneuern		
2 Gesamtdurchsicht des Fahrzeugs		

Hauptinspektion	nicht o.k. x	o.k. ✓
3 Durchrostungsuntersuchung (Kontrollblatt SMD 1601)		
4 Lackuntersuchung (nach Kontrollblatt SMD 1601)		
5 Lampen, Hupen, Warnleuchten, Windschutzscheibe und Waschanlage kontrollieren		
6 Reifendruck und Zustand kontrollieren VR: mm VL: mm HR: mm HL: mm RR: mm		
7 Bremsanlage vorn und hinten: Räder demontieren, zum Zustand und Belagstärke prüfen		
8 Radlager, Antriebswellen, Aufhängung, Lenkgelenke und Manschetten kontrollieren		
9 Auspuffanlage und Hitzeschild kontrollieren		
10 Flüssigkeitsstand Bremse, Kupplung, Getriebe und Servolenkung kontrollieren		
11 Batterieanschlüsse und ggf. Säurestand kontrollieren		
12 Kühlerfrostschutz prüfen und ggf. ergänzen		
13 Schließzylinder, Schlösser, und Scharniere der Türen, Motorhaube und Kofferraumdeckel schmieren		
14 Motoröl und Filter erneuern		
15 Handbremse kontrollieren, ggf. einstellen		
16 Pollenfilter erneuern		
17 Kraftstofffilter erneuern – **Diesel alle 20.000 km**		
18 Luftfilterelement alle 60.000 km erneuern		
19 Nockenwellenantriebsriemen erneuern – **nur VVC[1] alle 100.000 km**		
20 Nockenwellenantriebsriemen, Hilfsantriebsriemen und Antriebsriemen Einspritzpumpe erneuern – **nur VVC[1] alle 140.000 km**		

Zusatzarbeiten 40.000 km	nicht o.k. x	o.k. ✓
21 Kühlsystemschläuche und Anschlüsse kontrollieren		
22 Kurbelgehäuseentlüftungsschläuche und Ventile kontrollieren, wo vorhanden		
23 Druckschläuche und Vakuumleitungen kontrollieren		
24 Klimaanlage, Schläuche und Schauglas kontrollieren		
25 Nockenwellenantriebsriemen kontrollieren – **alle 80.000 km**		
26 Nockenwellenantriebsriemen erneuern – **nicht VVC[1] alle 160.000 km**		
27 Zustand/Spannung des Hilfsantriebsriemens kontrollieren		
28 Kraftstoff- und Kupplungsleitungen und Rohre kontrollieren		
29 Getriebeöl erneuern – **nur CTV[2]**		
30 Kraftstofffilter erneuern – **alle 80.000 km**		
31 Zündkerzen erneuern – **alle 40.000 km**		

[1] variable Ventilsteuerung
[2] Automatikgetriebe

Zeitbezogene Arbeiten	nicht o.k. x	o.k. ✓
32 Sicherheitsgurte und Airbagabdeckung kontrollieren – **nach 36 Monate und danach alle 12 Monate**		
33 Nummernschilder und Fahrgestellnummer kontrollieren – **nach 36 Monate und danach alle 12 Monate**		
34 Kühlerfrostschutz erneuern – **nach 36 Monate und danach alle 24 Monate** ★		
35 Bremsflüssigkeit erneuern – **nach 24 Monate unabhängig vom Kilometerstand** ★		
36 Airbag-Module erneuern – **alle 10 Jahre, unabhängig vom Kilometerstand** ★		
37 Airbag-Drehsensor erneuern – **nur Fahrzeuge ohne Beifahrerairbag alle 10 Jahre, unabhängig vom Kilometerstand** ★		

Nach der Hauptinspektion	nicht o.k. x	o.k. ✓
38 CO ___ % messen		
39 Probefahrt durchführen, ordnungsgemäße Funktion aller Systeme prüfen und durch Unterschrift bestätigen		

Inspektion: Technik, Lack und Durchrostung durchgeführt und Serviceheft abgestempelt.

Unterschrift: _____ Datum: _____

Die Wartungsabstände eines Kraftfahrzeugs können nach den gefahrenen Kilometern und nach der Zeit in Monaten bzw. auch nach der Betriebszeit, z. B. in Betriebsstunden, eingeteilt sein. Zunehmend werden jedoch auch elektronisch rechnende Systeme mit Intervallanzeige (**Bild 1**) in Kraftfahrzeugen eingesetzt. Sie berücksichtigen individuell für das damit ausgerüstete Fahrzeug z.B. sowohl die zurückgelegte Wegstrecke als auch die vergangene Zeit, die Betriebsstunden, die Motorbelastung und die Anzahl der Startvorgänge.

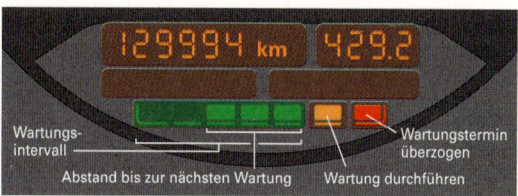

Bild 1: Intervallanzeige zur Instandhaltung

WIEDERHOLUNGSFRAGEN

1. Welche wesentlichen Informationen enthält eine Betriebsanleitung?
2. Wozu ist die Instandhaltung eines Kfz erforderlich?
3. Welche Bereiche der Instandhaltungsarbeiten unterscheidet man beim Kfz?
4. Welche Einflüsse berücksichtigt eine elektronische Intervallanzeige für die Instandhaltung eines Kfz?
5. Welche Folge bewirkt eine im Arbeitsplan zur durchgeführten Inspektion mit „nicht o. k." gekennzeichnete Arbeitsposition?

5 Steuerungs- und Regelungstechnik

5.1 Grundlagen

Steuerungs- und Regelungssysteme sorgen für das aufgabengemäße Zusammenwirken von Teilsystemen innerhalb eines Gesamtsystems. Außerdem sorgen sie für das aufgabengemäße Wirken der Systeme nach außen.
Im Kraftfahrzeug laufen ständig eine Vielzahl von solchen Steuerungs- und Regelungsvorgängen ab, die aufgabengemäß zusammenwirken.

Beispiele für Steuerungsvorgänge
- Gaswechselsteuerung durch Öffnen und Schließen von Ventilen durch einen Nocken
- Lenken eines Fahrzeugs durch Einschlagen der Räder.

Beispiele für Regelungsvorgänge
- Regelung des Kraftstoff-Luft-Verhältnisses auf einen bestimmten Wert (z. B. λ = 1)
- Fahrgeschwindigkeitsregelung (Tempomat).

5.1.1 Steuern

Das Steuern (oder: die Steuerung) ist der Vorgang in einem System, bei dem eine oder mehrere Eingangsgrößen systembedingt die Ausgangsgrößen beeinflussen. Die Steuerung kontrolliert nicht, ob der Istwert der Ausgangsgröße mit dem Sollwert der Eingangsgröße übereinstimmt.
Kennzeichnend für das Steuern ist der offene Wirkungsablauf längs einer Steuerkette.

Steuerkette (Bild 1). Sie wird gebildet von den Baugliedern der Steuerung, die in Kettenstruktur, von Bauglied zu Bauglied, aufeinander wirken. Die Steuerkette wird unterteilt in **Steuereinrichtung** und **Steuerstrecke**.
Am Beispiel der Fahrgeschwindigkeitssteuerung werden die Begriffe, Benennungen und Bauglieder einer Steuerung erklärt.
Ein Pkw mit Ottomotor soll mit der gleichbleibenden Geschwindigkeit von 80 km/h gefahren werden (**Bild 2**). Diese Geschwindigkeit stellt die **Aufgabengröße** dar (**Bild 3**). Um sie unter gegebenen Fahrzuständen zu erreichen, muss dem Motor eine bestimmte Gemischmenge zugeführt werden. Der Fahrer bringt dazu das Fahrpedal in eine entsprechende Stellung; der Pedalweg ist somit die **Führungsgröße (w)** (Eingangsgröße). Durch das Fahrpedal wird die Drosselklappe im Saugrohr in eine bestimmte Stellung gebracht. Die Drosselklappenöffnung ist die **Stellgröße (y)** für die benötigte Gemischmenge.

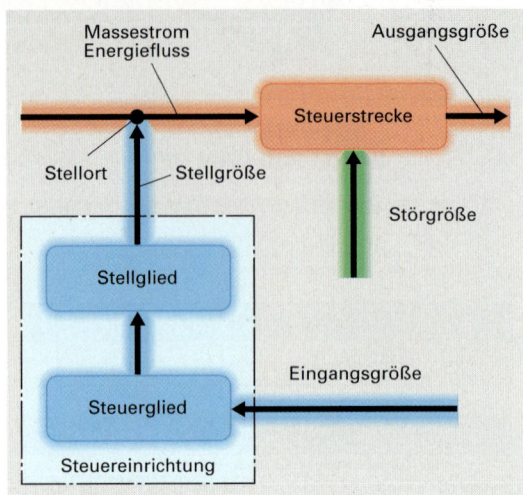

Bild 1: Steuerkette

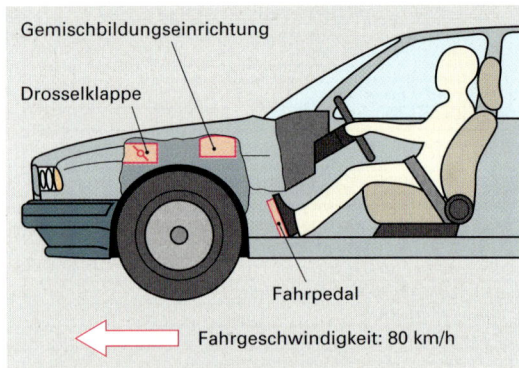

Bild 2: Fahrgeschwindigkeitssteuerung

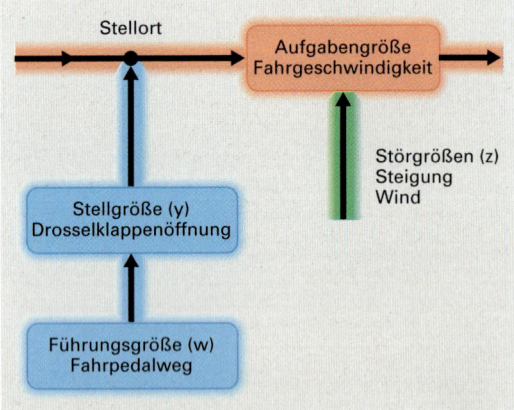

Bild 3: Physikalische Größen in der Geschwindigkeitssteuerung

Grundlagen 5 Steuerungs- und Regelungstechnik

Steuereinrichtung (Bild 1). Zu ihr gehören **Steuerglied** und **Stellglied**. Das sind die Bauglieder, die unmittelbar für die aufgabengemäße Beeinflussung der Steuerstrecke erforderlich sind.

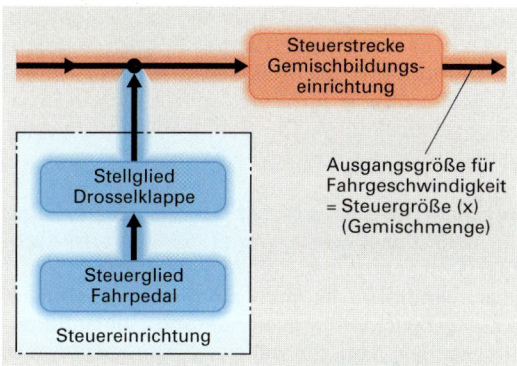

Bild 1: Steuerkette der Fahrgeschwindigkeitssteuerung

Steuerglied ist das Fahrpedal. Stellglied ist die Drosselklappe. Die **Führungsgröße w** (Pedalweg) ist die Eingangsgröße der Steuereinrichtung. Die **Stellgröße y** (Drosselklappenöffnung) ist die Ausgangsgröße der Steuereinrichtung. Die Stellgröße ist zugleich Eingangsgröße der Steuerstrecke.

Steuerstrecke. Sie umfasst den Teil der Anlage, der beeinflusst werden muss, um die erforderliche Aufgabengröße, Fahrgeschwindigkeit, zu erreichen. Die Steuerstrecke ist also die Gemischbildungseinrichtung, da sie die erforderliche Gemischmenge für die angesteuerte Geschwindigkeit liefert. Die Ausgangsgröße der Steuerstrecke ist die **Steuergröße x**.

Die Geschwindigkeit 80 km/h wird jedoch nur solange eingehalten wie keine Störungen auf das System einwirken. Kommt der Pkw z. B. an eine Steigung, so vermindert sich die Geschwindigkeit. Die Steigung stellt steuerungstechnisch eine **Störgröße z** dar. Sie kann von der Steuerung nicht berücksichtigt werden, da die veränderte Aufgabengröße Geschwindigkeit nicht selbsttätig auf die Führungsgröße (Pedalweg) zurückwirkt. Die Steuerung hat also einen offenen Wirkungsablauf. Fällt die Störgröße wieder weg, stellt sich die vorgesehene Geschwindigkeit wieder ein.

Um die Einwirkung der Störgröße (Steigung) zu korrigieren, muss der Fahrer der Steuereinrichtung eine geänderte Führungsgröße (Pedalweg) eingeben. Dadurch wird über das Steuerglied (Fahrpedal) und Stellglied (Drosselklappe) in der Steuerstrecke (Gemischbildungseinrichtung) eine andere Ausgangsgröße (Gemischmenge) bewirkt, welche die Aufgabengröße (Geschwindigkeit = 80 km/h) wiederherstellt.

5.1.2 Regeln

Das Regeln (oder die Regelung) ist ein Vorgang in einem System, bei dem die zu regelnde Größe (Regelgröße) als Istwert fortlaufend erfasst, mit dem Sollwert verglichen und bei Abweichungen vom Sollwert an diesen selbsttätig angeglichen wird.
Kennzeichnend für das Regeln ist der geschlossene Wirkungsablauf (Regelkreis).

Regelkreis (Bild 2). Er wird von den Baugliedern gebildet, die am geschlossenen Wirkungsablauf der Regelung teilnehmen. Der Regelkreis besteht aus **Regeleinrichtung** und **Regelstrecke**.

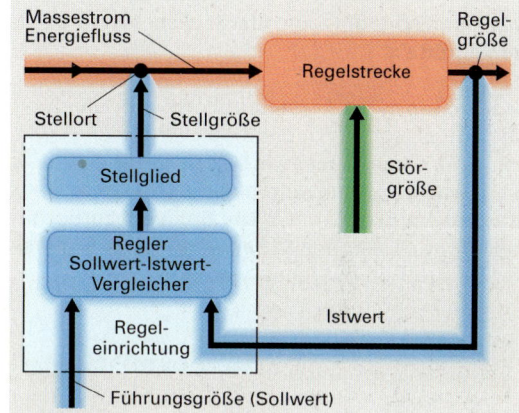

Bild 2: Regelkreis

Am Beispiel der Fahrgeschwindigkeitsregelung werden die Begriffe und Benennungen erklärt.

Ein Pkw mit Ottomotor soll mit einer gleichbleibenden Geschwindigkeit von 80 km/h **(Bild 3)** gefahren werden. Er ist dazu mit einer Fahrgeschwindigkeitsregelung (Tempomat) ausgerüstet.

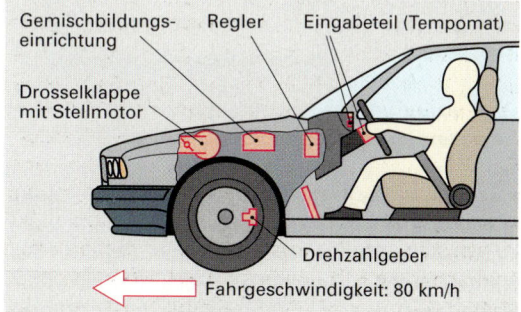

Bild 3: Fahrgeschwindigkeitsregelung

Physikalische Größen (Bild 1).
Die Geschwindigkeit des Fahrzeugs ist die **Regelgröße x**. Die Fahrgeschwindigkeitsregelung kann auf verschiedene Art eingeschaltet werden.

Im Normalfall wird der Fahrer den Pkw mit dem Fahrpedal auf die Geschwindigkeit 80 km/h bringen, dann durch Betätigen des entsprechenden Schalthebels an der Lenksäule die Regelung einschalten und damit zugleich den momentanen Wert der Geschwindigkeit als Sollwert fixieren. Der Sollwert 80 km/h ist die **Führungsgröße w**.

Um diese Geschwindigkeit zu halten, benötigt der Motor eine bestimmte Gemischmenge. Dazu wird die Drosselklappe in eine Stellung gebracht, die der benötigten Gemischmenge entspricht. Die Drosselklappenöffnung ist die **Stellgröße y**, die in der Gemischbildungseinrichtung für die benötigte Gemischmenge sorgt. Damit erreicht der Motor eine bestimmte Leistung und das Fahrzeug die geforderte Geschwindigkeit, **Regelgröße x**.

Störgrößen z. Sie können in Form von Steigung oder Gefälle oder Wind auf das Fahrzeug einwirken und seine Geschwindigkeit verändern. Da die jeweilige Geschwindigkeit jedoch dem Regler zum Vergleich mit dem Sollwert zurückgemeldet wird, kann die Regelung dem Einfluss der Störgrößen entgegenwirken.

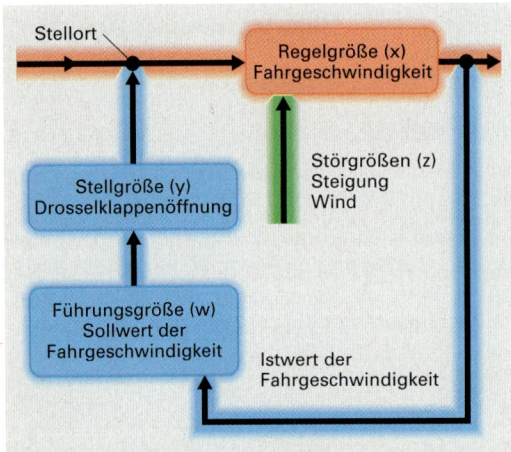

Bild 1: Physikalische Größen bei der Fahrgeschwindigkeitsregelung

Regeleinrichtung (Bild 2). Zu ihr gehören **Signalglied, Regler** und **Stellglied**. Diese Bauglieder sind für die unmittelbare aufgabengemäße Beeinflussung der Regelstrecke erforderlich. Dem Regler wird über das Eingabeteil die Führungsgröße (Sollwert für die Geschwindigkeit) eingegeben. Dem Regler wird außerdem der augenblickliche Istwert der Geschwindigkeit durch einen Drehzahlgeber mitgeteilt. Aus dem Vergleich von Istwert und Sollwert der Geschwindigkeit bestimmt der Regler selbsttätig das Signal für das Stellglied. Das Stellglied besteht aus Stellmotor und Drosselklappe. Je nach Regelabweichung formt das Stellglied eine entsprechende **Stellgröße y** (größere oder kleinere Drosselklappenöffnung). Die Stellgröße ist die Ausgangsgröße der Regeleinrichtung.

Regelstrecke. Sie umfasst den Teil der Anlage, der beeinflusst werden muss, um die erforderliche Gemischmenge für die vorgegebene Fahrgeschwindigkeit 80 km/h zu erhalten. Somit ist die Gemischbildungseinrichtung die Regelstrecke. Die von ihr gelieferte Gemischmenge ergibt eine bestimmte Motorleistung, das Fahrzeug erreicht damit eine bestimmte Geschwindigkeit. Die Geschwindigkeit ist die Ausgangsgröße der Regelstrecke (Regelgröße).

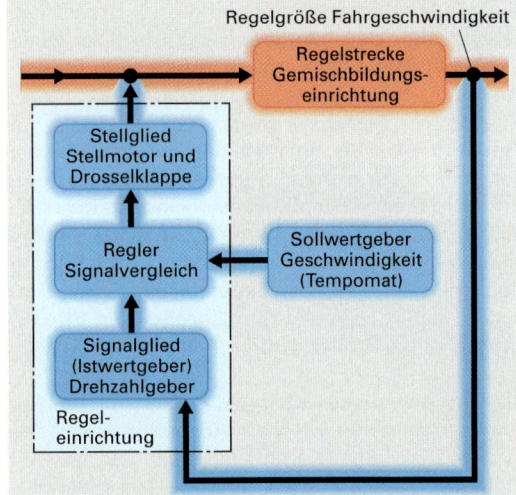

Bild 2: Regelkreis der Fahrgeschwindigkeitsregelung

Im Gegensatz zur Steuerung überprüft die Regelung, ob der Istwert der Regelgröße, also die tatsächlich erreichte Fahrgeschwindigkeit, mit dem Sollwert übereinstimmt. Hierzu wird der Istwert von einem Drehzahlgeber erfasst und als Regelgröße dem Regler zum Vergleich mit der vorgegebenen Führungsgröße zugeleitet. Weicht der Istwert der Geschwindigkeit vom Sollwert ab, leitet der Regler einen neuen Regelvorgang mit geänderter Stellgröße ein. Man spricht daher in der Regelung von einem Regelkreis.

5.2 Aufbau und Funktionseinheiten von Steuereinrichtungen

Eine Steuereinrichtung lässt sich gerätetechnisch in folgende Bauglieder aufteilen:
Signalglied, Steuerglied und Stellglied.
So wie die Bauglieder der Steuereinrichtung in der Reihenfolge des Wirkablaufs verkettet sind, übertragen sie in der Wirkrichtung Signale und Befehle nach dem Prinzip

Eingabe → Verarbeitung → Ausgabe.

Diese Folge des Signalflusses wird verkürzt als „EVA-Prinzip" bezeichnet. In **Bild 1** wird dieses Prinzip am Beispiel des Gurtstraffers erläutert.
Um bei einem Frontalaufprall eines Fahrzeuges Verletzungen der Fahrzeuginnensassen durch Aufprall auf Lenkrad, Instrumententafel oder Frontscheibe zu vermeiden, werden von Fahrzeugherstellern unter anderem pyrotechnische Gurtstraffersysteme eingesetzt.

Signaleingabe. Die Aufprallerkennung erfolgt dabei durch einen Beschleunigungssensor. Dieser erfasst die augenblickliche Geschwindigkeitsänderung und gibt sie in Form eines elektrischen Signals an das Auslösesteuergerät weiter.

Signalverarbeitung. Die Elektronik des Auslösesteuergerätes erkennt, ob ein kritischer Verzögerungswert überschritten wird. Ist dies der Fall, so steuert das Auslösesteuergerät über einen Impuls den Zündkreis des Gurtstraffers an.

Signalausgabe. Die Zündkapsel zündet nun einen Feststofftreibsatz. Dadurch wird von einem Gasgenerator über einen Kolben und einen Seilzug der Sicherheitsgurt gestrafft.

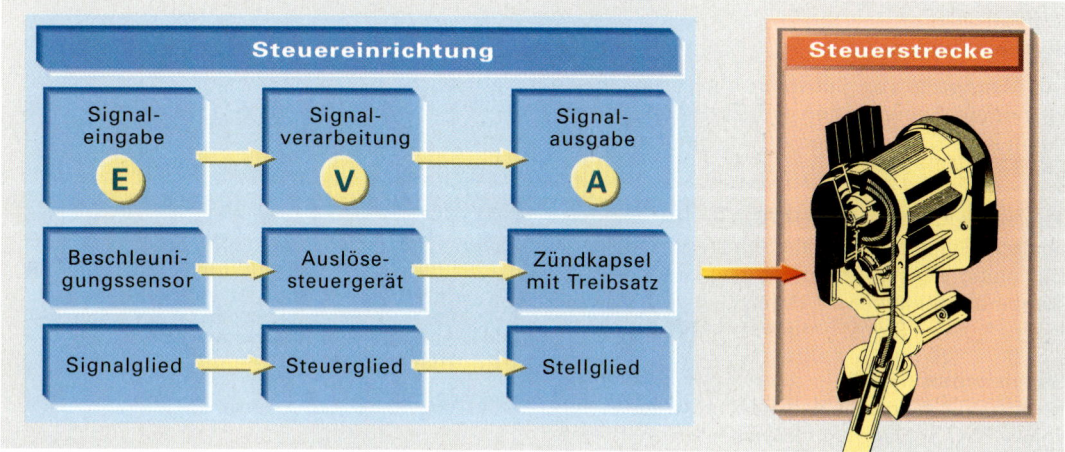

Bild 1: Steuertechnisches Schema eines Gurtstraffersystems

5.2.1 Signalglieder, Signalarten, Signalumformung

Signalglieder bezeichnet man auch als **Sensoren**. Sie nehmen physikalische Größen verschiedener Art auf (**Bild 2**), formen daraus Eingangssignale (z. B. Spannungen) und geben sie an die Steuerglieder weiter.

Die Signale können unterschiedlichen Verlauf haben. Man unterscheidet analoge, binäre und digitale Signale.

Signalarten

Analoge Signale (Bild 1, Seite 134). Dabei werden Signale stufenlos aufgenommen und übertragen.

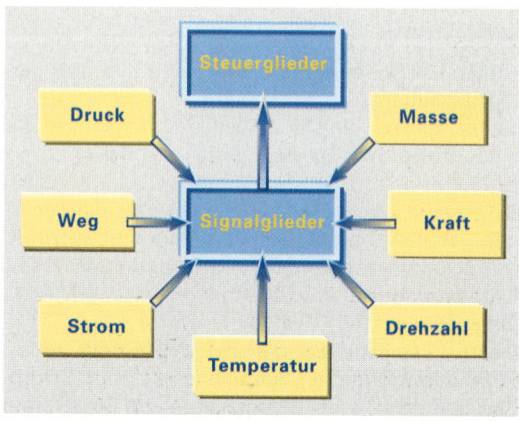

Bild 2: Eingangssignale aus physikalischen Größen

Beispiel: Die Drehzahl einer Handbohrmaschine wird über die Schalttaste stufenlos gesteuert. Die Drehzahl verhält sich gleichartig (analog) zur Stellung der Schalttaste. Im Diagramm ist der Verlauf der Drehzahl über die Zeit aufgetragen. Zwischen Null und Höchstdrehzahl gibt es beliebig viele Zwischenwerte.

Binäre Signale (Bild 1). Sie liegen vor, wenn nur zwei Signalzustände aufgenommen oder übertragen werden, z.B. **Ein** und **Aus** oder **0** und **1**.
Beispiel: Eine sich ändernde Drehzahl wird jeweils nur durch zwei Werte angezeigt, z. B. Drehzahl < 400 1/min (Zustand 0) oder Drehzahl > 400 1/min (Zustand 1).

Digitale Signale (Bild 1). Sie stellen eine Sonderform von binären Signalen dar. Dabei werden von analogen Signalen verschiedene Zwischenwerte aufgenommen und übertragen.
Beispiel: Eine sich ändernde Drehzahl wird in festgelegten Schritten, z.B. 100 1/min angezeigt.

Signalumformung

Die Messwerte von Sensoren müssen häufig in bestimmte Signalformen umgewandelt werden, damit sie z. B. von Steuergeräten verarbeitet werden können.

Analog-Digital-Wandler (A/D). Diese wandeln analoge Signale in digitale Signale um. Beispiel: Das stetig erfasste Temperatursignal eines NTC-Temperaturfühlers wird durch den A/D-Wandler in ein digitales Signal umgeformt **(Bild 2)**.

Impulsformer (IF). Sie erzeugen aus beliebig geformten Eingangssignalen Rechtecksignale. Beispiel: Ein analoges Induktivgebersignal einer Zündanlage wird über einen Impulsformer in Rechtecksignal, zur Zündzeitpunktsteuerung umgewandelt **(Bild 3)**.

Signalglieder

Taster und **Schalter** gehören zu den berührenden Signalgliedern.
Taster geben ein Signal nur ab, solange sie betätigt werden. Danach gehen sie meist durch Federkraft in ihre Ruhestellung zurück.
Schalter rasten bei Betätigung ein bzw. bleiben in der Schaltstellung, in die sie gebracht werden. Der Schalter wird durch erneutes Betätigen in seine Ausgangsstellung oder in eine weitere Stellung gebracht.
Elektrische Schalter, die bei Betätigung einen Stromkreis schließen, bezeichnet man als **Schließer**; Schalter die bei Betätigung einen Stromkreis öffnen bezeichnet man als **Öffner (Bild 4)**.

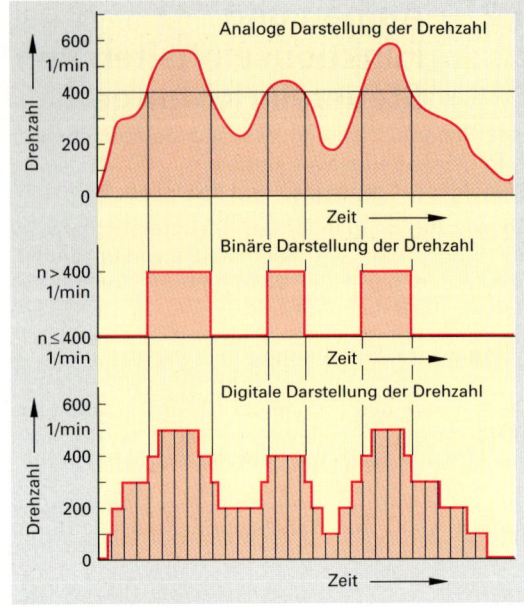

Bild 1: Signalarten

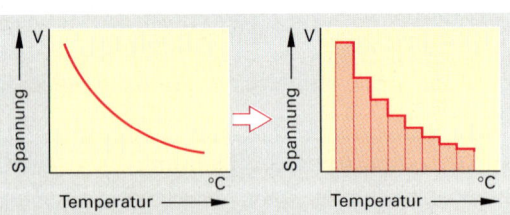

Bild 2: Analog-Digitale Umwandlung eines NTC-Temperatursignals

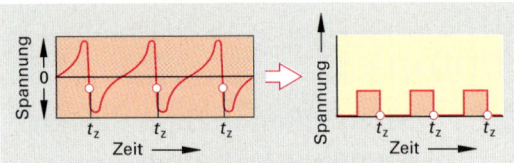

Bild 3: Impulsumformung: Umwandlung eines Induktivgebersignals in ein Rechtecksignal

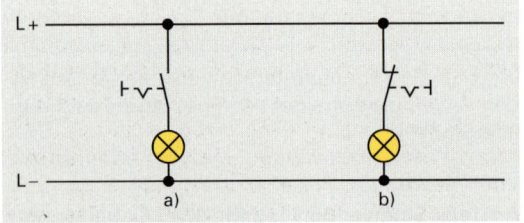

Bild 4: Symbole: a) Schließer   b) Öffner

Wegeventile werden in pneumatischen und hydraulischen Steuerungen häufig als Schalter oder Taster benutzt **(Bild 1)**.

Berührungslos arbeitende Sensoren benötigen keine Schalterbetätigung von außen. Sie reagieren selbständig. So reagiert zum Beispiel ein Fotowiderstand **(Bild 2)** auf unterschiedlichen Lichteinfall mit einem veränderten Widerstand und kann so für eine Lichtsteuerung verwendet werden.

Temperaturfühler (Bild 3) werden z. B. verwendet zum Messen der Kühlflüssigkeitstemperatur. Sie sind z. B. mit einem NTC-Widerstand ausgestattet, dessen Widerstandswert mit steigender Temperatur abnimmt. Der sich ändernde Spannungsabfall ist ein Maß für die Temperaturänderung.

Induktive Drehzahlgeber (Bild 4) werden z. B. zum Messen der Motordrehzahl verwendet. Sie bestehen aus einem Dauermagneten und einer Induktionsspule mit Weicheisenkern. Als Impulsgeber wird ein Zahnkranz am Schwungrad verwendet, dessen Drehzahl zu messen ist. Die Zähne des Zahnkranzes sind nur durch einen Luftspalt vom Drehzahlgeber getrennt. Bei drehendem Schwungrad verursacht jeder Zahn eine Magnetfeldänderung, die in der Spule jeweils eine Induktionsspannung erzeugt. Die Anzahl der Impulse je Zeiteinheit ist ein Maß für die Drehzahl des Schwungrades.

5.2.2 Steuerglieder

Steuerglieder nehmen die Signale von den Signalgliedern auf, verarbeiten sie und geben sie als Schaltbefehle an die Stellglieder weiter **(Bild 5)**.

Umformen der Signale wird erforderlich, wenn sie in der vorliegenden physikalischen Größe nicht weitergegeben werden können. In elektropneumatischen Steuerungen wird z. B. in einem elektromagnetisch betätigten Wegeventil das elektrische Eingangssignal umgeformt in ein pneumatisches Ausgangssignal.

Verstärken. Häufig sind Eingangssignale zu schwach oder nicht geeignet, um Steuerungsvorgänge am Stellglied zu bewirken. Die Signale müssen dann innerhalb des Systems verstärkt werden. Die Verstärkung kann z. B. mit Hilfe eines Relais erfolgen. Dabei bewirkt ein kleiner Steuerstrom durch die Spule eines Elektromagneten, dass Schalterkontakte für einen hohen Arbeitsstrom geschlossen werden. Mit dem Arbeitsstrom kann dann z.B. ein elektrohydraulisches Ventil (Einspritzventil) angesteuert **(Bild 1, Seite 136)** werden.

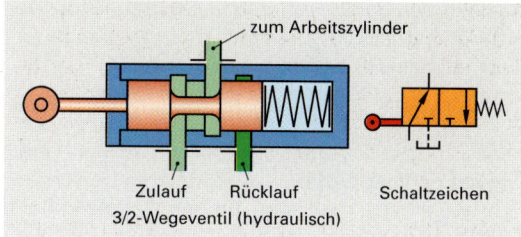

Bild 1: Grenztaster

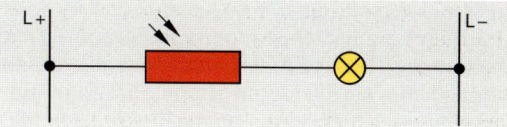

Bild 2: Fotowiderstand zur Lichtsteuerung

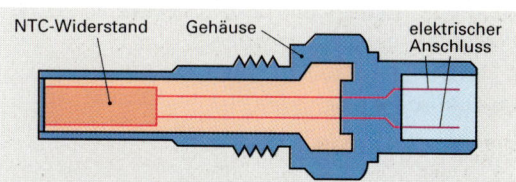

Bild 3: Temperaturfühler

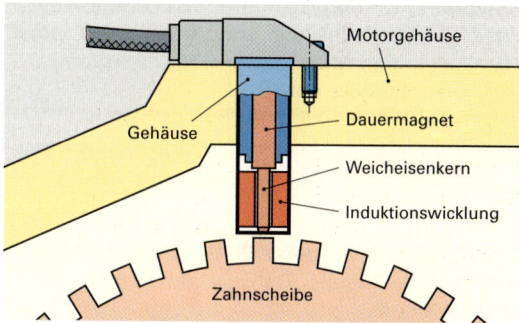

Bild 4: Drehzahlgeber

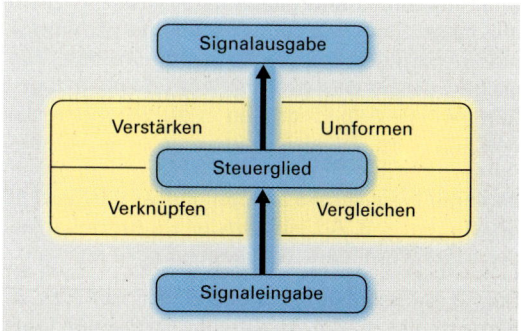

Bild 5: Signalverarbeitung in Steuergliedern

Anstelle des Relais, kann auch ein Transistor verwendet werden. Hierbei bewirkt ein kleiner Basisstrom (I_B) einen großen Arbeitsstrom (I_C).

In der Technik werden solche Steuerglieder häufig als Verstärker bezeichnet.

Logisches Verknüpfen von Signalen ist erforderlich, wenn aus mehreren Eingangssignalen ein Ausgangssignal gebildet werden soll.

In der elektronisch gesteuerten Benzineinspritzanlage gehen z. B. an das elektronische Steuergerät die Signale über Lastzustand des Motors, Motortemperatur, Ansauglufttemperatur und Motordrehzahl. Das Steuergerät formt aus diesen Signalen für die benötigte Kraftstoffmenge entsprechende Schaltbefehle an die Einspritzventile.

In pneumatischen und hydraulischen Steuerungen werden häufig Wechselventile (ODER-Verknüpfung, **Bild 2**) und Zweidruckventile (UND-Verknüpfung, **Bild 2**) verwendet.

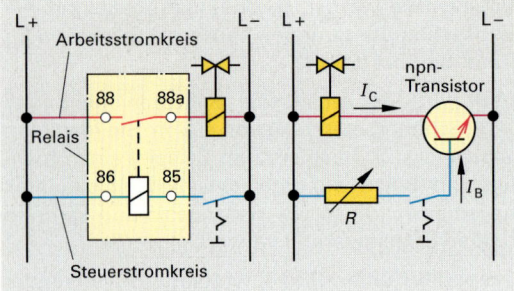

Bild 1: Relais und Transistor als Signalverstärker

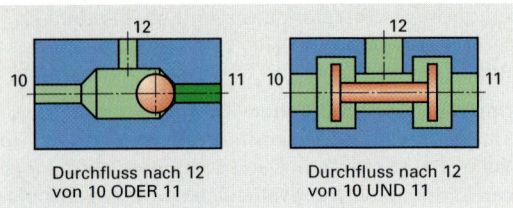

Bild 2: Wechselventil und Zweidruckventil

5.2.3 Stellglieder und Antriebsglieder

> Das **Stellglied** (Aktor) ist das letzte Glied der Steuereinrichtung. Es nimmt den Schaltbefehl des Steuergliedes auf und greift damit am Stellort in den Massestrom oder Energiefluss der Steuerstrecke ein.

Mit dem Eingreifen des Stellgliedes soll die Aufgabengröße am Ende der Steuerstrecke in der vorgesehenen Weise verändert werden.

Als Stellglieder werden z. B. Ventile, Drosselklappen, Zylinder, Relais, Transistoren oder Thyristoren verwendet.

Sind in Steuerungen große Energien zu leiten, wird die Steuereinrichtung häufig in einen **Steuerteil** und einen **Energieteil** geteilt (**Bild 3**). Stellglieder im Steuerteil können dann mit verhältnismäßig geringer Energie betrieben werden. Die große Energie wird erst am Antriebsglied zugeführt, wo sie zum Eingreifen in die Steuerstrecke benötigt wird. In elektropneumatischen Steuerungen werden dazu häufig elektromagnetisch betätigte Wegeventile als Stellglieder verwendet. Sie steuern z. B. Arbeitszylinder als **Antriebsglieder** zum Eingreifen in die Steuerstrecke an.

Häufig verwendete Antriebsglieder sind z. B. Elektromotoren, Pneumatik- und Hydraulikmotoren und Zylinder.

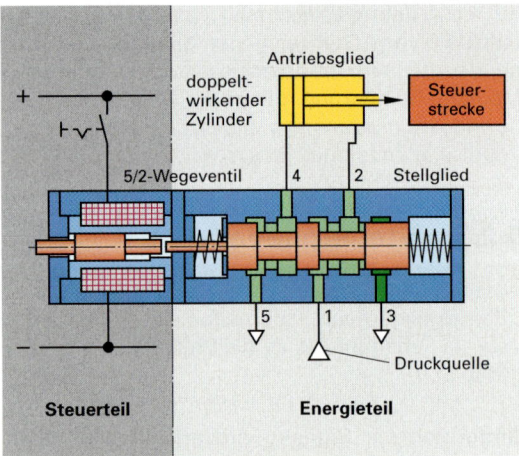

Bild 3: Stellglied mit Antriebsglied

WIEDERHOLUNGSFRAGEN

1. Wodurch unterscheidet sich eine Steuerung von einer Regelung?
2. Aus welchen Hauptbaugruppen besteht eine Steuerkette?
3. Welche Aufgabe haben Steuerglieder?
4. Welche Aufgabe haben Stellglieder?
5. Welche Bauglieder gehören zur Steuereinrichtung?
6. Welche Aufgaben haben Signalglieder?
7. Was versteht man unter dem EVA-Prinzip?
8. Was versteht man in einer Steuerung unter Führungs-, Stell- und Steuergröße?
9. Welche Signalarten unterscheidet man?

5.3 Steuerungsarten
5.3.1 Mechanische Steuerungen

Bei mechanischen Steuerungen werden zur Übertragung der Energie und der Steuersignale mechanische Übertragungsglieder verwendet. Im Kraftfahrzeug gibt es charakteristische Beispiele für rein mechanische Steuerungen, z. B. die Lenkung (ohne Lenkhilfe), das handgeschaltete Wechselgetriebe, die Ventilsteuerung.

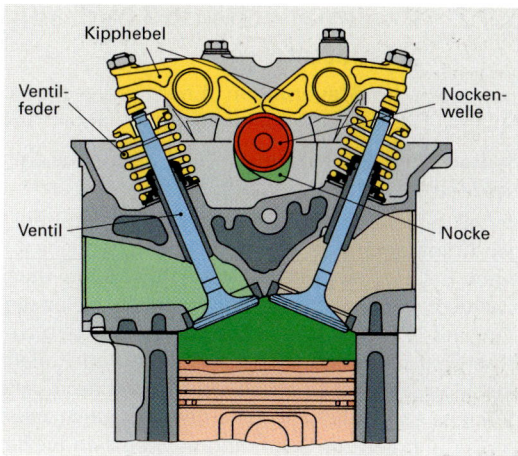

Bild 1: Ventilsteuerung

Ventilsteuerung (Bild 1, Bild 3). Durch sie wird der Ein- und Austritt des Kraftstoff-Luftgemisches gesteuert. Der Gaswechsel ist die **Ausgangs- bzw. Steuergröße x** der Ventilsteuerung. Dabei bilden Nockenwelle, Nocken, Kipphebel und Ventilfedern die Steuereinrichtung. Das Ventil ist die Steuerstrecke, da über den Ventilöffnungsquerschnitt der Gaswechsel gesteuert wird. Die Drehung der Nockenwelle ist bei dieser Steuerung die **Führungsgröße w**. Der über den Kipphebel bewirkte Ventilhub und das über die Ventilfeder bewirkte Schließen des Ventils wird als **Stellgröße y** bezeichnet. **Störgrößen z** sind bei dieser Steuerung z. B. Wärmedehnung der Bauteile, mechanisches Spiel zwischen den Baugliedern, Massenträgheit.

Fahrzeuglenkung (Bild 2, Bild 3). Durch sie ist es möglich, dass mit einem Fahrzeug Richtungsänderungen erfolgen, die vom Fahrzeuglenker gewollt sind.

Ausgangs- bzw. Steuergröße x. Sie wird durch die Schwenkbewegung der Räder bewirkt. Lenkrad, Lenkspindel, Lenkgetriebe, Spurstange und Spurhebel bilden die Steuereinrichtung. Die Räder stellen die Steuerstrecke dar, da durch ihre Schwenkbewegung eine Richtungsänderung des Fahrzeugs bewirkt wird. Die Drehung des Lenkrades ist bei dieser Steuerung die **Führungsgröße w**. Über eine Lenkspindel wird die Drehbewegung mechanisch auf das Steuerglied, z. B. Zahnstangenlenkgetriebe übertragen. Dabei wird die Drehbewegung durch eine Zahnstange in eine geradlinige hin- und hergehende Bewegung umgewandelt. Die Zahnstange überträgt nun über Spurstange und Spurhebel die Lenkbewegung auf die Räder (= Steuerstrecke). Der über Spurstange und Spurhebel bewirkte Lenkeinschlag der Räder ist die **Stellgröße y**.
Störgrößen z die auf die Lenkung wirken, sind z. B. äußere Kräfte.

Nachteile von mechanischen Steuerungen. Große Übertragungswege sind nur schwer zu überbrücken. Sie unterliegen einem stärkeren Verschleiß als andere Steuerungen. Deshalb werden sie zunehmend durch pneumatische, hydraulische, elektrische oder elektropneumatische bzw. elektrohydraulische Steuerungen ersetzt.

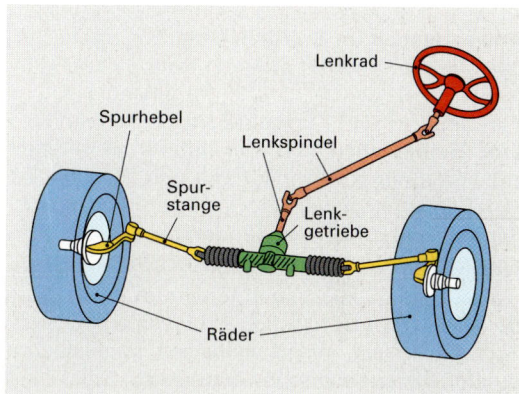

Bild 2: Fahrzeuglenkung

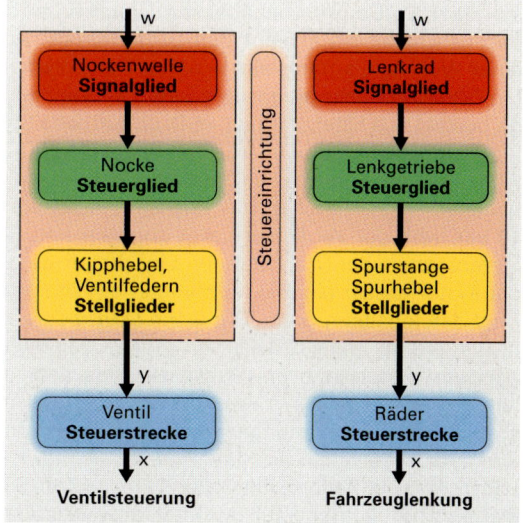

Bild 3: Signalflüsse

5.3.2 Pneumatische und hydraulische Steuerungen

Pneumatische Steuerungen. Energieträger ist bei diesen Anlagen Gas, meist Druckluft, seltener Unterdruck.

Hydraulische Steuerungen. Zur Energieübertragung wird Hydraulikflüssigkeit verwendet.

Vorteil beider Energieträger ist, dass über größere Entfernungen Kräfte übertragen werden können, wobei kaum Verluste durch Reibung auftreten. Zusätzlich ist auf einfache Art eine Kraftverstärkung (Übersetzung) möglich. In **Tabelle 1** sind die Vor- und Nachteile von Druckluft im Vergleich zu Hydraulikflüssigkeit aufgelistet. Häufig werden Funktionen elektrisch ausgelöst und pneumatisch oder hydraulisch verknüpft. Dadurch ist es möglich mit Hilfe geringer elektrischer Energien große Energien zur Steuerung entsprechender Baugruppen, z. B. Kupplungen, Zylinder aufzubringen. Diese verknüpften Steuerungen bezeichnet man als elektropneumatische bzw. elektrohydraulische Steuerungen.

Anwendungen im Kraftfahrzeug. Pneumatische Steuerungen, die mit Druckluft arbeiten, werden häufig in Nutzkraftwagen, z. B. bei der Druckluftbremsanlage, Luftfederung, Türöffnungs- und Türschließanlage verwendet. Pneumatische Steuerungen, die mit Unterdruck arbeiten, werden z. B. bei Bremskraftverstärkern und Türschließanlagen im Pkw-Bereich angewendet. Bei Ottomotoren wird dafür der Saugrohrunterdruck verwendet, bei Dieselmotoren ist eine eigene Unterdruckpumpe erforderlich.

Hydraulische Steuerungen finden im Kraftfahrzeug folgende Anwendungen z. B. bei Bremsanlagen, Stoßdämpfern, Servolenkungen, Ausgleichsperren, Ventilsteuerungen (Hydrostößel), automatischen Getrieben.

Energieerzeugung

Druckerzeugung bei pneumatischen Anlagen. Ein Kompressor, dem ein Druckluftbehälter mit Druckbegrenzungsventil nachgeschaltet ist, erzeugt den Systemdruck. Am Beispiel eines Werkstattkompressors wird der Aufbau einer kompletten **Druckluftversorgungsanlage (Bild 1)** erläutert. Die Anlage besteht aus Filter, Verdichter, Druckluftbehälter und Wartungseinheit. Ein Kolbenverdichter saugt die Luft über einen Filter an, verdichtet sie und drückt sie in einen Druckluftbehälter. Nach Erreichen des höchsten Arbeitsdrucks, z. B. 10 bar, wird der Verdichtermotor abgeschaltet. Sinkt durch Luftentnahme der Druck auf den Einschaltdruck, so schaltet der Motor wieder ein. Ein Manometer am Druckluftbehälter zeigt den Inhaltsdruck an. Durch ein Druckbegrenzungsventil werden zu hohe Drücke verhindert. Das sich bildende Kondenswasser kann am Entwässerungsventil des Druckluftbehälters abgelassen werden. An den Druckluftbehälter schließt sich eine Wartungseinheit an. Sie besteht aus Filter und Druckregelventil mit Manometer. Dahinter kann ölfreie Luft z. B. zum Reifenfüllen oder Farbspritzen entnommen werden. Zum Betrieb z.B. von Druckluftwerkzeugen wird die Luft über einen Öler geführt.

Tabelle 1: Vor- und Nachteile der Energieträger für Steuerungen

Druckluft	Hydraulikflüssigkeit
Vorteile	
Kompressibel, daher leicht speicherbar	Inkompressibel, daher hohe Drücke und Kräfte auf kleinem Raum und Anfahren aus dem Stillstand mit voller Belastung möglich
Einfacher Aufbau der Geräte und Anlagen	
Hohe Geschwindigkeiten bei Zylindern und hohe Drehzahlen bei Motoren	Gleichförmige Bewegung der Zylinder
Keine Rücklaufleitungen erforderlich	
Nachteile	
Nur relativ kleine Kräfte möglich	Austretendes Öl ist umweltschädlich und es ruft eine erhebliche Verletzungsgefahr hervor
Geschwindigkeit belastungsabhängig	
Lärmentwicklung durch ausströmende Luft (Abluft)	Rücklaufleitungen sind erforderlich

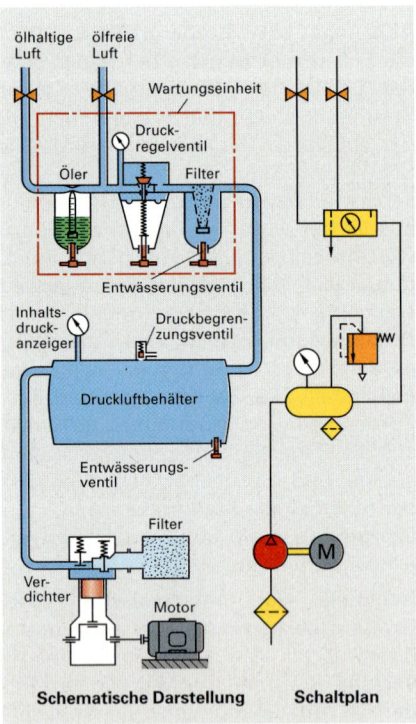

Bild 1: Druckluftversorgungsanlage (Werkstattkompressor)

Druckerzeugung in hydraulischen Steuerungen

Druckerzeugung in hydraulischen Steuerungen (Bild 1). Hierzu verwendet man als Hydraulikpumpe z. B. eine Zahnradpumpe, die von einem Motor angetrieben wird. Sie saugt die Hydraulikflüssigkeit aus einem Vorratsbehälter an und drückt sie in die Druckleitung. Zur Sicherheit ist hinter die Hydraulikpumpe ein Druckbegrenzungsventil geschaltet. Wird ein bestimmter Höchstdruck überschritten, so öffnet das Ventil und Hydraulikflüssigkeit fließt über eine Rücklaufleitung zurück in den Vorratsbehälter. Auch von allen Arbeitsgeräten fließt Hydraulikflüssigkeit über Rücklaufleitungen wieder in den Vorratsbehälter zurück.

Arbeitsglieder

Arbeitsglieder pneumatischer und hydraulischer Steuerungen stimmen in Aufbau und Funktion weitgehend überein. Nur sind hydraulische Elemente wegen der höheren Drücke viel kräftiger gebaut als Elemente der Pneumatik. In Schaltplänen werden für beide Arten gleiche international genormte Schaltzeichen verwendet.

Zylinder (Bild 2) dienen zur Umformung von pneumatischer oder hydraulischer Energie in mechanische Energie. Sie führen dabei geradlinige hin- und hergehende Bewegungen aus. Beim einfachwirkenden Zylinder, mit einem Anschluss, wird der Kolben durch Beaufschlagung mit dem Druck der Luft bzw. der Druckflüssigkeit nur in eine Richtung bewegt. Die Rückführung in die Ruhelage erfolgt durch eine eingebaute Feder. Der doppeltwirkende Zylinder hat zwei Anschlüsse, über die der Kolben durch den Druck des verwendeten Mediums in beiden Richtungen bewegt werden kann.

Motoren formen die in der Druckluft oder der Hydraulikflüssigkeit gespeicherte Energie wieder in Drehbewegung um. Druckluft- oder Hydromotoren werden als Lamellen-, Flügel-, Kolben- oder Zahnradmotoren gebaut.

Stell-, Signal- und Steuerglieder

Wegeventile (Bild 3 und Bild 4). Durch sie kann man das Öffnen und Schließen sowie die Richtung von Durchflusswegen steuern.

Im Schaltzeichen wird jede Schaltstellung durch ein Quadrat dargestellt. An das Quadrat für die Ausgangsstellung werden die Leitungsanschlüsse herangeführt. Die Durchflusswege und ihre Richtung werden durch Linien mit Pfeilen gekennzeichnet. Die Kennzeichnung für eine Sperrung erfolgt durch ein „T". Die Schaltstellungen werden durch kleine Buchstaben, z. B. a, b, und die Ruhestellung durch 0 kenntlich gemacht.

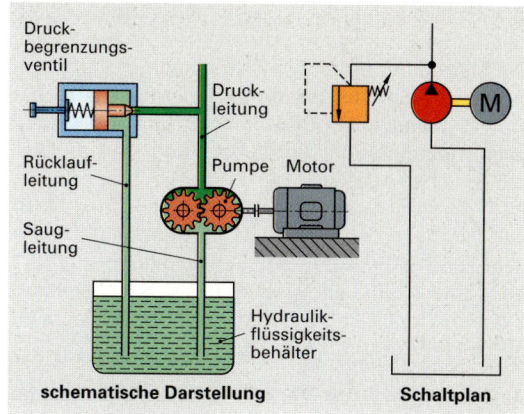

Bild 1: Hydraulikanlage

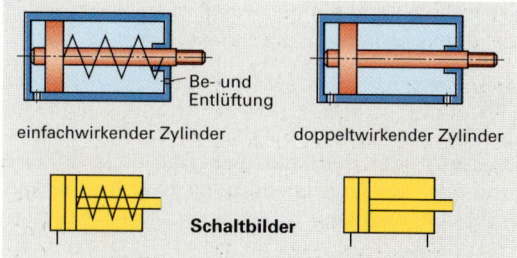

Bild 2: Pneumatische und hydraulische Zylinder

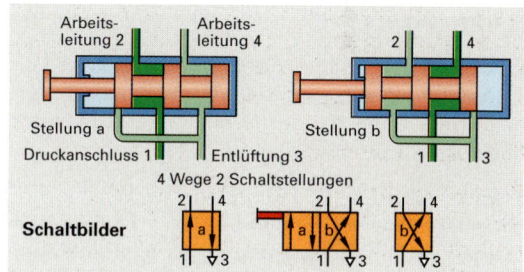

Bild 3: Darstellung von Wegeventilen

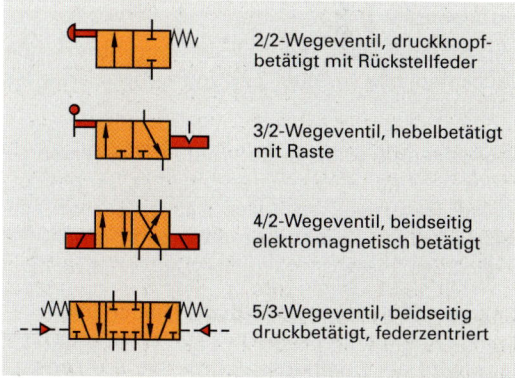

Bild 4: Schaltbilder von Wegeventilen

Die Bezeichnung der Wegeventile erfolgt durch zwei Ziffern, verbunden durch einen Schrägstrich. Die erste Ziffer nennt die Zahl der Anschlüsse und die zweite die Zahl der Schaltstellungen, z. B. hat ein 4/3-Wegeventil **(Bild 1)** 4 Anschlüsse und 3 Schaltstellungen. In der Nullstellung sind die Anschlüsse herangeführt. 1 (P) ist der Druckanschluss, 2 (A) der Anschluss der ersten Arbeitsleitung, 4 (B) der Anschluss der zweiten Arbeitsleitung und 3 (R) geht zur Entlüftung. In der Schaltstellung a wird 1 mit 2 und 4 mit 3 verbunden. In der Schaltstellung b haben 1 mit 4 und 2 mit 3 Verbindung. Dies wird durch Pfeile gekennzeichnet.

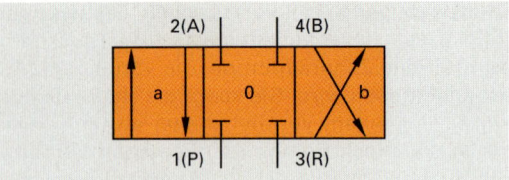

Bild 1: 4/3-Wegeventil

Betätigungsart der Ventile (Bild 2). Die Ventile können von Hand, mit dem Fuß, mechanisch, pneumatisch oder hydraulisch durch Druck oder elektrisch betätigt werden. Die Betätigungsart wird durch ein entsprechendes, waagrecht an das Quadrat anstoßendes Zeichen dargestellt.

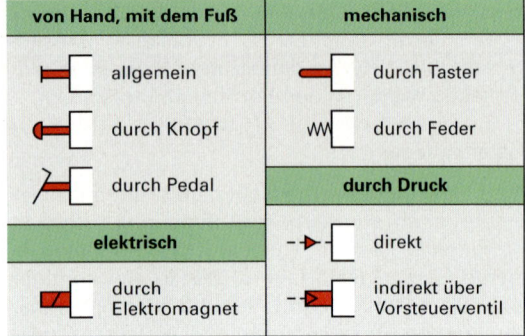

Bild 2: Betätigungsarten von Ventilen (Auswahl)

Sperrventile

Durch Sperrventile soll das Durchströmen von Druckluft oder Hydraulikflüssigkeit in eine Richtung oder aus jeweils einer von zwei Richtungen verhindert werden.

Rückschlagventile (Bild 3) haben eine Durchfluss- und eine Sperrrichtung, lassen also Druckluft oder Hydraulikflüssigkeit nur in einer Richtung durchströmen.

Wechselventile (Bild 4) haben zwei Eingänge (10, 11) und einen Ausgang (12). Der Ausgang 12 erhält Druck, wenn 10 oder 11 oder 10 und 11 Druck haben.

Zweidruckventile (Bild 5) haben wie Wechselventile ebenfalls zwei Eingänge (10, 11) und einen Ausgang (12). Der Ausgang erhält allerdings nur dann Druck, wenn beide Eingänge mit Druck beaufschlagt werden.

Stromventile

Mit Stromventilen kann man den Strom des Druckmediums in einer Leitung begrenzen oder einstellen.

Drosselventile (Bild 6). Es werden Drosselventile mit fester oder einstellbarer Engstelle verwendet. Mit einem Drosselventil lässt sich z. B. beim einfachwirkenden Zylinder die Bewegungsgeschwindigkeit des Kolbens verringern oder verändern.

Drosselrückschlagventile (Bild 7) haben in der einen Richtung freien Durchfluss. In der Gegenrichtung wird der Durchfluss gedrosselt. Die Drosselung ist einstellbar.

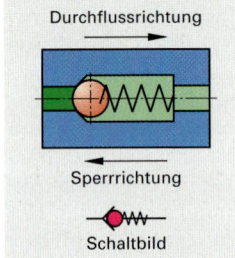

Bild 3: Rückschlagventil

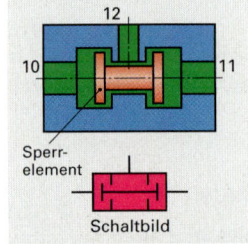

Bild 5: Zweidruckventil

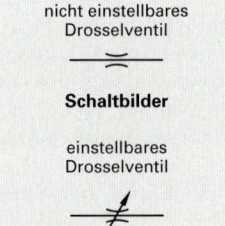

Bild 6: Drosselventil

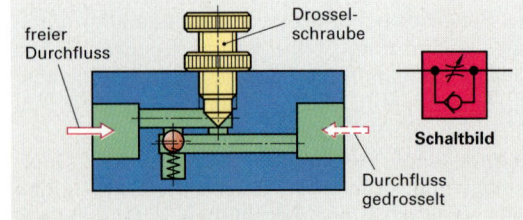

Bild 7: Drosselrückschlagventil

Grundschaltungen

Pneumatische und hydraulische Schaltungen werden in ihrem Aufbau und in ihrer Wirkungsweise durch Schaltpläne übersichtlich dargestellt.
Für die Erstellung eines Schaltplanes gilt:
- Elemente von unten nach oben dem Signalfluss folgend anordnen
- Schaltzeichen waagrecht zeichnen
- Ventile in Ausgangsstellung darstellen
- Arbeitsleitungen, Volllinien und Steuerleitungen als Strichlinien
- zur Vereinfachung, Energiequelle als Dreieck einzeichnen
- Elemente sind mit Schaltkreisnummer, Bauteilkennbuchstaben und fortlaufender Bauteilnummer gekennzeichnet, z.B. **1 V 2**
- Bauteilkennbuchstaben
    - **P** Pumpen und Kompressoren
    - **A** Antriebe
    - **M** Antriebsmotoren
    - **S** Signalaufnehmer
    - **V** Ventile
    - **Z** jedes weitere Bauteil
- die Kennzeichnungen sind mit Rahmen zu versehen
- Versorgungsglieder beginnen vorzugsweise mit der Kennziffer 0.

Direkte Steuerung eines Zylinders (Bild 1a, Bild 1b)

Einfach wirkender Zylinder (Bild 1a). Soll der Zylinder ausfahren, so wird das 3/2-Wegeventil durch einen Druckknopf betätigt und schaltet in Stellung **a**. Der einfach wirkende Zylinder wird über die Anschlüsse 1 und 2 des Wegeventils mit Druckluft beaufschlagt. Wenn die Betätigungskraft am Wegeventil entfällt, drückt die Feder das Ventil wieder in seine Ausgangsstellung **b** zurück. Die Druckluftzufuhr zum Zylinder wird gesperrt. Die Rückstellfeder im Zylinder drückt den Kolben zurück, die eingeschlossene Luft entweicht dabei über die Entlüftung 3 am Wegeventil ins Freie. Das 3/2-Wegeventil wirkt in dieser Steuerung als Signal- und Stellglied.

Doppeltwirkender Zylinder (Bild 1b). Der Zylinder ist mit seinen zwei Leitungen an einem 4/2-Wegeventil angeschlossen, das hier als Stell- und Signalglied wirkt. In Schaltstellung **b** des Ventils strömt die Druckluft über die Anschlüsse 1 und 4 so zum Zylinder, dass der Kolben eingefahren ist, während auf der anderen Seite des Kolbens die Luft über 2 und 3 ins Freie entweichen kann. Wird das Wegeventil, z.B. über einen Druckknopf in Schaltstellung **a** umgeschaltet, so strömt Druckluft über die Anschlüsse 1 und 2 auf die linke Seite des Kolbens und bewirkt das Ausfahren des Kolbens. Die Luft auf der Kolbenstangenseite entweicht dabei über die Anschlüsse 4 und 3 ins Freie.

Indirekte Steuerung eines Zylinders (Bild 2)

Als Stellglied für den Zylinder 1A wird dabei ein druckluftgesteuertes 4/2-Wegeventil 1V verwendet. Zwei druckknopfbetätigte 3/2-Wegeventile 1S1 und 1S2, die als Signalglieder wirken, steuern das Stellglied 1V. Wird das Signalventil 1S1 kurz betätigt, so erhält das Wegeventil 1V einen Druckimpuls (Signal) und schaltet in Stellung **a**. Der Kolben fährt aus. Diese Stellung wird beibehalten, auch dann, wenn das Signalventil 1S1 nicht mehr betätigt wird. Erst durch ein Signal vom Wegeventil 1S2 geht das Stellglied 1V wieder in seine Ausgangsstellung und der Kolben fährt ein. Das 4/2-Wegeventil 1V wirkt als Signalspeicher.

Verknüpfungsschaltungen (Bild 3)

Durch logisches Verknüpfung von verschiedenen Ventilen lassen sich in der Hydraulik und Pneumatik häufig benötigte Schaltungen herstellen, z.B. UND-Schaltung, ODER-Schaltung.

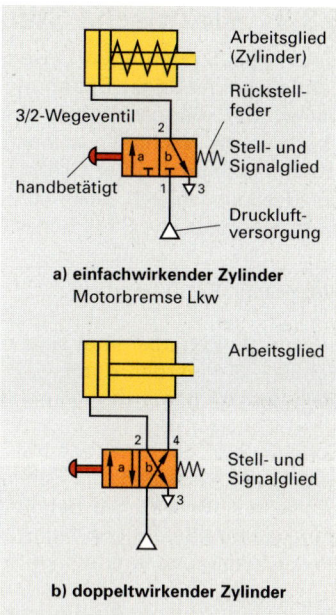

Bild 1: Direkte Steuerung von Zylindern

a) einfachwirkender Zylinder
Motorbremse Lkw

b) doppeltwirkender Zylinder

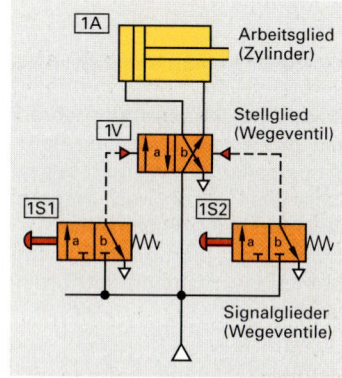

Bild 2: Indirekte Steuerung eines doppeltwirkenden Zylinders

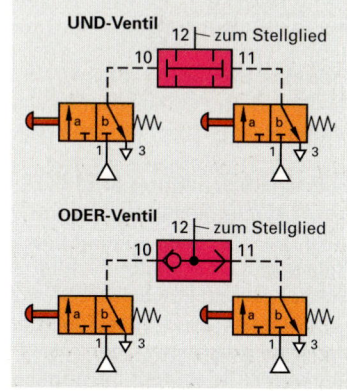

Bild 3: UND-, ODER-Schaltung

5.3.3 Elektrische Steuerungen

Elektrische Steuerungen lassen sich vor allem beim Vorhandensein niedriger Spannungen sicher und einfach ausführen. Sie können größere Wege ohne großen Aufwand überbrücken. Nachteilig ist nur, dass die Kräfte, die erzeugt werden können, in ihrer Größe begrenzt sind. Man verwendet deshalb vielfach elektrisch angesteuerte hydraulische oder pneumatische Stellglieder.

Elektrische Betriebsmittel

Elektrische Betriebsmittel sind z. B. Schalter, Taster, Relais, Schütze. Sie werden durch genormte Schaltzeichen dargestellt und mit genormten Kennbuchstaben benannt.

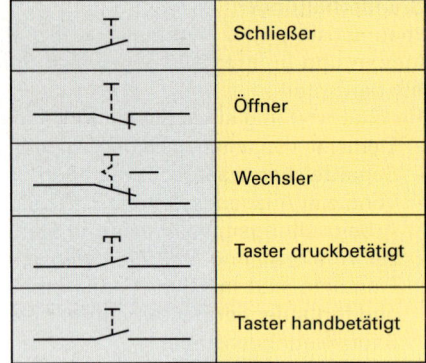

Bild 1: Schaltzeichen Schalter, Taster

Schalter werden, je nachdem wie sich ihre Kontakte bei der Betätigung verhalten, als Schließer, Öffner oder Wechsler bezeichnet (**Bild 1**). Sie behalten ihre Schaltstellung auch ohne weitere Betätigung bei, während **Taster** nach dem Ende der Betätigung wieder in ihre Ausgangslage gehen.

Relais sind Schalter, die elektromagnetisch betätigt werden (**Bild 2**). Der Schalter im Arbeitsstromkreis wird über den Elektromagneten im Steuerstromkreis betätigt. Bei höheren Leistungen, z. B. über 1 kW, spricht man von **Schützen**.

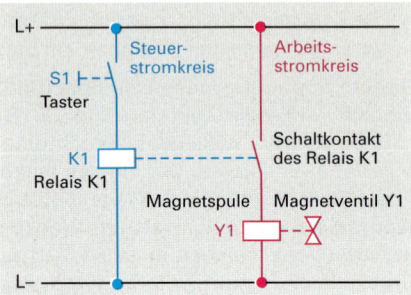

Bild 2: Relais

Darstellung elektrischer Steuerungen

Elektrische Steuerungen werden übersichtlich in Laufplänen dargestellt. Zwischen dem Plus-Leiter (L +) und dem Minus-Leiter (L –) ist für jedes gesteuerte Betriebsmittel der senkrechte Stromweg eingezeichnet. Die Betriebsmittel sind durch Kennbuchstaben z. B. K, S, Y benannt. Sind mehrere gleichartige Betriebsmittel vorhanden, so werden ihre Kennbuchstaben mit fortlaufenden Ziffern z. B. S1, S2 versehen.

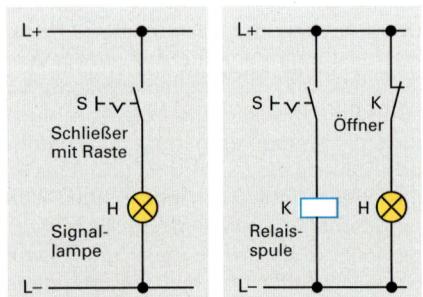

Bild 3: Direkte Glühlampenschaltung

Bild 4: Indirekte Glühlampenschaltung

Elektrische Grundschaltungen

Direkte Steuerung z. B. einer Signallampe. Sie erfolgt über einen Schließer (**Bild 3**). Die Signallampe H liegt dabei in Reihe mit dem Schließer S.

Indirekte Steuerung (**Bild 4**). Der Schließer ist durch ein Relais K z. B. mit Öffner (Dunkelschaltung) ersetzt. Die Signallampe H liegt dabei im Arbeitsstromkreis.

Selbsthalteschaltung (**Bild 5**). Sie wird zum Speichern z. B. eines kurzen Tastersignals verwendet. Mit dem Taster S1 wird der Steuerstromkreis des Relais K1 geschlossen. Das Relais hält über einen parallel zum Taster S1 geschalteten Schließerkontakt K1 den Steuerstromkreis auch dann noch geschlossen, wenn der Taster S1 öffnet. Das Signal bleibt dadurch gespeichert. Ein vor Taster S1 und Schließer K1 liegender Taster S2 ermöglicht die Unterbrechung der Selbsthaltung.

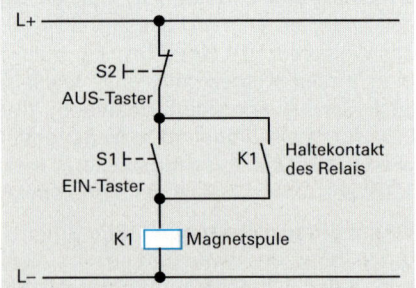

Bild 5: Selbsthalteschaltung

Elektropneumatische Steuerungen

Elektropneumatische Steuerungen bestehen aus einem elektrischen Steuerteil und einem pneumatischen Arbeitsteil. Die Steuersignale werden im elektrischen Steuerkreis eingegeben und verarbeitet. Mit den elektrischen Steuersignalen wird ein Wegeventil als Stellglied für den pneumatischen Arbeitsteil angesteuert. Dieses Stellglied steuert dann den Arbeitszylinder.

Bei der elektropneumatischen Steuerung werden der elektrische Stromlaufplan und der pneumatische Schaltplan getrennt gezeichnet. Man erreicht dadurch eine bessere Übersichtlichkeit **(Bild 1)**.

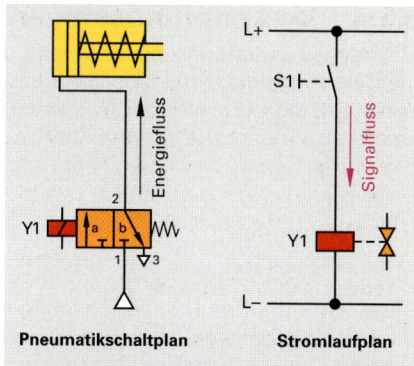

Bild 1: Elektropneumatische Schaltung

Steuerung eines doppeltwirkenden Zylinders

Ein doppeltwirkender pneumatischer Zylinder kann z. B. über ein 4/2-Wegeventil pneumatisch gesteuert werden. Das 4/2-Wegeventil muss mit zwei Elektromagneten Y1 und Y2 oder mit einem Elektromagneten Y1 und einer Rückstellfeder ausgerüstet sein.

4/2-Wegeventil mit zwei Elektromagneten

Das 4/2-Wegeventil mit zwei Elektromagneten **(Bild 2)** arbeitet als Impulsventil, d. h. durch jeweils ein kurzes Signal eines Tasters wird es von einer in die andere Stellung geschaltet. Wird der Taster S1 kurz betätigt, so wird das Ventil durch den Elektromagneten Y1 in die Stellung a geschaltet, in der es verharrt. Der Kolben des Zylinders fährt aus. Durch einen Impuls vom Taster S2 wird der Elektromagnet Y2 beaufschlagt. Dieser steuert das Wegeventil wieder in Stellung b zurück. Der Kolben des Zylinders fährt ein. Bei diesem 4/2-Wegeventil übernimmt das Wegeventil die Signalspeicherung selbst. Es ist daher keine elektrische Selbsthalteschaltung erforderlich.

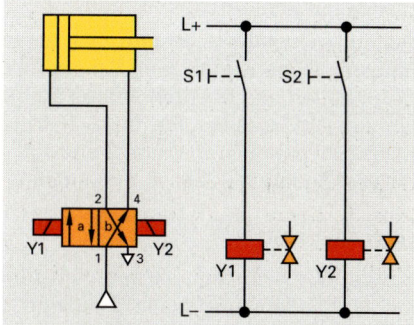

Bild 2: 4/2-Wegeventil mit 2 Elektromagneten

4/2-Wegeventil mit Federrückstellung

Da das 4/2-Wegeventil das Ein-Signal wegen der Feder nicht speichern kann, benötigt man ein Relais mit einer Selbsthalteschaltung **(Bild 3)**. Durch die Selbsthalteschaltung wird im Elektromagneten Y1 der Stromfluss durch den geschlossenen Schalter K1 aufrechterhalten. Das Magnetventil bleibt in Schaltstellung a und das Signal wird gespeichert bis der Taster S2 betätigt wird. Der Steuerstromkreis des Relais K1 wird dadurch unterbrochen und damit auch der Arbeitsstromkreis des Elektromagneten Y1. Die Feder drückt jetzt das Wegeventil in seine Ausgangsstellung b zurück.

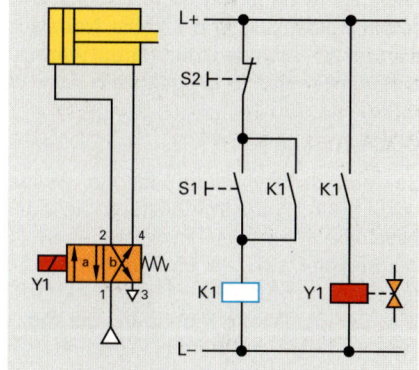

Bild 3: 4/2-Wegeventil mit Federrückstellung

WIEDERHOLUNGSFRAGEN

1. Welches sind die Energieträger von Steuerungen?
2. Welche Vor- und Nachteile hat Druckluft als Energieträger?
3. Wie unterscheiden sich die Arbeitsmittel pneumatischer und hydraulischer Steuerungen?
4. Wie ist eine Druckluftversorgungsanlage (Werkstattkompressor) aufgebaut?
5. Nennen Sie Bauelemente pneumatischer Steuerungen.
6. Erklären Sie ein 4/2-Wegeventil.
7. Welche Aufgaben haben Stromventile?
8. Wie werden elektrische Schaltungen übersichtlich dargestellt?
9. Was versteht man unter einem Relais und woran erkennt man die Kontakte des Relais im Stromlaufplan?
10. Was ist eine elektrohydraulische Steuerung?

5.3.4 Verknüpfungssteuerungen

In Verknüpfungssteuerungen werden zwei oder mehrere Eingangssignale logisch so miteinander verknüpft, dass die geforderten Ausgangssignale entstehen. Die drei Grundfunktionen logischer Verknüpfungen sind
- UND-Funktion
- ODER-Funktion
- NICHT-Funktion

Diese Grundfunktionen lassen sich durch genormte Schaltzeichen darstellen. Um den Funktionsablauf einer Verknüpfungssteuerung zu erkennen und überprüfen zu können, verwendet man die Funktionstabelle **(Tabelle 1)**.

Die Funktionstabelle besteht z. B. für zwei binäre Eingangssignale mit zwei Schaltzuständen aus $2^2 = 4$ Zeilen und bei drei binären Eingangssignalen aus $2^3 = 8$ Zeilen. Für die Schaltzustände benutzt man die binären Werte 0 und 1. 0 = kein Signal vorhanden, 1 = Signal vorhanden.

UND-Funktion

Bei der UND-Funktion ist dann ein Ausgangssignal vorhanden, wenn alle Eingänge ein Signal führen. In der elektrischen Schaltung wird als Beispiel die Nebellichtschaltung eines Kfz verwendet. Lichtschalter S1 (Schließer) liegt in Reihe mit dem Nebellichtschalter S2 (Schließer) und den Nebelscheinwerfern E1 und E2. Die Nebelscheinwerfer E1 und E2 leuchten nur dann, wenn die beiden Schalter S1 und S2 geschlossen sind **(Bild 1)**.

ODER-Funktion

Bei der ODER-Funktion ist ein Ausgangssignal vorhanden, wenn mindestens ein oder mehrere bzw. alle Eingangssignale anliegen **(Tabelle 2)**. Als Beispiel wird hier die Türkontaktschaltung der Innenbeleuchtung eines Kfz verwendet **(Bild 2)**. Die Lampe E der Innenbeleuchtung wird über zwei parallel geschaltete Türkontaktschalter S1 und S2 geschaltet. Die Lampe E leuchtet, wenn einer der beiden Schalter oder beide Schalter gleichzeitig geschlossen sind **(Bild 2)**.

NICHT-Funktion

Bei der NICHT-Funktion ist dann ein Ausgangssignal vorhanden, wenn kein Eingangssignal vorhanden ist **(Tabelle 3)**. Die Nicht-Funktion ist die Negation, gemeint ist die Umkehrung des Signalzustandes. In der elektrischen Steuerung wird z. B. ein Schalter mit Schließer geschaltet. Die Lampe E ist immer eingeschaltet, wenn der Schalter S geöffnet ist **(Bild 3)**.

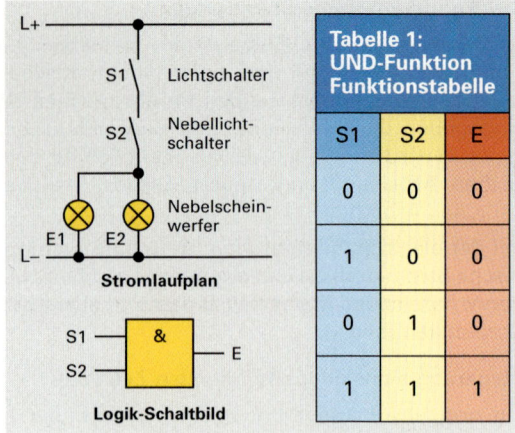

Bild 1: UND-Funktion, Stromlaufplan und Logik-Schaltzeichen Nebellichtschaltung im Kfz

Tabelle 1: UND-Funktion Funktionstabelle		
S1	S2	E
0	0	0
1	0	0
0	1	0
1	1	1

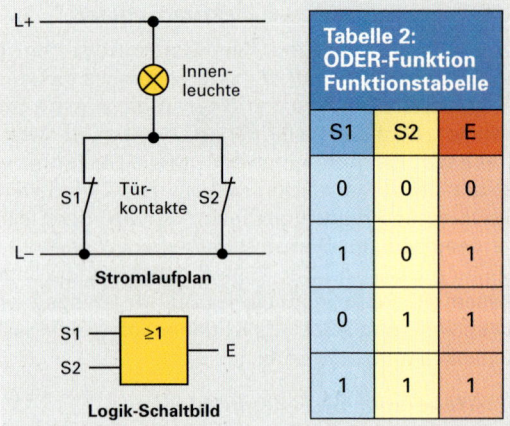

Bild 2: ODER-Funktion, Stromlaufplan und Logik-Schaltzeichen Türkontaktschaltung im Kfz

Tabelle 2: ODER-Funktion Funktionstabelle		
S1	S2	E
0	0	0
1	0	1
0	1	1
1	1	1

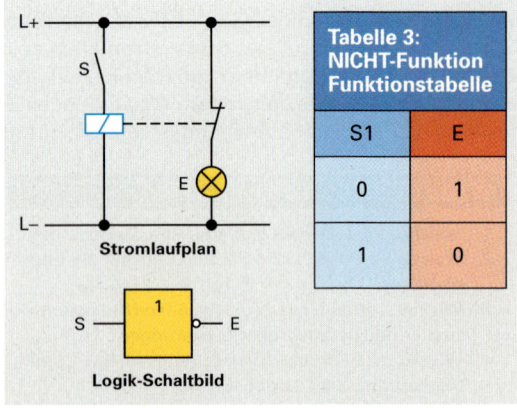

Bild 3: NICHT-Funktion, Stromlaufplan und Logik-Schaltzeichen

Tabelle 3: NICHT-Funktion Funktionstabelle	
S1	E
0	1
1	0

5.3.5 Ablaufsteuerungen

In Ablaufsteuerungen folgen die Steuervorgänge schrittweise aufeinander einem vorgegebenen Ablauf. Jeder Folgeschritt wird erst ausgeführt, wenn die Bedingungen zum Weiterschalten erfüllt sind. Das Weiterschalten kann zeitabhängig oder auch prozessabhängig erfolgen.

Darstellung von Ablaufsteuerungen

Der Steuerungsablauf kann in Funktionsplänen durch Schritt- und Befehlssymbole dargestellt werden **(Bild 1)**.

Das **Schrittsymbol** ist ein in zwei Felder eingeteiltes Rechteck. Das obere Feld enthält die Schrittnummer, das untere die Angabe des Vorganges.

Das **Befehlssymbol** kann man in drei Felder einteilen. Das Feld A macht eine Aussage über die Art des Befehls, z. B. S = gespeichert. Im Feld B steht die Wirkung des Befehls. Das Feld C kennzeichnet Abbruchstelle eines Befehlsausgangs. Sie wird z. B. durch Nummern in Feld C eingetragen.

Beispiel einer Ablaufsteuerung

Der Schubschraubtrieb-Starter eines Kfz **(Bild 2)** arbeitet z. B. mit einer Ablaufsteuerung, die im Ablaufplan **(Bild 3)** dargestellt ist.

Schritt 1: Er wird gesetzt, wenn die Steuerung in der Grundstellung steht und das Kommando EIN gegeben wird. Durch Betätigung des Startschalters erhalten Einzugs- und Haltewicklung des Einrückrelais K1 Strom. Der Starter erhält über die Einzugswicklung einen verminderten Strom, wodurch er langsam dreht. Gleichzeitig wird der Relaisanker angezogen und schiebt mit dem Einrückhebel das Starterritzel in den Schwungradkranz des Motors. Der Befehl bleibt gespeichert, bis er durch einen Gegenbefehl aufgehoben wird. Erst wenn der Relaisanker ganz eingezogen ist, schließt der Schalter K1 des Relais. Das ist das Signal für den Schritt 2.

Schritt 2: Er wird gesetzt, wenn der Relaisanker eingezogen ist. Die Erregerwicklung des Starters wird direkt an B+ geschaltet. Der Starter erhält dadurch seine volle Stromstärke und dreht jetzt den Motor durch, bis er anspringt. Ein Freilauf verhindert das zu schnelle Drehen des Starters durch den angesprungenen Motor.

> ### WIEDERHOLUNGSFRAGEN
> 1. Was versteht man unter einer Verknüpfungssteuerung?
> 2. Welches sind die Grundfunktionen logischer Verknüpfungen?
> 3. Welche Merkmale hat eine Ablaufsteuerung?

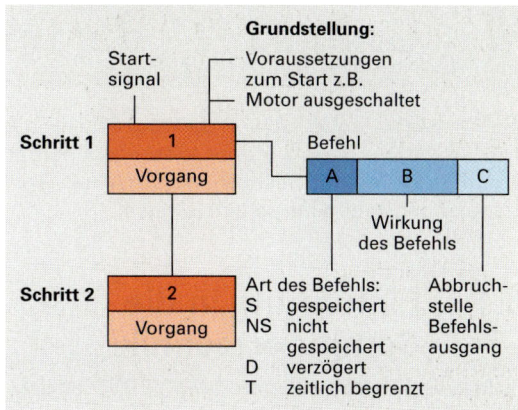

Bild 1: Ablaufplan (Schema) mit Schritt- und Befehlssymbolen

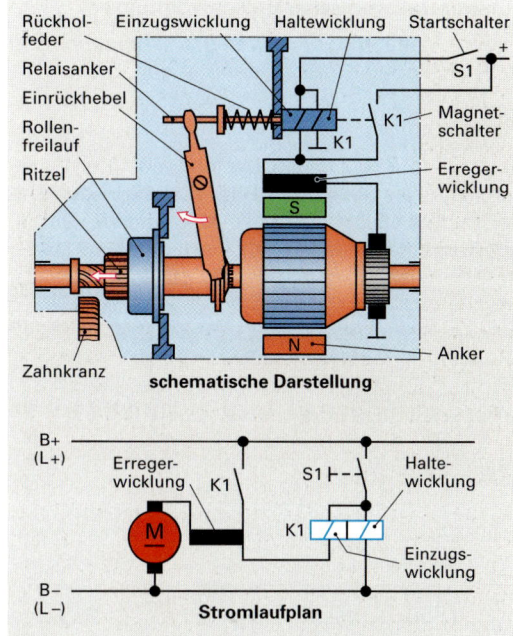

Bild 2: Schubschraubtrieb-Starter, Schaltung

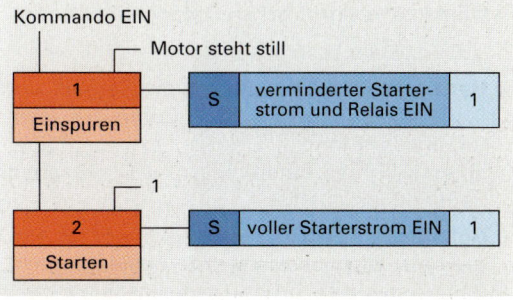

Bild 3. Ablaufplan (Auszug) Schubschraubtrieb-Starter

6 Grundlagen der Informationstechnik

Die hochentwickelte Technik der Mikroelektronik ermöglicht den Einsatz immer leistungsfähigerer Computersysteme in Technik, Wissenschaft, Verwaltung und kaufmännischem Bereich.

6.1 Einführung in die Computertechnik

Elektronische Datenverarbeitung (EDV) ermöglicht in kürzester Zeit die Durchführung

- umfangreicher Rechenvorgänge
- aufwendiger Sortiervorgänge
- komplexer logischer Entscheidungen
- der Aufnahme, Verarbeitung, Ausgabe und Speicherung großer Datenmengen

Datenarten

Daten sind aus Zeichen bestehende Informationen. Man unterscheidet **(Bild 1)** numerische Daten, alphabetische Daten und grafische Daten. Die Kombinationen der unterschiedlichen Daten werden Zeichenketten (Strings) genannt.

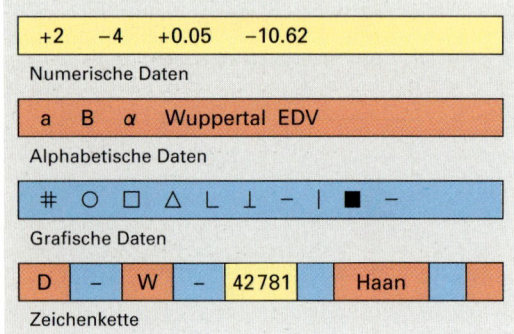

Bild 1: Datenarten

Systeme zur elektronischen Datenverarbeitung

Ein EDV-System besteht aus der

- **Hardware (Bild 2)** in Form von Geräten und technischer Ausrüstung, z. B. Computer, Tastatur, Maus, Monitor, Drucker, externen Speichern mit ihren Datenträgern, z. B. Disketten, Verbindungskabeln
- **Software** in Form von Informationen, z.B. Programme, Datenbestände (z.B. Schülernamen), Beschreibungen bzw. Gebrauchsanleitungen (z. B. Programmbeschreibung).

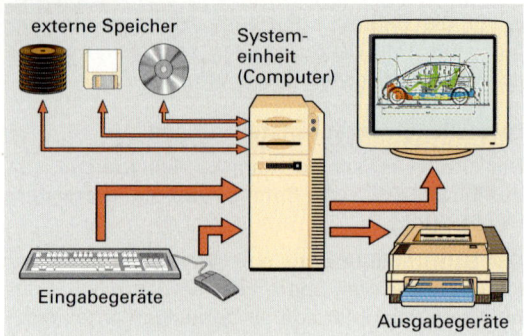

Bild 2: Hardwareausrüstung

6.2 Arbeitsweise des Computers

Datenverarbeitung läuft grundsätzlich nach dem EVA-Strukturprinzip **(Bild 3)** ab.

Eingabe → Verarbeitung → Ausgabe.

Menschen nehmen Informationen mit ihren Sinnen auf, z. B. geschriebene Worte mit den Augen **(Eingabe)**. Mit der Intelligenz des Gehirns verarbeiten sie diese Informationen, z. B. zur alphabetisch sortierten Namensreihe **(Verarbeitung)**. Diese speichern sie im Gedächtnis ab und drücken sie, z. B. durch Schrift, wieder aus **(Ausgabe)**.

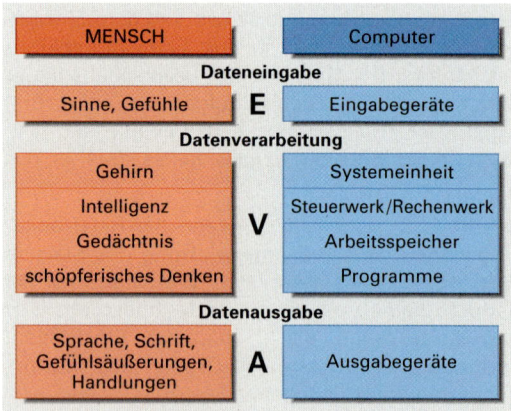

Bild 3: Arbeitsweise von Mensch und Computer

Computer arbeiten gleichfalls nach dem EVA-Prinzip. Zunächst müssen die Informationen, z. B. über eine Tastatur eingegeben werden. Sie werden dann vorerst im Gedächtnis des Computers, dem Arbeitsspeicher, abgelegt.

Der Mikroprozessor des Computers bewirkt mit seinem Steuer- und Rechenwerk anhand eines vorgegebenen Verarbeitungsprogramms dann den Abruf der Daten und ihre Verarbeitung.
Die Ergebnisdaten werden wiederum im Arbeitsspeicher abgelegt. Durch Programmanweisung werden sie dann wieder auf einem Ausgabegerät, z. B. dem Monitor, erkennbar.

Grundlagen der Informationsdarstellung

Computer enthalten eine Vielzahl elektrischer Stromkreise. Damit sie Informationen aufnehmen können, müssen diese elektrisch darstellbar (**Bild 1**) gemacht werden.

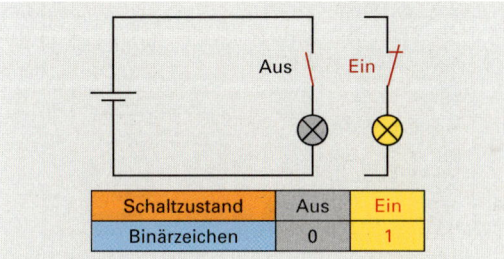

Schaltzustand	Aus	Ein
Binärzeichen	0	1

Bild 1: Grundschaltung des Binärsystems

Ein Stromkreis hat zwei Schaltzustände, **ein** oder **aus**. Diese Schaltzustände werden zur Informationsdarstellung im Zweizeichensystem (Binärsystem) angewandt; dabei entspricht die Ziffer **0** dem Schaltzustand **aus** und die Ziffer **1** dem Schaltzustand ein.

Jeder dieser zwei Schaltzustände ist somit die kleinste Informationseinheit. Diese wird **1 Bit** (engl. binary digit = zweiwertiges Zeichen) genannt.

Ein Bit enthält die Information 0 oder 1.

Bit	Beispiele		Binärkombinationen		Anzahl
1	Lampe aus	Lampe an	0	1	$2^1 = 2$
2	Blinken aus	Blinken rechts	00	01	$2^2 = 4$
	Blinken links	Warnblinken	10	11	

Bild 2: Kombinationsmöglichkeiten

Im **Bild 2** sind einfache Bit-Kombinationen dargestellt. Es ergeben sich z. B. aus 2 Bits (z. B. Schalter für die Blinkanlage eines Kfz) 4 Binärkombinationen.

Um alle erforderlichen Ziffern, Buchstaben, Rechenoperatoren, Zeichen und Grundbefehle für den Computer unterscheiden zu können, benötigt man etwa 140 verschiedene 0-1-Bitkombinationen. Man fasst deshalb **8 parallele Bits** zu **1 Byte** zusammen und erzielt somit $2^8 = 256$ unterschiedliche 0-1-Bit-Kombinationen. Somit kann jeweils einer dieser Kombinationen ein bestimmtes Zeichen oder ein bestimmter Befehl zugeordnet werden, z. B.

01 0000 01	entspricht	A

Die Zuordnung der verschiedenen Informationen, z. B. Zahlen und Buchstaben, wurde international im **ASCII-Code** (**A**merican **S**tandard **C**ode for **I**nformation **I**nterchange) vereinbart.

In der Codiertabelle (**Tabelle 1**) hat jedes Zeichen einen festgelegten dezimalen ASCII-Wert.

Tabelle 1: ASCII-Zeichensatz (Auszug)					
ASCII-Wert		Zeichen	ASCII-Wert		Zeichen
dezimal	binär (dual)		dezimal	binär (dual)	
009	0000 1001	Tabulator	065	0100 0001	A
043	0010 1011	+	066	0100 0010	B
051	0011 0011	3	067	0100 0011	C

Um diese Informationen nun verarbeiten (z. B. rechnen) zu können, hat man auf der Basis des Binärsystems das Dualsystem (**Bild 3**) entwickelt. Die Dezimalzahl **065** entspricht z. B. im Dualsystem der Dualzahl **01000001** (**Bild 3**). Der Dezimalwert des ASCII-Codes entspricht somit jeweils dem Binärwert der Dualzahl, die als 8-Bit-Kombination dargestellt ist.

Dezimalzahl	Dualzahl							
	2^7	2^6	2^5	2^4	2^3	2^2	2^1	2^0
	128	64	32	16	8	4	2	1
1	0	0	0	0	0	0	0	1
2	0	0	0	0	0	0	1	0
3	0	0	0	0	0	0	1	1
4	0	0	0	0	0	1	0	0
5	0	0	0	0	0	1	0	1
065	0	1	0	0	0	0	0	1

Bild 3: Dezimalzahlen im Dualsystem

Somit ist für jedes darzustellende Zeichen ein Speicherplatz mit **8-Bit = 1Byte** erforderlich.

Speicherkapazität. Sie wird für den Arbeitsspeicher bzw. für den Datenträger des Außenspeichers (z. B. Festplatte) in **Bytes** angegeben.

1 Byte	= 8 Bit	
1 KB	= 2^{10} Byte	= 1024 Byte
1 MB	= 2^{10} KB	= 1 048 576 Byte
1 GB	= 2^{10} MB	= 1 073 741 824 Byte

6.3 Aufbau eines Computersystems

Ein Computersystem (**Bild 1**) besteht aus:
- **Systemeinheit** (Computer, Rechner)
- **Peripheriegeräten** zur Eingabe, z. B. Tastatur
- **Peripheriegeräten** zur Ausgabe, z. B. Monitor
- **Peripheriegeräten** zur Außenspeicherung, z.B. Festplattenlaufwerk.

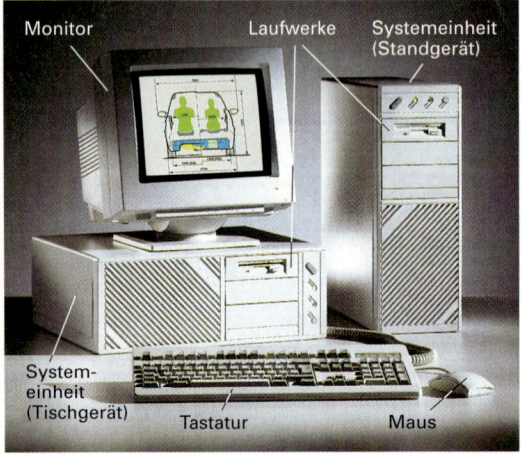

Bild 1: Computersystem

Systemeinheit

Die **Systemeinheit** ist der eigentliche Computer auch Rechner genannt oder in Kraftfahrzeugen als Steuergerät bezeichnet. Sie wird bei PC-Anlagen entweder als Tischgerät (Desktop) oder als Standgerät (Tower) angeboten.
Auf einer Hauptplatine (Motherboard, **Bild 2**) sind folgende Hauptbaugruppen angeordnet:
- Die Zentraleinheit
- der interne Speicher
- die Ein- und Ausgabebausteine.

Zentraleinheit (**CPU** → **c**entral **p**rocessing **u**nit). Sie ist bei Geräten bis zur mittleren Datentechnik als Mikroprozessorbaustein (z. B. PENTIUM II-Prozessor) mit Taktgeber ausgeführt. Die Taktfrequenz mit der der Mikroprozessor von Arbeitsschritt zu Arbeitsschritt getrieben wird, liegt im PC-Bereich zwischen 4,77 Mhz und 400 Mhz; d. h. die CPU führt bei 200 Mhz Taktfrequenz 200 000 000 Arbeitsschritte pro Sekunde aus.

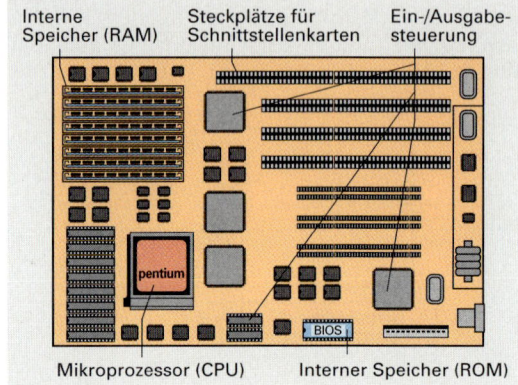

Bild 2: Hauptplatine eines PC (Motherboard)

Interner Speicher, auch Arbeits- oder Hauptspeicher genannt, der in zwei Funktionsblöcke gegliedert ist. Er besteht aus dem **Nur-Lese-Speicher** (**ROM** → **r**ead **o**nly **m**emory) und dem **Schreib-Lese-Speicher** (**RAM** → **r**andom **a**ccess **m**emory). Zusätzlich kann noch ein Cache-Speicher (engl. cache = Lager) vorhanden sein.

- Der **ROM-Bereich** ist ein **Festwertspeicher**. In ihm sind unveränderbare Programme und Daten abgelegt, z. B. das Startprogramm für den Computer. Es sorgt nach dem Einschalten des Computers dafür, dass Programme des Betriebssystems vom Außenspeicher in den RAM-Bereich des Arbeitsspeichers übernommen und gestartet werden. Die im ROM gespeicherten Informationen bleiben auch nach dem Ausschalten des Computers erhalten.

- Der **RAM-Bereich** ist ein flüchtiger **Betriebsdatenspeicher**. In ihm werden Programme und Daten für die aktuelle Nutzung des Computersystems abgelegt. Beim Ausschalten des Computers oder durch Softwarebefehl wird dieser Speicher gelöscht. Alle Informationen, die nicht verlorengehen dürfen, müssen vorher auf einen externen Speicher, z. B. Festplatte oder Diskette ausgelagert werden.

Aufbau Computersystem   6 Grundlagen der Informationstechnik

– Der **Cache-Speicher** ist ein sehr schneller, verhältnismäßig kleiner Puffer-Schreib-Lese-Speicher (128 bis 512 KB). Er kann sich sowohl auf der Hauptplatine gesteckt befinden als auch im Mikroprozessorchip als sogenanntes On-Chip-Ram integriert sein, um bei äußerst geringer Zugriffszeit häufig benötigte Daten aufzunehmen.

Ein-/Ausgabebausteine (I-/O-ROMs) dienen als Schnittstellen (Interfaces) der Steuerung des Datenaustausches zwischen der CPU, dem RAM-Speicher und den Peripheriegeräten. Die Schnittstellen können als Steckkarten ausgebildet sein. Man unterscheidet parallele und serielle Schnittstellen.

– **Parallele Schnittstellen** übertragen z. B. 8 Bit gleichzeitig (parallel) über getrennte, 8-adrige Leitungen, z. B. bei einem Druckeranschluss. Dazu verwendet man z. B. auf der Computerseite einen 25-poligen Stecker und auf der Druckerseite einen 36-poligen Stecker (Centronics-Stecker).

– **Serielle Schnittstellen** übertragen die einzelnen Bits nacheinander (seriell) über diese Leitung, z. B. beim Mausanschluss. Diese externe Schnittstelle wird auch als V.24- oder RS 232-Schnittstelle bezeichnet. Die Stecker für diese Schnittstellen sind meist 9-polig.

Die Komponenten des Computersystems sind mit der CPU über Datensammelleitungen (engl. Bus, **Bild 1**) verbunden. Es besteht ein Adressbus, über den die CPU jeden Speicherplatz des Speichers ansprechen kann. Über den Datenbus erfolgt der Datenaustausch. Der Steuerbus überträgt von der CPU die Steuerbefehle zum internen Speicher und zu den Ein-/Ausgabebausteinen bzw. -geräten.

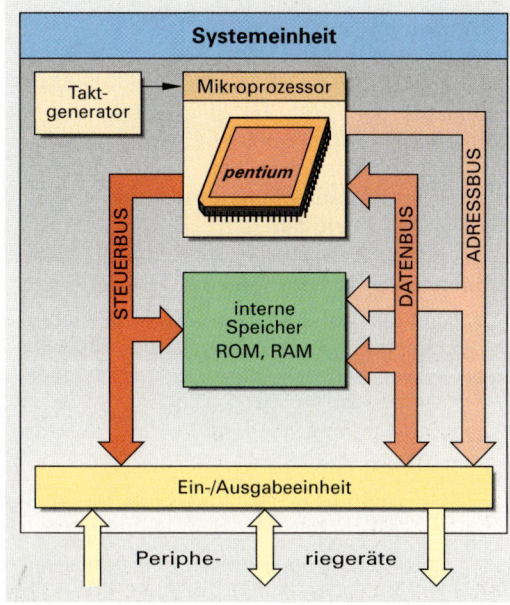

Bild 1: Systemeinheit mit Bussystem

Peripheriegeräte (Bild 2)

Sie sind Anschlussgeräte, um die Systemeinheit dem Benutzer zugänglich zu machen.

Diese Geräte dienen der Eingabe, der Ausgabe oder der Speicherung von Daten und Programmen.

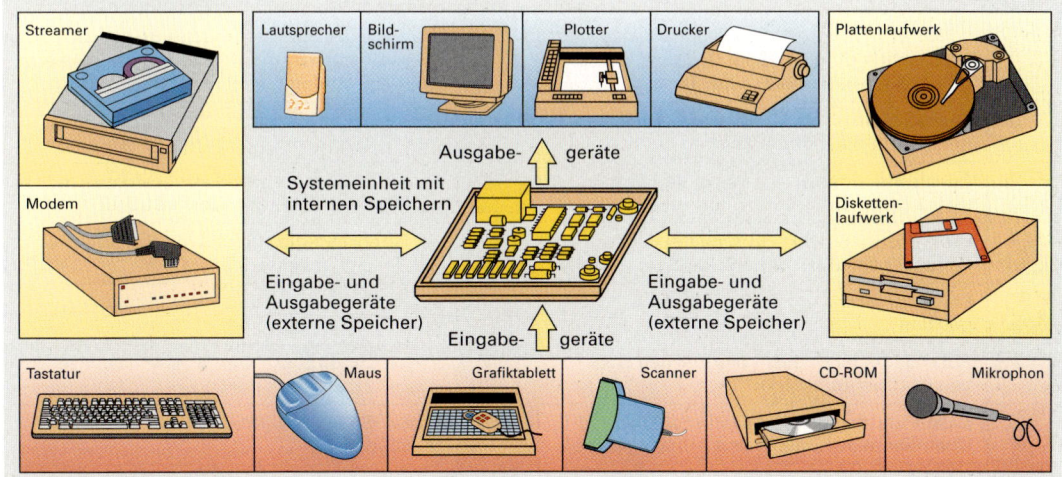

Bild 2: Peripherieausrüstung

Die Peripheriegeräte werden über die Schnittstellen (Interfaces) mit dem Computer verbunden. Verbindungsmöglichkeiten können sein

- Kabelanschluss **(Bild 1)**, z. B. für Drucker
- Infrarotübertragung
- Funkübertragung (Telemetrie)

Eingabegeräte sind z. B. die Tastatur, die Maus, der Joystick, der Lichtgriffel, der Scanner und das Mikrofon. Sie führen der Systemeinheit Informationen zu. Damit können z. B. Zahlen, Buchstaben, Zeichen, Steuerbefehle oder akustische Signale eingegeben werden.

Multifunktions-Tastatur (Bild 2 u. Tabelle 1).
Sie wird in der Regel an Computern zur manuellen Dateneingabe und zur Eingabe von Steuerbefehlen verwendet.

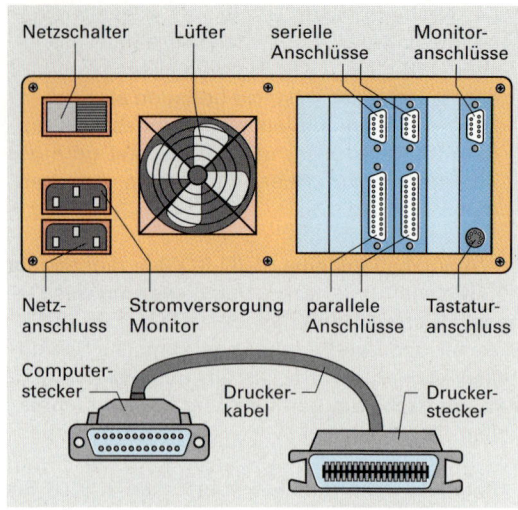

Bild 1: Computerrückseite mit Schnittstellen

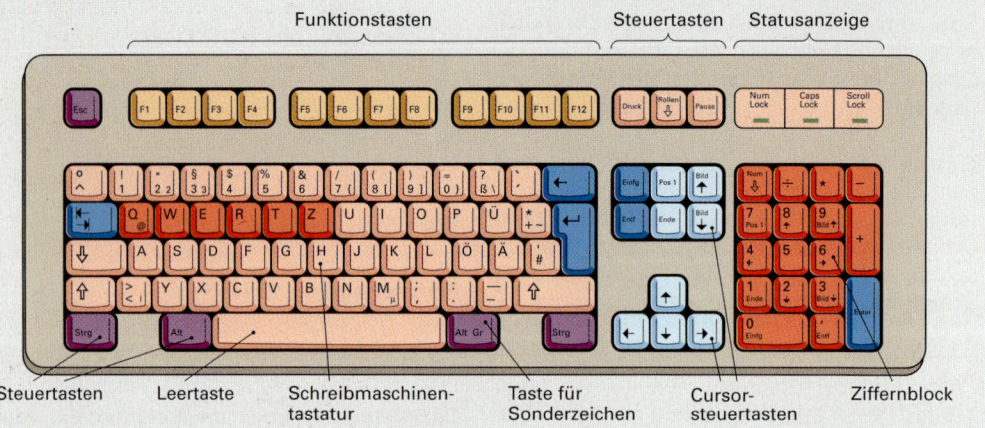

Bild 2: Multifunktions-Tastatur mit deutscher Beschriftung

Tabelle 1: Tastenfunktionen der Steuertasten einer Multifunktionstastatur			
Taste	Bezeichnung, Funktion	Taste	Bezeichnung, Funktion
⇧	Umschalten (Shift) erzeugt Großbuchstaben bzw. das obere Zeichen einer Taste	F1	Funktionstasten sind mit beliebigen Befehlen oder Zeichenfolgen frei programmierbar
⇩	Feststelltaste (Caps Lock) bewirkt Dauerumschaltung auf obere Zeichen	Esc	Escape bewirkt Abbruch eines Programms oder Rücksprung in vorherigen Programmteil
↓	Cursor-Steuertasten, bewegen den Cursor (Schreibmarke)	Strg	Strg (Ctrl) und Alt bewirken zusammen mit zusätzlichen Tasten Sonderfunktionen
Einfg	Einfg (Insert) bewirkt Umschalten in den Einfüge- oder Überschreibmodus	Alt Gr	Alt Gr erzeugt die alternativen Grafikzeichen der Tastenbelegung, z.B. \, { }, @
Entf	Entf (Del) löscht das Zeichen an der Cursorposition	Druck	Druck (Prt Scr) gibt den Bildschirminhalt auf dem Drucker aus
←	Rück (Backspace) löscht das Zeichen links von der Cursorposition	Rollen	Rollen (Scroll Lock) bewirkt seiten- oder zeilenweises senkrechtes Rollen des Bildschirms
↵	Enter (Return) bewirkt Zeilenschaltung und Übernahme der Zeile in den Arbeitsspeicher	Pause	Pause (Break) bewirkt eine Programmunterbrechung
⇄	Tabulator setzt den Cursor auf die nächste oder vorherige Tabellenposition	Num	Num Lock schaltet den Ziffernblock auf die zweite Tastenbelegung um

Die gebräuchliche Multifunktions-Tastatur weist vier Systemblöcke **(Bild 2, Seite 150)** auf

- Schreibmaschinentastatur mit Buchstaben, Ziffern- und Zeichensatz
- 10er- Ziffernblock mit Sondertasten, z. B. Dezimalzeichen, Addition und Subtraktion
- Steuertasten **(Tabelle 1, Seite 150)**, z. B. für Cursorsteuerung, Bildschirmausdruck
- Funktionstasten mit freier Belegbarkeit, z. B. mit Befehlen einer Programmiersprache oder Programmmodulen.

Tastenanordnung und Tastenbezeichnungen sind für die computerspezifischen Tasten nicht genormt. Es sind heute für den deutschsprachigen Bereich Computertastaturen mit deutschen Bezeichnungen anstelle früher üblicher englisch-amerikanischer Kürzel gebräuchlich.

Die Tastatur ermöglicht die Eingabe von Ziffern, Buchstaben und Sonderzeichen sowie von Steuerbefehlen. Sollen z. B. Zeichen aus dem ASCII-Code aufgerufen werden, so ist die folgende Tastenkombination aus [Alt]-Taste + den Tasten des Ziffernblocks zur Eingabe des numerischen ASCII-Dezimalwerts zu betätigen, z. B.

[ALT] + [6] + [5] = A

Maus (Bild 1). Sie ist ein wichtiges Eingabegerät und ergänzt die Tastatur zur Cursor- und Ablaufsteuerung. Vor allem bei der Benutzung graphischer Bedieneroberflächen, z. B. Windows, ist die Maus ein wichtiges Eingabegerät.

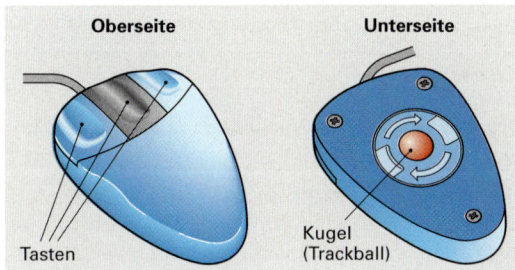

Bild 1: Maus mit 3 Tasten

Die Mausbewegung wird von einer als Rollball (Trackball) **(Bild 1)** eingesetzten Kugel über Sensoren in für den Computer verständliche Signale umgesetzt, um z. B. einen Mauscursor (z. B. Lichtpfeil als Mauszeiger, **Bild 2**) auf dem Bildschirm zu steuern. Zur Eingabe von weiteren Steuerbefehlen, z. B. des Ausführungsbefehls ENTER (über die linke Maustaste) sowie zum Aufruf des Context-Menues (über die rechte Maustaste) besitzt die Maus zusätzlich 2 oder 3 Befehlstasten **(Bild 1)**.

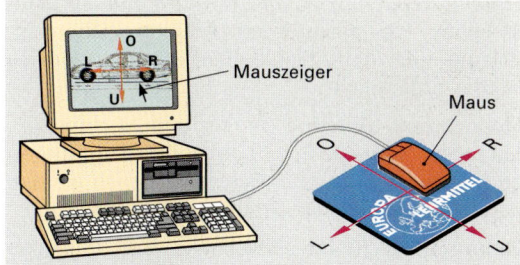

Bild 2: Mausfunktion

Das gleiche Funktionsprinzip erfüllen z .B. auch der Joystick und der Trackball.

Scanner (Bild 3). Er dient der rationellen Eingabe von Bildvorlagen und Texten in den Computer. Man unterscheidet Flachbett-, Hand- und Trommelscanner. Diese Geräte tasten das Vorlagebild mit Lichtstrahlen ab und lösen es in Bildpunkte auf. Die Auflösegenauigkeit hängt von der Anzahl der Bildpunkte je Zoll ab. Die Auflösung wird in **dpi** (**d**ots **p**er **i**nch) angegeben. Schwarzweiß- oder Farbscanner werden für PCs z. B. mit 600 dpi bis 1200 dpi, bzw. interpoliert bis 2400 dpi, angeboten. Je höher die dpi-Zahl ist, um so besser ist die Auflösung.

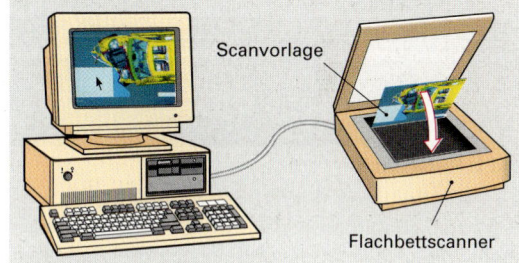

Bild 3: Scanner

Barcodeleser (Bild 4). Sie tasten mit einem Licht- oder Laserstrahl Helligkeitsunterschiede auf einem Datenträger ab. Somit können Strichmarkierungen (Barcodes), z. B. auf einer Ersatzteilverpackung, dem Computer als Teilenummer verständlich gemacht werden.

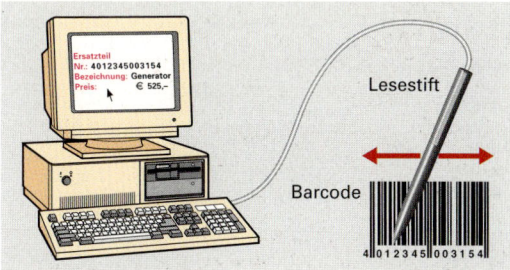

Bild 4: Barcodeleser

Ausgabegeräte. Sie sind z. B. der Monitor (Bildschirm), der Drucker (Printer), die elektronisch gesteuerte Zeichenmaschine (Plotter) und der Lautsprecher. Sie machen im Arbeitsspeicher abgelegte Informationen, z. B. Rechenergebnisse wieder zugänglich.

Monochrome-Monitore (monochrom = einfarbig). Sie haben oft weiße Schrift auf der Hintergrundfarbe Bernstein, Grün oder Schwarz. Farben werden durch unterschiedliche Grautöne dargestellt.

Farbmonitore (Color-Bildschirme, **Bild 1**) stellen eine Vielzahl von Farbtönen durch Mischen der drei Grundfarben (Spektralfarben) **R**ot, **G**rün und **B**lau dar. Man bezeichnet diese Bildschirme auch als RGB-Monitore. Vorzugsweise verwendet man Farbmonitore für Grafikdarstellungen, z.B. bei Windows oder bei CAD-Systemen.

Bild 1: Farbmonitor

Die Farbbildröhren (**Bild 2**) der Farb-Monitore sind Elektronenstrahlröhren, die mit je einem Elektronenstrahl die rot-, grün- und blaufluoreszierenden Leuchtstoffstreifen auf der Bildschirmfläche durch unterschiedlich starke Anregung aufleuchten lassen. Damit die Farbstreifen von den jeweiligen Elektronenstrahlen genau getroffen werden und um klare Bildpunkte zu erzeugen, ist vor der Leuchtstoffbeschichtung eine Lochmaske oder Schlitzmaske (Schlitzabstand z. B. 0,25 mm) angeordnet.

Monitore müssen strahlungsarm sein.

Monitore haben einige wichtige Kenngrößen, z. B.

- **Bildschirmgröße.** Sie wird durch die Länge der Bildschirmdiagonalen in Zoll, z. B. 19", ausgedrückt; es gibt aber auch A4-Ganzseitenbildschirme
- **Bildschirmauflösung (Tabelle 1).** Sie wird durch die Anzahl der auf der Bildschirmfläche darstellbaren Bildpunkte (Pixels) festgelegt, z. B. sind das bei einer Auflösung von 1024 x 768 gleich 786432 Bildpunkte
- **Bildwiederholfrequenz.** Sie ist für ein möglich flimmerarmes, augenschonendes Bild verantwortlich. Eine Bildwiederholfrequenz von z. B. 75 Hz bedeutet, dass das Bild 75mal in einer Sekunde wiederholt erzeugt wird.
- **Zeilenfrequenz.** Sie gibt an, welche maximale Impulszahl der Monitor je Bildschirmzeile in Abhängigkeit von der Bildwiederholfrequenz verarbeiten kann. So ist z. B. bei einer Auflösung von 1024 x 768 bei einer Bildwiederholfrequenz von 75 Hz eine Zeilenfrequenz von 63 kHz erforderlich.

Tabelle 1: Bildschirmauflösung	
Standard	Bildpunkte
CGA-Standard (**c**olour **g**raphics **a**dapter; Farbe)	640 x 200
Hercules-Standard (monochrom)	752 x 348
EGA-Standard (**e**nhanced **g**raphics **a**dapter; Farbe)	640 x 350
VGA-Standard (**v**ideo **g**raphics **a**rray; Farbe)	640 x 480
VGA – hochauflösend	1024 x 768
VGA – Super –	1600 x 1200

Drucker werden zur Zeichenausgabe, z. B. auf Papier, verwendet.

Nadeldrucker (Bild 3) werden z. B. mit 24 Nadeln angeboten. Diese Drucker sind z. B. auch für das Bedrucken von Mehrfachdurchschreibesätzen geeignet.

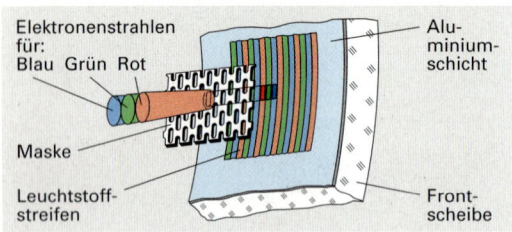

Bild 2: Farbbildröhre (Ausschnitt)

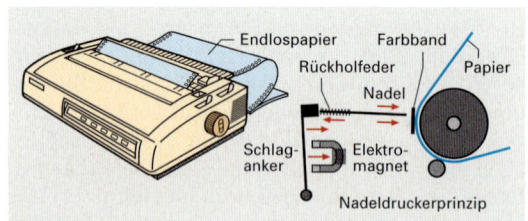

Bild 3: Nadeldrucker

Desweiteren werden Tintenstrahldrucker Laserdrucker, Thermodrucker oder Typenraddrucker verwendet.

Tintenstrahldrucker. (Bild 1) haben einen beweglichen Druckkopf der aus einer Düse feine Tintentröpfchen punktweise auf das Papier schießt. Man unterscheidet dabei zwei unterschiedliche Spritzsysteme. Bei der Piezo-Technik bewirkt ein Stromimpuls, dass das Piezoelement den Druck vor der Düse erzeugt. Bei der Bubblejet-Technik wird der Druck durch ein Heizelement bewirkt.

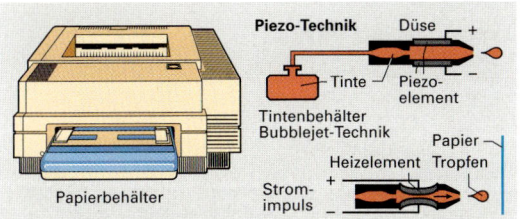

Bild 1: Tintenstrahldrucker

Laserdrucker erzeugen, einem Photokopierer vergleichbar, in ihrem internen Druckerspeicher zunächst die komplette Seite. Diese wird dann als Punktraster durch den Farbstoff (Toner) auf das Papier übertragen. Der Farbstoff wird anschließend mit Hilfe eines Laserstrahls in die Papier- oder Kunststoffoberfläche eingeschmolzen.

Externe Speicher (Außenspeichergeräte)

Diese Peripheriegeräte speichern dauerhaft Programme und Daten zur beliebig häufigen Verfügbarkeit. Sie können auch zur Erweiterung des internen Arbeitsspeichers durch ständigen Informationsfluss zwischen Computer und Außenspeicher herangezogen werden.

Externe Dauerspeicher können die Informationen nur in den Computer abgeben, z. B. CD-ROM.

CD-ROM. Sie ist eine Compact-Disk deren gespeicherte Informationen, z. B. Fahrzeugdaten, mit Hilfe des **CD-Laufwerks (Bild 2)** vom Computer nur gelesen werden können.

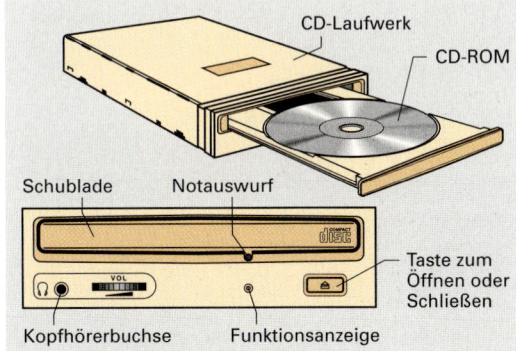

Bild 2: CD-ROM-Laufwerk

Die Informationen sind in der Plattenoberfläche **(Bild 3)** digital in Form von Löchern (Pits) eingebrannt. Diese Pits können dann zum Ablesen der gespeicherten Daten beliebig häufig optisch mit einem Laserstrahl abgetastet werden. CD-ROM erreichen eine sehr hohe Speicherkapazität (z. B. 650 MB) bei einer sehr kurzen Zugriffszeit (z. B. 200 ms). Sie eignen sich deshalb besonders auch für Multimedia-Anwendungen, da dabei sehr große Datenmengen zu bewältigen sind.

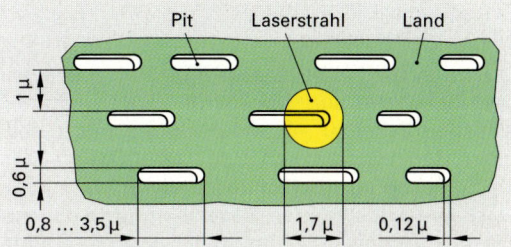

Bild 3: Oberfläche einer CD

Auch vom Computer einmal beschreibbare CDs **(CD-R** oder **CD-RS)**, sogenannte **WORM-Platten** (**w**rite **o**nce, **r**ead **m**ultiple = schreibe einmal, lese mehrfach), zählen zu den externen Dauerspeichern.

Ein-/Ausgabespeichergeräte können die gespeicherten Informationen an den Computer übergeben und sie nach der Bearbeitung in der Systemeinheit zurücknehmen und erneut, verändert abspeichern. Als Speicherprinzip wird meist die Magnetisierung einer Datenträgeroberfläche angewandt.

Man verwendet für diese Außenspeichertechnik
– Magnetbandsysteme   – Diskettenlaufwerke
– Fest- oder Wechselplatten   – CD-Recorder

Magnetbandgeräte. Sie sind z. B. spezielle Cassettenrecorder (Streamer), die als Datenträger Magnetbänder mit großer Speicherkapazität verwenden. Diese Geräte werden vorzugsweise dann eingesetzt, wenn sehr große Datenmengen abgespeichert werden müssen, z. B. zur Datensicherung von der Festplatte (Backup).

Diskettenlaufwerke (Bild 4). Sie sind nach wie vor eine übliche Außenspeichertechnik.

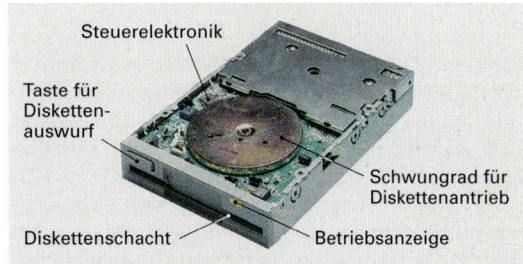

Bild 4: Diskettenlaufwerk

Sie können mit ihren Schreib-Leseköpfen die Oberfläche des Datenträgers abtasten und dabei die Daten bitweise lesen oder schreiben **(Bild 1)**.

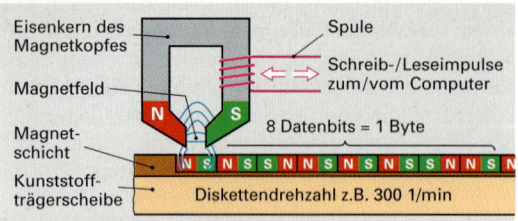

Bild 1: Diskettenfunktion

Disketten (Bild 2) als Datenträger sind biegeweiche Scheiben aus Kunststoff (floppy disk = schlappe Scheibe) mit einem derzeit meist üblichen Durchmesser von 3.5". Ihre Oberflächen sind hauchdünn (Schichtdicke etwa 2,5µm) mit einer magnetisierbaren Beschichtung, z. B. aus Eisenoxid, versehen. Zum Schutz sind diese empfindlichen Kunststoffscheiben in eine Schutzhülle eingelegt, die nur eine schmale Schreib-Leseöffnung freigibt. Sie wird bei der 3,5"-Diskette von einem Schutzschieber verdeckt.

3.5"-Disketten werden heute üblicherweise als **2-HD-Disketten** verwendet. Sie sind Disketten, die zweiseitig **(2)** mit hoher Schreibdichte (**HD** = high density) beschreibbar sind. Diese Diskettenart erreicht eine Speicherkapazität von 1,44 MB für beide Seiten und somit können auf ihr nahezu 1 440 000 Zeichen abgespeichert werden.

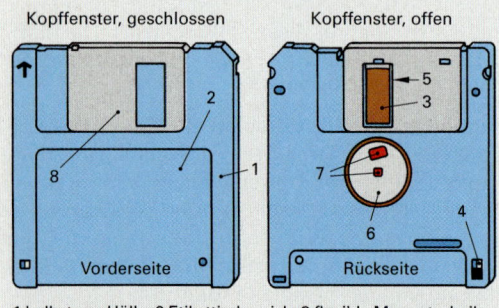

1 halbstarre Hülle, 2 Etikettierbereich, 3 flexible Magnetscheibe, 4 Schreibsperre/Schreibfreigabe, 5 Kopffenster, 6 Metallkern, 7 Zentrier- und Antriebsöffnungen, 8 Kopffenster-Verschluss

Bild 2: 3.5"-Diskette

Plattenlaufwerke (Bild 3). Fest- oder herausnehmbare Wechselplattenlaufwerke ergänzen in der Regel das Diskettensystem. Diese Außenspeicher haben eine wesentliche höhere Speicherkapazität. Eine Festplatte mit 9 GB kann z.B. den Speicherinhalt von etwa 6250 Stück 3.5"-2 HD-Disketten aufnehmen. Die äußerst kurze Zugriffszeit auf Datenbestände oder Programme ist ein weiterer Vorteil dieser Speichertechnik. Ein Plattenlaufwerk ist im Funktionsprinzip dem Disketenlaufwerk vergleichbar. Im luftdichten Gehäuse werden als Datenträger jedoch eine oder mehrere Aluminiumplatten mit magnetisierbarer Beschichtung verwendet. Die Platten rotieren mit hoher Drehzahl (z. B. 7 200 1/min). Die Schreib-Leseköpfe gleiten dabei auf einem Luftpolster berührungsfrei über die Plattenoberflächen.

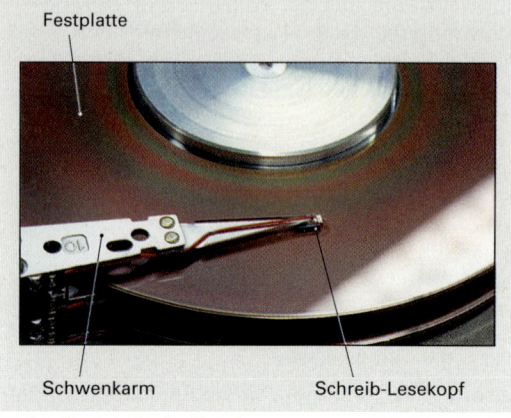

Bild 3: Festplattenlaufwerk

Formatieren der Diskette und der Festplatte ist zur Vorbereitung für das Beschreiben mit Daten oder Programmen notwendig. Das Formatieren kann im Laufwerk erfolgen. Es werden zunächst, z. B. auf der 3.5"-Diskette **(Bild 4)**, durch Vormagnetisieren
– Spurkreise angelegt, z. B. 80 konzentrische Spuren pro Disketten-Oberfläche
– Sektoren mit gleicher Datenkapazität, z. B. jeweils 512 Bytes, auf den Spurkreisen eingeteilt
– ein Inhaltsverzeichnis (directory) z. B. auf der Spur 0, vorbereitet.

Formatieren vernichtet endgültig alle bisher auf dem Datenträger aufgezeichneten Informationen.

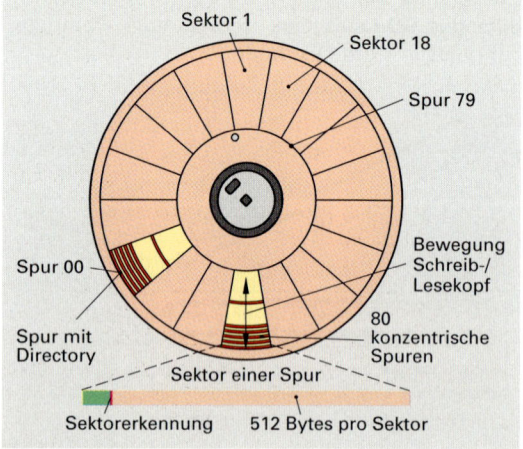

Bild 4: Formatierung

Zunehmend gewinnen mehrfach wiederbeschreibbare Speicherlaufwerke mit CD-Datenträgern an Bedeutung. Man unterscheidet dabei zwei im Aufzeichnungsverfahren wesentlich unterschiedliche Schreib-Lese-Speichersysteme.

Magneto-Optische Schreib-Lesespeichersysteme. Sie benutzen einen **MO-Speicher** oder auch **EOD** (**e**rasable **o**ptical **d**isk = löschbare optische Diskette) genannten Datenträger. Diese Datenträgerscheibe hat Magnetschichten. Beim Schreiben erzeugt ein Laserstrahl in einer vorgeprägten Rille der Scheibenoberfläche auf der Metallschicht örtlich Brennflecken. Bei ihnen wird die Magnetschicht verändert. Somit können Informationen digital gespeichert werden. Beim Lesen tastet wiederum ein jedoch wesentlich schwächerer Laserstrahl die unterschiedlich magnetisierte Oberfläche entlang der Rille ab. Die beim Speichern veränderte Magnetschicht kann erneut mit Hilfe eines Laserstrahls und eines Magnetfeldes neutralisiert werden und wieder beschreibbar gemacht werden. Die Speicherkapazität dieser Datenträger kann mehrere GB betragen. Die Zugriffszeit liegt bei 20 ms bis 70 ms.

Kristallin-amorphe optische Schreib-Lesespeicher. Sie benutzen Datenträgerscheiben, bei denen an der Oberfläche beim Schreiben mit einem Laserstrahl Felder mit kristalliner und Felder mit amorpher (nicht kristalliner Struktur) gebildet werden. Diese Felder weisen unterschiedliches Reflexionsverhalten auf das im Lesen der so gespeicherten Informationen, wiederum mit Hilfe eines Laserstrahls, ermöglicht. Beim Löschen werden mit einem Laserstrahl die amorphen Felder wieder in die kristalline Struktur zurückgeführt. Somit ist ein erneutes Beschreiben vielfach möglich.

2-in-1-CD-Speicherlaufwerke (Bild 1). Sie können sowohl eine CD-ROM als nur lesbaren Datenträger benutzen als auch eine kristallin-amorphe PD-Cartridge lesen und wiederholt (bis zu etwa 500 000 mal) beschreiben. Diese Cartridges (cartridge = Kassette) haben z. B. eine Speicherkapazität von 650 MB bei äußerst geringer Zugriffszeit.

6.4 Bedienung des Computers

Wesentliche Bedienungs- und Eingaberegeln

- Computersystem nicht schnell ausschalten und sofort wieder einschalten; mindestens 10 s Pause.
- Für einen Neustart während der Arbeit am Computersystem vorrangig einen Warmstart durch gleichzeitiges Drücken der Tasten [Strg] + [Alt] + [Entf] durchführen oder die RESET-Taste benutzen.
- Dezimalzahlen werden häufig mit dem Dezimalpunkt eingegeben
- Die Ziffer Null darf nicht mit dem Großbuchstaben O verwechselt werden.
- Erschütterungen während des Betriebs und unmittelbar nach dem Abschalten des Computers vermeiden, da Festplatten zerstört werden können (Headcrash der Schreib-Leseköpfe)
- Datenträger, die durch Magnetisieren ihrer Oberfläche die Informationen speichern, z. B. Diskette, Magnetbänder, dürfen nicht starken Magnetfeldern ausgesetzt werden (z. B. nicht auf dem Monitor ablegen).
- Disketten sind empfindlich, deshalb
  - nicht in die Schreib-Leseöffnung fassen
  - vor Schmutz und Feuchtigkeit schützen
  - Disketten nicht extremen Temperaturen aussetzen
  - Diskettenhüllen nicht belasten bzw. zusammendrücken
- Computer und ihre Peripheriegeräte sind Elektrogeräte und unterliegen somit den Sicherheitsvorschriften nach VDE

WIEDERHOLUNGSFRAGEN

1. Welche Komponenten bilden ein Computersystem?
2. Aus welchen Systembausteinen besteht eine Systemeinheit (Computer)?
3. Woraus besteht die Zentraleinheit eines Mikrocomputers?
4. Wie nennt man in der Computertechnik die kleinste Informationseinheit?
5. Was versteht man unter einem Byte?
6. Welche Eingabeperipheriegeräte gibt es?
7. Welche Ausgabegeräte sind gebräuchlich?

Bild 1: 2-in-1-CD-Speicherlaufwerk

6.5 Betriebssysteme

Ein Betriebssystem (BS) oder Operating System (OS) ist ein Programmpaket, durch das die Kommunikation zwischen Mensch und Computer möglich wird. Deshalb ist es nicht nur in einem Personalcomputer erforderlich, sondern genauso im Mikrocomputer einer Waschmaschine oder eines Steuergeräts.

> Betriebssysteme sind die Software, die die Verbindung zwischen Anwender und Hardware herstellen.

Das Betriebssystem muss folgende Aufgaben ausführen (**Bild 1**)

- Die Ausführung von Programmen überwachen
- den Datentransport zwischen Mikroprozessor und internen Speichern (ROM und RAM) organisieren
- Interne Speicher verwalten
- Datentransport zwischen Mikroprozessor und Peripheriegeräten organisieren
- Systemeinstellungen über geeignete Treiber ermöglichen, um mit unterschiedlichen Gerätevarianten (Konfigurationen) arbeiten zu können.

Weitere Aufgaben (**Tabelle 1**), die vom Betriebssystem übernommen werden können, sind die Steuerung und Verwaltung von externen Speichern wie z.B. Festplatten, Diskettenlaufwerken, CD-ROM-Laufwerken, Streamer usw. und die Verwaltung von Verzeichnissen, Programmen und Dateien.

Je nach Einsatzgebiet müssen die Eigenschaften der Betriebssysteme (**Tabelle 2**) verschieden sein. Man unterscheidet:

Single-User-Systeme (Einplatzsysteme) sind Systeme, bei denen nur ein Benutzer am Computer arbeiten kann.

Multi-User-Systeme (Mehrplatzsysteme) sind Systeme, bei denen mehrere Benutzer gleichzeitig an verschiedenen Arbeitsstationen in einem Computerverbund arbeiten können.

Single-Tasking-Systeme sind Systeme, mit denen eine Anwendung (Programm) nach der anderen ausgeführt werden kann.

Multi-Tasking-Systeme sind Systeme, bei denen mehrere Programme gleichzeitig von einem Computer ausgeführt werden können, wobei sie nacheinander, immer für kurze Zeitabstände, Rechenzeit erhalten.

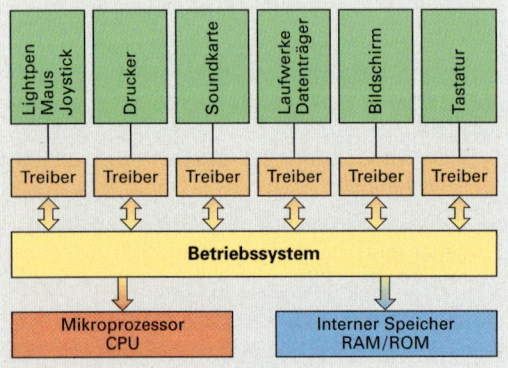

Bild 1: Aufgaben eines Betriebssystems

Tabelle 2: Eigenschaften der Betriebssysteme

Eigenschaften	Betriebssysteme
Single-User-Systeme	DOS, OS/2, JAVAOS, LINUX, Windows 95/98, Windows NT
Multi-User-Systeme	UNIX, Windows NT, JAVAOS, LINUX
Single-Tasking Systeme	DOS
Multi-Tasking-Systeme	UNIX, OS/2, JAVAOS, LINUX, Windows 95/98, Windows NT

MS-DOS

Das Betriebssystem MS-DOS (**M**icro**s**oft **D**isc **O**perating **S**ystem) ist ein Einplatzsystem und ermöglicht nur einen Single-Tasking-Betrieb. Es besteht aus einem Ein- und Ausgabe-System, einem Verwaltungssystem und einem Kommandosystem.

Ein- und Ausgabe-System. Im ROM-BIOS (Basic-Input-Output-System) sind alle grundlegenden Programme vorhanden, die der Computer kurz nach dem Einschalten benötigt. Durch das IO.SYS (Input-Output-System) werden die Treiber, die für die angeschlossene Hardware z. B. Festplatten, CD-ROM-Laufwerk, Soundkarte benötigt werden geladen.

Tabelle 1: Weitere Aufgaben des Betriebssystems

Datenträger (Externe Speicher)	Inhalte anzeigen, vorbereiten, formatieren, benennen, umbenennen, kopieren, vergleichen, prüfen
Verzeichnisse	anlagen, entfernen, wechseln, umbenennen, Inhalte anzeigen
Dateien	erzeugen, löschen, kopieren, umbenennen, drucken, Inhalte anzeigen
Programme	Finden, starten, beenden

Verwaltungssystem. Die Datei MSDOS.SYS enthält alle Daten und Einstellgrößen der unter DOS verwendeten Programme. Außerdem sind alle internen DOS-Befehle in ihr gespeichert.

Kommandosystem. Die Datei COMMAND.COM sorgt dafür, dass die DOS-Befehle und Anweisungen, die vom Anwender über die Tastatur eingegeben werden oder in besonderen Stapelverarbeitungsdateien (wie z. B. der AUTOEXEC.BAT) enthalten sind, ausgeführt werden.

Arbeiten mit MS-DOS
Das Betriebssystem meldet sich nach dem Einschalten und dem Startvorgang (Booten) des Computers bei fehlerlosem Start mit dem System-Prompt **(C:\>)** und zeigt Betriebsbereitschaft an. Der Prompt gibt an, von welchem externen Speicher (Laufwerk) das Betriebssystem geladen wurde bzw. von welchen externen Speicher sich der Computer Daten holt. Im Falle des C-Prompt **(C:\>)** bedeutet dies, dass der Computer auf den Speicher mit dem Kennbuchstaben C: (Festplatte) im Hauptverzeichnis zugreift.

Um die Speicherung von Informationen auf einem externen Speicher übersichtlich zu gestalten, werden zusammengehörende Dateien in eigenen Verzeichnissen (Directories) abgelegt. Ausgehend vom Hauptverzeichnis (Wurzelverzeichnis, root) können Unterverzeichnisse (Subdirectories) angelegt werden **(Bild 1)**.

Durch den Befehl MD Briefe [↵] wird ein Unterverzeichnis mit dem Namen Briefe vom Hauptverzeichnis aus angelegt. Der Befehl CD Briefe [↵] öffnet das Unterverzeichnis Briefe. Jetzt kann mit dem Befehl DIR [↵] der Inhalt dieses Unterverzeichnisses auf dem Bildschirm dargestellt werden. Eine Rückkehr in das Hauptverzeichnis wird durch den Befehl CD\ [↵] oder CD.. [↵] möglich. Wird das Verzeichnis Briefe nicht mehr benötigt, so kann mit dem Befehl RD Briefe [↵] das leere Unterverzeichnis Briefe vom Hauptverzeichnis aus gelöscht werden.

In **Tabelle 1** ist die Wirkung einiger interner DOS beschrieben.

Tabelle 1: Auswahl interner DOS-Befehle	
DOS-Befehle	Bedeutung
CD	Change Directory. Wechselt von einem Inhaltsverzeichnis zu einem anderen
CLS	Clear Screen, Bildschirm löschen
COPY	Kopiert Dateien
DEL	Löscht Dateien
DIR	Listet ein Inhaltsverzeichnis des aktuellen Laufwerks auf
MD	Make Directory. Erstellt ein neues Inhaltsverzeichnis.
RD	Remove Directory. Entfernt ein leeres Inhaltsverzeichnis aus der Verzeichnisstruktur
TIME	zeigt die aktuelle Systemzeit an
TYPE	zeigt Dateiinhalte an
VER	zeigt die Betriebssystemversion an

Da nicht alle Programme zur Steuerung und Verwaltung von Speichern in der Datei COMMAND.COM des Betriebssystems MS-DOS enthalten sind, werden über eine Vielzahl weiterer Befehle, sogenannter externer Befehle, zusätzliche Hilfsprogramme gestartet **(Tabelle 2)**.

Tabelle 2: Auswahl externer DOS-Befehle	
DOS-Befehle	Bedeutung
FORMAT	Formatiert den bezeichneten Datenträger, es werden Spuren und Sektoren angelegt
MODE	Verändert die Daten der Schnittstellen nach Benutzerangaben
DISKCOPY	Kopiert den vollständigen Inhalt eines Datenträgers
SYS	Kopiert die Systemdateien des Betriebssystems

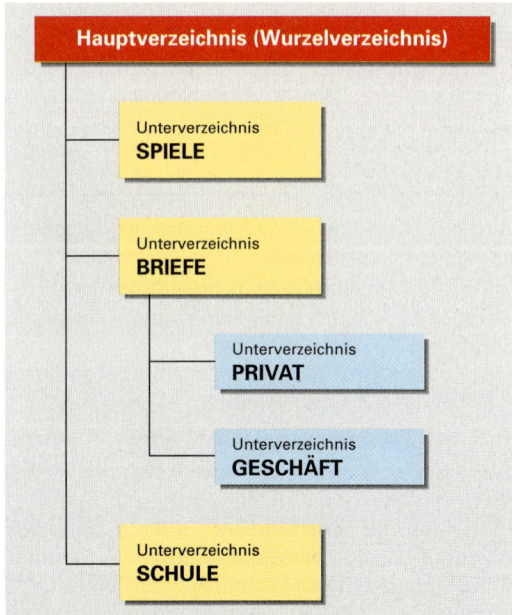

Bild 1: Verzeichnisstruktur eines externen Speicher

Windows 95/98

Für den Anwender eines Personalcomputers ist es unter DOS schwierig, sich alle Befehle merken zu müssen. Ihre Anzahl ist sehr groß und mit allen möglichen Erweiterungen über Schalter und Parameter in ihrer Wirkung nicht mehr überschaubar, z. B. der DOS-Befehl Format A:. Dieser Befehl bewirkt, dass ein Datenträger im Laufwerk A: formatiert wird. Mit der Befehlserweiterung durch den Schalter /s werden anschließend die Systemdateien auf den Datenträger kopiert. Ein weiterer Schalter z. B. /v ermöglicht es, dem Datenträger einen Namen zu geben. Unter Windows 95/98 wird ein Dialogfenster geöffnet, und der Anwender kann durch Anklicken mit der Maus die Erweiterungen des Befehls auswählen **(Bild 1)**.

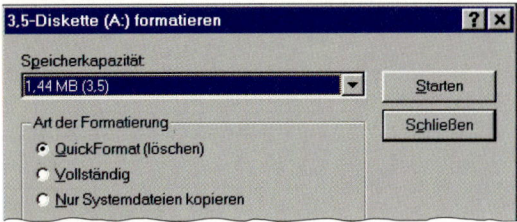

Bild 1: Dialogfenster für das Formatieren im Laufwerk A:

Moderne Betriebssysteme, wie z. B. WINDOWS 95/98 erleichtern die Handhabung des Computers wesentlich durch eine anwenderfreundliche und vollgraphische Benutzeroberfläche.

> Windows 95/98 ist ein Betriebssystem mit einer graphischen Benutzeroberfläche, die die Bedienung von Computersystemen erleichtert.

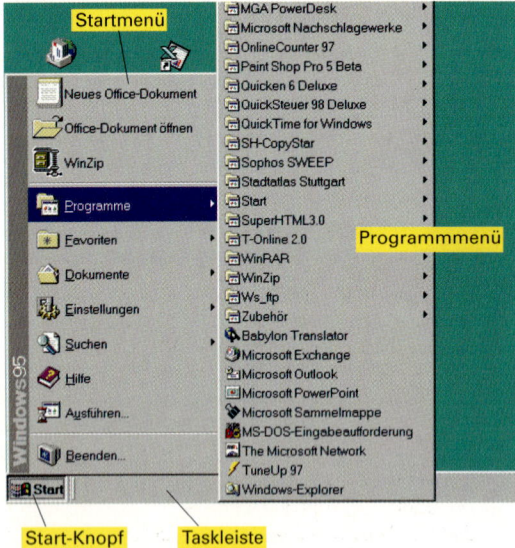

Bild 2: Desktop von Windows 95

Arbeiten mit Windows 95/98

Nach dem Einschalten des Computers bootet er direkt in die Benutzeroberfläche von Windows 95, dem sogenannten Desktop **(Bild 2)**.

Durch einen Klick mit der linken Maustaste auf den Start-Knopf im linken unteren Eck der Task-Leiste des Desktops öffnet sich das Startmenü. Im Startmenü sind die wichtigsten Aktionen in Menüpunkten zusammengefasst, damit Veränderungen z. B. in der Systemeinstellung schnell durchgeführt werden können **(Tabelle 1)**.

Vom Startmenü aus können alle Programme, die im Programm-Menü aufgelistet sind, gestartet werden. In den Menüpunkten, die mit einem nach rechts zeigenden Pfeil (▶) gekennzeichnet sind, befinden sich weitere Programmgruppen und Programme.

Tabelle 1: Menüpunkte des Startmenüs und ihre Wirkung	
Menüpunkte	**Wirkung**
Programme	Zeigt eine Liste von Programmen, die auf dem Computer installiert sind.
Dokumente	Zeigt die zuletzt geöffneten Dateien und Dokumente.
Einstellungen	Zeigt in weiteren Menüs den Pfad zu den Systemeinstellungen, Systemprogrammen, Druckern und zur Task-Leiste.
Suchen	Ermöglicht das Suchen von Programmen und Dateien auf allen Laufwerken und Verzeichnissen.
Hilfen	Startet eine Übersicht über die Hilfeprogramme des Computers.
Ausführen	Startet ein Programm.
Beenden	Beendet das Betriebssystem Windows korrekt, bevor der Computer ausgeschaltet werden kann.

Für die Ausführung eines Programms gibt es verschiedene Möglichkeiten

– Start des Programms aus dem Startmenü
– Doppeltes Anklicken eines Programmsymbols auf dem Desktop
– Doppeltes Anklicken einer ausführbaren Datei im Fenster des Explorers.

Wird das Programm gestartet, öffnet Windows ein Fenster, in dem die Anwendung ausgeführt wird.

Die Größe des Fensters kann in der Teilbilddarstellung stufenlos verändert werden. Außerdem ist die Position eines Fensters auf dem Bildschirm beliebig veränderbar. Der Grundaufbau eines Fensters ist für alle Anwendung gleich.

Folgende Standardelemente sind in jedem Fenster vorhanden (**Bild 1**)
- Fenstersteuerelemente
- Menüleiste
- Fensterkopfzeile
- Symbolleiste

Die Aktion wird mit Hilfe eines Dialogfensters ausgeführt.

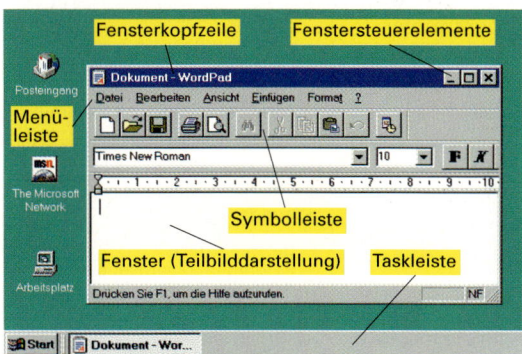

Bild 1: Elemente eines Fensters

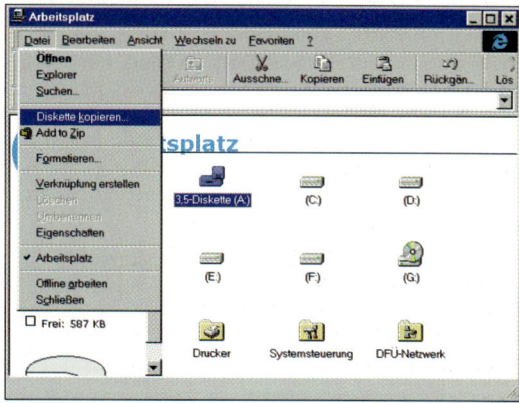

Bild 2: Arbeitsplatzfenster für das Kopieren einer Diskette

Fensterkopfzeile. Sie beinhaltet den Namen der Anwendung und den Namen der Datei, die mit Hilfe der Anwendung bearbeitet wird.

Fenstersteuerelemente. Am rechten Rand der Fensterkopfzeile befinden sich die drei Schaltflächen der Fenstersteuerung (**Tabelle 1**).

Systemsteuerung
Über diesen Ordner können alle Systemeinstellungen durchgeführt und verändert werden (**Bild 3**), wie z. B. Systemdatum und Systemzeit verändern.

Tabelle 1: Schaltflächen der Fenstersteuerelemente und ihre Wirkung	
_	Verkleinert das Programmfenster zu einem Programmsymbol in der Taskleiste, wobei das Programm im Hintergrund aktiv bleibt.
□	Verändert die Teilbilddarstellung zur Vollbilddarstellung
▣	Verändert die Vollbilddarstellung zur Teilbilddarstellung
×	Beendet das Programm und schließt das Fenster

Menüleiste und Symbolleiste. Sie beinhalten die gleichen Funktionen, wie sie bei Standardprogrammen, z. B. Word, Excel üblich sind.

Arbeitsplatz
Öffnet man den Ordner Arbeitsplatz mit einem Doppelklick der linken Maustaste auf das dazugehörende Symbol auf dem Desktop, so öffnet sich das Arbeitsplatzfenster (**Bild 2**). Es enthält die Symbole für die vorhandenen Laufwerke und die Ordner für Drucker, Systemsteuerung und DFÜ-Netzwerk. Soll z. B. eine Diskette kopiert werden, so kann durch einen Klick auf das Laufwerkssymbol für das Laufwerk A: ein Fenster geöffnet werden. Im Menü Datei der Menüleiste steht jetzt, neben anderen Befehlen wie Formatieren, Löschen usw. der Befehl für das Kopieren von Disketten zu Verfügung.

Bild 3: Systemsteuerung

Windows 95/98 beenden
Will man die Arbeit mit Windows 95/98 beenden, wählt man über den Startknopf im Startmenü den Menüpunkt **„Windows beenden"**. Bestätigt man mit OK, wird das Betriebssystem heruntergefahren und auf dem Bildschirm erscheint der Hinweis: **„Sie können den Computer jetzt ausschalten."**

Wiederholungsfragen

1. Was versteht man unter internen DOS-Befehlen?
2. Welche Vorteile hat Windows 95/98 im Vergleich mit DOS?
3. Welche Fenstersteuerelemente unter Windows 95/98 gibt es?

6.6 Programmieren

6.6.1 Grundlagen des Programmierens

Setzt man zum Lösen von Problemen einen Computer ein, so muss eine Sprache verwendet werden, die sowohl der Mensch, als auch der Computer verstehen kann, die sogenannte Programmiersprache. Zur Lösung von umfangreichen Aufgaben und Problemen empfiehlt es sich, eine bestimmte Verfahrensweise einzuhalten, d. h. nach einem bestimmten Schema vorzugehen **(Bild 1)**.

Aufgabenstellung
Eine Aufgabe muss folgerichtig durchdacht, klar formuliert und in der Problembeschreibung übersichtlich gegliedert dargestellt werden.

Problemanalyse
Anhand der Aufgabenstellung werden zunächst die gewünschten Ausgabedaten und danach die zur Lösung nötigen Eingabedaten festgelegt. Anschließend wird die Gesamtaufgabe in kleinere Teilaufgaben zerlegt und in der richtigen Abfolge der Lösungsschritte geordnet.

> **Algorithmus** ist die Folge von eindeutig bestimmten Anweisungen, die zur Lösung einer Aufgabe auszuführen sind.

Es empfiehlt sich, den Algorithmus am Anfang erst grob zu beschreiben und ihn dann schrittweise zu verfeinern. Ein solches Vorgehen wird als „Top-Down-Methode" bezeichnet. Allseits bekannte Darstellungsformen mit algorithmischer Aufbereitung sind Gebrauchsanweisungen, Reparaturanleitungen, Kochrezepte, Checklisten und Programme.

Grafische Darstellung des Lösungsweges
Durch grafische Darstellung des Lösungsweges mit Hilfe von Programmablaufplänen und Strukturogrammen können besonders die Algorithmusstrukturen transparent gemacht werden.

Codierung
Beim Codieren wird der aus der Problemanalyse entstandene Algorithmus in eine Folge von Anweisungen umgewandelt. Sie entsprechen der Computersprache und können auch vom Benutzer verstanden werden (benutzerfreundlich). Es entsteht das eigentliche Programm.

6.6.2 Programmstrukturen

Wird die Programmentwicklung übersichtlich und mit allgemein verständlichen Begriffen entworfen und dargestellt, so spricht man von strukturierter Programmierung. Umfangreiche Aufgaben werden in kleinere Teilaufgaben zerlegt, es entstehen Programme, die leicht lesbar und jederzeit verbesserbar sind (Programmpflege).

Programmablaufplan
Im Programmablaufplan **(Tabelle 1)** werden die einzelnen Teilaufgaben in der logischen Reihenfolge grafisch dargestellt. Für die durchzuführenden Operationen, wie z. B. Eingabe, Ausgabe, Start, Ende, gibt es genormte Sinnbilder.

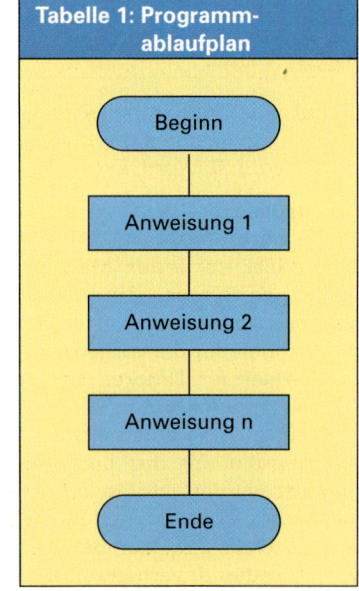

Bild 1: Vorgehensweise bei der Problemlösung

Die Sinnbilder **(Tabelle 1)** werden durch Linien verbunden, dadurch steht die Reihenfolge der Abarbeitung fest. In die Sinnbilder werden nur kurze Texte oder Symbole, wie z. B. mathematische Formelzeichen, geschrieben. Durch die Möglichkeit, im Programm jederzeit Verzweigungen einzurichten und an beliebige Stellen des Programmes zu springen, werden Programmablaufpläne oft unübersichtlich.

Nassi-Shneidermann-Diagramm oder Struktogramm

Der Programmteil, in dem die Problemlösung vollzogen werden soll, wird in einzelne Schritte zerlegt, die in Form von Strukturblöcken dargestellt werden. Alle Struktogramme können auf drei Grundstrukturen zurückgeführt werden:
1. Folgestruktur oder Sequenz **(Tabelle 2)**
2. Auswahlstruktur oder Alternative **(Tabelle 3)**
3. Wiederholungsstruktur mit vorausgehender oder nachfolgender Bedingungsstruktur **(Tabelle 4)**.

Alle Grundstrukturen können im Ablauf eines Programmes vorkommen.

6.6.3 Programmiersprachen

Maschinensprache

Der Mikroprozessor (8-Bit-Prozessor) eines Computers kann nur Daten verarbeiten, die in Form von 0-1-Bitkombinationen (8 Bit = 1 Byte) über einen Datenbus zu ihm gelangen. Wird ein Programm aus einer Kombination der Zahlen 0 und 1 erstellt, so spricht man von der Codierung in der Maschinensprache. Sie ist die niedrigste Sprachebene. Die Ablaufgeschwindigkeit der Programme ist sehr hoch. Anwendung bei der elektronischen Benzineinspritzanlage als Festspeicherprogramm in einem ROM.

Assemblersprache

Sie ist eine maschinenorientierte Sprache, die auf einen bestimmten Prozessor zugeschnitten ist und besteht aus sogenannten Mnemoniks. Mnemoniks sind Symbolwörter oder Abkürzungen, die leichter zu merken sind als Zahlen. So bedeutet z. B. die Kombination 0000 0010 aus der Maschinensprache die Abkürzung ADD (addieren) in der Assemblersprache oder 1010 1001 bedeutet LDA (Symbol für load akku). Da der Computer jedoch nur die Maschinensprache versteht, muss ein Programm erstellt werden, das die Mnemoniks in die Maschinensprache übersetzt. Diese Übersetzungsprogramme heißen ebenfalls Assembler.

Höhere Programmiersprachen

Beim Programmieren mit höheren Programmiersprachen **(Tabelle 1, Seite 162)** werden alle Anweisungen des Programmes durch Wortbefehle formuliert. Jeder Wortbefehl steht für eine Vielzahl von 0-1-Bitkombinationen. Für universell anwendbare höhere Programmiersprachen wie Basic, Pascal oder Logo sind die Befehlswörter der einfachen englischen Umgangssprache entnommen worden. Sie sind leicht erlernbar und anwendbar.

Tabelle 1: Sinnbilder für Programmablaufpläne

Sinnbild	Bedeutung	BASIC-Anweisung
⬭	Grenzstelle (z. B. Programmende)	END
▭	allgemeine Verarbeitung (auch Ein- und Ausgabe)	LET INPUT PRINT
◇	Verzweigung	IF...THEN
—	Verbindungslinie	
○	Verbindungsstelle	
---⌐	Bemerkung (kann an jedes andere Sinnbild angefügt werden)	

Tabelle 2: Folgestruktur

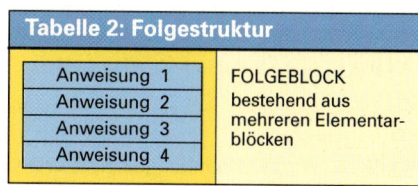

Tabelle 3: Auswahlstruktur

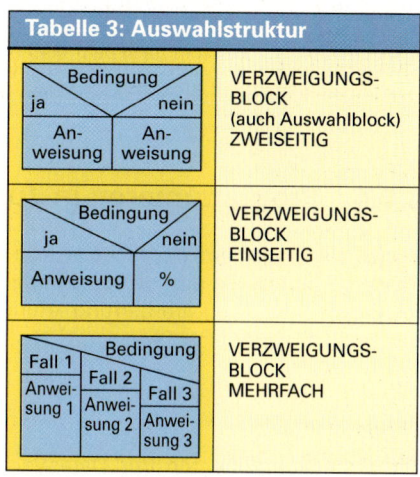

Tabelle 4: Wiederholungsstruktur

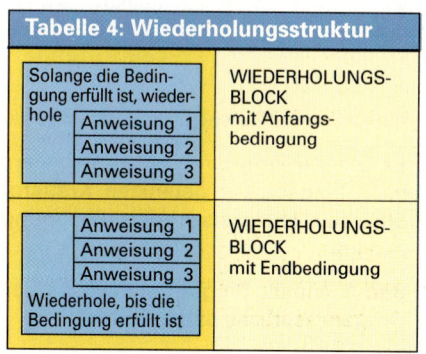

Compiler. Er übersetzt das gesamte in einer höheren Programmiersprache geschriebene Programm vor dem ersten Programmlauf in die Maschinensprache, es ist sofort lauffähig.

Das Quellprogramm wird im Arbeitsspeicher nicht mehr benötigt. Allerdings werden Fehler im Quellprogramm mit übersetzt, sie können erst nach dem ersten Lauf des compilierten Programmes erkannt und beseitigt werden.

Interpreter. Das Quellprogramm wird schrittweise übersetzt und abgearbeitet, ähnlich einem Dolmetscher, der jeden Satz sofort in eine andere Sprache übersetzt. Auf Fehler, die im Quellprogramm vorhanden sind, wird Zeile für Zeile aufmerksam gemacht, sie können während des Programmlaufs ausgemerzt werden.

Das Quellprogramm wird nicht in die Maschinensprache übersetzt, der Interpreter benützt vorhandene Routinen aus der Maschinensprache. Soll ein Programm erneut gestartet werden, so muss das ganze Quellprogramm wieder neu übersetzt werden, d. h. das Quellprogramm muss sich immer im Arbeitsspeicher befinden. Ein compiliertes Programm ist aus diesen Gründen etwa zwanzigmal schneller als ein interpretiertes.

Tabelle 1: Höhere Programmiersprachen

Sprache	Bedeutung	Einsatzgebiet
ALGOL	Algorithmic language	Im technisch-wissenschaftlichen Bereich
BASIC	Beginner's all purpose Symbolic language	Als Dialogsprache im technischen und kaufmännischen Bereich
C		Im technisch-wissenschaftlichen Bereich
COBOL	Common business oriented language	Im kaufmännischen Bereich
FORTRAN	Formula translation	Im technisch-wissenschaftlichen Bereich
LOGO		In Schulen
PASCAL	Benannt nach dem Mathematiker Blaise Pascal (1623–1662)	Als strukturierte Programmiersprache in allen Bereichen

6.6.4 Programmieren in Turbo Pascal

Pascal als Programmiersprache wurde 1970 entworfen. Mittlerweile gibt es verschiedene Dialekte, die bei der Programmierung mehr Komfort bieten als Standard-Pascal.

Programmaufbau

Die Grundkomponenten der Datenverarbeitung, Eingabe-Verarbeitung-Ausgabe (EVA-Prinzip), gelten auch für das Erstellen von Pascal-Programmen.

Einführendes Beispiel: Programm tanken1

Es soll ein Programm entwickelt werden, das nach Eingabe der getankten Kraftstoffmenge und des Literpreises den Rechnungsbetrag ausgibt.

Bild 1 enthält Programmanweisungen in der Umgangssprache und in Pascal.

Eingabe	Lies die Kraftstoffmenge in Litern Lies den Literpreis

Verarbeitung	Rechnungsbetrag = Kraftstoffmenge · Literpreis

Ausgabe	Schreibe den Rechnungsbetrag

Grundkomponenten	Anweisungen allgemein	Anweisungen in Pascal
E	lies	read
V	Rechnungsbetrag ← Kraftstoffmenge · Literpreis (←: Dem Rechnungsbetrag wird zugewiesen .....)	rechnungsbetrag:= kraftstoffmenge* literpreis
A	schreibe	write

Bild 1: Programmanweisungen nach EVA

Programmkopf

Die erste Anweisung in einem Pascal-Programm ist die **PROGRAM**-Anweisung, gefolgt von einem Programm-Namen (8 Zeichen) und einem Strichpunkt.

Deklarationsteil

In ihm werden dem Rechner die Bedeutung der einzelnen Ausdrücke im Programm mitgeteilt. Im Programm tanken1 kommen Größen vor, die sich ändern können, z. B. kraftstoffmenge, literpreis also Variablen. Die Aufzählung der Variablen wird mit dem Wort **VAR** eingeleitet. Mehrere Variablen werden durch Kommata getrennt, am Ende steht ein Doppelpunkt. Danach muss der Variablentyp eingegeben werden, z. B. real. Real sagt aus, dass es sich um reelle Zahlen, z. B. Dezimalzahlen, handelt.

Anweisungsteil

Er beginnt mit dem Wort **BEGIN** und endet mit dem Wort **END** und einem Punkt. Dazwischen werden die einzelnen Anweisungen nach dem EVA-Prinzip geschrieben, die jeweils mit einem Strichpunkt beendet werden müssen. Auf die Anweisung read im Programm erwartet der Computer eine Eingabe. Durch die Anweisung write erhält man vom Computer eine Ausgabe auf dem Bildschirm. Die letzte Anweisung vor dem Wort END benötigt keinen Strichpunkt. Alle Wörter können klein oder groß geschrieben werden. Um das Programm übersichtlich zu gestalten (strukturieren), ist es vorteilhaft, die Wörter PROGRAM, VAR, BEGIN, END, mit Großbuchstaben zu schreiben und rückt die Programmtexte etwas ein.

Um einem Benutzer dieses Programmes die Eingabe zu erleichtern, kann man ihm Hinweise geben, die ihn durch das Programm führen **(Bild 2)**.

Dazu benützt man das Wort write und schreibt danach den Text, den der Programmanwender auf dem Bildschirm sehen soll, in Klammern und Anführungszeichen z.B. write („Der Tankbetrag in DM ist...„).

Readln(kraftstoffmenge) bedeutet, dass nach der Eingabe des Zahlenwertes für die Kraftstoffmenge der nachfolgende auszugebende Text in die nächste Zeile geschoben wird. Readln ist die Abkürzung für read line.

Writeln = write line ergibt zwischen Eingabetext und Ausgabetext ebenfalls eine Freizeile.

Nach Anweisungen wie readln und writeln muss immer ein Strichpunkt stehen.

```
PROGRAM tanken1;
VAR
  kraftstoffmenge, literpreis,
  tankbetrag: real;
BEGIN
  read (kraftstoffmenge);
  read (literpreis);
  tankbetrag:=kraftstoffmenge*literpreis;
  write (tankbetrag);
END.
```

Bild 1: Programm tanken 1

```
PROGRAM tanken2;
VAR
  kraftstoffmenge, literpreis,
  tankbetrag: real;
BEGIN
  write ('Geben Sie die getankte
          Kraftstoffmenge ein:');
  readln (kraftstoffmenge);
  write ('  Geben Sie den Preis
          je Liter ein:');
  readln (literpreis);
  tankbetrag:=kraftstoffmenge*literpreis;
  writeln;
  writeln ('    Der Tankbetrag ist
          DM', tankbetrag :5:2)
END.
```

Bild 2: Programm tanken 2

Die Ausgabeformatierung tankbetrag :5:2 sieht für den Tankbetrag 5 Stellen vor, in diesen 5 Stellen sind 2 Nachkommastellen enthalten, z. B. 112,73 DM.

Standard-Datentypen (Auswahl)

Datentypen müssen im Deklarationsteil des Programmes definiert werden.

Standardtyp Real. Er umfasst alle positiven und negativen reellen Zahlen (Ganze Zahlen und Dezimalzahlen). Bei Dezimalzahlen erfolgt die Ausgabe in Exponentialschreibweise z.B. 3.74 E + 02 = 374

Standardtyp Integer. Es werden nur ganze positive oder ganze negative Zahlen zugelassen und zwar von -32768 bis +32767. Bei der Division ganzer Zahlen können aber Zahlen vom Typ Real entstehen z. B. 7:4 = 1,75. Um das zu vermeiden, muss ein Divisionsgenerator benützt werden, z. B. 7 DIV 4. Als Ergebnis wird nur der ganzzahlige Anteil verwendet, nämlich 1; die beiden Nachkommastellen 75 werden abgeschnitten.

Standardtyp Byte. Er umfasst eine Teilmenge von Integer und zwar die ganzen Zahlen von 0 bis 255. Die Division wird deshalb wie beim Standardtyp Integer durchgeführt.

Standardtyp Char. Damit neben Zahlen auch Buchstaben und Zeichen eingegeben werden können, verwendet man den Standardtyp Character. Er lässt alle Zeichen aus dem ASCII-Code zu.

Standardtyp Boolean. Er wird zur Lösung von Problemen in der Logik verwendet, da er immer nur zwei Möglichkeiten zulässt, nämlich falsche Werte und wahre Werte.

Strukturierter Datentyp String. Man versteht darunter eine Reihe von Zeichen oder eine Zeichenkette. Hinter der Typangabe string muss die maximale Länge der Zeichenkette in eckigen Klammern angegeben werden z. B. text: string [38]. Im Arbeitsspeicher wird so ein Speicherplatz von 38 Zeichen reserviert.

Strukturiertes Programmieren

Beispiel für eine bedingte Verarbeitung:
Ist in einem Programm eine Auswahlmöglichkeit vorhanden, so müssen sogenannte strukturierte Bedingungsanweisungen verwendet werden wie z. B. die IF-Anweisung.

IF-Anweisung. Sie wird verwendet, wenn in einem Programm, in Abhängigkeit einer Bedingung, zwischen 2 Programmzweigen ausgewählt werden kann. Ist die Bedingung wahr (Boolscher Ausdruck), so wird der linke Programmteil des Struktogrammes ausgeführt, ist die Bedingung falsch, so wird der rechte Zweig durchlaufen (einfache Alternative mit 2 Auswahlmöglichkeiten). **Tabelle 3**, Seite 161).

Bei nur einer Auswahlmöglichkeit wird im rechten Zweig eine Leeranweisung ausgegeben, d. h. es erfolgt keine Verarbeitung und keine Ausgabe. IF-THEN-ELSE ist eine Anweisung mit zwei Bedingungen. Vor ELSE darf deshalb kein Komma stehen. Der ELSE-Zweig wird weggelassen, wenn es sich um eine bedingte Anweisung handelt mit nur einer Bedingung.

Die einfachste Form einer Bedingung ist der Vergleich. Als Vergleichsoperatoren werden die folgenden Zeichen verwendet:
= gleich   < > ungleich   < kleiner
> größer   < = kleiner gleich   > = größer gleich

Beispiel: PROGRAM rabatt. Ein Werkstattbesitzer erhält bei Bestellung von Ersatzteilen im Wert ab 10 000,- DM von seinem Lieferanten einen zusätzlichen Rabatt von 5 %. Liegt der Ersatzteilpreis unter 10 000,- DM, so ist der Rechnungsbetrag gleich dem Ersatzteilpreis. Nach Erstellung eines Struktogrammes soll ein Programm entwickelt werden, das den Rechnungsbetrag ausgibt.

Lösung: Struktogramm **Bild 1**
         Programm   **Bild 2**

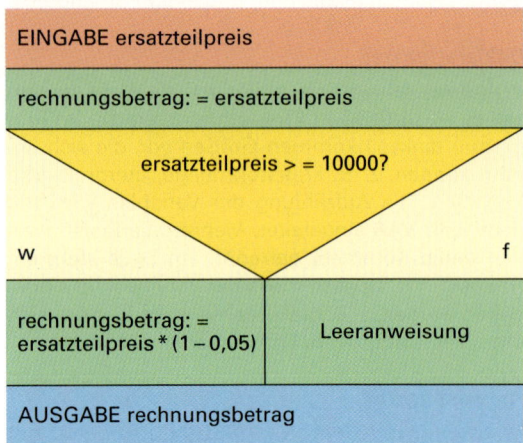

Bild 1: Struktogramm bedingte Verarbeitung

```
PROGRAM rabatt;

VAR
  ersatzteilpreis, rechnungsbetrag: real;
BEGIN
  write ('Geben Sie den Ersatzteilpreis
         ein:');
  readln (ersatzteilpreis);
  rechnungsbetrag:=ersatzteilpreis;
  IF ersatzteilpreis > = 10000
     THEN rechnungsbetrag:=ersatzteilpreis*
                           (1-0.1);
  writeln ('Der Rechnungsbetrag lautet
          DM', rechnungsbetrag :8:2);

END.
```

Bild 2: PROGRAM rabatt, bedingte Verarbeitung

WIEDERHOLUNGSFRAGEN

1. Was ist ein Algorithmus?
2. Was versteht man unter einem Programmablaufplan PAP?
3. Wodurch unterscheidet sich ein Compiler von einem Interpreter?
4. Aus welchen Teilen wird ein Pascal-Programm aufgebaut?
5. Was versteht man unter dem Standardtyp Integer in einem Pascal-Programm?

6.7 Anwendersoftware

Die Herstellung von Programmen, die PC-Anwendern bei der Bewältigung ihrer täglichen Arbeit benötigten, wie z. B. beim Briefe schreiben, Rechnungen erstellen, Zeichnungen anfertigen, Daten übertragen usw. ist sehr zeitaufwendig und teuer. Deshalb bietet die Softwareindustrie den Anwendern von Personalcomputern Programme an, mit denen sie komfortabel und schnell die täglichen Arbeiten erledigen können **(Tabelle 1)**.

Tabelle 1: Anwendersoftware-Übersicht

Individual-software	Branchen-software	Standard software
– Anwender-spezifisch erstellte Software	– Gebrauchtwa-genkalkulation – Werkstattab-rechnung – Rechnungs-wesen – Buchhaltung	– Textverarbei-tung – Tabellenkalku-lation – Datenbanken – Grafikprogram-me – Datenkommu-nikation

Individualsoftware. Es sind Programme, die genau auf die Probleme des Anwenders zugeschnitten sind, z. B. Firmensoftware. Diese Programme werden nur für eine Unternehmung entwickelt und speziell an die Gegebenheiten dieser Unternehmung angepasst, z. B. Lagerverwaltung, Ersatzteilverwaltung von Automobilkonzernen, Diagnosesoftware.

Branchensoftware. Die Arbeitsabläufe innerhalb einer Branche z. B. in der Kfz-Branche sind ähnlich organisiert, so dass die Lösung von Problemen mit Hilfe einheitlicher Programme in mehreren Unternehmen möglich ist **(Bild 1)**. Je mehr Unternehmen sich für eine bestimmte Branchensoftware entscheiden, desto niedriger werden die Anschaffungskosten. Branchensoftware wird je nach Bedarf in Modulen angeboten.
– Tankstellen, Autozubehörfirmen
– Lagerverwaltung (Ersatzteillager in Kfz-Betrieben)
– Buchhaltung und Rechnungswesen
– Schadens- und Instandsetzungskalkulation

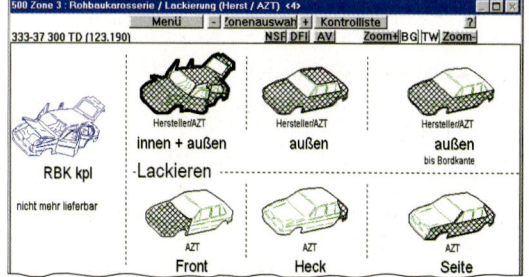

Bild 1: Branchensoftware für Schadens- und Instandhaltungskalkulation

Standardsoftware. Eine Reihe von Aufgaben fallen in den Betrieben aller Branchen oder im privaten Bereich gleichermaßen an, wie das Schreiben von Briefen, Berichten, Rechnungen, das Anlegen von Adressen in einer Kartei oder das Ausfüllen von Formularen.
Standardsoftware besitzt im Allgemeinen eine Windowsoberfläche, deren Symbole und Funktionen gleichartig sind **(Bild 2)**. Die Oberfläche besteht aus einer Menüleiste und einer Symbolleiste. Durch einen Maus-Klick werden die Pull-Down-Menüs in der Menüleiste geöffnet. Beim Anklicken eines Symbols in der Symbolleiste können die hinterlegten Funktionen z. B. Ordner neu, Drucken, Kopieren aktiviert werden.

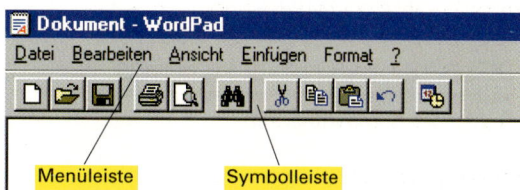

Bild 2: Oberfläche einer Standardsoftware

Maus-Ereignisse

Linke Maustaste. Alle Aktionen werden mit einem Maus-Klick (Drücken der linken Maustaste) ausgewählt. Zusätzlich können Bereiche einer Datei, ein Wort oder ein Zeichen durch Drücken der linken Maustaste bei gleichzeitigem Überstreichen markiert und anschließend verändert werden.
Rechte Maustaste. Mit der rechte Maustaste wird ein Kontextmenü aktiviert, in dem häufig benützte Befehle und Aktionen, z. B. Kopieren, Einfügen, Löschen zusammengefasst sind und die dadurch schnell zur Verfügung stehen.

Menüleiste

Folgende Pull-Down-Menüs stehen zur Verfügung
Datei – Es enthält alle Aktionen, die zur Handhabung einer Datei gehören, z. B. Öffnen, Speichern oder Drucken einer Datei.
Bearbeiten – Es enthält alle Aktionen, mit denen eine Datei bearbeitet werden kann, z. B. Kopieren, Einfügen von Zeichen und Textteilen.
Ansicht – Es enthält Aktionen, die zur Einstellung der Bildschirmansicht erforderlich sind, z. B. Symbolleiste einblenden oder ausblenden, Zoomen.
Einfügen – Es enthält alle Aktionen, die notwendig sind, um Objekte in die Datei einfügen zu können, z. B. Datum und Uhrzeit, Zeitenzahl, Bilder.
Format – Es enthält alle Aktionen, die zur Formatierung der Objekte und der Seitenansicht erforderlich sind, z. B. Schriftarten, Absätze.
? – Es enthält alle Aktionen, um Hilfen am Bildschirm zu bekommen.

Tabelle 1: Symbole der Windowsoberfläche	
	Neue Datei erstellen
	Vorhandene Datei öffnen
	Datei speichern
	Datei drucken
	Datei im Druckbild zeigen
	Suchen von Zeichenketten
	Markierten Teil der Datei ausschneiden
	Markierten Teil der Datei in den Arbeitsspeicher kopieren
	Inhalt des Arbeitsspeicher einfügen
	Letzte Änderung rückgängig machen

- Tabulatoren z. B. links, rechts, zentriert
- Seite z. B. Hochformat, Querformat, Seitenlänge, Seitenbreite.

Texte drucken. Text kann mit Hilfe des Druckmenüs durch einen Drucker ausgedruckt werden.

Tabellenkalkulationsprogramme
Bei der Tabellenkalkulation ist der Arbeitsbereich des Bildschirms **(Bild 2)** in waagrechte **Zeilen** und senkrechte **Spalten** eingeteilt. Überall dort, wo sich eine Zeile mit einer Spalte trifft, entsteht eine **Zelle**, deren Breite und Höhe beliebig veränderbar ist. Da jede Spalte durch einen Buchstaben, jede Zeile durch eine Zahl gekennzeichnet ist, ist die Position einer Zelle genau festgelegt, z. B. F7 = Spalte F, Zeile 7. In jede Zelle können Zeichenketten (Strings) oder Werte eingefügt werden. Die Werte mehrerer Zellen können über Formeln miteinander verknüpft werden. Versucht man Zeichenketten und Werte durch Formeln miteinander zu verknüpfen, erhält man Fehlermeldungen. Es ist auch möglich, die Werte einer Tabelle in Diagrammen graphisch darzustellen.

Textverarbeitungsprogramme
Der Computer hat beim Schreiben von Texten gegenüber der Schreibmaschine wesentliche Vorteile. So kann ein Text entweder über die Tastatur, eingescannt oder über ein Spracherkennungsprogramm in den Arbeitsspeicher geladen werden. Anschließend kann der Text kontrolliert, gegebenenfalls editiert, formatiert, gedruckt und abgespeichert werden **(Bild 1)**. Ferner können Bilder und Graphiken in den Text eingebunden werden.

Bild 1: Bildschirm eines Textverarbeitungsprogramm

Texte editieren. Es ist das Ändern von Texten durch Einfügen, Überschreiben, Verschieben, Kopieren oder Löschen einzelner Zeichen, Wörter, Sätze und Textbausteinen in einem bestehenden Text.

Texte formatieren. Es ist die optische Gestaltung von Texten (Layout). Hierbei können folgende Bereiche verändert werden
- Schrift z. B. Schriftart, Schriftgröße, fett, kursiv oder unterstrichen
- Absätze z. B. linksbündig, rechtsbündig, zentriert, Blocksatz, eingezogen, hängender Einzug

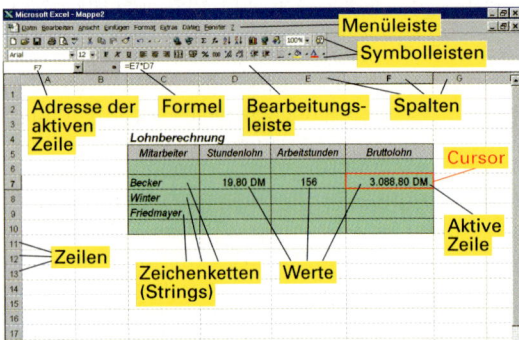

Bild 2: Bildschirm eines Tabellenkalkulationsprogramm

Eingabe. Zeichenketten oder Werte können in eine Zelle eingegeben werden, wenn sie aktiv ist. Eine Zelle ist aktiv, wenn der Cursor einen Rahmen um die Zelle bildet.

Formatieren. Durch das Formatieren werden die Eigenschaften der Zeichen und Werte in den Zellen verändert, z. B. ist in die Zelle C5 **(Bild 2)** die Spaltenüberschrift *Mitarbeiter* fett und kursiv eingetragen.

Rechnen mit Formeln. Bei der Berechnung von Ergebnissen werden die Werte in den Zellen durch Formeln verknüpft. Dabei stehen in den Formeln nicht die Werte der Zellen, sondern deren Adressen **(Bild 2)**, z. B. wird mit der Formel Stundenlohn x Arbeitszeit der Bruttolohn in der Zelle F7 berechnet. Die Formel in der Zelle F7 die das gewünschte Ergebnis liefert, lautet = E7*D7. Dadurch werden die Werte in den Zellen E7 und D7 multipliziert und als Wert in F7 ausgegeben.

6.8 Datenkommunikation

Mit Hilfe der Datenkommunikation können Informationen in Form von Daten zwischen Computern ausgetauscht werden. Die Verbindung zwischen den einzelnen Computern wird durch Datennetze hergestellt.

Datennetze. Sie sind Datenleitungen, über die Daten, meist als Nachrichtenpakete, übertragen werden. Innerhalb kleinerer Datennetze überträgt man neben Daten auch Steuersignale, wie z. B. im Kraftfahrzeug. Die zu übertragenden Daten werden seriell Bit für Bit übertragen, wobei die Informationen von allen Teilnehmern des Netzes genutzt werden können.

6.8.1 Datenübertragung

Systeme für den Datenaustausch, wie sie z .B. innerhalb eines Unternehmens, im Büro oder im Kraftfahrzeug verwendet werden, nennt man **LAN** (**L**ocal **A**rea **N**etwork) oder lokale Netzwerke. Der Datenaustausch z. B. zwischen den PCs, Minicomputern, Zentralrechnern und allen weiteren Peripheriegeräten erfolgt mit hoher Datenübertragungsgeschwindigkeit (ca. 10 Mbit/s ... 100 Mbit/s). Dadurch können die Teilnehmer des Netzwerkes auf alle Daten nahezu gleichzeitig zugreifen, um sie z. B. zu bearbeiten oder zu verändern. Die Verbindungselemente zwischen den Computern sind neben der Datenleitung die Verbindungsstecker und Netzwerkkarten, die in die Computer eingesteckt werden.

Netzwerkstrukturen. Je nach Anordnung der Computer, die an eine gemeinsame Datenleitung angeschlossen sind unterscheidet man
– Sternstruktur   – Ringstruktur   – Busstruktur

Sternstruktur (Bild 1). Sie ermöglicht mit geringem Leitungsaufwand die Verbindung einer großen Anzahl von Computern. Dabei ist jede Arbeitsstation an eine Vermittlungsstelle, meist einem Server oder einem Hub, angeschlossen. Fällt beim Betrieb des Netzes eine Arbeitsstation aus, treten für die anderen Teilnehmer keine Störungen auf. Fällt jedoch die Vermittlungsstelle aus, arbeitet das gesamte Netzwerk nicht mehr.

Ringstruktur (Bild 1). Bei ihr sind benachbarte Arbeitsstationen direkt miteinander verbunden. Die Daten werden von einer Station zur nächsten Station in einer Richtung weitergegeben. Dadurch ist eine Erweiterung durch einfaches Einfügen weiterer Computer möglich. Fällt jedoch ein Computer im Ring aus, kann das gesamte Netz blockiert werden.

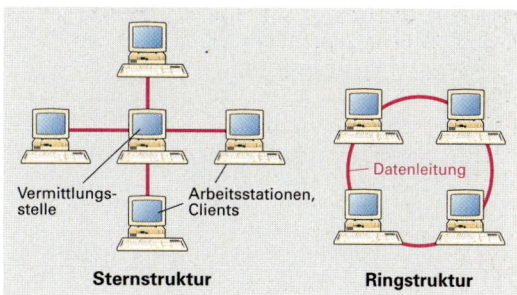

Bild 1: Stern- und Ringstruktur eines Netzwerks

Busstruktur (Bild 2). Sie ermöglicht das Senden und Empfangen von Daten der einzelnen Stationen über ein gemeinsames, durchgehendes Kabel. Da jede Station Daten versenden und empfangen kann, muss der Datenverkehr über ein geeignetes Protokoll geregelt werden. Jeder Arbeitsplatz kann senden, wenn der Bus „frei" ist. Das Netzwerk kann durch Einfügen von weiteren Arbeitsstationen auf einfache Weise erweitert werden. Außerdem behindert der Ausfall einer Station nicht das gesamte Netz. Jedoch können die gesendeten Nachrichten von allen Stationen empfangen bzw. „mitgehört" werden.

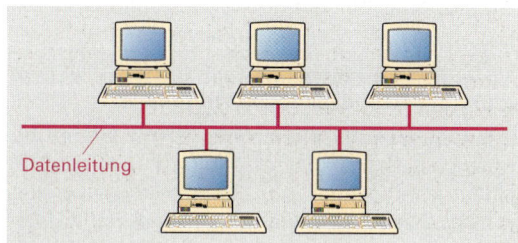

Bild 2: Busstruktur eines Netzwerkes

Peer to Peer Netzwerk. Es ist ein einfaches Netzwerk mit Busstruktur, bei dem alle Computer als gleichberechtigte, eigenständige Arbeitsstationen über eine Datenleitung verbunden sind. Dadurch können Daten z. B. zwischen zwei Rechnern ausgetauscht werden.

Client/Server Netzwerk. Der Computer, der in einem Netzwerk die Bereitstellung von Daten, Programmen und Rechenleistung übernimmt, wird als Server (Dienstleister) bezeichnet. Die anderen Computer im Netz, die die Dienste des Servers in Anspruch nehmen, nennt man Clients (Kunden). Der Server-Rechner ist meist ein sehr leistungsfähiger Computer, z. B. ein Zentralrechner. Er kann große Datenmengen speichern und dadurch den Clientrechner entlasten. Diese Netze finden z. B. in großen Autohäusern Anwendung (**Bild 1, Seite 168**).

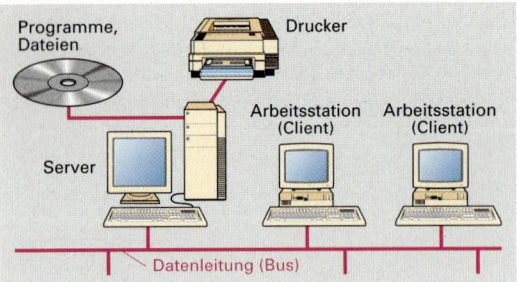

Bild 1: Client-Server-Prinzip

6.8.2 Datenfernübertragung (DFÜ)

Sie ermöglicht den Informationsaustausch, z. B. Sprach-, Bild-, Text- und Datenkommunikation über Telekommunikationsdienste durch Kabelverbindungen oder Richtfunk zwischen verschiedenen Datennetzen.

WAN (**W**ide **A**rea **N**etworks = weitflächige Datennetze). Sie sind Kommunikationssysteme, die sich über die ganze Welt erstrecken können. In Deutschland stellt z. B. die Telekom ihr Telefonnetz für die Datenfernübertragung zur Verfügung. Für die Anbindung an die Telekommunikationsdienste sind Datenendeinrichtungen und Datenübertragungseinrichtungen erforderlich.

Datenendeinrichtung (DEE). Sie ist für das Senden und Empfangen von Daten erforderlich. Es sind z. B. Personalcomputer, Terminals.

Datenübertragungseinrichtung (DÜE). Sie ist für die Anpassung der Datensignale zwischen Datenendeinrichtung und dem Übertragungsweg notwendig. Dazu verwendet man ISDN-Adapter, Modems oder Akustikkoppler. Durch eine geeignete Kommunikationssoftware kann der Datenaustausch zwischen den Computern über serielle oder parallele Schnittstellen erfolgen.

Modem (**M**odulator/**Dem**odulator). Es ist ein Gerät, das die zu übertragenden, Signale eines Computers in analoge Signale (Töne) umwandelt (moduliert). Anschließend werden die Signale im analogen Telefonnetz übertragen. Nach der Übertragung werden die Töne durch das Modem auf der Empfangsseite wieder in für den Computer verständliche Signale zurückgewandelt (demoduliert). Die Übertragungsgeschwindigkeit über das Telefonnetz in Verbindung mit Modems als DÜE beträgt bis 56 kBit je Sekunde. Meist verfügen die Geräte über Faxfunktionen und einem Anrufbeantworter.

ISDN (**I**ntegrated **S**ervices **D**igital **N**etwork = Digitales Netz für integrierte Dienste). Die Datenübertragung von ISDN-Adaptern als DÜE erfolgt in digitaler Form. Bekommt ein Personalcomputer eine entsprechende Schnittstelle in Form einer ISDN-Steckkarte, kann er direkt als ISDN-Endgerät verwendet werden. Werden passive ISDN-Karten verwendet, wird der Mikroprozessor des PCs als Rechenzentrale verwendet.
Aktive ISDN-Karten besitzen einen eigenen Mikroprozessor neben der dazugehörenden Umgebung, wie z. B. ROM und RAM. Die Übertragungsgeschwindigkeit innerhalb des digitalen Netzes beträgt je Kanal 64 kBit/s.
Über das ISDN-Netz können unterschiedliche Informationen wie z. B. Sprache, Graphik, Daten über in digitaler Form schneller übertragen werden.

Gateway. Damit Netzwerke mit unterschiedlicher Software verbunden werden können, müssen an den Verbindungsstellen Übersetzungscomputer, sogenannte Gateway-Computer eingesetzt werden. Sie haben die Aufgabe, das Protokoll des einen Netzwerkes in das Protokoll des anderen Netzwerkes zu übersetzen **(Bild 1, Seite 169)**.

Online-Dienste

Sie sind Dienstleistungsunternehmen, die Informationen, wie z.B. Aktienkurse, Nachrichten, firmenspezifische Daten und Informationen, die in Datenbanken abgelegt sind, anbieten und verkaufen. Außerdem bieten sie ihren Kunden vielfältige private und berufliche Kommunikationsmöglichkeiten, wie z. B. Homebanking, Teleshopping, Telelearning, Teleworking an **(Bild 2)**.

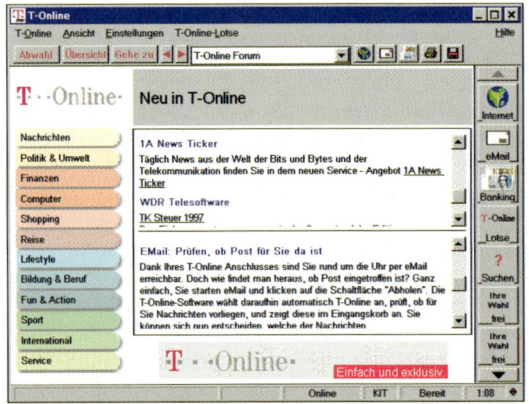

Bild 2: Angebot eines Online-Dienstes

Damit die Informationen der Online-Dienste genutzt werden können, muß auf dem Computer eine geeignete Software (Decoder oder Client) installiert sein. Mit dieser Software kann über Modem oder ISDN-Adapter die Verbindung zum jeweiligen Online-Dienst hergestellt werden.
Online-Dienste ermöglichen über entsprechende Serversysteme die Einwahl in das Internet. Anbieter, die den Zugang zum Internet ermöglichen, nennt man **Provider**.

Internet

Das Internet ist ein weltumspannendes, offenes Datennetz. Es besteht aus einer Vielzahl kleiner Teilnetze. Diese Teilnetze werden durch die Rechner, die ihre Dienste anbieten bzw. die angebotenen Dienste in Anspruch nehmen, gebildet. Will man die Dienste des Internets nützen, benötigt man z. B. einen Provider und die entsprechende Hardware- und Softwareausstattung **(Bild 1)**.

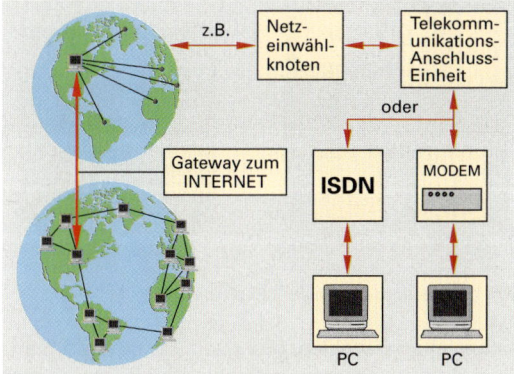

Bild 1: Anschluss an das Internet

Browser. Sie sind Programme, die den Zugang zu den Diensten des Internets ermöglichen **(Bild 2)**.

Dienste des Internets. Wesentliche Dienste sind
- WWW (World Wide Web)
- E-Mail (elektronische Post)
- News (Diskussionsforen)
- FTP (Austausch von Daten)

WWW. Es ermöglicht den Zugang zu Informationen in den bereitgestellten Dokumenten über nahezu alle Themengebiete nach dem Client-Server-Prinzip. Dabei beschränken sich die Dokumentendarstellungen nicht nur auf Texte, sondern es sind alle multimedialen Darstellungsformen, wie z. B. Bilder, Filme, Musik möglich.

Das Format der Dokumente, die im WWW veröffentlicht werden, ist einheitlich und wird in der Dokumentenbeschreibungssprache **HTML** (Hypertext Markup Language) erstellt. HTML-Dokumente bestehen aus reinem ASCII-Text. Dadurch sind diese Dokumente rechnerunabhängig und können sowohl auf einem PC als auch einer Workstation dargestellt werden.

Im Browser **(Bild 2)** kann sich der Benutzer des Internets HTML-Dokumente, die sich auf einem weit entfernten Server befinden, auf seinem Bildschirm darstellen lassen. **Hyperlinks** (Links), das sind farblich markierte Textteile oder Bilder im Dokument, die zu anderen Webseiten verweisen. Werden diese Links mit der Maus aktiviert so wird das entsprechende Dokument vom Browser aufgerufen, auch wenn es auf einem anderen Rechner gespeichert ist.

Damit das gewünschte Dokument unter der Vielzahl von Dokumenten im Web gefunden wird, benötigt es eine eindeutige Adresse, eine sogenannte **URL** (Uniform Resource Locator). Sie gliedert sich in das Protokoll, die Adresse des Webservers, den Pfad des Dokuments und den Namen des Dokuments **(Bild 2)**. Mit der URL wird das gewünschte Dokument im Netz lokalisiert und aufgerufen.

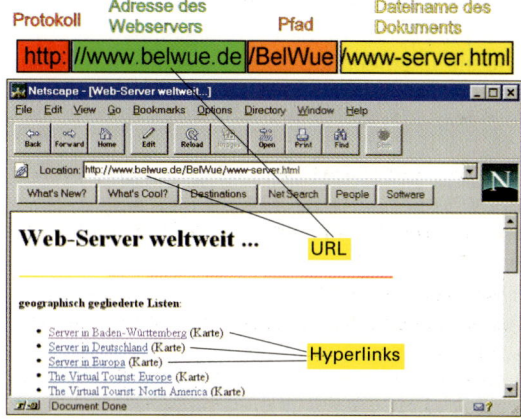

Bild 2: Browser mit HTML-Dokument

E-Mail. Sie bietet als elektronische Post die Möglichkeit, Nachrichten in Form von Texten, Bildern und Tonaufzeichnungen zu versenden und zu empfangen. Dabei werden die Daten mit hoher Übertragungsgeschwindigkeit über weite Entfernungen kostengünstig transportiert.

News (NetNews, Usenet). Es ist ein weltweites, öffentliches, elektronisches schwarzes Brett, in dem Informationen (News) zu verschiedenen Themen veröffentlicht werden. Jeder Nutzer von News ist einem News-Server zugewiesen, auf dem er seine Informationen ablegt. Das News-System ist in eine große Anzahl von Themengebieten unterteilt. Für jedes Themengebiet gibt es Teilnehmer, die sich in News-Gruppen zusammengeschlossen haben.

FTP (File Transfer Protocol). Mit ihm können Dateien von einem entfernten Computer direkt auf den eigenen Computer kopiert werden. Auf den öffentlich zugänglichen FTP-Servern sind eine große Anzahl von Programmen, Sound- und Videodateien, Texten, Graphiken verfügbar.

> ### WIEDERHOLUNGSFRAGEN
> 1. Welche Netzwerkstrukturen sind in einem LAN üblich?
> 2. Was versteht man unter einer Cient/Server-Struktur?
> 3. Welche Datenübertragungseinrichtungen gibt es?
> 4. Welche Dienste bietet das Internet an?

6.9 Datensicherung und Datenschutz

Durch die ständig zunehmende Verbreitung der Informationstechnik und die dadurch steigende Datenmenge, wächst die Notwendigkeit, diese großen Datenmengen zu sichern und sie vor unberechtigtem Zugriff zu schützen. Besonders durch die zunehmende Anzahl lokaler und öffentlicher Netze könnten verschiedene Benutzer direkt auf vorhandene Datenbestände zugreifen und sie unberechtigterweise verändern. Deshalb gewinnt die Datensicherung und der Datenschutz immer größere Bedeutung.

6.9.1 Datensicherung

Unter Datensicherung versteht man alle Maßnahmen, Methoden und Einrichtungen, die gegen den Verlust von Daten, sowie gegen unzulässige Nutzung und Verfälschung von Daten schützen sollen.

Sicherung gegen Verlust von Daten

Zwischenspeicherung und endgültige Speicherung. Während des Arbeitens am Computer können Unterbrechungen z. B. Fehlbedienung, Stromausfall, Defekte in der Rechenanlage, Systemabstürze zum Verlust der Daten führen, die sich im Arbeitsspeicher befinden. Deshalb ist es notwendig, Zwischenspeicherungen der Daten und ihre endgültige Sicherung auf externen Speichern, wie z. B. Diskette, Festplatte durchzuführen.

> Je häufiger gespeichert wird, desto geringer ist die Gefahr von Datenverlusten.

Sicherungskopien. Durch versehentliches Überschreiben von Dateien können Datenverluste auftreten. Deshalb fertigen Standardprogramme bei Änderungen von Dateien und deren erneuter Speicherung von der Ursprungsdatei automatisch eine Sicherungskopie an. Diese besitzt dann zwar den selben Dateinamen, aber eine andere Endung z. B. bak, sik, wbk. Sollte die Originaldatei z. B. Brief01.doc verloren gehen, so kann die Sicherungskopie Brief01.wbk gegebenenfalls umbenannt und zum Original gemacht werden **(Bild 1)**.

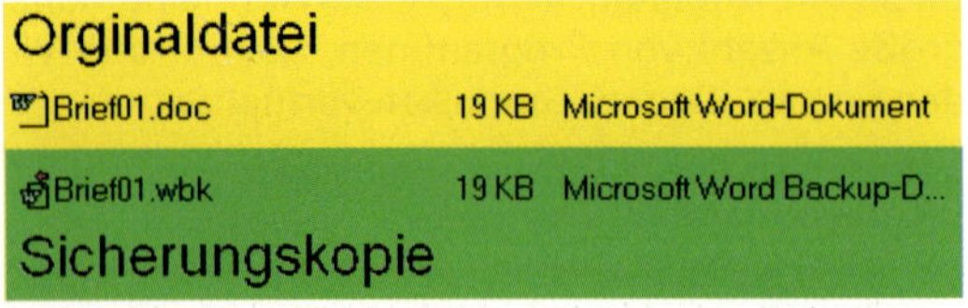

Bild 1: Sicherungskopien

Überschreibschutz von Dateien. Um das versehentliche Überschreiben von Dateien auf externen Speichern zu vermeiden, kann durch das Programm eine Warnung z. B. **„Vorhandene Datei überschreiben?"** am Bildschirm ausgegeben werden, bevor durch das Abspeichern die ursprüngliche Datei überschrieben wird. Beim Arbeiten mit Disketten kann auch durch Klebestreifen oder Diskettenschalter ein Überschreiben von Dateien verhindert werden **(Bild 2)**.

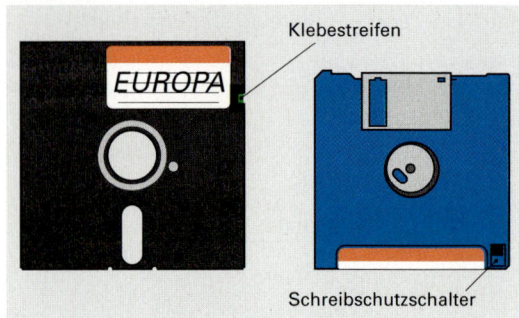

Bild 2: Überschreibschutz bei Disketten

Sicherungsstrategien. Disketten, Festplatten, Bänder sind elektromagnetische Speicher. Durch äußere Einflüsse wie z. B. magnetische Felder oder hohe Temperaturen können die auf ihnen gespeicherten Daten vernichtet werden. Deshalb werden für die Sicherung z. B. großer Datenbestände nicht nur eine Kopie der Daten hergestellt, sondern auf unterschiedlichen Datenträgern mehrere Kopien. Diese werden in bestimmten Zeitabständen und nach bestimmten Strategien z. B. dem Großvater – Vater – Sohn Prinzip aktualisiert.

Sicherung gegen unzulässige Nutzung.

Passwort-Schutz. Bei ihm besitzt jeder Benutzer einer Datenverarbeitungsanlage ein Passwort, das er bei Beginn seiner Arbeit am Computer eingeben muss. Kennt der Rechner dieses Passwort, erlaubt er dem Benutzer bestimmte Bereiche des externen Speichers zu benutzen. Über das Passwort werden dem Benutzer bestimmte Rechte zugewiesen, z. B. das Recht auf Lesen von Daten, Schreiben von Daten, Ausführen von Programmen. Passwörter sollten aus Sicherheitsgründen täglich geändert werden und mindestens 10 Zeichen lang sein.

Dongel. Er dient als Softwareschutz und findet hauptsächlich bei branchenspezifischen Programmen Anwendung. Der Dongel ist eine kleine Hardwarebox, die meist aus einem Microcontroler besteht. Sie wird z.B. auf die parallele Schnittstelle des Computers aufgesteckt. Die Software, die nur zusammen mit dem Dongel läuft, spricht in bestimmten Zeitabständen diese Schnittstelle an und erwartet ein entsprechendes Antwortsignal. Bleibt dieses aus, so stellt das Programm seine Arbeit ein.

Dadurch kann die Software beliebig oft kopiert werden, aber das Programm ist nur zusammen mit dem Dongel lauffähig.

Erlaubte Anzahl von Installationen. Um das Raubkopieren von Programmen einzuschränken, wird über eine Prozedur im Installationsprogramm **(Bild 1)** die Anzahl der Installationen geprüft und auf der Programmdiskette festgehalten. Ist die erlaubte Anzahl von Installationen erreicht, z. B. 4 Installationen so ist eine weitere Installation nicht mehr möglich.

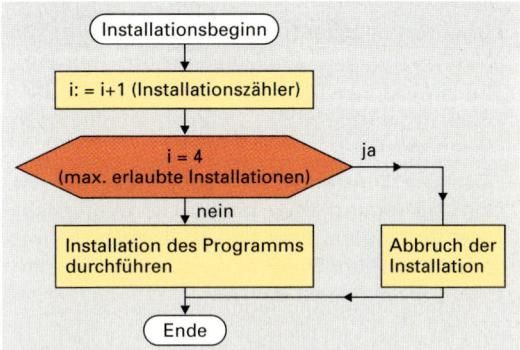

Bild 1: Schutz vor Mehrfachinstallationen

Pretty Good Privacy (PGP). Es ist ein Programmsystem, um personenbezogene Informationen und Daten wie z.B. Kontonummer, Passwörter, die gespeichert sind oder über DFÜ transportiert werden sollen, vor unerwünschter Nutzung und Missbrauch zu schützen. Dazu werden die zu schützenden Informationen z.B. in Bild- oder Ton-Dateien verschlüsselt aufbewahrt oder transportiert. Nur der berechtigte Empfänger, kann mit einem Decodierprogramm und den geeigneten Schlüsseln die Information wieder nutzbar machen.

Sicherung gegen Computerviren

Computerviren sind Programme, die sich selbst vermehren können und in Verbindung mit anderen Programmen aktiv werden. Sie rufen vom Anwender nicht kontrollierbare Veränderungen in Systembereichen, anderen Programmen oder deren Umgebung hervor. Es werden 3 Arten von Computerviren unterschieden Boot-, File- und Makroviren.

Boot-Viren. Sie setzen sich in den Startbereichen von Festplatten oder Disketten fest. Während des Bootvorgangs (Laden des Betriebssystems) werden sie in den Arbeitsspeicher geladen und können dadurch jeden nicht schreibgeschützten Speicher infizieren. Dadurch können bestimmte Aktionen nicht mehr ausgeführt werden, wie z. B. Kopieren von Dateien oder Booten des Computers.

File-Viren. Sie lagern sich an ausführbare Programmdateien mit der Endung .EXE oder .COM an. Beim Aufruf dieser Programme wird zuerst der Viruscode ausgeführt und erst anschließend das Originalprogramm. Dies führt z. B. dazu, dass bei häufigen Programmstarts der freie Festplattenspeicherplatz immer geringer wird, weil das Virus sich selbst kopiert hat.

Makro-Viren. Bei der Verwendung von Standardprogrammen wie z.B. Textverarbeitungsprogrammen ist es möglich bestimmte Vorgänge wie das Erstellen von Serienbriefen zu automatisieren. Dazu werden Makros verwendet, die ständig wiederkehrende Befehlsabläufe vereinfachen. Durch das Einschleusen von gefährlichen Makros, die z. B. an Dokumentenvorlagen angehängt sind, können diese beim Aufruf des Standardprogramms aktiv werden und z. B. im Systembereich durch das Formatieren der Festplatte oder Löschen wichtiger Systemdateien großen ökonomischen Schaden anrichten.

Antivirusprogramme. Um den Befall von Viren festzustellen, zu beseitigen oder zu verhindern werden Antivirusprogramme eingesetzt, die meist anhand von Prüfsummen feststellen können, ob sich Pro- grammdateien oder Programmbibliothekdateien verändert haben, weil diese von Viren befallen sind. Dazu können diese Programme, sobald der Rechner eingeschaltet, das Betriebssystem und ein Virenschutzprogramm geladen ist ständig im Hintergrund aktiv sein, ohne dass dies der Benutzer merkt. Will sich z. B. ein Virus im Arbeitsspeicher festsetzen, wird dies sofort erkannt und verhindert.

Ist ein Computer bereits mit einem oder mehreren Viren infiziert, müssen folgende Schritte zur Beseitigung der Viren vorgenommen werden
– Computer mit Hilfe einer schreibgeschützen Startdiskette booten (nicht von der Festplatte aus)
– Virensuchprogramm (Virenscanner) in den Arbeitsspeicher laden und alle Laufwerke (externe Speicher) nach Viren durchsuchen lassen
– Laufwerke durch Antivirusprogramm säubern lassen
– Computer neu starten.

WIEDERHOLUNGSFRAGEN

1. Welche Sicherungsmöglichkeiten gibt es, um den Verlust von Daten zu verhindern?
2. Welche Sicherungsmöglichkeiten gibt es, um Daten vor Missbrauch zu schützen?
3. Was ist ein Dongel?
4. In welchen Schritten muss das Beseitigen von Viren durchgeführt werden?

6.9.2 Gesetzlicher Datenschutz

Die technologische Entwicklung und die weite Verbreitung der elektronischen Datenverarbeitung ermöglichen
- eine große Anzahl unterschiedlicher Datensammlungen in Datenbanken
- den Abruf großer Datenmengen in wenigen Sekunden
- die Verknüpfung verschiedener Datenbanken mit gemeinsamen Bezugsdaten
- schnellste Auswertung sehr großer Datenmengen nach vielfachen Auswahlkriterien
- Trendzuordnung von ausgewählten Daten.

Daraus drohen Gefahren im Hinblick auf die Unverletzbarkeit der Persönlichkeitssphäre. Um den Missbrauch gespeicherter Daten abzuwehren, muss der unbefugte Zugriff auf bestimmte Daten durch gesetzlichen Datenschutz **(Bild 1)** verhindert werden.

Bild 1: Datenschutz

Der gesetzliche Datenschutz beruht auf
- dem **Gesetz zum Schutz vor Missbrauch personenbezogener Daten** bei der Datenverarbeitung (Bundesdatenschutzgesetz)
- den **Landesdatenschutzgesetzen**, die für die einzelnen Bundesländer aus dem Bundesdatenschutzgesetz abgeleitet wurden.

> **Geschützte Daten** im Sinne der Datenschutzgesetze sind z.B. **personenbezogene Daten von natürlichen Personen**, falls diese Daten nicht jedermann frei zugänglich sind, z. B. Telefonbucheintrag.

Personenbezogene Daten sind Angaben über
- **persönliche Verhältnisse**, z. B. Geburtstag, Alter, Staatsangehörigkeit, Religion, Beruf, Krankheit, Vorstrafen, politische Einstellungen, Zeugnisse, Konsumverhalten

- **sachliche Verhältnisse**, z.B. monatliches Einkommen, Vermögen, Schulden, Grundbesitz.

Nach den Datenschutzgesetzen müssen folgende Maßnahmen getroffen werden, um die schutzwürdigen Interessen der Betroffenen sicherzustellen:
- **Eingabekontrollen.** Sie regeln, von wem und wann Daten eingegeben werden dürfen.
- **Speicherkontrollen.** Sie verhindern, dass Unbefugte von gespeicherten Daten Kenntnis erlangen.
- **Benutzerkontrollen.** Sie verhindern, dass Unbefugte Daten abrufen können.
- **Übermittlungskontrollen.** Sie sichern die Überwachung bei der Datenfernübertragung.
- **Zugangskontrollen.** Sie sollen verhindern, dass Unbefugte zu den Datenverarbeitungsanlagen gelangen.
- **Transportkontrollen.** Sie sollen bei der Datenübertragung bzw. beim Datenträgertransport verhindern, dass die Daten gelöscht, verändert oder unbefugt gelesen werden können.

Die Datenspeicherung von personenbezogenen Daten ist jedoch im Hinblick auf schnelle, rationelle Arbeit, z.B. zur Erledigung von Verwaltungsaufgaben heute unumgänglich. Deshalb muss der Einzelne bei der Erfassung seiner persönlichen Daten folgende Rechte wahrnehmen können:
- **Recht auf Benachrichtigung**, wenn Daten erfasst und gespeichert werden
- **Auskunftsrecht** über gespeicherte Daten, die seine Person betreffen
- **Berichtigungsrecht** bezüglich der Speicherung falscher Daten
- **Recht auf Löschung** von Daten, deren Speicherung unzulässig war oder bei denen die Berechtigung zur Speicherung weggefallen ist, z.B. nach Tilgung eines Kredits und Auflösung der Geschäftsverbindungen mit der betreffenden Bank.

Der ordnungsgemäße Datenschutz nach den Datenschutzgesetzen wird vom **Bundesdatenschutzbeauftragten** und in den Bundesländern von den **Landesdatenschutzbeauftragten** sowie von den **Datenschutzbeauftragten in den Gemeinden** überwacht.

> **WIEDERHOLUNGSFRAGEN**
>
> 1. Weshalb ist der Datenschutz notwendig?
> 2. Welche Gesetze regeln den Datenschutz?
> 3. Welche Daten sind durch den gesetzlichen Datenschutz geschützt?
> 4. Welche Rechte hat der Bürger bezüglich von ihm gespeicherter Daten?

7 Elektrotechnik

Die Elektrizität ist eine Energieform: Sie hat gegenüber anderen Energieformen wie Wärme, Licht, mechanische und chemische Energie folgende Vorteile:

- Große Energiemengen können über weite Strecken durch Überlandleitungen in entlegenste Gebiete transportiert werden.
- Sie ist leicht in andere Energieformen umzuwandeln, z. B. Wärme in Vorglühanlagen, Licht in Glühlampen, mechanische Energie in Elektromotoren, chemische Energie beim Laden von Starterbatterien.
- Die Umwandlung von elektrischer Energie in andere Energieformen ist weitgehend umweltfreundlich.

Grundlage für das Verständnis von elektrischen Vorgängen ist das Bohrsche Atommodell (**Bild 1**). Ein Atom ist das kleinste, chemisch nicht mehr aufspaltbare Teilchen eines Grundstoffes.

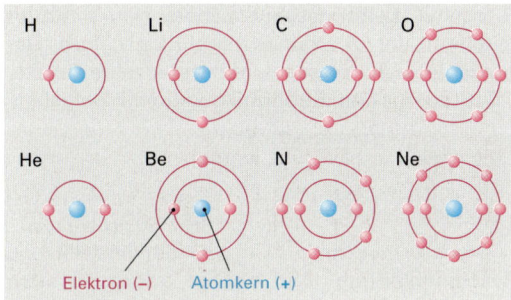

Bild 1: Aufbau von Atomen

Die wesentlichen Bestandteile eines Atoms sind der Atomkern und die Elektronen. Der Atomkern wird aus Protonen und Neutronen gebildet.

Protonen sind positiv geladene Masseteilchen. Ein Wasserstoffkern besteht z. B. nur aus einem Proton. Es hat die kleinste positive Ladungsmenge, die Elementarladung.

Neutronen sind Masseteilchen, die keine Ladung aufweisen.

Elektronen sind negativ geladene Masseteilchen. Ein einzelnes Elektron hat die kleinste negative Ladungsmenge, die Elementarladung.

> Elektronen sind die Träger der negativen, Protonen die der positiven Elementarladungen. Die jeweiligen Elementarladungen sind gleich groß.

Die Elektronen bewegen sich mit großer Geschwindigkeit (etwa 2200 km/s) auf kreisförmigen bzw. elliptischen Bahnen um den Atomkern (**Bild 2**). Die Fliehkräfte, die dabei an den negativ geladenen Elektronen entstehen, werden durch die Anziehungskraft der positiv geladenen Protonen ausgeglichen.

> Ungleichnamig elektrisch geladene Masseteilchen ziehen sich an, gleichnamig elektrisch geladene stoßen sich ab.

Enthält der Kern eines Atoms so viele Protonen wie Elektronen ihn umkreisen, so ist das Atom nach außen elektrisch neutral.

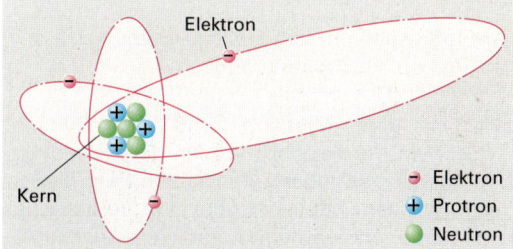

Bild 2: Aufbau des Lithiumatoms

Außer den an den Atomkern fest gebundenen Elektronen gibt es in allen Stoffen auch noch Elektronen, die sich vom Atom zeitweilig loslösen und frei zwischen den Atomen bewegen können. Man bezeichnet diese Elektronen auch als „freie" Elektronen. Solange dem Stoff von außen keine Energie zugeführt wird, bewegen sich die freien Elektronen ungerichtet, d.h. es lässt sich keine bevorzugte Bewegungsrichtung erkennen (**Bild 3**).

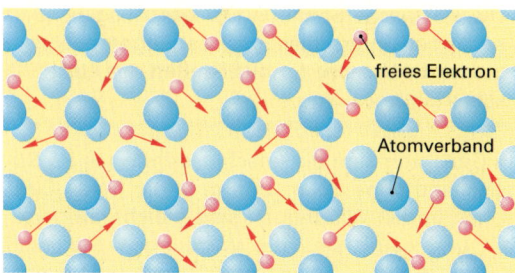

Bild 3: Ungerichtete Bewegung von freien Elektronen

> Elektrische Vorgänge beruhen auf dem Vorhandensein und der Beweglichkeit freier Elektronen. Elektrizität wird nicht erzeugt, sie ist in jedem Stoff vorhanden.

7.1 Elektrische Spannung

Elektrische Spannung ist vorhanden, wenn zwischen zwei Punkten, z. B. den Polen einer Batterie, ein Unterschied in der Menge der Elektronen vorhanden ist. Die Höhe der Spannung ist von der Größe des Elektronenunterschiedes abhängig. Die Erzeugung der elektrischen Spannung erfolgt durch Ladungstrennung in der Spannungsquelle **(Bild 1)**.

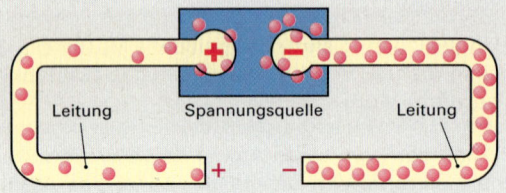

Bild 1: Spannungserzeugung durch Ladungstrennung

Am Minuspol herrscht Elektronenüberschuss, am Pluspol Elektronenmangel.

Zwischen dem Minuspol und dem Pluspol herrscht ein Ausgleichsbestreben der Elektronen, d. h. bei der Verbindung der beiden Pole fließen Elektronen vom Minuspol über den Verbraucher zum Pluspol und verrichten dabei elektrische Arbeit **(Bild 2)**.

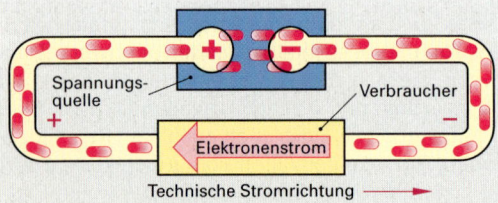

Bild 1: Elektronenfluss im Stromkreis

Die elektrische Spannung ist das Ausgleichsbestreben unterschiedlicher Ladungsmengen. Sie ist die Ursache für das Fließen des elektrischen Stromes.

Im Generator sind die Anschlussklemmen im Ruhezustand ohne Spannung, d. h. die freien Elektronen in den Wicklungen sind gleichmäßig verteilt und damit sind die Wicklungen elektrisch neutral. Wird der Generator in Bewegung gesetzt, so werden die freien Elektronen zum Minuspol hin bewegt; am Minuspol entsteht gegenüber dem Pluspol ein Elektronenüberschuss und damit elektrische Spannung.

Die Einheit der Spannung U ist das Volt (V).

7.2 Elektrischer Strom

Ursache des elektrischen Stromes ist die elektrische Spannung.

Der elektrische Strom ist die gerichtete Bewegung von freien Elektronen.

Elektrischer Stromkreis (Bild 3). Elektrischer Strom kann nur im geschlossenen Stromkreis fließen. Ein Stromkreis besteht mindestens aus dem Spannungserzeuger, dem Verbraucher und den Leitungen. Mit einem Schalter kann der Stromkreis geschlossen bzw. unterbrochen werden. In Schaltplänen sind Schalter meistens in unbetätigtem Zustand gezeichnet.

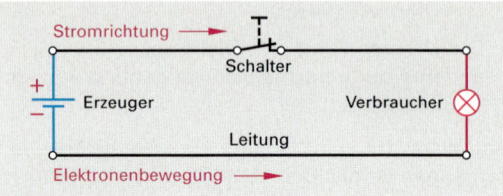

Bild 3: Stromkreis

Sicherungen (Bild 4). Sie sind in den Stromkreis geschaltet. **Leitungsschutzsicherungen** schützen Leitungen vor Überlastung und Kurzschluss. **Geräteschutzsicherungen** schützen einzelne Geräte, z. B. Steuergeräte, Rundfunkgeräte, bei Defekten.

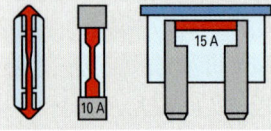

Bild 4: Schmelzsicherungen im Kraftfahrzeug

Elektronenleitung (Bild 5). Sie erfolgt in allen elektrischen Leitern, die aus einem metallischen Werkstoff bestehen. Die Metallatome geben Elektronen ab. Diese „freien" Elektronen lassen sich leicht zwischen den fest verankerten Metallatomen des Metallgitters verschieben. Wird der Stromkreis geschlossen, so werden aufgrund der angelegten Spannung alle freien Elektronen des Leiters und des Verbrauchers gleichzeitig zu einer gerichteten Bewegung gezwungen. Es fließt ein elektrischer Strom.

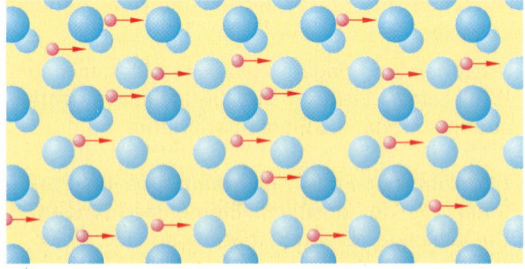

Bild 5: Gerichtete Bewegung von freien Elektronen

Stromrichtung

Elektronenstromrichtung. An der Spannungsquelle herrschen am Minuspol Elektronenüberschuss und am Pluspol Elektronenmangel. Wird der Minuspol über einen Verbraucher mit dem Pluspol der Spannungsquelle verbunden, so fließen im äußeren Stromkreis Elektronen vom Minuspol über den Verbraucher zum Pluspol der Spannungsquelle (**Bild 1**). Im inneren der Spannungsquelle (innerer Stromkreis) fließen die Elektronen vom Plus- zum Minuspol.

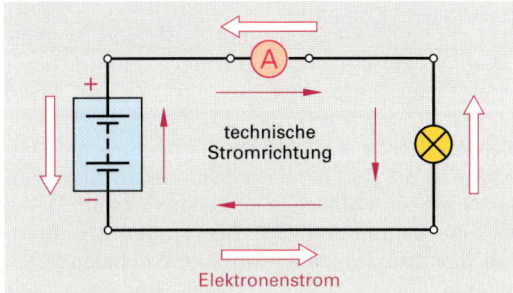

Bild 1: Batterie als Elektronenpumpe

Technische Stromrichtung. In der Elektrotechnik ist die Stromrichtung so festgelegt worden, dass der Strom vom Pluspol über den Verbraucher zum Minuspol fließt. Dies geschah in Unkenntnis der Elektronenstromrichtung (Bild 1).

Stromstärke I. Man versteht darunter die Anzahl der Elektronen, die je Sekunde durch die Leiterquerschnittfläche fließen.

> Die Einheit der Stromstärke I ist das Ampere (A).

Stromdichte J. Man versteht darunter den Strom I, der je Quadratmillimeter der Leiterquerschnittfläche A fließt.

> $J = \dfrac{I}{A}$ Die Einheit der Stromdichte J ist das Ampere je Quadratmillimeter (A/mm²).

Die zulässige Stromdichte in Leitungen ist vom Leitungsdurchmesser, dem Leiterwerkstoff und der Kühlungsmöglichkeit der Leiteroberfläche abhängig. Dünne Drähte haben im Verhältnis zur Leiterquerschnittfläche eine größere Oberfläche als dicke Drähte. Wegen der sich daraus ergebenden Kühlfläche können sie mehr Strom je mm² Leiterquerschnittsfläche führen.

Tabelle 1: Belastbarkeit von Cu-Leistungen im Kfz

A mm²	I_{max} A	J A/mm²
1,0	20	20,0
1,5	25	16,7
2,5	34	13,6
4,0	45	11,2
6,0	57	9,5
10,0	78	7,8
16,0	104	6,5

Stromarten

Gleichstrom (DC*, Zeichen −). In einem Stromkreis, in dem Spannung und Widerstand konstant sind, fließt ein Gleichstrom, wenn sich je Sekunde gleich viele Elektronen in gleicher Richtung bewegen (**Bild 2**).

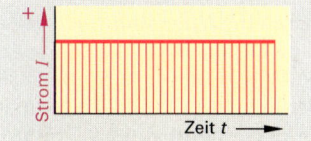

Bild 2: Gleichstrom

> Gleichstrom fließt nur in einer Richtung mit gleichbleibender Stärke.

Ändert sich in einem Gleichstromkreis entweder die Spannung oder der Widerstand des Verbrauchers, so ändert sich die Höhe des fließenden Stromes. Die Stromrichtung im Stromkreis bzw. die Polarität der Spannungsquelle ändert sich dabei nicht.

Wechselstrom (AC**, Zeichen ~). In einem Stromkreis, in dem Spannung und Widerstand konstant sind, fließt ein Wechselstrom, wenn die freien Elektronen sich ständig in beide Richtungen gleich weit hin und her bewegen (**Bild 3**).

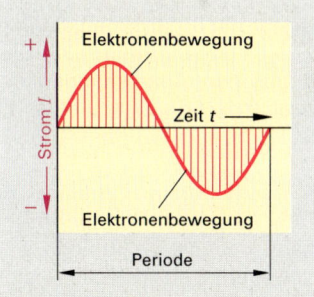

Bild 3: Wechselstrom

> Wechselstrom ist ein elektrischer Strom, der ständig seine Richtung und Stärke ändert.

* DC von Direct Current (engl.) = Gleichstrom
** AC von Alternating Current (engl.) = Wechselstrom

7.3 Elektrischer Widerstand

Der Begriff „elektrischer Widerstand" hat in der Elektrotechnik zwei Bedeutungen
- physikalische Eigenschaften für die Stromleitung in Stoffen,
- Bauteil in der Elektrotechnik und Elektronik.

7.3.1 Elektrischer Widerstand von Stoffen

Wird an einen elektrischen Leiter eine Spannung angelegt, so können die Elektronen nicht ungehemmt fließen. Die Hemmung des Elektronenflusses bezeichnet man als den elektrischen Widerstand R.

> Der elektrische Widerstand R ist die Hemmung des elektrischen Stromes in einem Leiter. Er wird in Ohm (Ω) angegeben.

Spezifischer elektrischer Widerstand ϱ. Jeder Leiterwerkstoff hat einen für ihn typischen spezifischen elektrischen Widerstand ϱ*. So hat z. B. Kupfer bei 1 m Leiterlänge und 1 mm² Leiterquerschnittsfläche einen Widerstand von 0,01789 Ω.

> Der spezifische elektrische Widerstand ϱ ist der Widerstand eines Leiters von 1 mm² Leiterquerschnittsfläche und 1 m Leiterlänge.

In der Elektrotechnik wird oftmals statt des spezifischen elektrischen Widerstandes ϱ die elektrische Leitfähigkeit $\varkappa$** angegeben. Sie ist der Kehrwert des spezifischen elektrischen Widerstandes.

$$\varkappa = \frac{1}{\varrho} \qquad \text{Einheit: } \frac{m}{\Omega \cdot mm^2}$$

So ist der Zahlenwert für die elektrische Leitfähigkeit von Kupfer 56, der von Aluminium 36. Dies bedeutet, dass bei gleichen Abmessungen des Leiters, Kupfer den elektrischen Strom etwa 1,5 mal besser leitet als Aluminium (56 : 36 ≈ 1,5).

Leiterwiderstand R. Der Widerstand R eines Leiters wird umso größer, je größer der spezifische elektrische Widerstand und die Leiterlänge sind und je kleiner die Leiterquerschnittsfläche A ist.

$$R = \frac{\varrho \cdot l}{A} \qquad \text{Die Einheit des Widerstandes } R \text{ ist das Ohm } (\Omega).$$

* ϱ (rho, griechischer Buchstabe)
** $\varkappa$ (kappa, griechischer Buchstabe)

Widerstand und Temperatur

Der Widerstandswert eines Leiterwerkstoffes ist temperaturabhängig. In Abhängigkeit von seiner Zusammensetzung, kann der Widerstandswert bei Temperaturzunahme sowohl zunehmen (**Kaltleiter**) als auch abnehmen (**Warmleiter**).

Kaltleiter. Sie leiten den elektrischen Strom in kaltem Zustand besser als in warmem, d. h. bei Temperaturzunahme vergrößern sie ihren Widerstand. Diese Werkstoffe bezeichnet man als PTC-Widerstände, da sie einen positiven Temperaturkoeffizient (PTC***) besitzen (**Bild 1**). Die meisten Metalle sind Kaltleiter.

> Der Widerstand von Kaltleitern nimmt bei steigender Temperatur zu.

Die Ursache für die Widerstandszunahme bei Kaltleitern ist die Zunahme der Wärmeschwingungen der Atome und Moleküle im Leiterwerkstoff. Dabei wird die Leitfähigkeit des Werkstoffes verringert, d. h. das Strömen der Elektronen wird behindert.

Heißleiter. Sie leiten den elektrischen Strom bei Temperaturzunahme besser als bei Temperaturabnahme. Diese Werkstoffe bezeichnet man als NTC-Widerstände, da sie einen negativen Temperaturkoeffizent (NTC***) besitzen (**Bild 1**). Kohle, einige Metalllegierungen und die meisten Halbleiterwerkstoffe sind Heißleiter.

> Der Widerstand von Heißleitern nimmt bei steigender Temperatur ab.

Die Ursache für die Widerstandsabnahme bei Heißleitern ist die vermehrte Herauslösung von Elektronen aus ihren Bindungen in Atomen und Molekülen. Es stehen mehr freie Elektronen zur Stromleitung zu Verfügung. Dabei wird die Leitfähigkeit des Werkstoffes vergrößert, d. h. das Strömen der Elektronen wird weniger gehemmt.

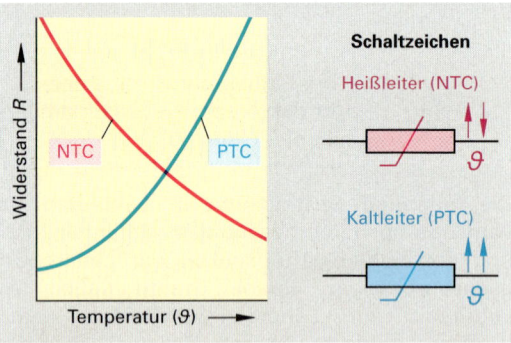

Bild 1: Temperaturabhängigkeit von Widerständen

*** Positive Temperature Coefficient (engl.)
**** Negative Temperature Coefficient (engl.)

7.3.2 Widerstände als Bauteile

Man unterscheidet **Festwiderstände** und **veränderbare Widerstände**. Für die wichtigsten Bauformen von Widerständen sind die Schaltzeichen in **Bild 1** dargestellt.

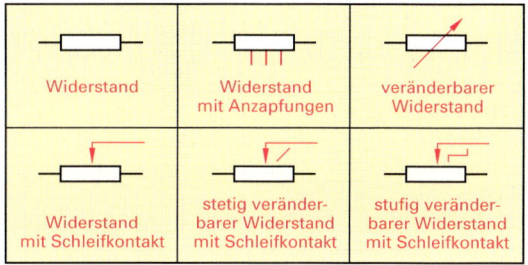

Bild 1: Schaltzeichen von Widerständen

Festwiderstände. Ihr Widerstandswert ist durch die Fertigung festgelegt. Abweichende Widerstandswerte kann man durch Kombination von verschiedenen Widerständen in Reihen-, Parallel- oder gemischter Schaltung erhalten.

Veränderbare Widerstände. Ihr jeweiliger Widerstandswert kann über Schleifer oder Abgriffe eingestellt werden. Sie werden häufig in Reihe zum Verbraucher geschaltet, um die Betriebsspannung anzupassen.

Potentiometer (Bild 2). Der gesamte Widerstand der Schleifbahn liegt zwischen den Anschlüsse A (Anfang) und Ende (E) an. Mit dem Schleifkontakt (Anschluss S) kann der Widerstandswert zwischen den Anschlusspunkten S und E zwischen Null und dem Gesamtwiderstand stufenlos verändert werden.

Wird eine Spannung U an die Anschlusspunkte A und E gelegt, so kann zwischen den Anschlusspunkten S und E die Spannung U_2 abgegriffen werden. Über den Schleifkontakt lässt sich die Spannung U_2 stufenlos zwischen Null und der angelegten Spannung U einstellen.

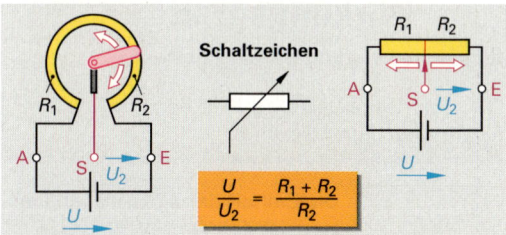

Bild 2: Potentiometer

Die Gesamtspannung U verhält sich zu U_2 wie der Gesamtwiderstand $(R_1 + R_2)$ zum Teilwiderstand R_2.

In der Kfz-Technik werden sie häufig zur Erfassung von Drehwinkeln an mechanischen Bauteilen verwendet, z. B. elektronisches Gaspedal, Potentiometer an der Drosselklappe (Drosselklappenpotentiometer). Dabei wird der Drehwinkel des Schleifers in einen Spannungswert umgewandelt und dem Steuergerät zugeführt.

7.3.3 Elektrisches Verhalten von Werkstoffen

Die Einteilung der Werkstoffe bezüglich ihres elektrischen Verhaltens kann erfolgen in
– Leiterwerkstoffe, z.B. Kupfer, Aluminium
– Isolierstoffe, z.B. Kunststoffe, Porzellan
– Halbleiterwerkstoffe, z.B. Silicium, Selen.

Metallische Leiterwerkstoffe. Sie leiten den elektrischen Strom sehr gut, da sie sehr viele freien Elektronen enthalten. Sie setzen dem Stromfluss nur einen geringen Widerstand entgegen.

Isolierstoffe. Es sind Stoffe, die den elektrischen Strom fast nicht leiten. Sie setzen dem elektrischen Strom einen sehr großen Widerstand entgegen, d. h. sie haben eine elektrische Leitfähigkeit, die gegen Null geht. Kenngrößen für die Isolationsfähigkeit eines Stoffes sind

– Durchgangswiderstand (Isolationswiderstand)
– Durchschlagsfestigkeit.

Halbleiterwerkstoffe. Sie haben eine Leitfähigkeit, die wesentlich geringer ist als die von elektrischen Leitern, aber wesentlich größer als die der Nichtleiter. Bei tiefen Temperaturen haben sie Eigenschaften von Isolierstoffen. Bei Temperaturen oberhalb der Raumtemperatur nimmt ihr elektrischer Widerstand stark ab.

WIEDERHOLUNGSFRAGEN

1. Nennen Sie Formelzeichen und Einheit für Spannung, Strom und Stromdichte!
2. Was versteht man unter der elektrischen Spannung?
3. Wodurch unterscheidet sich Gleichstrom von Wechselstrom?
4. Welche Aufgaben haben Sicherungen?
5. Was versteht man unter der Stromdichte?
6. Welche Folgen hat eine zu hohe Stromdichte in einer elektrischen Leitung?
7. Wie ist der spezifische elektrische Widerstand definiert?
8. Wie ändert sich der Widerstand von Kaltleitern bei Temperaturzunahme?

7.4 Ohmsches Gesetz

Im geschlossenen Stromkreis bewirkt die angelegte Spannung U einen Strom I durch den Widerstand R (**Bild 1**). Das Verhältnis der Spannung U in Volt und dem Strom I in Ampere ergibt den Widerstand R in Ohm. Diese Gesetzmäßigkeit bezeichnet man als **Ohmsches Gesetz**.

$$I = \frac{U}{R} \qquad \text{Einheit:} \quad A = \frac{V}{\Omega}$$

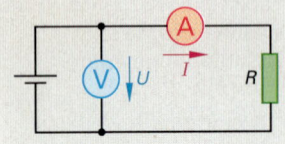

Bild 1: Messgrößen im elektrischen Stromkreis

Tabelle 1. Legt man an die Widerstände $R_1 = 2\,\Omega$ und $R_2 = 1\,\Omega$ eine variable Gleichspannung U, so erhält man für jeden Widerstand bei jeweils gleicher Spannung U unterschiedliche Stromwerte I_1 und I_2.

Tabelle 1: Strom in Abhängigkeit von der Spannung						
Widerstand	U in V	0	2	4	6	8	10
$R_1 = 2\,\Omega$	I_1 in A	0	1	2	3	4	5
$R_2 = 1\,\Omega$	I_2 in A	0	2	4	6	8	10

Trägt man die Ströme I_1 und I_2 über der Spannung U auf, so erhält man zwei Geraden mit unterschiedlicher Steigung (**Bild 2**). Aus dem Diagramm ist ersichtlich:

- Der Strom I ist proportional zur Spannung U ($I \sim U$).
- Ein kleinerer Widerstand hat bei gleicher Spannung U einen größeren Strom I zur Folge; d. h. der Stromanstieg verläuft steiler.

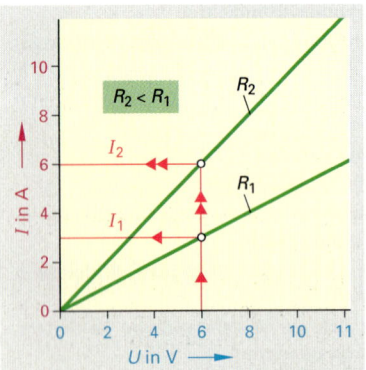

Bild 2: I als Funktion von U

(**Tabelle 2**). Legt man an die variablen Widerstände R_1 und R_2 eine jeweils konstante Gleichspannung von $U_1 = 5$ V bzw. $U_2 = 10$ V, so erhält man bei jeweils gleich großen Widerstandswerten von R_1 bzw. R_2 unterschiedliche Stromwerte I_1 und I_2.

Tabelle 2: Strom in Abhängigkeit vom Widerstand						
Spannung	R in Ω	0	2	4	6	8	10
$U_1 = 5\,\text{V}$	I_1 in A	Kurzschluss	2,5	1,25	0,83	0,675	0,5
$U_2 = 10\,\text{V}$	I_2 in A	Kurzschluss	5	2,5	1,66	1,35	1,0

Trägt man die Ströme I_1 und I_2 in Abhängigkeit vom Widerstand R auf, so erhält man zwei Hyperbeln (**Bild 3**). Aus dem Diagramm ist ersichtlich:

- Je größer der Widerstand R bei konstanter Spannung U wird, desto kleiner wird der Strom I.
- Der Strom I ist umgekehrt proportional zum Widerstand R ($I \sim 1/R$).

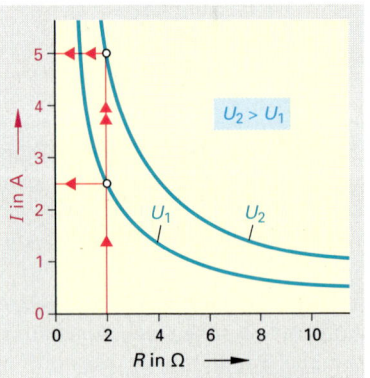

Bild 3: I als Funktion von R

7.5 Leistung, Arbeit, Wirkungsgrad

Elektrische Leistung bei Gleichstrom

Die elektrische Leistung P ist das Produkt aus Spannung U und Strom I.

$$P = U \cdot I$$

Die Einheit der elektrischen Leistung ist das Watt (W).

1 Watt ist die Leistung eines Stromes von 1 A bei einer Spannung von 1 V.

$$1\,\text{W} = 1\,\text{V} \cdot 1\,\text{A} = 1\,\text{J/s} = 1\,\text{Nm/s}$$

Ohmsches Gesetz — 7 Elektrotechnik

Elektrische Arbeit bei Gleichstrom

Die elektrische Arbeit W ist das Produkt aus der elektrischen Leistung P und der Zeit t, in der die Leistung P erbracht wird.

$$W = P \cdot t$$
$$W = U \cdot I \cdot t$$

Die Einheit der elektrischen Arbeit W ist die Wattsekunde (Ws).

1 Wattsekunde ist die Arbeit, die bei einer Leistung von 1 W während der Betriebszeit von 1 s erbracht wird. 3 600 000 Ws entsprechen 1 kWh.

$$1\,\text{Ws} = 1\,\text{V} \cdot 1\,\text{A} \cdot 1\,\text{s} = 1\,\text{J} = 1\,\text{Nm}$$

Wirkungsgrad

Der Wirkungsgrad η ist das Verhältnis von abgegebener Leistung P_{ab} zur zugeführten Leistung P_{zu}.

$$\eta = \frac{P_{ab}}{P_{zu}}$$

$$P_v = P_{zu} - P_{ab}$$

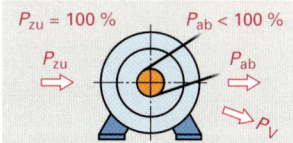

Da die zugeführte Leistung P_{zu} immer größer ist als die abgegebene Leistung P_{ab}, ist der Wirkungsgrad η immer kleiner 1 oder kleiner 100 %. Dies ist durch die Verluste P_v bedingt, die bei jeder Energiewandlung entstehen.

7.6 Schaltung von Widerständen

Reihenschaltung von Widerständen (Bild 1)

Reihenschaltungen dienen der Spannungsteilung. Bauelemente werden z. B. in Reihe geschaltet, wenn die zulässige Betriebsspannung eines einzelnen Bauelements kleiner ist als die Gesamtspannung. So erhalten z. B. Leuchtdioden einen Vorwiderstand, um sie bei einer Nennspannung von z. B. 2,4 V auch im 12 V-Bordnetz eines Fahrzeugs betreiben zu können.

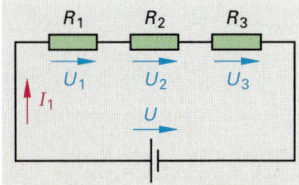

Bild 1: Reihenschaltung

In einer Reihenschaltung gelten folgende Gesetzmäßigkeiten:

Alle Widerstände werden vom gleichen Strom durchflossen.

$$I = I_1 = I_2 = I_3 = \dots$$

Die Gesamtspannung ist gleich der Summe der Teilspannungen.

$$U = U_1 + U_2 + U_3 + \dots$$

Die Teilspannungen verhalten sich wie die Teilwiderstände (Spannungsteilung).

$$U_1 : U_2 : U_3 = R_1 : R_2 : R_3$$

Der Gesamtwiderstand ist gleich der Summe der Teilwiderstände.

$$R = R_1 + R_2 + R_3 + \dots$$

Parallelschaltung von Widerständen (Bild 2)

Parallelschaltungen dienen der Stromteilung. Alle Verbraucher liegen an der gleichen Spannung. Der Gesamtstrom I aus der Spannungsquelle verzweigt sich dann entsprechend der Größe der Widerstände, d. h. im kleinen Widerstand fließt ein großer Strom, im großen Widerstand ein kleiner Strom.

Im Kraftfahrzeug liegen üblicherweise alle Verbraucher parallel zur Spannungsquelle.

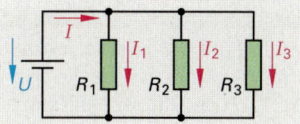

Bild 2: Parallelschaltung

In einer Parallelschaltung gelten folgende Gesetzmäßigkeiten:

Alle Widerstände liegen an der gleichen Spannung.

$$U = U_1 = U_2 = U_3 = \dots$$

Der Gesamtstrom ist gleich der Summe aller Teilströme (Stromverzweigung).

$$I = I_1 + I_2 + I_3 + \dots$$

Der Kehrwert des Gesamtwiderstandes ist gleich der Summe der Kehrwerte der Teilwiderstände.

$$\frac{1}{R} = \frac{1}{R_1} + \frac{1}{R_2} + \frac{1}{R_3} + \dots$$

Der Gesamtwiderstand ist immer kleiner als der kleinste Teilwiderstand.

Eine Schaltung, in der die Widerstände sowohl in Reihe als auch parallel geschaltet sind, bezeichnet man als gemischte Schaltung oder Gruppenschaltung von Widerständen.

7.7 Wirkungen des elektrischen Stromes

Wärmewirkung
Fließt in einem metallischen Leiter Strom, so bewegen sich die Elektronen zwischen den einzelnen Atomen hindurch. Die Bewegungsenergie der Elektronen wird auf die Atome übertragen. Diese geraten in Schwingungen und erzeugen dadurch Wärme. Ein Maß für die „Wärmeschwingungen" ist die Temperatur das Leiters.

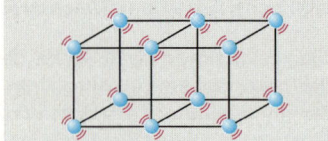

Bild 1: Wärmeschwingung der Moleküle

In jedem stromdurchflossenen Leiter wird Wärme erzeugt.

Lichtwirkung
Dünne Drähte aus einem Metall werden durch den elektrischen Strom so stark erwärmt, dass sie glühen. Die Ausbeute an Licht ist um so größer, je höher die Temperatur der Glühwendel ist. Deswegen verwendet man Metalle mit einem hohen Schmelzpunkt, z. B. Wolfram. Damit die Glühwendel nicht oxidiert, lässt man sie im luftleeren Raum oder in einer Schutzgasfüllung (z. B. Stickstoff, Krypton) glühen **(Bild 2)**. Glühlampen sind Temperaturstrahler.

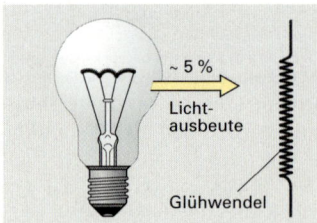

Bild 2: Glühlampe und Glühwendel

Beim Stromdurchgang durch Gase wird durch den Zusammenstoß geladener Gasteilchen Licht erzeugt.

Gasentladungslampen, z. B. Lauchtstofflampen **(Bild 3)**, haben einen besseren Wirkungsgrad als Glühlampen, da sie weniger Verlustwärme erzeugen. Gasentladungslampen sind Kaltstrahler.

Chemische Wirkung

Stromleitende Flüssigkeiten bezeichnet man als Elektrolyte. Diese werden beim Stromdurchgang in ihre Hauptbestandteile zerlegt. Den Vorgang nennt man Elektrolyse.

Elektrolyte sind Säuren, Basen, Salze und Metalloxide in wässriger Lösung oder in geschmolzenem Zustand. Die beim Stromdurchgang durch Zerlegung entstehenden Hauptbestandteile wandern zu den Stromzuführungen (Elektroden) und werden dort abgeschieden. Diese Wirkung des elektrischen Stromes wird z. B. beim Verkupfern angewendet **(Bild 4)**. Diesen Vorgang nennt man Galvanisieren.

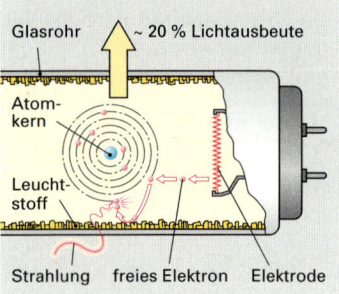

Bild 3: Strahlenerzeugung bei Leuchtstofflampen

Magnetische Wirkung

Um jeden stromdurchflossenen Leiter entsteht ein Magnetfeld.

Ein stromdurchflossener Leiter kann eine Magnetnadel aus ihrer Nord-Süd-Richtung auslenken, d. h. von einem stromdurchflossenen Leiter geht eine magnetische Kraftwirkung aus **(Bild 5)**. Die Richtung dieser Kraftwirkung ist von der Stromrichtung im Leiter abhängig. Diese elektromagnetische Erscheinung wird vor allem bei Elektromagneten, Relaisspulen, elektrischen Maschinen angewendet.

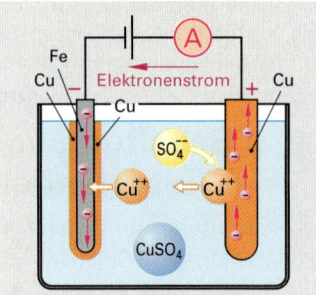

Bild 4: Galvanisieren (Verkupfern)

Physiologische Wirkung

Unter der physiologischen Wirkung des elektrischen Stromes versteht man dessen Auswirkungen auf Lebewesen.

Beim Berühren von Spannungsquellen kann ein Strom durch den menschlichen Körper fließen. Der elektrische Strom „elektrisiert", man erhält einen „elektrischen Schlag". Diese Stromwirkung wird in der Elektromedizin, bei Weidezäunen und Marderabschreckeinrichtungen eingesetzt.

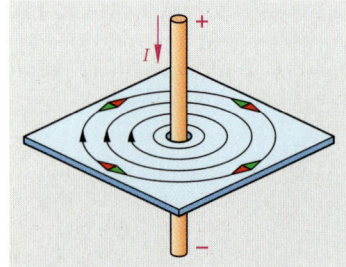

Bild 5: Kraftwirkung von stromdurchflossenen Leitern

7.8 Schutz vor den Gefahren des elektrischen Stromes

> Der elektrische Strom ist für Menschen und Tiere lebensgefährlich.

Wenn Stromstärken von mehr als 50 mA durch den menschlichen Körper fließen, kann dies bereits zum Tode führen. Wechselspannungen über 50 V können bereits lebensgefährliche Ströme im menschlichen Körper erzeugen.

Fehlerarten (Bild 1). In elektrischen Anlagen können Körperschluss, Kurzschluss, Leiterschluss und Erdschluss auftreten.

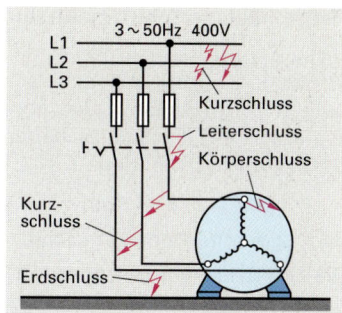

Bild 1: Fehlerarten

Direktes und indirektes Berühren

Direktes Berühren (Bild 2) liegt vor, wenn unter Spannung stehende Geräte und Leitungen direkt berührt werden können. Um dies zu verhindern, müssen spannungsführende Teile mit Isolierungen und Abdeckungen versehen werden.

> Schutzmaßnahmen gegen direktes Berühren verhindern das Berühren von unter Spannung stehenden elektrischen Leitern und Teilen.

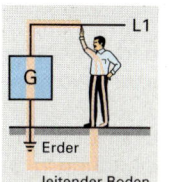

Bild 2: Direktes Berühren

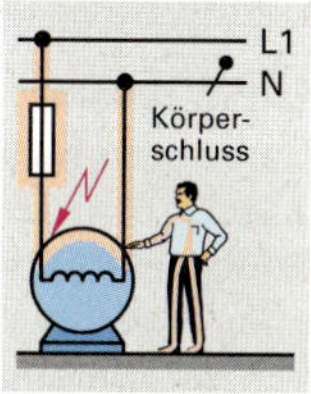

Bild 3: Indirektes Berühren

Indirektes Berühren (Bild 3) liegt vor, wenn aufgrund eines Fehlers Teile von Geräten, die keine Spannung führen dürfen, unter Spannung stehen und berührt werden. Das kann der Fall sein, wenn z. B. durch einen Isolationsfehler das Gehäuse eines Gerätes unter Spannung steht.

> Schutzmaßnahmen gegen indirektes Berühren verhindern, dass an Geräteteilen unzulässig große Fehlerspannungen auftreten können.

Netzunabhängige Schutzmaßnahmen

Im Fehlerfall wird das Gerät nicht abgeschaltet; die Schutzmaßnahmen wirken ohne Schutzleiter. Zu den netzunabhängigen Schutzmaßnahmen gehören Schutzisolierung, Schutzkleinspannung und Schutztrennung.

Schutzisolierung (Bild 4). Alle Teile, die im Fehlerfall Spannung gegen Erde annehmen können, werden zusätzlich zu ihrer Grundisolierung noch mit einer Isolierung umgeben oder durch Isolierstücke vom leitungsfähigen Teil des Gerätes getrennt.

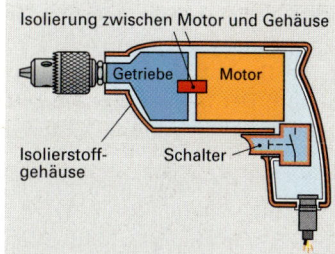

Bild 4: Schutzisolierung

Schutzkleinspannung (Bild 5). Schutzkleinspannungen sind Wechselspannungen bis 50 V. Sie müssen in Transformatoren oder umlaufenden Umformern erzeugt werden, wobei die Kleinspannungsseite keine leitende Verbindung mit dem speisenden Netz haben darf.

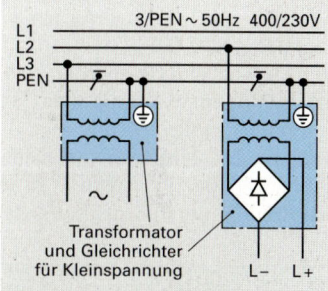

Bild 5: Schutzkleinspannung

Schutztrennung (Bild 6). Zwischen speisendem Netz und Verbraucher wird ein Transformator geschaltet, dessen Ausgangsseite keine Verbindung zur Erde hat, d. h. im Fehlerfall besteht zwischen Gerät und Erde auch keine Spannung. Der Trenntransformator hat meistens ein Übersetzungsverhältnis von 1 : 1, d. h. er verändert nicht die Spannungshöhe.

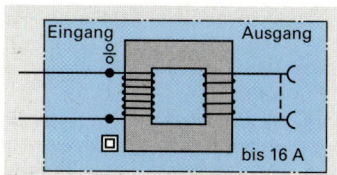

Bild 6: Schutztrennung

Netzabhängige Schutzmaßnahmen

Diese Schutzmaßnahmen wirken nur mit einem Schutzleiter PE (Protection Earth). Als Schutz werden Überstrom-Schutzeinrichtungen (Sicherungen, Leitungsschutzschalter) und Fehlerstromschutzschalter (FI-Schutzschalter) verwendet, die im Fehlerfall das Gerät vom Netz trennen.

Schutz durch Überstrom-Schutzeinrichtungen

Die Schutzart wurde früher mit „Nullung" bezeichnet. Der Spannungserzeuger ist direkt geerdet. Die leitenden Gehäuse- bzw. Geräteteile sind über den Schutzleiter PE (grün/gelbe Farbe der Isolierung) mit der Erde des Spannungserzeugers verbunden. Im Fehlerfall führt der Körperschluss zu einem satten Kurzschluss, der die Überstrom-Schutzeinrichtungen (z. B. Sicherungen, Leitungsschutzschalter) in der vorgegebenen Zeit ansprechen lässt und das Gerät vom Netz trennt (**Bild 1**).

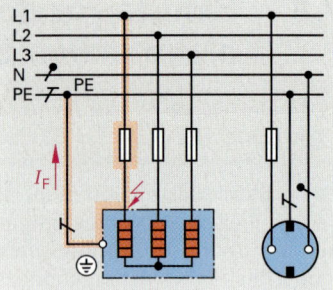

Bild 1: Schutz durch Überstrom-Schutzeinrichtungen

Bei ortsveränderlichen Geräten, bei denen die elektrische Energie über eine Steckverbindung zugeführt wird, muss der Schutzleiter PE mit entsprechenden Schutzkontakten am Stecker bzw. der Steckdose verbunden werden (**Bild 2**).

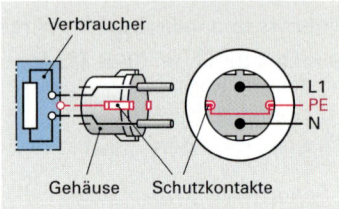

Bild 2: Ortsveränderlicher Verbraucher mit Schutzleiter

Fehlerstrom-(FI)-Schutzeinrichtungen (Bild 3). Sie haben die Aufgabe, im Fehlerfall die Verbraucher innerhalb von 0,2 s allpolig abzuschalten. Alle Leiter (z. B. L1, N), die vom Netz in das zu schützende Gerät führen, werden durch einen Summenstromwandler geführt. Der Schutzleiter PE wird nicht durch den Summenstromwandler geführt.

Solange kein Fehler vorliegt, ist der zufließende Strom (I_L) gleich dem abfließenden Strom (I_N), d. h. die in den stromdurchflossenen Spulen entstehenden Magnetfelder im Summenstromwandler heben sich in ihrer Wirkung gegenseitig auf.

Im Fehlerfall fließt ein Teilstrom (Fehlerstrom I_F) über den Schutzleiter PE, d.h. die Ströme im Summenstromwandler (I_L, I_N) sind ungleich groß. Die in den stromdurchflossenen Spulen entstehenden Magnetfelder heben sich in ihrer Wirkung nicht mehr auf. In der Ausgangswicklung des Summenstromwandlers wird eine Spannung induziert, die den Auslöser im Schaltschloss betätigt und die Zu- leitungen zu den Verbrauchern allpolig vom Netz trennt. Mit der Prüftaste P kann die Funktionstüchtigkeit des FI-Schutzschalters überprüft werden.

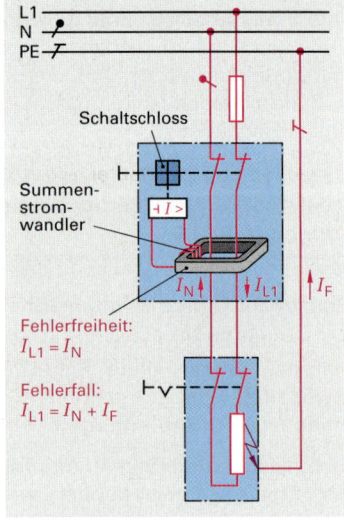

Bild 3: Fehlerstromschutzschalter

WIEDERHOLUNGSFRAGEN

1. Welche Beziehung im elektrischen Stromkreis beschreibt das Ohmsche Gesetz?
2. Von welchen Größen hängt die elektrische Leistung ab?
3. Von welchen Größen hängt die elektrische Arbeit ab?
4. Welche Einheiten werden für die elektrische Arbeit verwendet?
5. Was versteht man unter dem Wirkungsgrad?
6. Warum ist der Wirkungsgrad immer < 1?
7. Wie verhalten sich in einer Reihenschaltung Spannungen und Ströme?
8. Wie verhalten sich in einer Parallelschaltung Gesamtwiderstand und Teilwiderstände zueinander?
9. Welche Wirkungen des elektrischen Stromes können auftreten?
10. Welche Fehlerarten können in elektrischen Anlagen auftreten?

7.9 Messungen im elektrischen Stromkreis

Messen der elektrischen Spannung (Bild 1)
Die elektrische Spannung wird mit dem Spannungsmesser gemessen. Dazu wird der Spannungsmesser parallel zur Spannungsquelle bzw. parallel zum Verbraucher geschaltet.

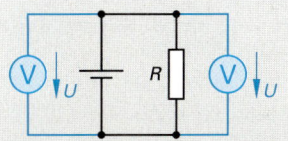

Bild 1: Spannungsmessung

Messen der elektrischen Stromstärke (Bild 2)
Der elektrische Strom wird mit dem Strommesser gemessen. Dazu wird der Strommesser in den Stromkreis geschaltet, d. h. er wird in Reihe zum Verbraucher entweder in die Hin- oder Rückleitung geschaltet.

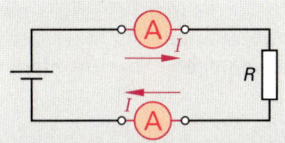

Bild 2: Strommessung

Bei versehentlicher Schaltung eines Strommessers als Spannungsmesser tritt wegen des geringen Innenwiderstandes des Messwerkes ein Kurzschluss auf. Dabei können das Messgerät sowie elektrische und elektronische Bauteile, an denen Messungen durchgeführt werden, zerstört werden.

Widerstandsmessung
Der Widerstandswert kann durch direkte Messung oder indirekte Messung bestimmt werden.

Direkte Messung mit dem Ohmmeter (Bild 3). Bei der direkten Messung eines Widerstandwertes muss entweder der Stromkreis unterbrochen oder das Bauteil ausgebaut werden. Diese Messung ist sehr ungenau.

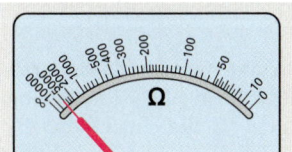

Bild 3: Skale eines Ohmmeters

Indirekte Messung (Bild 4). Sie erfolgt durch Spannungs- und Strommessung am Widerstand. Aus den Messwerten wird nach dem Ohmschen Gesetz der Widerstand berechnet.

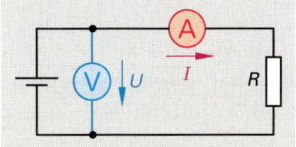

Bild 4: Indirekte Widerstandsbestimmung

7.9.1 Analog anzeigende Messgeräte

Die zu erfassenden Messwerte einer Messgröße, z.B. elektrische Spannung, werden in einen entsprechenden, d. h. analogen* Zeigerausschlag des Messinstrumentes umgewandelt. Ein Zeiger zeigt auf einer Skala den Messwert an **(Bild 5)**.

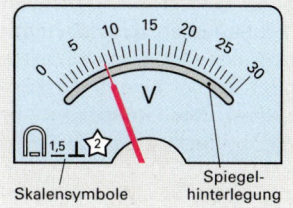

Bild 5: Analoge Messwertanzeige

Der Beobachter des Zeigerausschlages wandelt den analogen Zeigerausschlag in eine zahlenmäßige, d. h. digitale Darstellung um, es erfolgt dabei eine geistige Analog-Digital-Umwandlung.

> Zeigermessgeräte und Oszilloskope sind analog anzeigende Messgeräte.

Kennzeichnung von Messgeräten
Analog anzeigende Messgeräte tragen auf der Skala neben der Skalenteilung noch weitere Informationen über das Messwerk, z. B. Arbeitsweise, Genauigkeitsklasse, Stromartzeichen, Lagezeichen und Prüfspannungszeichen. Diese Zusatzinformationen werden durch Symbole und Zahlen dargestellt **(Tabelle 1)**.

Tabelle 1: Sinnbilder auf der Skala			
∼	Für Gleichstrom und Wechselstrom	⊥	Senkrechte Nennlage
⌒	Drehspulmesswerk mit Dauermagnet, allgemein	⊓	Waagerechte Nennlage
⌒▸	Drehspulmesswerk mit Gleichrichter	1,5	Klassenzeichen, bezogen auf Messbereichsendwert
	Messgerät mit Verstärker	☆2	Prüfspannungszeichen: Die Ziffer im Stern bedeutet die Prüfspannung in kV (Stern ohne Ziffer 500 V Prüfspannung)
	Dreheisenmesswerk		

In der Kfz-Technik werden bei Verwendung eines analog anzeigenden Messgerätes üblicherweise nur Drehspulmesswerke verwendet. Diese sind nur zur Messung von Gleichspannung oder Gleichstrom geeignet. Sollen Wechselgrößen gemessen werden, so muss das Drehspulmesswerk mit einer Gleichrichterschaltung versehen werden.

---
* analog = entsprechend, gleichgültig

Genauigkeitsklasse. Sie wird durch das Klassenzeichen gekennzeichnet und gibt an, bis zu welcher Fehlergrenze der angezeigte Messwert vom tatsächlichen Messwert abweichen darf. Die Einteilung erfolgt in sieben Genauigkeitsklassen:

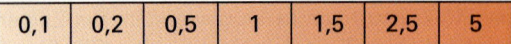

Die Ziffern geben die zulässigen Fehlergrenzen an. Die Fehlergrenze 1,5 bedeutet, dass der Fehler ± 1,5 % des Messbereichendwertes (Skalenendwert) betragen darf, z. B. bei einem Messbereichendwert 100 V liegt der zulässige Anzeigefehler bei ± 1,5 V, d. h. die Anzeige darf zwischen 8,5 V und 11,5 V liegen.

Bei einem Messbereichendwert von 100 V und einer Messspannung von 100 V darf die Anzeige zwischen 98,5 und 101,5 V liegen.

Der absolute prozentuale Fehler würde bei einer Messspannung von 10 V ± 15%, bei einer Messspannung von 100 V ±1,5 % betragen.

Um den Anzeigefehler möglichst klein zu halten, sollte daher bei Vielfachmessgeräten der Messbereich so gewählt werden, dass die Messwertanzeige im oberen Drittel der Skala liegt.

Würde man für die gleiche Messung ein Messwerk der Genauigkeitsklasse 0,2 einsetzen, so wären die entsprechenden Anzeigewerte 9,8 V / 10,2 V bzw. 99,8 V / 100,2 V. Die absoluten prozentualen Fehler wären dann ± 2 % bzw. ± 0,2 %.

7.9.2 Digital anzeigende Messgeräte

Die zu erfassenden Messwerte einer Messgröße (z. B. elektrischer Strom) werden direkt als Ziffernfolge angegeben **(Bild 1)**. Die Umwandlung der analogen Messgröße in eine zahlenmäßige, d. h. digitale Darstellung, erfolgt dabei durch einen im Messgerät eingebauten Analog-Digital-Wandler (AD-Wandler).

Bild 1: Digitale Anzeige mit zusätzlicher analoger Linearanzeige

Durch die digitale Darstellung des Messwertes wird ein leichteres Ablesen erreicht. Weiterhin ist die Auflösung gegenüber einer analogen Darstellung auf einer Skale größer, d. h. es muss nicht mehr der Messwert zwischen zwei Skalenstrichen abgeschätzt werden.

Bei digital anzeigenden Messgeräten werden üblicherweise zwei Messungen je Sekunde durchgeführt. Der Messwert wird dabei nur während Bruchteilen einer Sekunde erfasst und zwischengespeichert. Angezeigt wird der Mittelwert beider Messungen. Da der Messwert üblicherweise nicht absolut konstant ist, würde ein kontinuierliches Messen und Anzeigen zum Flackern der letzten Ziffer führen.

Andererseits können schnelle Änderungen der Messgröße und die Breite ihrer Schwankung nicht erfasst werden. Für manche Messungen ist jedoch die Erfassung der Schwankungsbreite der Messgröße erforderlich. In diesem Fall muss ein analoges Messgerät oder ein digitales Messgerät mit einer zusätzlichen analogen Anzeige eingesetzt werden.

Die zusätzliche analoge Anzeige **(Bild 1)** erscheint im Anzeigefeld z. B. als schwarzer Balken, der analog zum Messwert seine Länge verändert. In diesem Fall werden 25 und mehr Messungen je Sekunde durchgeführt und angezeigt. Beim Beobachter entsteht der Eindruck, dass ein kontinuierlicher Messvorgang stattfindet.

Messabweichung. Digital anzeigende Messgeräte täuschen durch ihre Ziffernanzeige oftmals eine Genauigkeit vor, die nicht vorhanden ist. Deswegen muss die zulässige Messabweichung, die vom Hersteller des Messgerätes festgelegt wurde, berücksichtigt werden. Diese wird als Prozentwert, bezogen auf den Messbereichendwert, z. B. ± 0,5 % von 19,99 V angegeben. Zusätzlich kann die letzte angezeigte Ziffer um 1 Digit (Digit bedeutet Ziffer) differieren.

Auflösung und Stellenzahl. Digitale Messgeräte haben in einfacher Ausführung 3 1/2 Stellen, bei höherwertigen Geräten 6 1/2 Stellen. Eine 3 1/2-stellige Anzeige zeigt 4 Ziffern an, jedoch geht die Ziffernfolge der ersten anzeigenden Stelle nicht bis 9.

Für die erste Stelle ist nur ein eingeschränkter Ziffernbereich vorhanden, z. B. 0 bis 1 oder 0 bis 3; somit können im jeweiligen Fall folgende Ziffernfolgen als maximaler Anzeigewert auftreten: 1999 oder 3999. Bei Überschreiten dieser Werte wird der Messbereich meistens automatisch umgeschaltet.

7.9.3 Vielfachmessgeräte

Analogmultimeter (Bild 1)

Sie sind sowohl für Spannungs- als Strommessungen bei Gleich- und Wechselspannung geeignet. Widerstandswerte können nur indirekt über eine Spannungs- und Strommessung ermittelt werden; deswegen ist zur Spannungsversorgung eine Batterie erforderlich.

Gemessen wird der Strom I der durch den Widerstand R fließt. Aufgrund der Gesetzmäßigkeiten im Ohmschen Gesetz ist $I \sim 1/R$. Die Skala für den Widerstandswert ist entsprechend dieser Gesetzmäßigkeit ausgeführt, was zur Folge hat, dass die Skale nicht linear verläuft. Bei unendlich großem Widerstand erfolgt kein Ausschlag, beim Widerstandswert Null erfolgt Vollausschlag.

Den Messwert erhält man, indem man die abgelesene Anzahl der Skalenteile durch den Skalenendwert dividiert und mit dem am Bereichsschalter angegebenen Faktor nebst Einheit multipliziert, z. B. angezeigte Skalenteile 33 **(Bild 1)**, Messbereich 0,5 V, Skalenendwert 50. Dies ergibt einen angezeigten Messwert von (33 : 50) · 0,5 V = **0,33 V**.

$$\text{Messwert} = \frac{\text{angezeigte Skalenteile} \times \text{Messbereich}}{\text{gesamte Skalenteile (Skalenwert)}}$$

Digitalmultimeter (Bild 2)

Ihre Einsatzmöglichkeiten entsprechen denen von Analogmultimetern. Von Vorteil ist, dass sie trotz hoher Genauigkeit relativ robust und preiswert hergestellt werden können.

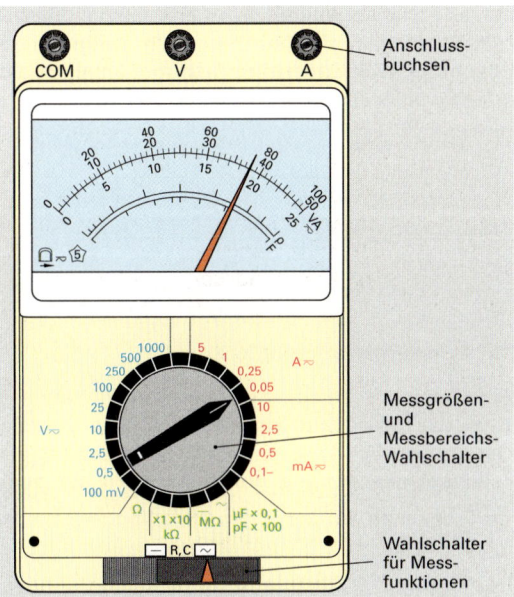

Bild 1: Analogmultimeter

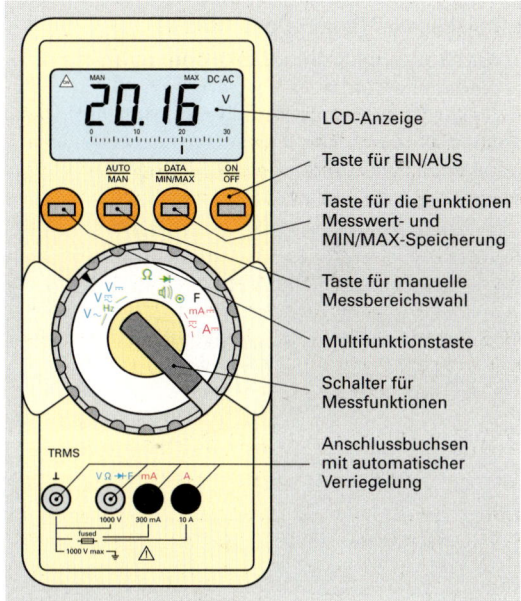

Bild 2: Digitalmultimeter

Der Messbereich hat oftmals noch Erweiterungsmöglichkeiten mit dem Faktor 1000, so können dann Widerstandswerte im Ω, kΩ und MΩ-Bereich gemessen werden.

Beim Messen einer unbekannten Messgröße ist zuerst immer der größte Messbereich zu wählen, um dann den Messbereichswahlschalter auf den Messbereich zu stellen, bei dem die Anzeige im oberen Drittel der Skala liegt.

Mit einem Zentralschalter können Messbereich und Funktion, z.B. Diodenprüfung angesteuert werden. Bei höherwertigen Geräten erfolgt die Umschaltung des Messbereiches oftmals automatisch.

Elektronische Sicherungen können den Überlastungsschutz des Gerätes übernehmen. Außerdem können evtl. Messwerte abgespeichert werden. Bei Vorhandensein einer entsprechenden Schnittstelle kann auch z. B. ein Computer (PC) zur weiteren Verarbeitung der Messdaten angeschlossen werden.

7.9.4 Oszilloskop

Das Oszilloskop ist ein analog anzeigendes Messgerät, das schnell verlaufende, periodisch wiederkehrende elektrische Vorgänge, wie z. B. Sensorsignale oder den Verlauf der Zündspannung, messen und grafisch darstellen kann. Die Anzeige erfolgt auf dem Bildschirm einer Elektronenstrahlröhre (**Bild 1**). Ein Oszilloskop, das gleichzeitig zwei Vorgänge darstellen kann, ist, je nach Bauweise, ein Zweikanal- oder ein Zweistrahloszilloskop.

Sollen einmalige Vorgänge dargestellt werden, so muss ein Speicheroszilloskop verwendet werden. Dabei wird der Messvorgang gespeichert und kann später als Standbild wieder abgerufen werden.

Aufbau und Wirkungsweise

Ein Elektronenstrahloszilloskop enthält im wesentlichen vier Baugruppen (**Bild 1**):

- Oszilloskopbildröhre (Elektronenstrahlröhre)
- Vertikalverstärker (Y-Verstärker; Y_1 Y_2)
- Zeitablenkgenerator mit Synchronisiereinrichtung (X-Verstärker; X_1 X_2)
- Netzteil für Spannungsversorgung

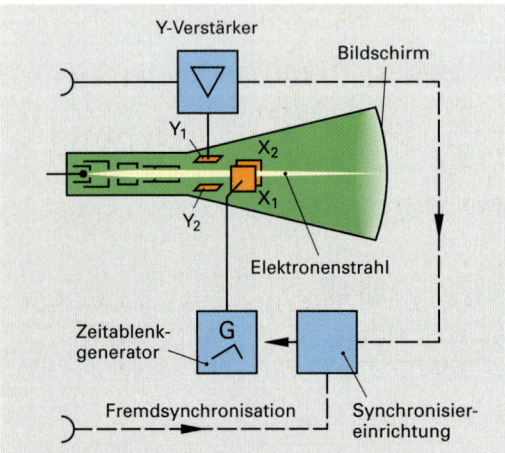

Bild 1: Blockschaltbild eines Elektronenstrahl-Oszilloskops

In der Elektronenstrahlröhre, ähnlich einer Fernsehröhre, wird ein scharf gebündelter, im Vakuum verlaufender Elektronenstrahl erzeugt, der auf einem mit Leuchtstoff versehenen Bildschirm einen Punkt in der Mitte der Bildröhre hervorruft. Der Elektronenstrahl kann sowohl in vertikaler Richtung (**Bild 2**) über das Plattenpaar Y_1 Y_2 als auch in horizontaler Richtung (**Bild 3**) über das Plattenpaar X_1 X_2 ausgelenkt werden.

Legt man an die vertikale Ablenkung Y_1 Y_2 eine Gleichspannung an, so wandert der Leuchtpunkt aus der Mitte, bei positiver Spannung nach oben, bei negativer Spannung nach unten und bleibt dort weiterhin als Punkt abgebildet. Wird anstelle der Gleichspannung eine Wechselspannung angelegt, so entsteht ein senkrechter Strich (**Bild 2**).

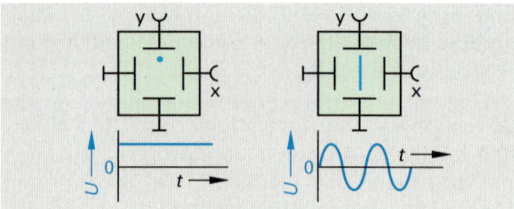

Bild 2: Vertikalablenkung Y_1 Y_2

Legt man an die horizontale Ablenkung X_1 X_2 eine Gleichspannung an, so wandert der Leuchtpunkt, je nach Polarität der Spannung, nach links oder rechts auf dem Bildschirm und bleibt dort weiterhin als Punkt abgebildet. Wird anstelle der Gleichspannung eine gleichförmige sich verändernde Spannung, z. B. Sägezahnspannung, angelegt, so entsteht ein waagerechter Strich (**Bild 3**).

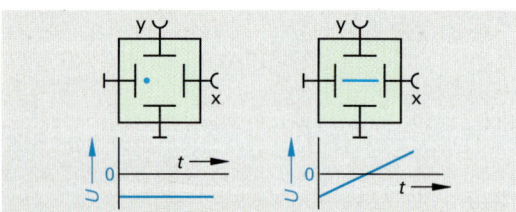

Bild 3: Horizontalablenkung X_1 X_2

Wird nun gleichzeitig an das vertikale Plattenpaar Y_1 Y_2 die Messspannung und an das horizontale Plattenpaar X_1 X_2 eine Sägezahnspannung als Zeilenablenkspannung gelegt, so wird auf dem Bildschirm der tatsächliche zeitliche Verlauf der Messspannung sichtbar (**Bild 1**).

Triggerung. Die Zeitablenkung muss immer beim gleichen Wert der Messspannung (Signalspannung) beginnen, damit auf dem Bildschirm des Oszilloskops ein stehendes Bild entsteht. Die Auslösung der Zeitablenkung erfolgt durch einen Triggerimpuls. Die Zeitablenkung erzeugt einen Sägezahn, d. h. der Elektronenstrahl läuft einmal während einer Periode über den Bildschirm und wieder zurück. Der Triggerimpuls kann entweder im Zeitablenkgenerator selbst erzeugt werden (intern) oder er wird von außen als Spannungsimpuls (extern) zugeführt.

> Unter Triggerung versteht man das Auslösen der Zeitablenkung durch einen Auslöseimpuls.

Messungen im el. Stromkreis   7 Elektrotechnik

Bedienungselemente eines Oszilloskops

Die Bezeichnungen am Bedienerfeld eines Oszilloskops sind aus dem Englischen abgeleitet, sie sind weitgehend standardisiert **(Bild 1)**.

Das dargestellte Bedienerfeld mit den einzelnen Bedienungselementen enthält exemplarisch alle wichtigen Anschluss- und Einstellvorrichtungen, die zum Betrieb eines Zweistrahl- bzw. Zweikanaloszilloskops erforderlich sind.

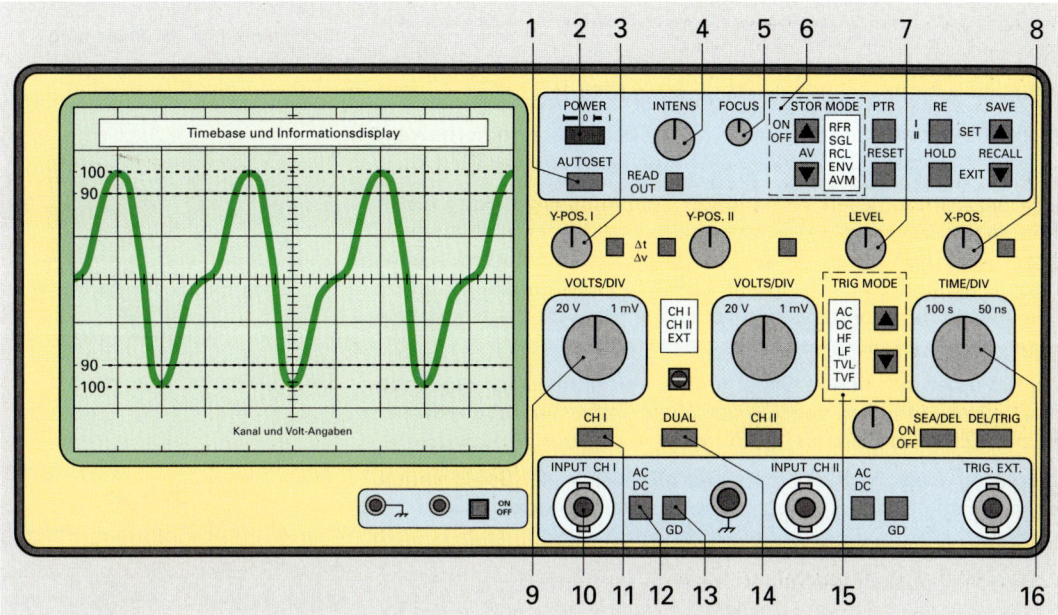

Bild 1: Oszilloskop zur gleichzeitigen Darstellung von zwei Vorgängen (Zweikanaloszilloskop)

1	AUTO SET	Automatische Einstellung
2	POWER	Netzschalter
3	Y-POS: I	Vertikale Verschiebung Kanal I
4	INTENS	Helligkeitseinstellung
5	FOCUS	Schärfeeinstellung
6	STORE MODE	Speicherbetrieb
7	LEVEL	Bestimmung des Triggerpunktes
8	X-POS.	Horizontale Strahlverschiebung
9	VOLTS/DIV.	Amplitudeneinsteller für Kanal I
10	INP. CH I	Signaleingang Kanal I
11	CH I	Triggerumschaltung
12	AC / DC	Eingangssignalkoppelung Kanal I
13	GD	Massebuchse
14	DUAL	Ein- bzw. Zweikanalbetrieb
15	TRIG. MODE	Art der Triggerung
16	TIME/DIV	Zeitablenkgeschwindigkeit Horizontal

WIEDERHOLUNGSFRAGEN

1. Was versteht man unter der indirekten Widerstandsmessung?
2. Wie wird ein Amperemeter geschaltet?
3. Welche elektrischen Messgeräte sind analog anzeigende Geräte?
4. Worauf ist beim Messen von Wechselspannung mit einem Drehspulmesswerk zu achten?
5. Welche Aussage macht die Geauigkeitsklasse 1,5?
6. Welchen Nachteil haben digital anzeigende Geräte bei schwankenden Messgrößen?
7. Welche Regel besteht beim Einsatz von Analogmultimetern?
8. Welche Spannung wird an die Vertikal- bzw. Horizontalablenkung gelegt?
9. Was versteht man unter Triggerung?
10. Beschreiben Sie die Bewegung des Elektronenstrahl auf dem Leuchtschirm, wenn nur die Zeitablenkung eingeschaltet ist.

7.10 Spannungserzeugung

Spannungserzeugung durch Induktion

> Unter Induktion versteht man die Erzeugung von elektrischer Spannung durch Ändern des magnetischen Flusses, der eine Leiterschleife oder Spule durchsetzt.

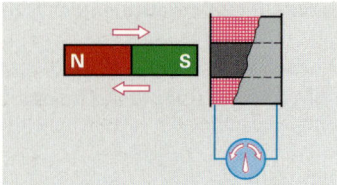

Bild 1: Induktion der Bewegung

Wird ein Dauermagnet in einer Spule hin- und herbewegt, so entsteht in der Spule eine Wechselspannung **(Bild 1)**.

Wird eine Leiterschleife in einem Magnetfeld hin- und herbewegt, so entsteht in der Leiterschleife eine Wechselspannung **(Bild 2)**.

Man bezeichnet diesen Vorgang der Spannungserzeugung als Induktion der Bewegung. Eine Spannung wird dabei nur so lange induziert, wie sich der magnetische Fluss in der Spule bzw. Leiterschleife ändert. Unter dem magnetischen Fluss versteht man die Gesamtzahl der magnetischen Feldlinien, die von der Spule bzw. Leiterschleife umfasst werden.

Die Höhe der induzierten Spannung ist verhältnisgleich der Änderungsgeschwindigkeit des von der Spule umfassten magnetischen Flusses (Zu- oder Abnahme je Zeiteinheit) und der Windungszahl.

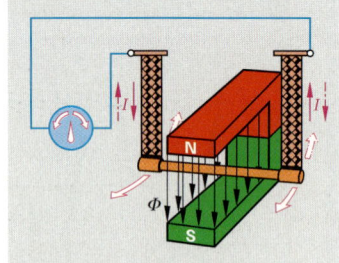

Bild 2: Bewegter Leiter im Magnetfeld

In welcher Weise sich der magnetische Fluss in der Spule ändert, ist ohne Einfluss auf die Entstehung der Induktionsspannung.

Die Änderung des magnetischen Flusses kann erfolgen durch
- Bewegen oder Drehen einer Spule im Magnetfeld
- Ein- und Ausschalten des Stromes in einer Wicklung, z. B. Erregerstrom in der Erregerwicklung eines Generators
- periodische Änderung der Stromstärke, z. B. in der Primärwicklung eines Transformators.

Die Richtung der induzierten Spannung hängt von der Richtung der Bewegung und von der Richtung des Magnetfeldes ab (Bild 1). Die Richtung des Stromes kann mit der Generatorregel bestimmt werden **(Bild 3)**.

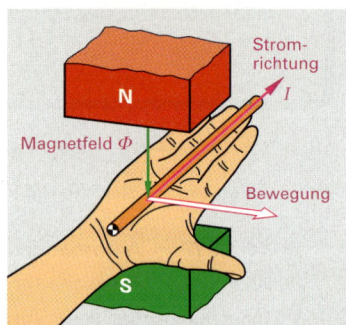

Bild 3: Generatorregel

Die Spannungserzeugung durch Induktion ist zur Grundlage für die Erzeugung elektrischer Energie im Großen geworden. Ein Läufer (Rotor) mit Erregerfeld erzeugt in der feststehenden Induktionswicklung (Ständerwicklung) eine Spannung **(Bild 4)**.

Transformatoren

Ein Transformator besteht aus zwei Spulen, die auf einem gemeinsamen Eisenkern sitzen **(Bild 5)**. Die Eingangswicklung (Primärwicklung) nimmt elektrische Energie aus dem Wechselstromnetz auf. Der von der Primärwicklung aufgenommene Wechselstrom erzeugt ein magnetisches Wechselfeld, das an den Eisenkern weitergegeben und von da auf die Ausgangswicklung (Sekundärwicklung) übertragen wird und diese durchsetzt. Das magnetische Wechselfeld induziert in der Sekundärwicklung eine Spannung.

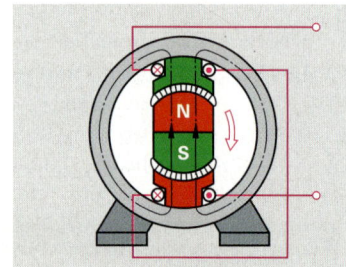

Bild 4: Wechselstromgenerator (Innenpolmaschine)

Für den Transformator gilt:

> Die Primärspannung U_1 verhält sich zur Sekundärspannung U_2 wie die Windungszahl der Primärwicklung N_1 zur Windungszahl der Sekundärwicklung N_2.

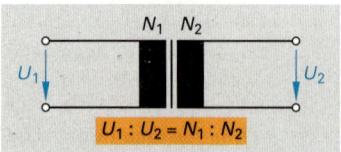

Bild 5: Transformator

Spannungserzeugung durch elektrochemische Vorgänge

Galvanisches Element (Bild 1). Taucht man zwei verschiedene Metalle in einen Elektrolyten (Säure, Lauge oder Salzlösung), so entsteht ein galvanisches Element; zwischen den beiden metallischen Elektroden (Polen) ist eine Gleichspannung vorhanden **(Bild 1)**. Anstelle eines Metalls kann auch Kohle verwendet werden.

> Die Höhe der Spannung eines galvanischen Elementes ist von der Stellung der Elektrodenwerkstoffe innerhalb der elektrochemischen Spannungsreihe abhängig.

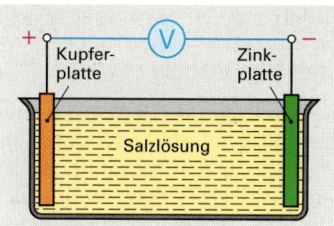

Bild 1: Galvanisches Element

Werden mehrere galvanische Elemente zur Vervielfachung der Spannung hintereinander geschaltet, entsteht eine Batterie.

Bei der Stromentnahme fließt der Strom auch im Inneren des galvanischen Elementes, und zwar hier vom Minuspol zum Pluspol. Der Elektrolyt wird zersetzt, das Minuspol-Metall aufgelöst oder chemisch umgewandelt. Der am Pluspol auftretende Wasserstoff muss chemisch gebunden werden, damit die Spannung während der Stromentnahme nicht absinkt. Dies geschieht beim Zink-Kohle-Element **(Bild 2)** durch Ummantelung des Pluspoles mit Stoffen, die eine Verbindung mit dem Wasserstoff eingehen, z. B. Braunstein (MnO_2). Die Stromlieferung hört auf, wenn der Elektrolyt verbraucht oder das Minuspol-Metall chemisch umgewandelt ist.

Galvanische Elemente, bei denen die elektrochemische Umwandlung durch Stromzuführung wieder rückgängig gemacht werden kann, nennt man **Akkumulatoren**.

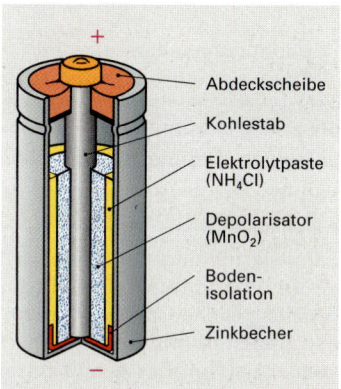

Bild 2: Zink-Salmiak-Braunstein-Zelle

Spannungserzeugung durch Wärme

Thermoelement (Bild 3). Werden zwei Drähte aus verschiedenen metallischen Werkstoffen miteinander verbunden und wird die Verbindungsstelle erwärmt, so entsteht zwischen den freien Drahtenden eine Gleichspannung, deren Höhe von der Kombination der metallischen Drähte und der Temperatur abhängt. Ein angeschlossener Spannungsmesser kann zur Temperaturanzeige in °C geeicht werden. Thermoelemente werden zur Temperaturfernmessung, z. B. Ternperaturmesskerze und als Messwertgeber zur Steuerung elektrischer und elektronischer Bauelemente, z. B. zur Steuerung elektrischer Lüfter, verwendet.

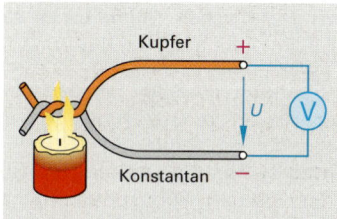

Bild 3: Thermoelement

Spannungserzeugung durch Licht

Fotoelement (Bild 4). Es besteht meistens aus einer metallischen Grundplatte, auf die eine Halbleiterschicht, z. B. Selen, aufgebracht ist. Die Halbleiterschicht ist mit einem Kontaktring verbunden. Bei Lichteinfall entsteht zwischen dem Kontaktring und der Grundplatte eine Gleichspannung. Fotoelemente verwendet man z. B. als Belichtungsmesser, als Spannungserzeuger in Satelliten und photovoltaischen Stromanlagen sowie als Messwertgeber in elektrischen und elektronischen Steuerungen (z. B. Dämmerungsschalter).

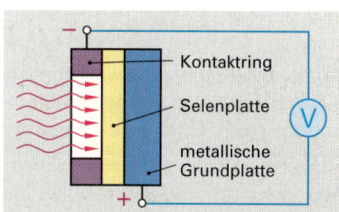

Bild 4: Fotoelement

Spannungserzeugung durch Kristallverformung

Piezoelement (Bild 5). Es besteht aus einem Kristall (z. B. Siliciumdioxid). Bei Druckwechsel entsteht eine Wechselspannung, die über leitende Beläge abgeleitet wird. Piezoelektrische* Spannungserzeuger werden als Sensoren bei schnell sich ändernden Druckvorgängen, z. B. als Klopfsensoren bei Verbrennungsmotoren, eingesetzt.

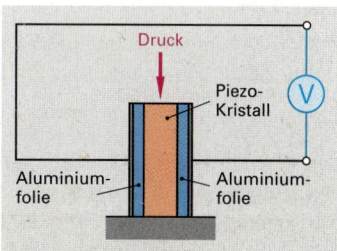

Bild 5: Piezoelement

---

* von piedein (griech.) = drücken

Schaltung von Spannungserzeugern

Spannungserzeuger können sowohl in Reihen- als auch in Parallelschaltung betrieben werden.

Reihenschaltung (Bild 1). Es gelten die Gesetzmäßigkeiten von Widerständen. Dabei addieren sich sowohl die Innenwiderstände als auch die Leerlaufspannungen. Die Gesamtstromstärke ist so groß wie die Stromstärke des einzelnen Spannungserzeugers. Die Kapazität einer Reihenschaltung von gleichen Starterbatterien hat die gleiche Kapazität wie die einzelne Batterie (keine Kapazitätsvergrößerung), jedoch vervielfacht sich entsprechend die Spannung.

> Spannungsquellen werden in Reihen geschaltet, um eine höhere Betriebsspannung zu erhalten.

In der Reihenschaltung von Spannungserzeugern wird der Pluspol der einen Batterie mit dem Minuspol der nächsten Batterie verbunden.

Parallelschaltung (Bild 2). Es gelten die Gesetzmäßigkeiten der Parallelschaltung von Widerständen. Dabei addieren sich sowohl die Ströme als auch die Leitwerte. Es dürfen nur Spannungsquellen mit gleicher Nennspannung parallel geschaltet werden. Werden Batterien mit unterschiedlicher Spannung parallel geschaltet, so fließt ein großer Ausgleichsstrom von der Batterie mit höherer Spannung zu der mit niedriger Spannung. Beide Batterien können zerstört werden.

Die Spannung einer Parallelschaltung von gleichen Starterbatterien hat den gleichen Wert wie eine einzelne Batterie, jedoch vervielfacht sich entsprechend die Kapazität bzw. der entnehmbare Strom.

> Spannungsquellen werden parallel geschaltet, um einen größeren Strom entnehmen zu können.

In einer Parallelschaltung von Spannungserzeugern müssen alle Pluspole bzw. Minuspole miteinander verbunden werden.

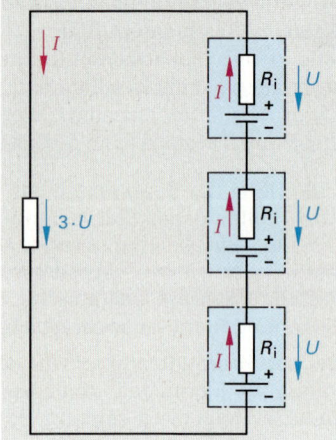

Bild 1: Reihenschaltung von Spannungserzeugern

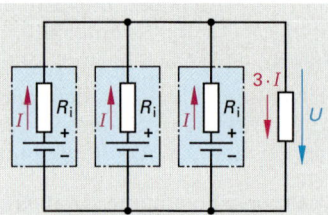

Bild 2: Parallelschaltung von Spannungserzeugern

7.11 Wechselspannung und Wechselstrom

In der Energietechnik werden überwiegend sinusförmige Wechselspannungen verwendet. Sie lassen sich einfach in Generatoren erzeugen, mit Hilfe von Transformatoren in ihrer Höhe verändern und über weite Strecken transportieren.

Bei gleichförmiger Drehung einer Leiterschleife im Magnetfeld **(Bild 3)** entsteht durch Induktion eine sinusförmige Spannung. Sie ändert in jedem Augenblick ihre Größe und periodisch ihre Richtung **(Bild 4)**.

Eine vollständige Schwingung nennt man eine Periode. Die Zeit dafür ist die Periodendauer T (Bild 4). Die Anzahl der Perioden in einer Sekunde ist die Frequenz f. Die Einheit der Frequenz ist das Hertz * (Hz).

Die Frequenz f der Wechselspannung ist von der Drehzahl n und der Polpaarzahl p des Generators abhängig ($f = p \cdot n$). Dreht sich ein zweipoliger Läufer (ein Polpaar) eines Generators mit einer Drehzahl von 3000 1/min = 50 1/s, so hat die induzierte Wechselspannung eine Frequenz von 50 Hz.

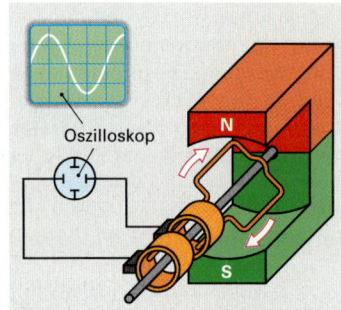

Bild 3: Wechselstromgenerator

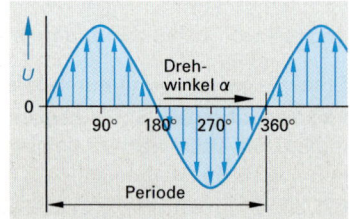

Bild 4: Drehbewegung und Sinusform

7.12 Dreiphasenwechselspannung und Drehstrom

Der Drehstromgenerator hat im Ständer drei Wicklungen ($U_1 - U_2$, $V_1 - V_2$, $W_1 - W_2$), die räumlich um 120° versetzt sind **(Bild 3)**. Bei der Drehung des Polrades bzw. des Läufers (Spule mit Gleichstromerregung) um 360° entstehen in den Wicklungen drei Wechselspannungen bzw. Wechselströme, die jeweils um 120° zueinander phasenverschoben sind **(Bild 1)**.

Im Linienbild der drei Wechselströme **(Bild 2)** hat im Zeitpunkt 1 (Polradstellung 90°) der Strom I_1, der in der Spule $U_1 - U_2$ fließt, seinen Höchstwert. Der Strom I_2 in der Spule $V_1 - V_2$ und der Strom I_3 in der Spule $W_1 - W_2$ ist jeweils halb so groß wie I_1. Die Ströme I_2 und I_3 sind außerdem dem Strom I_1 entgegengerichtet.

> Die Summe der Ströme I_1, I_2, I_3 ist in jedem Augenblick Null.

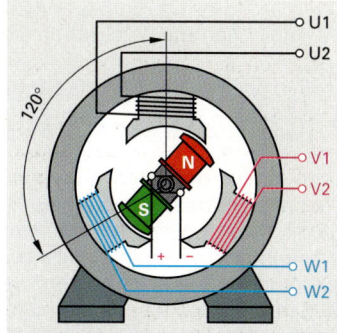

Bild 1: Drehstromgenerator

Dies gilt für jede Stellung des Polrades **(Bild 2)**.

Für die Fortleitung dieser drei Wechselströme müssten eigentlich sechs Leiter (je ein Hin- und Rückleiter) zur Verfügung stehen. Man kommt jedoch durch entsprechendes Verbinden (Verketten) der drei Spulen mit nur drei Leitern aus, weil diese durch die zeitliche Verschiebung der drei Wechselströme abwechselnd „Hinleiter" und „Rückleiter" sind.

Sternschaltung (Bild 3). Man erhält sie, wenn die Enden der 3 Wicklungen U2, V2, W2 miteinander im Sternpunkt verbunden werden. Die Anfänge der Wicklungen U1, V1, W1 werden mit den Außenleitern L1, L2, L3 des Netzes verbunden.

Dreieckschaltung (Bild 4). Man erhält sie, wenn jeweils das Ende einer Wicklung mit dem Anfang der nächsten Wicklung verbunden wird, z. B. U1 mit W2, W1 mit V2, V1 mit U2. Die Verbindungspunkte werden mit den Außenleitern des Netzes L1, L2, L3 verbunden.

Das Zusammenschalten zur Stern- oder zur Dreieckschaltung nennt man Verketten.

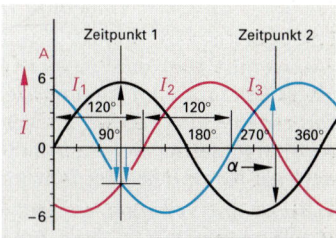

Bild 2: Linienbild des Drehstromes

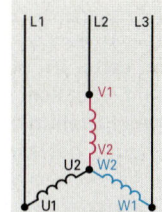 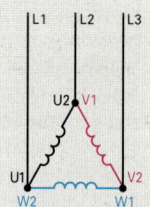

Bild 3: Stern-   Bild 4: Dreieckschaltung   schaltung

7.13 Magnetismus
7.13.1 Dauermagnetismus

Magnete ziehen Eisen, Nickel und Kobalt an. Die Stellen der stärksten Anziehung sind die Pole des Magneten.

> Jeder Magnet hat zwei Pole, einen Nord- und einen Südpol.

Lagert man einen Stabmagnet frei beweglich auf einer Spitze, so stellt er sich in Nord-Süd-Richtung ein. Der Pol, der nach Norden zeigt, ist der Nordpol des Magnets, der gegenüberliegende Pol ist der Südpol. Der geographische Nordpol der Erde hat einen magnetischen Südpol.

In der Umgebung des Magnets ist ein magnetisches Feld vorhanden. Die Feldlinien sind gedachte Linien, die jeweils die Richtung der magnetischen Kraft angeben. Sie sind immer in sich geschlossen. Ihr Verlauf wurde folgendermaßen festgelegt **(Bild 5)**.

> Die Feldlinien verlaufen außerhalb des Magneten vom Nord- zum Südpol, innerhalb des Magneten vom Süd- zum Nordpol.

Einen Dauermagneten kann man sich aus Elementarmagneten zusammengesetzt denken. Wird z. B. ein Stabmagnet geteilt, so entstehen zwei neue Magnete mit je einem Nord- und Südpol **(Bild 6)**. Diese Teilung kann bis zum Elementarmagneten hin erfolgen.

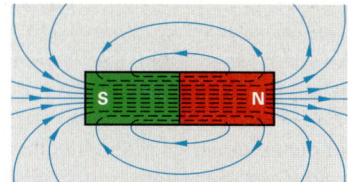

Bild 5: Feld eines Stabmagneten

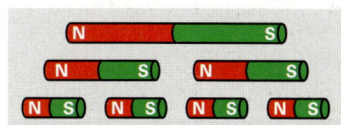

Bild 6: Zerlegung eines Magneten in Teilmagnete

Kraftwirkung. Aufgrund des jeweiligen Verlaufs der Feldlinien, können zwei Magnete sich entweder abstoßen oder anziehen **(Bild 1)**.

Ungleichnamige Pole ziehen sich an, gleichnamige stoßen sich ab.

7.13.2 Elektromagnetismus

Um einen vom Strom durchflossenen Leiter entsteht ein Magnetfeld. Die Feldlinien haben die Form konzentrischer Kreise.

Die Richtung der Feldlinien um einen stromdurchflossenen Leiter kann man mit der Schraubenregel bestimmen. Denkt man sich eine Schraube mit Rechtsgewinde in Richtung des Stromes in einen Leiter hineingeschraubt, so gibt die Drehrichtung die Richtung der Feldlinien an **(Bild 2)**.

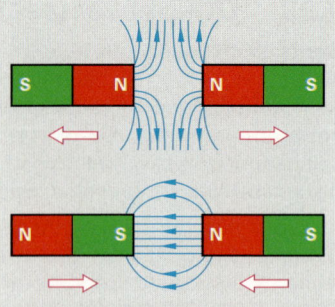

Bild 1: Kraftwirkung zwischen Stabmagneten

Als Symbol für einen in den Leiter eintretenden Strom wird das Zeichen ⊕, für einen aus dem Leiter austretenden Strom das Zeichen ⊙ verwendet.

Wickelt man den Leiter zu einer Spule auf, so werden die magnetischen Feldlinien im Inneren der Spule gebündelt. Sie verlaufen dort parallel und in gleicher Dichte; man spricht von einem homogenen magnetischen Feld. An der Austrittsstelle der Feldlinien entsteht ein Nordpol, an der Eintrittsstelle ein Südpol **(Bild 3)**.

Bild 2: Magnetfeld eines stromdurchflossenen Leiters

Kraftwirkung zwischen stromdurchflossenen Leitern. Zwei stromdurchflossene Leiter üben aufgrund ihrer magnetischen Felder Kräfte aufeinander aus **(Bild 4)**.

Gleichsinnig stromdurchflossene Leiter ziehen sich an, gegensinnig stromdurchflossene Leiter stoßen sich ab.

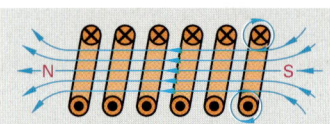

Bild 3: Magnetfeld einer Spule

Stromdurchflossene Leiter im Magnetfeld. Eine drehbar gelagerte Spule im Magnetfeld, die von einem Strom durchflossen wird, wird in eine bestimmte Stellung gedreht, bis das von ihr erzeugte Feld die gleiche Richtung hat wie das feststehende Feld. Eine fortlaufende Drehung kann erreicht werden, wenn man an der Drehspule einen Stromwender (Kollektor) anbringt, der jeweils kurz vor Erreichen der Endstellung die Stromrichtung in der Spule umschaltet **(Bild 5)**.

Auf einen stromdurchflossenen Leiter wird im Magnetfeld eine Kraft ausgeübt, die ihn aus seiner Ruhelage bewegen will.

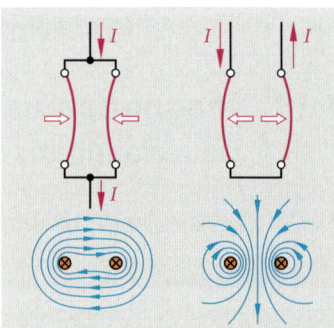

Eisen im Magnetfeld. Den in sich geschlossenen Weg der magnetischen Feldlinien nennt man magnetischen Kreis; er lässt sich mit dem elektrischen Stromkreis vergleichen.

Ist ein Luftspalt im magnetischen Kreis, z. B. zwischen Ständer und Läufer von Generatoren bzw. Elektromotoren, so müssen die magnetischen Feldlinien einen großen magnetischen Widerstand überwinden. Der magnetische Widerstand kann verringert werden, indem man den Luftspalt verkleinert oder bei einer Magnetspule einen Kern aus weichmagnetischem Werkstoff in den Spulenhohlraum einbringt.

Bild 4: Stromdurchflossene Leiter

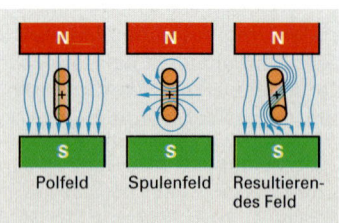

Eisen verstärkt den magnetischen Fluss Φ einer Spule.

Die Ursache dafür ist das Ausrichten der Elementarmagnete im Eisen, die zusätzlich magnetische Feldlinien bewirken.

Bild 5: Leiter und Spule im Magnetfeld

7.14 Selbstinduktion

Sie tritt an stromdurchflossenen Spulen auf, wenn sich der Spulenstrom ändert. Diese Stromänderung bewirkt in der Spule eine Magnetfeldänderung, d. h. die Größe des magnetischen Flusses in der Spule ändert sich. Dies führt zur Induktion einer Spannung, der **Selbstinduktionsspannung**.

Zur Ermittlung des Verhaltens von Spulen bei Stromänderungen werden zwei Versuche durchgeführt, aus denen das Verhalten der Selbstinduktionsspannung abgeleitet wird.

Versuch 1 (Bild 3). Eine Spule mit Eisenkern (N = 1200 Windungen) und ein einstellbarer Widerstand werden jeweils mit einer Glühlampe (1,5 V/3 W) in Reihe geschaltet und an eine Spannung von 6 V gelegt.

Beobachtung. Beim Schließen des Stromkreises leuchtet die mit der Spule in Reihe geschaltete Glühlampe verspätet auf.

Der in der Spule fließende Strom baut ein Magnetfeld auf. Das sich aufbauende Magnetfeld bewirkt in der Spule eine magnetische Flussänderung, die in der Spule wiederum eine Spannung induziert, die der angelegten Spannung entgegengerichtet ist. Dadurch kommt die angelegte Spannung erst allmählich zur vollen Wirkung **(Bild 1)**. Der Strom und das daraus resultierende Magnetfeld bauen sich deswegen ebenfalls erst allmählich auf **(Bild 2)**.

> Beim Einschalten einer Spule bewirkt die Selbstinduktion eine Verzögerung des Strom- und Magnetfeldaufbaus.

In dem Augenblick, in dem keine Stromänderung mehr vorhanden ist und damit das Magnetfeld voll aufgebaut ist, wird keine Gegenspannung mehr induziert, d. h. die angelegte Spannung ist jetzt voll wirksam. Der sich nun einstellende Spulenstrom wird als Ruhestrom bezeichnet; er hängt nur noch von der angelegten Spannung und dem Spulenwiderstand ab.

Versuch 2 (Bild 4). Eine Spule mit Eisenkern (N = 1200 Windungen) und eine Glimmlampe mit einer Zündspannung von etwa 150 V werden parallel geschaltet und an eine Spannung von 6 V gelegt.

Beobachtung. Beim Öffnen des Stromkreises leuchtet die zur Spule parallel geschaltete Glimmlampe sofort kurzzeitig auf.

Nach dem Abschalten der Spannungsquelle fließt kein Strom mehr in der Spule. Das zuvor aufgebaute Magnetfeld baut sich sehr rasch ab, d. h. es ändert seine Richtung gegenüber der Aufbauphase **(Bild 2)**; in der Spule wird eine sehr hohe Spannung induziert (Selbstinduktionsspannung, **Bild 1**).

> Beim Abschalten des Stromes in einer Spule bewirkt die Selbstinduktion eine Verzögerung des Strom- und Magnetfeldabbaus.

Diese induzierte Spannung (Selbstinduktionsspannung) ist der zuvor angelegten Spannung gleichgerichtet (Bild 1). Sie hält noch für kurze Zeit einen Stromfluss in der Spule aufrecht, der den schlagartigen Abbau des Magnetfeldes verhindert (Bild 2).

> Die Selbstinduktionsspannung ist stets so gerichtet, dass sie der Änderung des Stromes entgegenwirkt.

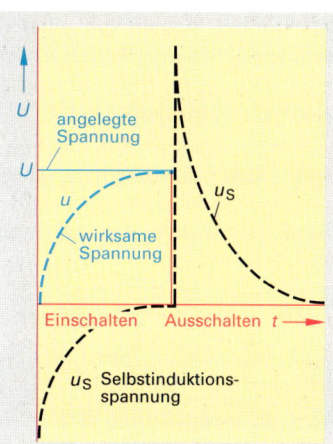

Bild 1: Spannungsverläufe

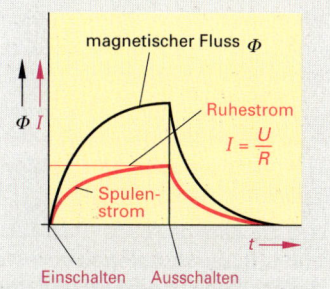

Bild 2: Verlauf des Stromes und des magnetischen Flusses

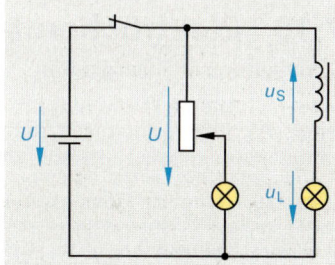

Bild 3: Einschalten einer Spule

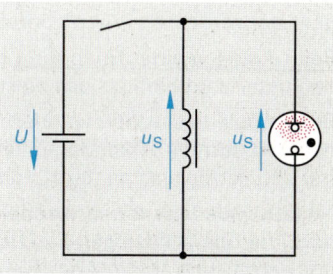

Bild 4: Abschalten einer Spule

Da die beim Abschalten einer Spule entstehende hohe Selbstinduktionsspannung die gleiche Richtung hat wie die zuvor angelegte Spannung, entsteht schon bei geringfügigem Öffnen des Kontaktes ein Lichtbogen.

Legt man eine Spule an Wechselspannung, so wird mit zunehmender Frequenz die Selbstinduktionsspannung größer, d. h. die wirksam bleibende Spannung wird kleiner. Der Strom wird geringer, der Spulenwiderstand scheinbar größer (induktiver Blindwiderstand) (**Bild 1**).

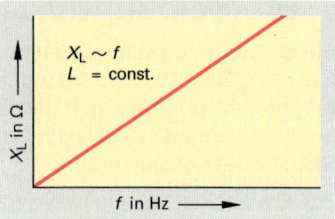

Bild 1: Blindwiderstand einer Spule

7.15 Kondensator

Ein Kondensator besteht aus zwei metallischen Leitern, zwischen denen sich ein Isolator befindet (**Bild 2**).

Wird an einen Kondensator Gleichspannung angelegt, so fließt kurzzeitig ein Ladestrom. Dann sperrt der Kondensator den Gleichstrom, d. h. der Widerstand des Kondensators ist unendlich groß. Wird der Kondensator kurzgeschlossen, dann fließt in entgegengesetzter Richtung ein Entladestrom (**Bild 3**). Beim Laden saugt die Spannungsquelle von der einen Kondensatorplatte Elektronen ab und drückt sie auf die andere, d. h. es entsteht auf der einen Seite Elektronenmangel und auf der anderen Elektronenüberschuss.

Nach dem Trennen des Kondensators von der Spannungsquelle bleibt dieser Elektronenunterschied erhalten, d. h. der Kondensator ist geladen (**Bild 4**). Das Speichervermögen des Kondensators bezeichnet man als Kapazität C. Ihre Einheit ist das Farad (F).

Wird die Zahl der Lade- und Entladevorgänge in der Zeiteinheit erhöht, z. B. durch Anlegen von Wechselspannung, so nimmt die Anzahl der Lade- und Entladeströme je Zeiteinheit zu, so dass der Mittelwert des Stromes je Zeiteinheit ebenfalls zunimmt. Dadurch wird der Strom im Kondensator größer, d. h. der Widerstand des Kondensators wird scheinbar kleiner (kapazitiver Blindwiderstand)

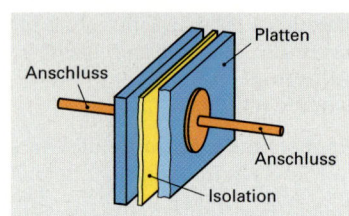

Bild 2: Aufbau eines Kondensators

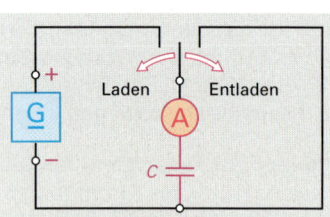

Bild 3: Lade- und Entladevorgang eines Kondensators

7.16 Elektrochemie

Stromleitung in Flüssigkeiten

Chemisch reines Wasser ist für den elektrischen Strom ein Nichtleiter. Wird dem chemisch reinen Wasser eine Säure oder eine Lauge oder ein Salz zugesetzt, so wird es leitend.

> Elektrisch leitende Flüssigkeiten sind Elektrolyte.

In einem Elektrolyten, z. B. H_2SO_4, ist ein bestimmter Anteil der Moleküle in seine Hauptbestandteile $2H^+$ und SO_4^{--} aufgespalten. Diesen Vorgang nennt man Dissoziation. Diese Hauptbestandteile, Atome und Moleküle, haben unterschiedliche elektrische Ladungen; sie werden als Ionen* bezeichnet.

Beim Anlegen einer Spannung an den Elektrolyten werden die Ionen unter dem Einfluss des elektrischen Feldes bewegt (**Bild 5**).

Positiv geladene Ionen wandern dabei zur Katode (Minuspol). Sie nehmen dort die fehlenden Elektronen auf, werden elektrisch neutral und setzen sich an der Katode ab.

Negativ geladene Ionen wandern zur Anode (Pluspol). Sie geben dort ihre überschüssigen Elektronen ab, werden elektrisch neutral und setzen sich an der Anode ab.

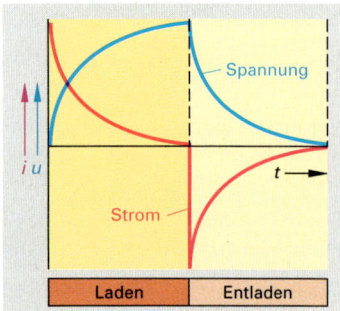

Bild 4: Lade- und Entladeverhalten eines Kondensators

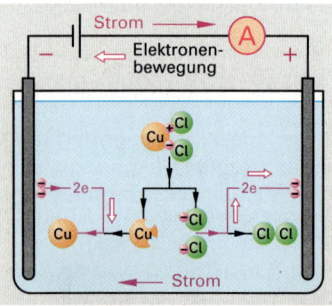

Bild 5: Elektrolyse von Kupferchlorid

* Ion (griech.) = wandernd

Elektrolyse

Elektrolyte werden beim Durchgang von Gleichstrom in ihre Hauptbestandteile zerlegt. Diesen Vorgang nennt man Elektrolyse.

Die Hauptbestandteile scheiden sich an den Stromzuführungen (Elektroden) ab und können mit diesen eine Verbindung eingehen.

Auf elektrolytischem Wege kann man Werkstücke mit dünnen Metallüberzügen versehen, z. B. zum Schutz gegen Korrosion oder zur Herstellung von elektrisch leitenden Oberflächen auf Kunststoffen (Leiterplatten). Man bezeichnet diesen Vorgang als **Galvanisieren**.

Wird in der Versuchsanordnung (**Bild 1**) eine Gleichspannung angelegt, so wandern die positiv geladenen Kupferionen (Cu^{++}) zur negativen Elektrode und geben dort ihre Ladung ab; das Kupfer setzt sich an der negativen Elektrode (Katode) ab und bildet einen Überzug.

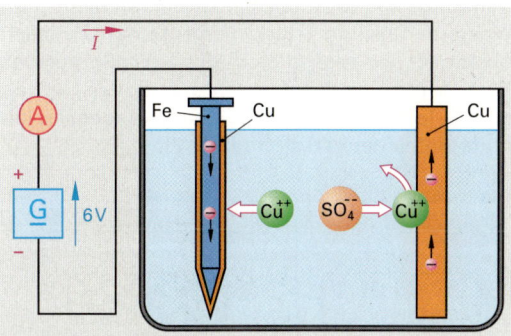

Bild 1: Galvanisieren

Die negativ geladenen Säurerestionen (SO_4^{--}) wandern zur positiven Kupferelektrode (Anode) und geben dort ihre Ladung (Elektronen) ab. Dabei entsteht ein Kupfersulfatmolekül ($CuSO_4$). Dies kann wiederum dissoziieren. Dieser Vorgang setzt sich so lange fort, bis die Kupferanode verbraucht ist. Dabei wird an der Katode (–Pol) reines Kupfer abgeschieden. Dieses Verfahren wird zur Herstellung von Nichteisen-Metallen mit einem hohen Reinheitsgrad verwendet, z. B. Elektrolytkupfer 99,98 %.

Bei Karosserieblech kann auf elektrolytischem Weg eine Zinkschicht von genau definierter Dicke aufgetragen werden.

Galvanische Elemente

Sie bestehen aus zwei unterschiedlichen Metallelektroden oder einer Metall- und einer Kohleelektrode sowie einem Elektrolyten. Die elektrische Spannung entsteht durch elektrochemische Vorgänge zwischen den Elektroden.

Die entstehende Spannung hängt von der Stellung der Elektroden innerhalb der elektrochemischen Spannungsreihe (**Bild 2**) sowie der Art und der Konzentration des Elektrolyten ab.

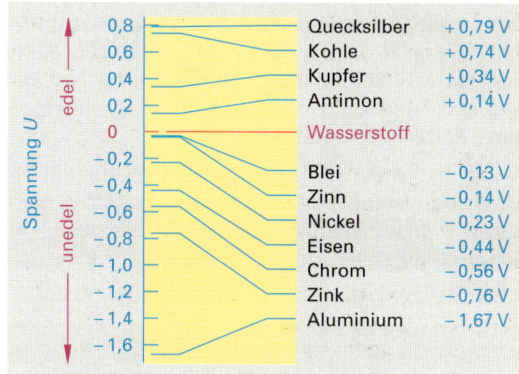

Bild 2: Elektrochemische Spannungsreihe

Galvanische Elemente werden unterteilt in **Primärelemente** und **Sekundärelemente**.

Primärelemente. Die bei der Energiewandlung auftretenden elektrochemischen Prozesse sind nicht mehr umkehrbar. Der Minuspol, der immer aus dem unedleren Metall besteht, wird zerstört; der Elektrolyt kann austrocknen oder auslaufen.

Sekundärelemente. Bei ihnen ist eine Umkehr der elektrochemischen Vorgänge durch Laden mit Gleichstrom möglich, z. B. bei Starterbatterien. Beim Ladevorgang wird die elektrische Energie in Form von chemischer Energie gespeichert, beim Entladevorgang wird diese wieder in elektrische Energie umgewandelt.

> Alle elektrolytischen Elemente besitzen umweltschädliche Stoffe, wie z. B. Säuren Laugen, Blei und andere Schwermetalle. Sie müssen gezielt entsorgt werden und dürfen nicht dem Hausmüll zugesetzt werden.

WIEDERHOLUNGSFRAGEN

1. Wie wirken die Pole zweier Magnete aufeinander?
2. Welchen Einfluss hat ein Eisenkern in einer stromdurchflossenen Spule?
3. Wie verhalten sich zwei stromdurchflossene Leiter, wenn sie gleichsinnig bzw. gegensinnig vom Strom durchflossen werden?
4. Was versteht man unter Selbstinduktion?
5. Wie verhält sich ein Kondensator an einer Wechselspannung, deren Frequenz steigt?
6. Wie läuft ein Galvanisiervorgang ab?

7.17 Elektronische Bauelemente

Bei der Herstellung von elektronischen Bauelementen, z. B. Dioden, Transistoren, werden Halbleiterwerkstoffe verwendet. Diese Werkstoffe verhalten sich in der Nähe des absoluten Nullpunktes (–273° C ≙ 0 K) wie elektrische Isolatoren, d. h. sie besitzen einen großen spezifischen elektrischen Widerstand.

Bei Raumtemperatur liegt der spezifische elektrische Widerstand von Halbleiterwerkstoffen zwischen dem von Isolierstoffen und metallischen Leitern (**Bild 1**).

chanischem Druck oder von der Stärke des auftreffenden magnetischen Feldes abhängen. Weiterhin wird das Widerstandsverhalten durch stoffliche Zusätze (Dotierung) beeinflusst.

In **Tabelle 1** sind häufig verwendete Halbleiterwerkstoffe und ihre Anwendung aufgelistet.

Tabelle 1: Halbleiter-Werkstoffe	
Benennung	Verwendung
Silicium Si Germanium Ge	Gleichrichterdioden Transistoren Fotodioden Fototransistoren
Selen Se	Gleichrichterdioden, Fotoelemente
Galliumarsenid GaAs	Fotodioden

N-Leiter und P-Leiter

Durch eine geringfügige „Verunreinigung" mit Fremdatomen lässt sich die Leitfähigkeit von reinstem Silicium stark vergrößern. Je nach Werkstoff, den man z. B. in das Kristallgitter des Siliciumgrundwerkstoffes einbaut (dotiert), erhält man N-leitende Halbleiterwerkstoffe oder P-leitende Halbleiterwerkstoffe (**Bild 2**).

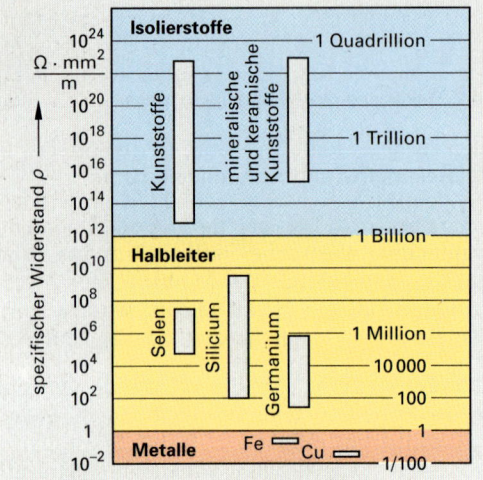

Bild 1: Spezifischer elektrischer Widerstand von Werkstoffen bei Raumtemperatur

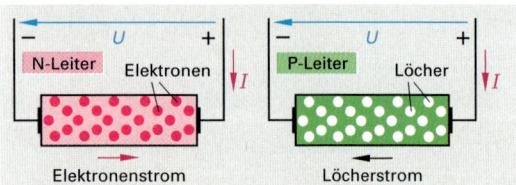

Bild 2: N-Leiter und P-Leiter (Systembild)

> Der Widerstand von Halbleiterwerkstoffen nimmt bei Temperaturerhöhung ab, ihre Leitfähigkeit nimmt zu.

Halbleiterwerkstoffe sind stark temperaturabhängig. Dieses Verhalten wird z. B. bei Thermistoren ausgenützt. Nimmt bei Temperaturerhöhung der Widerstand von Halbleiterwerkstoffen ab, so zeigen diese ein NTC-Verhalten. Bei erhöhter Temperatur kommt es bei gleicher Spannung deshalb zu einem stärkeren Stromfluss, wobei Halbleiterbauelemente zerstört werden können. Deshalb werden Halbleiterbauelemente oftmals auf ein Kühlblech aufgebaut. Im Kraftfahrzeug müssen z. B. elektronische Steuergeräte so eingebaut werden, dass sie keiner intensiven Wärmestrahlung ausgesetzt sind.

Der Widerstandswert von Halbleiterwerkstoffen kann auch z. B. von der angelegten Spannung, vom auftreffenden Licht, vom einwirkenden me-

N-Leiter (N von Negativ). Sie sind Halbleiterwerkstoffe, die einen Elektronenüberschuss besitzen. Wird eine Spannung an einen N-Leiter angelegt, so bewegen sich die freien Elektronen wie in einem metallischen Leiter.

> N-Leiter haben Elektronen als Ladungsträger.

P-Leiter (P von Positiv). Sie sind Halbleiterwerkstoffe, die einen Elektronenmangel aufweisen. An den Fehlstellen der Elektronen herrscht Elektronenmangel, d. h. der Halbleiterwerkstoff hat eine positive Ladung. Die Fehlstelle wird auch als Loch bezeichnet. Wird eine Spannung an den P-Leiter angelegt, so kann ein benachbartes freies Elektron in das Loch springen. Das Loch jedoch ist zu dem Atom gewandert, das ein Elektron abgegeben hat.

> P-Leiter haben Löcher als Ladungsträger.

Elektronische Bauelemente 7 Elektrotechnik

PN-Übergang. Grenzen ein P-Leiter und ein N-Leiter aneinander, so entsteht ein PN-Übergang. Die freien Elektronen des N-Leiters wandern in der Grenzschicht in die Löcher des P-Leiters. Dadurch befinden sich in der Grenzschicht fast keine freien Ladungsträger (Elektronen und Löcher) mehr **(Bild 1)**.

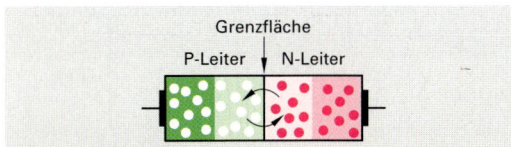

Bild 1: PN-Übergang

Am PN-Übergang von Halbleitern entsteht eine Sperrschicht.

7.17.1 Dioden

Sie sind Halbleiterbauelemente, die aus einem P-Leiter und einem N-Leiter bestehen; diese bilden einen PN-Übergang. Sie haben zwei Anschlüsse.

Wird die Diode in einen Stromkreis eingebaut, so unterscheidet man, je nach Polung, die Betriebszustände Durchlassen und Sperren **(Bild 2)**.

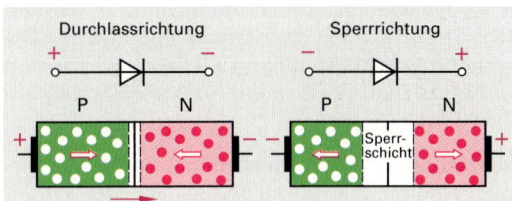

Bild 2: Schaltung von Dioden

Dioden lassen den Strom nur in einer Richtung durch und sperren ihn in der Gegenrichtung. Sie haben eine Ventilwirkung.

Durchlassbereich (Bild 3 und 4). Bei in Durchlassrichtung (Vorwärtsrichtung) betriebenen Dioden steigt mit zunehmender Spannung U_F, oberhalb der Schleusenspannung, der Durchlassstrom I_F stark an. Die Schleusenspannung beträgt bei Germaniumdioden etwa 0,3 V, bei Siliciumdioden etwa 0,7 V.

Im Durchlassbereich betrieben ist eine Diode unterhalb der Schleusenspannung hochohmig, oberhalb der Schleusenspannung niederohmig.

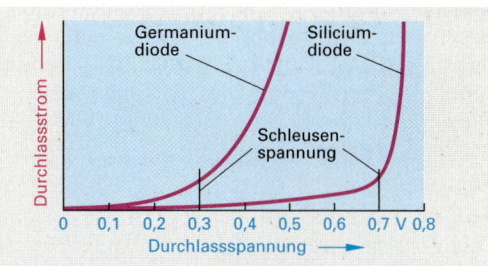

Bild 3: Durchlassbereich von Dioden

Sperrbereich (Bild 4). Bei in Sperrrichtung (Rückwärtsrichtung) betriebenen Dioden fließt auch bei steigender Sperrspannung U_R nur ein geringer Sperrstrom I_R.

Durchbruchbereich (Bild 4). Wird die Sperrspannung weiter vergrößert, so wird die Diode leitend; der jetzt schlagartig stark ansteigende Sperrstrom wird zum Durchbruchstrom, der die Diode zerstören kann.

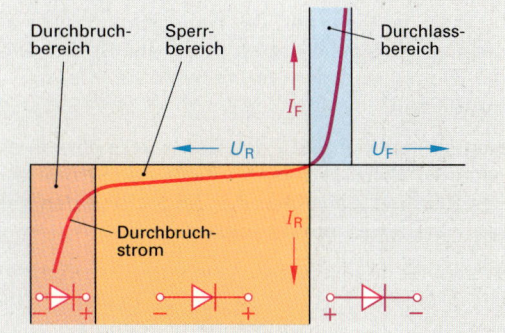

Bild 4: Kennlinie einer Diode

Gleichrichterschaltungen

Dioden werden zur Gleichrichtung von Wechselspannungen eingesetzt.

Einpulsschaltung (Bild 5). Liegt an der Klemme 1 des Generators gerade die positive Halbwelle an, so ist die Diode in Durchlassrichtung geschaltet; die positive Halbwelle wird von der Diode durchgelassen. Liegt die negative Halbwelle an, so ist die Diode in Sperrrichtung geschaltet, die negative Halbwelle wird unterdrückt und die Spannung ist während dieser Zeit Null.

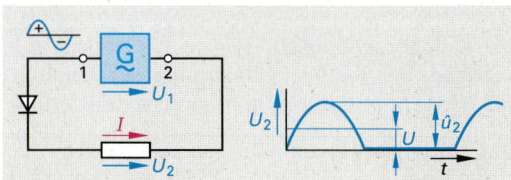

Bild 5: Einpulsschaltung

Zweipulsschaltungen (Bild 1). Die Dioden sind so geschaltet, dass sowohl die positive als auch die negative Halbwelle zur Gleichrichtung herangezogen werden kann. Die Wirkungsweise der Gleichrichtung kann dem Schaltbild (Bild 1) entnommen werden.

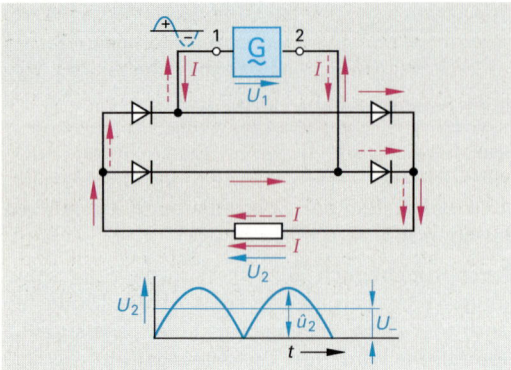

Bild 1: Zweipulsschaltung

Liegt an der Klemme 1 des Generators gerade die positive Halbwelle an, so fließt der Strom über die Dioden und den Verbraucher zur Klemme 2 (roter Pfeil).

Liegt an der Klemme 1 des Generators gerade die negative Halbwelle an, so fließt der Strom jetzt von Klemme 2 aus über die Dioden und den Verbraucher zur Klemme 1 (blauer Pfeil).

Betrachtet man die Stromrichtung im Verbraucherwiderstand R, so ist sie in beiden Fällen gleich. Für die Gleichrichtung werden also beide Halbwellen ausgenutzt. Die entstehende Gleichspannung wird gleichmäßiger als bei der Einpulsschaltung (Bild 1).

Z-Diode

Z-Dioden (Zener*-Dioden) werden meist in Rückwärtsrichtung betrieben, d. h. sie sind in Sperrrichtung angeschlossen. Ihre Kennlinie weist im Übergang vom Sperrbereich in den Durchbruchbereich einen scharfen Knick auf. Dabei steigt der Durchbruchstrom (Zenerstrom I_Z) stark an (**Bild 2**).

> Der Arbeitsbereich der Z-Dioden ist der Durchbruchbereich.

Im Durchbruchbereich wirken Z-Dioden wie Schalter oder Ventile. In elektronischen Schaltungen können sie z. B. zur Spannungsstabilisierung, Spannungsbegrenzung oder als Sollwertgeber eingesetzt werden.

* G.M. Zener, amerikanischer Physiker

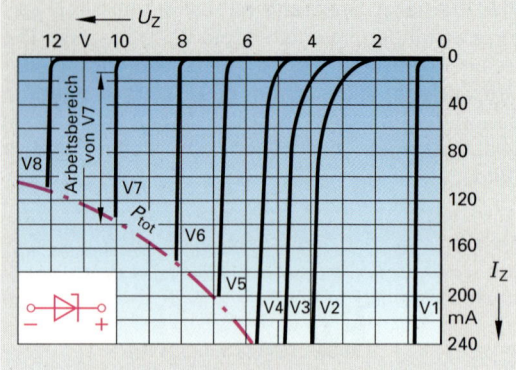

Bild 2: Arbeitskennlinien von Z-Dioden

Die Z-Diode z. B. vom Typ V6 (Bild 2) wird bei einer Zenerspannung U_Z zwischen 8,0 V und 8,1 V leitend. Der maximal zulässige Strom I_Z durch diese Zenerdiode beträgt etwa 170 mA. Bei einem größeren Strom würde sie thermisch überlastet und zerstört werden.

> Jede Zener-Diode benötigt zur Strombegrenzung einen Vorwiderstand.

Spannungsstabilisierung (Bild 3). Ist an der Zener-Diode die Zenerspannung noch nicht erreicht, so ist der Widerstand der Zener-Diode R_Z wesentlich größer als der des Vorwiderstandes R_1. Die gesamte Betriebsspannung U_1 liegt praktisch an der Zener-Diode und damit auch gleichzeitig am Lastwiderstand R_L.

Überschreitet die Betriebsspannung U_1 die Zenerspannung U_Z, so verringert sich der Widerstand der Zener-Diode R_Z sehr stark. Dadurch fließt der Zenerstrom zusätzlich durch den Vorwiderstand R_1, so dass der Spannungsabfall U_a am Vorwiderstand R_1 ansteigt.

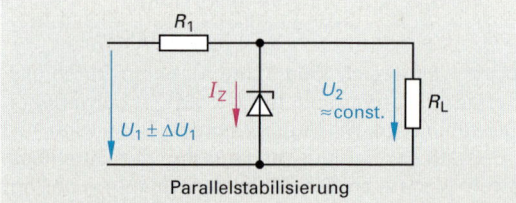

Bild 3: Spannungsstabilisierung

> Bei einer Spannungsstabilisierung mittels Zener-Diode wird durch den Spannungsabfall U_a am Vorwiderstand R_1 eine annähernd konstante Ausgangsspannung U_2 erzielt.

7.17.2 Transistoren

Sie bestehen aus drei übereinander liegenden Halbleiterschichten, die jeweils einen elektrischen Anschluss haben. In der Abfolge der Halbleiterschichten kann der Transistor mit zwei gegeneinander verschalteten Dioden verglichen werden. Je nach Anordnung der Halbleiterschichten unterscheidet man PNP-Transistoren und NPN-Transistoren. Die Halbleiterschichten mit ihren Anschlüssen bezeichnet man als Emitter **E**, Kollektor **C** und Basis **B** (Tabelle 1).

Tabelle 1: Transistoren		
Halbleiter-schichten	Vergleich mit Dioden	Schalt-zeichen
PNP P – Kollektor N – Basis P – Emitter		C B E
NPN N – Kollektor P – Basis N – Emitter		C B E

Transistoren können als Schalter mit Relaisfunktion, Verstärker und als steuerbare Widerstände verwendet werden.

Transistor als Schalter (Bild 1)

Er ermöglicht kontaktloses Schalten eines großen Arbeitsstromes bei kleinem Steuerstrom; da keine mechanisch bewegten Teile vorhanden sind, arbeitet er verschleißfrei, geräuschlos und ohne Funkenstrecke. Die Schaltvorgänge erfolgen verzögerungsfrei im Bereich von Mikrosekunden. Der Transistor hat hier eine Relaisfunktion.

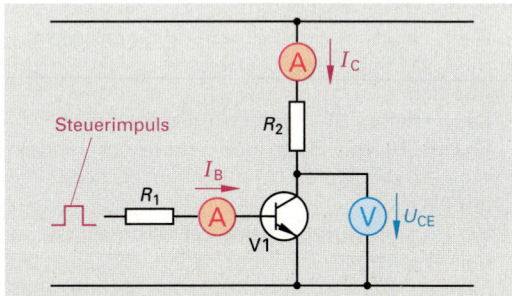

Bild 1: Transistor als Schalter (Prinzip)

PNP-Transistor als Schalter (Bild 2)

Schaltzustand „Ein". Beim Betrieb eines PNP-Transistors sind Basis und Kollektor immer negativ gegenüber dem Emitter gepolt (Bild 2). Wird zwischen Emitter E und Basis B eine Gleichspannung angelegt, so fließt ein kleiner Basisstrom I_B (Steuerstrom), der den Transistor durchschaltet: es kann jetzt ein großer Emitter-Kollektor-Strom I_C (Arbeitsstrom) über den zu schaltenden Verbraucher (Glühlampe) fließen. Der Basisstrom I_B wird dabei durch einen Widerstand begrenzt.

Schaltzustand „Aus". Wird der Basisstrom I_B unterbrochen, so wird auch der Kollektorstrom I_C unterbrochen, d.h. der Transistor sperrt den Arbeitsstrom. Eine Unterbrechung des Kollektorstromes erfolgt ebenfalls, wenn die Basis positiv gepolt wird (Bild 2).

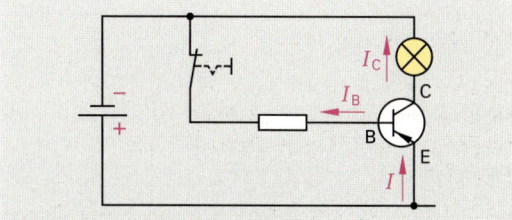

Bild 2: PNP-Transistor als Schalter

NPN-Transistor als Schalter (Bild 3)

Schaltzustand „Ein". Beim Betrieb eines NPN-Transistors sind Basis und Kollektor immer positiv gegenüber dem Emitter gepolt (Bild 3).

Schaltzustand „Aus". Die Unterbrechung des Kollektorstromes erfolgt durch Unterbrechen des Basisstromes bzw. durch negative Polung der Basis. Alle übrigen Vorgänge verlaufen wie beim PNP-Transistor.

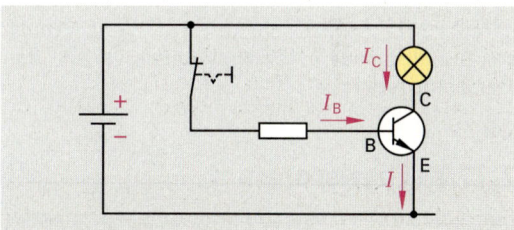

Bild 3: NPN-Transistor als Schalter

Ein kleiner Steuerstrom zwischen Emitter und Basis (Basisstrom) bewirkt einen großen Arbeitsstrom zwischen Emitter E und Kollektor C (Emitter-Kollektor-Strom).

Transistor als Verstärker (Bild 1)

Der Lastwiderstand R_L und der Kollektor-Emitter-Widerstand des Transistors R_{CE} bilden einen Spannungsteiler. Ändert man den Widerstand des Transistors, so ändert sich das Verhältnis der Spannungsaufteilung $U_L : U_{CE}$.

Wird die Spannung U_{BE} erhöht, so verringert sich der Widerstand des Transistors. Im Spannungsteiler fließt ein höherer Strom. Die Spannungsaufteilung im Spannungsteiler verändert sich; am Lastwiderstand R_L entsteht ein höherer Spannungsabfall U_L.

Eine kleine Veränderung der Basis-Emitter-Spannung U_{BE} bewirkt eine große Erhöhung der Spannung U_L am Lastwiderstand R_L. Diesen Vorgang nennt man Spannungsverstärkung.

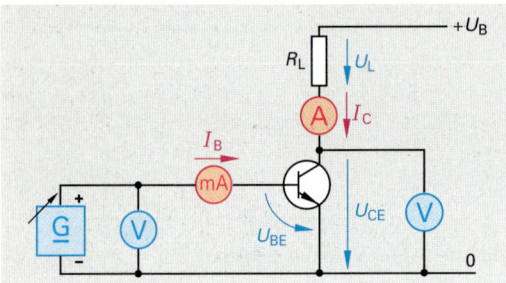

Bild 1: Transistor als Verstärker (Versuchsschaltung)

Wird die Spannung U_{BE} geringfügig erhöht, so erhöht sich auch der Basisstrom I_B. Die dadurch eintretende starke Verkleinerung des Transistorwiderstandes R_{CE} führt zu einer starken Erhöhung des Kollektorstromes I_C. Diesen Vorgang nennt man Stromverstärkung.

Transistor als variabler Widerstand. Die Wirkungsweise ist die gleiche wie beim Einsatz des Transistors als Verstärker (Bild 2). Es ist jedoch darauf zu achten, dass die im „Widerstand Transistor" auftretenden Wärmeverluste nicht den Transistor zerstören.

7.17.3 Thyristoren

Der Thyristor ist ein steuerbarer elektronischer Schalter mit Gleichrichtereigenschaft. Er besteht aus vier in Reihe geschalteten Halbleiterschichten. Drei dieser Halbleiterschichten sind mit Anschlüssen versehen (Bild 2)
- der Anode (A)
- der Katode (B)
- dem Gate (G)

Das Gate, auch Tor genannt, ist die Steuerelektrode. Je nach Anordnung der Halbleiterschichten unterscheidet man P-Gate-Thyristoren und N-Gate-Thyristoren. Der gebräuchlichste Thyristortyp ist ein PNPN-Halbleiter Bauelement mit P-Gate.

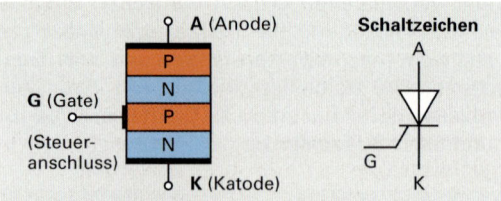

Bild 2: Grundaufbau eines P-gesteuerten Thyristors und Schaltzeichen

Thyristor leitet. Beim P-Gate-Thyristor erfolgt die Ansteuerung (Zündung), d. h. das Leitendmachen der vier Halbleiterschichten, durch einen kurzen positiven Spannungsimpuls, der auf das Gate gegeben wird (Bild 3). Nach dem Zünden bleibt der Thyristor leitend, solange zwischen Anode (A) und Katode (K) eine geringe Spannungsdifferenz vorhanden ist. Dies ist der Fall, wenn ein Mindestarbeitsstrom (Haltestrom) fließt. Im Gegensatz zum Transistor ist der Arbeitsstrom am Thyristor selbst nicht einstellbar.

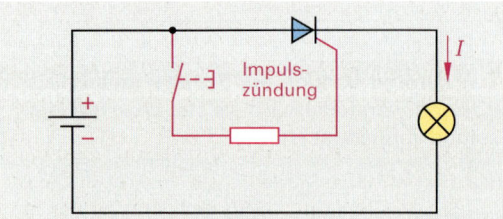

Bild 3: Thyristor als Schalter

> Ein Thyristor wirkt nach dem Zünden wie eine Diode.

Thyristor sperrt. Soll ein Thyristor sperren, d. h. den Stromfluss unterbrechen, so kann dies auf folgende Weise geschehen:
- Der Laststrom wird kurzzeitig unterbrochen. Dies ist bei großen Lastströmen praktisch unmöglich.
- Beim Fließen des Haltestromes wird dieser für Bruchteile von Sekunden unterdrückt, indem man auf die Anode (A) einen kurzen negativen Impuls gibt.
- Bei Richtungsumkehr des Laststromes, wie es bei Wechselstrom beim Nulldurchgang der Fall ist. Danach muss er nach jedem Nulldurchgang erneut gezündet werden.

Thyristoren können in folgenden Bereichen eingesetzt werden:
- Gleichrichtung (Wechselspannung in Gleichspannung), z. B. bei großen Generatoren in Bussen
- Umrichtung (Gleichspannung in Wechselspannung, z. B. bei Umformern)
- Einstellbare Gleichrichtung. Die Gleichspannung kann in ihrer Höhe gesteuert bzw. geregelt werden
- Wechselstromsteller z. B. Dimmer. Die Höhe der Spannung kann eingestellt werden
- Frequenzumrichter. Die Frequenz der aus Gleichspannung erzeugten Wechselspannung kann verändert werden. Damit kann eine Drehzahlsteuerung von Wechselstrommotoren erfolgen
- In der Leistungselektronik bei Nennsperrspannungen von 50 V bis 8 000 V und Nennströmen von 0,4 A bis 4 500 A.

7.17.4 Halbleiterwiderstände

Sie sind Bauelemente mit zwei Anschlüssen, die im elektrischen Stromkreis immer eine Spannungsversorgung benötigen.

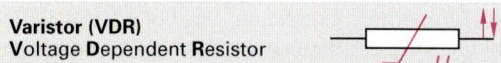

Varistor (VDR)
Voltage **D**ependent **R**esistor

Sie sind spannungsabhängige Widerstände. Mit zunehmender Spannung nimmt ihr Widerstand plötzlich ab, d. h. der Strom im Varistor steigt dann stark an. Ihr Kennlinienverlauf ist ähnlich der einer Z-Diode, jedoch ist der Verlauf der Varistor-Kennlinie von der Stromrichtung (Polarisierung) unabhängig.

> Varistoren (VDR) haben bei niedriger Spannung einen großen Widerstand, bei hohen Spannungen einen kleinen Widerstand.

Verwendung. Sie werden zur Verhinderung hoher Überspannungen, z. B. an elektronischen Bauelementen eingesetzt. Solche Überspannungen treten auf, wenn in Spulen der Strom sich schnell ändert. Dabei können hohe Selbstinduktionsspannungen auftreten.

Zum Schutz des elektronischen Bauteils muss der Varistor parallel zur Spannungsquelle, die die hohe Spannungsspitze erzeugt (Spule), geschaltet werden **(Bild 1)**. Beim Auftreten der Spannungsspitze schließt er die Spule kurz.

Ferner werden VDR-Widerstände zur Spannungsstabilisierung verwendet. Sie übernehmen in der Schaltung die Funktion einer Z-Diode.

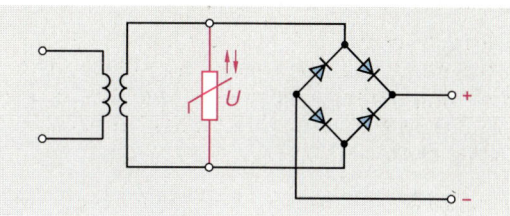

Bild 1: Schutzbeschaltung mit Varistor

Sie werden auch als NTC-Widerstände oder NTC-Thermistoren bezeichnet.

> NTC-Widerstände haben bei niedrigen Temperaturen einen großen Widerstand, bei hohen Temperaturen einen kleinen Widerstand.

Ihr Temperaturkoeffizient ist negativ. Bei einer Temperaturerhöhung nimmt der Widerstand ab **(Bild 2)**. Die Widerstandsänderung verläuft nicht linear mit der Temperaturänderung.

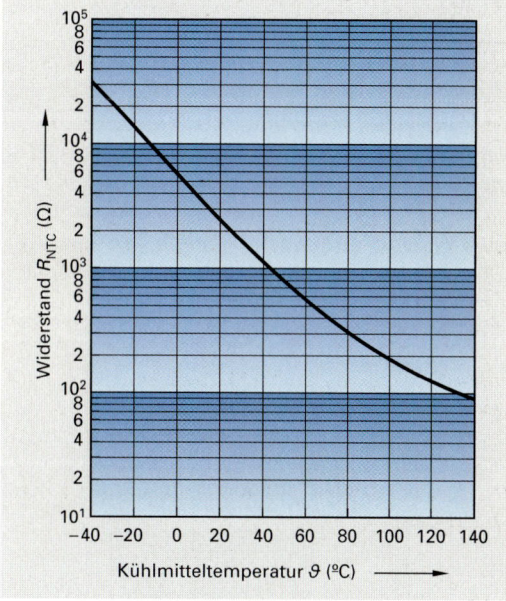

Bild 2: Widerstands-/Temperaturverhalten eines NTC-Widerstandes

Verwendung. Sie werden als Messwertgeber bei Anlagen, in denen ein Temperaturwert erfasst werden muss, eingesetzt.

Dabei wird die Temperaturinformation in einen Spannungswert umgesetzt, der dann zur Anzeige der Temperatur oder zum Steuern und Regeln verwendet wird.

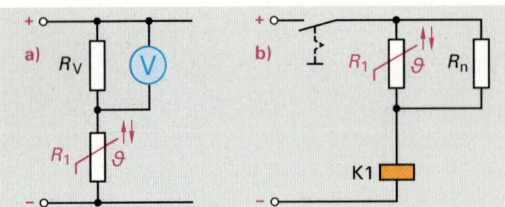

Bild 1: Anwendungsbeispiele für NTC-Widerstände

Temperaturerfassung (Bild 1a). Bei steigender Temperatur wird der Widerstandswert des NTC (R_1) kleiner. Im Spannungsteiler wird der Spannungsabfall am Widerstand R_v größer. Die angezeigte Spannung U_v kann in °C geeicht werden.

Anzugsverzögerung (Bild 1b). Beim Einschalten ist der Widerstandswert des NTC (R_1) groß, der parallelgeschaltete Widerstand R_n ist ebenfalls so groß, dass im Relais K_1 der Anzugstrom nicht erreicht wird. Durch den Stromfluss wird der NTC erwärmt, sein Widerstand nimmt ab. Der Strom wird größer, bis der Anzugstrom erreicht wird und das Relais K_1 schaltet. Über die Relaiskontakte kann z. B. ein Gebläsemotor geschaltet werden.

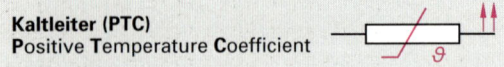

Kaltleiter (PTC)
Positive **T**emperature **C**oefficient

Sie werden auch als PTC-Widerstände oder PTC-Thermistoren bezeichnet.

> PTC-Widerstände haben bei niedrigen Temperaturen einen kleinen Widerstand, bei hohen Temperaturen einen großen Widerstand.

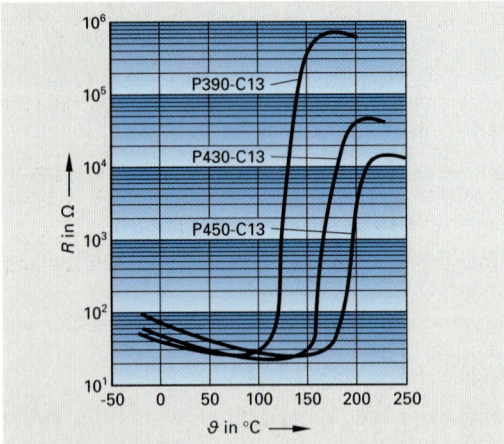

Bild 2: Widerstands-/Temperaturverhalten eines PTC-Widerstandes

Ihr Temperaturkoeffizient ist positiv. Bei einer Temperaturerhöhung nimmt der Widerstand zu (Bild 2). Die Widerstandsänderung verläuft nicht linear mit der Temperaturänderung.

Verwendung. Grundsätzlich ist zu vermerken, dass die Anwendungsgebiete für PTC-Widerstände die gleichen sind, wie die von NTC-Widerständen. Jedoch ist beim Schaltungsaufbau darauf zu achten, dass das Widerstands-/Temperaturverhalten umgekehrt verläuft.

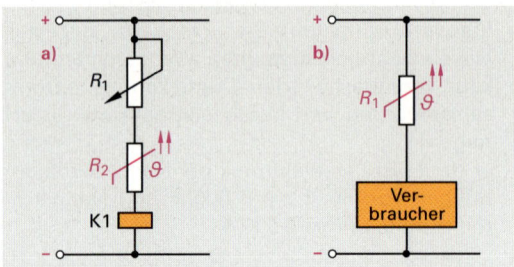

Bild 3: Anwendungsbeispiele für PTC-Widerstände

Temperaturabhängige Steuerung (Bild 3a). In einem Schaltkreis wird mittels des Stellwiderstandes der Haltestrom des Relais bei einer bestimmten Temperatur eingestellt, z.B. beim Vereisungsschutz von Klimaanlagen. Wird diese voreingestellte Temperatur überschritten, so steigt der Widerstand des PTC-Widerstandes R_2 stark an, das Relais wird stromlos. Über die Relaiskontakte wird der gewünschte Schaltvorgang ausgelöst.

Überlastungsschutz (Bild 3b). In den Stromkreis des Verbrauchers wird ein PTC-Widerstand eingebaut. Übersteigt der Strom einen zulässigen Wert, so erwärmt sich der PTC-Widerstand. Er erhöht seinen Widerstandswert und begrenzt so den Strom auf einen zulässigen Wert, z. B. bei einer Außenspiegelbeheizung.

7.17.5 Optoelektronik

Fotowiderstand (LDR)
Light **D**epending **R**esistor

Sie sind lichtabhängige Widerstände. Sie verringern ihren Widerstandswert mit zunehmender Beleuchtungsstärke.

Fotowiderstände werden als Flammwächter in Heizanlagen und Alarmanlagen, in Dämmerungsschaltern und in Lichtschranken (z.B. Autowaschanlagen, Zündgeber) eingesetzt.

Elektronische Bauelemente 7 Elektrotechnik

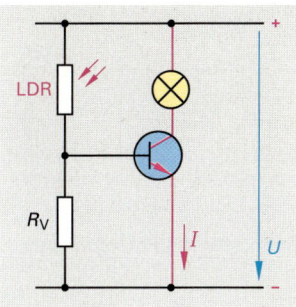

Bild 1: Helligkeitsabhängige Steuerung

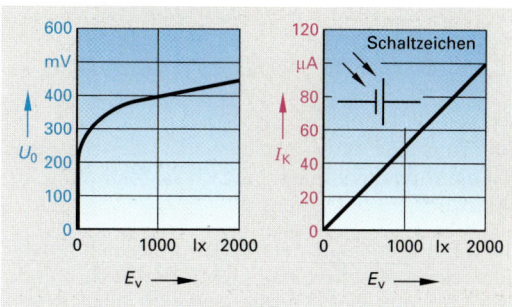

Bild 3: Kennlinien eines Fotoelements

Helligkeitsabhängige Steuerung (Bild 1). Wird der Widerstandswert R_1 des LDR bei Lichteinfall verringert, so wird aufgrund der Spannungsteilung zwischen den Widerständen R_1 und R_v die Basis B des Transistors positiv. Der Transistor schaltet durch, die Glühlampe leuchtet auf.

Fotodioden. Sie sind Halbleiterbauelemente die
– mit Hilfe einer Spannungsquelle als lichtabhängiger Widerstand arbeiten **(Bild 2)**.
– ohne Spannungsquelle wie ein Fotoelement wirken **(Bild 3)**.

Fotodioden können sehr klein gebaut werden und lassen sich als lichtelektrische Wandler in Steuerketten und Regelkreisen einsetzen.

Fotodiode als lichtabhängiger Widerstand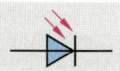

Fällt auf die Fotodiode Licht, so sinkt ihr Widerstand mit zunehmender Beleuchtungsstärke ab. Ein Stromdurchgang durch die Fotodiode wird möglich und das Relais K_1 spricht an. Der gewünschte Schaltvorgang wird ausgelöst. Fotodioden werden in Sperrrichtung (Rückwärtsrichtung) betrieben (Bild 2).

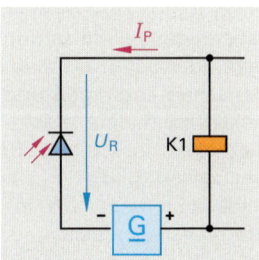

Bild 2: Prinzipschaltung einer Fotodiode

Fotodiode als Fotoelement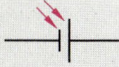

Sie geben beim Auftreffen von Licht eine Spannung ab, die vom Halbleiterwerkstoff und der Beleuchtungsstärke abhängt. Sie werden z. B. in Uhren, Taschenrechnern und Beleuchtungsstärkemessern als Spannungsquelle eingesetzt.

Kenngrößen eines Fotoelements sind die Leerlaufspannung U_0 und der Kurzschlussstrom I_k **(Bild 3)**. Bei Si-Fotoelementen beträgt die Leerlaufspannung bei 1 000 lx etwa 0,4 V, bei Selen etwa 0,3 V. Die Beleuchtungsstärke E_v wird in Lux (lx) angegeben.

> Fotoelemente geben bei Beleuchtung eine Spannung ab, die vom Halbleiterwerkstoff und der Beleuchtungsstärke abhängt.

Verwendung. Großflächig zusammengeschaltete Silizium-Fotoelemente können zur Nutzung der Sonnenenergie herangezogen werden (Solarzellen). Sie haben einen Wirkungsgrad von etwa 20 %, d. h. sie wandeln 20 % der Lichtenergie in elektrische Energie um. Sie arbeiten als Spannungserzeuger in Fotovoltaik-Anlagen, insbesondere zur Stromversorgung von Parkautomaten, Berghütten, Sendern und Satelliten.

Lumineszenzdioden (LED)
Light **E**mitting **D**iode

Bei Anlegen einer Spannung leuchten diese Dioden, je nach Diodenwerkstoff, in den Farben grün, gelb, orange, rot und blau. Die Betriebsspannung liegt zwischen 1,5 V und 3 V. Beim Betrieb mit anderen Spannungen muss zur Strombegrenzung ein Schutzwiderstand eingebaut werden **(Bild 4)**.

Im Kraftfahrzeug werden sie wegen ihres geringen Eigenverbrauchs von nur einigen mW als Anzeige- und Kontrollleuchten eingesetzt.

Luminiszenzdioden werden in Durchlassrichtung (Vorwärtsrichtung) betrieben.

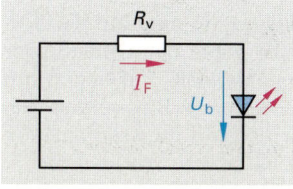

Bild 4: Leuchtdiode mit Vorwiderstand

Fototransistor
(Licht- und Infrarotstrahlung)

Ein Transistor wird üblicherweise über die Basis mit einer positiven oder negativen Spannung angesteuert.

Beim Fototransistor gelangt über ein Lichtfenster oder eine optische Linse Licht oder IR-Strahlung (Infrarotstrahlung) in die Kollektor-Basis-Sperrschicht und erzeugt dort einen Fotostrom I_p, der im gleichen Verhältnis mit der Beleuchtungsstärke E_v steigt **(Bild 1)**. Er wirkt als Basisstrom.

> Der Kollektorstrom eines Fototransistor steigt mit der Beleuchtungsstärke.

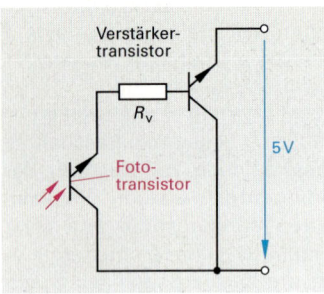

Bild 1:
Fototransistor mit Verstärkertransistor

Verwendung. Sie werden in der Kraftfahrzeugtechnik bei lichtabhängigen Steuerungen eingesetzt, z. B. Abblendsteuerung von Innenspiegeln, optoelektrische Koppler.

Optoelektronische Koppler. Sie bestehen aus einem Strahlungssender und einem Strahlungsempfänger, die beide in ein gemeinsames, lichtdichtes Gehäuse eingebaut sind, so dass der Empfänger nur Strahlung vom Sender empfängt **(Bild 2)**. Als Strahlungssender werden bevorzugt Infrarot-Lumineszenzdioden verwendet. Als Strahlungsempfänger (Detektoren) dienen, je nach Anwendungsbereich, Fotodioden, Fototransistoren oder Fotothyristoren.

> Optokoppler koppeln zwei Stromkreise meist durch Infrarotstrahlung und trennen sie galvanisch voneinander.

Die ausgangsseitige Spannung liegt auf der 5 V-Ebene, d. h. alle Signale, die in den Optokoppler eingehen, werden umgewandelt und liegen am Ausgang zwischen 0 V und 5 V. Sie werden den entsprechenden Steuergeräten im Kraftfahrzeug als Eingangssignal zur Verarbeitung zugeführt.

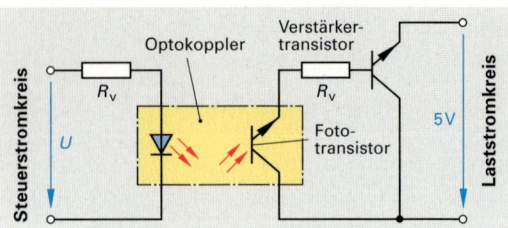

Bild 2: Optoelektronischer Koppler mit Fotodiode und Fototransistor

7.17.6 Magnetfeldbeeinflusste Halbleiterbauelemente

Hall-Generator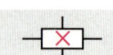

Der Halleffekt tritt an einer vom Versorgungsstrom I_v durchflossenen Halbleiterschicht auf **(Bild 3)**. Ist senkrecht zur Halbleiterschicht ein Magnetfeld vorhanden, so entsteht zwischen den Kontaktflächen A die Hallspannung U_H. Ihre Höhe ist von der Stärke des Magnetfeldes abhängig.

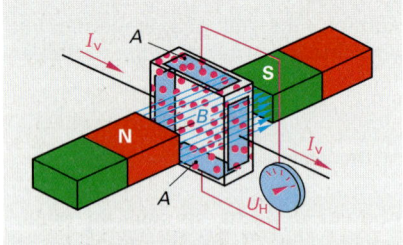

Bild 3: Halleffekt

7.17.7 Druckbeeinflusste Halbleiterbauelemente

Piezo-Element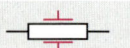

Piezoelektrische Sensoren erzeugen bei Belastung durch Zugkräfte, Druckkräfte oder Schubkräfte eine Verschiebung der elektrischen Ladungen und damit an den Anschlusselektroden eine elektrische Spannung. Dieser Piezoeffekt lässt sich z. B. an Quarzkristallen (SiO_2) feststellen **(Bild 4)**.
Im Kraftfahrzeug werden Piezo-Elemente z.B. als Drucksensoren, Klopfsensoren verwendet.

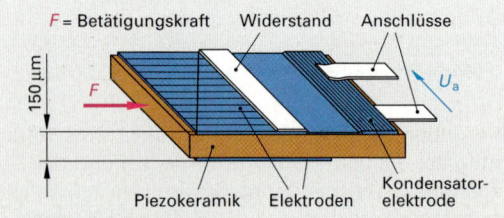

Bild 4: Piezoelektrischer Sensor

7.17.8 Integrierte Schaltungen

Durch die Planartechnik ist es möglich, alle Komponenten einer Schaltung (Widerstände, Kondensatoren, Dioden, Transistoren, Thyristoren) einschließlich der leitenden Verbindungen in einem gemeinsamen Fertigungsprozess auf einem einzigen (monolithischen*) Siliziumplättchen (Chip**) herzustellen.

Dabei werden einzelne integrierte Schaltkreise, sogenannte ICs*** (Integrated Circuits), zu monolithisch integrierten Schaltungen zusammengefasst (**Bild 1**).

Hybridschaltungen. Sie sind eine Kombination von integrierten Schaltkreisen und Einzelbauteilen (**Bild 2**). Diese werden auf einer Trägerplatine durch Stecken, Löten oder andere Verfahren miteinander verbunden. Dadurch lassen sich gezielt Schaltungen mit speziellen Eigenschaften, z. B. Zündsteuergerät, herstellen.

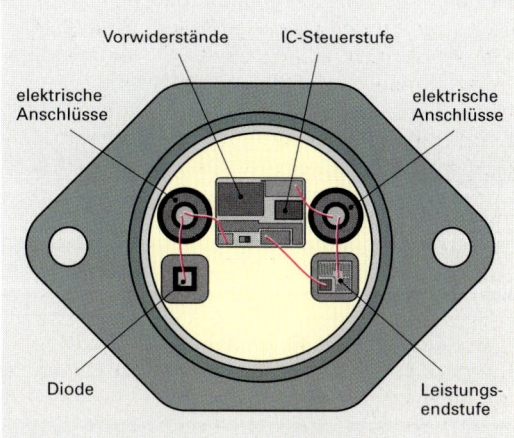

Bild 2: Generatorregler in Hybrid-Technik

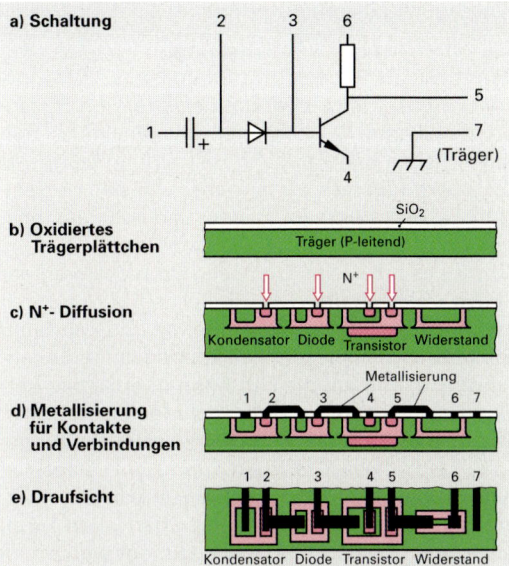

Bild 1: Beispiel einer integrierten Schaltung in Monolithtechnik (Auswahl von Fertigungsstufen)

Da man in einem IC keine „selbständigen" Bauelemente mehr hat (Bauelemente haben äußere Anschlüsse), spricht man von Schaltelementen oder Funktionselementen.

Planartechnik. Man versteht darunter ein Verfahren in der Halbleitertechnik zur Herstellung von Halbleiterbauelementen und Chips. Dabei werden in aufeinanderfolgenden Arbeitsgängen jeweils voneinander isolierte Schichten, die die Bauelemente nebst Verbindungsleitungen und Anschlüssen enthalten, aufgebracht. Dies kann durch Siebdruck in Dickschichttechnik oder durch Aufdampfen in Dünnschichttechnik erfolgen. So können in einem Chip mehr als 100 000 aktive Funktionen. (z. B. Transistoren, Dioden) und passive Funktionen (z. B. Widerstände, Kondensatoren) enthalten sein.

* monolithisch (griech.) = aus einem Stein
** Chip (engl.) = Marke, Stein
*** Integrated Circuits (engl.) = integrierte Schaltkreise

> **WIEDERHOLUNGSFRAGEN**
>
> 1. Welche Ladungsträger besitzen N-Leiter bzw. P-Leiter?
> 2. Wie muss man einen PN-Übergang polen, damit ein Durchlassstrom fließt?
> 3. Was versteht man unter der Schleusenspannung?
> 4. Welcher Teil der Kennlinie einer Z-Diode wird für die Spannungsstabilisierung ausgenutzt?
> 5. Was versteht man unter einer Einpulsschaltung?
> 6. Wie ist ein NPN-Transistor aufgebaut?
> 7. Wie heißen die Elektrodenanschlüsse eines Transistors?
> 8. Wie muss ein NPN-Transistor gepolt sein, damit er leitend ist?
> 9. Wie verhält sich ein Heißleiter bei Erwärmung?
> 10. Wie ändert sich der Widerstand eines Varistors bei zunehmender Spannung?
> 11. Wie verhält sich ein LDR-Widerstand beim Auftreffen von Licht?
> 12. Was versteht man unter einer LED?
> 13. Welche Aufgaben haben optoelektrische Koppler?
> 14. Wie sind Hybridschaltungen aufgebaut?

8 Reibung, Schmierung

8.1 Reibung

Wird ein Körper auf seiner Unterlage mit der Kraft F verschoben, wirkt der Bewegungsrichtung die Reibungskraft F_R entgegen (**Bild 1**).

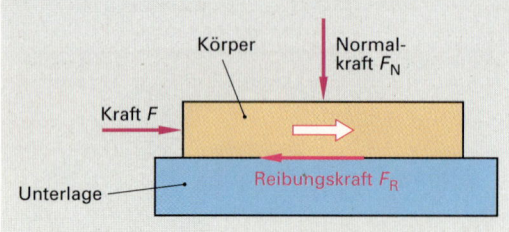

Bild 1: Wirksame Kräfte bei Reibung

Die Reibungskraft F_R ist der Widerstand, gegen das Verschieben eines Körpers auf einem anderen.

Ihre Größe wird bestimmt durch
- die Normalkraft F_N
- die Werkstoffpaarung
- die Reibungsart (Haft-, Gleit- od. Rollreibung)
- die Oberflächenbeschaffenheit
- den Schmierzustand
- die Temperatur

Normalkraft F_N. Sie wirkt immer senkrecht zur Reibungsfläche.
Die durch Versuche ermittelte Reibungszahl μ (mü) erfasst die übrigen Einflussgrößen. Sie wird als konstanter Wert in die Formel eingesetzt. Es gilt

Reibungskraft = Normalkraft x Reibungszahl
$$F_R = F_N \times \mu$$

Dadurch ist die Reibungskraft F_R proportional zur Normalkraft F_N. Wird die Normalkraft F_N erhöht, so erhöht sich im gleichen Verhältnis die Reibungskraft F_R.

Reibungsarten

Haftreibung. Sie ist der Widerstand, den ein Körper dem Verschieben auf seiner Unterlage entgegensetzt (**Bild 1**). Dabei ist die Kraft F kleiner oder gleich groß wie die Reibungskraft F_R. Soll ein Körper bewegt werden, muss die Haftreibung überwunden werden.

Gleitreibung. Sie ist der Widerstand, den ein auf seiner Unterlage gleitender Körper dem Gleiten (Bewegung) entgegensetzt. Die Reibungskraft F_R bei Gleitreibung ist kleiner als bei Haftreibung und wirkt z. B. zwischen Bremsscheibe und Bremsklötzen.

Rollreibung. Sie ist der Widerstand, den ein auf seiner Unterlage rollender Körper seiner Bewegung entgegensetzt. Die Rollreibung ist wesentlich kleiner als die Gleitreibung. Die Größe der Reibungskraft F_R, die durch Rollreibung entsteht, wird bestimmt vom Werkstoff der aufeinander abrollenden Körper und der Form ihrer Berührung. Deshalb ist der Rollwiderstand eines Kugellagers (Punktberührung) kleiner als der eines Wälzlagers (Linienberührung).

Kraftübertragung durch Reibung
Damit die Räder eines Kraftfahrzeugs Umfangskräfte F_U (Antriebs- bzw. Bremskräfte) und Seitenführungskräfte F_S übertragen können, muss zwischen Reifen und Fahrbahn Haftreibung bestehen. Die übertragbare Kraft ist dabei von der Normalkraft F_N (Belastung des Rades) und der Reibungszahl ($\mu_{Trocken} \approx 0,9...1$; $\mu_{Eis} \approx 0,1$) abhängig.
Kommt es z. B. beim Bremsen zum Blockieren der Räder, oder drehen die Räder beim Anfahren durch, so herrscht zwischen Reifen und Fahrbahn Gleitreibung. In diesem Fall können keine Seitenführungskräfte auf die Fahrbahn übertragen werden. Das Fahrzeug ist nicht mehr lenkbar.
Der in **Bild 2** dargestellte Kamm'sche Reibungskreis zeigt diese Grenzbedingung auf. Dabei ist die resultierende Kraft F_{Res} die maximale Kraft, die der Reifen bei Haftreibung übertragen kann. Sie kann in zwei Komponenten zerlegt werden.
- In eine Umfangskraft, z. B. beim Bremsen
- In eine Seitenführungskraft, z. B. bei Kurvenfahrt

Erreicht die Umfangskraft ein Maximum, z. B. beim Durchdrehen der Räder können keine Seitenführungskräfte übertragen werden.
Erreicht die Seitenführungskraft ihr Maximum, können die Reifen keine Umfangskräfte übertragen.

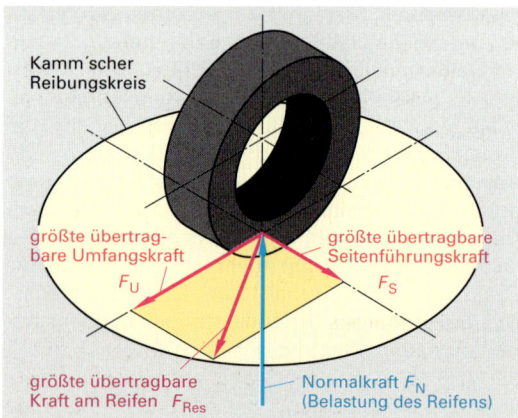

Bild 2: Kamm'scher Reibungskreis

8.2 Schmierung

Aufgaben
Um den Verschleiß zwischen bewegten Teilen möglichst klein zu halten, werden Schmierstoffe eingesetzt. Sie sollen die Berührung der aufeinander gleitenden Oberflächen verhindern. Außerdem sollen sie

- Reibung vermindern
- Stöße dämpfen
- vor Korrosion schützen
- fein abdichten
- Wärme abführen
- Verschleißteilchen abführen
- Geräusche dämpfen.

Je nach Schmierzustand unterscheidet man Trockenreibung, Mischreibung und Flüssigkeitsreibung.

Trockenreibung. Die aufeinander gleitenden Oberflächen berühren sich direkt ohne trennenden Schmierstofffilm, z. B. bei Kolbenfressern. Dadurch erhöhen sich Temperatur und Verschleiß an den Reibflächen (**Bild 1**).

Bild 1: Trockenreibung

Mischreibung. Die aufeinander gleitenden Oberflächen berühren sich teilweise, da sie nur unvollkommen durch einen Schmierstofffilm getrennt sind, z. B. Reibung zwischen Kolben und Zylinder beim Kaltstart, Reibung zwischen den Flanken der Zahnräder eines Getriebes. Der Verschleiß und die Neigung zum Fressen nehmen ab (**Bild 2**).

Bild 2: Mischreibung

Flüssigkeitsreibung. Die aufeinander gleitenden Oberflächen berühren sich nicht, da sie vollständig durch einen Schmierstofffilm getrennt sind, z.B. Schmierung der Kurbelwelle im Betrieb. An den Reibflächen entsteht kein Verschleiß. Die Reibung erfolgt im Schmierstoff (**Bild 3**).

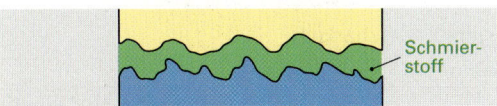

Bild 3: Flüssigkeitsreibung

Schmierstoffarten
Als Schmierstoffe können im Kraftfahrzeug flüssige, pastöse und feste Stoffe eingesetzt werden. Je nach Einsatzbedingung wird der geeignete Schmierstoff angewendet.

Flüssige Schmierstoffe sind mit Zusätzen legierte Mineralöle oder synthetische Öle. Weil das Öl an den aufeinander gleitenden Flächen haftet, befindet sich zwischen ihnen ein Ölfilm. In Abhängigkeit von der Gleitgeschwindigkeit entsteht ein Schmierkeil, der die Gleitflächen voneinander abhebt (**Bild 4**).

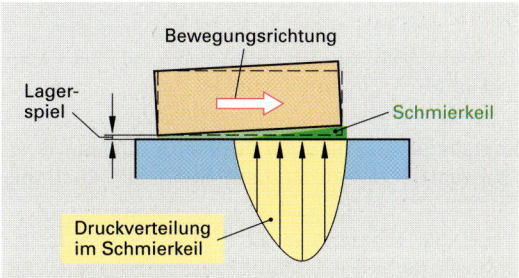

Bild 4: Schmierkeilbildung bei flüssigen Schmierstoffen

Pastöse Schmierstoffe sind Fette, die aus einem Gerüst aus Kalk-, Natrium- oder Lithiumseifen bestehen, in das Mineralöle oder synthetische Öle eingelagert sind (**Bild 5**). Wird das Seifengerüst bewegt, so treten die Öltröpfchen aus und benetzen die zu schmierende Oberfläche.

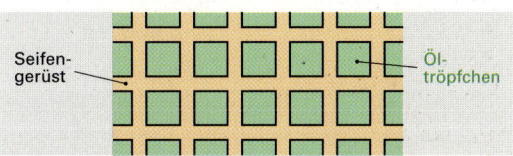

Bild 5: Seifengerüst eines Schmierfettes

Je nach Einsatzbedingung muss das entsprechende Fett ausgewählt werden. Z. B. für die Schmierung von Wälzlagern dürfen nur Wälzlagerfette verwendet werden. Die Abdichtung wird durch das Fett unterstützt. Wegen der auftretenden Walkarbeit und der damit verbundenen Erwärmung, dürfen die Gehäusehohlräume nur etwa zur Hälfte mit Fett gefüllt werden.

Feste Schmierstoffe. Sie bestehen aus feinblättrigem, pulverförmigem Graphit oder Moybdändisulfid (MoS_2). Die Reibung wird dadurch vermindert, dass die kleinen gleitfähigen Plättchen im Schmierspalt aufeinander abgleiten (**Bild 6**). Verwendet man Polytetrafluorethylen (PTFE) so vermindern kleinste kugelförmige Teilchen die Reibung.

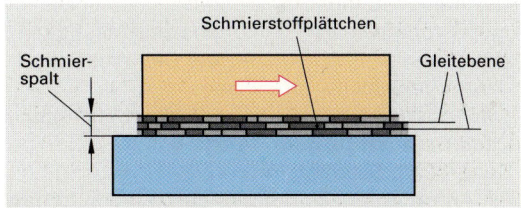

Bild 6: Fester Schmierstoff im Schmierspalt

9 Lager, Dichtungen

9.1 Lager

Lager dienen zum Führen und Abstützen von Wellen und Achsen, wobei möglichst wenig Reibung und Verschleiß in den Lagern auftreten sollen.
Je nach Größe und Richtung der auf das Lager wirkenden Kräfte unterscheidet man
- Radiallager
- Axiallager.

Radiallager. Sie nehmen die Kräfte quer zur Bohrungsachse auf. Man bezeichnet sie auch als Querlager oder Traglager.

Axiallager. Sie nehmen die Kräfte in Richtung der Bohrungsachse auf. Man bezeichnet sie auch als Längslager oder Spurlager. Für sämtliche Belastungsfälle gibt es sowohl Gleitlager als auch Wälzlager (**Bild 1**).

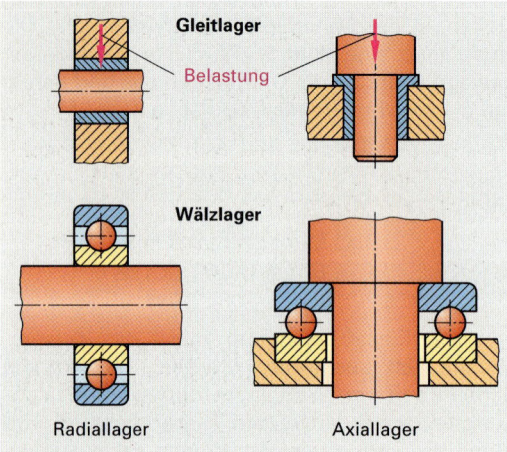

Bild 1: Radiallager und Axiallager

Gleitlager
Beim Gleitlager läuft die Welle in Lagerschalen, Lagerbuchsen oder unmittelbar im Lagerkörper. Unter der Einwirkung der Lagerkraft entsteht eine metallische Berührung zwischen Welle und Lager. Die dabei durch Reibung entstehende Wärme würde zum raschen Fressen und damit zur Zerstörung des Lagers und der Welle führen.

Anforderungen
- Geringe Reibung
- gute Notlaufeigenschaften
- hoher Verschleißwiderstand
- gute Geräuschdämpfung durch Schmierfilm
- hohe Tragfähigkeit
- hohe Druckfestigkeit
- gute Gleiteigenschaften
- gute Wärmeleitfähigkeit

Die Anforderungen werden durch Schmierung der Gleitlager und den Gleitlagerwerkstoff erfüllt.

Schmierung der Gleitlager. Das Schmieröl hat die Aufgabe, die Reibung zwischen Welle und Lager zu verringern und die entstehende Wärme abzuführen, damit ein Heißlaufen und Fressen des Lagers vermieden wird. Deshalb muss zwischen Welle und Lager ein Schmierölfilm bestehen.
Der Schmierölfilm wird bei hydrodynamisch geschmierten Lagern durch die Drehbewegung des Wellenzapfens erzeugt. Bei Beginn der Drehbewegung sind Zapfen und Lagerschale noch nicht vollständig getrennt (Mischreibung). Steigt die Drehzahl, bildet sich unter dem Wellenzapfen ein Schmierölkeil, der die Welle anhebt. Die Welle schwimmt auf dem Schmierölfilm auf (Flüssigkeitsreibung) (**Bild 2**). Die Dicke des Schmierölfilms hängt vom Lagerspiel, von der Lagerbelastung, vom Lagerdruck, von der Umfangsgeschwindigkeit und vom Schmierstoff ab.

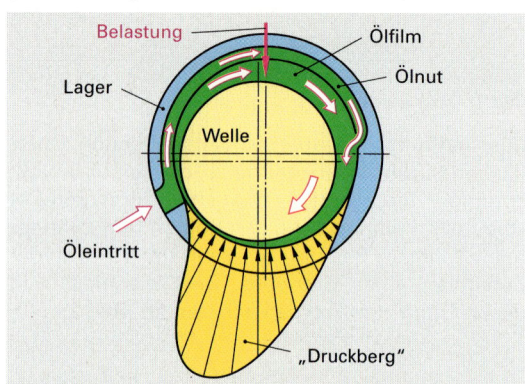

Bild 2: Druckverteilung in einem Gleitlager

Gleitlagerwerkstoffe. Um den Verschleiß des Gleitlagers während des Anlaufvorgangs möglichst gering zu halten, werden von den Lagerwerkstoffen folgende Eigenschaften gefordert:
- gute Notlaufeigenschaften
- gute Einlauffähigkeit
- hohe Verschleißfestigkeit
- gute Benetzbarkeit.
- gute Einbettfähigkeit
- gute Gleiteigenschaften
- gute Wärmeleitfähigkeit

Geeignete Werkstoffe sind
- NE-Metall-Legierungen z. B. Blei-Legierungen, Blei-Zinn-Legierungen (Weißmetall), Kupfer-Zinn- und Kupfer-Zinn-Zink-Legierungen.
- Sintermetalle mit einem Porenanteil von 15 % bis 25 % zur Aufnahme von Schmierstoffen.
- Kunststoffe z. B. Duroplaste (Phenolplaste), Thermoplaste (Polytetrafluorethylen, Polyamid) und Verbundwerkstoffe.

Gleitlagerbauarten

Einschichtlager. Es sind Massivlager, die aus einem Werkstoff z. B. CuZn-Legierungen bestehen. Sie werden ausschließlich für Lagerbuchsen z. B. Pleuelbuchsen verwendet **(Bild 1)**.

Mehrschichtlager (Tabelle 1). Sie bestehen aus zwei oder mehreren Schichten, z. B. Stützschale, Tragschicht, Gleitschicht **(Bild 1)**. Um eine verbesserte Tragfähigkeit des Lagers zu erreichen, wird auf eine Stützschale aus Stahl durch Walzplattieren oder Sintern eine Tragschicht aufgebracht. Die Gleiteigenschaften des Lagers können durch eine dünne Laufschicht (10 µm bis 30 µm) aus Blei-, Zinn-, Aluminium- oder Kupferlegierungen verbessert werden. Diese werden durch Sintern, Sputtern oder Galvanisieren aufgebracht. Ein Nickeldamm verhindert das Diffundieren von Zinnatomen aus der Gleitschicht in die Tragschicht. Dadurch bleiben die Eigenschaften der Gleitschicht über die gesamte Lebensdauer des Lagers erhalten.

Sputtern. Bei diesem Verfahren werden durch Kathodenzerstäubung feinste Partikel von einem Spenderwerkstück (z. B. Weißmetall AlSn20 Cu) auf die Gleitschicht aufgebracht.
Vorteile des Sputtern
– gleichmäßiger Auftrag der Gleitschicht
– hohe Tragfähigkeit des Lagers.

Wartungsarme Gleitlager (Bild 2) ermöglichen große Schmierintervalle, da sie sehr gute Notlaufeigenschaften besitzen.

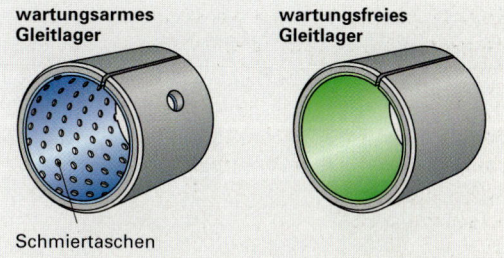

Bild 2: Wartungsarme und wartungsfreie Gleitlager

Wartungsfreie Gleitlager (Bild 2) sind für Trockenlauf konzipiert und brauchen nicht geschmiert werden. Flüssigkeiten im Bereich der Lagerstelle, z. B. Öl, Benzin, Wasser verbessern die Wärmeabfuhr und die Lebensdauer.

Vorteile der Gleitlager gegenüber Wälzlagern
– kostengünstiger herstellbar
– einfacher Aufbau.

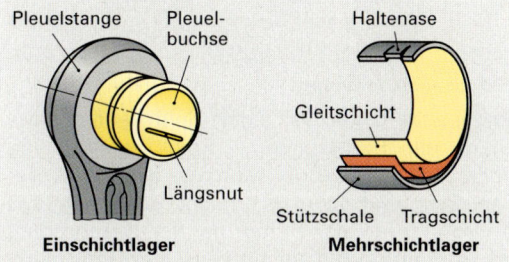

Bild 1: Einschichtlager und Mehrschichtlager

Tabelle 1: Mehrschichtlagerarten		
Mehrschichtlager	**Aufbau**	**Verwendung**
Galvanisierte Dreistofflager	Stützschale: 1,5 mm aus Stahl Tragschicht: 200-300 µm aus Bleibronze Trennschicht: Nickeldamm 1 µm Gleitschicht: 12-20 µm aus PbSnCu-Legierung	Kurbelwellen- und Pleuellager für Otto-Motoren für aufgeladene Otto- und Dieselmotoren
Plattierte Aluminiumlager	Stützschale: 1,5 mm aus Stahl Tragschicht: 20-40 µm aus AlZn4,5 SiCuPb Gleitschicht: 200-400 µm aus AlSn 20	
Galvanisierte Vierstofflager	Stützschale: 1,5 mm aus Stahl Tragschicht: 200-300 µm aus Bleibronze Trennschicht: Nickeldamm 1 µm Zwischenschicht: 2 µm aus CuSn-Legierung Gleitschicht: 12-20 µm aus PbSnCu-Legierung	
Sputterlager	Stützschale: 1,5 mm aus Stahl Tragschicht: 200-300 µm aus Bleibronze Zwischenschicht: 1-2 µm aus NiSn-Legierung Gleitschicht: 12-20 µm aus AlSn 20 Legierung gesputtert	Kurbelwellenlager für aufgeladene Dieselmotoren (untere Schalenhälfte)
Wartungsarme Gleitlager **(Bild 2)**	Stützschale: 0,5-2 mm aus Stahl Tragschicht: 0,2-0,35 mm aus Bronze Gleitschicht: 0,05-0,1 mm aus Polyvinylidenfluorid (PVDF), Polytetrafluorethylen (PTFE) und Blei (Pb)	Türscharniere, Pedallagerungen, Achsschenkellagerungen
Wartungsfreie Gleitlager **(Bild 2)**	Stützschale: 0,5-2 mm aus Stahl Tragschicht: 0,2-0,35 mm aus Zinn-Bleibronze Gleitschicht: 0,01-0,03 mm aus Polytetrafluorethylen (PTFE) und Blei (Pb)	Scheibenwischer, Einspritzpumpen, Gleitführungen in Schaltgetriebe

Wälzlager

Es besteht in seiner einfachsten Ausführung aus zwei Laufringen (Außen- und Innenring), den Wälzkörpern und dem Walzkörperkäfig (Käfig). Die Wälzkörper wälzen sich auf den Laufbahnen der Laufringe ab. Dadurch wird die Gleitreibung durch die viel geringere Rollreibung ersetzt. Der Käfig hält die Wälzkörper in einem bestimmten Abstand voneinander. Wälzlager sind nahezu wartungsfrei.

Nach der Grundform der Wälzkörper unterscheidet man **Kugellager** und **Rollenlager (Bild 1)**.

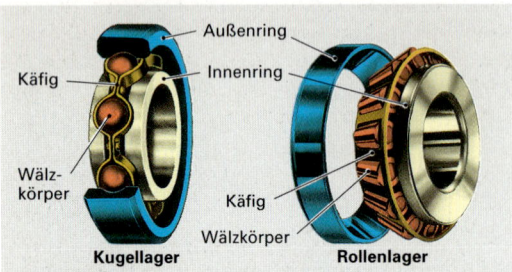

Bild 1: Wälzlager

Kugellager eignen sich für hohe Drehzahlen (Rillenkugellager bis 100 000 1/min). Die Belastbarkeit des Lagers ist gering, da der Lagerdruck in einem Punkt (Punktberührung) übertragen wird **(Bild 3)**.

Rollenlager unterscheidet man nach der Rollenform u. a. Zylinderrollenlager, Nadellager, Kegelrollenlager, Tonnenlager **(Bild 2)**.

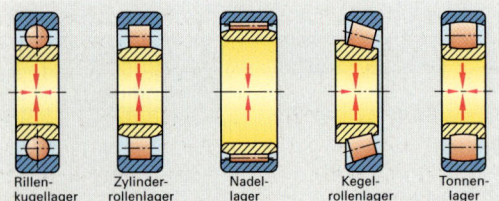

Bild 2: Lagerarten unterschieden nach der Wälzkörperform

Sie übertragen den Lagerdruck nicht in einem Punkt, sondern auf einer Linie **(Bild 3)**. Dadurch ist die Belastbarkeit des Lagers wesentlich größer als bei Kugellager, wobei gleichzeitig Reibung und Erwärmung des Lagers im Betrieb zunimmt.

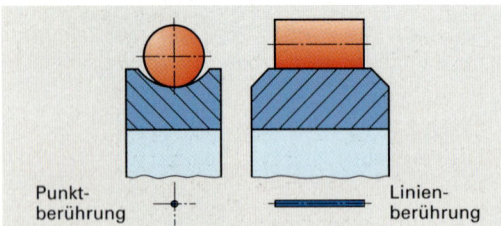

Bild 3: Berührungsformen in Wälzlagern

Lageranordnung. Bei einer mehrfach gelagerten Welle dürfen die axialen Kräfte nur von einem Lager, dem **Festlager** aufgenommen werden. Das Festlager darf axial nicht verschiebbar sein. Die Fertigungstoleranzen und die unterschiedlich große Wärmedehnung in axialer Richtung von Welle und Gehäuse müssen an den übrigen Lagerstellen, den **Loslagern**, ausgeglichen werden, um ein Verspannen der Wälzkörper in den Laufringen zu verhindern. Beim Festlager müssen sowohl der Außenring als auch der Innenring im Gehäuse bzw. auf der Welle festsitzen. Beim Loslager darf nur der Innen- oder Außenring festsitzen, d. h. ein Ring muss in axialer Richtung beweglich sein **(Bild 4)**.

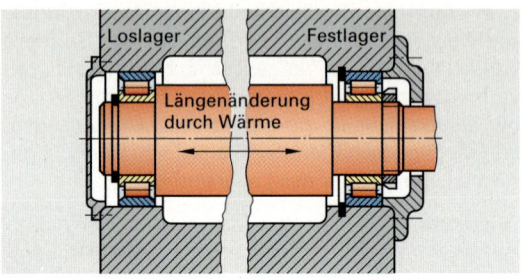

Bild 4: Lageranordnung

Angestellte Lager. Das axiale Spiel kann entsprechend den Forderungen – Spiel, spielfrei oder Vorspannung – bei der Montage eingestellt werden. Dies wird dadurch erreicht, dass bei der O-Anordnung der Innenring, bei der X-Anordnung der Außenring bis zur gewünschten Einstellung verschoben wird. Bei der Verwendung von Schrägkugellagern bzw. Kegelrollenlagern wird dabei auch gleichzeitig das radiale Spiel verringert **(Bild 5)**. Bei der O- oder X-Anordnung von Lagern werden beide Lager als Festlager verbaut. Deshalb können sie axiale Längenänderungen infolge Wärme nicht ausgleichen und sind somit nur für kurze Wellen geeignet.

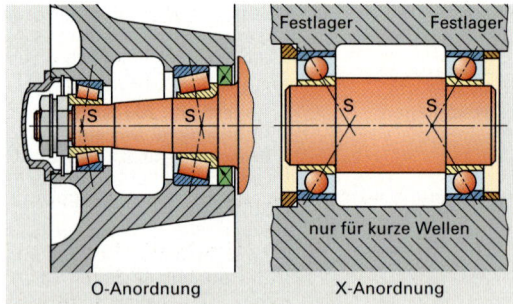

Bild 5: Angestellte Lager

> **WIEDERHOLUNGSFRAGEN**
>
> 1. Wie können Wälzlager nach der Grundform der Wälzkörper unterteilt werden?
> 2. Welche Aufgabe haben Fest- und Loslager?

Dichtungen

Dichtungen sind abdichtende Teile an ruhenden oder beweglichen Trennflächen von Maschinen, Apparaten, Rohrleitungen und Behältern.

Aufgaben
- Räume mit verschiedenem Druck gegeneinander abzuschließen (z. B. Verbrennungsraum und Ölkanäle)
- Räume mit unterschiedlichen Betriebsmitteln voneinander zu trennen (z. B. Öl- und Kühlmittelkanäle)
- Räume vor dem Eindringen von Fremdkörpern zu schützen (z. B. Wälzlager vor Staub)
- Maschinen bzw. Anlagen vor Verluste von Betriebs- und Schmierstoffen zu schützen (Kraftstoff an der Kraftstoffpumpe).

Statische Dichtungen

Abdichtungen an ruhenden Flächen sind möglich durch metallische Abdichtungen, Weichstoffdichtung, Dichtmassen.
Der Dichtungswerkstoff muß sich durch Pressung den Unebenheiten der Dichtflächen anpassen. Außerdem kann er auch die von den Spanneinrichtungen (z. B. Schrauben, Schnappverschlüssen) ausgehenden Anpresskräfte gleichmäßig verteilen.

Metallische Abdichtung. Sie wird erreicht durch hohe Passgenauigkeit, hohe Oberflächenqualität (geringe Rautiefe) und große Flächenpressung an den Dichtflächen (**Bild 1**).

Weichstoffdichtung. Aufgrund der Flächenpressung wird der Werkstoff der Dichtung so verformt, dass er sich den zu dichtenden Flächen anpasst (**Bild 1**), z. B. bei Ventildeckeldichtungen.

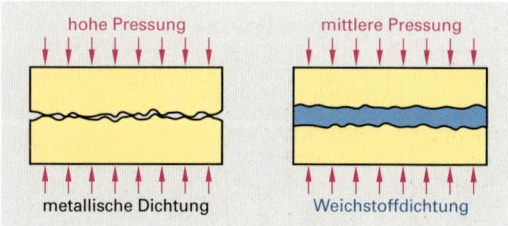

Bild 1: Metallische Dichtung und Weichstoffdichtung

Dichtmassen. Sie bilden unter Einfluss der Anpresskräfte ein sich selbst formendes Dichtelement, entsprechend einer Weichstoffdichtung. Die Unebenheiten und Rautiefen werden durch einen flüssigen oder pastösen Stoff ausgefüllt (**Bild 2**). Dichtmassen können auch in Kombination mit Weichstoffdichtungen und Metalldichtungen eingesetzt werden (**Bild 2**). Es gibt aushärtende und dauerelastische Dichtmassen.

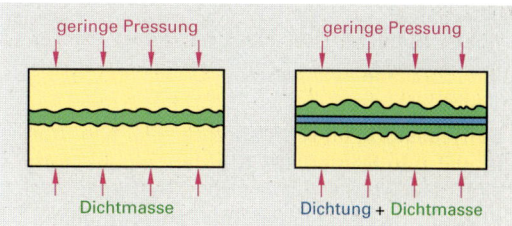

Bild 2: Dichtmasse und Dichtung

Profildichtungen. Die Dichtwirkung entsteht durch Verformung des gummielastischen Dichtwerkstoffs. Das verspannte Profil erzeugt den erforderlichen Anpressdruck an der abzudichtenden Fläche z. B, bei Runddichtungen (**Bild 3**), Rechteckdichtungen (Gummidichtung am Bremskolben einer Scheibenbremse).

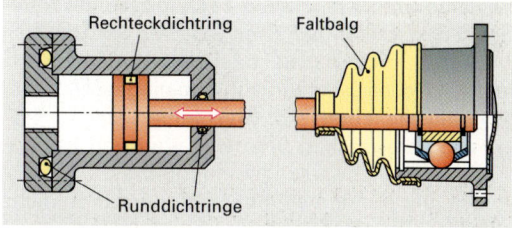

Bild 3: Profildichtungen und Faltbalg

Faltenbälge. Sie sollen Lagerstellen vor Schmutzeintritt schützen und enthalten oftmals das Schmierfett zur Schmierung der Gelenke (**Bild 3**).

Dynamische Dichtungen

Der Dichtwerkstoff muss bei sich gegeneinander bewegenden Dichtflächen die unvermeidbare Undichtheit möglichst gering halten.

Radial-Wellendichtringe. Sie eignen sich zum Abdichten von sich drehenden Bauteilen. Die Abdichtung der Welle erfolgt durch Anpressen der Dichtlippe an die Wellenoberfläche. Dies geschieht durch eine Schlauchfeder und die Übermaßpressung (Presssitz) am Außenmantel. Bei drehender Bewegung der Welle entsteht an der Dichtlippe infolge hydrodynamischer Schmierung ein Dichtspalt von etwa 1 µm. Durch diesen Spalt tritt geringfügig Öl hindurch und schmiert die Dichtlippe (**Bild 4**).

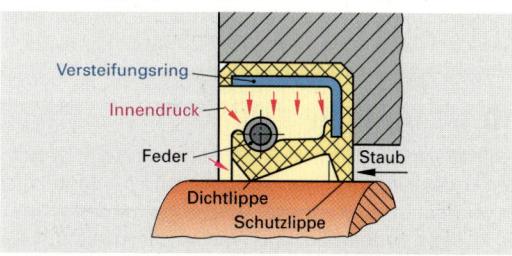

Bild 4: Radial-Wellendichtring

10 Betriebsstoffe, Hilfsstoffe

Betriebsstoffe im Kraftfahrzeug sind alle Stoffe, die zum Betrieb des Kraftfahrzeuges nötig sind. **Hilfsstoffe** dienen zum Reinigen und Pflegen von Fahrzeugen und Fahrzeugteilen.

Betriebsstoffe:
Flüssige und gasförmige Kraftstoffe, z. B. Benzine, Dieselkraftstoffe, Erdgas, Wasserstoff. Sie werden im Motor in Bewegungsenergie umgesetzt.
Schmieröle und Schmierstoffe, z. B. Motorenöle, Schmierfette, Grafit. Sie vermindern Reibung und Verschleiß an gleitenden Teilen.
Kühlmittel und Gefrierschutzmittel, z. B. Wasser, Ethylenglykol, Kältemittel R 134a, Trockeneis, flüssiger Stickstoff. Sie schützen Motoren vor Überhitzung und Frostschäden, oder sie werden für Innenraum- oder Laderaumkühlung eingesetzt.
Bremsflüssigkeiten, z. B. Glykolether. Sie übertragen in hydraulischen Bremsanlagen und bei hydraulischen Kupplungsbetätigungen große Drücke und dürfen bei hohen Temperaturen nicht in den gasförmigen Zustand übergehen.
Flüssigkeiten zur Kraftübertragung, z. B. ATF-Flüssigkeit, Silikonöl, Hydraulikflüssigkeit. Sie werden in hydrodynamischen Drehmomentwandlern, Servolenkungen, Viscokupplungen oder hydraulischen Hubeinrichtungen verwendet.
Hilfsstoffe:
Reinigungsstoffe für Fahrzeugteile, z. B. Waschbenzin, Kaltreiniger, Spiritus, Kunststoffreiniger.
Reinigungs- und Pflegemittel für Fahrzeuge, z. B. Teer- und Insektenentferner, Politur für Lacke, Chrom- und Aluminiumteile, Konservierungsmittel, Scheibenwaschmittel.

10.1 Kraftstoffe

Kraftstoffe bestehen aus einem Gemisch von Kohlenwasserstoff-Verbindungen, die sich durch den Aufbau ihrer Moleküle unterscheiden. Der Aufbau und die Größe der Moleküle, sowie das zahlenmäßige Verhältnis ihrer Wasserstoff- und Kohlenstoffatome zueinander bestimmen wesentlich das Verhalten der Kraftstoffe bei der motorischen Verbrennung. Als Kraftstoff kann auch reiner Wasserstoff Verwendung finden.

10.1.1 Aufbau

Kohlenwasserstoffmoleküle haben entweder ketten- oder ringförmigen Aufbau (**Bild 1**). Moleküle in einfacher Kettenform (Paraffine und Olefine) sind sehr zündwillig und verbrennen leicht. Dadurch entsteht bei Ottomotoren das „Klopfen".

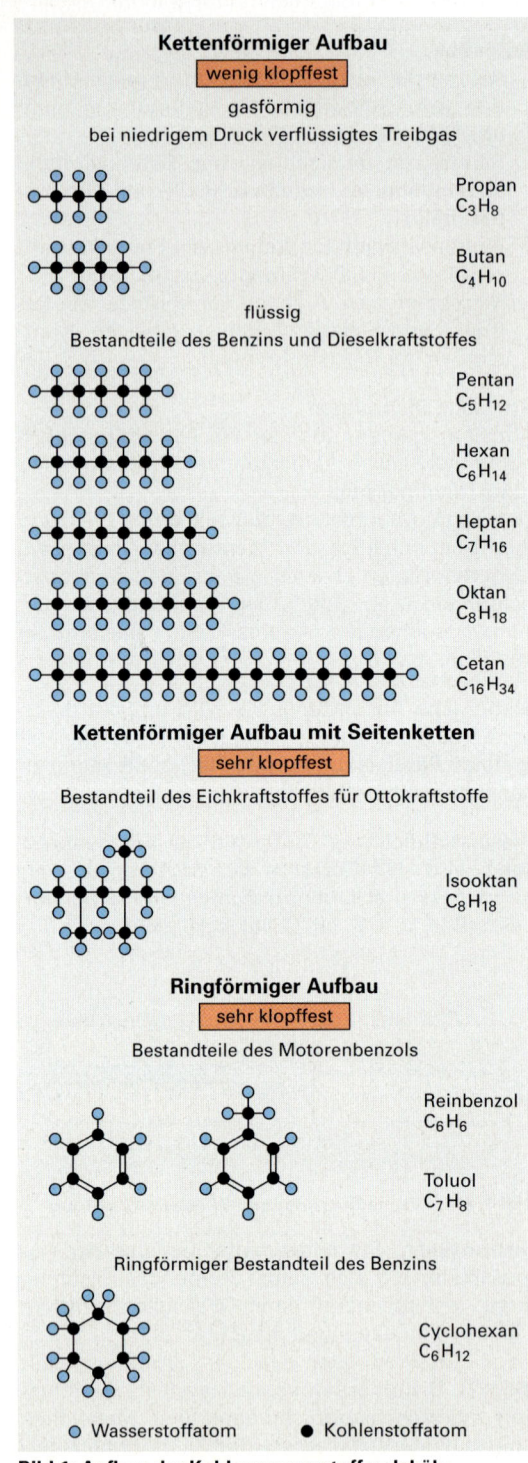

Bild 1: Aufbau der Kohlenwasserstoffmoleküle

Olefine unterscheiden sich von Paraffinen nur durch eine Zweifachbindung zwischen 2 C-Atomen. Bei Dieselmotoren ergeben zündwillige Kohlenwasserstoffe eine einwandfreie, nicht klopfende Verbrennung. Moleküle mit Seitenketten (Isomere) oder in Ringform (Aromate, Cycloparaffine) sind nicht so zündwillig. Sie verhalten sich in Ottomotoren klopffest und in Dieselmotoren durch ihren Zündverzug klopffreudig.

10.1.2 Gewinnung

Der weitaus wichtigste Ausgangsstoff für die Kraftstoffgewinnung ist das Erdöl. Dieser chemische Energieträger ist nach heutiger Annahme im Laufe von Jahrmillionen durch Zersetzung abgestorbener und abgesunkener Lebewesen des Meeres, den indirekten Speichern von Sonnenenergie, entstanden.

Die vielen, im Erdöl enthaltenen Kohlenwasserstoffe sind nicht alle als Ottokraftstoffe bzw. Dieselkraftstoffe geeignet. Der größte Teil muss durch chemische Verfahren umgewandelt werden.

Die Herstellung der Endprodukte erfolgt auf zwei Wegen in der Raffinerie:
1. Trennen, z. B. Destillieren, Filtern
2. Umwandeln, z. B. Cracken, Reformieren.

Trennverfahren, Erdöl-Destillation

Das Erdöl wird unter Luftabschluss erhitzt. Die innerhalb eines Siedebereiches bis etwa 180° C verdampfenden Bestandteile ergeben beim Kondensieren die Leichtkraftstoffe, vorwiegend Benzine, die sich aus Normalparaffinen (unverzweigte Ketten) und Cycloparaffinen (ringförmig) zusammensetzen. Der Siedebereich von 180°C bis etwa 280°C liefert die mittelschweren Kraftstoffe (Gasturbinenkraftstoff, Kerosin), der Bereich von 210°C bis etwa 360°C die Schwerkraftstoffe für Dieselmotoren. Der darüberliegende Bereich liefert Schmieröle; als Rückstand verbleibt Bitumen. Dieses Sammeln der Kraftstoffe nach ihren Siedebereichen nennt man auch fraktionierende Destillation (**Bild 1**).

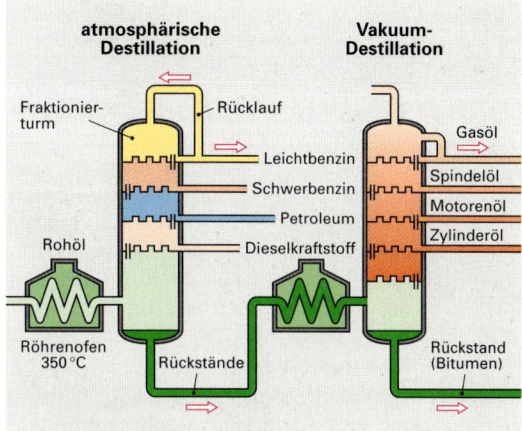

Bild 1: Destillation von Rohöl

Der bei der normalen Destillation anfallende Anteil an Benzin ist für den heutigen Bedarf viel zu gering; dieses Benzin ist mit einer ROZ von 62 ... 64 auch zu wenig klopffest. Deshalb wurden Verfahren entwickelt, durch welche die Ausbeute des Erdöles an Ottokraftstoffen wesentlich gesteigert und gleichzeitig klopffesteres Benzin erzeugt wird (**Tabelle 1**).

Benzinherstellung durch Umwandlungsverfahren

Tabelle 1: Crackverfahren		
Cracken (engl. to crack = zerbrechen)	Abbau von Großmolekülen der höher siedenden Schwerkraftstoffe durch Zerlegen in leichtere und klopffeste Isoparaffine und Olefine (Olefine unterscheiden sich von Paraffinen durch eine Doppelbindung zwischen 2 C-Atomen). Es bleiben schwersiedende Bestandteile übrig, die weiterverarbeitet werden können.	ROZ 88...92
Thermisches Cracken	Umwandlung erfolgt durch Wärme bei 500° C und Drücken bis 20 bar	
Katalytisches Cracken	Höhere Ausbeute an Leichtkraftstoffen. Schwerkraftstoffe werden über einen 500° C heißen Aluminium-Silicat-Katalysator in hochwertige Ottokraftstoffkomponenten zerlegt.	
Hydrocracken	Bei Drücken von 150 bar und 400° C wird den zerbrochenen Molekülen Wasserstoff angelagert. Hochwertige, schwefelarme Kraftstoffe entstehen.	

Tabelle 2: Umwandlungsverfahren

Reformieren	Kettenförmige Paraffine aus der Destillation werden mit Katalysatoren (Platin: Platforming-Verfahren) in klopffeste Isoparaffine und Aromate umgewandelt.	ROZ 93...98
Polymerisieren	Die beim Cracken und Reformieren entstandenen gasförmigen Kohlenwasserstoffe werden über Katalysatoren zu größeren Molekülen zusammengeballt, hauptsächlich zu Isoparaffinen. Werden geradkettige Paraffine in Isoparaffine umgewandelt, so nennt man diesen Vorgang **Isomerisieren**.	ROZ 95...100
Hydrieren	Anlagerung von Wasserstoffatomen an ungesättigte Olefine zu stabilen, klopffesten Isoparaffinen.	ROZ 92...94
Alkylieren	Olefine und Paraffine werden miteinander zur Reaktion gebracht, so dass Isoparaffine mit hoher Klopffestigkeit entstehen.	ROZ 92...94

Die durch Crackverfahren erzeugten Kraftstoffe (Tabelle 1, Seite 213) sind noch nicht ausreichend klopffest. Ottokraftstoffe werden deshalb aus Komponenten der in der Tabelle 1 aufgeführten Crackverfahren und weiterer Umwandlungsverfahren **(Tabelle 2)** gemischt, um die erforderlichen Eigenschaften, wie z. B. die Klopffestigkeit (ROZ) und das Siedeverhalten zu erzielen.

Nachbehandlungsverfahren
Die so hergestellten ziemlich klopffesten Benzine werden durch eine Raffination noch nachbehandelt. Dabei wird die Reinheit des Benzins (Abscheiden von gasförmigen Resten, Schwefel und Harzlösungen) erhöht und durch Zugaben (Additive) die Neigung zu Ablagerungen, Verfärbung, Vereisung, Klopfen und Korrosion weitgehend beseitigt.

10.1.3 Eigenschaften von Ottokraftstoffen

Siedeverlauf, Siedekurven
Beim Ottomotor muss der Kraftstoff leicht und vollständig vergasen. Die Vergasbarkeit des Kraftstoffs wird in der Siedekurve **(Bild 1)** dargestellt. Der bis 70° C verdampfte Kraftstoffanteil soll einerseits so groß sein, dass der Motor auch bei Kaltstart im Winter sicher anspringt, andererseits aber keine Gefahr der Dampfblasenbildung bei heißem Motor besteht. Bis 180° C sollen etwa 90 Vol.-% des Kraftstoffes vergast sein, damit Schmierölverdünnung, vor allem bei noch kaltem Motor, durch unvergasten Kraftstoff möglichst vermieden wird.

Kaltstartverhalten
Damit ein kalter, bzw. noch nicht betriebswarmer Motor bei niedrigen Temperaturen sicher anspringt und im Leerlauf rund läuft, benötigt er einen Kraftstoff mit niedriger Siedekurve.

Der 10 Vol.-%-Punkt gibt an, bei welcher Temperatur 10 Prozent des Kraftstoffvolumens vergast sind.

Für einen sicheren Kaltstart ist eine niedrige Siedetemperatur im 10 Vol.-%-Punkt erforderlich. Liegt der Siedeanfang zu tief, so bilden sich Dampfblasen.

Warmlaufverhalten
Bei einem betriebswarmen oder heißen Motor, sowie im Sommer, müssen die Kraftstoffe schwerflüchtiger sein (höhere Siedekurve). Dies erreicht man durch einen bestimmten Anteil an schwersiedenden Kraftstoffen, die zusätzlich noch den Vorteil eines höheren Energieinhaltes haben. Dieser Anteil liegt nach Überschreiten des 90 Vol.-%-Punktes in flüssiger Form vor. Im 90 Vol.-%-Punkt ist bei der entsprechenden Temperatur bereits 90 % des Kraftstoffes in den gasförmigen Zustand übergegangen. Ein zu hoher Anteil an schwersiedenden Kraftstoffen kann zu Kraftstoffkondensation an den Zylinderwänden und damit zu Schmierölverdünnung führen.

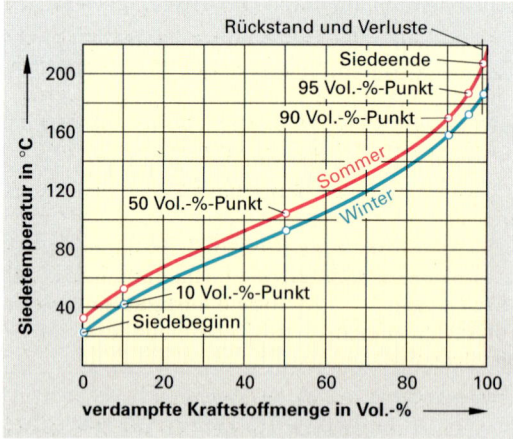

Bild 1: Siedekurven von Ottokraftstoffen

Klopffestigkeit (ROZ, MOZ)
Hohe Selbstzündungstemperatur des Ottokraftstoffes entspricht hoher Klopffestigkeit. Das Maß für die Klopffestigkeit ist die Research-Oktanzahl (ROZ) und die Motor-Oktanzahl (MOZ). Beide Oktanzahlen werden im CFR-Motor (Veränderliches Verdichtungsverhältnis) durch Vergleich mit einem Bezugskraftstoff aus Isooktan (OZ = 100) und Normalheptan (OZ = 0) ermittelt. Ein zu untersuchender Kraftstoff hat die Oktanzahl 95, wenn seine Klopffestigkeit so groß ist, wie die einer Mischung aus 95 % Isooktan und 5 % Normalheptan. Die MOZ ist niedriger als die ROZ, da sie bei höherer Drehzahl und Gemischvorwärmung auf ca. 150° C ermittelt wird.

Unverbleites Benzin
Fahrzeuge mit Katalysator benötigen bleifreies Benzin. Bei Verwendung von verbleitem Benzin würden die im Abgas enthaltenen Bleiverbindungen nach und nach die Beschichtung des Katalysators zudecken und eine Umwandlung der schädlichen Abgase in unschädlichere unmöglich machen. Deshalb wurde der Bleigehalt im sog. bleifreien Benzin auf 13 mg/Liter Benzin begrenzt.

Mit der Absenkung des Bleigehaltes sinkt auch die Oktanzahl des Kraftstoffes erheblich ab. Es ist daher nötig, schon bei der Kraftstoffherstellung mehr klopffeste Anteile durch Reformieren, Polymerisieren und Alkylieren zu gewinnen und dem bleifreien Benzin zuzumischen. Die notwendige Oktanzahl erhält man aber erst durch Zugabe von **Klopfbremsen (Antiklopfmittel)**.

Metallhaltige Klopfbremsen
Sie werden in Deutschland wegen ihrer giftigen Verbrennungsprodukte (Blei, Scavengers = Brom- und Chlorverbindungen) nicht mehr verwendet.

Metallfreie Klopfbremsen
Aromate, wie Benzol, Toluol und Xylol liegen in einem Oktanzahlbereich von ROZ 108 ... 112 und erhöhen durch Beimischen die Gesamtoktanzahl des Kraftstoffes. Benzol ist wegen der krebserzeugenden Wirkung auf 5 Vol.-% begrenzt, im Durchschnitt enthält Normalbenzin heute 2 Vol.-% Benzol, Superbenzin 1 Vol.-% Benzol.

Organische Sauerstoffverbindungen als Klopfbremse
Alkohole (Methanol, Ethanol), Phenole, Ether haben den Nachteil, dass sie im Kraftstoff schlecht löslich sind, durch Geruch belästigen und weniger wirtschaftlich durch ihren geringeren Energieinhalt sind.

MTB (Methyl-Tertiär-Buthylether)
Er kann durch seinen hohen Oktanzahlbereich von ROZ 110 ... 115 die Gesamtoktanzahl erheblich beeinflussen. Durch seinen niedrigen Siedepunkt von 55° C wird die Klopffestigkeit des Kraftstoffes besonders im unteren Siedebereich verbessert. Zumischung ca. 10 % ... 15 % zum Kraftstoff.

> Ottokraftstoffe haben einen Flammpunkt unter 21° C und fallen damit in die Gruppe A, Gefahrklasse I (höchste Gefahrklasse).

10.1.4 Dieselkraftstoffe
Im Gegensatz zu den Ottokraftstoffen sollen die Dieselkraftstoffe zur Vermeidung von Klopferscheinungen möglichst zündwillig sein. Das Maß für die Zündwilligkeit ist die Cetanzahl CZ. Je mehr kettenförmig aufgebaute Kohlenwasserstoffe in einem Dieselkraftstoff enthalten sind, desto zündwilliger ist er. Die Cetanzahl für Dieselkraftstoff muss mindestens 45 betragen. Heutige Kraftstoffe erreichen eine CZ von 49 ... 62.

Cetan, Bestandteil des Eichkraftstoffes für Dieselkraftstoffe, eigentlich n-Hexadecan ($C_{16}H_{34}$) genannt (**Bild 1**), ist ein in einfacher Kette aufgebauter Kohlenwasserstoff aus der Gruppe der Paraffine. Da er sehr zündwillig ist, hat man ihm die Cetanzahl 100 zugeordnet.

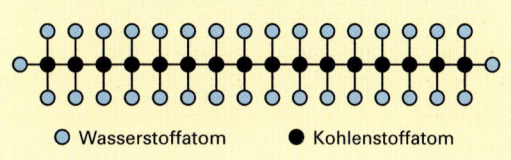

○ Wasserstoffatom ● Kohlenstoffatom

Bild 1: Cetan

Um die Schwefeldioxid-Emission bei der Verbrennung von Dieselkraftstoffen zu verbessern ist der Schwefelanteil im Kraftstoff bis auf 0,05 % gesenkt worden. Der dabei auftretende Verlust an Schmierfähigkeit muss durch Zugabe von Additiven im Dieselkraftstoff wieder ausgeglichen werden. Neben der Absenkung der SO_2-Emission kann auch der Partikelausstoß um bis zu 18 % abgesenkt werden.

Winterdieselkraftstoff
Dieselkraftstoffe haben die Eigenschaft, bei tiefen Temperaturen Paraffinkristalle auszubilden, die ab einer bestimmten Größe nicht mehr durch das Kraftstofffilter fließen können. Das Filter verstopft, der Motor läuft nicht mehr.

Winterdieselkraftstoff muss bis zu einer Temperatur von −15° C filtrierbar sein. Die Filtrierbarkeit wird durch den Cold Filter Plugging Point (CFPP) angegeben.

Dabei handelt es sich um die Temperatur, bei der der Dieselkraftstoff so große Paraffinkristalle gebildet hat, dass er ein genormtes Prüfsieb nicht mehr in der vorgegebenen Zeit passieren kann. Paraffinkristalle können nur durch Wärme aufgelöst werden, z. B. durch Einbau einer Filterheizung. Die Zugabe von Additiven (Fließverbesserer) zum Kraftstoff verhindert eine Paraffinausscheidung nicht, aber das Kristallwachstum wird behindert und hinausgezögert, so dass ein Durchfließen des Filters bei Temperaturen unter –20° C möglich ist. Durch Zugabe von Benzin (max. 30 %) wird das Kälteverhalten des Dieselkraftstoffes verbessert. Die Cetanzahl wird bei Verwendung von Superbenzin besonders stark herabgesetzt, was zu einer Verschlechterung der Zündwilligkeit führt **(Bild 1)**. Schon bei Zugabe geringer Mengen an Benzin ändert sich der Flammpunkt, das Gemisch ist feuergefährlich und fällt in die Gefahrklasse I. Petroleum kann bis zu einem Anteil von 50 % beigemischt werden, ohne die Nachteile des Benzins aufzuweisen.

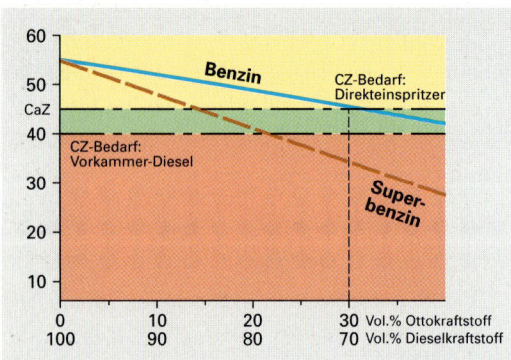

Bild 1: Änderung der Cetanzahl durch Zugabe von Ottokraftstoffen

Biodieselkraftstoff
Er wird aus Rapsöl, also aus nachwachsenden Rohstoffen, hergestellt (Rapsölmethylester RME). Bei Verwendung im Dieselmotor muss darauf geachtet werden, dass die Kraftstoffanlage für Biodiesel geeignet ist (Kunststoffschläuche und Dichtungen können aufquellen und undicht werden).
Biodieselkraftstoff ist hygroskopisch, d. h. wasseraufnehmend, er wirkt auf Lacke wie ein Lösungsmittel und sollte deshalb bei Berührung mit Lacken sofort entfernt werden.
Bei der Verbrennung im Motor verbleiben wesentlich weniger unverbrannte Kohlenwasserstoffe, und es entstehen weniger Kohlenmonoxid und Partikel als beim herkömmlichen Dieselkraftstoff. Der Stickoxidanteil liegt etwas höher, der CO_2-Ausstoß wird durch den Verbrauch an CO_2 beim Wachsen der Rapspflanze wieder wettgemacht.

> Dieselkraftstoffe haben einen Flammpunkt über 55° C bis 100° C und fallen in die Gruppe A, Gefahrklasse III.

WIEDERHOLUNGSFRAGEN

1. Aus welchen Grundstoffen bestehen Motorenkraftstoffe?
2. Welche 2 grundsätzlichen Arten des Aufbaues zeigen die Moleküle der Kraftstoffe?
3. Welche Formen der Kraftstoffmoleküle sind besonders klopffest?
4. Was versteht man unter der ROZ?
5. Warum müssen Kraftstoffe nach der Destillation umgewandelt werden?
6. Welche Aussage macht der 90 Vol.-%-Punkt im Diagramm der Siedekurven von Ottokraftstoffen?
7. Wodurch kann die benötige Oktanzahl in Kraftstoffen erreicht werden?
8. Welche Eigenschaften haben Dieselkraftstoffe?
9. Welche Aromate kommen als Klopfbremsen zum Einsatz?
10. Wie wird die Zündwilligkeit eines Dieselkraftstoffes angegeben?

10.2 Schmieröle und Schmierstoffe

10.2.1 Gewinnung

Grundöle für Motoren und Getriebe entstehen aus den Rückständen der atmosphärischen Destillation durch Weiterverarbeitung mittels Vakuum-Destillation (**Bild 1**, Seite 213). Die im Schmieröl enthaltenen langkettigen Kohlenwasserstoffmoleküle sind sehr wärmeempfindlich und können bereits ab 330° C in kurzkettige Benzinmoleküle zerfallen. Um dies zu verhindern, wird durch Unterdruck die Siedetemperatur herabgesetzt (Vakuum). Wie in der atmosphärischen Destillation entstehen dabei Destillate mit unterschiedlicher Viskosität (je höher die Siedetemperatur, desto kürzer die Molekülketten). Um diese Destillate als Grundöle zur Herstellung von Schmierölen einzusetzen, müssen sie durch Raffination nachbehandelt werden **(Tabelle 1)**.

Tabelle 1: Aufgaben der Raffination
Unerwünschte Bestandteile z. B. Schwefel entfernen
Alterungsstabilität erhöhen
Viskositätsindex auf ca. 100 einstellen
Stockpunkt durch Entparaffinieren auf –9° C ... – 15° C einstellen

Durch Zugabe von speziellen Wirkstoffen (Additive) werden die Grundöle mit noch erforderlichen Spezialeigenschaften versehen, z. B. Korrosionsschutz, Viskositätsverhalten.

Grundöle auf Kohlenwasserstoffbasis:
Synthetische Kohlenwasserstoffe bestehen wie die Raffinate aus Kohlenstoff- und Wasserstoffatomen, aber mit einem anderen Molekülaufbau als der des Erdöles. Das Ausgangsprodukt Rohbenzin wird durch Cracken in reaktionsfreudige Gasmoleküle, wie z. B. Ethen, umgewandelt. Diese Gasmoleküle werden zu Isoparaffinen mit Molekülen einer gewünschten Struktur, den Poly-Alpha-Olefinen (PAO) zusammengesetzt (synthetisiert). Durch diesen Molekülaufbau haben synthetische Kohlenwasserstoffe gegenüber den Raffinaten einen besonders hohen Viskositätsindex, geringere Verdampfungsverluste und ein besseres Tieftemperaturverhalten.

10.2.2 Aufgaben und Eigenschaften der Schmieröle

Schmieren	Reinigen
Kühlen	vor Korrosion schützen
Abdichten	Geräusche dämpfen

Viskosität. Sie ist ein Maß für die Zähflüssigkeit des Öles und entspricht der inneren Reibung. Öl hat eine niedrige Viskosität und damit einen geringeren Verformungswiderstand, wenn es dünnflüssig ist, eine hohe Viskosität, wenn es zähflüssig ist. Je nach Ölsorte ist die Viskosität verschieden groß, sie nimmt mit steigender Temperatur ab **(Bild 1)**.

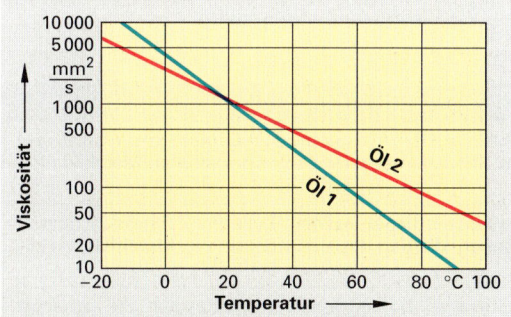

Bild 1: Viskositäts-Temperatur-Diagramm

Kinematische Viskosität. Sie wird im Kapillarviskosimeter **(Bild 2)** ermittelt. Eine bestimmte Ölmenge läuft bei Prüftemperatur durch ein langes, dünnes Rohr. Aus der Auslaufzeit wird die Viskosität in cm²/s = Stokes (St) bestimmt.
Dynamische Viskosität. Sie wird im Rotationsviskosimeter **(Bild 2)** bestimmt. Ein Rotor wird in einem Zylinder mit Prüföl bei Prüftemperatur verdreht. Aus dem für die Verdrehung erforderlichen Drehmoment wird die Viskosität in g/cm · s = Poise (P) ermittelt.

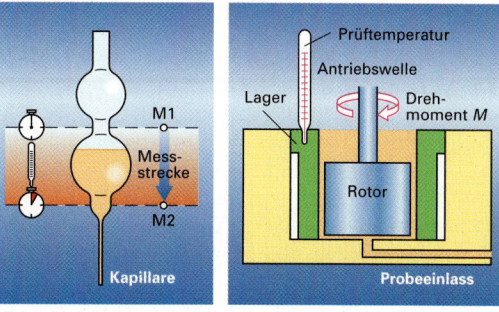

Bild 2: Kapillarviskosimeter, Rotationsviskosimeter

Viskositätsindex. Für einen Motor ist das Öl am besten geeignet, das bei steigender Temperatur seine Viskosität möglichst wenig verändert (Öl 2 in **Bild 1**), da es sowohl einen guten Kaltstart als auch einen tragfesten Schmierfilm bei hohen Öltemperaturen ermöglicht. Der Zahlenwert des Viskositätsindex VI sagt etwas über die Neigung der VT-Geraden aus. Er ist umso größer, je flacher die Kennlinie im VT-Diagramm verläuft. Gute Mineralöle haben einen Viskositätsindex von 90 ... 100, synthetische Kohlenwasserstoffe erreichen 120 ... 150 wodurch die Anforderungen von Hochleistungsmotoren leichter erfüllt werden können. Der Zahlenwert des Viskositätsindex wird aus der Neigung der Geraden im VT-Diagramm ermittelt.

SAE-Viskositätsklassen. Sie wurden von der amerikanischen **S**ociety of **A**utomotive **E**ngineers (Vereinigung der Automobil-Ingenieure) festgesetzt, um die Auswahl von Motor- und Getriebeölen für die verschiedenen Temperaturbereiche zu erleichtern.
Man unterscheidet Einbereichsöle z. B. SAE 10W, SAE 20W/20 (Winteröle), SAE 30, SAE 50 (Sommeröle) und Mehrbereichsöle wie SAE 15W-50 für den ganzjährigen Betrieb. Die Einteilung in SAE-Viskositatsklassen beginnt bei 0 W und endet bei 50.

> Je höher die Kennzahl, desto dickflüssiger das Öl.

Mehrbereichsöle sind Schmieröle, die mehr als eine Viskositätsklasse abdecken; z. B. erfüllt SAE 15 W-50 die Forderungen an SAE 15W bei −17,8° C und die Forderungen an SAE 50 bei +98,9° C, also Starterleichterung bei Kälte und Temperaturfestigkeit bei hohen Temperaturen.

Der Temperaturbereich, in dem Motorenöle eingesetzt werden können, kann aus **Bild 1** entnommen werden.

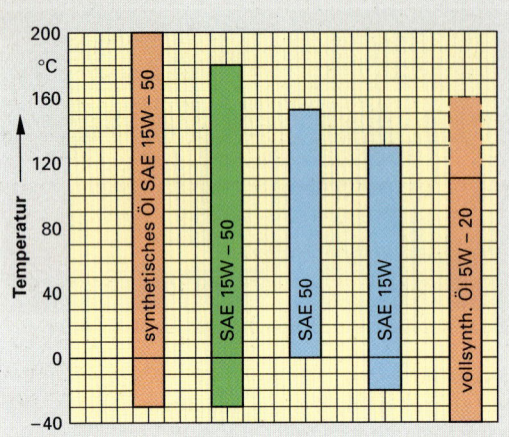

Bild 1: Temperaturbereich von Motorölen

Additive. Grundöle können die vielfältigen Anforderungen an ein Schmieröl für Motoren und Getriebe nicht erfüllen, deshalb verwendet man chemische Zusätze (Additive). Dadurch werden die Eigenschaften des Öles verbessert oder unerwünschte Eigenschaften unterdrückt **(Tabelle 1)**.

HD-Öle (HD = **H**eavy **D**uty) enthalten **Dispersantadditive**, die Verschmutzungen umhüllen, in der Schwebe halten und Schlammbildung durch Zusammenballen der Schmutzteilchen verhindern. Dispersantadditive sind heute in allen Ölen enthalten.

10.2.3 Einteilung der Motorenöle nach API

Vom **A**merican **P**etroleum **I**nstitut (API) wurde in fortlaufender Verbesserung in Zusammenarbeit mit SAE und ASTM (**A**merican **S**ociety for **T**esting and **M**aterials) ein Klassifizierungssystem für Motorenöle geschaffen, das ohne Änderung des bisherigen weiter ausgebaut werden kann, d. h. es können nach Bedarf neue Klassen mit noch höheren Anforderungen hinzugefügt werden **(Tabelle 2)**. Unterschieden wird nach S-Klassen (Service-Klassen), die über Tankstellen zum Einsatz kommen. Sie sind für Ottomotoren geeignet. Öle für Dieselmotoren werden den C-Klassen (Commercial-Klassen) zugeordnet.

Tabelle 2: API-Klassen, Anforderungen	
Ottomotoren	
SF	Verbesserter Schutz gegen Oxidation, Verschleiß, Ablagerungen und Korrosion.
SG	Gültig seit 1988. Erhöhte Anforderungen bezüglich Alterung, Kaltschlammbildung.
SH	Gültig seit 1993. Höhere Anforderungen als SG durch vorgeschriebene Testabläufe unter besonders strengen Bedingungen.
Dieselmotoren	
CD	Öle für schwere Belastungen z. B. für aufgeladene Dieselmotoren. Schutz gegen Verschleiß, Ablagerungen und Lagerkorrosion.
CE, CF4, CG4	Besserer Schutz gegen Verschleiß, Öleindickung und Ablagerungen am Kolben

Die Mindestanforderungen sind bei der Auswahl des Motorenöles zu beachten.

Tabelle 1: Additive (Auswahl)	
Alterungsschutzadditive Antioxidantien	Sie verhindern die Oxidation (Alterung) des Öles unter dem Einfluss von Wärme und Sauerstoff. Durch Bildung eines Schutzfilmes wird auch Korrosion an Metallflächen verhindert.
Extreme Pressure/ Antiwear-Additive (EP/AW)	Hochdruckzusätze, die auf Gleitflächen (Lager, Kolben, Zylinder, Zahnräder) dünne, aber gleitfähige Schichten aufbauen, die den direkten Kontakt von Metallflächen zueinander verhindern.
VI-Verbesserer	Sie bestehen aus langen, fadenförmigen Kohlenwasserstoffmolekülen, die im kalten Öl zusammengeknäult sind und wenig gelöst sind. Wird das Öl erwärmt, so lösen und entknäulen sie sich, nehmen dabei ein größeres Volumen ein, wodurch das Öl verdickt wird. Der Viskositätsindex steigt.
Stockpunkterniedriger	Unter dem Stockpunkt (Pourpoint) versteht man die Temperatur eines Öles, bei der es beim Abkühlen unter bestimmten Bedingungen gerade noch fließt. Das Stocken des Öles erfolgt durch Ausscheiden und Verketten von Paraffinkristallen. Die Stockpunkterniedriger verschieben diesen Vorgang zu tieferen Temperaturen.
Reibwertveränderer	Für die einwandfreie Funktion von Syncrongetrieben, Automatikgetrieben, Sperrdifferenzialen ist ein bestimmter minimaler Reibwert erforderlich. Dies erreicht man durch Zugabe von entsprechenden Friction-Modifiern.

10.2.4 Einteilung der Motorenöle nach CCMC und ACEA

Seit 1983 wurden vom CCMC = **C**ommitée des **C**onstructeurs d'**A**utomobiles du **M**arché **C**ommun Motorentests entwickelt, die Öle für Pkw- und Lkw-Motoren bestehen müssen. Die Kennzeichnung der Öle erfolgt für Ottomotoren durch **G** (Gasoline), für Dieselmotoren durch **D** und für Pkw-Dieselmotoren durch **PD** (Pkw-Diesel). In **Tabelle 1** sind die derzeit gültigen Leistungsklassen mit den Anforderungen an die Motorenöle dargestellt. Seit 1993 wurde die CCMC in ACEA = **A**ssociation des **C**onstructeurs **E**uropéens d'**A**utomobiles (Vereinigung der europäischen Automobilkonstrukteure) umgetauft. Ein Vergleich der Klassifikationen ist in **Bild 1** möglich.

Anforderungen									
	hoch			niedrig				hoch	
	Dieselmotoren				Ottomotoren				
CCMC-Klassen	D5 PD2		D4	D1 bis D3	G1 bis G3		G4	G5	
ACEA-Klassen	E3	E2		E1		A2		A3	
	B3		B2						
API-Klassen	CG4	CF4	CE	CD	CC	SE	SF	SG	SH

Bild 1: Vergleich der Motorölklassen

10.2.5 Getriebeöle

An Getriebeöle werden z. T. andere Anforderungen als an Motorenöle gestellt
– Verschleißschutz an Zahnflanken und Laufflächen. Besonders bei Hypoidantrieben kann der Schmierfilm weggequetscht werden, was zu erhöhtem Verschleiß führt
– Unterschiedliches Reibverhalten. In Synchrongetrieben muss der Ölfilm zwischen Reibkegel und Synchronring abgetragen werden können, um den Synchronisiervorgang zu ermöglichen.
– Alterungsschutz über die gesamte Lebensdauer
– Dichtungsverträglichkeit, z. B. bei Elastomeren.

Für Getriebeöle kommen neben API-Klassifikationen auch SAE-Klassen zum Einsatz **(Tabelle 3)**. Die SAE-Klassen sind mit denen für Motoröle nicht vergleichbar, die Viskosität eines Getriebeöles SAE 80 entspricht der eines Motoröles SAE 20.

Tabelle 1: CCMC-Klassen, Anforderungen	
G4	Erhöhte Anforderungen an Verdampfungsverluste, Elastomer-Verträglichkeit, Schaumdämpfung, Alterungsbeständigkeit, Rückstandsbildung bei hohen Temperaturen, Kaltschlammbildung.
G5	Klasse der Leichtlauföle, strengere Anforderungen an Viskositätsverluste und Verdampfungsverluste als bei G4.
D4	Bessserer Schutz vor Spiegelflächenbildung, bessere Kolbensauberkeit, erhöhter Schutz vor Nockenverschleiß.
D5	Klasse der SHPD-Öle (Super High Performance Diesel Oils = Super-Hochleistungs-Dieselöle). Höhere Anforderungen als D4.
PD2	Für Pkw-Diesel- und Turbodieselmotoren. Höchste Anforderungen, die in bestimmten Motortests erfüllt werden müssen.

Seit Januar 1996 gelten die neuen ACEA-Leistungsklassen **(Tabelle 2)**.

Tabelle 2: ACEA-Leistungsklassen	
Ottomotoren	
A2-96	Standard-Qualitätsstufe, übertrifft CCMC G4
A3-96	höchste Qualitätsstufe, übertrifft CCMC G5
Pkw-Dieselmotoren	
B2-96	übertrifft CCMC PD2
B3-96	gesteigerte Anforderungen
Nkw-Dieselmotoren	
E1-96	übertrifft CCMC D4
E2-96	übertrifft CCMC D5
E3-96	gesteigerte Anforderungen

Tabelle 3: Leistungsklassen für Getriebeöle		
Schaltgetriebe, Achsgetriebe ohne Achsversatz	API GL4	SAE 75, 80, 90
Schaltgetriebe (unkritisch beim Synchronisieren), Achsgetriebe mit großem Achsversatz	API GL5	SAE 80, 90, 140 SAE 75W SAE 80W-90 SAE 85W-140

In Automatikgetrieben werden Automatikgetriebeöle (ATF) = **A**utomatic **T**ransmission **F**luid) verwendet. Gegenüber den Ölen für Schaltgetriebe müssen sie zusätzliche Anforderungen erfüllen:
– Schmieren von Planetenrädern, Freiläufen
– Betätigen von Bremsbändern und Kupplungen
– Drehmomentübertragung vom Pumpen- zum Turbinenrad
– Hoher Viskositätsindex in weiten Temperaturbereichen.

Für ATF-Öle gibt es keine einheitliche Norm, sie werden nach Firmenspezifikationen eingeteilt, z. B. Dexron II D von General Motors.

> Die Freigabe-Vorschriften der Automobilhersteller sind unbedingt zu beachten.

10.2.6 Schmierfette

Schmierfette werden durch Eindicken von Mineralölen hergestellt. Als Dickungsmittel verwendet man Seifen, wie z. B. Kalkseifen, Natronseifen, Lithiumseifen. Je nach Art des verwendeten Dickungsmittels, der Temperatur, der Viskosität des Grundöles erhält man Schmierfette unterschiedlicher Konsistenz (Steifigkeit). Die Einstufung von weicher bis harter Konsistenz nach Nummern (Nr. 000 ... 6) wird mit Hilfe der in Zehntelmillimeter gemessenen Einsinktiefe (Penetration) eines genormten Kegels in das Fett festgelegt. Für die Schmierung von Wälzlagern verwendet man meist Fette der Konsistenzklasse 2 oder 3.

Auswahl von Schmierfetten:
Sie erfolgt nach der vorgegebenen Betriebstemperatur und der auftretenden Belastung z. B. im Lager. Bei hohen Temperaturen werden manche Fette weich und fließen aus. Der Temperaturpunkt, bei dem sich Fette verflüssigen, ist der Tropfpunkt; er ist abhängig von der Art der verwendeten Seifenbasis **(Tabelle 1)**.

Tabelle 1: Eigenschaften von Schmierfetten			
Seifenbasis	Tropfpunkt °C	wasserfest	Verwendung
Kalzium (Kalkseifenfett)	bis 200	ja	Abschmierfett
Natrium (Natronseifenfett)	120...250	nein	Wälzlagerfett
Lithium (Lithiumseifenfett)	100...200	ja	Mehrzweckfett

EP-Schmierfette, die hohen Drücken standhalten sollen, enthalten Schwefel-, Phosphor- oder Bleiverbindungen.
EM-Schmierfette enthalten Molybdändisulfid. Sie sollen bei Schmierfettverlust noch Notlaufeigenschaften gewährleisten.

> **WIEDERHOLUNGSFRAGEN**
>
> 1. Wie werden Grundöle für Motoren hergestellt?
> 2. Welche Aufgaben haben Schmieröle?
> 3. Was versteht man unter der Viskosität von Ölen?
> 4. Was versteht man unter einem Mehrbereichsöl?
> 5. Was sind Additive?
> 6. Was versteht man unter HD-Ölen?
> 7. Welche Anforderungen werden an Getriebeöle gestellt?
> 8. Aus welcher Klassifikation stammt ein Motoröl mit der Bezeichnung B2-96 und wo wird es eingesetzt?
> 9. Welche Schmierfette unterscheidet man nach der Art der Verseifung, und welche Fette sind besonders warmfest?

10.3 Gefrierschutzmittel

Kühlflüssigkeit ist in der Regel ein Gemisch aus möglichst kalkarmem Wasser, Gefrierschutzmittel und Zusätzen für den Korrosionsschutz sowie zur Schmierung, z. B. des Heizungsventils. Die Kühlflüssigkeit soll weitgehend frei von Verunreinigungen sein, da Kalk, Schmutz und Fett die Wärmeleitfähigkeit vermindern und unter Umständen die Leitungen und Kanäle verstopfen. Vor Einbruch der kalten Jahreszeit muss der Gefrierschutzmittelanteil auf den vorgeschriebenen Wert gebracht werden, damit das Wasser nicht gefriert und dadurch am Motor und Kühler schwere Schäden hervorruft. Die Kühlflüssigkeit enthält ab Werk meist zwischen 40 % und 50 % Gefrierschutzmittel. Das Mischungsverhältnis und damit die Gefriertemperatur lässt sich mit einer Messspindel (Aräometer) oder dem Refraktometer **(Bild 1)** ermitteln. Die Messung beruht auf der Bestimmung der vom Mischungsverhältnis abhängigen Dichte.

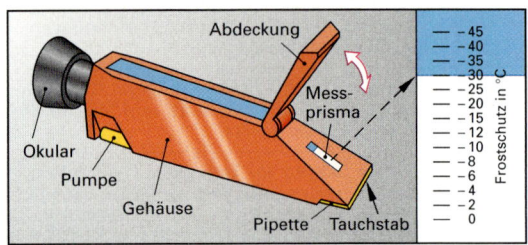

Bild 1: Refraktometer

Gefrierschutzmittel bestehen in der Hauptsache aus Ethylenglykol, das die Gefriertemperatur absenkt. Zum Schutz der im Motor und in der Kühlanlage vorhandenen verschiedenen metallischen Werkstoffe, sind sogenannte Korrosionsinhibitoren beigefügt. Diese beeinflussen sich gegenseitig und können zu Schäden an Metallteilen führen. Es empfiehlt sich deshalb, nur die vom Werk freigegebenen Gefrierschutzmittel zu verwenden.

Kühlflüssigkeit muss sortenrein gesammelt und entsorgt werden.

> **WIEDERHOLUNGSFRAGEN**
>
> 1. Aus welchen Bestandteilen setzt sich die Kühlflüssigkeit zusammen?
> 2. Welche Anforderungen werden an die Kühlflüssigkeit gestellt?
> 3. Mit welchen Messgeraten kann das Mischungsverhältnis und damit die Gefriertemperatur ermittelt werden?
> 4. Woraus bestehen Gefrierschutzmittel in der Hauptsache?
> 5. Was ist bei der Entsorgung von Kühlflüssigkeit zu beachten?

10.4 Kältemittel

Klimaanlagen in Kraftfahrzeugen werden mit Kältemitteln betrieben. Die bisher verwendeten Kältemittel auf Fluorchlorkohlenwasserstoffbasis (FCKW), wie z. B. Frigen (R12), eignen sich besonders gut für Klimaanlagen, da sie geruchlos, nicht brennbar, ungiftig und gasförmig sind. Außerdem greifen sie keine Metalle an. Da das in ihnen enthaltene Chlor aber für die Zerstörung der Ozonschicht verantwortlich gemacht wird, sind Ersatzstoffe wie R134a oder R22 freigegeben worden, die ähnliche physikalische und chemische Eigenschaften wie R12 besitzen.

R22 ist als teilhalogenierter FCKW immer noch ozongefährdend, deshalb dürfen Klimaanlagen, die mit FCKW-haltigen Kältemitteln arbeiten, nur bis zum 1. 1. 2000 hergestellt werden. R134a enthält als Tetrafluormethan kein Chlor mehr und ist dadurch nicht ozonschädigend.

Kältemittelöl: Zur Schmierung der beweglichen Teile des Kompressors ist ein spezielles Kältemittelöl erforderlich. Ein Teil dieses Öles (ca. 25 %) mischt sich mit dem Kältemittel und zirkuliert ständig im Kreislauf. Herkömmliche Kältemittelöle für R12 und R22 beruhen auf Mineralölen, während für R134a synthetische Öle (Polyalkylen-Glykol-Öle, PAG-Öle) entwickelt wurden.

> Herkömmliche Kältemittelöle lösen sich nicht in R134a und dürfen zusammen nicht verwendet werden. PAG-Öle sind hygroskopisch, Behälter immer gut verschließen.

ARBEITSREGELN

- Berührung mit flüssigen Kältemitteln vermeiden
- Schutzbrille tragen
- Gasförmiges Kältemittel darf nicht in die Umwelt entlassen werden
- Erstickungsgefahr in Montagegruben, da das Gas schwerer als Luft ist
- Kältemittelflaschen keinen höheren Temperaturen als 45° C aussetzen.

Entleeren eines Kreislaufes:

- Die Servicegeräte für R12 und R 134a müsen getrennt benützt werden
- Kältemittel wird durch Absaugstation oder Rückgewinnungsanlage aufgefangen
- Absaugstation: Das abgesaugte Kältemittel wird in eine Entsorgungsflasche gepumpt, Entsorgung durch Kältemittelfachhandel
- Rückgewinnungsanlage: Das Kältemittel wird gereinigt (Öl- und Feuchtigkeitsabscheidung) und in einem Füllzylinder zur Wiederverwendung gesammelt.

10.5 Bremsflüssigkeit

Von der Bremsflüssigkeit werden folgende Eigenschaften verlangt
- hoher Siedepunkt (bis etwa 300° C)
- niedriger Stockpunkt (etwa bei –65° C)
- gleichbleibende Viskosität
- chemisch neutral gegenüber Metall und Gummi
- Schmierung der beweglichen Teile in Brems- und Radzylinder
- mischbar mit Vergleichsbremsflüssigkeiten

Die in den DOT-Normen (**D**epartment **o**f **T**ransportation, amerikanisches Verkehrsministerium) festgelegten Siedepunkte reichen aus, um Dampfblasenbildung durch die beim Bremsen entstehende Wärme zu verhindern.

Mindestsiedepunkte für Bremsflüssigkeiten:
DOT 3 205° C, **DOT 4** 230° C, **DOT 5** 260° C

Da Bremsflüssigkeit aus Polyglykolverbindungen besteht, ist sie hygroskopisch, d. h. wasseraufnehmend. Je höher der Anteil an Wasser, desto niedriger wird der Siedepunkt, der sog. Nass-Siedepunkt, **Bild 1**. Bei DOT 3-Bremsflüssigkeiten ist der gefährliche Nass-Siedepunkt bereits bei 140° C erreicht. Der größte Teil Wasser wird über die Bremsschläuche aufgenommen, nach 2 Jahren sind etwa 3,5 % Wasseranteil und damit der gefährliche Nass-Siedepunkt erreicht. Durch die beim Bremsen auftretende Wärme entstehen Dampfblasen, die den Bremsdruck nicht weiterleiten, die Bremse fällt aus. Spätestens nach 2 Jahren sollte die Bremsflüssigkeit getauscht werden.

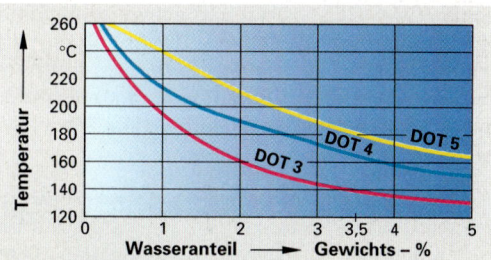

Bild 1: Siedekurven von Bremsflüssigkeiten

Um zu gewährleisten, dass Bremsflüssigkeit auch bei tiefen Temperaturen noch durch die Magnetventile einer ABS-Anlage strömen kann, wird die Viskosität bei –40° C gemessen und festgelegt. Bremsflüssigkeit nach DOT 5 bietet hinsichtlich Nass-Siedepunkt und Viskosität die größten Sicherheitsreserven.

> Bremsflüssigkeit ist hochgradig giftig und wirkt auf Lacke wie ein Lösemittel. Sie ist bernsteinfarben und darf mit der blauen Bremsflüssigkeit auf Silikonbasis (Motorsport) nicht vermischt werden.

11 Umwelt und Betrieb

11.1 Umweltschutz im Kfz-Betrieb

11.1.1 Umweltbelastung

Technische Systeme, z. B. die industrielle Fertigung von Kraftfahrzeugen, der Betrieb von Kraftfahrzeugen, belasten durch schadstoffhaltige Abgase, Stäube, chemische Substanzen und Abwässer oder durch Lärm zunehmend unsere Umwelt. Umweltbelastung kann bedeuten

- Gefährdung der Gesundheit von Mensch und Tier
- Schädigung der Pflanzenwelt, z. B. Waldsterben
- Zerstörung von Sachwerten, z. B. Zerfall von Gebäuden aus Sandstein
- verstärkte Verschmutzung, z. B. durch Ruß
- Beeinträchtigung des Atmosphärengürtels und die damit verbundene Klimaveränderung
- Verbrauch unwiederbringlicher Rohstoffvorräte (sogenannter Ressourcen).

Luftverschmutzung entsteht hauptsächlich durch Schadstoffe aus Verbrennungsvorgängen. Schadstoffe, die besonders die Luft belasten sind z. B. Kohlenmonoxid (CO), unverbrannte Kohlenwasserstoffe (C_XH_Y), Stickoxide (NO_X), Schwefeldioxid (SO_2), Rußpartikel und schwermetallhaltige Feinstäube. Geeignete Maßnahmen zur Reinhaltung der Luft sind z. B. Verwendung von bleifreiem Kraftstoff, Einbau von Katalysatoren und der Einsatz von Partikelfiltern bei Dieselmotoren.

Gewässerverschmutzung erfolgt im wesentlichen durch Einleitung von Abwässern aus Haushalten und Industriebetrieben. Haushaltsabwässer enthalten vorrangig Fäkalien und Waschlaugen. Die Industrieabwässer können z. B. durch giftige Schadstoffe oder Mineralölrückstände verunreinigt sein. Diese Schadstoffe müssen bereits in besonderen Reinigungsanlagen in den Betrieben, z. B. Ölabscheider und Schlammfang in einem Kfz-Reparaturbetrieb, Wasseraufbereitungsanlagen bei Fahrzeugwaschanlagen ausgeschieden werden, ehe die Abwässer zusammen mit den Haushaltsabwässern der öffentlichen Kläranlage zufließen. Erst dann darf das gereinigte Abwasser einem natürlichen Gewässer wieder zugeleitet werden.

Boden- und Grundwasserverschmutzung entsteht durch Versickern von Mineralölprodukten (z. B. Altöl), chemischen Reinigungsmitteln, Schwermetallen (z. B. Blei), giftigen Chemikalien sowie übermäßiger Gebrauch von Düngemitteln und Pflanzenschutzmitteln.

11.1.2 Entsorgung

Rechtlicher Rahmen des Umweltschutzes

Um auch weiterhin unter menschenwürdigen Bedingungen leben zu können, sind wir gezwungen, darauf zu achten, dass weniger Schadstoffe in die Umwelt gelangen. Auch der Gesetzgeber versucht durch Gesetze, Verordnungen und Richtlinien die Umweltbelastungen gering zu halten. Die folgenden Gesetze und Verordnungen **(Tabelle 1)** bilden im wesentlichen die Grundlage für den Umweltschutz im Kfz-Betrieb.

Tabelle 1: Umweltrecht

Abfallrecht	Wasserrecht	Chemikalienrecht	Verkehrsrecht	Arbeitsschutzrecht
Kreislaufwirtschafts- und Abfallgesetz (KrW-/AbfG)	Wasserhaushaltsgesetz (WHG)	Chemikaliengesetz (ChemG)	Gefahrgutgesetz (GefahrgG)	Gerätesicherheitsgesetz (GSG)
Altölverordnung (AltölV) Reststoffbestimmungsverordnung (RestBestV) Abfallbestimmungsverordnung AbfBestV Altautoverordnung (AltautoV)	Verordnung über das Lagern wassergefährdender Flüssigkeiten (VLwF) Verordnung über Anlagen zum Umgang mit wassergefährdenden Stoffen (VAwS)	Gefahrstoffverordnung (GefStoffV)	Gefahrgutverordnung Straße (GGVS)	Verordnung über brennbare Flüssigkeiten (VbF)
Technische Anleitung Abfall (TA-Abfall)		Technische Regeln für Gefahrstoffe (TRGS)	Technische Richtlinien (TR)	Technische Regeln für brennbare Flüssigkeiten (TRbF)

Kreislaufwirtschafts- und Abfallgesetz (KrW-/AbfG). Es regelt die ordnungsgemäße Abfall- und Altölentsorgung. Danach sind Abfälle alle beweglichen Sachen, derer sich ihr Besitzer entledigen will oder die zum Schutze der Umwelt ordnungsgemäß entsorgt werden müssen. Nach diesem Gesetz beinhaltet die Abfallentsorgung auch die Verwertung, das Lagern, das Einsammeln, das Befördern, das Behandeln und das Endlagern von Abfällen.

Folgende Grundsätze sind festgelegt **(Bild 1)**:
1. **Abfälle sind zu vermeiden** bzw. zu verringern
2. **Abfälle sind zu verwerten**, soweit es möglich ist
3. wo Vermeidung und Verwertung nicht möglich sind, sind **Abfälle** getrennt zu **sortieren** und zu **entsorgen**.

Bild 1: Grundsätze der Abfallgesetzgebung

Das Abfallgesetz unterscheidet die 3 Abfallarten **(Bild 2)**.

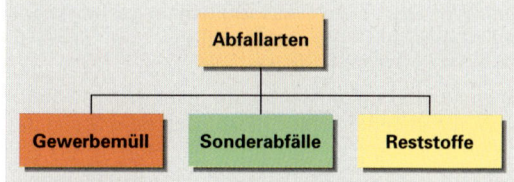

Bild 2: Einteilung der Abfallarten nach dem Abfallgesetz

Gewerbemüll ist Abfall, für den keine Nachweispflicht besteht z. B. Kunststoffe, Papier, feste Lackreste.
Sonderabfälle sind überwachungsbedürftige Abfälle, für die Entsorgungsnachweise geführt werden müssen, z. B. Schlammfanginhalte, Altöl unbekannter Herkunft, Öl- und Wassergemische aus der Teilereinigung.
Reststoffe sind Stoffe, die der Wiederverwertung zugeführt werden, z. B. Altöl bekannter Herkunft, Bremsflüssigkeit, Buntmetallschrott.

Altölverordnung (AltölV).
Altöle bekannter Herkunft sind z. B. Motoren- und Getriebeöle, die beim ordnungsgemäßen Ölwechsel in der Kfz-Werkstatt oder an der Tankstelle anfallen. Sie werden in einem dafür vorgesehenen Behälter vorschriftsmäßig gelagert. Dieses Altöl ist der Gefahrklasse A III zugeordnet (gilt für Flüssigkeiten mit einem Flammpunkt von über 55° C bis 100° C).

Altöl unbekannter Herkunft sind alle Altöle, die vom Selbstwechsler in der Kfz-Werkstatt, an der Tankstelle oder an allen Altölannahmestellen abgegeben werden. Hier kann nicht ausgeschlossen werden, dass diese Altöle mit Benzin, Lösungsmittel, Bremsflüssigkeit usw. verunreinigt sind. Sie gehören deshalb zur Gefahrklasse A I (gilt für Flüssigkeiten mit einem Flammpunkt von unter 21° C) **(Bild 3)**.

Altöle bekannter und unbekannter Herkunft dürfen in keinem Fall gemischt werden.

Die Altölverordnung legt auch fest, welche Altöle wieder aufbereitet werden dürfen. Altöle mit einem PCB-Anteil (Polychlorierte Biphenyle) ab 20 mg je kg oder einem Halogenanteil ab 2 g je kg dürfen nicht aufbereitet werden. Sie werden entsorgt d. h. ggf. bei hohen Temperaturen verbrannt.

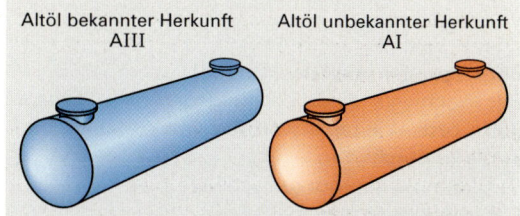

Bild 3: Einteilung der Altöle nach der Altölverordnung

Reststoffbestimmungsverordnung (RestBestV).
Sie bezeichnet diejenigen Reststoffe, die bei unsachgemäßer Beförderung, Behandlung oder Lagerung die Umwelt erheblich gefährden können. Reststoffe werden der Wiederverwertung entweder im eigenen Betrieb oder in dafür geeigneten Unternehmen zugeführt. Die Entsorgung bzw. Wiederverwertung von Reststoffen ist auf Anordnung der zuständigen Behörde nachzuweisen **(Bild 4)**.
Zu den wiederverwertbaren Reststoffen gehören u.a.
- **ohne Nachweispflicht:** Glas, Papier, Holz, Kartonage
- **mit Nachweispflicht:** Kältemittel, Kühlflüssigkeit, Bremsflüssigkeit, Ölfilter.

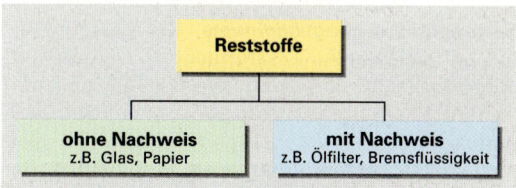

Bild 4: Einteilung der Reststoffe nach der Reststoffbestimmungsverordnung

Abfallbestimmungsverordnung (AbfBestV). Sie bezeichnet die Abfallarten (Sonderabfälle), für die ein Entsorgungsnachweis grundsätzlich durchzuführen ist. Mit Hilfe der Abfallschlüsselnummern und der Abfallbezeichnung wird die Entsorgung erleichtert **(Tabelle 1).**

Tabelle 1: Sonderabfälle nach der Abfallbestimmungsverordnung (AbfBestV)	
Abfallschlüssel-Nr.	Abfallart
351 07	Ölfilter
521 01	Motoren- und Getriebeöle (nicht verwertbar)
547 02	Benzinabscheiderinhalte
553 03	Kühlflüssigkeit
553 56	Bremsflüssigkeit
553 57	Kaltreiniger
555 10	Lackierabfälle, nicht ausgehärtet
571 27	Kunststoffbehälter mit schädlichen Resten

Entsorgungsnachweise (Bild 1)
Der Nachweis einer ordnungsgemäßen Entsorgung bzw. Wiederverwertung von Abfällen kann erfolgen durch:
– Sammelentsorgungsnachweis
– Einzelentsorgungsnachweis
– vereinfachten Entsorgungsnachweis.

Bild 1: Entsorgungsnachweise nach der Abfallbestimmungsverordnung

Sammelentsorgungsnachweis. Bei diesem Verfahren muss der Abfallsammler den Sammelentsorgungsnachweis führen. Werden bei den einzelnen Kfz-Betrieben, die an einer Sammelentsorgung teilnehmen, Sonderabfälle mit gleicher Abfallschlüsselnummer z. B. ölhaltige Betriebsstoffe abholt, braucht der Kfz-Betrieb die Entsorgung nicht nachweisen.

Einzelentsorgungsnachweis. Zur lückenlosen Kontrolle des Weges der Sonderabfälle vom Erzeuger zum Beseitiger wird vom Gesetzgeber das Begleitscheinverfahren zwingend vorgeschrieben. Bei dessen Durchführung ist vom Abfallerzeuger, Abfallbeförderer und vom Abfallbeseitiger auf einzelnen, farbig gekennzeichneten Formularen eine Klassifizierung des Sonderabfalls mit Abfallnummer und Abfallbezeichnung vorzunehmen und deren Richtigkeit mit der Unterschrift zu bestätigen. Bestimmte Formulare werden der zuständigen Behörde zugesandt, andere in einem Nachweisheft aufbewahrt. Die Nachweisbücher sind 3 Jahre, vom Datum der letzten Eintragung oder des letzten Beleges an gerechnet, aufzubewahren.

Vereinfachter Entsorgungsnachweis. Er gilt für Abfallarten, die von der kommunalen Hausmüllsammlung ausgeschlossen sind, für die jedoch keine Nachweispflicht besteht. Der vereinfachte Entsorgungsnachweis besteht in einer Verantwortlichkeitserklärung des Abfallerzeugers und einer Annahmeerklärung der Entsorgungsanlage, ohne dass die Behörde mitwirkt. Er ist auch zu führen, wenn der Abfallerzeuger nur Kleinmengen (< 2000 kg) im Sinne der Abfallbestimmungsverordnung zu entsorgen hat.

Wasserhaushaltsgesetz (WHG). Es ist die Grundlage aller Gesetze und Verordnungen zum Schutze des Wassers. Das Wasserhaushaltsgesetz regelt die Benutzung (Bewirtschaftung) von oberirdischen Gewässern, Küstengewässern und des Grundwassers. Wo Abfälle mit gefährlichen Schadstoffen anfallen, müssen diese nach dem Stand der Technik vor ihrer Einleitung in ein öffentliches Gewässer oder in die Kanalisation gereinigt werden.

Wassergefährdende Stoffe. Es sind alle festen, flüssigen und gasförmigen Stoffe, die die physikalische, chemische oder biologische Eigenschaft von Gewässern nachteilig beeinflussen.

Wassergefährdungsklassen (WGK, Tabelle 2)
Sie kennzeichnen, wie stark verschiedene Stoffe das Wasser gefährden.

Tabelle 2: Wassergefährdungsklassen
stark wassergefährdende Stoffe (WGK 3) z.B. Altöl, Schmieröle, Lösungsmittel
wassergefährdende Stoffe (WGK 2) z.B. Ottokraftstoffe, Dieselkraftstoffe, Heizöl
schwach wassergefährdende Stoffe (WGK 1) z.B. Batteriesäure, Kühlflüssigkeit, Petroleum
nicht wassergefährdende Stoffe (WGK 0) z.B. Glycrin, Paraffine (Wachs), Aceton

Vorschriften für den Kfz-Betrieb. Es müssen spezielle Lagervorschriften eingehalten werden. Z. B. müssen alte, gefüllte Batterien in Kunststoffwannen, Altfarben, Altlacke in Metallbehälter oder Spannringfässer, Altöl bekannter Herkunft in doppelwandigen, verschließbaren Behältern aufbewahrt werden.

Anfallendes Abwasser wird in behandlungsbedürftiges und nicht behandlungsbedürftiges Abwasser eingeteilt **(Bild 1)**.

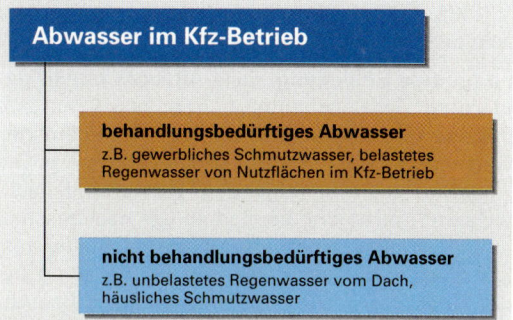

Bild 1: Einteilung der Abwässer

Behandlungsbedürftiges Abwasser kann mit Mineralölen, Kraftstoffen, Reinigungsmitteln und Feststoffen, wie Metallspäne, Lackpartikel, Schmutzteilchen usw. verunreinigt sein. Bevor es in die Kanalisation oder in ein Oberflächengewässer eingeleitet werden darf, muss es gereinigt werden. Dies kann mit Hilfe eines Schlammfangs und Benzinabscheiders **(Bild 2)** erfolgen.

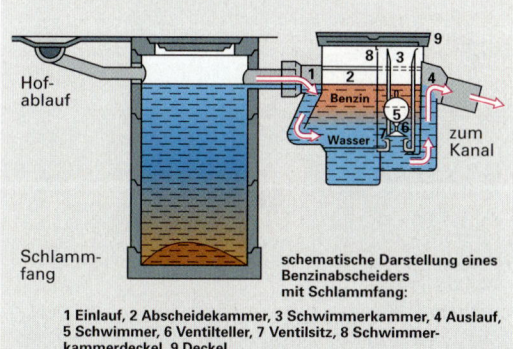

Bild 2: Schlammfang und Benzinabscheider

Im Schlammfang sollen sich die im Abwasser enthaltenen Feststoffe absetzen, während im Benzinabscheider die leichteren Flüssigkeiten, wie Öle, Benzine, aufgrund ihrer geringeren Dichte vom Wasser getrennt werden können.

Nicht behandlungsbedürftiges Abwasser. Es kann ohne Vorbehandlung in die Kanalisation oder in ein Oberflächengewässer eingeleitet werden **(Bild 1)**.

Chemikaliengesetz. Es kennzeichnet die Eigenschaften von gefährlichen Stoffen oder Zubereitungen, die geeignet sind, die menschliche Gesundheit und die Umwelt zu gefährden **(Tabelle 1)**.

Tabelle 1: Eigenschaften von gefährlichen Stoffen und Zubereitungen nach dem Chemikaliengesetz	
– explosionsgefährlich	– reizend
– brandfördernd	– sensibilisierend
– hochentzündlich	– krebserzeugend
– leichtentzündlich	– fruchtschädigend
– entzündlich	– erbgutverändernd
– sehr giftig	– chronisch schädigende Eigenschaften besitzend
– giftig	
– mindergiftig	– umweltgefährlich
– ätzend	

Gefahrstoffverordnung (GefstoffV). Sie regelt den Umgang mit gefährlichen Stoffen. Gefahrstoffe sind z. B. Pinselreiniger, Lösungsmittel, Kraftstoffe, Säuren.

Beim Umgang mit Gefahrstoffen ist folgendes zu beachten:
- Gefahrstoffe sind zu kennzeichnen
- Gefahrstoffe sind vorschriftsmäßig zu gebrauchen
- Gefahrstoffe sind vorschriftsmäßig zu lagern
- Behältnisse, in denen Gefahrstoffe gelagert werden, dürfen nicht mit Behältnissen für Lebensmittel verwechselt werden können
- **kein Lösungsmittel in Getränkeflaschen aufbewahren**
- Gefahrstoffe sind für Betriebsfremde und Unbefugte unzugänglich aufzubewahren und unter Verschluss zu halten.

11.1.3 Altautoentsorgung

Altautoverordnung (AltautoV). Legt ein Fahrzeughalter sein Fahrzeug endgültig still, so muss er gegenüber der Zulassungsstelle nachweisen, was mit dem Fahrzeug geschehen ist. Die dazu erforderlichen Vorschriften sind in der AltautoV festgelegt.

Folgende Inhalte der **Altautoverordnung** sind für die Stilllegung wichtig:
- Der Letzthalter muss einen **Verwertungsnachweis** (Formularfarbe rot) bei endgültiger Stilllegung und Verwertung des Altautos der Zulassungsstelle vorlegen (**Bild 1**).
- Altautos müssen vom Letzthalter bei einer anerkannten Annahmestelle oder bei einem anerkannten Verwertungsbetrieb abgegeben werden. Diese Stellen händigen dem Letzthalter einen Verwertungsnachweis aus.
- Die Annahme von Altautos und Aushändigung des Verwertungsnachweises kann auch durch eine anerkannte Annahmestelle im Auftrag eines Verwertungsbetriebs erfolgen.
- Die Anerkennung von Kfz-Betrieben als Annahmestellen für Altautos wird durch die zuständige Kfz-Innung ausgesprochen.
- Legt der Letzthalter sein Altauto still, ohne es der Verwertung zuzuführen, muss er eine **Verbleibserklärung** (Formularfarbe braun) über das Fahrzeug vorlegen. Dies ist dann erforderlich, wenn der Pkw z. B. als Sammlerstück oder aufgrund einer langwierigen Reparatur im Besitz des Halters verbleibt (**Bild 1**).

Freiwillige Selbstverpflichtung (FSV). Sie ist ein Abkommen zwischen dem Gesetzgeber und 16 Wirtschaftsverbänden auf freiwilliger, kooperativer Grundlage, um eine ordnungsgemäße und umweltgerechte Entsorgung der Altautos zu gewährleisten.
Die Freiwillige Selbstverpflichtung beinhaltet neben anderen folgende Punkte:

- Aufbau und Ausbau einer flächendeckenden Infrastruktur zur Rücknahme und Verwertung von Altautos, sowie der Altteile aus der Pkw-Reparatur.
- Umweltverträgliche Behandlung der Altautos durch Trockenlegung und Demontage.
- Verminderung der zu beseitigenden Abfälle aus Altautos durch Wiederverwertung und Einsatz recyclebarer Werkstoffe.
- Rücknahme aller Altautos vom jeweiligen Fahrzeughersteller. Sie werden kostenlos zurückgenommen, wenn sie vor dem 1. April 1998 in den Verkehr gebracht wurden und nicht älter als 12 Jahre sind.

Endgültige Stilllegung eines Altautos durch Verwertung. Der Letzthalter übergibt sein Altauto einer anerkannten Annahmestelle, bzw. einem Verwertungsbetrieb zur endgültigen Stilllegung. Die Annahmestelle händigt den Verwertungsnachweis im Auftrag und im Namen des nachgeschalteten Verwertungsbetriebs an den Letzthalter aus. Mit diesem Nachweis kann er das Fahrzeug bei der Zulassungsstelle endgültig stilllegen. Das Altauto wird zum Entsorger weitergeleitet (**Bild 1**).

11.1.4 Recycling

Viele Stoffe, die im Kraftfahrzeug verarbeitet sind, stellen einen großen wirtschaftlichen Wert dar, der in den Produktionskreislauf zurückgeführt werden kann. Dadurch werden die Kosten für die Produktion von neuen Fahrzeugen und für die Abfallentsorgung vermindert (**Tabelle 1, Seite 227**).

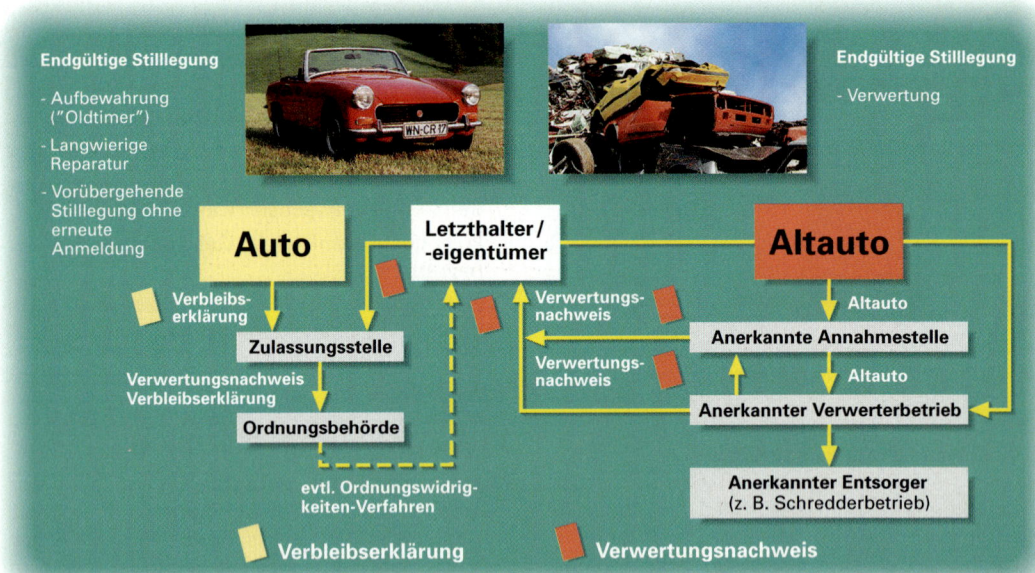

Bild 1: Endgültige Stilllegung eines Altautos

Tabelle 1: Rohstoffquelle Autowrack in Gewichtsprozenten	
Eisen und Stahl	70 %
Gummi	9 %
Kunststoffe	8 %
Glas	3 %
Aluminium	3 %
Kupfer, Zink, Blei	2 %
andere NE-Metalle	1 %
Sonstige	4 %

So werden z. B. Altreifen durch Kalt- bzw. Warmvulkanisieren runderneuert oder sie werden zerkleinert, das Cordgewebe wird zu Lärmschutzmatten, der Gummi zu Straßenbelägen verarbeitet. Kühlflüssigkeit, Bremsflüssigkeit wird gereinigt und wieder aufbereitet. Batteriegehäuse können zu Kunststoffgranulat aufbereitet werden, das dann zu Spritzgussteilen weiterverarbeitet wird. Die Batteriesäure wird gereinigt und wiederverwendet, während aus den Bleiplatten das Metall wiedergewonnen wird. Im Bereich der Abwasserwirtschaft eines Kfz-Betriebs kann Waschwasser für Autowaschstraßen durch eine Recyclinganlage wiederaufbereitet werden und zum größten Teil wieder als Brauchwasser in den Waschprozess zurückgeführt werden.

Beim Kat-Recycling wird der Altkatalysator zunächst entmantelt. Durch Raffination des Keramikkörpers oder Keramikbruchs werden die Edelmetalle (Platin, Rhodium) in hochreiner Form wiedergewonnen. Die Keramikschlacke wird in der Bau- und Hüttenindustrie als Zuschlagsstoff eingesetzt, während der Stahlschrott gesammelt und und wieder eingeschmolzen wird.

Kunststoffteile werden von Fahrzeugherstellern gekennzeichnet, damit sie sortenrein gesammelt wiederverwertet werden können (Bild 1).

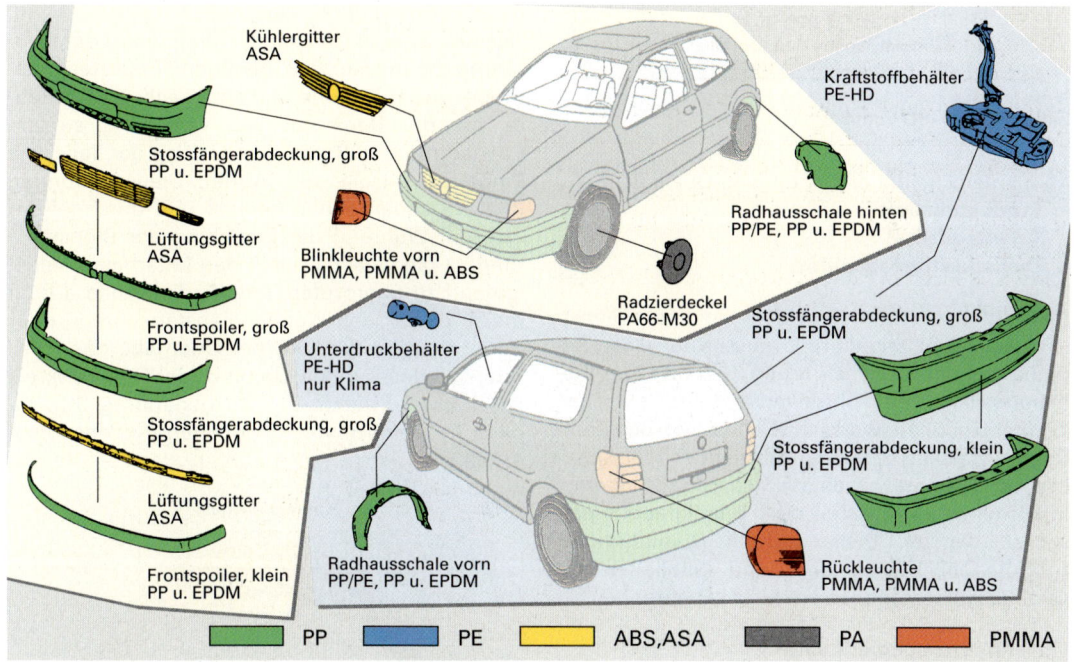

Bild 1: Recyclingfähige Kunststoffteile im Kraftfahrzeug

WIEDERHOLUNGSFRAGEN

1. Welche Gesetze beinhaltet das Umweltrecht?
2. Welche 3 Abfallarten unterscheidet das Kreislaufwirtschafts- und Abfallgesetz?
3. Wodurch wird das sortenreine Sammeln von Kfz-Teilen aus Kunststoff vereinfacht?
4. Wodurch sind Sonderabfälle nach der Abfallbestimmungsverordnung gekennzeichnet?
5. In welche Wassergefährdungsklassen werden Schadstoffe eingeteilt?
6. Welche Inhalte legt die Altautoverordnung fest?
7. Welcher Unterschied besteht zwischen einem Verwertungsnachweis und einer Verbleibserklärung?
8. Wie wird ein Katalysator recycled?

11.2 Qualitätsmanagement, Qualitätssicherung im Kfz-Betrieb

In der DIN EN ISO-Reihe 9000 ff. (**Bild 1**), werden die verschiedenen Begriffe von Qualität, deren Dokumentation und die Qualitätssicherung (**QS**) beschrieben, definiert und vereinheitlicht.

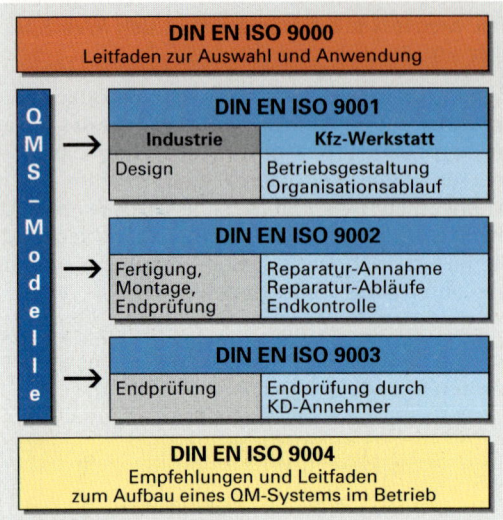

Bild 1: DIN EN-ISO-Familie

Man unterscheidet drei Arten von Qualität:
- **Produktqualität**
- **Arbeitsqualität**
- **Dienstleistungsqualität**.

Da Kraftfahrzeugbetriebe vorwiegend dem Dienstleistungssektor angehören, müssen für diese Betriebe von der Betriebsführung, von den Automobilherstellern, dem Zentralverband des Deutschen Kraftfahrzeughandwerks (ZDK) oder von den Zertifizierungsstellen, z. B. beim Dekra oder TÜV, spezielle **QS-Systeme** (Qualitäts-Sicherungs-Systeme) in Form von Checklisten oder Händleraudits entwickelt werden. Diese werden Qualitätssicherungshandbücher genannt und beinhalten die Qualitätsanforderungen an den Kfz-Betrieb.

Qualitätsmanagement (QM)
Darunter versteht man das optimale Zusammenwirken von Unternehmensleitung und Mitarbeitern mit dem gemeinsamen Ziel, höchste Qualität bei der Entwicklung und Herstellung von Produkten oder Durchführung von Dienstleistungen zu erhalten. Hierbei muss der Kunde und der Kundenservice immer im Mittelpunkt stehen.

Qualitätssicherung (QS)
Um im Betrieb eine gute Qualität zu erzielen, müssen z. B. alle Betriebsdaten, Betriebs- und Werkstatteinrichtung, die Betriebsabläufe, die Umweltschutzmaßnahmen und der Schulungsstand der Mitarbeiter dokumentiert werden. Ebenfalls werden die erstellten Produkte, Dienstleistungen und der Kundenservice durch dieses QS-System erfasst und dokumentiert.
Anhand dieser Informationen versuchen die Betriebsleitung und der Zertifizierer Schwachstellen z. B. in den Betriebsabläufen und im Kundenservice herauszufinden, die sich nachteilig auf die Qualität auswirken.

Im **Qualitätskreis (Bild 2)** können z. B. die Hauptelemente der Qualitätssicherung dargestellt werden, die das Unternehmen verfolgen möchte. Um dem Kunden ein optimales Produkt oder eine gute Dienstleistung zu liefern, müssen die Kundenwünsche und deren optimale Erfüllung ermittelt werden. Nach der Auftragsannahme und Erteilung des Auftrags ist eine genaue Terminplanung vorzunehmen, damit die Dienstleistung termingerecht ausgeführt werden kann. Deshalb ist eine Qualitätsplanung vorab durchzuführen. So müssen z. B. genügend Ersatzteile, Betriebs- und Hilfsstoffe und entsprechend Monteure für die Reparatur zur Verfügung stehen. Ebenso muss z. B. die Beschaffung der Teile, die Eingangskontrolle der Waren, Dienstleistungen und die Lagerhaltung geplant und durchgeführt werden. Während der Erstellung der Dienstleistung ist die Qualität durch den Mitarbeiter selbst laufend zu überprüfen. Eine Endkontrolle erfolgt meist durch den Kundendienstannehmer oder Serviceberater kurz vor der Übergabe des Fahrzeugs an den Kunden. Somit ist der Qualitätskreis geschlossen, indem der Kundenauftrag (Kfz-Reparatur) durch den vorgegebenen Betriebsablauf erfüllt ist.

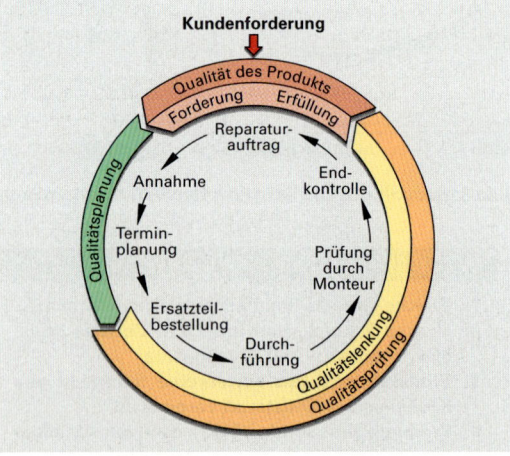

Bild 2: Qualitätskreis

Ziele des Qualitätsmanagement-Systems

Die Qualität der Arbeit oder des Produkts hängt von allen Bereichen eines Betriebes ab. Beginnend von der kundenfreundlichen Auftragsannahme über eine sorgfältige Reparatur, bis hin zur kundengerechten Fahrzeugübergabe, muss jeder Bereich des Betriebes seinen Beitrag zur Qualität leisten. Jeder sollte über den Kundenwunsch genauestens informiert werden, damit die Dienstleistung an jeder Stelle die geforderte Qualität aufweist. Dies kann nur durch immer wiederkehrende eigenverantwortliche Qualitätsprüfung und Qualitätsverbesserung erfolgen. Dieser Ablauf wird auch Kontinuierlicher-Verbesserungs-Prozess (**KVP**) genannt.

Folgende Ziele können mit dieser Qualitätsmanagement-Maßnahme angestrebt werden:
- optimale Erfassung und Erfüllung von Kundenwünschen
- Steigerung der Qualität von hergestellten Produkten und Dienstleistungen
- Verbesserung der Betriebsorganisation und somit Kostensenkung im Betrieb
- Verbesserung des Aufbildungsstandes der Mitarbeiter und des Umweltschutzes im Betrieb

Zertifizierung

Unter diesem Begriff versteht man die Überprüfung des Betriebes, der Betriebsführung und der Mitarbeiter durch unabhängige Sachverständige. Sie überprüfen in einem Audit mit Hilfe eines umfangreichen QM-Handbuches an Hand von Checklisten den Betrieb. Es wird unter anderem geprüft, ob die von der Betriebsleitung geplanten Betriebabläufe mit der Wirklichkeit übereinstimmen. Hierbei werden Punkte verteilt. Ein Betrieb muss z. B. 750 Punkte von maximal zu erreichenden 1000 Punkten erzielen, damit er das Zertifikat erhält. Es sagt aus, dass die Qualität des Betriebes nach DIN EN ISO 9002 gesichert ist. Dieser Zertifizierungsvorgang wird regelmäßig alle 3 Jahre wiederholt. Um die Qualität laufend zu kontrollieren, werden jährliche betriebsinterne Überwachungsaudits durchgeführt, um die Qualität zu sichern und laufend zu verbessern.

QM-Handbuch

Dieses Handbuch zur Qualitätssicherung und Durchführung einer Zertifizierung enthält die nach DIN EN ISO 9000 festgelegten 20 QM-Elemente. Im **Bild 1** sind Aufbau und Struktur dieses Handbuches dargestellt.

Ein **QM-Handbuch** enthält:
1. **Verfahrensanweisungen** wie z. B.
- Festlegungen der Geschäftsleitung zur Qualitäts- und Unternehmenspolitik
- Merkmale der betrieblichen Ablauforganisation wie z. B. Stellenbeschreibungen und Organisationsverantwortlichkeiten.

2. **Arbeits- und Prüfanweisungen** wie z. B. Festlegungen über interne Qualitätsaudits.

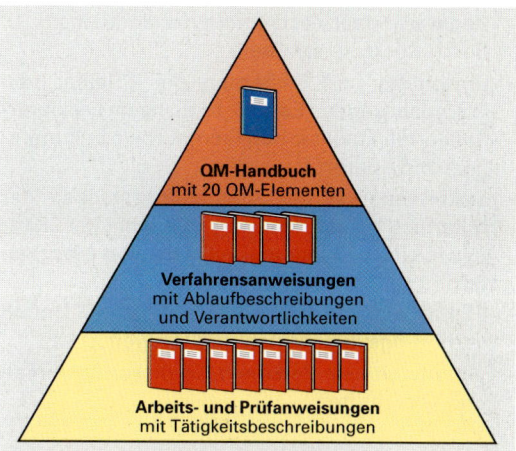

Bild 1: Aufbau des QM-Handbuchs

Ein Audit gliedert sich in 4 Abschnitte:
- **Erfassung der Betriebsdaten**
- **Erfassung betrieblicher Gegebenheiten**
- **Auswertung der Ergebnisse**
- **Maßnahmen treffen zur Verbesserung der Qualität**

Ablauf eines Audits

Nach einer Vorabinformation, bei dem der Kfz-Betrieb die Prüfkriterien mitgeteilt bekommt, wird üblicherweise vorher ein Probelauf im zu zertifizierenden Betrieb durchgeführt. Damit können eventuelle Mängel behoben werden. Danach erfolgt die eigentliche Zertifizierung, wobei dieser Betrieb innerhalb eines Tages überprüft wird. Dies erfolgt z. B. nach folgenden 10 Kriterien:

1. **Erfassung der Betriebsdaten**
- Größe des Betriebs
- Verantwortliche Personen der Geschäftsleitung
- Betriebliche Besonderheiten

2. **Gesamteindruck des Betriebes**
- Äußerer Eindruck, wie z. B. Sauberkeit in der Werkstatt und im Außen- und Kundenbereich
- Beschilderung des Betriebes, Wegweisung zu Kundenparkplätzen, Auftragsannahme, Teile- und Zubehörverkauf usw.
- Kundengerechte Auftragsannahme
- Veröffentlichung der Werkstatt- und Betriebsöffnungszeiten

3. Organisation des Betriebes
- Organisationsplan (Organogramm) mit Stellen- und Funktionsbeschreibungen des Führungspersonals und der Verantwortlichen.
- Kundenbefragungen und Telefonreports. Hier wird die Zufriedenheit von Kunden nach einer Reparatur oder nach einem Kundendienst z. B. durch Rückrufe ermittelt.
- Ermittlung und Sicherung der Qualität von Fremdaufträgen. Es soll z. B. nach Lackierarbeiten die Qualität der Fremdarbeit dokumentiert und überprüft werden.
- Dokumentation des Ausbildungsstandes der Mitarbeiter und Planung betrieblicher Fort- und Weiterbildungsmaßnahmen von Mitarbeitern.
- Einhaltung von Sicherheitsrichtlinien, Unfallverhütungsvorschriften und Umweltschutz.
- Verantwortliche Personen für diese Richtlinien und Vorschriften.

4. Betriebsbesichtigung
- Prüfung der Auftragsannahme und des Kundenbereichs. Sind z. B. Preisauszeichnungen korrekt angebracht oder sind Reparatur-,Gewährleistungs-, und Zahlungsbedingungen ausgehängt.
- Nachprüfung des Ablaufes eines Reparatur- oder Serviceauftrages. Sind z. B. Rechnungen für den Kunden verständlich dargestellt und nachvollziehbar.
- Aufnahme und Dokumentation von Kundenbeschwerden. Es wird festgehalten, wie darauf reagiert wird.
- Beurteilung der Kundenwartezonen.

5. Verkauf
- Beurteilung des Gebrauchtwagenangebots. Befinden sich z. B. die Fahrzeuge in optisch einwandfreiem Zustand.
- Bewertung der kundengerechten Erläuterung beim Verkauf von Waren und Dienstleistungen.

6. Werkstatt
- Behandlung von Kundenfahrzeugen. Es wird z. B. überprüft, ob Lenkrad- und Sitzschoner verwendet werden.
- Organisation der Werkstattdisposition. Es wird dokumentiert, wie z. B. die anstehenden Arbeiten zeitlich auf die Mitarbeiter und Monteure verteilt werden.
- Zustand der Werkstatt und deren Einrichtung. In welchem Zustand sind Hebebühnen, Testgeräte und Spezialwerkzeuge usw.
- Lagerung und Entsorgung von umweltgefährdenden Stoffen. Es wird festgehalten, welcher Mitarbeiter dafür verantwortlich ist.

7. Prüfung von Geräten
- Exakte Führung von Prüfbüchern und Einhaltung von Prüffristen für technische Geräte und Werkzeuge, wie z. B. Hebebühnen, Kompressoren, Drehmomentschlüssel usw. Es wird geprüft, ob z. B. auf AU-Testgeräten die Prüfplaketten in einwandfreiem Zustand sind und ob Drehmomentschlüssel regelmäßig geprüft und geeicht werden.

8. Lager
- Prüfung des Organisationssystems des Lagers und dessen Übersichtlichkeit.
- Dokumentation, wie z. B die Wareneingangskontrolle erfolgt und wie Ersatzteile mit Gewährleistungsansprüchen behandelt werden.

9. Literatur
- Aufbewahrung von Geschäfts- und Serviceunterlagen. Es wird geprüft und dokumentiert, ob Reparaturleitfäden auf dem aktuellsten Stand sind.
- Verantwortliche Personen für diesen Bereich und Dokumentation darüber, wer Zugang zu diesen Informationen hat.

10. Auswertung
Nachdem alle 9 Hauptpunkte abgeprüft sind, werden die vom Zertifizierer erreichten Punktzahlen addiert. Das Ergebnis wird zusammen mit der Betriebsleitung bewertet. Hat der Betrieb die Sollpunktzahl erreicht, so erhält er das Zertifikat. Dies dokumentiert, dass die Qualität des Betriebs nach DIN EN ISO 9002 überprüft wurde und der Norm entspricht. Wird die Sollpunktzahl nicht erreicht, so kann nach einem bestimmten Zeitabschnitt eine erneute Überprüfung erfolgen.

> **WIEDERHOLUNGSFRAGEN**
>
> 1. Wie kann die Qualität in einem Kfz-Betrieb überprüft und dokumentiert werden?
> 2. Was versteht man unter Qualitätsmanagement?
> 3. Welche Ziele hat das Qualitätsmanagementsystem?
> 4. Was versteht man unter einer Zertifizierung?
> 5. Welche wichtigen Ziele verfolgt der Qualitätskreis?
> 6. Wie wird ein Händleraudit durchgeführt?
> 7. Nennen Sie die wichtigsten Kriterien, nach welchen Kfz-Betriebe bei der Zertifizierung überprüft werden.
> 8. Welche Betriebe erhalten das Zertifikat nach DIN EN ISO 9002?

Fachkenntnisse

1 Kraftfahrzeug

1.1 Entwicklung des Kraftfahrzeuges

1860 Der Franzose **Lenoir** baut den ersten lauffähigen, mit Leuchtgas betriebenen Verbrennungsmotor. Wirkungsgrad etwa 3 %.

1867 **Otto und Langen** zeigen auf der Pariser Weltausstellung einen verbesserten Verbrennungsmotor. Wirkungsgrad etwa 9 %.

Daimler Motorrad, 1885
1 Zylinder, Bohrung 58 mm
Hub 100 mm, 0,26 l
0,37 kW bei 600 min^{-1}, 12 km/h

Benz Patent-Motorwagen, 1886
1 Zylinder, Bohrung 91,4 mm
Hub 150 mm, 0,99 l
0,66 kW bei 400 min^{-1}, 15 km/h

Bild 1: Daimler Motorrad und Benz Motorwagen

1876 **Otto** baut den ersten Gasmotor mit Verdichtung in **Viertakt-Arbeitsweise**. Fast gleichzeitig baut der Engländer **Clerk** den ersten **Zweitaktmotor** mit Gasbetrieb.

1883 **Daimler** und **Maybach** entwickeln den ersten schnelllaufenden **Viertakt-Benzinmotor** mit **Glührohrzündung**.

1885 Erstes **motorgetriebenes Zweirad** von **Daimler**. Erster **Dreiradkraftwagen** von **Benz** (1886 patentiert) **(Bild 1)**.

1886 Erste **Vierradkutsche** mit **Benzinmotor** von **Daimler (Bild 2)**.

1887 **Bosch** erfindet die **Abreißzündung**.

1889 Der Engländer **Dunlop** stellt erstmals **pneumatische Reifen** her.

1893 **Maybach** erfindet den **Spritzdüsenvergaser**.

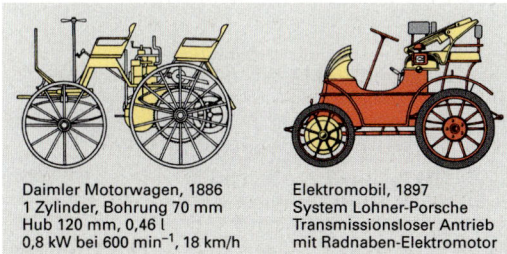

Daimler Motorwagen, 1886
1 Zylinder, Bohrung 70 mm
Hub 120 mm, 0,46 l
0,8 kW bei 600 min^{-1}, 18 km/h

Elektromobil, 1897
System Lohner-Porsche
Transmissionsloser Antrieb
mit Radnaben-Elektromotor

Bild 2: Daimler Motorwagen und 1. Elektromobil

1893 Der Amerikaner **Ford** baut sein erstes Automobil und **Diesel** lässt sein Arbeitsverfahren für **Schwerölmotoren** mit **Selbstzündung** patentieren.

1897 **MAN** stellt den ersten betriebsfähigen **Dieselmotor** her.

1897 Erstes **Elektromobil** von **Lohner-Porsche (Bild 2)**.

1899 **Fiatwerke** in Turin gegründet.

1913 Einführung der **Fließbandfertigung** durch **Ford**. Produktion der **Tin-Lizzy** (T-Modell).

1916 **Bayerische Motorenwerke** gegründet.

1923 Erste **Lastkraftwagen** mit **Dieselmotoren** von **Benz-MAN (Bild 3)**.

1936 **Daimler-Benz** baut serienmäßig Pkw mit **Dieselmotoren**.

1938 Gründung des **VW-Werkes** in Wolfsburg.

1949 Erster **Niederquerschnittreifen** und erster **Stahlgürtelreifen** von **Michelin**.

1950 Erste **Gasturbine** im Kraftfahrzeug durch **Rover** in England.

1954 **NSU-Wankel** baut den **Kreiskolbenmotor (Bild 3)**.

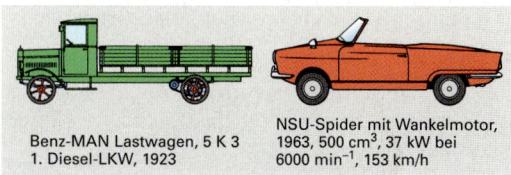

Benz-MAN Lastwagen, 5 K 3
1. Diesel-LKW, 1923

NSU-Spider mit Wankelmotor,
1963, 500 cm^3, 37 kW bei
6000 min^{-1}, 153 km/h

**Bild 3: 1. Lastkraftwagen mit Dieselmotor
1. Pkw mit Wankelmotor**

1966 **Elektronisch gesteuerte Benzineinspritzung (D-Jetronic)** von **Bosch** für Serienfahrzeuge.

1970 **Sicherheitsgurte** für Fahrer und Beifahrer.

1978 Das **Anti-Blockiersystem (ABS)** wird bei Pkw-Bremsen eingebaut.

1984 Einführung von **Airbag** und **Gurtstraffer**.

1985 Einführung von geregelten **Katalysatoren (Lambdasonde)** für bleifreies Benzin.

1997 Elektronische **Fahrwerk-Regelsysteme**.

1.2 Einteilung und Aufbau der Kraftfahrzeuge

Einteilung

Straßenfahrzeuge sind alle Fahrzeuge, die zum Betrieb auf der Straße vorgesehen sind und nicht an Gleise gebunden sind (**Bild 1**). Sie werden in zwei Gruppen eingeteilt, die Kraftfahrzeuge und die Anhängefahrzeuge. Kraftfahrzeuge besitzen immer einen maschinellen Antrieb.

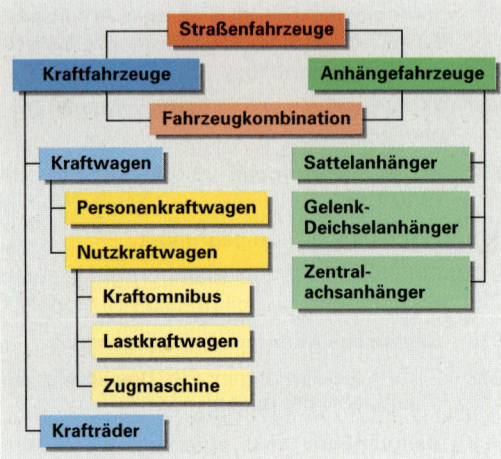

Bild 1: Übersicht Straßenfahrzeuge

Zweispurige Kraftfahrzeuge

Kraftwagen gelten als zwei- oder mehrspurige Kraftfahrzeuge. Dazu zählen

– **Personenkraftwagen (Pkw)**. Sie sind hauptsächlich zum Transport von Personen, deren Gepäck oder von Gütern bestimmt. Sie können auch Anhänger ziehen. Die Zahl der Sitzplätze ist einschließlich Fahrer auf 9 beschränkt.

– **Nutzkraftwagen (Nkw)**. Sie sind zum Transport von Personen, Gütern und zum Ziehen von Anhängefahrzeugen bestimmt. Personenkraftwagen sind keine Nutzkraftwagen.

Einspurige Kraftfahrzeuge

Krafträder sind einspurige Kraftfahrzeuge mit 2 Rädern. Sie können einen Beiwagen mitführen, wobei die Eigenschaft als Kraftrad erhalten bleibt, wenn das Leergewicht von 400 kg nicht überschritten wird. Auch das Ziehen eines Anhängers ist möglich. Zu den Krafträdern zählen

– **Motorräder**. Sie sind mit festen Fahrzeugteilen (Kraftstoffbehälter, Motor) im Kniebereich und mit Fußrasten ausgestattet
– **Motorroller**. Keine festen Teile im Kniebereich, die Füße stehen auf einem Bodenblech
– **Fahrräder mit Hilfsmotor**. Sie haben Merkmale von Fahrrädern, z. B. Tretkurbeln (Moped, Mofa).

Aufbau

Ein Kraftfahrzeug besteht aus Baugruppen und deren einzelnen Bauteilen.

Die Festlegung der Baugruppen und die Zuordnung von Baugruppen zueinander ist nicht genormt. So kann z. B. der Motor als eigene Baugruppe gelten, oder er wird als Unterbaugruppe dem Triebwerk zugeordnet.

Eine in diesem Buch vorgenommene Möglichkeit ist die Einteilung in die 4 Haupt-Baugruppen Motor, Kraftübertragung, Fahrwerk und elektrische Anlage. Die Zuordnung der Baugruppen und Bauteile ist im **Bild 2** dargestellt.

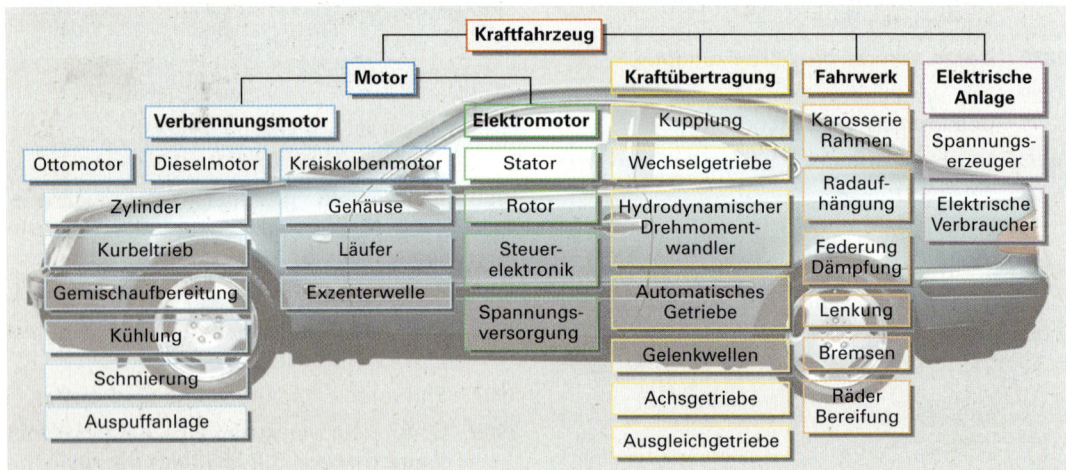

Bild 2: Aufbau eines Kraftfahrzeuges

2 Motor

Einteilung der Verbrennungsmotoren:

Nach **Gemischbildung und Zündung**
- **Ottomotoren.** Sie werden vorzugsweise mit Benzin und äußerer, aber auch mit innerer Gemischbildung betrieben. Die Verbrennung wird durch Fremdzündung (Zündkerze) eingeleitet.
- **Dieselmotoren.** Sie haben innere Gemischbildung und werden mit Dieselkraftstoff betrieben. Die Verbrennung im Zylinder wird durch Selbstzündung ausgelöst.

Nach der **Arbeitsweise**
- **Viertaktmotoren.** Sie haben einen geschlossenen (getrennten) Gaswechsel und benötigen für ein Arbeitsspiel 4 Kolbenhübe bzw. 2 Kurbelwellenumdrehungen.
- **Zweitaktmotoren.** Sie haben einen offenen Gaswechsel und benötigen für ein Arbeitsspiel 2 Kolbenhübe bzw. eine Kurbelwellenumdrehung.

Nach der **Zylinderanordnung (Bild 1)**
- **Reihenmotoren**   − **Boxermotoren**
- **V-Motoren**   − **VR-Motoren**

Nach der **Kolbenbewegung**
- **Hubkolbenmotoren**
- **Kreiskolbenmotoren**

Nach der **Kühlung**
- **Flüssigkeitsgekühlte Motoren**
- **Luftgekühlte Motoren**

2.1 Otto-Viertaktmotor

2.1.1 Aufbau und Arbeitsweise

Aufbau

Der Otto-Viertaktmotor (**Bild 2**) besteht im wesentlichen aus 4 Baugruppen und zusätzlichen Hilfseinrichtungen:

- **Motorgehäuse**   Zylinderkopfhaube, Zylinderkopf, Zylinder, Kurbelgehäuse, Ölwanne

- **Kurbeltrieb**   Kolben, Pleuelstange, Kurbelwelle

- **Motorsteuerung**   Ventile, Ventilfedern, Kipphebel, Kipphebelwelle, Nockenwelle, Steuerräder, Steuerkette oder Zahnriemen

- **Gemischbildungsanlage**   Einspritzanlage oder Vergaser, Ansaugrohr

- **Hilfseinrichtungen**   Zündanlage, Motorschmierung, Motorkühlung, Auspuffanlage.

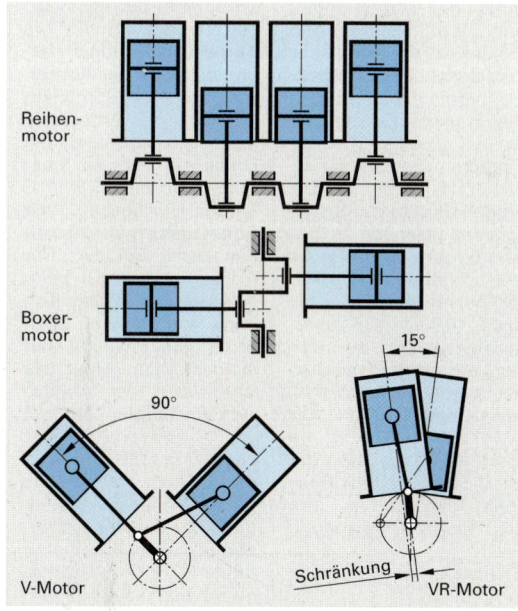

Bild 1: Einteilung nach Art der Zylinderanordnung

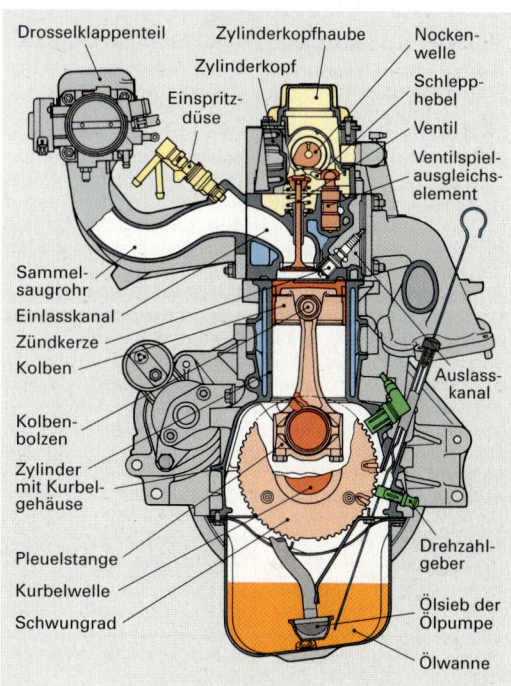

Bild 2: Aufbau eines Otto-Viertaktmotors

Arbeitsweise

Die 4 Takte des Arbeitsspieles sind: Ansaugen, Verdichten, Arbeiten und Ausstoßen (**Bild 1**). Ein Arbeitsspiel läuft in 2 Kurbelwellenumdrehungen ab (720° Kurbelwinkel).

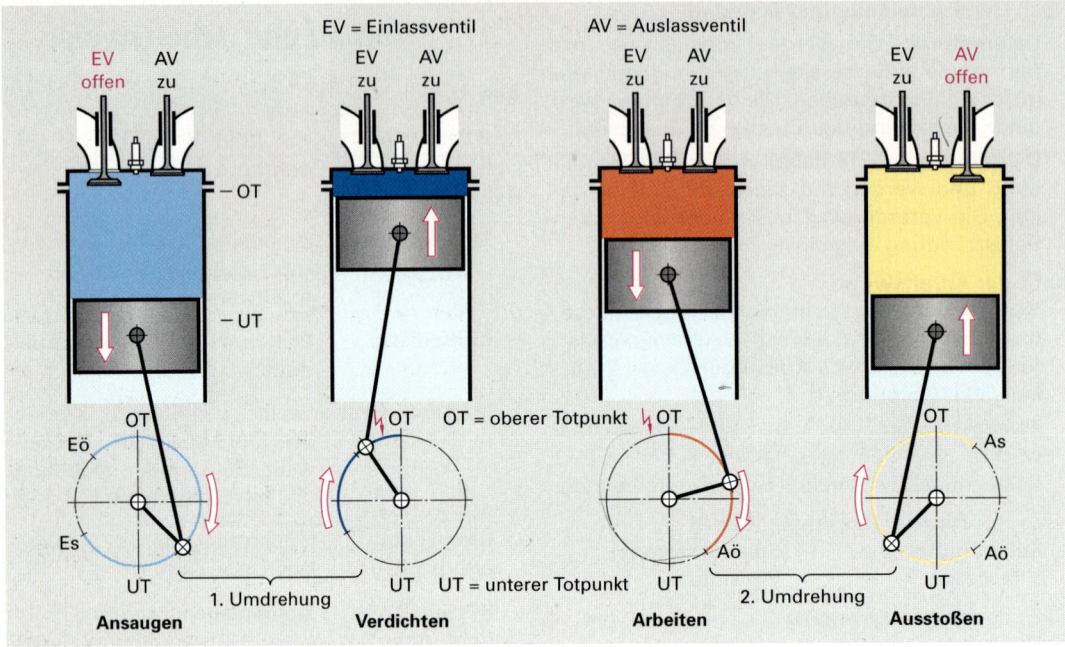

Bild 1: Die 4 Takte eines Arbeitsspieles

1. Takt – Ansaugen	2. Takt – Verdichten	3. Takt – Arbeiten	4. Takt – Ausstoßen
Beim Abwärtsgehen des Kolbens entsteht infolge der Raumvergrößerung im Zylinder eine Druckdifferenz von –0,1 bar bis –0,3 bar gegenüber dem Außendruck. Da der Druck außerhalb des Motors größer ist als im Zylinder, wird Luft in das Ansaugsystem gedrückt. Das zündfähige Kraftstoff-Luft-Gemisch wird entweder im Ansaugkanal oder direkt im Zylinder durch Einspritzen von Kraftstoff gebildet. Um möglichst viel Ansaugluft oder Kraftstoff-Luft-Gemisch in den Zylinder zu bekommen, öffnet das Einlassventil (EV) schon bis zu 45° vor dem oberen Totpunkt (OT) und schließt erst 35° KW bis 90° KW nach dem unteren Totpunkt (UT).	Beim Aufwärtsgehen des Kolbens wird das Kraftstoff-Luft-Gemisch auf den 7. bis 12. Teil des ursprünglichen Zylinderraumes verdichtet. Dabei erwärmt sich das Gas auf 400° C bis 500° C. Da sich das Gas bei der hohen Temperatur nicht ausdehnen kann, steigt der Verdichtungsenddruck bis auf 18 bar an. Die Verdichtung des Kraftstoff-Luft-Gemisches fördert die weitere Vergasung des Kraftstoffes und die innige Vermischung mit der Luft. Dabei wird die Verbrennung so vorbereitet, dass sie im 3. Takt, dem Arbeitstakt, sehr rasch und vollkommen ablaufen kann. Während des Verdichtungstaktes sind Einlassventile und Auslassventile (AV) geschlossen.	Die Verbrennung wird durch das Überspringen des Zündfunkens an den Elektroden der Zündkerze eingeleitet. Die Zeitspanne vom Überspringen des Funkens bis zur vollen Entwicklung der Flammenfront beträgt etwa 1/1000 Sekunde bei einer Verbrennungsgeschwindigkeit von 20 m/s. Aus diesem Grund muss der Zündfunke je nach Motordrehzahl 0° bis etwa 40° vor OT überspringen, damit der nötige Verbrennungshöchstdruck von 30 bar bis 60 bar kurz nach OT (4° KW ... 10° KW) zur Verfügung steht. Die Expansion der bis 2 500°C heißen Gase treibt den Kolben zum UT, die Wärmeenergie wird in mechanische Energie umgewandelt.	Das Auslassventil öffnet schon 40° bis etwa 90° vor UT, dadurch wird die Abgasausströmung begünstigt und der Kurbeltrieb entlastet. Durch den am Ende des Arbeitstaktes noch vorhandenen Druck von 3 bar bis 5 bar puffen die bis zu 900° C heißen Abgase mit Schallgeschwindigkeit aus dem Zylinder. Der Abgasrest wird beim Aufwärtsgehen des Kolbens mit einem Staudruck von etwa 0,2 bar ausgestoßen. Um das Abströmen der Abgase zu begünstigen, schließt das Auslassventil erst nach UT, während sich das Einlassventil bereits öffnet. Diese Überschneidung der Ventilzeiten fördert die Entleerung und Kühlung des Verbrennungsraumes und verbessert die Füllung.

2.1.2 Physikalische und chemische Grundlagen

Der Otto-Viertakt-Motor hat folgende Merkmale:
- **Betrieb** mit Benzin oder Gas
- **Gemischbildung**
  Äußere Gemischbildung. Das Kraftstoff-Luft-Gemisch wird im Vergaser oder im Saugrohr außerhalb des Zylinders gebildet.
  Innere Gemischbildung. Während des Ansaugtaktes gelangt nur Luft in den Zylinder. Das Kraftstoff-Luft-Gemisch wird durch Einspritzen von Kraftstoff in den Zylinder während des Ansaug- oder Verdichtungstaktes gebildet.
- **Fremdzündung**
- **Gleichraum-Verbrennung.** Durch die schlagartige Verbrennung des Kraftstoff-Luft-Gemisches findet die Verbrennung in einem nahezu gleichbleibenden Raum statt.
- **Quantitätsregelung.** Die Menge des Kraftstoff-Luft-Gemisches wird entsprechend der Stellung der Drosselklappe (Lastzustand) verändert.

Füllung
Unter Füllung versteht man die Masse der Gase (Kraftstoff-Luft-Gemisch oder Luft), die während des Ansaugtaktes in den Zylinder einströmt.
Füllungsverbesserung. Um die Füllung und damit die Leistung zu verbessern, können die Öffnungszeiten der Einlassventile von 180° Kurbelwinkel (entspricht dem Hub des Kolbens) auf bis zu 315° Kurbelwinkel (KW) verlängert werden. Während des Ausstoß-Taktes erzeugen die mit hoher Geschwindigkeit ausströmenden verbrannten Gase einen Sog. Wird das Einlassventil geöffnet, bevor der Kolben den oberen Totpunkt erreicht hat, so kann das Gemisch oder die Ansaugluft gegen die Bewegung des Kolbens durch den Unterdruck in den Zylinder einströmen.

Ventilüberschneidung. In der Übergangsphase vom Ausstoß-Takt zum Ansaug-Takt sind sowohl Einlass- als auch Auslass-Ventil geöffnet.

Lässt man das Einlassventil bis weit in den Verdichtungstakt hinein offen, so kann das beim Ansaugen auf bis zu 100 m/s (360 km/h) beschleunigte Kraftstoff-Luft-Gemisch infolge seiner Massenträgheit weiter in den Zylinder strömen. Dieser Aufladeeffekt ist beendet, wenn der Druck, den der aufwärtsgehende Kolben erzeugt, das einströmende Gemisch abbremst. Spätestens zu diesem Zeitpunkt muss das Einlassventil wieder geschlossen werden.
Trotz Verlängerung der Ansaugzeit erreicht die Füllung des Zylinders höchstens 80 % bei nicht aufgeladenen Motoren.

Liefergrad (Füllungsgrad)

Der Liefergrad ist das Verhältnis von tatsächlich angesaugtem Kraftstoff-Luft-Gemisch in kg zur theoretisch möglichen (vollkommenen) Füllung des Zylinders mit Kraftstoff-Luft-Gemisch in kg.

Bei innerer Gemischbildung ist der Liefergrad das Verhältnis von angesaugter Luftmasse zur theoretisch möglichen Luftfüllung in kg.

$$\lambda_L = \frac{m_z}{m_{th}}$$

λ_L Liefergrad (Füllungsgrad)
m_z Angesaugte Masse an Frischluft oder Kraftstoff-Luft-Gemisch in kg
m_{th} theoretisch mögliche Masse an Frischluft oder Kraftstoff-Luft-Gemisch in kg

Bei Saugmotoren liegt der Liefergrad zwischen 0,6 und 0,9 (Füllung 60 % bis 90 %), während bei aufgeladenen Motoren ein Liefergrad von 1,2 bis 1,6 (Füllung 120 % bis 160 %) möglich ist.
Die Füllung kann zusätzlich durch einen geringeren Strömungswiderstand der Frischgase sowie durch niedrigere Innentemperaturen des Zylinders verbessert werden. Dies wird erreicht durch
- optimal gestaltete Ansaugrohre
- günstige Brennraumformen
- große Einlassquerschnitte
- mehrere Einlassventile je Zylinder
- gute Kühlung.

Die Füllung verschlechtert sich durch
- den Strömungswiderstand der Drosselklappe
- abnehmende Ventilöffnungszeiten bei höheren Drehzahlen
- niedrigen Luftdruck, auf 100 m Höhenzunahme sinkt die Motorleistung um etwa 1 %.

Verdichtungsverhältnis
Verbrennungsraum. Er ist der von Zylinder, Zylinderkopf und Kolbenboden umschlossene Raum. Seine Größe ändert sich während eines Hubes fortlaufend. Der Verbrennungsraum ist am größten, wenn sich der Kolben in UT, und am kleinsten, wenn er sich in OT befindet.
Der größte Verbrennungsraum setzt sich aus Hubraum und Verdichtungsraum zusammen.
Verdichtungsraum V_c. Er ist der kleinste Verbrennungsraum.
Hubraum V_h. Er ist der Raum zwischen den beiden Totpunkten OT und UT des Kolbens.
Gesamthubraum V_H. Er ergibt sich aus der Summe der Hubräume der einzelnen Zylinder eines Motors.

Vergleicht man den Raum oberhalb des Kolbens vor dem Verdichten (Hubraum V_h + Verdichtungsraum V_c) mit dem Raum oberhalb des Kolbens nach dem Verdichten (Verdichtungsraum V_c), so erhält man das Verdichtungsverhältnis ε **(Bild 1)**.

$$\text{Verdichtungsverhältnis} = \frac{\text{Hubraum} + \text{Verdichtungsraum}}{\text{Verdichtungsraum}}$$

$$\varepsilon = \frac{V_c + V_h}{V_c}$$

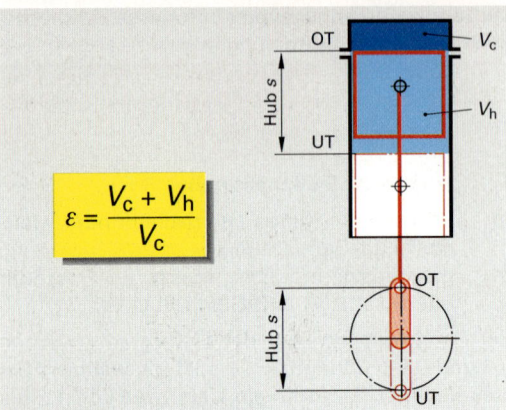

Bild 1: Verdichtungsverhältnis

Tabelle 1: Vergleich von Verdichtungsverhältnissen		
Verdichtungsverhältnis	7	9
Verdichtungsenddruck	~10 bar	~16 bar
Verbrennungshöchstdruck	~30 bar	~42 bar
Druck beim Öffnen des Auslassventils	~ 4 bar	~ 3 bar
Verdichtungsendtemperatur	400° C	500° C

Je höher das Verdichtungsverhältnis eines Ottomotors ist, desto besser ist die Ausnützung der Kraftstoffenergie und damit der Wirkungsgrad des Motors.

Trotz der bei ε = 9 wesentlich vergrößerten Verdichtungsarbeit ergibt die Ausnützung des bedeutend erhöhten Druckgefälles bei gleicher Frischgasfüllung einen Arbeitsgewinn bzw. eine Leistungserhöhung von mehr als 10 % und eine Verringerung des Kraftstoffverbrauches um etwa 10 %.
Gründe für die Leistungserhöhung:
– Bessere Entleerung des kleineren Verdichtungsraumes von verbrannten Gasen
– höhere Temperatur beim Verdichten, bessere und vollständigere Vergasung
– durch die hohe Verdichtung können sich die verbrannten Gase auf ein größeres Volumen entspannen, die Abgastemperatur nimmt ab, es geht weniger Wärmeenergie durch den Auspuff verloren.

Mit zunehmendem Verdichtungsverhältnis steigt die Verdichtungsendtemperatur an **(Tabelle 1)**. Deshalb ist das Verdichtungsverhältnis durch die Selbstzündtemperatur des Kraftstoffes begrenzt.

Geometrisches Verdichtungsverhältnis
Bei aufgeladenen Motoren ist die Verdichtung geringer, da die Luft hochverdichtet in den Zylinder gelangt.

Gesetz von Boyle-Mariotte
Durch die Auf- und Abbewegung des Kolbens im Zylinder ändert sich mit dem Volumen auch der Druck und die Temperatur.
Schon im 17. Jahrhundert fanden die Physiker Boyle und Mariotte heraus, dass sich bei **gleichbleibender** Temperatur Volumen und Druck im Zylinder im umgekehrten Verhältnis ändern.
Wird z. B. das Volumen auf den 8. Teil verkleinert, so vergrößert sich der Druck auf das 8-fache **(Bild 2)**.

Das Produkt aus Druck und Volumen ist konstant.

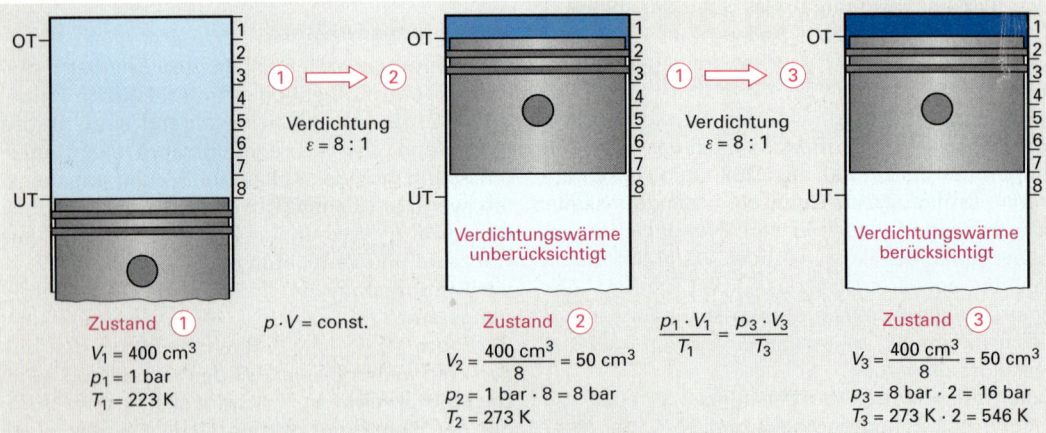

Bild 2: Verhältnis von Druck, Volumen und Temperatur beim Verdichten

Gesetz von Gay-Lussac

Unter Einbeziehung der Temperatur in das Verhältnis von Volumen und Druck fand der französische Physiker Gay-Lussac folgende Gesetzmäßigkeit heraus:

> Wird ein Gas bei gleichbleibendem Druck um 1 K (1° C) erwärmt, so dehnt es sich um den 273. Teil seines Volumens aus.

Erwärmt man das Gas um 273 K, so dehnt es sich auf das doppelte Volumen aus.
Verhindert man die Ausdehnung, z. B. beim Verdichten (**Bild 2, Seite 236**), so verdoppelt sich der Druck. Durch die Wärmeabgabe an den Zylinderwänden liegt der Enddruck jedoch niedriger.

Verbrennungsablauf

Da zur Verbrennung des Kraftstoff-Luft-Gemisches nur eine sehr kurze Zeitspanne zur Verfügung steht (die Verbrennung ist schon kurz nach OT abgeschlossen), müssen im verdichteten Gemisch Kraftstoff- und Sauerstoffmoleküle nahe beieinanderliegen. Der zur Verbrennung nötige Sauerstoff wird aus der angesaugten Luft entnommen. Da in der Luft nur etwa 20 % Sauerstoff enthalten sind, muss dem Kraftstoff verhältnismäßig viel Luft beigemischt werden. Die zur vollkommenen Verbrennung notwendige Mindestluftmenge, der theoretische Luftbedarf, beträgt für 1 kg Benzin etwa 14,8 kg Luft (~ 12 m³ bei einer Dichte von $\varrho = 1{,}29$ kg/m³).

Der im Kraftstoff enthaltene Kohlenstoff verbrennt mit dem Sauerstoff zu Kohlendioxid (CO_2), der enthaltene Wasserstoff verbindet sich mit dem Sauerstoff zu Wasserdampf (H_2O). Der in der Luft enthaltene Stickstoff nimmt an der Verbrennung überwiegend nicht teil. Bei hohen Drücken und Verbrennungstemperaturen bilden sich jedoch giftige Stickoxide (NO_x).

Vollkommene Verbrennung:
Die chemische Energie des Kraftstoffes wird in Wärmeenergie umgesetzt.

> $C + O_2 \rightarrow CO_2$ + Wärmeenergie
> $2H_2 + O_2 \rightarrow 2H_2O$ + Wärmeenergie

Steht für 1 kg Benzin z. B. nur 13 kg Luft zur Verfügung, so ist das Kraftstoff-Luft-Gemisch zu fett (1:13). Da zu wenig Sauerstoff zur Verfügung steht, verbrennt ein Teil des Kohlenstoffes nur zu Kohlenmonoxid CO (giftig).

Unvollkommene Verbrennung:

> $2C + O_2 \rightarrow 2CO$ + Wärme

Steht für 1 kg Benzin z. B. 16 kg Luft zur Verfügung, so ist das Kraftstoff-Luft-Gemisch zu mager (1:16). Es kann zwar eine vollkommene Verbrennung entstehen, aber durch die geringere vorhandene Kraftstoffmenge, die verdampfen kann, wird der Zylinderinnenraum weniger gekühlt, so dass es zu einer Überhitzung des Motors kommen kann.

Klopfende Verbrennung

Ein Ottomotor klopft, wenn sich das Kraftstoff-Luft-Gemisch, neben der durch den Zündfunken eingeleiteten Verbrennung, von selbst entzündet (**Bild 1**).

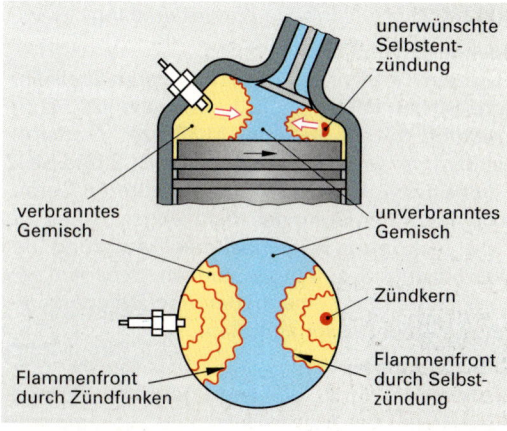

Bild 1: Klopfende Verbrennung

Diese Selbstzündung, die in mehreren Zündkernen gleichzeitig die Entflammung auslöst, führt zu einer überschnellen, schlagartigen Verbrennung, wobei sich die kugelförmigen Flammenfronten aufeinander zubewegen. Es entstehen Verbrennungsgeschwindigkeiten von 300 m/s bis 500 m/s, die zu stark überhöhten Drücken führen (**Bild 2**).

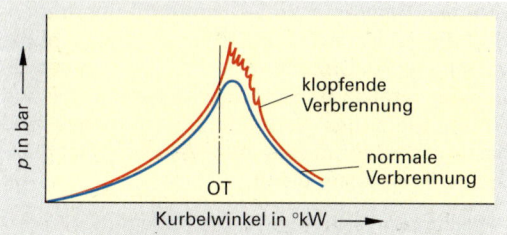

Bild 2: Druckverlauf bei der Verbrennung

Das klopfende oder oft auch klingelnde Geräusch im Motor entsteht durch Stoßwellen, die von den verschiedenen Zündkernen ausgelöst werden und dabei einzelne Motorbauteile in Schwingungen versetzen. Das Klopfen hat eine höhere mechanische und thermische Belastung des Kurbeltriebes sowie Leistungsminderung zur Folge.

Klopfursachen
Außer in der Verwendung ungeeigneter Kraftstoffe kann die Ursache des Klopfens auch sein:
- Zu große Frühzündung
- ungleichmäßige Gemischverteilung im Zylinder
- schlechte Wärmeabfuhr durch Ölkohleablagerungen oder Fehler im Kühlsystem
- zu hohes Verdichtungsverhältnis z.B. durch Verwenden einer dünneren Zylinderkopfdichtung.

Beschleunigungsklopfen
Es tritt hauptsächlich beim Beschleunigen unter Volllast aus niedrigen Motordrehzahlen auf. Ursache ist meist Kraftstoff mit ungenügender Oktanzahl (ROZ) sowie falsche Zündeinstellung.

Hochgeschwindigkeitsklopfen
Es ist ein Klopfen, das meist im oberen Drehzahlbereich bei Volllast auftritt. Ursache ist häufig Kraftstoff mit zu niedriger MOZ bzw. Kraftstoff, bei dem der Unterschied zwischen ROZ und MOZ (=Sensitivity) groß ist. Durch die lauteren Geräusche im Innenraum des Fahrzeuges ist es oft nicht rechtzeitig wahrzunehmen. Aufgrund der Überhitzung des Motors können Schäden wie durchgebrannte Kolbenböden und Zylinderköpfe sowie Kolbenfresser auftreten.

Glühzündungen
Sie werden durch glühende Teile im Verbrennungsraum des Motors ausgelöst, schon bevor die normale Entzündung des Kraftstoff-Luft-Gemisches durch den Zündfunken eintritt (unkontrollierte Frühzündung).

2.1.3 Arbeitsdiagramm (p-V-Diagramm)

Die Beziehungen zwischen Druck, Volumen und Temperatur von Gasen lassen sich für ein Arbeitsspiel des Otto-Viertaktmotors in ein Druck-Volumen-Diagramm (p-V-Diagramm) übertragen. Nach Boyle-Mariotte und Gay-Lussac entsteht dabei ein ideales Diagramm, in dem sich an den jeweiligen Umkehrpunkten des Kolbens in UT und OT während des Verbrennungsvorganges und des Ausstoßvorganges das Volumen nicht ändert, d. h. konstant bleibt.

Gleichraumverbrennung: Die schlagartige Verbrennung läuft bei konstantem Volumen ab.

Für die ideale Gleichraumverbrennung, wie im Bild 1 dargestellt, sind folgende Bedingungen Voraussetzung:
- Der Zylinder enthält nur Frischgase und keine Restgase
- Vollständige Verbrennung des Kraftstoff-Luft-Gemisches

- Verlustfreier Ladungswechsel
- Kein Wärmeübergang am Zylinder
- Konstantes Volumen während der Verbrennung und des Abkühlvorganges
- Der Verbrennungsraum muss gasdicht sein (Kolbenringe).

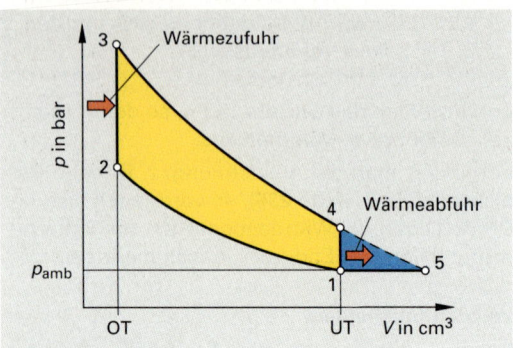

Bild 1: Idealer Gleichraumprozess (p-V-Diagramm)

Prozessablauf

1 → 2 Verdichtung des Kraftstoff-Luft-Gemisches, Drucksteigerung nach Boyle-Mariotte, keine Wärmezufuhr (Isotrope)

2 → 3 Verbrennung des Kraftstoff-Luft-Gemisches, Drucksteigerung nach Gay-Lussac bei konstantem Vorlumen (Isochore), d. h. der Kolben verharrt für die kurze Zeit der Verbrennung in OT, Wärmezufuhr

3 → 4 Arbeiten (Entspannen). Das unter hohem Druck stehende Gas dehnt sich aus und bewegt den Kolben zum UT, das Ausgangsvolumen ist wieder erreicht. Keine Wärmeabfuhr, Gesetz von Boyle-Mariotte

4 → 1 Kühlen. Der Vorgang erfolgt bei konstantem Volumen. Durch Wärmeabfuhr sinkt der Druck ab bis im Punkt 1 der Ausgangsdruck wieder erreicht ist, Gesetz von Gay-Lussac.

Energiegewinn, Energieverlust

Die im Diagramm **(Bild 1)** entstandene Fläche mit den Ecken 1-2-3-4 gibt die während eines Arbeitsspieles **gewonnene Arbeit** wieder.
Die gewonnene Arbeit könnte größer sein, wenn das Auslassventil nicht schon im Punkt 4 öffnen würde, sondern erst nachdem sich die Gase bis zum Ausgangsdruck im Punkt 5 entspannt haben. Dies ist in der Praxis jedoch nicht möglich, da die Verlängerung der Expansion mit einer Vergrößerung des Hubes verbunden ist (Langhubmotor). Somit gibt die Fläche 1-4-5 die **verlorene Arbeit** wieder.
Durch Erhöhung des Verdichtungsverhältnisses lässt sich die gewonnene Arbeit vergrößern.

Tatsächliches p-V-Diagramm
In Wirklichkeit läuft der Gleichraumprozess nicht so ideal ab, da die Bedingungen nicht eingehalten werden können.
Der Druckverlauf während der 4 Hübe eines Arbeitsspieles lässt sich mit einem piezo-elektrischen Indikator auf dem Versuchsstand am laufenden Motor aufnehmen und als Kurve auf dem Bildschirm sichtbar machen (**Bild 1**). Dabei sind deutlich die Unterschiede zum idealen p-V-Diagramm zu erkennen.
Größere Abweichungen vom normalen Druckverlauf lassen Fehler in der Motoreneinstellung (Gemischbildung, Zündeinstellung, Kompression) und vor allem auch Klopferscheinungen erkennen.

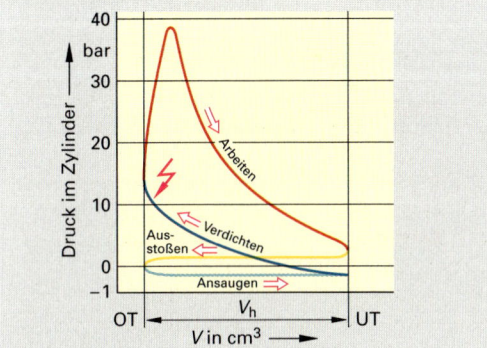

Bild 1: Tatsächliches p-V-Diagramm

2.1.4 Steuerdiagramm

Trägt man die Öffnungs- und Schließzeiten des Einlass- und Auslassventils in Grad der Kurbelwellenumdrehungen auf, so erhält man das Steuerdiagramm (**Bild 2**). Es gibt einen Überblick über die Steuerwinkel der Ventile und die Ventilüberschneidung.
Die Öffnungswinkel der Ventile und die Form der Steuerungsnocken werden durch Versuche für jeden Bautyp so festgelegt, dass der Motor die bestmögliche Leistung abgibt. Da dies über den gesamten Drehzahlbereich nicht möglich ist, werden Motoren mit verstellbaren Einlassnockenwellen ausgerüstet. Die Öffnung- und Schließwinkel der Einlassventile können um einen bestimmten Verstellwinkel verändert werden (**Variable Steuerzeiten**).
Die Steuerwinkel der einzelnen Motoren weichen voneinander ab, so dass es für jeden Motor ein eigenes Steuerdiagramm gibt, z. B. **Bild 2**.
In der Regel sind die Winkel vom Öffnen bis zum Schließen der Ventile um so größer, je höher die Betriebsdrehzahl des Motors ist.
Symmetrisches Steuerdiagramm. Die Winkel Eö vor OT und As nach OT sind gleich groß, ebenso die Winkel Aö vor UT und Es nach UT.

Unsymmetrisches Steuerdiagramm. Eines der beiden Winkelpaare ist ungleich.

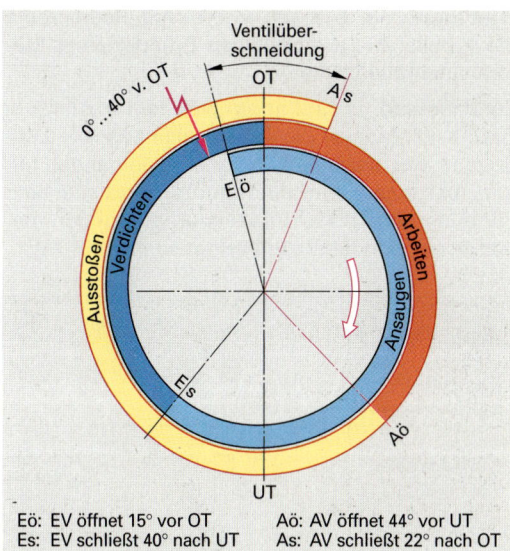

Eö: EV öffnet 15° vor OT   Aö: AV öffnet 44° vor UT
Es: EV schließt 40° nach UT   As: AV schließt 22° nach OT

Bild 2: Steuerdiagramm eines Otto-Viertaktmotors

2.1.5 Zylindernummerierung, Zündfolgen

Zylindernummerierung. Die Bezeichnung der einzelnen Zylinder eines Motors ist genormt. Die Zählung der Zylinder beginnt bei der Seite, die der Kraftabgabeseite gegenüberliegt. Bei V-, VR- und bei Boxermotoren beginnt man mir der linken Zylinderreihe und zählt jede Reihe durch (**Bild 3**).

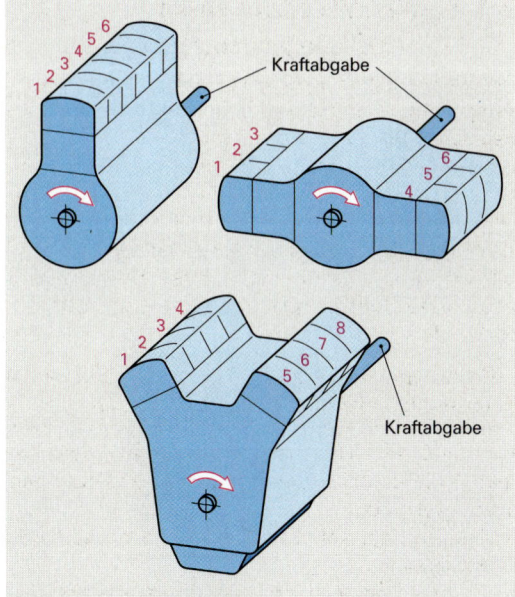

Bild 3: Zylindernummerierung

Zündfolge und Zündabstand bei Mehrzylindermotoren.

Zündfolge. Sie gibt an, in welcher Reihenfolge die Arbeitstakte der einzelnen Zylinder eines Motors aufeinander folgen.

Zündabstand. Er gibt an, in welchem Abstand in Grad Kurbelwinkel die Arbeitstakte bzw. die Zündungen der einzelnen Zylinder aufeinander folgen. Bei einem Einzylindermotor wird nur eine Zündung auf 2 Kurbelwellenumdrehungen benötigt, der Zündabstand beträgt somit 720° KW.

$$\text{Zündabstand} = \frac{720° \text{ KW}}{\text{Zylinderzahl}}$$

Je mehr Zylinder vorhanden sind, desto kleiner wird der Zündabstand, der Motorlauf wird ruhiger und das abgegebene Drehmoment gleichmäßiger. Der Zündabstand ergibt sich durch die entsprechende Zylinderanordnung und die dazu passende Lage der Kurbelkröpfungen **(Bild 1)**.

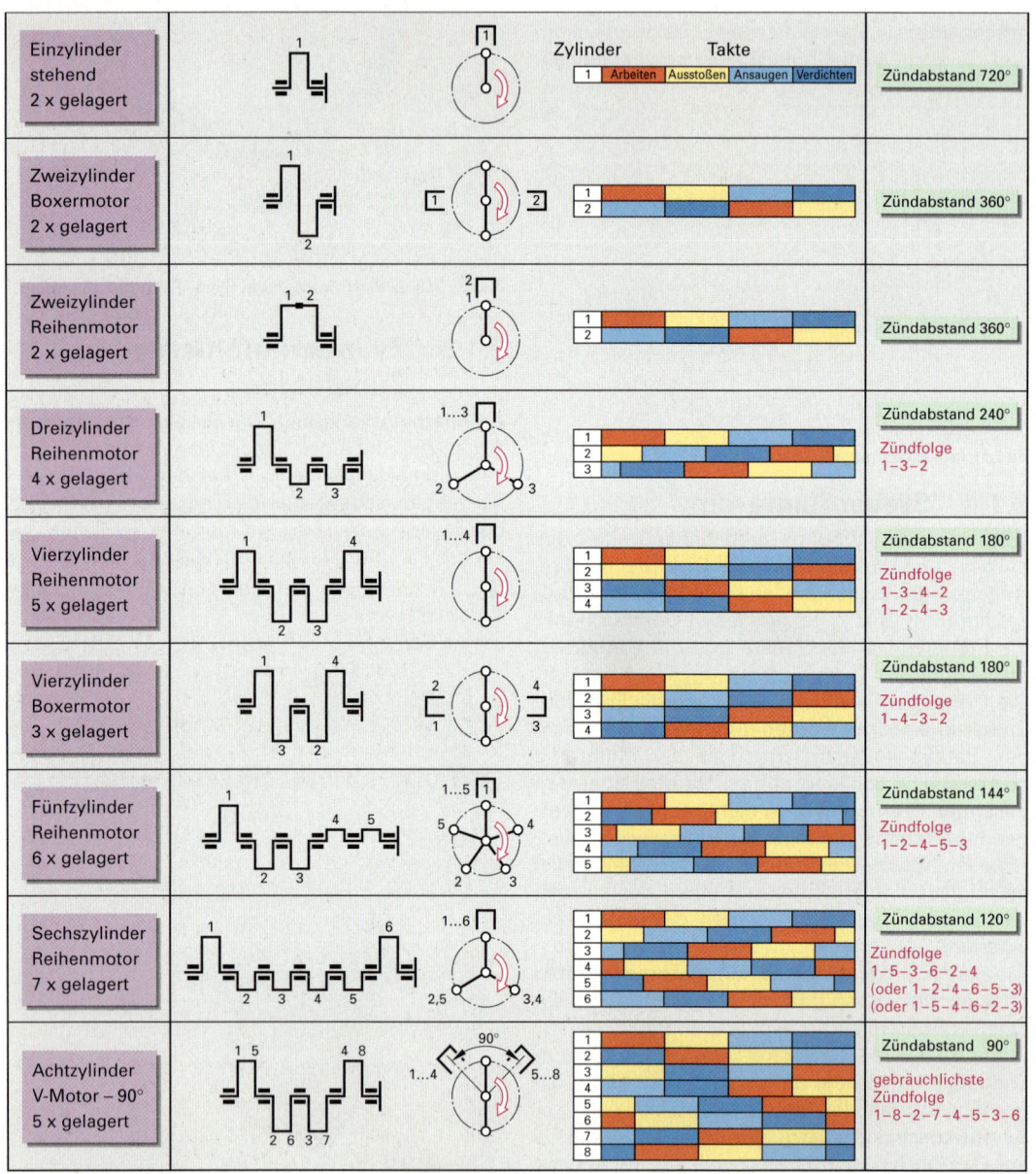

Bild 1: Kurbelwellen-Bauformen, Zünd- und Arbeitstaktfolgen

2.1.6 Motorkennlinien

Die Charakteristik eines Motors ergibt sich aus den auf dem Prüfstand ermittelten Messwerten für Leistung, Drehmoment und spezifischen Kraftstoffverbrauch. Trägt man diese Messwerte in einem Diagramm über den Drehzahlen auf, so ergeben die durch die entsprechenden Messpunkte gelegten Kurven die Kennlinien des Motors (**Bild 1**).

Man unterscheidet Vollastkennlinien und Teillastkennlinien.

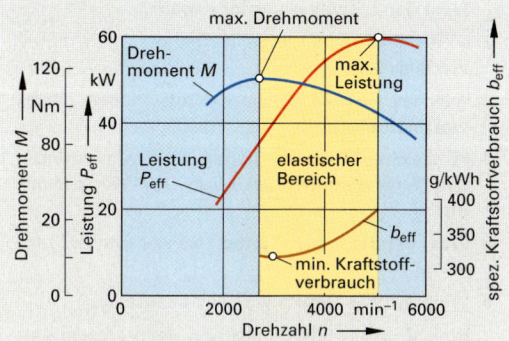

Bild 1: Volllast-Kennlinien eines Otto-Viertaktmotors

Volllastkennlinien. Der betriebswarme Motor wird bei voll geöffneter Drosselklappe auf einem Prüfstand abgebremst.

Unter Volllast versteht man die Belastung, die ein Motor überwinden kann, ohne dass die Drehzahl absinkt. Dabei steht jeweils die größtmögliche Kraftstoffmenge zur Verfügung. Die über den gesamten Drehzahlbereich bei verschiedener Last ermittelten Werte sind Grundlage für den Kurvenverlauf von Drehmoment, Leistung und spezifischem Kraftstoffverbrauch. Aus diesem Kurvenverlauf lassen sich das maximale Drehmoment, die maximale Leistung und der minimale Kraftstoffverbrauch bei zugeordneter Drehzahl ermitteln.

Teillastkennlinien. Da ein Motor im Alltagsbetrieb selten voll belastet wird, sind Messungen bei Teillast ebenso wichtig. Hierzu werden mehrere Versuchsreihen bei verschiedenen Drehzahlen durchgeführt, wobei die Drehzahl durch entsprechende Belastung der Bremse konstant gehalten wird, indem man die zugeführte Kraftstoffmenge durch Verstellen der Drosselklappe verändert.

Theoretisch müsste im gesamten Drehzahlbereich sowohl der Kraftstoffverbrauch als auch das Drehmoment gleichbleibend sein, da eigentlich immer die gleiche Energiemenge einer Zylinderfüllung die gleiche Drehkraft an der Kurbelwelle liefern müsste. Dementsprechend müsste die Leistung gleichmäßig mit der Drehzahl wachsen.

Ursachen für die Abweichung vom Idealzustand im **niedrigen Drehzahlbereich**
– Leerlaufverluste durch die Überwindung der Reibung des unbelastet laufenden Motors
– Wärmeverluste
– Luftmangel und schlechte Verwirbelung des Kraftstoff-Luft-Gemisches wegen niedriger Strömungsgeschwindigkeit

hohen Drehzahlbereich
– Füllungsverluste durch ansteigende Strömungswiderstände
– Füllungsverluste durch hohe Zylinderinnentemperaturen
– Reibverluste.

Vergaser haben stärker gekrümmte Drehmomentkurven als Einspritzmotoren, da die Ansaugquerschnitte kleiner gehalten werden müssen, um höhere Strömungsgeschwindigkeiten für die Kraftstoffzerstäubung zu erhalten. Besonders im hohen Drehzahlbereich wachsen dadurch die Strömungsgeschwindigkeiten stark an, es kommt zu Füllungsverlusten und zur Abnahme des Drehmomentes.

Elastischer Bereich. Er liegt zwischen maximalem Drehmoment und maximaler Leistung (**Bild 1**). Bei abnehmender Drehzahl wird die sinkende Leistung durch ein zunehmendes Drehmoment ausgeglichen.

Verbrauchskennfeld. Im Diagramm (**Bild 2**) wird das Drehmoment über der Drehzahl bei unterschiedlichem spezifischen Kraftstoffverbrauch dargestellt. Es entstehen Kurven mit konstantem spezifischen Kraftstoffverbrauch, die sich teilweise schließen.

Da die Kurven einer Muschel ähneln, nennt man sie auch **Muschelkurven**. Zusätzlich enthält das Diagramm noch Kurven mit konstanter Nutzleistung, aus denen man ersehen kann, dass der Motor dieselbe Nutzleistung bei völlig unterschiedlichem spezifischen Kraftstoffverbrauch erbringen kann.

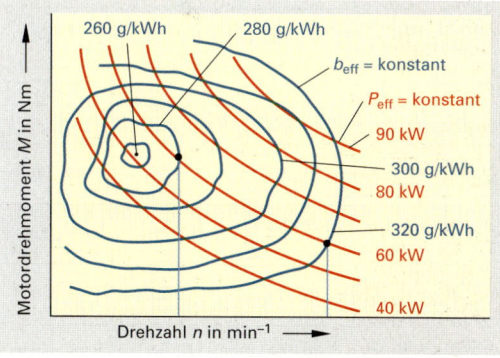

Bild 2: Verbrauchskennfeld, Muschelkurven

So kann der Motor im Diagramm die Leistung von 60 kW sowohl bei einem spezifischen Kraftstoffverbrauch von 320 g/kWh abgeben, als auch bei einem von 280 g/kWh und das bei zunehmendem Drehmoment.

2.1.7 Hubverhältnis, Hubraumleistung, Leistungsgewicht

Hubverhältnis. Es gibt das Verhältnis von Hub zu Bohrung an. Ist der Hub kleiner als die Bohrung, so ist es kleiner als 1. Es ist größer als 1, wenn der Hub größer als die Bohrung ist.

Kurzhubmotoren. Im Interesse einer langen Lebensdauer von Serienmotoren, sollte eine mittlere Kolbengeschwindigkeit von 16 m/s nicht überschritten werden. Um trotzdem hohe Drehzahlen zu erreichen, baut man Kurzhubmotoren. Bei ihnen ist das Hubverhältnis kleiner als 1 (0,9 ... 0,7).

Langhubmotoren. Das Hubverhältnis ist größer als 1 (1,1 ... 1,3). Man verwendet sie vorwiegend zum Antrieb von Nutzkraftwagen und Omnibussen. Durch die niedrigeren Drehzahlen werden hohe Laufleistungen und durch den größeren Kurbelradius größere Drehmomente erzielt.

Hubraumleistung. Schnelllaufende Motoren sind um so geeigneter für den Fahrzeugantrieb, je größer ihre Leistung im Verhältnis zum Hubraum und je geringer ihr Baugewicht im Verhältnis zur Leistung ist.

Um die einzelnen Motoren miteinander vergleichen zu können, wurden die Begriffe Hubraumleistung und Leistungsgewicht eingeführt **(Tabelle 1)**.

> Die Hubraumleistung gibt die größte Nutzleistung an, welche der Motor je Liter Hubraum hat.

> Das Leistungsgewicht des Motors gibt an, welches Baugewicht der Motor je 1 kW größter Nutzleistung hat.

> Das Leistungsgewicht des Fahrzeuges gibt an, welches Gewicht das Fahrzeug je 1 kW größter Nutzleistung hat.

WIEDERHOLUNGSFRAGEN

1. Von wem wurde der 1. Viertaktmotor und von wem der 1. Zweitaktmotor gebaut?
2. In welcher Reihenfolge laufen die Takte eines Viertaktmotors ab?
3. Welches Verdichtungsverhältnis haben Otto-Viertaktmotoren?
4. In welchen Grenzen liegen die Verdichtungs- und Verbrennungsdrücke von Otto-Viertaktmotoren?
5. Was versteht man unter Gleichraumverbrennung?
6. Was sagt das Gesetz von Gay-Lussac aus?
7. Welche Stoffe bilden sich bei der Verbrennung des Kraftstoff-Luft Gemisches?
8. Welche Ursachen hat das Klopfen von Ottomotoren?
9. Was versteht man unter Ventilüberschneidung?
10. Aus welchen Bauteilen besteht der Kurbeltrieb?
11. Welche Aufgabe hat die Motorsteuerung zu erfüllen?
12. Wie heißen die 4 Baugruppen des Ottomotors?
13. Welche Fehler lassen sich aus einem Arbeitsdiagramm ablesen?
14. Was versteht man unter einem symmetrischen Steuerdiagramm?
15. Wodurch unterscheiden sich die Kurzhubmotoren von Langhubmotoren?
16. Wie lautet eine Zündfolge eines 6-Zylinder-Reihenmotors?
17. Wie erfolgt die normgerechte Zylindernummerierung?
18. Was gibt die Hubraumleistung an?
19. Was gibt das Leistungsgewicht des Motors an?
20. Was versteht man unter der größten Nutzleistung eines Motors?
21. Was versteht man unter Volllastkennlinien eines Motors?
22. Warum ist das Drehmoment eines Ottomotors nicht über den gesamten Drehzahlbereich gleich groß?
23. Was versteht man unter dem elastischen Bereich eines Motors?

Tabelle 1: Hubraumleistung, Leistungsgewicht

Motorart	Hubraum-leistung	Leistungsgewicht des	
		Motors	Fahrzeugs
	kW/l	kg/kW	kg/kW
Ottomotoren Krafträder	30...100	0,5...3	2...9
Pkw	35...130	1,3...5	4...22
Rennwagen	...400	1...0,2	1,5...7
Dieselmotoren Pkw	20...50	1,8...5	12...25
Dieselmotoren Nkw	10...45	2,5...8	60...230
Ladermotoren Pkw-Diesel	30...70	1...4	9...20
Ladermotoren Nkw-Diesel	18...55	2...7	50...210

2.1.8 Kolben

Aufgaben
- Verbrennungsraum gegen das Kurbelgehäuse beweglich abdichten
- den bei der Verbrennung entstehenden Gasdruck aufnehmen und über die Pleuelstange als Drehkraft an die Kurbelwelle weitergeben
- die von den Verbrennungsgasen an den Kolbenboden abgegebene Wärme zum größten Teil an die Zylinderwand weiterleiten
- Steuerung des Gaswechsels bei Zweitaktmotoren.

Beanspruchung

Kolbenkraft. Der bei Ottomotoren auf den Kolbenboden wirkende Verbrennungsdruck bis zu 60 bar ergibt bei einem Kolbendurchmesser von 80 mm eine Kolbenkraft bis zu 30 000 N. Auf den Kolbenschaft wirkt dabei ein Seitendruck bis zu 0,8 N/mm², die Bolzennaben werden vom Kolbenbolzen mit einer Flächenpressung bis zu 60 N/mm² beansprucht.

Seitenkraft. Der Kolben wird wechselseitig an die Zylinderwand gedrückt. Dies verursacht Kolbenkippen und damit Geräusche. Es kann verringert werden z.B. durch kleineres Kolbenspiel, größere Schaftlänge und Desachsierung des Kolbenbolzens.

Desachsierung heißt, dass die Achse des Kolbenbolzens um etwa 0,5 mm bis 1,5 mm aus der Kolbenmitte nach der druckbelasteten Seite versetzt ist **(Bild 1)**. Der Kolben wechselt dabei seine Anlageseite schon bei dem sich langsam aufbauenden Kompressionsdruck vor OT und nicht erst bei dem schlagartig auftretendem Verbrennungsdruck kurz nach OT.

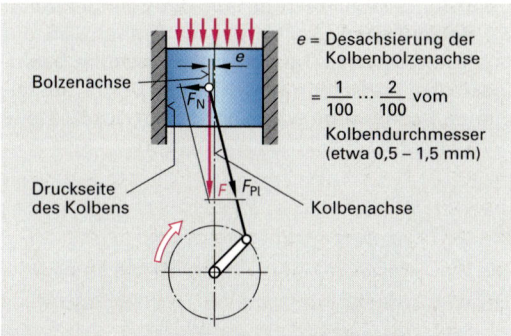

Bild 1: Kräfte am Kolben mit desachsiertem Bolzen

Reibungskraft. Kolbenschaft, Kolbenringnuten und Bolzennaben werden durch Reibung beansprucht. Verringerung von Reibung und Verschleiß durch entsprechende Werkstoffauswahl, sorgfältige Bearbeitung der Gleitflächen und ausreichende Schmierung.

Wärme. Durch die Verbrennung des Kraftstoff-Luft-Gemisches entstehen im Zylinder Temperaturen bis zu 2 500°C. Ein großer Teil der Wärme wird über den Kolbenboden, die Kolbenringzone und die Kolbenringe an den gekühlten Zylinder abgegeben. Auch das Schmieröl führt Wärme ab. Trotzdem beträgt bei Leichtmetallkolben die Betriebstemperatur am Kolbenboden noch 250°C bis 350°C und am Kolbenschaft bis 150°C **(Bild 2)**.

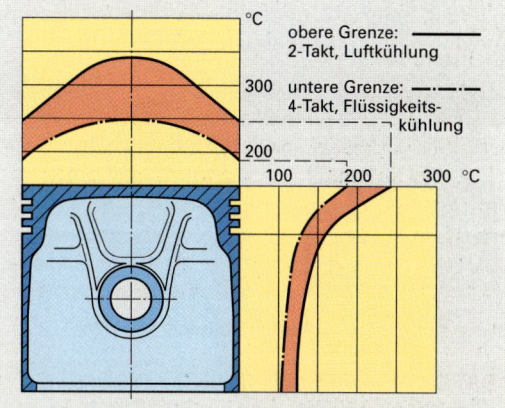

Bild 2: Betriebstemperaturen am Kolben

Die Erwärmung verursacht eine Dehnung des Werkstoffes, die zum Fressen der Kolben führen kann. Durch geeignete Formgebung (z. B. kegelige Ringzone, ovaler Kolbenquerschnitt) muss die unterschiedliche Wärmedehnung an den verschiedenen Stellen des Kolbens ausgeglichen werden.

Kaltspiel. In kaltem Zustand ist deshalb, wie in **Bild 3** dargestellt, das Spiel zwischen Kolben und Zylinder unterschiedlich groß. So ist z. B. am Schaftende das Spiel in Bolzenrichtung 0,088 mm, während es 90° zur Bolzenrichtung nur 0,04 mm beträgt. Dieses kleinste Spiel ist das **Ein-**

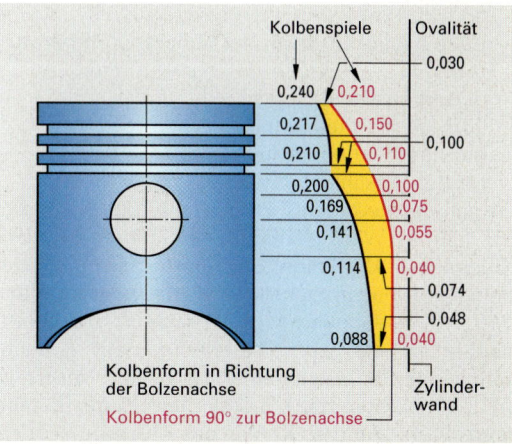

Bild 3: Kolbenformen mit Einbauspielen

bauspiel, da der Kolben an dieser Stelle seinen größten Durchmesser hat. Kolbenboden und Ringzone sind hohen Temperaturen ausgesetzt und dehnen sich deshalb stärker aus als der Schaft, so dass die Kolbenspiele über die gesamte Kolbenlänge unterschiedlich groß sein müssen. Dies erreicht man, indem man den Kolben oval und nicht rund, sowie ballig oder kegelig, aber nicht zylindrisch macht (**Bild 1**). Die Spielunterschiede z. B. 0,088 mm – 0,04 mm = 0,048 mm in **Bild 3**, Seite 243, geben die Ovalität in dem entsprechenden Kolbenbereich an.

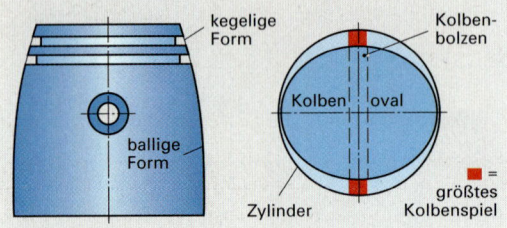

Bild 1: Kolbenform in kaltem Zustand

Das Einbauspiel ist die Differenz zwischen Zylinderdurchmesser und größtem Kolbendurchmesser.

Warmspiel. Bei Betriebstemperatur nimmt der Kolben in etwa eine zylindrische Form an, wobei sich das Kolbenspiel verkleinert. Die Größe des Warmspieles lässt sich nicht angeben, da sich der Kolben durch die auf ihn einwirkenden Kräfte verformt. Auf jeden Fall muss auch bei kurzzeitiger Überschreitung der zulässigen Temperaturen noch eine Spielreserve vorhanden sein.

Kolbenwerkstoffe

Durch die verschiedenen Arten der Beanspruchung werden folgende Eigenschaften verlangt:
– Geringe Dichte (kleinere Beschleunigungskräfte)
– hohe Festigkeit (auch bei höheren Temperaturen)
– gute Wärmeleitfähigkeit
– geringe Wärmedehnung
– geringer Reibungswiderstand
– großer Verschleißwiderstand.

Wegen der geringen Dichte ($\varrho \sim 2{,}7$ kg/dm^3) und der hohen Wärmeleitfähigkeit verwendet man Kolben aus Aluminium-Silicium-Legierungen. Je höher der Siliciumgehalt ist, desto geringer werden die Wärmedehnung und Verschleiß, die Bearbeitbarkeit bei der Herstellung wird jedoch schwieriger. Im Allgemeinen reicht der Werkstoff AlSi12CuNi aus. Bei höherer thermischer Belastung verwendet man Kolben aus AlSi18CuNi oder AlSi25CuNi.

Die Herstellung der Kolben erfolgt im Kokillenguss, Kolben, die besonders hohe Drücke auszuhalten haben, werden gepresst (geschmiedet).

Aufbau und Abmessungen

Am Kolben (**Bild 2** und **Bild 3**) unterscheidet man: Kolbenboden, Kolbenringzone, Kolbenschaft und Bolzennaben (Bolzenaugen).

Kolbenboden. Er ist entweder eben oder leicht nach innen bzw. nach außen gewölbt. Durch Einbau einer Verbrennungsmulde in den Kolbenboden, kann der Verdichtungsraum teilweise in den Kolben verlagert werden. Die Form des Kolbenbodens wird auch von der Form des Verdichtungsraumes und der Anordnung der Ventile beeinflusst.

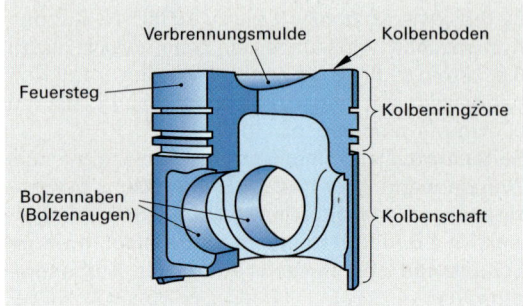

Bild 2: Aufbau des Kolbens

Feuersteg. Er soll den obersten Kolbenring vor zu großer Erwärmung schützen. Der stark abgerundete Übergang in die **Kolbenringzone** im Innern des Kolbens versteift den Kolbenboden und begünstigt die Wärmeabfuhr. Der **Kolbenschaft** dient zur Führung des Kolbens im Zylinder. Er überträgt die Seitenkräfte auf die Zylinderwand. Die **Bolzennaben** übertragen die Kolbenkraft auf den Kolbenbolzen. Die **Kompressionshöhe** beeinflusst das Verdichtungsverhältnis. Durch ausreichende **Schaftlänge** wird das Kippen des Kolbens beim Seitenwechsel gering gehalten.

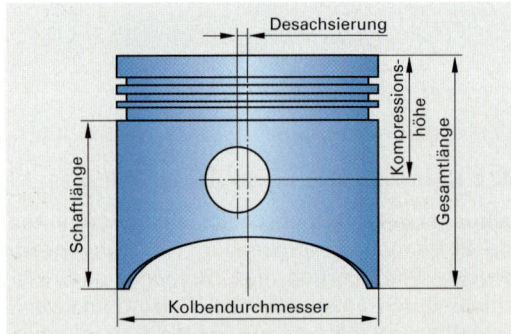

Bild 3: Hauptabmessungen am Kolben

Kolbenbauarten

Einmetallkolben. Es sind gegossene oder gepresste Vollschaftkolben für Otto- und Dieselmotoren und Kolben für Zweitaktmotoren **(Bild 1)**, die nur aus einem Werkstoff, z. B. AlSi-Legierung bestehen. Bei hohen Verbrennungsdrücken z. B. beim Dieselmotor werden Kolbenboden, Kolbenringzone und der Übergang zum Schaft stärker ausgeführt.

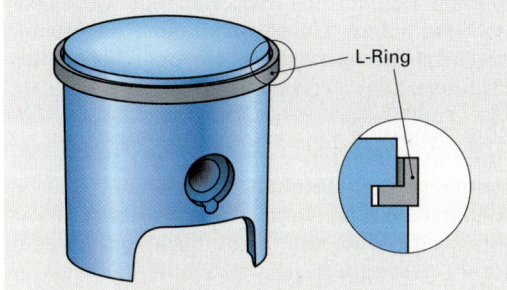

Bild 1: Einmetallkolben (Zweitaktkolben)

Regelkolben. Sie haben Einlagen aus Stahl z. B. Ringstreifen, Stahlstreifen **(Bild 2)** oder Segmentstreifen, die in das Leichtmetall eingegossen sind. Bei Erwärmung des Kolbens können sie die Wärmeausdehnung behindern oder in eine bestimmte Richtung lenken (Bimetallwirkung). Durch die bessere Anpassung des Kolbens im kalten und betriebswarmen Zustand wird bei kleinem Einbauspiel gutes Laufverhalten und Geräuschminderung erzielt.

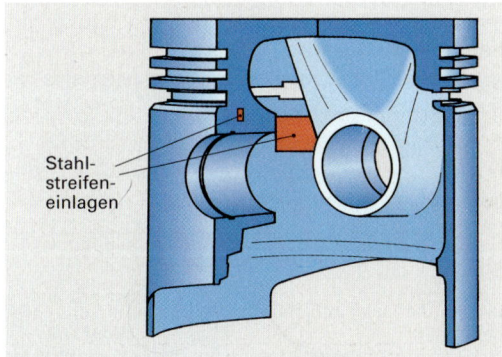

Bild 2: Regelkolben (Stahlstreifenkolben)

Bimetallwirkung (Bild 3). Die verschiedene Ausdehnung von Stahl und Leichtmetall bei Wärmeeinwirkung hat eine Krümmung des im Kolben eingegossenen Stahlstreifens zu Folge, was wiederum zu einer Vergrößerung des Kolbendurchmessers führt. Durch Einbau der Stahlstreifen im Bereich der Bolzennaben wird die Ausdehnung hauptsächlich in Richtung der Kolbenbolzenachse gelenkt, wobei sich der Kolbendurchmesser in Druckrichtung (senkrecht zur Bolzenachse) kaum verändert. Durch ovale Bearbeitung des Kolbens im Bereich der Bolzennaben kann die Wärmeausdehnung ausgeglichen werden.

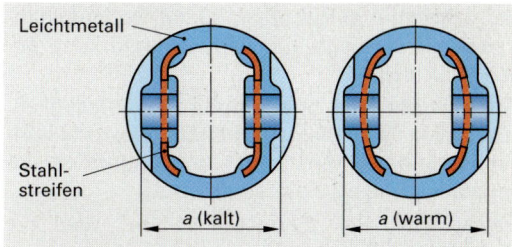

Bild 3: Bimetallwirkung am Stahlstreifenkolben

Ölgekühlte Kolben. Aufgeladene Motoren werden zunehmend mit ölgekühlten Kolben ausgerüstet. Um große Wärmebelastungen (über 250°C in der obersten Kolbenringnut) zu vermeiden, wird entweder die Innenkontur des Kolbens mit Öl angespritzt, oder der Kolben erhält einen eingegossenen Kühlkanal, der über eine Zulaufbohrung mit Öl versorgt wird **(Bild 4)**. Über eine Standdüse wird vom Kurbelgehäuse aus Öl in die Zulaufbohrung gespritzt. Durch die „Shakerwirkung" des auf- und abgehenden Kolbens wird das Öl durch den Kühlkanal gedrückt.

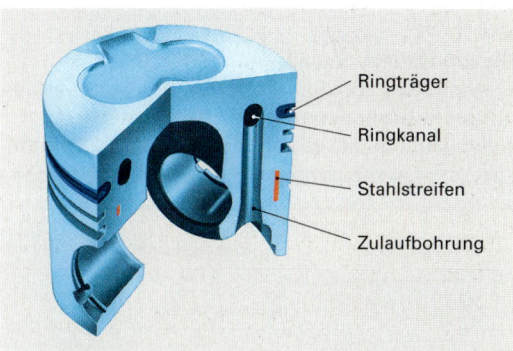

Bild 4: Kühlkanalkolben

Laufflächenschutz

Durch Schutzschichten auf den Kolbenlaufflächen kann der Motor während der Einlaufzeit höher belastet werden, da die Reibung herabgesetzt wird. Bei vorübergehend gestörter Schmierung werden Kolbenfresser durch Notlaufeigenschaften vermieden.

Zinnschicht. In einem Zinnsalz-Bad schlägt sich das Zinn auf dem Leichtmetallkolben nieder. Trotz geringer Dicke der Zinnschicht ergeben sich gute Gleiteigenschaft.

Bleischicht. Sie bietet den Vorteil des höheren Schmelzpunktes (327°C) gegenüber dem des Zinns (232°C) und wird deshalb am häufigsten verwendet.

Grafitschicht. Sie wird in einer Stärke von 0,02 bis 0,04 mm aufgespritzt. Gute Notlaufeigenschaften und ausgezeichnete Schutzwirkung gegen Verschleiß.

Eloxalschicht. Sie bringt hohe Abriebfestigkeit, aber keine Notlaufeigenschaften. Eloxierte Kolbenböden bewähren sich bei hoher Wärmebeanspruchung und als Korrosionsschutz.

Eisenschicht. Bei „Ferrocoat-Kolben" wird die Oberfläche des Schaftes verkupfert und anschließend mit einer 0,03 mm starken Eisenschicht versehen, deren Härte etwa der einer Chromschicht entspricht. Eine dünne Zinnschicht über der Eisenschicht dient als Korrosionsschutz. Ferrocoat-Kolben werden vor allem in Alusil-Zylindern eingesetzt.

Kolbenringe

Man unterscheidet zwischen Verdichtungsringen (Kompressionsringen) und Ölabstreifringen **(Tabelle 1)**.

Verdichtungsringe. Sie übernehmen die
– Feinabdichtung des Kolbens im Zylinder gegenüber dem Kurbelgehäuse
– Wärmeableitung vom Kolben zum gekühlten Zylinder.

Ölabstreifringe. Sie übernehmen das
– Abstreifen des überschüssigen Schmieröles von der Zylinderwand
– Rückführen dieses Schmieröles in die Ölwanne.

Eigenschaften
Kolbenringe müssen elastisch sein und dürfen beim Überstreifen über den Kolben sowie beim Zusammendrücken auf das Nennmaß ihre Form nicht bleibend verändern. Der Anpressdruck an die Zylinderwand wird während des Betriebes noch durch die Gaskräfte hinter den Ringen beachtlich verstärkt.

Werkstoffe
Normale Kolbenringe bestehen aus Gusseisen und vergütetem Gusseisen, hochbeanspruchte aus Gusseisen mit Kugelgrafit oder hochlegiertem Stahl.

Schutzschichten
Phosphat oder Zinn verbessern die Gleiteigenschaften und erleichtern das Einlaufen.
Molybdän wird im Flamm- oder Plasmaspritzverfahren auf die Kolbenringlauffläche aufgetragen u. z. in gekammerter Form, wobei die scharfen Ringkanten erhalten bleiben oder als ganzflächiger Überzug. Durch die gute Wärmeleitfähigkeit, den hohen Schmelzpunkt von 2 620°C und die guten Notlaufeigenschaften verhindert die Molybdän-Schicht weitgehend das Fressen der Ringe (Brandspurbildung). Galvanisch hartverchromte Ringe widerstehen Korrosion und Verschleiß, sie werden besonders als oberste Kolbenringe, die am schlechtesten geschmiert sind, eingesetzt. Bei hartverchromten Zylinderlaufflächen dürfen sie nicht eingesetzt werden, da sich sonst schlechte Laufeigenschaften ergeben.
Um die Reibungswiderstände zu vermindern, verwendet man bei Zweitaktmotoren häufig nur einen Kolbenring, einen L-Ring.

Tabelle 1: Kolbenringe

Kolbenringform Querschnitt	Bezeichnung	Kurzzeichen	Einbauvorschrift	Zweck der Form
	Rechteckring (Kompressionsring)	R	In beiden Richtungen möglich	Einfache Herstellung
	Minutenring	M	Mit „Top" bezeichnete Ringflanke in Richtung Kolbenboden	Beschleunigung des Einlaufvorganges (meist in der obersten Nut)
	Trapezring (einseitig)	Tr	Konische Ringflanke in Richtung Kolbenboden	Verhinderung des Festwerdens in der Nut
	L-Ring	LR	Großer innerer Ring-⌀ in Richtung Kolbenboden bzw. Ringoberkante = Kolbenbodenkante	Verstärkter Anpressdruck durch Verbrennungsgase
	Nasenring	N	Ausgedrehter Winkel in Richtung Schaftende	Zusätzliche Ölabstreifwirkung
	Ölschlitzring (normal)	O	In beiden Richtungen möglich	Abstreifwirkung mit Öldurchlass zum Kolbeninneren
	Schlauchfeder-Ölring (Dachfasenring)	SF	In beiden Richtungen möglich	Höherer Anpressdruck, bessere Abstreifwirkung

Kolbenbolzen und Kolbenbolzen-Sicherungen

Kolbenbolzen. Er verbindet Kolben und Pleuelstange. Seine schnelle Hin- und Herbewegung mit dem Kolben zusammen verlangt eine geringe Masse.

Um die Beschleunigungskräfte zu vermindern, werden Kolbenbolzen mit einer Bohrung versehen. Die schlagartig wechselnde Belastung macht eine hohe Wechselfestigkeit und Zähigkeit des Bolzenwerkstoffes erforderlich. Das geringe Spiel in den Bolzennaben und im Pleuelauge verlangt große Oberflächengüte (Läppen) und Formgenauigkeit, die schlechten Schmierbedingungen erfordern eine große Randschichthärte, um den Verschleiß zu vermindern.

Wichtige Bauformen von Kolbenbolzen (**Bild 1**) sind:
- Bolzen mit durchgehender zylindrischer Bohrung (Normalform)
- Bolzen mit kegelig aufgeweiteten Bohrungsenden (Gewichtsreduzierung)
- Bolzen mit in der Mitte oder an einem Ende geschlossener Bohrung zur Vermeidung von Spülverlusten bei Zweitakt-Motoren.

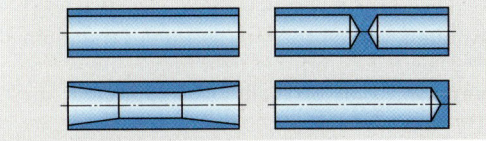

Bild 1: Bauformen von Kolbenbolzen

Werkstoffe für Kolbenbolzen sind Einsatz- und Nitrierstähle.
Für normale Beanspruchung genügt die Verwendung des Einsatzstahles Ck 15, für höher beanspruchte Otto- und Dieselmotoren verwendet man die Einsatzstähle 17Cr3, 16MnCr5 und 31 CrMo12.
Für höchste Beanspruchung und größte Randschichthärte kommen Nitrierstähle wie 31CrMo12 und 31CrMoV9 zum Einsatz.

Kolbenbolzen-Sicherungen (Bild 2). Bei schwimmender Lagerung des Kolbenbolzens in den Naben des Kolbens sollen die Sicherungen verhindern, dass sich der Bolzen verschiebt und die Zylinderwand beschädigt.

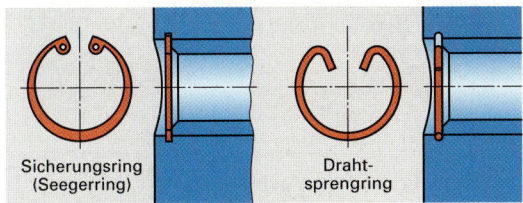

Bild 2: Kolbenbolzensicherungen

Die Sicherungen bestehen aus radial federnden Stahlringen (Seegerring, Drahtsprengring), die in die entsprechenden Rillen der Bolzennaben eingesetzt werden. Zur leichteren Montage sind bei den Seegerringen Augen mit Bohrungen für die Montagezange angebracht, während bei den Drahtsprengringen die Enden hakenförmig umgebogen sind.

Kolbenschäden

Kolbenschäden können durch unsachgemäße Behandlung der Kolben beim Zusammenbau und beim Einbau in den Motor entstehen, z. B. Zylinderverzug durch ungleichmäßig angezogene Zylinderkopfschrauben, zu enge Passung des Kolbenbolzens im Pleuelauge, Unebenheiten an Zylinderbuchsen.

Kolbenschäden können außerdem folgende Ursachen haben:
- Glühzündungen. Verwendung von Kraftstoff mit zu geringer Oktanzahl, Zündkerzen mit falschem Wärmewert
- Klopfende Verbrennung. Ungeeigneter Kraftstoff, zu hohes Verdichtungsverhältnis durch Verwendung einer falschen Zylinderkopfdichtung, zu früher Zündzeitpunkt, zu mageres Gemisch, Motorüberhitzung
- Verbrennungsstörungen bei Dieselmotoren durch Zündverzug, unvollkommene Verbrennung und nachtropfende Düsen
- Ungenügende oder fehlende Schmierung
- Überhitzung durch mangelhafte Motorkühlung, Spätzündung und übermäßige Kraftstoffzufuhr.

Ausgewählte Schadensbilder

1. Kolbenfresser mit Schwerpunkt am Kolbenschaft (Trockenlauffresser **Bild 3**). Der Kolbenschaft ist ringsum gefressen, die Fressstellen sind an der dunklen Färbung erkennbar, die Ringzone kann durch hochgeschmiertes Kolbenmaterial beschädigt werden.
Ursachen: Die Schmierung zwischen Kolben und Zylinder ist durch starke Überhitzung des Motors zusammengebrochen.

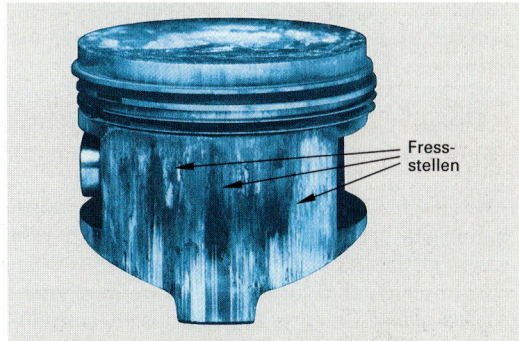

Bild 3: Trockenlauffresser am Kolbenschaft

Dies kann zurückgeführt werden auf Störungen im Kühlsystem (Kühlflüssigkeitsverlust, Ablagerungen in den Kühlkanälen, fehlerhafter Thermostat) oder Spätzündung.

2. Loch im Kolbenboden (Bild 1). Ein Teil des Materials ist herausgeschmolzen, ein größerer Teil ist trichterförmig nach unten erweitert durchgebrochen (erkennbar an der Unterseite des Kolbenbodens). Der Schaft und die Ringzone sind meist unbeschädigt (keine Fressspuren).
Ursachen: Innerhalb weniger Sekunden heizt sich der Kolbenboden durch Glühzündung örtlich bis zum Schmelzpunkt auf. Die Verbrennungsgase tragen die weichgewordene Masse ab, die Festigkeit an dieser Stelle nimmt ab, so dass der Verbrennungsdruck den restlichen Boden trichterförmig nach innen durchdrückt.

Bild 1: Loch im Kolbenboden

Werkstattarbeiten

Überprüfen von Kolbendurchmesser und Einbauspiel

Die Kolbenfirmen liefern einbaufertige Kolben, auf deren Kolbenboden der größte Schaftdurchmesser (Kolbendurchmesser) in mm (z. B. 84,00) angegeben ist **(Bild 2)**. Er wird am Schaftende, senkrecht zur Bolzenachse, gemessen.

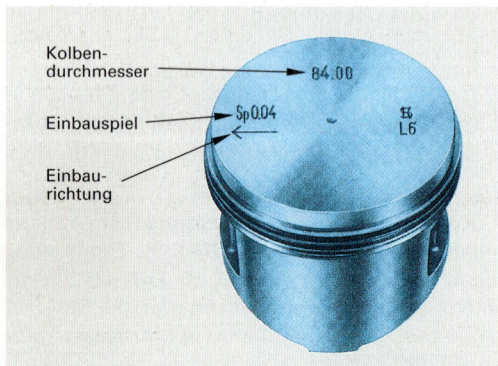

Bild 2: Einbauhinweise am Kolbenboden

Das Einbauspiel, das ebenfalls auf dem Kolbenboden eingeschlagen ist (z. B. 0,04), gibt die Differenz zwischen Zylinder- und Kolbendurchmesser in mm bei 20°C an.

$$\text{Kolbendurchmesser} + \text{Einbauspiel} = \text{Zylinderdurchmesser}$$

Als Ausschleifmaße für Zylinder werden je nach Bauart vier Übermaße von 0,5 mm zu 0,5 mm steigend (bei Mopedzylindern von 0,25 mm zu 0,25 mm steigend) für jeden Zylinderdurchmesser festgelegt. Entsprechend gibt es 4 Übermaßkolben.

Montage der Kolbenringe

Kolbenringe werden im Kolben eingebaut geliefert. Sollen einzelne Kolbenringe eingesetzt werden, so ist auf den richtigen Ringtyp zu achten und dass die mit „TOP" oder „oben" bezeichnete Ringflanke gegen den Kolbenboden zeigt. Immer eine Kolbenringzange benützen **(Bild 3)**. Keine verchromten Ringe in verchromten Zylindern verwenden. Axiales Spiel in den Ringnuten, größer als 0,025 mm bis 0,04 mm je nach Kolbenart, kann zum Verkanten und „Pumpen" der Kolbenringe führen, d. h. die Ringe wirken bei stark ausgeschlagener Ringnut wie Pumpen, die das Öl in den Verbrennungsraum fördern. Kolbenringe sollen auch bei eingebautem Kolben noch ein Stoßspiel von 0,2 mm bis 0,3 mm haben, da sie sonst in ihrer Federwirkung behindert sind. Ist das Spiel zu groß, so treten Gasverluste auf. Das Spiel kann mit einer Lehre geprüft werden, wenn man die Ringe probeweise in eine Zylinderbohrung einlegt.

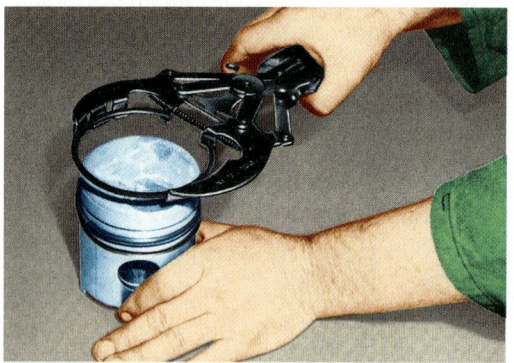

Bild 3: Kolbenringmontage mit Spezialzange

Die Montage des Kolbenbolzens ist im Kapitel „Pleuelstange" beschrieben.

Montage der Kolbenbolzen-Sicherungen

Kolbenbolzen-Sicherungen dürfen nur mit Montagezangen eingebaut werden, damit keine Beschädigung der Bolzenbohrung stattfindet. Beim Zusammendrücken der Sicherungsringe muss vorsichtig vorgegangen werden, damit sich diese nicht bleibend verformen und ihre Vorspannung und festen Sitz verlieren. Die Sicherungsringe sind richtig eingebaut, wenn ihre offene Stelle genau oben oder genau unten in der Kolbenbolzennabe steht. Um den festen Sitz der Ringe in der Nut zu prüfen, wird eine Verdrehprobe mit einem Schraubendreher gemacht, wobei ein erheblicher Widerstand zu spüren sein muss. Alte, ausgebaute Sicherungsringe nicht mehr verwenden.

Einbau des Kolbens

Kolben, wenn nötig, mit eingebauten Ringen gründlich mit sauberem Waschbenzin reinigen, mit Druckluft trocknen und danach alle Gleitflächen gut einölen. Durch Schmutz können Kolbenschäden entstehen! Auf ausreichendes Spiel zwischen Kolbenbolzennaben und Pleuelauge achten, damit der Kolben nicht einseitig an die Zylinderwand angedrückt wird.

Pleuelauge und Pleuellager müssen achsparallel sein. Zylinderblock bzw. Zylinder sorgfältig reinigen, bevor die Kolben eingebaut werden. Beim Einführen des gut geölten Kolbens in den Zylinder sind die Kolbenringe mit einer Ringmanschette **(Bild 1)** zusammenzudrücken, um sie vor Beschädigung zu schützen.

Vorher werden die Ringstöße um jeweils 180° auf dem Kolbenumfang versetzt angeordnet.

Bei richtigem Einbau des Kolbens muss sich am Kolbenboden in Bolzenrichtung zwischen Kolben und Zylinder auf beiden Seiten der gleiche Zwischenraum ergeben. Die Nachprüfung erfolgt mit einer Fühlerlehre (Spion), zugleich als Kontrolle für das richtige Auswinkeln des Pleuels.

Bild 1: Einsetzen des Kolbens in den Zylinder

Einbaurichtung des Kolbens

Kolben mit aus der Mitte versetzter Bolzenachse müssen so eingebaut werden, dass der Kolbenbolzen auf die Druckseite versetzt ist. Bei diesen Kolben und auch bei Kolben mit besonderen Kolbenbodenformen wird zur Anzeige der Einbaurichtung ein Pfeilzeichen im Kolbenboden angebracht, das meist in Fahrtrichtung weist **(Bild 2, Seite 248)**. Das Pfeilzeichen wird auch ersetzt durch die Bezeichnung „vorn", „Front" oder ein Kurbelwellensymbol (bei quer eingebauten Motoren oder Heckmotoren).

WIEDERHOLUNGSFRAGEN

1. Welche Beanspruchungen hat ein Kolben beim Betrieb auszuhalten?
2. Wodurch wird Kolbenkippen vermindert?
3. Welche Anforderungen werden an einen Kolbenwerkstoff gestellt?
4. Erklären Sie die Bimetallwirkung an Stahlstreifenkolben.
5. Warum werden Kolbenlaufflächen mit Schutzschichten versehen?
6. Welche Schutzschichten können für Kolbenringe verwendet werden?
7. Warum werden Kolbenbolzen in der Randschicht gehärtet?
8. Wie wird der Kolbendurchmesser ermittelt?
9. Was versteht man unter dem Einbauspiel?
10. Worauf ist beim Einsetzen einzelner Kolbenringe zu achten?
11. Was bedeutet „Pumpen" von Kolbenringen?
12. Welche Vorteile besitzt ein L-Ring und wo wird er eingebaut?
13. Welche Aufgaben haben Kobenbolzen-Sicherungen?
14. Welche Ursachen können Kolbenschäden haben?
15. Worauf ist beim Einführen des Kolbens in den Zylinder zu achten?
16. Warum muss zwischen Kolbenbolzennaben und Pleuelauge ausreichendes Spiel sein?
17. Worauf ist beim Einbau von Kolben mit versetzter Bolzenachse zu achten?
18. Was versteht man beim Kolben unter der Kompressionshöhe?
19. Aus welchem Werkstoff werden Kolbenbolzen gefertigt?
20. Wie kann das Stoßspiel von Kolbenringen überprüft werden?

2.1.9 Pleuelstange

Aufgaben
- Kolben mit der Kurbelwelle verbinden
- geradlinige Bewegung des Kolbens in eine Drehbewegung der Kurbelwelle umwandeln
- Kolbenkraft auf die Kurbelwelle übertragen und dort ein Drehmoment bewirken.

Beanspruchungen
- Druckkräfte in Längsrichtung infolge des Gasdrucks auf den Kolbenboden
- Beschleunigungskräfte in Form von Zug- und Druckkräften in Längsrichtung infolge dauernd wechselnder Kolbengeschwindigkeit
- Biegekräfte im Pleuelschaft infolge dauernder Pendelbewegung um die Kolbenbolzenachse
- Beanspruchung auf Knickung durch die großen Druckkräfte.

Die Pleuelstange muss große mechanische Festigkeit aufweisen. Ihre Masse soll klein sein, um die Massenkräfte klein zu halten.

Pleuelstangenwerkstoffe

Pleuelstangen (Bild 1) werden hergestellt aus legiertem Vergütungsstahl, der im Gesenk geschmiedet wird, oder aus legiertem Stahlpulver als Sinterschmiedeteil **(Bild 2)**. Es gibt auch Pleuelstangen aus Gusseisen mit Kugelgraphit oder aus Temperguss.

Sintergeschmiedete Pleuelstangen **(Bild 2)** haben bessere mechanische Eigenschaften als gesenkgeschmiedete Pleuelstangen. Ihre Querschnitte können daher kleiner sein und ihr Gewicht dadurch geringer. Eine Auswahl nach Gewichtsklassen ist bei der Motormontage nicht erforderlich, da Gewichtstoleranzen praktisch nicht auftreten.

Sintergeschmiedete Pleuelstangen werden zunächst einteilig hergestellt. Die Trennfläche zwischen dem Pleuelfuß und dem Pleueldeckel wird nicht spanend erzeugt, sondern entsteht durch eine spezielle Bruchtechnik **(Bild 2)**. An der noch einteiligen Pleuelstange wird eine Sollbruchstelle eingeritzt. Anschließend wird mittels halbrunder Formstücke in der Pleuelbohrung der Pleueldeckel hydraulisch abgesprengt (gecrackt). Die körnige Bruchfläche ist charakteristisch für jede Pleuelstange und gewährleistet bei der Montage einen präzisen Sitz des Pleueldeckels auf dem Pleuelfuß.

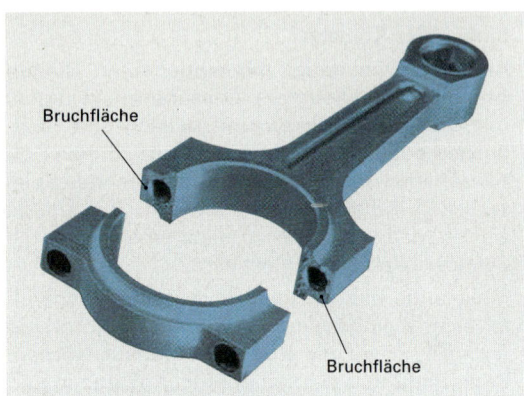

Bild 2: Pleuelstange in Bruchtechnik

Aufbau

Pleuelauge, auch Pleuelkopf genannt. Es nimmt den Kolbenbolzen auf. Ist der Kolbenbolzen schwimmend gelagert, so ist in das Pleuelauge eine Buchse, meist aus einer Kupferlegierung (CuPbSn), eingepresst. Soll der Kolbenbolzen mit Schrumpfsitz im Pleuelauge festsitzen, so wird er unmittelbar in das Pleuelauge eingeschrumpft.

Pleuelschaft. Er verbindet das Pleuelauge mit dem Pleuelfuß. Zur Erhöhung der Knickfestigkeit hat der Querschnitt meist Doppel-T-Form.

Pleuelfuß. Zusammen mit dem Pleueldeckel umschließt er das Pleuellager, welches als geteiltes Gleitlager ausgebildet ist. Der Pleueldeckel ist meist mit Dehnschrauben auf dem Pleuelfuß befestigt.

Lagerung der Pleuelstange auf der Kurbelwelle. Sie erfolgt, wie die Lagerung der Kurbelwelle im Kurbelgehäuse, in Mehrschichtlagerschalen **(Bild 1**, Seite 254). Sie sind gegen Verschieben und Verdrehen durch Haltestifte oder Haltenasen gesichert **(Bild 1)**.

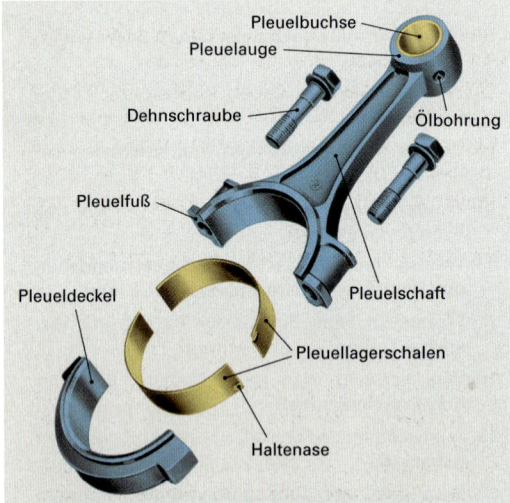

Bild 1: Pleuelstange mit Lagerschalen

Lagerspiel. Es wird vom Hersteller vorgeschrieben. Das Lagerspiel kann durch Ausmessen von Pleuellager und Kurbelzapfen bestimmt oder mit Plastigage ermittelt werden (**Bild 2**, Seite 254).

Ein- und Zweizylindermotoren haben anstelle der Gleitlager meist Wälzlager. Hier wird der Pleuelfuß nicht geteilt, sondern die Kurbelwelle aus einzelnen Teilen zusammengesetzt. Wälzlager sind anspruchsloser in der Schmierung.

Schmierung des Pleuellagers. Sie erfolgt durch Motoröl, welches dem Kurbelzapfen vom Wellenzapfen der Kurbelwelle durch eine Bohrung zugeführt wird. Pleuelbuchse und Kolbenbolzen werden meist durch Spritzöl ausreichend geschmiert (Ölbohrung am Pleuelauge, **Bild 1**, Seite 250). Gelegentlich ist der Pleuelschaft auch in Längsrichtung vom Pleuelfuß zum Pleuelauge durchbohrt, so dass die Pleuelbuchse vom Kurbelzapfen aus mit Öl versorgt werden kann.

Werkstattarbeiten

Kontrolle der Gewichtstoleranz. Werden Pleuelstangen bzw. Kolben ausgewechselt, muss darauf geachtet werden, dass die Ersatzteile gleiches Gewicht haben, damit nicht unausgeglichene Massenkräfte den Motorlauf stören. Die zulässige Gewichtstoleranz der Teilsätze (Kolben + Pleuelstange) ist vom Hersteller vorgeschrieben. Geringfügige Übergewichte werden am Pleuelfuß abgeschliffen.

Zusammenbau von Kolben und Pleuelstange. Ist der Kolbenbolzen in der Pleuelbuchse und im Kolben schwimmend gelagert, dann macht der Zusammenbau keine Schwierigkeiten. Hat der Kolbenbolzen im Kolben Schiebe- oder Festsitz, wird der Kolben vor dem Zusammenbau z. B. in Öl auf etwa 80°C erwärmt. Zum Einführen des geölten, kalten Bolzens in den Kolben werden Bolzenaugen und Pleuelbuchse durch einen Führungsbolzen zentriert, damit der Kolbenbolzen zügig eingeschoben wird und nicht frühzeitig im Kolben einschrumpft.

Beim Einbau von Kolbenbolzen mit Schrumpfsitz im Pleuel geht man wie folgt vor **(Bild 1)**:
- Pleuelstange auf etwa 280°C bis 320°C erwärmen (Temperaturkontrolle erforderlich).
- Kolbenbolzen zur Erleichterung der Montage mit Kohlensäureschnee oder in der Tiefkühltruhe unterkühlen und damit in den Abmessungen verkleinern.
- Kolben sorgfältig zentriert auf Formunterlage mit Anschlagdorn auflegen.
- Erwärmtes Pleuel gut zentriert auf das untere Bolzenauge legen.
- Kalten Kolbenbolzen durch das obere Bolzenloch bis an die Pleuelstange einführen.
- Bolzen rasch in einem Zug bis zum Anschlag (Endstellung) am Anschlagdorn einschieben.

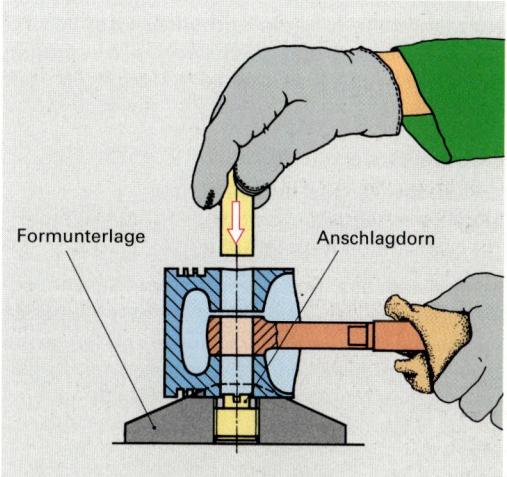

Bild 1: Kolbenmontage mit Schrumpfsitz des Kolbenbolzens in der Pleuelstange

Zusammenbau von Pleuelstange und Kurbelwelle. Die Pleuelstange muss auf dem Kurbelzapfen seitliches Spiel haben, damit sich Unterschiede in der Wärmedehnung von Kurbelwelle und Zylinderkurbelgehäuse ausgleichen können. Die Pleuelschrauben, im allgemeinen Dehnschrauben, werden mit einem Drehmomentschlüssel mit dem vom Hersteller vorgeschriebenen Drehmoment angezogen.

WIEDERHOLUNGSFRAGEN

1. Welchen Beanspruchungen ist die Pleuelstange ausgesetzt?
2. Aus welchen Werkstoffen werden Pleuelstangen hergestellt?
3. Wie erfolgt die Lagerung des Kolbenbolzens im Pleuelauge?
4. Warum soll die Gewichtstoleranz der Teilsätze (Kolben + Pleuelstange) nicht überschritten werden?
5. Warum soll beim Zusammenbau von Kolben und Pleuelstange ein Führungsbolzen verwendet werden?

2.1.10 Kurbelwelle

Aufgaben
- Aus der Pleuelstangenkraft eine Drehkraft erzeugen und damit ein Drehmoment
- den größten Teil des Drehmomentes über das Schwungrad an die Kupplung weiterleiten
- mit dem kleineren Teil des Drehmomentes die Ventilsteuerung, die Ölpumpe, evtl. den Zündverteiler, die Motorkühlung sowie den Generator antreiben.

Beanspruchungen
Pleuelstangen und Kolben müssen bei jedem Hub von der Kurbelwelle beschleunigt und wieder verzögert werden. Dadurch treten große Beschleunigungskräfte auf. Außerdem wirken an der Kurbelwelle große Fliehkräfte. Durch die auftretenden Kräfte wird die Kurbelwelle auf Verdrehung, auf Biegung und durch Drehschwingungen beansprucht, an den Lagerstellen zusätzlich auf Verschleiß.

Kurbelwellenwerkstoffe
Die Kurbelwelle wird hergestellt aus
- legiertem Vergütungsstahl
- Nitrierstahl
- Gusseisen mit Kugelgraphit.

Kurbelwellen aus Stahl werden im Gesenk geschmiedet. Der dabei erzielte zusammenhängende Faserverlauf und das dichte Gefüge ergeben große Festigkeit. Kurbelwellen aus Gusseisen mit Kugelgraphit besitzen gute Schwingungsdämpfung.

Aufbau
Jede Kurbelwelle (**Bild 1**) besitzt die in einer Achse liegenden Wellenzapfen für die Lagerung im Kurbelgehäuse und die Kurbelzapfen zur Aufnahme der Pleuellager. Wellenzapfen und Kurbelzapfen sind jeweils durch Kurbelwangen miteinander verbunden. Durch Kurbelzapfen und Kurbelwangen ergibt sich eine ungleiche Massenverteilung. Diese wird durch Gegengewichte jeweils auf der gegenüberliegenden Seite eines Kurbelzapfens ausgeglichen. Von den Wellenzapfen führen Ölbohrungen durch die Kurbelwangen zu den Kurbelzapfen. Einer der Wellenzapfen ist mit seitlichen Anlaufflächen ausgestattet. An diesem Wellenzapfen wird das Passlager (Führungslager) zur axialen Fixierung der Kurbelwelle montiert. Dieses Festlager verhindert z. B. die Verschiebung der Kurbelwelle beim Betätigen der Kupplung. Die Zapfen der Kurbelwelle sind in der Randschicht gehärtet und geschliffen. Kurbelwellen müssen dynamisch ausgewuchtet werden. Werkstoffanhäufung an bestimmten Stellen kann durch Wuchtbohrungen behoben werden.

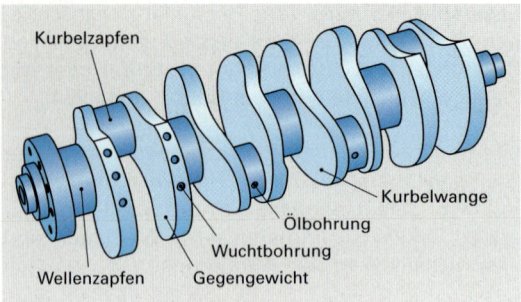

Bild 1: Bezeichnungen an der Kurbelwelle

Auf der Abtriebsseite der Kurbelwelle ist das Schwungrad befestigt, an dem meistens die Kupplung untergebracht wird. Auf der gegenüberliegenden Seite der Kurbelwelle sind Zahnrad, Kettenrad oder Zahnriemenrad (Antrieb für Nockenwelle, Ölpumpe und evtl. Zündverteiler), die Riemenscheibe und gegebenenfalls ein Schwingungsdämpfer angebracht.

Die Form der Kurbelwelle wird bestimmt durch
- Zylinderzahl
- Anzahl der Kurbelwellenlager
- Größe des Hubes
- Anordnung der Zylinder
- Zündfolge.

So liegen z. B. bei Vierzylinder-Reihenmotoren alle Kurbelkröpfungen der Kurbelwelle in einer Ebene, bei Sechszylinder-Reihenmotoren dagegen sind die Kurbelkröpfungen um 120° zueinander versetzt. Kurbelkröpfungen für Parallelzylinder sind immer gleichgerichtet. Parallelzylinder nennt man solche Zylinder, deren Kolben im Ablauf eines Arbeitsspiels um 360° Kurbelwinkel gegeneinander versetzt sind.

Schwungrad
Ein Schwungrad kann Energie (Arbeitsvermögen) während des Arbeitstaktes speichern und später wieder abgeben. Mit dieser Energie des Schwungrades werden die „Leertakte" und Totpunkte im Arbeitsspiel überwunden und Drehzahlschwankungen ausgeglichen. Am Umfang des Schwungrades ist meistens der Zahnkranz aufgeschrumpft oder angeschraubt, in den das Ritzel zum Starten des Motors einspurt. Vom Schwungrad überträgt die Kupplung das Drehmoment des Motors an das Wechselgetriebe.

Das Schwungrad besteht aus Stahl oder Sondergusseisen. Schwungrad und Kurbelwelle werden meist zusammen dynamisch ausgewuchtet, damit bei hohen Drehzahlen keine große Unwucht entstehen kann. Die Kurbelwelle würde unruhig laufen und Kurbelwelle und Lager stark belasten.

Ausgleichswellen

Bei laufendem Motor entstehen durch die Bauteile des Kurbeltriebes Massenkräfte, welche die Lager beanspruchen und den Motor in Schwingungen versetzen können.

Massenkräfte, die als Fliehkräfte an den rotierenden Teilen des Kurbeltriebes entstehen, werden durch gleichmäßige Verteilung der Kurbelkröpfungen, durch Gegengewichte und durch sorgfältiges Auswuchten ausgeglichen; unausgeglichen würden sie die Kurbelwellenlager zusätzlich belasten und den Motor in Schwingungen versetzen.

Massenkräfte von hin- und hergehenden Teilen des Kurbeltriebes können je nach Bauart des Motors nur unvollkommen ausgeglichen werden. Während z. B. bei Sechszylinder-Reihenmotoren die Massenkräfte der hin- und hergehenden Teile des Kurbeltriebes sich innerhalb des Motors gegenseitig ausgleichen, ist dies bei Vierzylinder-Reihenmotoren nicht der Fall. Es treten Massenkräfte in Richtung der Zylinderachse auf, die auch durch Gegengewichte nicht aufgehoben werden können. Um diesen Nachteil auszugleichen, können Vierzylinder-Reihenmotoren mit zwei Ausgleichswellen versehen werden. Die Ausgleichswellen werden auf beiden Seiten der Kurbelwelle versetzt zueinander angeordnet **(Bild 1)**. Sie sind mit bestimmten Unwuchten versehen, deren Unwuchtkräfte den unausgeglichenen Massenkräften des Kurbeltriebes entgegengerichtet sind. Da die zu dämpfenden Schwingungen die doppelte Frequenz der Kurbelwellendrehzahl haben, werden die Ausgleichswellen mit doppelter Kurbelwellendrehzahl angetrieben, eine Ausgleichswelle im Drehsinn der Kurbelwelle und die andere gegenläufig.

Durch solche Maßnahmen wird erreicht, dass Vierzylinder-Reihenmotoren so ruhig und leise laufen wie Sechszylinder-Reihenmotoren.

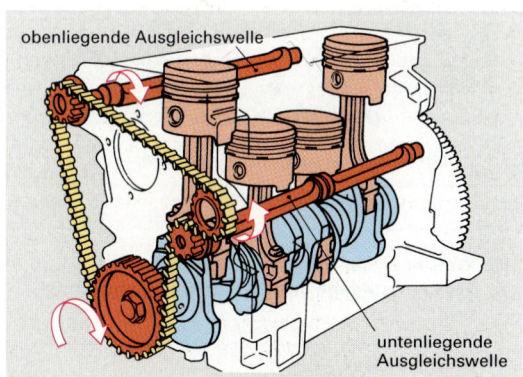

Bild 1: Vierzylinder-Reihenmotor mit Ausgleichswellen

Schwingungsdämpfer

Die Kurbelwelle wird durch die Verbrennungsstöße in den einzelnen Zylindern in Drehschwingungen versetzt. Erfolgen diese bei bestimmten Drehzahlen im Rhythmus der Eigenschwingungen der Kurbelwelle, also bei den kritischen Drehzahlen, so können die Schwingungen derart aufgeschaukelt werden, dass sie zum Bruch der Kurbelwelle führen. Schwingungsdämpfer auf der Kurbelwelle wirken dem entgegen.

Die Dämpfungsmassen des Schwingungsdämpfers **(Bild 2)** sind durch den Dämpfungsgummi elastisch mit der Treibscheibe verbunden. Die Treibscheibe ist drehfest auf der Kurbelwelle befestigt. Gerät die Kurbelwelle in Drehschwingungen, dann werden diese durch die Trägheit der Dämpfungsmassen gedämpft, wobei sich der Dämpfungsgummi elastisch verformt.

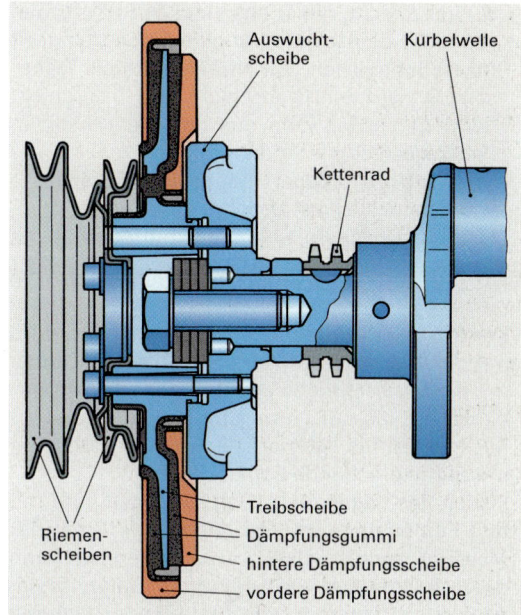

Bild 2: Schwingungsdämpfer

Kurbelwellenlager

Die Kurbelwellenlager, auch Hauptlager genannt, sollen die Kurbelwelle im Kurbelgehäuse abstützen und führen. Dabei soll in den Lagern möglichst wenig Reibung und Verschleiß auftreten. Die Kurbelwellenlager sind meist als geteilte Gleitlager ausgeführt. Der Lagerstuhl ist ein Teil des Kurbelgehäuses, auf ihn wird der Lagerdeckel aufgeschraubt. Lagerstuhl und Lagerdeckel bilden zusammen die Grundbohrung, in welche die Lagerschalen eingelegt werden. Alle Grundbohrungen des Kurbelgehäuses müssen genau fluchten.

Zur Sicherung gegen Verschieben und Verdrehen sind die Lagerschalen mit Haltenasen versehen. Eines der Kurbelwellenlager ist zur axialen Fixierung der Kurbelwelle als Passlager (Führungslager) mit beidseitigem Bund **(Bild 1)** oder mit Anlaufscheiben ausgeführt. Zur Aufnahme der Anlaufscheiben erhält die Grundbohrung beidseitig eine entsprechende Aussparung.

Dreistofflager bestehen aus der Stahlstützschale (1,5 mm dick), einer dünnen Tragschicht aus Lagerwerkstoff (meist PbSnCu-Legierung) von 0,2 mm ... 0,3 mm, die aufplattiert oder aufgesintert ist, und der eigentlichen Gleitschicht. Trotz der geringen Schichtdicke von 0,012 mm ... 0,020 mm soll die Gleitschicht möglichst über die Gesamtlaufzeit des Motors erhalten bleiben. Je nach Gleitschicht unterscheidet man

- **Galvanik-Dreistofflager** für mittlere bis hohe Belastungen. Sie besitzen eine aufgalvanisierte Gleitschicht, meist aus einer PbSnCu-Legierung. Die Gleitschicht hat gute Einbettfähigkeit für Abriebteilchen. Ein Nickeldamm als Trennschicht zwischen Gleitschicht und Tragschicht verhindert, dass Zinn aus der Gleitschicht in die Tragschicht diffundiert.
- **Sputter-Dreistofflager*** mit großem Verschleißwiderstand auch bei besonders hohen Lagerbelastungen. Durch Kathodenstrahlzerstäubung wird von einem Spenderwerkstoff (z. B. AlSn20) aus die Gleitschicht in feinster Verteilung auf die Tragschicht aufgebracht (gesputtert). Eine NiCr-Zwischenschicht dient zur Bindung zwischen Gleitschicht und Tragschicht.

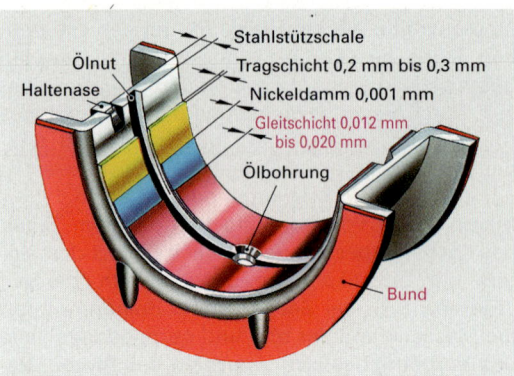

Bild 1: Dreistoff-Passlager

Die **Schmierung** der Kurbelwelle erfolgt durch Motoröl, das von der Ölpumpe über Ölkanäle durch eine Ölbohrung dem Kurbelwellenlager zugeführt wird. Die Lagerschalen sind meist noch mit einer Ringnut und einer weiteren Ölbohrung versehen **(Bild 1)**, durch die das Öl zu den Pleuellagern weitergeleitet wird.

Werkstattarbeiten

Kontrolle der Kurbelwelle. Die Kurbelwelle wird mit der Messuhr auf Rundlauf und die Zapfen mit der Messschraube auf Maß geprüft. Für Kurbelwellen, die auf vorgeschriebenes Untermaß nachgeschliffen wurden, liefern die Hersteller meist entsprechende Lagerschalen.

Prüfen des Lagerspiels. Das Axialspiel wird mit der Fühlerlehre am Passlager oder mit der Messuhr geprüft. Das radiale Lagerspiel kann durch Ausmessen von Lager und Zapfen mit Innenmessgerät und Messschraube oder auch mit Plastigage bestimmt werden.

Der Plastigage-Kunststofffaden wird axial auf den Wellenzapfen gelegt **(Bild 2)**. Der Lagerdeckel wird mit vorgeschriebenem Drehmoment angezogen und danach wieder abgenommen. Der gequetschte Faden wird mit der auf der Tüte aufgedruckten Skale verglichen; z. B. zeigt TYPE PG-1 ein Lagerspiel von 0,051 mm an. Jedes Lager muss einzeln vermessen werden.

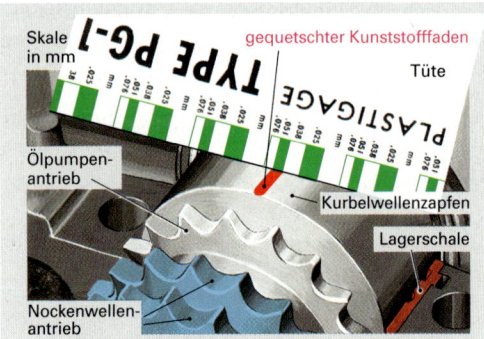

Bild 2: Lagerspielmessung mit Plastigage

WIEDERHOLUNGSFRAGEN

1. Welche Aufgaben hat die Kurbelwelle?
2. Welchen Beanspruchungen ist die Kurbelwelle ausgesetzt?
3. Aus welchen Werkstoffen bestehen Kurbelwellen?
4. Welche Aufgabe hat das Passlager?
5. Welche Aufgabe hat der Schwingungsdämpfer?
6. Wie kann das Kurbelwellenlagerspiel nachgeprüft werden?

* to sputter (engl.) = sprudeln, spritzen

2.1.11 Zweimassenschwungrad

Bei Hubkolbenmotoren entstehen durch den periodischen Ablauf der 4 Takte und die Zündfolge in Kurbelwelle und Schwungrad Drehschwingungen. Sie sollen vom Wechselgetriebe und Antriebsstrang ferngehalten werden, da sie bei bestimmten Drehzahlen zu Getriebegeräuschen (Getrieberasseln) und Karosseriedröhnen führen können.

Die konventionelle Schwungmasse eines Verbrennungsmotors besteht aus den Teilen des Kurbeltriebs, dem Schwungrad und der Kupplung.

Im Diagramm **(Bild 1)** sind für Volllast die Drehzahlschwankungen des Motors und des Getriebes über der Zeit aufgetragen.

Die Schwingungen von Motorausgang und Getriebeeingang haben fast gleichgroße Schwingungsweiten und Frequenzen. Dies führt bei Überlagerung (Resonanzbereich) zu Getriebegeräuschen und Karosseriedröhnen.

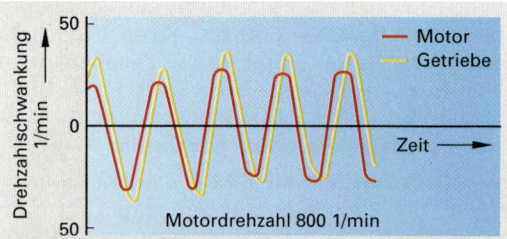

Bild 1: Schwingungslinien für eine konventionelle Schwungmasse

Aufbau

Beim Zweimassenschwungrad **(Bild 2)** wird die konventionelle Schwungmasse aufgeteilt in die Primärschwungmasse (Kurbeltrieb, Primärschwungrad) und die Sekundärschwungmasse (Sekundärschwungrad, Kupplung).
Ein Drehschwingungsdämpfer verbindet die beiden Schwungmassen. Er hat die Aufgabe, das Schwungmassensystem des Motors vom Getriebe und Antriebsstrang zu entkoppeln. Daher kann für die Kupplung eine Kupplungsscheibe ohne Torsionsdämpfer verwendet werden.

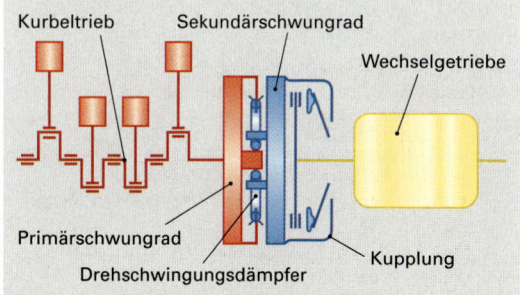

Bild 2: Zweimassen-Schwingungssystem

Das Zweimassenschwungrad **(Bild 3)** besteht aus
- Primärschwungrad
- Sekundärschwungrad
- Innendämpfer
- Außendämpfer

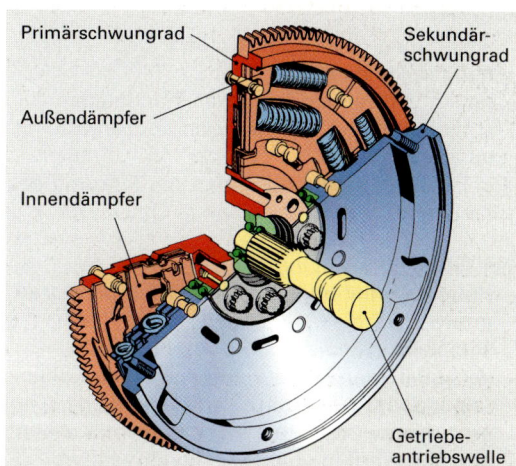

Bild 3: Zweimassenschwungrad

Wirkungsweise

Durch die Aufteilung in die Primärschwungmasse auf der Motorseite und die Sekundärschwungmasse auf der Getriebeseite wird das Massenträgheitsmoment der drehenden Getriebeteile erhöht. Dadurch liegt der Resonanzbereich unter der Leerlaufdrehzahl des Motors und damit nicht im Betriebsbereich des Motors.

Im Diagramm **(Bild 4)** ist zu erkennen, dass die Schwingungslinien von Motor und Getriebeeingang deutlich auseinander liegen.

Dadurch werden die vom Motor erzeugten Drehschwingungen vom Getriebe ferngehalten, das Getrieberasseln und Karosseriedröhnen tritt nicht mehr auf.

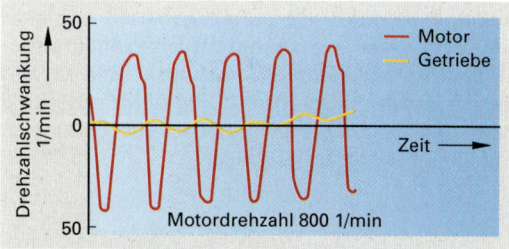

Bild 4: Schwingungslinien eines Zweimassenschwungsystems

Vorteile

- Verminderung von Getriebe- und Karosseriegeräuschen (Rasseln, Klappern, Dröhnen)
- Schonung von Triebwerksteilen
- geringerer Verschleiß der Synchronisierung
- Kupplungsscheibe benötigt keinen Torsionsdämpfer.

2.1.12 Zylinder, Zylinderkopf

2.1.12.1 Aufgaben und Beanspruchungen

Aufgaben
- Zusammen mit dem Kolben den Verbrennungsraum bilden
- hohen Verbrennungsdrücken standhalten
- aufgenommene Wärme rasch an das Kühlmittel abführen
- der Zylinder dient außerdem der Führung des Kolbens.

Beanspruchungen
- Hohe Verbrennungsdrücke und Temperaturen
- große Wärmespannungen durch schnelle Temperaturwechsel
- Verschleiß der Zylinderlaufbahn durch Kolbenreibung und Verbrennungsrückstände
- unvergaster Kraftstoff wäscht beim Kaltstart den Schmierfilm von der Zylinderwand ab.

Eigenschaften der Werkstoffe. Sie ergeben sich aus den Beanspruchungen:
- Große Festigkeit und Formsteifigkeit
- gute Wärmeleitung, geringe Wärmedehnung
- für die Zylinderlauffläche: große Verschleißfestigkeit und gute Gleiteigenschaft.

2.1.12.2 Zylinderbauarten

Flüssigkeitsgekühlte Zylinder

Die Zylinder flüssigkeitsgekühlter Motoren sind meist zu einem Block zusammengefasst. Der doppelwandige Zylinderblock wird von Kühlkanälen durchzogen; die Kühlflüssigkeit wird im unteren Bereich durch die Wasserpumpe zugeführt, kühlt die Zylinderwandungen und fließt durch Durchflusskanäle in den Zylinderkopf. Meist werden Zylinderblock und Kurbelgehäuseoberteil in einem Stück gegossen. Man nennt diese besonders steife Bauform **Zylinderkurbelgehäuse (Bild 1)**. Bei den meisten Motoren mit Flüssigkeitskühlung wird das Zylinderkurbelgehäuse aus Gusseisen mit Lamellengraphit gegossen.

Neben guter Steifigkeit und Festigkeit, gutem Gleit- und Verschleißverhalten hat es geringe Wärmedehnung und gute Geräuschdämpfung. Besondere Maßnahmen zur Verbesserung der Zylinderlaufbahn sind meist nicht erforderlich.

Zunehmend werden Zylinderkurbelgehäuse auch aus Al-Legierungen gegossen, vor allem wegen der geringen Dichte und der guten Wärmeleitfähigkeit. Zur Verbesserung der Formsteifigkeit sind sie meist zusätzlich verrippt. Die Verschleißeigenschaften der Zylinderlaufbahnen von Al-Zylinderkurbelgehäusen müssen durch besondere Herstellungsverfahren verbessert werden oder es werden Zylinderlaufbuchsen eingesetzt.

Closed-Deck-Ausführung (Bild 1). Die Dichtfläche des Zylinderkurbelgehäuses zum Zylinderkopf hin ist um die Zylinderbohrungen herum weitgehend geschlossen, nur die Bohrungen und Kanäle für Drucköl und Ölrücklauf, für Kühlflüssigkeit und evtl. für die Kurbelgehäuseentlüftung sind vorhanden. Zylinderkurbelgehäuse aus Gusseisen mit Lamellengraphit sind fast ausschließlich in dieser Bauweise hergestellt. Zylinderkurbelgehäuse aus AlSi-Legierungen (z. B. für ALUSIL-Zylinder) werden in dieser Bauweise im Kokillenguss bzw. Niederdruckguss hergestellt.

Open-Deck-Ausführung (Bild 2). Der Wassermantel um die Zylinderbohrungen herum ist zum Zylinderkopf hin offen. Dadurch ist es gießtechnisch möglich, Zylinderblöcke mit Zylinderlaufflächen nach dem LOKASIL-Konzept im Druckgussverfahren zu fertigen. Die geringere Steifigkeit von Zylinderblöcken in Open-Deck-Ausführung erfordert Metall-Zylinderkopfdichtungen statt Weichstoff-Zylinderkopfdichtungen. Metall-Zylinderkopfdichtungen ermöglichen wegen ihrem geringen Setzverhalten eine niedrige Vorspannkraft der Zylinderkopfverschraubung. Dadurch werden Zylinderverzug und Deckplattenverformung reduziert.

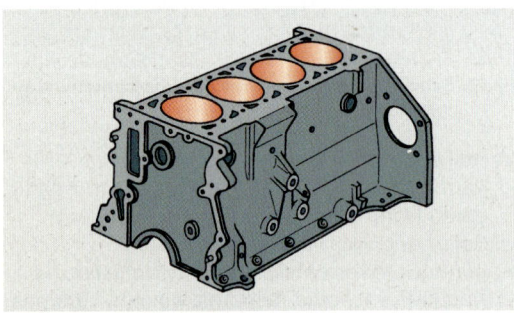

Bild 1: Zylinderkurbelgehäuse

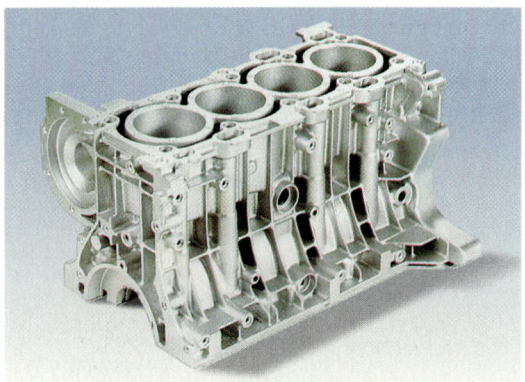

Bild 2: Zylinderkurbelgehäuse in Open-Deck-Ausführung

Zylinder, Zylinderkopf

Zylinderlaufbuchsen

Zylinderlaufbuchsen aus hochwertigem, feinkörnigen Gusseisen (Schleuderguss) werden in Zylinderblöcke aus Gusseisen oder aus Al-Legierung eingezogen. Da sie verschleißfester sind als die Zylinderlaufbahnen gusseiserner Zylinderblöcke, haben sie eine lange Lebensdauer. Man unterscheidet nasse und trockene Zylinderlaufbuchsen.

Nasse Zylinderlaufbuchsen (Bild 1) werden von der Kühlflüssigkeit direkt umspült, dadurch ergibt sich eine gute Kühlwirkung. Sie können einzeln ausgewechselt werden; auch ist nur eine Kolbengröße erforderlich. Der Zylinderblock ist jedoch nicht so steif und verzieht sich leichter. Die Laufbuchsen haben am oberen Ende einen Bund; gegen das Kurbelgehäuse müssen sie durch Dichtungsringe sorgfältig abgedichtet werden, da sonst Kühlflüssigkeit ins Kurbelgehäuse gelangt.

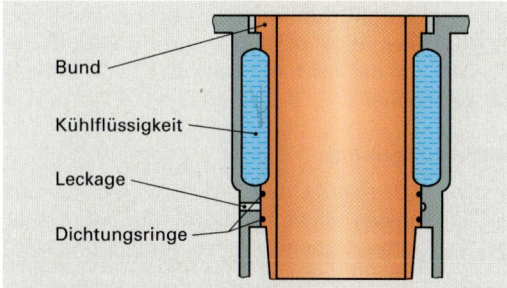

Bild 1: Nasse Zylinderlaufbuchse

Trockene Zylinderlaufbuchsen (Bild 2) kommen nicht mit der Kühlflüssigkeit in Berührung. Der Wärmeübergang auf das Kühlmittel ist daher nicht so gut wie bei nassen Zylinderlaufbuchsen. Trockene Zylinderlaufbuchsen werden mit Schiebesitz oder mit Festsitz als dünnwandige Buchsen in den Zylinderblock eingesetzt. Laufbuchsen mit Schiebesitz werden vor dem Einbau fertigbearbeitet. Laufbuchsen mit Festsitz werden mit vorgebohrter Zylinderbohrung in den Zylinderblock eingepresst. Danach werden sie feingebohrt und gehont.

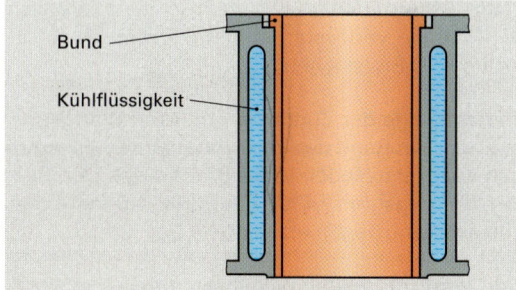

Bild 2: Trockene Zylinderlaufbuchse

Luftgekühlte Zylinder

Luftgekühlte Zylinder **(Bild 3)** sind zur Vergrößerung der Mantelfläche und damit zur Verbesserung der Kühlwirkung mit Kühlrippen versehen. Sie werden als einzeln stehende Rippenzylinder mit dem Kurbelgehäuse verschraubt.

Luftgekühlte Zylinder werden überwiegend aus Al-Legierungen gegossen, dabei kann die Recyclingrate bis zu 90 % betragen. Die Gleit- und Verschleißeigenschaften der Zylinderlaufbahnen müssen wie bei flüssigkeitsgekühlten Zylindern aus Al-Legierungen durch besondere Herstellungsverfahren verbessert werden.

Zylinderlaufbahnen von Al-Zylindern

Eisen-Aluminium-Verbundgussverfahren (Alfin-Verfahren). Die Laufbuchsen aus Gusseisen mit Lamellengraphit werden mit einer Schicht aus Eisenaluminium ($FeAl_3$) überzogen und danach mit der AlSi-Legierung für den Rippenzylinder umgossen. Durch die Alfin-Zwischenschicht wird eine innige Verbindung mit guter Wärmeleitung zwischen der gusseisernen Laufbuchse und der AlSi-Legierung des Rippenzylinders erzielt.

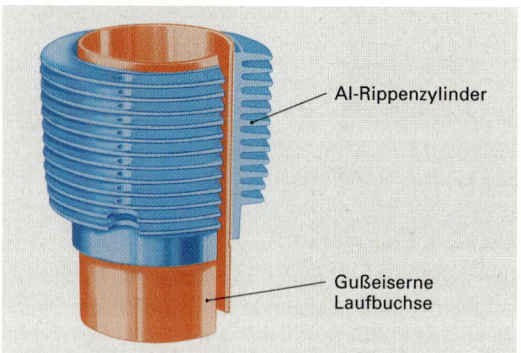

Bild 3: Luftgekühlter Zylinder aus Eisen-Aluminium-Verbundguss

ALUSIL-Verfahren. Für das ALUSIL-Verfahren wird der Zylinderblock aus einer Al-Legierung mit hohem Silicium-Anteil meist im Kokillenguss oder Niederdruckguss gegossen. Nach dem Honen der Zylinderlaufbahn wird durch elektrochemisches Ätzen oder durch Läppen das weiche Aluminium um die Silicium-Kristalle herum abgetragen. Die hervorstehenden harten Si-Kristalle bilden eine verschleißfeste Trägerlaufbahn für Kolben und Kolbenringe. Zur Verminderung des Kolbenverschleißes werden meist Ferrocoat-Kolben verwendet.

NIKASIL-Verfahren. Die Zylinderlaufbahn aus Al-Si-Legierung wird galvanisch beschichtet mit einer verschleißfesten Schicht aus Nickel mit eingelagerten Siliciumkarbid-Kristallen.

LOKASIL-Verfahren. Für die Zylinderbohrungen werden Formkörper aus Silicium mit einem keramischen Bindemittel als Hohlzylinder hergestellt. Die Formkörper sind hochporös, sie werden als sogenannte Preforms **(Bild 1)**, vorgewärmt auf etwa 700 °C, in die Gussform eingesetzt. In einem speziellen Druckgussverfahren (Squeeze Casting), bei dem der Druck in der Schmelze nach dem Füllen der Form auf etwa 700 bar gesteigert wird, werden die Preforms von der Al-Legierung durchdrungen und die Poren ausgefüllt. Als Al-Legierung kann eine kostengünstige Sekundärlegierung (Recycling-Al) mit geringerem Si-Anteil verwendet werden. Die notwendige Silicium-Anreicherung im Bereich der Zylinderlaufbahnen wird durch die Preforms gewährleistet. Durch mehrstufiges Honen werden die Siliciumkristalle reliefartig freigelegt, wodurch eine verschleißfeste Zylinderlaufbahn entsteht. In LOKASIL-Zylindern werden meist Ferrocoat-Kolben verwendet.

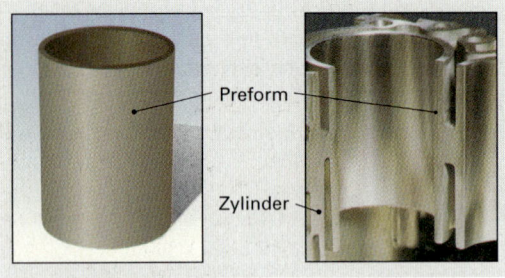

Bild 1: LOKASIL-Verfahren

2.1.12.3 Zylinderkopf

Der Zylinderkopf bildet den oberen Abschluss des Verbrennungsraumes. Er ist durch die Zylinderkopfschrauben mit der eingelegten Zylinderkopfdichtung auf dem Zylinderblock befestigt.

Aufbau. Der Zylinderkopf enthält die Frischgas- und die Abgaskanäle mit ihren Ventilsitzen und meistens auch den Verdichtungsraum. Im Zylinderkopf sind die Zündkerzen sowie Teile der Motorsteuerung, z. B. die Ventile, untergebracht. Auf dem Zylinderkopf ist häufig die Nockenwelle montiert. Der Zylinderkopf muss den Verbrennungsdruck aufnehmen und ist dabei durch die Verbrennungsgase stark wärmebeansprucht. Er muss große Formsteifigkeit, gute Wärmeleitung sowie geringe Wärmedehnung aufweisen.

Flüssigkeitsgekühlter Zylinderkopf (Bild 2). Das Kühlmittel strömt vom Zylinderblock über Durchflusskanäle, die auch durch die Zylinderkopfdichtung hindurchgehen, in den Zylinderkopf. Für flüssigkeitsgekühlte Motoren wird der Zylinderkopf vorwiegend aus Al-Legierungen gegossen. Daneben wird er auch aus Gusseisen hergestellt. Er kann für jeden Zylinder einzeln oder für den ganzen Block in einem Stück gegossen sein.

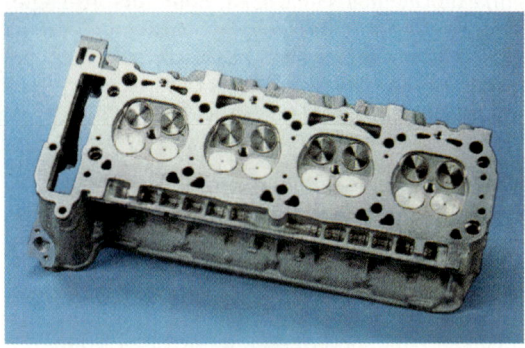

Bild 2: Flüssigkeitsgekühlter Zylinderkopf

Luftgekühlter Zylinderkopf. Er wird fast ausschließlich aus Aluminiumlegierungen hergestellt und ist mit Kühlrippen versehen. Die Kühlrippen sollen eine möglichst große Kühlfläche ergeben, um die Wärmeabgabe an das Kühlmittel Luft zu erhöhen.

Verdichtungsraum

Die Größe des Verdichtungsraumes ist durch das Verdichtungsverhältnis bestimmt. Vor allem aber hat die geometrische Form des Verdichtungsraumes großen Einfluss auf das Betriebsverhalten des Motors in Bezug auf

- Gemischverwirbelung
- Verbrennungsablauf
- Kraftstoffverbrauch
- Schadstoffemission
- Klopffestigkeit
- Drehmoment
- Leistung
- Wirkungsgrad.

Die geometrische Form des Verdichtungsraumes wird bestimmt durch

- Verdichtungsverhältnis
- Zündkerzenlage
- Verhältnis von Oberfläche zu Volumen
- Ventilanordnung.

Bei großer Oberfläche nehmen die Wandwärmeverluste zu, es können sich leicht Zonen mit zu kalter Brennraumwand bilden, in deren Bereich die Flamme verlöscht; dadurch kommt es zu erhöhten HC-Emissionen.

Je nach Lage der Zündkerze, ob zentral angeordnet oder am Rand des Verdichtungsraumes, ergeben sich verschieden lange Brennwege. Den besten Wirkungsgrad würde der Motor bei möglichst kurzen Brennwegen erzielen.

Der Verdichtungsraum soll ein möglichst kompakter Raum mit kleiner Oberfläche sein.

Die günstigsten Verhältnisse würde die Halbkugelform mit zentral angeordneter Zündkerze schaffen, da bei dieser Form die Brennwege am kürzesten sind und die Oberfläche am kleinsten ist. Wegen der Anordnung der Ventile muss man jedoch von dieser Idealform abweichen.

Dachförmiger Verdichtungsraum (Bild 1). Er ähnelt der Halbkugelform. Ein- und Auslassventil stehen sich im Querstromzylinderkopf schräg gegenüber. Das Einlassventil ist häufig vergrößert gegenüber dem Auslassventil und ermöglicht dadurch eine verbesserte Füllung.

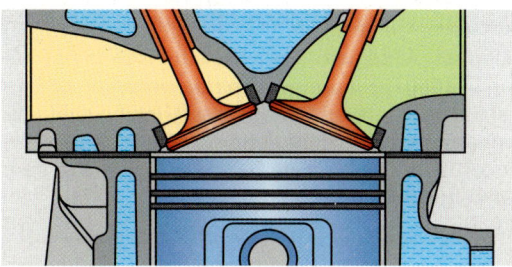

Bild 1: Dachförmiger Verdichtungsraum

Verdichtungsräume mit Quetschzonen. Diese sind meist besonders kompakt und können keilförmig, dachförmig oder auch wannenförmig ausgebildet sein. Kurz vor OT wird das Kraftstoff-Luft-Gemisch aus den Quetschzonen herausgepresst. Dies bewirkt eine besonders intensive Durchwirbelung und Vermischung von Kraftstoff und Luft sowie anschließend eine schnelle Verbrennung. Dadurch kann die erforderliche Vorzündung verkürzt, eine kältere Zündkerze, ein höheres Verdichtungsverhältnis oder auch die Verwendung von Normalbenzin ermöglicht werden. Außerdem kann sich der CH-Anteil im Abgas verringern. Das Einlassventil ist häufig größer als das Auslassventil.

Keilförmiger Verdichtungsraum (Bild 2). Bei ihm ist die Quetschzone gegenüber der Zündkerze angeordnet. Die Zündkerze befindet sich am Rand des Verdichtungsraumes.

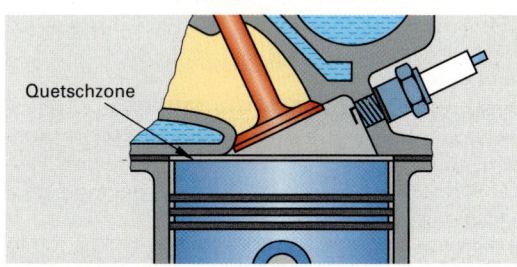

Bild 2: Keilförmiger Verdichtungsraum mit Quetschzone

Zwei Einlass- und zwei Auslassventile (Bild 3). Bei solchen Vierventil-Zylinderköpfen ist der Verdichtungsraum dachförmig oder wannenförmig ausgebildet; zusätzlich sind meist zwei gegenüberliegende Quetschzonen angeordnet. Die zentrale Anordnung der Zündkerze ermöglicht kurze Brennwege.

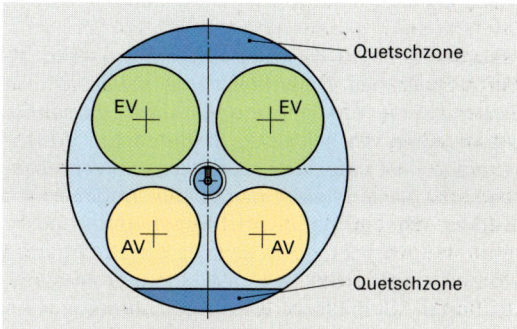

Bild 3: Dachförmiger Verdichtungsraum, 4 Ventile, 2 Quetschzonen

2.1.12.4 Zylinderkopfdichtung

Aufgabe. Die Zylinderkopfdichtung (Bild 4) soll den Verbrennungsraum gasdicht abschließen und den Austritt von Kühlmittel aus den Wasserdurchflusskanälen sowie von Öl aus den Öldurchflusskanälen verhindern. Eine gute Abdichtung kann nur erreicht werden, wenn die Auflageflächen von Zylinderblock und Zylinderkopf eben sind.

Beanspruchungen. Kraftstoff, Abgas, Motoröl und Kühlmittel kommen flüssig und gasförmig, in kaltem und in hocherhitztem Zustand, unter hohem Druck und Unterdruck zum Teil mit chemisch aktiven Mitteln versetzt mit der Zylinderkopfdichtung in Berührung. Diesen vielfältigen Belastungen durch Druck, chemische und thermische Einwirkungen muss die Zylinderkopfdichtung über lange Betriebs- und Ruhezeiten gewachsen sein. Sie muss sich elastisch den Betriebsverhältnissen anpassen. Sie soll nur geringe Neigung zum Setzen aufweisen, weil dadurch eine nachziehfreie Zylinderkopfverspannung möglich wird. Sie darf an den Dichtflächen nicht ankleben, weil dadurch die Demontage erschwert würde.

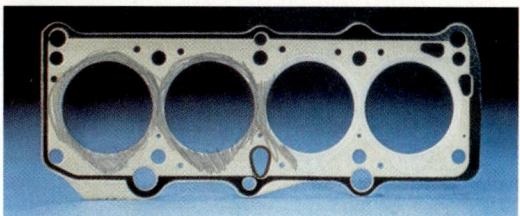

Bild 4: Zylinderkopfdichtung

Die vielfältigen Anforderungen sowohl in Otto- als auch in Dieselmotoren werden von Metall-Weichstoff-Zylinderkopfdichtungen gut erfüllt. Sie werden daher am meisten verwendet. Daneben werden Metall-Zylinderkopfdichtungen für Hochleistungs-Dieselmotoren und insbesondere für Nutzfahrzeug-Dieselmotoren sowie zunehmend auch für Ottomotoren verwendet.

Metall-Weichstoff-Zylinderkopfdichtung (Bild 1). Ein metallisches Trägerblech von etwa 0,3 mm Dicke ist mit Verklammerungszacken versehen. Diese halten die beidseitig aufgebrachte Weichstofflage. Auf den Weichstoff wird zur Verbesserung der Beständigkeit gegen die umgebenden Medien eine porenfüllende Kunststoffbeschichtung aufgebracht. Die Brennraumdurchgänge werden eingebördelt, z. B. mit einem aluminiumplattierten Stahlblech. Die Abdichtwirkung an Flüssigkeitsdurchgängen kann durch eine Elastomerbeschichtung noch verbessert werden.

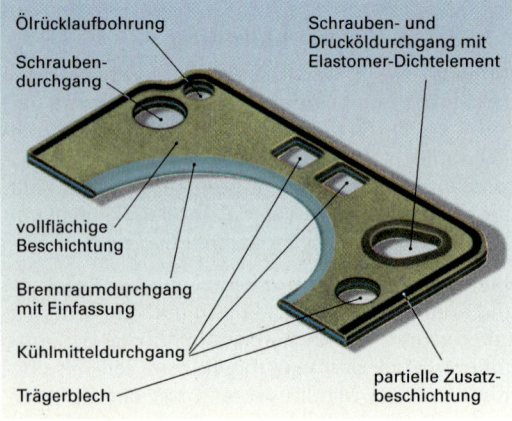

Bild 1: Metall-Weichstoff-Zylinderkopfdichtung

Metall-Zylinderkopfdichtung (Bild 2). Sie wird meist als Mehrlagen-Zylinderkopfdichtung aus Stahlblechen hergestellt. Zur sicheren Gasabdichtung sind zur Erhöhung der örtlichen Pressung Sicken oder Blecheinfassungen erforderlich. An Flüssigkeitsdurchgängen wird die Dichtwirkung auch durch Elastomer-Beschichtungen erhöht.

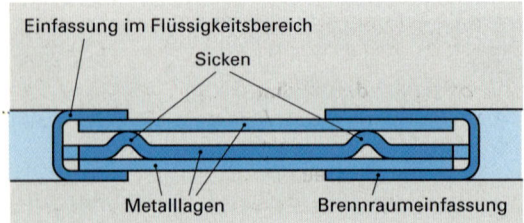

Bild 2: Metall-Zylinderkopfdichtung

2.1.12.5 Kurbelgehäuse

Aufgabe. Das Kurbelgehäuse nimmt die Kurbelwelle auf, gelegentlich auch die Nockenwelle. Mit dem Kurbelgehäuse sind die Zylinder verschraubt.

Aufbau. Das Kurbelgehäuse ist meist in Höhe der Kurbelwellenlager geteilt. Das Oberteil enthält die Lagerstühle für die Kurbelwelle, eventuell auch die Lager für die Nockenwelle. Die Lagerdeckel werden von unten mit Schrauben befestigt. Diese Anordnung hat den Vorteil, dass die Kurbelwelle leicht ausgebaut werden kann. Das Gehäuseunterteil ist als Ölwanne ausgebildet und wird öldicht mit dem Kurbelgehäuseoberteil verschraubt.

Das Kurbelgehäuse wird hergestellt aus Gusseisen oder aus Al-Legierungen. Bei luftgekühlten Motoren werden die einzelnen Zylinder mit dem Kurbelgehäuse verschraubt, bei Wasserkühlung sind entweder mehrere Zylinder oder auch alle Zylinder zu einem Gussstück zusammengefasst und mit dem Kurbelgehäuse verschraubt.

Am Kurbelgehäuse ist die Aufhängung zur elastischen Lagerung des Motors im Fahrgestell befestigt. Die Motorlager sollen die Übertragung von Motorschwingungen dämpfen und ebenso die Übertragung von Schwingungen auf den Motor, die von Fahrbahnunebenheiten angeregt werden. Als Motorlager werden Gummi-Metall-Verbindungen oder hydraulisch gedämpfte Motorlager verwendet.

Hydraulisch gedämpftes Motorlager (Bild 3). Im Leerlauf wirkt der Druck, der sich in der Hydraulikflüssigkeit der oberen Kammer durch Motorschwingungen aufbaut, nur auf die Gummimembran. Diese wird verformt und dämpft die Schwingungen. Luft entweicht aus dem Luftpolster durch das geöffnete Magnetventil. – Im Fahrbetrieb ist das Magnetventil geschlossen. Der Druck in der Hydraulikflüssigkeit wirkt durch den Düsenkanal in der unteren Kammer auf den Gummibalg, verformt ihn und baut dadurch die Schwingungen ab.

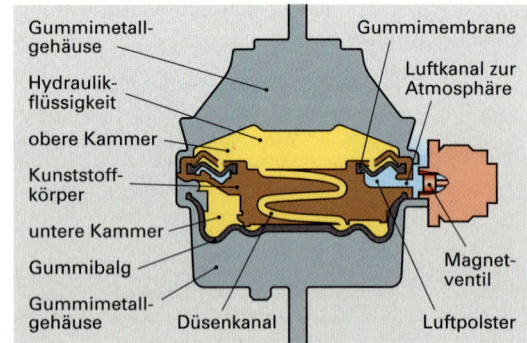

Bild 3: Hydraulisch-gedämpftes Motorlager

2.1.12.6 Werkstattarbeiten

Verschleiß der Zylinderlaufflächen

Bei einem neuen Motor sind die Zylinderlaufflächen genau zylindrisch. Mit zunehmender Betriebsdauer tritt ein merklicher Verschleiß ein, so dass der Kolben den Verbrennungsraum nicht mehr voll abdichten kann. Es gelangt dann Motoröl in den Verbrennungsraum (hoher Ölverbrauch) und Kraftstoff in das Kurbelgehäuse. Ferner sinkt die Verdichtung, die Motorleistung fällt ab und der Kraftstoffverbrauch steigt. Außerdem wird der Motorlauf durch das Kolbenkippen geräuschvoller.

Die Zylinderlaufbahn wird zwischen dem oberen und unteren Totpunkt nicht gleichmäßig abgenutzt, weil die Seitenkraft des Kolbens mit dem Verbrennungsdruck nachlässt und weil die Schmierung im Bereich des oberen Totpunktes schlechter ist **(Bild 1)**.

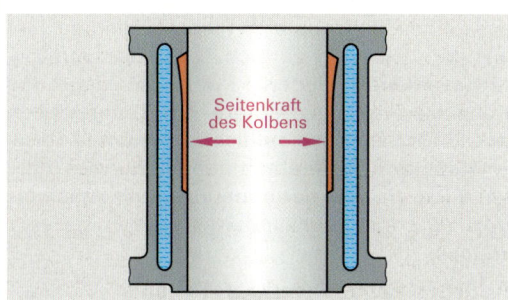

Bild 1: Normale Abnutzung der Zylinderlaufbahn

Die Abnutzung ist deshalb im Bereich des oberen Totpunktes größer als im Bereich des unteren Totpunktes. Die Zylinderbohrung wird also bei normalem Verschleiß konisch. Bei fehlerhafter Abnutzung, die meist auf das Versagen der Schmierung zurückzuführen ist, wird die Bohrung bauchig **(Bild 2)**.

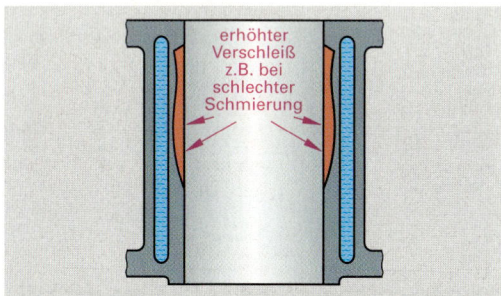

Bild 2: Fehlerhafte Abnutzung der Zylinderlaufbahn

Die Abnutzung erstreckt sich nicht gleichmäßig auf den Zylinderumfang, sondern sie tritt hauptsächlich in Richtung der Seitenkräfte auf. Durch das Kolbenkippen wird die Abnutzung im Bereich des Totpunktes noch verstärkt. Der normale Verschleiß beträgt etwa 0,01 mm auf 10 000 km.

Prüfen der Zylinderlauffläche. Die Abnutzung der Zylinderlauffläche wird mit einem Innenmessgerät gemessen, das mit einer Messuhr ausgerüstet ist **(Bild 3)**.

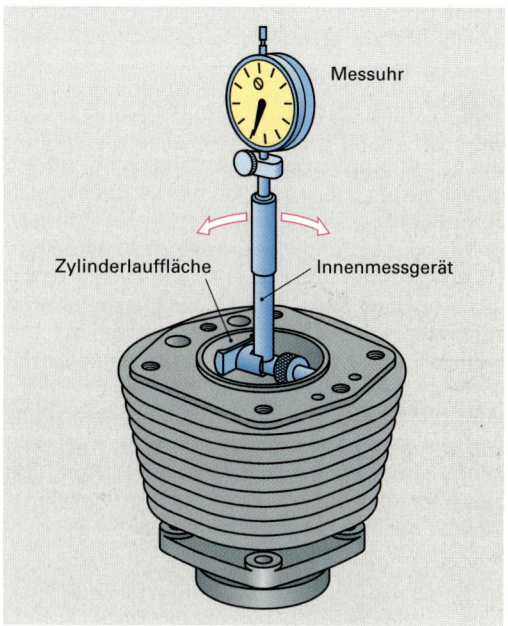

Bild 3: Ausmessen einer Zylinderlauffläche

Zur Feststellung des Verschleißes müssen Messungen in Richtung der Kolbenbolzenachse und senkrecht dazu durchgeführt werden. Die Messungen werden im Allgemeinen unter der Oberkante der Zylinderbohrung begonnen und nach unten in mehreren Durchgängen fortgesetzt. Dabei ist das Gerät in Richtung der Pfeile **(Bild 3)** zu schwenken, um Messfehler zu vermeiden. Durch die Messung werden Verschleiß, Unrundheit und konischer Verlauf der Zylinderlauffläche ermittelt.

Bearbeitung der Zylinderlauffläche. Beträgt beim Viertaktmotor die Abnutzung im Mittel etwa 0,5 mm (bei Zweitaktmotoren etwa 0,2 mm und bei Nutzfahrzeug-Dieselmotoren etwa 0,8 mm), so muss die zylindrische Form durch Feinbohren oder Honen wiederhergestellt werden.

Das **Feinbohren** erfolgt entsprechend der Kolbenübergröße in Stufen von 0,25 mm bzw. 0,5 mm. Das anschließende **Honen** (Ziehschleifen) erfolgt auf einer Honmaschine.

Einbau der Zylinderlaufbuchsen

Trockene Zylinderlaufbuchsen sind meist fertigbearbeitet, bei ihnen ist die Passung als Schiebesitz ausgebildet, die Buchsen können mit geringem Druck eingeschoben werden. Laufbuchsen, die nur vorgebohrt sind, werden mit Übermaß in die Bohrung eingepresst und im Zylinder fertig bearbeitet. Die eingebaute Zylinderlaufbuchse darf nicht überstehen, sie soll mit der Deckfläche eben sein oder bis zu 0,1 mm zurückstehen.

Nasse Zylinderlaufbuchsen werden einbaufertig geliefert. Sie lassen sich meist leicht einführen. Die Gummiringe müssen gut abdichten, dürfen jedoch nicht zu dick sein, damit die Buchse sich unter dem Druck nicht verformt (Kolbenfresser). Der Bund der Laufbuchse steht im Allgemeinen bis etwa 0,1 mm über **(Bild 1)**. Die Zylinderkopfdichtung darf dabei keinen zu starken Bördel aufweisen, der Bördel darf nicht auf den inneren Buchsenrand drücken, weil sonst beim Anziehen der Zylinderkopfschrauben der Bund abreißt oder die Buchse sich verzieht. Keinesfalls darf der Bund zurückstehen **(Bild 1)**, weil sich dann die Buchse bewegen kann. Das Aus- und Einziehen der Buchsen erfolgt am zweckmäßigsten mit einer geeigneten Vorrichtung.

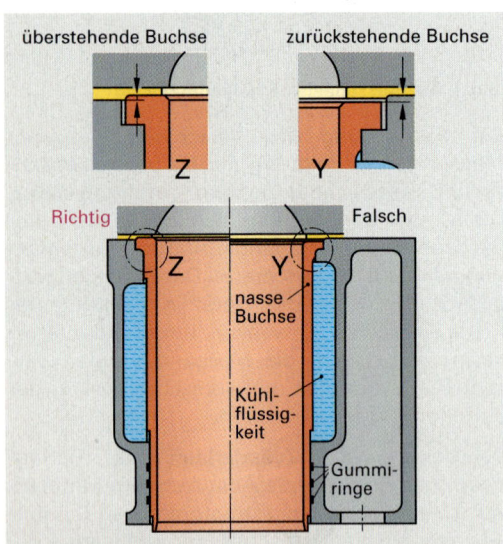

Bild 1: Überstehende und zurückstehende Zylinderlaufbuchse

Auswechseln der Zylinderkopfdichtung

Ist die Abdichtung zwischen Zylinderkopf und Zylinderblock ungenügend, so entsteht dadurch ein Leistungsverlust, weil ein Teil der hochgespannten Gase verloren geht und dadurch der Druck im Zylinder abfällt. Außerdem verbrennt die Zylinderkopfdichtung. Gelangt gar Kühlflüssigkeit in den Verbrennungsraum, so kann der Motor beschädigt werden. Wenn schadhafte Zylinderkopfdichtungen festgestellt werden, müssen sie in jedem Fall gewechselt werden.

Um ein Verziehen des Zylinderkopfes beim Lösen der Zylinderkopfschrauben zu vermeiden, muss der Motor abkühlen, bevor man den Zylinderkopf abschraubt. Festklebende Reste der Dichtung müssen entfernt werden. Die Dichtflächen von Zylinderkopf und Zylinderblock müssen eben sein. Unebene Flächen müssen auf einer Flächenschleifmaschine nachgearbeitet werden. Die Dicke der Zylinderkopfdichtung muss den Herstellervorschriften entsprechen. Wurden Zylinderblock und Zylinderkopf nachgeschliffen, so muss eine dickere Dichtung verwendet werden, weil sich sonst das Verdichtungsverhältnis ändert. Die Durchgänge für Kühlflüssigkeit und Motoröl im Zylinderblock und in der Zylinderkopfdichtung müssen übereinstimmen, die Brennraumeinfassungen dürfen nicht in den Verbrennungsraum hineinragen, da sonst Glühzündungen die Folge sein können.

Anziehen der Zylinderkopfschrauben. Sie werden in einer bestimmten Reihenfolge angezogen. In den Reparaturanleitungen ist diese stets vorgeschrieben. Abweichungen von der Reihenfolge führen zum Verziehen des Zylinderkopfes und zur Undichtheit. Im Allgemeinen werden die Zylinderkopfschrauben von innen nach außen spiralförmig **(Bild 2)** oder von innen nach außen über Kreuz angezogen.

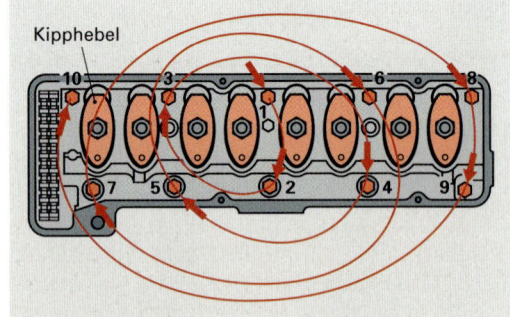

Bild 2: Beispiel für das Anziehen der Zylinderkopfschrauben

Meist werden zum Anziehen einstellbare Drehmomentschlüssel **(Bild 1)** verwendet, die bei Erreichen des eingestellten Drehmomentes hörbar und fühlbar ausrasten.

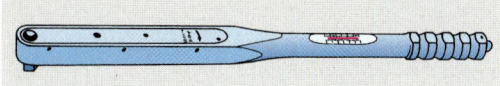

Bild 1: Einstellbarer Drehmomentschlüssel

Für den Endanzug gibt der Hersteller häufig einen zusätzlichen Drehwinkel für den Drehmomentschlüssel an, z. B. 90 Nm + 60°; in diesen Fällen wird vorteilhaft mit einem Drehmomentschlüssel mit Drehwinkelanzug **(Bild 2)** gearbeitet. Wenn der Hersteller vorschreibt, dass die Zylinderkopfschrauben bei warmgelaufenem Motor nachzuziehen sind, sind die Schrauben zuerst leicht zu lösen und anschließend auf den vorgeschriebenen Wert anzuziehen.

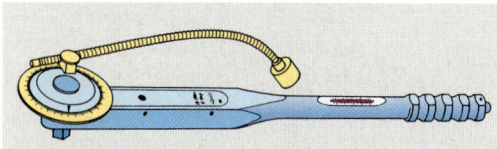

Bild 2: Einstellbarer Drehmomentschlüssel mit Drehwinkelanzug

Sonstige Arbeiten. Wird der Zylinderkopf abgenommen, soll die Ölkohle am Kolben und im Verdichtungsraum entfernt werden. Die Zylinderkopfdichtung ist bei jeder Abnahme des Zylinderkopfes zu erneuern, desgleichen die Dichtungen für Ansaug- und Auspuffkrümmer.

Prüfen des Kompressionsdruckes

Mit dem Kompressionsdruckprüfer werden Vergleichsmessungen der Druckverhältnisse in den einzelnen Verbrennungsräumen eines Motors vorgenommen **(Bild 3)**.

Bei der Prüfung ist Folgendes zu beachten:
- Prüfung nur bei Betriebstemperatur des Motors vornehmen
- alle Zündkerzen herausschrauben und den Motor mit dem Starter kurz durchdrehen, damit Verbrennungsrückstände entweichen
- den Gummikonus des Kompressionsdruckprüfers in die Zündkerzenbohrung drücken und die Drosselklappe ganz öffnen. Bei jedem Zylinder den Motor mit dem Starter um die gleiche Anzahl von Umdrehungen (5 bis 10) durchdrehen.

Bei einwandfreiem Zustand der Verbrennungsräume dürfen die in den einzelnen Zylindern gemessenen Kompressionsdrücke nur geringfügig voneinander abweichen (maximal 2 bar). Der angezeigte Kompressionsdruck muss je nach Motortyp bzw. je nach Fabrikat des Kompressionsdruckprüfers bei Ottomotoren zwischen 6 bar und 12 bar liegen und bei Dieselmotoren zwischen 12 bar und 25 bar.

Zeigen die Messungen in allen Zylindern einen Kompressionsdruck unter 6 bar bzw. unter 12 bar an, so liegt ein gleichmäßiger Verschleiß des Motors vor.

Weichen die Kompressionsdrücke in den einzelnen Zylindern voneinander ab, so kann der Fehler, der den Kompressionsdruckverlust verursacht, durch Einspritzen von etwas Motorenöl in den Verbrennungsraum des zu messenden Zylinders ermittelt werden. Erhöht sich der Kompressionsdruck bei der Wiederholungsmessung, so liegt ein Verschleiß an der Zylinderwand bzw. an den Kolbenringen vor. Tritt jedoch keine Erhöhung des Kompressionsdruckes ein, so können Ventile, Ventilsitze, Ventilführungen, Zylinderkopf oder Zylinderkopfdichtung schadhaft sein.

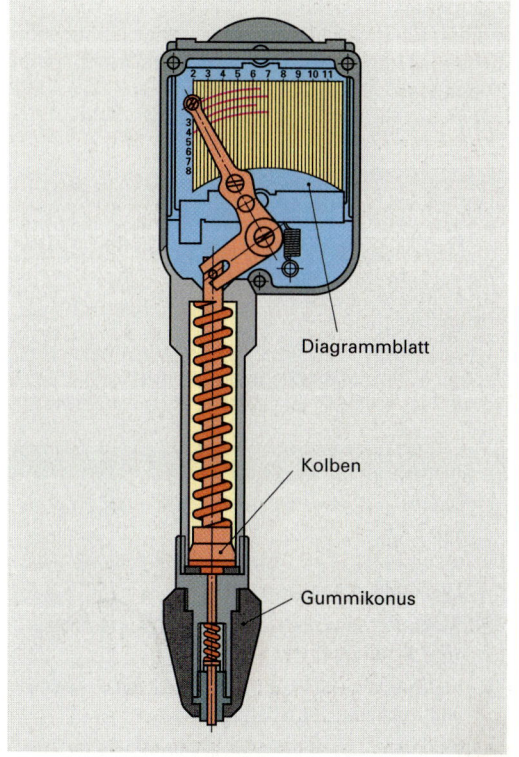

Bild 3: Kompressionsdruckprüfer

Zeigen zwei nebeneinander liegende Zylinder einen gleich großen Kompressionsdruck an, der aber wesentlich niedriger ist als der in den übrigen Zylindern, so kann ein Riss im Zylinderkopf bzw. eine undichte Zylinderkopfdichtung zwischen beiden Zylindern vorhanden sein.

Druckverlust-Prüfung

Sie wird dann durchgeführt, wenn nach der Kompressionsdruckprüfung eine Undichtheit im Zylinderraum zu vermuten ist. Der Kolben im zu prüfenden Zylinder muss während der Messung im oberen Totpunkt des Verdichtungshubes stehen. Der zu prüfende Zylinder wird über einen Druckverlust-Tester **(Bild 1)** an ein Druckluftnetz von 5 bar bis 10 bar angeschlossen. Der durch Undichtheit entstehende Druckverlust wird von einem Manometer in Prozent angezeigt. Der Druckverlust soll die vom Testgeräte-Hersteller vorgegebenen Werte nicht überschreiten. Treten größere Undichtheiten auf, dann kann die Fehlerstelle dadurch ermittelt werden, dass man die Stelle der austretenden Luft ermittelt.

Erfolgt ein feststellbarer Luftaustritt an
- Ansaugkrümmer bzw. Vergaser, so ist das Einlassventil undicht
- Auspuffkrümmer bzw. Auspuff, so ist das Auslassventil undicht
- Öleinfüllstutzen bzw. Öffnung des Ölmessstabes, so dichten die Kolbenringe nicht genügend ab
- Kühlereinfüllstutzen bzw. Zündkerzenbohrung eines benachbarten Zylinders, so kann die Zylinderkopfdichtung undicht sein bzw. der Zylinderkopf oder der Motorblock kann Risse haben.

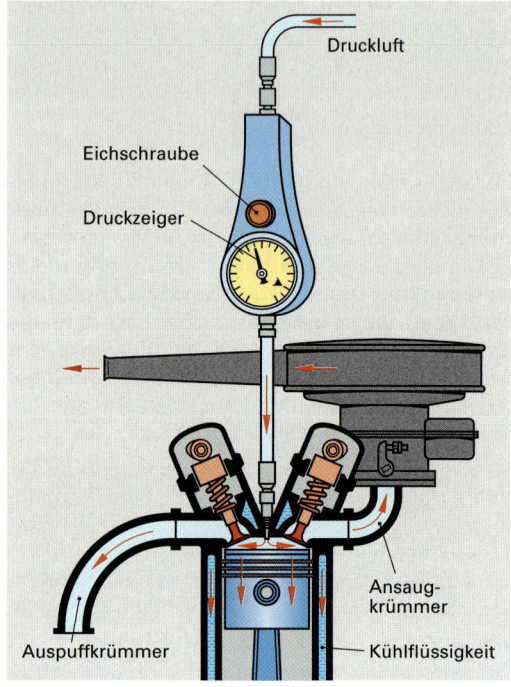

Bild 1: Druckverlust-Prüfung

ARBEITSREGELN

- Beim Prüfen der Zylinderlaufbahnen mehrere Messungen in Richtung der Kolbenbolzenachse und quer dazu durchführen.
- Zylinderkopf auf Rissbildung prüfen, z. B. an den Ventilsitzen.
- Nach jeder Abnahme des Zylinderkopfes eine neue Zylinderkopfdichtung einbauen.
- Dichtflächen an Zylinderkopf und Zylinderblock vor dem Einbau einer neuen Zylinderkopfdichtung sorgfältig reinigen und auf Ebenheit prüfen.
- Zylinderkopfschrauben in mehreren Durchgängen in festgelegter Reihenfolge mit dem vorgeschriebenen Drehmoment anziehen.

WIEDERHOLUNGSFRAGEN

1. Welche Aufgaben haben Zylinder und Zylinderkopf?
2. Welchen Beanspruchungen sind Zylinder und Zylinderkopf ausgesetzt?
3. Welche Eigenschaften soll der Zylinder bzw. die Zylinderlaufbahn haben?
4. Welcher Unterschied besteht zwischen nassen und trockenen Zylinderlaufbuchsen?
5. Welche Vor- und Nachteile haben Zylinder aus Leichtmetalllegierungen?
6. Wie können die Laufeigenschaften von Leichtmetallzylindern verbessert werden?
7. Welche Vorteile haben Verdichtungsräume mit Quetschzonen?
8. Durch welche Störungen kann ein Druckabfall beim Verdichtungsvorgang eintreten?
9. Wie kann die Zylinderkopfdichtung auf Dichtheit geprüft werden?
10. Wie müssen die Zylinderkopfschrauben angezogen werden?

2.1.13 Motorsteuerung

> Sie soll den Zeitpunkt und die Dauer des Ansaugens der Frischgase und den Zeitpunkt und die Dauer des Ausstoßens der Abgase steuern.

Die Zeitpunkte werden als Öffnungs- und Schließpunkte der Ventile in Grad Kurbelwinkel angegeben, z. B. Eö 15° vOT, Es 42° nUT (siehe **Steuerdiagramm, Seite 239**).

2.1.13.1 Aufbau der Motorsteuerung

Der Antrieb der Motorsteuerung erfolgt von der Kurbelwelle über Zahnriemen, Rollenkette oder Zahnräder zur Nockenwelle. Die Nocken der Nockenwelle öffnen über Übertragungsorgane, z. B. Stößel, gegen die Federkraft der Ventilfedern die Ein- und Auslassventile. Durch die Federkraft der Ventilfedern werden die Ventile wieder geschlossen.

Da sich ein Arbeitsspiel über vier Takte, also zwei Kurbelwellenumdrehungen erstreckt und die Ventile dabei nur einmal betätigt werden, muss die Nockenwelle mit der halben Drehzahl der Kurbelwelle laufen. Das Nockenwellenrad muss also doppelt so viele Zähne besitzen wie das Kurbelwellenrad. Das Übersetzungsverhältnis zwischen Kurbelwelle und Nockenwelle beträgt 2 : 1.

Anordnung der Ventile. Man unterscheidet

- **Untengesteuerter Motor (Bild 1)**, **sv**-Motor (engl. **s**ide **v**alves). Die Schließbewegung der Ventile ist gleichgerichtet mit der Kolbenbewegung in Richtung UT. Ein untengesteuerter Motor hat seitlich stehende Ventile. Er wird wegen ungünstiger Form des Verdichtungsraumes im Kraftfahrzeug nicht verwendet.

- **Obengesteuerter Motor (Bild 2** bis **Bild 5)**. Die Schließbewegung der Ventile ist gleichgerichtet mit der Kolbenbewegung in Richtung OT. Ein obengesteuerter Motor hat hängende Ventile.

Anordnung der Nockenwelle. Man unterscheidet bei obengesteuerten Motoren

- **ohv**-Motor (engl. **o**ver**h**ead **v**alves): Überkopfventile, im Zylinderkopf hängende Ventile; die Nockenwelle ist im Zylinderblock oder im Kurbelgehäuse angeordnet **(Bild 2)**

- **ohc**-Motor (engl. **o**ver**h**ead **c**amshaft): Überkopf-Nockenwelle; die Nockenwelle ist über dem Zylinderkopf angeordnet **(Bild 3)**

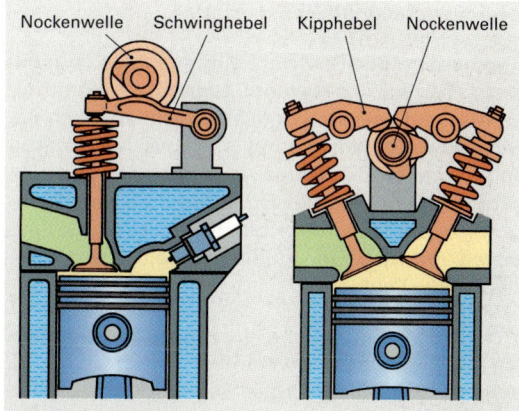

Bild 3: ohc-Motoren

- **dohc**-Motor (engl. **d**ouble **o**ver**h**ead **c**amshaft). Doppel-Überkopf-Nockenwelle; zwei Nockenwellen sind über dem Zylinderkopf angeordnet **(Bild 4)**

- **cih**-Motor (engl. **c**amshaft **i**n **h**ead): Nockenwelle ist im Zylinderkopf angeordnet **(Bild 5)**.

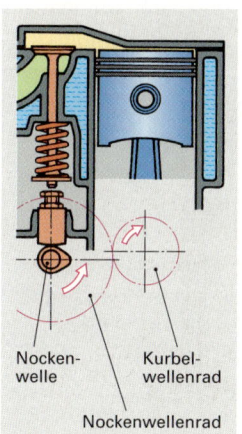

Bild 1: Untengesteuerter Motor (sv-Motor)

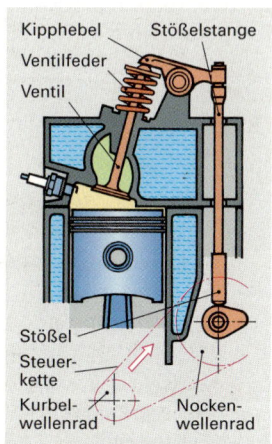

Bild 2: Obengesteuerter Motor (ohv-Motor)

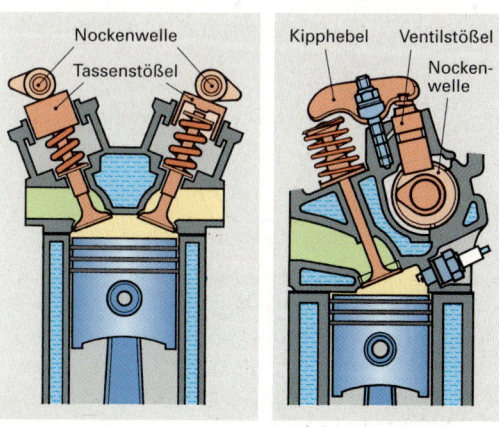

Bild 4: dohc-Motor   Bild 5: cih-Motor

2.1.13.2 Bauteile der Motorsteuerung

Ventile

Jeder Zylinder eines Viertaktmotors hat mindestens ein **Einlassventil** und ein **Auslassventil**. Die Durchmesser der Ventilteller und der Ventilhub müssen so groß sein, dass der Gaswechsel möglichst ungehindert vonstatten gehen kann. Das Auslassventil hat oft einen kleineren Durchmesser als das Einlassventil, da durch den noch hohen Druck der Abgase beim Öffnen des Auslassventils eine schnelle Entleerung des Verbrennungsraumes gewährleistet ist.

Mehrventiltechnik. Um den Gaswechsel im Zylinder noch zu verbessern, werden Motoren auch mit zwei oder drei Einlassventilen bei ein oder zwei Auslassventilen ausgestattet.

Dreiventiler (Bild 2). Zwei Einlassventilen liegt ein vergrößertes Auslassventil gegenüber. Wenn eine mittige Lage der Zündkerze nicht möglich ist, wird eine Doppelzündung mit zwei außermittig angeordneten Zündkerzen angewendet. Dadurch wird auch ein besseres Durchbrennen des Gemisches in der Nähe der Kolbenkante und am Feuersteg erreicht. Eine gemeinsame Nockenwelle steuert die Ventile.

Vierventiler (Bild 1) sind die am meisten gebauten Motoren in Mehrventiltechnik. Zwei häufig vergrößerte Einlassventile liegen zwei Auslassventilen gegenüber. Die Zündkerze kann nahezu mittig angeordnet werden. Für die Einlass- und für die Auslassventile ist je eine Nockenwelle erforderlich.

Fünfventiler (Bild 3). Drei Einlassventile und zwei Auslassventile bieten ein Maximum an Durchflussquerschnitt. Die Zündkerze kann meist mittig angeordnet werden. Die Einlassnockenwelle betätigt die drei Einlassventile und eine Auslassnockenwelle die zwei Auslassventile.

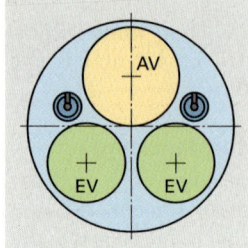
Bild 2: Dreiventiler

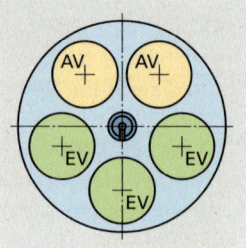
Bild 3: Fünfventiler

Aufbau. Ein Ventil (**Bild 4** und **Bild 5**) besteht aus dem Ventilteller und dem Ventilschaft. Der Ventilteller muss in Verbindung mit dem Ventilsitz im Zylinderkopf den Verbrennungsraum gasdicht abschließen, er ist daher feingedreht oder feingeschliffen. Das Ende des Ventilschaftes besitzt einen Einstich bzw. eine oder mehrere Rillen, in welche die Ventilkegelstücke eingreifen. Die Ventilkegelstücke werden durch den Ventilfederteller in den Einstich bzw. in die Rillen des Ventilschaftes gedrückt.

Beanspruchung. Die Ventile sind sehr starker Beanspruchung ausgesetzt. Sie werden in der Minute bis etwa 3000 mal angehoben und von den Ventilfedern wieder auf die Ventilsitze geschlagen. Am Ventilschaft und am Schaftende werden sie auf Verschleiß beansprucht.

Einlassventile (Bild 4) werden durch die Frischgase zwar ständig gekühlt, trotzdem können sie Temperaturen bis etwa 500 °C annehmen.

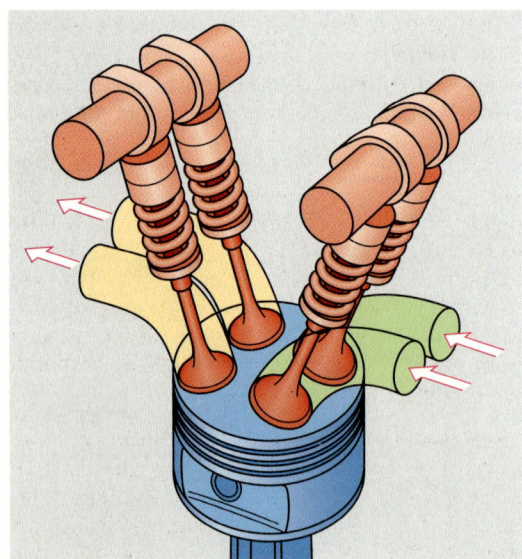
Bild 1: Vierventiler

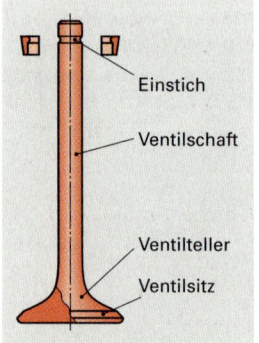
Bild 4: Einlassventil (Einmetallventil)

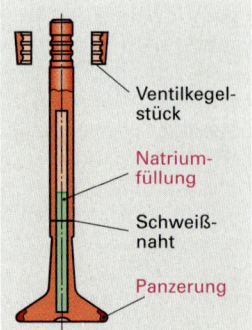
Bild 5: Auslassventil mit Natriumfüllung (Bimetallventil)

Einlassventile sind meist Einmetallventile. Zur Verschleißminderung können Ventilsitz, Ventilschaft, Einstich für die Ventilkegelstücke und Planfläche am Schaftende gehärtet sein.

Auslassventile (Bild 5, Seite 266) unterliegen durch die heißen Verbrennungsgase besonderer thermischer Beanspruchung (bis etwa 800 °C am Ventilteller) und chemischer Korrosion. Sie werden daher häufig als Bimetallventile hergestellt. Für den Ventilteller und den unteren Teil das Ventilschaftes, die den Verbrennungsgasen vor allem ausgesetzt sind, wird warmfester, korrosions- und zunderbeständiger Stahl verwendet. Solche Stähle sind jedoch nicht härtbar, besitzen schlechte Gleiteigenschaften, neigen zum Fressen in der Ventilführung und haben schlechte Wärmeleitfähigkeit. Der obere Teil das Schaftes besteht deshalb aus härtbarem Stahl mit guter Wärmeleitfähigkeit. Beide Teile werden, z. B. durch Reibschweißen, stumpfgeschweißt.

Hohlventile (Bild 5, Seite 266) werden, meist als Auslassventile, zur Verbesserung der Wärmeabfuhr eingebaut. Ihr Hohlraum ist zu etwa 60 % mit Natrium gefüllt. Natrium schmilzt bei etwa 97 °C und hat gute Wärmeleitfähigkeit. Durch das Hin- und Herschleudern des flüssigen Natriums wird die Wärme schneller vom Ventilteller zum Ventilschaft abgeführt und dadurch die Temperatur des Ventiltellers um etwa 100 °C gesenkt.
Am Ventilsitz sind die Ventile häufig gepanzert **(Bild 5, Seite 266)**, z. B. mit Hartmetall, um den Verschleiß zu verringern und um das Einschlagen des Sitzes am Ventilteller zu vermeiden.

Ventilspiel
Alle Teile des Motors dehnen sich im Betrieb je nach Temperatursteigerung und je nach Werkstoff mehr oder weniger aus. Außerdem treten an den Übertragungsteilen der Motorsteuerung Längenänderungen durch Verschleiß auf. Damit die Einlass- und Auslassventile bei allen Betriebszuständen einwandfrei schließen können, wird entweder zwischen den Übertragungsteilen Spiel vorgesehen, damit sich die Bauteile bei Erwärmung ausdehnen können, oder es werden Übertragungsteile verwendet, die spielfrei auf hydraulischem Weg die Längenänderung der Bauteile ermöglichen.
Das Ventilspiel ist bei kaltem Motor in der Regel etwas größer als bei warmem Motor. Das Spiel der Auslassventile ist gewöhnlich größer als das der Einlassventile. Die Einstellung des Ventilspiels ist je nach Motorart und Fabrikat verschieden. Sie kann bei kaltem oder auch bei warmem Motor, bei stehendem oder auch bei langsam laufendem Motor vorgeschrieben sein.

Bei obenliegender Nockenwelle und Kipphebeln oder Schwinghebeln kann das Ventilspiel eingestellt werden mit Stellschraube und Gegenmutter oder wie in **Bild 1** durch Verstellen des Kugeldruckbolzens im selbstsichernden Gewinde am Auflager des Schwinghebels. Das Ventilspiel wird geprüft am Spalt zwischen Nockengrundkreis und Schwinghebel.

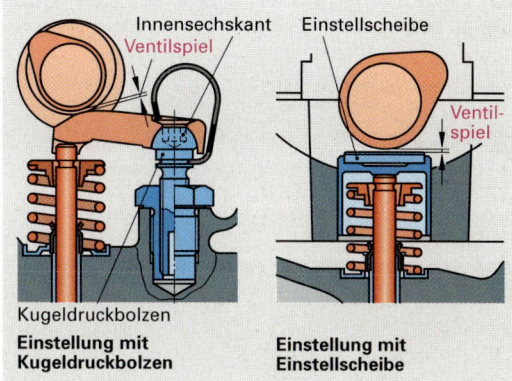

Bild 1: Einstellen des Ventilspiels

Bei obenliegender Nockenwelle und Tassenstößeln **(Bild 1)** werden gehärtete Einstellscheiben verschiedener Dicke in den Stößel eingelegt, um das richtige Ventilspiel einzustellen, welches unmittelbar am Spalt zwischen Nockengrundkreis und Einstellscheibe geprüft werden kann.
Je nach Vorschrift des Herstellers beträgt das Ventilspiel etwa 0,1 mm bis 0,3 mm. Wird es nicht richtig eingestellt, so verschieben sich die Öffnungs- und Schließzeiten der Ventile.

Ventilspiel zu klein. Das Ventil öffnet früher und schließt später. Vor allem das Auslassventil kann in der verkürzten Schließzeit nicht genügend Wärme vom Ventilteller an den Ventilsitz abgeben, es wird zu heiß. Außerdem besteht bei zu kleinem Ventilspiel die Gefahr, dass das Auslassventil oder das Einlassventil bei warmem Motor nicht mehr schließt. Durch den Spalt am Auslassventil wird dann Abgas angesaugt, durch den Spalt am Einlassventil schlagen die Flammen zurück. Es treten Gasverluste und Leistungsverluste auf. Die Ventile werden durch die ständig vorbeistreichenden Abgase überhitzt, wodurch Ventilteller und Ventilsitze verbrennen.

Ventilspiel zu groß. Das Ventil öffnet zu spät und schließt zu früh. Dadurch ergeben sich kürzere Öffnungszeiten und kleinere Öffnungsquerschnitte, wodurch Füllung und Leistung verschlechtert werden. Die mechanische Beanspruchung des Ventils und die Ventilgeräusche nehmen zu.

Hydraulischer Ventilspielausgleich

Bei den meisten Motoren braucht heute keine Einstellung des Ventilspiels mehr vorgenommen zu werden. Diese Motoren sind mit einem hydraulischen Ventilspielausgleich ausgestattet.

Der Ventilspielausgleich gleicht Längenänderungen der Bauteile durch hydraulisch betätigte Übertragungselemente aus. Dadurch wird das Ventilspiel bei laufendem Motor auf Null gehalten.

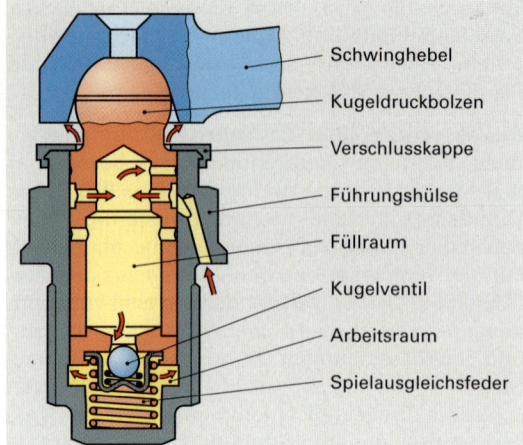

Bild 2: Schwinghebelauflager mit hydraulischem Ventilspielausgleich

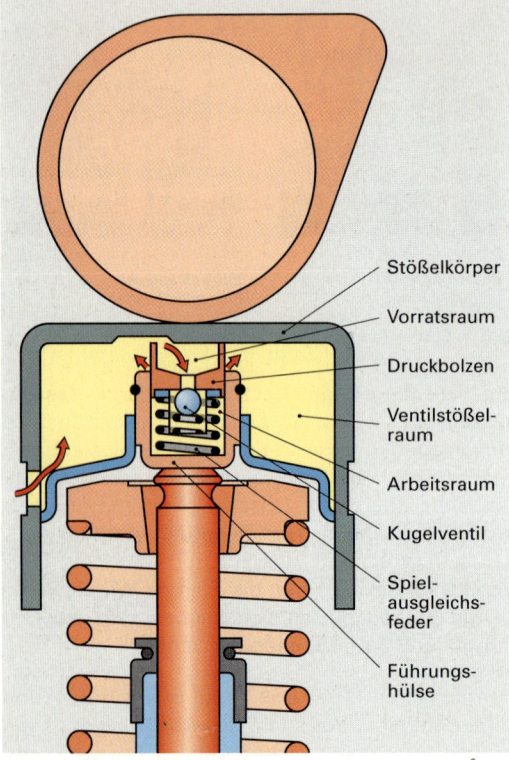

Bild 1: Tassenstößel mit hydraulischem Ventilspielausgleich

Das Spielausgleichselement ist im Tassenstößel angeordnet, wenn die Ventile direkt von der darüberliegenden Nockenwelle über Tassenstößel betätigt werden (Bild 1).

Der hydraulische Tassenstößel (Bild 1) ist an den Ölkreislauf des Motors angeschlossen. Der Ölzulauf erfolgt über eine seitliche Bohrung im Stößel in den Ventilstößelraum und von dort über die Aussparung im Stößelboden in den Vorratsraum über dem Druckbolzen.

Werden dagegen die Ventile von der Nockenwelle über Schwinghebel betätigt, dann ist das Spielausgleichselement im Schwinghebelauflager eingebaut (Bild 2). Die Wirkungsweise ist die gleiche wie im Tassenstößel.

Ablaufender Nocken. Die Spielausgleichsfeder drückt den Druckbolzen nach oben, bis der Tassenstößel am Nocken bzw. Nockengrundkreis anliegt. Durch Raumvergrößerung unter dem Druckbolzen strömt Öl aus dem Vorratsraum durch das Kugelventil in den Arbeitsraum.

Auflaufender Nocken. Der Druckbolzen wird belastet, das Kugelventil schließt und die Ölfüllung im Arbeitsraum wirkt wie eine „starre Verbindung". Über die Führungshülse wird das Einlass- bzw. Auslassventil geöffnet. Durch den Ringspalt zwischen Druckbolzen und Führungshülse kann überschüssiges Öl entweichen, z.B. bei Wärmeausdehnung der Steuerungsteile.

Ventilführung

In Zylinderköpfe aus Al-Legierungen werden besondere Ventilführungen mit guten Gleiteigenschaften eingepresst. Sie bestehen meist aus Gussbronze oder aus Sondergusseisen. Die Ventilschaftabdichtung am oberen Ende der Ventilführung muss einen ausreichenden Ölfilm in der Ventilführung gewährleisten; sie muss jedoch verhindern, dass Motoröl durch die Ventilführung in den Ansaug- oder Auslasskanal gelangt. Hoher Ölverbrauch und Ölkohleansatz am Ventilschaft wären die Folgen, auch kann die Wirkung des Katalysators beeinträchtigt werden.

Ventildrehvorrichtung

Unter den Ventilfedern können bei schnelllaufenden Verbrennungsmotoren Ventildrehvorrichtungen eingebaut sein. Diese sollen ungleichmäßige Erwärmung und Verzug der Ventilteller sowie die Ablagerung von Verbrennungsrückständen auf Ventilteller und Ventilsitz verhindern, vor allem am Auslassventil.

Beim Öffnen des Ventils wird eine Tellerfeder (**Bild 1** und **Bild 2**), die unter der Ventilfeder angebracht ist, durch die ansteigende Federkraft abgeflacht. Die Tellerfeder drückt dabei verstärkt auf einen Ring von Kugeln.

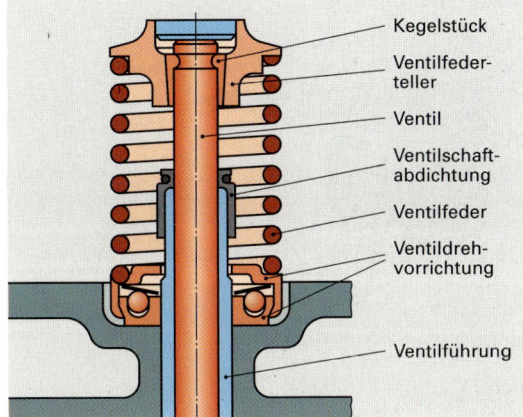

Bild 1: Ventil mit Ventildrehvorrichtung

Die Tellerfeder zwingt die Kugeln zum Abrollen auf ihren geneigten Bahnen und rollt selbst auf den Kugeln ab. Dadurch wird bei jedem Öffnungshub das Ventil etwas gedreht. Bei schließendem Ventil werden die Kugeln durch kleine Druckfedern in ihre Ausgangslage zurückgeschoben, ohne dabei auch die Tellerfeder und das Ventil zurückzudrehen.

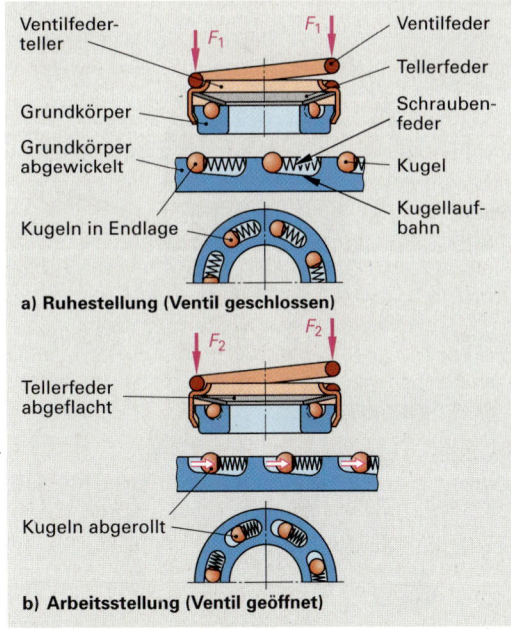

Bild 2: Wirkungsweise der Ventildrehvorrichtung

Ventilsitz im Zylinderkopf

In Zylinderköpfen aus Al-Legierungen, gelegentlich auch in solchen aus Gusseisen, sind zur Erhöhung der Festigkeit des Ventilsitzes besondere Ventilsitzringe erforderlich. Diese müssen warmfest, verschleißfest und zunderbeständig sein.

Ventilsitzringe bestehen aus hochlegierten Stählen oder aus Sondergusseisen; sie sind in den Zylinderkopf eingepresst oder eingeschrumpft.

Die Ventilsitze im Zylinderkopf (**Bild 3**) haben meist den gleichen Kegelwinkel wie die Ventilteller, meist beträgt der Sitzwinkel 45°. Wegen der Strömungsverhältnisse und wegen der Breite der Ventilsitze wird häufig mit 15° und mit 75° (Korrekturwinkel) abgeschrägt. Um eine gute Abdichtung zu erreichen, darf die Auflage des Ventils im Ventilsitz nicht zu breit sein. Beim Einlassventil beträgt sie etwa 1,5 mm, beim Auslassventil etwa 2 mm, um die Wärmeabfuhr zu verbessern. Gelegentlich werden auch die Sitzwinkel am Ventilteller und im Zylinderkopf etwas unterschiedlich gewählt, z.B. am Ventilteller 44° und im Zylinderkopf 45°. Dadurch wird zum Verbrennungsraum hin eine schmale Dichtkante gebildet, die sich während der Laufzeit zur normalen Sitzbreite vergrößert.

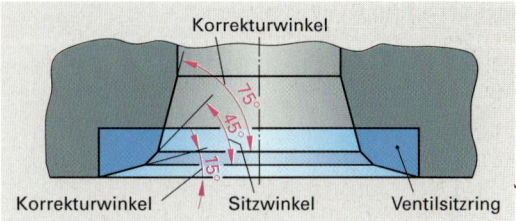

Bild 3: Ventilsitz im Zylinderkopf

Ventilfeder

Die Ventilfedern müssen zum Ende des Ansaug- bzw. Ausstoßtaktes die Ventile schließen. Als Ventilfedern werden Schraubenfedern verwendet. Bei hohen Motordrehzahlen kann sich die Anzahl der Arbeitsspiele je Sekunde der Eigenfrequenz der Ventilfeder nähern, dadurch besteht die Gefahr eines Federbruches, das Ventil würde in den Verbrennungsraum fallen und schweren Motorschaden verursachen. Um ausgeprägte Eigenschwingungen zu vermeiden, können Ventilfedern mit veränderlicher Steigung, in kegeliger Form oder mit abnehmendem Drahtdurchmesser gewickelt sein. Gelegentlich sind auch zwei Ventilfedern ineinander angeordnet, dadurch wird bei Federbruch das Hineinfallen des Ventils in den Verbrennungsraum verhindert.

Nockenwelle

Die Nockenwelle (**Bild 1**) muss die Hubbewegung der Ventile zum richtigen Zeitpunkt und in richtiger Reihenfolge durchführen und das Schließen durch die Ventilfedern ermöglichen.

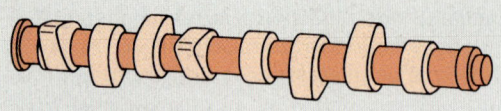

Bild 1: Nockenwelle

Der Öffnungszeitpunkt eines Ventils wird durch die Stellung des Nockens bestimmt. Öffnungsdauer, Ventilhub und Bewegungsablauf beim Öffnen und Schließen der Ventile werden durch die Form des Nockens (**Bild 2**) bestimmt. Bei einem spitzen (eiförmigen) Nocken wird das Ventil langsam angehoben und geschlossen und bleibt nur kurze Zeit voll geöffnet. Bei einem steilen Nocken, auch scharfer Nocken genannt, wird das Ventil schnell geöffnet und geschlossen und bleibt längere Zeit voll geöffnet. Häufig sind Nocken unsymmetrisch ausgeführt. Die flachere auflaufende Bahn am Nocken bewirkt ein langsameres Öffnen, die steilere ablaufende Bahn ermöglicht ein längeres Offenhalten des Ventils und ein schnelleres Schließen.

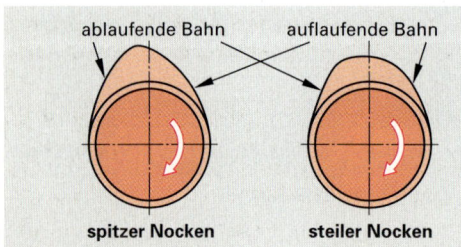

Bild 2: Nockenformen

Nockenwellen werden meist in Schalenhartguss hergestellt, entweder aus legiertem Gusseisen mit Lamellengraphit oder aus Kugelgraphitguss. Die Nockenwelle ist entweder in Lagerböcken auf dem Zylinderkopf gelagert oder in einer Lagerbohrung im Werkstoff des Zylinderkopfes bzw. Zylinderblockes oder sie ist in einem Nockenwellengehäuse auf dem Zylinderkopf befestigt.

Nockenwellenantrieb

Der Antrieb der Nockenwelle erfolgt

- durch Zahnriemenräder und Zahnriemen
- durch Kettenräder und Rollenkette
- durch schrägverzahnte Stirnräder (meist Lkw).

Zahnriemenantrieb (Bild 3). Man verwendet Kunststoffriemen. Der Zugstrang im Riemenrücken besteht meist aus einer Glascord-Einlage, sie überträgt die Zugkräfte und begrenzt die Dehnung. Der Zahnriemen wird auf der Zahnriemenscheibe durch ein Führungsbord am seitlichen Ablaufen gehindert.

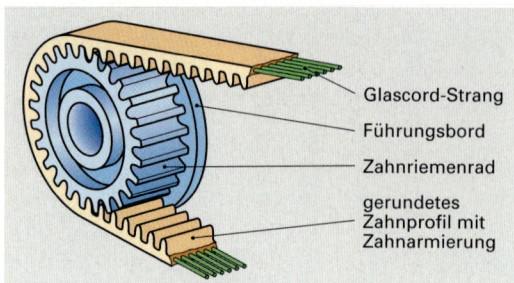

Bild 3: Zahnriemenantrieb

Zahnriemen

- haben geringe Masse
- laufen geräuscharm
- haben geringe Herstellungskosten
- benötigen nur geringe Vorspannung
- brauchen keine Schmierung
- müssen ölfrei gehalten werden
- dürfen nicht geknickt werden

Kettenantrieb (Bild 4). Er wird verwendet, wenn größere Kräfte zu übertragen sind und wenn die Steuerzeiten exakt eingehalten werden müssen. Eine gleichbleibende Kettenspannung wird durch einen Kettenspanner erreicht.

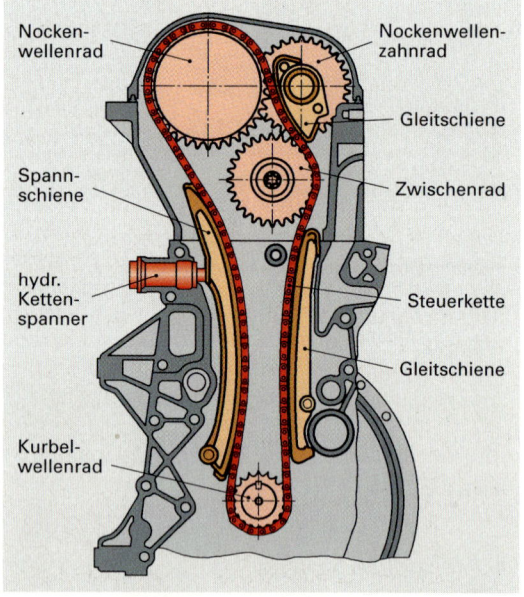

Bild 4: Kettenantrieb

Zur Dämpfung von Kettengeräuschen wird die Kette in Gleitschienen aus Kunststoff geführt, das Kurbelwellenrad kann zusätzlich gummiert sein.

Stirnradantrieb. Er wird angewendet, wenn die Nockenwelle im Motorblock angeordnet ist. Die Hubbewegung wird durch Stoßstangen von der Nockenwelle auf die Kipphebel übertragen. Zur Geräuschdämpfung sind die Zahnräder schrägverzahnt. Aus dem gleichen Grund kann das Nockenwellenrad schrägverzahnt sein.

Schwinghebel, Kipphebel

Wenn die Ventile nicht direkt von der Nockenwelle über Tassenstößel betätigt werden, dann werden sie von der Nockenwelle über Schlepphebel oder Kipphebel geöffnet.

Schlepphebel (Schwinghebel) sind einarmige Hebel, die an einem Ende auf einem Kugelbolzen aufliegen. Am anderen Ende übertragen sie die Hubbewegung des Nockens auf das Ventil. Die Reibung zwischen Nocken und Schlepphebel

kann durch die Verwendung eines Rollenschlepphebels (**Bild 1**) stark vermindert werden.

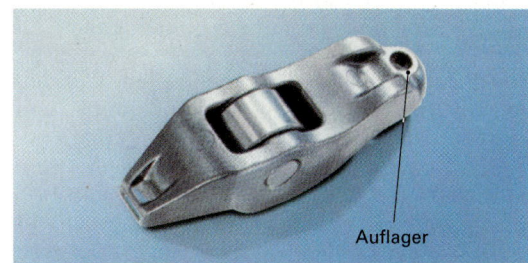

Bild 1: Rollenschlepphebel

Kipphebel sind zweiarmige Hebel. Die Nockenwelle ist unter dem Kipphebel angeordnet. Die Hubbewegung der Nockenwelle wird vom Kipphebel auf den Ventilschaft umgelenkt. Die Reibung zwischen Nocken und Kipphebel kann, ähnlich wie beim Rollenschlepphebel, durch Verwendung eines Rollenkipphebels vermindert werden.

2.1.13.3 Werkstattarbeiten

Ventile. Schäden am Ventil können z.B. bei einem Druckverlusttest festgestellt werden. Ventile von Pkw-Motoren werden meist nicht nachgearbeitet, sondern durch neue ersetzt.
Beim Verschrotten von Ventilen mit Natriumfüllung sind die entsprechenden Sicherheits- bzw. Entsorgungsvorschriften zu beachten.

Ventilsitz im Zylinderkopf. Sind die Ventilsitze direkt in den Werkstoff des Zylinderkopfes gefräst, so können sie nachgearbeitet werden, solange dies bei ausgeschlagenem oder verbranntem Sitz möglich ist.
Die Bearbeitung erfolgt z.B. mit einer Ventilsitzdrehmaschine. Mit ihr können in einer Aufspannung Ventilsitz sowie obere und untere Korrektur bearbeitet werden.

Ventilstößel sollen im Allgemeinen durch ihr Eigengewicht in ihren Führungen nach unten gleiten. Ist das Spiel zu groß oder ist die Tellerfläche des Ventilstößels durch den darübergleitenden Nocken abgenutzt, muss der Stößel ausgewechselt werden.

Ventilführung. Ausgeschlagene Ventilführungen müssen erneuert werden. Sie führen die Ventile schlecht und dichten nicht genügend ab. Motoröl gelangt in den Ansaugkanal und in den Auspuffkanal; hier kann sich Ölkohle auf dem Ventilschaft absetzen, die zum Klemmen des Ventils führen kann (Ventilstecker), außerdem kann die Wirkung des Katalysators beeinträchtigt werden.

Ventilschaftabdichtung. Sie wird erneuert, wenn sie ihre Elastizität verloren hat oder Beschädigungen aufweist, so dass sie nicht mehr genügend abdichten kann. Wenn neue Ventilführungen eingebaut werden, wird stets auch die Ventilschaftabdichtung erneuert.

Ventilfeder. Hat sich eine Ventilfeder gesetzt oder ist gebrochen, dann muss sie ausgewechselt werden. Es sind stets die vom Hersteller vorgeschriebenen Federn zu verwenden. Bei jedem Ausbau der Ventile sollte die ungespannte Länge der Ventilfedern mit einer neuen Feder verglichen werden.

WIEDERHOLUNGSFRAGEN

1. Was versteht man unter einem obengesteuerten Motor?
2. Welche Aufgabe hat die Nockenwelle?
3. Warum ist die Drehzahl der Nockenwelle nur halb so groß wie die der Kurbelwelle?
4. Warum sind die Nocken der Nockenwelle häufig unsymmetrisch?
5. Welche Nockenwellenantriebe unterscheidet man?
6. Welche Störungen können bei zu kleinem Ventilspiel auftreten?
7. Welche Störungen können bei zu großem Ventilspiel auftreten?
8. Wodurch wird eine spielfreie und selbstnachstellende Ventilsteuerung erreicht?

2.1.14 Variable Steuerzeiten

> Mit ihnen kann die Zylinderfüllung über einem großen Drehzahlbereich verbessert werden.

Die Füllung des Zylinders bei einem Verbrennungsmotor ist bei Motoren mit herkömmlichem Ventiltrieb nur bei einer bestimmten Drehzahl optimal. Bei dieser Drehzahl gibt der Motor sein größtes Drehmoment ab und entwickelt somit die größte Zugkraft. Wird die Drehzahl weiter erhöht steigt zwar die Leistung bis zu einem Höchstwert, während das Drehmoment durch die schlechter werdende Zylinderfüllung abnimmt.

Lässt man das Einlassventil möglichst lange offen, verbessert dies die Zylinderfüllung bei hohen Drehzahlen. Bei kleinen Drehzahlen ergeben sich durch die große Ventilüberschneidung meist ein unruhiger Motorlauf und große Spülverluste. Dies führt zu einem großen Schadstoffanteil im Abgas.

Vorteile
- höhere Leistung
- verbesserten Drehmomentverlauf in bestimmten Drehzahlbereichen
- Verminderung der Schadstoffe im Abgas
- Verringerung des Kraftstoffverbrauchs durch eine bessere Gemischbildung
- Verminderung der Motorgeräusche.

Folgende Systeme können unterschieden werden:
- Nockenwellenverstellung
- Variabler Ventiltrieb.

Nockenwellenverstellung
Mit ihr kann die Position der Einlassnockenwelle zur Auslassnockenwelle verändert werden. Dadurch werden die Öffnungs- und Schließzeiten der Einlassventile durch zwei Einlasssteuerzeiten und die Ventilüberschneidung in bestimmten Drehzahlbereichen angepasst. Ventilöffnungsdauer und Ventilhub bleiben unverändert (**Bild 1**). Als Korrekturgrößen können die Motorlast und die Motortemperatur verwendet werden.

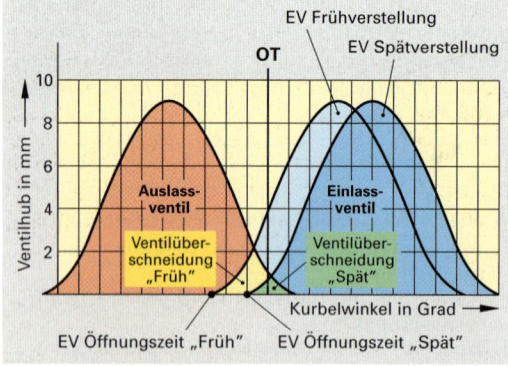

Bild 1: Ventilerhebungskurve

Wirkungsweise

Leerlauf- und unterer Drehzahlbereich (bis 2000 1/min). Bis zu dieser Drehzahl befindet sich die Einlassnockenwelle in Spätstellung (Bild 1). Die Ventilüberschneidung ist verkürzt, das Rückströmen von Abgasen auf die Saugseite ist vermindert. Der Verbrennungsablauf wird verbessert und das Leerlaufdrehmoment steigt. Die Leerlaufdrehzahl kann dadurch gesenkt werden.

Mittlerer und oberer Drehzahlbereich (2000 bis 5000 1/min, Bild 1 und Bild 2). Ab einer Drehzahl von ca. 2000 1/min wird die Einlassnockenwelle um z.B. 20° KW in Richtung „Früh" verdreht. Das Einlassventil schließt bald nach UT, der aufwärtsgehende Kolben schiebt keine Frischgase in das Saugrohr zurück. Das Motordrehmoment wird deutlich verbessert. Durch die geringe Strömungsgeschwindigkeit der Frischgase können Abgase in den Einlasskanal strömen und werden mit den Frischgasen angesaugt. Dadurch wird die Temperatur des Verbrennungsvorgangs verringert, der Anteil von NOx sinkt (innere AGR). Der Umschaltpunkt von „Spät" nach „Früh" wird durch die Motortemperatur und den Lastzustand beeinflusst.

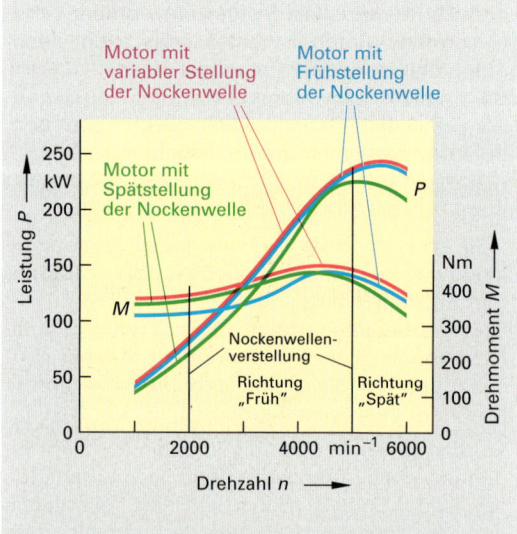

Bild 2: Motorkennlinie bei Früh- und Spätverstellung der Einlassnockenwelle

Oberer Drehzahlbereich (ab 5000 1/min) (Bild 1 und Bild 2). Ab einer Drehzahl von ca. 5000 1/min wird die Einlassnockenwelle in Richtung „Spät" gedreht. Das Einlassventil schließt weit nach UT. Infolge der hohen Geschwindigkeit der Frischgase im Einlasskanal strömen diese trotz aufwärtsgehenden Kolben nach. Dieser Nachladeeffekt der Frischgase verbessert Zylinderfüllung und Drehmoment.

Die Verstellung der Nockenwelle kann auf verschiedene Weise erfolgen z.B. durch
- Verstellbaren Kettenspanner (z.B. VarioCam)
- Variable Nockenwellensteuerung (z.B. Vanos).

Verstellbarer Kettenspanner (Bild 1). Die Auslassnockenwelle treibt über einen Kettentrieb die Einlassnockenwelle.

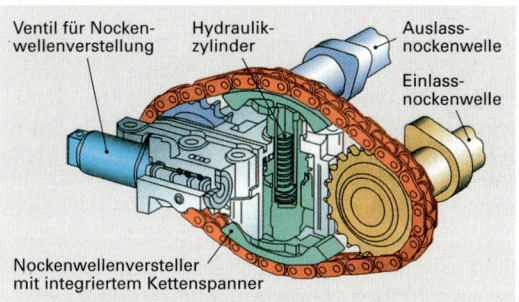

Bild 1: Verstellbarer Kettenspanner

Durch hydraulisches Verstellen des Kettenspanners **(Bild 2)** wird die Einlassnockenwelle gegenüber der Auslassnockenwelle verdreht. Dabei wird durch die Steuerleitung A Öl in den Kettenspanner gelenkt. In der Grundstellung steht der Kettenspanner in der oberen Lage und die Einlassnockenwelle in Spätstellung. Für die Frühstellung wird die Steuerleitung A durch den Verstellkolben verschlossen. Das Motoröl fließt durch die Steuerleitung B in den Kettenspanner. Dadurch wird er in die untere Lage geschoben; der untere Kettenstrang wird verlängert, der obere verkürzt und die Einlassnockenwelle in Frühstellung gedreht.

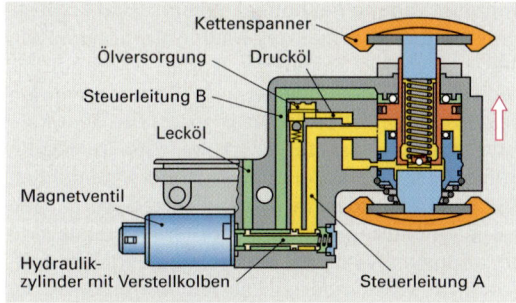

Bild 2: Hydraulische Verstellung in Richtung „Spät" (Grundstellung)

Variable Nockenwellensteuerung (Bild 3, Bild 4). Bei diesem System wird die Einlassnockenwelle gegenüber dem Nockenwellenrad verdreht. Das System besteht aus folgenden Komponenten:
- Hydraulische Verstelleinheit
- Mechanische Verstelleinheit
- Magnetventil zur hydraulischen Ansteuerung.

Abhängig von der Motordrehzahl wird das Magnetventil angesteuert. Der Hydraulikkolben wird je nach Schaltstellung des Magnetventils entweder nach links oder rechts verstellt. Die axiale Bewegung des Hydraulikkolbens bewirkt in der mechanischen Verstelleinheit durch die Schrägverzahnung eine Verstellung der Nockenwelle in Richtung „Früh" oder „Spät" (Schwarz-Weiß-Verstellung).

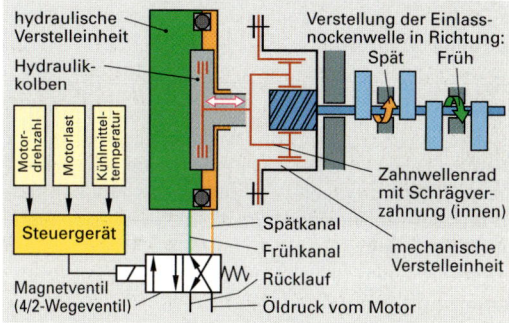

Bild 3: Aufbau einer Nockenwellenverstellung

Verstellung der Einlassnockenwelle in Richtung „Früh" (Bild 3). Dabei wird der Öldruck des Motors durch den Frühkanal geleitet. Der Hydraulikkolben in der hydraulischen Verstelleinheit wird axial verschoben. Das Zahnwellenrad, das im Hydraulikkolben drehbar gelagert ist, verdreht die Einlassnockenwelle in Richtung „Früh" gegenüber dem Kettenrad.

Verstellung der Einlassnockenwelle in Richtung „Spät" (Bild 3). Dabei wird das Magnetventil durch das Steuergerät umgeschaltet. Der Öldruck wirkt auf die Gegenseite des Hydraulikkolben und verdreht die Einlassnockenwelle in Richtung „Spät".

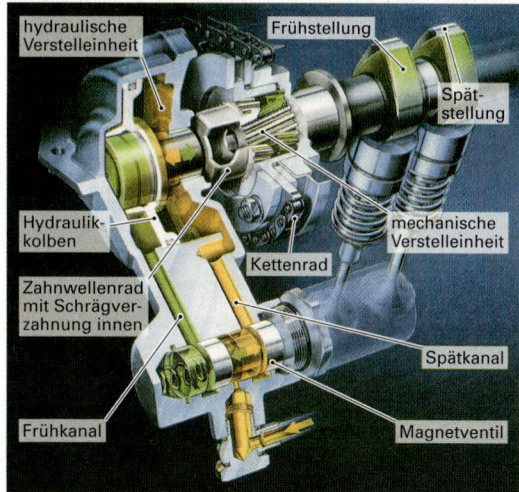

Bild 4: Nockenwellenverstellung

Doppelvanos. Bei diesem System wird nicht nur die Einlassnockenwelle, sondern auch die Auslassnockenwelle in ihrer Position zum Kettenrad verdreht.

Die Verdrehung erfolgt stufenlos. Dadurch wird neben der Steigerung des Drehmoment im oberen Drehzahlbereich auch eine Steigerung des Drehmoments im unteren und mittleren Drehzahlbereich erreicht. Der größte Verstellwinkel der Einlassnockenwelle beträgt z.B. 60° KW, der der Auslassnockenwelle z.B. 40° KW.

Variabler Ventiltrieb

> Bei ihm werden sowohl die Ventilöffnungszeiten als auch der Ventilöffnungsquerschnitt dem Betriebszustand des Motors angepasst.

Die Ventilöffnungszeit wird durch das Nockenprofil, der Ventilöffnungsquerschnitt durch den Ventilhub verändert.

Folgende Faktoren beeinflussen die Ventiltriebsteuerung:
- Motordrehzahl   – Fahrgeschwindigkeit
- Motorlast   – Kühlwassertemperatur

Aufbau und Wirkungsweise. Bei einem variablen Ventiltrieb können sowohl auf der Einlass- als auch auf der Auslassseite drei Schwinghebel angeordnet sein. Jeder Schwinghebel wird über einen separaten Nocken gesteuert (**Bild 1**).

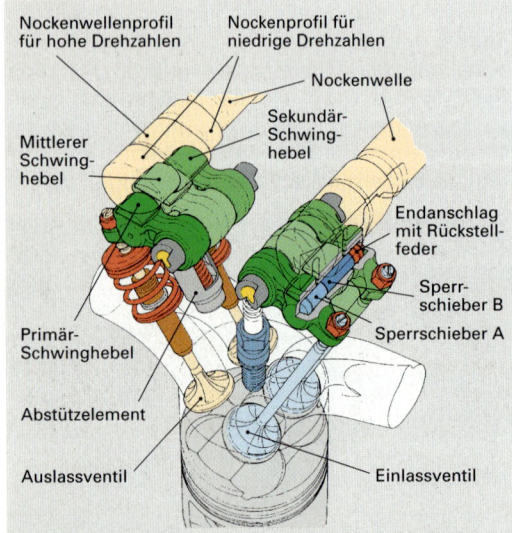

Bild 1: Aufbau eines variablen Ventiltriebs

Das Nockenprofil, das den primären und den sekundären Schwinghebel betätigt, steuert den Ventilöffnungsquerschnitt und die Ventilöffnungszeit (**Bild 2**) so, dass bei niedrigen und mittleren Drehzahlen ein hohes Drehmoment und eine gute Leerlaufstabilität des Motors erreicht wird. Das Nockenprofil des Nockens für den mittleren Schwinghebel steuert Ventilöffnungszeit und Ventilöffnungsquerschnitt so, dass auch bei hohen Drehzahlen größte Motorleistung zur Verfügung steht.

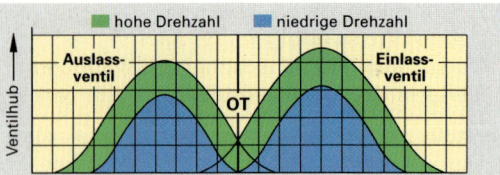

Bild 2: Ventilhebungskurven bei niedrigen und hohen Drehzahlen

Ventilbetätigung bei niedrigen Drehzahlen (Bild 3). Der primäre, sekundäre und mittlere Schwinghebel sind entriegelt. Die Rückstellfeder im sekundären Schwinghebel hält die beiden Sperrschieber A und B in entriegelter Position. Die Ventile werden durch den primären und sekundären Schwinghebel betätigt. Dadurch ergeben sich ein kleiner Ventilhub und eine kürzere Ventilöffnungsdauer. Diese Schaltstellung ist für kleine bis niedrige Drehzahlen günstig (**Bild 2**).

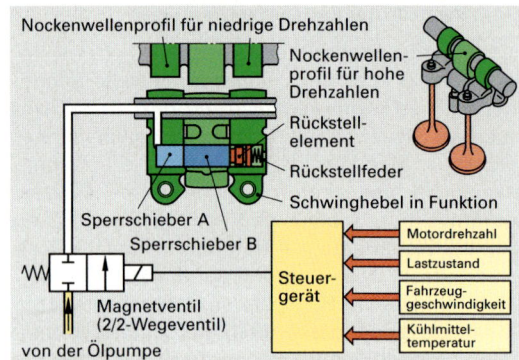

Bild 3: Ventilbetätigung bei niedriger Drehzahl

Ventilbetätigung bei hoher Drehzahl (Bild 4). Beim Umschaltpunkt öffnet das Magnetventil durch ein Signal vom Motorsteuergerät. Der Motoröldruck wirkt auf den Sperrschieber A. Dadurch werden beide Sperrschieber A und B gegen die Rückstellfederkraft nach rechts verschoben und verriegeln formschlüssig die drei Schwinghebel miteinander. Die Ventile werden in dieser Position durch den mittleren Nocken mit dem größten Ventilhub und der längsten Ventilöffnungszeit betätigt (**Bild 2**). Primär und Sekundärnocken laufen frei, ohne die Schwinghebel zu berühren.

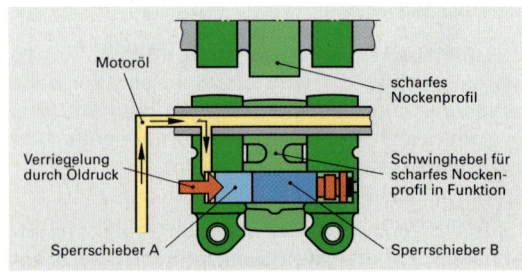

Bild 4: Ventilbetätigung bei hoher Drehzahl

2.1.15 Kraftstoffversorgungsanlage

Die Kraftstoffversorgungsanlage **(Bild 1)** soll das Gemischaufbereitungssystem des Motors in allen Betriebszuständen ausreichend mit Kraftstoff versorgen.

Aufgaben
- Kraftstoff im Kraftstoffbehälter speichern
- Kraftstoff blasenfrei zu fördern
- Kraftstoff von Verunreinigungen reinigen
- Kraftstoffdruck erzeugen und konstant halten
- Überschüssigen Kraftstoff zurückfördern
- Austritt von Kraftstoffdämpfen verhindern.

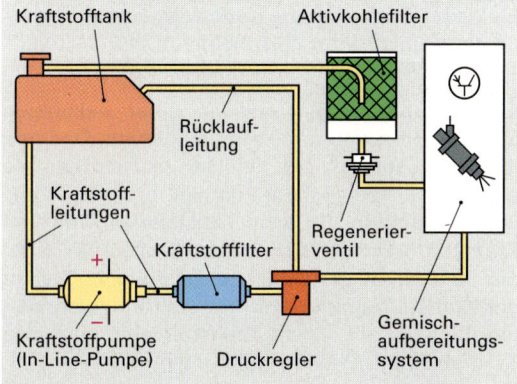

Bild 1: Aufbau einer Kraftstoffversorgungsanlage

Kraftstoffbehälter
Behälter aus Stahlblech werden innen und außen mit einer Korrosionsschutzschicht überzogen. Für komplizierte Kraftstoffbehälterformen werden die Behälter vorwiegend aus Kunststoff z. B. PE hergestellt **(Bild 2)**.

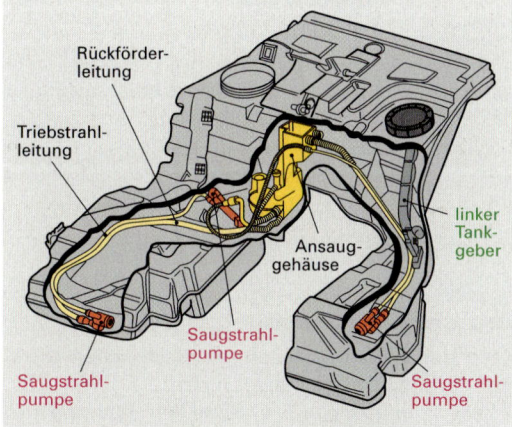

Bild 2: Kraftstoffbehälter aus Kunststoff

Bei größeren Kraftstoffbehältern und extremen Fahrsituationen, z. B. schnelle Kurvenfahrt, Fahren am Steilhang, verlagert sich der Kraftstoff so im Tank, dass nicht mehr ausreichend Kraftstoff angesaugt wird. Dies führt z. B. zu Leistungsabfall des Motors. Durch folgende Gegenmaßnahmen im Kraftstoffbehälter kann dies verhindert werden.
- Schlingerwände (gelochte Trennwände). Sie teilen den Kraftstofftank in mehrere kleinere Räume auf.
- Schwalltopf (Catch-Tank). Er ist ein kleinerer Behälter im Kraftstofftank, der ständig mit Kraftstoff gefüllt wird. Meist ist der Schwalltopf als Tankmodul ausgebildet, in dem z. B. die Kraftstoffpumpe (In-Tank-Pumpe), Saugfilter, Füllstandsgeber integriert sind.

Der Kraftstoffbehälter enthält eine Einrichtung bzw. einen Anschluss zur Be- und Entlüftung. Dadurch bildet sich im Behälter kein Unterdruck, der das Absaugen von Kraftstoff durch die Kraftstoffpumpe verhindern und den Kraftstoffbehälter deformieren würde. Ferner kann beim Erwärmen des Kraftstoffs z. B. bei in der Sonne abgestellten Fahrzeugen kein Überdruck im Tank entstehen, da der überschüssige Kraftstoff in einem Überlaufbehälter zwischengespeichert wird und Kraftstoffdämpfe vom Aktivkohlefilter aufgenommen werden. Aus dem Einfüllverschluss bzw. aus den zusätzlichen Bauteilen zur Be- und Entlüftung des Kraftstoffbehälters darf kein Kraftstoff austreten, auch nicht in extremer Schräglage z. B. bei einem Unfall. Zu diesem Zweck ist das Be- und Entlüftungsventil häufig mit einem Schwerkraftventil **(Bild 3)** kombiniert, das bei umgekipptem Fahrzeug das Auslaufen von Kraftstoff verhindert.

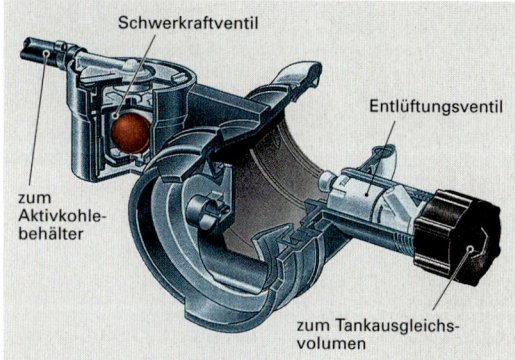

Bild 3: Schwerkraftventil

Kraftstoffleitungen
Sie müssen so ausgeführt sein, dass sie den Verwindungen des Fahrzeugs und den Bewegungen des Motors standhalten. Kraftstoffleitungen müssen so verlegt sein, dass sie gegen mechanische Beschädigungen geschützt sind. Um Dampfblasenbildung zu vermeiden, sollen die Leitungen nicht an heißen Teilen vorbei geführt werden. Als Kraftstoffleitungen werden Rohre aus Stahl verwendet oder Schläuche aus schwer brennbarem, kraftstofffestem Gummi oder Kunststoff. Da Gummi und

Kunststoffschläuche sich bei längerer Nutzungsdauer chemisch verändern (altern), werden sie hart und porös. Dies kann zu Undichtheiten führen.

Kraftstofffilter
Sie sollen die Kraftstoffanlage vor Verunreinigungen schützen, da z. B. die Einspritzventile einer Benzineinspritzanlage selbst durch kleinste Schmutzpartikel im Kraftstoff zerstört werden können. Man unterscheidet:
– Kraftstofffilter-Elemente
– Kraftstoff-Wechselfilter
– Kraftstoffleitungsfilter (In-Line).

Kraftstoffleitungsfilter (In-Line). Sie werden als Siebfilter oder Papierfilter ausgeführt. Siebfilter werden z. B. als Vorfilter im Kraftstoffbehälter oder in der Kraftstoffpumpe eingesetzt. Sie bestehen aus einem engmaschigen Draht- oder Polyamidgeflecht mit einer Maschenweite zwischen 50 µm bis 63 µm. Für die Feinfilterung werden Papierfilter mit einer Porengröße zwischen 2 µm bis 10 µm verwendet **(Bild 1)**.

Bild 1: Kraftstoffleitungsfilter (In-Line)

Sie werden in der Kraftstoffleitung eingebaut und bei der Wartung als Ganzes ausgetauscht.

Kraftstofffilter Elemente. Sie sind auswechselbar und befinden sich in einem eigenen Gehäuse, das am Motor angebaut ist. Für die Feinfilterung werden Einsätze aus Papier oder Filz verwendet.

Kraftstoff-Wechselfilter. Sie bestehen aus Gehäuse und Filtereinsatz und werden bei der Wartung als Ganzes ausgetauscht. Für die Feinfilterung werden die gleichen Materialien wie bei Kraftstofffilter-Elementen verwendet.

> **Wechselintervalle.** Kraftstofffilter sollen, falls der Fahrzeughersteller nichts anderes vorschreibt, alle 30 000 km gewechselt werden.

Kraftstoffpumpen
Sie können in Kraftfahrzeugen mechanisch, hydraulisch oder elektrisch angetrieben werden.

Mechanisch angetriebene Kraftstoffpumpen
In Otto-Viertaktmotoren mit Vergasern werden häufig Membranpumpen (Förderdruck 0,2 bar bis 0,3 bar) verwendet, die mechanisch über einen Stößelantrieb (Stößel und Exzenter) betätigt werden. Ist der Vergaser ausreichend mit Kraftstoff versorgt und das Schwimmernadelventil geschlossen, kann die Membrane nicht mehr bewegt werden. Die Kraftstoffförderung ist unterbrochen. Da der Stößelantrieb bei laufendem Motor weiter arbeitet, wird eine Feder, die die Verbindung zwischen Membrane und Stößel herstellt bei stehender Membrane durch den Stößelhub vorgespannt (Elastische Förderung).

Elektrisch angetriebene Kraftstoffpumpen
Je nach Einbauart unterscheidet man:
– In-Line-Pumpen
– In-Tank-Pumpen.

In-Line-Pumpen. Sie sind an einer beliebigen Stelle in die Kraftstoffleitung eingebaut. Dadurch ist der Austausch bei defekter Kraftstoffpumpe einfacher als bei In-Tank-Pumpen.

In-Tank-Pumpen. Sie sind meist Bestandteil von Kraftstoffördermodulen, das im Kraftstoffbehälter des Kraftfahrzeugs eingebaut ist **(Bild 2)**. Neben der Kraftstoffpumpe sind in diesen Modulen weitere Bauteile, die für die Kraftstoffversorgung des Kraftfahrzeugs wichtig sind integriert, wie z. B. Saugfilter, Reservebehälter, Tankfüllstandsgeber.

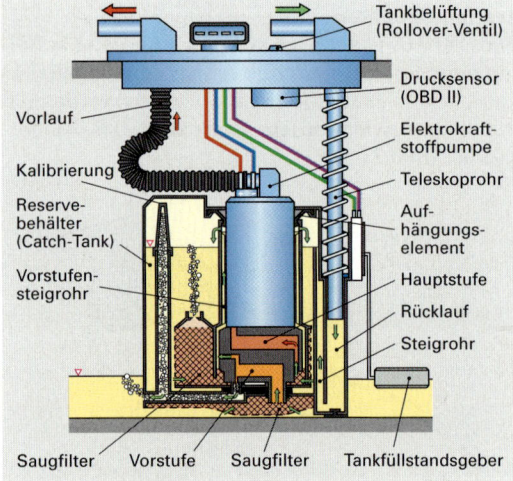

Bild 2: Kraftstoffördermodul

Nach der Wirkungsweise von elektrischen Kraftstoffpumpen unterscheidet man:
– Zahnringpumpe   – Seitenkanalpumpe
– Schraubenpumpe   – Rollenzellenpumpe.

Zahnringpumpe (Bild 1). Sie ist eine Innenzahnradpumpe, die durch ihre spezielle Verzahnung ohne das sonst zur Abdichtung der einzelnen Zahnkammern notwendige Füllstück auskommt.

Das mit dem Elektromotor verbundene außenverzahnte Innenrad treibt das innenverzahnte Außenrad an. Die Zähne bilden abgeschlossene Förderkammern, die sich zyklisch verkleinern und vergrößern. Die sich vergrößernden Kammern sind mit der Einlassöffnung, die sich verkleinernden Kammern mit der Auslassöffnung verbunden. Die Innenzahnradpumpe ermöglicht Systemdrücke bis 6,5 bar.

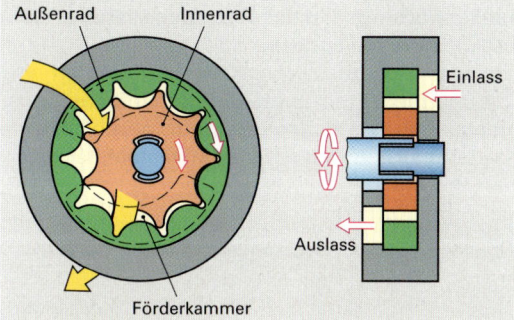

Bild 1: Zahnringpumpe

Schraubenpumpe (Bild 2). Bei ihr wird der zu fördernde Kraftstoff durch zwei gegenläufige Spindeln verdrängt. Die Spindeln werden von einem Gehäuse umschlossen und greifen mit geringem Flankenspiel ineinander. Die Schraubenverzahnungen der mit geringem Spiel ineinandergreifenden Spindeln bilden Förderkammern, die bei Drehung kontinuierlich in axialer Richtung fortschreiten. Im Einlassbereich vergrößern sich die Förderkammern, während sie sich im Auslassbereich verkleinern. Die Schraubenpumpe wird häufig als In-Line-Pumpe mit Systemdrücken bis 4 bar verwendet.

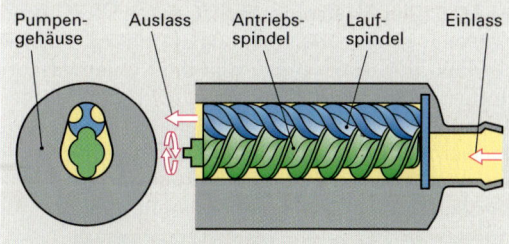

Bild 2: Schraubenpumpe

Rollenzellenpumpe (Bild 3). In ihrem Gehäuse ist die Läuferscheibe exzentrisch gelagert. Dreht sie sich, werden die Rollen in ihren nutförmigen Aussparungen durch Fliehkräfte gegen das Pumpengehäuse gepresst. Die Rollen wirken als umlaufende Dichtung. In den Hohlräumen zwischen Läuferscheibe und Rollen, die sich zyklisch vergrößern (Saugen) und verkleinern (Drücken), wird Kraftstoff von der Zulaufbohrung zur Abflussbohrung gefördert. Mit der Rollenzellenpumpe sind Systemdrücke bis 6,5 bar erreichbar.

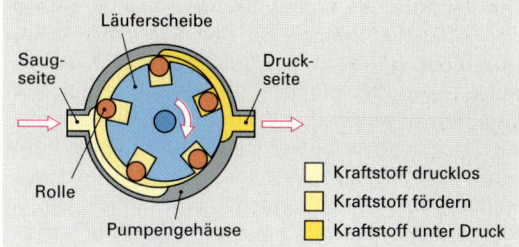

Bild 3: Rollenzellenpumpe

Seitenkanalpumpe (Bild 4). Sie ist eine Strömungspumpe. Der Druck im Kraftstoff wird dadurch erzeugt, dass ein Schaufelrad den Kraftstoff beschleunigt. Die Fliehkräfte fördern den Kraftstoff nach außen. Der Druckaufbau bis 2 bar im Seitenkanal erfolgt kontinuierlich und nahezu pulsationsfrei. Die Seitenkanalpumpe wird meist als Vorstufe einer Zweistufenpumpe verwendet, um einen geringen Vordruck aufzubauen und den Kraftstoff zu entgasen.

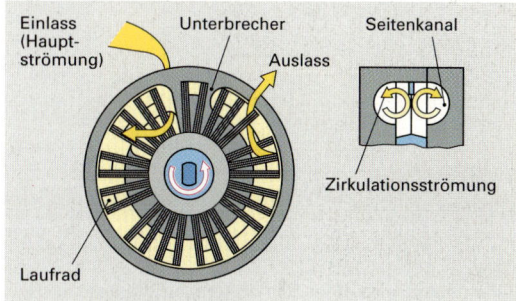

Bild 4: Seitenkanalpumpe

Hochdruckseitenkanalpumpe. Sie ist eine Weiterentwicklung der Seitenkanalpumpe. Die Anzahl der Schaufeln im Laufrad ist im Gegensatz zur Seitenkanalpumpe deutlich größer. Dadurch können bei geringsten Laufgeräuschen höhere Drücke bis 4 bar erzielt werden.

Zweistufige In-Line Kraftstoffpumpe (Bild 5)
Um Dampfblasenbildung in der Kraftstoffpumpe sicher zu vermeiden, werden verschiedene Pumpenarten in einer Kraftstoffpumpe kombiniert.

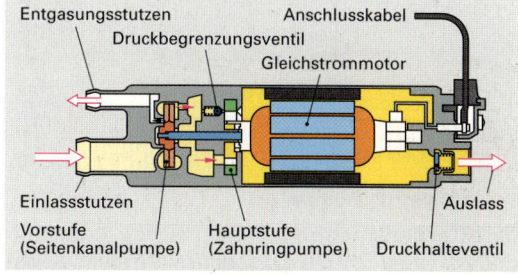

Bild 5: Zweistufige In-Line-Kraftstoffpumpe

Die Vorstufe der Kraftstoffpumpe besteht aus einer Seitenkanalpumpe, die den Kraftstoff ansaugt und einen geringen Vordruck aufbaut. Eventuell auftretende Dampfblasen, werden über den Entgasungsstutzen in den Kraftstoffbehälter abgeleitet. Die nachgeschaltete Hauptstufe z. B. in Form einer Zahnringpumpe erzeugt in dem jetzt gasfreien Kraftstoff, den erforderlichen Druck. Um eine hydraulische Überlastung der Kraftstoffpumpe zu verhindern, verbindet ein Druckbegrenzungsventil im geöffneten Zustand die Druckseite mit der Saugseite der Pumpe.

Schaltplan. Die elektrischen Kraftstoffpumpen können im Zusammenhang mit einer Wegfahrsperre oder einer Diebstahlwarneinrichtung über das Motorsteuergerät geschaltet werden **(Bild 1)**. Das Steuergerät des Motors schaltet bei unberechtigter Benützung des Fahrzeugs die Kraftstoffpumpe nicht ein.

stoffbehälters Kraftstoff an und fördert ihn dann weiter über den Catch-Tank zum Sammelbehälter.

Kraftstoffdruckregler
Er regelt den Kraftstoffsystemdruck abhängig vom Saugrohrdruck. Dadurch bleibt der Differenzdruck zwischen Kraftstoffförderdruck und Saugrohrdruck konstant. Somit ist die Einspritzmenge nur von der Öffnungszeit des Einspritzventils abhängig.

Tankentlüftung, Aktivkohleregenerierung und Tankdichtheitsdiagnose.
Um das Austreten von Kraftstoffdämpfen aus Kraftstoffbehältern und Gemischaufbereitungsanlagen zu verhindern, ist ein geschlossenes Kraftstoffsystem mit einem Aktivkohlefilter erforderlich **(Bild 3)**.

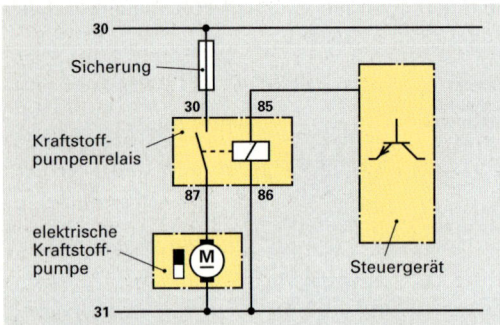

Bild 1: Ausschnitt eines Schaltplans für die elektrische Kraftstoffpumpe

Hydraulisch angetriebene Pumpen (Bild 2, Seite 276).
Da die Kraftstoffbehälter durch die räumlichen Gegebenheiten oft sehr komplizierte Formen annehmen können, ist es häufig erforderlich, den Kraftstoff innerhalb des Kraftstoffbehälters umzupumpen. Dazu wird z. B. eine Saugstrahlpumpe **(Bild 2)** verwendet werden.

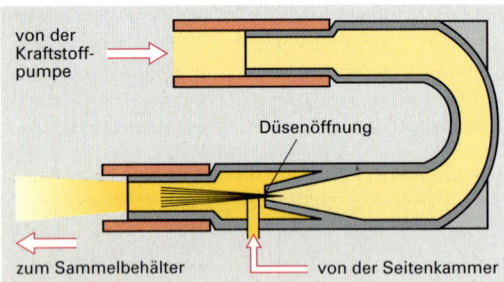

Bild 2: Saugstrahlpumpe

Der Kraftstoffstrom einer elektrischen Kraftstoffpumpe saugt an der Düsenöffnung einer Saugstrahlpumpe aus der Seitenkammer eines Kraft-

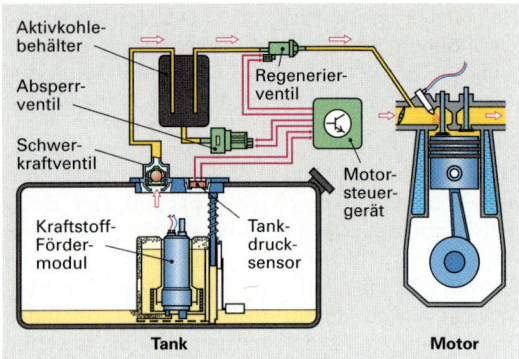

Bild 3: Komponenten zur Tankentlüftung, Aktivkohleregenerierung und Tankdichtheitsdiagnose

Kraftstoffdämpfe, die sich bei stehendem Motor bilden, können nicht direkt in die Umgebung entweichen, sondern werden dem Aktivkohlefilter zugeleitet. Die Aktivkohle besitzt durch ihre Poren eine sehr große Oberfläche (1 Gramm ca. 500 m^2 bis 1500 m^2). Hier lagern sich die Kohlenwasserstoffe an. Bei laufendem Motor wird ein Teil der Ansaugluft über das Aktivkohlefilter geleitet. Dabei werden die gespeicherten Kohlenwasserstoffe aus dem Aktivkohlefilter abgesaugt und dem Motor dosiert über das Regenerierventil zugeführt.

> ### WIEDERHOLUNGSFRAGEN
>
> 1. Welche Teile gehören zur Kraftstoffversorgungsanlage?
> 2. Welche Aufgabe hat der Aktivkohlefilter in der Kraftstoffversorgungsanlage?
> 3. Welche Arten von Kraftstofffiltern werden unterschieden?
> 4. Welche Arten von Kraftstoffpumpen werden im Kraftfahrzeug eingebaut?
> 5. Wie arbeitet eine Zahnring-Pumpe?
> 6. Welchen Vorteil hat eine Zweistufige In-Line-Kraftstoffpumpe im Vergleich zu einer einstufigen?

2.1.16 Luftfilter

> Luftfilter sollen die Ansaugluft reinigen und die Ansauggeräusche des Motors dämpfen.

Der Staub in der Luft besteht aus kleinsten Teilchen (0,005 mm bis 0,05 mm). Er führt zum Teil auch Quarz mit sich. Je nach Landschaft, Boden- und Straßenbeschaffenheit und Verwendung des Kraftfahrzeuges (Autobahn, Baustelle) schwankt die Staubmenge je m³ Luft zwischen 0,001 g und 1 g. Diese Staubmenge würde mit dem Schmieröl eine Schleifmasse bilden und starken Verschleiß, besonders an Zylinderlaufbahn, Kolben und Ventilführung verursachen.

Verbraucht z.B. ein Kraftfahrzeugmotor 10 l Kraftstoff auf 100 km Wegstrecke und damit ungefähr 100 m³ Verbrennungsluft, so beträgt bei einem Staubgehalt von 0,05 g/m³ die angesaugte Staubmenge 5 g. Die sorgfältige Reinigung der angesaugten Luft bestimmt daher wesentlich die Lebensdauer des Motors.

Aufgaben
Anfallender Staub kann von der Ansaugluft getrennt werden durch:
- engmaschige Siebe aus Metall oder Kunststoff
- engporige Filterstoffe aus Papier, Filz oder Vlies
- ölbenetzte Flächen aus Stahlgestrick, Kunststoffgewebe (Drillogewebe)
- Fliehkraft.

Um den Durchflusswiderstand gering zu halten sind große Oberflächen erforderlich. Ein ausreichendes Staubspeichervermögen, zur Erhöhung der Filterstandzeit wird durch große Gehäuse ermöglicht. Gleichzeitig dämpft der Luftfilter die Ansauggeräusche.

Luftfilter, die nicht rechtzeitig erneuert oder gereinigt werden, haben wegen des zunehmenden Durchströmwiderstandes ein fetteres Kraftstoff-Luft-Gemisch, eine schlechtere Füllung sowie eine geringere Motorleistung zur Folge. Feinstäube, die das Filter passieren, tragen im Motor zur Verschlammung bei.

Filterarten
- Trockenluftfilter
- Ölbadluftfilter
- Nassluftfilter
- Zyklonvorabscheider.

Trockenluftfilter. Bei ihm erfolgt die Staubausscheidung meistens durch auswechselbare Filterelemente **(Bild 1)** aus gefaltetem Papier. Trockenluftfilter sind einfach in Aufbau und Wartung und sehr wirksam. Sie gehören heute zur Standardausrüstung bei Pkw und Nkw. Die Lebensdauer der Filterelemente hängt von der Größe der Papierfläche und von dem Staubgehalt der Luft ab. Ist das Filter verschmutzt, so muss es erneuert werden. Standzeit etwas 30 000 km bis 100 000 km.

Bild 1: Filterelemente für Trockenluftfilter

Nassluftfilter werden teilweise noch in Motorrädern, verwendet. Der Filtereinsatz besteht aus einem Gestrick aus Metall oder Kunststoff, das mit Öl benetzt ist. Die durchströmende Luft kommt in innige Berührung mit der großen, ölbenetzten Oberfläche. Der in der Luft mitgeführte Staub wird festgehalten. Die Standzeit beträgt nur etwa 2 500 km.

Ölbadluftfilter (Bild 2). Im Filtergehäuse befindet sich unter dem Filtereinsatz aus Metallgewebe ein Ölbad. Die einströmende Luft trifft auf den Ölspiegel und reißt aus dem Ölbad Tropfen mit, die sich im Filtereinsatz absetzen. Von dort tropfen sie ab und nehmen den angesammelten Staub mit in das Ölbad. Wegen dieser Selbstreinigung haben Ölbadluftfilter gegenüber Nassluftfilter eine lange Standzeit (bis 100 000 km).

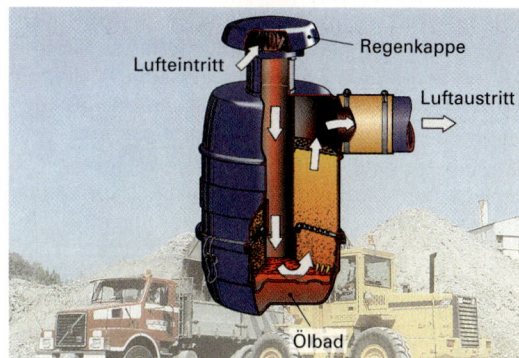

Bild 2: Ölbadluftfilter

Zyklonvorabscheider sind unentbehrlich für Motoren, die ständig in sehr staubhaltiger Luft arbeiten müssen. Die angesaugte Luft wird in rasche Drehung versetzt und der grobe Staub durch die Zentrifugalkraft ausgeschieden (Grobfilter). Der noch in der Ansaugluft enthaltene feine Staub wird anschließend z.B. in einem Trockenluftfilter zurückgehalten. Die Standzeit dieses Kombinationsfilters wird dadurch günstig.

2.1.17 Gemischbildung bei Ottomotoren

> Ottomotoren werden mit Benzin, Methanol oder Autogas betrieben. Sie haben eine äußere oder innere homogene Gemischbildung mit Fremdzündung.

Das homogene* Kraftstoff-Luft-Gemisch wird beim Verdichtungstakt auf 400°C ... 500°C erwärmt und liegt damit noch unter seiner Selbstzündungstemperatur. Daher muss das Kraftstoff-Luft-Gemisch durch den Zündfunken der Fremdzündungsanlage zwangsmäßig entflammt werden.

Äußere Gemischbildung. Die Bildung des Kraftstoff-Luft-Gemisches erfolgt im Ansaugrohr, d. h. außerhalb des Zylinders (Motoren mit Vergasern oder indirekter Benzineinspritzung).

Innere Gemischbildung. Die Bildung des Kraftstoff-Luft-Gemisches erfolgt direkt im Zylinder (Motoren mit direkter Benzineinspritzung). Dabei können sich durch die Schichtladung im Zylinder Schichten mit verschiedenen Mischungsverhältnissen zwischen Kraftstoff und Luft bilden.

Aufgabe der Gemischbildungssysteme

> Sie sollen aus Kraftstoff und Luft ein brennbares homogenes Kraftstoff-Luft-Gemisch für den jeweiligen Betriebsbereich des Verbrennungsmotors herstellen.

Gemischbildung

Zur Gemischbildung muss in der angesaugten oder aufgeladenen Luft der flüssige Kraftstoff vergast werden. Wegen der kurzen Zeit zur Bildung des Kraftstoff-Luft-Gemisches muss der Kraftstoff aufbereitet werden, um ein brauchbares homogenes Kraftstoff-Luft-Gemisch zu ermöglichen.

Die Aufbereitung des Kraftstoffes erfolgt bei
- Vergasermotoren durch Unterdruck im Venturirohr** und Zerstäuben mittels Düsen
- Einspritzanlagen durch feines Zerstäuben am Einspritzventil durch den Kraftstoffpumpendruck.

Homogenes Kraftstoff-Luft-Gemisch. Es kann sich nur bilden, wenn der gesamte Kraftstoff vor Einleitung der Zündung verdampft ist. Der fein zerstäubte Kraftstoff geht erst im Ansaugkrümmer und/oder Zylinder durch Wärmeaufnahme in den gasförmigen Zustand über. Beim Kaltstart und in der Warmlaufphase des Motors schlägt sich der Kraftstoff teilweise am kalten Saugrohr als Wandfilm nieder. Dadurch bildet sich kein zündfähiges Kraftstoff-Luft-Gemisch im Zylinder.

* homogen (gr.) gleichartig
** Venturi (1746-1822) italienischer Physiker

Es muss daher für diesen Betriebszustand des Motors eine Kraftstoffanreicherung erfolgen (fettes Kraftstoff-Luft-Gemisch).

Abhängig von Last und Drehzahl (Lastwechsel) wird die dem Motor zugeführte Kraftstoff-Luft-Gemischmenge mittels einer Drosselklappe gesteuert (Quantitätssteuerung).

Damit das Kraftstoff-Luft-Gemisch verbrennen kann, muss es in einem bestimmten Verhältnis gemischt werden.

Mischungsverhältnis

> Verbrauch, Leistung, Abgaszusammensetzung des Ottomotors sind wesentlich vom Mischungsverhältnis des Kraftstoff-Luft-Gemisches im jeweiligen Betriebsbereich abhängig.

Man unterscheidet ein theoretisches und ein praktisches Mischungsverhältnis (**Bild 1**).

Das **theoretische Mischungsverhältnis** ist etwa 1:14,8, d. h. zur vollkommenen Verbrennung von 1 kg Benzin sind etwa 14,8 kg Luft (stöchiometrisches Verhältnis) – je nach der chemischen Zusammensetzung des Kraftstoffes – notwendig.

Das **praktische Mischungsverhältnis** weicht je nach Temperatur, Drehzahl und Belastung des Motors vom theoretischen ab. Bei einem größeren Kraftstoffanteil, z.B. 1:13, spricht man von einem „fetten" oder „reichen" Gemisch, bei einem geringeren Kraftstoffanteil, z.B. 1:16, von einem „mageren" oder „armen" Gemisch. Nur Mischungsverhältnisse zwischen den Zündgrenzen (Laufgrenzen des Motors) 1:7,4 und 1:19,2 (bei „Magermotoren" zwischen 1: 7,4 und 1:23,7) sind zündfähig.

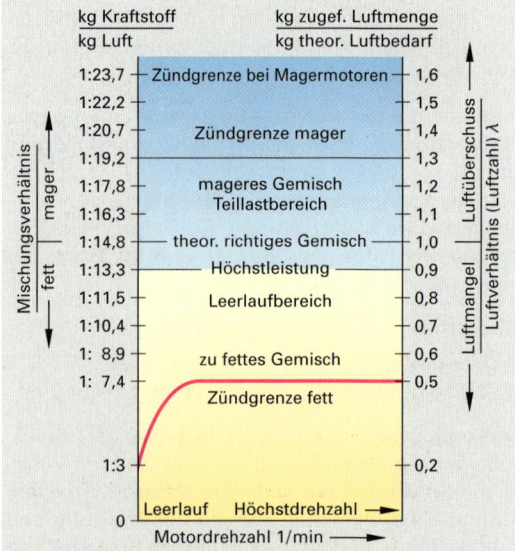

Bild 1: Mischungsverhältnisse, Luftverhältnisse

Gemischbildung bei Ottomotoren — 2 Motor

Luftverhältnis (Luftzahl)

Das Luftverhältnis λ ist das Verhältnis zwischen der tatsächlich der Verbrennung zugeführten Luftmenge und dem theoretisch erforderlichen Luftbedarf für die vollkommene Verbrennung des Kraftstoffes (Mindestluftmenge).

$$\text{Luftverhältnis } \lambda = \frac{\text{zugeführte Luftmenge in kg}}{\text{theoretischer Luftbedarf in kg}}$$

Beim theoretischen Mischungsverhältnis 1:14,8 ist das Luftverhältnis $\lambda = 1{,}0$. Hierbei erhält der Motor genau soviel Luft, wie er für die vollkommene Verbrennung des Kraftstoffes benötigt.

Werden z. B. bei der Verbrennung von 1 kg Kraftstoff 16 kg Luft zugeführt, so ist das Luftverhältnis

$$\lambda = \frac{16{,}0 \text{ kg Luft/kg Kraftstoff}}{14{,}8 \text{ kg Luft/kg Kraftstoff}} = 1{,}08$$

d. h. es wird ein mageres Kraftstoff-Luft-Gemisch gebildet, das mehr Luft enthält als zur vollkommenen Verbrennung notwendig ist. Der Luftüberschuss beträgt dabei 8 %.

Jeder Betriebszustand des Motors, z. B. kalt, warm, Beschleunigung, benötigt ein bestimmtes Luftverhältnis.

Eine einwandfreie Zündung und Verbrennung des Kraftstoff-Luft-Gemisches kann nur innerhalb der Zündgrenzen der Luftverhältnisse erfolgen.

Der prinzipielle Zusammenhang zwischen Luftverhältnis, Drehmoment, spezifischem Kraftstoffverbrauch und Zusammensetzung des Kraftstoff-Luft-Gemisches wird in **Bild 1** und in **Tabelle 1** gezeigt.

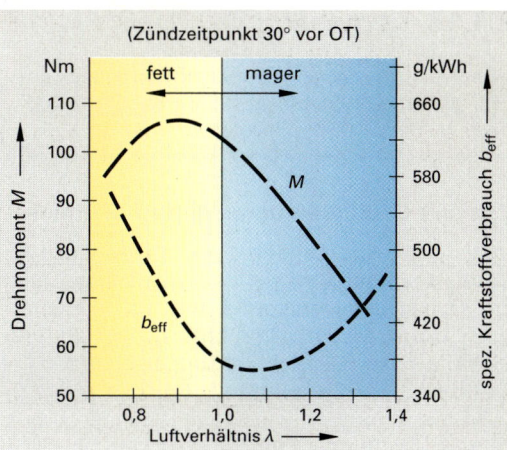

Bild 1: Einfluss des Luftverhältnisses

Tabelle 1: Luftverhältnis λ

λ	Aussagen
< 0,5	Zündgrenze fett, Kraftstoff-Luft-Gemisch nicht mehr zündfähig
< 1,0	Luftmangel, fettes Kraftstoff-Luft-Gemisch, erhöhte Leistung, Beschleunigung
0,9…1,1	günstigstes Kraftstoff-Luft-Gemisch
0,9	maximales Drehmoment, guter Rundlauf spez. Kraftstoffverbrauch ungünstig
> 1,0	Luftüberschuss, mageres Kraftstoff-Luft-Gemisch, sparsam, wirtschaftlich
1,3…1,5	Zündgrenze mager, Kraftstoff-Luft-Gemisch nicht mehr zündfähig
1,6…1,7	Zündgrenze mager bei Magermotoren

Arten der Gemischbildungssysteme

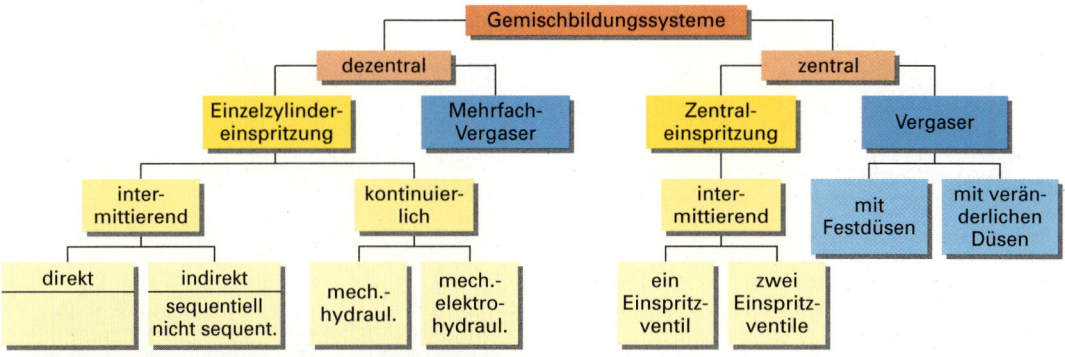

WIEDERHOLUNGSFRAGEN

1. Erklären Sie die äußere und die innere Gemischbildung.
2. Welche Aufgabe haben die Gemischbildungssysteme (Gemischbildner)?
3. Was versteht man unter einem homogenen Kraftstoff-Luft-Gemisch?
4. Warum unterscheidet sich das praktische vom theoretischen Mischungsverhältnis?
5. Welche Zündgrenzen gelten für Ottomotoren?
6. Erklären Sie Luftverhältnis 0,9 und 1,0.
7. Welchen Einfluss hat das Luftverhältnis auf Drehmoment und spez. Kraftstoffverbrauch?

2.1.18 Vergaser

> Der Vergaser ist ein Gemischbildungssystem für die äußere Gemischbildung bei Ottomotoren.

2.1.18.1 Grundsätzliche Wirkungsweise

Im Vergaser wird der Luftstrom während des Ansaugtaktes vom Motorkolben angesaugt. Durch die Querschnittsverengung des stromlinienförmig ausgebildeten Lufttrichters (Venturi-Rohr, **Bild 1**) wird die Geschwindigkeit des Luftstromes erhöht. An der engsten Stelle herrscht die höchste Strömungsgeschwindigkeit und der größte Unterdruck (Sog), daher befindet sich an dieser Stelle das Kraftstoffaustrittsrohr. Der Kraftstoff wird vom Luftstrom mitgerissen, zerstäubt und im Bereich der Mischkammer mit dem Luftstrom vermischt. Eine feine Zerstäubung wird erreicht, indem man den Kraftstoff durch Luftzufuhr über die Luftdüse unterhalb des Kraftstoffspiegels zu einem Kraftstoff-Luft-Gemisch (Vorgemisch) verschäumt. Mit der Drosselklappe wird die Kraftstoff-Luft-Gemischmenge gesteuert (Quantitätssteuerung) und damit die Motorleistung und Drehzahl verändert.

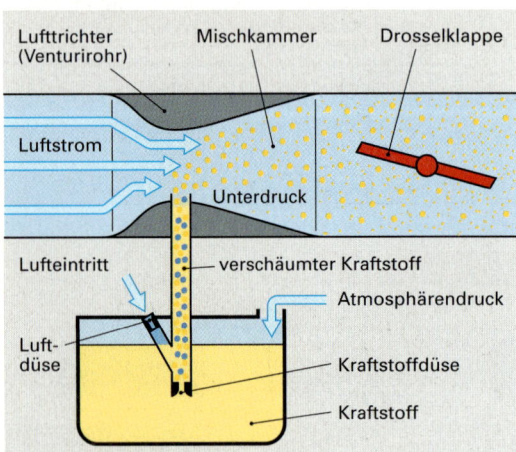

Bild 1: Wirkungsweise des Vergasers

2.1.18.2 Vergaserbauarten

Nach der Anordnung des Ansaugrohres am Motor und der Richtung des Saugstromes im Vergaser unterscheidet man: **Fallstrom-, Flachstrom-** und **Schrägstromvergaser**.

Fallstrom-Vergaser werden meistens verwendet, da bei diesen das Kraftstoff-Luft-Gemisch in Richtung der Schwerkraft in den Zylinder fällt. Sie sind oberhalb des Zylinderkopfes eingebaut.

Flachstrom- und Schrägstrom-Vergaser ermöglichen sehr kurze Ansaugwege. Sie werden auch bei niedriger Einbauhöhe verwendet und sind unterhalb des Zylinderkopfes eingebaut.

Nach der Anzahl und der Funktion der Mischkammerbohrungen unterscheidet man:
- **Einfachvergaser (Bild 2)** und **Registervergaser (Bild 3)** (Stufenvergaser mit nacheinander öffnenden Stufen) für ein Ansaugrohr

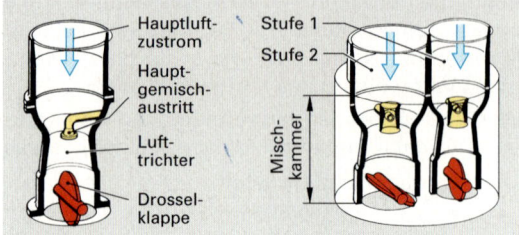

Bild 2: Einfachvergaser

Bild 3: Registervergaser

- **Doppelregistervergaser (Bild 4)**
- **Doppelvergaser** (Zweifachvergaser, **Bild 5**)
- **Mehrfachvergaser** werden für getrennte Ansaugrohre verwendet.

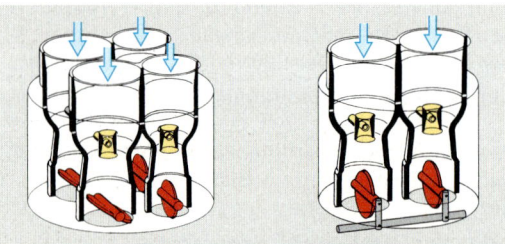

Bild 4: Doppelregistervergaser

Bild 5: Doppelvergaser

- **Gleichdruckvergaser (Bild 6)** arbeiten mit veränderlichem Lufttrichterquerschnitt mit nahezu gleichbleibendem Unterdruck
- **Schiebervergaser (Bild 7)** werden als Kraftradvergaser verwendet.

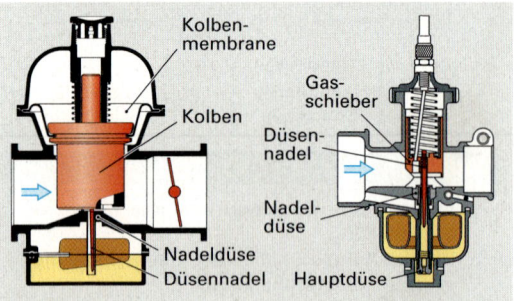

Bild 6: Gleichdruckvergaser

Bild 7: Schiebervergaser

2.1.18.3 Aufbau eines Einfachvergasers

Vergaser bestehen meist aus drei Hauptteilen: **Drosselklappenteil, Vergasergehäuse, Vergaserdeckel.** Wird die Drosselklappe im Vergasergehäuse gelagert, entfällt das Drosselklappenteil.

In den Vergaser-Hauptteilen sind die folgenden Einrichtungen untergebracht (**Bild 1**):

- Schwimmereinrichtung
- Starteinrichtung für Kaltstart
- Leerlaufsystem mit Übergangseinrichtung
- Hauptdüsensystem
- Beschleunigungseinrichtung
- Anreicherungseinrichtung
- Zusatzeinrichtungen.

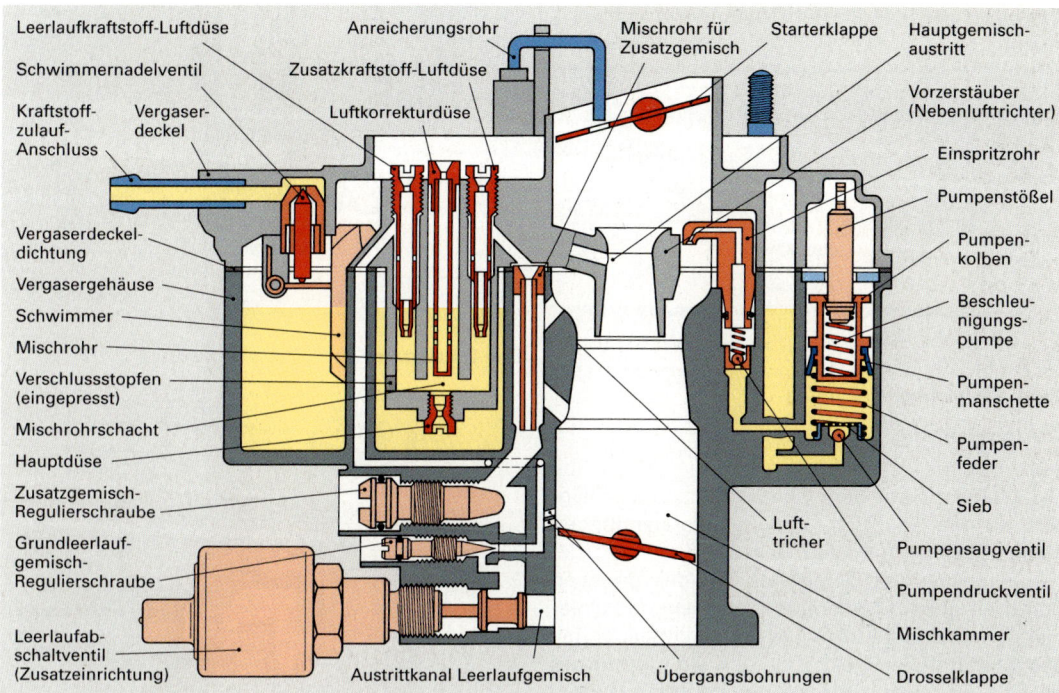

Bild 1: SOLEX-Fallstromvergaser 1 B3. Schematischer Schnitt

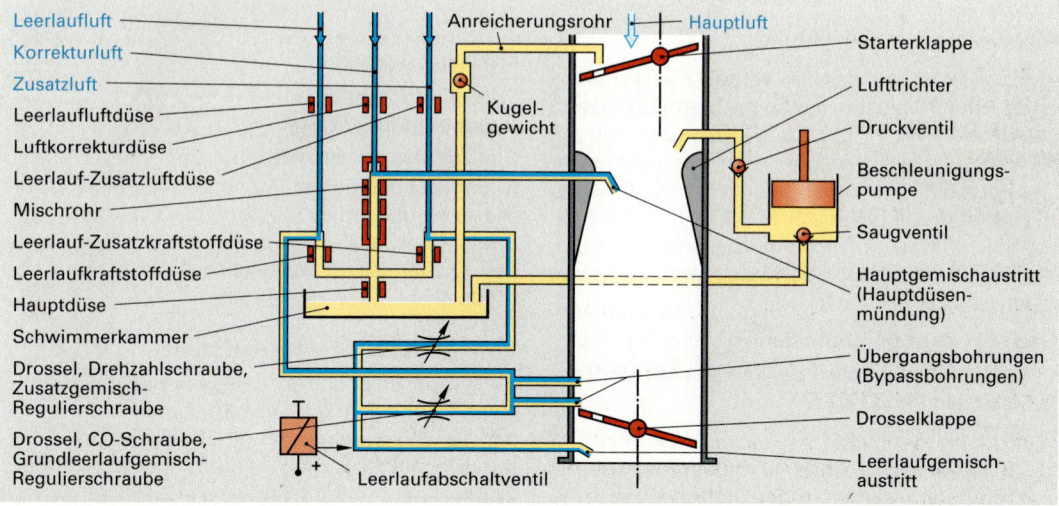

Bild 2: Fallstromvergaser (Systembild)

2.1.18.4 Vergasereinrichtungen

Schwimmereinrichtung

Die Schwimmereinrichtung **(Bild 1)** besteht aus Schwimmergehäuse, Schwimmer und Schwimmernadelventil.

Aufgabe der Schwimmereinrichtung

Sie soll den Kraftstoffzufluss zur Schwimmerkammer regeln und das Kraftstoffniveau im Vergaser bei allen Betriebszuständen konstant halten.

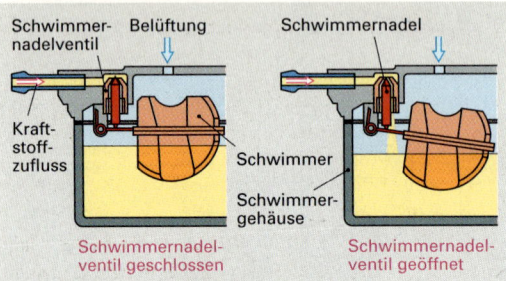

Bild 1: Schwimmereinrichtung

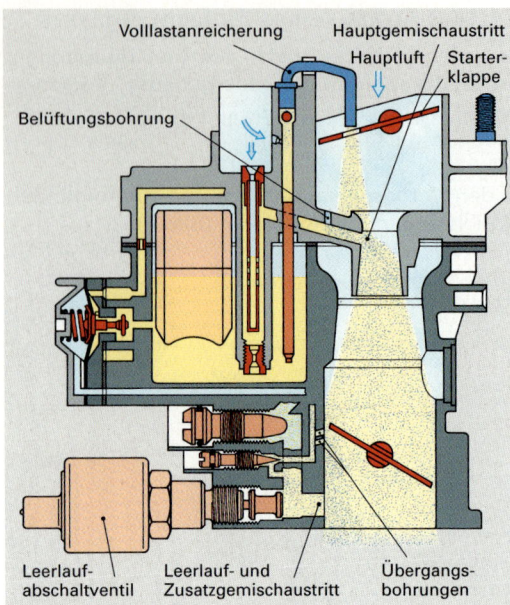

Bild 2: Kaltstart

Starteinrichtung

Beim Starten kalter Motoren fällt ein großer Teil des Kraftstoffs aus dem Gemisch aus und schlägt sich an den Saugrohr- und Zylinderwandungen nieder. Dies kommt daher, dass die Strömungsgeschwindigkeit des Gemisches bei der geringen Startdrehzahl des Motors sehr klein ist und bei der niedrigen Temperatur nur ein unbedeutender Teil des Kraftstoffs vergast. Der geringe Unterdruck reicht auch nicht aus, um den Motor aus dem Leerlaufsystem oder dem Hauptdüsensystem zu versorgen. Dadurch wird das Gemisch im Verbrennungsraum zu mager, der Motor springt nicht an.

Aufgabe der Starteinrichtung

Sie soll bewirken, dass im Vergaser beim Kaltstart **(Bild 2)** ein sehr fettes Kraftstoff-Luft-Gemisch bis etwa 1:3 gebildet wird.

Dies entspricht etwa der 5-fachen Kraftstoffmenge im Kraftstoff-Luft-Gemisch ($\lambda \approx 0{,}2$). Damit ist gewährleistet, dass im Verbrennungsraum ein zündfähiges Kraftstoff-Luft-Gemisch zur Verfügung steht ($\lambda \approx 0{,}9$).

Arten der Starteinrichtungen

- Tupfer, hauptsächlich bei Schiebervergasern
- Starterklappe (Choke)
- Startautomatik.

Die **Startautomatik (Bild 3)** betätigt selbsttätig und temperaturabhängig die Starterklappe, z. B. mit einer beheizten Bimetallfeder.

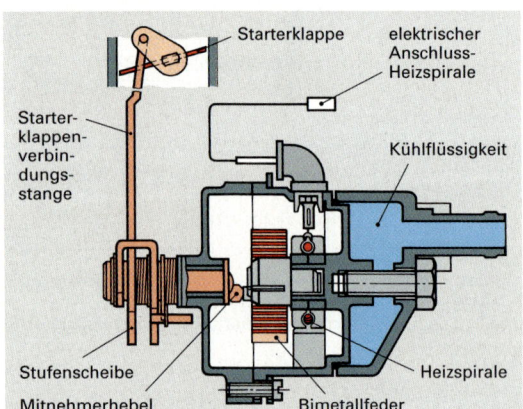

Bild 3: Startautomatik

Pulldown-Einrichtung

Sie öffnet nach dem Starten des Motors mittels unterdruckbetätigten Kolbens mechanisch die Starterklappe auf ein bestimmtes Spaltmaß (Starterklappenspalt). Damit wird eine Überfettung des Kraftstoff-Luft-Gemisches beim Starten verhindert.

Zwangsöffnung der Starterklappe

Sie öffnet mechanisch zwangsweise die Starterklappe über den Starterklappenspalt hinaus weiter, wenn das Fahrpedal durchgetreten wird. Dadurch werden bei einem Fehlstart oder überfettetem kaltem Motor die Zündkerzen und die Ansaugwege belüftet.

Leerlaufeinrichtung mit Übergangseinrichtung (Bypass)

Bei Leerlaufdrehzahl ist die Luftgeschwindigkeit im Lufttrichter zu gering (ungenügender Unterdruck), um Kraftstoff aus dem Hauptgemischaustritt zu saugen. Da der Motor jedoch im Leerlauf weiterlaufen soll, muss eine Leerlaufeinrichtung vorhanden sein **(Bild 1)**.

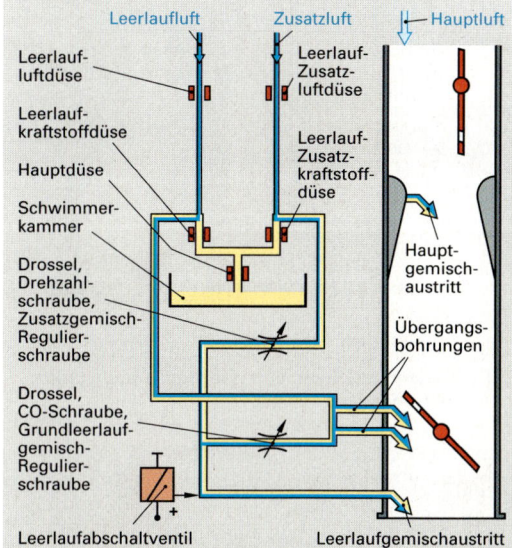

Bild 1: Leerlaufsystem (Systembild)

Aufgabe der Leerlaufeinrichtung

Sie soll das richtige Leerlauf-Kraftstoff-Luft-Gemisch liefern, die Leerlaufdrehzahl sicherstellen und den Übergang vom Leerlaufsystem auf das Hauptdüsensystem gewährleisten.

Zum **Leerlaufsystem** gehören
– Leerlaufkraftstoff-Luftdüse
– Einrichtungen für die Zuteilung von Zusatzkraftstoff und Übergangsbohrungen in der Mischkammer.

Beim Leerlauf steht nur ein kleiner Drosselklappenspalt zur Verfügung, an dem jedoch die größte Luftgeschwindigkeit und damit der größte Unterdruck herrscht. Zum sicheren Rundlauf des Motors wird in diesem Spalt das Leerlaufgemisch entnommen. Das Leerlaufgemisch wird aus dem Grundleerlaufgemisch und aus dem Zusatzgemisch gebildet.

Grundleerlaufgemisch (Bild 2)

Der Kraftstoff für das Grundleerlaufgemisch wird aus dem Mischrohrschacht (Reserve) entnommen, vorkalibriert durch die Hauptdüse (abhängiger Leerlauf). Der Kraftstoff gelangt dann über die kombinierte Leerlaufkraftstoff-Luftdüse als Vorgemisch über Bypass-Kanal und Grundleerlaufgemisch-Regulierschraube zur Mischkammer.

Zusatzgemisch (Bild 2)

Der Kraftstoff für das Zusatzgemisch strömt vom Mischrohrschacht durch den Zusatzgemischkanal und bildet mit der Zusatzluft, die vor und nach dem Lufttrichter entnommen wird, ein Kraftstoff-Luft-Gemisch, dessen Menge mit der Zusatzgemisch-Regulierschraube geregelt wird.

Grundleerlauf- und Zusatzgemisch strömen durch den Austrittskanal unterhalb der Drosselklappe in die Mischkammer. Nach Ausschalten der Zündung verschließt das Leerlaufabschaltventil den Kanal und verhindert ein mögliches Nachlaufen (Nachdieseln) des Motors.

Aufgabe der Übergangseinrichtung

Sie soll einen guten Übergang vom Leerlaufsystem zum Hauptdüsensystem und im unteren Teillastbereich gutes Fahrverhalten gewährleisten.

Übergangseinrichtung

Beim Übergang vom Leerlauf in den unteren Teillastbereich wird über das Fahrpedal die Drosselklappe weiter geöffnet. Dadurch gelangen die Übergangsbohrungen (Bypassbohrungen) nacheinander in den Bereich des hohen Unterdrucks im Drosselklappenspalt. Aus den Übergangsbohrungen wird dabei ausreichend Zusatzgemisch angesaugt, um ein „Loch" im Übergang vom Leerlauf zu unterer Teillast zu vermeiden. Mit größer werdender Öffnung der Drosselklappe wird der Unterdruck im Hauptgemischaustritt größer als im Leerlaufsystem, dadurch wird die Förderung von Leerlaufgemisch unterbrochen.

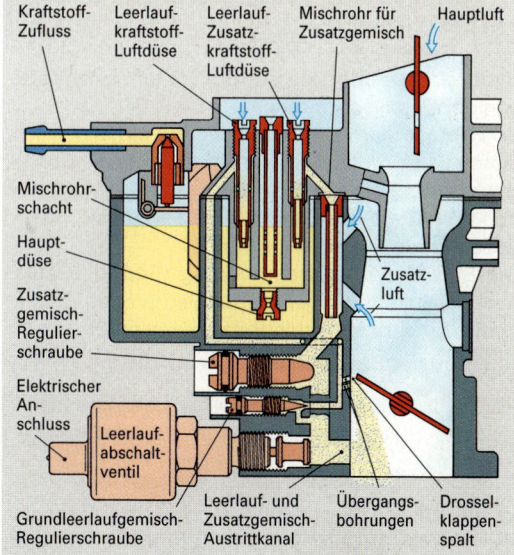

Bild 2: Wirkungsweise von Leerlauf-, Zusatzgemischsystem und Übergangseinrichtung

Hauptdüsensystem

Es besteht aus Hauptdüse, Luftkorrekturdüse und Mischrohr (**Bild 1**).

Aufgabe des Hauptdüsensystems

Es soll Kraftstoff ansaugen, zerstäuben, mit Luft mischen und das richtige Mischungsverhältnis im gesamten Teillastbereich liefern.

Mit zunehmendem Luftdurchsatz, d. h. bei weiterer Öffnung der Drosselklappe, erhöht sich der Unterdruck mehr als die Strömungsgeschwindigkeit, sodass das Kraftstoff-Luft-Gemisch zu fett wird.

Im Teillastbereich (Hauptfahrbereich) wird ein gleichbleibendes Mischungsverhältnis mit Luftüberschuss gewünscht, um einen sparsamen Kraftstoffverbrauch zu erreichen. Um dieses Mischungsverhältnis zu erzielen, wirken Hauptdüse und Luftkorrekturdüse zusammen.

Bei Stillstand des Motors steht der Kraftstoff im Mischrohr und Mischrohrschacht gleichhoch (**Bild 2**). Bei steigender Motordrehzahl und damit steigendem Lufttrichterunterdruck steigt das Kraftstoffniveau im Mischrohrschacht an, im Mischrohr selbst fällt es ab. Die durch die Luftkorrekturdüse angesaugte Ausgleichluft tritt durch die nacheinander freiwerdenden Bohrungen des Mischrohrs aus und verschäumt den nachfließenden Kraftstoff immer stärker. Durch diese Luftzugabe wird der Anfettung des Kraftstoff-Luft-Gemisches bei steigender Luftgeschwindigkeit entgegengewirkt.

Zusatzeinrichtungen

Zusatzeinrichtungen können bei der Gemischaufbereitung verwendet werden, um Fahrkomfort und Kraftstoffverbrauch günstig zu beeinflussen.

Bypassbeheizung. Sie verhindert ein evtl. Vereisen der Bypassbohrungen.

Leerlaufabschaltventil. Es verhindert ein evtl. Nachlaufen des Motors nach Ausschalten der Zündung.

Saugrohrbeheizung. Sie verhindert das Abscheiden von flüssigem Kraftstoff im Saugrohr.

Beschleunigungseinrichtung

Die Beschleunigungseinrichtung (**Bild 3**) besteht aus Beschleunigungspumpe, Saugventil, Druckventil, Einspritzrohr und Betätigungsteilen.

Aufgabe der Beschleunigungseinrichtung

Sie soll beim plötzlichen Öffnen der Drosselklappe zusätzlichen Kraftstoff zur Verfügung stellen.

Bei plötzlicher Beschleunigung muss der Vergaser dem Motor zusätzlich Kraftstoff für ein fetteres Gemisch liefern. Da mit steigender Motordrehzahl die Luft schneller beschleunigt wird als der schwerere Kraftstoff in den Vergaserkanälen, ist hierzu eine Beschleunigungspumpe notwendig.

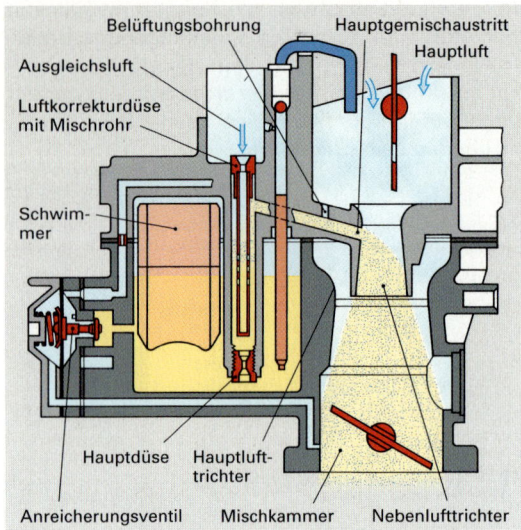

Bild 1: Zusammenwirken von Hauptdüse und Luftkorrekturdüse bei Teillast

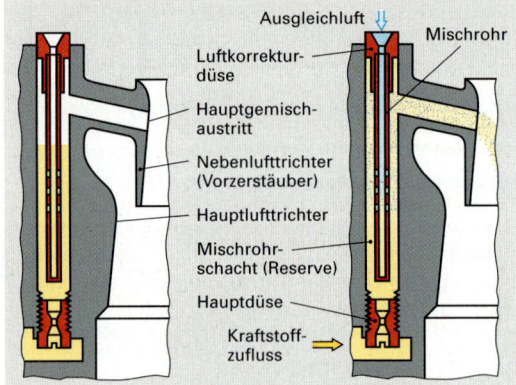

Bild 2: Mischrohrschacht mit Mischrohr

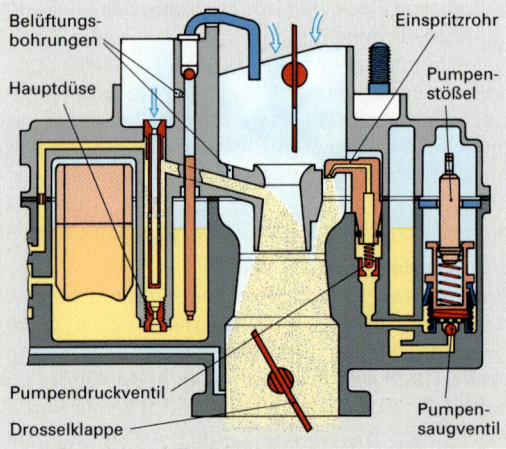

Bild 3: Wirkungsweise der Beschleunigungseinrichtung

Anreicherungseinrichtung

Die Anreicherungseinrichtung (**Bild 1**) besteht aus dem Anreicherungsrohr mit Düse (Steigrohr) und dem pneumatisch betätigten Anreicherungsventil.

Aufgabe der Anreicherungseinrichtung

> Sie soll die Anfettung des mageren Teillastgemisches bei Volllast und/oder Teillast bewirken, um die größtmögliche Motorleistung zu erzielen.

Bei der Volllastanreicherung bewirken hohe Drehzahlen und große Drosselklappenöffnung einen hohen Unterdruck am Steigrohraustritt und dadurch das Ansaugen des Zusatzkraftstoffes.
Bei der **Teillastanreicherung** wird der Zusatzkraftstoff über das Anreicherungsventil in das Leerlauf- oder Hauptdüsensystem geliefert.
Auch eine anreichernde Beschleunigungspumpe kann noch Zusatzkraftstoff liefern.

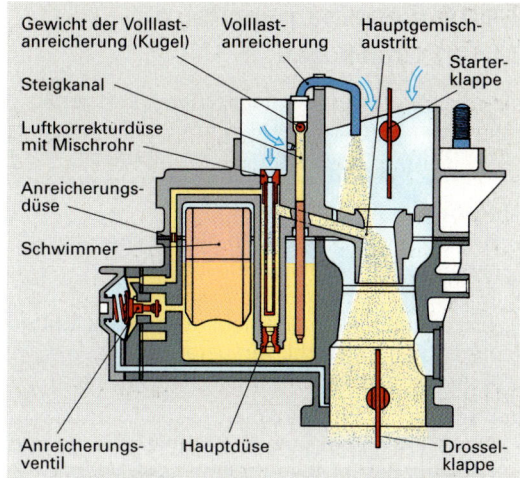

Bild 1: Wirkungsweise der Anreicherungseinrichtung

2.1.18.5 Werkstattarbeiten am Vergaser

Treten Motorstörungen auf, so sind zuerst die Zündanlage und der Kraftstoffweg bis zum Vergaser zu überprüfen.
Reinigen des Vergasers erfolgt im zerlegten Zustand. Dabei werden alle Düsen gereinigt und kontrolliert. Dann werden alle Kanäle, Kraftstoffsiebe und Düsen mit Druckluft ausgeblasen. Vielfach beruhen Vergaserstörungen nur auf verstopften Düsen, Bohrungen oder Kraftstoffsieben. Selbst Wassertröpfchen können die Ursache sein. Wasser erschwert durch seine starke Haftfähigkeit in den Düsenbohrungen den Durchfluss des Kraftstoffs. Beim Gefrieren der Wassertröpfchen wird der Kraftstoffdurchfluss verhindert.
Schwimmer, Schwimmernadelventil, Pumpenventile werden geprüft. Drossel- und Starterklappe, alle Gestänge und Gelenke werden auf Leichtgängigkeit geprüft. Starter- und Drosselklappenwelle dürfen kein zu großes Spiel haben. Es kann sonst Staub an der Starterklappenwelle und Nebenluft an der Drosselklappenwelle eindringen. Nebenluft verursacht Start- und Leerlaufschwierigkeiten. Nebenluft magert das Gemisch ab. Dies kann wegen der langsameren Verbrennung zur schlechteren Innenkühlung des Zylinders und damit zu Motorschäden führen.
Düsenbohrungen werden mittels einer Düsenlehre auf ihren Durchmesser kontrolliert.
Undichte Stellen in der Kraftstoffversorgung und am Vergaser werden mit Leckspray sichtbar gemacht.

ARBEITSREGELN

- Bei Arbeiten am Vergaser auf peinlichste Sauberkeit achten.
- Nur neue Originaldichtungen verwenden.
- Vorgeschriebenes Schwimmergewicht beachten.
- Kraftstoffniveau in der Schwimmerkammer prüfen.
- Schwimmernadelventil und Pumpenventile auf Dichtheit prüfen.
- Niemals Nadeln, Drähte oder fasernde Textilien zum Reinigen von Düsen und Bohrungen benutzen.
- Alle beweglichen Teile auf Leichtgängigkeit prüfen. Endanschläge kontrollieren.

WIEDERHOLUNGSFRAGEN

1. Erklären Sie die grundsätzliche Wirkungsweise eines Vergasers.
2. Nennen Sie die verschiedenen Vergaserbauarten.
3. Welche Aufgabe hat die Starteinrichtung?
4. Warum ist eine Leerlaufeinrichtung erforderlich?
5. Welche Aufgabe hat die Übergangseinrichtung?
6. Welchen Einfluss hat die Luftkorrekturdüse auf die Gemischbildung im Hauptdüsensystem?
7. Welche Aufgabe hat die Anreicherungseinrichtung?
8. Nennen Sie Zusatzeinrichtungen für Vergaser.
9. Beschreiben Sie das Reinigen eines Vergasers.
10. Welche Folgen hat das Eindringen von Nebenluft?

2.1.19 Benzineinspritzung
2.1.19.1 Grundlagen

> Der Kraftstoff wird der angesaugten Luft genau zugemessen und durch den Kraftstoffpumpendruck mittels Einspritzdüsen fein zerstäubt.

Aufgaben
- Kraftstoff fein zerstäubt in die angesaugte Luftmenge oder Luftmasse einspritzen
- Mischungsverhältnis von Kraftstoff zu Luft optimal dem jeweiligen Betriebszustand des Motors (Belastung, Drehzahl, Temperatur) anpassen
- Schadstoffanteile im Abgas niedrig halten.

Vorteile gegenüber Vergasern
- Genauere Zumessung des Kraftstoffes zur Luft bei allen Betriebsbedingungen des Motors
- Einspritzung erfolgt mit Kraftstoffpumpendruck gegenüber der geringeren Druckdifferenz im Venturirohr des Vergasers
- Kraftstoffzufuhr in feinst verteilter Form direkt in den Zylinder, vor die Einlassventile oder in das Drosselklappengehäuse
- kurze Transportwege und Transportzeiten des Gemisches zum Zylinder
- feinere, Zerstäubung des Kraftstoffes, dadurch schnellere Vergasung und Gemischbildung
- bei MPI Gleichverteilung des Kraftstoffes auf die einzelnen Zylinder, besonders bei Volllast
- Verringerung des spez. Kraftstoffverbrauchs
- Reduzierung der Schadstoffe im Abgas
- Drehmoment- und Leistungssteigerung, günstigerer Verlauf der Volllastkennlinien **(Bild 1)**.

Einteilung der Benzineinspritzsysteme
- **Direkte Einspritzung** in den Zylinder
- **indirekte Einspritzung** in das Saugrohr
- **zentrale Einspritzung CFI** (Central Fuel Injection) in Drosselklappenteil bzw. Saugrohr
- **dezentrale Einspritzung** in das Saugrohr bzw. in den Saugkanal
- **Mehrpunkteinspritzung MPI** (Multi Point Injection)
- **Einzelpunkteinspritzung SPI** (Single Point Injection)
- **intermittierende* Einspritzung**
- **kontinuierliche** Einspritzung**
- **Steuerung bzw. Regelung der Gemischbildung**
- **mechanisch-hydraulisch** z. B. K-Jetronic
- **mech.-hydr.-elektronisch** z. B. KE-Jetronic
- **elektronisch**, z. B. Jetronic, Motronic.

Benzineinspritzsysteme mit elektronischer Regelung **(Bild 2)** bestehen aus drei Teilsystemen
- **Ansaugsystem**. Hauptbauteile: Luftfilter, Saugrohr, Drosselklappe, Einzelsaugrohre.
- **Kraftstoffsystem**. Hauptbauteile: Kraftstoffbehälter, Kraftstoffpumpe, Kraftstofffilter, Druckregler, Einspritzventil.
- **Regelungssystem** für Eingabe, Verarbeitung und Ausgabe der Signale (EVA-Prinzip). Signaleingabe durch Sensoren z.B. Fühler, an das elektronische Steuergerät. Signalausgabe durch Aktoren z. B. Einspritzventile.

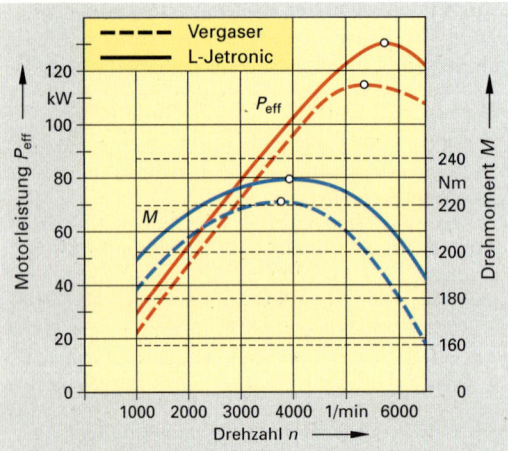

Bild 1: Volllastkennlinien

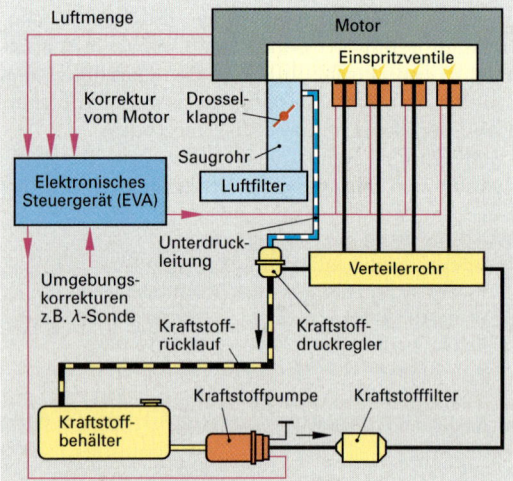

Bild 2: Blockschaltbild einer Benzineinspritzanlage mit elektronischer Regelung

* intermittere (lat.) zeitweilig aussetzen
** continuus (lat.) unaufhörlich, fortdauernd

WIEDERHOLUNGSFRAGEN

1. Welche Vorteile bietet die Benzineinspritzung?
2. Nach welchen Gesichtspunkten können Benzineinspritzsysteme eingeteilt werden?
3. Aus welchen Hauptbauteilen bestehen die drei Teilsysteme eines Benzineinspritzsystems mit elektronischer Regelung?

2.1.19.2 Indirekte Benzineinspritzung

> Bei dieser Einspritzung wird der Kraftstoff in das Saugrohr, den Saugkanal oder in das Drosselklappengehäuse eingespritzt.

Einzelpunkteinspritzung SPI (Bild 1)
Sie wird auch Drosselklappengehäuse-Einspritzung TBI* genannt. Bei dieser Anlage erfolgt die Einspritzung zentral in das Drosselklappengehäuse vor die Drosselklappe. Die Zerstäubung im Drosselklappenspalt und die Verdampfung an heißen Saugrohrwänden bzw. zusätzlichen Heizelementen verbessern die Aufbereitung des Kraftstoff-Luft-Gemisches.
Die ungleichmäßige Verteilung und der Transport des Kraftstoff-Luft-Gemisches auf den verschieden langen Wegen und Rohrverzweigungen mit Randwirbelbildungen sind ungünstig gegenüber der Mehrpunkteinspritzung. Außerdem ergeben sich ungünstige Wandfilmbenetzungen, die zu ungleichen Gemischzusammensetzungen führen können. Einzelpunkteinspritzanlagen sind im Aufbau wesentlich einfacher als Mehrpunkteinspritzanlagen.

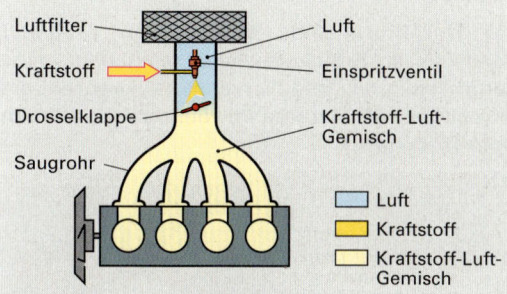

Bild 1: Einzelpunkteinspritzung

Mehrpunkteinspritzung MPI (Bild 2)
Bei der MPI erfolgt die Einspritzung durch ein jedem Zylinder zugeordnetes Einspritzventil. Die Einspritzventile können im Ansaugrohr oder unmittelbar vor dem Einlassventil oder den Einlassventilen im Ansaugkanal angeordnet sein. Dadurch ergeben sich für jeden Zylinder gleichlange Transportwege und eine gleichmäßige Gemischverteilung.

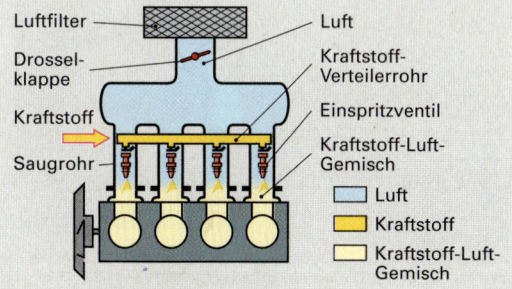

Bild 2: Mehrpunkteinspritzung
* TBI (engl.) Throttle-Body-Injection

Bei der Mehrpunkteinspritzung kann unterschieden werden nach:
– Simultaner** Einspritzung
– Gruppeneinspritzung (Zylindergruppenweise)
– Sequentieller*** Einspritzung.

Simultane Einspritzung (Bild 3). Es werden alle Einspritzventile des Motors gleichzeitig betätigt, ohne Rücksicht auf den gerade im Zylinder ablaufenden Takt. Die für die Verdampfung des Kraftstoffes vorhandene Zeit variiert sehr stark für die einzelnen Zylinder. Um trotzdem eine möglichst gleichmäßige Gemischzusammensetzung und eine gute Verbrennung zu erreichen, wird je Kurbelwellenumdrehung jeweils die Hälfte der für die Verbrennung notwendigen Kraftstoffmenge eingespritzt.

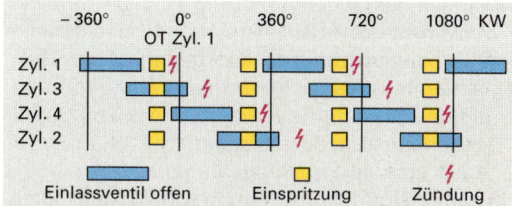

Bild 3: Simultaneinspritzung

Gruppeneinspritzung (Bild 4). Es werden jeweils die Einspritzventile von Zylinder 1 und Zylinder 3, sowie von Zylinder 2 und Zylinder 4 einmal je Arbeitsspiel geöffnet. Es wird vor die geschlossenen Einlassventile jeweils die gesamte Kraftstoffmenge eingespritzt. Die Zeiten für die Verdampfung des Kraftstoffes sind unterschiedlich lang.

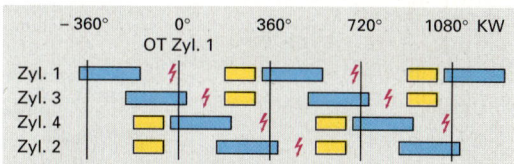

Bild 4: Gruppeneinspritzung

Sequentielle Einspritzung (Bild 5). Die Einspritzventile spritzen nacheinander in der Zündfolge unmittelbar vor Beginn des Ansaugtaktes die gesamte Kraftstoffbedarfsmenge (zylinderselektiv) ein. Eine optimale Kraftstoff-Luft-Gemischbildung wird begünstigt und die Innenkühlung verbessert.

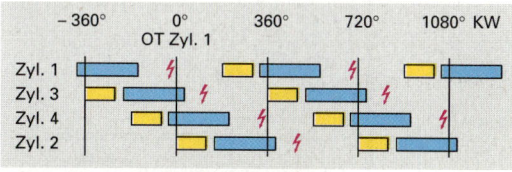

Bild 5: Sequentielle Einspritzung

** simultan (lat.) gleichzeitig
*** sequentiell (lat.) nacheinander

2.1.19.3 Direkte Benzin-Einspritzung

Sie wird auch GDI oder auch DI genannt (Gasoline Direct Injection bzw. Direct Injection).

> Bei ihr wird der Kraftstoff direkt in den Zylinder eingespritzt, wobei er dann vor der Zündung mit der Luft gemischt wird.

Durch die Direkteinspritzung kann der Kraftstoff nicht an den Saugrohrwandungen kondensieren (Wandfilmbenetzung). Es treten keine Kondensationsverluste auf.

Die Zusammensetzung des Kraftstoff-Luft-Gemisches variiert abhängig vom Betriebsbereich des Motors. Je nach Betriebsbereich (last-, drehzahl-, temperaturabhängig) arbeitet der Motor im Sparmodus oder im Leistungsmodus.

Merkmale des GDI-Motors (Bild 1):
- Ansaugkanäle fast senkrecht, um eine gezielte Strömungsrichtung der Ansaugluft zu bewirken
- Verwendung einer Hochdruckkraftstoffpumpe, die den Kraftstoff mit einem Druck von 50 bar zu den Einspritzdüsen fördert
- Hochdruckverwirbelungs-Einspritzdüsen, die mittels Drallscheibe ihr Strahlbild (Bild 2), je nach Betriebsbereich des Motors (Spar- oder Leistungsmodus), verändern
- Nasenkolben mit Mulde (Bild 3) zur Lenkung des Luftstromes und des Kraftstoff-Luft-Gemisches im Teillast- und im Volllastbereich.

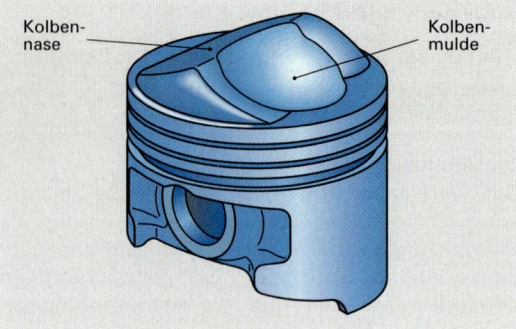

Bild 3: Nasenkolben mit Mulde

Das Kraftstoffsystem (Bild 1) teilt sich in zwei Bereiche:
- Niederdruckbereich   3,3 bar
- Hochdruckbereich   50,0 bar.

Der Hochdruck wird mittels einer mechanisch angetriebenen Einkolbenpumpe erzeugt, die über eine Zwischenwelle von der Einlassnockenwelle angetrieben wird. Der Kolbenhub beträgt 1 mm, die Schmierung der Pumpenbauteile erfolgt durch den Kraftstoffdurchlauf.

Die Hochdruckpumpe erhält ihren Kraftstoff durch die im Kraftstoffbehälter eingebaute Niederdruckpumpe. Regulierventile begrenzen die jeweiligen Höchstdrücke im Niederdruck- und im Hochdruckkreis.

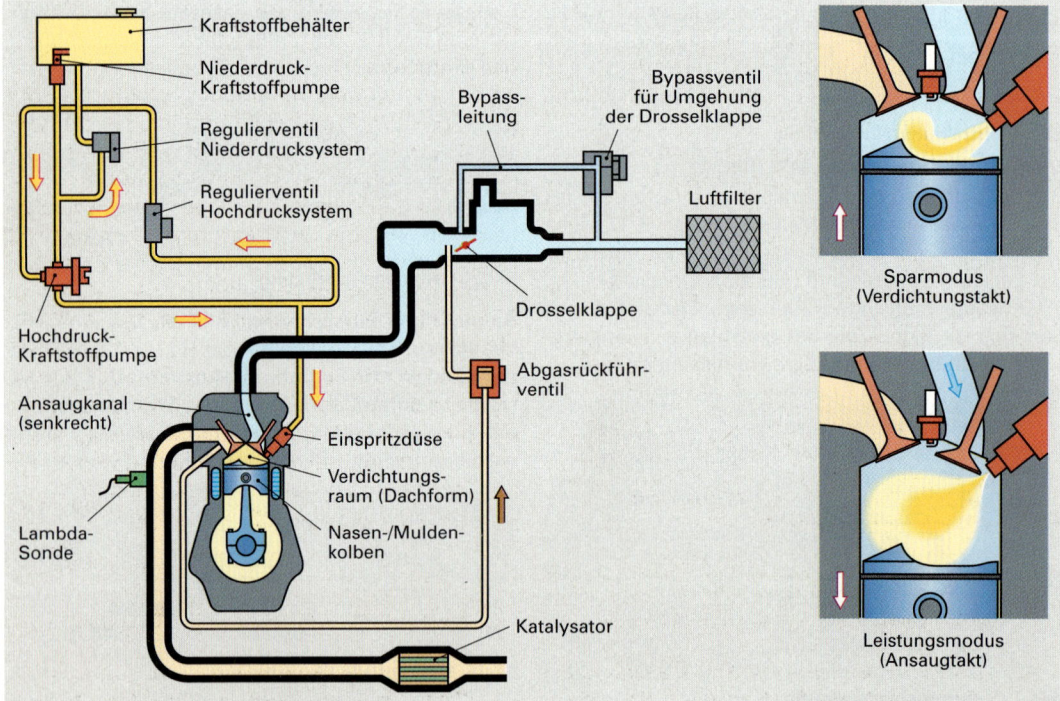

Bild 1: Benzin-Direkteinspritzmotor (GDI)

Bild 2: Einspritzdüsen-Strahlbild

Arbeitsweise im Sparmodus

Im meist gefahrenen Teillastbereich des Motors wird mit einem sehr mageren Kraftstoff-Luft-Gemisch gefahren bis zu etwa $\lambda = 2{,}7 \ldots 3{,}4$ (1 : 40 bis 1 : 50). Dadurch ergibt sich ein besonders geringer Kraftstoffverbrauch. Mit zunehmender Belastung des Motors wird der Luftüberschuss reduziert bis zu $\lambda = 1{,}0$ bzw. <1,0 z. B. bei Beschleunigungs- oder Überholvorgängen.

Im Leerlauf und bei geringer Belastung wird die Luft über das Bypassventil **(Bild 1, Seite 290)** unter Umgehung der Drosselklappe angesaugt. Drosselverluste durch die nur wenig geöffnete Drosselklappe werden so vermieden.

Im Teillastbereich arbeitet der Motor im Magerbetrieb. Ein Mischungsverhältnis von z. B. 1 : 40 wäre bei homogener Gemischbildung nicht mehr zündfähig. Beim Ansaugen wird der Luftstrom in eine drallförmige Bewegung versetzt. Im Verdichtungstakt wird dieser Luftstrom durch die besondere Gestaltung der Kolbenmulde und Kolbennase nach oben umgelenkt **(Bild 1)**. Dabei entsteht eine zusätzliche walzenförmige Rotationsbewegung. In diese Luftwalze wird gegen Ende des Verdichtungstaktes kurz vor OT eine minimale Kraftstoffmenge in die Kolbenmulde eingespritzt und umgelenkt. Durch die Drallscheibe in der Einspritzdüse wird der Kraftstoff besonders fein zerstäubt. Die unterschiedlichen Drehbewegungen der stark verwirbelten und in der Kolbenmulde umgelenkten Luft und die kompakte Kraftstoffnebelwolke bilden Schichten mit unterschiedlichen Mischungsverhältnissen (Schichtladung). Dabei befindet sich um die Zündkerze ein fettes Kraftstoff-Luft-Gemisch, das von mageren Schichten umgeben ist. Die äußeren Schichten können aus reiner Luft und nicht mehr brennbaren heißen Abgasen der Abgasrückführung bestehen. Das im Bereich der Zündkerze vorhandene fette Kraftstoff-Luft-Gemisch entzündet sicher durch den Zündfunken und entflammt problemlos das umgebende Magergemisch und garantiert die stabile, saubere Verbrennung.

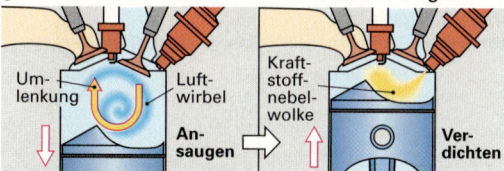

Bild 1: Einspritzung im Sparmodus

Arbeitsweise im Leistungsmodus

Im oberen Lastbereich wird das Bypassventil geschlossen und die Luft über die Drosselklappe zugemessen. Der Kraftstoff wird jetzt im Ansaugtakt mit einem breiten Sprühkegel eingespritzt **(Bild 2)**, dabei wird die Innenkühlung verbessert und der Liefergrad (Füllungsgrad) erhöht.

Im Verdichtungstakt schiebt der Nasen-/Muldenkolben das homogene Kraftstoff-Luft-Gemisch zur Zündkerze, wo die Zündung erfolgt. Durch die elektronische Regelung der GDI-Anlage erfolgt der Übergang vom Magerbetrieb mit Schichtladung zum Volllastbetrieb bei $\lambda = 1{,}0 \ldots < 1{,}0$ (etwa 1 : 14,8) ohne Zündaussetzer.

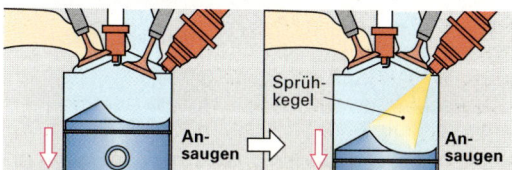

Bild 2: Einspritzung im Leistungsmodus

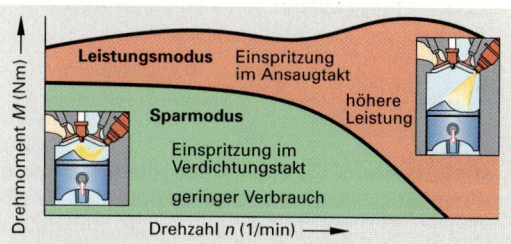

Bild 3: Lastbereiche beim GDI-Motor

Abgasregelung

Im oberen Lastbereich arbeiten GDI-Motoren mit geregelten Dreiwegekatalysatoren wie die konventionellen Ottomotoren. Bei Teillastbetrieb (Magerbetrieb mit Schichtladung) reduzieren sich die HC- und CO-Werte. Es entstehen jedoch höhere NO_x-Werte, die im Dreiwegekatalysator nicht umgewandelt werden können. Zu ihrer Verminderung kann die Abgasrückführungsquote bis zu 40 % und mehr erhöht werden oder es wird, zusätzlich zur Abgasrückführung, ein spezieller Magerkatalysator (Reduktionskatalysator, DENOX-Kat) zur NO_x-Reduzierung eingebaut.

Merkmale von GDI-Motoren

– Bis zu 20 % geringerer Kraftstoffverbrauch
– höhere Leistung aus kleinerem Hubraum
– bis zu 20 % weniger CO_2-Emissionen.

WIEDERHOLUNGSFRAGEN

1. Welche Vorteile hat die Benzin-Direkteinspritzung?
2. Was versteht man unter der Schichtladung bei einem Benzin-Direkteinspritzmotor im Magerbetrieb?
3. Welche bauliche Besonderheit hat ein GDI-Motor?
4. Welche Unterschiede bestehen bei einem GDI-Motor bei Einspritzung im Spar- bzw. Leistungsmodus?

2.1.19.4 L-Jetronic*

Sie ist eine indirekte, dezentrale, intermittierende Mehrpunkteinspritzung mit elektronischer Steuerung.

Hauptsteuergrößen
Luftmenge (Motorlast), Motordrehzahl

Aufbau. Die L-Jetronic (Bild 1) besteht aus:
- Kraftstoffsystem
- Luftmengenmesser
- Sensoren
- Aktoren
- elektronischem Steuergerät.

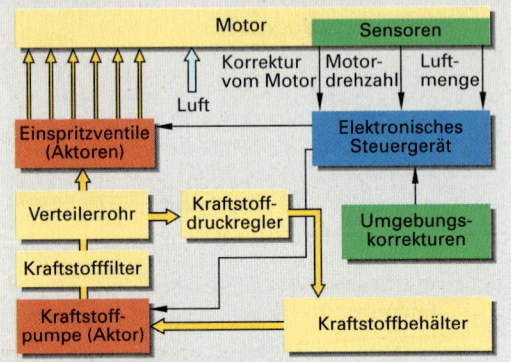

Bild 1: Prinzipbild der L-Jetronic

Kraftstoffsystem (Bild 2). Dazu gehören Kraftstoffbehälter, elektrische Kraftstoffpumpe, Kraftstofffilter, Kraftstoffdruckregler und ein Relais zum Schalten der Kraftstoffpumpe.

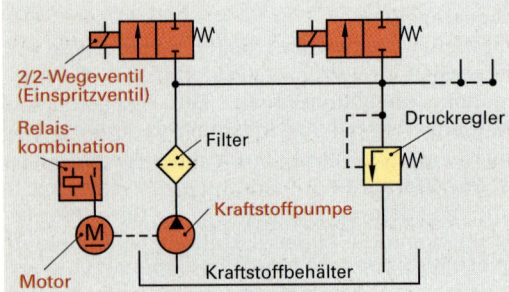

Bild 2: Hydraulikplan Kraftstoffsystem

Luftmengenmesser. Er gibt die Informationen über die angesaugte Luftmenge an das Steuergerät.

Sensoren. Sie messen alle für die Kraftstoffzuteilung notwendigen Größen wie z.B. Luftmenge, Drehzahl, Temperaturen und Gemischzusammensetzung. Diese Größen werden in Form von Spannungssignalen und Widerstandsänderungen an das elektronische Steuergerät gegeben.

Elektronisches Steuergerät. Es verarbeitet die Informationen der Sensoren und steuert Aktoren, wie z.B. Einspritzventile und Kraftstoffpumpe an.

* L Luftmengenmessung, Jet (engl.) Strahl, Düse

Kraftstoffpumpe (Seite 277). Der Elektromotor der Rollenzellenpumpe läuft im Kraftstoff. Da sich im Motor-Pumpengehäuse kein zündfähiges Gemisch befindet, besteht keine Explosionsgefahr. Beim Einschalten der Zündung läuft die Pumpe nur so lange, wie der Startschalter betätigt wird. Erst bei laufendem Motor bleibt dann die Pumpe vom Steuergerät dauernd eingeschaltet. Mit dieser Sicherheitsschaltung (Volllaufsicherung) wird verhindert, dass bei einem beschädigten Einspritzventil der betreffende Zylinder vollläuft und dann beim Starten zerstört wird. Die Förderleistung der Kraftstoffpumpe liegt wesentlich über der maximal benötigten Kraftstoffmenge, dadurch bleibt der Druck im Kraftstoffsystem bei allen Betriebszuständen erhalten und die Dampfblasenbildung wird verhindert.

Kraftstoff-Druckregler (Bild 3). Der membrangesteuerte Überstromregler variiert den Kraftstoffdruck im Verteilerrohr bzw. an den Einspritzventilen so, dass der Differenzdruck zwischen Saugrohr- und Kraftstoffsystemdruck gleich ist.

Im Leerlauf herrscht z. B. ein Saugrohrdruck von – 0,6 bar (Unterdruck). Die Ventilmembran wird entgegen der Federkraft weit geöffnet, wobei der Kraftstoffsystemdruck auf 3,4 bar sinkt. Der Differenzdruck Δp beträgt 3,4 bar – (–0,6 bar) bar = 4,0 bar. Bei Volllast herrscht z. B. ein Saugrohrdruck von – 0,1 bar, die Ventilmembran wird nur wenig geöffnet und dadurch der Kraftstoffsystemdruck auf 3,9 bar gesenkt. Der Differenzdruck beträgt 4,0 bar.

Ändert sich der Atmosphärendruck mit der Höhenlage, so bleibt der Differenzdruck ebenfalls konstant (automatische Höhenkorrektur).

Der Kraftstoff-Druckregler hält den Differenzdruck zwischen Kraftstoffsystemdruck und Saugrohrdruck bei allen Betriebsbedingungen konstant. Die Kraftstoffeinspritzmenge wird nur durch die Öffnungszeit der Einspritzventile bestimmt.

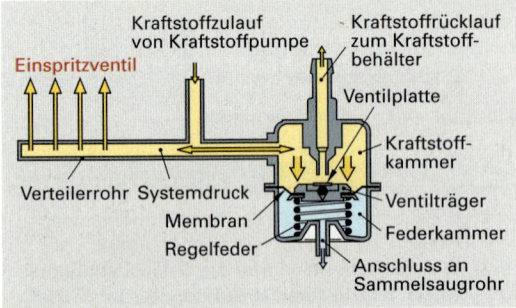

Bild 3: Kraftstoff-Druckregler (Leerlauf)

Einspritzventil (Bild 1). Jedem Zylinder des Motors ist ein elektromagnetisch betätigtes Einspritzventil (Aktor) zugeordnet.

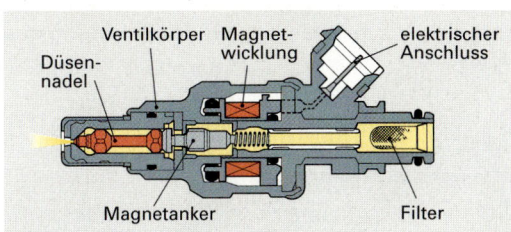

Bild 1: Einspritzventil

Luftumspülte Einspritzventile. Sie verhindern durch die Luftumspülung des Einspritzstrahls eine Tröpfchenbildung. Dabei werden kleinste Kraftstoffmengen fein zerstäubt und mit Luft vorgemischt. Dies ist besonders günstig für das Leerlaufverhalten und die Abgaszusammensetzung. Gleichzeitig wird der Anteil schädlicher Abgasanteile verringert.

Simultaneinspritzung. Alle Einspritzventile sind elektrisch parallel geschaltet und spritzen je Kurbelwellenumdrehung jeweils die Hälfte der für die Verbrennung notwendigen Kraftstoffmenge ein. Dadurch ist eine genaue Zuordnung zwischen Kurbelwinkel und Einspritzzeitpunkt nicht notwendig. Die Steuerung des Auslösezeitpunktes erfolgt drehzahlabhängig vom Steuergerät.

Einspritzdauer. Sie hängt im Wesentlichen von der Stauklappenstellung im Luftmengenmesser ab. Stauklappenstellung und Motordrehzahl sind die Hauptinformationen für das Steuergerät.

Außerdem erhält das Steuergerät folgende Korrekturgrößen von den Sensoren:
- Luft- und Motortemperatur über Temperaturfühler (NTC-Widerstände)
- Schubabschaltung und Vollastanreicherung über den Drosselklappenschalter
- Gemischzusammensetzung über die Lambda-Sonde.

Alle diese Informationen werden im Steuergerät verarbeitet. Daraus werden die Einspritzzeitpunkte sowie die Öffnungszeit der Einspritzventile d.h. die Einspritzmenge bestimmt.

Luftmengenmesser (Bild 2). In ihm befindet sich die Stauklappe, die unter der Federspannung einer Spiralfeder steht. Die Stauklappe wird entsprechend der Luftströmung beim Ansaugen gegen die Federkraft in eine bestimmte Winkelstellung gebracht. Sie ist das Maß für die angesaugte Luftmenge. Diese Winkelstellung wird auf ein Potentiometer übertragen und als eine Hauptinformation an das Steuergerät gegeben. Die mit der Stauklappe fest verbundene Kompensationsklappe gleicht im Zusammenwirken mit dem Luftpolster der Dämpfungskammer von außen einwirkende mechanische Schwingungen (Erschütterungen, Motorvibrationen) und vom Luftstrom kommende Rückschwingungen aus. Die Zusammensetzung des Mischungsverhältnisses von Kraftstoff zu Luft im Leerlauf kann über einen einstellbaren Bypass beeinflusst werden. Dabei kann eine geringe Luftmenge die Stauklappe umgehen.

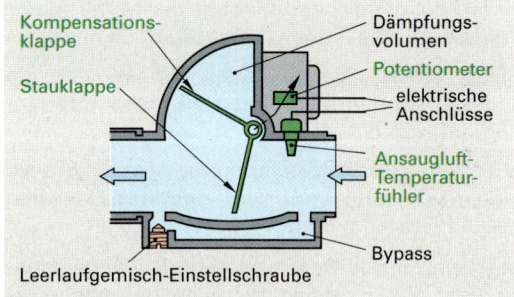

Bild 2: Luftmengenmesser (Luftseite)

Startanreicherung

Beim Kaltstart entstehen Kondensationsverluste der Kraftstoffanteile im Kraftstoff-Luft-Gemisch z. B. als Wandfilmbenetzungen an den kalten Wänden des Ansaugsystems. Zum Ausgleich und zum Starten muss in Abhängigkeit von der Motortemperatur zusätzlich Kraftstoff eingespritzt werden (fettes Gemisch $\lambda < 1{,}0$).
Die Startanreicherung kann durch eine Startsteuerung oder durch ein Kaltstartventil erfolgen.

Startsteuerung. Sie erfolgt durch die Signalauswertung vom Startschalter und Motortemperaturfühler. Durch Verlängerung der Öffnungszeit der Einspritzventile wird während der Startphase zusätzlich Kraftstoff eingespritzt.

Kaltstartventil (Bild 3). Die Startanreicherung kann auch durch ein im Sammelsaugrohr eingebautes Kaltstartventil (Aktor) erfolgen. Es wird beim Kaltstart abhängig von Luft- und Motortemperatur über das Steuergerät angesteuert und liefert dann den zusätzlich benötigten Kraftstoff.

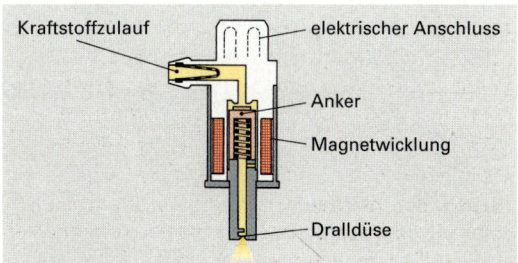

Bild 3: Kaltstartventil

Warmlaufphase. Sie folgt nach dem Kaltstart des Motors. Da hierbei noch ein Teil des Kraftstoffes kondensiert, muss das Einspritzsystem das Kraftstoff-Luft-Gemisch anfetten. In der Warmlaufphase erfolgt eine zusätzliche Gemischanreicherung, entweder über eine Verlängerung der Einspritzzeit oder über das Kaltstartventil.

Zur Überwindung der erhöhten Reibungswiderstände des kalten Motors muss im Leerlauf eine größere innere Leistung (Innenleistung) des Motors aufgebracht werden. Um diesen Leistungsbedarf auszugleichen, benötigt der Motor in der Warmlaufphase mehr Kraftstoff-Luft-Gemisch.

Durch einen veränderlichen Bypass, der die Drosselklappe umgeht und eine Einspritzverlängerung, wird dies erreicht.

Mit steigender Motortemperatur wird die Warmlaufanreicherung verringert und bei Erreichen der Betriebstemperatur eingestellt.

Leerlaufdrehzahl-Regelung mittels Leerlaufsteller (Bild 1). Er bewirkt bei allen Betriebsbedingungen des Motors eine stabile Leerlaufdrehzahl, Kraftstoffersparnis, günstige Abgaswerte und berücksichtigt teilweise auch alterungsbedingte Veränderungen des Motors. Das Steuergerät liefert ein Signal, abhängig von Motordrehzahl und Motortemperatur an den Leerlaufsteller. Danach verstellt der Drehmagnetantrieb den Drehschieber und verändert den Querschnitt im Bypasskanal. Die geforderte Leerlaufdrehzahl stellt sich so unabhängig von der Belastung des Motors ein.

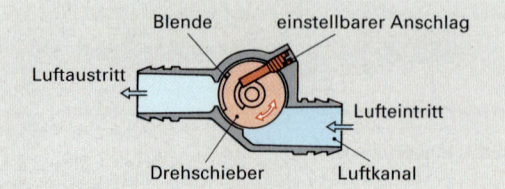

Bild 1: Leerlaufsteller (Drehsteller)

Drosselklappenschalter. Er wird durch die Drosselklappe betätigt. Im Drosselklappenschalter befinden sich Kontakte für Leerlauf- und Volllastbetrieb. Beim Schließen der entsprechenden Kontakte erhält das Steuergerät Informationen über Leerlauf- oder Volllaststellung und verarbeitet diese bei der Festlegung der Einspritzdauer.

Lambda-Sonde. Sie gibt Informationen an das Steuergerät zur exakten Kraftstoffzuteilung für das geforderte Mischungsverhältnis.

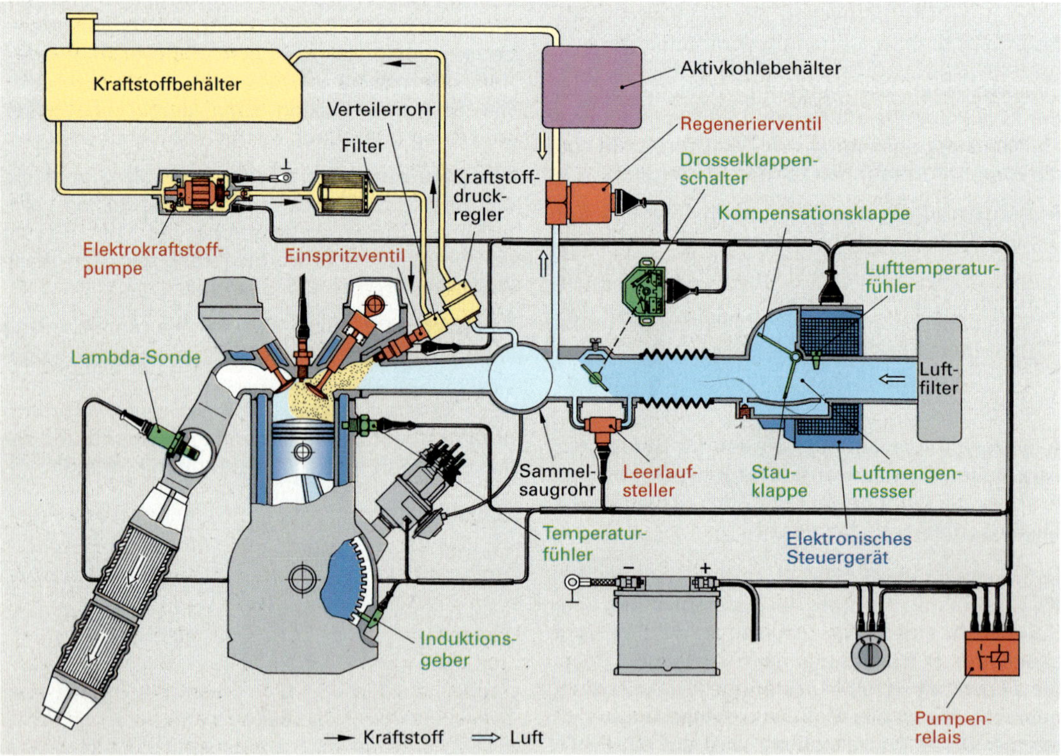

Bild 2: L-Jetronic

Schaltplan einer L-Jetronic

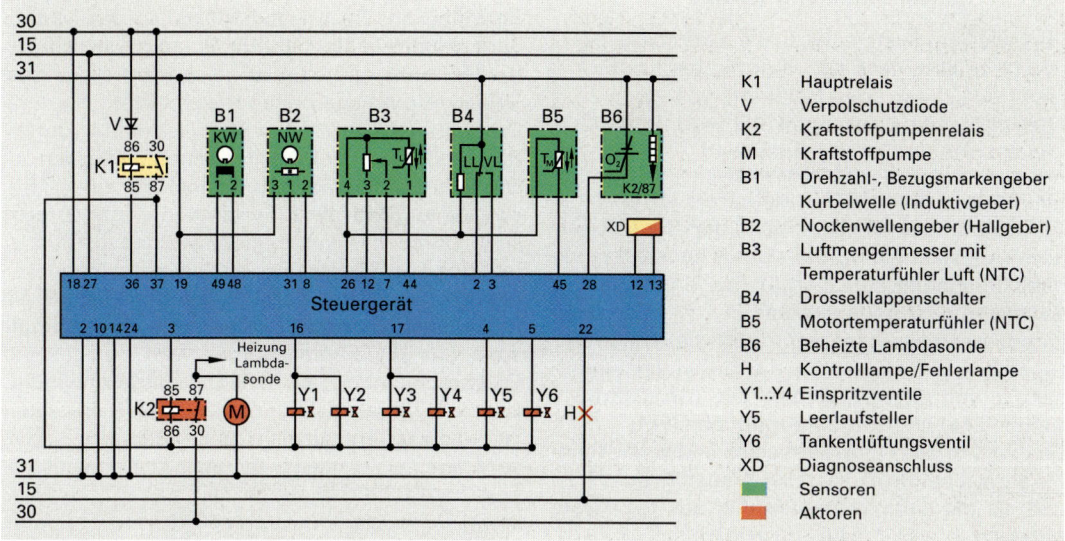

Bild 1: Stromlaufplan L-Jetronic

Der Stromlaufplan in **Bild 1** zeigt eine λ-geregelte intermittierend arbeitende Benzineinspritzanlage eines 4-Zylinder-Motors mit Gruppeneinspritzung, Leerlaufregelung und Tankentlüftung.

Stromversorgung. Über Pin 18 erhält das Steuergerät Dauerplus. An Pin 2, 10, 14, 19, 24 liegt Minus.

Zündung ein. Über Pin 27 wird das Steuergerät durch Klemme 15 zusätzlich an Plus gelegt.

Startvorgang. Während des Startens erhält das Steuergerät von **B1** über Pin 48 und 49 ein Drehzahl- und Bezugsmarkensignal (OT-Signal). Dadurch wird Pin 36 steuergeräteintern auf Masse geschaltet. Das Hauptrelais **K1** schließt. **K2, Y1...Y4, Y5, Y6** werden an **Plus** gelegt. Das Einspritzsystem kann mit Kraftstoff versorgt werden, wenn Pin 3 steuergeräteintern auf Masse geschaltet wird. Dadurch schließt **K2** und die Kraftstoffpumpe läuft an. Der Stromkreis ist über 30, 87, Kraftstoffpumpenmotor und Klemme 31 geschlossen. Die Einspritzventile **Y1 ...Y4** werden abhängig von Last, Drehzahl und Korrektursignalen zum Einspritzzeitpunkt über Pin 16 und 17 vom Steuergerät mit Minus angetaktet. Über den Nockenwellengeber **B2** erfolgt eine Zuordnung zum Zündungs-OT des 1. Zylinders.

Signal vom Luftmengenmesser B3 an das Steuergerät. Über Pin 12 und 26 wird das Luftmengenmesserpoti mit Strom versorgt. Die Auslenkung der Stauklappe bewirkt einen veränderlichen Widerstand, der über Pin 7 als Lastsignal an das Steuergerät weitergegeben wird.

Temperatursignale. Über Pin 44 wird die Lufttemperatur (**B3**) über Pin 45 die Motortemperatur (**B5**) an das Steuergerät als Eingangssignal gegeben.

Drosselklappenschalter B4. Über Pin 26 wird **B4** mit Strom versorgt. Durch Pin 2 und 3 wird die Stellung der Drosselklappe als Eingangssignal dem Steuergerät mitgeteilt. Die Schubabschaltung wird über Pin 2 und die Volllastanreicherung über Pin 3 gesteuert.

λ-Sondensignal/λ-Sondenheizung B6. Sobald das Relais K2 schließt wird über Klemme 87 die λ-Sonde beheizt. Das λ-Sondensignal wird über Pin 28 an das Steuergerät gegeben.

Leerlaufdrehsteller Y5. Entsprechend einer Sollwertvorgabe für die Leerlaufdrehzahl wird Pin 4 mit Minus angetaktet. Dadurch verändert der Leerlaufsteller den Querschnitt eines Zusatzluftkanals.

Tankentlüftungsventil Y6. Abhängig von Motortemperatur, Last und Drehzahl wird **Y6** zum Öffnen mit Minus vom Steuergerät angetaktet.

Kontrolllampe/Fehlerlampe H. Bei Zündung ein und bei einer Störung wird Pin 22 vom Steuergerät auf Masse geschaltet, wodurch die Kontrolllampe im Kombiinstrument aufleuchtet.

Diagnoseanschluss XD. Über den Diagnoseanschluss (Pin 12 und 13) können Fehler, z.B. über einen Blinkcode oder ein Fehlerauslesegerät ausgelesen werden. Außerdem kann ein Funktionstest der Stellglieder, z.B. Einspritzventile, Kraftstoffpumpe durchgeführt werden.

2.1.19.5 Benzineinspritzung mit Luftmassenmessung (LMM)

Bei diesem System wird die Luftmasse dadurch erfasst, dass ein „thermischer Lastsensor" (Hitzdraht oder Heißfilm) von der vorbeiströmenden Luft abgekühlt wird. Dadurch ändert sich der Sensorwiderstand.

Eine Elektronik regelt den Heizstrom so, dass die Temperatur des Sensors bzw. der Sensoroberfläche konstant bleibt. Das daraus abgeleitete variable Spannungssignal ergibt das Messsignal für das elektronische Steuergerät.

Luftmassenmesser messen direkt die dem Motor zugeführte Luftmasse, d.h. die Messung ist unabhängig von der Luftdichte, die von Luftdruck (Höhenlage) und Lufttemperatur abhängt.

Da das Kraftstoff-Luft-Gemisch als Masseverhältnis angegeben wird, z.B. 1 kg Kraftstoff zu 14,8 kg Luft, ist die Luftmassenmessung das genaueste Messverfahren für die Gemischbildung.

Luftmassenmessung mit Hitzdraht, LH-Motronic

Die LH-Motronic ist eine Weiterentwicklung der L-Jetronic. Einspritzsystem und Zündsystem werden von einem gemeinsamen Steuergerät versorgt.

Bei diesem Benzineinspritzsystem ist im Ansaugkanal ein Hitzdraht (**Bild 1**) aufgespannt. Der Hitzdraht wird durch elektrischen Strom auf einer konstanten Temperatur von 100°C über der Ansaugtemperatur gehalten. Wird durch wechselnde Fahrzustände vom Motor mehr oder weniger Luft angesaugt, verändert sich die Temperatur im Hitzdraht. Der Wärmeentzug muss durch den Heizstrom ausgeglichen werden. Die Größe des benötigten Heizstromes ist damit ein Maß für die angesaugte Luftmasse. Die Luftmassenmessung erfolgt etwa 1000-mal je Sekunde. Bei Bruch des Hitzdrahtes schaltet das Steuergerät auf Notlauf. Das Fahrzeug bleibt eingeschränkt fahrbereit.

Da der Hitzdraht im Ansaugkanal sitzt, können sich Ablagerungen bilden, die das Messergebnis beeinflussen. Nach jedem Abstellen des Motors wird durch ein Signal vom Steuergerät deshalb der Hitzdraht kurzzeitig auf etwa 1 000°C erwärmt und so von Ablagerungen freigebrannt.

Drahtgitter schützen den Platin-Hitzdraht (Durchmesser 0,7 mm) vor mechanischen Einflüssen.

Das Hitzdrahtelement kann auch in einem Bypasskanal (**Bild 2**) zum Innenrohr angebracht sein. Durch das Luftleitgitter werden Luftturbulenzen an der Messstelle verhindert. Im Innenrohr befinden sich keine beweglichen Bauteile, die als Strömungswiderstand wirken. Eine Verschmutzung des Hitzdrahtelementes wird durch seine Glasbeschichtung und die hohe Luftgeschwindigkeit im Bypasskanal vermieden. Das Freibrennen ist bei dieser Anlage nicht mehr nötig.

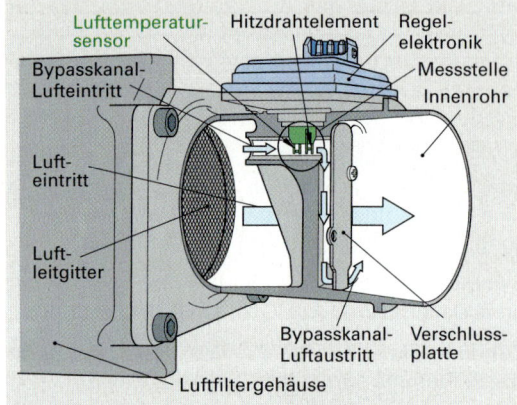

Bild 2: Hitzdrahtelement im Bypasskanal

Luftmassenmessung mit Heißfilm (HFM)

In einem zusätzlichen Messkanal zum Innenrohr ist ein Heißfilm-Luftmassensensor (**Bild 3**) eingebaut. Der Heißfilm ist weitgehend unempfindlich gegen Verschmutzungen. Ein Freibrennen – wie bei der Hitzdraht-Luftmassenmessung im zylindrischen Messkanal – ist nicht notwendig.

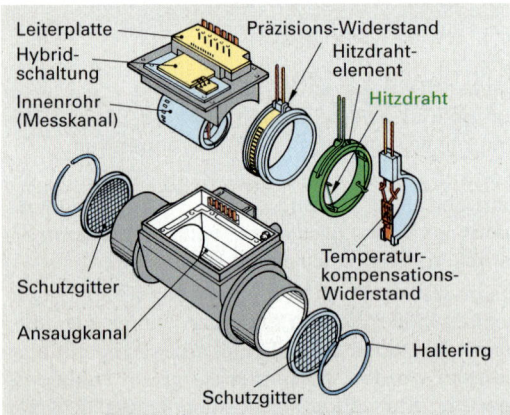

Bild 1: Hitzdraht-Luftmassenmesser

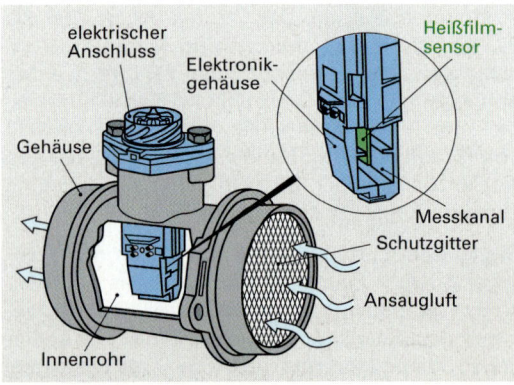

Bild 3: Heißfilm-Luftmassenmesser

Wirkungsweise. Die vom Motor angesaugte Luftmasse durchströmt den Luftmassenmesser und beeinflusst so die Temperatur am Heißfilmsensor. Der Heißfilmsensor besteht aus drei elektrischen Widerständen:
- Heizwiderstand R_H (Platinfilmwiderstand)
- Sensorwiderstand R_S
- Temperaturwiderstand R_L (Ansauglufttemperatur)

Die elektrische Brückenschaltung (**Bild 1**) besteht aus dünnen Filmwiderständen, die auf einer Keramikschicht aufgebracht sind.
Die Elektronik im Heißfilm-Luftmassenmesser regelt über eine veränderliche Spannung die Temperatur des Heizwiderstandes R_H so, dass sie 160° C über der Ansauglufttemperatur liegt. Die Ansauglufttemperatur wird vom temperaturabhängigen Ansauglufttemperaturwiderstand R_L erfasst. Die Temperatur des Heizwiderstandes wird durch den Sensorwiderstand R_S ermittelt. Bei erhöhtem oder verringertem Luftmassendurchsatz wird der Heizwiderstand mehr oder weniger abgekühlt. Die Elektronik regelt über den Sensorwiderstand die Spannung am Heizwiderstand nach, um die Temperaturdifferenz von 160°C wieder zu erreichen. Aus dieser Regelspannung erzeugt die Elektronik für das Steuergerät ein Signal für die angesaugte Luftmasse (Durchsatz).

WIEDERHOLUNGSFRAGEN

1. Welche Verfahren gibt es zur Luftmassenmessung bei Benzineinspritzanlagen?
2. Wie erfolgt die Luftmassenmessung mittels Hitzdraht?
3. Was versteht man unter „Freibrennen"?
4. Wie erfolgt die Luftmassenmessung mittels Heißfilmsensor?
5. Welcher Unterschied besteht in der Luftmassenmessung mittels Hitzdraht oder Heißfilm?
6. Nennen Sie die Vorteile der Luftmassenmessung.

2.1.19.6 Druckgesteuerte Benzineinspritzung

Sie ist eine indirekte, dezentrale, intermittierende Mehrpunkteinspritzung mit elektronischer Steuerung.

Hauptsteuergrößen
Saugrohrdruck, Motordrehzahl (p/n-System)

Bei der druckgesteuerten (saugrohrdruckgeführten) Benzineinspritzung (**Bild 3, Seite 298**) sind Einspritz- und Zündsystem in einem elektronischen Steuergerät integriert (p^*-Motronic).
Der Saugrohrdrucksensor kann am Saugrohr (**Bild 2**) oder über eine pneumatische Verbindung direkt im Steuergerät eingebaut sein. Er erfasst den Druck im Saugrohr als Steuergröße zur Bestimmung der Einspritzgrundzeit.

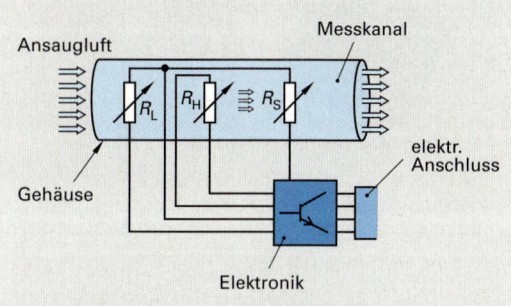

Bild 1: Brückenschaltung des Heißfilmsensors

Bei Ausfall des Luftmassenmessers kann das elektronische Steuergerät einen Ersatzwert für die Öffnungszeit der Einspritzventile bilden (Notlaufbetrieb). Der Ersatzwert wird gebildet aus Drosselklappenwinkel und Drehzahlsignal.

Vorteile der Luftmassenmessung:
- Exaktes Erfassen der Luftmasse
- schnelles Ansprechen des Luftmassenmessers
- keine Messfehler durch Luftdruckunterschiede
- keine Messfehler durch Temperaturunterschiede der Ansaugluft
- einfacher Aufbau und keine bewegten Teile im Luftmassenmesser
- sehr geringer Strömungswiderstand im Ansaugkanal

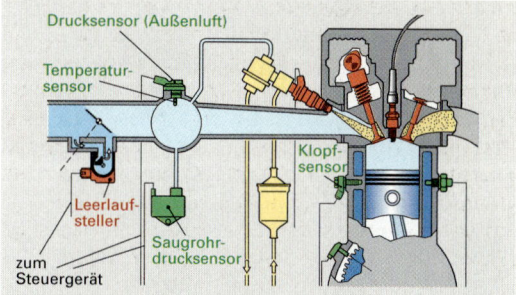

Bild 2: Saugrohrdrucksensor am Saugrohr

Saugrohrdrucksensor (Bild 3). Er ist unterteilt in die Druckzelle mit zwei Sensorelementen und den Raum für die Auswerteschaltung. Die Sensorelemente und die Auswerteschaltung sind auf einer gemeinsamen Keramikschicht aufgebracht.

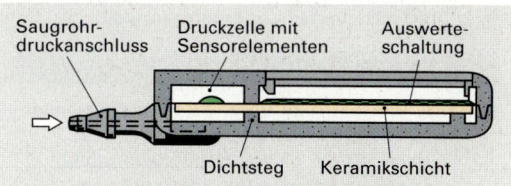

Bild 3: Saugrohrdrucksensor (im Steuergerät)
* p (engl.) pressure Druck

Das Sensorelement (**Bild 1**) des Saugrohrdrucksensors besteht aus einer glockenförmigen Dickschichtmembran, die eine Referenzdruckkammer* mit einem bestimmten Innendruck einschließt.

Die auf der Membran befindlichen piezoelektrischen Widerstände (siehe **Seite 204**) verändern ihren Widerstandswert in Abhängigkeit von der mechanischen Dehnung der Membran, z.B. bei Änderung des Saugrohrdruckes. Diese Widerstandsänderung bewirkt ein vom Saugrohrdruck abhängiges variables Spannungssignal. In der Auswerteschaltung wird das Spannungssignal verarbeitet und dem elektronischen Steuergerät als linearisiertes Lastsignal übermittelt.

Die Kennliniencharakteristik (**Bild 2**) des Saugrohrdrucksensors hat bei Leerlauf eine Signalspannung von etwa 0,4 V und bei hoher Drehzahl und Volllast von etwa 4,6 V. Zwischen diesen Spannungswerten liegt der lineare Arbeitsbereich des Saugrohrdrucksensors. Die Auswerteschaltung des Steuergerätes ermittelt aus dem jeweiligen Lastsignal und weiteren Betriebsinformationen die erforderliche Einspritzzeit für die Kraftstoffzumessung.

Der obere und der untere Wert im Diagramm kann auch zur Eigendiagnose des Saugrohrdrucksensors herangezogen werden.

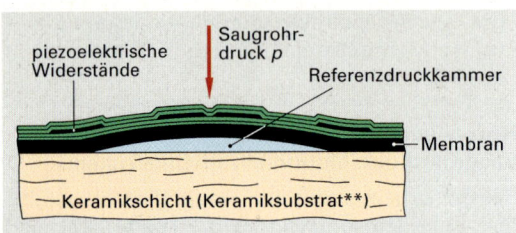

Bild 1: Dickschichtmembran im Saugrohrdrucksensor

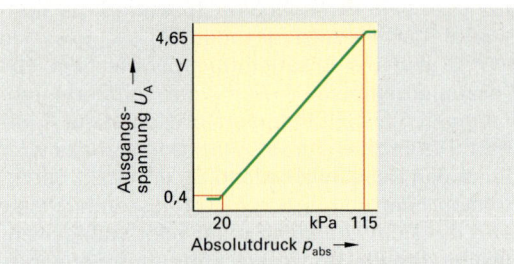

Bild 2: Kennlinie eines Drucksensors

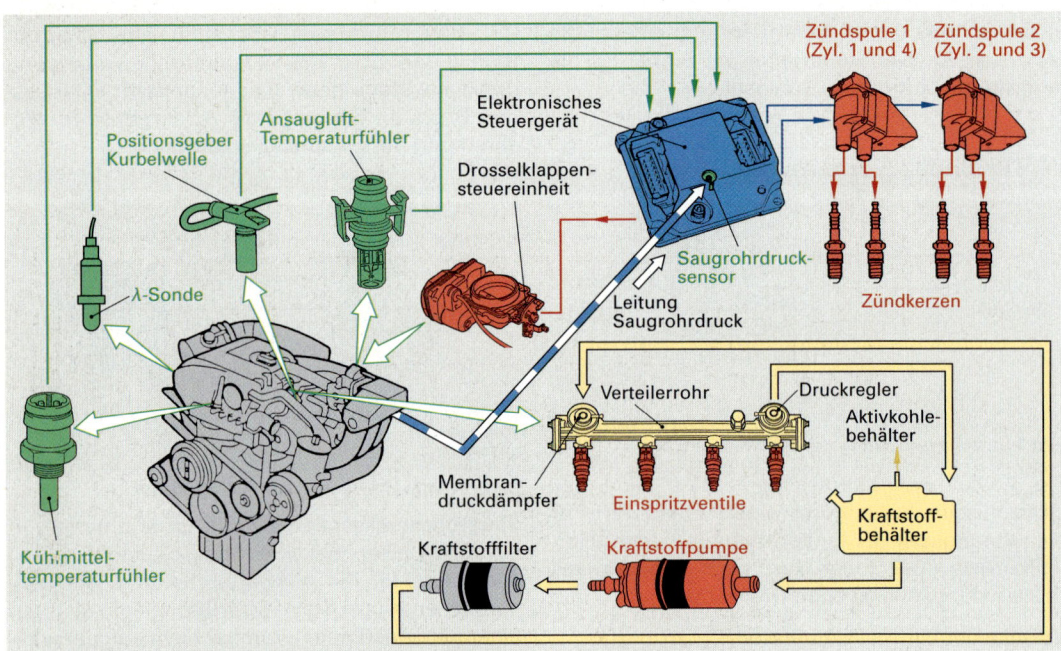

Bild 3: Druckgesteuertes (saugrohrdruckgeführtes) Benzineinspritzsystem

WIEDERHOLUNGSFRAGEN

1. Was versteht man unter einer druckgesteuerten Mehrpunkt-Benzineinspritzung?
2. Nennen Sie die beiden Hauptsteuergrößen einer druckgesteuerten Benzineinspritzung.
3. Nennen Sie Sensoren und Aktoren (Bild 3).
4. Welche Aufgabe hat der Saugrohrdrucksensor?
5. Welcher Druck wird vor und welcher nach der Drosselklappe gemessen?

* Referenz (lat.) Beziehung   ** Substrat (lat.) Unterlage

Benzineinspritzung — 2 Motor — 299

2.1.19.7 Zentraleinspritzung

Bei der Zentraleinspritzung werden entweder alle Zylinder eines Motors oder eine Zylindergruppe durch ein zentral angeordnetes Einspritzventil mit Kraftstoff versorgt.

Zentraleinspritzsysteme SPI werden auch TBI* (Drosselklappengehäuse-Einspritzung) genannt.

Mono-Jetronic (Bild 1)

Sie ist eine indirekte, zentrale, intermittierende Einzelpunkteinspritzung mit elektronischer Steuerung.

Hauptsteuergrößen
Drosselklappenstellung, Motordrehzahl (α/n-System)
Die Mono-Jetronic **(Bild 2)** besteht aus den Funktionsbereichen

– Kraftstoffversorgung

– Betriebsdatenerfassung und -verarbeitung

Wirkungsweise
Hauptinformationen über den Betriebszustand des Motors liefern Drosselklappenstellung und Motordrehzahl. Der Drosselklappenwinkel wird als Information über den jeweiligen Lastzustand des Motors an das Steuergerät übermittelt.
Die **Grundeinspritzzeit** und damit die benötigte Kraftstoffgrundmenge wird vom Steuergerät aus dem **Drosselklappenwinkel** α und der **Motordreh**zahl n (α/n-System) bestimmt. Zur Bestimmung der genauen Kraftstoffmenge muss das Steuergerät noch weitere Informationen erhalten, z. B. Lufttemperatur, Motortemperatur und Gemischzusammensetzung von der Lambda-Sonde. Die Verteilung des Kraftstoff-Luft-Gemisches auf die einzelnen Zylinder des Motors erfolgt durch das Sammelsaugrohr.

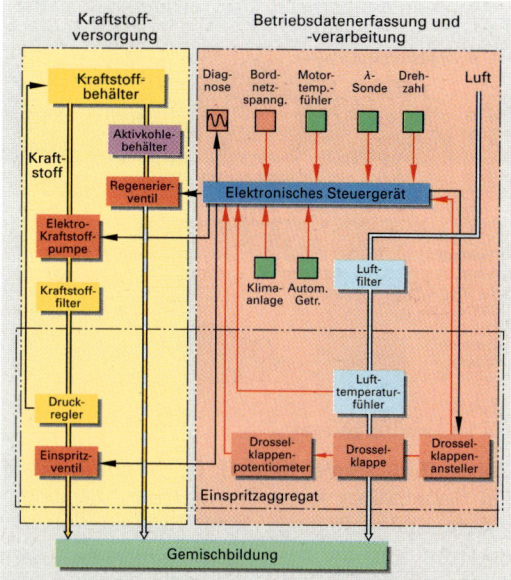

Bild 2: Funktionsbereiche der Mono-Jetronic

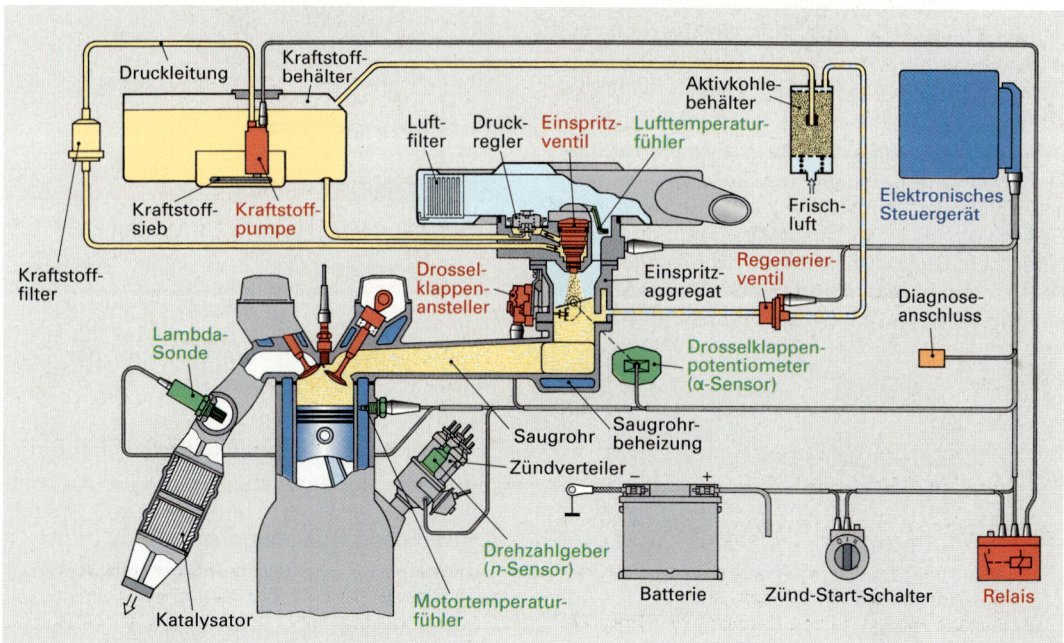

Bild 1: Mono-Jetronic (Systemübersicht)

* TBI (engl.) Throttle Body Injection   ** mono (gr.) allein, einzeln

Kraftstoffversorgung

Kraftstoffpumpe. Sie fördert den Kraftstoff mit etwa 1 bar (Niederdruck) zum Einspritzaggregat.

Einspritzaggregat (Bild 1). Es besteht aus:
- Hydraulikteil mit Kraftstoffzulauf, -rücklauf, Einspritzventil, Druckregler, Lufttemperaturfühler
- Drosselklappenteil mit Drosselklappe, Drosselklappenpotentiometer, Drosselklappensteller.

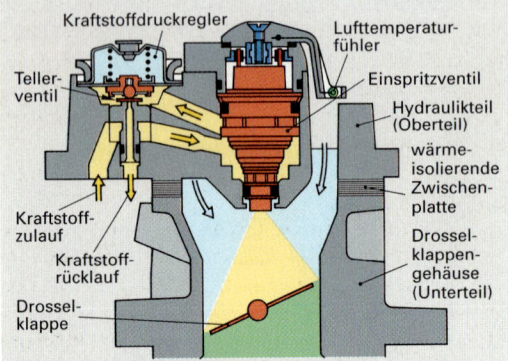

Bild 1: Einspritzaggregat

Kraftstoffdruckregler (Bild 1). Er hält im Rücklauf den Systemdruck konstant auf 1 bar. Die eingespritzte Kraftstoffmenge hängt deshalb nur von der Öffnungsdauer des Einspritzventils ab. Übersteigt der Kraftstoffpumpendruck den Systemdruck, öffnet das federbelastete Tellerventil und gibt den Kraftstoffrücklauf frei. Der zum Druckregler zurückfließende Kraftstoff durchströmt und umspült vorher das Einspritzventil zur Kühlung. Dadurch wird auch ein gutes Heißstartverhalten erreicht.

Drosselklappensteller (Bild 2). Er dient zur Leerlaufregelung auf ein niederes Drehzahlniveau und stabilisiert die Leerlaufdrehzahl z. B. auch beim Einschalten einer Klimaanlage. Das Steuergerät liefert dem Gleichstrommotor in Abhängigkeit von Motordrehzahl und Motortemperatur das Stellsignal zum Verstellen der Drosselklappe.

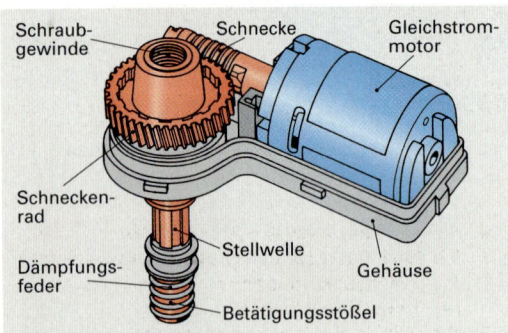

Bild 2: Drosselklappensteller

Zentraleinspritzventil (Bild 3). Es besteht aus Ventilgehäuse und Ventilgruppe. Im Ventilgehäuse befindet sich die Magnetwicklung mit dem elektrischen Anschluss. Die Ventilgruppe besteht aus dem Ventilkörper und der darin geführten Ventilnadel mit Magnetanker. Die Schraubenfeder drückt mit Unterstützung des Systemdrucks die Ventilnadel in ihren Dichtsitz. Bei Erregung der Magnetwicklung hebt sich das Zapfenventil um etwa 0,06 mm von seinem Dichtsitz, so dass Kraftstoff aus dem Ringspalt austreten kann. Die Form des Spritzzapfens sorgt dabei für eine gute Zerstäubung bei einem kegelförmigen Einspritzstrahl. Die Auslösung des Einspritzventils erfolgt im Takt der Zündimpulse.

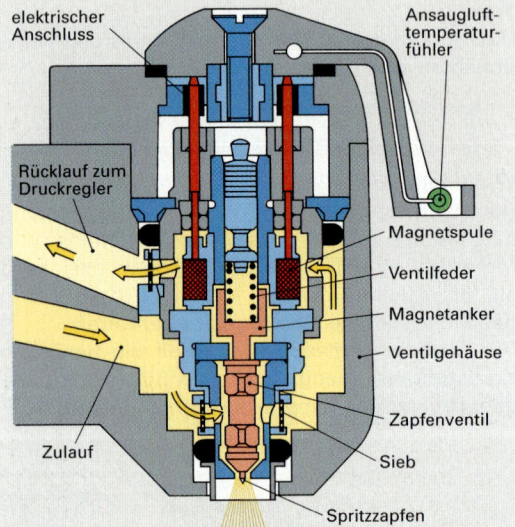

Bild 3: Zentraleinspritzventil

Betriebsdatenerfassung

Die Betriebsdatenerfassung erfolgt durch:
- Drosselklappenwinkel und seine Verstellgeschwindigkeit über das Drosselklappenpotentiometer
- Drehzahlinformation, ermittelt aus der Periodenzeit der Zündsignale
- Motortemperaturfühler
- Ansauglufttemperaturfühler (Luftdichte)
- Erkennen der Betriebszustände „Leerlauf" mittels Leerlaufschalter und „Volllast" mittels Drosselklappenpotentiometer
- Schaltsignale von Klimaanlage und Automatikgetriebe
- Lambda-Sonde (Gemischzusammensetzung)
- Messen der Batteriespannung und der Bordnetzspannung bei Motorbetrieb.

Betriebsdatenverarbeitung

Elektronisches Steuergerät (Bild 1). Es verarbeitet die von den Sensoren gelieferten Daten über den jeweiligen Betriebszustand des Motors. Der Rechnerteil bildet mit den einprogrammierten Kenndaten die Ausgangssignale z. B. Öffnungsdauer des Einspritzventils, Winkelanstellung des Drosselklappenanstellers, Ansteuerung von Pumpenrelais und Regenerierventil.

Der Schreib-Lese-Speicher (RAM) dient zum Speichern von Adaptionswerten und Fehlern. Adaption ist eine selbstlernende Anpassung an sich verändernde und wandelnde Bedingungen des Motorzustandes, z. B. Anpassung an den Luftdruck in verschiedenen Höhen oder an zunehmenden Motorverschleiß. Der Speicher ist ständig mit der Fahrzeugbatterie verbunden, um ein Löschen der Adaptionswerte beim Abschalten der Einspritzanlage zu verhindern.

Gemischanpassung. Die Anpassung erfolgt durch die Ansteuerung des Einspritzventils, d. h. durch die Veränderung der Öffnungsdauer.

So wird z.B. in der Kaltstartphase durch Signale von Motor- und Lufttemperaturfühler eine Verlängerung der Einspritzzeit bewirkt. In der Nachstart- und Warmlaufphase wird die Einspritzzeit verkürzt. Im Leerlaufbereich erfolgt die Gemischanpassung durch den Drosselklappenansteller, der entsprechend angesteuert wird. Laständerungen werden durch das Drosselklappenpotentiometer erfasst und an das Steuergerät übermittelt. Für ein gutes Übergangsverhalten wird das Gemisch kurzzeitig angefettet.

Spannungskompensation der Kraftstoffpumpe. Kann die Kraftstoffpumpe bei niedriger Bordnetzspannung den Systemdruck nicht bis zum Sollwert aufbauen, so würde eine zu geringe Kraftstoffmenge eingespritzt werden. Zum Ausgleich wird in diesem Fall die Einspritzzeit durch das Steuergerät verlängert und somit die Einspritzmenge angepasst.

Leerlaufschalter. Er ist im Drosselklappenansteller eingebaut und liefert dem Steuergerät die Information über die Leerlaufstellung der Drosselklappe.

Steuerung des Regenerierventils (Taktventil). Sie erfolgt vom Steuergerät aus. Dabei wird der im Aktivkohlebehälter gespeicherte Kraftstoff in das Einspritzgehäuse gesaugt, ohne dass es zu Beeinträchtigungen im Fahr- und im Abgasverhalten kommt.

Fehlerspeicher. Treten Fehler auf, so werden diese im Diagnose-Fehlerspeicher eingetragen. Der Motor läuft noch mit verringerter Leistung in einem Notlaufprogramm.

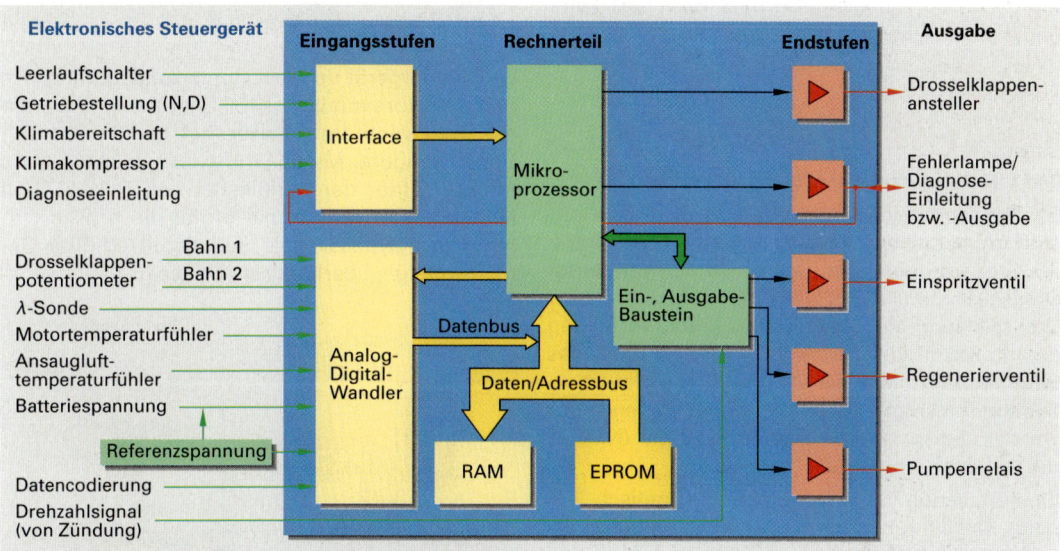

Bild 1: Blockschaltbild des Mono-Jetronic-Steuergerätes

WIEDERHOLUNGSFRAGEN

1. Nennen Sie die Merkmale einer Mono-Jetronic.
2. Aus welchen Funktionsbauteilen besteht die Mono-Jetronic?
3. Aus welchen Hauptbauteilen besteht das Einspritzaggregat einer Mono-Jetronic?
4. Aufgabe des Drosselklappenanstellers?
5. Wodurch erfolgt die Betriebsdatenerfassung?
6. Was versteht man unter der Betriebsdatenverarbeitung einer Mono-Jetronic?
7. Wie erfolgt die Gemischanpassung?

MULTEC*-Zentraleinspritzung

> Sie ist eine indirekte, zentrale, intermittierende Einzelpunkteinspritzung mit elektronischer Steuerung von Einspritzung und Zündung.

Hauptsteuergrößen
Saugrohrdruck, Motordrehzahl (p/n-System)

Das Gemischbildungssystem der Zentraleinspritzung **(Bild 1)** wird elektronisch geregelt. Das Steuergerät erhält durch Sensoren Informationen über Saugrohrdruck, Motordrehzahl, Drosselklappenstellung, Kühlflüssigkeitstemperatur, Lufttemperatur und Gemischzusammensetzung (Lambda-Sonde). Diese Informationen werden zu Steuersignalen für die Gemischbildung, Leerlaufregelung, Schubabschaltung und für den Zündzeitpunkt verarbeitet.

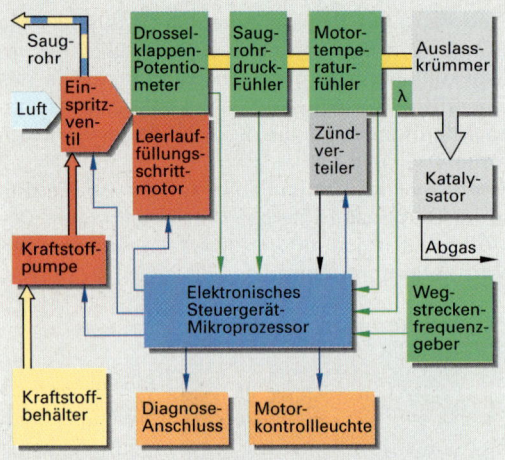

Bild 1: Multec-Zentraleinspritzung (Blockschema)

Bei der Zentraleinspritzung **(Bild 1)** wird der Kraftstoff mit nur einem Einspritzventil an einer zentralen Stelle zugemessen. Das Einspritzventil ist im Drosselklappeneinspritzgehäuse direkt über der Drosselklappe eingebaut **(Bild 2)**. Die Verteilung des Kraftstoff-Luft-Gemisches erfolgt über das Sammelsaugrohr zu den Zylindern des Motors.

Systemdruckregler (Bild 2). Er begrenzt den Druck vor dem Einspritzventil z. B. auf 0,75 bar (Niederdruckeinspritzung).

Einspritzventil. Es wird elektromagnetisch betätigt. Die Öffnungszeit wird vom Steuergerät errechnet. Da Öffnungsquerschnitt des Einspritzventils und Kraftstoffdruck konstant sind, wird die eingespritzte Kraftstoffmenge nur durch die Öffnungszeit des Einspritzventils bestimmt.

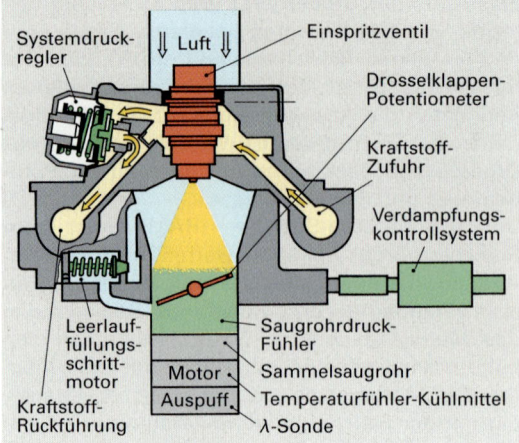

Bild 2: Drosselklappeneinspritzgehäuse

Leerlauffüllungsschrittmotor (Bild 3)
Er soll
– die Steuerung der Leerlaufdrehzahl in der Warmlaufphase übernehmen
– die Leerdrehzahl des betriebswarmen Motors bei jeder Belastung konstant halten z. B. beim Einschalten der Klimaanlage
– bei Schubabschaltung kurzzeitig Luft über den Bypass zur Verringerung der Abgasemission liefern
– als Gestängedämpfer auf die Drosselklappe wirken.

Das Steuergerät verstellt durch Ansteuerung des Schrittmotors mit bis zu 160 Schritten je Sekunde das Kegelventil im Bypasskanal, der die Drosselklappe umgeht. Mit zunehmender Belastung des Motors öffnet der Ventilkegel den Bypass. Voll eingefahrener Ventilkegel ergibt die größte Öffnung des Bypasskanals und damit erhöhte Gemischmenge, Leerlaufdrehzahl steigt.

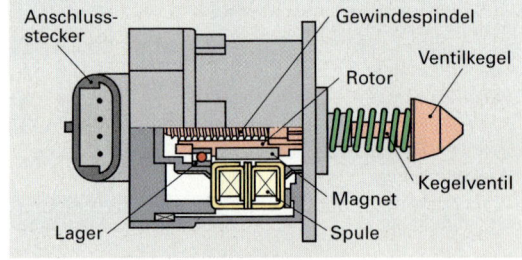

Bild 3: Leerlauffüllungsschrittmotor

> **WIEDERHOLUNGSFRAGEN**
> 1. Nennen Sie die Merkmale einer MULTEC-Zentraleinspritzung.
> 2. Was versteht man unter einem p/n-System?
> 3. Welche Aufgabe hat der Systemdruckregler?
> 4. Beschreiben Sie die Wirkungsweise des Leerlauffüllungsschrittmotors.

* MULTEC (engl.) Multiple Technology Vielfach Technologie

2.1.19.8 KE*-Jetronic

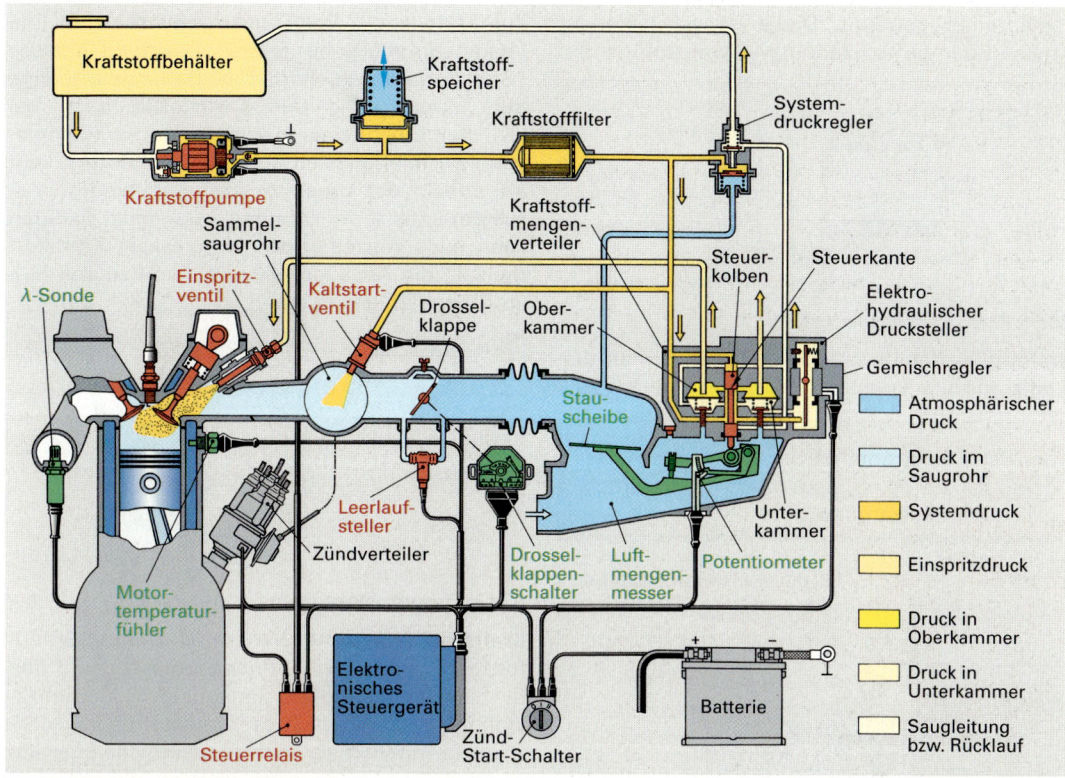

Bild 1: KE-Jetronic, Systemübersicht

Die KE-Jetronic ist eine indirekte, dezentrale, kontinuierliche Mehrpunkteinspritzung mit elektronischer Steuerung.

Hauptsteuergrößen
Luftmenge (Motorlast), Motordrehzahl
Die KE-Jetronic **(Bild 1)** ist in ihrem Grundsystem eine mechanisch-hydraulische Benzineinspritzung mit einer zusätzlichen elektronischen Steuerung. Sie hat die Aufgabe, durch Druckänderung in den Unterkammern des Kraftstoffmengenteilers die Kraftstoffzumessung zu verändern.
Die Einspritzanlage wird ergänzt durch einen
– Sensor (Stauscheibe) zur Ermittlung der vom Motor angesaugten Luftmenge
– Drucksteller zum Eingriff in die Gemischzusammensetzung (vom Steuergerät angetaktet)
– Druckregler, um den Systemdruck im Kraftstoffsystem konstant zu halten.

Gemischregler (Bild 1). Er besteht aus:
– Luftmengenmesser – Kraftstoffmengenteiler
– elektro-hydraulischem Drucksteller.

Luftmengenmesser (Bild 1). In ihm wird als Hauptsteuergröße die vom Motor angesaugte Luftmenge ermittelt. Die strömende Ansaugluft hebt die Stauscheibe (Schwebekörper) an. Ihre Auslenkung (Hub) ist ein Maß für den Luftdurchsatz. Der Hub wird über das Hebelsystem auf den Steuerkolben des Kraftstoffmengenteilers übertragen.

Kraftstoffmengenteiler (Bild 1). Er teilt entsprechend der Stauscheibenstellung die Kraftstoffgrundmenge den einzelnen Zylindern zu.

Elektro-hydraulischer Drucksteller (Bild 1). Er verändert vom Steuergerät angetaktet, je nach dem momentanen Betriebszustand des Motors, die den Zylindern zugeteilte Kraftstoffgrundmenge. Dabei kann sie erhöht (z.B. Beschleunigung), vermindert (z.B. Schiebebetrieb) oder unterbrochen werden (Schubabschaltung).

Kraftstoffversorgung
Das Kraftstoffsystem **(Bild 1)** besteht aus
– Kraftstoffbehälter – Kraftstofffilter
– Kraftstoffpumpe – Systemdruckregler
– Kraftstoffspeicher – Einspritzventilen.

Kraftstoffspeicher (Bild 1). Er hält nach dem Abstellen des Motors den Druck im Kraftstoffsystem für eine bestimmte Zeit aufrecht. Dadurch wird das Starten, besonders bei heißem Motor, erleichtert.

KE* Kontinuierlich, Elektronische Eingriffsmöglichkeit

Der Kraftstoffspeicher **(Bild 1)** wird durch die Membran in eine Federkammer und in eine Speicherkammer getrennt. Diese ist bei laufender Kraftstoffpumpe vollständig mit Kraftstoff gefüllt.

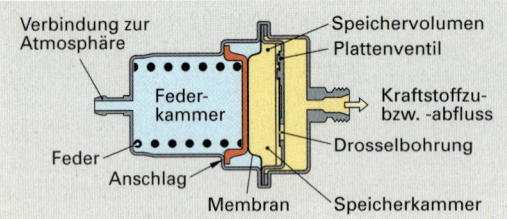

Bild 1: Kraftstoffspeicher (gefüllt)

Kraftstoffsystemdruckregler (Bild 2). Er hält den Kraftstoffdruck konstant und leitet überschüssigen Kraftstoff zum Kraftstoffbehälter zurück.

Bei der KE-Jetronic ist der hydraulische Gegendruck auf den Steuerkolben (Steuerdruck) gleich dem Systemdruck.

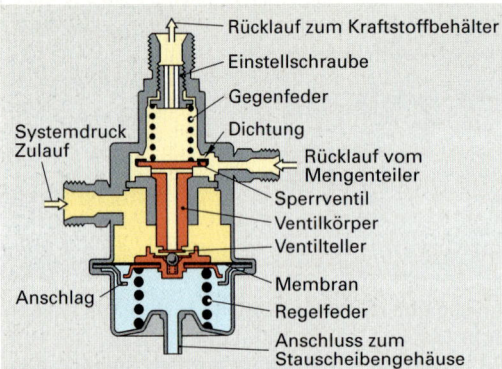

Bild 2: Kraftstoffsystemdruckregler

Wirkungsweise. Nach Anlaufen der Kraftstoffpumpe verschiebt sich die Membran nach unten. Dadurch wird der Ventilkörper des Sperrventils durch eine Feder auf seinen Sitz gepresst und verschließt den Rücklauf zum Kraftstoffbehälter. Die Druckregelfunktion beginnt. Erreicht der Systemdruck seinen höchsten Wert von z.B. 5,5 bar, wird der Druck auf diesem Wert gehalten. Der Druckregler erhöht die Abregelmenge; der Kraftstoffdruck sinkt. Zusätzlich strömen noch Durchströmmenge des Druckstellers und Leckölmenge des Steuerkolbens zurück.
Nach Abstellen des Motors sinkt der Druck im Kraftstoffsystem. Dadurch schließt der Ventilteller den Regelsitz. Gleichzeitig schließt über Feder und Ventilkörper das Sperrventil. Der Druck im Kraftstoffsystem sinkt auf den Schließdruck der Einspritzventile (Dichtschließen). Danach steigt der Druck wieder auf den durch den Kraftstoffspeicher vorgegebenen Wert.

Einspritzventil (Bild 3). Es öffnet selbsttätig z.B. bei einem Überdruck von 3,5 bar und hat keine Zumessfunktion. Beim Einspritzen schwingt die Ventilnadel mit hoher Frequenz, wobei ein leises „Schnarrgeräusch" hörbar ist. Dadurch wird eine gute Zerstäubung des Kraftstoffes auch bei kleinsten Einspritzmengen erreicht. Die Einspritzventile schließen nach Abstellen des Motors dicht ab, sobald der Druck im Kraftstoffversorgungssystem unter ihren Öffnungsdruck sinkt. Dadurch kann nach Abstellen des Motors kein Kraftstoff mehr in die Ansaugrohre und damit zu den Einspritzventilen gelangen.

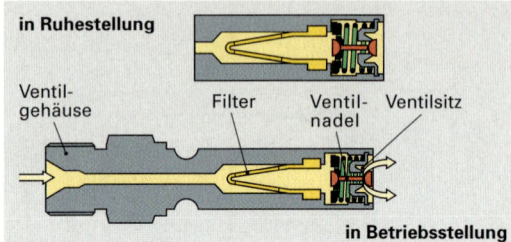

Bild 3: Einspritzventil

Kraftstoffzumessung. Sie erfolgt in ihrer Grundfunktion durch den Luftmengenmesser und den Kraftstoffmengenteiler. Bei einigen Betriebzuständen weicht jedoch der Kraftstoffbedarf stark vom Normalwert ab, so dass zusätzliche Eingriffe in die Gemischbildung erforderlich sind.
Kraftstoffmengenteiler. Der Steuerkolben **(Bild 4)** im Kraftstoffmengenteiler gibt je nach seiner Stellung einen entsprechenden Querschnitt der Steuerschlitze frei.
Durch die Steuerschlitze strömt Kraftstoff in die Oberkammern der Differenzdruckventile und damit zu den Einspritzventilen. Der freie Querschnitt (Abströmquerschnitt) der Steuerschlitze hängt direkt vom Hub der Stauscheibe ab.

Kleiner Hub bewirkt kleinen, großer Hub großen Abströmquerschnitt.

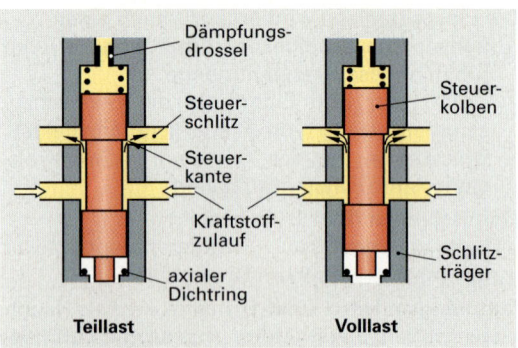

Bild 4: Schlitzträger mit Steuerkolben

Differenzdruckventile (Bild 1). Sie halten den Druckabfall (Druckdifferenz) zwischen Unter- und Oberkammer konstant auf 0,2 bar, unabhängig vom Kraftstoffdurchsatz und vom Systemdruck. Die durchströmende Kraftstoffmenge ist nur vom freigegebenen Steuerschlitzquerschnitt abhängig. Der Druckabfall wird bewirkt durch eine Schraubenfeder in der Unterkammer, den wirksamen Membrandurchmesser und den elektro-hydraulischen Drucksteller.

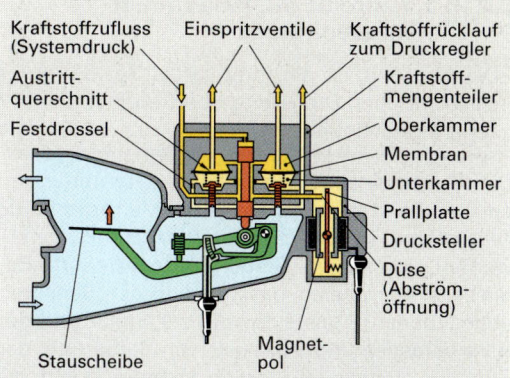

Bild 2: Elektro-hydraulischer Drucksteller

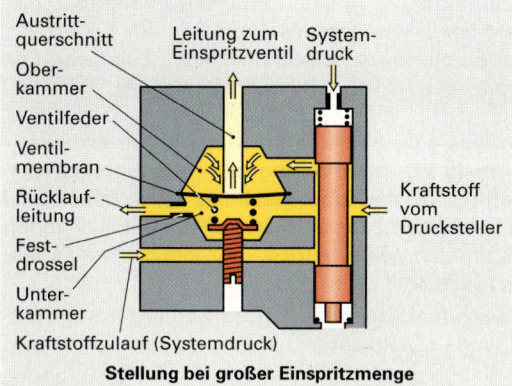

Bild 1: Differenzdruckventil

Anpassung an die Betriebszustände

Die Grundanpassung des Kraftstoff-Luft-Gemisches für Leerlauf, Teil- und Volllast erfolgt durch die bestimmte Form des Lufttrichters.

Die Zusatzanpassungen an die verschiedenen Betriebszustände des Motors erfolgen durch:
- Drosselklappenschalter   Leerlauf, Volllast
- Drehzahlsensor   Motordrehzahl
- Zünd-Start-Schalter   Start
- Motortemperatursensor   Kühlmitteltemperatur
- Lambda-Sonde   Gemischzusammensetzung
- Barometerdosensensor   Luftdruck.

Das elektronische Steuergerät verarbeitet die Sensorinformationen und bildet daraus den Steuerstrom für den elektro-hydraulischen Drucksteller.

Elektro-hydraulischer Drucksteller (Bild 2). Er verändert nach dem vom Steuergerät gelieferten Steuerstrom den Druck in den Unterkammern der Differenzdruckventile. Dadurch verändert sich die den Einspritzventilen zubemessene Kraftstoffmenge. Dazu wird über eine Prallplatte, bewegt in einem Magnetfeld, die Öffnung der Düse und damit der Kraftstoffzufluss bzw. Druck in der Unterkammer verändert. Die Druckänderung in der Unterkammer bewirkt eine Durchbiegung der Membrane und verändert damit (bei gleichem Steuerschlitzquerschnitt) den Kraftstoffdurchsatz zu den Einspritzventilen.

Tabelle 1 zeigt die Gemischabmagerung bzw. -anfettung durch den Drucksteller.

Tabelle 1: Gemischänderung mittels Drucksteller		
abmagern	Gemisch	anfetten
nimmt ab	Druckstellerstrom	nimmt zu
wird größer	Abströmquerschnitt	wird kleiner
steigt	Unterkammerdruck	fällt
wird kleiner	Druckdifferenz zwischen UK und OK	wird größer
nach oben	Membranbiegung	nach unten
kleiner, Gemisch magerer $\lambda < 1,0$	Austrittquerschnitt zum Einspritzventil	größer, Gemisch fetter $\lambda > 1,0$

Ergänzungsfunktionen zur Betriebsanpassung

Schubabschaltung. Dabei geht die Drosselklappe in ihre Nulllage. Über den Drosselklappenschalter erhält das Steuergerät die Information „Drosselklappe geschlossen" sowie ein Drehzahlsignal. Liegt die momentane Drehzahl über der Leerlaufdrehzahl, so kehrt das Steuergerät die Stromrichtung im elektro-hydraulischen Drucksteller um. Der Druckabfall am Drucksteller ist dann fast Null. Im Mengenteiler drücken die Federn in den Unterkammern die Membranen der Differenzdruckventile zu und sperren somit die Kraftstoffzufuhr zu den Einspritzventilen.

Drehzahlbegrenzung. Sie sperrt beim Erreichen der maximalen Motordrehzahl die Kraftstoffzufuhr zu den Einspritzventilen.

Gemischanpassung in großer Höhe. Die Gemischzusammensetzung wird korrigiert durch ein Signal des Luftdrucksensors an das Steuergerät. Vom Steuergerät wird der Druckstellerstrom verändert und damit der Kraftstoffdurchsatz der Höhenlage angepasst.

Lambda-Regelung. Der erforderliche Regeleingriff zur Korrektur der Kraftstoffzuteilung erfolgt über den elektro-hydraulischen Drucksteller.

2.1.19.9 Motronic mit Heißfilmluftmassenmesser

> Die Motronic ist ein integriertes System zur elektronischen Steuerung von Benzineinspritzung und Zündung.

Die Benzineinspritzung erfolgt intermittierend entsprechend dem System der LH-Jetronic. Beide Teilsysteme – Einspritzsystem und Zündsystem – werden von einem Steuergerät gesteuert. Dadurch ist es möglich, dass die von den Sensoren abgegebenen Signale sowohl zur Steuerung der Benzineinspritzung als auch zur Steuerung der Zündung verwendet werden können. Durch die gemeinsame Verwendung der Sensoren wird bei der Motronic eine hohe Zuverlässigkeit und ein geringer Bauaufwand erreicht.

Wirkungsweise der Motronic (Bild 1). Im Steuergerät sind alle charakteristischen Kennwerte für den Motorbetrieb bei verschiedenen Betriebsbedingungen in einem Mikrocomputer gespeichert. Die von den Sensoren gemessenen tatsächlichen Messwerte werden mit gespeicherten Kennwerten verglichen. Dadurch wird der augenblickliche Betriebszustand des Motors ermittelt. Anhand von Kennfeldern werden die Aktoren wie z.B. Einspritzventile und Zündspule über Leistungsendstufen vom Steuergerät angesteuert. Die im

Bild 1, Seite 307 dargestellte Motronic-Systemübersicht ist so aufgebaut, dass sie die neuen Abgasvorschriften wie z.B. On-Board-Diagnose (OBD) erfüllen kann.

Teilsystem Einspritzung (Bild 1, Seite 307). Über einen Induktivgeber am Schwungradkranz erfolgt die Drehzahlerkennung. Der Heißfilmluftmassenmesser misst die angesaugte Luftmasse. Daraus bestimmt der Mikrocomputer im Steuergerät die Kraftstoffgrundmenge. Eine Lücke im Zahnradkranz und ein Nockenwellengeber dienen zur Erkennung des Zünd-OT vom 1. Zylinder, wodurch Einspritzbeginn und Zündzeitpunkt vom Steuergerät berechnet werden. Die Ansteuerung der Einspritzventile erfolgt über jeweils eine Endstufe im Steuergerät. Korrektursignale z.B. Motortemperatur, Ansauglufttemperatur, Drosselklappenstellung, λ-Sondensignal u.a. werden zusätzlich berücksichtigt, um einen optimalen Motorbetrieb und ein optimales Abgasverhalten zu erreichen.

Teilsystem Zündung. Ein im Steuergerät gespeichertes Zündkennfeld bestimmt drehzahl- und lastabhängig den Zündzeitpunkt. Korrektursignale wie Antiklopfregelung, Motortemperatur, ASR-Eingriff, Getriebe-Schaltzeitpunkte u.a. werden zusätzlich berücksichtigt. In Abhängigkeit von Motordrehzahl und Versorgungsspannung wird

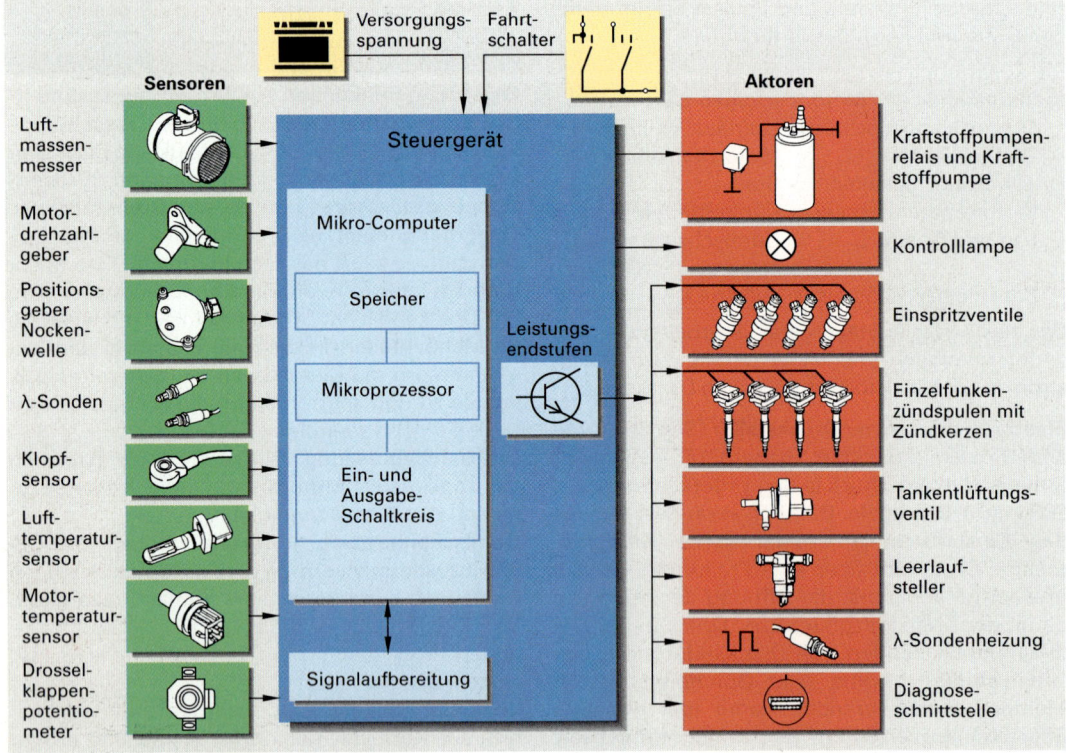

Bild 1: Motronic – vereinfachtes Blockschema

Benzineinspritzung 2 Motor 307

die jeweilige Schließzeit (Schließwinkel) festgelegt. Damit wird die Zündenergie dem Bedarf angepasst. Je Zündkerze wird eine eigene Zündspule eingesetzt (ruhende Hochspannungsverteilung).

Abgasreinigung. Im wesentlichen abhängig von Last und Motortemperatur werden verschiedene Stellglieder wie z.B. Tankentlüftungsventil, Drucksteller für Abgasrückführventil, Sekundärluftventil und Sekundärluftpumpe vom Motronic-Steuergerät angesteuert, um den Schafstoffausstoß des Kraftfahrzeugs zu minimieren.

Funktionskontrolle der Systemkomponenten. Wesentliche auftretende Systemfehler werden in Fehlerspeichern abgelegt. Sie können mit Hilfe von Fehlerauslesegeräten oder Blinkcodes + Entschlüsselungstabellen ausgelesen werden. Über eine Stellglieddiagnose können Aktoren z.B. Einspritzventile oder Kraftstoffpumpe auf Funktion geprüft werden. Abgasrelevante Komponenten werden durch ein On-Board-Diagnosesystem überwacht. Entsprechend gesetzlicher Vorschriften wird bei Fehlfunktionen, z.B. des Katalysators, eine Fehlerlampe im Fahrzeuginnenraum aktiviert.

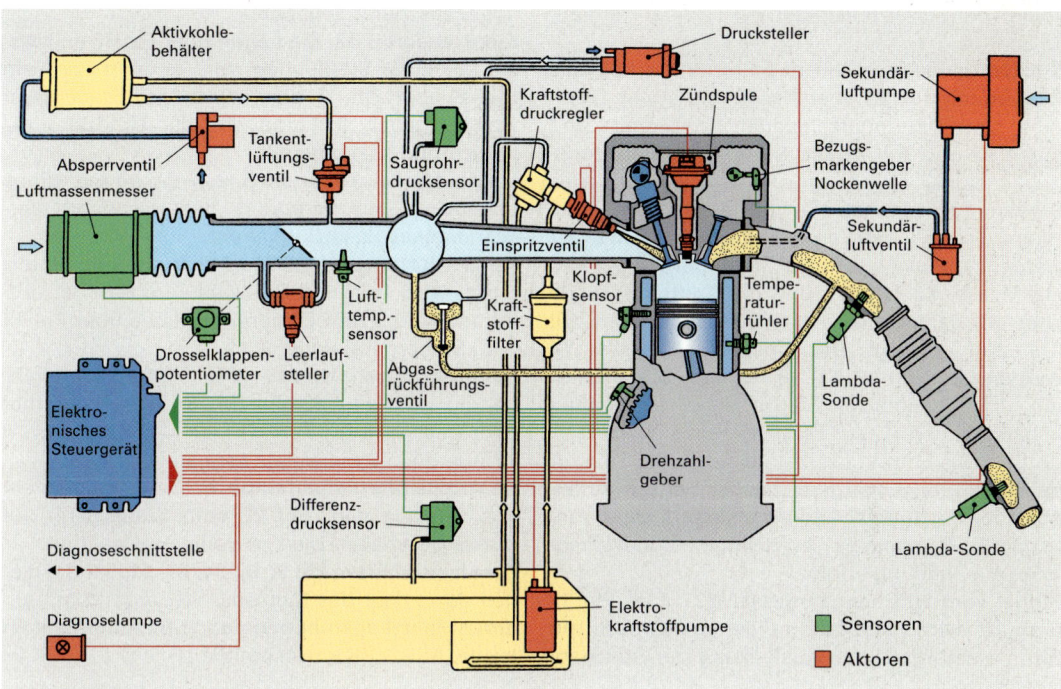

Bild 1: Motronic-Systemübersicht

Systemverknüpfungen (Bild 2). Über den CAN-Datenbus werden verschiedene Fahrzeugsysteme miteinander verknüpft, z.B. Getriebesteuerung, Antischlupfregelung (ASR), Fahrdynamikregelung (FDR), elektronisch gesteuerte Sicherheitssysteme. Drehen z.B. die Antriebsräder durch, so wird das Motordrehmoment durch Spätverstellung des Zündzeitpunktes und/oder Unterbrechung der Einspritzung reduziert. Kommt es zu einer Airbagauslösung, so wird die Kraftstoffzufuhr unterbrochen und das Zentralverriegelungssystem auf Entriegelung der Fahrzeugtüren geschaltet.
Für einen Teil dieser Systemverknüpfungen, z.B. ASR, FDR ist eine elektronische Gaspedalregelung (Drive by wire) erforderlich. Dabei wird die Drosselklappe elektrisch entsprechend den Anforderungen verstellt. Normalerweise wird die Drosselklappe durch ein Signal eines Fahrpedalwertgebers mit Hilfe eines Elektromotors verstellt. Das Motronic-Steuergerät steuert dabei den Elektromotor abhängig von der Fahrpedalstellung an.

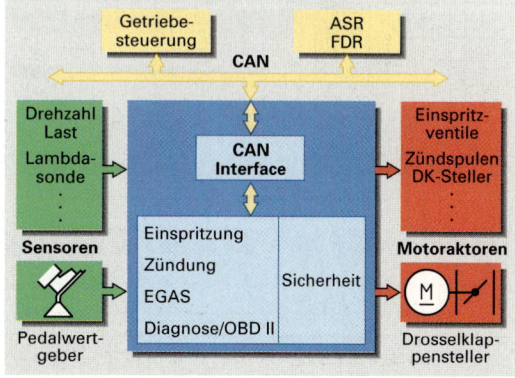

Bild 2: Motronic-Systemverknüpfungen

Schaltplanbeispiel einer Motronic (Bild 1).
Der Stromlaufplan in **Bild 1** zeigt eine λ-geregelte intermittierend arbeitende Benzineinspritzanlage eines 4-Zylinder-Motors mit ruhender Hochspannungsverteilung, Klopfregelung, Leerlaufregelung, Saugrohrumschaltung, Tankentlüftung und Zusatzfunktionen.

Stromversorgung. Über Klemme 30 erhält Pin 20 des Steuergerätes Dauerplus. An Pin 10, 11 und 19 liegt Minus über Klemme 31 an.

Zündung ein. Pin 27 versorgt das Steuergerät durch Klemme 15 zusätzlich mit Plus. Die Primärspulen der Einzelzündspulen liegen über Klemme 15 an Plus.

Startvorgang. Während des Startens erhält das Steuergerät von **B1** über Pin 48 und 49 ein Drehzahl- und Bezugmarkensignal (OT-Signal) und durch **B2** über Pin 31 und 8 ein weiteres Bezugsmarkensignal (Zündungs-OT, 1. Zylinder). Das Steuergerät schaltet Pin 36 auf Masse. Das Hauptrelais **K1** zieht an. **K2, Y1...Y4, Y5, Y6, Y7** werden an **Plus** gelegt. Das Steuergerät legt Pin 5 auf Masse. **K2** schließt und die Kraftstoffpumpe läuft an, dadurch wird das Einspritzsystem mit Kraftstoff versorgt. Die Einspritzventile **Y1...Y4** werden über Pin 16, 17, 18, 19 vom Steuergerät mit Minus angetaktet. Sie öffnen und schließen abhängig von Last, Drehzahl und Korrekturgrößen. Die Einzelfunkenzündspulen **T1...T4** werden durch im Steuergerät gespeicherte Kennfelder über Pin 1, 2, 3, 4 so angesteuert, dass zum richtigen Zeitpunkt in der richtigen Zündreihenfolge die Zündung erfolgt.

Signal vom Luftmengenmesser B3. Über Pin 12 und 26 wird das Luftmengenmesserpoti mit Strom versorgt. Durch Auslenkung der Stauklappe wird an einem Potentiometer eine Spannung abgegriffen, die über Pin 7 als Lastsignal an das Steuergerät weitergegeben wird.

Temperatursignale. Motortemperatur **(B5)** und Lufttemperatur **(B3)** werden über Pin 44 und 45 an das Steuergerät als Eingangssignale gegeben.

Drosselklappenpotentiometer B4. Über Pin 53 wird ein Signal abhängig von der Drosselklappenstellung an das Steuergerät gegeben.

λ-Sondensignal/λ-Sondenheizung B6. Zieht Relais **K2** an, wird über Klemme 87 die λ-Sonde beheizt. Das λ-Sondensignal wird über Pin 28 an das Steuergerät gegeben.

Klopfsensoren B7. Sie liegen über Pin 30 an Masse. Bei einer klopfenden Verbrennung wird ein Signal über Pin 11 oder 29 an das Steuergerät weitergegeben. In Folge wird der Zündzeitpunkt in Richtung spät verstellt.

Leerlaufsteller Y5. Er wird über Pin 14 mit Minus angetaktet und verändert dadurch den Querschnitt eines Zusatzluftkanals.

Tankentlüftungsventil Y6. Abhängig von Motortemperatur, Last und Drehzahl wird das Tankentlüftungsventil zum Öffnen mit Minus über Pin 13 vom Steuergerät angetaktet.

Saugrohrumschaltventil Y7. Motordrehzahlabhängig wird eine Klappe im Saugrohr geöffnet oder geschlossen. Zum Öffnen der Klappe wird Y7 über Pin 12 mit Minus angesteuert.

Kontrolllampe/Fehlerlampe H. Bei Zündung ein und Störung wird Pin 22 vom Steuergerät auf Masse geschaltet. Die Kontrolllampe leuchtet.

Zusatzanschlüsse Pin 9, 15, 34, 47, 51, 54. Sie dienen dazu, dass das Motronic-Steuergerät mit anderen Fahrzeugkomponenten, z.B. Automatikgetriebe, ASR, FDR korrespondiert.

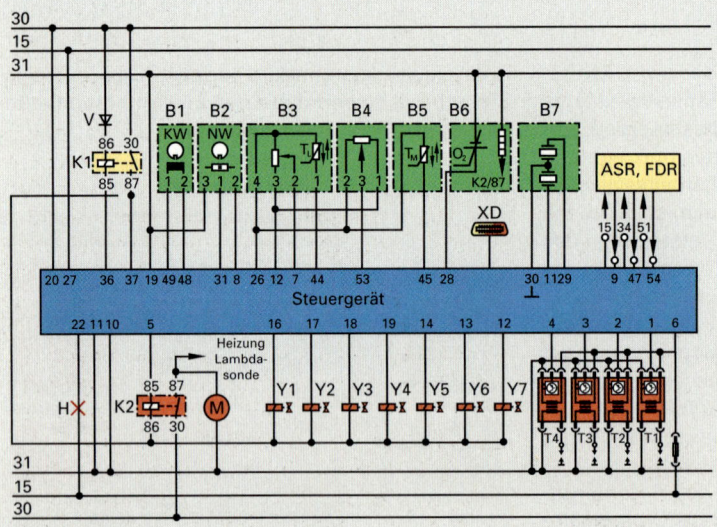

K1	Hauptrelais
V	Verpolschutzdiode
K2	Kraftstoffpumpenrelais
M	Kraftstoffpumpe
B1	Drehzahl-, Bezugsmarkengeber Kurbelwelle (Induktivgeber)
B2	Bezugsmarkengeber Nockenwelle (Hallgeber)
B3	Luftmengenmesser mit Temperaturfühler Luft (NTC)
B4	Drosselklappenpotentiometer
B5	Motortemperaturfühler (NTC)
B6	Beheizte Lambdasonde
B7	Klopfsensoren
H	Kontrolllampe/Fehlerlampe
T1...T4	Zündspulen
Y1...Y4	Einspritzventile
Y5	Leerlaufsteller
Y6	Tankentlüftungsventil
Y7	Saugrohrumschaltventil
XD	Diagnoseanschluss

Bild 1: Stromlaufplan Motronic

2.1.20 Schadstoffminderung in den Abgasen

2.1.20.1 Maßnahmen

Aufgabe. Aufgrund der hohen Schadstoffbelastungen der Luft durch Abgase aus dem Straßenverkehr schreibt der Gesetzgeber eine Verringerung der im Abgas enthaltenen Schadstoffe vor. Kraftstoffe bestehen vor allem aus Kohlenwasserstoff-Verbindungen. Bei vollkommener Verbrennung dieser Kohlenwasserstoff-Verbindungen mit Sauerstoff würden nur Wasserdampf und Kohlendioxid entstehen. Kohlendioxid in großen Mengen wird für klimaverändernde Wirkung mitverantwortlich gemacht.

Wegen der unvollständigen Verbrennung des Kraftstoffes im Motor entstehen jedoch neben Wasserdampf und Kohlendioxid
- Kohlenmonoxid, CO
- Unverbrannte Kohlenwasserstoffe, HC
- Stickoxide, NO_x
- Bleiverbindungen
- Feststoffe.

Bei mittlerer Belastung und Drehzahl beträgt der Anteil der Schadstoffe im Abgas bei betriebswarmem Ottomotor etwa 1 % der gesamten Abgasmenge (**Bild 1**).

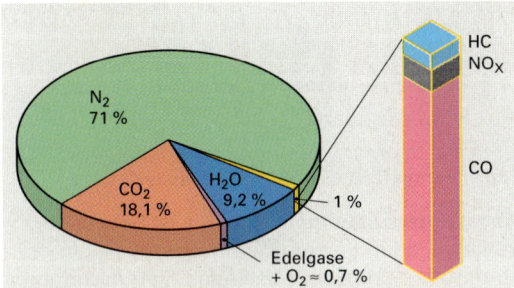

Bild 1: Zusammensetzung des Abgases

Schadstoffe

Der Anteil der einzelnen Schadstoffe im Abgas wird stark beeinflusst durch das Luftverhältnis λ (Lambda) (**Bild 2**).

Bei 5 % ... 10 % Luftmangel (λ = 0,95 ... 0,90; fettes Gemisch) erreichen Ottomotoren ihre größte Leistung (**Bild 3**). Der Kraftstoff wird bei Luftmangel nicht vollständig ausgenutzt. Der spezifische Kraftstoffverbrauch steigt an. Ebenso nehmen die schädlichen Abgasbestandteile Kohlenmonoxid und unverbrannte Kohlenwasserstoffe zu.

Bei 5 % ... 10 % Luftüberschuss (λ = 1,05 ... 1,1; mageres Gemisch) erreichen Ottomotoren ihren niedrigsten Kraftstoffverbrauch. Die Motorleistung ist jedoch geringer und die Motorspitzentemperatur wegen der fehlenden Wirkung von verdampfendem Kraftstoff höher. Die Anteile an Kohlenmonoxid und an unverbrannten Kohlenwasserstoffen sind gering, jedoch sind die Anteile an Stickoxiden im Abgas sehr hoch.

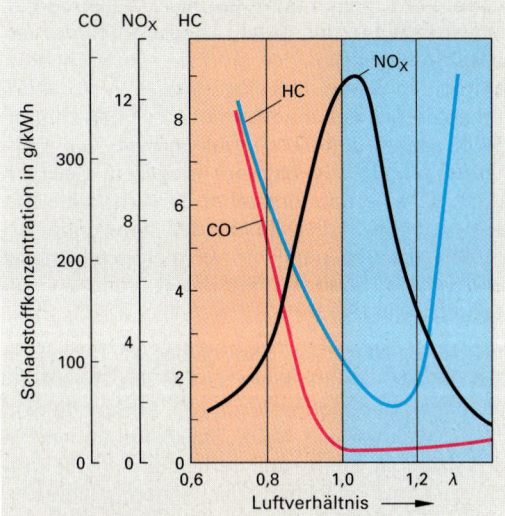

Bild 2: Schadstoffe im Abgas bei verschiedenen Luftverhältnissen

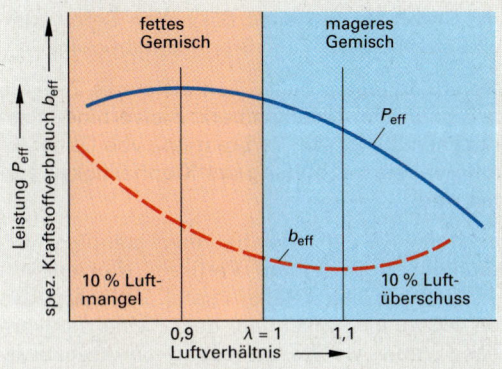

Bild 3: Leistung und Kraftstoffverbrauch bei verschiedenen Luftverhältnissen

Kohlenmonoxid, CO. Kohlenmonoxid ist ein farb- und geruchloses Gas. Eingeatmet blockiert es den Sauerstofftransport im Blut. Bei höherer Konzentration als **0,3 Vol %** und längerer Einwirkdauer kann es tödlich wirken. Geringere Konzentrationen führen zu Kopfschmerzen, Müdigkeit und Beeinträchtigung der Sinnesleistung. Kohlenmonoxid entsteht bei unvollkommener Verbrennung des Kraftstoffs infolge von Luftmangel. Der Anteil an Kohlenmonoxid im Abgas ist umso größer, je fetter das Kraftstoff-Luft-Gemisch ist. Aber auch bei Luftüberschuss bildet sich, wenn auch in weit geringerem Maße, Kohlenmonoxid. Die Ursache dafür ist die unvollkommene Vermischung von Kraftstoff und Luft im Zylinder, d. h. es sind Bereiche mit fettem Gemisch vorhanden.

Unverbrannte Kohlenwasserstoffe, HC-Verbindungen (englisch: Hydrocarbon). Sie bestehen aus einer Vielzahl unterschiedlicher Verbindungen von Kohlenstoff und Wasserstoff. Kohlenwasserstoffe gelten zum Teil als krebserregend. Sie verursachen den üblen Abgasgeruch. In Verbindung mit Stickoxiden sind sie mitverantwortlich für den Smog. Unverbrannte HC-Verbindungen entstehen bei unvollkommener Verbrennung des Kraftstoff-Luft-Gemisches infolge von Luftmangel ($\lambda < 1$) bzw. bei sehr magerem Gemisch ($\lambda > 1,2$). Außerdem entstehen unverbrannte HC-Verbindungen in den Teilen des Verbrennungsraumes, die von der Flamme nicht voll erfasst werden, z. B. Spalt am Feuersteg zwischen Kolben und Zylinder.

Stickoxide, NO_x. Der Sammelbegriff Stickoxide wird für die verschiedenen Oxide des Stickstoffs verwendet (Stickstoffmonoxid NO, Stickstoffdioxid NO_2, Distickstoffoxid N_2O). Stickoxide können je nach Verbindung farb- und geruchlos sein oder rötlichbraun mit stechend riechendem Charakter. Stickoxide reizen die Atemwege, führen in hohen Konzentrationen zu Lähmungserscheinungen, sind mitverantwortlich für Ozonbildung und Waldschäden. Stickoxide entstehen bei hohen Brennraumspitzentemperaturen und Brennraumdrücken.

Bleiverbindungen. Sie wirken als starke Zellgifte im Blut und im Knochenmark. Bleiverbindungen entstehen nur bei der Verbrennung von Ottokraftstoffen, die zur Erhöhung der Klopffestigkeit verbleit sind.

Feststoffe. Sie entstehen bei unvollständiger Verbrennung in Form von Partikeln (Kohlenstoffkern/Rußkern mit Anlagerungen). Anlagerungen von HC-Verbindungen an den Kohlenstoffkern gelten dabei als krebserregend. Im Gegensatz zum Dieselmotor sind die Partikel beim Ottomotor vernachlässigbar (20 ... 200 mal weniger).

Gesetze zur Begrenzung der schädlichen Bestandteile im Abgas bei Ottomotoren

Der Gesetzgeber schreibt maximale Abgasgrenzwerte sowohl bei der Typprüfung **(Tabelle 1)** zur Erteilung der allgemeinen Betriebserlaubnis vor, als auch bei nachträglichen Überprüfungen der Schadstoffemissionen (Abgassonderuntersuchung).

Tabelle 1: Abgasgrenzwerte für Pkw/Kombi (M1) mit Ottomotor in Europa			
M1 ($\leq 2,5$ t; ≤ 6 Sitze)	CO (g/km)	HC (g/km)	NO_x (g/km)
Euro II Typzulassung 1997	2,2	HC + NO_x = 0,5	
Euro III Typzulassung 2000	2,3	0,2	0,15

Ermittlung der Abgaswerte

Die Abgaswerte für die Typprüfung werden auf Rollenprüfständen ermittelt. Hierbei werden repräsentative Fahrprogramme nachgeahmt und die dabei emittierten Schadstoffe analysiert.

Europa-Test (Europäischer Fahrzyklus, Bild 1) für Pkw bis 2500 kg zulässigem Gesamtgewicht und Leicht-Lkw bis 3,5 t. Der erste Teil entspricht einer Fahrt im innerstädtischen Verkehr mit einer Geschwindigkeit von 0 km/h bis 50 km/h, der ab EURO III als verschärfter Test mit Kaltstart durchgeführt wird. Das Programm wird in 13 Minuten viermal ohne Pause durchfahren. Der anschließende zweite Teil entspricht einer Fahrt von 7 Minuten im außerstädtischen Verkehr ($v_{max} \approx 120$ km/h). Während des gesamten Tests werden die Abgase nach festgelegten Bedingungen gesammelt. Danach werden die Schadstoffe analysiert. Die Grenzwerte in g/km dürfen unabhängig vom Hubraum nicht überschritten werden.

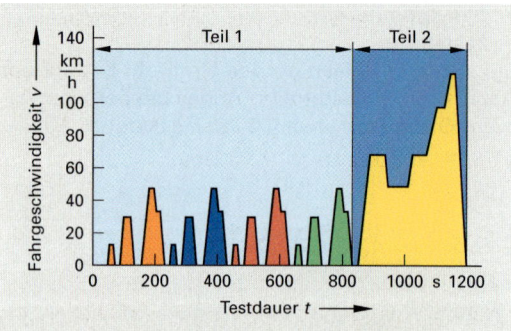

Bild 1: Europa-Test (Europäischer Fahrzyklus)

Abgasuntersuchungen (AU). Sie ist bei bereits im Verkehr befindlichen Kraftfahrzeugen in bestimmten zeitlichen Abständen vorgeschrieben. Dabei werden abhängig von verschiedenen Betriebsparametern (Betriebstemperatur, Motordrehzahl), Werte für CO, CO_2, HC, O_2 ermittelt. Zusätzlich sind noch weitere Sicht- und Funktionsprüfungen durchzuführen, z. B.
– Prüfung schadstoffrelevanter Bauteile
– Prüfung verengter Tankeinfüllstutzen
– Regelkreisprüfung
– Zündzeitpunktprüfung, soweit darstellbar.

On-Board-Diagnose (OBD). Bei der On-Board-Diagnose können Fehler, die im Motormanagementsystem (Einspritzsystem, Zündsystem), im Abgassystem (Katalysatorfunktion) oder im Kraftstoffversorgungssystem, auftreten, im Steuergerät gespeichert werden. Durch eine Kontrollleuchte im Fahrzeuginnenraum wird der Fahrer auf Fehlfunktionen aufmerksam gemacht. Fehlfunktionen sind entsprechend gesetzlicher Bestimmungen umgehend zu beheben.

Verfahren zur Schadstoffminderung

> Die Schadstoffanteile in den Abgasen können durch geeigneten Kraftstoff (schwefelarm, unverbleit), durch Maßnahmen am Motor oder durch Nachbehandlung der Abgase (Sekundärluftsystem, Katalysator) vermindert werden.

Maßnahmen am Motor

Dabei soll sowohl durch eine vollständigere Verbrennung des Kraftstoff-Luftgemisches als auch eine Reduzierung des Kraftstoffverbrauchs dafür gesorgt werden, dass weniger Schadstoffe entstehen. Durch folgende Maßnahmen am Motor kann die Abgasqualität verbessert werden:
- Geeignete Motorkonstruktion (Brennraumgestaltung, Verdichtungsverhältnis, Ventilsteuerzeiten, Schaltsaugrohre, Reibungsminderung)
- Art und Qualität der Gemischbildung und Gemischzusammensetzung (Vergaser, Einspritzanlage, Mischungsverhältnis)
- Zündzeitpunktsteuerung (z. B. Kennfeldzündung)
- Schubabschaltung (Unterbrechung der Kraftstoffzufuhr bei Schubbetrieb oberhalb etwa 1600 1/min)
- Selektive Zylinderabschaltung
- Abgasrückführung.

Abgasrückführung (AGR, Bild 1)

> Bei der Abgasrückführung wird ein Teil des Abgases kurz hinter dem Auspuffkrümmer entnommen und dem Kraftstoff-Luft-Gemisch im Ansaugrohr wieder beigemischt und damit dem Motor zurückgeführt.

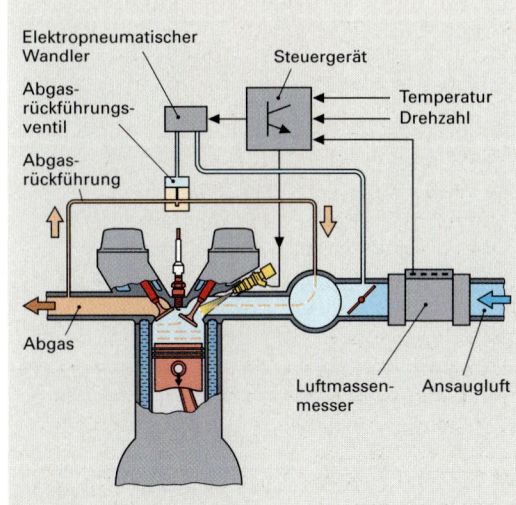

Bild 1: Abgasrückführung

Durch die Abgasrückführung erhalten die Zylinder eine geringere Füllung mit Kraftstoff-Luft-Gemisch. Da die zurückgeführten Abgasbestandteile an der Verbrennung nicht mehr teilnehmen können, wird die Verbrennungstemperatur herabgesetzt. Dadurch entstehen bei der Verbrennung deutlich weniger Stickoxide (bis zu 60 %). Mit zunehmender Abgasrückführungsrate steigt sowohl der Gehalt an unverbrannten HC-Verbindungen als auch der Kraftstoffverbrauch an. Diese beiden Faktoren bestimmen die obere Grenze der Abgasrückführungsrate (maximal 15 % ... 20 %). Bei zu hoher Abgasrückführungsrate verschlechtert sich außerdem die Laufruhe des Motors.
Die Abgasrückführung wird bei betriebswarmem Motor im Teillastbereich und $\lambda \approx 1$ eingesetzt. Sie wird abgeschaltet, wenn fette Kraftstoff-Luft-Gemische verbrannt werden, bei denen wenig NO_x entsteht, z. B. Kaltstart, Warmlauf, Beschleunigung, Volllast. Im Leerlauf wird die Abgasrückführung wegen der Laufruhe des Motors abgeschaltet.
Zur Steuerung der Abgasrückführung ist in die Abgasrückführungsleitung zwischen Auspuffkrümmer und Ansaugrohr ein Abgasrückführungsventil eingebaut. Abhängig von Motortemperatur, Last und Motordrehzahl wird die Abgasrückführungsrate gesteuert.

Nachbehandlung der Abgase im Katalysator

> Eine Nachbehandlung der Abgase wird durchgeführt, um die bei der Verbrennung entstandenen Schadstoffe nach Verlassen des Verbrennungsraumes ganz oder teilweise in unschädliche Stoffe umzuwandeln.

Das derzeit wirksamste Verfahren hierzu ist die Abgasnachbehandlung in einem Katalysator. Ein Katalysator bewirkt die chemische Umwandlung der Schadstoffe in ungiftige Stoffe, ohne sich dabei selbst zu verbrauchen.

Aufbau des Katalysators. Die wesentlichen Bestandteile des Katalysators (**Bild 1, Seite 312**) sind:
- Der Keramikträger (Aluminium-Magnesium-Silikat) oder Metallträger
- die Zwischenschicht (wash-coat), auch Trägerschicht genannt (nur bei Keramikträger)
- die katalytisch aktive Schicht.

Der Träger besteht aus mehreren tausend feinen Kanälen, durch die das Abgas strömt. Die Kanäle bei Keramikträgern sind mit einer sehr porösen Zwischenschicht versehen. Dadurch wird die wirksame Oberfläche des Katalysators um etwa das 7000-fache vergrößert. Auf diese Zwischenschicht wird die katalytisch wirksame Schicht aus Platin, Rhodium und Palladium (≈ 2 Gramm) aufgedampft.

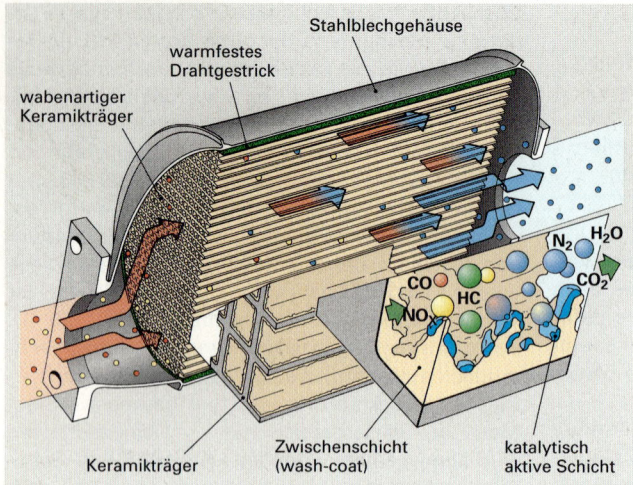

Bild 1: Aufbau und Wirkungsweise eines Katalysators mit Keramikträger

Bild 2: Katalysator mit Metallträger

Vor- und Nachteile des Keramikträgers gegenüber dem Metallträger

Vorteile: Beim Keramikträger lässt sich die Edelmetallbeschichtung wesentlich einfacher zurückgewinnen als beim Metallträger, er hat eine gleichbleibendere Betriebstemperatur und ist zur Zeit kostengünstiger.

Nachteile: Der Keramikträger ist sehr empfindlich gegen Stöße und Erschütterungen. Deshalb ist eine Einbettung in ein warmfestes Drahtgestrick erforderlich, welches von einem Stahlblechgehäuse umgeben ist. Zusätzlich ist die Temperaturstandfestigkeit geringer, die Aufheizzeit länger und der Gegendruck in der Abgasanlage größer (Folge: Motorleistungsminderung).

Wirkungsweise des Katalysators

Die am meisten verwendeten Katalysatoren sind sogenannte Einbett-Dreiwege-Katalysatoren. Mit dieser Bezeichnung soll ausgedrückt werden, dass drei chemische Umwandlungen in einem Gehäuse gleichzeitig nebeneinander ablaufen.

- NO_x wird zu Stickstoff reduziert (Sauerstoff wird frei)
- CO wird zu CO_2 oxidiert (Sauerstoff wird verbraucht)
- HC-Verbindungen werden zu CO_2 und H_2O oxidiert (Sauerstoff wird verbraucht).

Damit diese chemischen Umwandlungen ablaufen, ist es erforderlich, dass der Katalysator seine Ansprigtemperatur erreicht hat und dass das Kraftstoff-Luft-Gemisch etwa dem theoretischen Mischungsverhältnis ($\lambda = 1$) entspricht. In einem sehr engen Bereich des Luftverhältnisses kann der Katalysator die Schadstoffe bestmöglich umwandeln.

Dieses Luftverhältnis wird als λ-Fenster oder Katalysatorfenster bezeichnet (**Bild 3, Seite 313**). Es liegt in einem Bereich von $\lambda = 0{,}995 \ldots 1{,}00$. Dabei ergibt sich eine Abgaszusammensetzung, in welcher der bei der Reduktion der Stickoxide freiwerdende Sauerstoff ausreicht, um die HC- und CO-Anteile im Abgas fast vollständig zu CO_2 und H_2O zu oxidieren. Ein fetteres Gemisch ($\lambda < 0{,}99$) hat einen Anstieg der CO- und HC-Anteile im Abgas zur Folge. Ein mageres Gemisch ($\lambda > 1{,}00$) führt zu einem Anstieg der Stickoxide (**Bild 3**).

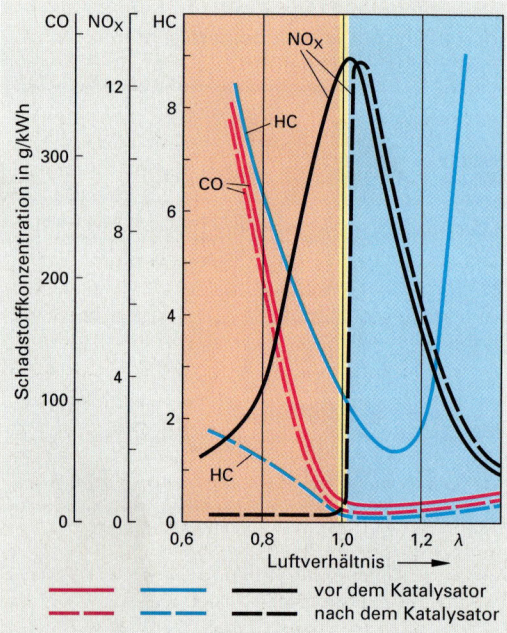

Bild 3: Reduzierung der Schadstoffe

Katalysator mit geregeltem Gemischbildungssystem (geregelter Katalysator)

Eine genaue Gemischzusammensetzung kann nur in einem geschlossenen Regelkreis **(Bild 1)** erreicht werden. Dabei wird die Abgaszusammensetzung durch eine λ-Sonde überwacht. Bei Abweichungen vom Luftverhältnis $\lambda \approx 1$ **(λ-Fenster, Bild 3)** wird die Gemischzusammensetzung entsprechend korrigiert. In diesem Fall spricht man von einem Katalysator mit geregeltem Gemischbildungssystem. Die maximale Konvertierungsrate (Umwandlungsrate) beträgt 94 % ... 98 %, d. h. es werden 94 % ... 98 % der Schadstoffe in ungiftige Stoffe umgewandelt.

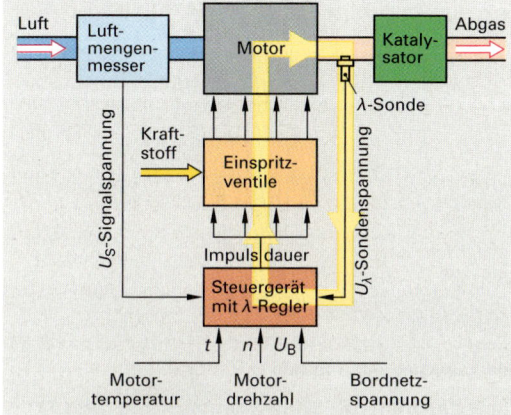

Bild 1: Funktionsschema einer L-Jetronic mit λ-Regelung

Katalysator mit ungeregeltem Gemischbildungssystem (ungeregelter Katalysator)

Es ist keine λ-Sonde eingebaut. Die Gemischbildung wird je nach Gemischbildungssystem abhängig von den Betriebszuständen des Motors gesteuert. Die Abgaszusammensetzung wird jedoch nicht überwacht. Katalysatoren mit ungeregeltem Gemischbildungssystem erreichen im Mittel eine Konvertierungsrate von 60 %.

Betriebsbedingungen für Katalysatoren

Erst ab einer Temperatur von etwa 250° C (Anspringtemperatur) findet eine Umwandlung von Schadstoffen im Katalysator statt. Das Erreichen der Anspringtemperatur nach dem Kaltstart kann durch motornahen Einbau, eine Katalysatorheizung, luftspaltisolierte Abgaskrümmer und Abgasrohre oder starke Zurücknahme des Zündzeitpunktes (um bis zu 15°) deutlich verkürzt werden.

Optimaler Arbeits- bzw. Temperaturbereich eines Katalysators: 400°C ... 800°C.

Oberhalb von etwa 800°C setzt eine thermische Alterung der katalytisch aktiven Schicht ein. Werden im Katalysator Temperaturen von mehr als 1 000°C erreicht, so wird er thermisch zerstört **(Bild 2)**. Dies kann z. B. infolge von Zündaussetzern passieren. Hierbei gelangen unverbrannte Kohlenwasserstoffe in den Katalysator und verbrennen dort mit dem Restsauerstoff.

Bild 2: Geschmolzener Katalysator

Damit die katalytisch aktive Schicht durch Ablagerungen nicht unwirksam („vergiftet") wird müssen Kraftfahrzeuge mit Katalysatoranlagen mit bleifreiem Benzin betrieben werden. Auch Verbrennungsrückstände von Motoröl z.B. bei defekten Kolbenringen oder bei Zylinderverschleiß können sich auf der katalytisch aktiven Schicht ablagern.

Lambda-Regelkreis (Bild 1, Bild 3)

Die λ-Sonde ist als Messfühler vor dem Katalysator eingebaut (Sensor, Signalglied). Je nach Restsauerstoffgehalt im Abgas gibt die λ-Sonde ein entsprechendes Spannungssignal an den Regler im Steuergerät für die Einspritzanlage (Regelgröße, Istwert). Im Regler des Steuergerätes der Einspritzanlage wird der Istwert mit einem vorgebenen Sollwert für $\lambda = 1$, z. B. 500 mV, verglichen. Ist der Restsauerstoffgehalt im Abgas gering, so beträgt die Sondenspannung 800 mV ... 900 mV. Der Regler im Steuergerät erkennt fettes Gemisch ($\lambda < 1$) und errechnet hieraus bei einer intermittierend arbeitenden Einspritzanlage eine kürzere Öffnungsdauer der Einspritzventile (Aktoren, Stellglieder). Dadurch wird das Gemisch soweit abgemagert, bis die Gemischzusammensetzung möglichst dem Luftverhältnis $\lambda = 1$ entspricht.

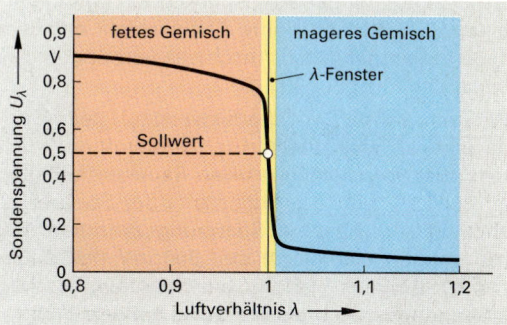

Bild 3: Lambdasondenspannung bei verschiedenen Luftverhältnissen

Wird nun der Restsauerstoffgehalt im Abgas zu groß, das Gemisch also zu mager ($\lambda > 1$), so beträgt die Sondenspannung 300 mV ... 100 mV. Das Steuergerät bewirkt jetzt eine Verlängerung der Einspritzdauer (Gemischanfettung) bis wieder die Gemischzusammensetzung dem Luftverhältnis $\lambda = 1$ entspricht. Die Regelung zwischen Abmagern und Anfetten wiederholt sich selbsttätig in einer vorgegebenen Frequenz so, dass der Motorrundlauf nicht beeinflusst wird.

Adaptive Lambdaregelung. Ist z. B. der Restsauerstoffgehalt im Abgas in einem bestimmten Lastbereich ständig zu gering ($U_{\lambda\text{-Sonde}} > 500$ mV), also das Gemisch zu fett, wird für diesen Lastbereich die Grundeinspritzmenge verringert und als Vorsteuerwert im Steuergerät abgespeichert. Die λ-Sondenspannung der Lambdaregelung pendelt dadurch wieder um den Mittelwert von 500 mV. Dadurch können Störgrößen, wie z. B. Motoralterung, Falschluft, falscher Systemdruck, nicht korrekte Temperaturwerte innerhalb eines bestimmten Regelbereiches korrigiert werden. Zugleich wird die Ansprechzeit der Lambdaregelung verkürzt und die Abgasqualität verbessert.

> Bedingungen für λ-Regelung:
> – Sondentemperatur größer als 300°C
> – Motor im Leerlauf- oder Teillastbereich
> – Motortemperatur i.d.R. größer als 40°C.

Aufbau und Wirkungsweise der λ-Sonde (Bild 1)
Aufbau. Die λ-Sonde besteht aus einem gasundurchlässigen Keramikkörper, z. B. aus Zirkondioxid, der innen und außen mit einer dünnen mikroporösen Platinschicht überzogen ist. Der Keramikkörper ist zusätzlich durch eine mit mehreren Schlitzen versehene Metallkappe gegen Stöße geschützt. Damit die Sonde möglichst schnell ihre Ansprintemperatur erreicht, wird sie häufig beheizt. Die Außenfläche der Sonde ist dem Abgasstrom ausgesetzt. Sie ist über ihre Platinschicht mit dem Sondengehäuse verbunden und bildet den Minuspol (–). Die Innenfläche der Sonde steht mit der atmosphärischen Luft in Verbindung. Sie ist über ihre Platinschicht mit dem nach außen geführten Anschluss verbunden. Sie bildet den Pluspol (+).

Wirkungsweise. Der Keramikwerkstoff der λ-Sonde wird ab etwa 300°C für Sauerstoffionen leitend. Bei verschieden großen Sauerstoffanteilen an der Luft- und der Abgasseite der Sonde entsteht eine elektrische Spannung zwischen 100 mV (mageres Gemisch) und 800 mV (fettes Gemisch). Bei $\lambda = 1$ erfolgt ein Spannungssprung („Spannungssprungsonde", **Bild 3, Seite 313**). Die höchste Sondentemperatur soll 850°C ... 900°C nicht überschreiten.

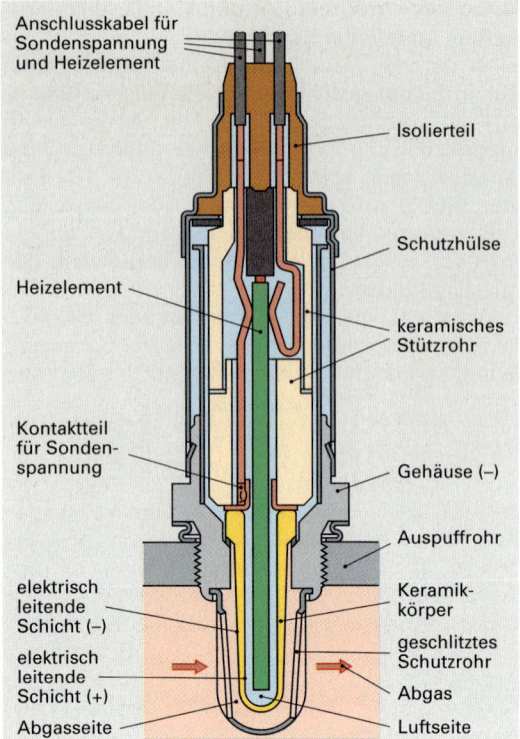

Bild 1: Aufbau der λ-Sonde

Lambdasonde mit Widerstandssprung (Bild 2).
Der Keramikkörper der Sonde besteht dabei aus Titandioxid. Ändert sich der Wert $\lambda = 1$, so ändert sich der Widerstandswert sprunghaft. Um gleichbleibend korrekte Werte zu erhalten, wird die Sonde in einem Temperaturbereich von 600° bis 700°C betrieben. Es ist deshalb eine regelbare Sondenheizung erforderlich.

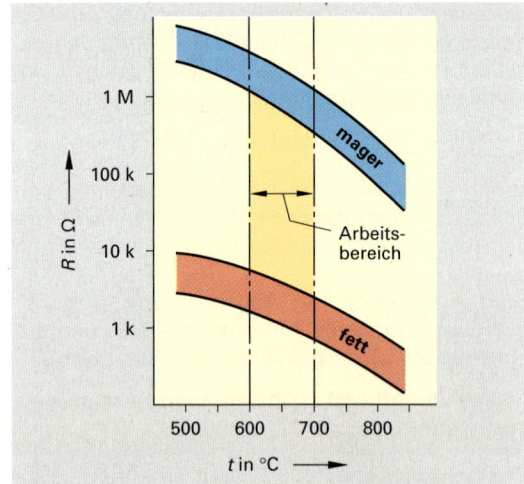

Bild 2: Sondenwiderstand in Abhängigkeit von Temperatur und Gemischzusammensetzung

Sekundärluftsystem (SLS, Bild 1)

Durch Sekundärlufteinblasung werden HC- und CO-Schadstoffwerte in der Kaltphase und Warmlaufphase ($\lambda < 1$) des Motors durch thermische Nachverbrennung vermindert.

In diesen Motorbetriebszuständen ist der geregelte Dreiwegekatalysator noch nicht voll betriebsbereit. Bei der Sekundärlufteinblasung wird Luft dem Abgaskrümmer vor dem Katalysator zugeführt.

Vorteile:
- der Katalysator erreicht nach dem Kaltstart schneller seine Betriebsbereitschaft
- der Katalysator kann in größerem Abstand zum Auslasskanal eingebaut werden, um seine Standzeit zu erhöhen.

Beispiel. Sekundärluftsystem mit elektrisch angetriebenem Luftgebläse (**Bild 1**). Bei diesem System wird, abhängig von der Motortemperatur, ein Sekundärluftgebläse und ein elektropneumatisches Umschaltventil durch das Steuergerät angesteuert. Über ein Abschaltventil und ein Rückschlagventil wird Luft vor dem Katalysator dem Abgas zugeführt. Das Abschaltventil wird über ein elektropneumatisches Umschaltventil angesteuert. Das Rückschlagventil hat die Aufgabe, dass das Gebläse nicht mit Abgasdruck beaufschlagt werden kann und beschädigt wird. Zugleich verhindert das Rückschlagventil eine Abgasrückführung.

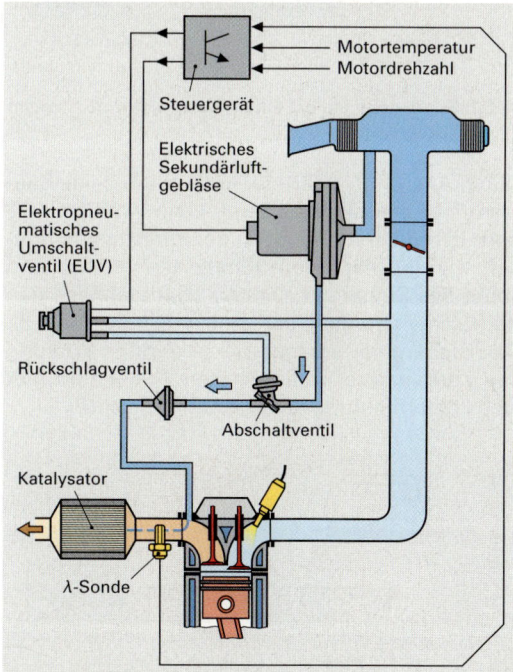

Bild 1: Schema Sekundärluftsystem

2.1.20.2 Diagnose und Wartung (AU, OBD)

Abgasuntersuchung (AU). Bei Fahrzeugen mit Ottomotor (Fremdzündungsmotor) und mindestens 4 Rädern ist die AU entsprechend gesetzlicher Vorschriften in bestimmten Zeitabständen durchzuführen. Die entsprechende Fahrzeugzuordnung zum jeweiligen Prüfverfahren erfolgt durch die Schlüsselnummer in **Feld 5** des Kraftfahrzeugscheins (**Bild 2**).

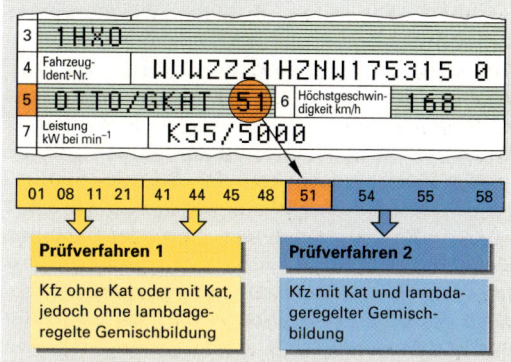

Bild 2: Zuordnung von Kfz mit Ottomotor zur AU

Die AU umfasst eine Sichtprüfung der schadstoffrelevanten Bauteile und eine Funktionsprüfung.

Sichtprüfung. Sie bezieht sich auf das Vorhandensein, die Vollständigkeit, die Dichtheit und die Feststellung von Beschädigungen folgender Bauteile:
- Auspuffanlage
- Katalysator
- Sauerstoffsonde
- Kurbelgehäuseentlüftung
- Abgasrückführung
- Sekundärluftsystem
- Tankentlüftung
- Luftfilter
- verengter Tankeinfüllstutzen.

Funktionsprüfung (Bild 1, Seite 316). Sie bezieht sich bei Fahrzeugen mit geregeltem Gemischbildungssystem auf
- schadstoffrelevante Einstelldaten wie Zündzeitpunkt (soweit darstellbar) und Leerlaufdrehzahl
- Abgasprüfung von CO (bei Leerlaufdrehzahl und erhöhter Leerlaufdrehzahl), CO_2, HC und O_2
- Lambdawert bei Leerlaufdrehzahl und erhöhter Leerlaufdrehzahl
- Regelkreisprüfung.

Regelkreisprüfung. Sie erfolgt mittels vom Fahrzeughersteller definierter Störgrößen oder Verfahren, d. h. Anfetten oder Abmagern des Gemisches. Voraussetzung für die Prüfung ist, dass der Motor die richtige Betriebstemperatur hat. Am Beispiel eines Grundverfahrens wird die Regelkreisprüfung beschrieben (**Bild 1**). Bei λ-geregeltem Motorbetrieb, muss der λ-Wert zwischen den gesetzlichen Grenzwerten $\lambda = 1{,}03$ und $\lambda = 0{,}97$ liegen. Nachdem stabile Abgaswerte bei vorgeschriebener Drehzahl, beispielsweise Leerlaufdrehzahl erreicht sind, wird der durch das Testgerät gemessene Lambdawert, z. B. 0,997, abgespeichert. Dieser Wert ist die Bezugsgröße für die Regelkreisprüfung. Durch Störgrößenaufschaltung, z. B. Falschluft, wird das Gemisch abgemagert. Dies kann z. B. durch Abziehen eines Schlauches hinter der Drosselklappe erfolgen (Herstellervorschrift beachten). Durch das Aufschalten der Störgröße Falschluft muss jetzt zunächst der obere λ-Grenzwert 1,03 überschritten werden, z. B. $\lambda = 1{,}05$. Innerhalb von 120 Sekunden nach Aufschalten der Störgröße muss der λ-Wert wieder auf die Bezugsgröße $\lambda = 0{,}997 \pm 0{,}01$ (1 %) eingeregelt sein. Wird der Schlauch wieder aufgesteckt, so wird die Störgröße zurückgenommen. Das Gemisch wird angefettet. Dabei muss der untere λ-Grenzwert 0,97 kurzzeitig unterschritten werden, z. B. $\lambda = 0{,}940$. Innerhalb von 120 Sekunden nach Rücknahme der Störgröße muss der λ-Wert wieder auf die Bezugsgröße $\lambda = 0{,}997 \pm 0{,}01$ ausgeregelt sein. Die Regelkreisfunktion wäre somit entsprechend der gesetzlichen Vorschriften in Ordnung.

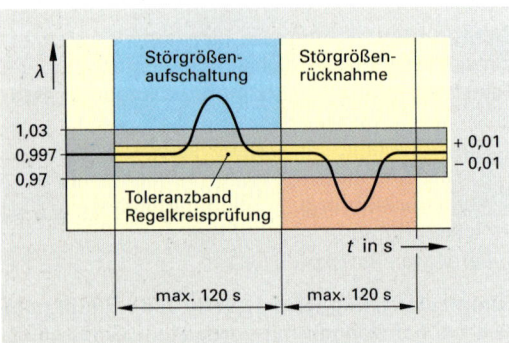

Bild 1: Veränderung des λ-Wertes bei der Regelkreisprüfung

On board Diagnose „OBD"

Es ist eine im Motormanagement integrierte Diagnose. Dabei werden alle abgasbeeinflussenden Systeme und Verdunstungsemissionen während des gesamten Fahrbetriebs überwacht. Eventuell auftretende Fehler werden im Steuergerät gespeichert und sind über eine genormte Schnittstelle abzufragen. Zusätzlich wird dem Fahrer über eine Kontrollleuchte im Fahrzeuginnenraum eine Fehlermeldung gegeben.

Folgende Teilsysteme und Sensoren werden bei der OBD überwacht:
- Wirkungsgrad des Katalysators
- Funktion der Lambdasonden
- Verbrennungsaussetzer
- Funktion der Abgasrückführung
- Funktion des Sekundärluftsystems
- Tankentlüftungssystem.

Katalysatorüberwachung

Eine zweite λ-Sonde (**Bild 2**) nach dem Katalysator dient zur Überwachung der Katalysatorfunktion. Das Motorsteuergerät vergleicht die Signale der beiden λ-Sonden. Die λ-Regelung mit der ersten Sonde bewirkt eine Fett-Mager-Schwingung. Durch die Sauerstoffspeicherfähigkeit eines Katalysators mit hohem Wirkungsgrad pendelt die Sondenspannung der zweiten Sonde um einen Mittelwert.

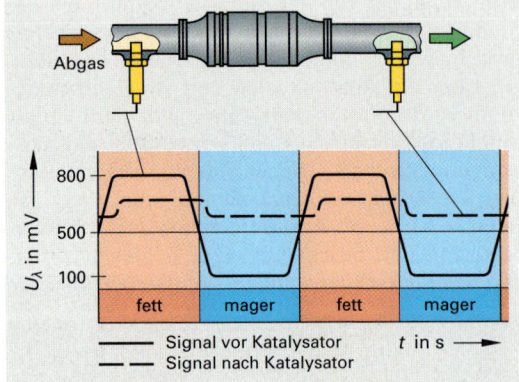

Bild 2: Sondensignale bei einem Katalysator mit hohem Wirkungsgrad

Durch Alterung verliert der Katalysator seine Sauerstoffspeicherfähigkeit und kann weniger CO und HC oxidieren. Damit ist der Restsauerstoffgehalt vor und nach dem Katalysator ähnlich und somit das Signal der zweiten Sonde ähnlich den Regelschwingungen der ersten Sonde (**Bild 3**). Das Steuergerät erkennt die zu geringe Wirkung des Katalysators, speichert den Fehler und gibt eine Fehlermeldung an die Kontrollleuchte.

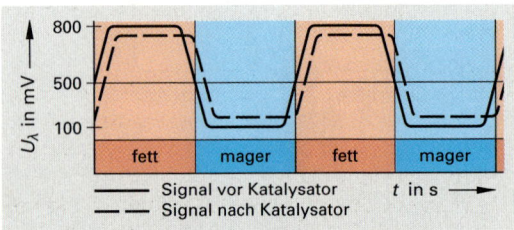

Bild 3: Sondensignale bei defektem Katalysator

Sondenüberwachung

Im Steuergerät sind Grenzwerte der λ-Regelfrequenz der ersten Sonde gespeichert. Aufgrund von z. B. thermischer Alterung reagiert die Regelsonde langsamer auf Änderungen des Kraftstoff-Luft-Gemisches, d. h. die Regelfrequenz vermindert sich. Werden die Grenzwerte überschritten, so erfolgt eine Fehlermeldung.

Verbrennungsaussetzerüberwachung

Durch Verbrennungsaussetzer kommt es zu Drehmomenteinbrüchen, die eine Laufunruhe des Motors bewirken (**Bild 1**). Diese Laufruheschwankungen werden von einem Induktivgeber an einem speziellen Zahnrad (Inkrementrad) an der Kurbelwelle abgenommen und als Schwingungssignal dem Motorsteuergerät zugeleitet. Überschreitet die Laufunruhe einen bestimmten Grenzwert, so wird die Fehlerlampe aktiviert. Zusätzlich wird beim Überschreiten einer bestimmten Aussetzerrate die Einspritzung des betreffenden Zylinders abgeschaltet. Dadurch wird der Katalysator vor thermischer Zerstörung geschützt.

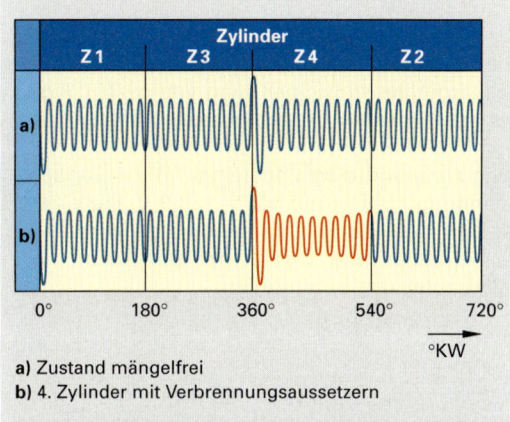

a) Zustand mängelfrei
b) 4. Zylinder mit Verbrennungsaussetzern

Bild 1: Verbrennungsaussetzererkennung bei einem Vierzylindermotor

Funktionsüberwachung Abgasrückführung

Dies erfolgt durch Ansteuern (Öffnen) des Abgasrückführventils während der Schubphase und Messung des Saugrohrdrucks. Ist die Abgasrückführungsanlage in Ordnung, muss sich eine Änderung des Saugrohrdruckes ergeben, da die Verbindung zwischen Abgaskrümmer und Saugrohr offen ist. Andernfalls kommt es zur Fehlermeldung.

Funktionsüberwachung Sekundärluftsystem

Über die λ-Sondenspannung wird das Sekundärluftsystem überwacht. Bei kaltem Motor und während der Warmlaufphase des Motors schaltet die Sekundärluftpumpe abhängig von Last und Motordrehzahl ein. Bei einwandfreier Lufteinblasung liegt die λ-Sondenspannung im mageren Bereich (300 mV ... 100 mV). Diese Messung wird in der Kaltstartphase (ca. 1,5 Minuten) in regelmäßigen Abständen wiederholt. Wird dabei eine ausreichende Anzahl an niedrigen Spannungswerten der λ-Sonde durch das Steuergerät festgestellt, so gilt das Sekundärluftsystem als funktionsfähig.

Überwachung Tankentlüftungssystem

Über die λ-Sondenspannung ist eine Prüfung des Tankentlüftungssystems möglich. Dies geschieht meist im Leerlauf. Zunächst wird das Tankentlüftungsventil geschlossen und der λ-Wert bestimmt. Anschließend wird das Tankentlüftungsventil geöffnet. Bei gefülltem Aktivkohlebehälter fettet das Kraftstoff-Luft-Gemisch an ($U_{\lambda\text{-Sonde}}$ = 800 mV ... 900 mV). Sind im Aktivkohlebehälter keine Kohlenwasserstoffe des Benzins gespeichert, so magert das Kraftstoff-Luft-Gemisch ab ($U_{\lambda\text{-Sonde}}$ = 300 mV ... 100 mV). Das Steuergerät registriert diese Werte. Diese Funktionsprüfung wird mehrmals wiederholt. Ergibt sich über eine bestimmte Anzahl von wiederholenden Funktionsprüfungen ein plausibler Wert, so wird das Tankentlüftungssystem als funktionsfähig bewertet.

Werkstatthinweise – Fehlersuche bei der Lambda-Regelung

Wird bei der Regelkreisprüfung bei der Messung der Abgaskomponenten festgestellt, dass die λ-Regelung nicht in Ordnung ist, kann der Fehler sowohl im elektrischen Regelkreis als auch am Katalysator liegen.
Um einen möglichen elektrischen Fehler im Regelkreis einzugrenzen, gibt es Prüfmöglichkeiten, die weitgehend typunabhängig durchgeführt werden können.
Elektrische Überprüfung der λ-Regelung im geschlossenen Regelkreis (Bild 1, Seite 318)

Bei ausgeschalteter Zündung wird ein Spannungsmesser oder ein Oszilloskop parallel zur Signalspannung der λ-Sonde angeschlossen. Nach dem Starten des kalten Motors wird eine feststehende Spannung von 0,4 V ... 0,6 V angezeigt (herstellerabhängig). Sind Motor und λ-Sonde betriebswarm (Sondenheizung muss, falls vorhanden, angeschlossen sein), so schwankt die Spannung zwischen 0,1 V ... 0,8 V. Bei unbeheizten λ-Sonden kann es erforderlich sein, dass der Motor im betriebswarmen Zustand auf höheren Drehzahlen gehalten werden muss, damit die λ-Sonde ihre Betriebstemperatur erreicht. Ergibt sich ein Fehler, so dass die Sondenspannung immer einen festen Wert anzeigt, z. B. ~ 0,1 V; ~ 0,5 V oder ~ 0,8 V, ist zunächst zu prüfen, ob die Motortemperatur und die Sondentemperatur erreicht wurden. Ist dies der Fall, kann der Fehler durch Unterbrechung des Regelkreises und elektrische Störgrößenaufschaltung weiter eingegrenzt werden.

ab. Der Motorrundlauf wird schlechter. Bei intakter λ-Sonde sinkt die Sondenspannung auf ca. 0,1 V. Ist dies nicht der Fall, können folgende Fehler vorliegen: Motortemperaturfühler defekt, Fehler im Kabelbaum oder Steuergerät. Erfolgt eine Abmagerung durch das Steuergerät, aber die Sondenspannung sinkt nicht, so liegt der Fehler im Bereich der λ-Sonde (Massefehler; Sondenheizung defekt; Sonde gealtert/defekt).

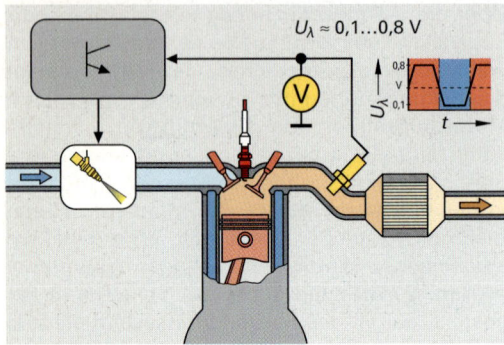

Bild 1: Elektrische Prüfung der λ-Regelung im geschlossenen Regelkreis

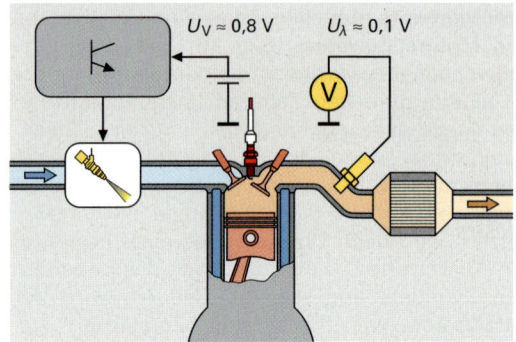

Bild 2: Elektrische Überprüfung der λ-Regelung im unterbrochenen Regelkreis

Elektrische Überprüfung der λ-Regelung im unterbrochenen Regelkreis (Bild 2)

Voraussetzung: Motor und λ-Sonde haben Betriebstemperatur.

Simulation: Fettes Gemisch
Über ein Testgerät wird der entsprechende PIN des Steuergerätes mit einer Spannung von ca. 0,8 V ... 0,9 V beaufschlagt. Sind Steuergerät und Zuleitung in Ordnung, so magert das Gemisch

Simulation: Mageres Gemisch.
Hierbei wird auf den entsprechenden PIN des Steuergerätes eine Spannung von ca. 0,1 V gegeben. Die Motordrehzahl müsste aufgrund der durch das Steuergerät bewirkten Gemischanfettung kurzzeitig etwas ansteigen. Die λ-Sondenspannung müsste auf 0,8 V ... 0,9 V ansteigen. Ist dies nicht der Fall, können die gleichen Fehler vorliegen wie bereits bei Simulation Gemischanfettung beschrieben.

WIEDERHOLUNGSFRAGEN

1. Welche Schadstoffe entstehen bei der Verbrennung des Kraftstoffes im Motor?
2. Wie wirken sich Luftmangel bzw. Luftüberschuss auf die Abgaszusammensetzung aus?
3. Welche grundsätzlichen Verfahren zur Senkung der Schadstoffe werden unterschieden?
4. Durch welche Maßnahmen am Motor wird die Schadstoffbildung vermindert?
5. Erklären Sie den Aufbau und die Wirkungsweise einer Abgasrückführungsanlage?
6. Was versteht man unter einem Einbett-Dreiwege-Katalysator?
7. Wie ist ein Katalysator mit Keramikträger aufgebaut?
8. Welches ist der günstigste Betriebstemperaturbereich für einen Katalysator?
9. Welche chemischen Umwandlungen finden in einem Katalysator statt?
10. Warum soll bei Abgasanlagen mit Katalysator λ = 1 sein?
11. Erklären Sie den λ-Regelkreis.
12. Was misst die λ-Sonde?
13. Skizzieren Sie das λ-Spannungssprungsondensignal.
14. Erklären Sie Aufbau und Wirkungsweise des Sekundärluftsystems.
15. Wie wird bei der AU die Regelkreisprüfung durchgeführt?
16. Wie wird bei der OBD der Katalysator auf Funktion überwacht?
17. Beschreiben Sie die elektrische Überprüfung der λ-Regelung.

2.1.21 Abgasanlage

Aufgaben

- Die aus dem Verbrennungsraum mit starken Impulsen (Knall) austretenden Abgase so dämpfen und entspannen, dass ein bestimmter Geräuschpegel nicht überschritten wird
- Abgase gefahrlos nach hinten oder nach hinten links so ableiten, dass ein Eindringen in den Innenraum des Kraftfahrzeugs nicht zu erwarten ist
- Schadstoffe im Abgas durch Katalysator auf die vorgeschriebenen Grenzwerte reduzieren
- Abgasstrom während der Geräuschdämpfung möglichst wenig behindern, um den Leistungsverlust des Motors gering zu halten.

Schallpegel (Tabelle 1). Beim Öffnen des Auslassventils stehen die Abgase im Zylinder noch unter einem Überdruck von 3 bar bis 5 bar. Die Abgase würden ohne Schalldämpfer mit lautem Knall ins Freie auspuffen. Ein Maß für die Geräuschstärke ist der Schallpegel, er wird gemessen in Dezibel (A). Der menschlichen Hörschwelle entspricht ein Schallpegel von 0 dB (A). Geräusche ab 120 dB (A) empfinden wir als schmerzhaft. Anhaltender Lärm über 130 dB (A) kann tödlich wirken.

Tabelle 1: Schallpegel	
Presslufthammer	130 dB (A)
Schmerzgrenze	120 dB (A)
Diskothek	110 dB (A)
Motor ohne Schalldämpfer	100 dB (A)
Maschinenhalle	90 dB (A)
verkehrsreiche Straße	80 dB (A)
zul. Fahrgeräusch eines Pkw	74 dB (A)
Unterhaltungssprache	70 dB (A)
Wohnraum	50 dB (A)
Schlafraum	30 dB (A)
sehr leises Blätterrauschen	10 dB (A)
Hörschwelle (0 Dezibel)	0 dB (A)

Fahrgeräusch. Das Auspuffgeräusch ist ein wesentlicher Bestandteil des Fahrgeräusches eines Kraftfahrzeugs. Andere Teilgeräusche sind z. B. Triebwerksgeräusche, Abrollgeräusche, Karosserie- und Windgeräusche. Das Fahrgeräusch darf das nach dem jeweiligen Stand der Technik unvermeidbare Maß nicht überschreiten.

In der StVZO und in EG-Richtlinien sind Grenzwerte für die Geräuschentwicklung der einzelnen Kraftfahrzeuge festgelegt **(Tabelle 2)**. Diese Grenzwerte wurden in den vergangenen Jahren mehrfach gesenkt.

Tabelle 2: Fahrgeräusche von Kfz (Grenzwerte)	
Mofa	70 dB (A)
Moped, Mokick	72 dB (A)
Leichtkraftrad	75 dB (A)
Kraftrad bis 80 cm^3	75 dB (A)
bis 175 cm^3	77 dB (A)
über 175 cm^3	80 dB (A)
Pkw mit Otto- oder Dieselmotor	74 dB (A)
mit Direkteinspritzer-Dieselmotor	75 dB (A)
Omnibus, Lkw bis 3,5 t	76 dB (A)
mit Direkteinspritzer-Dieselmotor	77 dB (A)
Lkw bis 75 kW	77 dB (A)
Omnibus, Lkw bis 150 kW	78 dB (A)
über 150 kW	80 dB (A)

Beanspruchungen

- Hohe Temperaturen und große Temperaturwechsel vor allem im vorderen Teil der Abgasanlage
- Außenkorrosion auf der ganzen Länge der Abgasanlage durch Witterungseinflüsse und Streusalz im Winter
- Innenkorrosion durch kondensierte Verbrennungsgase (Wasser, schweflige Säure) besonders an den hinteren, kälteren Bauteilen
- Starke mechanische Beanspruchungen der Abgasanlage durch Steinschlag, Karosseriebewegungen und Motorschwingungen.

Um diesen Beanspruchungen standzuhalten, werden die einzelnen Bauteile aus verschiedenen Werkstoffen hergestellt. Die vorderen Teile der Abgasanlage werden wegen der hohen Betriebstemperaturen vorwiegend aus rostfreiem warmfesten und zunderbeständigen Edelstahl gefertigt, der auch beständig ist gegen Heißkorrosion. Schalldämpfer werden meist doppelwandig in Sandwichbauweise hergestellt. Bei ihnen besteht der innere Blechmantel wegen der aggressiven Kondensate der Verbrennungsgase aus rostfreiem Edelstahl und der äußere Blechmantel aus unlegiertem Stahl, der jedoch zum Schutz gegen die Außenkorrosion Al-beschichtet ist. Die Abgasrohre im hinteren Teil der Abgasanlage sind ebenfalls Al-beschichtet.

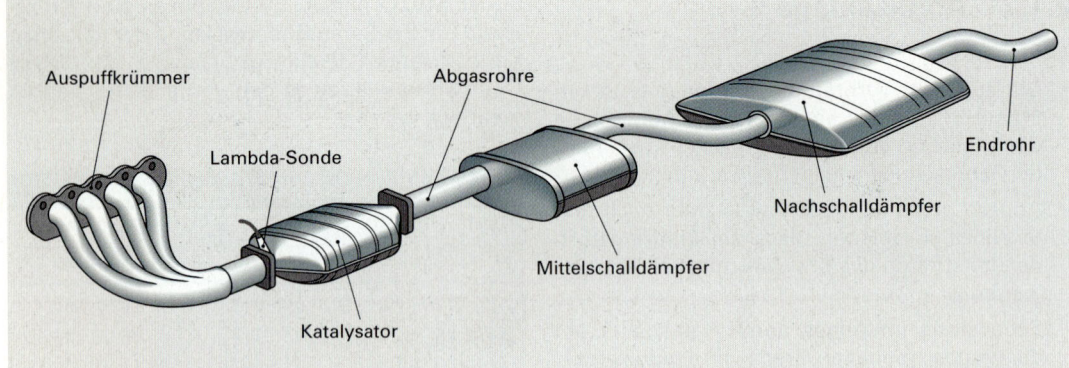

Bild 1: Aufbau der Abgasanlage

Aufbau der Abgasanlage

Die Abgasanlage (**Bild 1**) besteht aus den Abgasrohren, dem Katalysator und einem oder mehreren Schalldämpfern, z. B. Mittelschalldämpfer und Nachschalldämpfer. Das vordere Abgasrohr ist am Auspuffkrümmer angeflanscht und mündet in den Katalysator. Dieser ist über Verbindungsrohre mit den Schalldämpfern verbunden. Von dort wird das Abgas durch das Endrohr ins Freie geführt.

Die Abgasanlage muss auf der ganzen Länge gasdicht sein, damit Verbrennungsgase nicht in den Innenraum des Kfz eindringen können und damit die Geräuschdämpfung nicht beeinträchtigt wird.

Bauart und Anordnung der Schalldämpfer sowie Länge und Querschnitt der Verbindungsrohre sind vom Hersteller sorgfältig aufeinander abgestimmt. Dadurch wird der Geräuschpegel der Verbrennungsgase auf das erforderliche Maß gesenkt. Andererseits wird dadurch auch der Durchflusswiderstand der Abgasanlage gering gehalten, weil durch den entstehenden Abgasgegendruck die Motorleistung beeinträchtigt wird.

Das Auspuffgeräusch entsteht durch den pulsierenden Gasausstoß aus den Zylindern. Seine Schallenergie kann gedämpft werden durch Reflexion und durch Absorption.

Reflexion. Bei der Schalldämpfung durch Reflexion werden den Schallwellen Hindernisse in den Weg gestellt. Die Schallwellen werden dadurch zurückgeworfen und umgelenkt. Sie löschen sich dabei zum Teil wie ein abklingendes Echo gegenseitig. Auch plötzliche Querschnittsänderungen in Rohrleitungen und Kammern erzeugen Reflexion.

Reflexionsschalldämpfer (Bild 2). Verschieden große Kammern sind durch beiderseits offene Rohre, die versetzt angeordnet sind, miteinander verbunden. Dadurch wird die Umlenkung des Gasstromes im Schalldämpfer erzwungen.

Die Rohre können auch perforiert sein. Bei einer Vielzahl von Querschnittssprüngen werden die Schallwellen reflektiert und dabei gedämpft. Reflexionsschalldämpfer in der Abgasanlage eignen sich besonders zur Dämpfung mittlerer und tiefer Frequenzen.

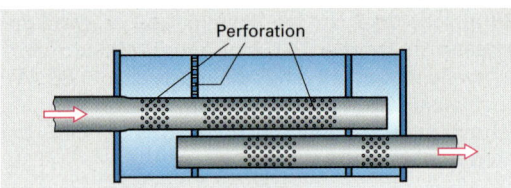

Bild 2: Reflexionsschalldämpfer

Resonanzeffekt. Zwischen den Querschnittsänderungen laufen die Schallwellen mehrfach hin und her und erzeugen unter Umständen Resonanz. Je nachdem ob die Resonanzschwingungen im Hauptstrang oder in einem Abzweig erzeugt werden, spricht man von einem Reihenresonator oder von einem Abzweigresonator (**Bild 1, Seite 321**). Mit solchen Resonatoren lässt sich eine starke Dämpfung bestimmter Frequenzen erreichen.

Interferenzeffekt (Bild 3). Teilt man den Abgasstrom im Schalldämpfer auf und führt dann anschließend die Schallwellen nach verschieden langen Wegen wieder zusammen, so löschen sich die Schallwellen beim Zusammentreffen teilweise gegenseitig.

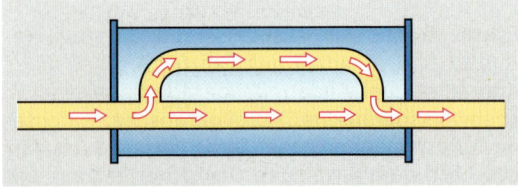

Bild 3: Interferenzeffekt

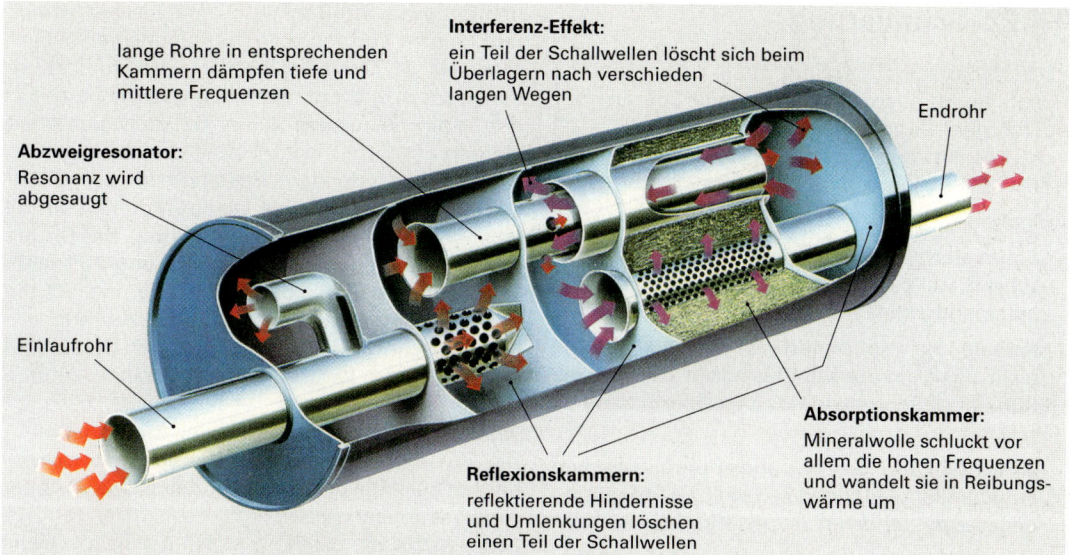

Bild 1: Kombinierter Reflexions-Absorptions-Schalldämpfer

Absorption. Bei der Schalldämpfung durch Absorption werden die Schallwellen in ein poröses Material geleitet. Die Schallenergie wird praktisch „geschluckt", da sie durch Reibung in Wärme umgewandelt wird.

Absorptionsschalldämpfer (Bild 2) bestehen aus einer oder mehreren Kammern, die mit Steinwolle oder Glasfaser als Schallschluckstoff gefüllt sind. Der Abgasstrom wird durch ein perforiertes Rohr hindurchgeleitet, er kann den Dämpfer fast ungehindert durchströmen. Die Schallwellen jedoch dringen durch die Perforation in die Mineralwolle, dort werden vor allem höhere Frequenzen geschluckt. Absorptionsschalldämpfer werden meist als Nachschalldämpfer verwendet.

Kombinierter Reflexions-Absorptions-Schalldämpfer (Bild 1). Reflexionsschalldämpfer können gut auf tiefe Frequenzen abgestimmt werden. Absorptionsschalldämpfer wirken erst im oberen Frequenzbereich. Meist werden daher beide Dämpfer gleichzeitig verwendet, teils in getrennten Schalldämpfern mit beiden Dämpfungsarten.

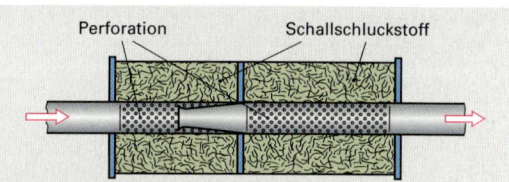

Bild 2: Absorptionsschalldämpfer

> Alle Teile der Abgasanlage sind aufeinander abgestimmt, sie dürfen nicht verändert werden. Bei Einbau von nicht genehmigten Teilen erlischt die Betriebserlaubnis.

ARBEITSREGELN

- Abgasanlage bei jeder Inspektion auf Dichtheit prüfen. Rußspuren sind Zeichen für undichte oder schadhafte Stellen.
- Wärmeschutzbleche überprüfen.
- Durchgerostete Teile erneuern.
- Aufhängungen der Abgasanlage überprüfen.

WIEDERHOLUNGSFRAGEN

1. Welche Aufgaben hat die Abgasanlage?
2. In welcher Einheit wird der Schallpegel angegeben?
3. Warum darf das Schalldämpfersystem eines Kraftfahrzeuges nicht verändert werden?
4. Wie hoch darf das Fahrgeräusch eines Pkw sein?
5. Wie hoch darf das Fahrgeräusch eines Leichtkraftrades sein?
6. Welchen Beanspruchungen ist die Abgasanlage ausgesetzt?
7. Aus welchen Teilen besteht eine Abgasanlage?
8. Warum muss eine Abgasanlage gasdicht sein?

2.1.22 Schmierung

Das Motorschmiersystem muss die Motorbauteile mit ausreichender Menge Schmieröl versorgen. Dabei muss der richtige Druck sichergestellt sein.

Aufgaben

- **Schmieren,** um Energieverluste und Verschleiß verursachende Reibung zwischen den aufeinander gleitenden Teilen zu vermindern
- **kühlen,** um die Motorteile, die die Wärme nicht direkt an die Kühlflüssigkeit oder an die Kühlluft abgeben können, vor Überhitzung zu schützen
- **abdichten,** um die Feinabdichtung zwischen aufeinander gleitenden Teilen (z. B. Kolbenring gegen Zylinderwand) zu gewährleisten
- **reinigen,** um Abrieb, Ablagerungen und Verbrennungsrückstände abzuführen oder für den Motor unschädlich abzubinden
- **vor Korrosion schützen**
- **Motorgeräusche dämpfen,** da der Schmierfilm geräusch- und schwingungsdämpfend wirkt.

Beanspruchung des Schmieröls

Das Schmieröl ist im Motor hohen thermischen (**Bild 1**), chemischen und mechanischen Beanspruchungen ausgesetzt.

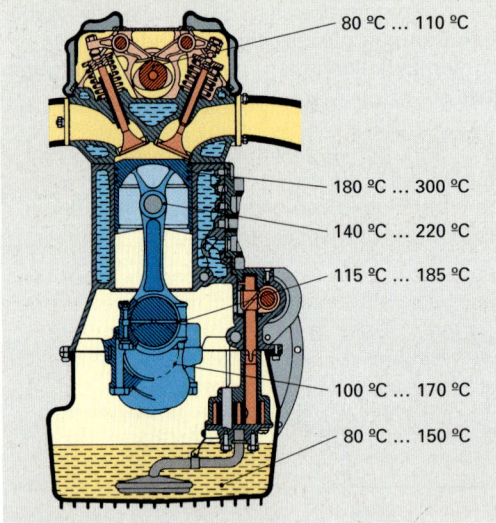

Bild 1: Öltemperaturen
- 80 °C ... 110 °C
- 180 °C ... 300 °C
- 140 °C ... 220 °C
- 115 °C ... 185 °C
- 100 °C ... 170 °C
- 80 °C ... 150 °C

Zwischen Kolben und Zylinder dringen Luft und Verbrennungsgase (blow by) in das Kurbelgehäuse ein. Das Öl oxidiert (altert). Es können sich dabei Säuren bilden. Abgespaltene Ölharze und Asphalte sowie Straßenstaub, metallischer Abrieb und gelöste Verbrennungsrückstände verschlammen das Öl. Schlammbildung wird durch Kondenswasser und ggf. Kühlflüssigkeit noch gefördert. Der Ölkreislauf kann dadurch behindert werden.

Die schwersiedenden Bestandteile des Kraftstoffs, die besonders bei kaltem Motor in das Öl gelangen, führen zur **Ölverdünnung**. Bei Dieselmotoren hingegen kann **Ölverdickung** auftreten. Sie ist auf starke Oxidation des Öls und auf die Rußpartikel des Dieselmotors zurückzuführen.

Mechanische Verunreinigungen durch Staub, Metallabrieb und Verbrennungsrückstände können durch geeignete Filter weitestgehend beseitigt werden. Durch Zerschlagen der Molekülstrukturen sowie durch chemische Einflüsse fortschreitende Qualitätsverminderung des Öls (z. B. Alterung) ist unvermeidbar.

Jeder Motor hat einen gewissen normalen Ölverbrauch, der ausgeglichen werden muss. Er ergibt sich, weil das Öl in den Verbrennungsraum gelangt (z. B. Ölfilm auf der Zylinderwand, Ventilführungen) und verbrennt.

Es sind deshalb nach Herstellervorschrift regelmäßige Kontrollen des Ölstandes und ggf. Nachfüllen des Öls sowie Ölwechsel im Rahmen der Fahrzeuginstandhaltung erforderlich.

Motorschmiersysteme

Man unterscheidet folgende Schmiersysteme:
- Druckumlaufschmierung
- Trockensumpfschmierung
- Mischungsschmierung
- Frischölschmierung.

Die wichtigsten Schmierstellen, die vom Schmiersystem ausreichend mit Öl versorgt werden müssen sind Kurbelwellenlager, Pleuellager, Kolbenbolzenlager, Stößel, Nockenwellenlager, Nockenlaufbahnen, Kipphebel bzw. Schwinghebel, Steuerkette, Kettenspanner, Verteilerwellenantrieb, Zylinderlaufbahn.

Druckumlaufschmierung (Bild 1, Seite 323). Sie wird bei Viertaktmotoren in der Regel verwendet. Bei ihr saugt eine Pumpe, meist über ein Ölsieb, das Öl aus dem Ölvorrat, z. B. in der Ölwanne (**Bild 3, Seite 323**), an und drückt es über die Leitungen und Schmierkanäle zu den zahlreichen Schmierstellen des Motors. Meist sind Filter und gelegentlich auch ein Ölkühler dazwischengeschaltet.

Zu hoher Öldruck, besonders nach einem Kaltstart (zähflüssiges Öl), wird durch ein Druckbegrenzungsventil unmittelbar hinter der Ölpumpe verhindert.

Von den Schmierstellen tropft das Öl ab und fließt in die Ölwanne zurück. Dort muss der Ölvorrat überprüft werden können, z. B. mit einem Ölmessstab. Zunehmend werden auch elektrische Ölstandssensoren eingebaut, die eine Ölstandsanzeige an der Instrumententafel ermöglichen.

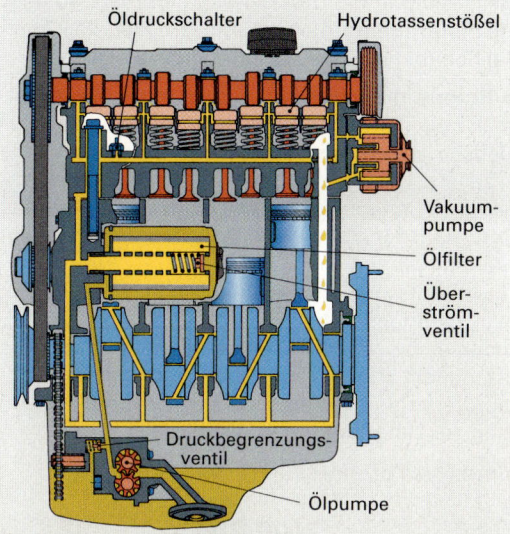

Bild 1: Druckumlaufschmierung

Trockensumpfschmierung (Bild 2). Sie ist eine Sonderbauart der Druckumlaufschmierung, die bei geländegängigen Fahrzeugen und Sportfahrzeugen angewandt wird.
Bei diesem Schmiersystem wird das in die Ölwanne zurückfließende Öl von einer Absaugpumpe in einen gesonderten Ölvorratsbehälter gefördert. Von dort saugt die Druckölförderpumpe das Schmiermittel ab und drückt es über Filter und ggf. Ölkühler zu den Schmierstellen.

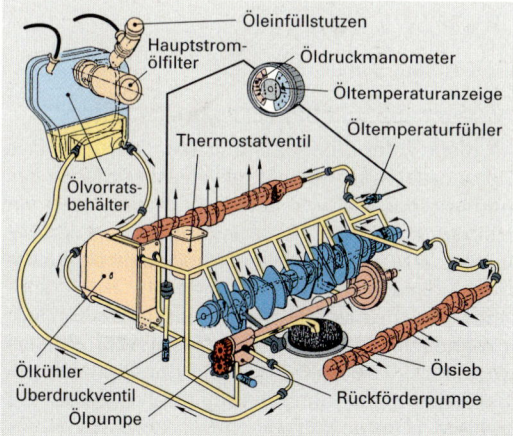

Bild 2: Trockensumpfschmierung
Durch diese Anordnung wird eine zuverlässige Schmierung auch bei starken Schräglagen bzw. bei hohen Kräften, z. B. aufgrund schneller Kurvenfahrt, gewährleistet. Außerdem wird eine bessere Kühlung des Öls erzielt.

Baugruppen der Druckumlaufschmierungen:
– Ölwanne
– Druckbegrenzungsventil
– Überströmventil
– Ölpumpe
– Ölfilter
– Ölkühler

Ölwanne (Bild 3). Sie nimmt den Ölvorrat des Motors auf. Damit für die Ölpumpe ein sicheres Ansaugen des Schmierstoffs gewährleistet ist, sind häufig in der Ölwanne Schlingerwände (Schwallbleche) vorhanden, die ein Wegdrücken des Öls von der Ansaugstelle bei Kurvenfahrt, beim Beschleunigen und beim Bremsen verhindern. Die Oberfläche der Ölwanne dient auch als Kühlfläche für den Ölvorrat. Deshalb werden Ölwannen häufig mit Kühlrippen aus einer Leichtmetalllegierung gegossen. Die Abdichtung zwischen der Ölwanne und dem Kurbelgehäuse erfolgt durch Flachdichtungen oder heute zunehmend durch Flüssigdichtung mit Silikon.

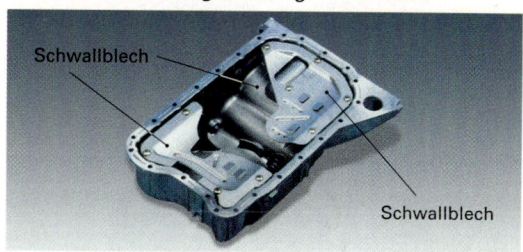

Bild 3: Ölwanne

Ölpumpen.
Sie müssen bei einem hohen Förderstrom (etwa 250 l/h bis 350 l/h) einen ausreichenden Öldruck sicherstellen. Als Verdrängerpumpen fördern sie das Öl portionsweise, z. B. in Zahnlücken, von der Saugseite zur Druckseite.

Zahnradpumpe (Bild 4). Bei ihr wird das Öl in den Zahnlücken mitgenommen und entlang der Pumpeninnenwandung auf die andere Seite gefördert. Der Eingriff der Zähne beider Zahnräder verhindert das Zurückfließen des Öls. Es entsteht auf der einen Seite ein Unterdruck (Saugraum) und auf der anderen Seite ein Überdruck (Druckraum).

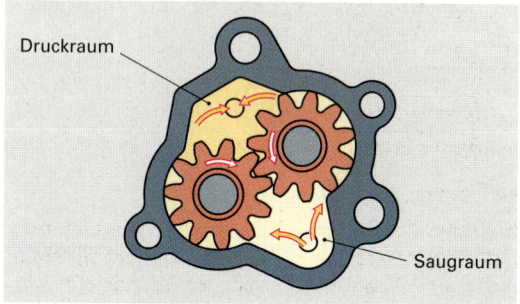

Bild 4: Zahnradpumpe

Sichelpumpe (Bild 1). Sie ist eine moderne Bauform der Zahnradpumpe. Ihr Innenzahnrad sitzt meist direkt auf der Kurbelwelle des Motors. Zum Innenrad ist ein im Pumpengehäuse gelagertes Außenzahnrad exzentrisch angeordnet. Dadurch entsteht ein Saug- und ein Druckraum, die ein sichelförmiger Körper voneinander trennt. Das Öl wird in den Zahnlücken sowohl entlang der Oberseite als auch entlang der Unterseite der Sichel gefördert. Der Eingriff der Zähne von Innen- und Außenrad verhindert den Ölrückfluss von der Druck- zur Saugseite.

Der wesentliche Vorteil der Sichelpumpe gegenüber der herkömmlichen Zahnradpumpe liegt in der höheren Förderleistung, insbesondere bei niederer Motordrehzahl. Zudem liegen Vorteile in der Herstellung der Pumpe.

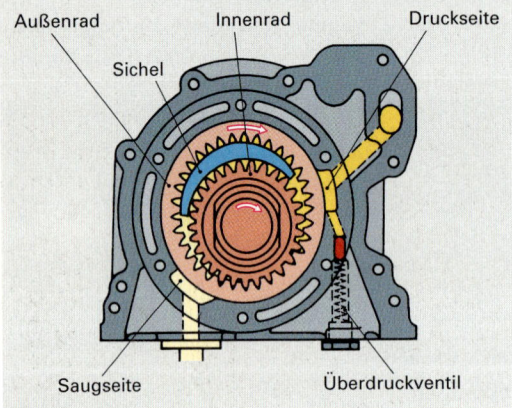

Bild 1: Sichelpumpe

Rotorpumpe (Bild 2). Sie ist eine Verdrängerpumpe mit einem innenverzahnten Außenrotor und einem außenverzahnten Innenrotor. Der Innenrotor hat einen Zahn weniger als der Außenrotor und ist mit der Antriebswelle verbunden. Die Verzahnung des Innenrotors ist so geformt, dass jeder Zahn den Außenrotor berührt und die entstehenden Räume weitgehend abdichtet.

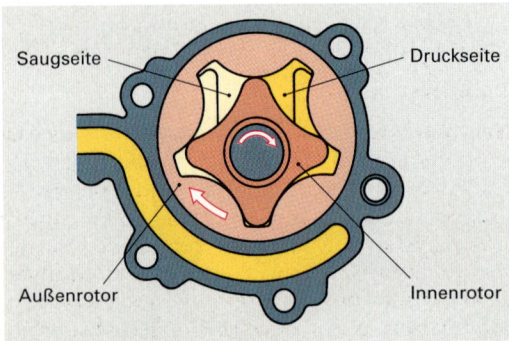

Bild 2: Rotorpumpe

Bei der Drehbewegung der Rotoren werden auf der Saugseite die Pumpenräume laufend vergrößert, die Pumpe saugt an. Auf der Druckseite verkleinern sich die Räume entsprechend und das Öl wird in die Druckleitung gepresst. Von mehreren sich verengenden Pumpenzellen wird das Öl gleichzeitig in die Druckleitung gefördert, so dass die Rotorpumpe gleichmäßig arbeitet. Sie kann bei hohem Förderstrom hohe Drücke erzeugen.

G-Rotorpumpe (Bild 3). Sie ist eine Weiterentwicklung der herkömmlichen Rotorpumpe. Der vielfach innenverzahnte Außenrotor wird vom exzentrisch angeordneten, außenverzahnten Innenrotor angetrieben. Dabei wird durch das Berühren der Zähne der Druckraum zum Saugraum hin abgedichtet.

Diese G-Rotorpumpe ist in der Lage, schon bei sehr niedrigen Drehzahlen erheblich größere Ölmengen bei höheren Drücken zu fördern. Dies ermöglicht z. B. eine weitere Absenkung der Leerlaufdrehzahl und den Einsatz von Hydrauliksystemen zur Umschaltung im Ventiltrieb.

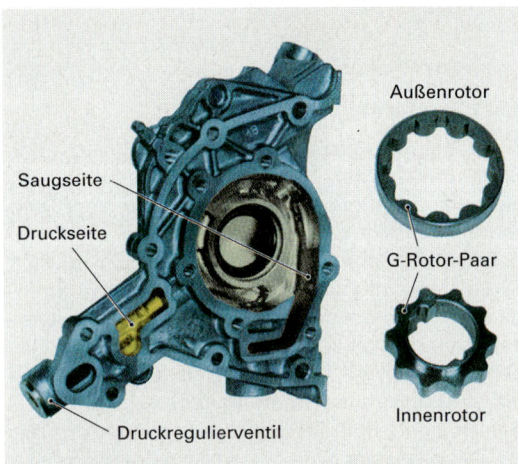

Bild 3: G-Rotorpumpe

Ölmanometer und Öldruckkontrollleuchte.
Sie dienen der Überwachung des Öldrucks. Das Ölmanometer ermöglicht das direkte Ablesen des momentanen Öldrucks. Zur Druckmessung ist ein Drucksensor in der Druckleitung hinter der Ölpumpe erforderlich. Die Öldruckkontrollleuchte zeigt lediglich bei Motorbetrieb durch ihr Erlöschen an, ob ausreichender Öldruck im System vorhanden ist **(s. Schaltplan Seite 625).** Für sie muss in der Druckleitung hinter der Ölpumpe ein Druckschalter eingebaut sein **(Bild 1, Seite 323 und Bild 1, Seite 325).**
Drückt Öl aus der Druckleitung auf den Schaltkontaktkörper, so wird der Massekontakt für die Öldruckkontrollleuchte unterbrochen; sie erlischt.

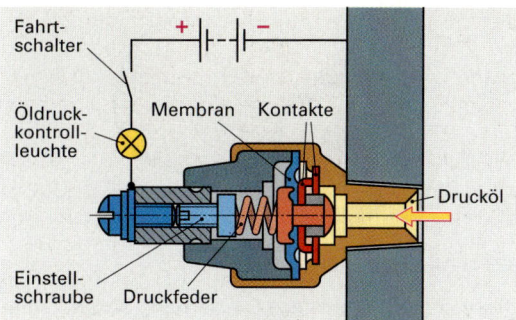

Bild 1: Öldruckschalter für Öldruckkontrollleuchte

Im Allgemeinen reicht der Öldruck aus, wenn bei betriebswarmem Motor das Ölmanometer mindestens etwa 0,5 bar anzeigt bzw. die Öldruckkontrollleuchte spätestens bei erhöhter Leerlaufdrehzahl ausgeht. Zeigt bei Motorbetrieb das Manometer keinen Druck mehr an bzw. die Kontrollleuchte leuchtet ständig, so ist der Motor sofort abzustellen, um einen Motorschaden zu vermeiden.

Druckbegrenzungsventil (Bild 1, Seite 323).
Es ist der Ölpumpe nachgeschaltet und verhindert einen zu hohen Öldruck (> etwa 5 bar). Ein hoher Öldruck ist nicht immer Beweis für gute Schmierung. Bei kaltem Motor ist z. B. trotz hohem Öldruck die Schmierung schlechter als bei geringerem Öldruck des betriebswarmen Motors. Auch bei verstopfter Ölleitung oder verstopftem Filter ist der Öldruck zwar hoch, aber trotzdem die Schmierung schlecht. Ein zu hoher Öldruck gefährdet Dichtungen, Ölleitungen, Ölschläuche zum Ölkühler und Ölfilter.

Ölfilter (Bild 1, Seite 323).
Sie werden eingebaut, um eine vorzeitige Schmierölverschlechterung durch feste Fremdstoffe, z. B. Metallabrieb, Ruß, Staubpartikel zu vermeiden. Dabei können auch kleinste, verschleißgefährdende Partikel (bis zu 0,5 µm und darunter) ausgeschieden werden. Dadurch verlängern sich die Ölwechselintervalle. Außerdem verbessern sie meist die Kühlung des Ölstroms.

Ölfilter können jedoch keine flüssige oder im Öl gelöste Verunreinigungen entfernen. Sie haben auch keinen Einfluss auf chemische oder physikalische Veränderungen des Öls im Motorbetrieb, z. B. durch die Alterung.

Man unterscheidet aufgrund ihrer Anordnung im Ölstrom:
– Hauptstromölfilter   – Nebenstromölfilter.

Hauptstromölfilter (Bild 2).
Sie werden vorzugsweise eingebaut, weil die gesamte Fördermenge über das Filter geführt und somit gereinigt wird, bevor sie zu den Schmierstellen gelangt. Dadurch wird gewährleistet, dass jeder gefährliche Partikel bereits beim ersten Filterdurchgang ausgefiltert werden kann. Im Hinblick auf den Schutz vor Verschleiß ist ein Hauptstromölfilter nahezu unerlässlich.

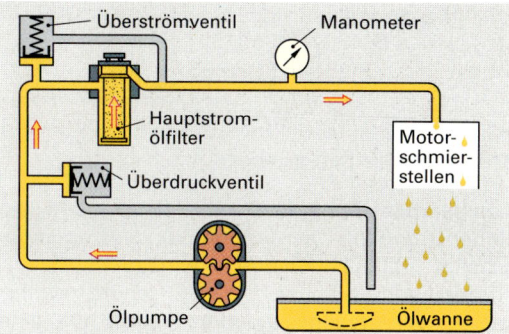

Bild 2: Ölfilter im Hauptstrom

Überströmventil (Bild 3). Vor dem Hauptstromfilter angeordnet, gewährleistet es, dass bei verstopftem Filter das Öl durch eine Überströmleitung (Kurzschlussleitung) ungefiltert zu den Schmierstellen gelangen kann. Dieses Überströmventil ist auch häufig im Filterelement des Hauptstromölfilters eingebaut.

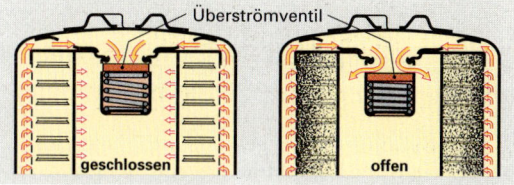

Bild 3: Überströmventil

Rücklaufsperrventile (Bild 4). Sie können, je nach Einbaulage des Filters, auch noch zusätzlich in der Zu- und Ablaufleitung eingebaut sein. Sie verhindern, dass bei abgestelltem Motor das Hauptstromölfilter leer läuft.

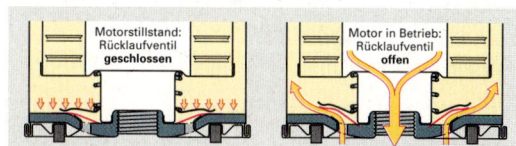

Bild 4: Rücksperrventil

Nebenstromölfilter (Bild 1, Seite 326). Es wird jeweils nur von einem Teil der Ölfördermenge (5 % bis 10 %) über eine Drossel durchströmt, weil es in einem parallel zum Hauptstrom verlaufenden Zweig (Nebenstrom) angeordnet ist. Es kann somit nur teilweise gereinigtes Öl zu den Schmierstellen gelangen. Dafür ist der Ausscheidungsgrad besser, weil das Öl langsamer, aber intensiver gereinigt wird.

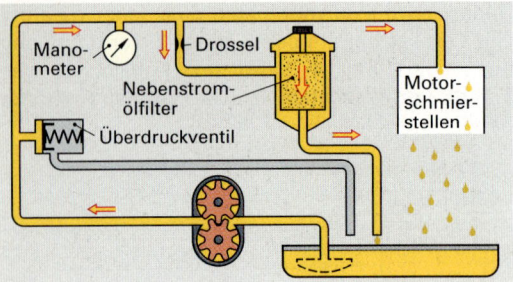

Bild 1: Ölfilter im Nebenstrom

Kombinationsfiltersystem. Ein Haupt- und ein Nebenstromfilter werden häufig zusammengeschaltet **(Bild 2).** Dadurch wird vom Hauptstromölfilter ein hoher Verschleißschutz gewährleistet; der Nebenstromölfilter sorgt für eine äußerst intensive Reinigung des Öls.

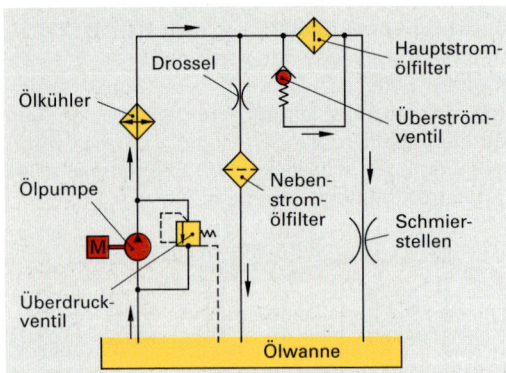

Bild 2: Haupt- und Nebenstromölfilterkombination (Hydraulikschaltplan)

Ölfilterarten.
Zur Ölfilterung werden Filter mit unterschiedlicher Filtergängigkeit verwendet **(Tabelle 1).**

Tabelle 1: Ölfilterarten und ihre Filtergängigkeit

Filterarten	Kleinste ausgefilterte Partikel der Verunreinigungen
Magnetabscheider	ferromagnetische Partikel unabhängig von der Größe
Siebfilter	... 100 µm
Spaltfilter	... 30 µm
Papierfilter	... 10 µm
Freistrahl-Zentrifuge	... 10 µm

Feinfilterelemente (Bild 3). Sie werden meist als Papiersternfiltereinsätze oder auch als Faserfeinfilterelemente hergestellt. Sie sind so ausgelegt, dass bei möglichst hohem Ausscheidegrad ihr Durchströmwiderstand nicht zu hoch ist (im Neuzustand etwa 0,2 bar bis 0,3 bar).

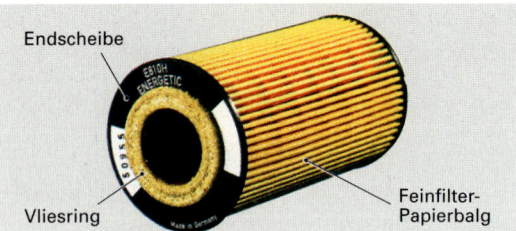

Bild 3: Papierfeinfilterelement

Diese Feinfiltereinsätze entfernen Schmutzteilchen bis zur Partikelgröße von etwa 10 µm.
Papierfilterelemente werden vorzugsweise für Hauptstromölfilter verwendet. In Nebenstromölfiltern werden häufig auch Filterelemente mit Faserfüllung eingesetzt. Sie sind in der Lage, aufgrund der langsamen Durchströmung, durch Adhäsion auch sehr kleine Partikel an der Faseroberfläche anzulagern.
Für die Verwendung der Feinfilterelemente unterscheidet man als Filterbauarten:
– Gehäusefilter   – Wechselfilter.

Gehäusefilter (Bild 4). Sie weisen ein gesondertes motorfestes Filtergehäuse auf. Es kann am Motor angeschraubt oder Bestandteil des Kurbelgehäuses sein. Diese Filterbauart ermöglicht eine umweltverträgliche Entsorgung, sie gewinnt deshalb zunehmend an Bedeutung. Bei ihr wird nur der verschmutzte Feinfiltereinsatz aus Papier oder Faserstofffüllung ausgetauscht. Diese Filtereinsätze können nahezu rückstandsfrei verbrannt werden.

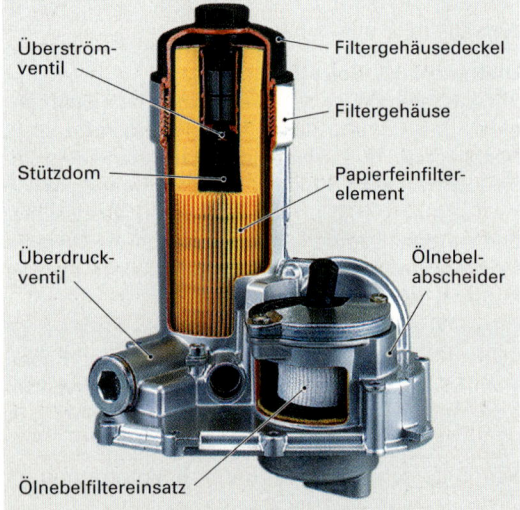

Bild 4: Gehäuseölfilter mit Ölnebelabscheider

Häufig werden Gehäusefilter zusätzlich auch mit Filtereinheiten kombiniert, die eine Ölnebelabscheidung bei den Entlüftungsgasen des Kurbelgehäuses ermöglichen **(Bild 4).**

Wechselfilter (Bild 1). Es besteht aus einem Stahltopf mit druckdicht aufgebördelter Deckplatte in dem sich ein Filterelement, z. B. ein Papiersternfiltereinsatz, befindet. Beim Filterwechsel wird das Gesamtsystem, Gehäuse mit Filtereinsatz, ausgetauscht. Für die Abfallentsorgung ist diese Verbundbauweise aus verschiedenen Werkstoffen nachteilig.

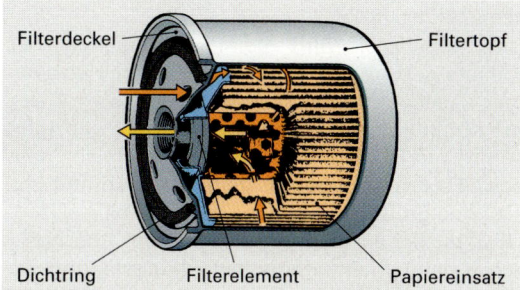

Bild 1: Wechselfilter

Als weitere Filtersysteme kommen zum Einsatz:
- Freistrahl-Zentrifuge
- Spaltfilter
- Siebscheibenfilter.

Freistrahl-Zentrifuge (Bild 2). Sie ist ein Ölschleuderfilter mit sehr gutem Partikelabscheidungsgrad (Partikelgröße < 10 µm). Die Freistrahl-Zentrifuge wird immer als Nebenstromfilter, z. B. in Nutzkraftwagen und Baumaschinen eingesetzt.

Sie besteht im wesentlichen aus einem Gehäuse und einem sich darin drehenden Läufer. Das vom Hauptstrom, z. B. hinter dem Hauptstromölfilter, in einen Nebenstromkanal abgezweigte Öl fließt von unten in die zentrale Hohlwelle des Zentrifugenläufers und durchströmt diese nach oben. Von dort gelangt es über Austrittsbohrungen in den Läuferinnenraum. An seinem Boden befinden sich Austrittsdüsen durch die das Öl den Läuferinnenraum wieder verlässt. Die beim Ölaustritt an den Düsen entstehenden Rückstoßkräfte versetzen den Läufer in Drehung. Dabei werden, druck- und temperaturabhängig, Drehzahlen zwischen 4000 1/min und 8000 1/min erreicht. Durch die sich daraus ergebenden Zentrifugalkräfte werden die im Öl enthaltenen Schmutzpartikel an die Läuferinnenwand geschleudert und bleiben dort als verdichtete Schmutzschicht haften. Diese muss dann in den vorgeschriebenen Wartungsintervallen, nach Zerlegen der Zentrifuge, entfernt werden.

Schleuderölfilter mit ähnlichem Wirkprinzip können auch an der Kurbelwelle befestigt sein. Bei ihnen entstehen dann die Zentrifugalkräfte zum Ausschleudern der Schmutzpartikel durch die Kurbelwellendrehzahl.

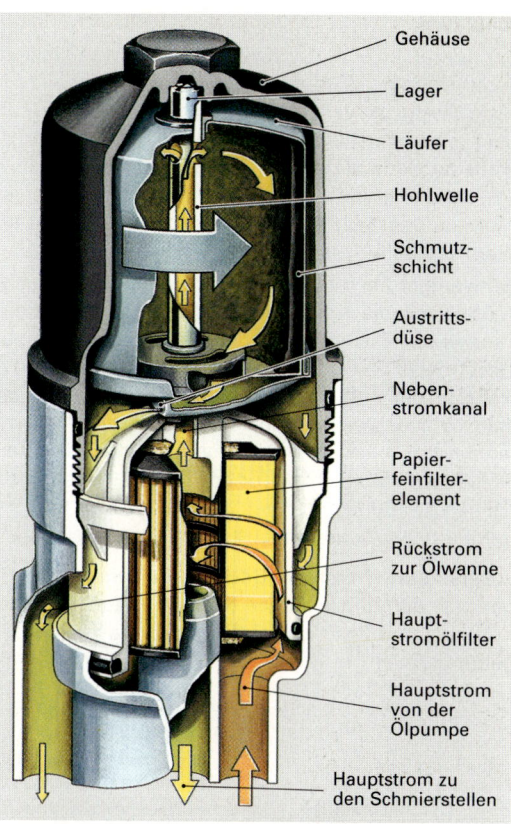

Bild 2: Hauptstromölfilter mit Freistrahl-Zentrifuge im Nebenstrom

Spaltfilter. Es ist aus ringförmigen Stahllamellen zusammengesetzt, zwischen denen das zu reinigende Öl hindurchströmt. Zwischen den Stahllamellen befinden sich Kratzer. Wird das Lamellenpaket über eine Ratsche, z. B. durch Betätigen des Kupplungspedals, gedreht, so entfernen die Kratzer die angesammelten Verunreinigungen. Diese sinken in den Schlammraum. Das Spaltfilter entfernt Schmutzteilchen bis zur Größenordnung 100 µm.

Siebscheibenfilter. Es besteht aus dem Filtergehäuse mit einem Filtersiebeinsatz, z. B. einem zylindrischen Siebmantel. Die einzelnen Filtersiebelemente können z. B. aus Phosphorbronze, Chromnickelstahl oder Kunststoffgewebe bestehen. Die Filterfeinheit ist von der Siebmaschenweite abhängig. Das Siebscheibenfilter kann Schmutzteilchen bis zu einer Partikelgröße von etwa 30 µm abscheiden. Der Siebeinsatz kann im allgemeinen herausgenommen und wiederholt gereinigt werden.

Spaltfilter und Siebscheibenfilter werden nur noch in Sonderfällen, z. B. als Zusatzfilter bei Motoren verwendet, die hohem Staubanfall ausgesetzt sind.

Ölkühlung

Zur Kühlung des Motors wird das Öl immer stärker herangezogen. Wird das Öl zu heiß und damit zu dünnflüssig, so leidet die Schmierfähigkeit. Deshalb gewinnt eine zuverlässige Ölkühlung immer mehr an Bedeutung. Bei diesen Motoren werden sowohl direkt von der Luft umströmte Ölkühler als auch in den Kühlflüssigkeitskreislauf eingebaute Wärmetauscher zur Ölkühlung verwendet.

Bei weniger hoch belasteten Motoren genügt auch heute noch die Kühlung der Ölwanne durch den Fahrtwind. Die Kühlleistung kann durch eine Leichtmetall-Ölwanne mit Kühlrippen verstärkt werden. Die Kühlung des Öls in der Ölwanne ist aber sehr ungleichmäßig, da sie von der Außentemperatur und vom Fahrtwind abhängig ist. Eine weitere Kühlmöglichkeit für das Öl bieten die Oberflächen der Gehäuseölfilter, die von der den Motorraum durchströmenden Luft umspült werden.

Luftgekühlte Ölkühler (Bild 1). Sie werden vom Motoröl durchflossen. Die Kühlluft umströmt das Kühlnetz und führt dabei die Wärme an die Umgebung ab.

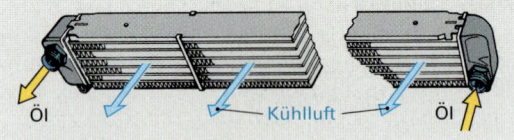

Bild 1: Ölkühler, luftgekühlt

Flüssigkeitsgekühlte Ölkühler (Bild 2). Sie sind in den Motorkühlkreislauf eingebaute Wärmetauscher.

Das Schmieröl wird beim Durchfließen des Kühlers gekühlt, wenn der Motor im betriebswarmen Zustand ist. Bei kaltem Motor erwärmt sich die Kühlflüssigkeit schneller als das Öl und führt somit dem Öl Wärme zu. Damit wird erreicht, dass das Öl schnell auf Betriebstemperatur kommt und sie ohne große Schwankungen beibehält.

Ölkühler liegen meist im Hauptstrom und besitzen im allgemeinen eine Umgehungsleitung mit einem Überdruckventil. Die über den Kühler fließende Ölmenge wird häufig durch ein Thermostatventil geregelt. Dadurch wird erreicht, dass die Öltemperatur nach Erreichen der Betriebstemperatur gleichmäßig gehalten wird.

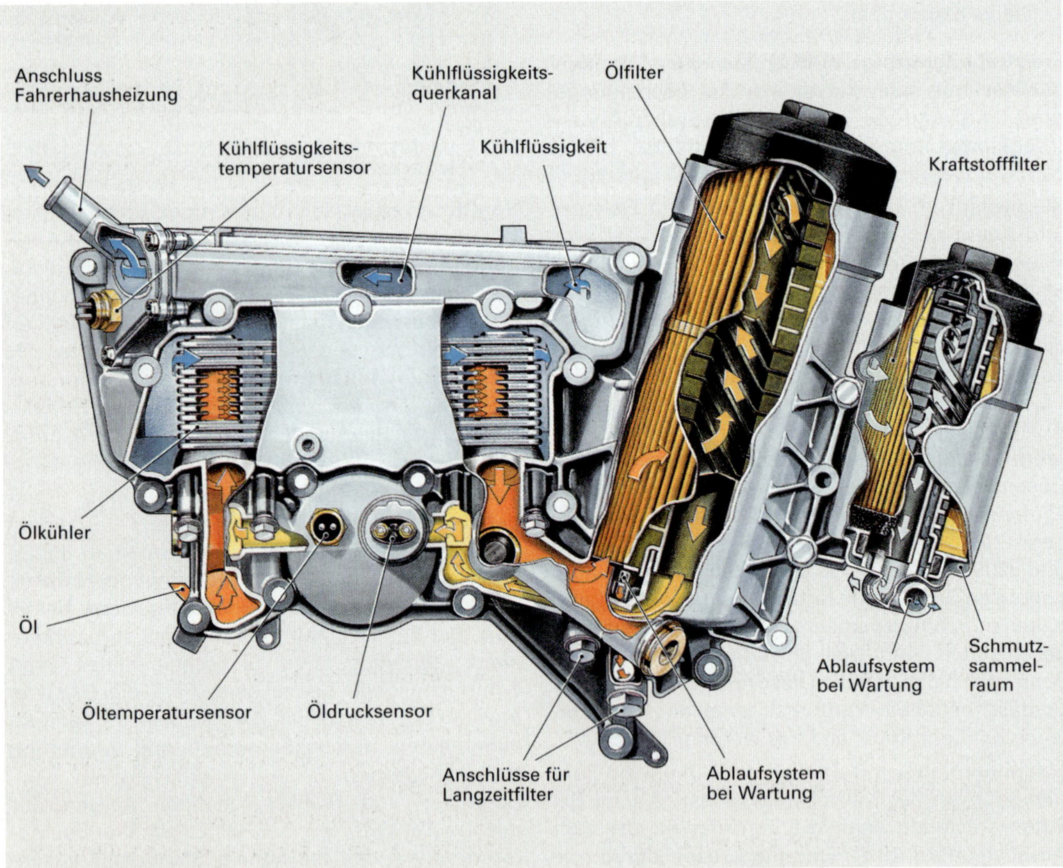

Bild 2: Kombinationsmodul zur Filterung und zur Ölkühlung mit flüssigkeitsgekühltem Ölkühler

Frischölschmierung (Getrenntschmierung)

Bei der Frischölschmierung wird frisches Öl aus einem besonderen Vorratsbehälter durch eine Dosierpumpe an die einzelnen Schmierstellen gedrückt. Jede Schmierstelle erhält soviel Öl, wie für sie momentan erforderlich ist. Dieses Schmiersystem wird bei Krafträdern mit Zweitaktmotoren verwendet **(s. Seite 517)**.

Mischungs-Schmierung (Verlustschmierung)

Sie ist die einfachste Motorschmierung. Bei ihr wird das Schmieröl dem Kraftstoff zugemischt. Das Mischungsverhältnis von Ölmenge in l zu Kraftstoffmenge in l liegt zwischen 1 : 20 und 1 : 100. Die Mischungsschmierung wird ausschließlich bei Zweitaktmotoren angewandt **(s. Seite 346 und Seite 510)**.

Störungen und Werkstatthinweise

Erhöhter Ölverbrauch kann bei Neufahrzeugen auftreten. Er kann ein Mehrfaches des Normalverbrauchs betragen. Erst nach etwa 20 000 km Fahrstrecke ist der Motor eingefahren.

Zu hoher Ölverbrauch tritt ein, wenn die Kolbenringe festsitzen oder beschädigt sind, die Zylinderlaufflächen abgenutzt sind, die Ventilführungen verschlissen sind, das Schmieröl zu heiß wird oder zu dünnflüssiges Öl verwendet wurde, Dichtungen beschädigt sind, z. B. an der Ölwanne, der Ölablassschraube, der Kurbelwelle.

Normaler Ölverbrauch liegt vor, wenn nicht mehr als 1,5 l auf 1000 Fahrkilometer bzw. auf 100 l Kraftstoff benötigt wird.

Kein Ölverbrauch kann darauf hinweisen, dass Ölverdünnung durch Kraftstoff oder Kühlflüssigkeit vorliegt.

Ölwechselintervalle sind vom Hersteller festgelegt und müssen eingehalten werden.

Ölsorte und **Ölfüllmenge** ist vom Hersteller vorgeschrieben.

Ölstandkontrolle. Sie wird meist mit dem Ölmessstab vorgenommen. Er hat in der Regel eine Markierung für den höchsten Ölstand (Maximum) und eine für den niedrigsten Ölstand (Minimum). Das Fahrzeug muss dabei waagerecht stehen.

Ölstand. Er muss z. B. stets zwischen den beiden Markierungen des Ölmessstabes liegen.

Ölstand zu niedrig. Bei diesem Zustand ist die Schmierung gefährdet; der Motor wird auch vermindert gekühlt.

Ölstand zu hoch. Es besteht die Gefahr, dass zuviel Öl verbraucht wird, weil die Dichtungen dem Öldrang nicht mehr gewachsen sind. Verstärkter Ölnebel wird über die Kurbelgehäuseentlüftung austreten und kann den Katalysator belasten. Die Kurbelwelle wird pantschen.

Ölstandsmessungen. Sie sollen erst nach dem Abtropfen des Öls in die Ölwanne vorgenommen werden.

Ölfilter, Ölkühler. Werden diese nachträglich eingebaut, so muss die Ölfüllmenge um den Inhalt der Zusatzgeräte vergrößert werden.

ARBEITSHINWEISE, ARBEITSREGELN

- Nur die vorgeschriebenen oder die vom Hersteller freigegebenen Ölsorten verwenden.
- Regelmäßig den Ölstand kontrollieren und korrigieren.
- Das Öl nur bei warmem Motor wechseln.
- Beim dauernden Aufleuchten der Öldruckkontrollleuchte sofort den Motor abstellen.
- Unverzüglich die Ursache feststellen, wenn kein Öldruck vorhanden ist.
- Ölfilter in den vorgeschriebenen Zeitabständen wechseln bzw. reinigen.
- Wechselfilter nur mit der Hand festziehen.
- Ölfilter umweltgerecht entsorgen.

WIEDERHOLUNGSFRAGEN

1. Welche Aufgaben hat die Schmierung?
2. Welchen Beanspruchungen ist das Motoröl ausgesetzt?
3. Wie ist eine Druckumlaufschmierung aufgebaut?
4. Welche Vorteile bietet eine Trockensumpfschmierung?
5. Welche Ölpumpen werden unterschieden?
6. Welche Arten der Motorschmierung gibt es?
7. Wie kann der Öldruck gemessen werden?
8. Welche Ölfilter gibt es?
9. Weshalb werden zunehmend Gehäuseölfilter mit Filtereinsatz verwendet?
10. Welchen wesentlichen Nachteil hat der Wechselfilter?
11. Welche Ölkühler werden eingesetzt?
12. Welche Vorteile bietet ein Thermostatventil in der Zuleitung zum Ölfilter?

2.1.23 Kühlung

Aufgabe

> Die Kühlung muss überschüssige Wärme, welche durch den Verbrennungsvorgang auf Bauteile des Motors und auf das Motoröl übergegangen ist, an die Umgebungsluft abführen.

Die Wärme muss wegen der begrenzten Hitzebeständigkeit der Werkstoffe (z. B. bei Kolben, Zylinder, Zylinderkopf, Abgasturbolader) und des Schmieröls abgeleitet werden. Durch die Kühlung wird bei Otto-Motoren auch die Klopfneigung vermindert.

Im Volllastbetrieb des Motors muss etwa 20 % ... 30 % von der bei der Verbrennung freiwerdenden Wärme als Kühlwärme abgeführt werden. Sie ist für den Fahrzeugantrieb nicht nutzbar.

Eine gute Kühlung ermöglicht:
- Verbesserte Zylinderfüllung
- Verminderung der Klopfneigung bei Otto-Motoren
- höhere Verdichtung
- höhere Leistung bei günstigerem Kraftstoffverbrauch
- gleichmäßigere Betriebstemperaturen

Anforderungen
- Hohe Kühlwirkung des Kühlsystems
- geringes Gewicht der Kühlanlage
- gleichmäßige Kühlung der Bauteile, um Wärmespannungen zu vermeiden
- guter Wärmeübergang, der nicht durch Schmutzablagerungen oder Kalkansatz behindert ist
- geringer Energiebedarf für den Betrieb des Kühlsystems

Kühlungsarten
- **Luftkühlung**
  - Fahrtwindkühlung
  - Gebläseluftkühlung
- **Flüssigkeitskühlung**
  - Thermoumlaufkühlung
  - Zwangsumlaufkühlung
- **Innenkühlung**
  - Verdampfungswärme des Kraftstoffs.

Luftkühlung

> Bei der Luftkühlung wird die abzuführende Kühlwärme von den Oberflächen der Motorteile direkt an die umströmende Umgebungsluft abgegeben.

Um gute Wärmeleitfähigkeit der Zylinder und der Zylinderköpfe zu erzielen, werden diese meist aus Leichtmetalllegierungen gegossen. Der Wärmeübergang an die Umgebungsluft wird durch Vergrößerung der wirksamen Kühlfläche mit Kühlrippen verbessert. Häufig sind diese Kühlrippen wegen besserer Wärmeabstrahlung zusätzlich geschwärzt.

Fahrtwindkühlung (Bild 1). Sie ist die einfachste Art der Luftkühlung. Diese wird häufig bei Krafträdern angewandt, da ihre unverkleideten Motoren vom Fahrtwind umströmt werden. Um größtmögliche Kühlung zu erzielen, sind Zylinder, Zylinderkopf und häufig auch das Motorgehäuse mit Kühlrippen versehen.

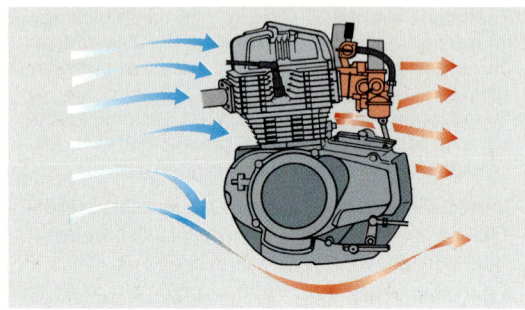

Bild 1: Fahrtwindkühlung

Gebläseluftkühlung (Bild 2). Sie ermöglicht eine ausreichende Zwangskühlung von Motoren, die nicht vom Fahrtwind umströmt werden. Somit eignen sich diese auch zum Einbau in Motorrollern und in Kraftwagen.

Ein Gebläse saugt die Luft z.B. axial an und drückt sie mit Hilfe des Schaufelrades nach außen. Die Luft wird vom Gebläsegehäuse durch Kanäle und über Leitbleche möglichst gleichmäßig an die Zylinder und an das Motorgehäuse geführt. Das Gebläserad kann über einen Keilriementrieb angetrieben werden. Es kann aber auch direkt auf der Kurbelwelle sitzen bzw. über Zahnräder oder hydrostatisch angetrieben werden. Ein Thermostat kann den Luftstrom, z. B. über einen Drosselring, regeln.

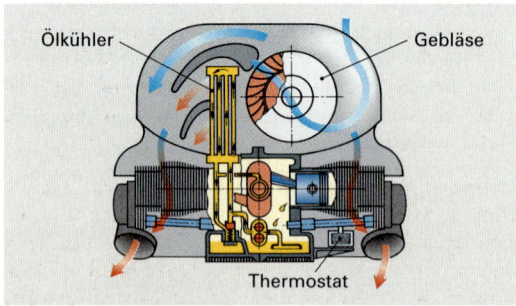

Bild 2: Gebläseluftkühlung

Kühlung

Vorteile der Luftkühlung

- Einfacherer, kostengünstiger Aufbau
- geringeres Leistungsgewicht
- keine Kühlflüssigkeit mit Gefrierschutzmittel erforderlich
- kein Flüssigkeitskühler notwendig
- keine undichten Stellen
- keine Kühlflüssigkeitspumpe erforderlich
- höhere Betriebssicherheit
- weitgehende Wartungsfreiheit
- schnelles Erreichen der Betriebstemperatur
- die Betriebstemperatur des Motors ist nicht vom Siedepunkt der Kühlflüssigkeit begrenzt.

Nachteile der Luftkühlung

- Größere Schwankungen der Betriebstemperatur
- größere Kolbenspiele erforderlich und somit anfälliger für Kolbenkippen
- Leistungsbedarf des Kühlgebläses ist verhältnismäßig hoch (etwa 3 % ... 4 % der Motorleistung)
- lautere Geräusche durch das Gebläse und wegen des fehlenden Kühlflüssigkeitsmantels
- stark verzögerte und ungleichmäßige Fahrzeuginnenraumheizung
- geringe spezifische Wärme der Luft und somit geringerer Wärmeübergang.

Flüssigkeitskühlung (Wasserkühlung)

> Eine Flüssigkeitskühlung hat die Aufgabe, die nicht nutzbare Wärme im Motor aufzunehmen, zu transportieren und nach außen an die Umgebungsluft abzugeben.

Zylinderblock und Zylinderkopf sind bei der Flüssigkeitskühlung doppelwandig ausgeführt bzw. sie sind von Kühlkanälen durchzogen. In diesen Hohlräumen zirkuliert eine Kühlflüssigkeit und nimmt von den Wänden die abzuführende Wärme auf. Über Schläuche und Leitungen fließt die Kühlflüssigkeit im Kühlkreislauf zu einem von der Luft umströmten Kühler. Über dessen Oberfläche gibt sie die im Motor aufgenommene Wärme an die Umgebungsluft ab. Die somit wieder abgekühlte Kühlflüssigkeit fließt dann zurück zum Motor, um dort erneut Wärme aufzunehmen.

Thermoumlaufkühlung (Thermosiphonkühlung, **Bild 1**). Sie beruht darauf, dass warmes Wasser eine geringere Dichte als kaltes Wasser hat. Das sich erwärmende Wasser steigt deshalb im Kühlmantel des Zylinders hoch und strömt durch den Zylinderkopf zum stets höher angeordneten Kühler. Gleichzeitig fließt im Kühler abgekühltes Wasser von unten in den Motorblock nach. Da der Umlauf ohne Pumpe erfolgt, kann der Kühlkreislauf nur dann zustande kommen, wenn die Kühlanlage vollständig gefüllt ist.

Die Kühlwirkung der Thermoumlaufkühlung ist ungleichmäßig und träge, da die Kühlflüssigkeit nur langsam umläuft. Sie kann deshalb nicht bei den heute gebräuchlichen Hochleistungsmotoren verwendet werden.

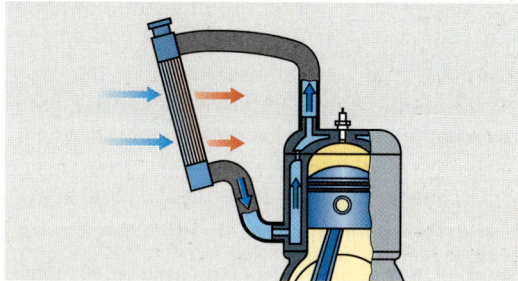

Bild 1: Thermoumlaufkühlung

Zwangsumlaufkühlung (Pumpenumlaufkühlung, **Bild 2**). Sie wird vorwiegend verwendet. Eine Pumpe versetzt die Kühlflüssigkeit im Kühlkreislauf in raschen Umlauf.

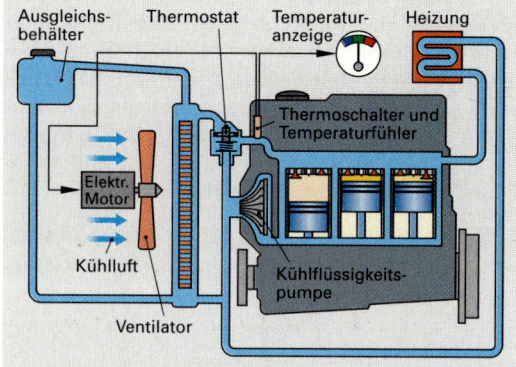

Bild 2: Zwangsumlaufkühlung

Bei kaltem Motor fördert die Kühlflüssigkeitspumpe das Kühlmittel in den Kühlmantel um die Zylinder, es umspült diese und gelangt über Durchgangsbohrungen zum Zylinderkopf und durchströmt diesen. Von hier fließt es über den noch geschlossenen Thermostat zurück zur Pumpe. Ist die Wagenheizung eingeschaltet, so strömt auch ein Teil der Kühlflüssigkeit, je nach Stellung des Heizregulierventils, über den Wärmetauscher der Heizung zurück zur Pumpe (kleiner Kühlkreislauf). Ist die Betriebstemperatur des Motors erreicht, so wird über den Thermostat der Kühler in den Kreislauf der Kühlflüssigkeit (großer Kühlkreislauf) mit einbezogen. Der Inhalt des Ausgleichsbehälters hält den Flüssigkeitsstand im Kühlsystem konstant.

Die im Kühlkreislauf eingefüllte Kühlflüssigkeitsmenge beträgt etwa das Vier- bis Sechsfache des Motorhubraums. Sie wird etwa zehn bis fünfzehn mal je Minute umgewälzt. Je nach Motorleistung werden somit in Personenkraftwagen zwischen 4000 l/h und 18 000 l/h und in Nutzkraftwagen zwischen 8000 l/h und 32 000 l/h Kühlflüssigkeit umgepumpt. Dadurch wird erreicht, dass bei zügiger Ableitung der Kühlwärme der Temperaturunterschied zwischen Eintritt und Austritt der Kühlflüssigkeit am Motor nur etwa 5°C ... 7°C beträgt. Somit werden Wärmespannungen im Motor klein gehalten.

Die maximal zulässigen Kühlflüssigkeitstemperaturen betragen je nach Betriebszustand des Fahrzeugs und je nach Fahrzeughersteller bei
– Personenkraftwagen etwa 100°C ... 120°C
– Nutzkraftwagen etwa 90°C ... 95°C.

Die maximal zulässigen Überdrücke im Kühlsystem liegen derzeit in
– Personenkraftwagen bei etwa 1,3 bar ... 2 bar
– Nutzkraftwagen bei etwa 0,5 bar ... 1,1 bar.

Durch höheren Druck im Kühlsystem kann die Kühlflüssigkeitstemperatur angehoben werden, ohne dass die Kühlflüssigkeit siedet. Dadurch kann ein größeres nutzbares Temperaturgefälle erzielt werden. Desweiteren werden der Kraftstoffverbrauch und der Schadstoffausstoß im Abgas vermindert. Bei Ottomotoren ist die Temperaturanhebung jedoch durch die damit verbundene Zunahme der Klopfneigung beschränkt.

Kühlflüssigkeitspumpe (Wasserpumpe, **Bild 1**). Sie ist meist als Kreiselpumpe (Radialpumpe, Strömungspumpe) ausgebildet.

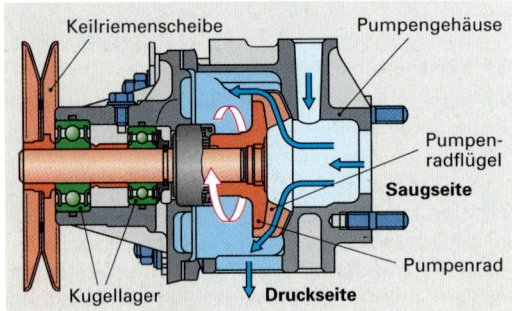

Bild 1: Kühlflüssigkeitspumpe

Im mit Kühlflüssigkeit gefüllten Pumpengehäuse läuft mit hoher Drehzahl ein Flügelrad als Pumpenrad. Dieses erfasst im Zentrum die Flüssigkeit und drückt sie nach außen. Somit kommt der Förderstrom der Kühlflüssigkeitspumpe in Gang. Vom Kühler bzw. vom Thermostat her strömt dem Zentrum des Flügelrades stets abgekühlte Kühlflüssigkeit zu.

Der Antrieb der Kühlflüssigkeitspumpe erfolgt in der Regel über einen Keilriemen von der Kurbelwelle aus. Auch Direktantrieb durch die Kurbelwelle ist gebräuchlich. Der Antrieb kann auch durch einen Elektromotor erfolgen.

Ein von der Kühlflüssigkeitstemperatur abhängiger, elektronisch kennfeldgeregelter Pumpenantrieb oder ein Antrieb über eine temperaturabhängige Viscokupplung passt durch variable Förderleistung der Pumpe den Kühlmengenbedarf der abzuführenden Wärmemenge an. Dadurch kann eine Kraftstoffersparnis bewirkt werden.

Ventilator (Bild 2). Er hat die Aufgabe, Kühler und Motorraum mit ausreichender Kühlluftmenge zu versorgen, wenn der Fahrtwind nicht ausreicht, z. B. bei langsamer Fahrt oder bei Stillstand des Fahrzeugs.

Starrer Ventilatorantrieb (Bild 2). Der Ventilator kann an der Wasserpumpenwelle angeflanscht sein. Er wird dann, gemeinsam mit der Wasserpumpe, meist über einen Keilriementrieb stetig von der Kurbelwelle angetrieben.

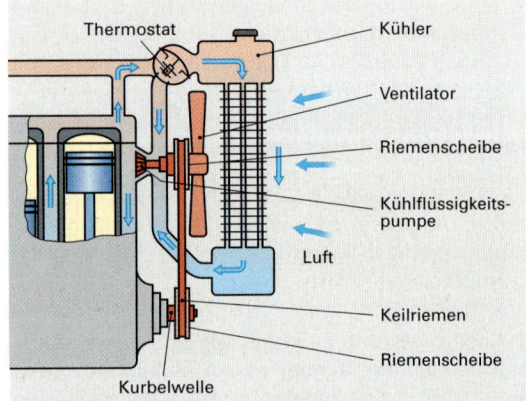

Bild 2: Ventilator mit starrem Antrieb

Variabler Ventilatorantrieb. Er berücksichtigt, dass das erforderliche Fördervolumen je nach Fahrgeschwindigkeit und je nach Betriebszustand des Motors sehr unterschiedlich ist. Um Energie zu sparen (bei Pkw etwa 2 kW ... 3 kW), wird deshalb bei vielen Motoren ein zuschaltbarer Ventilator oder ein Ventilator mit variabler Drehzahl verwendet.

Als variable Antriebe eignen sich temperaturabhängig gesteuerte oder drehzahlgeregelte Elektromotoren sowie Keilriemenantriebe von der Kurbelwelle aus mit temperaturabhängig schaltenden Kupplungen zwischen Antriebswelle und

Ventilatornabe. Es kommen zum Einsatz von Bimetall- oder Dehnstoffelementen betätigte Reibungskupplungen, über Thermoschalter geschaltete Elektromagnetkupplungen oder Viscokupplungen **(Bild 2)**.

Vorteile der Ventilatoren mit variablem Antrieb:
- Verminderung des Kraftstoffverbrauchs
- Erhöhung der nutzbaren Antriebsleistung
- Reduzierung des Ventilatorgeräuschs
- rascheres Erreichen der Betriebstemperatur
- gleichbleibendere Betriebstemperatur.

Zusätzliche Vorteile des Elektromotorantriebes:
- Kühlluftstrom des Ventilators kann auch nach dem Abstellen des Motors erhalten bleiben, um ein Überhitzen durch Nachheizen zu vermeiden
- Freie, vom Motor unabhängige Wahl des Kühlereinbaus.

Elektrisch angetriebene Ventilatoren (Bild 1).
Der Ventilator sitzt in diesem Fall auf der Antriebswelle des Elektromotors. Der Elektromotor kann von einem von der Kühlflüssigkeit umspülten Thermoschalter ein- und ausgeschaltet werden (s. Schaltplan **Seite 626**). Die Drehzahl des Ventilatormotors kann aber auch, abhängig von der Motortemperatur, mehrstufig schaltbar sein oder auch stufenlos geregelt werden.

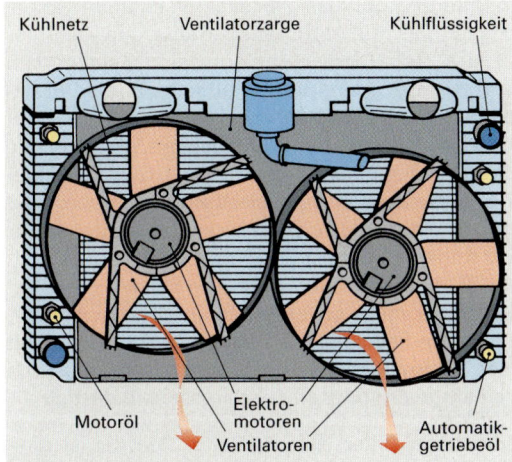

Bild 1: Ventilator mit Elektroantrieb

Viscokupplung (Bild 2). Sie ist eine weitere, häufig angewandte Bauart des variablen Ventilatorantriebs.
Der Ventilator ist bei ihr mit dem Kupplungskörper verschraubt. In der Ventilatornabe der Viscokupplung befinden sich, durch eine Zwischenscheibe getrennt, ein Arbeits- und ein Vorratsraum. Im Arbeitsraum dreht sich die Antriebsscheibe, die mit der vom Keilriemen angetriebenen Antriebswelle verbunden ist. Zur Kraftübertragung dient die Viscoflüssigkeit. Ein bimetallgesteuertes Ventil ermöglicht den Austausch der Viscoflüssigkeit zwischen dem Vorratsraum und dem Arbeitsraum.

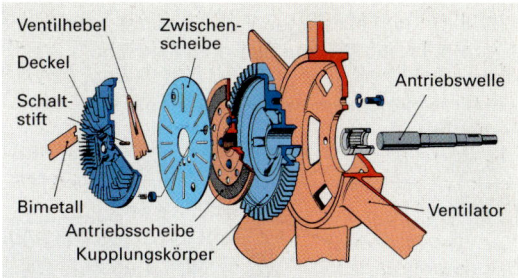

Bild 2: Visco-Ventilatorkupplung

Bei kaltem Motor **(Bild 3)** ist die Ventilöffnung in der Zwischenscheibe vom Ventilhebel des Blattfederventils verschlossen. Die sich drehende Antriebsscheibe drückt die Viscoflüssigkeit durch Fliehkraftwirkung gegen den als Umlenkblech wirkenden Pumpenkörper (Staukörper), der sie durch die Abströmbohrung in den Vorratsraum ableitet. Der Arbeitsraum entleert sich dadurch. Die Antriebsscheibe hat somit keine Verbindung mehr zur Ventilatornabe; der Ventilator ist ausgekuppelt. Er läuft nur noch aufgrund innerer Restreibung mit.

Bei zunehmender Erwärmung **(Bild 3)** der durch den Kühler strömenden Luft (Fahrtwind) heizt sich das Bimetallelement an der Frontseite der Viscokupplung auf und öffnet die Ventilöffnung in der Zwischenscheibe. Die Viscoflüssigkeit strömt nun vom Vorratsraum in den Arbeitsraum und bewirkt eine Verbindung zwischen den Planflächen von Antriebsscheibe und Kupplungskörper sowie zwischen den Planflächen von Antriebsscheibe und Zwischenscheibe. Der Ventilator wird somit stufenlos zugeschaltet. Der Pumpenkörper der Zwischenscheibe bewirkt dabei aufgrund der stets vorhandenen Drehzahldifferenz zwischen Antriebsscheibe (z. B. 2000 1/min) und Kupplungskörper (z. B. 1900 1/min) die Zirkulation der Viscoflüssigkeit.

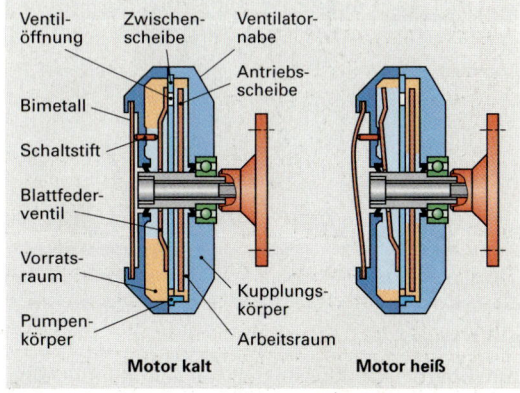

Bild 3: Viscokupplung, Betriebszustände

Kühler

Der Kühler soll die von der Kühlflüssigkeit aufgenommene Motorwärme an die Luft abführen **(Bild 1)**. Bei Fahrzeugen mit Automatikgetriebe wird auch die Wärme aus dem Getriebe abgeleitet.

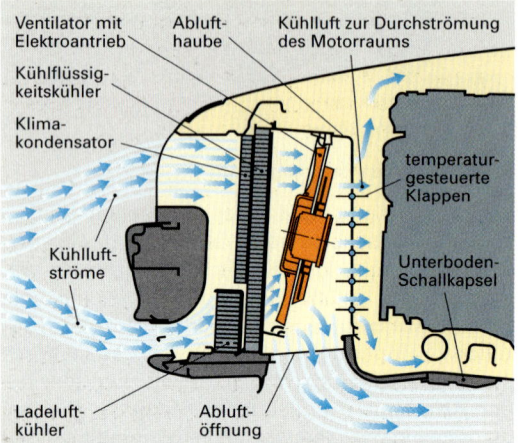

Bild 1: Kühleranordnung und Kühlluftführung

Der Kühler **(Bild 2)** wird direkt von oben nach unten von der Kühlflüssigkeit durchströmt. Er besteht aus einem oberen und einem unteren Kühlflüssigkeitskasten, zwischen denen der Kühlerblock mit dem Kühlernetz angeordnet ist.
Der Kühlerblock wird gebildet von den
– Kühlflüssigkeitsröhren   – Rohrböden
– Wellrippen   – Seitenteilen.

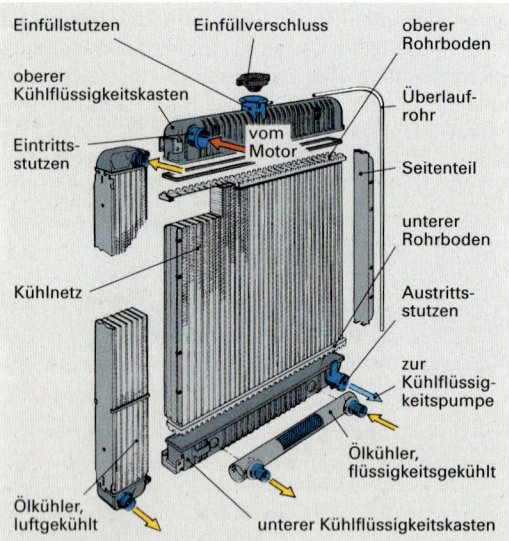

Bild 2: Kühlflüssigkeitskühler

Am oberen Kühlflüssigkeitskasten befindet sich der Eintrittsstutzen für die vom Motor her einströmende Kühlflüssigkeit. Er ist auch häufig mit dem Einfüllstutzen zum Nachfüllen der Kühlflüssigkeit ausgerüstet. In ihn ragt das Überlaufrohr, das die Aufgabe hat, überschüssige Kühlflüssigkeit abzuleiten und einen unerwünschten Überdruck bzw. auch Unterdruck im Kühlsystem auszugleichen. Das Überlaufrohr kann mit einem Ausgleichsbehälter verbunden sein, so dass die Kühlflüssigkeitsfüllung im Kühlsystem stets gewährleistet ist. Der Einfüllstutzen wird durch einen Einfüllverschluss **(Bild 3, Seite 335)** verschlossen.
Am unteren Kühlflüssigkeitskasten ist der Austrittsstutzen für die zum Motor strömende, abgekühlte Kühlflüssigkeit. Eine Ablassschraube oder ein Ablasshahn kann angebracht sein.
Die Kühlflüssigkeitskästen sind heute meist aus glasfaserverstärktem Kunststoff hergestellt, sie können aber auch aus Leichtmetall oder Kupfer-Zink-Legierungen sein. Zur Abdichtung zwischen dem Rohrboden und dem Kühlflüssigkeitskasten ist eine Elastomerdichtung eingelegt. Der Rohrboden ist durch eine Umbördelung mit dem Kühlflüssigkeitskasten verbunden **(Bild 3, Seite 336)**.
Im Kühlnetz des Kühlerblocks wird durch ein System von Rohren und Lamellen eine möglichst große Kühlfläche gebildet, damit die Kühlluft der Kühlflüssigkeit viel Wärme entzieht.
Im unteren Kühlflüssigkeitskasten kann, meist bei Fahrzeugen mit Automatikgetriebe, ein Ölkühler für das Getriebeöl eingelegt sein. Gelegentlich wird zusätzlich ein Motorölkühler z. B. als Seitenteil angebracht **(Bild 2)**.
Der Kühler ist mit den Kühlflüssigkeitsstutzen des Motors meist über hitzebeständige Gummischläuche mit Gewebeeinlagen elastisch verbunden. Sind größere Abstände zu überbrücken, z. B. Heckmotor und Kühler an der Fahrzeugfront, so kommen auch Metall- oder Kunststoffrohre zum Einsatz.
Der Kühler muss gegen Stöße und Vibrationen geschützt im Fahrzeug eingebaut sein. Er ist deshalb über Gummi-Metall-Verbindungselemente elastisch am Fahrgestell oder an der Karosserie befestigt.

Querstromkühler (Bild 1, Seite 335). Er ist eine heute häufig verwendete Kühlerbauform, bei der die Kühlflüssigkeitskästen seitlich am Kühlerblock angeordnet sind. Im Querstromkühler strömt die Kühlflüssigkeit horizontal von einer Seite zur anderen. Liegen bei diesem Kühler Einlauf und Auslauf auf der gleichen Seite, so ist der Kühlflüssigkeitskasten dieser Seite unterteilt. Der Kühler wird dann im oberen Teil z. B. nach links und im unteren Teil gegenläufig nach rechts durchströmt. Die Kühlflüssigkeit muss den Kühler zweimal in seiner Breite durchströmen. Dadurch wird die Kühlwirkung verbessert. Diese Kühler benötigen außerdem eine geringere Einbauhöhe.

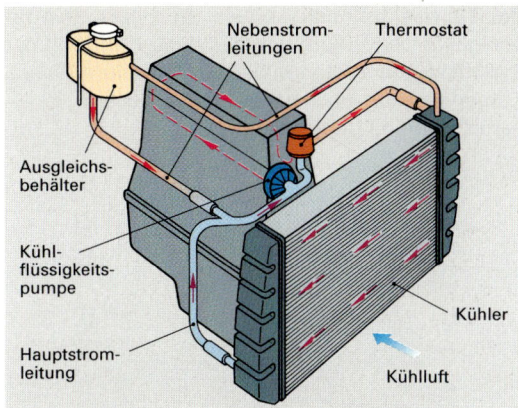

Bild 1: Kühlanlage mit Querstromkühler

Querstromkühler mit Hoch- und Niedertemperaturteil (Bild 2). Er ermöglicht durch einen Trennsteg im einen Kühlflüssigkeitskasten und durch verschieden hoch angeordnete Ausflussstutzen zwei unterschiedliche Temperaturzonen. Im oberen Kühlerbereich ergibt sich für die Motorkühlung eine Hochtemperaturzone mit einem Temperaturgefälle von etwa 7 °C. Im unteren Kühlerbereich kann für eine intensive Kühlung des Getriebeöls über einen zusätzlichen Wärmetauscher eine Niedertemperaturzone mit einem Temperaturgefälle von etwa 20 °C ausgenutzt werden. Eine entsprechende Thermostatregelung bewirkt, dass sich das Getriebeöl durch Kühlflüssigkeitswärme aus dem kleinen Kühlkreislauf über den Ausgleichsbehälter schnell erwärmt. Ist die Betriebstemperatur erreicht, so wird eine intensive Kühlung des Getriebeöls durch Kühlflüssigkeit aus dem Niedertemperaturteil gewährleistet.

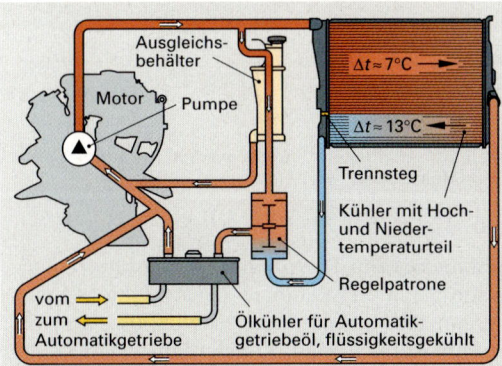

Bild 2: Kühlanlage mit Querstromkühler mit Hoch- und Niedertemperaturteil

Geschlossenes Kühlsystem (Bild 1 und Bild 2). Es ist ein Kühlsystem, bei dem sowohl im Kühlkreislauf überschüssige Kühlflüssigkeit einem Ausgleichsbehälter zugeführt wird, als auch selbsttätig bei Kühlflüssigkeitsmangel im Kühlkreislauf ein Ausgleich erfolgt.

Vorteile bei der Verwendung eines Ausgleichsbehälters sind:
- Beim Warmfahren und nach Abstellen des Motors (Nachheizen) geht keine Kühlflüssigkeit verloren
- Gas- und Dampfanteile können aus dem Kühlkreislauf ausgeschieden werden
- Verdampfungsverluste und kleinere Leckmengen können durch ausreichende Kühlflüssigkeitsreserve ausgeglichen werden
- auf der Saugseite der Kühlflüssigkeitspumpe entsteht kein Unterdruck (keine Kavitationsgefahr an den Pumpe)
- System ist weitgehend wartungsfrei.

Der Ausgleichsbehälter wird meist im Nebenstrom in einer Rückströmleitung vom Kühler zum Motor angeordnet **(Bild 1)**. Er kann aber auch nur mit der Leitung zur Kühlflüssigkeitspumpe verbunden sein. Es gibt aber auch Ausgleichsbehälter, über die im Hauptstrom die gesamte der Pumpe zufließende Kühlflüssigkeit geleitet wird.

Einfüllverschluss (Bild 3). Er wird für Kühler und auch für Ausgleichsbehälter verwendet. Der Einfüllverschluss ist mit einem Über- und einem Unterdruckventil ausgerüstet. Das Kühlsystem wird hierdurch gasdicht verschlossen. Das Überdruckventil öffnet erst, je nach Auslegung durch den Hersteller, bei einem Überdruck im Kühlsystem von etwa 0,5 bar ... 2 bar. Durch diesen Überdruck kann die Kühlflüssigkeitstemperatur bis auf etwa 120 °C ansteigen, ohne dass die Kühlflüssigkeit siedet. Beim Abkühlen der Kühlflüssigkeit tritt durch die damit verbundene Volumenverminderung im Kühlsystem ein Unterdruck auf, er kann durch das sich öffnende Unterdruckventil ausgeglichen werden. Dadurch wird verhindert, dass sich der Kühler einbeult.

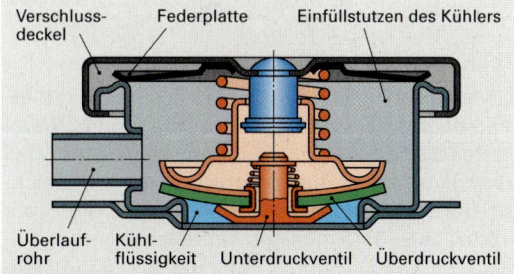

Bild 3: Einfüllverschluss

Röhrenkühler sind die heute übliche Bauart des Kühlernetzes. Bei ihnen sind die Rohrböden durch dünnwandige Metallröhren verbunden, durch die die Kühlflüssigkeit hindurchfließt. Bei den Kühlflüssigkeitsröhren unterscheidet man nach der Form:
- Rundröhren **(Bild 1, Seite 336)**
- Ovalröhren **(Bild 2, Seite 336)**
- Flachröhren **(Bild 3, Seite 336)**.

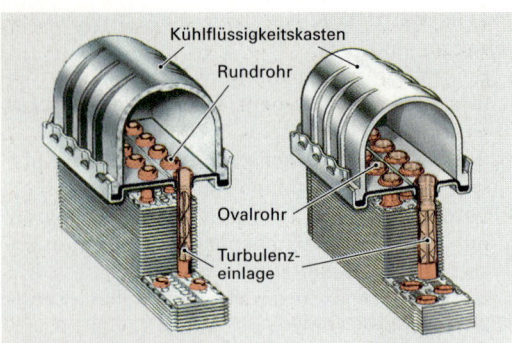

Bild 1: Rundröhrenkühler **Bild 2: Ovalröhrenkühler**

Zur Verbesserung des Wärmeübergangs können die Kühlflüssigkeitsröhren noch mit Turbulenzeinlagen **(Bild 1 und Bild 2)** ausgerüstet sein, z. B. in Form von eingezogenen, wellenförmigen Streifen aus Metall oder Kunststoff.

Zur Vergrößerung der Kühlfläche sind auf die Metallröhren Wellrippen aus Metall aufgesteckt. Sowohl die Metallröhren als auch die Wellrippen bestehen heute meist aus Aluminium, sie können aber auch aus Kupfer-Zink-Legierungen gefertigt sein.

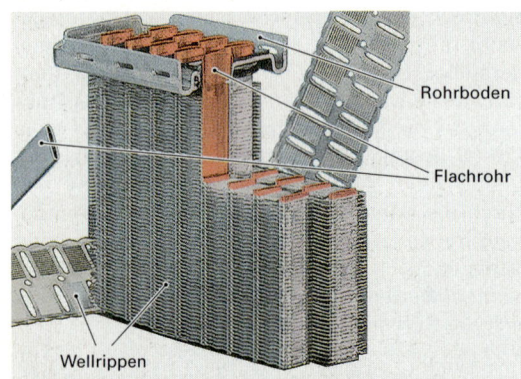

Bild 3: Flachröhrenkühler

Die Kühlflüssigkeitsröhren können mit den Rohrböden und den Wellrippen verlötet oder lötfrei gesteckt sein. Die Verbindung mit den Rohrböden wird dann durch Elastomerdichtungen abgedichtet. Die Stabilität des Kühlerblocks wird durch die zusätzlichen Seitenteile gewährleistet.

Ganz-Aluminium-Kühler ohne Rohrböden (Bild 4).
Sie sind derzeit die modernste Kühlerbauform. Wesentliche Merkmale von Ganz-Aluminium-Kühlern sind:
– Hoher Kühlerwirkungsgrad
– vollständig als Gesamtbauteil recycelbar
– geringere Einbautiefe
– vermindertes Gewicht
– kostengünstigere Herstellung, z. B. durch Wegfall der Rohrböden.

Bei Ganz-Aluminium-Kühlern bestehen sowohl der gesamte Kühlerblock, als auch die Kühlflüssigkeitskästen sortenrein aus Aluminium. Diese Kühler werden nach dem Zusammenbau in einem Ofendurchgang gelötet.

Bild 4: Ganz-Aluminium-Kühler ohne Rohrböden

Der Wegfall der Rohrböden wird bei dieser Kühlerbauform durch Aufweiten der Enden der Kühlerrohre erreicht. Sie werden so weit rechteckig umgeformt, bis ein geschlossener Rohrverbund entsteht, der durch einfache Kühlflüssigkeitskästen zusammengespannt und abgeschlossen werden kann **(Bild 5)**.

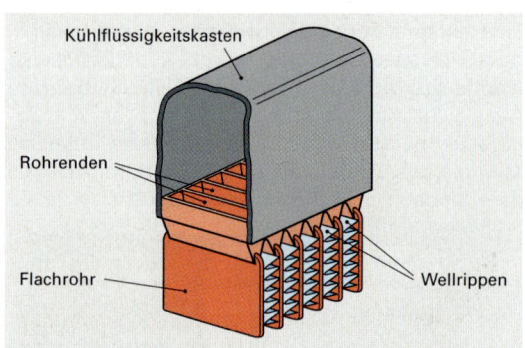

Bild 5: Kühlerblock mit aufgeweiteten Rohrenden ohne Rohrböden

Thermostate

Kühlflüssigkeits-Thermostat (Temperaturregler). Er sorgt durch stufenloses Umschalten zwischen kleinem Kühlkreislauf (Kurzschlusskreislauf) und großem Kühlkreislauf (Kreislauf über den Kühler) **(Bild 1, Seite 337)** dafür, dass der Motor rasch seine Betriebstemperatur erreicht und sie während des Betriebs mit möglichst geringen Schwankungen beibehält.

Die Regelung wirkt sich wesentlich aus auf:
– Kraftstoffverbrauch
– Abgaszusammensetzung
– Verschleiß.

Der Thermostat kann sowohl in einen Kühlflüssigkeitsstutzen des Motors als auch in der Zufluss- oder Rücklaufleitung eingebaut sein.

Im kleinen Kühlkreislauf (**Bild 1**) fließt die Kühlflüssigkeit bei kaltem Motor von den Zylindern durch den Zylinderkopf und gegebenenfalls durch den Wärmetauscher der Wagenheizung zum Thermostat zurück und von dort über die Kurzschlussleitung direkt zur Kühlflüssigkeitspumpe.

Im großen Kreislauf (**Bild 1**) zirkuliert die Kühlflüssigkeit über den zugeschalteten Kühler.

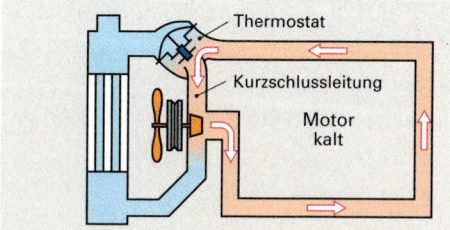

Kleiner Kühlkreislauf (Kurzschlusskreislauf)

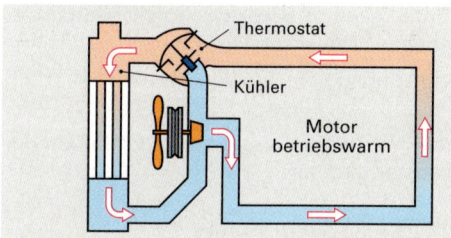

Großer Kühlkreislauf
Bild 1: Thermostatregelung der Kühlkreisläufe

> Bei betriebswarmem Motor ist der große Kühlkreislauf über den Kühler geschaltet.

Thermostat mit Einfachventil (Einwegthermostat). Bei ihm ist die Kurzschlussleitung bei allen Temperaturzuständen geöffnet. Sie weist dann einen verminderten Durchflussquerschnitt auf (Drosselwirkung bei Schaltung auf den großen Kühlkreislauf).

Thermostat mit Doppelventil (Zweiweg-Thermostat). Er ist heute meist eingebaut. Dieser Thermostat schaltet den Kühlflüssigkeitsdurchsatz bei zunehmender Temperatur vom kleinen Kühlkreislauf auf den großen Kühlkreislauf durch den Kühler um. Dabei verschließt er die Kurzschlussleitung zur Kühlflüssigkeitspumpe (**Bild 3**).

Dehnstoff-Thermostat. Er schaltet die Kühlkreisläufe um. Bei der heute üblichen Thermostatbauweise öffnet und schließt ein Dehnstoffelement die Steuerventile. Das Dehnstoffelement (**Bild 2**) ist eine druckfeste Metalldose, die mit einem wachsartigen Dehnstoff gefüllt ist. In den Dehnstoff ragt ein in eine Gummimembrane eingebetteter Kolben, der mit dem Thermostatgehäuse fest verbunden ist. Die Metalldose ist auf dem Kolben verschiebbar. An ihr ist der Ventilteller befestigt, der bei kaltem Motor den Durchfluss zum Kühler versperrt, und auch der Ventilteller, der bei diesem Temperaturzustand die Kurzschlussleitung zur Kühlflüssigkeitspumpe freigibt (**Bild 3**).

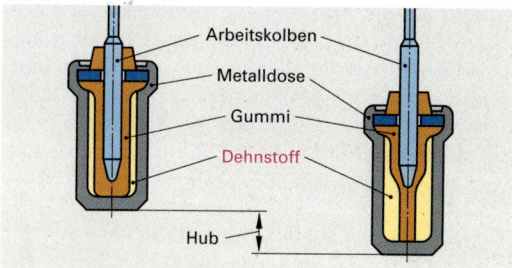

Bild 2: Dehnstoffelement

Durch Temperaturanstieg in der Kühlflüssigkeit auf etwa 80 °C schmilzt die Dehnstofffüllung im Dehnstoffelement. Beim Schmelzvorgang nimmt das Volumen des Dehnstoffs erheblich zu. Dies bewirkt, dass sich die Metalldose auf dem feststehenden Kolben verschiebt und somit das Ventil für den Durchfluss zum Kühler öffnet und gleichzeitig das Ventil in der Kurzschlussleitung schließt. Bei etwa 95 °C Kühlflüssigkeitstemperatur ist der Kühler vollständig zugeschaltet. Sinkt die Temperatur der Kühlflüssigkeit wieder ab, dann drückt eine Feder die Metalldose über den Kolben zurück und schließt somit das Ventil für den Durchfluss zum Kühler, gleichzeitig wird das Ventil zur Kurzschlussleitung wieder geöffnet.

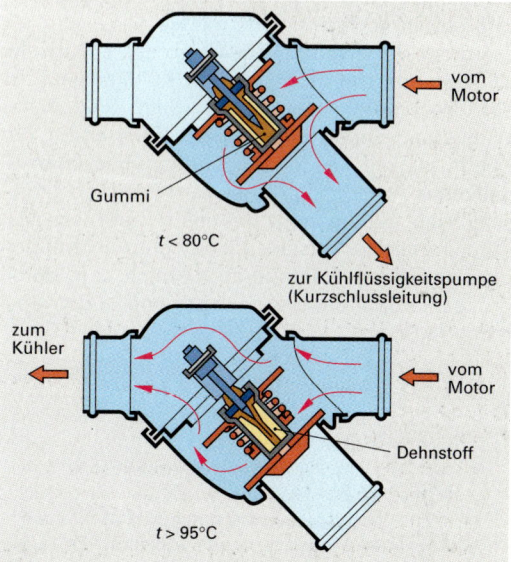

Bild 3: Dehnstoff-Thermostat mit Doppelventil

Durch stetiges Öffnen und Schließen im Wechsel schwankt die Kühlflüssigkeitstemperatur nur in einem sehr schmalen Bereich, die Motortemperatur wird somit weitgehend konstant gehalten. Das Dehnstoffelement arbeitet dabei weitgehend unabhängig vom Druck im Kühlsystem. Es erzielt große Stellkräfte für die Ventilbetätigung.

Kennfeldgeregelter Thermostat (Bild 1). Er hat ein elektrisches Heizelement im Dehnstoffelement integriert. Dieses Heizelement wird vom elektronischen Steuergerät in Abhängigkeit von unterschiedlichen Betriebsbedingungen aktiviert und beheizt das Dehnstoffelement zusätzlich zur Kühlflüssigkeitswärme. Der Motor wird dadurch unter bestmöglichen Temperaturbedingungen betrieben. Wesentliche Vorteile kennfeldgeregelter Thermostate sind:
- Verbrauchsminderung
- Reduzierung der Schadstoffe im Abgas.

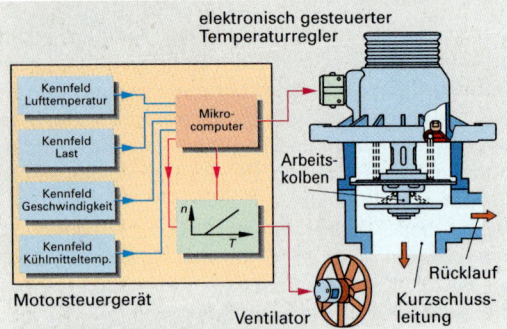

Bild 1: Kennfeldgeregelter Thermostat

Kühlflüssigkeits-Thermometer
Es zeigt die Kühlflüssigkeitstemperatur an. Drohende Überhitzung und Unterkühlung des Motors können rechtzeitig erkannt werden.
Die meist angewandte Bauart ist das elektrische Widerstands-Thermometer. Im Kühlkreislauf ist ein Thermofühler eingebaut. Sein elektrischer Widerstand ändert sich mit der Temperatur der Kühlflüssigkeit. Der Widerstand ist über ein in °C geeichtes Anzeigeinstrument am Bordnetz angeschlossen. Häufig zeigt das Instrument lediglich durch farblich unterschiedliche Kennzeichnungen den momentanen Temperaturbereich, z. B. durch grünes Farbband die ordnungsgemäße Betriebstemperatur, an.

Kühlflüssigkeitstemperatur-Warnleuchte
Sie kann zusätzlich oder an Stelle eines Thermometers eingebaut sein. Wird die Obergrenze der Betriebstemperatur überschritten, so schaltet ein im Kühlkreislauf eingebauter Thermoschalter die meist rote Warnleuchte ein. Auf gleiche Weise kann auch eine Unterschreitung der Betriebstemperatur angezeigt werden.

Vorteile der Flüssigkeitskühlung:
- Gleichmäßige Kühlwirkung
- verhältnismäßig geringer Leistungsbedarf für die Kühlflüssigkeitspumpe und für den Ventilator
- stärker gedämpfte Verbrennungsgeräusche durch den Kühlmantel
- ermöglicht gute Beheizung des Fahrzeuginnenraums.

Nachteile der Flüssigkeitskühlung:
- Verhältnismäßig hohes Gewicht
- beansprucht viel Platz
- Störanfälligkeit, z. B. durch Frostschäden, Undichtheiten, Thermostatschäden
- Überhitzungsgefahr für den Motor, z. B. infolge Flüssigkeitsverlust
- längere Warmlaufphase bis zum Erreichen der Betriebstemperatur.

Innenkühlung
Beim Übergang des Kraftstoffs vom flüssigen in den gasförmigen Zustand wird Wärme benötigt. Sie wird der Umgebung entzogen. Erfolgt diese Vergasung im Verbrennungsraum, so werden dadurch Zylinderkopf, Ventile, Kolbenboden und Zylinder und die Frischgasfüllung abgekühlt. Man bezeichnet diesen Vorgang als Innenkühlung.

Eine gute Innenkühlung ermöglicht
- bessere Füllung
- höhere Verdichtung
- geringere thermische Belastung des Motors.

Die Innenkühlung kann durch Kraftstoffe verbessert werden, die eine höhere Verdampfungswärme als Benzin besitzen, z. B. durch Alkohol.

ARBEITSHINWEISE, ARBEITSREGELN
- Prüfen, ob das Kühlsystem ausreichend mit Kühlflüssigkeit versorgt ist.
- Nur die vom Hersteller vorgeschriebene Kühlflüssigkeit bzw. kalkarmes Wasser mit Gefrierschutz- und Korrosionsschutzmittel verwenden
- Regelmäßig nach Herstellervorschrift die Kühlflüssigkeit wechseln.
- Bei Kühlflüssigkeitsmangel und heißem Motor nur vorsichtig kalte Kühlflüssigkeit oder Wasser bei laufendem Motor einfüllen.
- Über- und Unterdruckventil im Einfüllverschluss überprüfen.
- Die Kühlflüssigkeitsschläuche auf Undichtheit, z. B. durch Marderbiss, überprüfen.

- Keilriemenspannung und Keilriemenverschleiß prüfen.
- Zum Ablassen der Kühlflüssigkeit alle vorhandenen Ablasshähne bzw. Ablassschrauben und Entlüftungsschrauben öffnen.
- Verschmutztes bzw. verstopftes Kühlernetz durch Ausblasen gegen die Durchströmungsrichtung mit Druckluft reinigen.
- Verstopfte Kühler nur mit den zulässigen Lösungsmitteln reinigen.
- Vor und nach dem Auswechseln der Kühlflüssigkeit bzw. vor und nach dem Beimischen von Gefrierschutzmittel das Kühlsystem auf Dichtheit überprüfen.
- Kühlrippen luftgekühlter Motoren reinigen.

Störungen und Werkstatthinweise

Undichte Kühler müssen sofort instandgesetzt werden, weil sich die schadhafte Stelle erweitert und somit der Kühlflüssigkeitsverlust zunimmt. Auch die Instandsetzung wird zunehmend schwieriger und teurer. Sie erfolgt im allgemeinen durch Löten. Bei geringfügigen Undichtheiten können der Kühlflüssigkeit Dichtmittel zugesetzt werden. Die sehr feinen Dichtmittelteilchen werden vom Flüssigkeitsstrom an die undichte Stelle geschwemmt und lagern sich dort an. Nach der Instandsetzung sollte die Kühlflüssigkeit zunächst auf Betriebstemperatur gebracht werden. Dann sollte das Kühlsystem mit einem Kühlerabdrückgerät kontrolliert werden. Bei 1 bar Überdruck darf nach 1 Minute ... 2 Minuten noch kein Druckabfall eingetreten sein.

Nachfüllen von Kühlflüssigkeit. Es ist zu beachten, daß kalte Flüssigkeit nur dann in den heißen Motor gefüllt werden darf, wenn der Motor läuft. Die kalte Flüssigkeit ist langsam einzugießen, damit gefährliche Spannungen im Motorblock und im Zylinderkopf vermieden werden.

Entleerung des Kühlsystems. Es erfolgt durch Abziehen des unteren Kühlflüssigkeitsschlauches oder durch Öffnen von Ablassschrauben bzw. Ablasshähnen, die sich an der tiefsten Stelle des Kühlsystems befinden. Die Kühlflüssigkeitspumpe kann entleert werden, indem man nach Ablassen der Kühlflüssigkeit den Motor kurz laufen lässt.

Kühlflüssigkeit zu heiß. Ursache kann sein, dass zu wenig Kühlflüssigkeit vorhanden, deren Umlauf behindert oder der Thermostat schadhaft ist. Auch das Versagen des Antriebs von Kühlflüssigkeitspumpe und Ventilator kann Ursache sein.

Kühlerverschluss. Er kann mit dem Kühlerabdrückgerät geprüft werden.

Thermostat. Ein beschädigter Thermostat kann zur Überhitzung im Kühlsystem führen, wenn er das Ventil zum Kühler geschlossen lässt. Er bewirkt zu geringe Kühlflüssigkeitstemperatur, wenn das Ventil zum Kühler nicht mehr schließt. Er wird geprüft, indem man ihn ausbaut und in Wasser legt und dieses erwärmt. Mit einem Thermometer kann man die Erwärmung überwachen. Der Thermostat soll beim Erreichen der aufgestempelten Temperatur das Ventil zum Kühler öffnen.

Verstopfte Kühler müssen gereinigt werden. Die Verwendung von Leitungswasser mit hohem Kalkansatz führt zum Ansatz von Kesselstein, vor allem im Kühler. Der Kesselstein behindert den Durchfluss der Kühlflüssigkeit und beeinträchtigt die Wärmeabfuhr. Zur Reinigung wird meist ein chemisches Reinigungsmittel eingefüllt und der Kühler anschließend gründlich durchgespült.

Schlauchverbindungen werden häufig nach dem Beimischen von Gefrierschutzmittel oder nach Auswechseln der Kühlflüssigkeit undicht. Schlauchverbindungen und Schläuche müssen deshalb sorgfältig geprüft und gegebenenfalls instandgesetzt oder ausgewechselt werden.

Keilriemen. Sind sie zu locker, oder liegen sie gar im Nutgrund der Keilriemenscheibe auf, dann rutschen sie durch. Die Folgen sind großer Riemenverschleiß, außerdem haben Kühlflüssigkeitspumpe, Ventilator und Generator zu geringe Drehzahlen. Der Keilriemen ist richtig gespannt, wenn er sich etwa 10 mm ... 20 mm durchdrücken lässt.

WIEDERHOLUNGSFRAGEN

1. Welche Aufgaben hat die Motorkühlung?
2. Welche Vor- und Nachteile hat die Luftkühlung?
3. Welche Vor- und Nachteile hat die Flüssigkeitskühlung?
4. Wie können zuschaltbare Ventilatoren angetrieben werden?
5. Welche Kühlerbauarten werden verwendet?
6. Welche Vorteile ergeben sich durch kennfeldgeregelte Thermostate?

2.1.24 Belüftung, Heizung und Klimatisierung

Leistungsfähigkeit und Aufmerksamkeit der Menschen sind stark von der Temperatur und der Beschaffenheit der sie umgebenden Luft abhängig. Es ist deshalb erforderlich, den Fahrgastraum mit möglichst gefilterter Frischluft zu versorgen, die je nach Außentemperatur beheizt oder gekühlt werden muss.

Belüftungseinrichtung. Sie sollte so beschaffen sein, dass
- für alle Fahrgäste genügend (auch beheizte) Frischluft zur Verfügung steht
- die verbrauchte Luft durch Austrittsöffnungen beseitigt wird
- kein Staub und Wasser in das Fahrzeuginnere gelangt
- die Luft so gelenkt wird, dass sich die Fenster nicht beschlagen
- sich nirgends Kaltluft festsetzt
- der Luftaustausch möglichst zugfrei erfolgt.

Das selbsttätige Einströmen von Frischluft in das Fahrzeug erfolgt erst ab einer Fahrgeschwindigkeit von etwa 60 km/h. Bei geringeren Fahrgeschwindigkeiten muss die Frischluftförderung von einem Gebläse übernommen werden. Der Lufteintritt sollte möglichst hoch in der schmutz- und abgasärmeren Zone liegen. Im Fahrzeuginneren ist ein geringer Luftüberdruck vorteilhaft. Geöffnete Fenster erzeugen gewöhnlich einen Unterdruck; hierdurch können vermehrt Auspuffgase, Staub und Insekten in den Fahrzeuginnenraum eindringen. Außerdem werden die Fahrgeräusche stärker hörbar.

Beheizung des Innenraums
Bei luftgekühlten Motoren. Sie erfolgt durch eine Abgas-Frischluft-Heizung. Dabei wird ein Teil der Gebläseluft abgezweigt, über in den Auspuffleitungen eingebauten Wärmetauscher erwärmt und zur Innenraumbeheizung verwendet. Es muss streng darauf geachtet werden, dass mit der Heißluft keine Abgase in das Fahrzeuginnere gelangen.

Bei flüssigkeitsgekühlten Motoren. Es wird die Wärme der Kühlflüssigkeit zur Heizung verwendet. Folgende drei Arten der Heiztemperaturänderung können unterschieden werden
- Kühlwassermengensteuerung (wasserseitig)
- Frischluftmengensteuerung (luftseitig)
- Elektronisch geregelte Heizung.

Heiztemperaturänderung durch Kühlwassermengensteuerung (Bild 1). Die Kühlflüssigkeitsmenge, die den Wärmetauscher durchfließt, kann durch ein Kühlwasserventil verändert werden. Es bestimmt die Temperatur der Heizluft.

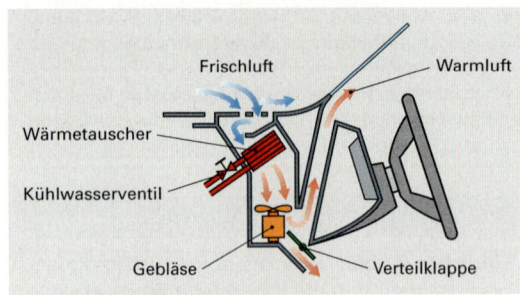

Bild 1: Heiztemperaturänderung durch Kühlwassermengensteuerung (wasserseitig)

Heiztemperaturänderung durch Frischluftmengensteuerung (Bild 2). Die Menge der Frischluft, die sich am mit Kühlflüssigkeit durchströmten Wärmetauscher erwärmt, kann über eine Temperaturklappe gesteuert werden. Sie bestimmt die Heiztemperatur.

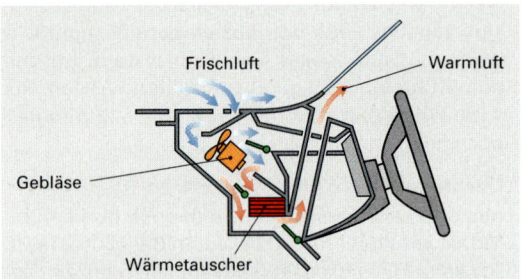

Bild 2: Heiztemperaturänderung durch Frischluftmengensteuerung (luftseitig)

Bei beiden Systemen kann durch Klappenstellungen Frischluft über den Wärmetauscher geleitet und als Heizluft zur Windschutzscheibe, zu den vorderen Seitenscheiben oder in den Fußraum gelenkt werden. Reicht der Fahrtwind für die Luftförderung nicht aus, so kann ein Gebläse eingeschaltet werden. Bleibt der Wärmetauscher, z. B. im Sommer, abgeschaltet, so wird die Frischluft direkt in den Innenraum bzw. zur Windschutzscheibe geleitet.

Elektronisch geregelte Heizung. Durch einen Drehschalter kann eine Temperatur im Innenraum des Kraftfahrzeugs eingestellt werden. Mit Hilfe von Temperaturfühlern wird die eingestellte Temperatur (Istwert) erfasst und in einem Steuergerät mit dem eingestellten Wert (Sollwert) verglichen. Stimmen die beiden Werte nicht überein, regelt das System die Heiztemperatur nach. Bei Kühlwassermengensteuerung wird ein Kühlwasserventil (Magnetventil), bei Frischluftmengensteuerung die Frischluftklappe elektromechanisch betätigt.

Zusatzheizsysteme

Standheizung (Bild 1). Sie ist eine Zusatzheizung, die bei abgestelltem Motor für die Erwärmung des Innenraums sorgt. Es werden dabei Benzin, Dieselkraftstoff, Heizöl oder Gas in einem Gebläsebrenner verbrannt. Die erzeugte Wärme wird in einem Wärmetauscher auf einen Frischluftstrom für die Beheizung des Innenraums übertragen.

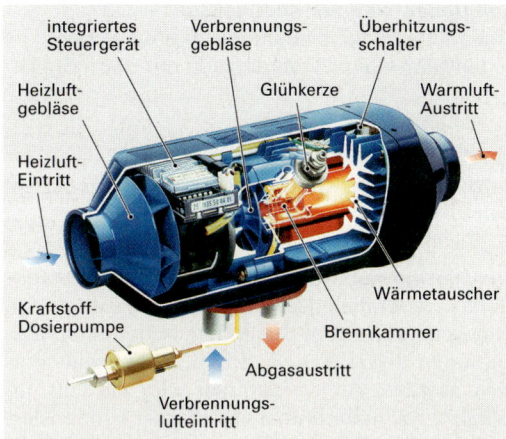

Bild 1: Standheizgerät

Bei Motoren mit geringem Kraftstoffverbrauch, z. B. direkteinspritzende Dieselmotoren, ist die in die Kühlflüssigkeit übertragene Verbrennungswärme gering. Eine in allen Betriebszuständen ausreichende Beheizung des Fahrzeuginnenraums ist nicht gewährleistet.

Zur Verbesserung der Heizleistung können folgende zusätzliche Heizsysteme im Kraftfahrzeug verwendet werden:
– Brennstoff-Zuheizer   – PTC-Heizung
– Abgas-Wärmeübertrager – elektrische Zuheizer.

Brennstoff-Zuheizer. In ihm wird Kraftstoff in einer Brennkammer verbrannt, die von der Kühlflüssigkeit des Motors umströmt wird. Die erwärmte Kühlflüssigkeit durchströmt den Wärmetauscher der Heizung. Die Zuluft für den Fahrzeuginnenraum erwärmt sich an dessen Kühlrippen, außerdem kann die Kühlflüssigkeit vorgewärmt werden. Der Brennstoffzuheizer kann im Kühlflüssigkeitskühler des Fahrzeugs untergebracht sein.

Elektrischer Zuheizer. Er kann z. B. aus sechs glühstiftähnlichen Heizkörpern bestehen, die in den Kühlflüssigkeitskreislauf eingebaut sind. Während der Warmlaufphase erwärmen diese Heizkörper die Kühlflüssigkeit, so dass nicht nur die Betriebstemperatur schnell erreicht wird, sondern auch der Fahrzeuginnenraum sofort erwärmt werden kann.

PTC-Heizung (Bild 2). Sie ist meist nach dem Wärmetauscher einer Klimaanlage eingebaut. In ihr wird elektrische Energie aus dem Gleichspannungsnetz des Fahrzeugs in Wärme umgewandelt.

Aufbau und Wirkungsweise. Die PTC-Heizung besteht aus einzelnen keramischen Halbleiterwiderständen, den PTC-Steinen (Kaltleiter). Sie werden über Kontaktschienen aus Aluminium mit elektrischer Energie versorgt. Die Kontaktschienen übertragen gleichzeitig die Wärme vom PTC-Baustein zu den Wellrippen der PTC-Heizung. Fließt durch die PTC-Bausteine elektrischer Strom, heizen sie sich auf ca. 120 °C auf. Die entstehende Wärme wird über die Kontaktschienen und Wellrippen an die in den Innenraum strömende Luft abgegeben. Eine Überhitzung der PTC-Bausteine wird dadurch verhindert, dass mit steigender Temperatur ihr elektrischer Widerstand steigt, und dadurch der durchfließende elektrische Strom sinkt.

Bild 2: PTC-Heizung

Das Motorsteuergerät schaltet bei folgenden Bedingungen die PTC-Heizung zu:
– Klimaanlage ausgeschaltet
– Außenlufttemperatur unter 5 °C
– Kühlflüssigkeitstemperatur ist kleiner als 80 °C
– Motor läuft.

Abgas-Wärmeübertrager (Bild 3). Er überträgt die Abgaswärme auf die Kühlflüssigkeit. Dadurch wird ein Teil der Abgasenergie zurückgewonnen und kann zur Beheizung des Fahrzeuginnenraums verwendet werden.

Bild 3: Abgas-Wärmeübertrager

Klimatisierung von Kraftfahrzeugen

An das Klimatisierungssystem für den Innenraum eines Kraftfahrzeugs werden bestimmte Anforderungen gestellt, z. B.
- Fahrgastzelle schnell auf eine angenehme Temperatur erwärmen oder abkühlen
- angenehme Temperatur bei jeder äußeren Witterung aufrechterhalten
- für jeden Insassen eine angenehme Luftströmung und Lufttemperatur erzeugen
- Luftqualität verbessern
- einfache Bedienung
- keine Belästigung durch ausströmende Luft.

Damit die oben genannten Anforderungen erfüllt werden können, muss die Klimaanlage folgende Aufgaben erfüllen:

Sie muss die Luft
- zuführen und reinigen
- erwärmen oder abkühlen
- ent- oder befeuchten.

Bauarten von Klimaanlagen

Man unterscheidet verschiedene Bauarten von Klimaanlagen:
- Manuelle Klimaanlagen
- temperaturgeregelte Klimaanlagen
- vollautomatische Klimaanlagen.

Manuelle Klimaanlagen. Temperatur, Luftverteilung und Gebläsestärke wird von Hand eingestellt.

Temperaturgeregelte Klimaanlagen. Die einmal gewählte Temperatur wird im Fahrzeuginnern konstant gehalten, während Luftverteilung und Gebläsestärke manuell eingestellt werden können.

Vollautomatische Klimaanlagen (Klimatisierungsautomaten). Die vorgewählte Temperatur im Fahrzeuginnenraum wird konstant gehalten. Sie wird ständig durch mehrere Temperaturfühler überprüft, während die Luftverteilung und Gebläsestärke vollautomatisch so geregelt wird, dass eine optimale Temperaturverteilung entsteht, z. B. Kopfraum 23 °C, Brustraum 24 °C, Fußraum 28 °C.

Komponenten einer Klimaanlage

Eine Klimaanlage besteht aus drei Bereichen:
- Luftführung im Kraftfahrzeug mit Heizmöglichkeit
- Kältemittelkreislauf
- Temperaturregelung.

Luftführung im Kraftfahrzeug. Es können zwei Betriebszustände unterschieden werden
- Frischluftbetrieb
- Umluftbetrieb.

Frischluftbetrieb (Bild 1). Die Außenluft wird vom Gebläse über die Frischluftklappe angesaugt. Von dort gelangt sie zum Staubfilter, in dem Verunreinigungen der Luft, z. B. Staub, Pollen usw. entfernt werden. Am Verdampfer wird die Luft abgekühlt, das in ihr enthaltene Wasser kondensiert und fällt aus. Das Kondenswasser wird über Ablaufschläuche ins Freie abgeführt. Die trockene, kühle Luft erwärmt sich am Wärmetauscher auf die gewählte Temperatur. Von dort wird sie über Klappen und Düsen an die gewünschten Stellen im Fahrzeuginneren geleitet.

Umluftbetrieb. Bei dieser Betriebsart wird die Luft fast ausschließlich aus dem Wageninneren angesaugt, im Staubfilter gereinigt, am Verdampfer erwärmt und anschließend wieder ins Wageninnere geleitet. Der Umluftbetrieb kann auf Fahrerwunsch, z. B. im Stau, über einen Schalter aktiviert werden.

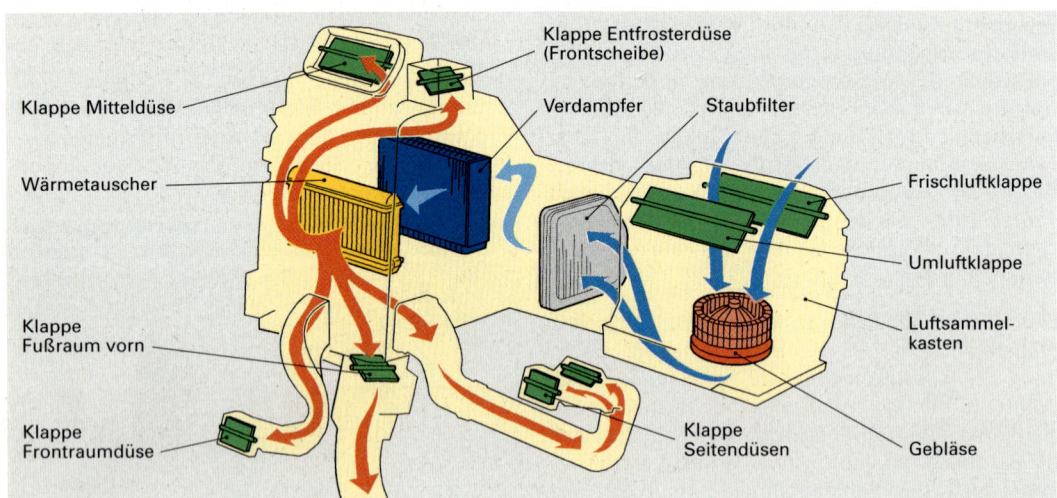

Bild 1: Luftführung im Frischluftbetrieb

Mit Hilfe eines **Luftgütesensors** kann die Schadstoffkonzentration, z. B. unverbrannte Kohlenwasserstoffe der Außenluft im Luftsammelkasten gemessen werden. Mit zunehmender Schadstoffkonzentration verringert sich der Widerstand des Sensors. Der Stromanstieg im Sensor ist ein Maß für die Schadstoffkonzentration. Im Innenraum wird eine mittlere Luftgüte angenommen. Ist die Schadstoffkonzentration der Frischluft deutlich höher als die angenommene Innenraumluftgüte, schaltet die Klimatisierungsautomatik auf 100 % Umluftbetrieb um. Ab diesem Zeitpunkt wird eine stetige Luftgüteverschlechterung der Innenraumluft durch die Elektronik des Steuergeräts der Klimatisierungsautomatik angenommen. Ist die ermittelte Innenraumluftgüte schlechter als die gemessene Außenluftgüte, schaltet die Klimatisierungsautomatik wieder auf 100 % Frischluftbetrieb.

Frischluft- und Umluftbetrieb können je nach Bedarf kombiniert werden.

Kältemittelkreislauf (Bild 1). Er besteht aus folgenden Komponenten:
- Kompressor (Verdichter)
- Kondensator (Verflüssiger)
- Flüssigkeitsbehälter (mit Sicherheitseinrichtungen und Trocknereinsatz)
- Expansionsventil
- Verdampfer
- Regel- und Steuereinrichtungen
- Schlauch und Rohrleitungen
- Kältemittel.

Kompressor (Verdichter). Er bewirkt den Umlauf des Kältemittels. Dazu saugt der Kompressor kaltes, gasförmiges Kältemittel vom Verdampfer an, verdichtet es und drückt das heiße, gasförmige Kältemittel mit einem Druck von ca. 16 bar zum Kondensator.

Der Kompressor arbeitet nur, wenn der Motor läuft und die Klimaanlage eingeschaltet ist. Es darf nur gasförmiges Kältemittel angesaugt werden. Würde der Kompressor flüssiges Kältemittel ansaugen, würde er durch einen Flüssigkeitsschlag zerstört werden.

Die in Klimaanlagen eingebauten Kompressoren werden durch das dem Kältemittel zugesetzte Kälteöl geschmiert. Man unterscheidet folgende Ausführungen:
- Hubkolben- oder Taumelscheibenverdichter
- Spiralverdichter oder Flügelzellenverdichter.

Die am häufigsten eingebauten Verdichter sind Taumelscheibenverdichter. Sie können als ungeregelte oder geregelte Kompressoren ausgeführt sein.

Ungeregelte Kompressoren. Bei ihnen wird die Fördermenge durch Zu- und Abschalten einer elektromagnetischen Kupplung gesteuert.

Geregelte Kompressoren. Der in **Bild 1, Seite 344** dargestellte volumengeregelte Kompressor erzeugt den Kolbenhub von sechs einzelnen Kolben durch eine Taumelscheibe. Da der Anstellwinkel der Taumelscheibe veränderlich ist, wird der Hub verändert und eine Fördermengenänderung erreicht.

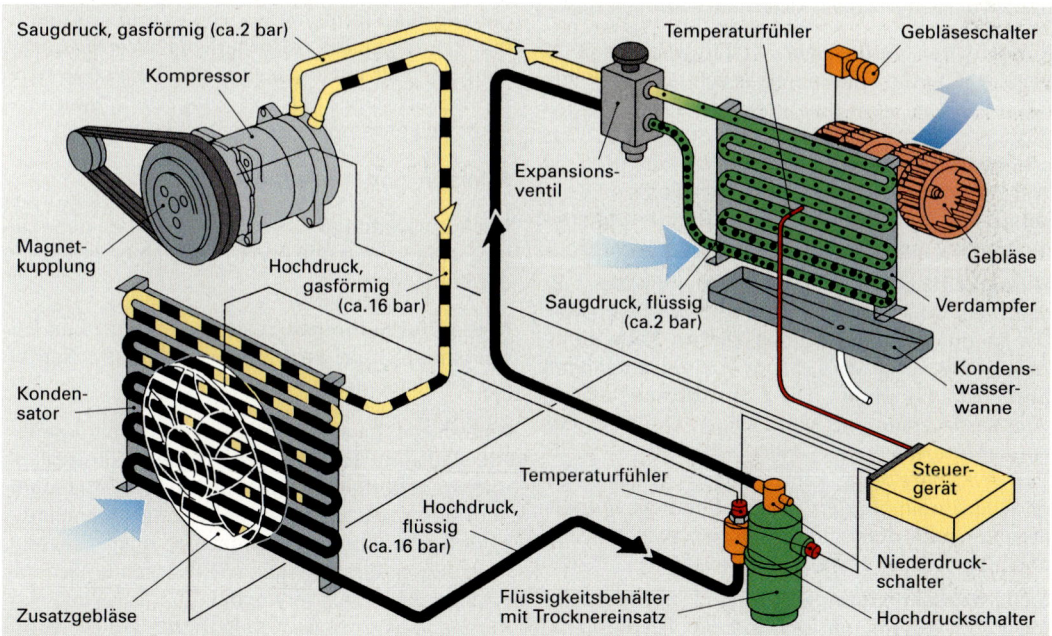

Bild 1: Kältemittelkreislauf

Der Taumelscheibenanstellwinkel hängt ab von der Druckdifferenz zwischen Verdichtungs- und Kurbelraum. Das Hauptregelventil regelt den Druck im Kurbelraum abhängig vom Saugdruck, so dass sich durch die Stellung der Taumelscheibe immer der notwendige Förderhub der sechs Kolben einstellt. Dadurch wird die Fördermenge zwischen 11 % und 100 % geregelt, ohne dass der Kompressor durch die Magnetkupplung abgeschaltet werden muss. Für schnelle Lastwechsel, z. B. beim Einschalten der Klimaanlage oder bei extremen emperaturänderungen wird das Hauptregelventil durch das Zusatzregelventil unterstützt. Bei neueren geregelten Kompressoren kann die Fördermenge zwischen 0 % und 100 % geregelt werden, so dass die elektromagnetische Kupplung entfällt.

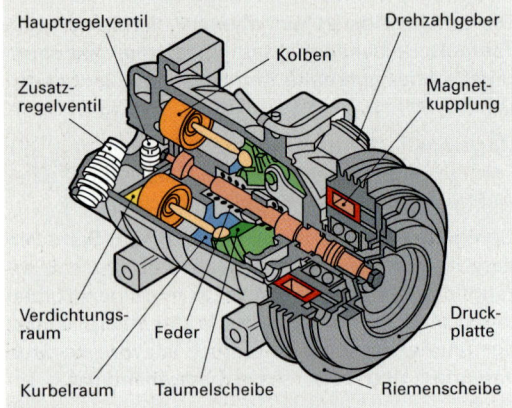

Bild 1: Volumengeregelter Kältekompressor

Kondensator (Verflüssiger). In ihm wird das 60 °C bis 100 °C heiße Kältemittelgas schnell abgekühlt. Dabei geht es vom gasförmigen Zustand in den flüssigen Zustand über – es kondensiert. Das schnelle Abkühlen wird dadurch erreicht, dass die Wärme von den Rohren und Lamellen des Kondensators, vom Fahrtwind und von der Luftströmung des Zusatzgebläses aufgenommen wird.

Flüssigkeitsbehälter mit Trocknereinsatz. Er dient als Ausgleichsgefäß und Vorratsbehälter. Die Menge des Kältemittels, die im Kältemittelkreislauf benötigt wird, hängt von verschiedenen Betriebsbedingungen, wie z. B. Wärmebelastung von Verdampfer und Verflüssiger, Drehzahl des Verdichters, ab.

Der Trocknereinsatz kann etwaige Wasserreste und Verunreinigungen des Kältemittels aufnehmen. Je nach Ausführung können zwischen 6 g und 12 g Wasser gespeichert werden.

Sicherheitseinrichtungen. Es sind ein Temperaturfühler, ein Hochdruck- und ein Niederdruckschalter. Der Temperaturfühler bewirkt, bei zu hoher Kältemitteltemperatur (über 60 °C) das Einschalten des Zusatzlüfters am Kondensator.

Der Hochdruckschalter schaltet bei Druck den Kompressor ab, um eine Zerstörung der Klimaanlage zu verhindern. Bei Drücken unter 2 bar schaltet der Niederdruckschalter den Kompressor ab, da man annimmt, dass im Leitungssystem ein Leck aufgetreten ist. Kältemittel darf nicht in die Umgebung gelangen.

Bei neueren Klimaanlagen ersetzt ein Sensor den Temperaturfühler, den Hochdruck- und Niederdruckschalter. Das Sensorsignal wird von der Steuerlogik der Klimaanlage ausgewertet und je nach dem der Kompressor oder das Zusatzgebläse **(Bild 1, Seite 343)** ein- oder ausgeschaltet.

Am Flüssigkeitsbehälter ermöglicht ein Schauglas den Kältemittelstrom und den Zustand des Kältemittels zu prüfen. Ein Überdruckventil lässt bei einem Überdruck von 40 bar aus Sicherheitsgründen Kältemittel ab.

Expansionsventil. Es reguliert die Kältemittelmenge, die in den Verdampfer eingespritzt wird. Die optimale Kältemittelmenge ist die Menge, die im Verdampfer je nach Betriebszustand vergast werden kann. Sie ist vom Saugdruck bzw. der Temperatur des Kältemittels nach dem Verdampfer abhängig.

Verdampfer. In ihm wird das unter hohem Druck stehende flüssige Kältemittel in den gasförmigen Zustand bei niedrigem Druck überführt. Bei diesem Vorgang entzieht das Kältemittel seiner Umgebung die Wärmemenge, die es zum Verdampfen benötigt. Die erforderliche Wärmemenge wird der Luft entzogen, die ein Gebläse je nach Betriebsart – im Frischluft- oder Umluftbetrieb – über die Verdampferoberfläche leitet.

Schlauch- und Rohrleitungen

Hochdruckleitungen besitzen einen kleinen Leitungsquerschnitt und erwärmen sich beim Betrieb der Klimaanlage.

Niederdruckleitungen besitzen einen großen Leitungsquerschnitt und kühlen sich beim Betrieb der Klimaanlage ab.

Kältemittel. Es zirkuliert in einem geschlossenen Kreislauf im Leitungssystem der Klimaanlage und transportiert Wärme aus dem Fahrzeuginnenraum nach außen. Dabei wechselt es ständig zwischen flüssigem und gasförmigem Zustand. In heutigen Klimaanlagen wird ausschließlich das Kältemittel R134a verwendet. Die Befüllung von Klimaanlagen mit dem Kältemittel R12 ist verboten (siehe auch Kapitel 10.4, **Seite 221**).

Klimaanlage — 2 Motor

Regel- und Steuereinrichtungen. Sie sind die Bedienungselemente im Fahrzeuginnenraum, mit denen die gewünschten klimatischen Verhältnisse im Kraftfahrzeug eingestellt werden können.

Temperaturregelung (Bild 1). Sie steuert den Temperaturregelkreis für den Innenraum des Kraftfahrzeugs und beeinflusst auch den Kreislauf des Kältemittels. Das elektronische Steuergerät erfasst über verschiedene Temperatursensoren wie Verdampfungstemperatursensor, Ausblastemperatursensor und Innenfühler alle wichtigen Temperaturen und Störgrößen. Mit dem Sollwertsteller wird dem Steuergerät die von den Insassen gewählte Temperatur vorgegeben. Die Solltemperatur wird mit der Isttemperatur verglichen. Die festgestellte Differenz erzeugt im Steuergerät Führungsgrößen für die Heizungsregelung (Wärmetauscher, Magnetventil), Kühlungregelung (Verdampfer, Kompressor), Luftmengenregelung (Gebläse) und der Luftverteilungsregelung (Klappenstellung für Frischluft, Umluft, Entfrostung, Bypass, Fußraum). Alle Regelkreise lassen sich durch Handeingabe beeinflussen.

Die Luftmengeneinstellung kann über Gebläsestufen oder stufenlos erfolgen ohne Istwert-Abfrage. Bei höheren Fahrgeschwindigkeiten erhöht jedoch der auftretende Staudruck die Fördermenge des Gebläses. Mit einer speziellen Steuerung kann die Gebläsedrehzahl mit zunehmender Fahrgeschwindigkeit verringert werden, um den Luftstrom konstant zu halten.

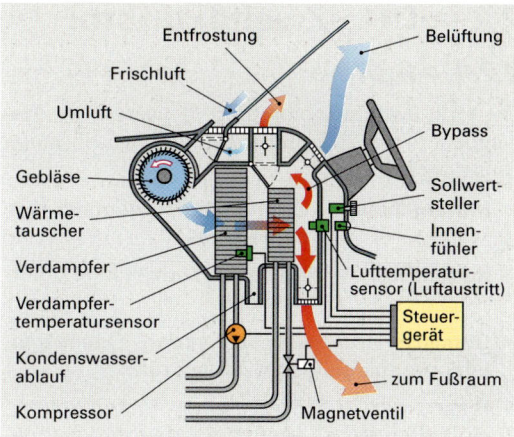

Bild 1: Elektronisch geregelte Klimaanlage

Der Entfrostungsbetrieb (Einstellung DEF) ermöglicht es, beschlagene oder vereiste Scheiben schnell frei zu bekommen. Dazu muss der Temperaturregler auf volle Heizleistung, das Gebläse auf höchste Drehzahl und die Luftverteilung nach oben verstellt werden. Bei Klimatisierungsautomaten geschieht dies durch einen Tastendruck.

Im Winter oder bei niederen Außentemperaturen wird bei Kaltstart, um Zugerscheinungen durch die noch unbeheizte Luft zu vermeiden, das Gebläse durch das Steuergerät angehalten, bis eine mittlere Kühlmitteltemperatur erreicht ist. Wird jedoch entfrostet, gilt diese Einstellung nicht.

Arbeitsregeln und Werkstatthinweise

- Ersatzteile von Klimaanlagen trocken und verschlossen lagern.
- Bei Eingriff in den Kältemittelkreislauf der Klimaanlage sämtliche Öffnungen sofort verschließen (Kältemittel hygroskopisch).
- Das Expansionsventil kann nicht eingestellt und darf nicht repariert werden.
- Dichtungen müssen nach dem Lösen der Rohr- und Schlauchleitungen erneuert werden.
- An Rohrleitungen darf nicht gelötet oder geschweißt werden.
- Wegen der physikalischen Eigenschaften des Kältemittels dürfen für Klimaanlagen nur die vorgesehenen Rohr- und Schlauchleitungen verwendet werden.
- Kein Kältemittel aus der Klimaanlage in die Füllflasche zurückpumpen.
- Leere Kältemittelflaschen stets verschlossen halten.
- Sicherheitsvorschriften im Umgang mit Kältemittel beachten.

Wiederholungsfragen

1. Welche Anforderungen werden an Klimaanlagen gestellt?
2. Welche Aufgaben hat die Klimaanlage?
3. In welche drei Bereiche lassen sich Klimaanlagen einteilen?
4. Erklären Sie den Frischluftbetrieb.
5. Aus welchen Komponenten besteht der Kältemittelkreislauf?
6. Welche Aufgabe hat der Schadstoffsensor?
7. Welche Aufgaben hat das Kältemittel?
8. Warum darf der Kompressor nur gasförmiges Kältemittel ansaugen und verdichten?
9. Erklären Sie die elektronische Regelung der Innenraumtemperatur bei Änderung der Solltemperatur am Sollwertgeber.

2.2 Otto-Zweitaktmotor

2.2.1 Aufbau

Der Otto-Zweitaktmotor (**Bild 1**) besteht im Wesentlichen aus 3 Baugruppen und zusätzlichen Hilfseinrichtungen:

- **Motorgehäuse**   Zylinderkopf, Zylinder, Kurbelgehäuse
- **Kurbeltrieb**   Kolben, Pleuelstange, Kurbelwelle
- **Gemisch-bildungsanlage**   Vergaser oder Einspritzanlage, Ansaugrohr
- **Hilfs-einrichtungen**   Zündanlage, Motorkühlung, Auspuffanlage und Schmieröldosierpumpe bei Frischölschmierung (Getrenntschmierung).

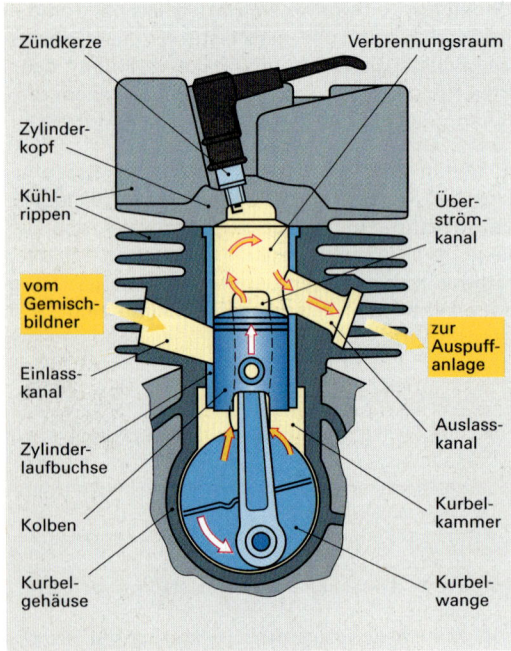

Bild 1: Aufbau eines Otto-Zweitaktmotors

2.2.2 Arbeitsweise

> Der Zweitaktmotor benötigt keine besonderen Steuerorgane für den Gaswechsel.

Der Gaswechsel wird meist durch den Kolben und über die Schlitze in der Zylinderwand gesteuert. Daher können alle Bauteile der Motorsteuerung, wie sie beim Viertaktmotor verwendet werden, entfallen.

> Ein Arbeitsspiel läuft beim Zweitaktmotor während einer Kurbelwellenumdrehung ab (360°).

Das Arbeitsspiel eines Zweitaktmotors besteht wie beim Viertaktmotor aus **Ansaugen, Verdichten, Arbeiten, Ausstoßen**. Dagegen ist der Ablauf der einzelnen Vorgänge (**Tabelle 1**) örtlich und zeitlich verschieden.

Beim Viertaktmotor läuft das Arbeitsspiel nur im Zylinder ab, und zwar in vier Kolbenhüben bzw. in zwei Kurbelwellenumdrehungen. Um beim Zweitaktmotor das Arbeitsspiel auf zwei Kolbenhübe bzw. auf eine Kurbelwellenumdrehung zu beschränken, muss der Zylinder mit der Kurbelkammer zusammenwirken. Die Kurbelkammer bildet zusammen mit dem unteren Teil des Zylinders und der Unterseite des Kolbens eine Pumpe. Daher muss die Kurbelkammer gasdicht sein.

Tabelle 1: Vorgänge im Zweitaktmotor	
Vorgänge im Zylinder (über dem Kolben)	Überströmen (Spülen) Verdichten Arbeiten Ausstoßen
Vorgänge in Kurbelkammer (unter dem Kolben)	Voransaugen Ansaugen Vorverdichten Überströmen (Spülen)

Weil bei diesen Motoren zur Gassteuerung drei Arten von Kanälen verwendet werden, nennt man sie Dreikanal-Zweitaktmotoren. Die Zahl der Mündungen jeder Kanalart bleibt dabei unberücksichtigt.

Dreikanal-Zweitaktmotor (Bild 1). Er hat je einen Einlass- und Auslasskanal und zwei Überströmkanäle, die sich gegenüberliegen.

Einlasskanal   Er kommt vom Vergaser und führt zur Kurbelkammer.
Überströmkanal   Er verbindet die Kurbelkammer mit dem Verbrennungsraum.
Auslasskanal   Er kommt vom Verbrennungsraum und führt zur Auspuffanlage.

> Der Zweitaktmotor hat einen offenen Gaswechsel.

Das bedeutet, dass Auslass- und Überströmschlitz über einen großen Bereich des Gaswechsels zugleich geöffnet sind. Dagegen hat der Viertaktmotor, abgesehen von der kurzen Zeit der Ventilüberschneidung, einen in sich geschlossenen Gaswechsel. Es ist demnach beim Zweitaktmotor unvermeidlich, dass einerseits eine Vermischung zwischen Frisch- und Altgasen und andererseits Frischgasverluste auftreten.

Arbeitsweise (Dreikanal-Zweitaktmotor)
1. Hub, Kurbelwinkel 0° ... 180°

Kolben bewegt sich von UT nach OT (Bild 1)

Vorgänge in der Kurbelkammer
Nachdem der Kolben den Überströmschlitz geschlossen hat, entsteht in der Kurbelkammer durch die Raumvergrößerung ein Unterdruck von 0,2 bar ... 0,4 bar. Diesen Vorgang nennt man Voransaugen.
Ansaugtakt. Gibt schließlich der Kolben den Einlassschlitz frei, so beginnt das eigentliche Ansaugen des Kraftstoff-Luft-Gemisches.

Vorgänge im Verbrennungsraum
Verdichtungstakt. Nachdem der Kolben den Auslassschlitz geschlossen hat, beginnt im Zylinder die Verdichtung des Kraftstoff-Luft-Gemisches. Kurz vor OT erfolgt dann die Zündung.

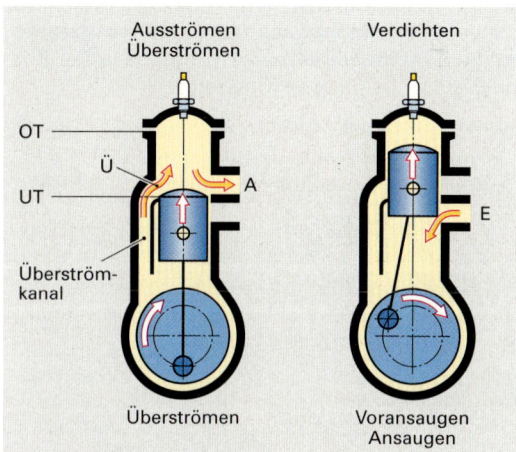

Bild 1: 1. Takt

2. Hub, Kurbelwinkel 180° ... 360°

Kolben bewegt sich von OT nach UT (Bild 2)

Vorgänge im Verbrennungsraum
Arbeitstakt. Beim Arbeiten bewegt der Druck der Verbrennungsgase den Kolben von OT nach UT.

Vorgänge in der Kurbelkammer
Nachdem der Kolben den Einlassschlitz geschlossen hat, beginnt die Vorverdichtung des Kraftstoff-Luft-Gemisches auf etwa 0,3 bar ... 0,8 bar.

Gaswechselvorgang
(Vorgänge unter und über dem Kolben)
Beim Übergang zum nächsten Arbeitsspiel findet der Gaswechsel statt.
Ausstoßtakt. Die Kolbenoberkante gibt den etwas höher liegenden Auslassschlitz frei und die Abgase puffen aus. Danach gibt sie den Überströmschlitz frei und das vorverdichtete Kraftstoff-Luft-Gemisch übernimmt beim Überströmen von der Kurbelkammer das Spülen des Zylinders und das Ausstoßen der Restgase. Durch den anfänglichen Staudruck in der Auspuffleitung schlagen die Restgase beim Öffnen des Überströmschlitzes zunächst zurück in die Kurbelkammer. Dadurch erhöht sich der Vorverdichtungsdruck von 0,3 bar auf den Spüldruck von etwa 0,8 bar. Dieser bewirkt dann das Überströmen der Frischgase.
Hat der Kolben auf seinem Weg nach OT den Überströmschlitz und danach den Auslassschlitz geschlossen, ist der Spülvorgang beendet.

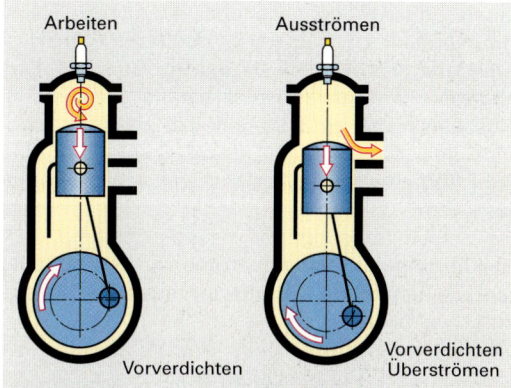

Bild 2: 2. Takt

Tabelle 1: Gasdrücke in bar			
Ansaugen	Verdichten	Arbeiten	Ausströmen
–0,4...–0,6	8...12	25...40	3...0,1
Voransaugen	Vorverdichten		Überströmen
–0,2...–0,4	0,3...0,8		1,3...1,6

Spülverfahren (Umkehrspülung)
Bei der üblichen Umkehrspülung nach A. Schnürle* liegt je ein Überströmschlitz rechts und links des Auslassschlitzes **(Bild 3)**. Ein Kolbenfenster dient als dritter Überströmschlitz. Diese Spülung wird auch „Dreistromspülung" genannt.

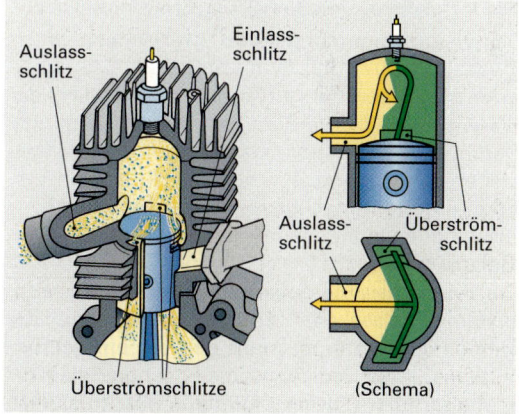

Bild 3: Umkehrspülung

* Adolf Schnürle, dt. Ingenieur, 1896-1951

Die Spülströme werden von den schräg zur Zylinderachse liegenden Spülkanälen an die dem Auslass gegenüberliegende Zylinderwand geleitet. Dort richten sie sich aneinander auf und schieben die Restgase, der Zylinderwand folgend, zum Auslassschlitz hinaus. Die Spülströme kehren also im Zylinder um. Es können auch drei oder mehr Überströmkanäle dem oder den Auslasskanälen gegenüber vorhanden sein. Bei der 4-Kanal-Umkehrspülung **(Bild 1)** treffen sich die beiden Hauptspülströme gegenüber des Auslasskanals und werden nach oben abgelenkt. Nach ihrer Umlenkung, begünstigt durch die Form des Zylinderkopfes, spülen sie den größten Teil des Abgases zum Auslasskanal hinaus. Die beiden Hilfsspülströme sind so gelenkt, dass sie den noch im „toten Bereich" des Zylinders befindlichen Abgaskern zum Auslasskanal schieben und ausspülen.

Die Schleifenbildung der Hauptspülströme und die Führung der Hilfsspülströme verringern Spülverluste, spülen den Abgaskern aus und verbessern den Füllungsgrad.

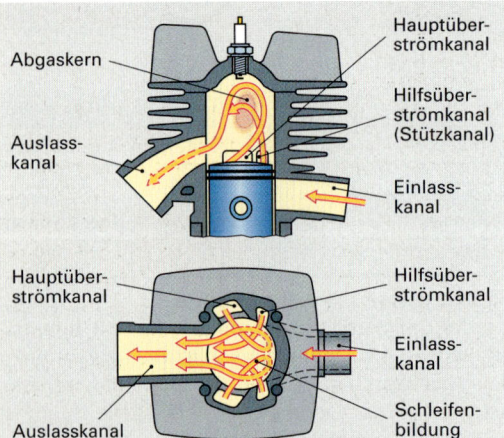

Bild 1: Mehrkanal-Umkehrspülung (Schleifenspülung)

Schwingungsvorgänge beim Gaswechsel

Zweitaktmotoren mit symmetrischem Steuerdiagramm arbeiten mit großer Überschneidung der Steuerzeiten bzw. der Gaswechselvorgänge. Durch die stoßartigen Gaswechselvorgänge entstehen Schwingungen in den Gassäulen. Zur Verringerung von Frischgasverlusten müssen diese Schwingungen aufeinander abgestimmt sein.

Einlassvorgang

Die Frischgassäule schwingt zwischen Ansaugsystem, Einlasskanal und Kurbelkammer. Bei richtiger Abstimmung muss der Kolben den Einlasskanal schließen, wenn die Frischgassäule zur Kurbelkammer zurückschwingt. Das Frischgas kann nicht mehr zurückströmen, der Verdichtungsdruck erhöht sich.

Auslass- und Spülvorgang

Die Gassäulen schwingen zwischen Auspuffanlage, Zylinder und Kurbelkammer. Das unter Überdruck ausströmende Abgas erzeugt eine Druckwelle, die von einer Prallwand im Vorschalldämpfer reflektiert wird. Dadurch wird das Nachströmen von Frischgas in den Auslasskanal vermindert.

Wegen dieser Schwingungsvorgänge müssen Auspuffleitung mit Schalldämpfer und Ansaugleitung mit Luftfilter genau aufeinander abgestimmt sein, um Füllungsverluste zu vermeiden. Unsachgemäße Nacharbeiten führen zu Leistungsverlusten und höherem spezifischen Kraftstoffverbrauch.

Symmetrisches Steuerdiagramm (Bild 2)

Beim Zweitaktmotor mit Gaswechselsteuerung durch den Kolben werden Einlass-, Auslass- und Überströmschlitze genau so viele Grade vor OT bzw. UT geöffnet, wie sie geschlossen werden. Es ergibt sich deshalb ein symmetrisches Steuerdiagramm. **Bild 2** zeigt die Vorgänge im Verbrennungsraum im äußeren, die Vorgänge in der Kurbelkammer im inneren Kreisring.

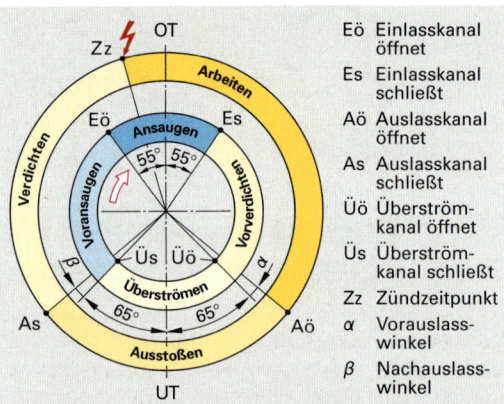

Bild 2: Symmetrisches Steuerdiagramm

Günstiger Vorauslass. Der nach UT gehende Kolben öffnet zuerst den Auslassschlitz und dann den Überströmschlitz. Beim Öffnen des Auslassschlitzes tritt ein starker Druckabfall ein, so dass die restlichen Altgase nicht so stark in die Kurbelkammer zurückschlagen und sich dort mit dem vorverdichteten Frischgas vermischen.

Schädlicher Nachauslass. Der nach OT gehende Kolben schließt zuerst den Überströmschlitz und danach den Auslassschlitz. Dabei können Frischgase zum Auslasskanal hinausgedrängt werden.

Füllungsverlust. Für die Spülung hat der Zweitaktmotor nur etwa 130° Kurbelwinkel zur Verfügung, dies entspricht etwa einem Drittel der Gaswechselzeit des Viertaktmotors.

Wegen dieser Nachteile verwendet man Einlasssteuerungen und/oder Auslasssteuerungen. Dabei ergeben sich unsymmetrische Steuerdiagramme.

Unsymmetrisches Steuerdiagramm (Bild 1)
Beim unsymmetrischen Steuerdiagramm können die Öffnungs- und Schließwinkel für die einzelnen Kanäle verschieden groß und damit nicht mehr symmetrisch zu OT bzw. UT sein.
Unsymmetrische Steuerdiagramme für Ein- **und** Auslasssteuerungen können nicht durch kolbenabhängige Schlitzsteuerungen erreicht werden.

Nützliches Nachladen. Bei Zweitaktmotoren mit unsymmetrischem Steuerdiagramm kann der Überströmkanal nach dem Auslasskanal geschlossen werden; die Füllung wird durch die Massenträgheit der Frischgase verbessert.
Das „Nützliche Nachladen" ist nur mit einem großen Bauaufwand zu erreichen, z. B. durch Einlasssteuerung mittels Schieber und Auslasssteuerung mittels nockengesteuerten Auslassventilen.

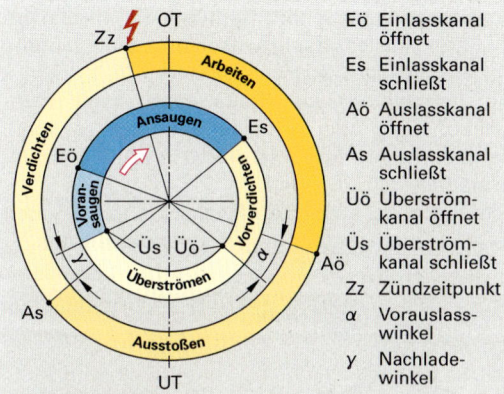

Bild 1: Unsymmetrisches Steuerdiagramm

Die Verschiebung der Öffnungs- oder/und Schließwinkel nach „früher" oder „später" für den Einlassvorgang kann mittels Membran- oder Drehschiebersteuerung erfolgen.

2.2.3 Steuerungsarten

Einlasssteuerung

Membransteuerung (Bild 2)
Die Zuführung des Frischgases wird über ein Membranventil im Einlasskanal gesteuert. Bewegt sich der Kolben nach OT (Voransaugen), entsteht ein Unterdruck in der Kurbelkammer. Das Membranventil wird durch den Differenzdruck von Kurbelkammer- und Atmosphärendruck geöffnet. Das Frischgas kann beim Ansaugen solange in die Kurbelkammer strömen, bis der durch den Druck des abwärtsgehenden Kolbens erzeugte Vorverdichtungsdruck und die vorgespannte Membran den Einlasskanal schließen. Das Membranventil verhindert so das Zurückströmen des angesaugten Frischgases in das Ansaugsystem. Dadurch wird eine bessere Frischgasfüllung erreicht.

Aufbau des Membranventils (Bild 2)
Die Membranstreifen bestehen aus hochelastischem dünnen Federstahl, die sich schon bei geringstem Differenzdruck öffnen. Der Membranstopper begrenzt die Ventilbewegung der Membranstreifen und verhindert deren Aufschwingen.

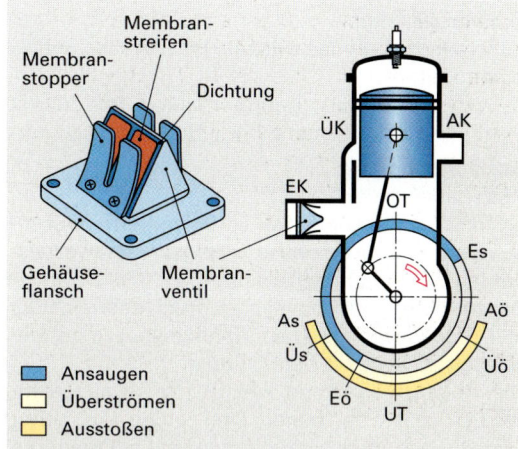

Bild 2: Membransteuerung

Drehschiebersteuerung (Bild 3)
Die Steuerung des Einlasskanals erfolgt durch Walzen- oder Plattendrehschieber. Die Steuerwinkel können sich im Gegensatz zur Membransteuerung nicht verändern. Die Mündung der Einlassöffnung in die Kurbelkammer wird durch einen Plattendrehschieber geöffnet und verschlossen. Der Drehschieber rotiert mit Kurbelwellendrehzahl. Durch die Form seiner Aussparung und der Lage zur Kurbelwelle bestimmt der Drehschieber den Einlasswinkel und damit die Einlasszeit.
Auch Kurbelwangen mit Aussparungen können als Drehschieber verwendet werden.

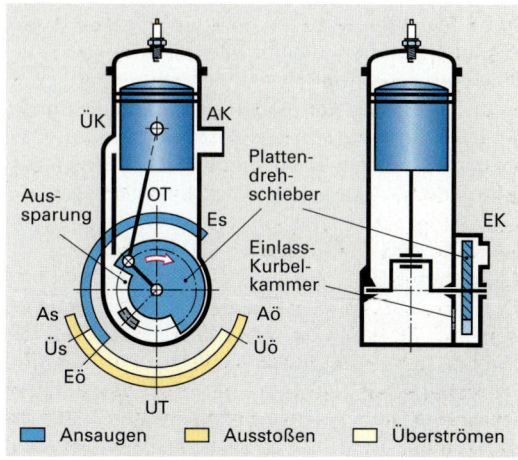

Bild 3: Drehschiebersteuerung

Merkmale der Einlasssteuerung
- Unsymmetrisches Steuerdiagramm
- Steuerwinkel für „Einlasskanal öffnen" und „Einlasskanal schließen" sind verschieden groß
- Steuerwinkel für Überströmen und Ausstoßen sind symmetrisch zu UT
- veränderlicher Einlasswinkel bei Membransteuerung, abhängig vom Kurbelkammerunterdruck
- konstanter Einlasswinkel bei Drehschiebersteuerung
- verbesserte Kurbelkammerfüllung und damit höheres Drehmoment, hohe Hubraumleistung.

Auslasssteuerung
Auslasssteuerungen werden verwendet, um den schädlichen Nachauslass zu verringern oder zu vermeiden. Dadurch ergibt sich auch eine Verbesserung des Füllungsgrades.
Bei zu niedrigem Abgasgegendruck entweicht zu viel Frischgas in die Auspuffanlage, bei zu hohem gelangt zu wenig in den Zylinder.
Die Abgasanlage kann konstruktiv so ausgelegt werden, dass bei hohen Drehzahlen ein hoher Abgasgegendruck entsteht, der aber bei niederen Drehzahlen nicht erreicht wird. In einem sehr engen Drehzahlbereich (Resonanzdrehzahl) können die Gasschwingungen so abgestimmt werden, dass die Spülverluste verringert werden und der Füllungsgrad verbessert wird. Mit der Resonanzverstimmung kann dieser Drehzahlbereich verbreitert werden.

Auslasssteuerung mit Resonanzkammer (Bild 1)
Die Resonanzverstimmung erfolgt durch Ankoppelung einer Resonanzkammer. Das Öffnen und Schließen dieser Kammer erfolgt durch einen Walzendrehschieber. Ein Stellmotor bewirkt über ein Getriebe und Bowdenzüge die Verdrehung der Walze. Der Stellmotor nimmt die Anzahl der Zündimpulse als Bezugsgröße. Bis zu einer Drehzahl von 6 500 1/min wird ein Teil des Abgases in die Resonanzkammer geleitet. Dadurch wird das Auspuffvolumen vergrößert und so das Austreten unverbrannter Gase vermindert. Bei hohen Drehzahlen schließt die Walze die Resonanzkammer. Das Auspuffvolumen wird so verkleinert, dass sich der erforderliche Abgasgegendruck einstellen kann.

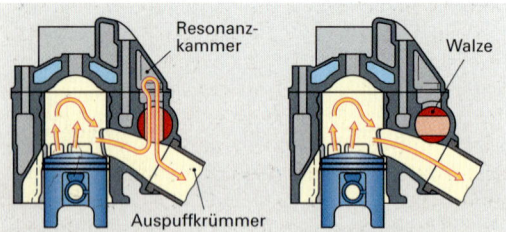

Bild 1: Auslasssteuerung mit Resonanzkammer

Auslasssteuerung mit Steuerwalze (Bild 2)
Die Auslasssteuerung erfolgt mit einer Steuerwalze (Power Valve System). Die zum Auslasskanal querliegende Steuerwalze hat einen segmentförmigen Ausschnitt mit einer scharfen Steuerkante. Drehzahlabhängig wird durch Verdrehen der Steuerwalze der Auslasskanalquerschnitt verkleinert.
Bei niederen und mittleren Drehzahlen wird die Oberkante (Steuerkante) des Auslasskanals durch Verdrehen der Steuerwalze nach unten verschoben und der Auslasskanalquerschnitt in der Höhe verkleinert. Dadurch werden der Auslasssteuerwinkel und die Auslasssteuerzeit verkürzt und so das Einströmen von Frischgas in den Auslasskanal verhindert. Dabei vergrößern sich der Nutzhub des Kolbens und das effektive Verdichtungsverhältnis. Kurz vor Erreichen der Höchstdrehzahl wird die Steuerwalze gedreht, damit der gesamte Auslasskanalquerschnitt frei wird. So werden ein größerer Auslasssteuerwinkel und eine längere Auslasssteuerzeit erreicht.
Die Verstellung der Steuerwalze kann fliehkraftabhängig oder mittels Stellmotor erfolgen. Der Stellmotor nimmt die Anzahl der Zündimpulse als Bezugsgröße auf.
Pneumatisch betätigte Flachschieber können auch zur Auslasssteuerung verwendet werden.

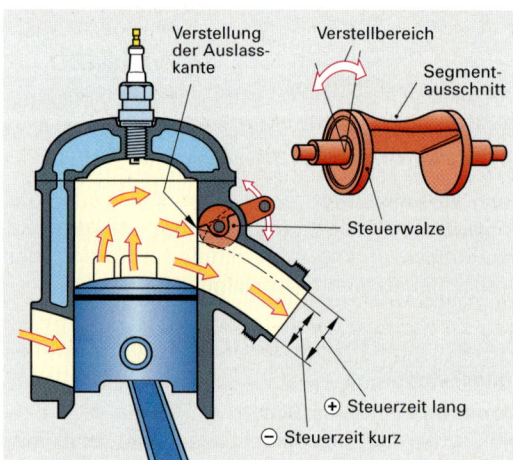

Bild 2: Auslasssteuerung mit Steuerwalze

Merkmale der Auslasssteuerung
- Auslasssteuerungen durch Resonanzverstimmung, Steuerwalzen oder Flachschieber haben symmetrische Steuerdiagramme
- verringerte Frischgasverluste beim Spülen
- hohes Drehmoment und hohe Leistung bei niederen und mittleren Drehzahlen
- Steuerwalze thermisch hoch beansprucht, empfindlich gegen Ölkohleablagerungen
- schlechtere Kühlung der Zylinderwand im Auslassbereich

2.2.4 Bauliche Besonderheiten

Kurbelgehäuse
Die im Kurbelgehäuse liegende Kurbelkammer muss nach außen druckfest abgedichtet und engräumig ausgeführt werden, damit der notwendige Vorverdichtungsdruck zustande kommt.
Als Kurbelwellenabdichtung werden Radialwellendichtringe verwendet. Bei Mehrzylindermotoren muss die Kurbelwelle auch an den Zwischenlagern abgedichtet werden. Dadurch werden unerwünschte Gaswechselvorgänge zwischen den verschiedenen Zylindern und Kurbelkammern verhindert.

Schmierung
Weil die Kurbelkammer zum Vorverdichten des Kraftstoff-Luft-Gemisches dient, haben fast alle Zweitaktmotoren **Mischungsschmierung**, d. h. das Schmieröl wird dem Kraftstoff beigemischt. Wenn bei der Mischungsschmierung das Kraftstoff-Öl-Luft-Gemisch mit den heißen Motorteilen in Berührung kommt, vergast der Kraftstoff, während sich das Öl abscheidet und die Schmierung von Kurbeltrieb einschließlich aller Lagerstellen und Zylinder übernimmt.
Ein bestimmter Ölanteil wird jedoch verbrannt und führt zur Ölkohlebildung. Je kälter der Motor ist, um so höher ist der Ölanteil, der mit unvergastem Kraftstoff verbrennt und Ölkohle bildet. Diese setzt sich am Kolben, im Zylinderkopf, in den Auspuffschlitzen und in der Auspuffanlage ab. Ein zu hoher Ölanteil in der Zweitakt-Mischung begünstigt den Ölkohleansatz, während ein zu niedriger Ölanteil zu hohem Verschleiß oder gar zum Kolbenfressen führt. Je nach Hersteller wird ein Mischungsverhältnis von 1 : 20 ... 1 : 100 vorgeschrieben.

Frischölschmierung (Bild 1)
Bei Zweitaktmotoren kann auch Kraftstoff und Öl getrennt voneinander in Behältern untergebracht werden (Getrenntschmierung).
Vom Ölbehälter wird durch eine Dosierpumpe das Öl in den Ansaugkanal gefördert und dort von dem Kraftstoff-Luft-Gemisch mitgerissen. Das Öl kann auch dem Kraftstoff vor Eintritt in den Vergaser beigemischt werden. Zusätzlich können auch die Kurbelwellenlager direkt mit Öl versorgt werden.
Das Pumpenelement mit Pumpenkolben wird über eine Getriebekombination von der Kurbelwelle in Rotation versetzt, dadurch erfolgt die Ölförderung drehzahlabhängig. Die Schraubenfeder drückt den Kolben über den Zapfen an den wirkenden Nocken.
Beim **Saughub** fließt das Öl in das Pumpenelement unter den Kolben. Während der Drehbewegung des Pumpenelements wirken Zapfen und Fördernocken zusammen. Durch den **Druckhub** des Kolbens wird das Öl zum Ansaugrohr gefördert. Über den Gasdrehgriff wird die Nockenstellung verändert, die Ölförderung erfolgt lastabhängig. Das Rückschlagventil verhindert das Leerlaufen der Ölförderleitung. Durch die drehzahl- und lastabhängige Dosierung wird eine große Ölersparnis erreicht (Mischungsverhältnis 1 : 100 und magerer).

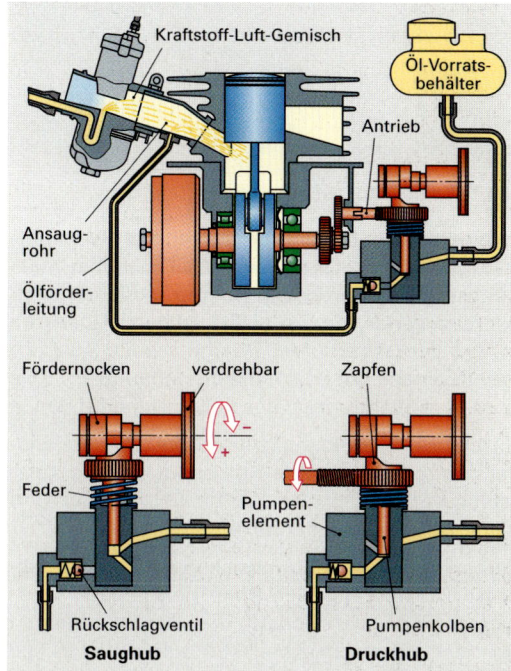

Bild 1: Frischölschmierung mit Dosierpumpe

Kurbelwelle und Pleuelstange
Zur Lagerung der Kurbelwelle und des Pleuelfußes werden Wälzlager verwendet. Auch bei der Lagerung des Kolbenbolzens im Pleuelauge werden meistens Wälzlager verwendet. Bei Mischungsschmierung werden alle Lager durch die Frischgasfüllung in der Kurbelkammer geschmiert und gekühlt.
Bei Verwendung der üblichen ungeteilten Wälzlager (Nadel- oder Rollenlager) muss die Kurbelwelle aus Einzelteilen zusammengebaut sein.

Kolben mit Zubehör
Beim Zweitaktmotor wird der Kolben infolge der doppelten Arbeitstaktzahl und der Steuerung des Auslassschlitzes heißer als beim Viertaktmotor. Die Wärmedehnung ist größer als beim Viertaktmotor. Größere Einbauspiele für Kolben, Kolbenbolzen und Kolbenringe gleichen die erhöhte Wärmedehnung aus. Einlass- und Überströmkanäle können teilweise Frischgasströme durch den Kolben führen und tragen dadurch zur besseren Kühlung bei.

Fenster im Kolbenschaft (**Bild 1**) können auch teilweise die Steuerung der Zylinderschlitze übernehmen. Durch die Kolbenfenster wird jedoch die Formsteifigkeit herabgesetzt.

Bild 1: Zweitaktkolben mit Fenstern

Zweitaktkolben haben infolge höherer Beanspruchung höheren Verschleiß. Weil sich die Gaswechselzeiten durch den oberen undichten Kolbenrand verlängern, fällt die Leistung früher ab als bei Viertaktmotoren. Durchblasende Auspuffgase können die Kolbenkante überhitzen. Das kann zum Festbrennen der Kolbenringe führen.

Geschlossene Kolbenbolzen (**Seite 247**) verwendet man dort, wo hohle Kolbenbolzen eine Kurzschlussverbindung der Kanäle im Zylinder und damit Spülverluste hervorrufen würden.

Zur axialen Kolbenbolzensicherung werden teilweise Drahtsprengringe ohne Hakenenden (Aushängehaken) verwendet. Die Haken könnten bei hochdrehenden Zweitaktmotoren (bis 16 000 1/min) durch ihre Massenträgheit ein Abheben bewirken und den sicheren Sitz in der Nut gefährden.

Kolbenringe. Im allgemeinen werden Rechteckringe verwendet. Kleine Zweitaktmotoren haben zur Verringerung der Reibleistung häufig nur einen Kolbenring, wobei dieser als L-Ring (**Seite 246**) ausgeführt ist. Er dichtet durch den Anpressdruck der Verbrennungsgase besonders gut ab.

Zweitaktkolben haben wegen des geringen Ölanteils bei der Mischungsschmierung keinen Ölabstreifring. In jeder Kolbenringnut befindet sich ein Sicherungsstift (**Bild 1**) als Verdrehsicherung. Die Stoßenden der Kolbenringe könnten sich sonst so verdrehen, dass sie in die Zylinderschlitze gleiten, in diese ausfedern und Schaden anrichten könnten.

Für besonders hoch drehende Zweitaktmotoren werden extrem leichte Kolben verwendet. Dadurch können die im Betrieb auftretenden Massenkräfte klein gehalten werden.

Ferrocoat-Kolben oder Kolben mit verchromter Schaftoberfläche eignen sich besonders für den Einbau in unbewehrte Alusilzylinder.

Zylinder
Durch die Zylinderwände führen Gaskanäle, deren Mündungen als „rechteckige" Schlitze ausgebildet sind. Über die waagerechten, bogenförmig ausgeführten Schlitzkanten können Kolbenringe und Kolben ohne stoßartige Beanspruchungen hinweggleiten.
Damit der geschlossene Kolbenringteil nicht zu weit ausfedern kann, werden breite Schlitze durch Zwischenstege unterbrochen. Durch Ölkohleansatz können sich vor allem die Auslassschlitze verengen. Die Spülung wird dann so schlecht, dass erst nach jedem zweiten Spülvorgang ein zündfähiges Kraftstoff-Luft-Gemisch entsteht. Dies äußert sich durch das sogenannte Viertaktern.
Viertaktern. Das Frischgas-Gemisch entzündet sich erst bei jeder zweiten Umdrehung, obwohl bei jeder Umdrehung ein Zündfunke vorhanden ist. Durch diese regelmäßigen Zündaussetzer gleicht der Laufrhythmus des Zweitaktmotors dem eines Viertaktmotors.
Zum Viertaktern neigen auch Zweitaktmotoren bei stark gedrosseltem Betrieb. Es kann besonders im Leerlauf auftreten, weil sowohl die Frischgasmenge als auch der Vorverdichtungsdruck für eine ausreichende Spülung zu gering sind.

Zündkerze
Die Zündkerze wird bei Zweitaktmotoren doppelt so oft beansprucht wir bei Viertaktmotoren. Dadurch wird sie heißer und muss deshalb ein entsprechendes Wärmeverhalten haben. Auch ein fettes Kraftstoff-Luft-Gemischt oder eine stark verschmutzte Auspuffanlage sind Ursachen für Zündungsstörungen.
Dieseln. In höheren Drehzahlbereichen bei Teillast neigen Zweitaktmotoren vielfach zum so genannten Dieseln. Durch Selbstentzündung des Frischgas-Gemisches läuft der Zweitaktmotor mit klirrenden Klopfgeräuschen. Dieser Drehzahlbereich muss beim Fahren schnell überschritten werden, da durch die zu früh erfolgende Selbstzündung der Motor zu heiß und überbeansprucht wird.
Auch glühende Ölkohleablagerungen können die Selbstentzündung des Frischgas-Gemisches verursachen.

Auspuffanlage
Der Spülvorgang ist ein Schwingungsvorgang. Deshalb sind Auspuffleitung mit Schalldämpfer und Ansaugleitung mit Luftfilter genau aufeinander abgestimmt.

> Veränderungen an der Auspuffanlage verstoßen gegen die gesetzlichen Bestimmungen und führen zum Erlöschen der Betriebserlaubnis.

2.2.5 Vor- und Nachteile des Otto-Zweitaktmotors

Vorteile gegenüber dem Viertaktmotor
– Einfacher Aufbau
– weniger bewegliche Teile (nur drei Hauptteile: Kolben, Pleuelstange, Kurbelwelle)
– gleichförmigeres Drehmoment, keine Leertakte
– vibrationsärmer
– kompakte Bauweise, geringeres Baugewicht
– niedriges Leistungsgewicht des Motors
– hohe Hubraumleistung
– ruhigerer Lauf bei gleicher Zylinderzahl
– niedrige Herstellungskosten.

Nachteile gegenüber dem Viertaktmotor
– Schlechtere Füllung. Trotz doppelter Arbeitstaktzahl wird infolge des offenen Gaswechsels nur eine Mehrleistung von etwa 30 % erzielt
– schlechteres Abgasverhalten, höhere CH-Werte
– höhere Wärmebelastung, Leertakte fehlen
– geringere mittlere Kolbendrücke wegen schlechterer Zylinderfüllung
– schlechteres Leerlaufverhalten wegen Abgasresten im Motor
– höherer spez. Kraftstoff- und Ölverbrauch.

ARBEITSREGELN

- Spezial-Zweitaktöle (Selbstmischöl) nur nach Herstellerangaben im vorgegebenen Mischungsverhältnis verwenden.
- Zweitakt-Gemisch intensiv durchmischen, wenn keine Selbstmischöle verwendet werden.
- Kurbelgehäuse und Kurbelkammer auf Dichtheit prüfen. Undichte Stellen sind oft von außen durch Verölungen zu erkennen.
- Rechtzeitig Luftfilter reinigen.
- Ölkohleablagerungen nicht mit scharfkantigen Werkzeugen entfernen, Kratzerbildung vermeiden.
- Kolbenboden zur Reinigung nicht blank schleifen oder abschmirgeln, da Überhitzung und erhöhter Ölkohleansatz eintreten können.
- Kolbenkanten nicht beschädigen, da sonst Abdichtungen und Steuerzeiten verändert werden.

Störungen

Nachlassende Motorleistung durch
– Verschmutzung des Luftfilters
– Ölkohleansätze bzw. Ölkohleablagerungen
– fehlerhafte Belüftung des Kraftstoffbehälters
– zu geringe Kraftstoffzufuhr
– Zündkerze verölt oder verkokt
– Zündkerze mit falschem Wärmewert
– falsche Einstellung des Zündzeitpunktes
– schlechte Kompression
– Kurbelkammer undicht.

Motorklopfen Ursachen
– Zu dicke Ölkohleschicht im Verbrennungsraum und auf dem Kolben (Verdichtungsänderung)
– Zündzeitpunkt zu weit vor OT (Frühzündung)
– glühende Ölkohle im Verbrennungsraum.

Zu heißer Motor durch
– Verschmutzung der Kühlrippen
– Störung bei der Flüssigkeitskühlung
– Verwendung von zu magerem Kraftstoff-Luft-Gemisch durch fehlerhafte Vergasereinstellung
– falsches Mischungsverhältnis von Kraftstoff und Zweitaktöl. Verwendung von falschem Öl
– Auftreten von Glühzündungen
– zu hohe Wärmeaufnahme durch geschliffenen oder abgeschmirgelten Kolbenboden.

„Viertaktern" Ursachen
– Überlaufen des Vergasers
– Schwimmereinrichtung bzw. Schwimmer defekt
– Auspuffkanal mit Ölkohle zugesetzt
– Luftfilter verschmutzt.

WIEDERHOLUNGSFRAGEN

1. Welches sind die Hauptunterschiede des Otto-Zweitaktmotors gegenüber dem Otto-Viertaktmotor?
2. Welche Vorgänge spielen sich während eines Arbeitsspieles unterhalb und oberhalb des Kolbens ab?
3. Weshalb ist die Umkehrspülung das verbreitetste Spülverfahren?
4. Welche Vor- und Nachteile hat die Mischungsschmierung?
5. Wie arbeitet eine Frischölschmierung?
6. Was versteht man unter einem unsymmetrischen Steuerdiagramm?
7. Welche Vorteile bietet eine unsymmetrische Einlasssteuerung beim Zweitaktmotor?
8. Welche Vorteile bietet die Auslasssteuerung bei Otto-Zweitaktmotoren?
9. Warum befinden sich in den Kolbenringnuten von Zweitaktmotoren Sicherungsstifte?
10. Welche Ursachen hat das „Viertaktern" beim Otto-Zweitaktmotor?
11. Warum darf an der Ansaug- und Auspuffanlage nichts verändert werden?
12. Welche Vor- und Nachteile hat der Otto-Zweitaktmotor gegenüber dem Otto-Viertaktmotor?
13. Welche Folgen hat ein starker Ölkohleansatz?

2.3 Dieselmotor

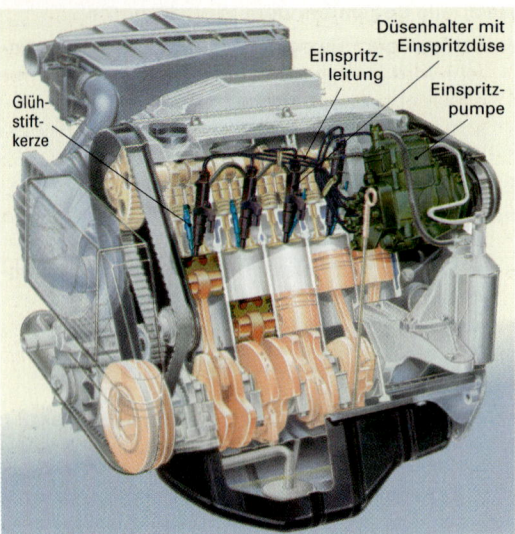

Bild 1: Fahrzeugdieselmotor für Personen- und leichte Nutzkraftwagen

Der Dieselmotor ist, wie auch der Ottomotor, eine Verbrennungskraftmaschine. Sie wurde nach ihrem Erfinder Rudolf Diesel (1858-1913) benannt.

Der Fahrzeugdieselmotor **(Bild 1)** ist heute als schnelllaufender Dieselmotor (Drehzahlen bis etwa 5500 1/min), vor allem aufgrund seines wesentlich günstigeren Kraftstoffverbrauchs, sowohl im Personenkraftwagen als auch im leichten Nutzkraftfahrzeug eingebaut. Im schweren Nutzkraftfahrzeug **(Seite 533)** werden langsamer laufende Motoren (Drehzahlen bis etwa 2200 1/min) in Europa ausschließlich verwendet.

> Dieselmotoren haben einen wesentlich günstigeren Kraftstoffverbrauch, bis zu etwa 30 % weniger, als vergleichbare Ottomotoren.

2.3.1 Aufbau

Der Dieselmotor **(Bild 1)** ist im Prinzip gleich aufgebaut wie der Ottomotor und besteht aus 4 Hauptbaugruppen sowie zusätzlichen Hilfseinrichtungen

– **Motorgehäuse**
– **Kurbeltrieb**
– **Motorsteuerung**
– **Kraftstoffanlage mit Einspritzausrüstung**
  (Kraftstoffförderpumpe, Kraftstofffilter, Hochdruckeinspritzanlage, z.B. Einspritzpumpe und Hochdruckeinspritzleitungen oder Hochdruckpumpe mit Common-Rail, Düsenhalter mit Einspritzventilen und Einspritzdüsen) oder Pumpe-Düse-System.
– **Hilfseinrichtungen** (Motorschmierung, Motorkühlung, Auspuffanlage, ggf. Aufladesystem, z.B. mit Abgasturbolader und Ladeluftkühlung, ggf. Kaltstarteinrichtung, z.B. mit Glühanlage).

2.3.2 Wirkungsweise

Das Verbrennungsverfahren des Dieselmotors unterscheidet sich wesentlich von dem des Ottomotors.

> Der Dieselmotor arbeitet immer mit innerer Gemischbildung und Selbstzündung des Kraftstoff-Luft-Gemisches.

Er saugt nur Luft an und verdichtet sie. In diese wird, je nach Lastwunsch, eine bestimmte Kraftstoffmenge (Qualitätsregelung), beim Pkw-Motor zwischen etwa 4 mm³ und etwa 60 mm³ pro Einspritzung, (innere Gemischbildung) unter hohem Druck, feinstvernebelt eingespritzt. Der Kraftstoff entzündet sich selbst an der verdichteten heißen Luft (Selbstzündung). Der Dieselmotor arbeitet somit in allen Betriebszuständen mit Luftüberschuss.

2.3.3 Arbeitsweisen

– **Viertaktverfahren (Bild 2)**. Es ist bei Motoren für Kraftfahrzeuge vorherrschend.
– **Zweitaktverfahren**. Es wird bei Großmotoren, z.B. Schiffsmotoren und gelegentlich auch bei Motoren für schwere Nutzkraftwagen angewandt. Verwendung auch bei kleinen Modellmotoren, z.B. für Flugzeugmodelle.

> Fahrzeugdieselmotoren arbeiten meist nach dem Viertaktverfahren **(Bild 2)**.

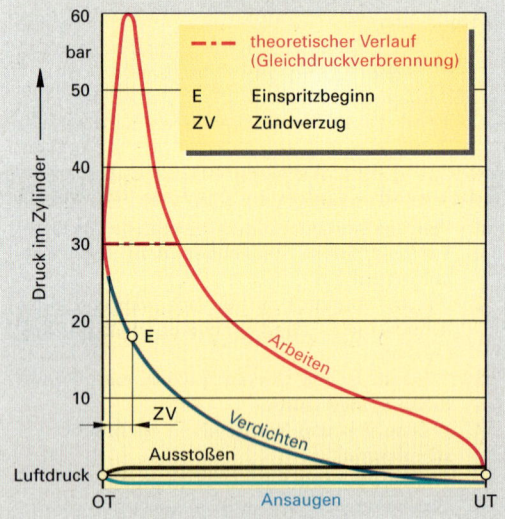

Bild 2: Dieselverfahren, Viertakt-Arbeitsweise

Dieselmotor

Die 4 Takte des Arbeitsspiels

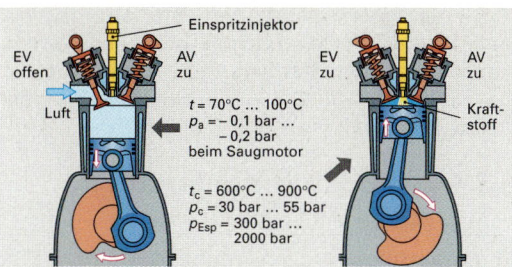

Bild 1: Ansaugen   Bild 2: Verdichten

1. Takt – Ansaugen (Bild 1)
Im Ansaugtakt strömt durch das geöffnete Einlassventil gefilterte, reine Frischluft meist ungedrosselt (keine Drosselklappe) in den Verbrennungsraum. Das Einlassvenil öffnet etwa 25° KW v. OT ... 8° KW n. OT. Das Auslassventil ist dabei bis zu 30° KW nach OT geöffnet. Aufgrund der Ventilüberschneidung spült die einströmende Frischluft den Verbrennungsraum.
Zur Füllungsverbesserung werden meist Aufladesysteme, z.B. Abgasturbolader verwendet.

2. Takt – Verdichten (Bild 2)
Die Luft wird im Bereich $\varepsilon \approx 14 \ldots 24$, je nach Motorbauform, verdichtet **(Tabelle 1)**. Dies wird erzielt durch einen sehr kleinen Verdichtungsraum im Verhältnis zum Zylinderhubraum. Die verdichtete Luft erhitzt sich dadurch aufgrund der Kompressionswärme auf etwa 700° C bis 900° C. Die Verdichtungsendtemperatur liegt somit weit über der Selbstzündungstemperatur des Dieselkraftstoffs (etwa 320° C ... 380° C).
Direkt einspritzende Motoren, (DI-Motoren). Sie spritzen direkt in den Verbrennungsraum ein und haben aufgrund der kleineren Verbrennungsraumoberfläche beim Verdichten einen geringen Wärmeverlust.
Indirekt einspritzende Motoren, (IDI-Motoren). Sie spritzen in den Nebenbrennraum ein und haben aufgrund ihrer größeren Verbrennungsraumoberfläche beim Verdichten einen größeren Wärmeverlust; höhere Verdichtung ist erforderlich.
Vergleich. Beide Motoren benötigen zur Entzündung des Kraftstoffes die gleiche Entzündungstemperatur. Der IDI-Motor muss deshalb höher verdichtet werden als der DI-Motor.

Tabelle 1: Verdichtung und Motorbauform				
14	<	ε	>	24
14...DI-Motoren für Pkw ... 20				
14...DI-Motoren für Nfzg ... 19				
			19...IDI-Motoren...24	

DI-Motor = direkt einspritzender Dieselmotor
IDI-Motor = indirekt einspritzender Dieselmotor

Innere Gemischbildung. Gegen Ende des Verdichtungstaktes (etwa 12° KW v. OT ... 30° KW v. OT) beginnt durch Einspritzung von fein zerstäubtem, flüssigem Dieselkraftstoff die innere Gemischbildung. Je nach Last wird die erforderliche Einspritzmenge (z.B. Vollasteinspritzmenge bei Pkw-Motoren etwa 40 mm^3 ... 50 mm^3) über eine Einspritzdauer von 20° KW ... 40° KW eingespritzt. Dabei treten bei Vollast und Nenndrehzahl Einspritzdrücke bis über 2000 bar auf. Nach Beginn der Einspritzung muss der noch flüssige Kraftstoff zu einem zündfähigen Gemisch umgewandelt werden. Dieser Vorgang wird als innere Gemischbildung bezeichnet. In **Tabelle 2** ist der zeitliche Ablauf vom Einspritzbeginn bis zur Selbstzündung dargestellt.

Tabelle 2: Innere Gemischbildung und Verbrennungsauslösung
Kraftstoff wird nebelfrei, aber noch flüssig in die heiße Luft eingespritzt.
Kraftstoffnebel wird auf Siedetemperatur aufgeheizt.
Kraftstoff verdampft bei Siedetemperatur.
Kraftstoffdämpfe vermischen sich mit der heißen Luft.
Kraftstoffdämpfe heizen auf Zündtemperatur auf.
Kraftstoffdämpfe entzünden sich.
Auslösung der Verbrennung.

(Zeitbedarf „Zündverzug"; Wärmeentzug aus der heißen Luft)

Für die innere Gemischbildung wird der heißen Luft Wärme entzogen, so dass diese zunächst abkühlt. Die Lufttemperatur muss jedoch stets über der Selbstzündungstemperatur des Kraftstoffs liegen.

Zündverzug. Für den Ablauf der inneren Gemischbildung bis eine Verbrennung ausgelöst wird, ist eine gewisse Zeitdauer, der Zündverzug, erforderlich.

> Zündverzug ist die Zeitspanne zwischen Einspritzbeginn und Auslösung der Zündung.

Der Zündverzug beträgt normalerweise bei betriebswarmem Motor etwa 0,001 s (1/1000 s). Er hängt wesentlich ab von
– der Zündwilligkeit des Kraftstoffs. Das Maß für die Zündwilligkeit ist die Cetanzahl (CZ)
– von der Temperatur (z.B. Motor, Ansaugluft)
– vom Zerstäubungsgrad beim Einspritzen (Einspritzdruck, Zustand der Einspritzdüsen)
– Verdichtungsendtemperatur (z.B. aufgrund des Verschleißzustands des Motors).

Die Einspritzung erfolgt nun beim Dieselmotor so, dass die Hauptkraftstoffmenge erst dann in den Verbrennungsraum gelangt, wenn sich dort schon die ersten Teile des Kraftstoffs entzündet haben.
Ist der Zündverzug zu groß (über 0,002 s), so führt dies zum schädlichen **Dieselklopfen ("Nageln")**. Das Dieselklopfen entsteht durch eine durch mehrere Zündkerne ausgelöste, schlagartige Verbrennung von im Verbrennungsraum örtlich angehäuftem Kraftstoff. Dabei entstehen hohe Druckspitzen, die zu Schäden am Kurbeltrieb führen können.

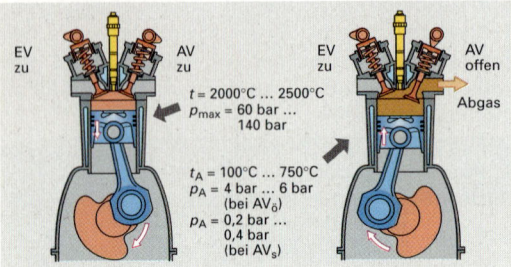

Bild 1: Arbeiten **Bild 2: Ausstoßen**

3. Takt – Arbeiten (Bild 1)
Der gegen Ende des Verdichtungstaktes eingespritzte Kraftstoff ist bei der vorhandenen hohen Temperatur verdampft und hat sich bis zum Zündbeginn mit der heißen Luft vermischt. Die kurz vor OT einsetzende Entflammung löst die Verbrennung aus. Der nun nach dem Zündbeginn noch eingespritzte Kraftstoff verbrennt ohne wesentlichen Zündverzug sehr schnell. Die Verbrennung endet erst etwa 60° KW n. OT. Daraus ergibt sich bis nach OT kurzzeitig ein zunächst verhältnismäßig gleichbleibender Verbrennungsdruck (Gleichdruckverbrennung), der den Kolben in Richtung UT treibt.
Aufgrund der inneren Gemischbildung ergeben sich im Bereich der verdampfenden Kraftstofftröpfchen Zonen mit ausgeprägtem Luftmangel. In diesen sauerstoffarmen Zonen besteht die Gefahr, dass Kohlenstoffatome nicht an der Verbrennung teilnehmen. Sie bilden einen Rußkern (reiner Kohlenstoff) an dessen Oberfläche sich weitere Stoffe anlagern. Es kommt somit systembedingt zur Partikelbildung **(Bild 3)**. Diese Partikel sind zusätzlich zu den unverbrannten Kohlenwasserstoffen, den Stickoxiden und den geringen Kohlenmonoxidanteilen ein weiterer Schadstoffbestandteil im Abgas des Dieselmotors.

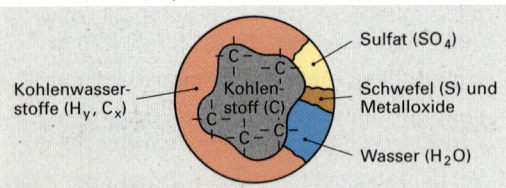

Bild 3: Partikel

4. Takt – Ausstoßen (Bild 2)
Durch das geöffnete Auslassventil strömen die unter Überdruck stehenden Verbrennungsgase in die Auspuffanlage bzw. werden vom Kolben dahin ausgeschoben. Die Abgastemperatur ist bei Volllast noch zwischen 550° C und 750° C.

2.3.4 Schadstoffminderung im Abgas

Abgasrückführung. Sie vermindert die beim Dieselmotor problematische Stickoxidbildung. Dabei nimmt jedoch der Anteil an unverbrannten Kohlenwasserstoffen im Abgas zu.

Oxydationskatalysator. Er ermöglicht die Umwandlung von unverbrannten Kohlenwasserstoffen und Kohlenmonoxid zu Kohlendioxid und Wasser. Desweiteren vermindert er auch die Partikelmasse.

Partikelfilter. Sie ermöglichen das Ausfiltern von Partikeln aus dem Abgasstrom. Als Partikelfilter werden Keramikwickelfilter, Stahlwollefilter, Filter mit Keramikmonolith und Filter mit elektrostatischer Abscheidung vorzugsweise bei Nutzkraftfahrzeugen eingesetzt.

2.3.5 Merkmale des Dieselmotors:

- Frischgasfüllung im Ansaugtakt ist reine Luft
- er ist in der Regel ungedrosselt (keine Drosselklappe vor den Ansaugkanälen) und hat somit als Saugmotor über den gesamten Betriebsdrehzahlbereich als Füllung eine weitgehend gleichbleibende Luftmenge
- er verdichtet im Verdichtungstakt reine Luft
- er verbrennt meist schwersiedende Kraftstoffe mit großer Zündwilligkeit
- er arbeitet in allen Betriebszuständen mit Luftüberschuss
- die Laststeuerung erfolgt durch Veränderung der einzuspritzenden Kraftstoffmenge; der Dieselmotor hat somit eine Qualitätsregelung, d.h. das Kraftstoff-Luft-Gemisch ist je nach Betriebszustand unterschiedlich
- er hat immer innere Gemischbildung
- der Dieselkraftstoff wird durch eine Hochdruckeinspritzung in einen Verbrennungsraum eingespritzt
- er wird als Selbstzünder bezeichnet, weil sich der Kraftstoff an der durch das Verdichten sehr heiß gewordenen Luft entzündet
- er hat so genannte Gleichdruckverbrennung
- er hat ein größeres Druckgefälle und ein größeres Temperaturgefälle und deshalb einen wesentlich höheren Nutzwirkungsgrad und deutlich geringere Abgastemperaturen.

2.3.6 Einspritzverfahren

Zwei Einspritzverfahren werden unterschieden:
- **Direkte Einspritzung** in einen ungeteilten Verbrennungsraum **(DI-Motoren)**
- **indirekter Einspritzung** in die Nebenkammer eines geteilten Verbrennungsraums **(IDI-Motoren)**.

2.3.6.1 Verfahren mit direkter Einspritzung

Der Verbrennungsraum in den der Kraftstoff direkt, feinst vernebelt eingespritzt wird ist als Mulde in den Kolben eingeformt. Vorherrschend ist heute die Omega-Kolbenmulde **(Bild 1)**. Um einen möglichst geringen Wärmeverlust zu erzielen, soll die Oberfläche des Verdichtungsraums möglichst klein sein. Dadurch wird der Wirkungsgrad verbessert und das Kaltstartverhalten günstig beeinflusst. Durch sehr hohe Einspritzdrücke (bis über 2000 bar) wird mit Lochdüsen eine feinst vernebelte, gleichmäßige Kraftstoffverteilung bei überwiegend luftverteilender Gemischbildung erzielt. Der eingespritzte Kraftstoff entzündet sich an der heißen Luft und verbrennt sehr schnell (Flammausbreitungsgeschwindigkeit etwas 20 m/s). Für Kaltstart benötigen diese Motoren meist keine Kaltstarteinrichtung. Es werden jedoch zur Schadstoffminderung beim Start und in der Warmlaufphase temperatur- und zeitgesteuerte Flammstartanlagen oder Glühanlagen eingebaut.

Besondere Merkmale des Verfahren:
- hoher Gesamtwirkungsgrad
- geringer spezifischer Kraftstoffverbrauch
- gute Kaltstartfähigkeit
- einfacher, kostengünstiger Zylinderkopf
- harter Motorlauf
- hohe thermische und mechanische Belastung.

2.3.6.2 Verfahren mit indirekter Einspritzung

Man unterscheidet aufgrund der Form der Nebenkammer:
- Wirbelkammerverfahren **(Bild 2)**
- Vorkammerverfahren **(Bild 3)**.

Nebenkammern. Sie sind stets im Zylinderkopf angeordnet. Sie nehmen sowohl den Düsenhalter mit der Einspritzdüse als auch die Glühkerze der bei diesen Verfahren notwendigen Kaltstarthilfe auf. Als Einspritzdüsen werden Zapfendüsen, z.B. Flächenzapfendüsen, verwendet. Die Nebenkammer ist über einen Schusskanal oder über Strahlkanäle mit dem Hauptverbrennungsraum verbunden.

Verfahrensablauf. Beim Verdichten wird Luft in die Nebenkammer gepresst und gerät dort in Rotation. Wird nun der Kraftstoff in diese Luftwirbel über eine Zapfendüse eingespritzt (Einspritzdruck bis etwa 450 bar), so wird ein wesentlicher Teil zunächst an der Kammeroberfläche wandangelagert. Lediglich der Kraftstoffanteil der direkt luftverteilend ein Gemisch gebildet hat, entzündet sich und bewirkt durch die entstehende Verbrennung in der Nebenkammer, dass der wandangelagerte Kraftstoff von der Verbrennungsraumoberfläche verdampft. Durch den Verbrennungsdruck in der Nebenkammer wird ein teilverbranntes, fettes Gemisch über Schusskanal bzw. Strahlkanäle in die heiße Luft im Hauptverbrennungsraum geblasen und dort weitgehend vollständig verbrannt. Es ergibt sich somit eine zweistufige Verbrennung.

Besondere Merkmale der indirekten Einspritzverfahren gegenüber der Direkteinspritzung sind:
- Zweistufige, weichere Verbrennung
- weicherer, ruhigerer Motorlauf
- höhere Verdichtung
- höherer spezifischer Kraftstoffverbrauch
- Kaltstarthilfseinrichtungen sind erforderlich.

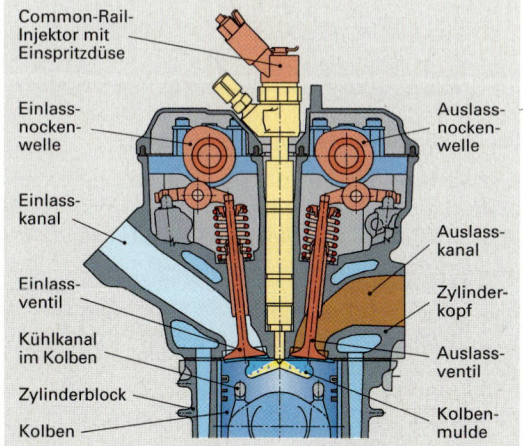

Bild 1: Dieselmotor mit direkter Einspritzung

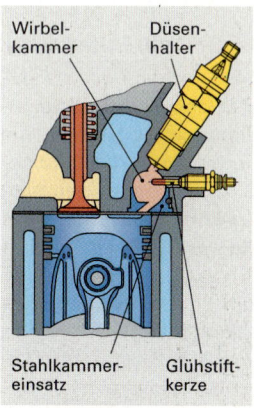

Bild 2: Wirbelkammerverfahren

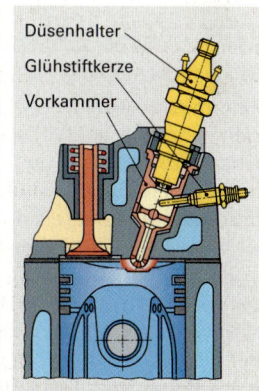

Bild 3: Vorkammerverfahren

2.3.7 Starthilfsanlagen

Die Startwilligkeit der Dieselmotoren nimmt mit sinkenden Temperaturen ab. Erhöhte Reibmomente sowie verminderte Kompressionsdrücke aufgrund von Druck- (Leck-) und Wärmeverlusten senken die Verdichtungsendtemperatur bis ein Start ohne zusätzliche Vorwärmeinrichtungen nicht mehr möglich wird. Desweiteren besteht bei niederen Temperaturen die Gefahr, dass erhöhte Schadstoffbildung, z.B. Weißrauch- und Kaltrauchemission (unverbrannte Kohlenwasserstoffe), auftritt.

Als Starthilfsanlagen werden verwendet:
- Vorglühanlagen mit Glühstiftkerzen für Vor- und Wirbelkammermotoren sowie für direkt einspritzende Dieselmotoren im Pkw-Bereich
- Flammkerzen im Sammelansaugrohr für direkt einspritzende Nutzfahrzeug-Dieselmotoren
- Glühwendel-Heizflansch im Sammelansaugrohr für kleinere, direkt einspritzende Motoren.

Glühstiftkerzen (Bild 1). Sie haben einen wendelförmigen Heizleiter mit PTC-Verhalten, der in einem zunderfesten Glührohr durch ein keramisches Füllmittel isoliert und schwingungsfest eingebettet ist. In der Stiftspitze ist zusätzlich eine in Reihe geschaltete Heizwendel eingebaut. Die Heizleistung beträgt 100 W ... 120 W bei 12 V oder 24 V Nennspannung. Diese Glühstiftkerzen erreichen sehr schnell (etwa 4s) die zur Zündauslösung beim Start erforderliche Glühtemperatur und glühen anschließend durch das PTC-Verhalten des Heizleiters mit einer niedrigeren Beharrungstemperatur weiter. Um die Schadstoffbildung und die Geräuschemission zu mindern, kann auch nach dem Motorstart weitergeglüht werden.

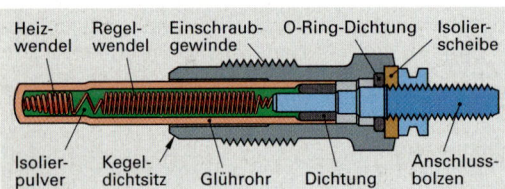

Bild 1: Glühstiftkerze

Flammkerze (Bild 2). Sie ist in das Ansaugsammelrohr eingeschraubt. Die Flammkerze besteht aus einer Glühstiftkerze um die ein Mantelrohr angeordnet ist, das über einen Anschluss an den Niederdruckkraftstoffkreislauf verfügt. Im Anschluss ist eine Düse eingebaut, die den Kraftstoff dosiert in den Ringspalt zwischen Mantelrohr und Schaft der Glühstiftkerze einsprüht. Zur Steuerung des Kraftstoffstroms ist in die Kraftstoffzuleitung vor der Flammkerze ein vom Glühsteuergerät geschaltetes Magnetventil eingebaut.
Wird nun Kraftstoff im Mantelrohr auf den heißen Schaft der Flammkerze gesprüht, so verdampft dieser, strömt unter Luftmangel zur Austrittsöffnung des Mantelrohrs und entzündet sich dort unter Luftüberschuss der Ansaugluft an der glühenden Kuppe der Glühstiftkerze. Die Wärme des Flammstrahls heizt die Ansaugluft auf.

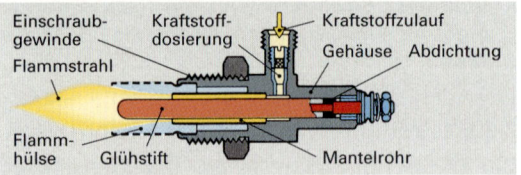

Bild 2: Flammkerze

Heizflansch. Er wird in das Sammelsaugrohr eingebaut und besteht aus dem Flanschgehäuse, in dem eine Heizwendel eingebaut ist. Die Heizwendel erreicht bei einer elektrischen Leistung von etwa 600 W eine Temperatur von 900° C ... 1100° C zur Ansauglüftvorwärmung.

Glühzeitsteuergerät. Es wird verwendet, um eine Vorglühanlage mit Glühstiften oder eine Flammstartanlage bzw. einen Heizflansch zu steuern.

Aufgaben.
- Sicheren Kaltstart gewährleisten
- bei jedem Start und in der Warmlaufphase die Schadstoffbildung und die Geräuschemission weitgehend vermindern.

Glühzeitsteuerung (Bild 3). Sie besteht im wesentlichen aus einer Elektronik zur Steuerung des Glühverlaufs, der Anzeige der Startbereitschaft und dem Leistungsrelais zum Schalten der Kerzenströme.

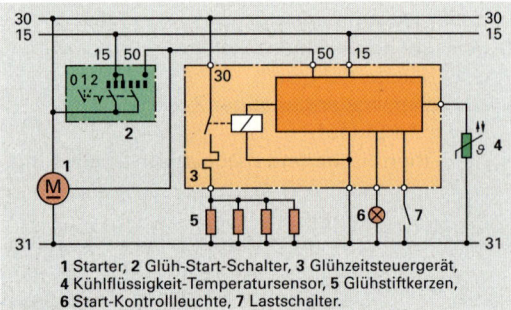

1 Starter, 2 Glüh-Start-Schalter, 3 Glühzeitsteuergerät, 4 Kühlflüssigkeit-Temperatursensor, 5 Glühstiftkerzen, 6 Start-Kontrollleuchte, 7 Lastschalter

Bild 3: Glüh-Startanlage mit Glühsteuerung

Glühverlauf (Bild 4). Er zeigt, dass die Glühkerzen beim Start und in der nachfolgenden Warmlaufphase mehrfach ein- und ausgeschaltet werden.

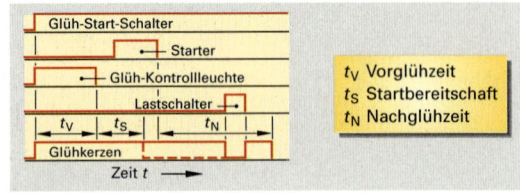

t_V Vorglühzeit
t_S Startbereitschaft
t_N Nachglühzeit

Bild 4: Glühverlauf

2.3.8 Einspritzausrüstung mit mechanisch geregelten Verteilereinspritzpumpen

Die Einspritzausrüstung besteht aus:
- Kraftstoffanlage mit Filter
- Verteilereinspritzpumpe
- Einspritzleitungen
- Düsenhalter mit Einspritzdüsen.

Kraftstofffilter (Bild 1). Es muss mit sehr feinporigen Filtereinsätzen (mittlere Porengröße 4µm bis 6 µm) ausgerüstet sein, die aus einem besonders imprägnierten Filterpapier sind. Sie sind für Verteilereinspritzpumpen unbedingt erforderlich, da die hochpräzisen Innenteile der Pumpe vom Dieselkraftstoff umspült und gekühlt werden. Eine schlechte Filterung würde zu vorzeitigem Verschleiß führen. Besonders wichtig ist bei der Verteilereinspritzpumpe das Abscheiden von Wasser aus dem Dieselkraftstoff, um Korrosion an den Oberflächen, z.B. am Pumpenkolben, zu vermeiden.

2.3.8.1 Verteilereinspritzpumpe (VE) mit mechanischer Steuerung (Bild 1)

Die Verteilereinspritzpumpe eignet sich besonders für Dieselmotoren mit einem Zylinderhubraum bis zu etwa 600 cm³, einer Zylinderleistung bis zu etwa 25 kW und mit nicht mehr als 6 Zylinder. Dies sind vorzugsweise Motoren für Personenkraftwagen und leichte Nutzkraftwagen.

> Die Verteilereinspritzpumpe **(Bild 1)** versorgt mit einem Hochdruck-Pumpenelement sämtliche Zylinder des Motors mit Dieselkraftstoff.

Besondere Merkmale sind:
- Geringes Gewicht
- kompakte Bauweise
- Einbau lageunabhängig möglich
- vom Schmierölkreislauf unabhängig
- nur ein Hochdruck-Pumpenelement
- günstige Eingriffsmöglichkeiten für elektronische Regelung.

Aufbau

Die Verteilereinspritzpumpe vereint in ihrem Gehäuse folgende Baugruppen:
- Antriebswelle
- Flügelzellenkraftstoffpumpe
- Hub-Dreheinrichtung zum Antrieb des Pumpenkolbens
- Hochdruck-Pumpenelement
- Regelhebelsystem mit Regelschieber zur Kraftstoffmengenzumessung
- Fliehkraft-Drehzahlregler
- hydraulischer Spritzversteller zur Förderbeginnverstellung
- ggf. Zusatzeinrichtungen zur Korrektur.

Die Antriebswelle der Verteilereinspritzpumpe ist im Pumpengehäuse gelagert. Auf der Antriebswelle sind die Flügelzellenpumpe (Kraftstoffförderpumpe), der Reglerantrieb (Zahnrad) und die Hubscheibe, die sich auf dem Rollenring abstützt, angeordnet.

Im Verteilerkopf befindet sich das Hockdruck-Pumpenelement mit dem Regelschieber. Weiterhin sind in ihn die elektrische Abstellvorrichtung und die Druckventilhalter mit den Druckventilen eingeschraubt.

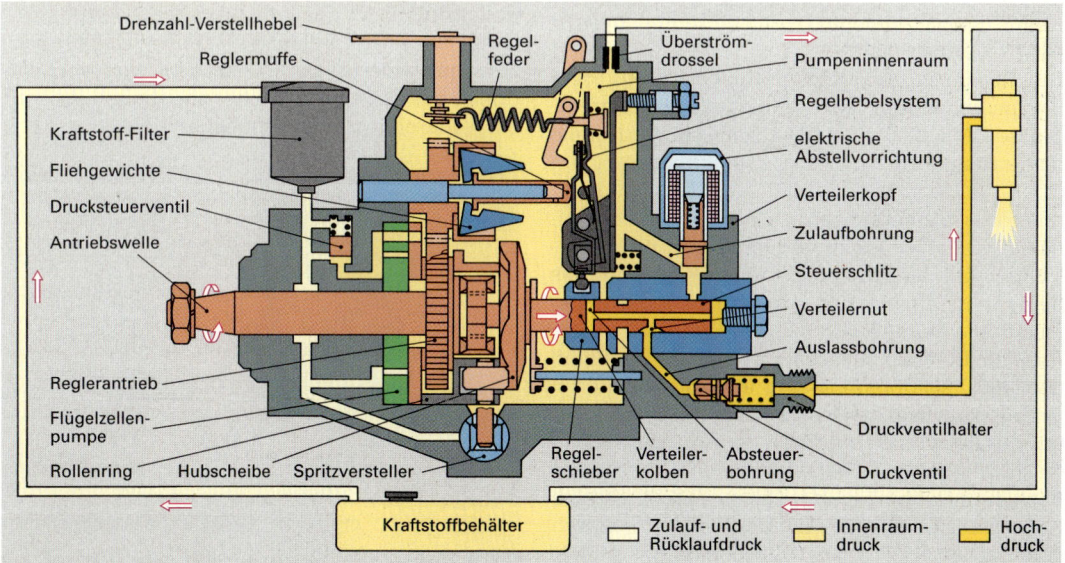

Bild 1: Einspritzanlage mit Verteilereinspritzpumpe (VE)

Der Drehzahlregler ist als Fliehkraftregler ausgeführt. Er besteht aus den Fliehgewichten und der Reglermuffe. Die Reglermuffe wirkt auf ein Hebelsystem aus Einstellhebel, Starthebel und Spannhebel, was wiederum die Stellung des Regelschiebers beeinflusst.

Der hydraulische Spritzversteller ist quer zur Pumpenlängsachse an der Unterseite der Pumpe eingebaut. Er besteht aus einem Arbeitszylinder mit einem federbelasteten Hydraulikkolben. Dieser ist über einen Bolzen mit dem Rollenring verbunden.

An der Oberseite der Verteilereinspritzpumpe **(Bild 1, Seite 359)** befinden sich der Drehzahl-Verstellhebel, die Einstellschraube für Nenndrehzahl und die Einstellschraube für Volllast.

Wirkungsweise

Der Kraftstoff wird entweder vom Kraftstoffbehälter durch eine Vorförderpumpe über einen Kraftstofffilter zur Flügelzellenpumpe gefördert oder direkt von dieser angesaugt.

Flügelzellenpumpe (Bild 1). Sie fördert je Umdrehung einen gleichbleibende Kraftstoffmenge vom Kraftstoffbehälter in den Pumpeninnenraum. Die Fördermenge (etwa 100 l/h ... 180 l/h) reicht aus, um das Hochdruck-Pumpenelement mit Kraftstoff zum Einspritzen zu versorgen und um die Einspritzpumpe zu kühlen.

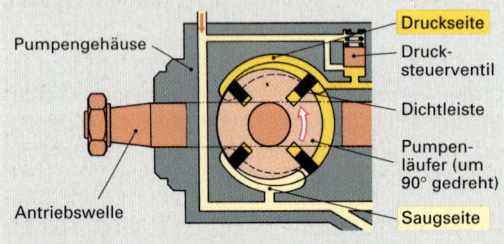

Bild 1: Flügelzellenpumpe

Der Rückfluss zum Kraftstoffbehälter aus dem Pumpeninnenraum erfolgt über eine Überströmdrossel. Mit steigender Drehzahl steigt deshalb der Kraftstoffdruck im Pumpeninnenraum an. Um einen gleichmäßigen Verlauf des Pumpeninnenraumdrucks zur Drehzahl zu erzielen und um einen zu hohen Druck zu verhindern, ist ein Drucksteuerventil eingebaut. Es leitet Kraftstoff aus dem Pumpeninnenraum zurück zur Saugseite der Flügelzellenpumpe.

Aus dem Pumpeninnenraum gelangt der Kraftstoff über die Zulaufbohrung und über die Füllnut im Verteilerkolben in den Hochdruckraum der Pumpe. Der Verteilerkolben wird von der Antriebswelle in eine Drehbewegung versetzt und erhält zusätzlich noch eine Hubbewegung. Diese wird durch eine Hubscheibe verursacht, die von der Antriebswelle angetrieben wird. Die Hubscheibe hat soviele Nockenerhebungen wie der Dieselmotor Zylinder besitzt. Diese Nocken laufen auf radial angeordneten Rollen eines verdrehbaren Rollenrings ab und bewirken dadurch die axiale Bewegung der Hubscheibe.

Durch die Drehbewegungen öffnen und schließen die Steuerschlitze und Steuerbohrungen im Verteilerkolben und Verteilerkopf. Die Druckerzeugung erfolgt nach Verschluss der Zulaufbohrung durch die Hubbewegung des Verteilerkolbens. Die **Kraftstoffförderung** beginnt, sobald sich die Verteilernut mit der Auslassbohrung deckt. Mit dem erzeugten Hockdruck werden die Druckventile von ihrem Sitz abgehoben und der Kraftstoff wird über die Einspritzleitungen zu den Einspritzdüsen gepresst. Das **Förderende** wird dadurch erreicht, dass der Regelschieber eine Querbohrung des Verteilerkolbens freigibt, durch die der Kraftstoff aus dem Hochdruckraum in den Pumpeninnenraum zurückfließen kann.

Spritzversteller (Bild 2).

> Er passt den Einspritzzeitpunkt dem jeweiligen Betriebszustand des Motors an. Dies bewirkt optimale Leistung, günstigen Verbrauch und geringen Schadstoffausstoß. Er verstellt den Einspritzzeitpunkt mit zunehmender Drehzahl in Richtung „Früh".

Bei Stillstand der Verteilereinspritzpumpe wird der Spritzverstellerkolben von der vorgespannten Spritzverstellerfeder in der Ausgangsstellung erhalten. Ab einer bestimmten Drehzahl überwindet der Innenraumdruck die Federkraft und verschiebt den Spritzverstellerkolben gegen die Federkraft. Die axiale Kolbenbewegung wird über Gleitstein und Bolzen auf den drehbar gelagerten Rollenring übertragen, der sich dadurch zur Frühverstellung gegen die Drehrichtung des Pumpenkolbens verdreht. Die Hubscheibe wird von den Rollen des Rollenrings früher angehoben, es wird ein früherer Einspritzzeitpunkt erreicht.

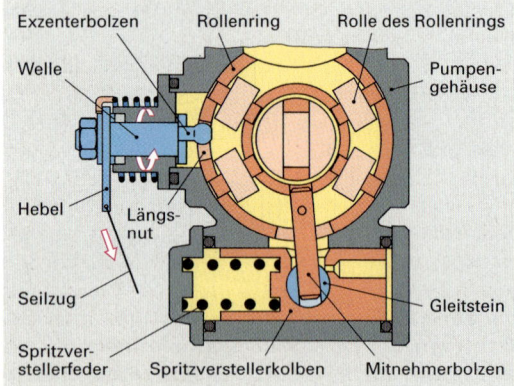

Bild 2: Hydraulischer Spritzversteller mit Kaltstartbeschleuniger

Drehzahlregler. Bei Kraftfahrzeugen werden sowohl Alldrehzahlregler als auch Leerlauf-Enddrehzahlregler verwendet. Beim Alldrehzahlregler wird auch der dazwischen liegende Drehzahlbereich geregelt. Beim Leerlauf-Enddrehzahlregler werden nur die Leerlaufdrehzahl und die maximal zulässige Volllastdrehzahl (Enddrehzahl) geregelt.

Funktionsweise Leerlauf-Enddrehzahlregler
Bei Stillstand des Motors drückt die Startfeder (Blattfeder) den Starthebel soweit nach links, dass er an der Reglermuffe anliegt. Der Regelschieber wird dadurch nach rechts geschoben. Beim Start muss der Verteilerkolben bis zum Freiwerden der Abregelbohrung einen großen Weg zurücklegen, d.h. die Fördermenge für Start wird groß. Nach dem Start steigt die Drehzahl des Motors an. Von der Antriebswelle der Einspritzpumpe wird über Zahnräder der Reglerkäfig mit seinen Fliehgewichten angetrieben. Diese Fliehgewichte wandern mit zunehmender Drehzahl nach außen und drücken mit ihren Druckarmen die Reglermuffe durch Überwindung der Startfederkraft nach rechts. Der Starthebel überwindet die Strecke a und liegt danach an der Leerlauffeder an. Sie regelt die Drehzahl des Motors im Leerlaufbereich. Erhöht man die Drehzahl durch Verstellen des Drehzahl-Verstellhebels, so werden die Strecken b und d der Leerlauf- bzw. Zwischenfeder durchfahren bis die Buchse des Haltebolzens am Spannhebel anliegt. Durch die Vorspannung der Regelfeder (ohne Angleichfeder) ergibt sich ein ungeregelter Bereich. Die Verstellung des Drehzahl-Verstellhebels bzw. des Fahrpedals durch den Fahrer wird jetzt direkt auf das Regelhebelsystem und somit auf den Regelschieber übertragen. Damit wird die Einspritzmenge unmittelbar vom Fahrpedal gesteuert. Wird die Höchstdrehzahl des Motors überschritten, so drücken die Fliehgewichte nach außen und die Regelfeder wird zusammengedrückt. Der Regelschieber geht nach links und gibt die Absteuerbohrung frei. Im Hochdruckraum kann kein Druck mehr aufgebaut werden, es erfolgt keine Einspritzung. Beim Leerlauf-Enddrehzahlregler mit Teillastangleichung **(Bild 1)** ist zusätzlich zur Regelfeder eine vorgeschaltete Angleichfeder vorhanden. Wird die Leerlaufdrehzahl überschritten und die Buchse des Haltebolzens am Spannhebel angelegt, wirkt die Angleichfeder. Mit steigender Drehzahl wird sie zusammengedrückt. Dadurch wird über das Regelhebelsystem der Regelschieber soweit verstellt, dass die Einspritzmenge bei steigender Drehzahl etwas abnimmt. Kurz vor Erreichen der maximalen Volllastdrehzahl ist der Weg der Angleichfeder durchfahren; sie ist nicht mehr wirksam. Durch die vorgespannte Regelfeder ergibt sich ein ungeregelter Bereich bis zum Erreichen der zulässigen Höchstdrehzahl.

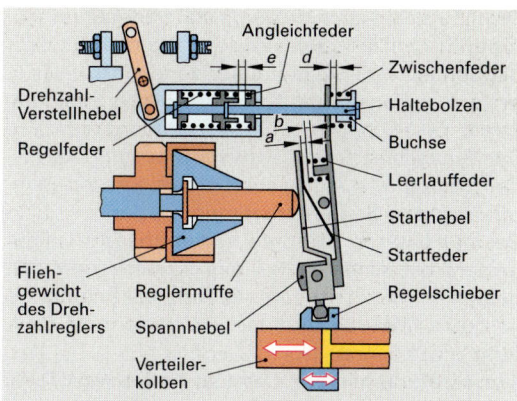

Bild 1: Leerlauf-Enddrehzahlregler (mit Teillastangleichung)

2.3.8.2 Zusatzeinrichtungen

Ladedruckabhängiger Volllastanschlag (LDA, Bild 2). Er wird bei aufgeladenen Motoren verwendet. Er verändert in Abhängigkeit des Ladedrucks die Einspritzmenge. Bei niederer Motordrehzahl ist der Ladedruck zu gering, um die Federkraft der Druckfeder zu überwinden. Die Membran bleibt in ihrer Ausgangsstellung. Bei steigender Drehzahl wird durch den steigenden Ladedruck die Membran mit dem Verstellbolzen gegen die Federkraft nach unten verschoben. Dabei gleitet der Führungsstift auf dem Steuerkegel und bewegt sich nach rechts, so dass der Anschlaghebel eine Drehung ausführen kann. Die Zugkraft der Regelfeder bewirkt dabei eine kraftschlüssige Verbindung zwischen Spannhebel, Anschlaghebel, Führungsstift und Steuerkegel. Über den Spannhebel wird der Regelschieber in Richtung Mehrmenge verschoben. Es wird die gewünschte Volllast-Korrektur als negative Angleichung **(Seite 542)** erzielt.

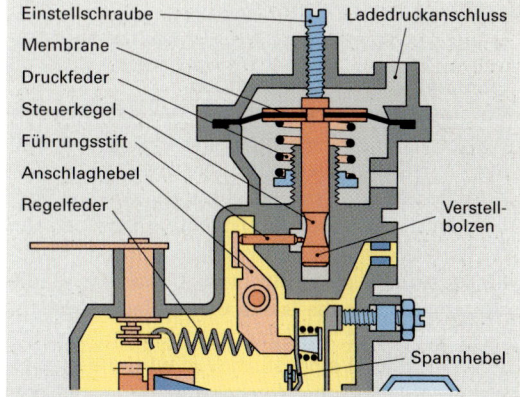

Bild 2: Ladedruckabhängiger Volllastanschlag

Kaltstartbeschleuniger KSB (Bild 2, Seite 360). Er hat die Aufgabe, bei kaltem Motor den Einspritzbeginn um einen bestimmten Betrag in Richtung

"Früh" zu verstellen. Dadurch steht bei kaltem Motor und somit erhöhtem Zündverzug mehr Zeit für die Gemischbildung und Selbstzündung zur Verfügung. Das Nageln und somit die Geräuschbildung sowie der Schadstoffausstoß werden reduziert. Die Verstellung erfolgt entweder manuell über einen Seilzug oder automatisch durch eine temperaturabhängige Steuervorrichtung.

Der mechanisch betätigte Kaltstartbeschleuniger besteht aus einem Hebel mit exzentrischem Kugelbolzen, welcher den Rollenring bei Betätigung verdreht. Dadurch wird der Förderbeginn in Richtung "Früh" verstellt.

Temperaturabhängige Leerlauf-Anhebung (TLA). Bei ihr wird durch ein von der Kühlflüssigkeit durchströmtes Dehnstoffelement der Leerlaufanschlag des Drehzahlverstellhebels automatisch verstellt, so dass bei kaltem Motor die Leerlaufdrehzahl angehoben wird.

Elektrische Abstellvorrichtung (ELAB). Sie ermöglicht bei Motoren mit Verteilereinspritzpumpen ein komfortables elektrisches Abstellen **(Schlüsselstop)**. Die Einrichtung besteht aus einem Magnetventil, das bei eingeschaltetem Fahrtschalter, d. h. bei laufendem Motor, die Zulaufbohrung zum Hochdruckraum des Verteilerkolbens freigibt. Der Motor wird abgestellt, indem die Stromzufuhr zur Magnetspule abgeschaltet wird. Dadurch wird die Zulaufbohrung zum Hochdruckraum abgesperrt.

2.3.9 Elektronische Dieselregelung (EDC)

Der Einsatz elektronisch geregelter Einspritzsysteme ermöglicht eine exakte Regelung des Einspritzbeginns, verbunden mit einer äußerst genauen Kraftstoffmengenzumessung.

Zusätzlich wird eine Leerlaufregelung, Volllastmengenbegrenzung, abhängig von Ladedruck, Lufttemperatur und Kraftstofftemperatur, eine Begrenzung der Enddrehzahl und eine Startmengenbegrenzung durchgeführt.

Weiterhin werden die Regelung der Abgasrückführung zur Schadstoffminderung und die Ladedruckregelung bei aufgeladenen Motoren von der Elektronikausrüstung übernommen.

Somit ergeben wesentliche Verbesserungen:
– Einhaltung verschärfter Abgasgrenzwerte
– Verminderung des Kraftstoffverbrauchs
– Optimierung von Drehmoment und Leistung
– Verbesserung des Ansprechverhaltens
– Verminderung des Motorgeräuschs
– Optimierung der Laufruhe
– problemlose Ausrüstung des Fahrzeugs mit einer Geschwindigkeitsregelung
– vereinfachte Anpassung eines Motortyps an unterschiedliche Fahrzeuge.

Werkstattarbeiten

Aus- und Einbau der Verteilereinspritzpumpe
Beim Ausbau der Einspritzpumpe wird zuerst der 1. Zylinder auf Zünd-OT-Stellung gebracht. Nun kann die Einspritzpumpe weggebaut werden.
Der Einbau geschieht in umgekehrter Reihenfolge, wobei die Grundeinstellung des Motors zur Pumpe mit Hilfe der OT-Markierungen zu beachten ist. Der Förderbeginn muss überprüft werden.

Einstellung des Förderbeginns
Der Förderbeginn wird bei der Verteilereinspritzpumpe mit der Messuhr eingestellt. Dabei darf der Kaltstartbeschleuniger nicht betätigt sein. Die Kurbelwelle wird so gedreht, dass sich der Kolben des 1. Zylinders in OT-Stellung befindet. Die OT-Markierung am Schwungrad und am Kupplungsgehäuse muss fluchten. Danach wird die Verschlussschraube **(siehe Bild 1, Seite 359)** entfernt und eine Meßuhr mit dem passenden Adapter **(Bild 1)** eingesetzt. Nun wird die Kurbelwelle entgegen der Motordrehrichtung gedreht. Bleibt der Zeiger der Meßuhr stehen, befindet sich der Pumpenkolben in UT-Stellung. Jetzt ist die Meßuhr auf "Null" zu stellen. Anschließend wird der Motor in Drehrichtung bis zur Bezugsmarke gedreht. Nun muss die Messuhr ein vom Hersteller bestimmtes Maß in mm für den Hub des Pumpenkolbens anzeigen. Ist dies nicht der Fall, muss der Pumpenflansch gelöst und das Pumpengehäuse entsprechend gedreht werden.

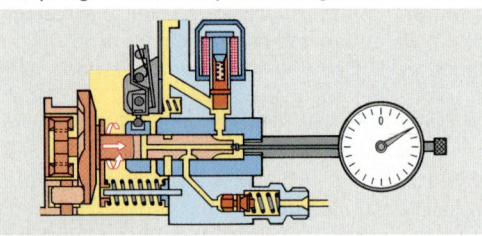

Bild 1: Förderbeginneinstellung

Leerlauf- und Höchstdrehzahl einstellen
Diese Einstellung soll bei betriebswarmem Motor mit Hilfe eines Drehzahlmessers vorgenommen werden. Der Kaltstartbeschleuniger darf nicht betätigt sein. In unbelastetem Zustand wird dann die Leerlaufdrehzahl an der Leerlaufanschlagschraube **(Bild 1, Seite 359)** eingestellt. Entsprechend wird nach den Herstellerangaben die Höchstdrehzahl an der Einstellschraube für die Nenndrehzahl korrigiert.

Dieselmotor

Aufbau

Die elektronisch geregelten Dieseleinspritzsysteme (**Bild 1**) bestehen stets aus:

- **E** – **Sensorausrüstung.** Sie erfasst die Betriebsdaten, z.B. Last, Drehzahl, Motortemperatur und die Umgebungsbedingungen, z.B. Ansauglufttemperatur und Luftdruck.

- **V** – **Elektronischem Steuergerät.** Es ist ein Mikrocomputer der aus den Betriebsdaten, den Umgebungsinformationen und unter Berücksichtigung der in Kennfeldern gespeicherten Sollwerten die Einspritzmenge, den Einspritzbeginn festlegt und ggf. die Abgasrückführmenge und den Ladedruck regelt.

- **A** – **Aktorausrüstung (Steller).** Sie ermöglichen den elektrischen Eingriff in die Hochdruck-Einspritzausrüstung, ggf. in das Abgasrückführsystem und das Aufladesystem.

Abgas-Rückführungsregelung (ARF). Um den Stickoxidanteil im Abgas zu reduzieren, wird eine Abgasrückführungsanlage eingebaut. Diese ist um so wirkungsvoller, je genauer die Abgasrückführungsrate ist. Die Luftmenge, die der Motor ansaugt kann mit einem Luftmengenmesser gemessen werden. Das Steuergerät ermittelt über die eingespeicherten Daten die Abgasrückführungsrate und verstellt dementsprechend einen Abgasrückführungssteller. Dieser führt über ein Ventil dem Motor mehr oder weniger Abgas zu. Dadurch werden die Emissionswerte verringert.

Notfahrfunktion. Elektronische Diesel-Control-Systeme (EDC) überwachen sich selbst. Es werden sowohl die Funktion des Steuergerätes als auch die Funktionen der elektrischen Bauteile überwacht. Bei Fehlern wird über eine Anzeige dem Fahrer ein Defekt mitgeteilt und die Anlage wird mit einem entsprechenden Notfahrprogramm oder Ersatzfahrprogramm betrieben. Es wird z.B. bei einem defekten Fußfahrgeber die Leerlaufdrehzahl erhöht, damit das Fahrzeug mit geringer Motordrehzahl gefahren werden kann.

Als Hochdruck-Einspritzausrüstungen für elektronisch geregelte Systeme werden verwendet:
- Hubkolben-Verteilereinspritzpumpe
- Radialkolben-Verteilereinspritzpumpe
- Pumpe-Düse-Element
- Common-Rail.

2.3.9.1 Hubkolben-Verteilereinspritzpumpen mit elektronischer Regelung

Bei dieser Einspritzpumpe (**Bild 1**) werden die mechanischen Verstelleinrichtungen zur Steuerung der Kraftstoffmengenzumessung durch ein Magnetstellwerk für den Regelschieber ersetzt. Am hydraulischen Spritzversteller ist ein Magnetventil zur Förderbeginnkorrektur angebracht.

Regelung des Spritzbeginns (SB). Der herkömmliche hydraulische Spritzversteller wird durch ein getaktetes Magnetventil beeinflusst. Bei dauernd geöffnetem Ventil wird der am Spritzverstellerkolben anliegende Druck abgesenkt und es stellt sich durch Verdrehung des Rollenrings ein späterer Einspritzbeginn ein. Ist das Magnetventil geschlossen, wirkt ein höherer Druck und der

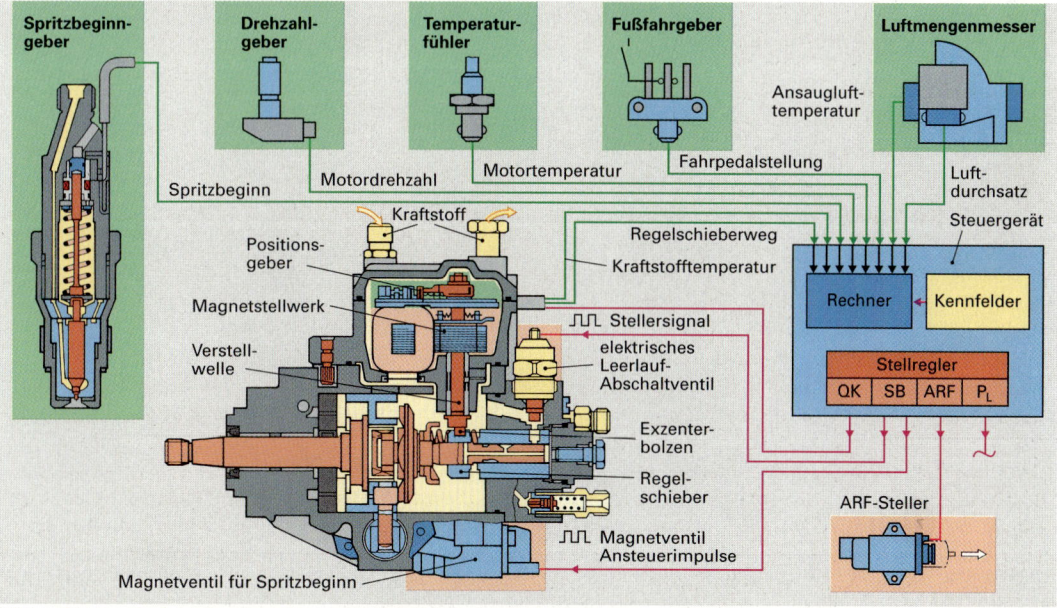

Bild 1: Elektronische Dieselregelung mit Hubkolben-Verteilereinspritzpumpe

Rollenring wird in Richtung früheren Einspritzbeginns verschoben. Dieses stetige Öffnen und Schließen des Magnetventils regelt den optimalen Einspritzbeginn.

Regelung der Einspritzmenge (QK). Fahrpedalstellung, Regelschieberweg als Maß für die Einspritzmenge und angesaugte Luftmenge werden durch ein Potentiometer als Widerstandswert erfasst und dem Steuergerät zugeführt **(Bild 1, Seite 363)**. Die Drehzahl wird durch einen OT-Geber und der Einspritzbeginn durch einen Geber in einem Düsenhalter des Motors dem Steuergerät zugeführt. Diese Eingangssignale werden vom Rechner verarbeitet. Mit seinen eingespeicherten Kennfeldern ermittelt er dann eine Solleinspritzmenge und verschiebt aufgrund elektrischer Impulse den Regelschieber. Der Regelschieberweg wird über das Eingangssignal verglichen und dem Sollwert angenähert. Dies geschieht dadurch, dass dem Stellwerk (Drehmagnet) Strom zugeführt wird. Die Welle mit dem exzentrischen Bolzen verdreht sich und verschiebt dabei den Regelschieber in Richtung der gewünschten errechneten Stellung. Dadurch wird die Absteuerbohrung früher oder später freigegeben und die Einspritzmenge geregelt. Dies kann bis zu mittleren Drehzahlen so schnell erfolgen, dass von einer zur anderen Einspritzung in den Zylinder die Kraftstoffmenge von Hub zu Hub verändert wird.

2.3.9.2 Radialkolben-Verteilereinspritzpumpe

Sie ist eine elektronisch regelbare Einspritzpumpe **(Bild 1)** mit einem im Pumpengehäuse integrierten Steuergerät. Sie erzeugt Einspritzdrücke an der Düse bis zu 1600 bar. Ihr Gehäuse ähnelt sehr dem der Hubkolben-Verteilereinspritzpumpe. Sie ist ebenfalls unabhängig von der Einbaulage.

Aufbau (Bild 1).

Diese Verteilereinspritzpumpe besteht aus:
- Antriebswelle mit Antriebsrad
- Flügelzellenpumpe als Kraftstoffpumpe
- Verteilerwelle mit radial angeordneten Hochdruckzylindern mit Kolben und Rollenstößeln
- Nockenring
- Verteilerkörper
- Magnetventil für Mengenregelung
- hydraulischer Spritzversteller mit Magnetventil zur Einspritzbeginnregelung
- Drehwinkelsensor zur Positionsbestimmung der Verteilerwelle.

Wirkungsweise

Die Antriebswelle treibt mit halber Kurbelwellendrehzahl die Flügelzellenpumpe und die Verteilerwelle mit den Hochdruckzylindern an. Die Rollenstößel der Pumpenkolben wälzen sich bei dieser Drehbewegung auf der Nockenbahn des Nockenrings ab und betätigen dabei die Kolben. Das Magnetventil steuert sowohl den Füllvorgang der Hochdruckzylinder als auch den Einspritzvorgang.

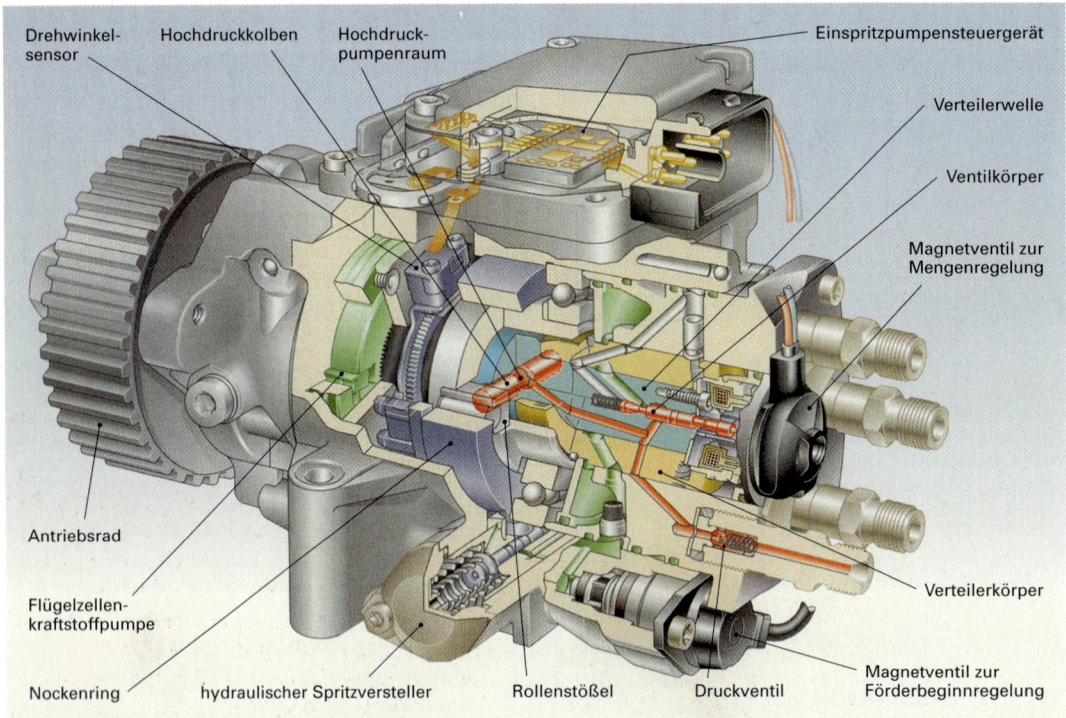

Bild 1: Radialkolben-Verteilereinspritzpumpe

Füllvorgang (Bild 1). Laufen die Rollenstößel von den Nocken des Nockenrings ab, so schaltet das Magnetventil auf Füllen. Der Kraftstoff strömt mit Pumpeninnenraumdruck (bis etwa 20 bar) in die Hochdruckzylinder und drückt die Kolben nach außen gegen die Rollenstößel.

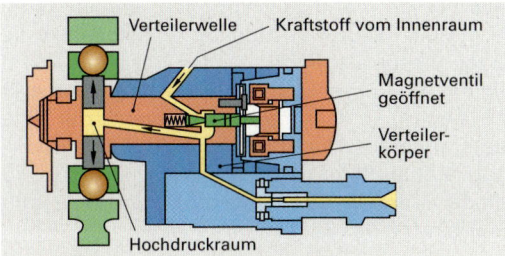

Bild 1: Füllvorgang

Verteilen. Die Verteilerwelle dreht sich im Verteilerkörper und stellt somit entsprechend der Zündfolge die Kanalverbindung vom Magnetventil zur Einspritzleitung des jeweiligen Zylinders her.

Druckförderung (Bild 2). Laufen die Rollenstößel auf die Nocken des Nockenrings auf, so schaltet das Magnetventil auf Förderung um. Die nach innen gehenden Kolben fördern den Kraftstoff aus dem Verdichtungsraum über das Magnetventil zur Einspritzdüse. Bei Förderende schaltet das Magnetventil wieder auf Füllstellung um und baut den Druck in den Pumpeninnenraum ab.

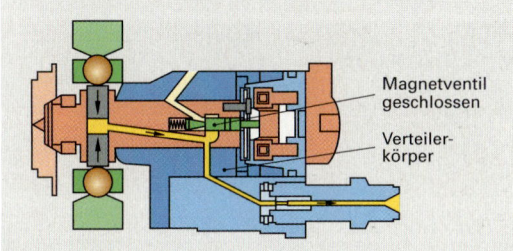

Bild 2: Druckförderung

Förderbeginnregelung (Bild 3). Der hydraulische Spritzversteller verdreht den Nockenring zur Förderbeginnverstellung durch den drehzahlabhängigen Pumpeninnenraumdruck. Durch das getaktete Magnetventil kann der Förderbeginn genau eingestellt werden.

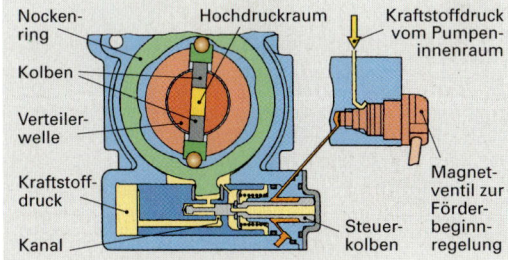

Bild 3: Förderbeginnverstellung

2.3.9.3 Pumpe-Düse-Elemente (PDE)

Diese Einspritzelemente ermöglichen höchste Einspritzdrücke bis zu 2050 bar.

Aufbau
Jeder Motorzylinder hat im Zylinderkopf ein PDE-Element. Das einem Düsenhalter ähnliche PDE-Element **(Bild 4)** vereint in seinem Gehäuse
– das Hochdruckeinspritzelement
– das Magnetventil zur Steuerung des Einspritzverlaufs
– die Einspritzdüse mit dem Einspritzventil.

Antrieb
Der Hochdruckkolben wird indirekt über einen Kipphebel oder direkt über einen Einspritznocken auf der Motornockenwelle angetrieben.

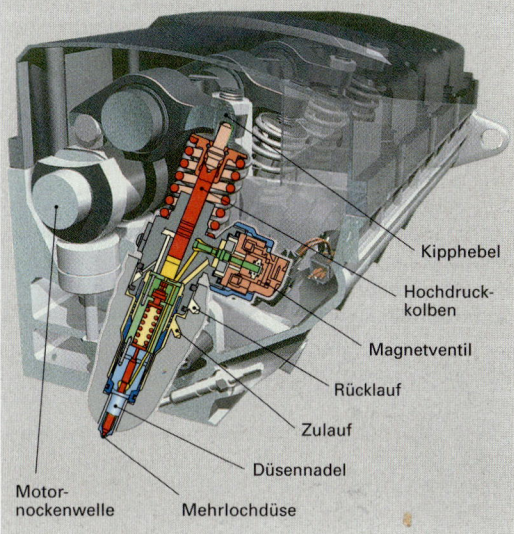

Bild 4: Pumpe-Düse-Element

Wirkungsweise
Der Kraftstoff wird den PDE-Elementen von der Kraftstoffanlage zugeführt. Ist das Magnetventil nicht bestromt, so ist es geöffnet. Der Kraftstoff kann in den Hochdruckraum des Pumpenelements einströmen. Wird das Magnetventil vom elektronischen Steuergerät angesteuert, so schließt es. Der Kolben kann im Förderhub Druck aufbauen und es wird eingespritzt. Einspritzbeginn und Einspritzende werden durch schließen bzw. öffnen des Magnetventils bestimmt. Abstellen des Motors bzw. Zylinderabschaltung wird durch öffnen des Magnetventils ermöglicht.

Wesentliche Vorteile dieser Einspritztechnik sind:
– Reduzierung der Schadstoffbildung
– geringerer spezifischer Kraftstoffverbrauch
– Voreinspritzung möglich
– Abschaltung einzelner Zylinder möglich.

2.3.9.4 Common-Rail-Einspritzung

Dieses elektronisch regelbare Hochdruck-Einspritzsystem ist in seiner Struktur einer Mehrpunkt-Benzineinspritzung sehr ähnlich. Sie wird auch als Speichereinspritzsystem bezeichnet, da das Kraftstoffvolumen im Rail (Verteilerrohr) zusammen mit der großen Durchflussmenge eine Versorgung der Einspritzinjektoren ohne nennenswerte Druckschwankungen gewährleistet.

Aufbau

Die Common-Rail-Einspritzausrüstung **(Bild 1)** besteht aus:
- **Niederdruckkreis** (Kraftstoffbehälter, Kraftstoffförderpumpe mit Filter, Wärmetauscher und zugehörige Leitungen)
- **Hochdruckbereich** (Hochdruckpumpe mit Hochdruckleitungen, Rail und Injektoren)
- **elektronische Steuerung** (Steuergerät, Sensorausrüstung, Magnetventile in den Injektoren und Raildruckregler).

Für jeden Motorzylinder ist ein Injektor in den Zylinderkopf eingeschraubt.

Wirkungsweise

Die Kraftstoffförderpumpe versorgt aus dem Kraftstoffbehälter die Hochdruck-Kolbenpumpe mit Kraftstoff. Es wird mehr Kraftstoff gefördert als zum Einspritzen benötigt wird. Dieser überschüssige Kraftstoff durchströmt den Kühler und wird dort abgekühlt. Der Kraftstoffdruckregler am Rail regelt, durch getaktete Ansteuerung vom Steuergerät, einen variablen Raildruck zwischen etwa 400 bar bei Leerlauf und etwa 1350 bar bei Volllast und Nenndrehzahl. Der Raildrucksensor informiert das Steuergerät über den jeweiligen Raildruck der dann ggf. korrigiert werden kann. Mit diesem Raildruck strömt der Kraftstoff über die kurzen Einspritzleitungen zu den Injektoren. Wird nun das Magnetventil im Injektor vom Steuergerät angesteuert, so kann das Einspritzventil mit Hilfe des Kraftstoffdrucks öffnen und der Einspritzvorgang läuft ab. Wird das Magnetventil stromlos, so fällt der Druck am Einspritzventil ab und die Ventilfeder bewirkt das Schließen.

> **Öffnungsdauer des Einspritzventils und variabler Raildruck (Systemdruck) bestimmen die Einspritzmenge.**

Eigenschaften der Common-Rail-Einspritzung sind:
- Hohe Einspritzdrücke
- variable Einspritzdrücke in Abhängigkeit des momentanen Betriebszustandes
- das Steuergerät bestimmt den Einspritzverlauf (z.B. Einspritzbeginn, Einspritzmenge, Einspritzende)
- Einspritzverlauf je nach Programmierung
- System kann günstig an Motoren angepasst werden.

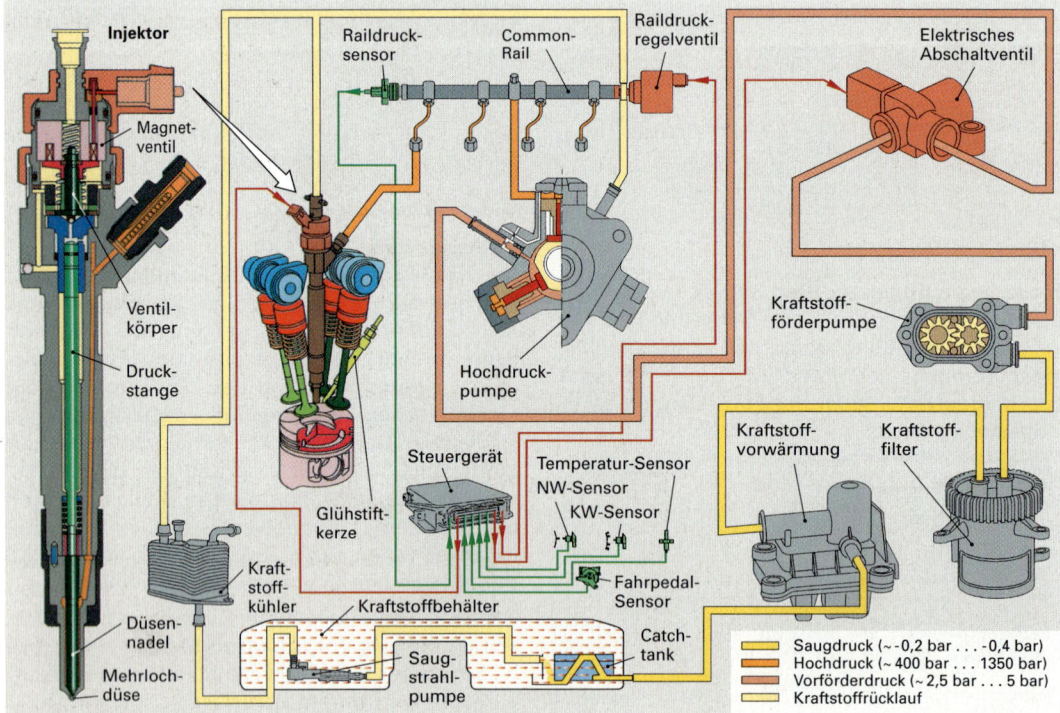

Bild 1: Common-Rail-Einspritzausrüstung

2.3.10 Einspritzdüsen

Die Einspritzdüse soll den Kraftstoff, der unter hohem Druck von der Einspritzpumpe kommt, so in den Verbrennungsraum einspritzen, dass eine für die jeweilige Verbrennungsraumform bestmögliche Aufbereitung des Kraftstoff-Luftgemisches erfolgt. Das bedeutet, dass Einspritzdruck, Einspritzdauer, Einspritzmenge sowie die Form des abgespritzten Kraftstoffstrahles (Strahlwinkel) und die Strahlrichtung auf die verschiedenen Verbrennungsverfahren und die Vielfalt der Verbrennungsraumformen abgestimmt sein müssen.

Die Düsenöffnungsdrücke für die Düsenprüfung liegen relativ niedrig zwischen 80 bar und 250 bar. Sie entsprechen jedoch nicht den Öffnungsdrücken im Motorbetrieb. Diese liegen mit zunehmender Drehzahl wesentlich höher. Während des Pumpenkolbenhubes kann der Einspritzdruck mit dem der Kraftstoff durch die Düsenbohrung gepresst wird bis auf über 2000 bar ansteigen.

Die Einspritzdüsen beeinflussen maßgeblich
- Motorlauf
- Verbrennungsablauf
- Motorgeräusch, insbesondere bei Leerlauf
- Schadstoffbildung.

Man unterscheidet bei den Einspritzdüsen zwei Hauptbauarten:
- Zapfendüsen
- Lochdüsen.

Entsprechend der Einspritzmenge je Arbeitstakt werden verschiedene Größen verwendet. Düsenkörper und Düsennadel sind aus hochwertigem Stahl hergestellt und eingeläppt. Die erforderlichen Toleranzen liegen bei 2 μm bis 4 μm. Sie dürfen daher nur zusammen ausgewechselt werden.

Zapfendüse (Bild 1). Sie wird in Motoren mit Vorkammer oder Wirbelkammer verwendet. Der Düsenöffnungsdruck liegt dabei meist zwischen 80 bar und 125 bar. Die Düsennadel hat an ihrem unteren Ende einen besonders ausgebildeten Spritzzapfen, der in das Spritzloch des Düsenkörpers hineinragt.

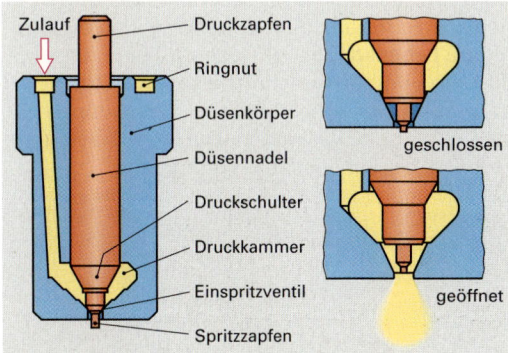

Bild 1: Zapfendüse

Durch verschieden Formen und Abmessungen des Spritzzapfens (**Bild 2 und Bild 3**) lässt sich der Einspritzstrahl verändern. Außerdem hält der Zapfen das Spritzloch von Ölkohle-Ansatz frei.

Die Drosselzapfendüse (**Bild 2**) unterscheidet sich von anderen Zapfendüsen durch besondere Zapfengestaltung. Durch die besondere Form des Spritzzapfens wird eine Voreinspritzung bewirkt. Wenn sich die Düsennadel von ihrem Sitz hebt, gibt sie zunächst einen sehr engen Ringspalt frei, der nur wenig Kraftstoff durchlässt (Drosselwirkung). Erst beim weiteren Anheben der Düsennadel wird der Durchflussquerschnitt größer, bis schließlich gegen Ende des Düsennadelhubes der Hauptanteil des Kraftstoffes eingespritzt wird. Dies ergibt durch den langsameren Druckanstieg im Verbrennungsraum eine weichere Verbrennung und damit einen weicheren Motorlauf.

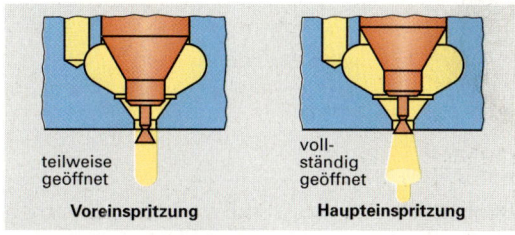

Bild 2: Drosselzapfendüse

Flächenzapfendüse (Bild 3). Sie ist eine Weiterentwicklung der Drosselzapfendüse. Durch die schräg angeschliffene Fläche am Zapfen ergibt sich durch das Verdrehen der Düsennadel im Betrieb ein Abschaben der Verkokung. Dadurch bleibt der Vorstrahl in engeren Toleranzen und das Strahlbild ist besser. Das Laufgeräusch und die Schadstoffemission des Motors wird dadurch geringer.

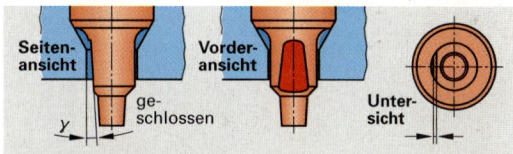

Bild 3: Flächenzapfendüse

Lochdüse (Bild 1, Seite 368). Sie wird in Motoren mit direkter Einspritzung verwendet, da man mit ihr eine besonders feine Verteilung des Kraftstoffs erzielt. Der Düsenöffnungsdruck liegt bei Prüfung mit dem Düsenprüfgerät zwischen 150 bar und 250 bar.

Die Düsennadel ist am unteren Ende meist kegelig geschliffen und passt auf die kegelige Nadelsitzfläche im Düsenkörper, wodurch eine einwandfreie Abdichtung erreicht wird. Es gibt Einlochdüsen und Mehrlochdüsen. Die Einlochdüsen haben nur ein Spritzloch, das in Richtung der Düsenachse oder seitlich gebohrt ist.

Bei den Mehrlochdüsen sind bis zu 8 Spritzlöcher meist symmetrisch angeordnet und bilden gegeneinander Lochwinkel bis zu 160°. Die Spritzlochdurchmesser (etwa 0,15 mm bis 0,4 mm) beeinflussen Form und Eindringtiefe des Einspritzstrahls.

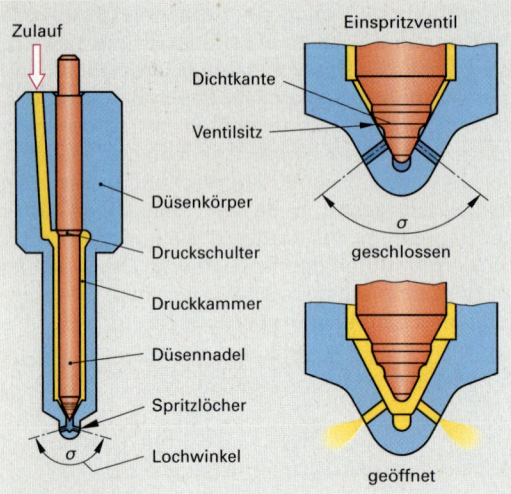

Bild 1: Lochdüse

Düsenhalter

In einem Düsenhalter **(Bild 2)** wird die Einspritzdüse in den Zylinderkopf des Motors eingebaut. Der Düsenhalter kann mit einem wartungsfreien Stabfilter ausgerüstet sein, der fest im Haltekörper eingepresst ist.

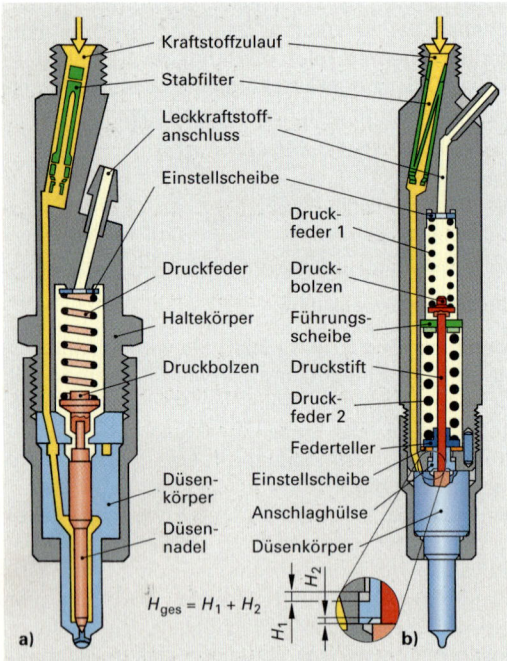

Bild 2: Ein- und Zweifeder-Düsenhalter

Der von der Einspritzpumpe unter hohem Druck geförderte Kraftstoff kommt in die Zulaufbohrung des Düsenhalters. Von dort gelangt er in die Ringnut, in die Zulaufbohrung und in die Druckkammer der Einspritzdüse. Ist der Kraftstoffdruck größer als die Spannung der Druckfeder, so wird die Düsennadel durch Druck auf ihre Druckschulter von ihrem Kegelsitz abgehoben, das Einspritzventil öffnet und der Kraftstoff wird durch die Düse in den Verbrennungsraum eingespritzt. Dies erfolgt während des Förderhubes der Einspritzpumpe. Der entlang der Düsennadel entweichende Kraftstoff, der für die Schmierung und die Kühlung der Düsennadel notwendig ist, wird meist durch eine Leckkraftstoff-Leitung zum Kraftstoffbehälter zurückgeführt. Nach beendigter Einspritzung (Druckabfall in der Druckleitung) drückt die Federkraft die Düsennadel wieder auf ihren Kegelsitz, das Einspritzventil schließt. Der richtige Öffnungsdruck der Düse wird durch Einlegen von Stahlplättchen (Einstellscheiben) unter die Druckfeder eingestellt.

Zweifeder-Düsenhalter (Bild 2b). Sie sind mit zwei Druckfedern unterschiedlicher Härte ausgerüstet. Diese sind so aufeinander abgestimmt, dass zunächst bei geringerem Kraftstoffdruck die Düsennadel nur gegen die Kraft der ersten, weicheren Feder angehoben wird. Das Einspritzventil öffnet nur wenig und es wird zuerst eine geringe Kraftstoffmenge in den Verbrennungsraum eingespritzt (Voreinspritzung), die die Verbrennung auslöst und den Verbrennungsdruck leicht ansteigen lässt. Die dadurch verlängerte Gesamteinspritzzeit führt nun mit der nachfolgenden Haupteinspritzmenge zu einer weicheren Verbrennung und somit zu stabilem Leerlauf und verminderter Schadstoffbildung. Zweifeder-Düsenhalter werden deshalb vorzugsweise für direkt einspritzende Dieselmotoren verwendet.

Wärmeschutz für Einspritzdüsen

Bei Dieselmotoren mit direkter Einspritzung, besonders bei aufgeladenen Motoren, steigen die Temperaturen an den Düsenkuppen der Lochdüsen infolge der hohen Temperaturen auf über 250° C an. Dadurch lässt besonders bei Dauerbetrieb die Härte am Düsensitz nach, was eine geringere Lebensdauer der Düse zur Folge hat.

Mit Hilfe von Wärmeschutzhülsen aus rostfreiem Stahl, kann die Temperatur der Düsenkuppen um etwa 40° C gesenkt werden. Die Härte lässt weniger nach, die Lebensdauer wird größer.

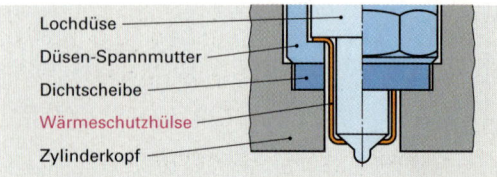

Bild 3: Wärmeschutzhülse

2.4 Kreiskolbenmotor* (KKM)

Bei Hubkolbenmotoren führt der Kolben eine hin- und hergehende Bewegung aus, die über die Pleuelstange in Verbindung mit der Kurbelwelle erst in eine Drehbewegung verwandelt werden muss. Beim Kreiskolbenmotor dreht sich der Kolben und erzeugt beim Ausdehnungsvorgang unmittelbar Dreharbeit, dabei beschreibt der Schwerpunkt des gleichförmig rotierenden Kolbens eine Kreisbahn. Durch den Wegfall von Beschleunigung und Verzögerung der hin- und hergehenden Massen wird bei gleichem Motorgewicht eine größere Leistung erzielt.

Der Kreiskolbenmotor arbeitet nach dem
- **Viertaktprinzip**, da ein geschlossener Gaswechsel vorhanden ist
- **Zweitaktprinzip**, da der Kreiskolben den Gaswechsel über Schlitze in der Mantellaufbahn steuert und eine Exzenterwellenumdrehung einem Arbeitsspiel entspricht.

2.4.1 Aufbau

Der Mantel (**Bild 1**) hat eine Epitrochoidenform. Konzentrisch zur Mantelmitte befindet sich das fest mit einem Seitenteil verbundene Ritzel.

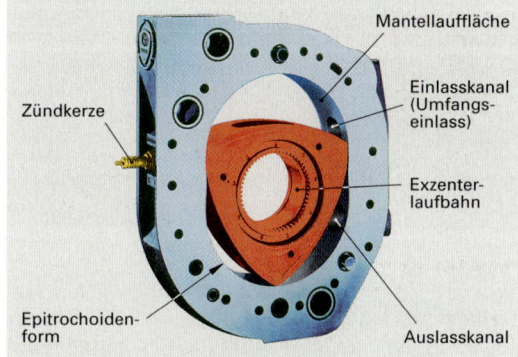

Bild 1: Mantel mit Kolben

Durch die Mitten der Mantelseitenteile geht die Exzenterwelle (**Bild 2**), auf deren Exzentern sich die Kolben (Läufer, Scheiben) drehen. Durch Dichtelemente ist der Kolben (**Bild 3**) an allen Berührungsflächen abgedichtet.

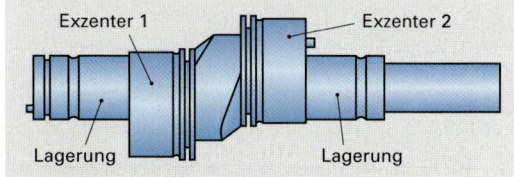

Bild 2: Exzenterwelle des Zweischeibenmotors

* Erfinder Felix Wankel, 1954

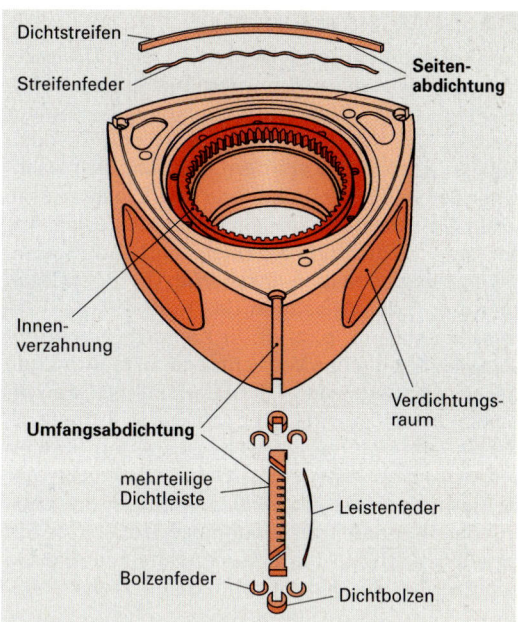

Bild 3: Kolben mit Dichtelementen

Auf einer Seite hat der Kolben eine Innenverzahnung, die sich auf dem feststehenden Ritzel des Seitenteils abstützt und abwälzt. Durch diese Verzahnung erfolgt beim Abwälzen keine Kraftübertragung, sondern nur die Steuerung des Kolbens, der sich dadurch immer in der richtigen Bewegungsphase zu den Umdrehungen der Exzenterwelle und zum Umlauf im Mantel dreht. Die Zähnezahlen des feststehenden Ritzels und der Innenverzahnung des Kolbens verhalten sich wie 2 : 3. Kolben und Exzenterwelle drehen sich in gleicher Richtung, jedoch bleibt der Kolben gegenüber der Exzenterwelle zurück.

Merkmale des Kreiskolbenmotors gegenüber einem Hubkolbenmotor

- Große Laufruhe, da nur rotierende Hauptbauteile (Kolben und Exzenterwelle), vollkommener Massenausgleich
- keine Bauteile für Motorsteuerung
- unverengte Gaskanalquerschnitte
- weniger Bauteile, geringeres Gewicht
- niedriger Oktanzahlbedarf
- gut geeignet für Betrieb mit Wasserstoff
- ungünstige Form des Verbrennungsraumes, lange Brennwege
- höherer Kraftstoff- und Ölverbrauch
- hohe HC-Abgaswerte
- aufwendige Abdichtung am Kreiskolben
- höhere Herstellkosten

2.4.2 Wirkungsweise

Der **Kreiskolbenmotor (Bild 1)** ist eine Dreikammermaschine, deren Kammern mit 1, 2 und 3 bezeichnet sind. Während der Kolbenbewegung werden die Kammern vergrößert oder verkleinert. In allen drei Kammern vollzieht sich nacheinander bei 3 Umdrehungen der Exzenterwelle je ein Arbeitsspiel in der Viertaktarbeitsweise: Ansaugen, Verdichten, Arbeiten und Ausstoßen. Wenn sich der Kolben linksherum dreht, findet in Kammer 1 das Ansaugen des Kraftstoff-Luft-Gemisches statt (a, b, c, d). In Kammer 2 vollzieht sich gleichzeitig das Verdichten (a, b, c). Am Ende der Verdichtung erfolgt die Zündung (c). Dann arbeiten die sich ausdehnenden Gase in Kammer 2, indem sie den exzentrisch gelagerten Kolben linksherum drehen (c, d). Dabei stützt sich der Kolben mit seiner Innenverzahnung an dem fest mit dem Seitenteil verbundenen Ritzel ab und übt eine Drehkraft auf die Exzenterwelle aus. Die Exzenterwelle übernimmt also beim Kreiskolbenmotor die Aufgabe der Kurbelwelle des Hubkolbenmotors. Statt auf dem Umweg über die Pleuelstange wirkt die Kolbenkraft (Kolbendrehkraft) direkt auf die Exzenterwelle. In Kammer 3 vollzieht sich gleichzeitig das Arbeiten (a); dann findet das Ausstoßen (b, c, d) statt. Während sich der Exzenter-Mittelpunkt (⊕) 270° linksherum dreht (Winkel α), bewegt sich die Kolbenseite A-B nur 90° in der Drehrichtung (Winkel β). Auf 3 Umdrehungen der Exzenterwelle kommt also nur eine Kolbenumdrehung mit 3 Arbeitstakten. Das bedeutet, dass der Kolben nur mit einem Drittel der Exzenterwellendrehzahl im Mantel vorwärts läuft und dementsprechend um zwei Drittel hinter der Exzenterwellendrehzahl zurückbleibt. Dadurch wird trotz der hohen Drehzahlen der Exzenterwelle der Verschleiß der Dichtelemente, des Mantels und der Seitenteile gering gehalten. Als Motordrehzahl wird die Drehzahl der Exzenterwelle angegeben.

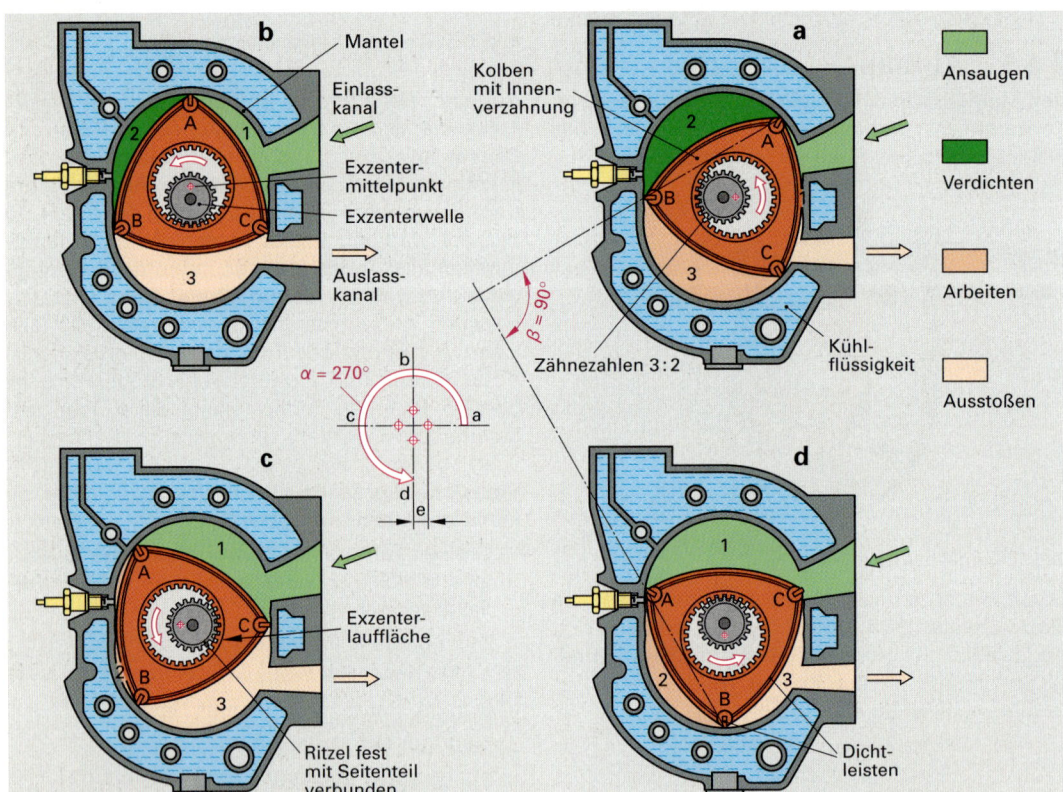

Bild 1: Arbeitsweise des Kreiskolbenmotors

WIEDERHOLUNGSFRAGEN

1. Welche Vorteile hat der Kreiskolbenmotor?
2. Worin unterscheidet sich der Kreiskolbenmotor vom Hubkolbenmotor?
3. Mit welchen Motorbauarten ist der Kreiskolbenmotor vergleichbar hinsichtlich eines Arbeitsspiels und des Gaswechselvorganges?

2.5 Auflading

Die Höhe der Leistung und das Drehmoment eines Motors wird wesentlich vom Frischgasanteil einer Zylinderfüllung beim Ansaugen bestimmt. Dieser wird durch den Liefergrad ausgedrückt.

> Der Liefergrad gibt das Verhältnis zwischen der im Zylinder vorhandenen Frischgasfüllung und der theoretisch möglichen Frischgasfüllung eines Zylinders je Arbeitsspiel an.

Tabelle 1: Liefergrade von Saugmotoren und aufgeladenen Motoren

Motorart	Liefergrad
Saugmotoren, Viertaktverfahren	0,7 bis 0,9
Saugmotoren, Zweitaktverfahren	0,5 bis 0,7
Aufgeladene Motoren	1,2 bis 1,6

Mit Hilfe von Aufladungssystemen kann der Liefergrad erhöht werden. Dadurch gelangt eine größere Luftmasse in den Verbrennungsraum, so dass mehr Kraftstoff verbrannt werden kann. Die Vorteile gegenüber nicht aufgeladenen Motoren sind:
- Erhöhung der Motorleistung und des Drehmoments (**Bild 1**)
- Verbesserung des Nutzwirkungsgrads η_{eff}
- Verringung des spezifischen Kraftstoffverbrauchs b_{eff}
- Verringerung der Schadstoffemission.

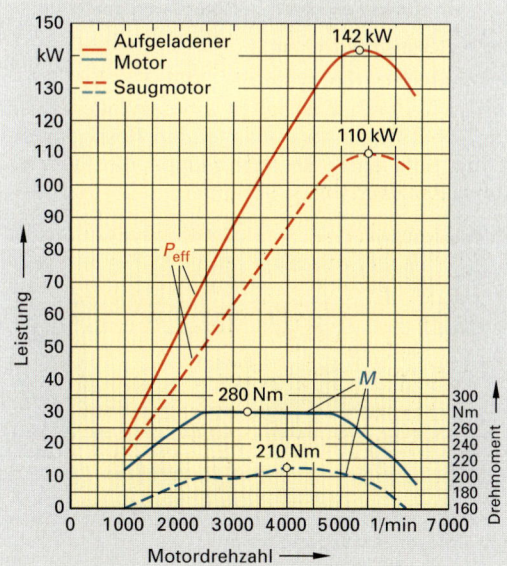

Bild 1: Vergleich von Leistung und Drehmoment zwischen einem aufgeladenem und Saugmotor mit gleichem Hubraum

Grenzen der Auflading. Ein zu hoher Liefergrad führt bei aufgeladenen Ottomotoren zu klopfender Verbrennung, weil der Ladevorgang einen Teil der Gesamtverdichtung übernimmt. Der Verdichtungsenddruck wird zu hoch. Dadurch können mechanische Schäden z.B. an Lager, Bauteile des Kurbeltriebs auftreten. Deshalb haben aufgeladene Ottomotoren niedrigere Verdichtungsverhältnisse als saugende Ottomotoren.

Bei Dieselmotoren können durch zu hohe Verbrennungsenddrücke aufgrund des hohen Frischluftanteils und der damit möglichen größeren Einspritzmenge so hohe mechanische Belastungen auftreten, dass der Motor zerstört wird. Die Verdichtungsverhältnisse sind bei saugenden und aufgeladenen Dieselmotoren gleich.

Aufladungssysteme
Es können unterschieden werden:
- Dynamische Auflading
- Fremdauflading.

2.5.1 Dynamische Auflading

Die im Saugrohr strömenden Frischgase besitzen Bewegungsenergie. Durch das Öffnen des Einlassventils, wird eine zurücklaufende Druckwelle ausgelöst. Die Frischgase strömen mit Schallgeschwindigkeit zurück und treffen am offenen Ende des Saugrohrs auf die ruhende Luft. Dort wird die Druckwelle wieder reflektiert und läuft zurück in Richtung Einlassventil. Erreicht die zurücklaufende Druckwelle das Einlassventil, wenn dieses gerade offen ist, bewirkt dies eine Verbesserung der Zylinderfüllung. Es entsteht ein Aufladeeffekt. Die Frequenz der entstehenden Schwingung hängt ab von der Saugrohrlänge und der Motordrehzahl.

Folgende Motoreigenschaften werden durch den Aufladeeffekt verbessert:
- Höheres Drehmoment
- gleichmäßigerer Drehmomentverlauf
- höhere Motorleistung bei mittleren und hohen Drehzahlen
- günstigere Abgaswerte.

Man unterscheidet je nach Gestaltung des Saugrohrs und der damit verbundenen Auflading:
- Schwingsaugrohr-Auflading
- Resonanz-Auflading.

Beide Systeme können miteinander kombiniert werden.

Schwingsaugrohr-Auflading. Jeder Zylinder hat ein Saugrohr mit bestimmter Länge. Die Gasschwingung wird durch die Saugarbeit des Kolbens angeregt. Durch geeignete Wahl der Saugrohrlänge wird die Schwingung so beeinflusst, dass die Druckwelle durch das geöffnete Einlassventil läuft und eine bessere Füllung bewirkt. Im unteren Drehzahlbereich sind lange, dünne Saugrohr günstig, im oberen Drehzahlbereich kurze, weite Saugrohre.

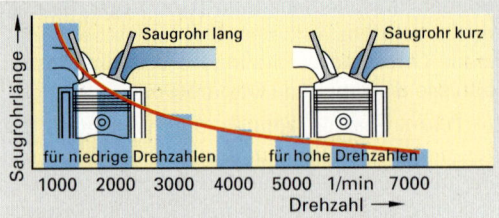

Bild 1: Zusammenhang zwischen Schwingsaugrohrlänge und Drehzahl

Schwingsaugrohrsysteme (Bild 2). Hier werden kurze und lange Saugrohre kombiniert. Im unteren Drehzahlbereich strömt die Luft durch lange dünne Schwingsaugrohre. Die kurzen Saugwege sind durch Klappen oder durch Drehschieber verschlossen. Bei hohen Drehzahlen werden die Klappen elektro-pneumatisch oder elektrisch geöffnet; alle Zylinder saugen durch kurze, weite Saugrohre.

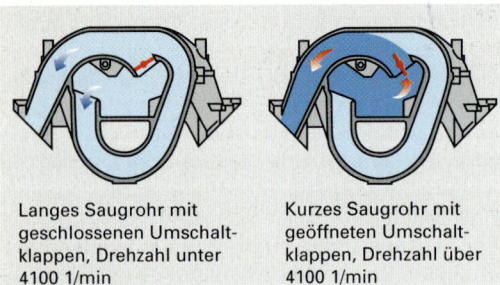

Bild 2: Schwingsaugrohrsystem

Bild 3 zeigt, dass im unteren Drehzahlbereich bis z.B. 4100 1/min ein höheres und gleichmäßigeres Drehmoment erzielt wird, während im oberen Drehzahlbereich ab 4100 1/min die Motorleistung gesteigert wird.

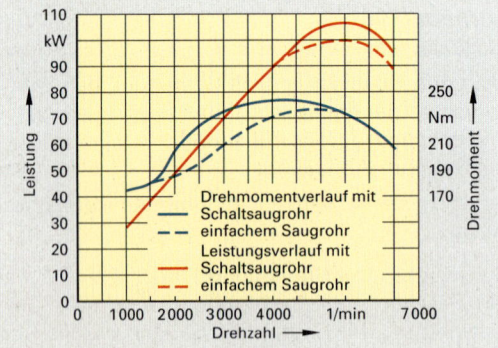

Bild 3: Drehmoment und Motorleistung in Abhängigkeit von der Saugrohrlänge

Resonanz-Aufladung. Wenn die Einlasssteuerzeiten mit den Gasschwingungen übereinstimmen, kommt es zur Resonanz. Diese bewirkt, angeregt durch den Rhythmus der Ansaugtakte der Zylindergruppe, eine zusätzliche Drucksteigerung.
Bei mittleren Drehzahlen bewirken lange Saugrohre in Verbindung mit einem Resonanzbehälter lange schwingende Gassäulen mit großem Druck vor dem öffnenden Einlassventil. In diesem Drehzahlbereich bewirkt die Resonanzschwingung eine Aufladung und damit eine bessere Füllung.
Kurze Saugrohre führen von den Zylindern der Zylindergruppe zum Resonanzbehälter, z.B. Sechszylinder-Reihenmotor mit Zündfolge 1-5-3-6-2-4 **(Bild 4)**.
Zylinder 1...3, Zündabstand 240°, verbunden mit dem 1. Resonanzbehälter; Zylinder 4...6, Zündabstand 240°, verbunden mit dem 2. Resonanzbehälter.
Die Bildung von Zylindergruppen vermeidet eine Überschneidung der Strömungsvorgänge durch den in der Zündfolge nächsten Zylinder. Jeder Resonanzbehälter ist deshalb an ein Resonanzsaugrohr angeschlossen **(Bild 4)**.

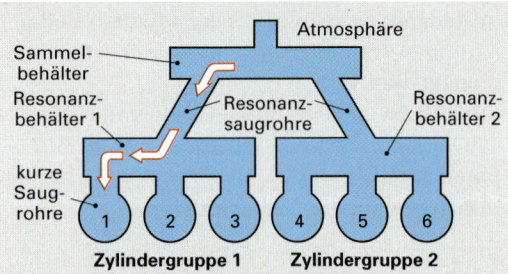

Bild 4: Resonanzaufladung

Resonanzsaugrohrsysteme (Bild 5). Bei ihnen wird z.B. durch Zuschalten eines zweiten Resonanzrohres B zu dem arbeitenden Resonanzrohr A mit Hilfe einer Resonanzklappe die Eigenfrequenz der Sauganlage verändert.

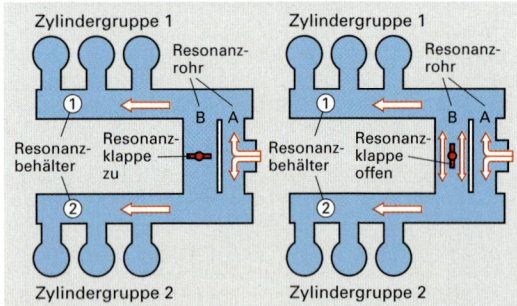

Bild 5: Resonanzsaugrohrsystem

Dies bewirkt eine optimale Füllung der Zylinder bei einer weiteren Drehzahl und damit eine Verbesserung des Drehmomentverlaufs **(Bild 1, Seite 373)**.

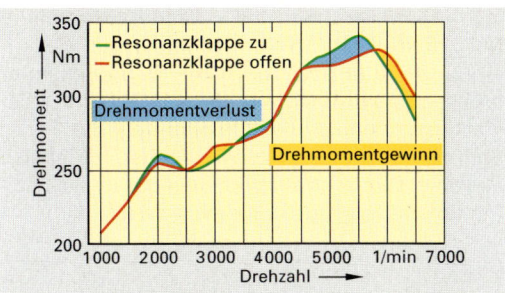

Bild 1: Drehmomentverlaufänderung durch Zuschalten des Resonanzrohres B

Die Lage des Drehzahlbereichs, in dem die Sauganlage optimal arbeiten soll, wird durch die Länge der Resonanzrohre und dem Volumen der Resonanzbehälter bestimmt.

Resonanz- und Schwingsaugrohrsystem (Bild 2).
Um die Aufladeeffekte der einzelnen Systeme ausnützen zu können, werden Resonanz-Aufladesysteme und Schwingsaugrohrsysteme miteinander kombiniert. Resonanzsaugrohre für mittlere Drehzahlen werden für hohe Drehzahlen zu einem Schwingsaugrohr-System umgeschaltet. Die Klappe zwischen den Resonanzbehältern wird elektro-pneumatisch oder elektrisch geöffnet; diese werden dadurch zu einem Luftsammler für das Schwingsaugrohr.

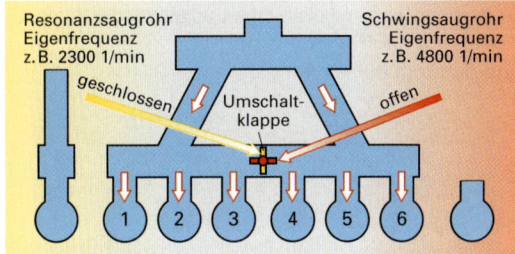

Bild 2: Resonanz- und Schwingsaugrohrsystem

Eine Füllungsverbesserung erfolgt z.B. im unteren Drehzahlbereich durch Resonanzaufladung, im oberen Drehzahlbereich durch Schwingsaugrohraufladung. Die Zylinder saugen dabei durch kurze, weite Rohre an **(Bild 3)**.

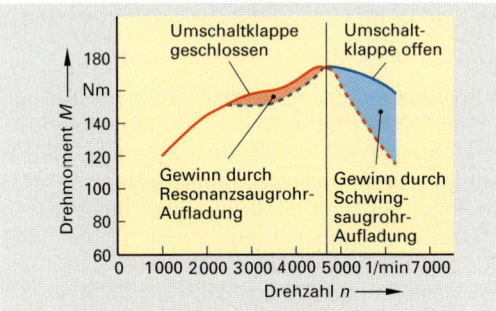

Bild 3: Drehmoment bei kombinierter Resonanz-Schwingsaugrohr-Aufladung

2.5.2 Fremdaufladung

Während des Ansaugtaktes wird eine möglichst große Frischgasmenge durch einen Lader (Ladegerät) in den Zylinder gefördert. Außerdem wird das Kraftstoff-Luft-Gemisch oder die Luft ganz oder teilweise außerhalb des Zylinders vorverdichtet.

Man unterscheidet
- Lader ohne mechanischen Antrieb, z.B. Abgasturbolader
- Lader mit mechanischem Antrieb, z.B. Roots-Lader, Spirallader, Flügelzellenlader
- Druckwellenlader, z.B. Comprex-Lader.

Lader ohne mechanischen Antrieb
Abgasturbolader. Bei ihm wird die Energie des Abgases dazu verwendet, um die Frischgase in die Zylinder zu fördern **(Bild 4, Bild 5)**.

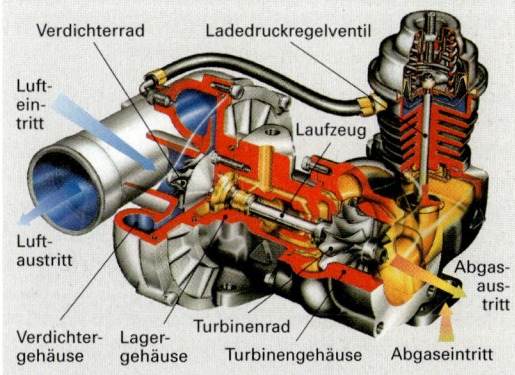

Bild 4: Aufbau eines Abgasturboladers

Eine deutliche Ladewirkung wird erst bei mittleren bis hohen Drehzahlen erreicht. Außerdem regieren diese Lader mit einer leichten Verzögerung auf schnelle Veränderungen der Fahrpedalstellung, da die Abgase aufgrund von Massenträgheit schnellen Lastwechseln nicht folgen können (Turboloch). Die Lader arbeiten nahezu verlustfrei, da sie keine Antriebsleistung von der Kurbelwelle benötigen.

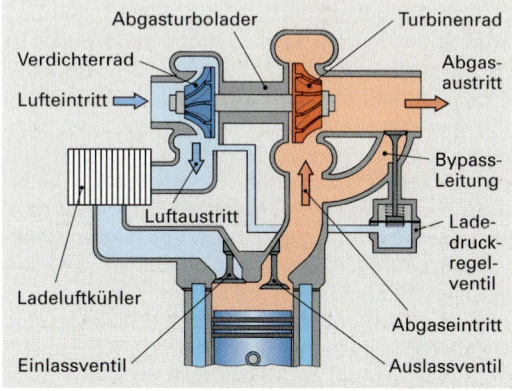

Bild 5: Schema eines Motors mit Abgasturbolader

Das Laufzeug (**Bild 1**) besteht aus Turbinenrad mit Welle und Verdichterrad. Es erreicht je nach Ausführung des Laders Dauerdrehzahlen von 50 000 1/min bis 240 000 1/min.

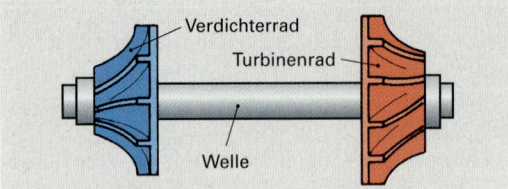

Bild 1: Laufzeug eines Abgasturboladers

Die Abgase des Motors treiben das Turbinenrad in der Turbine an und diese über die Welle das Verdichterrad.
Der Verdichter übernimmt das Ansaugen der Frischgase und liefert dem Motor eine vorverdichtete Frischgasladung. Durch die Vorverdichtung erwärmt sich die Ladeluft um bis zu 180°C.

Ladeluftkühlung und Ladedrücke. Die vom Lader vorverdichtete, aufgeheizte Luft kann durch eine Ladeluftkühlung vor Eintritt in die Zylinder abgekühlt werden. Dadurch wird die Luftdichte der Frischgasfüllung erhöht. Die größere Luftmasse ermöglicht, dass eine größere Kraftstoffmenge eingespritzt werden kann. Die Leistung des Motors wird gesteigert. In **Tabelle 1** sind die Ladedrücke mit und ohne Ladeluftkühlung angegeben.

Tabelle 1: Ladedrücke in Abhängigkeit von der Ladeluftkühlung	
Lademotoren	**Überdruck in bar**
ohne Ladeluftkühlung	0,2 bis 1,8
mit Ladeluftkühlung	0,5 bis 2,2

Die Ladedrücke eines durch einen Abgasturbolader aufgeladenen Motor dürfen die vom Hersteller festgelegten Ladedrücke nicht überschreiten, da sonst der Motor zerstört werden würde.

Ladedruckregelung. Neben der Gefahr der Zerstörung des Motors durch zu hohe Ladedrücke ist die Baugröße des Turboladers so festgelegt, dass ein Aufladeeffekt auch bei mittleren Drehzahlen und geringeren Abgasströmen erzielt wird. Dies hat zur Folge, dass bei hohen Motordrehzahlen und großen Abgasmengen entweder der Ladedruck des Turboladers unzulässig hoch wird oder der Lader in unzulässig hohen Drehzahlen betrieben wird. Deshalb muss der Ladedruck geregelt werden. Man unterscheidet
– Mechanisch-pneumatische Ladedruckregelung
– Elektronische Ladedruckregelung
– Ladedruckregelung mit verstellbaren Leitschaufeln.

Mechanisch-pneumatische Ladedruckregelung (Bild 5, Seite 373). Bei ihr wird im Ladedrucksteuerventil (**Bild 2**) eine mit einer Schraubenfeder vorgespannten Membran mit dem Ladedruck beaufschlagt. Sobald die Vorspannung der Feder durch den Ladedruck überwunden ist, öffnet sich das Ventil. Die Abgase strömen in der Bypass-Leitung um die Turbine herum in den Auspuff.

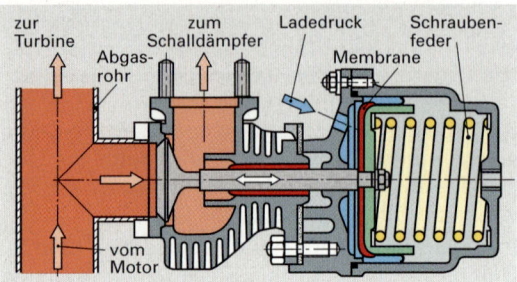

Bild 2: Ladedrucksteuerventil

Das Ladedrucksteuerventil kann an jeder beliebigen Stelle im Abgassystem vor der Abgasturbine angebracht sein. Anstelle des Ladedrucksteuerventils kann auch die Ladedrucksteuerklappe treten (**Bild 3**). Dabei ist die Klappe, die den Bypass öffnet und schließt durch ein Gestänge mit der Steuerdose, die meist am Verdichter befestigt ist, verbunden. Durch den größeren Abstand der Steuerdose zu den heißen Bauteilen des Laders ist die Wärmebelastung der Kunststoffmembran nicht so groß und dadurch die Ausfallgefahr gering.

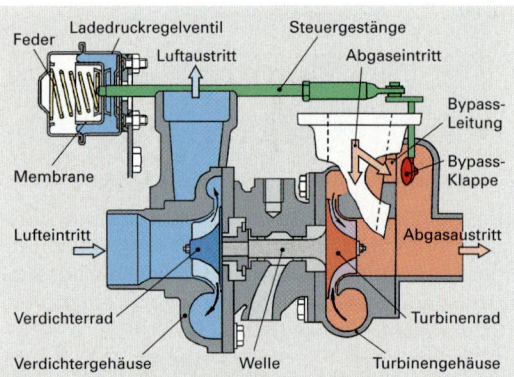

Bild 3: Ladedruckregelung mit Bypass-Klappe

Im Schiebebetrieb und geschlossener Drosselklappe entsteht am Verdichter ein hoher Staudruck. Dieser bremst das Verdichterrad ab, so dass bei plötzlichem Lastwechsel eine Verzögerung auftritt. Um ein ungehindertes Weiterlaufen des Verdichterrades im Schiebebetrieb zu ermöglichen, können Ladedruckregelanlagen mit einem saugrohrdruckgesteuerten Umluftventil (Abblaseventil, Wastegate, **Bild 1, Seite 375**) ausgestattet sein. Es ermöglicht bei geschlossener Drosselklappe ein

Umpumpen der vorverdichteten Luft von der Verdichterseite zur Ansaugseite des Verdichters.

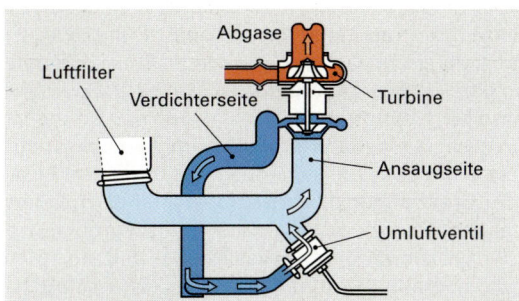

Bild 1: Umluftventil

Elektronische Ladedruckregelung (Bild 2). Der optimale Ladedruck wird über ein Ladedrucksteuergerät abhängig von Drosselklappenstellung und Klopfneigung berechnet. Als Korrekturgrößen dienen z.B. Ansauglufttemperatur, Motortemperatur, Drehzahl. Luftdruckschwankungen z.B. bei Gebirgsfahrten haben keinen Einfluss, da ein Höhengeber im Motorsteuergerät ständig den Umgebungsluftdruck misst und ihn bei der Berechnung des Ladedrucks berücksichtigt.

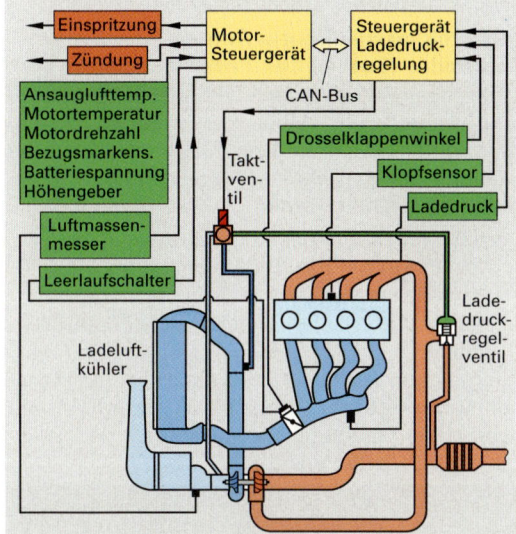

Bild 2: Elektronische Ladedruckregelung

Wirkungsweise
Ein Drucksensor erfasst den Ladedruck und das Ladedrucksteuergerät steuert ein Taktventil **(Bild 3)** an. Das Taktverhältnis steuert den Öffnungsquerschnitt.

Ladedruck zu gering. Das Taktventil öffnet die Verbindung zwischen Druckrohr und Saugseite. Auf das Ladedruckregelventil wirkt ein geringer Ladedruck. Es bleibt geschlossen. Die Turbine wird vom gesamten Abgasstrom angetrieben.

Ladedruck zu hoch. Der Ladedrucksensor meldet dem Steuergerät für die Ladedruckregelung einen zu hohen Ladedruck. Das Taktventil schließt die Verbindung zwischen Druckrohr und Saugrohr. Der Ladedruck in der Steuerleitung steigt und wirkt im Ladedruckregelventil. Das Ladedruckregelventil öffnet und der Abgasstrom zur Turbine wird geringer.

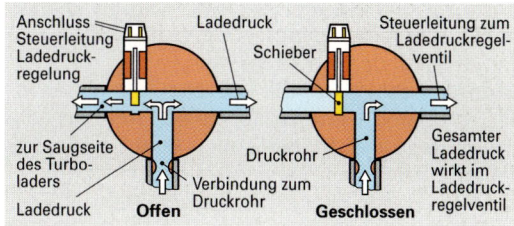

Bild 3: Taktventil

„Overboost" (engl. Überförderung). Darunter versteht man eine kurzzeitige Überhöhung des Ladedrucks zum Beschleunigen. Wird das Fahrpedal schnell durchgedrückt (kick down) wird über das Taktventil das Ladedruckregelventil geschlossen. Der gesamte Abgasstrom wird über die Turbine geleitet, der Ladedruck steigt schlagartig an. Nach Erreichen der gewünschten Fahrgeschwindigkeit setzt der übliche Regelvorgang wieder ein.

Vorteile der elektronischen Ladedruckregelung im Vergleich mit der mechanisch-pneumatischen Ladedruckregelung:
– Besseres Ansprechverhalten
– konstante Leistung, da Luftdruckunabhängig (Absolutdruckregelung)
– variabler Ladedruck, der bis zur Klopfgrenze gesteigert werden kann.

Ladedruckregelung mit verstellbarer Turbinen Geometrie (VTG) (Bild 4). Bei diesem Lader wird der Ladedruck mit verstellbaren Leitschaufeln geregelt. Die Regelung erfolgt unabhängig von dem durch die Motordrehzahl bestimmten Abgasstrom.

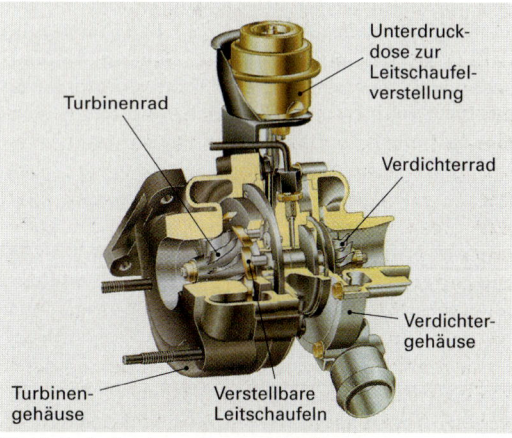

Bild 4: Ladedruckregelung mit VTG

Wirkungsweise (Bild 1)

Motordrehzahl niedrig. Um auch bei niedrigen Drehzahlen ein großes Drehmoment zur Verfügung zu haben ist ein hoher Ladedruck erwünscht. Dazu werden die Leitschaufeln auf einen engen Eintrittsquerschnitt gestellt. Die Verengung bewirkt eine hohe Geschwindigkeit des Abgasstromes. Gleichzeitig wirkt der Abgasstrom auf den Außenbereich der Turbinenschaufeln (großer Hebelarm). Die Turbinendrehzahl und dadurch der Ladedruck steigen.

Motordrehzahl hoch. Die Leitschaufeln geben einen größeren Eintrittsquerschnitt frei, um die große Abgasmenge bei hohen Drehzahlen aufnehmen zu können. Damit wird der benötigte Ladedruck erreicht aber nicht überschritten.

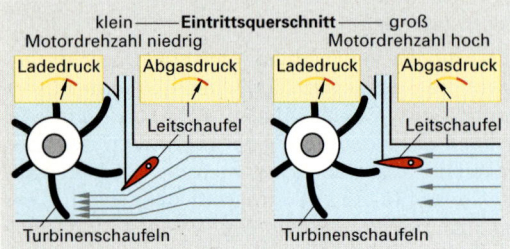

Bild 1: Leitschaufelstellung

Die Veränderung des Eintrittsquerschnittes kann genutzt werden, um z.B. bei hohen Drehzahlen eine zusätzliche, kurzfristige Steigerung des Ladedrucks zu erreichen (Overboost).

Da für jeden Betriebszustand der optimale Ladedruck durch Verstellung der Leitschaufeln eingestellt werden kann, entfällt der Bypass. Meldet das Steuergerät Notlaufbetrieb des Motors, werden die Leitschaufeln so gesteuert, dass sie den größten Eintrittsquerschnitt freigeben, Ladedruck und Motorleistung sinken.

Leitschaufelverstellung (Bild 2). Sie erfolgt über ein Steuergestänge, dessen Führungszapfen in den Verstellring eingreift. Dadurch kann der Verstellring verdreht werden. Diese Drehbewegung wird über Führungszapfen und Welle an die Leitschaufeln übertragen. Alle im Trägerring gelagerten Leitschaufeln werden gleichzeitig und gleichmäßig in die gewünschte Stellung verdreht.

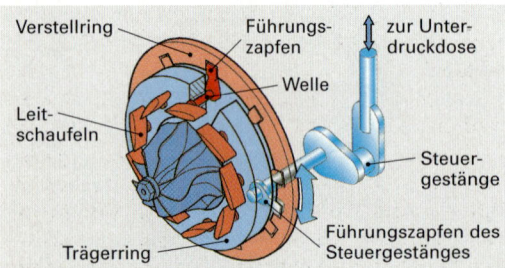

Bild 2: Leitschaufelverstellung

Elektro-pneumatische Betätigung des Steuergestänges (Bild 3).

Ein Magnetventil wird vom Motorsteuergerät so angesteuert, dass sich zwischen dem Unterdruck einer Vakuumpumpe und dem Atmosphärendruck eine bestimmte Druckdifferenz einstellt. Dieser Differenzdruck wirkt auf die Membran der Unterdruckdose. Die Größe des Differenzdruckes ist ein Maß für die Stellung der Leitschaufeln und damit für den Ladedruck in diesem Last- und Drehzahlpunkt. Je Betriebszustand verändert das Steuergerät, abhängig von Einflussgrößen wie z.B. Motordrehzahl, Drosselklappenstellung, Motortemperatur, Klopfneigung die Leitschaufelstellung kontinuierlich zwischen „flach" und „steil".

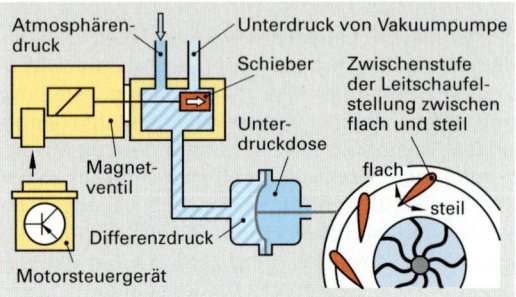

Bild 3: Elektro-pneumatische Steuerung

Lader mit mechanischem Antrieb

Rootslader (Bild 4). Der Lader wird direkt vom Motor über eine elektrisch betätigte Magnetkupplung angetrieben. Über die Magnetkupplung kann der Lader z.B. im Leerlauf abgeschaltet und während der Beschleunigung und im Volllastbetrieb zugeschaltet werden.

Vorteile gegenüber der Abgasturbolader:
- Kein Eingriff in das Abgassystem des Motors
- Schneller Aufbau des Ladedrucks
- Hohes Drehmoment, auch bei niederen Drehzahlen.

Allerdings muss ein Teil der zusätzlich gewonnenen Motorleistung (bis zu 20 kW) für den Antrieb des Laders, abhängig von Ladedruck und Drehzahl, aufgewendet werden.

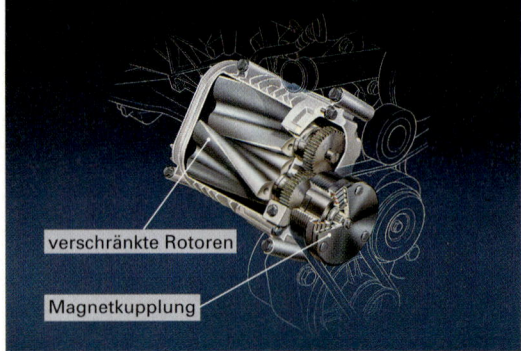

Bild 4: Rootslader mit Magnetkupplung

2.6 Alternative Antriebskonzepte

Die Entwicklung von alternativen Antriebskonzepten und alternativen Energieträgern soll dazu beitragen, dass Luftschadstoffe (NO_x, HC, CO), Kohlendioxid (CO_2), der Kraftstoffverbrauch und die Geräuschemissionen vermindert werden.
Dadurch sollen die natürlichen Lebensgrundlagen erhalten bleiben und die Lebensqualität verbessert werden.

Als Energieträger, außer Diesel und Benzin, stehen einige alternative Kraftstoffe zur Verfügung. Zur Zeit laufen in Kleinserien bzw. in der Erprobungsphase Motoren mit
- Erdgas
- Bio-Diesel, Bio-Gas
- Ethanol, Methanol
- Wasserstoff
- elektrischer Energie.

Als alternative Antriebskonzepte bilden zur Zeit der Hybridantrieb und der Elektroantrieb mit Brennstoffzelle einen Entwicklungs- und Forschungsschwerpunkt.

2.6.1 Hybridantriebe

Unter Hybridantrieben versteht man Fahrzeugantriebe, die mehr als eine Antriebsquelle besitzen, z.B. Elektromotor und Verbrennungsmotor.

Ziel von Hybridantrieben ist es, die Vorteile des jeweiligen Antriebskonzepts bei unterschiedlichen Betriebszuständen des Fahrzeugs zu nutzen. Folgende Hybridantriebsarten werden unter anderem erprobt:
- Verbrennungsmotor + Elektromotor + Batterie
- Verbrennungsmotor + Elektromotor + externe Zufuhr von elektrischer Energie (Trolley)
- Verbrennungsmotor + Schwungrad
- Gasturbine + Generator + Batterie + Elektromotor.

Eine vielfach erprobte Hybridantriebstechnik ist die Kombination von Verbrennungsmotor mit Elektromotor und Batterie (**Bild 1**).

Wirkungsweise. Im Kurzstreckenverkehr und bei Konstantfahrt versorgen Batterien den Elektromotor mit elektrischer Energie zum Antrieb. Dieser erfolgt über die Kupplung K2 zum Schaltgetriebe.

Im Langstreckenverkehr, beim Beschleunigen und bei Volllast sorgt der Verbrennungsmotor für den Antrieb. Hierbei wird die Kraft über K1 und K2 auf das Schaltgetriebe übertragen. Die zwischen Verbrennungsmotor und Getriebe liegende elektrische Baugruppe arbeitet jetzt als Generator und kann zum Laden der Batterien genutzt werden. Beim Bremsen öffnet die Kupplung K1, der Verbrennungsmotor wird zugleich abgeschaltet und der Elektromotor geht in den Generatorbetrieb. Über Kupplung K2 wird dabei der Rotor angetrieben. Damit nutzt man die Schwungenergie des Fahrzeugs zum Laden der Batterien.

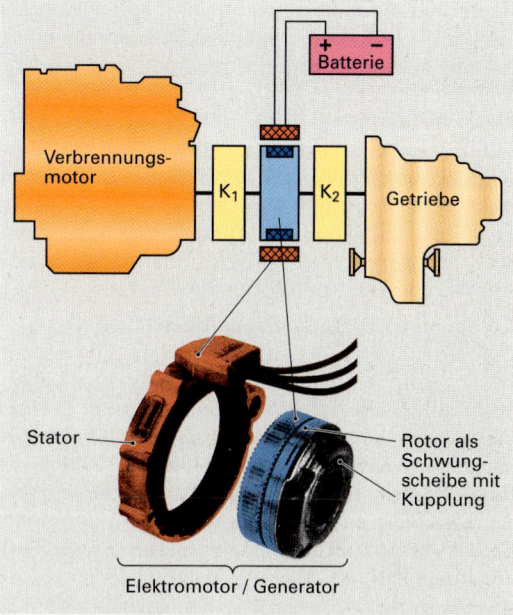

Bild 1: Hybridantriebskonzept – Verbrennungsmotor + Elektromotor

Vorteile dieses Antriebskonzeptes sind bei

Elektroantrieb
- geringe Geräuschemission
- keine Abgase
- hoher Wirkungsgrad des Elektromotors (ca. 90 %).

Antrieb durch Verbrennungsmotor
- große Reichweite des Fahrzeugs
- im mittleren bis oberen Drehzahlbereich hohes Drehmoment
- hohe Fahrzeuggeschwindigkeit möglich.

Merkmale
Da der Verbrennungsmotor bei dieser Antriebskombination häufiger im Lastbereich mit dem günstigsten Wirkungsgrad betrieben werden kann, wird der Gesamtwirkungsgrad positiv beeinflusst und der Energieverbrauch nimmt ab. Nachteilig sind die höheren Kosten für den Antrieb und das Gewicht der Batterien (verringerte Nutzlast, verminderter Stauraum).

2.6.2 Wasserstoffantrieb – Brennstoffzelle

Wasserstoff (H_2) gilt als ein zukünftiger Energieträger. Verbindet sich Wasserstoff mit Sauerstoff, so entsteht Wasser unter Abgabe von Energie.

$$2\ H_2 + O_2 \rightarrow 2\ H_2O + Energie$$

Bei der Wasserstoffantriebstechnik unterscheidet man zwischen der heißen Verbrennung und der kalten Verbrennung.

Heiße Verbrennung. Dabei reagiert reiner Wasserstoff mit Luftsauerstoff in einem Verbrennungsmotor und erzeugt Wärmeenergie, die durch Kurbeltrieb in mechanische Energie umgewandelt wird.

Kalte Verbrennung. Dabei sorgt eine Brennstoffzelle für eine kontrollierte Reaktion bei der Verbindung von Wasserstoff und Sauerstoff, wobei elektrische Energie freigesetzt wird. Bei dieser Reaktion entstehen Temperaturen von etwa 80°C. Die erzeugte elektrische Energie wird zum Antrieb von Elektromotoren verwendet.

Aufbau einer Brennstoffzelle (Bild 1).

Die Brennstoffzelle besteht im Kern aus einem festen protonenleitenden Elektrolyten aus Kunststofffolie (PEM: proton exchange membrane). Diese Folie ist beidseitig mit einem Platinkatalysator und Elektroden aus Graphitpapier beschichtet (Bipolarplatten). In die Bipolarplatten sind feine Gaskanäle eingefräst, durch die auf der einen Seite Wasserstoff und auf der anderen Seite Luft zugeführt wird.

Wirkungsweise der Brennstoffzelle (Bild 1)

Die Wasserstoffmoleküle werden durch den Katalysator in positive Wasserstoffionen (Protonen) und negative Elektronen zerlegt. Danach wandern die Protonen durch den Elektrolyten zur Luftsauerstoffseite. Auf der Wasserstoffseite entsteht ein Elektronenüberschuss.

Der Katalysator auf der Luftseite bewirkt, dass die in der Luft enthaltenen Sauerstoffmoleküle zur Elektronenaufnahme angeregt werden. Verbindet man nun die beiden Bipolarplatten durch einen äußeren Stromkreis, so wandern die Elektronen unter Abgabe von elektrischer Energie von der Wasserstoffseite zur Sauerstoffseite und laden den Sauerstoff negativ auf. Die negativ geladenen Sauerstoffionen verbinden sich an der Grenzschicht mit den positiv geladenen Wasserstoffionen zu schadstofffreiem Wasserdampf (H_2O).

Die derzeitige Generation der Brennstoffzellen hat je Zelle eine Spannung von 0,6 Volt. Um ausreichende elektrische Energie zum Antrieb von Elektromotoren zu erzeugen, wird eine entsprechende Anzahl an Einzelzellen in so genannten Stacks hintereinandergeschaltet (= Reihenschaltung). Diese Stacks können nun wiederum parallel oder in Reihe geschaltet werden.

Merkmale von Fahrzeugantrieben mit Brennstoffzelle:
- geringe Geräuschemission
- besserer Wirkungsgrad als herkömmlicher verbrennungsmotorischer Fahrzeugantrieb
- „keine" (sehr geringe) Schadstoffemmission vor Ort
- geringe Wärmeentwicklung
- hoher Preis
- erfordert derzeit noch zusätzlichen Stauraum

Herstellung von reinem Wasserstoff für Fahrzeugantriebe.

> Die Wasserstoffherstellung kann durch Elektrolyse außerhalb des Fahrzeugs oder durch chemische Prozesse an Bord des Fahrzeugs erfolgen.

Elektrolyse. Dabei wird Wasser mit Hilfe von Gleichstrom in Wasserstoff und Sauerstoff zerlegt. Dazu sind erhebliche Mengen an Primärenergie erforderlich. Der Preis von Wasserstoff und seine ökologische Bilanz hängen davon ab, welche Primärenergieträger zu seiner Erzeugung eingesetzt werden. Zur Zeit werden in erster Linie nicht genutzte Energien, sogenannte „Abfallenergien", in der chemischen Industrie zur Wasserstofferzeugung verwendet. Ökologisch günstig wäre es regenerative (erneuerbare) Energieträger

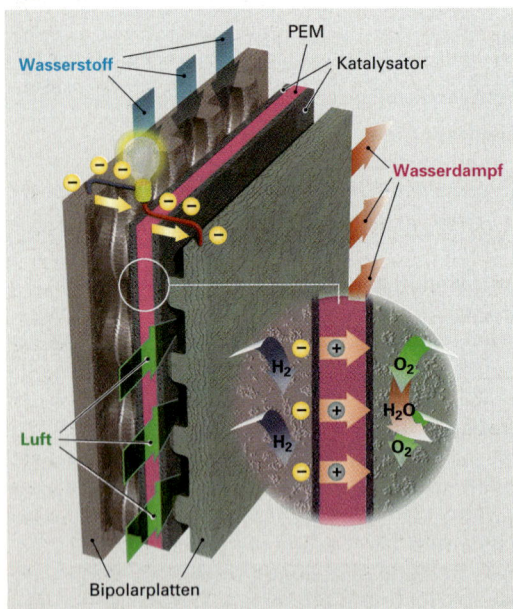

Bild 1: Aufbau und Wirkungsweise einer Brennstoffzelle

zu verwenden, z. B. Sonnenenergie, Wasserenergie, Windenergie, Biomasse.
Reiner Wasserstoff muss in speziellen Behältern mitgeführt werden, welche erheblichen Stauraum verbrauchen und die Nutzlast reduzieren.

Wasserstofferzeugung durch chemische Prozesse an Bord des Fahrzeugs (Bild 1). Dazu muss das Kraftfahrzeug mit flüssigem Methanol (CH_3OH) betankt werden. Das Methanol wird mit salzfreiem Wasser vermischt, bei 250°C verdampft und in einem Reformer mit katalytischem Brenner in Wasserstoff und CO_2 umgewandelt. Das gereinigte Wasserstoffgas wird dann der Brennstoffzelle zugeführt. Bei diesem Prozess entstehen nur sehr geringe Mengen CO_2.

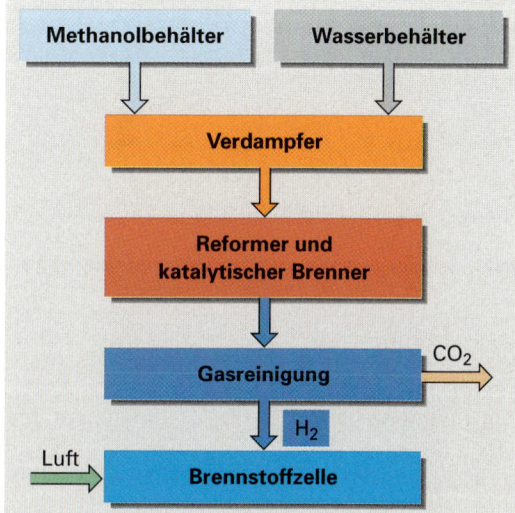

Bild 1: Blockschaltbild zur Wasserstofferzeugung an Bord eines Fahrzeugs

2.6.3 Erdgasantrieb

Als alternativer Kraftstoff hat Erdgas, das im wesentlichen aus Methan (CH_4) besteht beim Einsatz in Verbrennungsmotoren gegenüber Kraftstoffen (Benzin und Diesel) folgende **Vorteile**:
– Verbrennt nahezu Ruß- und Partikelfrei
– weniger CO, im Durchschnitt 40 % ... 50 %
– geringere NO_x-Emissionen
– geringere Anteile an ozonbildenen Kohlenwasserstoffen
– geringere Geräuschemissionen als bei Dieselmotoren
– hohe Klopffestigkeit (135 ROZ)
– direkt gewinnbares Naturprodukt; es bedarf keines aufwendigen Raffinerieprozesses. Daher weniger CO_2-Ausstoß und damit Verringerung von Treibhausgasen
– lange Verfügbarkeit. Sie wird von Gaslieferanten auf bis zu 170 Jahre geschätzt.

Nachteile von erdgasbetriebenen Fahrzeugen:
– Geringere Leistung, da der Gemischheizwert von Erdgas kleiner als der von Benzin ist. Bei bivalenten Antrieben (Benzin oder Erdgas) beträgt der Leistungsverlust bis zu 15 %; bei reinen Erdgasantrieben bis zu 12 %
– geringere Reichweiten
– erhöhter Bedarf an Stauraum für Gasbehälter
– verringerte Nutzlast durch Gasbehälter
– schlechte Tankstelleninfrastruktur
– höhere Kosten, wegen Kleinserienstandard.

Eigenschaften. Erdgas ist in seinen Kenngrößen ähnlich dem Ottokraftstoff. Es muss aufgrund seiner Klopffestigkeit fremdgezündet werden. Benzinmotoren können deshalb ohne größeren baulichen Veränderungen auf NTG (Natural Gas Technology) umgerüstet werden. Bei Dieselmotoren ist ein erheblicher Umbauaufwand erforderlich. Das Verdichtungsverhältnis muss reduziert werden und der Klopffestigkeit des Erdgases angepasst werden. Es entfällt die Dieseleinspritzanlage, stattdessen ist eine Zündanlage mit entsprechender Steuerung erforderlich.

Prinzipielle Funktionsweise. Vom Gasbehälter gelangt das komprimierte Gas über einen Druckregler, der den Gasdruck reduziert, zu einem Verteiler mit Stellmotor für die Gasregelung weiter zu Einblaseventilen im Ansaugrohr. Der Stellmotor wird von einem elektronischen Steuergerät abhängig von Last, Drehzahl, Temperatur und λ-Signal gesteuert. Bei bivalenten Antrieben kann entweder per Knopfdruck auf Benzinbetrieb umgestellt werden oder bei leerem Gasbehälter schaltet die Anlage selbst um. Beim Ausschalten der Zündung sperrt ein Absperrventil die Gaszufuhr.

2.6.4 Batteriebetriebener Elektromotor als Fahrzeugantrieb

Elektromotorische Fahrzeugantriebe sind wesentlich geräuschärmer als Verbrennungsmotoren und erzeugen vor Ort keine Schadstoffe. Sie sind deshalb dort gut geeignet, wo dies von besonderer Bedeutung ist, z. B. im innerstädtischen Bereich, Kurkliniken, Sportzentren usw. Aufgrund ihres großen Drehzahlbereiches ermöglichen sie ein Fahren ohne Getriebe. Das Hauptproblem stellt die Erzeugung und Speicherung der elektrischen Energie dar. Im Gesamtwirkungsgrad (Energiebedarf für Fahrbetrieb und Energiegewinnung) sind sie zum Teil ungünstiger als moderne Diesel- oder Ottomotoren. Als weitere Nachteile sind die geringe Reichweite, der hohe Preis, der große Raumbedarf für die Batterien und ihr Gewicht zu sehen.

2.6.5 Gasturbine

> Die Gasturbine ist eine Wärmekraftmaschine, in der die Strömungsenergie heißer Frischgase ausgenützt wird.

Aufbau einer Zweiwellengasturbine (Bild 1).
Die Hauptteile sind Verdichter (V), Brennkammer, Wärmetauscher, Hochdruckturbine (HT) und Niederdruckturbine/Nutzleistungsturbine (NT).

Funktionsweise.

Verdichter. Der Radialverdichter saugt Luft an und verdichtet diese. Vom Verdichter strömt die Luft durch den Wärmetauscher. Dort wird sie aufgeheizt und durch Bohrungen in die Brennkammer gedrückt. Beim Starten muss der Verdichter vom Starter auf eine hohe Drehzahl von etwa 3000 1/min ... 6000 1/min gebracht werden.

Brennkammer. In ihr befindet sich eine Einspritzdüse, die ununterbrochen Kraftstoff unter hohem Druck (~ 20 bar) einspritzt. Eine Zündkerze entzündet beim Starten das Kraftstoff-Luftgemisch. Die in Gang gesetzte Verbrennung geht dann ohne Fremdzündung selbsttätig weiter. Die Gase strömen durch das offene Ende der Brennkammer zu den Turbinen.

Turbinen. Die Hochdruckturbine ist mit dem Radialverdichter verbunden und treibt diesen mit hoher Drehzahl an (bis zu ~ 60 000 1/min). Dazu benötigt sie einen erheblichen Teil der Turbinenleistung. Mit der restlichen Turbinenleistung wird die Nutzleistungsturbine angetrieben (bis zu 55 000 1/min). Sie ist mit dem Fahrzeugantrieb über ein Zwischengetriebe verbunden. Das Zwischengetriebe reduziert die Drehzahl auf einen für den Fahrzeugantrieb verwendbaren Bereich.

Wärmetauscher. Durch ihn strömen die heißen Restgase und geben ihre Wärmeenergie an die Frischgase ab, was zu einer Wirkungsgradverbesserung führt.

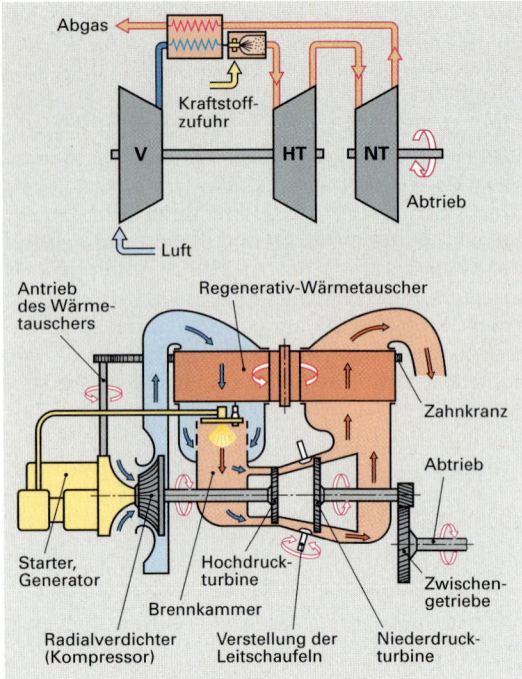

Bild 1: Schema einer Zweiwellen-Fahrzeug-Gasturbine

Vorteile gegenüber dem Hubkolbenmotor

- Einfacher Aufbau
- erschütterungsfreier Lauf (nur rotierender Teile)
- niedriges Leistungsgewicht im Vergleich zum Dieselmotor
- geringer Platzbedarf
- Mehrstoffbetrieb möglich.

Nachteile gegenüber dem Hubkolbenmotor

- Höherer Kraftstoffverbrauch
- starke Ansaug- und Verbrennungsgeräusche
- geringe Motorbremswirkung
- längere Ansprechzeiten beim Beschleunigen
- hochhitzebeständige Werkstoffe erforderlich
- für kleine Leistungen weniger geeignet.

WIEDERHOLUNGSFRAGEN

1. Was versteht man unter einem Hybridantrieb?
2. Geben Sie drei Beispiele für Hybridantriebe an.
3. Erklären Sie die grundsätzliche Funktionsweise des in Bild 1 auf Seite 377 dargestellten Hybridantriebs und dessen Vor- und Nachteile.
4. Erklären Sie den Aufbau und die Funktionsweise einer Brennstoffzelle.
5. Wie kann Wasserstoff an Bord eines Fahrzeugs gewonnen werden?
6. Geben Sie Vor- und Nachteile von erdgasbetriebenen Fahrzeugen an.
7. Welche Vor- und Nachteile hat ein batteriebetriebener elektromotorischer Fahrzeugantrieb?
8. Wie ist eine Gasturbine aufgebaut?
9. Erklären Sie die Arbeitsweise einer Gasturbine und ihre Vor- und Nachteile gegenüber dem Hubkolbenmotor.

3 Kraftübertragung

Zur Kraftübertragung eines Kraftfahrzeuges zählen Kupplung, Getriebe, Gelenkwelle, Achsgetriebe mit Ausgleichsgetriebe sowie die Antriebswellen der Räder (**Bild 1**). Sie werden auch unter dem Begriff Triebwerk zusammengefasst.

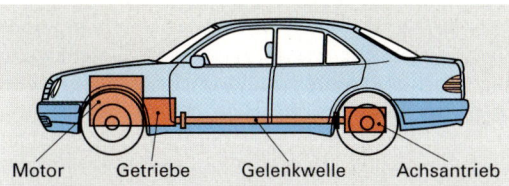

Bild 1: Triebwerk eines Pkw mit Frontmotor-Antrieb

Aufgaben
- Wandeln von Motordrehmoment und Drehzahl
- Übertragen des Drehmomentes auf die Antriebsräder.

Übertragungsverluste lassen sich dabei nicht vermeiden, so dass die Leistung an den Antriebsrädern stets kleiner ist als die Motorleistung.

3.1 Antriebsarten

Bei Personen- und Nutzkraftwagen unterscheidet man Hinterradantrieb, Vorderradantrieb, Allradantrieb.

3.1.1 Hinterradantrieb

Frontmotor-Antrieb
Der Motor ist meist über der Vorderachse oder unmittelbar hinter der Vorderachse (**Bild 1**), seltener vor der Vorderachse (Überhangmotor) angeordnet. Der Antrieb erfolgt über eine Gelenkwelle auf die Hinterräder. Durch die Anordnung des Achsgetriebes an der Hinterachse ergibt sich eine günstige Gewichtsverteilung zwischen Vorder- und Hinterachse. Das Kurvenverhalten ist leicht untersteuernd. Durch die Gelenkwelle zwischen Motor und Achsantrieb muss im Innenraum ein störender Gelenkwellentunnel in Kauf genommen werden.

Transaxle-Antrieb. Er ist eine Besonderheit des Frontmotor-Antriebes, bei dem das Getriebe an der Hinterachse angeordnet wird. Man erreicht dadurch eine gleichmäßige Gewichtsverteilung auf beide Achsen (50 % : 50 %) und ein neutrales Kurvenverhalten.

Heckmotor-Antrieb
Heckmotoren sind über oder hinter der angetriebenen Hinterachse angeordnet (**Bild 2**). Bei Verwendung eines Boxermotors wird vom Innenraum nur wenig Platz für Motor und Getriebe beansprucht. Wegen der begrenzten Kofferraumgröße, der problematischen Unterbringung des Kraftstoffbehälters, der Seitenwindempfindlichkeit und der Neigung zum Übersteuern bei Kurvenfahrt wird der Heckmotor seltener verwendet.

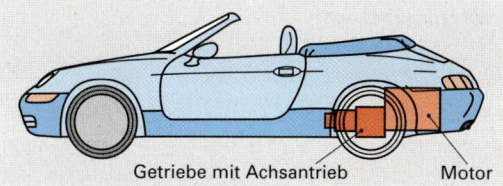

Bild 2: Heckmotor-Antrieb

Mittelmotor-Antrieb
Er wird bei Sport- und Rennwagen verwendet. Der Motor befindet sich vor der Hinterachse (**Bild 3**). Dadurch ergibt sich eine bessere Gewichtsverteilung auf beide Achsen und eine günstige Schwerpunktlage, was wiederum zu einem neutralen Kurvenverhalten beiträgt. Nachteilig wirkt sich aus, dass der Motor schwer zugänglich ist und die Anzahl der Sitzplätze beschränkt ist.

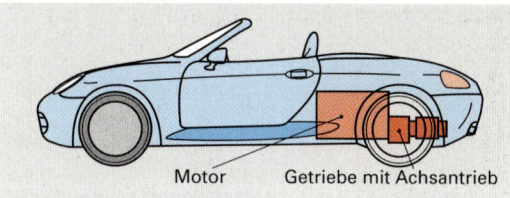

Bild 3: Mittelmotor-Antrieb

Unterflurmotor-Antrieb
Er eignet sich besonders für Omnibusse und Lastkraftwagen (**Bild 4**). Der etwa in der Fahrzeugmitte tiefliegende Motor trägt zu einem günstigen Schwerpunkt und einer gleichmäßigen Achslastverteilung bei. Vorteilhaft ist auch die gute Ausnützung des Innenraumes bei Omnibussen, sowie die Zugänglichkeit des Motors von unten.

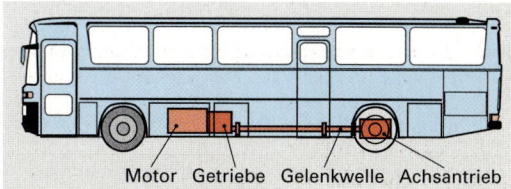

Bild 4: Unterflurmotor-Antrieb

3.1.2 Vorderradantrieb

Beim Vorderradantrieb, auch Frontantrieb genannt, liegt der Motor entweder vor, über oder hinter der Vorderachse **(Bild 1)**.

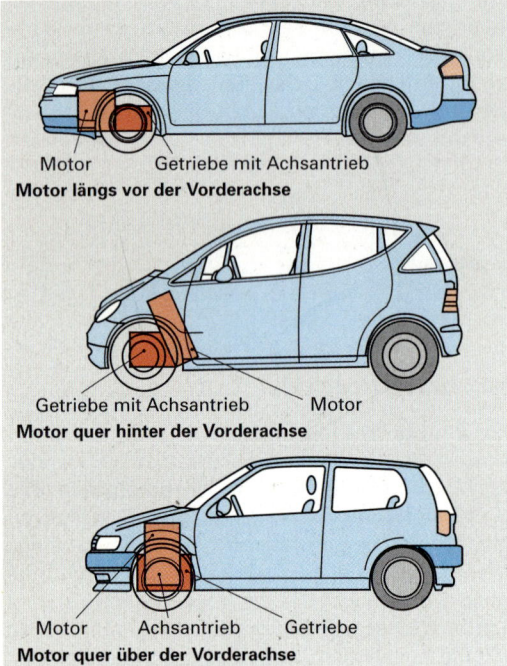

Bild 1: Vorderradantrieb

Motor, Kupplung, Wechselgetriebe, Achsgetriebe und Ausgleichsgetriebe sind zu einem Block (Front-Triebsatz) zusammengefasst. Gegenüber dem Frontmotor-Antrieb ergeben sich folgende **Vorteile**:
- geringeres Fahrzeuggewicht
- kürzester Weg des Drehmomentes vom Motor zu den Antriebsrädern
- kein Gelenkwellentunnel
- großer Kofferraum
- bei Quereinbau des Motors einfaches Achsgetriebe (Stirnräder), kleinerer vorderer Überhang und großer nutzbarer Fußraum
- guter Geradeauslauf, da das Fahrzeug gezogen und nicht geschoben wird.

Nachteile:
- Ungünstige Gewichtsverteilung zwischen Vorder- und Hinterachse
- untersteuernd bei schneller Kurvenfahrt
- höherer Reifenverschleiß an den Antriebsrädern.

> Bei Fahrzeugen mit untersteuerndem Lenkverhalten werden Kurven mit größerem Radius durchfahren, als es dem Lenkeinschlag entspricht.

3.1.3 Allradantrieb

Permanenter Allradantrieb
Es werden beide Achsen ständig angetrieben. Beim Pkw mit Frontantrieb wird das Achsgetriebe der Hinterachse über ein Verteilergetriebe durch eine Gelenkwelle angetrieben. Ein zentrales Ausgleichsgetriebe gleicht Drehzahlunterschiede zwischen Vorderachse und Hinterachse aus. Dadurch werden Verspannungen im Antriebsstrang, sowie Verschleiß im Antrieb und an den Rädern verhindert.

Zuschaltbarer Allradantrieb
Über ein Verteilergetriebe, das am Wechselgetriebe angeflanscht ist, führt je eine Gelenkwelle nach vorn und hinten zu den Achsgetrieben **(Bild 2)**. In der Regel ist die Hinterachse angetrieben und die Vorderachse wird bei Bedarf zugeschaltet. Die Ausgleichsgetriebe können zusätzlich mit Ausgleichssperren ausgerüstet sein. Bei fehlendem zentralen Ausgleichsgetriebe darf der Allradantrieb auf trockener Straße nicht eingeschaltet werden. Freilaufnaben an den Vorderrädern verhindern ein Mitdrehen der Antriebs- und Gelenkwellen bei abgeschalteter Achse.

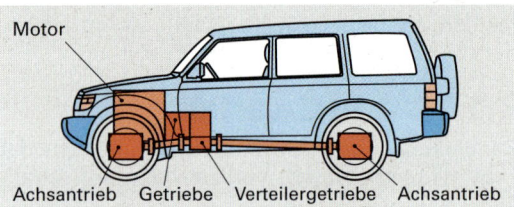

Bild 2: Geländewagen mit Allradantrieb

3.1.4 Hybridantrieb

Beim Hybridantrieb* übernehmen in einem Fahrzeug zwei unterschiedliche Motoren den Antrieb, z. B. ein Dieselmotor für die Überlandfahrt und ein Elektromotor für die emissionsfreie Stadtfahrt **(Bild 3)**. Für den Betrieb des Elektromotors stehen Batterien zur Verfügung, die über das 220V-Netz aufgeladen werden oder zum Teil während der Fahrt mit dem Dieselmotor. Dabei wirkt der Elektromotor wie ein Generator. Ein Wechsel der Antriebsarten ist auch während der Fahrt problemlos möglich.

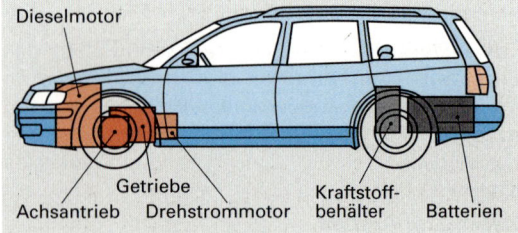

Bild 3: Pkw mit Hybridantrieb
* hybrid (griech.-lat.) = Mischbildung

3.2 Kupplung

Die Kupplung ist im Antriebsstrang eines Kraftfahrzeugs als lösbares Bindeglied zwischen Motor und Wechselgetriebe angeordnet.

Aufgaben
- **Motordrehmoment auf das Wechselgetriebe übertragen.** Über den gesamten nutzbaren Drehzahlbereich des Motors muss dem Wechselgetriebe für alle Fahrsituationen das erforderliche Drehmoment zugeleitet werden.
- **Weiches und ruckfreies Anfahren ermöglichen.** Beim Anfahren wird eine Drehzahlangleichung zwischen drehendem Schwungrad und stillstehender Getriebeantriebswelle durch Gleitreibung (Schlupf) durchgeführt.
- **Kraftfluss zwischen Motor und Wechselgetriebe unterbrechen**, damit die zu schaltenden Teile des Schaltgetriebes entlastet sind und deren Gleichlauf hergestellt werden kann.
- **Drehschwingungen dämpfen**, die durch die rhythmische Folge der Leertakte entstehen. Die Schwingungen können durch Dämpfungseinrichtungen wie z. B. Torsionsdämpfer oder Zweimassenschwungrad abgebaut werden.
- **Motor und Kraftübertragungsteile vor Überlastung schützen**, um die Übertragung zu hoher Drehmomente, z. B. beim Blockieren des Motors, durch Schlupf zu verhindern.

Kupplungsarten
- Reibungskupplung
- Hydrodynamische Kupplung
- Visco-Kupplung
- Magnetpulverkupplung

3.2.1 Reibungskupplung

Reibungskupplungen übertragen das Motordrehmoment kraftschlüssig durch Reibungskräfte auf das Wechselgetriebe.
Die zur Erzeugung der Reibkräfte notwendigen Anpresskräfte können durch eine Membranfeder oder durch mehrere Schraubenfedern oder durch Fliehkraft bewirkt werden. Nach der Anzahl der Kupplungsscheiben unterscheidet man nach **Einscheibenkupplungen** und **Mehrscheibenkupplungen**.

Aufbau der Einscheibenkupplung (Bild 1)
Hauptteile:
- Kupplungsdeckel
- Kupplungsscheibe
- Ausrücker.

Kupplungsdeckel. Er ist mit dem Schwungrad verschraubt. Am Kupplungsdeckel (Gehäuse) sind Kupplungsdruckplatte, Membranfeder, Distanzbolzen und Kippring angebracht. Eine Tangentialblattfeder verbindet Druckplatte und Kupplungsdeckel.

Kupplungsscheibe. Sie überträgt das Drehmoment vom Schwungrad und der Kupplungsdruckplatte auf die Getriebeantriebswelle.
In der einfachsten Form besteht sie aus Nabe und Trägerblech mit den beidseitig aufgenieteten oder aufgeklebten Reibbelägen.
Die Kupplungsscheibe ist über die Nabe durch genormte innenliegende Nabenprofile drehfest mit der Getriebeantriebswelle verbunden.
Sie ist auf dieser Welle axial verschiebbar.

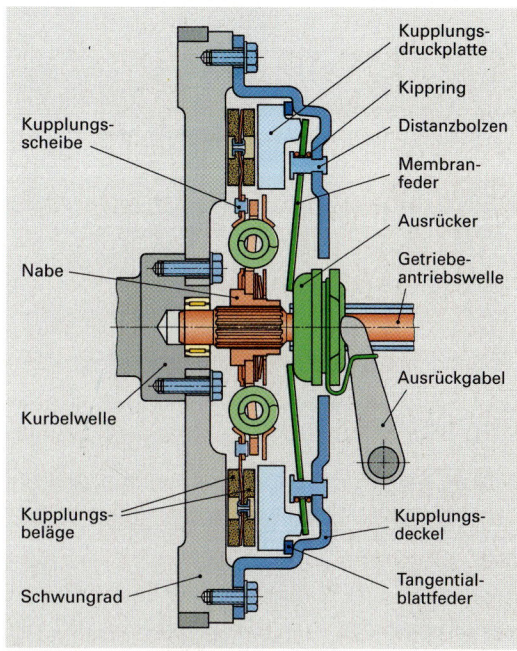

Bild 1: Einscheibenkupplung

Ausrücker. Er wird zur Unterbrechung des Kraftflusses zwischen Motor und Wechselgetriebe über das Kupplungspedal und Seilzug bzw. Gestänge betätigt. Man unterscheidet
- **zentral geführte Ausrücker (Bild 2)**
- **schwenkbar gelagerte Ausrücker.**

Der meist verwendete zentral geführte Ausrücker besteht aus
- Führungshülse
- Ausrücklager
- Ausrückgabel.

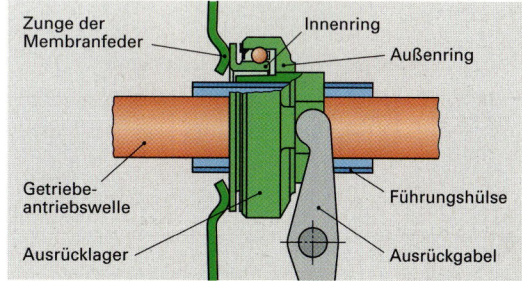

Bild 2: Zentral geführter Ausrücker

Zentral geführter hydraulischer Ausrücker

Er wird bei der hydraulischen Kupplungsbetätigung verwendet und ist innen am Kupplungsgehäuse befestigt **(Bild 1)**.

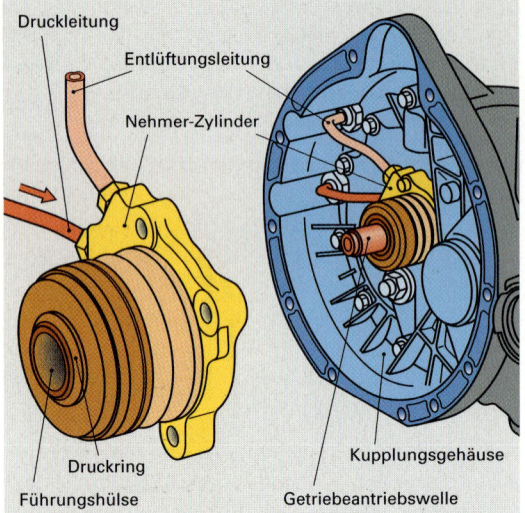

Bild 1: Anordnung des zentral geführten hydraulischen Ausrückers

Aufbau. Ein zentral geführter Ausrücker und ein Nehmerzylinder sind zu einer Baueinheit zusammengefasst **(Bild 2)**.

Der hydraulische Zentralausrücker besteht aus
- Führungshülse
- Ausrücklager
- Gehäuse
- Druckring
- Druckkolben
- Vorlastfeder
- Faltenbalg
- Dichtmanschette.

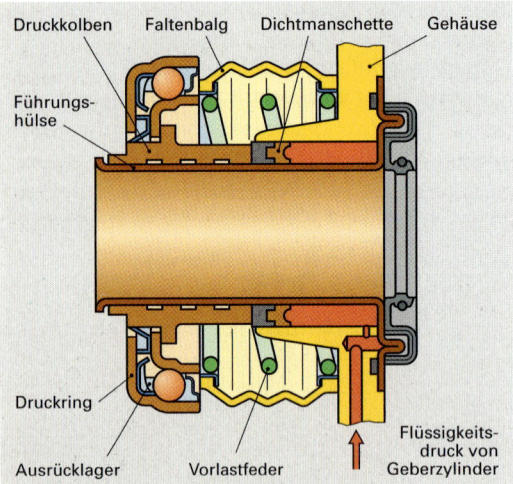

Bild 2: Aufbau des zentral geführten hydraulischen Ausrückers in Druckstellung

Wirkungsweise. Der Druckkolben wird über die Dichtmanschette durch den vom Geberzylinder kommenden Flüssigkeitsdruck beaufschlagt und auf der Führungshülse verschoben. Dadurch werden Ausrücklager und Druckring gegen die Membranfeder gedrückt, die Kupplung wird ausgekuppelt.

Die Vorlastfeder beaufschlagt das Ausrücklager bei nicht betätigter Kupplung (kein Flüssigkeitsdruck) mit einer Vorspannung, wodurch es immer anliegt und mitdreht. Dadurch werden Lagergeräusche vermieden.

3.2.1.1 Einscheibenkupplung mit Schraubenfedern (Bild 3)

Schraubenfederkupplungen werden vorzugsweise bei schweren Nutzkraftwagen eingebaut.

Aufbau. Im Kupplungsdeckel (Kupplungsgehäuse) sind zur Aufnahme der Schraubenfedern mehrere Blechtöpfe eingelassen.

Wirkungsweise

Kupplung eingekuppelt. Die Schraubenfedern pressen Kupplungsdruckplatte, Kupplungsbeläge und Schwungradreibfläche zusammen. Die dadurch erzeugte Anpresskraft bewirkt die Reibkraft.

Kupplung ausgekuppelt. Die durch die Ausrückhebel verstärkte Ausrückkraft wirkt gegen die Kraft der Schraubenfedern. Dadurch hebt die Kupplungsdruckplatte von den Kupplungsbelägen ab.

Merkmale. Schraubenfederkupplungen beanspruchen gegenüber Membranfederkupplungen mehr Einbauplatz, haben ein größeres Gewicht, benötigen größere Ausrückkräfte und sind nicht so drehzahlfest.

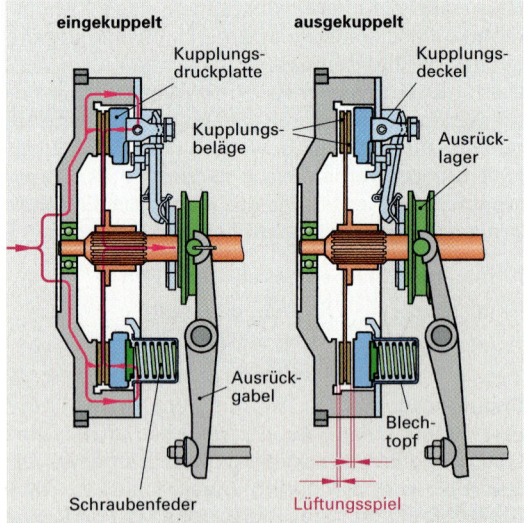

Bild 3: Schraubenfederkupplung

3.2.1.2 Einscheibenkupplung mit Membranfeder

Sie werden bei Personenkraftwagen und leichten Nutzkraftwagen eingebaut.

Aufbau (Bild 1)

Diese Kupplung ist mit einer Membranfeder (Tellerfeder) ausgerüstet, die mit radialen Schlitzen versehen ist.
Die Membranfeder stützt sich auf zwei Kippringen ab, die von mehreren am Umfang des Kupplungsdeckels befestigten Distanzbolzen gehalten werden.
Die Membranfeder wirkt hier mit den Kippringen als Auflagepunkt wie ein zweiseitiger Hebel.
Die Druckplatte ist über Tangentialblattfedern mit dem Kupplungsdeckel (Gehäuse) verbunden.

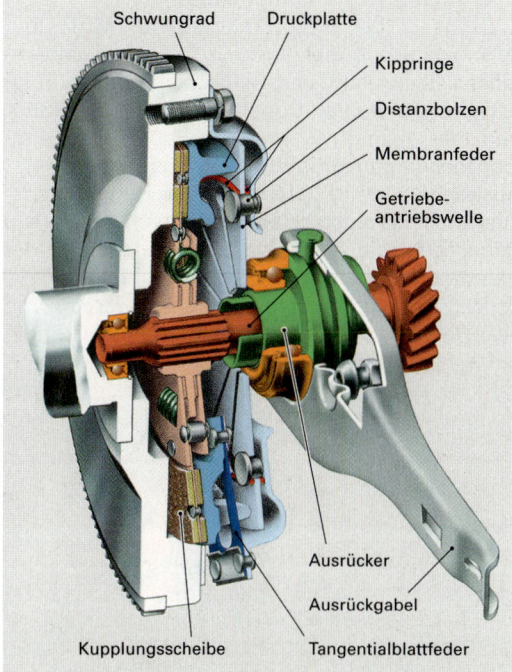

Bild 1: Membranfederkupplung

Wirkungsweise.

Kupplung eingekuppelt. Die Membranfeder ist gespannt und bewirkt, dass die Druckplatte die Kupplungsscheibe auf die Reibfläche des Schwungrades drückt.
Durch die Anpresskraft der Membranfeder werden Reibkräfte erzeugt, die über die Kupplungsscheibe das Drehmoment an die Getriebeantriebswelle abgeben.
Das übertragbare Drehmoment ist abhängig von:
- Anpresskraft der Membranfeder
- Reibungszahl der Reibpaarung
- wirksamem Drehkrafthalbmesser
- Anzahl der Reibbeläge

Kupplung ausgekuppelt (Bild 2). Beim Auskuppeln wird das Ausrücklager durch den Ausrückhebel gegen den Innenrand der Zungen der Membranfeder gedrückt. Dadurch wird die Membranfeder in den Kippringen gekippt und die Druckplatte entlastet. Die zwischen Druckplatte und Kupplungsdeckel angeordnete vorgespannte Tangentialblattfeder bewirkt das Abheben der Druckplatte von den Reibbelägen. Der Kraftfluss ist unterbrochen und es entsteht ein Lüftungsspiel.

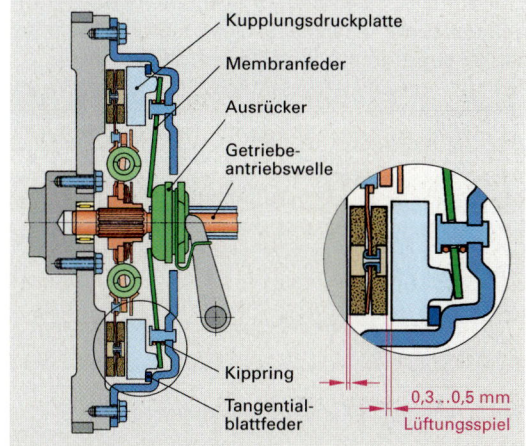

Bild 2: Membranfederkupplung mit gedrückter Ausrückung, ausgekuppelt

Lüftungsspiel (Bild 2). Es ergibt sich aus den Abständen zwischen
Reibbelagfläche ↔ Schwungradreibfläche und
Reibbelagfläche ↔ Druckplattenreibfläche.

Membranfederkupplungen mit gedrückter Ausrückung (Bild 2, Bild 3). Das Ausrücklager wird zum Kupplungsdeckel hin gedrückt. Die Membranfeder wirkt wie ein zweiseitiger Hebel und ist zwischen Kippringen gelagert.

Membranfederkupplungen mit gezogener Ausrückung (Bild 3). Das Ausrücklager wird vom Kupplungsdeckel weggezogen. Dazu greifen die Zungen der Membranfeder in eine umlaufende Nut des sich stets mitdrehenden Ausrücklagers ein. Die Membranfeder bildet einen einseitigen Hebel. Ihr Außenrand ist im Kupplungsdeckel über einen Stützring gelagert.

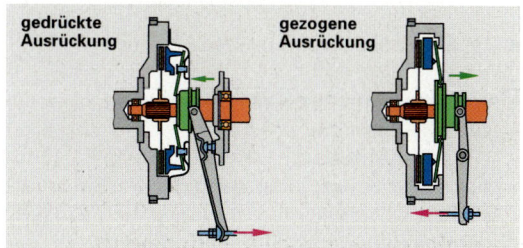

Bild 3: Gedrückte und gezogene Ausrückung

Kennlinien von Kupplungen

Im Diagramm (**Bild 1**) ist im eingekuppelten Zustand die Anpresskraft über dem Druckplattenweg (Abhub) aufgetragen.

Schraubenfederkupplung. Ausgehend vom Neuzustand in der Einbaulage nimmt die Anpresskraft bei zunehmendem Belagverschleiß bis zur Verschleißgrenze linear ab.

Membranfederkupplung. Der Kraftverlauf der Anpresskraft ist über dem Druckplattenweg bei zunehmendem Verschleiß des Kupplungsbelags zunächst progressiv und danach degressiv.

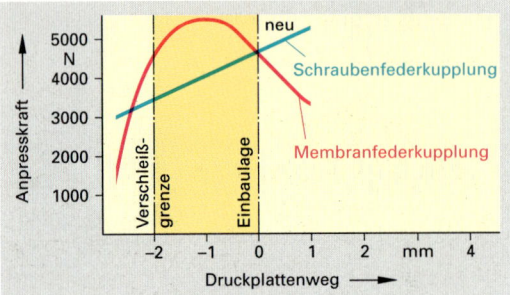

Bild 1: Anpresskraft über Druckplattenweg

Im Diagramm (**Bild 2**) ist die Ausrückkraft über dem Ausrückweg aufgetragen.

Schraubenfederkupplung. Mit zunehmendem Ausrückweg steigt die Ausrückkraft linear an.

Membranfederkupplung. Der Kraftbedarf zum Ausrücken steigt zunächst fast wie bei der Schraubenfederkupplung linear an. Bei weiterem Durchtreten des Pedals wird er jedoch nach dem „Kippen" der Membranfeder geringer.

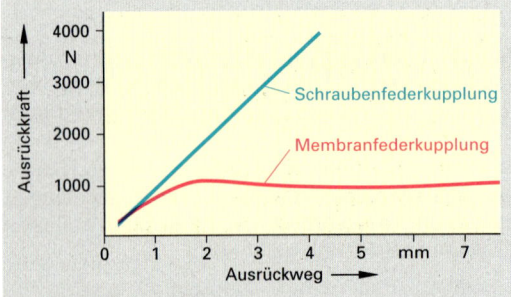

Bild 2: Ausrückkraft über Ausrückweg

Merkmale der Membranfederkupplung
- Geringe Bauhöhe
- einfacher Aufbau
- Anpresskraft fast unabhängig vom Belagverschleiß
- geringe Betätigungskräfte erforderlich
- drehzahlfest.

3.1.2.3 Zweischeibenkupplung

Zur Erzeugung der Gesamttreibungskraft stehen zwei Kupplungsscheiben mit insgesamt vier Reibpaarungen zur Verfügung.
Bei gleich großer Reibungskraft und gleichen Belagabmessungen kann eine Zweischeibenkupplung ein doppelt so großes Drehmoment wie eine Einscheibenkupplung übertragen.

Kupplung eingekuppelt (Bild 3)
Die Anpresskraft der gespannten Membranfeder presst die Reibflächen von Druckplatte, getriebeseitiger Kupplungsscheibe, Treibscheibe, motorseitiger Kupplungsscheibe und Schwungrad aufeinander.
Die Gesamttreibkraft wird über 4 Reibpaarungen erzeugt und bewirkt am wirksamen Drehkrafthalbmesser der zwei Kupplungsscheiben die Übertragung des Drehmoments.

Kraftfluss. Das Motordrehmoment wird über Schwungrad, Kupplungsdeckel, Tangentialblattfedern, Druckplatte und Treibscheibe zu den Reibbelägen der beiden Kupplungsscheiben geführt. Von hier gelangt es über die Naben der Kupplungsscheiben zur Getriebeantriebswelle.

Auskuppeln. Beim Durchtreten des Kupplungspedals wird das Ausrücklager nach rechts gezogen. Dabei wirkt die Ausrückkraft der Spannkraft der Membranfeder entgegen.
Druckplatte und Kupplungsscheibe werden von den Reibbelägen der Kupplungsscheiben abgehoben. Der Kraftfluss ist unterbrochen.

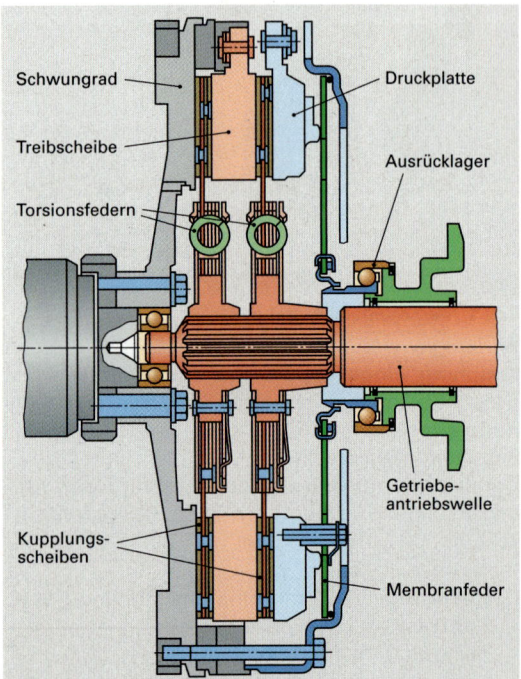

Bild 3: Zweischeibenkupplung

3.2.1.4 Lamellenkupplung (Bild 1)

Aufbau. Mehrere Kupplungsscheiben (Lamellen) sind hintereinander im Wechsel als treibende außenverzahnte Scheiben (Reiblamellen) und getriebene innenverzahnte Scheiben (Stahllamellen) angeordnet. Sie laufen meist im Ölbad.
Die außenverzahnten Kupplungsscheiben greifen in Nuten des Korbs, die innenverzahnten in die Außenverzahnung der Nabe.
Die Druckplatte nimmt mehrere Druckfedern auf und ist über die Nabe mit der Getriebeantriebswelle verbunden.

Wirkungsweise

Eingekuppelt. Die Druckfedern pressen Druckplatte, außenverzahnte Reiblamellen und innenverzahnte Stahllamellen kraftschlüssig zusammen.
Die außenverzahnten Reiblamellen nehmen durch Reibung die innenverzahnten Stahllamellen mit. Kupplungskorb und Kupplungsnabe sind dadurch miteinander verbunden.
Das Motordrehmoment wird über Kupplungskorb, außenverzahnte Reiblamellen, innenverzahnte Stahllamellen, Druckplatte, Nabe auf die Getriebeantriebswelle übertragen.

Auskuppeln. Der Ausrücker drückt über den Druckbolzen und das Kupplungsdruckstück gegen die Druckplatte. Diese wird gegen die Kraft der Druckfedern von den Kupplungsscheiben abgehoben. Der Kraftfluss ist unterbrochen.

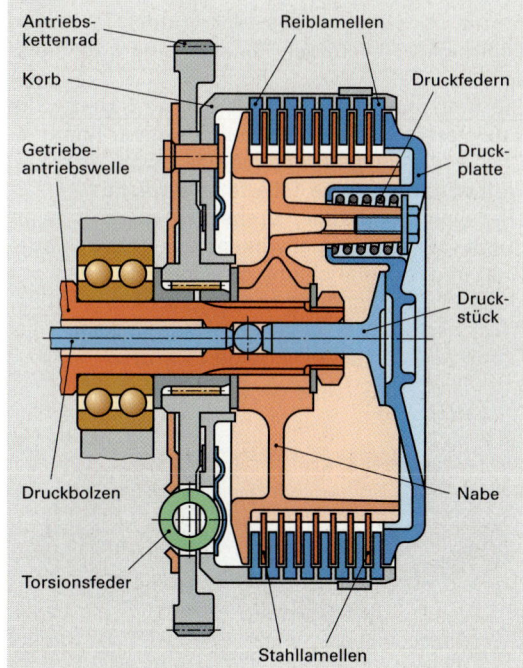

Bild 1: Lamellenkupplung

3.2.1.5 Kupplungsscheiben

Aufgaben
– Übertragung des Motordrehmoments vom Schwungrad auf die Getriebeeingangswelle
– weiches und ruckfreies Anfahren ermöglichen
– Drehschwingungen dämpfen.

Aufbau (Bild 2)

Kupplungsscheiben bestehen im wesentlichen aus
– Mitnehmerscheibe als Belagträger
– Nabe mit Nabenflansch und Nabenprofil
– Kupplungsbelägen
– Belagfederung
– Torsionsdämpfer.

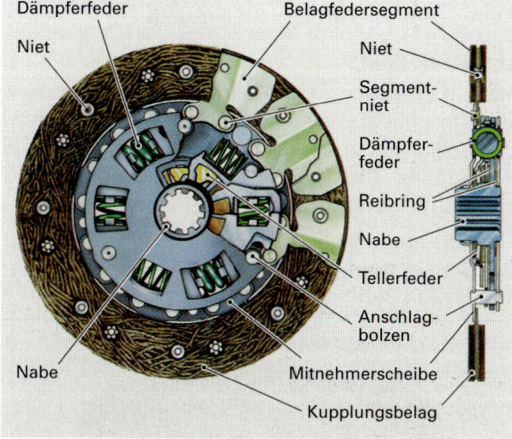

Bild 2: Aufbau einer Kupplungsscheibe

Kupplungsbeläge

Die Kupplungsbeläge werden als Reibpartner zwischen den Reibflächen von Schwungrad und Druckplatte eingesetzt.
Folgende Anforderungen werden gestellt:
– Gute Hitzebeständigkeit
– hohe Verschleißfestigkeit
– hohe Reibungszahl, die über einen möglichst großen Temperaturbereich konstant bleibt.

Arten von Kupplungsbelägen

Organische Beläge. Sie bestehen aus
– Kunststofffasern, z.B. Aramidfasern
– Füllstoffen, z.B. Metalldrähte (Kupfer oder Zink)
– Kunstharz als Bindemittel.
Im Automobilbau werden organische Beläge meist in Trockenkupplungen verwendet.

Metallische Beläge. Als Reibbelag wird z.B. gesintertes Aluminium-Oxid auf metallische Träger (z.B. Stahl) aufgetragen.
Diese Beläge werden bei im Ölbad laufenden Kupplungen z.B. bei Automatik-Getrieben und bei Lamellenkupplungen von Zweirädern eingesetzt.

Keramische Sinterbeläge (Bild 1). Sie besitzen sehr gute Verschleißfähigkeit, sehr hohe Reibwerte und sind sehr unempfindlich gegen hohe Temperaturen.
Sie werden bei Kupplungen von Spezialfahrzeugen, z. B. Kettenfahrzeugen, und bei Wettbewerbsfahrzeugen im Motorsport, verwendet.

Bild 1: Kupplungsscheibe mit Sinterpads

Belagfederung
Sie ist zwischen den Reibbelägen angeordnet und ermöglicht weiches und ruckfreies Anfahren. Die axiale Federung ist so ausgelegt, dass die Beläge beim Anfahren weich greifen und im voll eingekuppelten Zustand plan anliegen.

Einfachsegmentfederung (Bild 2). Die Beläge sind auf dünne gewölbte Segmente aufgenietet, die mit der Kupplungsscheibe vernietet sind.

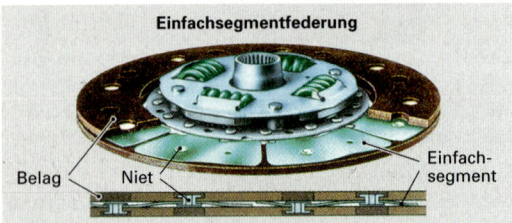

Bild 2: Einfachsegmentfederung

Doppelsegmentfederung (Bild 3). Die Beläge sind auf zwei aufeinanderliegende und entgegengesetzt wirkende Segmente aufgenietet. Die Segmente sind an der Mitnehmerscheibe vernietet.

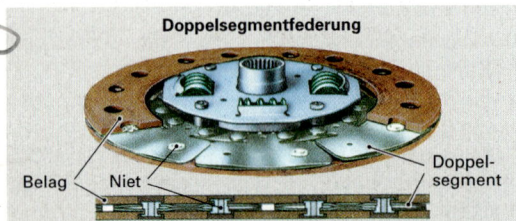

Bild 3: Doppeltsegmentfederung

Zwischenblechfederung. Hier sind die segmentartigen, gewellten Federbleche nur auf einer Seite des bis zum Außenrand gehenden Trägerblechs aufgenietet.

Lamellenfederung (Bild 4). Sie ist die am meisten verwendete Art. Das Trägerblech ist am Außenrand geschlitzt und gewellt.

Bild 4: Lamellenfederung

Torsionsdämpfer. Durch ihn werden die Drehschwingungen zwischen Motor und Wechselgetriebe gedämpft.
Er besteht aus Torsionsfeder und Reibeinrichtung.

Torsionsfederung (Bild 5). Die Nabe ist drehbar gelagert und stützt sich über den Nabenflansch und mehrere Dämpferfedern gegenüber der Mitnehmerscheibe und der Gegenscheibe federnd ab. Unter Last ist eine begrenzte Verdrehung zwischen Nabe und belagtragendem Scheibenteil möglich.
Das über die Dämpferfedern bestimmte Drehmoment muss größer sein als das maximale Motordrehmoment, damit ein Anschlagen des Nabenflansches an die Anschlagbolzen vermieden wird.

Reibeinrichtung. Sie ist im Nabenteil untergebracht und besteht aus einem oder mehreren Reibringen, Tellerfeder, Federscheibe und Stützscheibe.
Die Reibeinrichtung dämpft bei Verdrehung die auftretenden Drehschwingungen durch Reibung. Die für die Reibung notwendige axiale Anpresskraft wird durch eine Tellerfeder erreicht.
Die Dämpfung der Drehschwingungen wird durch das Zusammenwirken von Torsionsfederung und Reibeinrichtung erreicht.
Durch die Verwendung von unterschiedlichen Federn, Reibringen und Tellerfedern kann das Dämpfungsverhalten verändert werden.

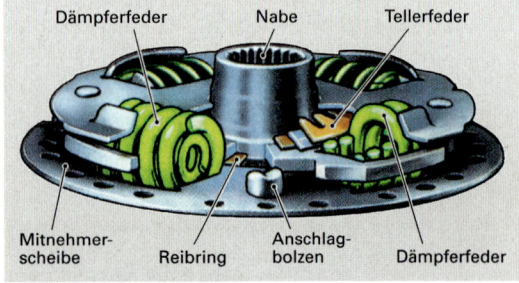

Bild 5: Torsionsdämpfer

3.2.1.6 Kupplungsbetätigung

Mechanische Kupplungsbetätigung
Die Fußkraft wird über Hebel, Seilzug oder Gestänge auf den Ausrücker übertragen.
Die Hebelübersetzungen sind so ausgelegt, dass die zum Auskuppeln notwendige Fußkraft nicht zu groß und der Pedalweg nicht zu lang wird.

Hydraulische Kupplungsbetätigung (Bild 1)
Der hydraulische Teil besteht aus dem Geberzylinder, der Rohrleitung, dem Verbindungsschlauch, dem Nehmerzylinder und der Hydraulikflüssigkeit.
Beim **Auskuppeln** wird die Fußkraft über das Kupplungspedal und ein Gestänge auf den Kolben des Geberzylinders übertragen.
Die Fußkraft kann dabei ab einem bestimmten Pedalweg von einer Übertotpunktfeder unterstützt werden.
Der im Druckraum des Geberzylinders erzeugte Flüssigkeitsdruck pflanzt sich in der Rohrleitung und im Verbindungsschlauch fort und bewirkt am Kolben des Nehmerzylinders eine Kraft, die über einen Stößel und einen Hebel den Ausrücker betätigt und die Kupplung auskuppelt.
Beim **Einkuppeln** schieben die Membranfeder bzw. die Druckfedern und die Rückholfedern die Kolben von Nehmerzylinder und Geberzylinder wieder in die Ausgangsstellung zurück.

Vorteile gegenüber der mechanischen Kupplungsbetätigung
– Überbrückung von großen Entfernungen zwischen Pedal und Kupplung einfacher, z. B. bei Heckmotoren
– Verstärkung der Pedalkraft durch hydraulische Übersetzung möglich
– nahezu verlustfreie Kraftübertragung im Hydraulikteil.

Geberzylinder (Bild 2)
Er hat die Aufgabe, den Flüssigkeitsdruck für den hydraulischen Teil der Kupplungsbetätigung zu erzeugen.
Der Kolben ist als Doppelkolben mit Primärmanschette und Sekundärmanschette ausgeführt. Die Primärmanschette schließt den Druckraum ab, die Sekundärmanschette dichtet nach außen ab. Der Raum zwischen den beiden Manschetten ist durch die Ausgleichbohrung mit dem Ausgleichbehälter verbunden.
In Ruhestellung des Kolbens ist ein Volumenausgleich zwischen Druckraum und Ausgleichbehälter über die Ausgleichbohrung möglich.
Sobald der Kolben die Ausgleichbohrung überfährt, wird im Druckraum ein Flüssigkeitsdruck aufgebaut.

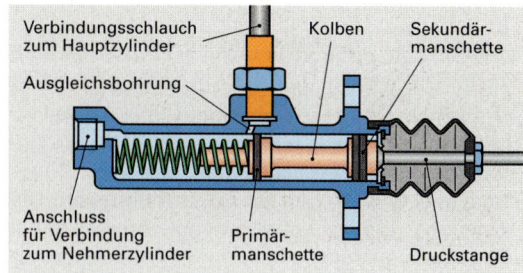

Bild 2: Geberzylinder

Nehmerzylinder (Bild 3)
Er hat die Aufgabe, den im Geberzylinder erzeugten Flüssigkeitsdruck als Kraft zum Betätigen des Ausrückers zu übertragen. Er besteht aus Gehäuse, Kolben mit Nutringmanschette, Entlüftungsventil und Druckstange.

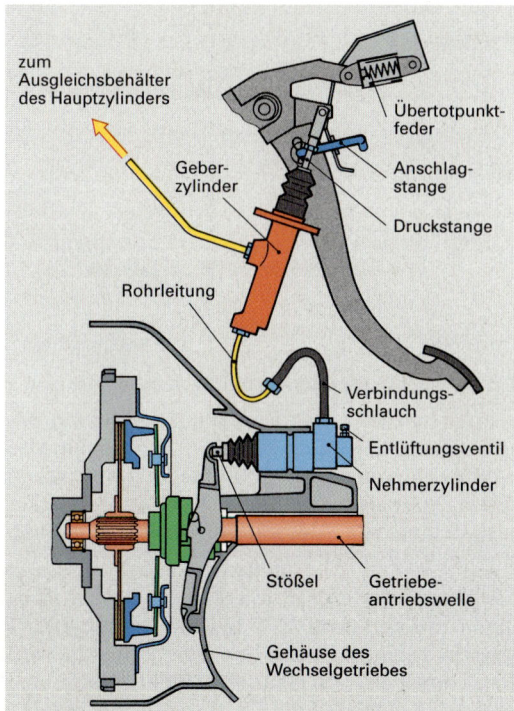

Bild 1: Hydraulische Kupplungsbetätigung

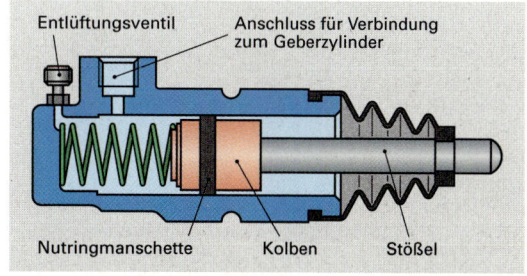

Bild 3: Nehmerzylinder

3.2.1.7 Kupplungsspiel

Kupplungsbetätigung mit Spiel

Infolge der Belagabnutzung verschiebt sich die Kupplungsdruckplatte in Richtung des Schwungrades. Die als Hebel wirkende Membranfeder kehrt bei gedrückten Kupplungsbetätigungen diese Bewegungsrichtung um und schiebt die Zungen der Membranfeder näher an den Ausrücker. Dadurch **wird das Kupplungsspiel kleiner**. Es muss rechtzeitig nachgestellt werden, da mit zunehmender Belagabnutzung das Spiel vollständig verschwinden und dadurch die Membranfederzungen auf den Ausrücker auflaufen würden.

Die Anpresskraft der Membranfeder könnte sich dann nicht mehr voll auswirken, ein Rutschen der Kupplung wäre die Folge. Die dabei entstehende Reibungswärme würde Verbrennungen an den Kupplungsbelägen hervorrufen. Außerdem könnte die Wärme über die Kupplungsdruckplatte auf die Membranfeder übertragen werden, die dann ausglühen und ihre Spannung verlieren würde.

Durch eine Überhitzung kann das Schwungrad anlaufen und sich verziehen.

Zwischen den Zungen der Membranfeder und der Stirnfläche des Ausrückers ist ein Spiel von etwa 1 mm bis 3 mm vorhanden. Das Spiel ist notwendig, damit die Kupplung nach einer gewissen Belagabnutzung im eingekuppelten Zustand nicht rutscht.

Bei der im **Bild 1** dargestellten mechanischen Kupplungsbetätigung mit Festanschlag für die Ruhestellung des Pedals soll das Spiel am Kupplungspedal z. B. 10 mm bis 30 mm betragen. Die Einstellung erfolgt entweder am Ausrückhebel oder am Kupplungspedal durch Verdrehen einer Einstellmutter.

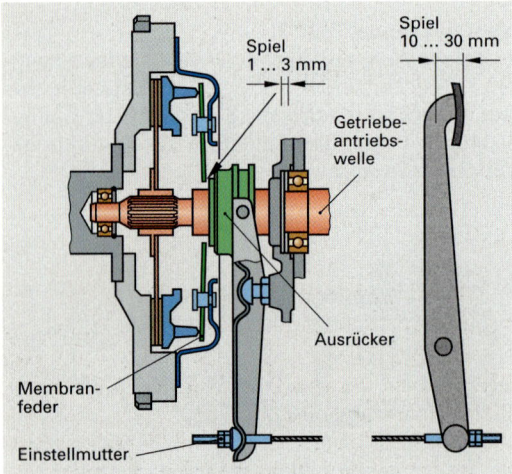

Bild 1: Mechanische Kupplungsbetätigung mit Spiel

Kupplungsbetätigung ohne Spiel

Die Kupplungsbetätigung stellt sich dem Verschleißzustand des Belages entsprechend selbsttätig ohne Spiel ein.

Bei der **mechanischen Kupplungsbetätigung (Bild 2)** stellt eine selbsttätige Nachstelleinrichtung bei zunehmendem Belagverschleiß den Ausrücker spielfrei nach.

Wirkungsweise. Bei Belagverschleiß wird das Seilstück am Ausrückhebel länger. Geht das Pedal nach dem Auskuppeln in die Ruhestellung, so wird der Kugelkäfig durch das Klemmstück nach unten bewegt, der Verriegelungskonus wird frei. Die Seilhülle wird in die Nachstelleinrichtung hineingezogen und straffer gespannt, das Spiel am Ausrücker ist ausgeglichen.

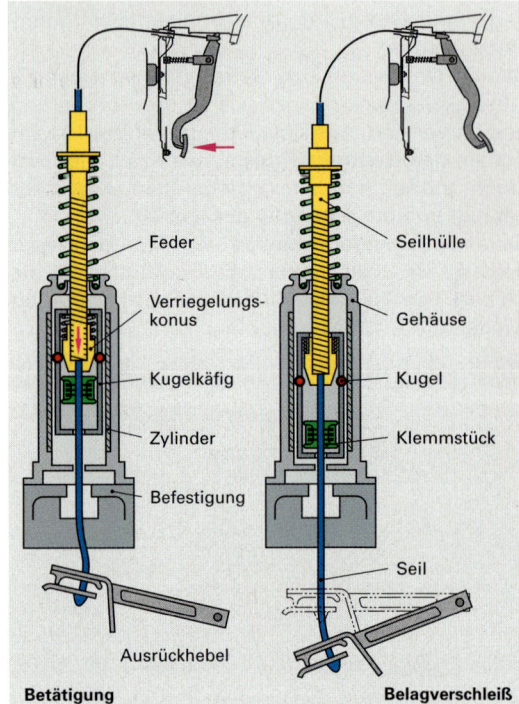

Bild 2: Kupplungsbetätigung mit Nachstelleinrichtung

Bei der **hydraulischen Kupplungsbetätigung ohne Festanschlag** muss für die Ruhestellung des Nehmerzylinders die Membranfederkupplung mit einem speziellen zentral geführten Ausrücker ausgerüstet sein, dessen Ausrücklager ständig mitläuft (**Bild 2, Seite 315**).

Der Ausrücker drückt mit einer geringen Vorspannkraft von etwa 40 N bis 100 N auf die Zungen der Membranfeder. Die Vorspannkraft wird durch eine Feder im Nehmerzylinder erzeugt und über den Kolben auf die Druckstange weitergeleitet.

3.2.2 Hydrodynamische Kupplung

Sie ist mit ihrem Gehäuse am Schwungrad des Motors angeflanscht und besteht aus Pumpenrad, Turbinenrad, Gehäuse und Hydrauliköl.
Die Schaufeln des Pumpenrades sind fest mit dem Gehäuse verbunden. Gegenüber dem Pumpenrad ist das Turbinenrad gelagert (**Bild 1**).
Dreht sich das vom Motor angetriebene Pumpenrad, so wird das als Kraftübertragungsmittel dienende Hydrauliköl in Strömung versetzt und überträgt die Bewegungsenergie auf das Turbinenrad. Dadurch wird die Getriebeantriebswelle angetrieben.
Beim Anfahren ist der Drehzahlunterschied und damit der Schlupf zwischen Pumpenrad und Turbinenrad am größten. Dadurch ist auch das Verhältnis von Ausgangsdrehmoment zu Eingangsdrehmoment am größten.
Die hydrodynamische Kupplung ist eine Anfahrkupplung. Sie arbeitet schwingungsdämpfend und verschleißfrei.
Drehmomente können durch sie nur übertragen, jedoch nicht verstärkt werden.

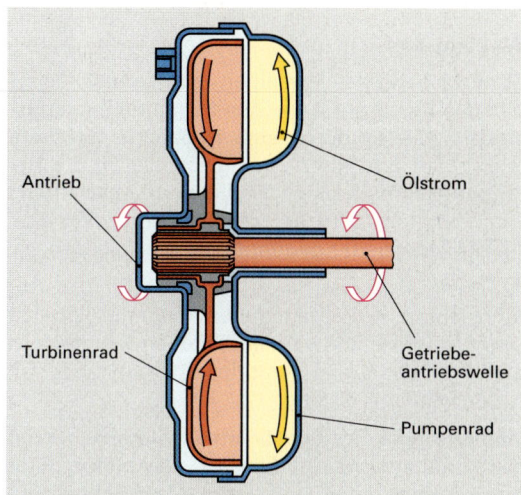

Bild 1: Hydrodynamische Kupplung

3.2.3 Magnetpulverkupplung (Bild 2)

Magnetpulverkupplungen werden in Personenkraftwagen bei stufenlosen automatischen Getrieben (z. B. Schubgliederband-Automatik) als Anfahrkupplung verwendet.
In der Kupplungsscheibe ist eine Magnetspule angeordnet, die an den Generatorstromkreis angeschlossen ist.
Im Ringspalt zwischen der Innenseite der Mitnehmerscheibe (Innenrotor) und den Ringnuten am äußeren Umfang der Kupplungsscheibe (Außenrotor) befindet sich ein feines Eisenpulver.

Um einen Kraftschluss zwischen Innenrotor und Außenrotor herzustellen wird der Magnetspule Strom zugeführt. Die Höhe des zugeführten Stromes wird elektronisch von einer Steuereinheit in Abhängigkeit von Motordrehzahl, Fahrgeschwindigkeit und Fahrpedalstellung gesteuert.
Das von der Magnetpulverkupplung übertragene Drehmoment ist von der Stärke des elektromagnetischen Feldes zwischen Kupplungsscheibe (Innenrotor) und Mitnehmerscheibe (Außenrotor) abhängig. Die Stärke des Feldes wird vom zugeführten Strom bestimmt.
Der Kraftfluss verläuft vom Schwungrad über Mitnehmerscheibe, Eisenpulver, Kupplungsscheibe zu der Getriebeantriebswelle.

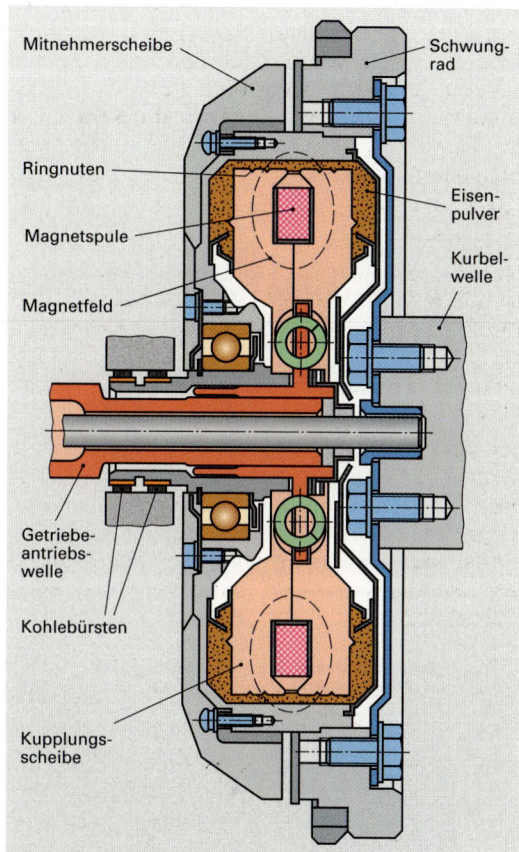

Bild 2: Magnetpulverkupplung

3.2.4 Fliehkraftkupplung

Fliehkraftkupplungen sind selbsttätig wirkende Reibungskupplungen, bei denen die für den Kraftschluss notwendige Anpresskraft durch Fliehkraft erzeugt wird.
Fliehkraftkupplungen werden bei Mofas und Mopeds als Anfahrkupplungen verwendet (siehe Kapitel Zweiradtechnik).

3.2.5 Automatisches Kupplungssystem AKS

> Es ist ein selbsttätiges Kupplungssystem, bei dem das Öffnen der Kupplung (Auskuppeln) und Schließen der Kupplung (Einkuppeln) durch Sensorsignale ausgelöst wird.

Der Kuppelvorgang durch den Fahrer entfällt, ein Kupplungspedal ist nicht mehr notwendig.

Sensorsignale, die den Steuerungsvorgang beeinflussen, sind:
- Zündschalter
- Motordrehzahl
- Gangerkennung
- Schaltabsichtserkennung
- Ausrückweg
- Fahrpedalstellung
- Fahrgeschwindigkeit
- ABS/ASR-Signale
- Ausrückgeschwindigkeit.

Aufbau (Bild 1)

Komponenten des Kupplungssystems
- **Kupplung:** Selbsteinstellende Membranfederkupplung mit hydraulischem Zentralausrücker
- **Sensoren** für Schaltabsichtserkennung, Gangerkennung, Ausrückweg und Ausrückgeschwindigkeit.
- **Steuergerät des Kupplungs-Systems**
- **Aktoren (Stellglieder)**
  - Elektromotor und Schneckengetriebe
  - Geberzylinder, Rohr- bzw. Schlauchleitung, hydraulischer Zentralausrücker (Nehmerzylinder)

Schaltabsichtserkennung. Sie wird durch einen Sensor (Drehpotentiometer) am Schalthebel erfasst.

Gangerkennung. Sie wird durch 2 berührungslose Drehwinkelsensoren am Schaltgestänge im Getriebe erfasst. Zusätzlich zu den Sensorsignalen für Schaltabsicht und Gangerkennung erhält das Steuergerät noch Signale über den CAN-Bus von den Steuergeräten der Motorsteuerung und der ABS/ASR-Steuerung.

Wirkungsweise

Zur Erfassung des jeweiligen Systemzustands erhält das Steuergerät von den Sensoren Eingangssignale, die es durch eine Kupplungs-Software verarbeitet und als Ausgangssignale an die Betätigungseinrichtungen (Stellglieder) übermittelt. Die Kupplung wird entsprechend den Signalen für die Stellglieder geöffnet oder geschlossen.

Anfahren. Aus den durch Sensoren für den Anfahrzustand weitergegebenen Eingangssignalen und den in der Software enthaltenen Kennfeldern errechnet das Steuergerät den optimalen Schlupf für den Anfahrvorgang.

Gangwechsel. Der Sensor am Schalthebel meldet die Schaltabsicht des Fahrers. Das Steuergerät bewirkt über einen Elektromotor mit Schneckengetriebe Druckerzeugung im Geberzylinder und somit das Öffnen der Kupplung.

Nach dem Schalten melden die Gangerkennungs-Sensoren welcher Gang geschaltet wurde. Nun gibt das Steuergerät ein Signal an den Elektromotor mit Schneckengetriebe, wodurch das Schließen der Kupplung mit einem definierten Schlupf bewirkt wird.

Das Fahrpedal muss beim Schalten nicht unbedingt zurückgenommen werden. Die Einspritzmenge wird automatisch reduziert und danach wieder erhöht.

Normaler Fahrbetrieb. Um Drehschwingungen zu dämpfen errechnet das Steuergerät aus den Sig-

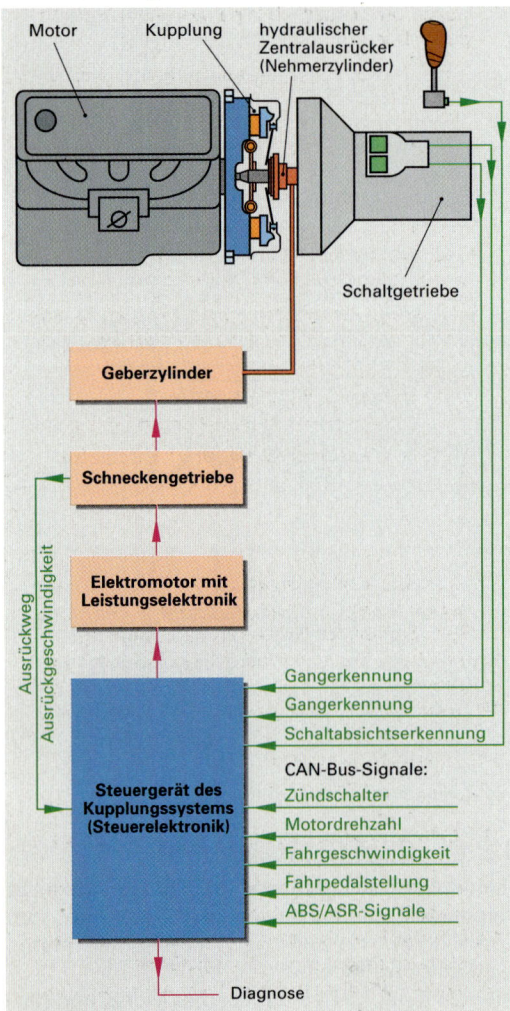

Bild 1: Blockschaltbild des Automatischen Kupplungssystems (AKS)

nalen für die Motordrehzahl und Getriebeeingangsdrehzahl die Differenz, sodass bei Bedarf ein kontrollierter Schlupf eingestellt wird.

Lastwechsel. Beim ruckartigen Betätigen des Fahrpedals wird das Aufschaukeln des Fahrzeugs (Bonanza-Effekt) in Grenzen gehalten, da die Kupplung kurzzeitig geöffnet wird. Es kann dadurch ruckfrei beschleunigt werden.

Zurückschalten auf glatter Fahrbahn. Das Signal der blockierenden Antriebsräder wird vom Steuergerät so verarbeitet, dass die Kupplung bei Blockierbeginn öffnet und die Räder freigibt.

Merkmale
- Kein Kupplungspedal vorhanden
- günstiges Verschleißverhalten für Kupplungsbelag und Ausrücklager
- kein Abwürgen des Motors beim Anfahren und Bremsen
- Drehschwingungen des Motors werden durch Schlupf in der Kupplung gedämpft
- keine störenden Lastwechsel-Reaktionen.

Beispiele für elektronische Kupplungssysteme:
EKS Elektronisches **K**upplungs-**S**ystem
EKM Elektronisches **K**upplungs-**M**anagement
AKS Automatisches **K**upplungs-**S**ystem.

Funktionsprüfungen an Reibungskupplungen

Vor den Funktionsprüfungen sollte während einer Probefahrt mehrmals gekuppelt werden, um die Kupplung in einen betriebswarmen Zustand zu bringen. Die Kupplung darf wegen Überhitzungsgefahr nicht im Stand durch Schleifenlassen erwärmt werden.

Prüfung auf Rutschen beim Anfahren
1. Bei stehendem Fahrzeug 1. Gang einlegen
2. Motordrehzahl auf doppelte Leerlaufdrehzahl erhöhen
3. Gleichzeitig zügig einkuppeln.

> Das Fahrzeug muss dabei weich und ruckfrei beschleunigen. Ist dies nicht der Fall, rutscht die Kupplung.

Prüfung auf Rutschen bei angezogener Handbremse
1. Kupplungspedal treten, höchsten Vorwärtsgang einlegen
2. Motordrehzahl bis zum Drehmomentmaximum erhöhen
3. Kupplung schnell einkuppeln, gleichzeitig Vollgas geben.

> Der Motor muss dabei abgewürgt werden. Rutscht die Kupplung oder erfolgt ein Drehzahlanstieg, so ist die Übertragungsfähigkeit der Kupplung nicht in Ordnung.

Prüfung des Trennverhaltens
1. Kupplungspedal durchtreten
2. Ungefähr 3 bis 4 Sekunden warten
3. Gang einlegen, auf Geräusche achten

> Es dürfen keine Geräusche auftreten, ansonsten ist das Trennverhalten der Kupplung nicht in Ordnung.

Oder: 1. Antriebsachse anheben
2. Kuppeln und Gang einlegen.

> Die Antriebsräder dürfen sich nicht drehen.

WIEDERHOLUNGSFRAGEN

1. Welche 5 Aufgaben muss die Kupplung im Kraftfahrzeug erfüllen?
2. Warum muss in Kraftfahrzeugen, die mit Schaltgetrieben ausgerüstet sind, der Kraftfluss zum Schalten unterbrochen werden?
3. Aus welchen 3 Hauptteilen besteht eine Einscheiben-Reibungskupplung?
4. Welche Aufgabe haben Ausrücker?
5. Erklären Sie den Aufbau eines zentral geführten hydraulischen Ausrückers.
6. Von welchen 4 Größen ist das übertragbare Drehmoment einer Membranfederkupplung abhängig?
7. Erklären Sie die Wirkungsweise einer Membranfederkupplung beim Auskuppeln.
8. Was versteht man unter dem Lüftungsspiel einer Reibungskupplung?
9. Welche Vorteile hat die Membranfederkupplung gegenüber der Schraubenfederkupplung?
10. Welchen Vorteil bezüglich der Drehmomentübertragung besitzt die Zweischeibenkupplung gegenüber der Einscheibenkupplung?
11. Erklären Sie den Aufbau einer Kupplungsscheibe.
12. Welche Anforderungen werden an Kupplungsbeläge gestellt?
13. Woraus bestehen Kupplungsbeläge?
14. Wie ist die hydraulische Kupplungsbetätigung aufgebaut?
15. Welche Vorteile besitzt die hydraulische Kupplungsbetätigung?
16. Wie erfolgt die Drehmomentübertragung bei einer Magnetpulverkupplung?
17. Welche Funktionsprüfungen werden bei Pkw-Reibungskupplungen durchgeführt?
18. Welche Merkmale besitzt ein automatisches Kupplungssystem?

3.3 Wechselgetriebe

Das Wechselgetriebe ist im Antriebsstrang zwischen Kupplung und Achsgetriebe angeordnet und übersetzt Motordrehmoment und Motordrehzahl.

3.3.1 Aufgaben
- Motordrehzahl wandeln
- Motordrehmoment wandeln und übertragen
- Leerlauf des Motors bei stehendem Fahrzeug ermöglichen
- Umkehr des Drehsinns für Rückwärtsfahrt ermöglichen.

Jeder Verbrennungsmotor arbeitet zwischen einer Mindest- und Höchstdrehzahl und kann in diesem leistungsfähigen Drehzahlbereich nur ein begrenztes Drehmoment abgeben (**Bild 1**).

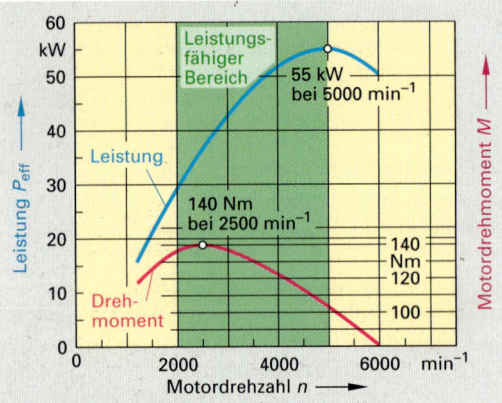

Bild 1: Leistungs- und Drehmomentkennlinie eines Verbrennungsmotors

Die ohne Wechselgetriebe und Achsgetriebe erreichbaren Belastungs- und Geschwindigkeitsbereiche werden durch die Leistung des Motors begrenzt. Deshalb müssen Motordrehzahl und Motordrehmoment durch die Übersetzungen des Wechselgetriebes und Achsgetriebes gewandelt werden können.

Durch die Wandlung stellen sich an den Antriebsrädern Drehzahlen und Drehmomente ein, die den gewünschten Fahrgeschwindigkeiten bei ausreichend hohen Antriebsmomenten bzw. Zugkräften entsprechen.

Getriebeausgangskennlinien (Bild 2). Soll ein Fahrzeug aus dem Stand beschleunigt werden oder große Steigungen befahren können, ist eine hohe Zugkraft bzw. ein hohes Antriebsdrehmoment erforderlich. Dies ist durch eine entsprechende Übersetzung ins Langsame möglich. Wird z.B. im 1. Gang das Drehmoment durch das Wechselgetriebe um das 3,45-fache erhöht, vermindert sich die Drehzahl um den gleichen Faktor. Ist z.B. der 5. Gang geschaltet, so wird das Ausgangsdrehmoment um den Faktor 0,81 kleiner und die Drehzahl entsprechend höher.

Um beim Gangwechsel einen möglichst geringen Zugkraftverlust zu haben, sollen sich die Getriebeausgangskennlinien der Zugkrafthyperbel annähern. Dies ist ein Maß für die Güte eines Getriebes.

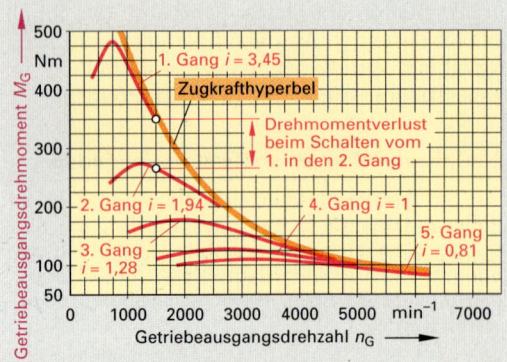

Bild 2: Getriebeausgangskennlinien

Drehmoment-Drehzahlwandlung (Bild 3). Bei einer Zahnradpaarung wirkt am größeren Zahnrad (größerer Hebelarm, mehr Zähne) immer das größere Drehmoment.

Das Hebelverhältnis entspricht dem Verhältnis der Zähnezahl des getriebenen Zahnrades zum treibenden Zahnrad.

Es wird **Übersetzungsverhältnis i** genannt.

Ist das treibende Zahnrad kleiner als das getriebene, wird das Drehmoment um das Übersetzungsverhältnis größer, die Drehzahl entsprechend gesenkt.

Ist das treibende Zahnrad größer als das getriebene, wird das Drehmoment um das Übersetzungsverhältnis kleiner und die Drehzahl entsprechend erhöht.

Durch ein Zwischenrad wird der Drehsinn geändert, jedoch nicht die Übersetzung.

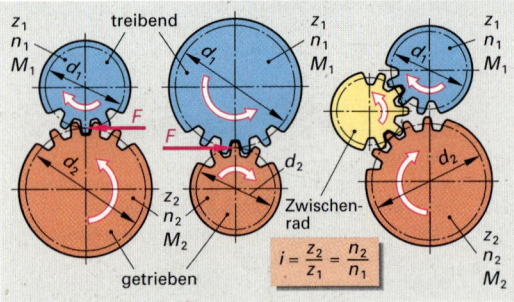

Bild 3: Drehmoment- und Drehzahlwandlung

Wechselgetriebe 3 Kraftübertragung 395

> Bei einer Zahnradpaarung bewirkt eine
> – Drehmomenterhöhung eine Drehzahlabsenkung
> – Drehmomentabsenkung eine Drehzahlerhöhung.

Leerlaufstellung. Sie bewirkt die Unterbrechung des Kraftflusses im Wechselgetriebe.

Umkehr des Drehsinns. Die Straßenverkehrs-Zulassungs-Ordnung schreibt vor, dass Kraftfahrzeuge mit mehr als 400 kg zulässigem Gesamtgewicht eine Einrichtung für die Umkehr des Drehsinns zum Rückwärtsfahren besitzen.

3.3.2 Bauarten von handgeschalteten Wechselgetrieben (Schaltgetrieben)

Man unterscheidet

nach dem Verlauf des Kraftflusses (**Bild 1**) im Getriebe
– gleichachsige Schaltgetriebe
– ungleichachsige Schaltgetriebe

nach der Anzahl der Wellen im Getriebe
– 2-Wellen-Schaltgetriebe (= ungleichachsig)
– 3-Wellen-Schaltgetriebe (= gleichachsig)

nach den Bauteilen, die die Losräder (Schalträder) mit ihren Wellen drehfest verbinden
– Schaltmuffengetriebe
– Schaltklauengetriebe

nach der Synchronisierung
– synchronisierte Schaltgetriebe
– unsynchronisierte Schaltgetriebe.

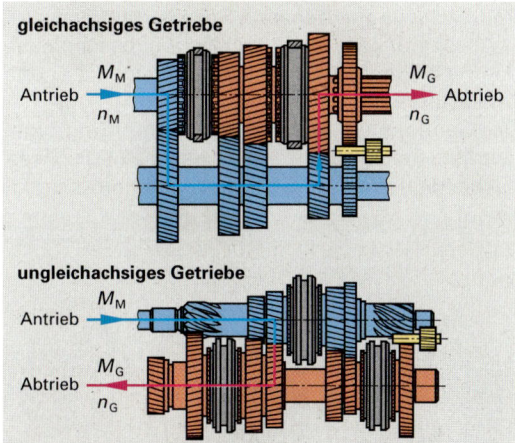

Bild 1: Gleich- und ungleichachsiges Getriebe

3.3.3 Schaltmuffengetriebe

Der Kraftfluss zwischen Schaltrad (Losrad) und Getriebewelle wird über eine Schaltmuffe hergestellt, die über einen Synchronkörper drehfest mit der Welle verbunden ist (**Bild 2**).

Alle Zahnradpaarungen für die Vorwärtsgänge sind ständig miteinander im Eingriff.

Dies ist nur möglich, wenn bei jeder nicht geschalteten Zahnradpaarung ein Zahnrad (Losrad) frei auf der Welle drehbar ist.

Schaltvorgang. Dabei wird jeweils eine Schaltmuffe so verschoben, dass das entsprechende Losrad (Schaltrad) drehfest mit der Welle verbunden wird. Dabei werden die Innenklauen der Schaltmuffe über die Schaltverzahnung des Schaltrades geschoben.

Ungleichachsige Schaltmuffengetriebe

Sie werden in Fahrzeugen mit quer zur Fahrtrichtung eingebautem Frontmotor und Vorderradantrieb oder Heckmotor und Hinterradantrieb verwendet und auch als „2-Wellengetriebe" bezeichnet (Antriebswelle, Hauptwelle).

Antriebswelle und Hauptwelle liegen auf verschiedenen (ungleichen) Fluchtlinien. Beim dargestellten Getriebe (**Bild 2**) ist der Motor quer eingebaut.

Die Übersetzung wird in allen Gängen über je eine Zahnradpaarung erreicht.

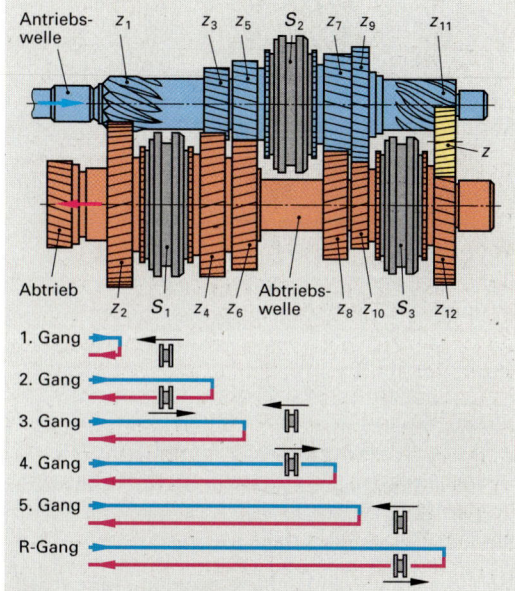

Bild 2: Ungleichachsiges 5-Ganggetriebe

Auf der Antriebswelle sitzen die treibenden Zahnräder z_1, z_3, z_5, z_7, z_9, z_{11}. Auf der Hauptwelle sitzen die getriebenen Zahnräder z_2, z_4, z_6, z_8, z_{10}, z_{12}.

Wird z.B. der 3. Gang geschaltet, so wird die Schaltmuffe S_2 nach links verschoben.

Der Kraftfluss verläuft von der Antriebswelle über die Schaltmuffe S_2 auf die Schaltverzahnung von z_5 und über die Zähne von z_5 auf das Zahnrad z_6 und von hier über die Hauptwelle zum Abtrieb.

Gleichachsige Schaltmuffengetriebe (Bild 1)

Sie werden in Fahrzeuge mit in Fahrtrichtung eingebautem Frontmotor und Hinterradantrieb eingebaut und auch als „3-Wellengetriebe" bezeichnet (Antriebswelle, Hauptwelle, Vorgelegewelle). Antriebswelle und Abtriebswelle liegen in der gleichen Fluchtlinie.

Antriebswelle. Sie ist mit der Kupplungsscheibe verbunden und treibt über z_1 die Vorgelegewelle.
Vorgelegewelle. Sie bildet mit den Zahnrädern z_2, z_3, z_5, z_7 und z_9 einen Zahnradblock.
Hauptwelle. Sie ist zugleich Abtriebswelle und wird über die Schaltmuffen drehfest mit den Losrädern z_4, z_6, z_8, z_{10} verbunden.

Zum Schalten der Gänge werden die Schaltmuffen S_1, S_2 und S_3 nach links oder rechts verschoben. Dadurch wird jeweils ein Schaltrad (Losrad) drehfest mit der Hauptwelle verbunden.

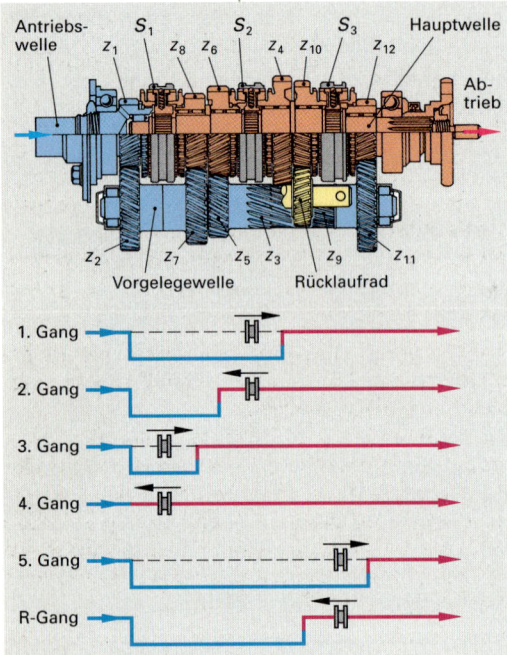

Bild 1: Gleichachsiges 5-Ganggetriebe

Die Übersetzungen i_G der einzelnen Gänge werden, außer im direkten Gang (4. Gang), jeweils über zwei Zahnradpaarungen erreicht.

Dabei ist immer die durch die Zahnräder z_1 und z_2 gebildete Teilübersetzung, die auch „Konstante" genannt wird, wirksam.

Im 3. Gang wird die Schaftmuffe S_1 nach rechts verschoben und dadurch die Antriebswelle drehfest mit der Hauptwelle verbunden.

Hier erfolgt eine Drehmomenterhöhung und eine Drehzahländerung ins Langsame.

3.3.4 Synchronisiereinrichtungen von Schaltmuffengetrieben

Aufgaben
- Gleichlauf zwischen Schaltmuffe und Gangrad (Schaltrad) herstellen
- geräuschloses und schnelles Schalten ermöglichen.

Zum Schalten eines Ganges muss die Schaltmuffe auf die Schaltverzahnung des Schaltrades geschoben werden. Dies ist nur dann leicht und geräuschlos möglich, wenn Schaltmuffe und Schaltrad gleiche Drehzahl haben.
Die Angleichung bei unterschiedlichen Drehzahlen erfolgt durch Gleitreibung über den Synchronring. Den Angleichvorgang nennt man Synchronisieren.

Sperrsynchronisiereinrichtung mit Innensynchronisation (System Borg-Warner)

Aufbau
Die Synchronisiereinrichtung **(Bild 1)** besteht aus Schaltmuffe, Synchronkörper, 3 Druckstücken, 2 Haltefedern, Synchronring und Gangrad.
Die Schaltmuffe hat an der Innenseite Schaltklauen, die in die Außenverzahnung des Synchronkörpers eingreifen. Die 3 Druckstücke befinden sich in den Aussparungen des Synchronkörpers und werden durch 2 Haltefedern gegen die Schaltklauen der Schaltmuffe gepresst. Dadurch wird die Schaltmuffe mittig auf dem Synchronkörper gehalten.
Der Synchronkörper ist drehfest mit der Welle des Gangrades (Schaltrades) verbunden.
Der Synchronring hat innen eine kegelförmige Reibfläche und außen eine Sperrverzahnung.
3 Aussparungen im Synchronring beschränken das Verdrehen des Synchronrings gegenüber den Druckstücken.
Das Gangrad hat auf der dem Synchronring zugekehrten Seite außen eine kegelförmige Reibfläche, dahinter sitzt die Schaltverzahnung.

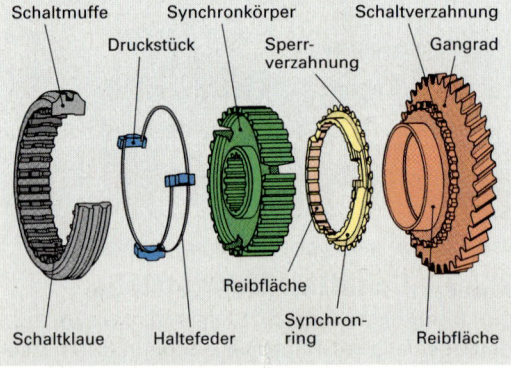

Bild 2: Sperrsynchronisiereinrichtung mit Innensynchronisation (System Borg-Warner)

Wirkungsweise

Neutrale Stellung (Bild 1). Bei nicht geschaltetem Gang wird die Schaltmuffe durch die Druckstücke auf dem Synchronkörper gehalten.
Das Gangrad (Schaltrad) läuft lose auf der Welle.

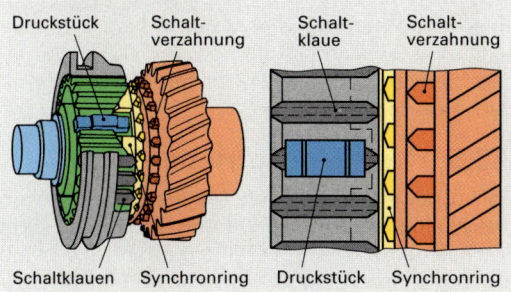

Bild 1: Neutrale Stellung

Sperr- und Synchronisierstellung (Bild 2). Beim Schalten wird die Schaltmuffe durch die Schaltgabel in Richtung des zu schaltenden Ganges geschoben.
Die 3 Druckstücke werden gegen den Synchronring gedrückt. Dadurch verschieben sie diesen axial und drücken ihn gegen die konische Reibfläche des Gangrades.
Solange sich Schaltmuffe und Gangrad mit unterschiedlicher Drehzahl drehen, entsteht ein Reibmoment, das den Synchronring so weit verdreht, bis die Druckstücke seitlich an seinen Aussparungen anliegen. Dadurch liegen die Sperrzähne jetzt vor den Schaltklauen der Schaltmuffe und sperren das Verschieben der Schaltmuffe.
Durch die Reibung zwischen den Reibflächen von Synchronring und Gangrad wird dieses beschleunigt bzw. abgebremst und so der Gleichlauf zwischen Gangrad und Schaltmuffe hergestellt.

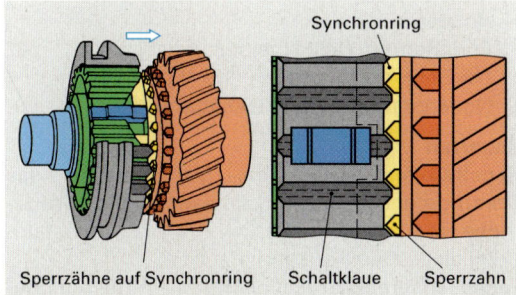

Bild 2: Sperr- und Synchronisierstellung

Gang geschaltet (Bild 3)
Nachdem Gleichlauf zwischen Gangrad und Schaltmuffe hergestellt ist, wirkt keine Umfangskraft mehr auf den Synchronring. Er lässt sich von den Anschrägungen der Schaltmuffenklauen zurückdrehen.
Damit ist die Schaltmuffe nicht mehr gesperrt und kann über die Schaltverzahnung des Gangrades geschoben werden.
Die Verbindung zwischen Getriebewelle und Gangrad ist hergestellt.

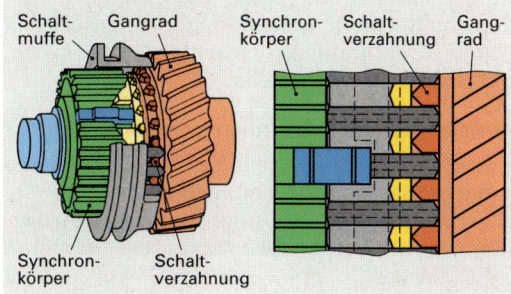

Bild 3: Gang geschaltet

Synchronisiereinrichtung mit Außensynchronisation (Bild 4)

Aufbau. Die Synchronringe tragen die konischen Reibflächen am Umfang außen, die Sperrverzahnung sitzt auf der Innenseite.
Die Schaltmuffe hat die Reibfläche auf ihrer Innenseite.
3 Anschläge am Synchronring begrenzen dessen Verdrehung beim Auftreffen auf die Aussparungen der Schaltverzahnung des Schaltrades.
Die Formfeder hält den Synchronring und verhindert in der neutralen Stellung dessen Anliegen an der Schaltverzahnung.

Sperrvorgang. Beim Schalten drückt die Innenreibfläche der Schaltmuffe gegen die Außenreibfläche des Synchronrings.
Bei unterschiedlicher Drehzahl wird der Synchronring maximal um $1/2$ Schaltzahnbreite verdreht. Dadurch kann die Schaltmuffe nicht auf die Schaltverzahnung des Gangrades geschoben werden. Das Weiterschieben der Schaltmuffe ist solange gesperrt, bis Gleichlauf zwischen ihr und dem Gangrad herrscht.

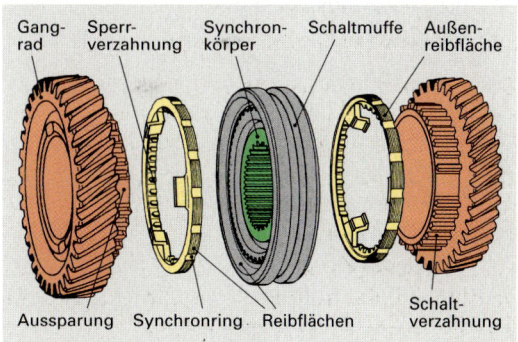

Bild 4: Synchronisiereinrichtung mit Außensynchronisation

Synchronisiervorgang. Ist der Gleichlauf durch Reibung zwischen der Außenreibfläche des Synchronringes und der Innenreibfläche der Schaltmuffe hergestellt, wird die Formfeder überdrückt. Die Sperrverzahnung des Synchronringes und die Schaltklauen der Schaltmuffe können über die Schaltverzahnung des Gangrades geschoben werden. Der Kraftfluss zwischen Getriebewelle und Gangrad ist hergestellt.

Vorteile gegenüber der Innensynchronisation:
- Leichteres und schnelleres Schalten infolge der größeren wirksamen Reibhalbmesser
- geringerer Verschleiß und längere Lebensdauer der Synchronringe wegen der größeren Reibflächen.

Synchronisiereinrichtung mit doppelter Synchronisierung (Dreikonussynchronisation)
Beim Schalten in den niedrigen Gängen sind die Drehzahldifferenzen beim Synchronisieren größer als in den hohen Gängen. Deshalb sind hier größere Reibkräfte beim Beschleunigen und Abbremsen der Zahnräder erforderlich.
Aus diesem Grunde verwendet man in den Getrieben von Personenkraftwagen im 1., 2. und 3. Gang häufig eine doppelte Synchronisation, während für den 4. und 5. Gang eine einfache Innensynchronisierung System Borg-Warner eingesetzt wird.

Aufbau (Bild 1)
- innerer Synchronring
- äußerer Synchronring
- Zwischenring
- Schaltmuffe
- Synchronkörper
- Gangrad.

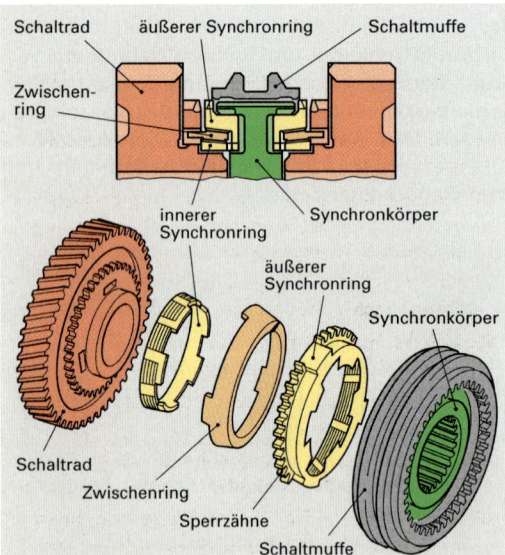

Bild 1: Synchronisiereinrichtung mit doppelter Synchronisation

Der prinzipielle Synchronisiervorgang entspricht dem der Synchronisation mit einem Synchronring. Bei der doppelten Synchronisation wird die Reibfläche wesentlich vergrößert. Sie wird fast doppelt so groß wie bei der einfachen Synchronisation.
Dies wird erreicht, weil 2 Synchronringe über einen Zwischenring zusammenwirken. Der Zwischenring ist drehfest mit dem Schaltrad, der innere Synchronring drehfest mit dem äußeren Synchronring verbunden.

3.3.5 Verteilergetriebe

Sollen bei einem Kraftfahrzeug mehrere Achsen gleichzeitig angetrieben werden, so ist nach dem Wechselgetriebe ein Verteilergetriebe zwischen den Achs- und Ausgleichsgetrieben der Antriebsachsen notwendig.

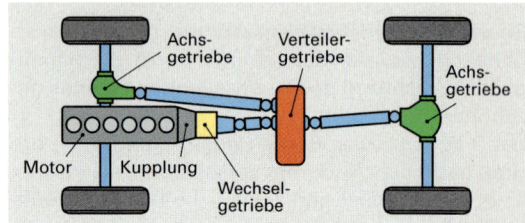

Bild 2: Anordnung des Verteilergetriebes

Aufgabe
- Drehmomentverteilung an mehrere Achsgetriebe.

Je nach Verwendungszweck des Fahrzeugs müssen vom Verteilergetriebe **weitere Aufgaben** erfüllt werden:
- Drehzahlausgleich zwischen den Achsgetrieben bei Fahrzeugen mit permanentem Allradantrieb
- Sperrung des Drehzahlausgleichs bei zu großen Schlupfunterschieden zwischen den Antriebsrädern
- Erweiterung des Übersetzungsbereichs, z. B. bei Geländefahrzeugen und Nutzkraftwagen
- Nebenantrieb von Arbeitsaggregaten.

Bauarten
Kegelrad-Verteilergetriebe. Sie verteilen das Drehmoment zu gleichen Anteilen an die Achsgetriebe und können zusätzlich mit einer Lamellen-Ausgleichssperre ausgerüstet sein.
Torsen-Differenzial (Schneckenrad-Verteilergetriebe). Sie verteilen im nichtgesperrten Zustand das Drehmoment zu gleichen Anteilen an die Achsgetriebe und wirken selbsttätig als Ausgleichssperre.
Planetengetriebe. Die Drehmomentverteilung erfolgt zu unterschiedlichen Anteilen, z. B. 35 % an das vordere und 65 % an das hintere Achsgetriebe. Eine zusätzliche Ausgleichssperre und die Erweiterung des Übersetzungsbereichs ist möglich.

3.3.6 Wartungsarbeiten und Fehlersuche an Schaltgetrieben

Wesentliche Wartungsarbeiten
- Ölstand prüfen, ggf. richtigstellen
- Schaltung auf Leichtgängigkeit und Funktion prüfen
- Ölwechsel, soweit vorgeschrieben durchführen, Herstellervorschrift für Ölsorte beachten
- Getriebegehäuse auf Dichtheit prüfen.

Prüfungen zur Lokalisierung von Fehlern und Störungen
- Sichtprüfungen, z.B. an Getriebeaufhängung und Schaltgestänge
- Geräuschprüfungen, z.B. Zahn- und Lagergeräusche bei Leerlauf und Lastwechsel
- Funktionsprüfungen, z.B. Synchronisierung beim Gangwechsel.

Fehlersuche

Fehler/Störung	Ursache	Abhilfe
Schaltung hakt	Schaltgestänge verbogen	Defekte Teile ersetzen
	Getriebeaufhängung defekt	Defekte Teile ersetzen
	Falsche Einstellung	Einstellung korrigieren
Gang springt heraus	Schaltgabel verbogen	Schaltgabel ersetzen
	Schaltverzahnung abgenutzt	Zahnräder ersetzen
	Schaltarretierung defekt	
	Motor- oder Getriebeaufhängung schadhaft	Aufhängungsteile erneuern
Getriebe synchronisiert schlecht	Synchronring verschlissen	Synchronringe ersetzen
	Falsches Getriebeöl eingefüllt	Vorgeschriebenes Getriebeöl verwenden
Getriebegeräusche beim Fahren unter Last	Getriebelager defekt	Getriebelager ersetzen
	Verzahnung schadhaft	Zahnräder ersetzen
Undichtheit am Gehäuse	Dichtringe, Dichtungen undicht	Defekte Teile ersetzen

WIEDERHOLUNGSFRAGEN

1. Warum ist in einem Fahrzeug mit Verbrennungsmotor ein Wechselgetriebe notwendig?
2. Welche wichtigen Aufgaben hat das Wechselgetriebe im Kraftfahrzeug?
3. Welche Arten von handgeschalteten Wechselgetrieben unterscheidet man?
4. Nach welchen Gesichtspunkten unterscheidet man handgeschaltete Wechselgetriebe?
5. Unter welcher Bedingung ist es möglich, dass in einem Getriebe mehrere Zahnradpaarungen ständig miteinander laufen?
6. Wie verläuft der Kraftfluss in einem gleichachsigen Wechselgetriebe und wie in einem ungleichachsigen Wechselgetriebe?
7. Welche Aufgaben haben Synchronisiereinrichtungen in Schaltmuffengetrieben?
8. Erklären Sie die Synchronisier- und Sperrvorgänge bei der Synchronisiereinrichtung System Borg-Warner.
9. Nennen Sie wesentliche Bauteile der Borg-Warner-Sperrsynchronisiereinrichtung.
10. Wie unterscheidet sich die Außensynchronisation von der Innensynchronisation?
11. Erklären Sie den Aufbau einer Synchronisiereinrichtung mit doppelter Synchronisierung (Dreikonussynchronisation)?
12. Warum wird die Doppelsynchronisation (Dreikonussynchronisation) verwendet?
13. Welche Hauptaufgabe und welche weiteren Aufgaben hat ein Verteilergetriebe?
14. Wo ist ein Verteilergetriebe in einem Allradfahrzeug angeordnet?
15. Welche Bauarten von Verteilergetrieben unterscheidet man beim Allradantrieb?
16. Wie erfolgt die Drehmomentverteilung durch ein Kegelrad-Verteilergetriebe und wie durch ein Planetenrad-Verteilergetriebe?

3.3.7 Planetengetriebe

Ein einfacher Planetenradsatz (**Bild 1**) besteht aus
- Sonnenrad
- Hohlrad
- Planetenrädern
- Planetenradträger.

Die Planetenräder sind mit ihren Achsen im Planetenradträger gelagert. Sie wälzen sich auf der Innenverzahnung des Hohlrades und auf der Außenverzahnung des Sonnenrades ab.

Alle Zahnräder sind ständig im Eingriff. Sonnenrad, Hohlrad oder Planetenradträger können sowohl angetrieben als auch festgebremst werden. Der Abtrieb erfolgt entweder über das Hohlrad oder über den Planetenradträger.

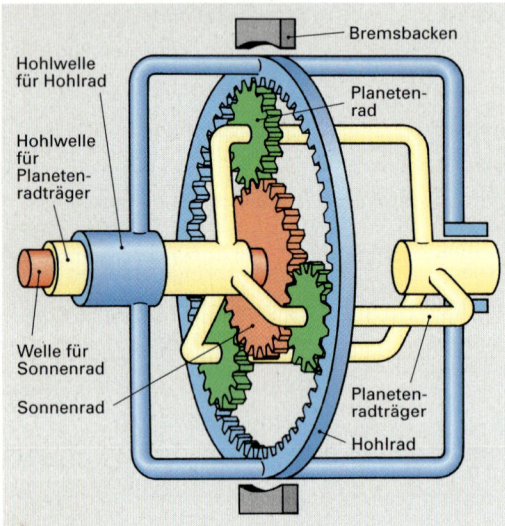

Bild 1: Einfacher Planetenradsatz

Wirkungsweise

> Die verschiedenen Übersetzungen werden erreicht, indem entweder Sonnenrad, Hohlrad oder Planetenradträger angetrieben werden. Dabei muss jeweils ein nicht angetriebenes Teil festgebremst werden.
> Der Abtrieb erfolgt über das Bauteil, das weder angetrieben noch festgebremst wird.

Übersetzungsstufen. Es sind 5 Übersetzungsstufen in gleicher und 2 in umgekehrter Drehrichtung möglich.

Antrieb. Dazu wird ein Bauteil des Planetenradsatzes über eine Lamellenkupplung (Treibkupplung) angetrieben und in Drehung versetzt.

Festbremsen. Das entsprechende Bauteil wird über eine Lamellenkupplung (Bremskupplung) oder ein Bremsband mit dem Getriebegehäuse verbunden.

Beispiel eines 3-Gang-Planetengetriebes

1. Gang (Bild 2). Das Sonnenrad ist treibendes Rad, das Hohlrad wird festgebremst. Die Planetenräder wälzen sich auf der Innenverzahnung des Hohlrades ab. Der Planetenradträger und die mit ihm fest verbundene Antriebswelle besitzen den gleichen Drehsinn wie das angetriebene Sonnenrad. Es erfolgt eine große Übersetzung ins Langsame.

2. Gang (Bild 2). Das Hohlrad ist treibendes Rad, das Sonnenrad wird festgebremst. Die Planetenräder wälzen sich auf der Außenverzahnung des Sonnenrades ab. Planetenradträger und Abtriebswelle drehen im gleichen Drehsinn wie das angetriebene Hohlrad.
Es erfolgt eine kleinere Übersetzung ins Langsame.

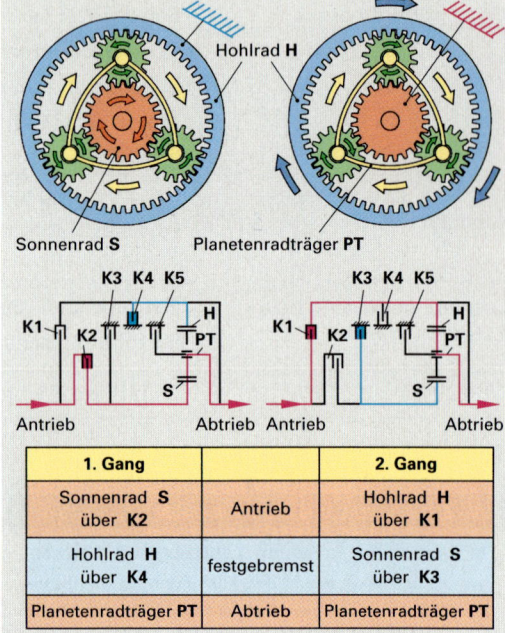

1. Gang		2. Gang
Sonnenrad **S** über **K2**	Antrieb	Hohlrad **H** über **K1**
Hohlrad **H** über **K4**	festgebremst	Sonnenrad **S** über **K3**
Planetenradträger **PT**	Abtrieb	Planetenradträger **PT**

Bild 2: 1. Gang und 2. Gang

3. Gang (Bild 1, Seite 401). Durch Antrieb von Sonnenrad und Hohlrad erfolgt eine Verblockung des Planetenradsatzes. Die Planetenräder wälzen sich nicht mehr ab und wirken als Mitnehmer. Der Abtrieb hat die gleiche Drehrichtung wie der Antrieb und erfolgt in diesem Fall über das Hohlrad. Die Übersetzung wirkt als direkter Gang (i = 1).

Rückwärtsgang (Bild 1, Seite 401). Das Sonnenrad ist treibendes Rad, der Planetenradträger wird festgebremst. Die Planetenräder bewirken eine Drehrichtungsumkehr des Hohlrads gegenüber dem Antrieb.
Es wird eine große Übersetzung ins Langsame erreicht.

Planetengetriebe — 3 Kraftübertragung

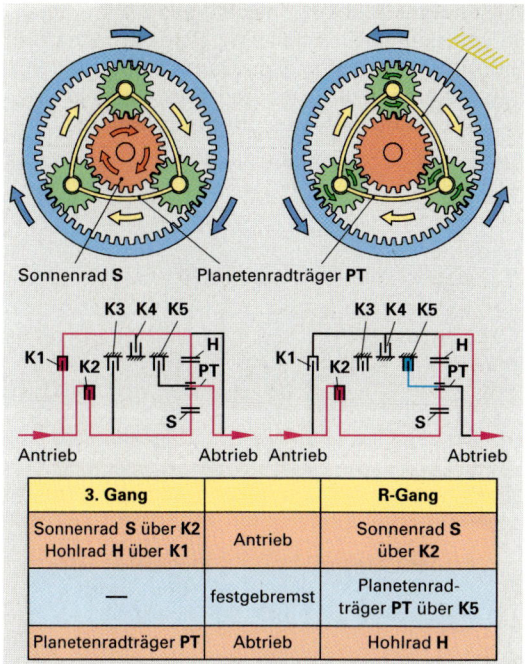

3. Gang		R-Gang	
Sonnenrad S über K2 Hohlrad H über K1	Antrieb	Sonnenrad S über K2	
—	festgebremst	Planetenradträger PT über K5	
Planetenradträger PT	Abtrieb	Hohlrad H	

Bild 1: 3. Gang und Rückwärtsgang

Schaltlogik. Sie ist eine übersichtliche Darstellung des Zusammenwirkens der verschiedenen Bauteile in einem Planetengetriebe bzw. der verschiedenen Baugruppen in einem automatischen Getriebe.

In **Tabelle 1** ist die Schaltlogik für einen einfachen Planetenradsatz mit 3 Vorwärtsgängen dargestellt.

Tabelle 1: Schaltlogik 3-Gang-Planetengetriebe			
Gang	Antrieb	festgebremst	Abtrieb
1. Gang	S	H	PT
2. Gang	H	S	PT
3. Gang	S + H	–	PT
R-Gang	S	PT	H
S Sonnenrad H Hohlrad PT Planetenradträger			

Ein einfacher Planetenradsatz ist für automatische Getriebe nicht anwendbar, weil er nicht genügend in der Praxis einsetzbare Übersetzungen liefert und 2 Abtriebswellen notwendig sind. Deshalb schaltet man 2 oder 3 einfache Planetenradsätze hintereinander.

Ravigneaux-Satz (Bild 2). Er besteht aus
- einem gemeinsamen Hohlrad
- einem gemeinsamen Planetenradträger
- zwei verschieden großen Sonnenrädern
- kurzen und langen Planetenrädern.

Die verschiedenen Übersetzungsstufen werden wie beim einfachen Planetenradsatz durch Antreiben und Festbremsen bestimmter Teile oder durch Verblockung des gesamten Planetenradsatzes erreicht.

Der Abtrieb kann entweder über das Hohlrad oder über den Planetenradträger geführt werden.

Der Ravigneaux-Satz kann z. B. in 3- und 4-Gang-Automatikgetrieben verwendet werden.

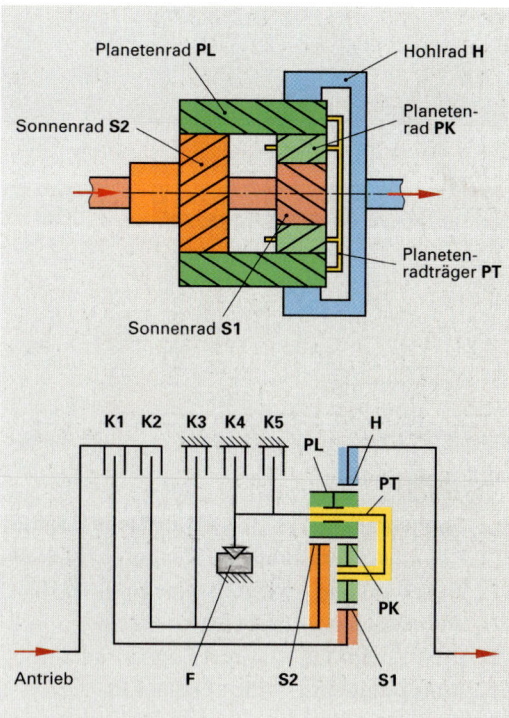

Bild 2: Ravigneaux-Satz

- K1 **Treibkupplung** – treibt hinteres Sonnenrad S1
- K2 **Treibkupplung** – treibt vorderes Sonnenrad S2
- K3 **Bremskupplung** – bremst Sonnenrad S2 fest
- K4 **Bremskupplung** – bremst Freilauf F
- K5 **Bremskupplung** – bremst Planetenradträger PT
- F **Freilauf** – stützt Planetenradträger PT

Tabelle 2: Schaltlogik Ravigneaux-Satz						
Gang	K1	K2	K3	K4	K5	F
1. Gang	●			●	●	●
2. Gang	●		●			
3. Gang	●	●				
R-Gang		●			●	

Simpson-Satz (Bild 1). Er besteht aus
- einem gemeinsamen Sonnenrad
- zwei Hohlrädern mit gleich großen Durchmessern
- zwei Planetenradträgern mit Planetenrädern.

Der Abtrieb erfolgt über das äußere Hohlrad (**H1**). Der Simpson-Radsatz wird z. B. in 4-Gang-Automatikgetrieben in Verbindung mit einem einfachen Planetenradsatz verwendet.

Wilson-Satz (Bild 2). Er besteht aus 3 hintereinandergeschalteten einfachen Planetenradsätzen. Der Abtrieb erfolgt in allen Gängen über den Planetenradträger des mittleren Radsatzes. Er wird in 5-Gang-Automatikgetrieben angewendet.

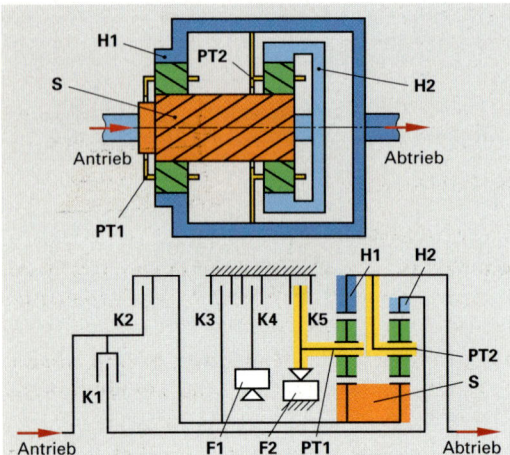

Bild 1: Simpson-Satz

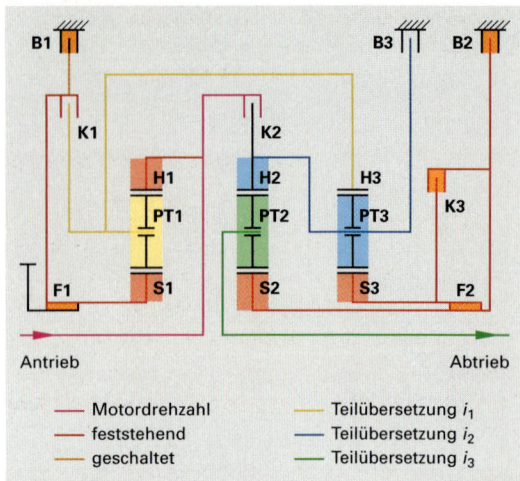

Bild 2: Wilson-Satz, 1. Gang

S	Sonnenrad	H1	äußeres Hohlrad
PT1, PT2	Planetenradträger	H2	inneres Hohlrad
K1	Treibkupplung	– treibt inneres Hohlrad **H2**	
K2	Treibkupplung	– treibt Sonnenrad **S**	
K3	Bremskupplung	– bremst Sonnenrad **S**	
K4	Bremskupplung	– stützt Freilauf **F1**	
K5	Bremskupplung	– bremst Planetenradträger **PT1**	
F1	Freilauf	– stützt Sonnenrad **S**	
F2	Freilauf	– stützt Planetenradträger **PT1**	

Tabelle 1: Schaltlogik Simpson-Satz

Gang	K1	K2	K3	K4	K5	F1	F2
1. Gang	•						•
2. Gang	•		•	•		•	
3. Gang	•	•		•			
R-Gang		•			•		

Koppelung von Planetenradsätzen

Durch die Kombination von Planetenradsätzen z. B. Ravigneaux-Satz mit einem nachgeschalteten einfachen Planetenradsatz oder Simpson-Satz mit einem nachgeschalteten einfachen Planetenradsatz ist die Verwirklichung von 4- und 5-Gang-Automatikgetrieben möglich.

Tabelle 2: Schaltlogik Wilson-Satz

Gang	K1	K2	K3	B1	B2	B3	F1	F2
1.			•3)	•3)	•		•	•
2.	•		•3)		•			•
3.	•	•			•			
4.	•	•	•					
5.		•	•	•			•3)	
R 1)			•	•3)		•	•	
R 2)	•					•		

1) Wahlprogrammschalter in S (Anfahren z.B. mit i = 3)
2) Wahlprogrammschalter in W (Anfahren z.B. mit i = 2)
3) Müssen für Schubbetrieb geschaltet werden

Vorteile von Planetengetrieben
- Gänge ohne Kraftflussunterbrechung schaltbar
- geringer Platzbedarf, durch kompakte Bauweise
- kleinere Zahnkräfte, da das Drehmoment über mehrere Zahnräder verteilt wird
- geräuscharmer Lauf, da ständig alle Zahnräder im Eingriff sind.

Verwendung von Planetengetrieben in
- automatischen Getrieben
- Gruppengetrieben als Nachschaltgruppe
- Verteilergetrieben, z. B. bei Allradfahrzeugen
- Achsgetrieben als Außenplanetenachsen
- Startern mit Planetenrad-Vorgelege.

3.4 Hydrodynamischer Drehmomentwandler

Aufgaben
- Motordrehmoment wandeln und übertragen
- weiches Anfahren ohne Kupplung ermöglichen
- Drehschwingungen des Motors dämpfen.

Aufbau
Der hydrodynamische Drehmomentwandler **(Bild 1)** besteht aus
- Pumpenrad
- Turbinenrad
- Leitrad mit Freilauf
- Überbrückungskupplung.

Pumpenrad, Turbinenrad und Leitrad sind als gekrümmte Schaufelräder ausgebildet und laufen in einem mit Hydrauliköl gefüllten geschlossenen Gehäuse.

Das Pumpenrad wird vom Schwungrad über das Wandlergehäuse mit Motordrehzahl angetrieben.

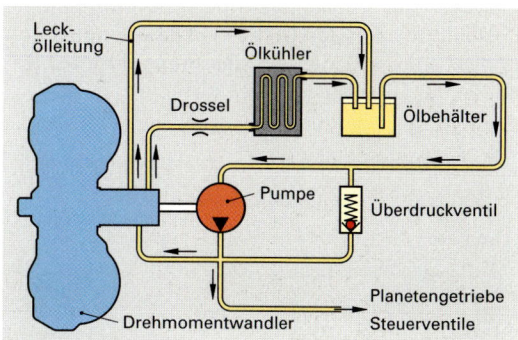

Bild 2: Ölkreislauf

Wirkungsweise

Wandlungsbereich. Beim **Anfahren** dreht sich das Pumpenrad mit Motordrehzahl, das Turbinenrad und das Leitrad stehen still.

Das Öl strömt vom Pumpenrad zum Turbinenrad, gibt seine Energie an dieses ab und wird dabei umgelenkt **(Bild 3)**.

Das Turbinenrad beginnt sich zu drehen, wenn das Drehmoment am Turbinenrad größer ist als das Widerstandsmoment an der Getriebeantriebswelle. Der aus dem Turbinenrad austretende Ölstrom **(Bild 1, Seite 404)** trifft auf die Schaufeln des Leitrads und versucht diese entgegen der Drehrichtung von Pumpenrad und Turbinenrad zu drehen. Diese Drehrichtung ist aber durch den Freilauf blockiert. Das Öl stützt sich an den um etwa 90° gekrümmten Schaufeln des Leitrades ab und bewirkt dabei einen starken Rückstau, der an den Schaufeln des Turbinenrades eine Vergrößerung der Drehkraft zur Folge hat.

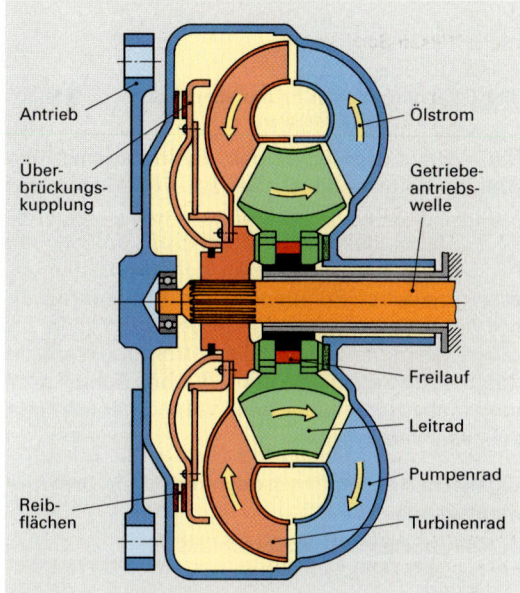

Bild 1: Hydrodynamischer Drehmomentwandler

Ölkreislauf (Bild 2)
Durch das Pumpenrad des Drehmomentwandlers wird eine Ölpumpe angetrieben. Sie sorgt dafür, dass im Wandler ein Fülldruck von meist 3 bar bis 4 bar aufgebaut wird und das Hydrauliköl über eine Drossel, einen Ölkühler und einen Vorratsbehälter im Ölkreislauf umgewälzt wird.

Der Fülldruck im hydrodynamischen Drehmomentwandler verhindert Bläschenbildung (Kavitation, die den Wirkungsgrad verschlechtern würde. Außerdem werden Schäden an den Schaufeln von Pumpenrad, Turbinenrad und Leitrad vermieden.

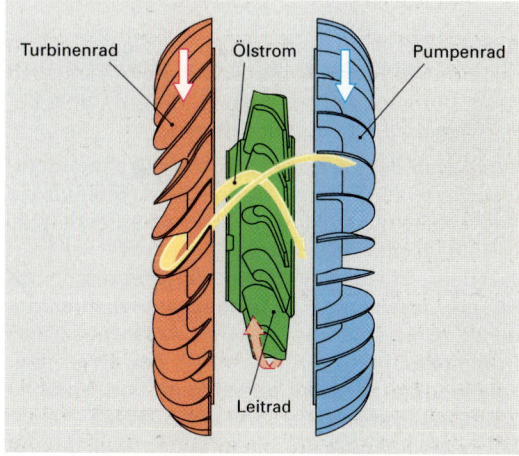

Bild 3: Strömungsverlauf beim Anfahren

Durch die Erhöhung der Drehkraft ist das Drehmoment an der Turbinenradwelle (Getriebeantriebswelle) größer als das in den Drehmomentwandler eingeleitete Motordrehmoment.
Das Leitrad leitet den Ölstrom in einem günstigen Winkel auf die Schaufeln des Pumpenrades. Damit ist der Ölkreislauf in sich geschlossen.

Ab einem Verhältnis von $n_T/n_P \approx 0{,}85$ und $M_T/M_P = 1$ ist die Verstärkung beendet. Das Pumpenraddrehmoment wird mit einem geringen Verlust übertragen.
Je nach Wandlerausführung kann das Motordrehmoment beim Anfahren auf das 1,9- bis 3-fache verstärkt werden.

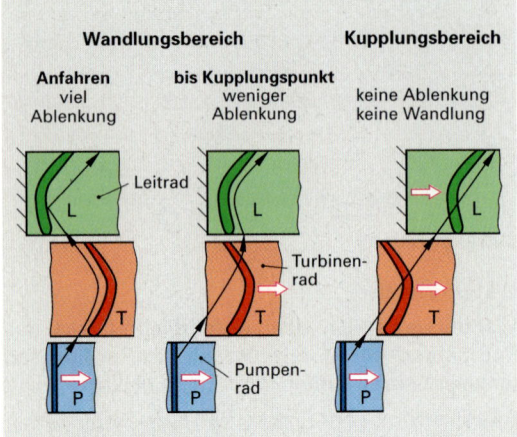

Bild 1: Strömungsverläufe

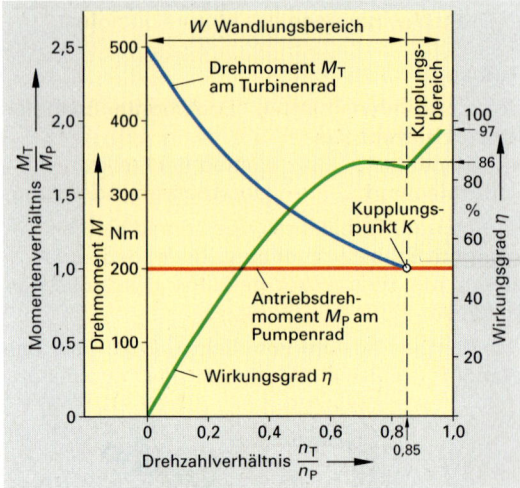

Bild 2: Kennlinien eines hydrodynamischen Drehmomentwandlers

Mit zunehmender Drehzahl des Turbinenrades wird der Drehzahlunterschied zwischen Pumpen- und Turbinenrad geringer.
Der Ölstrom erfährt weniger Ablenkung und trifft unter einem kleineren Winkel auf die Schaufeln des Leitrades auf (**Bild 1**). Dadurch verringert sich die Abstützkraft und damit die zusätzliche Kraft auf die Schaufeln des Turbinenrades. Die Drehmomentverstärkung wird geringer.

Kupplungsbereich. Haben Pumpenrad und Turbinenrad annähernd gleiche Drehzahl (bei Drehzahlverhältnis $n_T/n_P \approx 0{,}85 \ldots 0{,}9$), so wird das Leitrad von seiner Rückseite her angeströmt, der Freilauf löst sich und das Leitrad beginnt sich zu drehen.
Ab diesem Punkt erfolgt keine Rückstaukraft mehr am Turbinenrad und somit ergibt sich auch keine Drehmomentverstärkung. Diesen Punkt bezeichnet man als **Kupplungspunkt**.

Kennlinien des hydrodynamischen Drehmomentwandlers. In **Bild 2** sind Wandlerkennlinien für ein Antriebsdrehmoment M_P am Pumpenrad von z. B. 200 Nm in einem Diagramm dargestellt.
Aus dem Verlauf der Kennlinie des Drehmomentes M_T am Turbinenrad (= Getriebeantriebsdrehmoment) ist zu erkennen, dass im Anfahrpunkt das Drehmoment am größten ist. Im gewählten Beispiel beträgt bei einer Verstärkung von $M_T/M_P = 2{,}5$ das Turbinenraddrehmoment 500 Nm.
Mit zunehmender Turbinenraddrehzahl nimmt die Verstärkung M_T/M_P ab.

Der Wirkungsgrad η des hydrodynamischen Drehmomentwandlers beträgt oberhalb des Kupplungspunktes bei hohen Drehzahlen etwa 97 %. Dabei stellt sich ein Schlupf von 3 % ein. Als Schlupf bezeichnet man den Drehzahlunterschied zwischen Pumpenrad und Turbinenrad. Eine Verbesserung des Wirkungsgrades kann erreicht werden, indem die Strömungsverluste durch eine mechanische Überbrückungskupplung im hydrodynamischen Drehmomentwandler ausgeschaltet werden.

Eigenschaften des hydrodynamischen Drehmomentwandlers

– Kein mechanischer Verschleiß
– weicher Anfahrvorgang
– Motor kann beim Anfahren nicht abgewürgt werden
– Drehmomentverstärkung passt sich selbsttätig und stufenlos der jeweiligen Fahrsituation an
– beim Anfahrvorgang ist die Drehmomentverstärkung maximal
– Drehmomentstöße und Drehschwingungen des Motors werden durch das Hydrauliköl gedämpft
– geringer Platzbedarf durch kompakte Bauweise
– geräuscharmer Lauf.

Wandler-Überbrückungskupplung

> Sie soll Strömungsverluste des hydrodynamischen Drehmomentwandlers im Kupplungsbereich vermeiden, um Kraftstoff zu sparen.

Die Zuschaltung der Wandler-Überbrückungskupplung erfolgt nach Überschreitung des Kupplungspunkts des Wandlers.

Aufbau
Die Wandler-Überbrückungskupplung (**Bild 1**) besteht aus einer Kupplungsscheibe mit Torsionsdämpfer, die auf der Außenseite Reibbeläge hat und über eine Nabe mit der Getriebeantriebswelle verbunden ist.

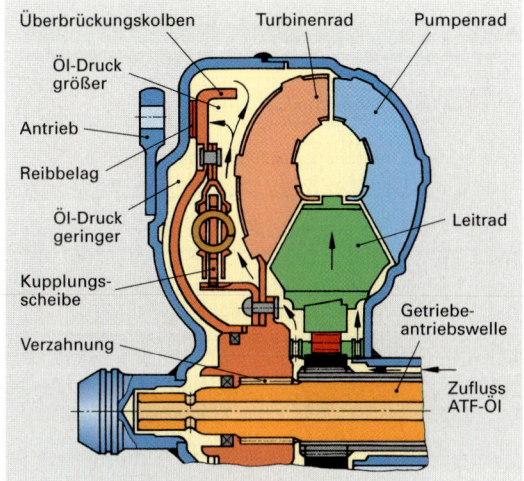

Bild 1: Überbrückungskupplung geschlossen

Wirkungsweise
Überbrückungskupplung offen. Das Öl strömt über eine Bohrung der Antriebswelle auf die linke Seite der Kupplungsscheibe. Sie hebt ab. Die Kupplung ist offen.

Überbrückungskupplung geschlossen. Das Öl strömt durch den Wandler auf die rechte Seite der Kupplungsscheibe und wirkt gegen die Fläche des Überbrückungskolbens. Dadurch werden die Reibbeläge von Kupplungsscheibe und Wandlergehäuse gegeneinander gedrückt, die Kupplung ist geschlossen.
Pumpenrad und Turbinenrad sind jetzt kraftschlüssig und schlupffrei miteinander verbunden. Wandler-Überbückungskupplungen werden meist in den beiden höchsten Gangstufen ab einer Fahrgeschwindigkeit von 80 km/h geschaltet. Vor dem Schalten muss die Motor-Betriebstemperatur erreicht sein. Im Schubbetrieb und beim Bremsen wird sie geöffnet.

Regelbare Wandler-Überbrückungskupplung
Bei dieser Überbrückungskupplung sind 3 Betriebszustände möglich
– offen – schlupfend – geschlossen.

Aufbau (Bild 2)
Der Außenlamellenträger ist mit dem Pumpenrad (Wandlergehäuse) verbunden, der Innenlamellenträger mit dem Turbinenrad.

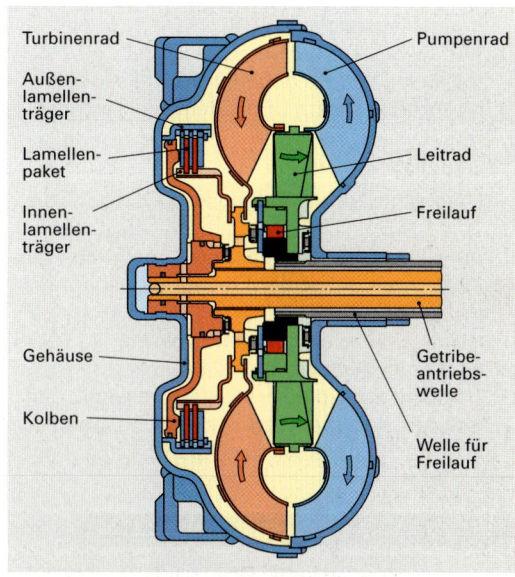

Bild 2: Wandlerüberbrückungskupplung mit Kupplungslamellen

Wirkungsweise
Abhängig von den in der Software des Steuergeräts abgelegten Kennfeldern werden die Betriebszustände der Wandler-Überbrückungskupplung geregelt. Dazu wird ein Magnetventil vom Steuergerät angesteuert, welches den Öldruck durch die Antriebswelle hindurch zum Druckraum des Kolbens steuert.

Im kritischen Drehzahlbereich, in dem Drehschwingungen auftreten, wird die Kupplung schlupfend betrieben.

Dadurch wird der Fahrkomfort erhöht, ein Torsionsschwingungsdämpfer entfällt.

Folgende Einflussgrößen werden z. B. in den Kennfeldern der Steuersoftware berücksichtigt:
– Fahrpedalstellung
– Steigung/Gefälle
– Getriebeschaltfunktion
– Lastzustand
– Motortemperatur
– Getriebeöltemperatur

Funktionsprüfungen am hydrodynamischen Drehmomentwandler

Prüfung der Festbremsdrehzahl („stall speed")

Diese Prüfung darf maximal 5 Sekunden lang durchgeführt werden. Motor und Wandler müssen Betriebstemperatur haben.

Prüfungsablauf

1. Fahrzeug durch Unterlegkeile und Feststellbremse ausreichend sichern
2. Wählhebel auf Stellung D einlegen
3. Kurzzeitig Vollgas geben (max. 5 Sekunden)
4. Motordrehzahl am Drehzahlmesser ablesen.

Prüfungsauswertung

- Unterschreitet die abgelesene Drehzahl die vom Hersteller vorgegebene Festbremsdrehzahl („stall speed") um mehr als ca. 1000 1/min, so ist der Freilauf des Leitrades im Wandler defekt.
- Ist die Drehzahlabweichung gering, so liegt der Fehler nicht am Wandler.
- Überschreitet die Festbremsdrehzahl den Sollwert stark, so ist zu wenig Öl im Wandler oder der Förderdruck der Ölpumpe zu gering.

WIEDERHOLUNGSFRAGEN

1. Aus welchen wesentlichen Bauteilen besteht ein Planetengetriebe?
2. Wie werden die verschiedenen Übersetzungsstufen im Planetengetriebe erreicht?
3. Nennen Sie Anwendungen von Planetengetrieben in der Kfz-Technik.
4. Wie unterscheiden sich Ravigneaux-Satz und Simpson-Satz im Aufbau?
5. Wie ist ein Wilson-Satz aufgebaut?
6. Welche Aufgaben hat der hydrodynamische Drehmomentwandler?
7. Wie ist der hydrodynamische Drehmomentwandler aufgebaut?
8. Erklären Sie die Drehmomentwandlung des hydrodynamischen Drehmomentwandlers beim Anfahren.
9. Was versteht man unter dem Kupplungspunkt eines Drehmomentwandlers?
10. In welchem Bereich liegt die Verstärkung des Motordrehmoments bei einem hydrodynamischen Drehmomentwandler?
11. Welche Eigenschaften besitzt der hydrodynamische Drehmomentwandler?
12. Welche Aufgabe hat die Wandler-Überbrückungskupplung?
13. Erklären Sie den Aufbau der Überbrückungskupplung eines Drehmomentwandlers.
14. Wie wirkt die Überbrückungskupplung eines Wandlers im geschlossenen Zustand?

3.5 Automatische Getriebe

Man unterscheidet

- **Halbautomatische** (automatisierte) **Getriebe**
    - Das Unterbrechen des Kraftflusses (Auskuppeln) erfolgt selbsttätig
    - Der Gangwechsel wird von Hand eingeleitet.
- **Vollautomatische Getriebe**
    - Die Auswahl der Übersetzungen erfolgt selbsttätig ohne Zugkraftunterbrechung
    - Die Übersetzungsänderungen können gestuft (Planetengetriebe) oder stufenlos (Schubgliederband-Getriebe) erfolgen.

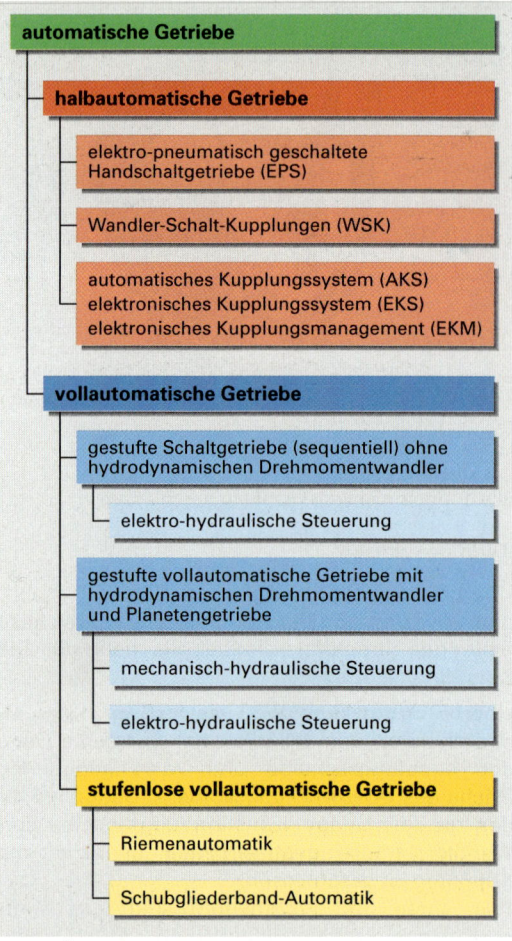

Bild 1: Übersicht Automatische Getriebe

Hinweise:
EPS: siehe Kapitel Nutzfahrzeuge **Seite 546**.
AKS: siehe Kapitel Automatisches Kupplungssystem **Seite 392**.

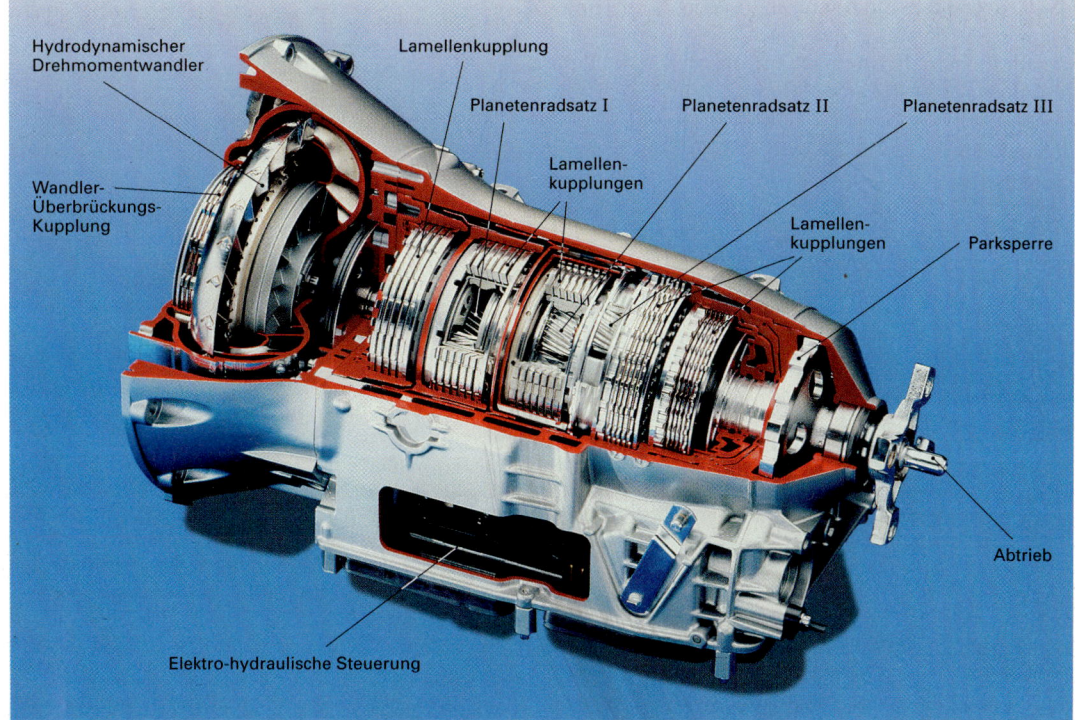

Bild 1: Vollautomatisches 5-Gang-Getriebe mit 3 Planetenradsätzen (Wilson-Satz)

3.5.1 Gestufte vollautomatische Getriebe mit hydraulischer Steuerung

Getriebekomponenten

- **Hydrodynamischer Drehmomentwandler.** Er dient als Anfahrkupplung und verstärkt im Wandlungsbereich das Drehmoment.
- **Planetengetriebe.** Es wird dem hydrodynamischen Drehmomentwandler nachgeschaltet, übersetzt Drehmomente und Drehzahlen und bewirkt die Umkehr des Drehsinns für den Rückwärtsgang.
  Als Planetengetriebe werden z. B. Ravigneaux-Satz oder Simpson-Satz oder Wilson-Satz verwendet.
  Einem Ravigneaux-Satz oder Simpson-Satz kann auch ein einfacher Planetenrad-Satz vor- oder nachgeschaltet werden.
- **Mechanisch-hydraulische Steuerung.** Sie hat die Aufgabe, das selbsttätige Hoch- und Zurückschalten der einzelnen Gänge im richtigen Zeitpunkt zu bewirken.

Die Steuerung erfolgt in Abhängigkeit von
- **Wählhebelstellung,**
- **Motorbelastung** (Fahrpedalstellung)
- **Fahrgeschwindigkeit.**

3.5.2 Hydraulische Steuerung

Das Steuerungssystem besteht aus

Druckerzeugungssystem
- Ölpumpe mit Hydrauliköl als Arbeitsmedium.

Sensoren (Informationsgeber)
- Handwählschieber
- Drosselventil
- Fliehkraftregler
- Kickdownschalter.

Aktoren (Informationsnehmer)
- Schaltventile
- Bandbremsen
- Lamellenkupplungen
- Freiläufe.

Wirkungsweise

Abhängig von den Einflussgrößen **Wählhebelstellung, Motorbelastung und Fahrgeschwindigkeit** werden die Drücke von den Schaltventilen so durchgesteuert, dass bestimmte Lamellenkupplungen bzw. Bandbremsen betätigt werden.

Dadurch ergeben sich am Planetenradsatz durch Antreiben und Festbremsen bestimmter Teile die entsprechenden Übersetzungen für die einzelnen Gangstufen.

Im dargestellten Blockschaltbild **(Bild 1)** des hydraulischen Systems ist das Zusammenwirken von Bauteilen, hydraulischen Drücken und der Weg des Ölstroms dargestellt.

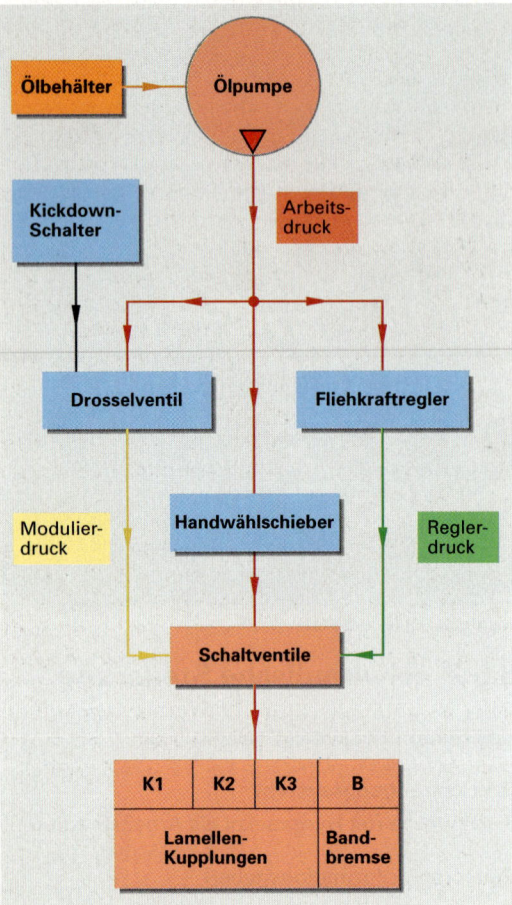

Bild 1: Blockschaltbild hydraulisches System

Ölpumpe (Bild 4). Sie ist meist als Sichelpumpe ausgeführt, sitzt am Getriebeeingang und wird vom Drehmomentwandler angetrieben.

Die Ölpumpe erzeugt den **Arbeitsdruck**. Er ist der höchste Druck im hydraulischen System. Von ihm werden alle weiteren Drücke abgezweigt **(Bild 2)**.

> Der Arbeitsdruck betätigt die Schaltelemente wie Lamellenkupplungen und Bremsbänder.

Vom Arbeitsdruck werden der Wandler-Fülldruck, der Schmierdruck und der Modelierdruck abgeleitet.

Der Schmierdruck durchströmt den Drehmomentwandler und Ölkühler und schmiert die Lagerstellen des Wandlers und Planetengetriebes.

Der Arbeitsdruck liegt auch am Handwählschieber, Fliehkraftregler und Drosselventil an.

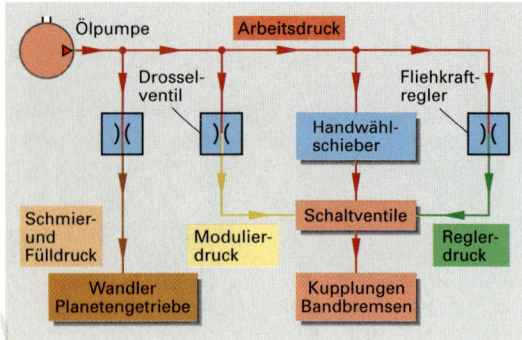

Bild 2: Arbeitsdruck, Fülldruck, Schmierdruck

Handwählschieber (Bild 3). Er ist im Steuergehäuse untergebracht und wird über den Wählhebel vom Fahrer betätigt. Entsprechend der Stellung des Wählschiebers wird der Arbeitsdruck zu den Schaltventilen durchgesteuert.

In Schaltstellung D können, abhängig vom Modelier- und Reglerdruck, alle 3 Vorwärtsgänge geschaltet werden.

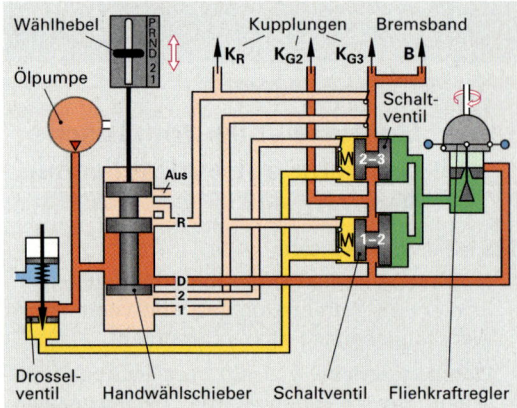

Bild 3: Handwählschieber im hydraulischem System

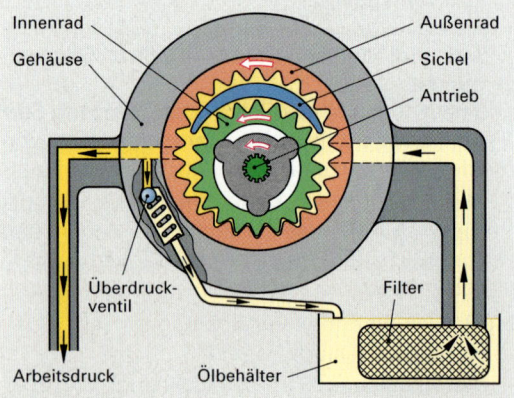

Bild 4: Ölpumpe

Fliehkraftregler (Bild 1). Er wird von der Getriebeabtriebswelle angetrieben. Der Arbeitsdruck wird durch ihn in den **Reglerdruck** umgewandelt.

Bei Stillstand des Fahrzeugs sind die Fliehgewichte in Ruhelage und der Arbeitsdruck kann sich über die geöffneten Überströmbohrungen abbauen.

Mit zunehmender Fahrgeschwindigkeit gehen die Fliehgewichte nach außen und verschließen durch die Kugeln die Überströmbohrungen.

Der Reglerdruck steigt mit zunehmender Fahrgeschwindigkeit.

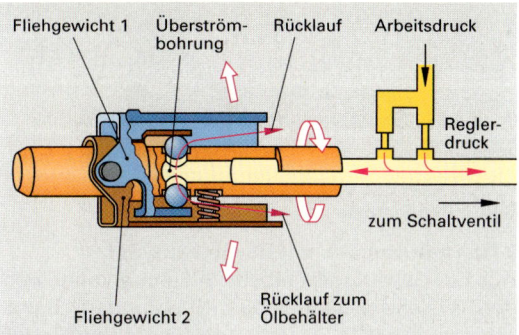

Bild 1: Fliehkraftregler

Drosselventil (Bild 2). Es ist über ein Gestänge mit der Membran einer Unterdruckdose verbunden. Bei geschlossener Drosselklappe wirkt ein hoher Unterdruck, so dass das Druckregelventil fast geschlossen ist. Der anliegende Arbeitsdruck wird gedrosselt und ergibt einen kleinen **Modulierdruck**. Beim Öffnen der Drosselklappe sinkt der Unterdruck und die Membran wird nach oben gedrückt. Das Drosselventil wird dadurch lastabhängig geöffnet.

Der Modulierdruck steigt mit zunehmender Motorbelastung.

gering	Motorbelastung	hoch
hoch	Unterdruck	niedrig
niedrig	Modulierdruck	hoch

Bild 2: Drosselventil-Modelierdruck

Schaltventile. Sie werden zum Durchsteuern des Arbeitsdrucks zu den Schaltelementen (Lamellenkupplungen, Bremsband) benötigt.

In den Schaltventilen wirken Reglerdruck und Modulierdruck gegeneinander und bewirken das Hochschalten und Zurückschalten.

Anfahren. Wird z.B. im ersten Gang angefahren, so ist der Reglerdruck niedrig und der Modulierdruck wegen der Motorbelastung hoch. Das Schaltventil steuert den Arbeitsdruck zu den Schaltelementen des ersten Gangs.

Hochschalten. Mit steigender Fahrgeschwindigkeit erhöht sich der Reglerdruck und bewirkt im Schaltpunkt, dass das Schaltventil schaltet. Jetzt werden die Schaltelemente für den 2. Gang betätigt.

Zurückschalten. Wird bei sinkender Fahrgeschwindigkeit, z. B. Bergfahrt, das Fahrpedal weiter durchgedrückt, erhöht sich der Modulierdruck. Das Schaltventil schaltet und steuert den Arbeitsdruck zu den Schaltelementen des kleineren Ganges durch.

Der Schaltvorgang kann durch Zusteuern oder Absteuern von Arbeitsdruck zu den Lamellenkupplungen bzw. zum Bremsband erfolgen.

Bei hoher Fahrgeschwindigkeit ist der Reglerdruck so hoch, dass der Modulierdruck nicht mehr in der Lage ist, das Schaltventil gegen den Reglerdruck zu betätigen. Somit kann nicht in den nächst niedrigen Gang zurückgeschaltet werden.

Schaltelemente

Sie verbinden bzw. bremsen entsprechende Bauteile des Planetenradsatzes.

Man unterscheidet
- **Antriebskupplungen** (Lamellenkupplungen)
- **Bremskupplungen bzw. Bandbremsen**
- **Freiläufe**.

Antriebskupplung (Bild 1, Seite 410)

Kupplung geschlossen. Der Arbeitsdruck wird vom Schaltventil durchgesteuert und wirkt auf den Kolben. Dieser betätigt die Tellerfeder, die das Lamellenpaket zusammendrückt. Der Kraftschluss ist hergestellt.

Kupplung gelöst. Es wirkt kein Arbeitsdruck; der Kolben wird durch die Tellerfeder zurückgedrückt. Der Kraftfluss ist unterbrochen.

Durch entsprechende Steuerung des Arbeitsdrucks kann die Kupplung sowohl voll geschlossen als auch schlupfend betrieben werden. Dadurch kann die Schaltqualität verbessert werden.

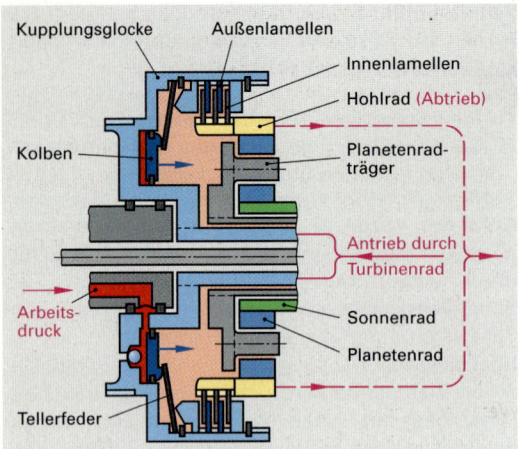

Bild 1: Lamellenkupplung

Freilauf. Er hat die Aufgabe, bestimmte Teile des Planetenradsatzes in einer Drehrichtung miteinander zu verbinden.

Der in **Bild 2** dargestellte Klemmkörperfreilauf besteht aus Außenring, Innenring und den in einem Käfig gelagerten Klemmkörpern.

Dreht sich bei festgebremstem Innenring der Außenring nach rechts, stellen sich die Klemmkörper auf und stellen die drehfeste Verbindung her.

In Drehrichtung nach links wird die Verbindung gelöst.

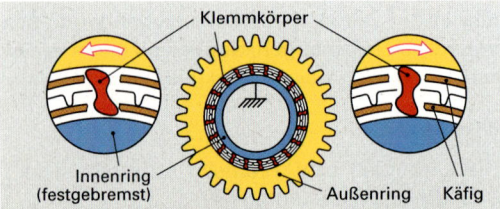

Bild 2: Klemmkörperfreilauf

Bandbremse (Bild 3). Sie besteht aus Stahlband Reibbelag, Kolbenstange, Kolben, Gehäuse, Feder und Nachstelleinrichtung.

Wirkungsweise. Drückt der Arbeitsdruck auf die Kolbenfläche von rechts, so zieht die Kolbenstange das Bremsband fest und bremst die Kupplungstrommel fest.

Zum Lösen des Bremsbandes wirkt der Arbeitsdruck von links auf die Kolbenfläche.

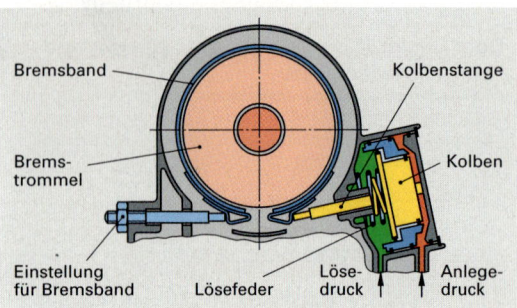

Bild 3: Bandbremse

3-Gang-Automatik mit Ravigneaux-Satz

Aus der Schaltlogik **(Tabelle 1)** kann erkannt werden, welche Schaltglieder (Kupplungen, Bandbremse, Freilauf) in den verschiedenen Gängen geschaltet sind und welche Teile des Planetenradsatzes durch sie angetrieben bzw. festgebremst werden.

Tabelle 1: Schaltlogik							
Gang	Antrieb	fest	Abtrieb	B	K_{G2}	K_{G3}	F	K_R
1.	S1	S2	PT	●			●	
2.	H	S2	PT	●	●			
3.	S2+H	–	PT		●	●		
R.	S1	H	PT			●		●

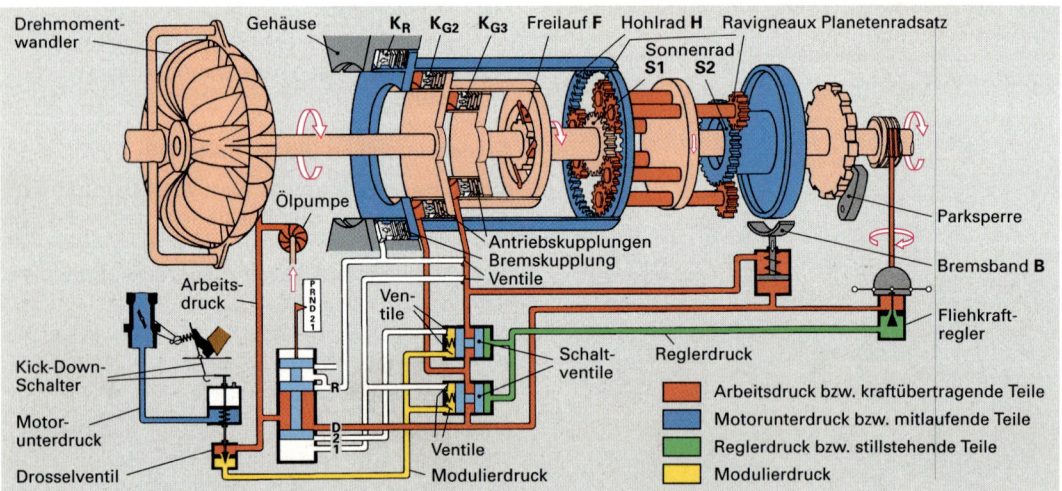

Bild 4: Systembild 3-Gang-Automatik mit hydraulischer Steuerung – Wählhebelstellung D, 3. Gang

3.5.3 Elektrohydraulische Getriebesteuerung

Bei ihr wird die hydraulische Getriebesteuerung mit einer elektrischen/elektronischen Getriebesteuerung verknüpft. Dabei ist das elektronische Getriebesteuergerät (**EGS**) meist über CAN-Bussysteme mit anderen elektronischen Steuergeräten verbunden, wie z.B. Motorsteuergerät und, soweit im Fahrzeug vorhanden, ABS/ASR-Steuergerät.

Vorteile:
- Hoher Schaltkomfort
- kurze Schaltzeiten
- gemeinsame Nutzung von Sensoren
- Geräuschreduzierung
- Verbrauchsreduzierung
- Verminderung der Abgasemission
- Schaltkennlinienauswahl möglich, z.B. Economic, Sport, Winter, Manuell (Tiptronic, Steptronic)
- Schaltprogrammabstimmung auf Fahrertyp möglich (AGS = Adaptive Getriebesteuerung).

Wirkungsweise. Über Wählhebelstellung, Programmschalter, Drosselklappensensor Kick-Down-Schalter wird der Fahrerwunsch dem elektronischen Getriebesteuergerät mitgeteilt. Weitere Sensorsignale sind: Getriebeabtriebsdrehzahl, Getriebeeingangsdrehzahl, Getriebeöltemperatur, Motordrehzahl, Motoröltemperatur und Bremssignal. Diese Signale werden im Getriebesteuergerät verarbeitet und mit hinterlegten Kennfeldern verglichen. Daraus werden entsprechende Ausgangssignale berechnet.

Die Ausgangssignale bewirken:
- eine Schaltpunktsteuerung (Auswahl des günstigsten zu schaltenden Ganges)
- das Zu- bzw. Abschalten der Wandlerüberbrückungskupplung
- eine Schaltqualitätssteuerung (hydraulischer Druck mit dem die Lamellenkupplungen schließen bzw. öffnen).

Das elektronische Getriebesteuergerät (**EGS**) steuert dazu Magnetventile (**Aktoren**) an, die direkt am hydraulischen Steuergerät angebaut sind. Im elektrohydraulischen Steuergerät werden dann Schaltventile betätigt, wodurch Lamellenkupplungen geschaltet werden.

Weitere Ausgangssignale sind:
- Wählhebelstellungs- und Ganganzeige im Display des Kombiinstruments
- Störungsanzeige
- Anzeige Programm Sport/Winter/Manuell
- Schaltzeitpunktsignale über CAN-Bus zum Motorsteuergerät. Dadurch wird das Motordrehmoment zum Schaltzeitpunkt reduziert, um einen Schaltruck zu verhindert. Dies geschieht durch Spätverstellung des Zündzeitpunktes und kurzzeitige Verringerung der Einspritzmenge.

Sicherheitsschaltungen. Ständige Plausibilitätsprüfungen verhindern Fehlschaltungen und damit Beschädigungen des Getriebes. Treten Störungen im elektrischen System auf, z.B. Magnetventile werden nicht angesteuert, so wird über ein Notfahrprogramm eine eingeschränkte Fortbewegung ermöglicht.

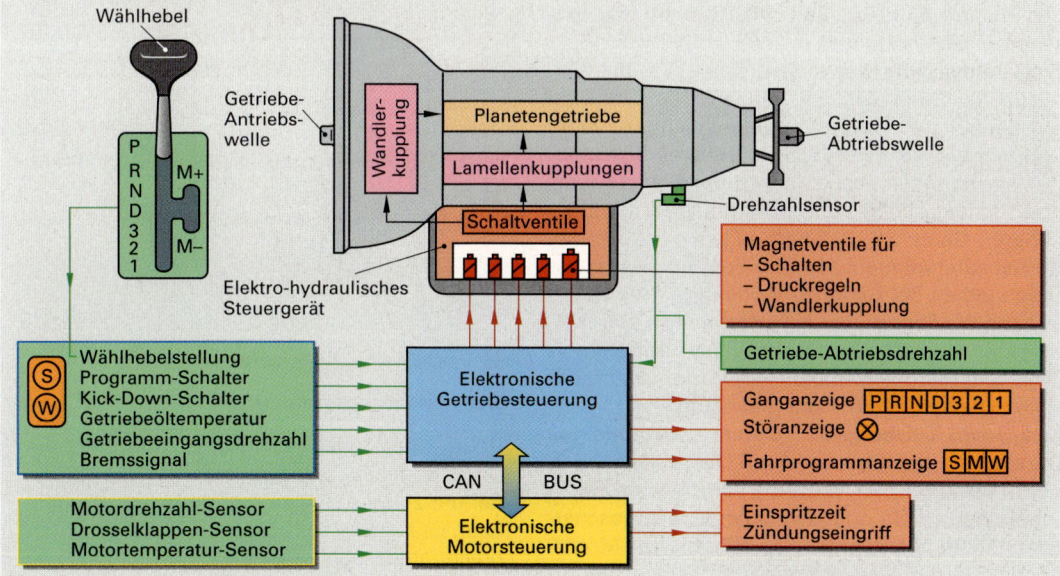

Bild 1: Systembild : Elektronische Getriebesteuerung

Steuerung der Wandlerüberbrückungskupplung

Sie wird abhängig von Getriebeabtriebsdrehzahl (Fahrgeschwindigkeit), Motordrehzahl, Getriebeeingangsdrehzahl, Bremslichtschalter und Motortemperatur durch ein Magnetventil angesteuert.

Die Wandlerkupplung ist in der Regel geöffnet, um
- in niedrigen Gängen ein hohes Anfahrdrehmoment zu erzielen
- bei kaltem Motor und niedrigen Fahrzeuggeschwindigkeiten, Schwingungen im Antriebsstrang zu vermeiden
- bei Bremspedalbetätigung, ein Abwürgen des Motors beim Bremsen zu verhindern.

Mit Hilfe der elektrohydraulischen Getriebesteuerung ist es außerdem möglich Wandlerkupplungen schlupfgeregelt zu betreiben, damit werden bei verbessertem Wandlerwirkungsgrad Schwingungen im Antriebsstrang vermieden.

Schaltpunktsteuerung

Sie wird durch folgende Sensorsignale beeinflusst: Lastsignal, Getriebeabtriebsdrehzahl, Programmschalter, Kick-Down und Getriebeöltemperatur.

Lastsignal (Drosselklappenstellung) und Getriebeabtriebsdrehzahl. Diese beiden Hauptsteuergrößen bestimmen im wesentlichen die Schaltpunkte. Je weiter z.B. die Drosselklappe geöffnet ist, desto höher ist die Motordrehzahl bei der geschaltet wird. Die Rückschaltungen erfolgen generell bei niedrigeren Motordrehzahlen als die Hochschaltungen. Damit wird ein ständiges Hin- und Herschalten zwischen zwei Gängen (Pendelschaltungen) vermieden.

Programmschalter (Economy, Sport, Winter, Manuell). Bei Sport wird im Vergleich zu Economy erst bei höheren Motordrehzahlen hochgeschaltet. Dadurch hat das Fahrzeug ein besseres Beschleunigungsverhalten, wobei jedoch der Kraftstoffverbrauch steigt. Im Winterprogramm wird in einem höheren Gang, z.B. 3. Gang angefahren, um das Antriebsdrehmoment zu reduzieren und damit ein Durchdrehen der Räder zu verhindern. Bei Manuell kann der Fahrer über eine gesonderte Wählhebelgasse, durch Antippen des Wählhebels Herauf- (M+) und Herunterschalten (M–). Eine automatische Schaltung findet nicht mehr statt.

Kick-Down (Übergas). Durch vollständiges Durchtreten des Gaspedals z.B. bei einem Überholmanöver, erfolgt, soweit möglich, eine Rückschaltung um ein oder zwei Gänge. Die geschalteten Gänge werden dann jeweils bis zur Motorhöchstdrehzahl ausgefahren, um das Beschleunigungsverhalten des Fahrzeugs zu verbessern.

Getriebeöltemperatur. Übersteigt die Getriebeöltemperatur bestimmte kritische Werte, so wird erst bei höheren Motordrehzahlen geschaltet, dadurch erhöht sich die umgepumpte Ölmenge.

Schaltqualitätssteuerung

Damit kein Schaltruck (Schaltstoß) entsteht werden Lamellenkupplungen und Wandlerüberbrückungskupplung über Magnetregelventile mit einem lastabhängigen dosiertem Druck angesteuert.

In **Bild 1** ist in einem vereinfachten elektrohydraulischen Schaltplan schematisch die Schaltdruckregelung dargestellt. Zum Schaltzeitpunkt wird das Schaltmagnetventil vom EGS elektrisch angesteuert. Das hydraulische Schaltventil wird dann mit Schaltventildruck beaufschlagt und schaltet durch. Es bewirkt die Betätigung eines Arbeitszylinders, der z.B. die Lamellenkupplungen zusammenpresst. Damit der Arbeitszylinder nicht sofort mit vollem Arbeitsdruck beaufschlagt wird, reduziert ein durch das EGS angesteuertes Schaltdruckregel-Magnetventil während der Schaltphase den Arbeitsdruck. Der Arbeitsdruck (Systemdruck), der bis zu 25 bar erreichen kann wird lastabhängig durch ein vom EGS angesteuertes Arbeitsdruckregel-Magnetventil verändert. Dieser lastabhängige Druck wird häufig als **Modulierdruck** bezeichnet.

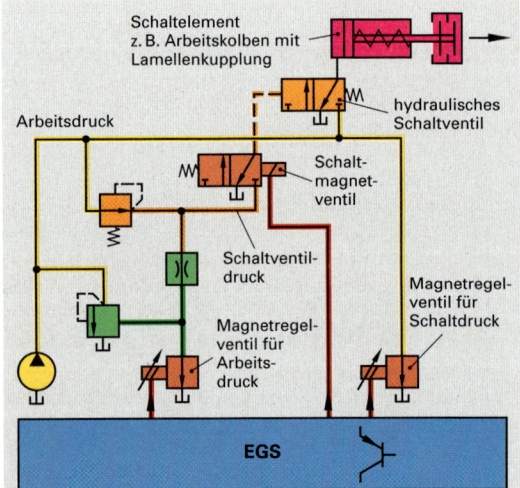

Bild 1: Schema für die Schaltdruckregelung

Überschneidungssteuerung

Dabei wird in der geschalteten Kupplung der Druck abgebaut und zeitgleich im Arbeitszylinder der zu schaltenden Kupplung Druck aufgebaut. Es kann schlupfend ohne Kraftflussunterbrechung geschaltet werden, wodurch sich eine weitere Schaltqualitätsverbesserung ergibt.

Sonderfunktionen

> Bei Fahrzeugen mit EGS werden unter anderem adaptive Getriebesteuerungssysteme, sowie **besondere Sicherheitsvorkehrungen**, z.B. Interlock, Shiftlock, verwirklicht.

Interlock. Dabei kann der Zündschlüssel nur dann aus dem Zündschloss abgezogen werden, wenn sich der Wählhebel in Position „P" befindet. Dies wird entweder elektromagnetisch durch das EGS oder mechanisch über einen Seilzug bewirkt. Damit wird ein Wegrollen des Fahrzeugs nach Abzug des Zündschlüssels verhindert.

Shiftlock. Nach dem Starten kann der Wählhebel nur dann aus Position „P" oder „N" bewegt werden, wenn gleichzeitig die Fußbremse betätigt wird. Damit wird ein unbeabsichtigtes Anfahren des Fahrzeugs verhindert.

Adaptive Getriebesteuerung (AGS; Bild 1).
Sie wählt anhand von verschiedenen Kriterien aus mehreren unterschiedlichen Schaltprogrammen ein passendes aus, z.B. verbrauchsoptimiert oder sportlich. Die sich daraus ergebende Gangansteuerung wird durch weitere Einflussgrößen, z.B. der Fahrsituation korrigiert.

Schaltprogrammauswahl

> Sie ist im wesentlichen abhängig von der Fahrertypbewertung, der Umwelterkennung und der Fahrsituationserkennung.

Fahrertypbewertung.
– **Kick-Fast-Bewertung** (wie schnell wird die Drosselklappe durch den Fahrer geöffnet). Bei schnellem Niedertreten des Gaspedals wird von einem verbrauchsoptimierten Schaltprogramm in ein sportliches Schaltprogramm gewechselt. Dabei kommt es in der Regel zur Rückschaltung.
– **Kick-Down-Bewertung.** Bei Betätigung des Kick-Down-Schalters wird ein sportliches Schaltprogramm ausgewählt und meist zurückgeschaltet.
– **Fahrbetriebserkennung.** Bei Konstantfahrt wird z.B. ein verbrauchsoptimiertes Schaltprogramm ausgewählt.

Umwelterkennung
Z.B. Wintererkennung. Dabei wird zunächst ein fahrleistungsreduziertes Schaltprogramm ausgewählt und zusätzlich in einer höheren Gangstufe angefahren. Durch Vergleich der Raddrehzahlen der angetriebenen Achse mit den Raddrehzahlen der nicht angetriebenen Achse ist dies möglich.

Fahrsituationserkennung
Z.B. Bergauffahrt. Dabei werden drehmomentoptimierte Schaltprogramme ausgewählt und Pendelschaltungen zwischen zwei Gängen unterdrückt.

Wesentliche Einflussgrößen, die auf die Gangauswahl zusätzlich wirken:
– **Kurvenfahrterkennung.** Bei schneller Kurvenfahrt wird z.B. nicht hochgeschaltet, um Lastwechselreaktionen zu vermeiden.
– **Bergabfahrterkennung.** Dabei werden Hochschaltungen vermieden, damit die Motorbremswirkung besser genutzt werden kann.
– **Fast-Off-Bewertung,** (wie schnell erfolgt die Gasrücknahme durch den Fahrer). Bei schneller Gasrücknahme wird der Gang gehalten, um eine entsprechende Motorbremswirkung zu erhalten.
– **Manuelle Fahrereingriffserkennung,** z.B. Wählhebel; Tiptronic/Steptronic.

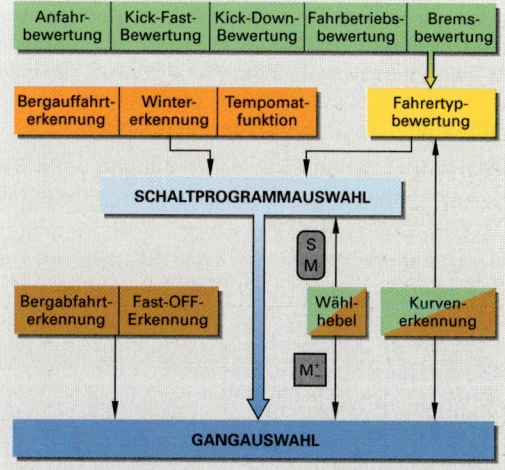

Bild 1: Programmstruktur einer adaptiven Getriebesteuerung

Schaltplanbeispiel einer elektronischen Automatikgetriebesteuerung (Bild 1, Seite 414).
Der Stromlaufplan zeigt ein vereinfachtes Beispiel einer elektronischen 4 Gang-Automatikgetriebesteuerung mit zwei Schaltmagnetventilen, einer Wandlerkupplungs-Überbrückungssteuerung und einer Druckregelsteuerung für den Arbeitsdruck.

Stromversorgung. Über Pin 18 wird das Steuergerät von Klemme 30 mit Dauerplus und über Pin 17 von Klemme 15 (+) mit Spannung versorgt. Pin 22 und 35 sind mit Klemme 31 (Masse) verbunden.

Startvorgang. Das Starten des Fahrzeugs kann nur in Wählhebelposition „P" oder „N" erfolgen. Dabei ist die Starterleitung über die Klemmen J und K verbunden. Gleichzeitig muss der Bremslichtschalter **S4** durch die Fußbremse betätigt werden. Über Pin 11 wird dabei das Steuergerät mit Plus angesteuert. Damit wird ein unbeabsichtigtes Anfahren des Fahrzeugs verhindert.

Wählhebelstellung (Tabelle 1). Der Wählhebelpositionsschalter **S1** ist über Pin 9, 10, 27, 28 mit dem Steuergerät verbunden. Abhängig von seiner jeweiligen Stellung wird Plus über die Klemmen A, B, C, E auf die jeweiligen Pin geschaltet. Die Logik ist im Schaltplan vorgegeben.

Tabelle 1: Pinansteuerung mit Plus ⊕						
Pin	P	R	N	D	3	2	1
9	⊕	⊕			⊕	⊕	
10		⊕	⊕	⊕	⊕		
27	⊕		⊕		⊕		⊕
28				⊕	⊕	⊕	⊕

Lastsignal vom Drosselklappenpotentiometer B3. Pin 32 wird mit Plus angesteuert. Dadurch ergibt sich zwischen Kl. 31 und Pin 32 ein konstanter Spannungsabfall. Über Pin 15 wird ein von der Drosselklappenstellung abhängiges Spannungssignal an die Steuergeräte gegeben.

Kick-Down-Schalter S5. Bei Betätigen von **S5** wird über Pin 8 ein Stromkreis im Steuergerät masseseitig geschlossen.

Sport/Economy-Taster S2. Wird **S2** betätigt, so wird über Pin 20 eine Selbsthalteschaltung für Sport- oder Economy-Programm ausgelöst. Bei geschaltetem Sportprogramm wird Pin 21 mit Minus angesteuert; E2 leuchtet.

Anfahrhilfe/Winterprogramm-Taster S3. Durch Betätigen von **S3** wird die Anfahrhilfe über Pin 21 eingeschaltet. Entsprechend leuchtet E3. Das Getriebesteuergerät bewirkt dann die Ansteuerung der Schaltmagnetventile Y2 und Y3, so dass in einem höheren Gang, z.B. 3.Gang angefahren wird.

Drehzahlsignale (B1, B2, n_M). Über Pin 12, 30, 31 und 29 erhält das Steuergerät von Induktivgebern Wechselspannungssignale mit unterschiedlicher Frequenz.

Getriebeöltemperaturfühler B4 (NTC). Mit steigender Getriebeöltemperatur nimmt aufgrund des sinkenden Widerstandes von B4 der Spannungsabfall zwischen Kl. 31 und Pin 33 (Plus) ab.

Motortemperatursignal (T_M). Das ESG wird dazu über Pin 25 vom Motorsteuergerät angesteuert.

Ausgangssignale. Abhängig von den Eingangssignalen werden vom Getriebesteuergerät Ausgangssignale berechnet und über Leistungsendstufen jeweils die entsprechenden Pin mit Plus oder Minus angetaktet. Z.B.
– Schaltmagnetventile **Y2** (Pin 1) und **Y3** (Pin 3)
– Arbeitsdruckregel-Magnetventil **Y1** (Pin 16/34)
– Magnetventil Wandlerkupplung **Y4** (Pin 19).

Prüfung. An den Anschlüssen des Steuerätesteckers können mit einem Multimeter beispielsweise folgende Bauteile geprüft werden:

Y1: Pin 16 - Pin 34 **B1:** Pin 12 - Pin 31
Y2: Pin 1 - Pin 22/35 **B2:** Pin 30 - Pin 31
Y3: Pin 3 - Pin 22/35 **S2:** Pin 20 - Pin 22/35
Y4: Pin 19 - Pin 22/35 **S3:** Pin 21 - Pin 35

Über die Steckverbindung **X3** können mit Hilfe eines Diagnosetesters Fehler ausgelesen und eine Stellglieddiagnose durchgeführt werden.

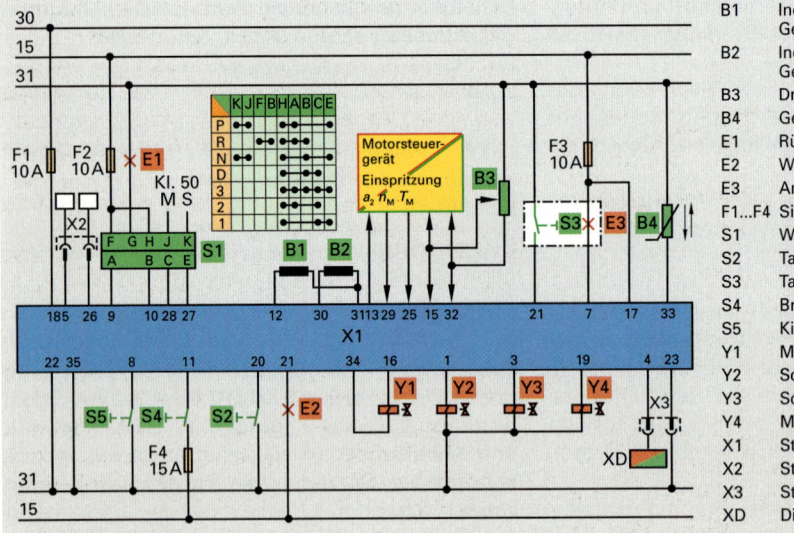

B1	Induktivgeber Getriebeeingangsdrehzahl
B2	Induktivgeber Getriebeausgangsdrehzahl
B3	Drosselklappenpotentiometer
B4	Getriebeöltemperaturfühler
E1	Rückfahrscheinwerfer
E2	Wählhebelleuchte für S-Programm
E3	Anfahrhilfenleuchte
F1...F4	Sicherungen
S1	Wählhebelpositionsschalter
S2	Taster Sport-, Economy-Programm
S3	Taster Anfahrhilfe/Winterprogramm
S4	Bremslichtschalter
S5	Kick-Down-Schalter
Y1	Magnetventil-Arbeitsdruckregelung
Y2	Schaltmagnetventil 1-2/3-4
Y3	Schaltmagnetventil 2-3
Y4	Magnetventil Wandlerkupplung
X1	Stecker Getriebesteuergerät
X2	Steckverbindung Instrumententafel
X3	Steckverbindung Diagnose
XD	Diagnosestecker

Bild 1: Schaltplan elektronische Getriebesteuerung

3.5.4 Stufenloses Automatisches Getriebe mit Stahlschub-Gliederband

Die Änderung der Übersetzungen erfolgt stufenlos ohne Schaltpunkte über den gesamten Fahrbereich.

Aufbau (Bild 1).
- Primär-Kegelscheibe
- Sekundär-Kegelscheibe
- Stahlschub-Gliederband
- Planetenradsatz
- Druckzylinder
- Lamellenkupplungen.

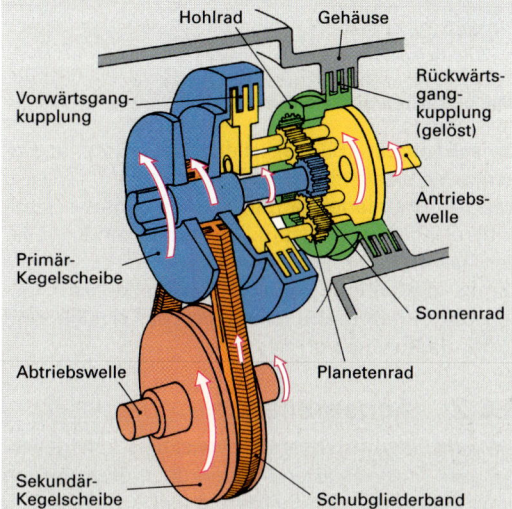

Bild 1: Automatik mit Stahlschub-Gliederband

Wirkungsweise. Die Primär-Kegelscheibe wird vom Motor angetrieben und ist über ein Gliederband aus Stahl (**Bild 2**) mit der Sekundär-Kegelscheibe verbunden.

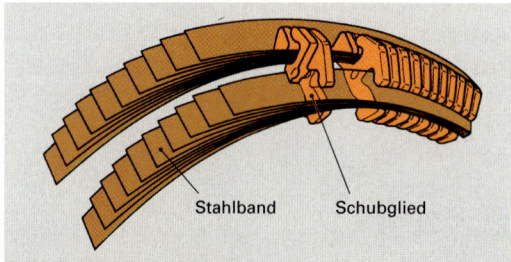

Bild 2: Stahlschub-Gliederband

Das jeweils wirksame Übersetzungsverhältnis **i** wird durch das Verhältnis der Hebelarme der getriebenen Sekundär-Kegelscheibe r_{W2} zur treibenden Primär-Kegfelscheibe r_{W1} gebildet (**Bild 3**).

Durch axiale Verschiebung je einer diagonal gegenüberliegenden Scheibenhälfte werden die wirksamen Hebelarme r_1 und r_2 stufenlos gegenläufig verändert, d.h. größer bzw. kleiner.
Das größte Übersetzungsverhältnis wird erreicht, wenn das Stahlschub-Gliederband am kleinsten wirksamen Hebelarm r_{W1} der Primär-Kegelscheibe und am größten Hebelarm r_{W2} der Sekundär-Kegelscheibe angreift.

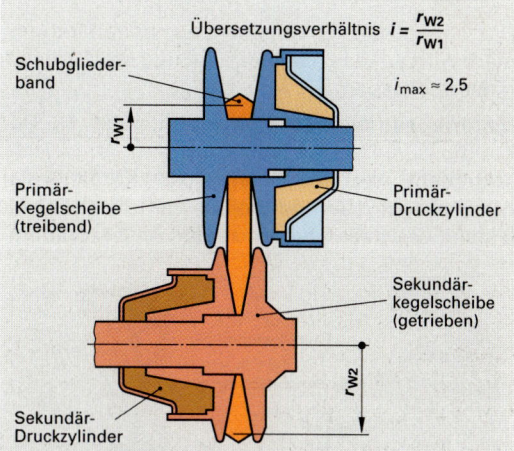

Bild 3: Vorwärtsfahrt, größte Übersetzung

Kraftübertragung
Wählhebelstellungen N (Neutral) und P (Parken). Beide Kupplungen sind gelöst. Es findet keine Kraftübertragung statt. In P-Stellung wird die Sekundär-Kegelscheibe durch die Parksperre blockiert.
Wählhebelstellung D (Vorwärtsfahrt) und L (Last). Die Vorwärtsgangkupplung ist kraftschlüssig, die Rückwärtsgangkupplung gelöst. Planetenradträger, Planetenräder, Hohlrad und Sonnenrad laufen als Block um. Der Antrieb erfolgt über die Antriebswelle und den verblockten Planetenradsatz zur Primär-Kegelscheibe. Über das Stahlschub-Gliederband wird die Sekundär-Kegelscheibe angetrieben, die das Drehmoment an die Antriebswelle weiterleitet. Beide Kegelscheiben drehen im gleichen Drehsinn wie die Antriebswelle.
Wählhebelstellung R (Rückwärtsgang). Die Vorwärtsgangkupplung ist gelöst, die Rückwärtsgangkupplung ist kraftschlüssig und bremst das Hohlrad am Getriebegehäuse fest (Bild 3). Die über den Planetenträger angetriebenen Planetenradpaare kehren den Drehsinn des Sonnenrades um.
Steuerung. Sie kann hydraulisch in Abhängigkeit von Wählhebelstellung, Fahrpedalstellung und Fahrgeschwindigkeit oder elektronisch-hydraulisch erfolgen.
Als Anfahr- bzw. Trennkupplung kann z.B. eine Magnetpulverkupplung verwendet werden.

3.6 Gelenkwellen, Achswellen, Gelenke

Aufgaben
- Drehmomente übertragen
- Winkeländerungen ermöglichen
- Längenänderungen (axiale Verschiebungen) zulassen
- Drehschwingungen dämpfen

Das vom Wechselgetriebe gewandelte Drehmoment wird auf das Achsgetriebe und die Antriebsräder übertragen.

Hinterradantrieb mit Frontmotor (Bild 1). Der Kraftfluss verläuft im Antriebsstrang vom Wechselgetriebe über die Gelenkwelle (Kardanwelle) zum Achsgetriebe und weiter über die Achswellen und Gleichlaufgelenke zu den Antriebsrädern.

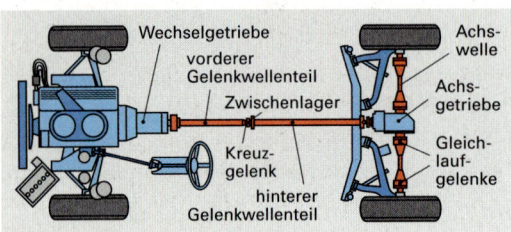

Bild 1: Antriebsstrang Hinterradantrieb mit Frontmotor

Vorderradantrieb mit Frontmotor und Hinterradantrieb mit Heckmotor. Die Drehmomentübertragung erfolgt vom Wechselgetriebe über Achsgetriebe, Gleichlaufgelenke, Achswellen zu den Antriebsrädern.

Wechselgetriebe und Achsgetriebe sind in einem Gehäuse untergebracht; es ist keine Gelenkwelle (Kardanwelle) erforderlich.

3.6.1 Gelenkwellen

Sie sind bei Fahrzeugen mit Frontmotor und Hinterradantrieb zwischen Wechselgetriebe und hinterem Achsgetriebe angeordnet.

Gelenkwellen bestehen aus dem Gelenkwellenrohr mit Schiebestück und Kreuzgelenken **(Bild 2)**.

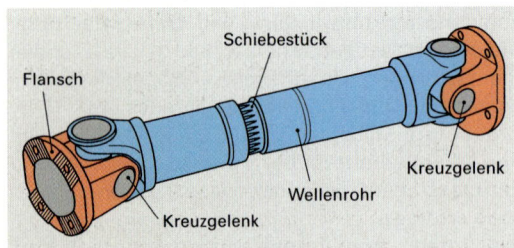

Bild 2: Gelenkwelle mit zwei Kreuzgelenken

Ist bei Fahrzeugen mit Einzelradaufhängung zwischen Wechselgetriebe und Achsgetriebe ein großer Abstand zu überwinden, so wird eine zweiteilige Gelenkwelle verwendet und durch ein Zwischenlager abgestützt **(Bild 3)**.

Um zwischen Wechselgetriebe und Achsgetriebe einen Achsversatz zu ermöglichen, werden z. B. Trockengelenke und Kreuzgelenke eingebaut.

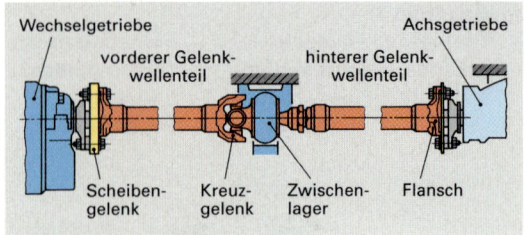

Bild 3: Zweiteilige Gelenkwelle

Zwischenlager (Bild 3). Hier ist die geteilte Gelenkwelle elastisch gelagert.

Das Zwischenlager ist durch einen Lagerbock am Fahrzeugboden befestigt. Es enthält ein Kugellager, das in Gummi eingebettet ist.

Durch die Teilung der Gelenkwelle wird ein schwingungsarmer und ruhiger Lauf erreicht und Dröhngeräusche vermieden.

3.6.2 Achswellen

Sie sind im Antriebsstrang zwischen Achsgetriebe und Antriebsrädern angeordnet und werden auch als Antriebswellen bezeichnet.

Achswellen bestehen aus dem Achswellenrohr und den Gleichlaufgelenken.

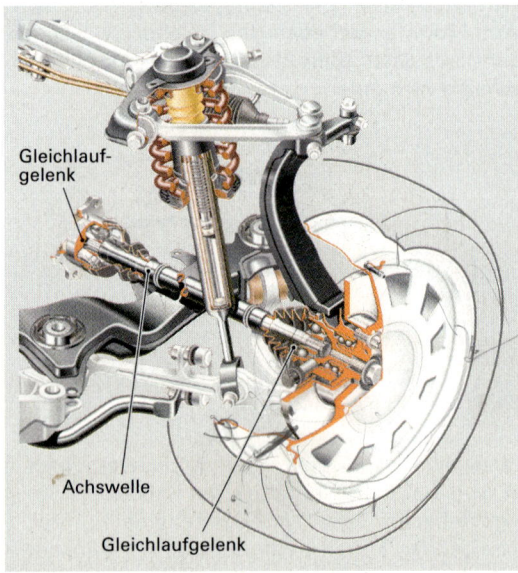

Bild 4: Achswelle bei Vorderradantrieb

3.6.3 Gelenke

Man verwendet
- Kreuzgelenke
- Kugelgelenke
- Scheibengelenke
- Tripodegelenke.

Kreuzgelenke (Bild 1). Die Gelenkgabeln sind durch die im Zapfenkreuz angeordneten Gelenkzapfen gelenkig miteinander verbunden. Die Gelenkzapfen sind in den Gelenkgabeln meist in vollgekapselten Nadellagern wartungsfrei gelagert.

In Kraftfahrzeugen werden Kreuzgelenke für Beugungswinkel bis 8° angewendet. Sonderausführungen, z. B. für Nebenantriebe, lassen größere Beugungswinkel zu.

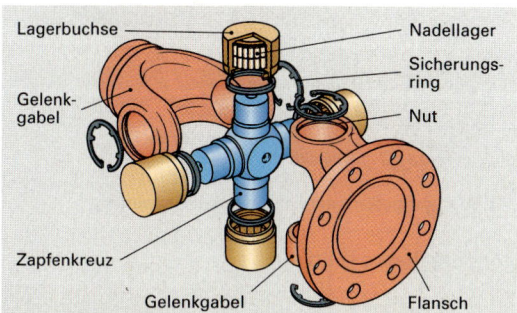

Bild 1: Kreuzgelenk

Bei Verwendung eines abgewinkelten Kreuzgelenks entsteht an der Abtriebsseite eine ungleichförmige Bewegung.

Besteht zwischen Antrieb und Abtrieb eines Kreuzgelenks ein Beugungswinkel β **(Bild 2)**, so führt die Abtriebswelle bei gleichförmiger Drehgeschwindigkeit ω_1 der Antriebswelle eine ungleichförmige Bewegung mit sinusförmig wechselnder Drehgeschwindigkeit ω_2 aus.

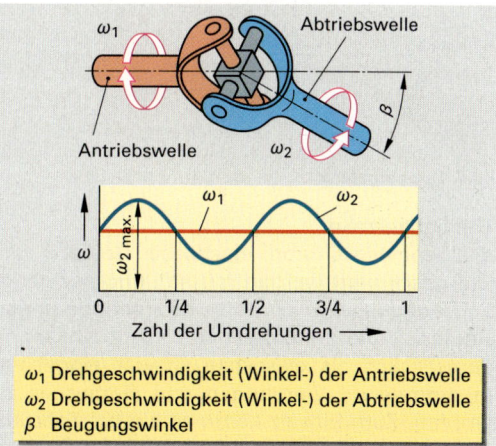

ω_1 Drehgeschwindigkeit (Winkel-) der Antriebswelle
ω_2 Drehgeschwindigkeit (Winkel-) der Abtriebswelle
β Beugungswinkel

Bild 2: Kreuzgelenk mit Beugungswinkel

Bei jeder halben Umdrehung der Antriebswelle tritt an der Abtriebswelle eine Voreilung und eine Nacheilung auf (Kardanfehler), (Bild 2).

Eine Gelenk- oder Achswelle mit **einem Kreuzgelenk** kann nur verwendet werden, wenn **kleine Beugungswinkel** β auftreten. Hier sind die Drehzahlschwankungen und Ungleichförmigkeit klein. Treten größere Beugungswinkel auf, z. B. bei Fahrzeugen mit Starrachsen, so muss die Gelenk- oder Achswelle mit **zwei Kreuzgelenken** ausgerüstet sein **(Bild 3)**.

Hier tritt bei jeder halben Umdrehung der Antriebswelle an der Abtriebswelle eine Voreilung und eine Nacheilung auf.

Durch zwei hintereinander angeordnete Kreuzgelenke ist die Drehgeschwindigkeit ω_1 der Antriebswelle von Gelenk A und die Drehgeschwindigkeit ω_4 der Abtriebswelle von Gelenk B bei gleich großen Beugungswinkeln β_1 und β_2 gleich groß.

Die Voreilung von Gelenk A wird durch die Nacheilung von Gelenk B ausgeglichen.

Voraussetzung für den gleichförmigen Lauf ist, dass die Gelenkgabeln der beiden Kreuzgelenke in einer parallelen Ebene zueinander liegen.

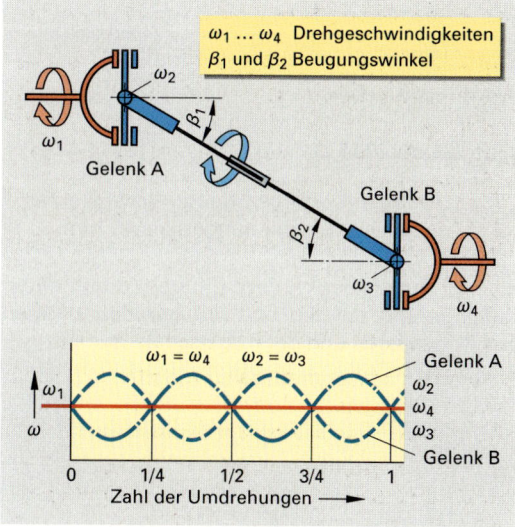

Bild 3: Gelenkwelle mit zwei gebeugten Kreuzgelenken

Die beim Ein- und Ausfedern auftretenden Abstandsänderungen (Längenänderungen) zwischen den Kreuzgelenken werden durch das **Schiebestück** ausgeglichen.

Kreuzgelenke werden z. B. bei Gelenkwellen zwischen Wechselgetriebe und Achsgetriebe verwendet, bei Nutzkraftwagen werden sie auch bei Achswellen eingesetzt.

Gleichlaufgelenke

> Gleichlaufgelenke (homokinetische Gelenke) übertragen auch bei größeren Beugungswinkeln die Drehbewegung gleichförmig.

Gleichlauf-Verschiebegelenke
Tripodegelenke (Bild 1).

> Tripodegelenke ermöglichen Beugungswinkel bis 26° und axiale Verschiebungen bis 55 mm.

Tripodegelenke können bei Einzelradaufhängung sowohl bei angetriebenen Vorderachsen (Vorderradantrieb) als auch bei angetriebenen Hinterachsen (Hinterradantrieb) verwendet werden.

Der Tripodestern ist immer der Achsgetriebeseite zugekehrt.

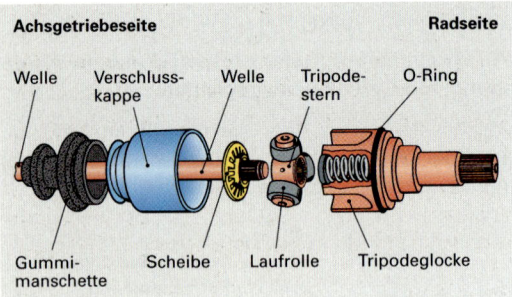

Bild 1: Tripodegelenk

Topfgelenke (Bild 2).

> Topfgelenke ermöglichen Beugungswinkel bis 22° und axiale Verschiebungen bis 45 mm.

Es sind Kugelgelenke, deren Kugeln durch einen Käfig geführt werden und auf **geraden Bahnen** des Kugelsterns und der Kugelschale laufen.

Sie werden achsgetriebeseitig montiert.

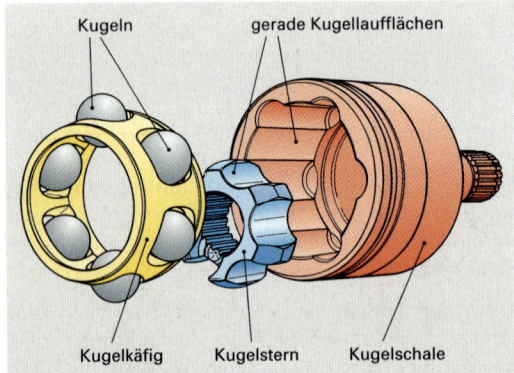

Bild 2: Topfgelenk

Gleichlauf-Festgelenke
Kugelgelenke

> Kugelgelenke ermöglichen Beugungswinkel bis 47°. Sie lassen keine axiale Verschiebungen zu.

Sie bestehen aus Kugelstern, Kugelschale, Kugelkäfig und Kugeln (**Bild 3**).

Kugelschale und Kugelstern haben gekrümmte Laufbahnen, auf denen die Kugeln laufen.

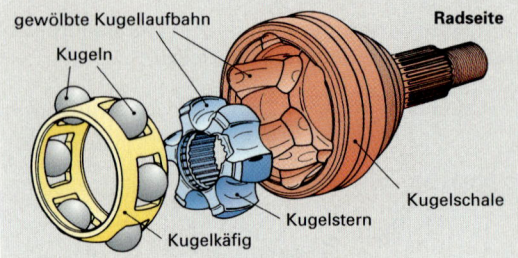

Bild 3: Kugelgelenk als Gleichlauf-Festgelenk

Doppelgelenke (Bild 4)

> Doppelgelenke ermöglichen Beugungswinkel bis 50°. Sie lassen keine axiale Verschiebungen zu.

Zwei Kreuzgelenke sind zu einem Gelenk zusammengefasst. Damit ein einwandfreier Lauf gewährleistet ist, sind die zu verbindenden Wellenenden im Innern des Gelenkes zentriert.

Sie werden bei Nutzkraftwagen zum Antrieb der gelenkten Achsen verwendet.

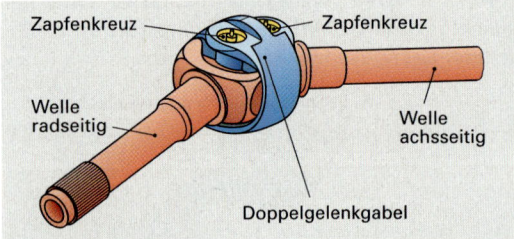

Bild 4: Doppelgelenk

Scheibengelenke

Scheibengelenke sind elastische Gelenke, die nicht geschmiert werden müssen und nur geringe Beugungswinkel und Längenänderungen zulassen. Sie werden im Antriebsstrang hauptsächlich als elastische Glieder eingebaut, um auftretende Vibrationen und Geräusche zu dämpfen. Zum Einsatz kommen sie bei Fahrzeugen, deren Achsgetriebe fest mit dem Aufbau oder Rahmen verbunden sind.

Man unterscheidet
- **Gewebescheibengelenke** - **Silentblocgelenke**.
Gewebescheibengelenke (Hardyscheiben).
Mehrere (z. B. 6) Stahlbüchsen sind durch Textilschnüre so umschlungen, dass um jeweils zwei nebeneinander liegende Büchsen ein Wickelpaket verläuft. Textilschnüre und Stahlbüchsen werden in Gummi einvulkanisiert.
Einscheibengelenke dienen als elastische Zwischenglieder für Gelenkwellen und Achsgetriebe. Bei Zweischeibengelenken **(Bild 1)** sind die beiden Naben zentriert.

> Gewebescheibengelenke ermöglichen Beugungswinkel bis 5 ° und axiale Verschiebungen bis 1,5 mm.

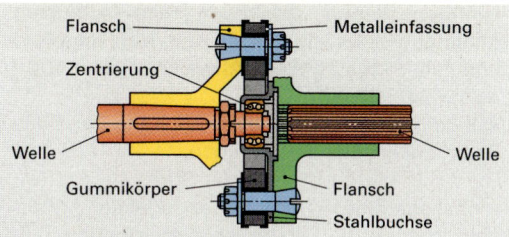

Bild 1: Gewebescheibengelenk

Silentblocgelenke (Bild 2). Mehrere (z. B. 6) Silentblöcke, bestehend aus Gummikörpern mit Hülsenführungen, sind in einem Blechmantel zusammengefasst und auf beiden Seiten mit dreiarmigen Flanschen verschraubt.
Das Mittelstück kann fliegend oder zentriert angeordnet sein, je nach Art des Gelenkwellenanschlusses.

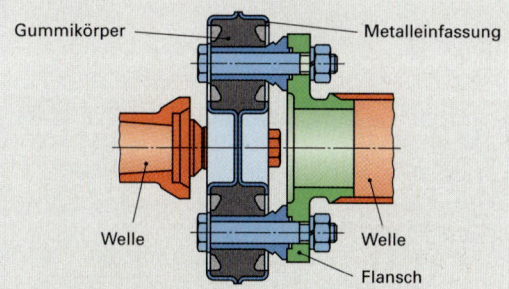

Bild 2: Silentblocgelenk

WIEDERHOLUNGSFRAGEN

1. Welche Aufgaben haben Gelenkwellen?
2. Welche Arten von Gelenken werden im Fahrzeugbau verwendet?
3. Welche Beugungswinkel sind bei den verschiedenen Gelenken zulässig?
4. Wie verhalten sich die Drehgeschwindigkeiten bei einem gebeugten Kreuzgelenk?
5. Wie unterscheiden sich Gleichlauf-Festgelenke und Gleichlauf-Verschiebegelenke?

3.7 Achsgetriebe

Aufgaben
- Drehmoment übertragen und vergrößern
- Drehzahlen ins Langsame übersetzen
- Kraftfluss, falls erforderlich, umlenken.

Drehmoment übertragen und vergrößern. Das vom Wechselgetriebe gewandelte Drehmoment muss im Achsgetriebe vergrößert werden, damit für alle Fahrzustände ausreichende Drehmomente an den Antriebsrädern zur Verfügung stehen.

Drehzahlen ins Langsame übersetzen. Die vom Wechselgetriebe gewandelten Drehzahlen werden durch die konstante Übersetzung des Achsgetriebes ins Langsame übersetzt.

Kraftfluss umlenken. Ist der Motor in Richtung der Fahrzeuglängsachse angeordnet, so muss der Kraftfluss um 90 ° umgelenkt werden, da die Antriebswellen immer quer zur Längsachse des Fahrzeugs liegen. Die Umlenkung des Kraftflusses kann durch ein Kegelrad-Achsgetriebe oder ein Schneckenrad-Achsgetriebe erfolgen.

Bei Fahrzeugen mit quer zur Fahrzeuglängsachse angeordneten Motoren muss die Richtung des Kraftflusses nicht umgelenkt werden. Hier verwendet man Stirnrad-Achsgetriebe.

Bauarten
- Kegelrad-Achsgetriebe
- Stirnrad-Achsgetriebe.

3.7.1 Kegelrad-Achsgetriebe

Das Kegelrad-Achsgetriebe besteht aus dem Antriebskegelrad (Triebling) und dem Tellerrad. Man unterscheidet Kegelrad-Achsgetriebe mit **nicht versetzten Achsen (Bild 1)** und Kegelradachsgetriebe mit **versetzten Achsen (Hypoidantrieb) (Bild 1)**, das am häufigsten verwendet wird.

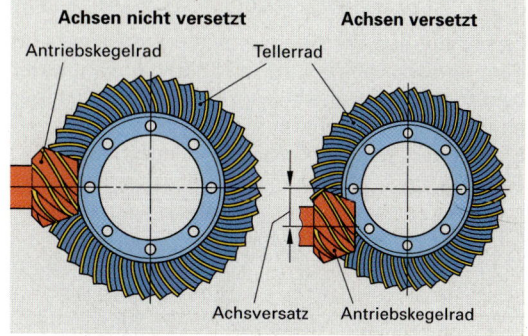

Bild 3: Achsgetriebe mit versetzten und nicht versetzten Achsen

Vorteile des Hypoidantriebs
- **Größere Laufruhe**, da eine größere Anzahl von Zähnen miteinander im Eingriff ist
- **höhere Belastbarkeit**, da der Durchmesser und die Zahnbreiten des Antriebskegelrades größer sind
- **weniger Platzbedarf**, da das Tellerrad bei gleicher Beanspruchung einen kleineren Durchmesser besitzt. Dadurch kann bei Fahrzeugen mit Frontmotor und Hinterradantrieb die Gelenkwelle tiefer gelegt werden. Der Gelenkwellentunnel wird niedriger und der Schwerpunkt liegt tiefer.

Als Folge der Achsversetzung treten beim Abwälzen stärkere Gleitbewegungen zwischen den sich berührenden Zahnflanken auf als bei nicht versetzten Achsen. Dies macht die Verwendung von besonders druckfesten Hypoidölen erforderlich.

Als Verzahnungsarten verwendet man Gleasonverzahnung oder Klingelnbergverzahnung.

Gleasonverzahnung (Bild 1)
- Die Zahnflanken der Zähne des Tellerrades sind Teile eines Kreisbogens.
- Die Zahnrücken werden von außen nach innen schmaler.
- Die Zahnhöhen werden nach innen kleiner.

Klingelnbergverzahnung (Bild 1)
- Die Zahnform ist ein Stück einer Spirale.
- Die Zahnrücken haben von außen nach innen eine konstante Breite.

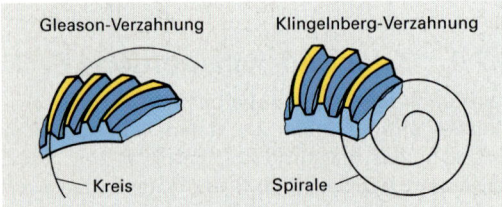

Bild 1: Gleason- und Klingelnbergverzahnung

3.7.2 Stirnrad-Achsgetriebe (Bild 2)

Es besteht aus dem kleinen Antriebsstirnrad und dem großen Abtriebsstirnrad. Beide Zahnräder besitzen Schrägverzahnung, die kostengünstiger als die Bogenverzahnungen herzustellen ist. Die Montagearbeiten an Stirnrad-Achsgetrieben sind einfacher.

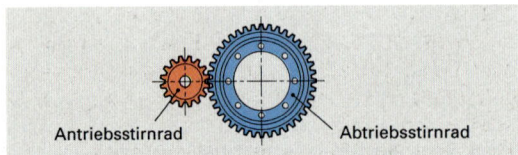

Bild 2: Stirnrad-Achsgetriebe

3.7.3 Werkstattarbeiten

Das richtige Zusammenarbeiten von Antriebskegelrad und Tellerrad ist Voraussetzung für einen geräuscharmen Lauf und eine lange Lebensdauer des Achsgetriebes. Da Antriebskegelrad und Tellerrad paarweise zueinander auf einwandfreien Lauf abgestimmt sind, werden sie von den Herstellerfirmen gezeichnet (**Bild 3**). Sie erhalten eine Paarungsnummer p, welche beim Antriebskegelrad auf der Stirnseite und beim Tellerrad oben auf der Flanschseite angegeben ist. R und T sind Konstruktionsmaße.
Die Abweichungen r und t von diesen Konstruktionsmaßen werden vom Hersteller beim Einlaufen der Räder ermittelt. Bei diesen Abweichungen laufen die Räder am ruhigsten miteinander. Bei der Einstellung von Kegelrad und Tellerrad sind diese Abweichungen r und t zu berücksichtigen.
Auf dem Tellerrad ist die Abweichung t und das Zahnflankenspiel z angegeben.
Die Abweichung r ist auf der Stirnseite des Antriebskegelrades (Triebling) angegeben. Außerdem werden die Zähne von Kegelrad und Tellerrad besonders gezeichnet, zwischen denen das aufgezeichnete Zahnflankenspiel z gemessen wurde.

Ist ein Kegelrad schadhaft, so müssen trotzdem beide ausgewechselt werden.

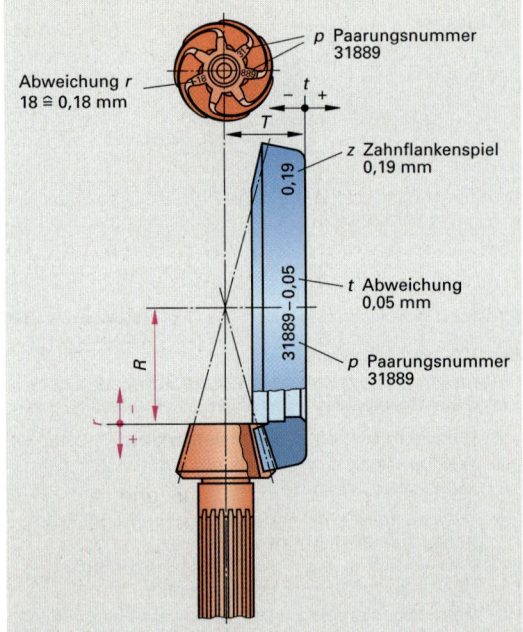

Bild 3: Antriebskegelrad und Tellerrad

Werkstattarbeiten

Prüfung auf Plan- und Rundlauf

Jede Veränderung des Abstandes zwischen Tellerrad und Kegelrad hat eine Veränderung des Flankenspiels und des Kopfspiels (Abstand zwischen Zahnkopf und Zahngrund) zur Folge. Dadurch laufen die Kegelräder nicht mehr einwandfrei miteinander.
Auch ein seitlicher Schlag der Kegelräder verändert das Flankenspiel.
Aus diesem Grunde muss vor allem das Tellerrad nach dem Anflanschen an das Ausgleichsgehäuse mit der Messuhr **seitlich auf Planlauf** und **am Umfang auf Rundlauf** geprüft werden **(Bild 1)**.

Messdorn und Messzylinder sind von den Herstellern der Achsgetriebe zu beziehen.
Die Dicke **S** der einzusetzenden Ausgleichsscheiben wird aus dem Messwert **M** und der auf der Stirnseite des Kegelrades eingetragenen Abweichung **r** (= Kontrollzahl **K**) berechnet:

> Dicke **S** = Messwert **M** – Kontrollzahl **K**

Aus einem Satz von Ausgleichsscheiben wird eine Scheibe der berechneten Dicke ausgewählt. Das Kegelrad wird ausgebaut und nach Einsetzen der ausgewählten Scheibe wieder eingebaut. Bei der Kontrollmessung muss die Messuhr das Kontrollmaß **K** anzeigen.

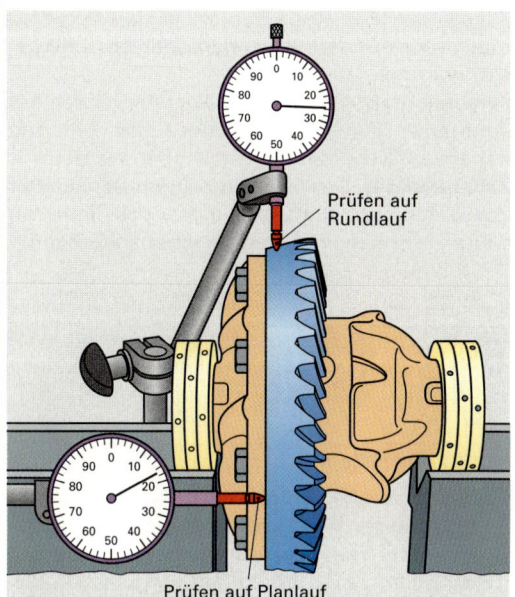

Bild 1: Prüfen des Tellerrades auf Planlauf und Rundlauf

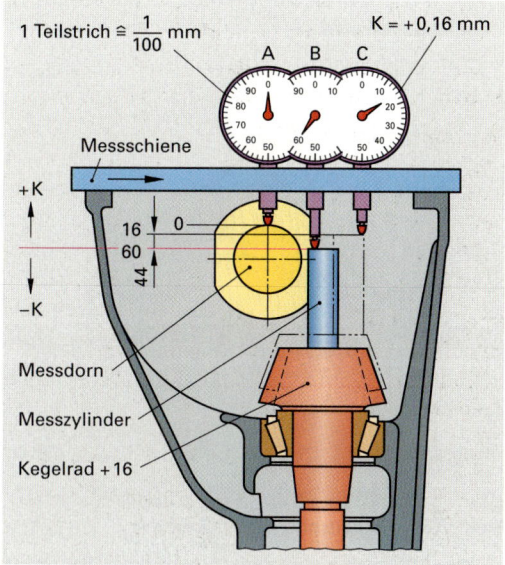

Bild 2: Messung bei eingebautem Kegelrad

Einstellarbeiten an Kegelrad-Achsgetrieben mit versetzten Achsen

Vor dem Zusammenbau muss die richtige Lage von Kegelrad und Tellerrad ermittelt werden.

Einstellen des Kegelrades. Das Tellerrad ist ausgebaut, das einzubauende neue Kegelrad (Triebling) wird zunächst ohne Ausgleichsscheiben eingesetzt **(Bild 2)**.
Nach Einlegen des Messdorns und Aufsetzen des Messzylinders wird mit einer auf der Messschiene aufgesetzten Messuhr der Höhenunterschied zwischen Messdorn und Messzylinder gemessen.
Er entspricht dem angezeigten Messwert **M**.

Beispiel für Messablauf (Bild 2)
Das Tellerrad ist ausgebaut
– Kegelrad ohne Scheiben einsetzen
– Messdorn einlegen und Messzylinder aufsetzen
– Messuhr in Messschiene einsetzen und auf höchstem Punkt des Messdorns auf 0 stellen **(A)**
– Höhenunterschied zwischen Messdorn und Messzylinder auf Messuhr ablesen **(B)**, hier abgelesen: 60 Einheiten ≙ 0,6 mm
– Dicke der Ausgleichsscheiben berechnen:
S = M – K = 0,60 mm – 0,16 mm = **0,44 mm**
K ist die Kontrollzahl, die auf der Stirnseite des Kegelrades eingetragen ist, hier K = + 0,16 mm **(C)**.
Messergebnis:
Einzulegende Scheibendicke **S = 0,44 mm**

Werkstattarbeiten

Beurteilung der Tellerradeinstellung

Nachdem das Kegelrad mit den entsprechenden Ausgleichsscheiben eingebaut ist, wird das Tellerrad eingesetzt.

Die richtige Lage des Tellerrades zum Kegelrad kann beurteilt werden durch:

- **Messung der Vorspannung** zwischen den Kegelrollenlagern. Sie wird über das Reibmoment (Durchdrehmoment) beim Durchdrehen des Radsatzes überprüft. Das Durchdrehmoment beträgt z.B. 2 Nm bis 2,5 Nm.
- **Ermittlung des Zahnflankenspiels (Bild 1)** zwischen den Zähnen von Tellerrad und Kegelrad. Es wird mit einer Messuhr gemessen, die am äußeren Rand eines Tellerradzahnes aufgesetzt wird.

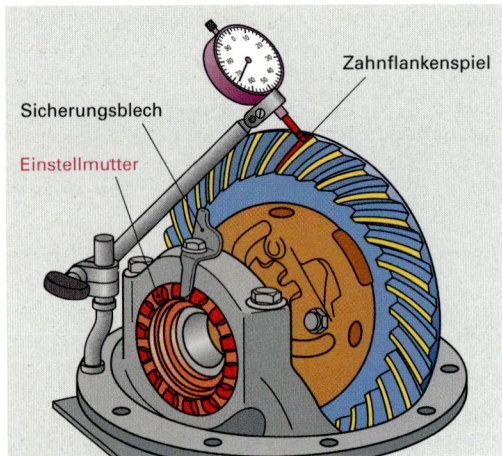

Bild 1: Zahnflankenspiel, Einstellmuttern

- **Tragbildprüfung** an den Zähnen von Tellerrad oder Kegelrad.
  Die **Tragbildprüfung** zeigt deutlich, ob Kegelrad (Triebling) und Tellerrad richtig zueinander eingestellt sind und sich deren Zähne richtig aufeinander abwälzen.

Die Tragbildprüfung erfolgt
- bei Gleasonverzahnung an den Druckflanken des Tellerrades
- bei Klingelnbergverzahnung an den Druckflanken des Kegelrades.

Ablauf der Tragbildprüfung bei Gleasonverzahnung
- die Zahnflanken des Tellerrades werden dünn mit Tuschierfarbe bestrichen
- das Kegelrad (Triebling) wird mehrmals gedreht; dabei wird das Tellerrad leicht belastet
- die Tragbildprüfung sollte mindestens in 3 um 120° versetzten Bereichen erfolgen.

Tragbild-Beurteilung von Gleasonverzahnungen

Korrektes Tragbild (Bild 2)

Es hat ein längliche ballige Form im Bereich der Druckflankenmitte

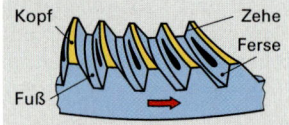

Bild 2: Korrektes Tragbild

Fehlerhafte Tragbilder (Bild 3)

Kopfkontakt. Das Tragbild liegt im Bereich des Zahnkopfes. Zur Korrektur muss das Kegelrad durch eine dickere Ausgleichsscheibe höhergesetzt werden.

Fußkontakt. Das Tragbild liegt im Bereich des Zahnfußes. Zur Korrektur muss das Kegelrad durch eine dünnere Ausgleichsscheibe tiefer gesetzt werden.

Fersenkontakt. Das Tragbild liegt im Bereich der Zahnferse. Zur Korrektur muss das Tellerrad näher zum Kegelrad hin verschoben werden.

Zehenkontakt. Das Tragbild liegt im Bereich der Zahnzehe. Zur Korrektur muss das Tellerrad weiter vom Kegelrad weg verschoben werden.

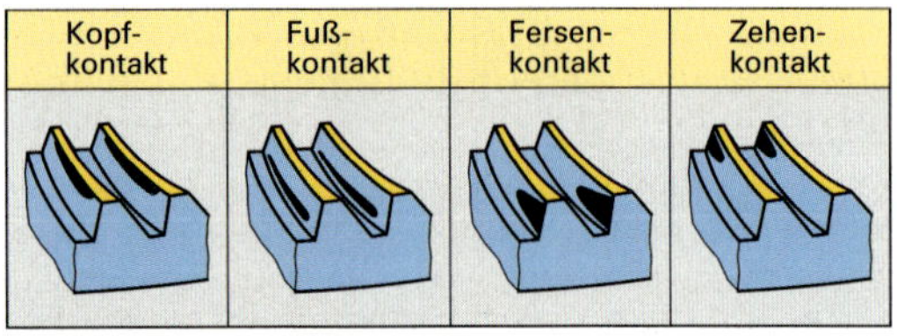

Bild 3: Fehlerhafte Tragbilder

Einstellen des Tellerrades

Eine **Korrektur der Einstellung** des Tellerrades kann durch **Einlegen von Ausgleichsscheiben (Bild 4)** oder durch **Verdrehen von Einstellmuttern (Bild 1)** erfolgen.

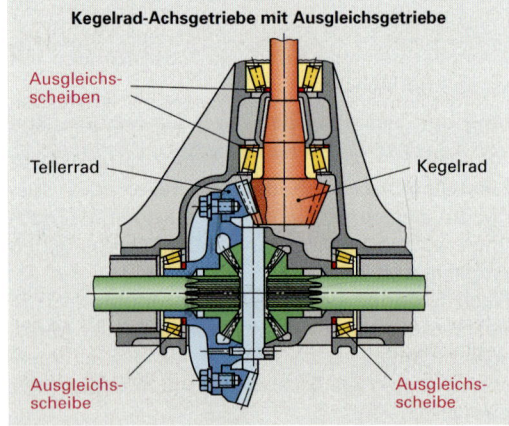

Bild 4: Einstellung mit Ausgleichsscheiben

3.8 Ausgleichsgetriebe

Aufgaben
- Drehzahlunterschiede der Antriebsräder ausgleichen
- Drehmomente zu gleichen Teilen an Antriebsräder verteilen

Drehzahlunterschiede der Antriebsräder ausgleichen
Beim Befahren einer Kurve müssen die kurvenäußeren Räder eines Kraftwagens einen größeren Weg zurücklegen als die kurveninneren. Auch unterschiedliche Straßenoberflächen rufen Wegunterschiede hervor. Deshalb ergeben sich für die Räder einer Achse unterschiedliche Raddrehzahlen. Da die Antriebsräder gemeinsam z.B. über das Antriebskegelrad und Tellerrad angetrieben werden, dürfen sie nicht durch eine starre Welle miteinander verbunden sein. Bei Kurvenfahrt würden sie aufgrund der unterschiedlichen Umfangsgeschwindigkeiten radieren.

> Das Ausgleichsgetriebe gleicht die Drehzahldifferenzen der Antriebsräder aus. Dabei dreht z.B. bei Kurvenfahrt das kurvenäußere Antriebsrad um soviel schneller wie das kurveninnere langsamer dreht.

Drehmomente zu gleichen Teilen an Antriebsräder verteilen
Das Ausgleichsgetriebe überträgt auf beide Antriebsräder gleich große Drehmomente, auch wenn sich z.B. bei Kurvenfahrt das eine Antriebsrad schneller dreht als das andere.

> Die Größe des übertragenen Drehmoments wird dabei durch das Antriebsrad bestimmt, das die schlechtere Haftung mit der Fahrbahn hat.

Bauarten
- **Kegelrad-Ausgleichsgetriebe.** Sie sind zusammen mit dem Achsgetriebe in einem Gehäuse untergebracht (Differenzial).
- **Schneckenrad-Ausgleichsgetriebe.** Sie werden z.B. in Allrad-Fahrzeugen als Verteilergetriebe mit selbsttätiger Sperrwirkung eingesetzt (Torsen-Differenzial).

3.9.1 Kegelrad-Ausgleichsgetriebe

Aufbau
Das Antriebskegelrad ist z.B. mit der Gelenkwelle verbunden und treibt das Tellerrad, mit dem das Ausgleichsgehäuse verschraubt ist. Im Ausgleichsgehäuse sind die Ausgleichskegelräder drehbar gelagert.
Sie stehen mit den Achswellenrädern im Eingriff, die mit den Achswellen verbunden sind.

Wirkungsweise
Geradeausfahrt. Beide Antriebsräder und Achswellenräder drehen gleich schnell. Die Ausgleichskegelräder drehen sich nicht, sondern kreisen mit dem Ausgleichsgehäuse. Sie wirken jetzt nicht als Zahnräder sondern als Mitnehmer und übertragen die Antriebsdrehzahlen zu gleichen Teilen an das linke und rechte Achswellenrad.
Ein Rad dreht durch, das andere steht fest. Das Achswellenrad des durchdrehenden Rades bewirkt das Drehen der Ausgleichskegelräder, die sich auf dem stillstehenden Achswellenrad abwälzen.
Der Drehzahlunterschied wird ausgeglichen indem das durchdrehende Rad doppelt so schnell dreht wie das Tellerrad.
Die Drehmomentverteilung erfolgt zu gleichen Teilen und richtet sich nach dem schlechter haftenden Antriebsrad.
Da das durchdrehende Antriebsrad kein Drehmoment übertragen kann, überträgt das andere Rad ebenfalls kein Drehmoment und somit keine Antriebskraft. Das Fahrzeug bleibt stehen.
Kurvenfahrt. Infolge der verschieden großen Radwege müssen sich die Antriebsräder und somit auch die Achswellenräder im Ausgleichsgetriebe verschieden schnell drehen.
Dies wird durch die Ausgleichskegelräder ermöglicht, welche Drehzahlunterschiede zwischen dem linken und rechten Achswellenrad ausgleichen.
Dabei drehen sich die Ausgleichsräder, die im Ausgleichsgehäuse gelagert sind, um ihre Achsen.
Bild 1 zeigt die Drehrichtungen der Wellen und Kegelräder beim Befahren einer Linkskurve.
Das kurveninnere Antriebsrad läuft bei gleichmäßiger Kraftübertragung und gleicher Haftung der Antriebsräder um den Betrag langsamer, um den das kurvenäußere Antriebsrad schneller läuft. Jedes Antriebsrad erhält gleichviel Drehmoment.

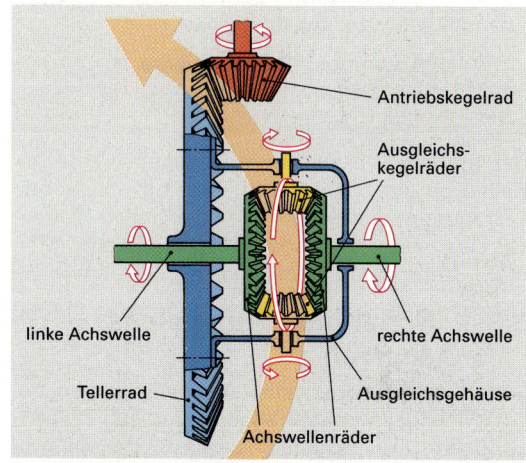

Bild 1: Kegelrad-Ausgleichsgetriebe

Tabelle 1: Bewegungsverhältnisse im Ausgleichsgetriebe				
Tellerrad	Linkes Achswellenrad	Ausgleichsgehäuse	Ausgleichsräder	rechtes Achswellenrad
1 Umdrehung	1 Umdrehung vorwärts	1 Umdrehung	drehen sich nicht	1 Umdrehung vorwärts
1 Umdrehung	½ Umdrehung vorwärts	1 Umdrehung	drehen sich	1½ Umdrehung vorwärts
1 Umdrehung	steht still	1 Umdrehung	drehen sich	2 Umdrehungen vorwärts
steht still	1 Umdrehung vorwärts	steht still	drehen sich	1 Umdrehung rückwärts

3.9 Ausgleichssperren

Aufgabe
Sperrung des Drehzahlausgleichs zwischen
– den Rädern einer Antriebsachse (Quersperre)
– den Achsgetrieben der zwei Antriebsachsen bei Allradfahrzeugen (Längssperre).

Bei einem Ausgleichsgetriebe mit Ausgleichssperre wird durch die Sperre dem Rad mit der besseren Bodenhaftung mehr Drehmoment zugeteilt.

Dreht z.B. ein Antriebsrad auf eisglatter Fahrbahn oder weichem Untergrund durch, so überträgt dieses Rad zu wenig Antriebskraft auf die Fahrbahn, um das Fahrzeug zu bewegen.
Das Ausgleichsgetriebe wirkt sich hier nachteilig aus, da das Antriebsrad mit der guten Fahrbahnhaftung das gleiche Drehmoment bekommt.
Eine Ausgleichssperre hebt diese nachteilige Wirkung auf. Dem Rad mit der besseren Bodenhaftung wird mehr Drehmoment zugeteilt. Ihm kann jedoch nur so viel Drehmoment zugeteilt werden, wie es der Sperrwert der eingebauten Ausgleichssperre und seine Haftverhältnisse zulassen.

Sperrwert

Der Sperrwert **S** gibt an, wieviel Drehmomentunterschied zwischen dem linken und rechten Antriebsrad einer Antriebsachse bzw. zwischen 2 Achsgetrieben der Vorder- und Hinterachse von Allradfahrzeugen möglich ist.

$$S = \frac{\text{Differenz (Rad-)Drehmomente}}{\text{Summe (Rad-)Drehmomente}} \cdot 100\ \%$$

Der Sperrwert **S** wird in % angegeben und bezieht sich auf das z.B. am Tellerrad anliegende Lastmoment. Ein Sperrwert von z.B. 40 % bedeutet: Das besser haftende Antriebsrad kann 40 % mehr Drehmoment übertragen als das andere.

3.9.1 Schaltbare Ausgleichssperren

Die im **Bild 1** dargestellte Ausgleichssperre besteht aus der Schaltbetätigung und der Klauenkupplung. Das Schalten kann z.B. mechanisch von Hand oder pneumatisch erfolgen.

Im eingerückten Zustand verbindet die Klauenkupplung die rechte Achswelle drehfest mit dem Ausgleichsgehäuse und dem Tellerrad.
Über die Innenverzahnung der Schaltmuffe und die Außenverzahnung auf der rechten Seite des Ausgleichsgehäuses wird eine formschlüssige und drehfeste Verbindung zwischen der rechten Achswelle und dem Ausgleichsgehäuse erreicht.
Durch die Verblockung der rechten Achswelle mit dem Gehäuse des Ausgleichsgetriebes können die Ausgleichsräder nicht auf den Achswellenrädern abrollen. Sie wirken nur als Mitnehmer. Der Ausgleich ist zu 100 % gesperrt.
Schaltbare Ausgleichssperren müssen bei normaler Bodenhaftung der Antriebsräder gelöst werden, um Schäden zu vermeiden.

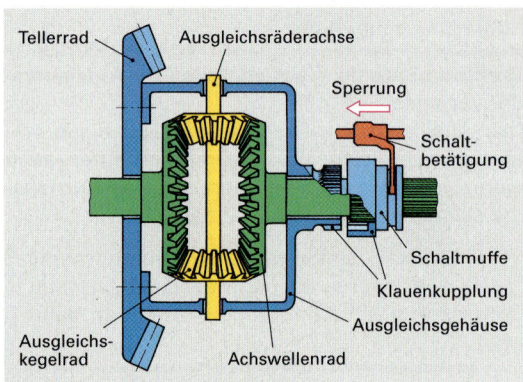

Bild 1: Schaltbare Ausgleichssperre

3.9.2 Selbsttätige Ausgleichssperren

Sie bewirken, dass der Drehzahlausgleich, z.B. zwischen den Antriebsrädern einer Achse, selbsttätig gesperrt wird. Dem Antriebsrad mit den besseren Haftverhältnissen wird mehr Drehmoment zugeführt.
Übliche Sperrwerte liegen zwischen 25 % und 70 %. Man unterscheidet
– Ausgleichssperre mit Lamellenkupplungen
– Torsen-Differenzial
– Visco-Kupplung
– Automatisches Sperrdifferenzial (ASD)
– Elektronische Differnzialsperre (EDS)
– Haldex-Kupplung.

Selbstsperrendes Ausgleichsgetriebe mit Lamellenkupplungen

Aufbau

Zu den üblichen Bauteilen eines Ausgleichsgetriebes kommen zusätzlich zwei Druckringe und zwei Lamellenkupplungen **(Bild 1)**.

Die Druckringe haben auf ihren Mantelflächen Mitnehmer, die in die Längsnuten des Ausgleichsgehäuses eingreifen. Sie sind drehfest mit dem Ausgleichsgehäuse verbunden, in ihm jedoch axial verschiebbar.

Zwischen den außenliegenden Stirnflächen der Druckringe und den Stirnflächen des Ausgleichsgehäuses sind die Lamellen angeordnet.

Die außenverzahnten Lamellen greifen in die Längsnuten des Ausgleichsgehäuses, die innenverzahnten Lamellen in die Außenverzahnung der Achswellen.

Die zwei Druckringe besitzen an den innenliegenden Stirnflächen 4 Keilflächen, in denen die Achsen der Ausgleichskegelräder gelagert sind.

Zur Vorspannung der Lamellen werden Tellerfedern eingebaut.

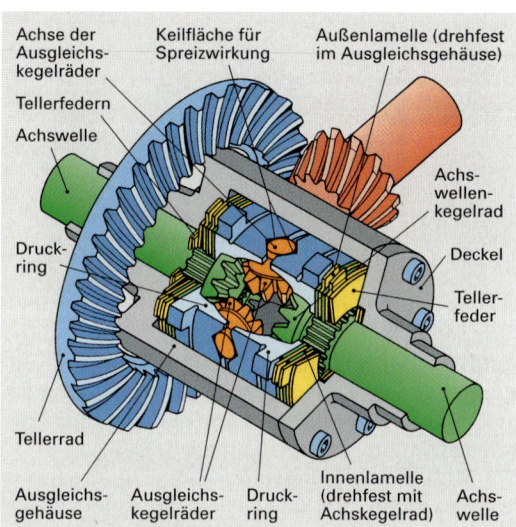

Bild 1: Selbstsperrendes Ausgleichsgetriebe mit Lamellenkupplungen

Wirkungsweise

Das vom Wechselgetriebe kommende Drehmoment wird durch die Übersetzung im Achsgetriebe verstärkt und über Tellerrad und Ausgleichsgehäuse auf die Druckringe übertragen.

Gleich gute Bodenhaftung. Von jedem Antriebsrad werden 50 % des Drehmomentes übertragen. Das Drehmoment wird über das Tellerrad zum Ausgleichsgehäuse und über die Druckringe, die sich axial bewegen, zu den Lamellenkupplungen auf die verzahnten Antriebswellen übertragen.

Unterschiedliche Bodenhaftung. Dreht z.B. das rechte Antriebsrad durch **(Bild 2)**, so drehen sich die Ausgleichskegelräder.

Ihre Achsen drücken die Druckringe gegen die beiden Lamellenpakete.

Durch die Anpresskraft wird zwischen den schneller drehenden innenverzahnten Lamellen und den außenverzahnten Lamellen des rechten Lamellenpaketes ein lastabhängiges Reibmoment erzeugt.

Dieses Reibmoment wird über Ausgleichsgehäuse, linkes Lamellenpaket, Verzahnung der linken Achswelle zum linken Antriebsrad geführt.

Hier wirkt es zusätzlich zum normalen Antriebsmoment der linken Antriebsseite.

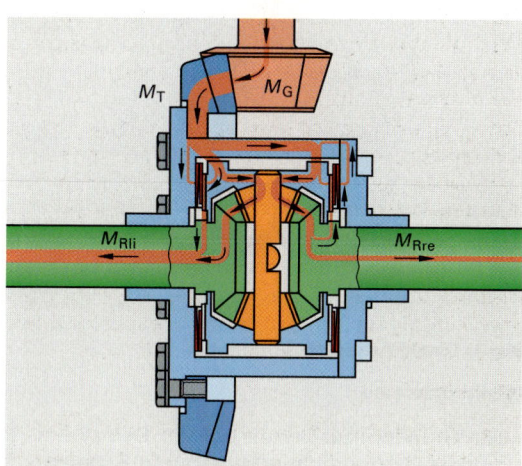

Bild 2: Rechtes Rad dreht durch

Beispiel Sperrwert 40 %:

Dreht z.B. das rechte Antriebsrad schneller als das linke, so werden 40 % des am Tellerrad anliegenden Lastmomentes gesperrt, d.h. das rechte schneller drehende Rad bekommt 20 % weniger Drehmoment zugeteilt, das linke Rad 20 % mehr.

Daraus ergibt sich:
Linkes Rad: 50 % + 20 % = 70 %
Rechtes Rad: 50 % − 20 % = 30 %
              Differenz   = 40 %

- Die Differenz zwischen dem linken und rechten Antriebsrad beträgt 40 %.

Diese Differenz entspricht dem Sperrwert von 40 % und bedeutet, dass das linke Antriebsrad 40 % mehr Drehmoment überträgt als das rechte.

Torsen-Differenzial

Es verteilt das vom Wechselgetriebe kommende Drehmoment traktionsabhängig.

Das Torsen-Differenzial (Torsen = torque sensing = drehmomentfühlend) kann sowohl als Quersperre (Achsdifferenzial) zum Antrieb der Räder einer Achse als auch als Längssperre (Mitteldifferenzial) zum Antrieb der vorderen und hinteren Achsgetriebe bei Allradfahrzeugen eingesetzt werden.

Aufbau (Bild 1). Ein Torsen-Differenzial besteht aus zwei Schneckentrieben. Die Stirnräder verbinden die beiden Schneckentriebe formschlüssig miteinander. Die Schneckenräder sind im Ausgleichsgehäuse drehbar gelagert.

Jede Schnecke ist mit einer Antriebswelle verbunden. Das Differenzialgehäuse ist mit dem Tellerrad des Achsgetriebes verschraubt.

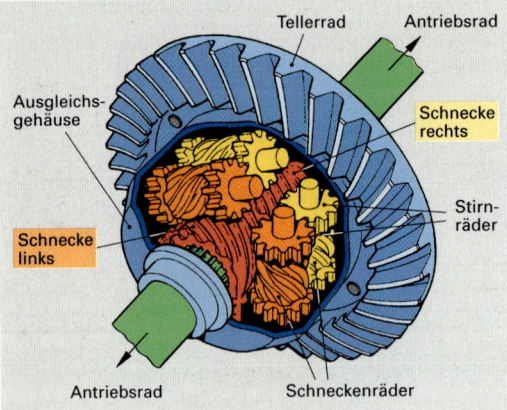

Bild 1: Torsen-Achs-Differenzial

Wirkungsweise

> Das Grundprinzip beruht auf der Selbsthemmung zwischen Schneckenrad und Schnecke eines Schneckengetriebes.
> Die Größe der Selbsthemmung ist abhängig vom Steigungswinkel der Verzahnung von Schnecke und Schneckenrad.
> Die Selbsthemmung wird aufgehoben, wenn die Schnecke das Schneckenrad treibt.

Kraftfluss im Torsen-Differenzial. Das Antriebsdrehmoment kommt vom Kegelrad über das Tellerrad und wird vom Ausgleichsgehäuse und den Schneckenrädern auf die Schnecken der beiden Antriebswellen übertragen.

Gleich gute Bodenhaftung

Haben bei Geradeausfahrt alle Antriebsräder gleiche Drehzahlen, so drehen sich die Schneckenräder mit den seitlichen Stirnrädern nicht und wirken als Mitnehmer.

Die Drehmomentverteilung erfolgt zu gleichen Teilen an die beiden Antriebswellen.

Kurvenfahrt unterschiedliche Bodenhaftung

Der Drehzahlausgleich erfolgt über die drehenden Stirnräder und Schneckenräder, wobei Selbsthemmung auftritt.

Der Drehzahlausgleich erfolgt weitgehend über die beiden Stirnräder und Schneckenräder.

Dreht z.B. das linke Antriebsrad schneller, so treibt die linke Schnecke ihre Schneckenräder an. Die Stirnräder der linken Seite übertragen die Drehbewegung auf die Stirn- und Schneckenräder der rechten Seite. Zwischen Schneckenrad und Schnecke der rechten Seite tritt eine dem Sperrwert entsprechende Selbsthemmung ein.

Dem Rad mit der besseren Bodenhaftung bzw. der geringeren Drehzahl hier dem rechten Rad, wird mehr Drehmoment zugeteilt. Bei einem Sperrwert von z.B. 60 % kann ein Torsen-Differenzial dem Rad mit der besseren Bodenhaftung bzw. der geringeren Raddrehzahl das 4-fache Drehmoment zuteilen.

Visco-Kupplung

Sie kann z.B. bei Hinterradantrieb im Gehäuse des Ausgleichsgetriebes integriert sein **(Bild 2)**. Bei Vierradantrieb sitzt sie zwischen den beiden Achsgetrieben der Vorder- und Hinterachse.

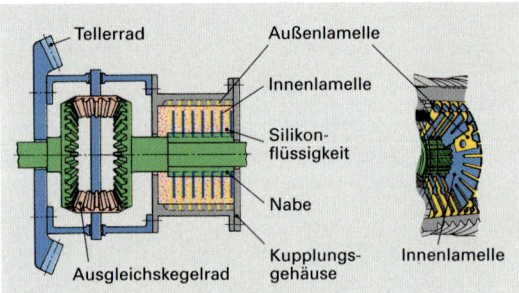

Bild 2: Visco-Kupplung bei Hinterradantrieb

Aufbau. Wesentliche Bestandteile der Visco-Kupplung sind Gehäuse, Nabe, Silikonflüssigkeit, gelochte außenverzahnte Lamellen und radial geschlitzte innenverzahnte Lamellen.

Die Außenverzahnungen der Lamellen greifen in Verzahnungen des Gehäuses, die Innenverzahnungen in Verzahnungen der Nabe, die mit der Antriebswelle verbunden ist.

Wirkungsweise. Bei großen Drehzahlunterschieden zwischen den Antriebsrädern wird die Silikonflüssigkeit durch die Lamellen abgeschert. Der Temperaturanstieg bewirkt einen Druckanstieg im Gehäuse wodurch die Sperrwirkung zwischen den Lamellen erfolgt. Dadurch wird der Drehzahlausgleich zwischen den Antriebsrädern gesperrt.

Die Visco-Kupplung teilt dem Antriebsrad mit der besseren Bodenhaftung schlupfabhängig mehr Drehmoment zu. Die Sperrwerte sind variabel und liegen zwischen 2 % und 98 %.

Haldex-Kupplung

Sie wird bei Personenkraftwagen mit Vierradantrieb eingesetzt und zwischen vorderem und hinterem Achsgetriebe eingebaut. Die Haldex-Kupplung (**Bild 1**) ist direkt am Gehäuse des hinteren Achsgetriebes angeflanscht.

außen- und innenverzahnten Lamellen gegeneinander drückt.

Bei vollem Kraftschluss im Lamellenpaket sind Eingangs- und Ausgangswelle und damit vorderes und hinteres Achsgetriebe drehfest miteinander verbunden. Der Drehzahlausgleich ist gesperrt und das Drehmoment wird den Antriebsrädern entsprechend ihrer Bodenhaftung zugeteilt. Die Anpresskraft für das Lamellenpaket und damit der Sperrwert wird durch das Steuergerät über Regelventile elektronisch gesteuert.

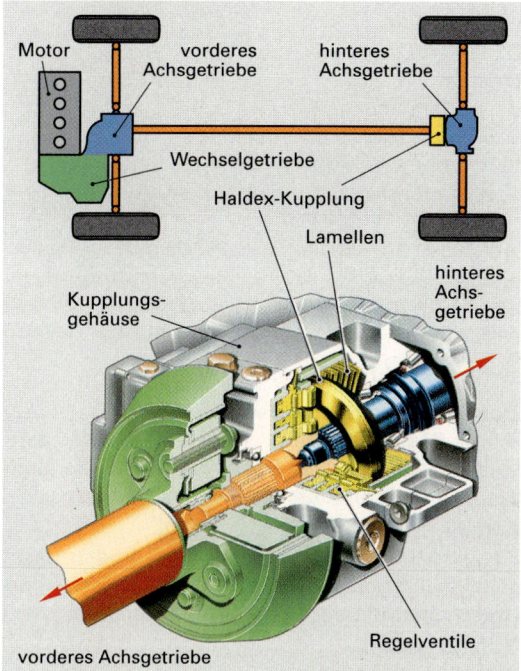

Bild 1: Haldex-Kupplung

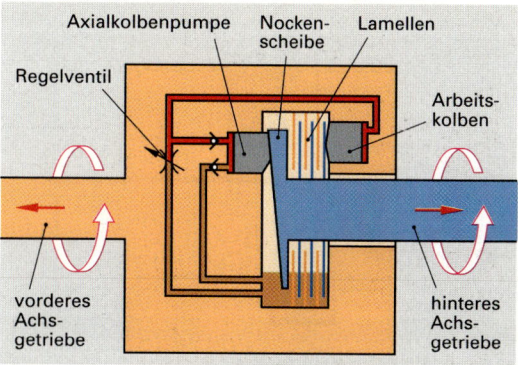

Bild 2: Aufbau der Haldex-Kupplung

> Der Sperrwert der Haldex-Kupplung kann, je nach den Drehzahldifferenzen zwischen Vorderrädern und Hinterrädern, zwischen 0 % und 100 % liegen.

Die Haldex-Kupplung
- sperrt den Drehzahlausgleich zwischen dem vorderen und hinteren Achsgetriebe traktionsabhängig
- verteilt das vom Wechselgetriebe kommende Drehmoment an die Achsgetriebe.

Aufbau (Bild 2). Die Haldex-Kupplung besteht aus dem in einem geschlossenen Gehäuse untergebrachten Lamellenpaket, zwei parallel geschalteten Ringkolbenpumpen (Axialkolbenpumpen), Arbeitskolben, Nockenscheibe, Regelventil, Sicherheitsventil, Schrittmotor und Steuergerät. Die außenverzahnten Lamellen sind drehfest mit der Eingangswelle (Kardanwelle) verbunden, die innenverzahnten Lamellen mit der Ausgangswelle (Kegelrad des Achsgetriebes). Die Ringkolbenpumpen werden bei Drehzahlunterschieden zwischen Ein- und Ausgangswelle durch die Nockenscheibe angetrieben.

Wirkungsweise. Dreht z.B. ein Antriebsrad durch, so wird die Ringkolbenpumpe durch die Nockenscheibe betätigt und erzeugt einen Flüssigkeitsdruck. Dieser wirkt auf den Arbeitskolben, der die

WIEDERHOLUNGSFRAGEN

1. Welche Aufgaben hat das Achsgetriebe?
2. Welche Arten von Achsgetrieben gibt es?
3. Wie wird die Dicke der Ausgleichsscheibe beim Einstellen des Kegelrades ermittelt?
4. Nennen Sie fehlerhafte Tragbilder von Gleason-Verzahnungen.
5. Wie ist ein Ausgleichsgetriebe aufgebaut?
6. Wie erfolgt die Drehmomentverteilung durch ein Ausgleichsgetriebe?
7. Welche Arten von Ausgleichssperren für Personenkraftfahrzeuge gibt es?
8. Wie erfolgt die Drehmomentverteilung durch eine Ausgleichssperre mit einem Sperrwert von 56 %?
9. Wie ist ein Torsen-Differenzial aufgebaut?
10. Wie wirkt die Visco-Kupplung beim Durchdrehen eines Antriebsrades?
11. Wie funktioniert das Automatische Sperrdifferenzial ASD beim Durchdrehen eines Rades?
12. Wie funktioniert das Elektronische Sperrdifferenzial EDS?
13. Wie wirkt die Haldex-Kupplung?

Automatisches Sperrdifferenzial (ASD)

Dieses elektro-hydraulisch arbeitende System ist eine Weiterentwicklung der selbstsperrenden Ausgleichsgetriebe mit Lamellenkupplungen. Beim Anfahren bzw. Beschleunigen bis 35 km/h wird das Differenzial 100 % gesperrt, sobald ein Drehzahlunterschied an den angetriebenen Rädern von mehr als 2 km/h entsteht. In diesem Bereich werden Traktion und Spurhaltung positiv beeinflusst.

Aufbau (Bild 1)

Das System besitzt folgende Baugruppen:
- Differenzial mit Ringzylinder und Lamellenkupplungen
- Ölbehälter, Ölpumpe, ASD-Hydraulikeinheit mit Druckspeicher und Magnetventil
- Radsensoren, ASD-Steuergerät, Funktions- und Störungsanzeige.

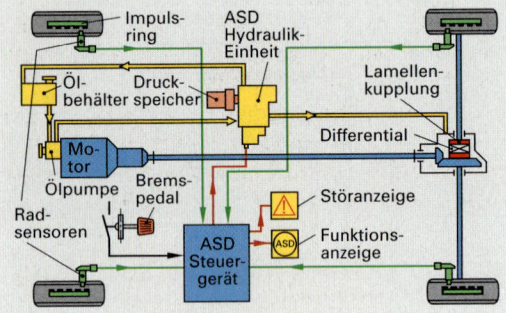

Bild 1: Systemübersicht ASD

Wirkungsweise (Bild 1)

Das Steuergerät ermittelt über Radsensoren die Geschwindigkeit der angetriebenen und nicht angetriebenen Räder. Dreht ein oder drehen beide Antriebsräder 2 km/h schneller als die nicht angetriebenen Räder, dann wird das Automatische Sperrdifferenzial bis 35 km/h Geschwindigkeit aktiviert. Die ASD-Hydraulikeinheit wird angesteuert und der Druckspeicher wird mit den Ringzylindern der Hinterachswellen verbunden. Ein Druck von etwa 30 bar wirkt auf die Ringzylinder (Bild 2) und zieht die beiden Antriebskegelräder nach außen. Dadurch erhöht sich die Anpresskraft auf die Lamellen und das Differenzial wird 100 % gesperrt. Das Eingreifen wird dem Fahrer durch die Funktionsanzeige mitgeteilt. Drehen beide Räder durch, so muss der Fahrer weniger Gas geben, damit die maximal mögliche Vortriebskraft auf die Fahrbahn übertragen werden kann und das Fahrzeug nicht schleudert.

Über einer Geschwindigkeit von 40 km/h, im Schiebebetrieb oder beim Bremsen wird die Sperre nicht aktiviert oder sie wird gelöst, damit das Fahrzeug nicht zum Schleudern neigt. Bei diesen Fahrzuständen wirken die Lamellenkupplungen wie ein Selbstsperrdifferenzial mit festgelegtem Sperrwert.

Ein im Steuergerät integriertes Diagnoseprogramm überwacht die elektrische ASD-Anlage und schaltet sie bei Defekten aus. Der Fahrer wird über die Störanzeige darüber informiert.

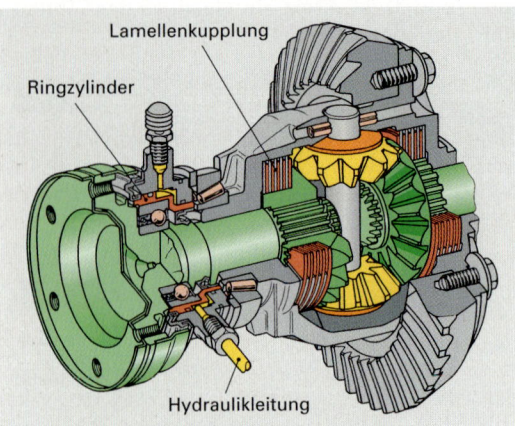

Bild 2: Automatisches Sperrdifferential

Elektronisches Sperrdifferenzial (ESD)

Dieses System ist meist mit einer ABS-Bremsanlage kombiniert. Die Sperrwirkung wird durch Bremseingriff am durchdrehenden Rad erzeugt.

Aufbau

Zu den ABS-Magnetventilen (Aus- und Einlassventil) besitzt das ESD-System (Bild 3) noch je ein Umschalt- und Sperrventil pro Antriebsrad.

Funktionsweise

Dreht ein angetriebenes Rad durch, so wird über die Drehzahlfühler dies vom Steuergerät erkannt. Es steuert die Hydraulikpumpe und das Sperrventil an. Das Sperrventil SV schließt und der von der Hydraulikpumpe P erzeugte Druck bremst das durchdrehende Rad ab. **Druckhalten.** Hierbei wird die Pumpe abgeschaltet und das Einlassventil EV geschlossen. **Druckabbau.** Dreht das Rad nicht mehr durch, so werden Einlass- und Sperrventil geöffnet und der Druck wird über den Hauptzylinder zum Ausgleichsbehälter abgebaut.

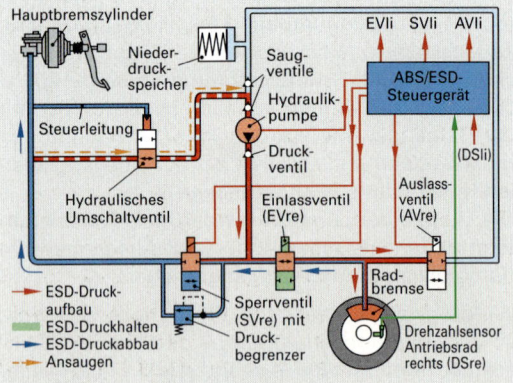

Bild 3: ESD-Bremskreis eines Rades

3.10 Allradantrieb

Ein Antriebsrad eines Kraftfahrzeugs kann nur soviel Antriebskraft F_A auf die Fahrbahn übertragen wie es die Reibungskraft zwischen Reifen und Fahrbahn $F_R = F_N \cdot \mu_H$ zulässt.

Geht man bei einem Fahrzeug von z.B. 2000 kg Gesamtgewicht aus, so wird bei gleicher Gewichtsverteilung jedes Rad mit 500 kg belastet. Dies entspricht einer Radlast von ≈ 5000 N. Auf eisglatter Fahrbahn kann z.B. jedes Rad maximal $F_A = F_R = F_N \cdot \mu_H$ = 5000 N · 0,1 = 500 N Antriebskraft übertragen. Dies ergibt für

Zweiradantrieb $F_{A\,ges}$ = 2 · 500 N = 1 000 N
Vierradantrieb $F_{A\,ges}$ = 4 · 500 N = 2 000 N

> Ein Allradfahrzeug mit 4 angetriebenen Rädern kann bei gleicher Gewichtsverteilung doppelt soviel Antriebskraft übertragen wie ein Fahrzeug mit 2 Antriebsrädern.

In **Bild 1** sind die Verhältnisse bei der Kraftübertragung zwischen Zweiradantrieb (Frontantrieb) und Allradantrieb dargestellt.

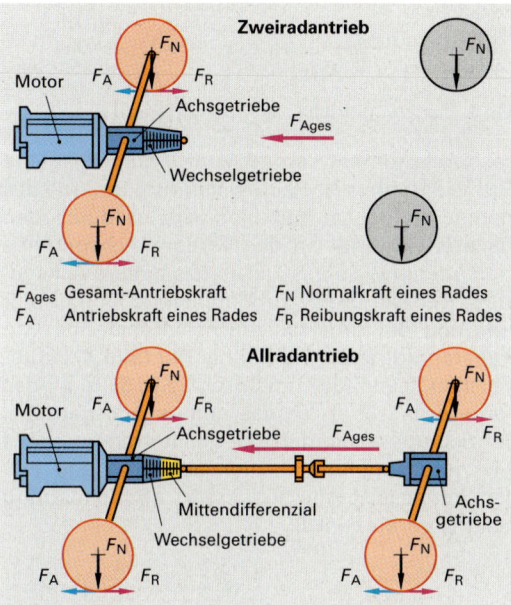

Bild 1: Kräfte bei Zweirad- und Vierradantrieb

Aufbau

Fahrzeuge mit permanentem Allradantrieb können folgende Komponenten besitzen:
- Verteilergetriebe mit Mittendifferenzial (zentrales Ausgleichsgetriebe) und Ausgleichssperre
- vorderes Achsgetriebe mit Ausgleichsgetriebe
- hinteres Achsgetriebe mit Ausgleichsgetriebe und Ausgleichssperre

Aufgaben

Verteilergetriebe. Es verteilt das vom Wechselgetriebe kommende Drehmoment z.B. zu 50 % an das vordere und 50 % an das hintere Achsgetriebe.

Mittendifferenzial. Es gleicht unterschiedliche Drehzahlen, z.B. bei Kurvenfahrt, aus. Verspannungen im Antriebsstrang werden vermieden.

Drehen die Antriebsräder einer Achse durch, so kann über eine zentrale Ausgleichssperre (Längssperre) das Mittendifferenzial gesperrt werden. Dadurch wird der Achse mit der besseren Bodenhaftung mehr Drehmoment zugeteilt.

Vorderes und hinteres Ausgleichsgetriebe.
Sie gleichen unterschiedliche Raddrehzahlen aus und verteilen das Drehmoment zu gleichen Anteilen an die Antriebsräder einer Achse.

Dreht ein Rad durch, so kann durch eine Quersperre der Ausgleich gesperrt werden und dem Rad mit der besseren Bodenhaftung mehr Drehmoment zugeteilt werden.

Um mit einem Allradfahrzeug unter allen Fahrbedingungen ein maximales Drehmoment übertragen zu können sind 3 Ausgleichssperren (2 Quersperren und 1 Längssperre) erforderlich.

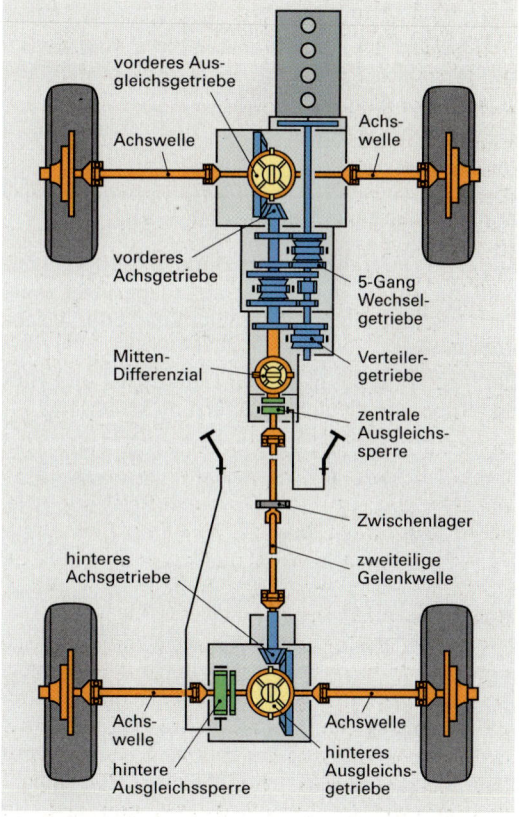

Bild 2: Fahrzeug mit permanentem Allradantrieb

Antriebsarten von Allradfahrzeugen

Zuschaltbarer Allradantrieb. Eine Achse treibt immer, die andere wird nur im Bedarfsfall als Traktionshilfe zugeschaltet.

Permanenter Allradantrieb. Alle Räder werden ständig angetrieben. Ein Mittendifferenzial zum Ausgleich unterschiedlicher Raddrehzahlen zwischen Vorder- und Hinterachse ist erforderlich.

Mittendifferenziale, Verteilergetriebe

Fahrzeuge mit Allradantrieb unterscheiden sich durch die zwischen dem vorderen und hinteren Achsgetriebe eingebauten Mittendifferenziale bzw. Verteilergetriebe **(Bild 1)**.

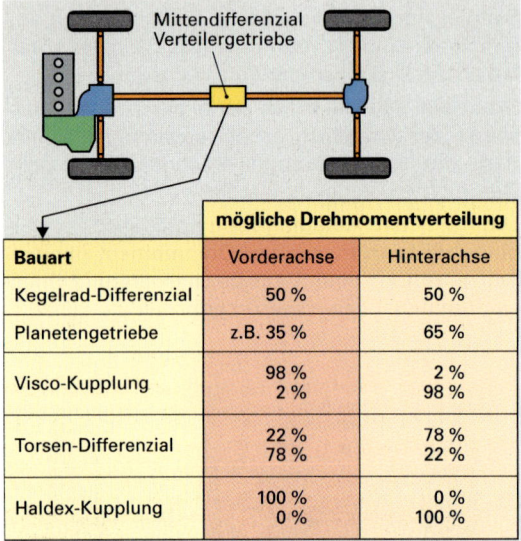

Bauart	mögliche Drehmomentverteilung	
	Vorderachse	Hinterachse
Kegelrad-Differenzial	50 %	50 %
Planetengetriebe	z.B. 35 %	65 %
Visco-Kupplung	98 % 2 %	2 % 98 %
Torsen-Differenzial	22 % 78 %	78 % 22 %
Haldex-Kupplung	100 % 0 %	0 % 100 %

Bild 1: Mittendifferenziale, Verteilergetriebe

Kegelrad-Differenziale und Planetengetriebe können mit zusätzlichen Sperren ausgerüstet werden, z.B. mit einer Klauenkupplung oder Visco-Kupplung.

Bei Visco-Kupplung, Torsen-Differenzial und Haldex-Kupplung erfolgt die Sperrung selbsttätig.

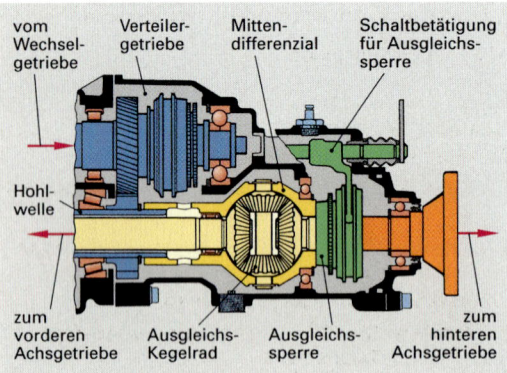

Bild 2: Kegelrad-Mittendifferenzial

Kegelrad-Mittendifferenzial (Bild 2). Es gleicht durch die Ausgleichskegelräder unterschiedliche Drehzahlen der Antriebsräder aus und verteilt das vom Wechselgetriebe kommende Drehmoment konstant mit 50 % an das hintere Achsgetriebe und 50 % an das vordere Achsgetriebe. Ein Kegelrad-Differenzial kann z.B. mit einer Klauenkupplung gesperrt werden (Bild 2).

Planetenrad-Mittendifferenzial (Bild 3). Es gleicht unterschiedliche Drehzahlen der Vorder- und Hinterräder aus und verteilt das Drehmoment mit einem konstanten Verhältnis an die Achsgetriebe der Vorder- und Hinterachse.

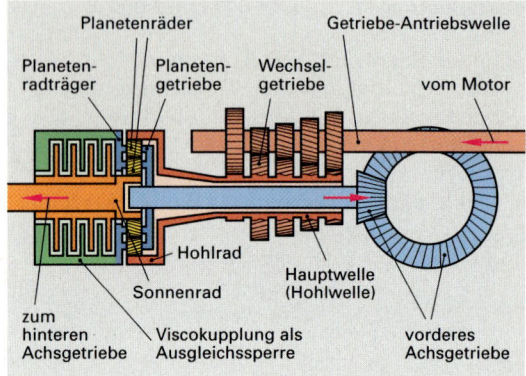

Bild 3: Planetengetriebe als Mittendifferenzial

Das Drehmoment kommt vom Wechselgetriebe über die Hohlwelle (Hauptwelle) zum Hohlrad des Planetengetriebes. Von hier wird es durch den Planetenradträger an das vordere Achsgetriebe und durch das Sonnenrad an das hintere Achsgetriebe verteilt. Die Drehmomentverteilung erfolgt aufgrund der unterschiedlichen Hebelarme von Planetenradträger und Sonnenrad **(Bild 4)** zu ungleichen Teilen (asymmetrisch), z.B. 65 % an das vordere und 35 % an das hintere Achsgetriebe. Bei Schlupf an Vorder- oder Hinterrädern sperrt die Visco-Kupplung traktionsabhängig und teilt der Antriebsseite mit der besseren Bodenhaftung mehr Drehmoment zu.

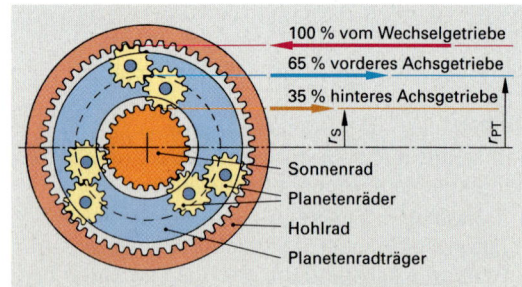

Bild 4: Drehmomentverteilung durch ein Planetenradgetriebe

Visco-Kupplung. Sie verteilt das Drehmoment schlupfabhängig an die Achsgetriebe, gleicht unterschiedliche Achsgetriebedrehzahlen aus und wirkt traktionsabhängig selbsttätig als Ausgleichssperre.

Die Visco-Kupplung kann z.B. vor dem hinteren Achsgetriebe angeordnet sein **(Bild 1)**.

Bei normaler Bodenhaftung wird dem vorderen Achsgetriebe der Hauptteil (ca. 98 %) des Antriebsdrehmomentes zugeteilt. Sobald an den vorderen Antriebsrädern Schlupf auftritt, sperrt die Visco-Kupplung den Drehzahlausgleich und teilt den Hinterrädern mehr Drehmoment zu.

Der Sperrwert einer Visco-Kupplung ist variabel, er kann zwischen 2 % und 98 % betragen.

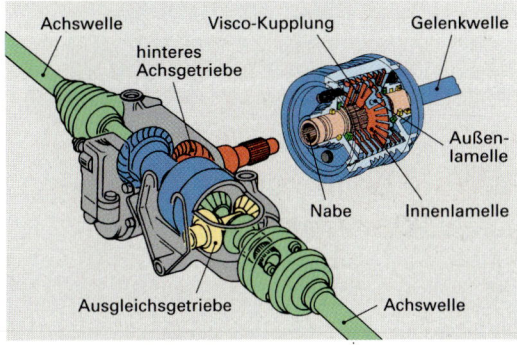

Bild 1: Visco-Kupplung

Torsen-Verteiler-Differenzial (Bild 2). Es verteilt das Drehmoment im Normalfall zu gleichen Anteilen (symmetrisch) an die vorderen und hinteren Antriebsachsen, gleicht als Mittendifferenzial unterschiedliche Achsgetriebedrehzahlen aus und wirkt traktionsabhängig selbsttätig als Ausgleichssperre. Tritt an den Rädern einer Antriebsachse Schlupf auf, wird der Drehzahlausgleich teilweise gesperrt und den Rädern der Antriebsachse mit der besseren Bodenhaftung mehr Drehmoment zugeteilt.

Der Sperrwert kann z.B. 56 % betragen.

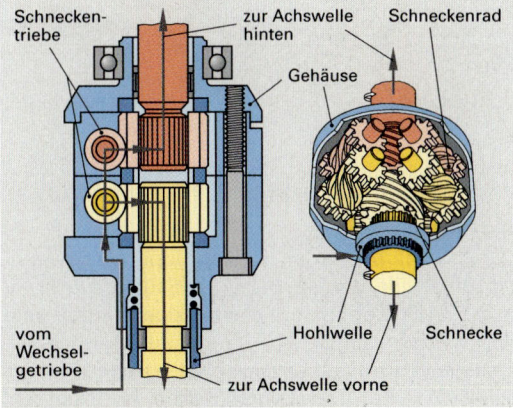

Bild 2: Torsen-Verteiler-Differenzial

Haldex-Kupplung. Mit ihr werden Drehmomentverteilung, Drehzahlausgleich und Sperrung des Drehzahlausgleichs zwischen dem vorderen und hinteren Achsgetriebe elektronisch gesteuert.

Im Normalfall erhält die Vorderachse 100 % und die Hinterachse 0 % des Antriebsdrehmomentes.

Wirkungsweise. Bei Drehzahlunterschieden zwischen der Vorder- und Hinterachse wird den Antriebsrädern der Achse mit der besseren Bodenhaftung mehr Drehmoment zugeteilt.

Dazu wird durch die elektronische Steuereinheit das Regelventil so beeinflusst, dass der Druck auf das Lamellenpaket anhand von Kennfeldern stufenlos eingestellt werden kann.

Der Sperrwert kann zwischen 0 % und 100 % variiert werden.

Merkmale. Die Haldex-Kupplung
– reagiert sehr schnell
– öffnet beim Betätigen des Bremspedals sowie bei ABS- und ESP-Regelbetrieb
– schließt bei ESD- und ASR-Regelbetrieb schlupfabhängig
– benötigt keine eigenen Sensoren, da Sensorsignale von ABS, ESD, ASR und ESP über den CAN-Bus verwendet werden können
– hat beim Rangieren keine Verspannungen im Antriebsstrang und kann mit angehobener Achse geschleppt werden.

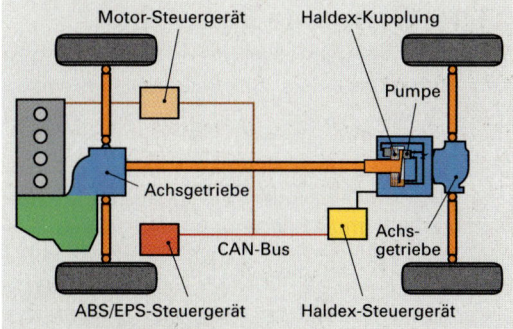

Bild 3: Haldex-Kupplung

> **WIEDERHOLUNGSFRAGEN**
>
> 1. Welche Vorteile hat der Allradantrieb?
> 2. Nennen Sie Komponenten eines Fahrzeugs mit permanentem Allradantrieb.
> 3. Welche Aufgaben hat das Verteilergetriebe mit integriertem Mittendifferenzial?
> 4. Wie funktioniert die Visco-Kupplung?
> 5. Erklären Sie die Wirkungsweise eines Torsen-Verteiler-Differenzials.
> 6. Wie funktioniert die Haldex-Kupplung?

4 Fahrwerk

Zum Fahrwerk eines Kraftfahrzeugs gehören:
- Fahrzeugaufbau
- Federung
- Radaufhängung
- Lenkung
- Bremsen
- Räder mit Bereifung.

4.1 Fahrzeugaufbau (Karosserie)

Unter dem Fahrzeugaufbau versteht man die zum Fahrwerk gehörende Tragkonstruktion an dem die einzelnen Teilsätze wie Motor, Lenkung, Federung, Achsen usw. befestigt sind.

Karosseriebauformen. Man unterscheidet z. B im Pkw-Bereich zwischen

- Limousine
- Kabrio-Limousine
- Coupé
- Pullman-Limousine
- Kombi
- Kabriolett
- Mehrzweck-Pkw
- Spezial-Pkw, z.B. Wohnmobil.

Karosseriebauweisen. Bezüglich des Fahrzeugaufbaus wird unterschieden in
- getrennte Bauweise
- mittragende Bauweise
- selbsttragende Bauweise.

4.1.1 Getrennte Bauweise

Dabei wird der Fahrzeugaufbau auf einen Rahmen **(Bild 1)** montiert. Die weiteren Fahrwerksgruppen wie Achsen, Lenkung usw. werden ebenfalls am Rahmen befestigt. Diese Bauweise findet aufgrund ihrer Flexibilität heute fast ausschließlich im Nutzkraftfahrzeugbau, bei Geländewagen und im Anhängerbau Anwendung.

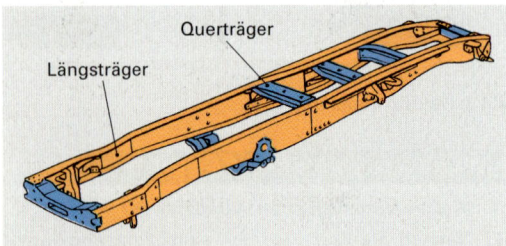

Bild 1: Leiterrahmen

Als Rahmenbauform wird überwiegend der Leiterrahmen verwendet. Zwei Längsträger sind dabei mit mehreren Querträgern (Traversen) vernietet, verschraubt oder verschweißt. Die verwendeten Stahlträger mit offenem Profil (U-Profil, L-Profil) oder geschlossenem Profil (Rund-, Rechteckprofil) ergeben einen Rahmen mit großer Biegesteifigkeit, großer Verwindungselastizität und hoher Tragkraft.

4.1.2 Mittragende Bauweise

Meist werden dabei ein Vorder- und ein Hinterrahmen mit einer im mittleren Teil selbsttragenden Karosserie verschraubt **(Bild 2)**.

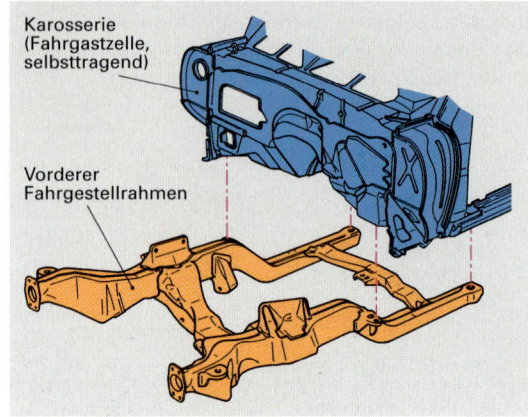

Bild 2: Mittragender Fahrgestellrahmen

4.1.3 Selbsttragende Bauweise

Die selbsttragende Bauweise wird bei Personenkraftwagen und bei Omnibussen verwendet.
Bei Personenkraftwagen wird der Rahmen durch eine Bodengruppe ersetzt, die neben den tragenden Teilen wie Motorträger, Längsträger, Querträger auch Kofferraumboden und Radkästen enthält **(Bild 3)**.

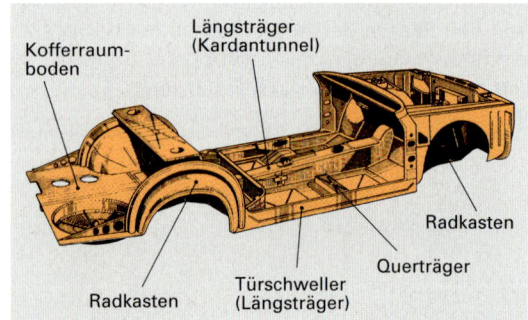

Bild 3: Bodengruppe

Durch weitere mit der Bodengruppe verschweißten Blechteile wie A-, B-, C-, D-Säulen, Dachrahmen, Dach, Kotflügel und eingeklebte Front- und Heckscheiben ergibt sich eine selbsttragende Karosserie in Schalenbauweise **(Bild 1, Seite 433)**. Dabei wird die Karosserie durch Sicken, Absetzungen, geschlossene Profile und Außenflächen stabilisiert.

Fahrzeugaufbau 4 Fahrwerk

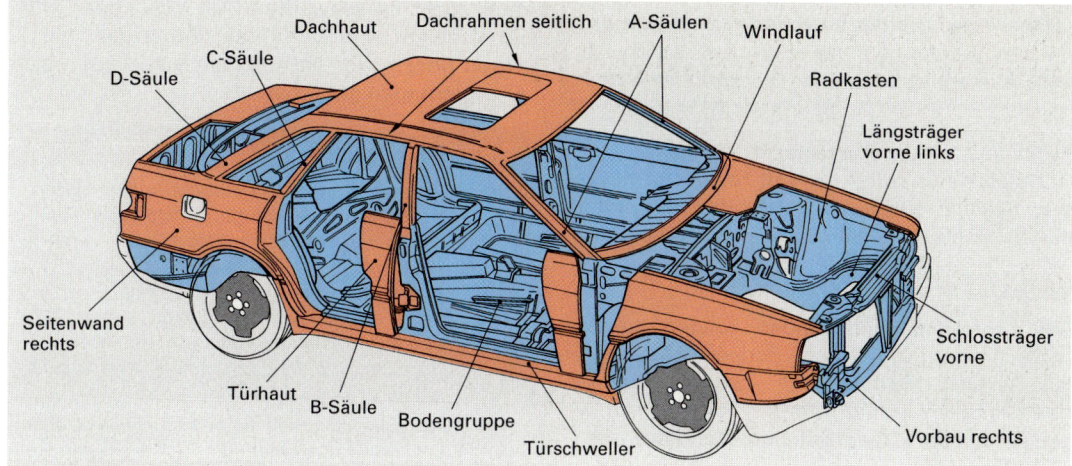

Bild 1: Selbsttragende Karosserie in Schalenbauweise

Neben der Schalenbauweise findet auch die Gerippebauweise Anwendung.

Gerippebauweise. Sie wird häufig auch als Gitterrahmenbauweise bezeichnet. Ein fachwerkartiges Stabsystem bildet dabei die primär tragende Funktion der Karosserie. Die Außenflächen können mittragende Funktion haben. Diese Bauweise wird z. B. bei Pkw-Konstruktionen **(Bild 2)** mit Aluminiumkarosserie verwendet. Verschieden geformte Strangpress- und Aluminiumblechprofile bilden dabei die Rahmenstruktur, die durch Gussknoten an hoch beanspruchten Stellen verbunden werden.

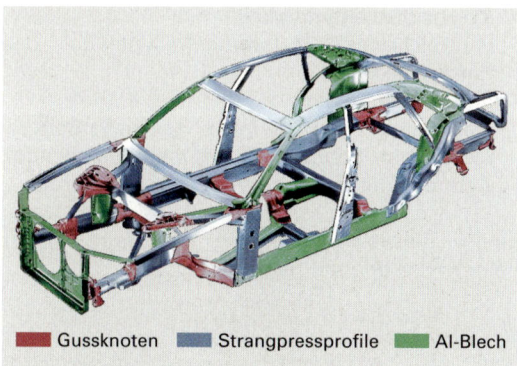

Bild 2: Gitterrahmen („Space-frame") einer Pkw-Karosserie aus Aluminium

Bei Reparaturen an selbsttragenden Karosserien sind die Herstellervorschriften genau einzuhalten. Durch Verwendung falscher Materialien, falscher Reparaturmethoden, durch Hinzufügen oder Weglassen von Bauteilen wird die Stabilität der Karosserie verändert und damit die Fahrzeugsicherheit bei Unfällen vermindert.

4.1.4 Werkstoffe im Karosseriebau

Als Werkstoffe werden vorwiegend Stahlbleche, verzinkte Stahlbleche, Aluminiumbleche, sowie Profile aus diesen Werkstoffen und Kunststoffe verwendet.

Stahlblech
Selbsttragende Fahrzeugkarosserien werden überwiegend aus höherfesten und hochfesten Stahlblechformteilen hergestellt **(Bild 3)**. Höherfeste Karosseriebleche haben eine Streckgrenze bis ca. 400 N/mm², während bei normalen Karosserieblechen der Wert bei ca. 180 N/mm² liegt. Die Blechdicken variieren von 0,5 mm bis zu 2 mm. Blechzuschnitte unterschiedlicher Festigkeit und Dicke **(Tailored Blanks)** werden entsprechend der Anforderungen zu Platinen (= komplettes Karosserieteil, z. B. Seitenteil), verschweißt.

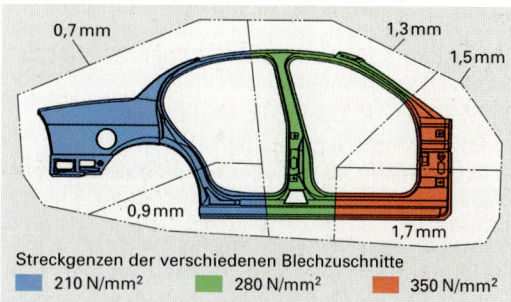

Bild 3: Verwendung von höherfesten Stahlblechen an einem Karosserieseitenteil

Rückverformen höherfester Stahlbleche. Sie lassen sich schwerer Rückverformen und haben ein stärkeres Rückfederverhalten. Beim Übergang vom normalfestem Stahlblech zum höherfestem Stahlblech können beim Rückverformen zusätzliche Verankerungen an den normalfesten Stahlblechen erforderlich werden, um eventuelle unerwünschte Verformungen zu vermeiden.

> Höherfeste Stahlbleche sollen nicht warm gerichtet werden, da sie zum Teil schon ab 400 °C mehr als 50 % ihrer Festigkeit verlieren.

Rückverformen normalfester Stahlbleche. Normalerweise sollen sie kalt rückverformt werden. Besteht jedoch die Gefahr der Rissbildung, dürfen sie bis maximal 700 °C erwämt werden.

Verzinktes Stahlblech

Aus Korrosionsschutzgründen können Karosseriebleche verzinkt werden. Bodenbleche werden feuerverzinkt. Bei Blechen für die Karosserieaußenhaut wird das galvanische Verzinken, wegen der höheren Oberflächengüte, angewendet.

ARBEITSHINWEISE
- Beim Schweißen von Zink muss das giftige Zinkoxid abgesaugt werden.
- Widerstandspunktschweißverfahren sind anderen Verfahren vorzuziehen, da sich um den Schweißpunkt wieder ein schützender Zinkring bildet.
- Überlappungsbereiche sind vor dem Schweißen mit zinkhaltigen Farben (Zinkstaubfarbe) anzustreichen.
- Bei Neuteilen ist darauf zu achten, dass die Zinkschicht nicht zerstört wird.

Aluminium

Aluminium wird nur als Legierung im Karosseriebau angewendet (Legierungsbestandteile sind hauptsächlich Silizium und Magnesium). Je nach Formgebung und Beanspruchung werden bei Aluminium-Karosserieteilen folgende Herstellungsverfahren angewendet:
- Pressen, z. B. Dachhaut, Motorhaube
- Strangpressen, z. B. Gitterrahmen
- Druckgießen, z. B. Federbeinaufnahme, Gussknoten.

Während Pressteile und Strangpressprofile zum Teil durch Rückverformen repariert werden können, ist dies bei Druckgussteilen nicht möglich.

Eigenschaften. Aluminiumlegierungen verlieren ab ca. 180 °C Erwärmung deutlich an Festigkeit. Kommen sie mit anderen Materialien in Verbindung, z. B. Stahl, so kommt es beim Vorhandensein eines Elektrolyten zur elektrochemischen Korrosion. Die Oberfläche von Aluminium bildet eine dichte Oxidschicht, die einen hohen elektrischen Widerstand hat. Aluminium ist deshalb mit werkstattüblichen Widerstandspunktschweissgeräten nicht zu schweißen. Mit WIG- oder MIG-Schutzgas-Schweißverfahren (Schutzgas: 100 % Argon oder Argon-Helium-Gemisch) lassen sich Al-Legierungen gut schweißen.

ARBEITSHINWEISE
- Wegen der möglichen Kontaktkorrosion dürfen
  - Bearbeitungswerkzeuge für die Aluminiumkarosserie nicht für andere Metalle verwendet werden
  - Drahtbürsten nur aus Edelstahl sein
  - bei verschiedenen Fügetechniken, z.B. Schrauben, Nieten nur die vom Hersteller freigegebenen Verbindungselemente verwendet werden.
- Karosserieteile sollen beim Richten nicht über 120 °C erwärmt werden, um Festigkeitsverluste auszuschließen.
- Schweiß- und Richtarbeiten dürfen nur von speziell geschultem Personal durchgeführt werden.
- Aluminiumbleche dürfen nicht verzinnt werden, da sich aufgrund elektrochemischer Reaktionen Risse bilden können
- Wegen Gesundheitsgefährdung und Verpuffungsgefahr muss Al-Schleifstaub sofort abgesaugt werden.

Kunststoff

Aus folgenden Gründen werden Kunststoffe im Karosseriebau eingesetzt:
- Geringes spezifisches Gewicht und damit erhebliche Gewichtseinsparung
- Korrosionsbeständigkeit
- weitreichende Gestaltungsfreiheit bei der Formgebung
- stoßunempfindlich
- Herstellung von Bauteilen ohne Nacharbeit
- sie sind im Schadensfalle bei entsprechender Kenntnis mit geringem Aufwand reparierbar.

Einige Einsatzmöglichkeiten von Kunststoffen beim Karosseriebau zeigt **Bild 1**.

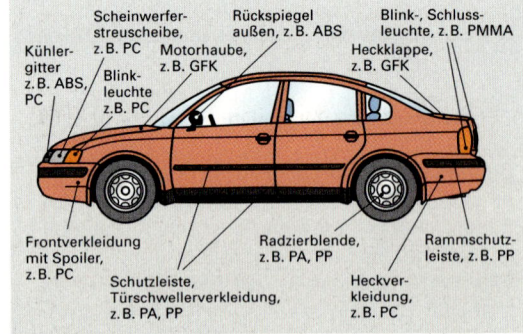

Bild 1: Beispiele für Karosserieteile aus Kunststoff

Reparatur von Kunststoff

Kunststoffteile können durch Schweißen, Laminieren oder Kleben mit 2-Komponenten Reparaturmaterialien instandgesetzt werden.

Schweißen. Dieses Verfahren ist nur bei thermoplastischen Kunststoffen anwendbar wie z.B. PA, PC, PE, PP, ABS, ABS/PC (Begriffserklärung siehe Kapitel 3.6, **Seite 112**).

Laminieren (Bild 1). Dabei werden z. B. Löcher mit Hilfe von Glasfasermatten (GFK) und Harz (Polyester-Harz; Epoxy-Harz) mit Härter repariert. Die Schadstelle ist dabei so anzuschrägen, dass zwischen jeder Glasfasermattenlage und dem Originalteil eine Verbindung entstehen kann. Gegebenenfalls ist die Schadstelle vor dem Laminieren mit einer Verstärkerlage zu versehen.

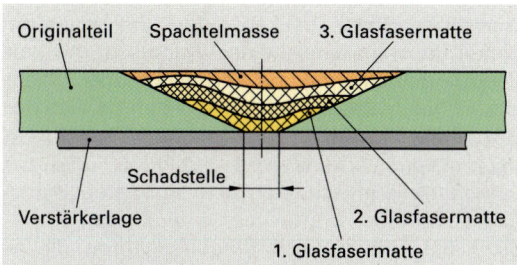

Bild 1: Aufbau einer GFK-Reparaturstelle mit Verstärkerlage

Kleben mit 2-Komponenten-Reparaturmaterialien

Je nach verwendetem Reparaturmaterial, können ohne Identifizierung des zu reparierenden Kunststoffes Löcher, Risse und Schrammen ausgebessert werden. Die Basis bildet dabei z. B. ein 2-Komponenten-Polyurethankleber in einer Doppelkartusche, der über ein Zwangsmischrohr im richtigen Verhältnis gemischt wird. Der Kleber wird auf die gereinigte und vorbereitete Schadstelle aufgetragen. Anschließend kann die Klebestelle mit einem Heizstrahler erwärmt werden. Sie härtet dadurch schneller aus. Danach erfolgt die Weiterbehandlung der Reparaturstelle durch Schleifen und Lackaufbau.

4.1.5 Sicherheit im Fahrzeugbau

Laut Statistik verloren in den Ländern der Europäischen Gemeinschaft 1996 rd. 40 000 Menschen ihr Leben und 1,67 Millionen wurden verletzt. Konstruktive Maßnahmen an Fahrzeugen sollen deshalb die Unfallrisiken möglichst klein halten. Man unterscheidet beim Fahrzeug zwei Sicherheitsbereiche: Die aktive und die passive Sicherheit.

Aktive Sicherheit

> Unter aktiver Sicherheit versteht man die konstruktiven Maßnahmen am Fahrzeug, die helfen, Unfälle zu vermeiden.

Die aktive Sicherheit lässt sich in vier Bereiche gliedern.

Fahrsicherheit, z. B. durch
- neutrales Fahrverhalten in Kurven
- stabiler Geradeauslauf des Fahrzeugs
- leichtgängige und präzise Lenkung
- größtmögliche Bremsverzögerung ohne Blockieren der Räder (ABS)
- eine mit der Radaufhängung optimal abgestimmte Federung und Dämpfung
- Antriebsschlupfregelung (ASR, FDR, ESP).

Wahrnehmungssicherheit, z. B. durch
- große Scheiben
- abblendbaren Rückspiegel
- Scheinwerfer die für eine gute Fahrbahnausleuchtung sorgen
- akustische Warneinrichtungen
- heizbare Scheiben und Außenspiegel.

Konditionssicherheit, z. B. durch
- ergonomische Fahrersitzgestaltung
- komfortable Federung
- gute Innenraumbelüftung, Klimaanlage
- Geräuschdämmung.

Bedienungssicherheit, z. B. durch
- übersichtliche Anordnung von Schaltern, Kontrollleuchten und Instrumenten
- fahrergerecht gestaltetes Pedalwerk.

Passive Sicherheit

> Unter passiver Sicherheit versteht man die konstruktiven Maßnahmen am Fahrzeug, die bei einem Unfall das Verletzungs- und das Tötungsrisiko (Unfallfolgen) für die Verkehrsteilnehmer möglichst gering halten.

Man unterscheidet äußere und innere Sicherheitszone.

Äußere Sicherheitszone

Sie umfasst im wesentlichen Maßnahmen bezüglich
- des Deformationsverhaltens der Karosserie
- der Festigkeit der Fahrgastzelle
- des Brandschutzes
- der Insassenbefreiung
- des Verletzungsrisikos von am Unfall beteiligten Verkehrsteilnehmern außerhalb des Fahrzeugs.

Aus Unfallanalysen (**Bild 1**) ergibt sich, dass Frontalunfälle mit 60 % ... 65 % und Seitenaufprallunfälle mit 20 % ... 25 % die häufigste Ursache von Personenverletzungen darstellen.

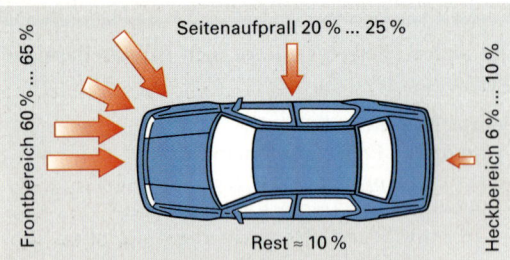

Bild 1: Unfallverteilung auf Kollisionsarten mit Personenverletzungen

Aufgrund der Unfallanalysen werden durch Computerberechnungen und definierte Crashversuche (**Bild 2**) das Verhalten der Karosserie und die Auswirkungen auf die Unfallbeteiligten untersucht. Aus den Ergebnissen wird so der günstigste Fahrzeugaufbau ermittelt. Ein standardisierter Test ist z. B. der Frontalaufprall eines Fahrzeugs mit rund 50 km/h auf ein feststehendes Hindernis. Damit die Fahrzeuginsassen dabei keinen zu kritischen Verzögerungswerten ausgesetzt werden, wird die Bewegungsenergie (kinetische Energie) über Knautschzonen in eine gezielte Formänderung (Verformungsenergie) umgewandelt.

Bild 2: Seitlich versetzter Frontalzusammenstoß (≈ 50 % Überdeckung, Offset)

Sicherheitskarosserie (Bild 3). Sie besteht aus einer stabilen Fahrgastzelle und Knautschzonen im Front- und Heckbereich. Auch bei schweren Unfällen behält die Fahrgastzelle ihre Form und ermöglicht so ein Überleben der Insassen.

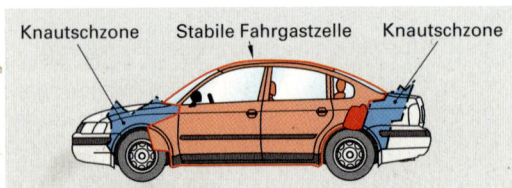

Bild 3: Sicherheitskarosserie

Im Bereich der **Knautschzonen** werden Längs- oder Seitenträger eingesetzt, die sich z. B. bei Frontalunfällen zunächt im vorderen unteren Karosseriebereich durch vorbestimmtes Falten verformen (**Bild 4**). Erst bei schweren Unfällen werden auch die hinteren Bereiche der Karosserie zur Energieumwandlung verwendet.

Bild 4: Knautschverhalten eines vorderen Längsträgers

Gürtellinie (Bild 5). Bei Fahrzeugen, bei denen die herkömmlichen Bereiche der „Knautschzone" zur Energieumwandlung bei Frontalunfällen nicht ausreichen, werden auch Teile, die im Bereich der Gürtellinie liegen, zur definierten Verformung herangezogen. Damit wird verhindert, dass die Fahrgastzelle im vorderen Bereich zu stark deformiert wird. Die Gürtellinie verläuft vom Frontblech über die obere Kotflügelaufnahme, die A-Säule, die Türverstärkungsleiste, B-Säule und je nach Konstruktion zur C-Säule. Durch diese konstruktiven Maßnahmen zeigen sich nach einem Unfall oberhalb der Bodengruppe deutlich mehr Verformungen.

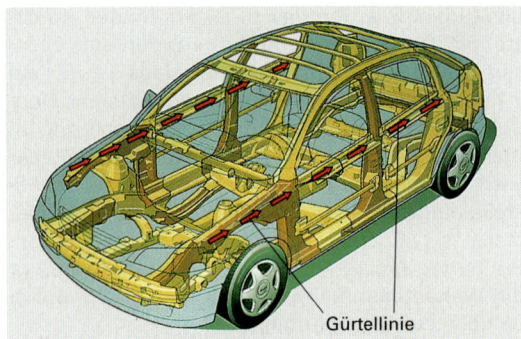

Bild 5: Verformungsweg im Bereich der Gürtellinie

Seitenaufprallschutz (Bild 1, Seite 437). Durch Verstrebungen im Türbereich, Querträger zwischen den beiden A-Säulen in Höhe der Instrumententafel, Versteifungen des Türschwellers, der B- und der C-Säule und Querträger im Bodenbereich lässt sich das Deformationsverhalten der Karosserie bei Seitenunfällen so beeinflussen, dass die Insassen besser vor Verletzungen geschützt sind.

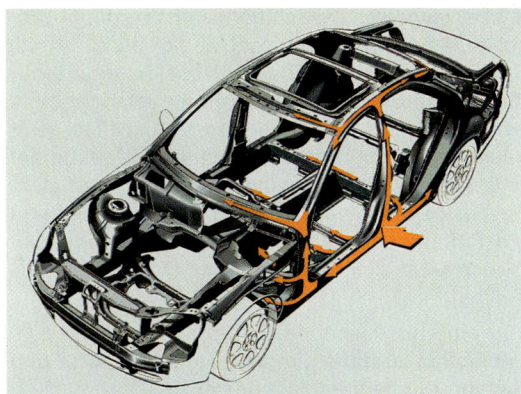

Bild 1: Trägerstruktur mit Kraftverlauf bei Seitenaufprall

Türen und Türschlösser. Sie dürfen sich beim Aufprall nicht öffnen, müssen aber nach dem Unfall ohne Werkzeug von innen und außen zu öffnen sein.

Kraftstoffbehälter. Er wird stoßgesichert meist über der Hinterachse eingebaut. Einfüllstutzen und Kraftstoffleitungen müssen so verlegt sein, dass bei schweren Unfällen und Überschlägen der Kraftstoff nicht auslaufen kann.

Verletzungsrisiko für Fußgänger und Zweiradfahrer. Es kann durch folgende Maßnahmen vermindert werden:
- Runde in die Karosserie integrierte Stoßfänger
- versenkte Türgriffe, Scheibenwischer und Regenrinnen
- Verwendung von verformbaren Material im Frontbereich (Soft face).

Innere Sicherheitszone

> Sie vermindert das Verletzungsrisiko im Innenraum der Fahrgastzelle durch Rückhaltesysteme und Aufprallschutzmaßnahmen.

Sicherheitsgurte und Gurtstraffer. Um einen leichteren Unfall unverletzt zu überstehen oder bei einem schwereren Unfall zu überleben, müssen Fahrzeuginsassen angegurtet sein. So wirken bei einem Frontalaufprall aus 50 km/h, trotz Knautschzone, 30 g bis 50 g Verzögerung (1 g = 9,81 m/s^2) auf die Fahrzeuginsassen. Dies würde bei einer 70 kg schweren Person eine Abstützkraft von ca. 30 kN erfordern. Sind die Fahrzeuginsassen nicht angegurtet, so prallen sie auf den abgebremsten Innenraum (Lenkrad, Instrumententafel, Frontscheibe). Voraussetzung für die beste Wirksamkeit des Gurtes ist, dass die Gurtkräfte vom Brustbein und vom Becken aufgenommen werden können. Dabei muss der Gurt so fest wie möglich anliegen. Dies wird durch **Dreipunktgurte** erreicht.

Gurtstraffer (Bild 2). Er bewirkt ein optimales Anliegen des Gurtes und verhindert die sogenannte Gurtlose. Darunter versteht man den Weg des Gurtbandes bis dieses fest am Körper anliegt. Bei Auslösung eines Gurtstraffersystems wird das Gurtband bis zu 200 mm angezogen. Gurtstraffer arbeiten mit Explosivstoffen (pyrotechnisch) oder mechanisch. Die Auslösung von Gurtstraffersystemen erfolgt nur bei Frontalunfällen bis ± 30° zur Fahrzeuglängsachse.

Wirkungsweise (Bild 2). Bei dem mit Explosivstoff arbeitenden Gurtstraffer werden durch einen Beschleunigungssensor die Verzögerungswerte erfasst. Ist die Verzögerung größer als **2 g** (heute üblicher Wert), d. h. die Geschwindigkeitsabnahme ist größer als 15 km/h innerhalb einer Sekunde, so wird entweder durch einen Sensor ein Stromkreis geschlossen, der über eine Zündpille einen Treibsatz zündet, oder der Sensor gibt ein Spannungssignal an ein Auslösesteuergerät. Durch Vergleich des Sensorsignals mit gespeicherten Kennfeldern erkennt das Steuergerät kritische Verzögerungswerte und bewirkt über einen elektrischen Impuls, die Zündung des Treibsatzes durch die Zündpille. Dadurch wird ein Kolben in einem Zylinder nach oben bewegt und ein am Kolben befestigtes Drahtseil spannt über die Aufrollvorrichtung den Sicherheitsgurt.

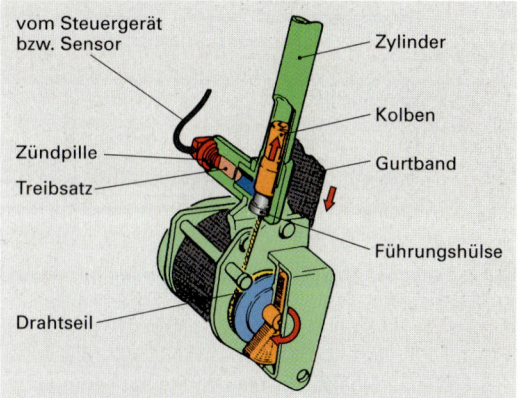

Bild 2: Mit Explosivstoff (pyrotechnisch) arbeitender Gurtstraffer

Bei mechanisch arbeitenden Systemen bewirkt eine vorgespannte Feder, die sich durch einen Ausklinkmechanismus entspannen kann, über einen Seilzug eine Gurtstraffung.

> Gurtstraffsysteme sind nach einmaliger Auslösung unwirksam und müssen ausgetauscht werden. Bei der Fahrzeugentsorgung müssen sie entsprechend der Herstellervorschrift von fachlich qualifiziertem Personal ausgelöst und somit unwirksam gemacht werden.

Airbag (Bild 1). Eine weitere Aufprallschutzmaßnahme ist der Airbag. Er wird sowohl im Frontbereich des Fahrzeuginnnenraumes wie auch an der Seite und im Kopfbereich als Fahrer- und Beifahrerschutz eingesetzt.

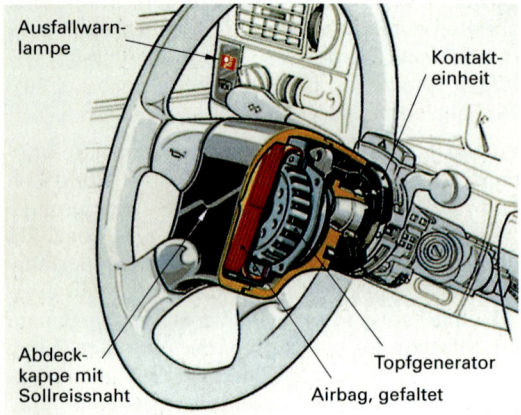

Bild 1: Fahrerairbagsystem im Teilschnitt

Wirkungsweise: Verschieden angeordnete Beschleunigungssensoren geben je nach Unfall, Spannungssignale an das Auslösesteuergerät für die Airbags. Werden bestimmte Verzögerungswerte erreicht, so zündet ein vom Steuergerät ausgelöster elektrischer Impuls die Treibsätze der entsprechenden Airbags. Wird das Airbagsystem bei einem Unfall vom Bordnetz getrennt, so sorgt ein Pufferkondensator für den Zündimpuls. Der Airbag bläst sich innerhalb von 45 ms bis 50 ms voll auf.

Um eine ausreichende Schutzwirkung bei Frontalunfällen zu haben, müssen jedoch Fahrer und Beifahrer unbedingt angegurtet sein.

In **Bild 2** ist der zeitliche Ablauf der Funktion eines Fahrerairbags bei einem Frontalcrash in Verbindung mit einem Dreipunktgurt dargestellt. Der gesamte Vorgang von Unfallbeginn, Airbagzündung, Airbagentfaltung und Entweichen des komprimierten Gasgemisches nimmt nur eine Zeit von rund 150 ms in Anspruch.

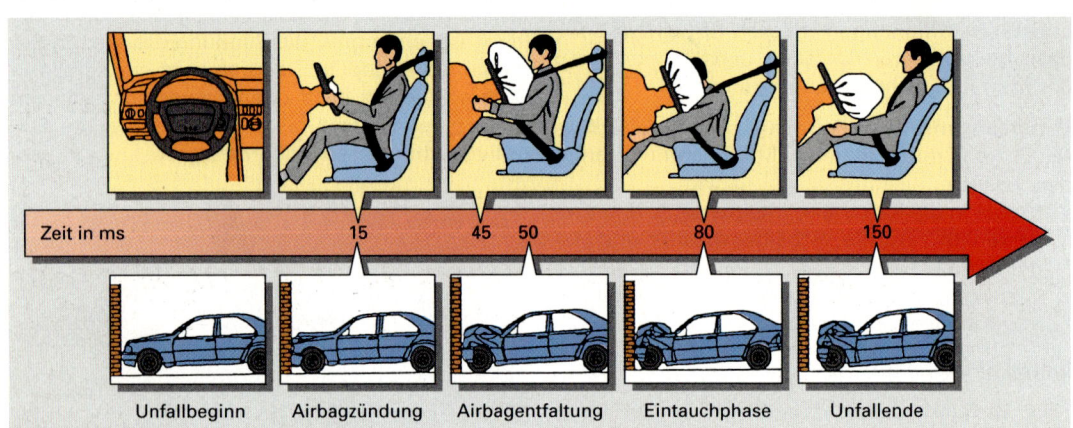

Bild 2: Zeitlicher Ablauf einer Airbagfunktion bei einem Frontalcrash

Sicherheitsvorschriften für Airbag- und pyrotechnisch arbeitende Gurtstraffersysteme

- Prüf- und Montagearbeiten dürfen nur von qualifiziertem Personal durchgeführt werden. Bei Arbeiten am Airbag- und Gurtstraffersystem ist die Batterie abzuklemmen und zur Entladung des Pufferkondensators 5 Minuten bis 20 Minuten, je nach Herstellervorschrift, zu warten.
- Bei Arbeitsunterbrechung dürfen Airbag- und Gurtstraffereinheiten nicht unbeaufsichtigt bleiben.
- Airbag-Einzelkomponenten dürfen nicht repariert werden.
- Ausgebaute Airbageinheiten stets so lagern, dass die Austrittsfläche des Airbags nach oben zeigt.
- Airbag- und Gurtstraffereinheiten dürfen keinen Temperaturen über 100 °C ausgesetzt werden und müssen, z. B. bei Karosseriereparaturen, vor Funkenflug geschützt werden.
- Neue Airbag- und Gurtstraffereinheiten die aus größeren Höhen (ca. 0,5 m) heruntergefallen sind, dürfen nicht in das Fahrzeug montiert werden.
- Airbag- und Gurtstraffereinheiten sind nach einmaliger Auslösung unwirksam und müssen erneuert werden.
- Wird ein Fahrzeug verschrottet, sind die Airbag- und Gurtstraffer-Gasgeneratoren bei geschlossener Fahrzeugtüren mit einer vom jeweiligen Hersteller vorgeschriebenen Zündvorrichtung von außen zu zünden. Dabei ist ein vorgeschriebener Sicherheitsabstand (derzeit 10 m) einzuhalten.

Sicherheitslenksäule (Bild 1, Bild 2). Sie soll bei Frontalunfällen ein Eindringen der Lenksäule in den Fahrzeuginnenraum verhindern. Sicherheitslenksäulen sind so aufgebaut, dass sie sich bei Unfällen verformen, abknicken oder ineinanderschieben.

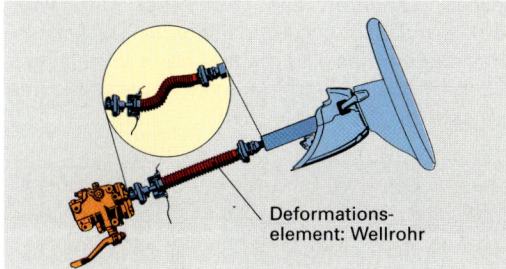

Bild 1: Sicherheitslenksäule mit Wellrohr

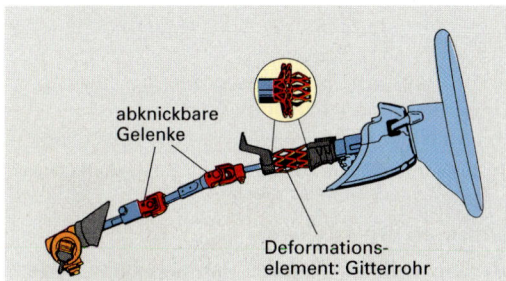

Bild 2: Sicherheitslenksäule mit Gitterrohr und abknickbaren Gelenken

Sicherheitsglas. Man unterscheidet das Einscheiben-Sicherheitsglas (ESG) und das Verbund-Sicherheitsglas (VSG).

Einscheiben-Sicherheitsglas. Diese Verglasung wird für Seitenscheiben und Heckscheiben verwendet. Aufgrund der Vorspannung des Glases, die durch schnelle Abkühlung erreicht wurde, entstehen bei Bruch stumpfkantige Glaskrümel. Das Glas zerbricht in seiner gesamten Fläche, wodurch es als Frontscheibenverglasung aus folgenden Gründen ungeeignet ist:
– Bei Bruch ist die Fahrersicht extrem beeinträchtigt.
– Bei Unfällen können die mit hoher Energie in den Fahrzeuginnenraum eindringenden Glaskrümel die Fahrzeuginsassen verletzen.

Verbund-Sicherheitsglas (Bild 2). Es wird vorwiegend für die Front- und Heckscheibenverglasung verwendet. Dabei werden zwei oder drei nicht vorgespannte Glasscheiben mit in der Mitte liegenden Kunststoffzwischenschichten (Polyvinylbutyral) verklebt. Bei Bruch bilden sich spinnenartige Sprünge, wobei jedoch ein Großteil des Sichtfeldes erhalten bleibt. Kleine Schäden, z. B. durch Steinschlag können repariert werden.

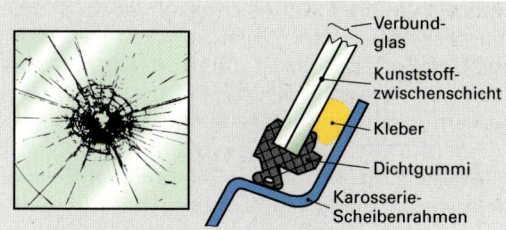

Bild 3: Bruchstruktur und Aufbau von Verbund-Sicherheitsglas

4.1.6 Schadensbeurteilung und Vermessen

Bei Unfallschäden werden Karosseriebleche und Rahmenteile unterschiedlich beansprucht, z. B. durch Stauchung, Streckung, Biegung, Verdrehung oder Knickung des Materials. Dabei können ganze Karosseriebereiche verschoben werden. Je nach Art des Zusammenstoßes sind folgende Verformungen des Rahmens, der Bodengruppe oder der Karosserie möglich:
– **Versenkung (Bild 4)**, z. B. bei Front- oder Heckaufprall
– **Aufwärtsdrückung (Bild 5)**, z. B. bei Frontalzusammenstoß
– **Seitenverzug (Bananenschaden) (Bild 6)**, z. B. bei seitlichen Unfällen
– **Verdrehung (Bild 7)**, z. B. bei Fahrzeugüberschlag

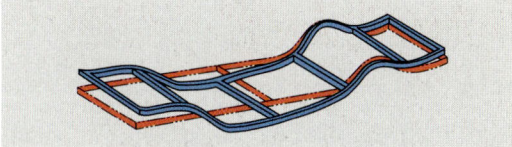

Bild 4: Versenkung

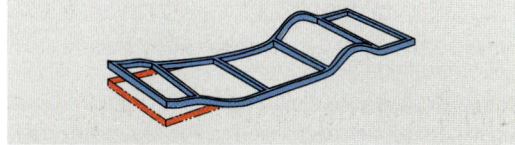

Bild 5: Aufwärtsdrückung

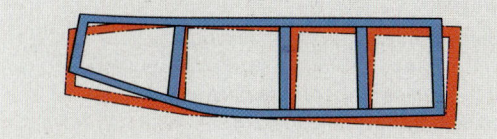

Bild 6: Seitenverzug

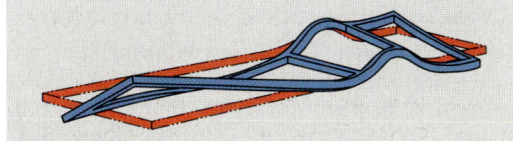

Bild 7: Verdrehung

Zusätzlich können die Materialien noch Brüche oder Risse aufweisen.

Um Unfallschäden exakt zu beurteilen, ist eine Sichtprüfung und, je nach Schwere des Unfalls, ein Vermessen der Karosserie erforderlich.

Schadensbeurteilung durch Sichtprüfung, Reparaturwegbestimmung und Vermessen der Karosserie

Sichtprüfung

Dabei wird festgestellt, welche Schäden vorliegen, ob eine Vermessung des Fahrzeugs erforderlich ist und welche Reparaturarbeiten durchgeführt werden müssen.

Je nach Schwere des Unfalls ist das Fahrzeug in verschiedenen Bereichen nach Schäden zu untersuchen.

Außenschäden. Bei einer Rundumbesichtigung des Fahrzeugs ist folgendes zu prüfen:
- Deformationsschäden
- Spaltmaße **(Bild 1)** z. B. an Türen, Stoßfängern, Motorhaube, Kofferraum usw., was eventuell auf einen Verzug der Karosserie hindeutet und eine Vermessung erforderlich macht
- leichte Verzüge, z. B. Beulen, Einknickungen an größeren Flächen; dies ist durch unterschiedliche Lichtreflexionen erkennbar
- Glasschäden, Lackschäden, Rissbildungen, aufgeweitete Falze.

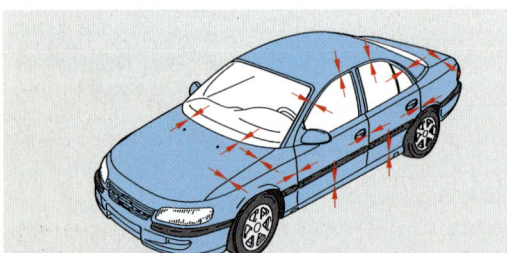

Bild 1: Sichtprüfung: Spaltmaße

Bodengruppenschäden. Sind Stauchungen, Knickstellen, Verdrehungen oder Symmetrieabweichungen erkennbar, ist das Fahrzeug zu vermessen.

Innenschäden. Feststellbar sind:
- Knickungen, Stauchungen; häufig müssen dazu Verkleidungen abgebaut werden
- Gurtstrammerauslösung
- Airbagauslösung
- Brandschäden
- Verschmutzungen.

Sekundärschäden. Dabei ist zu prüfen, ob aufgrund des Unfalls weitere Bauteile beschädigt wurden, z. B. Kühler, Wellen, Motor, Getriebe, Achsen, Achsaufhängung, Lenkung, Steuergeräte, Kabelschäden.

Reparaturwegbestimmung.

Die bei der Sichtprüfung ermittelten Schäden werden in Form von alphanumerischen Codes verschlüsselt in Datenblätter **(Bild 2)** eingetragen. Dabei wird die notwendige Reparatur wie, z. B. Erneuerung, Abschnittsreparatur, Teilersatz, Vermessen, Lackieren usw. festgelegt. Die Daten werden anschließend mit Hilfe von EDV-Kalkulationsprogrammen verarbeitet und es wird festgestellt, in welchem Verhältnis die Reparaturkosten zum Fahrzeugzeitwert stehen.

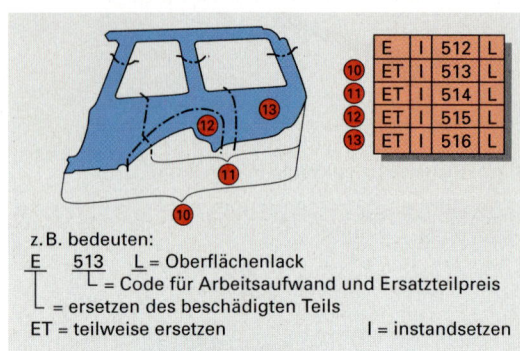

z.B. bedeuten:
E   513   L = Oberflächenlack
         L = Code für Arbeitsaufwand und Ersatzteilpreis
    = ersetzen des beschädigten Teils
ET = teilweise ersetzen   I = instandsetzen

Bild 2: Ausschnitt aus Datenblatt zur Kostenkalkulation bei einem Unfallschaden

Vermessen der Karosserie

Um festzustellen, ob sich Rahmen oder Bodengruppe verzogen haben, muss ein Fahrzeug vermessen werden. Als Hilfsmittel dienen Stechmaß, Zentrierlehren, Rahmenbodenlehren und Richtbanksysteme. Grundlage sind Maßtabellen oder Messblätter **(Bild 3)** der Fahrzeughersteller.

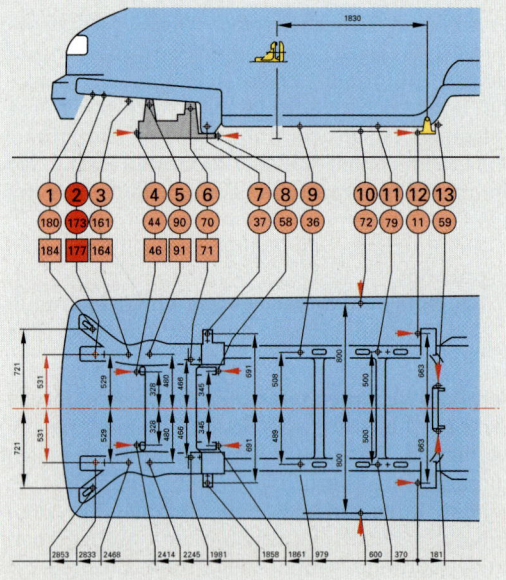

Bild 3: Ausschnitt aus einem Messblatt für eine Bodengruppenvermessung

Karosserievermessung 4 Fahrwerk 441

Erläuterung zu Bild 3, Seite. 440. Für die verschiedenen Messpunkte sind Symmetriemaße und Höhenmaße angegeben. Bei den Höhenmaßen werden häufig zwei Werte angegeben
– mit eingebauten Aggregaten
– ohne Aggregate.

So hat z. B. der Messpunkt **2** die Symmetriemaße 531 mm und die Höhenmaße 173 mm (mit eingebauten Aggregaten) und 177 mm (ohne Aggregate). Aufgrund der Karosserie-Elastizität ergeben sich diese unterschiedlichen Höhenmaße.

Zweidimensionale Vermessung der Karosserie (Bild 1).

Mit der zweidimensionalen Karosserievermessung sind nur Abstandsmessungen in Länge, Breite und Symmetrie möglich. Sie eignet sich nur für die überschlägige Vermessung einer Karosserie.

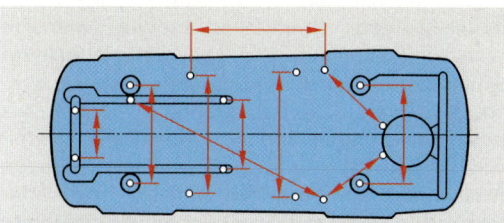

Bild 1: Bodengruppe mit Maßbezugspunkten für die zweidimensionale Vermessung

Stechmaß, Stechzirkel. Damit können Längen-, Breiten- und Diagonalmaße ermittelt werden. Stellt man z.B. bei der Diagonalvermessung von der rechten vorderen Achsaufhängung zur linken hinteren Maßabweichungen fest, so kann dies auf eine Verdrehung der Bodengruppe hinweisen.

Zentrierlehren (Bild 2). Sie bestehen meist aus drei Messstäben, die an bestimmten Messpunkten der Bodengruppe angebracht werden. Auf den Messstäben sitzen Visierstifte, über die man peilen kann. Rahmen und Bodengruppe sind in Ordnung, wenn sich die Visierstifte beim Darüberpeilen über die gesamte Länge der Karosserie decken.

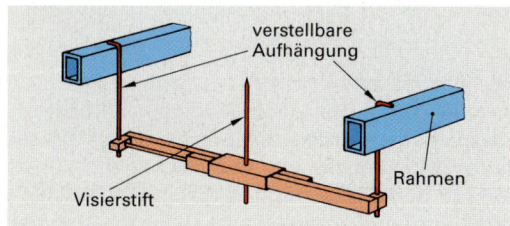

Bild 2: Zentrierlehre

Im **Bild 3** decken sich die Visierstifte nicht, das Fahrzeug ist in der Mitte nach links verschoben (Banane).

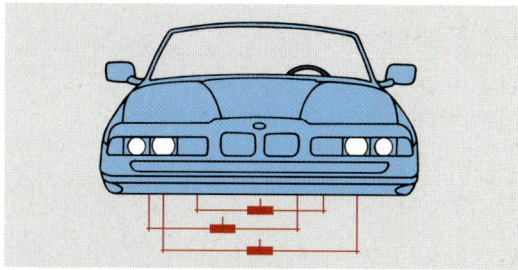

Bild 3: Einsatz von Zentrierlehren

Dreidimensionale Vermessung der Karosserie (Bild 4).

Mit der dreidimensionalen Karosserievermessung können die Karosseriepunkte in Länge, Breite und Höhe bestimmt werden. Sie eignet sich für eine exakte Karosserievermessung.

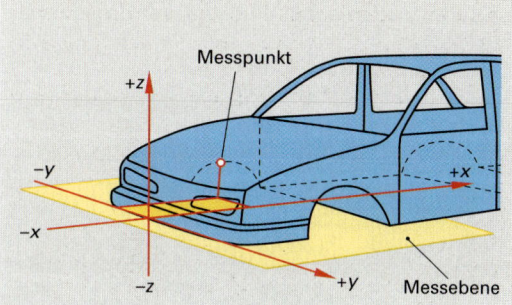

Bild 4: Dreidimensionales Messprinzip

Richtbank mit mechanischem Universal-Messsystem (Bild 1, Seite 442).

Dabei wird das beschädigte Fahrzeug mit Karosserieklemmen, die am Türschwellerfalz angebracht werden, auf der Richtbank befestigt. Anschließend wird die Messbrücke unter das Fahrzeug geschoben und ausgerichtet. Dazu sind drei unbeschädige Karosseriemesspunkte auszuwählen, zwei davon parallel zur Fahrzeuglängsachse. Der dritte Messpunkt soll möglichst weit entfernt sein. Auf der Messbrücke sind Messschlitten angebracht, die auf die einzelnen Messpunkte genau eingestellt werden können. Dadurch werden die Längen- und Breitenmaße bestimmt. Jeder Messschlitten ist mit teleskopartigen Messhülsen versehen, auf die Messspitzen aufgesteckt werden. Durch Ausfahren der Messspitzen werden diese in die Messpunkte der Karosserie geschoben, wodurch sich zusätzlich das Höhenmaß exakt ermitteln lässt.

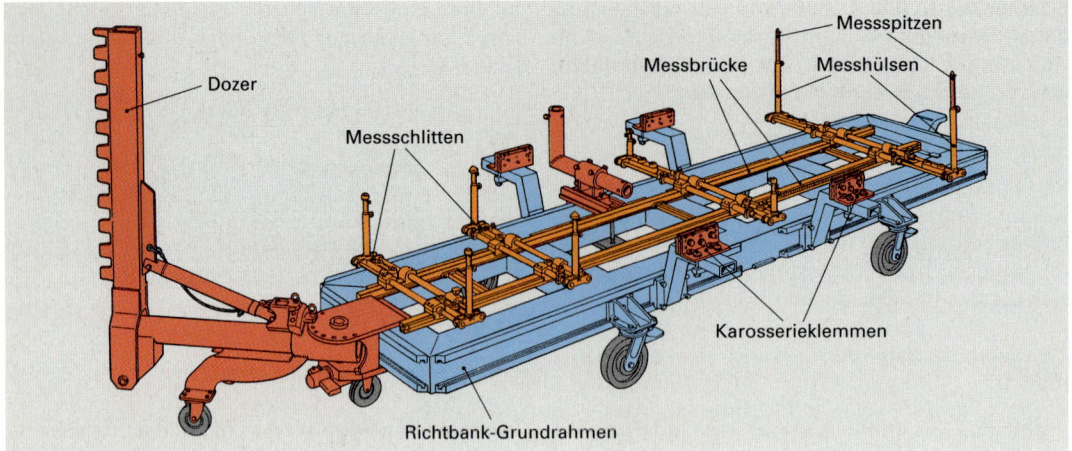

Bild 1: Richtbank mit mechanischem Messsystem

Oberbauvermessung (Bild 2). Dazu wird z. B. an der Messbrücke, die auf einem Richtbankgrundrahmen befestigt ist, ein Portalrahmen mit Messeinrichtung angebracht. Damit kann der Oberbau entsprechend der Messblätter abschnittweise an festgelegten Punkten vermessen werden.

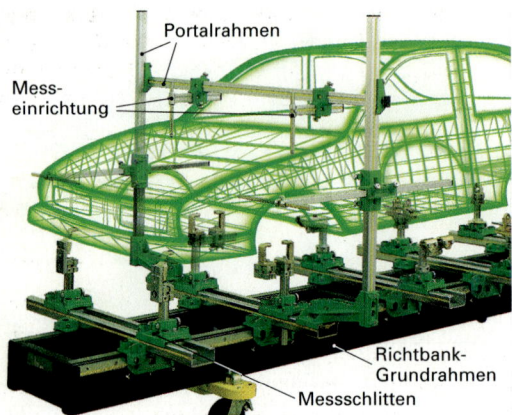

Bild 2: Mechanische Oberbauvermessung

Richtbank mit optischem Messsystem (Bild 3)

Mechanische Messsysteme sind auf dem Richtbank-Grundrahmen angebracht und können deshalb das Anbringen von Richtwerkzeugen erschweren. Außerdem sind sie Schweißspritzern, Staub und mechanischen Einflüssen ausgesetzt und können dabei beschädigt werden.
Bei der optischen Vermessung der Karosserie mit Hilfe von Lichtstrahlen wird das Messsystem außerhalb des Richtbankgrundrahmens angebracht. Auch ohne Richtbankgrundrahmen ist eine Vermessung möglich, wenn das Fahrzeug auf Böcke gestellt wird oder durch eine Hebebühne angehoben wird.

Zur Vermessung verwendet man zwei Messschienen, die rechtwinklig zueinander um das Fahrzeug aufgestellt werden. Sie nehmen eine Lasereinheit, einen Strahlteiler, sowie mehrere Prismaeinheiten auf. Die Lasereinheit erzeugt kleine Lichtbündel, deren Strahlen parallel ausgesendet werden. Sie sind so lange unsichtbar, bis sie auf einen Widerstand auftreffen. Der Strahlteiler lenkt den Laserstrahl rechtwinklig zur kurzen Messschiene und lässt ihn zugleich in gerader Richtung weiterlaufen. Die Prismaeinheiten leiten den Lichtstrahl rechtwinklig unter den Fahrzeugboden.

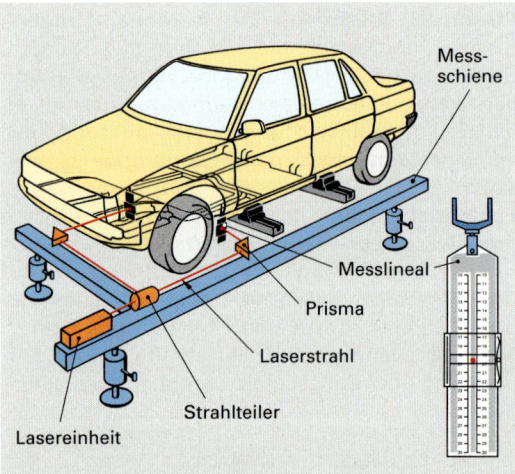

Bild 3: Optisches Messsystem

An mindestens drei unbeschädigten Karosseriemesspunkten werden entsprechend des Messblattes Messlineale aus durchsichtigem Kunststoff mit den dazugehörigen Verbindungsstücken aufgehängt und eingestellt. Nach Einschalten der Lasereinheit werden die Messschienen soweit verändert, bis der Lichtstrahl den eingestellten Bereich auf den Messlinealen trifft. Dies ist an einem roten Punkt an den Messlinealen erkennbar. Dadurch ist sichergestellt, dass der Laserstrahl parallel zum Fahrzeugboden verläuft. Zur Ermittlung der weiteren Höhenmaße der Karosserie werden an verschiedenen Messpunkten des Fahrzeugunterbodens weitere Messlineale angebracht. Durch Verschieben der Prismaeinheiten können nun die Höhenmaße an den Messlinealen und die Längenmaße an den Messschienen abgelesen und mit dem Messblatt verglichen werden.

Merkmale von universellen Messsystemen

- Die Karosseriepunkte können mit und ohne Aggregatausbau vermessen werden.
- Eingeklebte Fahrzeugscheiben, auch gebrochene, dürfen vor der Fahrzeugvermessung nicht ausgebaut werden, da sie bis zu 30% der Verwindungskräfte der Karosserie aufnehmen.
- Für jeden Fahrzeugtyp gibt es abhängig vom Messsystem spezielle Messblätter.
- Die Messsysteme können weder das Fahrzeuggewicht tragen, noch sind sie in der Lage Rückverformungskräfte aufzunehmen.
- Sind Karosserieneuteile einzuschweißen, so sind spezielle Teilehalter erforderlich, die z. B. am Richtbankgrundrahmen befestigt werden.
- Bei Messsystemen, die mit Laserstrahl arbeiten, darf niemals direkt in den Laserstrahl geschaut werden.

Weitere Systeme zur Karosserievermessung

Die bereits genannten Universalmesssysteme arbeiten heute häufig als rechnergestützte Anlagen, wodurch sich eine wesentliche Vereinfachung in der Auswertung und Datenverwaltung ergibt. Zusätzlich finden folgende Systeme Anwendung:
- Ultraschall-Messsysteme
- Richtwinkelsysteme (**Bild 1**) mit einteiligen, zweigeteilten und mehrfach geteilten Richtwinkeln
- Schweißlehrensysteme.

Merkmale von Richtwinkelsystemen

- Zur Karosserievermessung ist in der Regel ein Aggregatausbau erforderlich.
- Neue Karosserieteile können zum Einschweißen maßgenau an den Richtwinkeln befestigt werden.
- Richtwinkel tragen das Fahrzeuggewicht, können aber nur geringe Rückverformungskräfte aufnehmen.
- Für unterschiedliche Fahrzeugtypen sind unterschiedliche Richtwinkelsätze erforderlich.

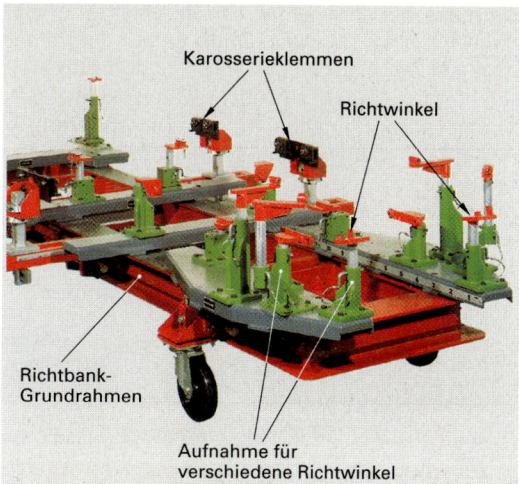

Bild 1: Richtbank mit Richtwinkeln

4.1.7 Unfallschadensreparatur an selbsttragenden Aufbauten

Richten

Eine Karosserie kann bei einem Unfall große Energien durch Verformen von Karosserieblechen umwandeln. Zum Richten der Karosserie sind entsprechend große Zug- und Druckkräfte erforderlich, die durch hydraulische Zieh- und Druckwerkzeuge aufgebracht werden.

> Die Rückverformungskraft soll in entgegengesetzter Richtung wie die Verformungskraft liegen.

Hydraulische Richtwerkzeuge (Bild 2). Sie bestehen aus einer Presse und einem Zylinder, die durch einen Hochdruckschlauch verbunden sind. Beim Presszylinder wird die Kolbenstange durch hohen Druck ausgefahren, beim Ziehzylinder fährt sie ein. Während sich beim Pressen die Enden von Zylinder und Kolbenstange gut abstützen lassen, müssen beim Ziehen Zugklemmen verwendet werden oder es werden Zugbleche auf das zu ziehende Teil aufgeschweißt.

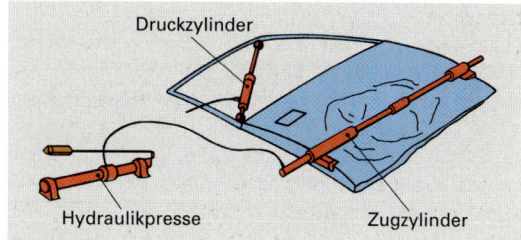

Bild 2: Hydraulisches Richtwerkzeug

Hydraulischer Ziehrichter (Dozer, Bild 1). Er besteht aus einem waagerechten Balken und einer am Ende drehbar gelagerten Säule, die durch einen Druckzylinder bewegt werden kann. Das Richtgerät kann unabhängig von Richtbänken für kleinere bis mittlere Karosserieschäden, bei denen keine sehr großen Zugkräfte erforderlich sind, verwendet werden. Die Karosserie muss dazu aber an den vom Hersteller bestimmten Punkten mit Hilfe von Fahrgestellklemmen und Stützrohren am waagerechten Balken befestigt werden.

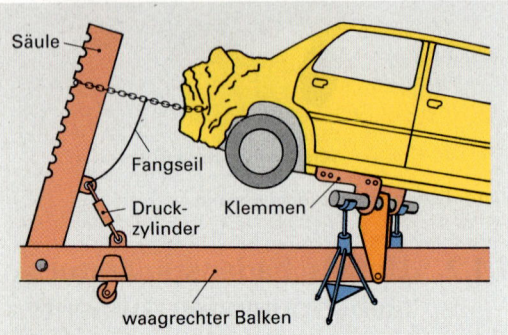

Bild 1: Hydraulischer Ziehrichter (Dozer)

Richtbank mit hydraulischem Richtgerät (Bild 2). Die Richtbank besteht aus einem stabilen Rahmen, der die Richtkräfte aufnimmt. Auf ihm werden die Fahrzeuge an der Unterkante der Türschwellenträger mit Karosserieklemmen festgeschraubt. Das hydraulische Richtgerät kann an jeder Stelle der Richtbank schnell befestigt werden. Auch schwere Karosserieschäden können mit Richtbänken repariert werden. Auf diese Weise ist es leichter als bei einem Dozer möglich, dass die Rückverformung der Karosserie in genau entgegengesetzter Richtung zur Verformung erfolgen kann. Außerdem können hydraulische Richtwerkzeuge verwendet werden, die nach dem Vektorprinzip arbeiten. Darunter versteht man Richtwerkzeuge, die eine verformte Karosseriepartie in beliebiger räumlicher Richtung ziehen oder drücken können.

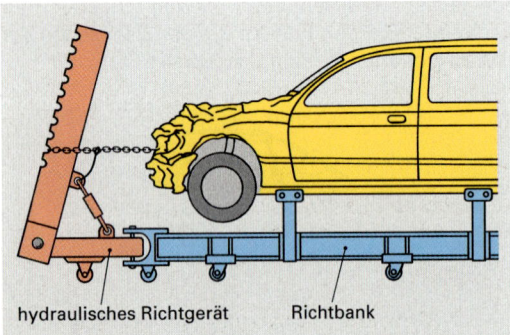

Bild 2: Richtbank mit hydraulischem Richtgerät

Umlenken der Rückformkraft (Bild 3). Hat sich z. B. bei einem Unfall die Karosserie zusätzlich zur waagerechten Verformung nach oben verschoben, muss die Rückverformung durch das Richtgerät mittels einer Umlenkrolle erfolgen. Die Zugkraft wirkt so entgegengesetzt zur ursprünglichen Verformungskraft. Die Karosserie wird dabei sowohl nach unten, als auch nach vorne gezogen.

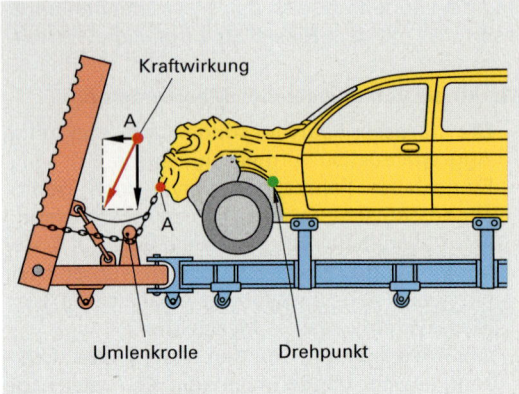

Bild 3: Zuganordnung bei einer waagrecht und nach oben verschobenen Karosseriepartie

ARBEITSHINWEISE ZUM RICHTEN

- Richtarbeiten sind durchzuführen, bevor nicht mehr reparierbare Karosserieteile abgetrennt werden.
- Ist Richten möglich, so versucht man den ursprünglichen Zustand durch Kaltrückformen zu erreichen.
- Ist Kaltrückformen ohne Rissgefahr nicht möglich, so kann bei normalfesten Karosserieblechen der verformte Bereich mit einem Autogenschweißbrenner großflächig erwärmt werden. Dabei dürfen 700 °C (dunkelrote Farbe) wegen möglicher Gefügeveränderung nicht überschritten werden. Bei hochfesten Blechen und Aluminium sind die Herstellervorschriften exakt zu beachten.
- Nach jedem Richtvorgang ist die Lage der Mess-punkte zu prüfen.
- Damit Rahmenteile spannungfrei das genaue Karosseriemaß erreichen, müssen sie wegen des Rückfederverhaltens der Karosseriebleche ein Stück über das Sollmaß gezogen werden.
- Tragende Teile, die gerissen oder geknickt sind, müssen aus Sicherheitsgründen ausgetauscht werden.
- Zugketten sind durch Fangseile zu sichern.

Teilersatz und Abschnittsreparatur (Bild 1)

Ist bei stark deformierten Blechteilen eine Reparatur nicht möglich, zu aufwendig oder nicht zulässig, so kann entsprechend der Herstellervorschriften ein Teilersatz oder eine Abschnittsreparatur erfolgen. Beim Teilersatz wird ein Karosserieteil, z. B. das linke, hintere Seitenteil, komplett ersetzt.

Bei der Abschnittsreparatur wird z. B. nur der beschädigte Karosseriebereich herausgeschnitten. Die Schnittlinien sind vom Hersteller vorgegeben. Sie sind in der Regel möglichst kurz und dürfen normalerweise nicht durch Verstärkungsbleche führen, die sich auf der Rückseite des auszutrennenden Blechteils befinden, z. B. bei Türscharnieren, Sicherheitsgurtbefestigungen. Das Reparaturblech ist passend zuzuschneiden, abzusetzen und einzufügen. Bei Karosserieblechen aus Stahl verwendet man vorwiegend das MAG-Schutzgasschweißen. Das Blech erwärmt sich dabei nicht sehr stark, wodurch der Verzug und die Nacharbeit gering bleiben.

Bei Aluminium und bei nichttragenden Teilen kommt ebenso Kleben und Nieten zur Anwendung. Muss Aluminium geschweißt werden, kommt das MIG- oder WIG-Schutzgasschweißen zur Anwendung.

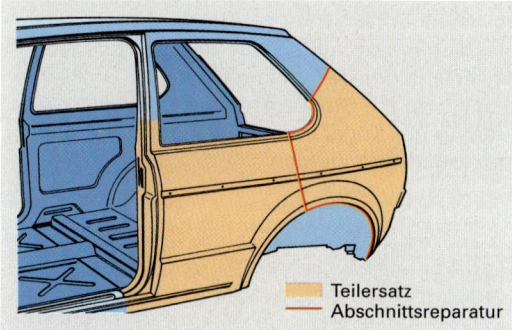

Bild 1: Trennlinien bei Teilersatz und Abschnittsreparatur

Metallkleben im Karosseriebau. Die Vorteile des Klebens gegenüber dem Schweißen sind:
- Nur ein Minimum an Nacharbeiten
- brennbare Materialien müssen bei der Reparatur nicht ausgebaut werden, z. B. Kraftstoffbehälter
- keine Kontaktkorrosion und gute Korrosionsschutzwirkung im Reparaturbereich
- Materialien werden beim Fügen keiner Wärmebelastung ausgesetzt, z. B. Al-Teile
- verbinden unterschiedlichster Materialien möglich.

ARBEITSREGELN ZUM METALLKLEBEN

- Klebezonen metallisch blank schleifen.
- Alt- und Neuteil müssen sich mindestens 20 mm überdecken, damit eine ausreichende Klebefläche entsteht, die späteren Belastungen standhält (Bild 2).
- Das außenliegende Blech ist anzuschrägen (30 °, Bild 2), damit beim anschließenden Lackaufbau keine Haarrisse entstehen.
- Beide Seiten des Bleches mit Kleber bestreichen. Auf richtige Arbeitstemperatur (in der Regel Raumtemperatur, 20 °C), Topfzeit des Klebers (maximale Verarbeitungszeit) und Ablüftzeit achten.
- Blech fixieren und anpressen, z. B. durch vorbereitete Nietverbindungen oder Spezialklammern. Sollen Schweißpunkte gesetzt werden, darf im Schweißbereich kein Kleber aufgetragen werden.
- Während des Aushärtens dürfen keine Bewegungen in der Klebefläche stattfinden, z. B. durch Karosseriearbeiten.

Klebeverbindungen dürfen keinen hohen Temperaturen ausgesetzt werden (i. d. R. < 80 °C) und nur an Stellen eingesetzt werden, an denen keine Schälbeanspruchung auftritt.

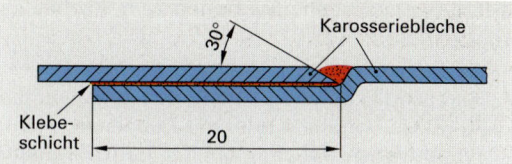

Bild 2: Klebeverbindung von zwei Blechen

Erneuern von geklebten Fahrzeugscheiben. Geklebte Scheiben tragen erheblich zur Stabilität der Fahrgastzelle bei. Deshalb ist der Aus- und Einbau mit großer Sorgfalt durchzuführen.

ARBEITSREGELN FÜR DEN SCHEIBENAUSBAU

- Klebeschicht zwischen Karosserie und der alten Scheibe z. B. mit oszillierendem Messer mechanisch lösen. Falls der Lack vor Beschädigungen geschützt werden muss, ist der Scheibenrand abzukleben.
- Scheibe mit Saughebern herausheben.
- Falls die alte Kleberaupe in Ordnung ist, ist sie bis auf den Rest von ca. 1 mm bis 2 mm glatt abzuschneiden. Ansonsten ist sie vollständig zu entfernen.
- Kleberand des Fahrzeugrahmens mit Spezialreiniger säubern.

ARBEITSREGELN FÜR DEN SCHEIBENEINBAU

- Neue Scheibe am Kleberand reinigen.
- Mit Saughebern ohne Kleber Scheibe in Fahrzeugrahmen einpassen. Korrekte Lage z. B. mit Klebestreifen markieren.
- Fahrzeugrahmen und Scheibenrand sorgfältig mit Haftgrund streichen (primern). Dadurch haftet die Kleberaupe besser. Primern des Fahrzeugrahmens entfällt, bei vorhandener alter Kleberaupe.
- Ablüftzeit vom Primer abwarten. Auftragen einer ausreichend dicken Kleberaupe auf den Scheibenrand oder den Fahrzeugrahmen.
- Scheibe mit Saughebern in Fahrzeugrahmen einsetzen, ausrichten und anpressen.
- Warten bis Kleber ausgehärtet ist.

Beim Einkleben von Front- oder Heckscheiben sind die Seitenscheiben zu öffnen, damit nicht durch Zuschlagen der Türen ein Überdruck im Fahrzeuginnenraum entsteht und bei noch nicht ausgehärteter Klebeverbindung die Scheibe herausgedrückt wird.

Oberflächenbearbeitung

Ausbeulen von Blechteilen.
Je nach Größe, Zugänglichkeit und Art der Beule werden verschiedene Methoden zum Ausbeulen angewendet, z. B.
- Ausbeulen mit Hammer und Gegenhalter
- Herausdrücken von Beulen nach sogenannten MAGLOC-Verfahren oder mit Hebeleisen
- Herausziehen von Beulen mit dem Zughammer-Verfahren
- Beseitigen von Beulen durch Wärmetechnik.

Ausbeulen mit Hammer und Gegenhalter (Bild 1).
Dazu muss die Beule von beiden Seiten gut zugänglich sein. Als Gegenhalter werden Ausbeulfäuste verwendet. An schwer zugänglichen Stellen sind Löffeleisen erforderlich. Mit Löffeleisen können kleinere Beulen auch direkt herausgedrückt werden.

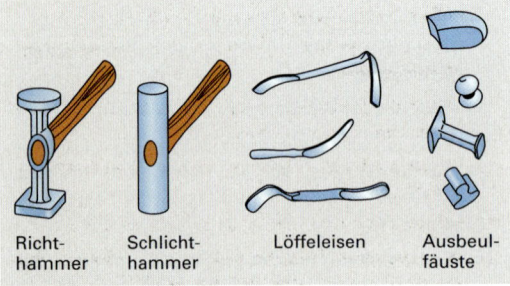

Bild 1: Ausbeulwerkzeuge

Arbeitsvorgang (Bild 2). Bei mittleren und größeren Beulen wird vom Beulenrand beginnend spiralenförmig zur Mitte hin gehämmert. Bei Stahlblech muss der Gegenhalter immer weiter vom Zentrum entfernt sein als der Hammer gerade trifft. Das restliche Glätten der Oberfläche kann durch direktes Hämmern (Gegenhalter und Hammer liegen auf einer Achse) mit einem Schlichthammer erfolgen.

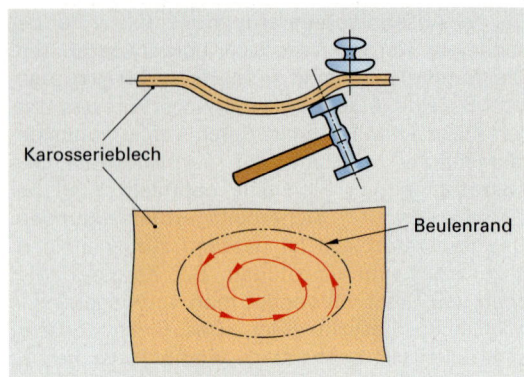

Bild 2: Ausbeulvorgang

MAGLOC-Verfahren (Bild 3). Damit können kleine Beulen (Dellen) z.B. bei Hagelschäden, ohne Lackbeschädigungen beseitigt werden. Ein Druckwerkzeug mit Magnetkopf wird auf der Innenseite des Karosseriebleches angesetzt. Um die jeweilige Beulenmitte genau zu orten, wird eine kleine Stahlkugel von außen auf das Karosserieblech gesetzt. Durch den Magnetkopf des Druckwerkzeugs wird die Stahlkugel angezogen. Nach Zentrierung der Kugel in der Beulenmitte kann diese herausgedrückt werden.

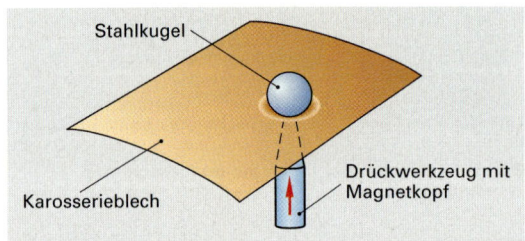

Bild 3: MAGLOC-Verfahren

Herausdrücken von Beulen mit Hebeleisen (Bild 4).
Mit diesem Verfahren können an schlecht zugänglichen Stellen kleinere Beulen ohne Lackbeschädigung herausgedrückt werden.

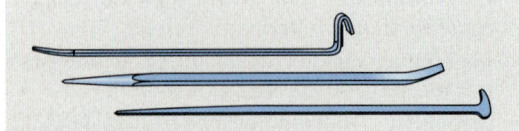

Bild 4: Hebeleisen

Oberflächenbearbeitung 4 Fahrwerk 447

Beseitigen von Beulen mit Hilfe eines Zughammers (Bild 1). Dieses Verfahren wird angewendet, wenn Beulen nur von einer Seite zugänglich sind, z. B. bei doppelwandigen Blechen. Dabei werden auf der auszubeulenden Oberfläche z. B. Lochscheiben aufgeschweißt (Multispot). Eine Stange mit Griffstück und Schlaggewicht wird in die Lochscheibe eingehakt. Durch Bewegen des Schlaggewichtes in Richtung Griffstück wird die Beule herausgezogen.

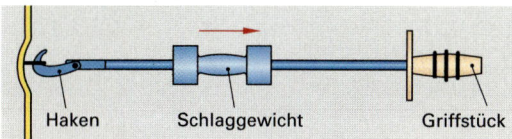

Haken Schlaggewicht Griffstück

Bild 1: Beulenbeseitigung mit Zughammer

Beseitigung von Beulen durch Wärmetechnik (Bild 2). Beulen mittlerer Größe werden dazu von außen nach innen mit einer weichen Flamme spiralförmig erwärmt **(Bild 2, a, b)**. Dadurch hebt sich die Beule gegenüber ihrem Umfeld und es entsteht eine kleine ringförmige Erhebung. Die Wärme kann nun mit Hilfe von kalten Karosseriefeilen von der Erhebung abgeführt werden **(Bild 2, c)**. Das Blech zieht sich an diesen Stellen zusammen und wird weitgehend geglättet **(Bild 2, d)**. Bei Beulen im Bereich von Verstrebungen, Sicken und Schweißpunkten ist dieses Verfahren nicht anwendbar.

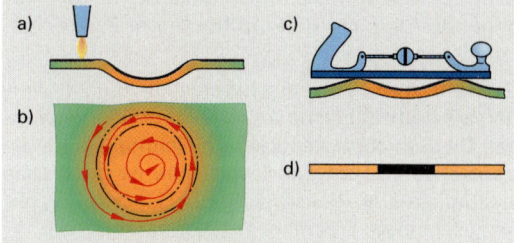

Bild 2: Beulenbeseitigung durch Wärmetechnik

Verzinnen
Bleiben nach dem Ausbeulen größere Unebenheiten zurück, so können sie durch Verzinnen ausgeglichen und durch Nacharbeiten geglättet werden.

ARBEITSREGELN BEIM VERZINNEN

- Der entsprechende Karosseriebereich ist metallisch blank zu schleifen.
- Verzinnungspaste mit Pinsel auf blankes Karosserieblech auftragen.
- Verzinnungspaste mit offener Flamme erwärmen, bis sie sich verfärbt (Farbumschlag ins Braune). Die überschüssigen Zinnpastenreste werden mit einem sauberen Lappen abgewischt.
- Schwemmzinn, z. B. L-Pb Sn25Sb, auf die zu bearbeitende Oberfläche mit Hilfe einer offenen Flamme auftragen und glätten, z. B. mit einem in Bienenwachs eingetauchten speziell geformten Holzstück (Lötholz).
- Nach Abkühlen der Bearbeitungsflächen wird dieser Bereich mit einer Karosseriefeile geglättet.

Wegen des hohen Bleigehalts im Schwemmzinn entstehen beim Verzinnen giftige Dämpfe, die abgesaugt werden müssen.

Verspachteln
Kleinere Unebenheiten können verspachtelt werden. Verwendung finden z. B. Zweikomponentenspachtel aus Polyester- oder Epoxidharz. Größere Unebenheiten sind durch Verzinnen auszugleichen, da sich bei zu dickem Spachtelmassenauftrag folgende Probleme ergeben können:

- Abplatzen des Spachtelmaterials von der Blechoberfläche, wegen der unterschiedlichen Ausdehnung der Materialien.
- Bildung von Rissen
  a) beim Aushärten, wegen unterschiedlicher Wärmezonen innerhalb der Spachtelmasse
  b) da die Spachtelmasse nicht so elastisch ist wie das Karosserieblech.

Schleifstaub muss wegen Haut- und Atemwegbelastungen abgesaugt werden.

WIEDERHOLUNGSFRAGEN

1. Welche Aufgabe hat der Fahrzeugrahmen?
2. Was ist beim Bearbeiten von höherfesten Stahlblechen, verzinkten Stahlblechen und Aluminium jeweils zu beachten?
3. Was versteht man unter aktiver und passiver Sicherheit im Fahrzeugbau?
4. Welche Maßnahmen im Fahrzeugbau verbessern die aktive und passive Sicherheit?
5. Wie funktionieren Gurtstraffer und Airbag?
6. Wie erfolgt eine Schadensbeurteilung durch Sichtprüfung?
7. Wie erfolgt die Vermessung einer Karosserie mit mechanischem Messsystem?
8. Worauf ist beim Richten durch Rückverformung zu achten?
9. Was ist beim Metallkleben zu beachten?
10. Mit welchen Verfahren können kleinere und größere Beulen gerichtet werden?

4.1.8 Korrosionsschutz an Kraftfahrzeugen

Man untersacheidet zwischen **aktivem** und **passivem** Korrosionsschutz.

Aktiver Korrosionsschutz. Er kann erfolgen
- am Werkstoff, z. B. entsprechende Legierungen bei Edelstählen
- am angreifenden Mittel, z. B. durch Feuchtigkeitsentzug der Luft
- durch Ändern der Reaktionsbedingungen, z. B. durch Erhöhung der Temperatur des Motoröls, bis das darin enthaltene Schwitzwasser entweicht.

Passiver Korrosionsschutz. Er kann erfolgen durch Konservierungsschichten, metallische und nichtmetallische Überzüge.

Konservierungsverfahren

Einfetten. Bei Stahlteilen, deren Oberfläche nicht beansprucht wird, genügt eine säurefreie Öl- bzw. Fettschicht.

Unterbodenschutz. Er hat folgende Aufgaben
- Feuchtigkeit vom Unterboden fernhalten
- gegen Steinschlag unempfindlich sein
- elastisch bleiben
- Eigenvibration der Bleche verhindern (Antidröhnwirkung).

Verwendet werden Konservierungsmittel auf Wachs-, Kunststoff- und Bitumenbasis.

Hohlraumkonservierung. Das Konservierungsmittel besteht aus filmbildenden Ölen, Wachsen, Lösungsmitteln und Rosthemmern. An vom Fahrzeughersteller genau festgelegten Stellen wird das Hohlraumkonservierungsmittel unter einem Druck von etwa 70 bar durch Öffnungen eingespritzt oder Hohlräume werden geflutet, die anschließend mit Kunststoffstopfen verschlossen werden. Rosthemmer verhindern die Rostbildung.

Metallische Überzüge

Sie bilden nur einen dauerhaften Korrosionsschutz, wenn sie porenfrei, wasserunlöslich und gasundurchlässig sind. Besteht die Schutzschicht aus einem unedleren Werkstoff als das Werkstück, z. B. Zink auf Stahl (**Bild 1**), so entsteht bei Verletzung der Schutzschicht ein lokales galvanisches Element, das zur allmählichen Zerstörung der Schutzschicht führt, das Werkstück rostet vorerst nicht. Besteht jedoch die Schutzschicht aus einem edleren Werkstoff als das Werkstück, z. B. Nickel auf Stahl, wird das Werkstück bei Verletzung der Schutzschicht zerstört, da es rostet. Die Schutzschicht bleibt erhalten (**Bild 2**).

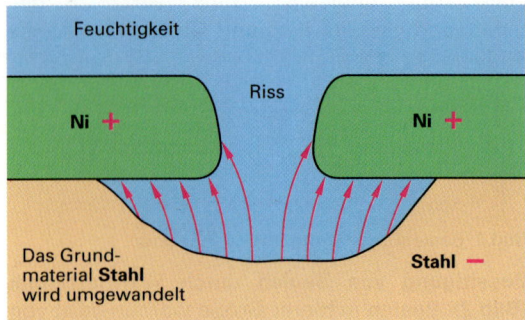

Bild 2: Unechter Schutzstoff

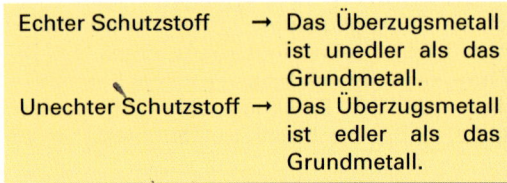

Überziehen im Schmelzfluss (Feuervermetallen). Beim Feuerverzinken wird das fertige Karosserieteil oder das Rohblech nach entsprechender Vorbehandlung in ein Bad mit flüssigem Zink eingetaucht.

Galvanisieren. Galvanisch verzinkte Bleche werden als Tiefziehbleche im Karosseriebau verwendet. Die Schichtdicke ist sehr gleichmäßig; sie beträgt etwa 7,5 µm. Die Oberfläche ist glatt. Dies ermöglicht eine gleichmäßige Decklackierung ohne aufwendige Oberflächenbearbeitung.

Nichtmetallische Überzüge

Phosphatieren (Bondern, Atramentieren). Das Werkstück wird in eine wässerige Phosphatlösung eingetaucht. An der Oberfläche entsteht eine poröse Schutzschicht aus Eisenphosphat. Sie bildet den Haftgrund für Lacke.

Eloxieren. Die Oberfläche von Werkstücken aus Aluminium kann elektrolytisch oxidiert werden. Dabei entstehen Schichtdicken von 5 µm, wobei sich Form und Volumen des Werkstücks nicht ändern. Die entstehende korrosionsfeste Oberfläche kann eingefärbt werden.

Kunststoffüberzüge. An Falzen und Kanten können mit Hilfe von dauerelastischen Kunststoffen z. B. PVC Abdichtungen vorgenommen werden. Dabei lassen sich auch unterschiedliche Metalle

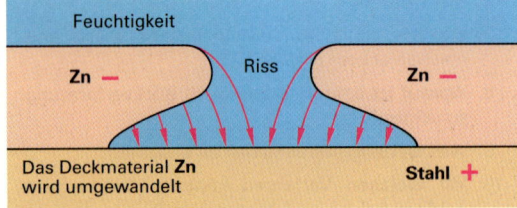

Bild 1: Echter Schutzstoff

Korrosionsschutz 4 Fahrwerk 449

ohne Korrosionsbildung miteinander verbinden, z. B. Aluminiumbeplankung auf Stahlrahmen **(Bild 1)**.

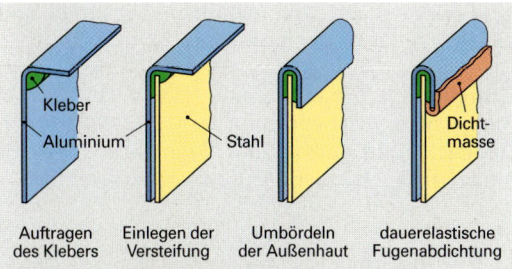

Bild 1: Korrosionsschutz am Falz

4.1.9 Fahrzeuglackierung

Fahrzeuglackierungen haben die Aufgabe, die Karosserieoberfläche gegen äußere Einflüsse, z. B. aggressive Stoffe in Wasser und Luft, gegen Steinschlag zu schützen.

Weiterhin soll die Fahrzeuglackierung
- einen dichten und zusammenhängenden Schutzfilm bilden
- hart und gleichzeitig elastisch sein
- lichtecht sein
- Signalwirkung erzeugen
- sich leicht reinigen und pflegen lassen.

Auftragsverfahren
Das Auftragen der Lacke kann durch Spritzen, Tauchen oder elektrische Spritzverfahren erfolgen.
Spritzen. Spritzpistolen **(Bild 2)** arbeiten meistens mit Druckluft. Dabei wird nach dem Injektorprinzip der Lack von der am Injektor vorbeiströmenden Luft angesaugt und zur Düse transportiert. Beim Austritt aus der Düse entsteht ein Farbnebel, der sich auf der Oberfläche niederschlägt.

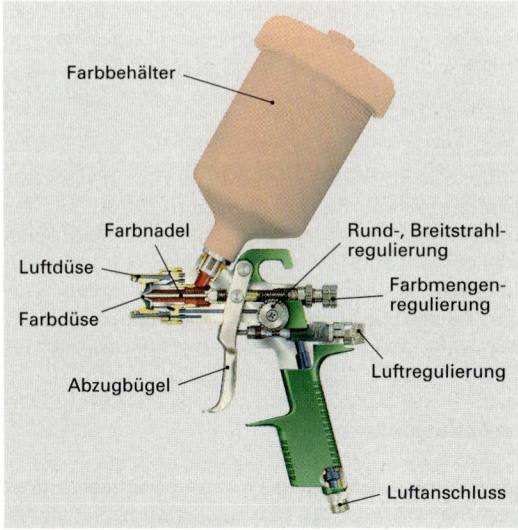

Bild 2: Farbspritzpistole

Man unterscheidet Kalt- und Heißspritzen.
Kaltspritzen. Der Lack wird durch Lösemittel so weit verdünnt (Änderung der Viskosität), bis er gut spritzbar wird. Nach dem Lackieren verdunstet das Lösemittel. Bei zu schneller Verdunstung des Lösemittels kann eine Schrumpfung der Lackoberfläche eintreten.
Heißspritzen. Der Lack wird mittels einer Heizvorrichtung im Farbbecher auf 50 °C bis 120 °C vorgeheizt. Dadurch verringert sich die Viskosität des Lackes so, dass er ohne Lösemittel spritzbar ist.

Spritzen mit elektrostatischer Aufladung. Das elektrostatische Spritzverfahren wird in der Serienfertigung angewendet. An die Karosserie wird der Pluspol, an die Farbspritzdüsen der Minuspol einer Gleichspannungsquelle angelegt. Die Spannung kann bis zu 200 000 V betragen. Die negativ aufgeladenen Farbnebel werden von der positiv aufgeladenen Karosserie angezogen. Der Farbverlust wird dadurch verringert.
Anstelle von Spritzpistolen kann der Lack durch Hochrotationsglocken im elektrostatischen Spritzverfahren aufgebracht werden **(Bild 3)**. Mit Spritzrobotern werden die Bereiche der Karosserie lackiert, die durch den Farbnebel der Hochrotationsglocken nicht erreicht werden.

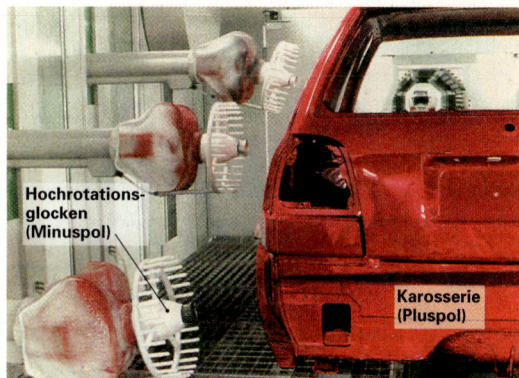

Bild 3: Elektrostatisches Spritzverfahren

Airless-Spritzen (Hochdruckspritzen). Das Lackmaterial wird unter hohem hydrostatischem Druck (100 bar bis 200 bar) gesetzt. Es zerstäubt beim Entspannen am Austritt der Spritzdüse. Airless-Spritzen ermöglicht eine feinneblige Zerstäubung auch zähflüssiger Beschichtungsstoffe. Um mit einem geringeren hydrostatischen Druck (40 bar bis 60 bar) arbeiten zu können, ist es möglich, die Zerstäubung des Lackmaterials mit Druckluft zu unterstützen. Diese Verfahren werden hauptsächlich zum Auftragen von Unterboden- und Korrosionsschutz eingesetzt.

Tauchen. In der Serienfertigung kann die Grundierung durch Tauchen der Karosserie in eine mit

Grundierlack gefüllte Wanne hergestellt werden. Überschüssiger Lack an der Karosserie kann durch Hängelage und Ablaufbohrungen beseitigt werden.

Elektrophorese-Verfahren. Die in einem Elektrolyt schwebenden Lackteilchen z. B. einer Wasser-Kunstharz-Emulsion werden elektrisch aufgeladen und zur entgegengesetzt geladenen Karosserie bewegt, auf der sie eine gleichmäßige Lackschicht bilden. Der Vorgang dauert so lange, bis die letzte blanke Stelle mit Lack bedeckt, d. h. isoliert ist. Dieses Verfahren ist nur für den ersten Lackauftrag, die Grundierung, geeignet. Man unterscheidet Kataphorese und Anaphorese.

Kataphorese (Bild 1). Die Karosserie ist negativ, das Tauchbad positiv aufgeladen. Die bei der Wasserzerlegung durch Elektrolyse erzeugten positiven Wasserstoffionen wandern zur negativ geladenen Karosserie und verhindern dort während des Beschichtungsvorgangs eine Oxidbildung auf dem Blech.

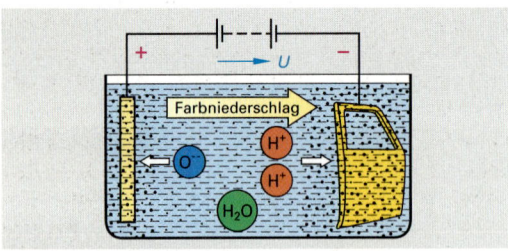

Bild 1: Kataphorese

Anaphorese. Die Karosserie ist positiv, das Tauchbad negativ aufgeladen. Die bei der Wasserzerlegung durch Elektrolyse erzeugten negativen Sauerstoffionen wandern zur positiv geladenen Karosserie. Sie wird zum Grundieren von Rohkarosserien nicht mehr verwendet, da während des Beschichtungsvorgangs am Blech und in der Lackschicht nachteilige Oxidationsvorgänge entstehen.

Aufbau einer Lackierung

Eine Kraftfahrzeuglackierung **(Bild 2)** besteht aus folgenden Schichten:

- Phosphatschicht
- Elektrotauchgrundierung
- Steinschlagzwischengrund
- Füller (Spritzgrund)
- Decklackierung (Uni- oder Metallic-Lackierung).

Bevor die erforderlichen Schichten für den Lackaufbau aufgetragen werden können, muss die Karosserie vorbehandelt werden. Dazu muss sie gereinigt, entfettet und anschließend mit einer Phosphatschicht versehen werden.

Phosphatschicht. Durch Phosphatieren wird eine poröse Eisenphosphatschicht auf der Blechoberfläche erzeugt. Sie ist die Voraussetzung für eine gute Haftung der nachfolgenden Schichten und ein sehr guter Korrosionsschutz.

Grundierung. Sie ergibt eine Haftschicht für den Steinschlagzwischengrund, den Füller und den Decklack. Der Auftrag der Grundierung erfolgt meist im Tauch- oder Elektrophoreseverfahren.

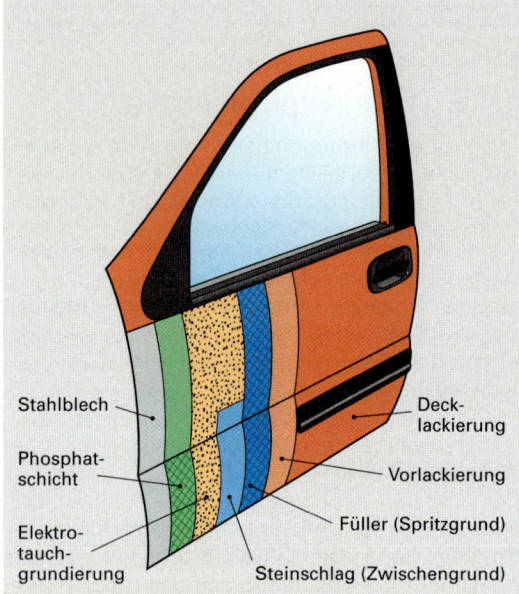

Bild 2: Schichtaufbau einer Lackierung am Beispiel einer Fahrertür

Steinschlagzwischengrund. Er kann an besonders steinschlaggefährdeten Außenhautflächen der Karosserie z. B. die seitlichen Flächen der Karosserie bis zu den Unterkanten der Fensterausschnitte sowie der Motorhaube aufgetragen werden.

Füller (Spritzgrund). Er dient dazu, um kleinere Unebenheiten, Schleifrillen und Poren an der Oberfläche auszugleichen. Der Füller wird meist maschinell durch elektrostatisches Spritzen aufgetragen. Er bildet den Untergrund für die Vor- und Decklackierung. Wird auf die Füllerschicht direkt der Decklack aufgetragen, übernimmt der Füller auch die Aufgabe des Vorlacks.

Uni-Lackierung

Vierschicht-Lackaufbau. Neben Grundierschicht und Füllerschicht werden zwei weitere Schichten durch elektrostatisches Spritzen aufgetragen.

- Aufspritzen des Vorlacks und Trocknen bei ca. 140°C.
- Aufspritzen des Decklacks und Trocknen bei ca. 130°C.

Dreischicht-Lackaufbau. Er besteht aus Grundierung, Füller und Decklackierung. Dabei wird auf die Füllerschicht sofort der Decklack nass in nass aufgespritzt und anschließend getrocknet.

Der Vorteil des Vierschicht-Lackaufbau gegenüber dem Dreischicht-Lackaufbau ist, dass die Gesamtdicke der Lackschicht über die gesamte Karosserieoberfläche sehr gleichmäßig wird, da die Vorlackschicht und die Decklackschicht gleich dick sind.

Metallic-Lackierung
Im Gegensatz zur Uni-Lackierung werden bei der Metallic-Lackierung ein Metallic-Basislack als farb- und effektgebende Schicht und ein Klarlack als glanzgebende und schützende Schicht aufgetragen. Der Metallic-Basislack wird durch Luftzerstäubung, der Klarlack im elektrostatischen Spritzverfahren aufgetragen. Die Verarbeitung erfolgt im „Nass in Nass-Verfahren", d. h. dass auf den Basislack ohne Zwischentrocknung der Klarlack aufgespritzt wird. Anschließend werden beide Lackschichten bei ca. 130°C getrocknet.

Lacke
Sie bestehen aus nicht flüchtigen Bestandteilen und flüchtigen Bestandteilen **(Tabelle 1)**.

Tabelle 1: Lackbestandteile	
Nicht flüchtige Bestandteile	
Bindemittel	Harze, Filmbildner
Farbstoffe	Farbpigmente, Füllstoffe
Zusatzstoffe	Katalysatoren, Filmbildungsverbesserer, Weichmacher, Glanzverbesserer
Flüchtige Bestandteile	
Lösemittel	Verdünnungsmittel, Reaktionsprodukte

Bindemittel. Es bildet nach dem Beschichtungs- und Trocknungsvorgang den Lackfilm. Dabei werden die Farbpigmente durch die Harze miteinander verbunden. Durch Weichmacher wird die Schmelztemperatur der Harze gesenkt, so dass die Lackfilmbildung auch bei niedrigeren Temperaturen stattfinden kann.

Farbstoffe. Sie geben der Beschichtung das gewünschte farbliche Aussehen. Pigmente sind Farbteilchen, die in unlöslich fester Form im Lack vorliegen. Die Füllstoffe verbessern die Eigenschaften des Lackfilms.

Zusatzstoffe. Sie können z. B. den Aushärt- und Trocknungsvorgang beschleunigen, die optische Wirkung der Beschichtung, die Filmbildung sowie die Verarbeitbarkeit des Lackes verbessern.

Lösemittel. Es löst die festen und zähflüssigen Bestandteile des Lacks auf und stellt die für die Verarbeitung notwendige Viskosität her. Lösemittel und Reaktionsprodukte verdunsten bei der Verarbeitung und beim Trocknungsvorgang des Lackfilms. Reaktionsprodukte entstehen beim Trocknungsvorgang im Ofen und beim Filmbildungsvorgang z. B. Wasserabspaltung durch Polykondensation.

Lackarten
Man unterscheidet
- Nitrolacke
- Kunstharzlacke
- Effektlacke
- Wasserlacke
- High-Solid-Lacke
- Pulverlacke.

Nitrolacke (CN-Lacke). Sie werden heute üblicherweise in der Fahrzeuglackierung nicht mehr verwendet. Nitrolacke erhärten schnell durch das Verdunsten des Lösemittels. Sie sind leicht brennbar, unbeständig gegen Kraftstoffe und erfordern eine regelmäßige Pflege, damit die hochglänzende Oberfläche erhalten bleibt.

Kunstharzlacke (KH-Lacke). Früher wurden als Bindemittel z. B. Duroplaste (Alkydharze, Melaminharze) verwendet. Diese Lacke härten unter Einwirkung von Luftsauerstoff aus. Man bezeichnet dies als oxidative Aushärtung. Bei den heute eingesetzten Lacken werden als Bindemittel Thermoplaste (z. B. Acrylharze), verwendet. Diese härten durch physikalische Trocknung, d. h. durch Verdunstung der Lösemittel aus. Mit Hilfe von Lösemitteln können diese Lacke wieder gelöst werden, sie sind reversibel. Für hitzebeständige Lacke werden als Bindemittel Silikonharze verwendet.

Acrylharzlacke können als Einkomponentenlacke oder Zweikomponentenlacke eingesetzt werden.

Einkomponentenlacke (1K-Lacke). Sie härten meist unter Einwirkung des Luftsauerstoffs durch Vernetzung der Moleküle (Polymerisation) aus. Dabei verdunsten Lösemittel und Reaktionsprodukte. Es entsteht eine hochglänzende Lackschicht. Die endgültige Härte der Lackschicht entsteht meist erst nach mehreren Wochen. Der Aushärtevorgang kann durch Ofentrocknung bei Temperaturen zwischen 100° C bis 140° C beschleunigt werden.

Zweikomponentenlacke (2K-Lacke). Sie bestehen aus Binder und Härter. In der Serienlackierung erfolgt das Mischen im richtigen Verhältnis meist in der Spritzpistole. Zwischen beiden Komponenten setzt eine chemische Reaktion (Polyaddition) ein, die den aufgetragenen Lackfilm ohne Reaktionsprodukte auch bei Raumtemperatur allmählich aushärtet. Der Aushärtevorgang kann bei Temperaturen bis ca. 130° C beschleunigt werden. Acrylharzlacke sind chemikalienfest, kratzfest und witterungsbeständig.

Effektlacke (Metallic-Lacke). Sie enthalten neben den Farbpigmenten, Glimmer oder Blättchen aus Aluminium im Basislack. Da diese Zusätze das einfallende Licht reflektieren, entsteht ein metallischer Effekt an der Oberfläche. Nach dem Auftrag des Basislacks wird Nass in Nass eine zweite Schicht aus Klarlack zum Schutz des Basislacks aufgespritzt.

Wasserlacke (Hydrolacke). Als Bindemittel dienen Harze auf Kunststoffbasis. Bei Füller und Basislacken werden die organischen Lösemittelanteile vollständig durch Wasser ersetzt. Nur bei Klarlack beträgt der Anteil an organischen Lösemittel ca. 10 %, der Wasseranteil als Lösemittel bis zu 80 %. Nach dem Auftrag werden Wasser und Lösemittel der Lackschicht in Trocknungsanlagen verdunstet. Es bildet sich eine dichte, wasser- und chemikalienbeständige Lackschicht. Durch den geringen Lösemittelanteil dauert jedoch der Trocknungsvorgang länger. Die Umweltbelastung durch Lösemittelemission ist jedoch geringer.

High-Solid-Lacke (HS-Lacke). Sie sind Lacke, die einen hohen Anteil von nicht flüchtiger Bestandteilen (Festkörperanteil bis 70 %) enthalten. Dagegen ist der Lösemittelanteil (20 % bis 30 %) aus Umweltschutzgründen stark reduziert. Diese Lacke werden vorwiegend im Reparaturbereich eingesetzt. Sie zeichnen sich durch sehr gute Deckung, schnelle Durchtrocknung und hohen Glanz aus.

Pulverlacke. Als Bindemittel wird ein Kunststoff verwendet, der zu Pulver mit einer Korngröße von 20 μm bis 60 μm verarbeitet wird. Anschließend wird das Pulver mit speziellen Sprühpistolen auf das kalte oder warme zu beschichtende Werkstück gespritzt. Bei kalten Werkstoffen haftet das Lackpulver elektrostatisch, bei warmen Werkstücken durch Aufschmelzen. Anschließend muss der Lackfilm auf den beschichteten Teilen hergestellt werden. Durch Einbrennen z. B. mittels Infrarotstrahlern bei ca. 120°C oder im Einbrennofen bei Temperaturen über 130°C schmilzt das Pulver und die Makromoleküle des Bindemittels vernetzen (Polyaddition). Beim Abkühlen bildet sich eine dichte, schlagfeste, chemikalienbeständige Lackschicht mit einer Dicke bis 120 μm. Der Vorteil dieses Verfahrens liegt darin, dass keine Emission von Lösemitteln entsteht. Außerdem entstehen keine Sprühverluste, da der nicht haftende Pulverlack (Overspray) dem Produktionsprozess wieder zugeführt werden kann.

Reparaturlackierung

Vorbehandlung. Zuerst wird die Schadenstelle von Schmutz, Rost, Fett, alten Farbresten und Silikonresten gereinigt. Die Schadenstelle muss angeschliffen und alte Lackierungen bis auf die gesunden Schichten abgeschliffen werden.

Spachteln. In mehreren Arbeitsgängen können durch Spachteln Unebenheiten ausgeglichen und Beschädigungen aufgefüllt werden. Dazu werden 2K-Polyester-Spachtelmassen verwendet. Es gibt
– Feinspachtel für kleinste Unebenheiten und somit eine glatte porenfreie Oberfläche.
– Füll- und Ziehspachtel für größere Unebenheiten.
– Spachtelmassen, die sowohl als Zieh- als auch als Feinspachtel eingesetzt werden können. Sie sind für alle Untergründe geeignet, z. B. auch auf verzinkten Stahlblechen. Sie haben eine gute Haftfähigkeit.

Grundierung. Die gesamte Reparaturstelle wird nach dem Schleifen mit einem Grundierfüller in mehreren Arbeitsgängen überlackiert.

Decklackierung. Nach dem Trocknen und Feinschleifen der Reparaturstelle kann der Decklack mit dem gewünschten Farbton aufgetragen werden. Als Uni-Lackierung in ein oder zwei Schichten, als Metallic-Lackierung in zwei Schichten.

Unfallverhütungsvorschriften

Werden Lacke und Lösemittel, deren Flammpunkt unter 21°C liegt verarbeitet, so sind die Lackierräume explosionsgefährdet. In solchen Räumen müssen zwei gut gekennzeichnete Ausgänge vorhanden sein, die nicht abgesperrt werden dürfen. In einem Umkreis von 5 m von der Lackierstelle dürfen sich keine Feuerstellen oder funkenreißende Maschinen oder Geräte befinden. Es sind genügend Handfeuerlöscher und Löschdecken bereit zu halten. Beim Arbeiten in gut belüfteten Spritzkabinen, müssen Frischluft-Atemschutzgeräte getragen werden.

Wiederholungsfragen

1. Welche Aufgaben haben Lackierungen?
2. Welche Lackarten werden unterschieden?
3. Wodurch unterscheiden sich Wasserlacke von Kunstharzlacken?
4. Was sind Pulverlacke?
5. Welche Möglichkeiten des Lackauftrages werden am Kraftfahrzeug angewendet?
6. Welche Arbeitsgänge sind bei Reparaturlackierungen durchzuführen?
7. Welche Schutzmaßnahmen müssen beim Spritzen von Lacken beachtet werden?

4.2 Federung
4.2.1 Aufgabe der Federung

Durch die Unebenheiten einer Fahrbahn müssen die Räder eines Fahrzeuges neben ihrer Drehbewegung noch Auf- und Abwärtsbewegungen ausführen. Bei schneller Fahrt erfolgen diese Bewegungen in sehr kurzer Zeit, wodurch Beschleunigungen und Verzögerungen senkrecht zur Fahrbahn entstehen, die ein Vielfaches der Erdbeschleunigung betragen. Dadurch wirken große, stoßartige Kräfte auf das Fahrzeug, die umso größer sind, je größer die bewegte Masse ist.

> Die Federung hat die Aufgabe zusammen mit der Dämpfung die Fahrbahnstöße aufzufangen und in Schwingungen umzuwandeln.

Federung und Dämpfung sind maßgebend für:
– **Fahrkomfort.** Durch das Schwingen der Karosserie werden die unangenehmen, gesundheitsschädlichen Stöße auf die Insassen abgemildert, empfindliches Ladegut wird geschützt.
– **Fahrsicherheit.** Bei großen Unebenheiten kann der Fahrbahnkontakt verloren gehen; Räder, die sich in der Luft befinden, können keine Kräfte übertragen, z. B. Antriebskräfte, Bremskräfte.
– **Kurvenverhalten.** Bei schneller Kurvenfahrt bewirkt die geringere Bodenhaftung der kurveninneren Räder eine Verringerung der Seitenführungskraft. Damit das Fahrzeug nicht aus der Kurve getragen wird, muss die Federung mit Stoßdämpfer und Stabilisator die ständige Bodenhaftung der Räder gewährleisten.

Die Federn sind zwischen den Radaufhängungen und der Karosserie eingebaut. Ihre Wirkung wird durch die Bereifung unterstützt. Eine zusätzliche Federung, die jedoch nur den Insassen zugute kommt, ist die Sitzfederung (**Bild 1**).

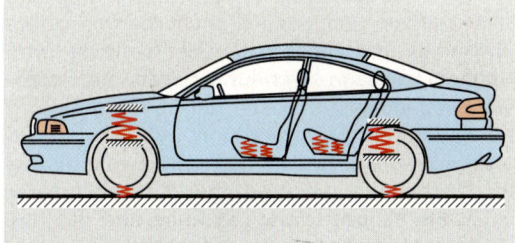

Bild 1: Federung eines Pkw

Querfederung. Neben den senkrechten treten auch geringere seitliche Fahrbahnstöße auf. Deshalb muss die Federung auch in dieser Richtung wirksam sein. Zum Teil kann die Querfederung zusätzlich von den Reifen übernommen werden und durch die Gummilager, die zur Befestigung und Führung von Radaufhängungselementen dienen.

4.2.2 Wirkungsweise der Federung

Durch die Federung wird das Kraftfahrzeug zu einem schwingungsfähigen Gebilde mit einer vom Wagengewicht und von der Feder bestimmten Eigenschwingungszahl (Karosserieschwingzahl).
Zu den Fahrbahnstößen wirken noch weitere Kräfte (Antriebskräfte, Bremskräfte, Fliehkräfte) auf das Fahrzeug ein. So können Bewegungen und Schwingungen in Richtung der 3 Raumachsen auftreten (**Bild 2**).

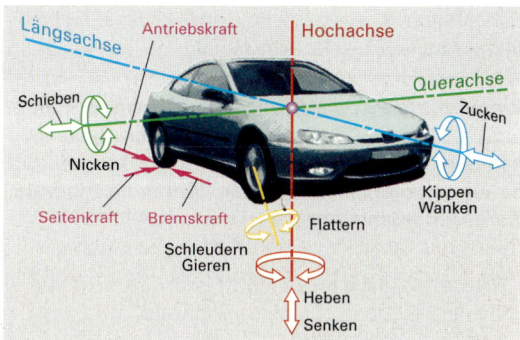

Bild 2: Schwingungsarten am Kraftfahrzeug

Schwingungen
Überfährt das Rad eines Kraftfahrzeuges ein Hindernis, so gerät die Karosserie und das Rad in Schwingungen. Durch die Bewegung des Rades nach oben wird die Schraubenfeder gespannt, die Federkraft beschleunigt die Karosserie nach oben. Die Federkraft bei der Ausdehnung der Feder bremst die Karosserie wieder ab, der obere Umkehrpunkt ist erreicht. Durch die Gewichtskraft wird die Karosserie nach unten beschleunigt, über die Ruhelage hinaus. Dabei wird die Feder zusammengedrückt (gespannt), die entstehende Federkraft bremst die Bewegung der Karosserie bis zum unteren Umkehrpunkt ab.

> Der Weg vom oberen zum unteren Umkehrpunkt einer Schwingung nennt man Amplitude oder Schwingungsweite l.

Dieser Bewegungsablauf wiederholt sich, bis die Bewegungsenergie durch Feder- und Luftreibung in Wärme umgewandelt ist (**Bild 3**).

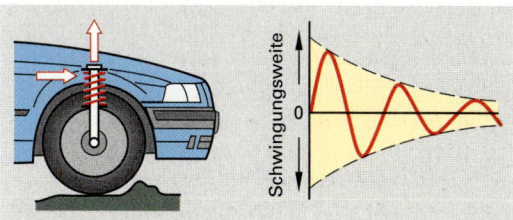

Bild 3: Gedämpfte Schwingung

Resonanz. Die Schwingung wird aufgeschaukelt, wenn die Karosserie im Rhythmus der Eigenschwingung angestoßen wird, z. B. beim Überfahren von Bodenunebenheiten, die in gleichen Abständen aufeinander folgen **(Bild 1)**.

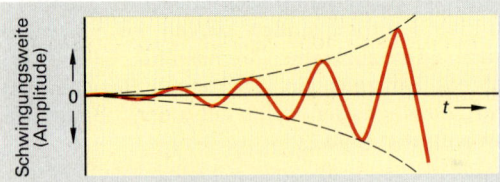

Bild 1: Aufgeschaukelte Schwingung

Frequenz. Sie ist die Anzahl der Schwingungen in einer Sekunde. Da eine Karosserie nicht sehr schnell schwingt, gibt man die Anzahl der Schwingungen je Minute an (Schwingungszahl, Karosserie-Schwingzahl).

> Große Masse und weiche Federung ergeben kleine Frequenz (Schwingungszahl) und großen Federweg.

Federrate. Sie gibt die Federeigenschaften (hart, weich) an. Zur Prüfung oder zum Vergleich von Federn werden diese belastet und die entstandenen Einfederungen gemessen. Das Verhältnis der Kraft F zum Weg s nennt man Federrate c in N/m. Ist die Federrate über den ganzen Federweg gleich groß (konstant), wie z. B. bei einer normalen Schraubenfeder, so hat die Feder eine **lineare Kennlinie (Bild 2)**.

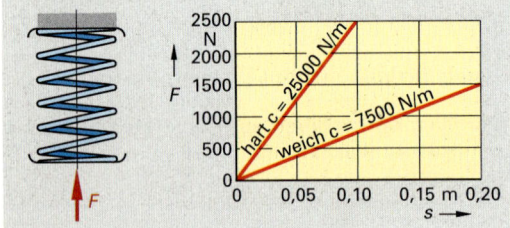

Bild 2: Lineare Federkennlinien

Wird die Federrate größer mit zunehmendem Federweg, z. B. bei geschichteten Blattfedern oder kegeligen Schraubenfedern, so verläuft die Kennlinie gekrümmt. Die Feder hat eine **progressive Kennlinie (Bild 3)**.

Gefederte Massen, ungefederte Massen

Beim Kraftfahrzeug unterscheidet man gefederte Massen (Karosserie mit Beladung) und ungefe-

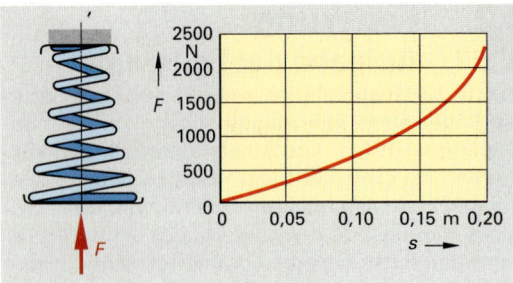

Bild 3: Progressive Federkennlinie

derte Massen (Räder mit Trommel- bzw. Scheibenbremsen, Anteile der Radaufhängung). Diese verschiedenen Massen sind durch die Federn miteinander verbunden (gekoppelt). Es erfolgen dadurch Rückwirkungen aufeinander, so dass die beiden Massen unabhängig voneinander in verschiedenen Frequenzbereichen schwingen **(Bild 4)**. Baut man einen Schwingungsdämpfer (Stoßdämpfer) zwischen die beiden Massen ein, so wird die Schwingungsweite kleiner, die Schwingung klingt schneller ab.

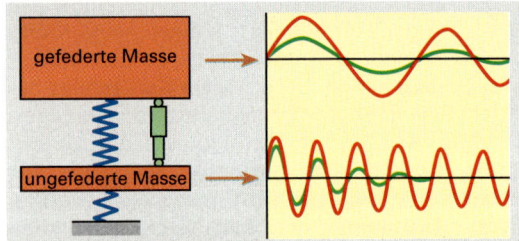

Bild 4: Bewegungsablauf beim Überfahren einer Bodenunebenheit

Überrollt ein Fahrzeug mit hoher Geschwindigkeit eine Bodenwelle, so bleibt die Karosserie infolge der großen Masse zunächst in Ruhe. Das Rad wird mit seiner im Verhältnis zur Karosserie kleinen Masse sehr schnell nach oben beschleunigt, wobei die Feder zusammengedrückt wird. Auf die Karosserie wirkt nur die Kraft, die diesem Federweg entspricht. Hinter der Bodenwelle wird das Rad durch die vorgespannte Feder nach unten beschleunigt. Auf die Karosserie wirkt nur die der Unebenheit entsprechende Entlastung der Feder. Sie bleibt praktisch in Ruhe und das Rad immer auf dem Boden.

Ist die vom Rad ausgehende Kraft größer als die Vorspannung der Feder, so verliert das Rad für kurze Zeit den Kraftschluss mit der Fahrbahn, da die Federvorspannung nicht ausreicht das Rad schnell genug abwärts zu bewegen.

> Ungefederte Massen sollen möglichst klein sein.

Karosserie-Schwingzahlen
Sie können durch Schwingenlassen des Fahrzeugbugs oder Hecks ermittelt werden. Eine volle Schwingung besteht aus dem Einfederungs- und dem Ausfederungsvorgang. Die Anzahl der Schwingungen je Minute gibt dann die Karosserie-Schwingzahl. Schwingungsdämpfer beeinflussen die Schwingungszahl nicht, durch den größeren Widerstand wird die Schwingungsweite herabgesetzt. Dagegen spielt die Masse eine große Rolle. Je schwerer das Fahrzeug, oder je größer die Zuladung, desto niedriger werden die Schwingungszahlen.
Weiche Federung: 60 Schwingungen je Minute und weniger können zu Übelkeit führen. Dieser Zustand kann durch eine stärkere Dämpfung beseitigt werden.
Harte Federung: 90 Schwingungen je Minute und mehr erschüttern die Wirbelsäule. Harte Federn sind jedoch für hohe Zuladungen an der Hinterachse oft nötig, wodurch in unbeladenem Zustand ein mäßiger Fahrkomfort erreicht wird. Dies trifft besonders für Kleinwagen zu, die auf Grund des ungünstigen Verhältnisses von Eigengewicht zu maximaler Beladung mit tragfähigen, also harten Federn ausgerüstet werden müssen.

4.2.3 Federarten

4.3.2.1 Stahlfedern

Die meisten Kraftfahrzeuge werden mit Stahlfedern ausgerüstet, dies sind
- Blattfedern
- Schraubenfedern
- Drehstabfedern
- Stabilisatoren.

Die Federwirkung entsteht durch die elastische Verformung von federhartem Stahl (z. B. Chrom-Vanadium-Federstahl) unterhalb der Streckgrenze. Die Federkennlinie verläuft linear; durch bauliche Maßnahmen kann sie progressiv gestaltet werden.

Blattfedern spielen im Pkw nur noch eine untergeordnete Rolle. In schwereren Fahrzeugen ist sie dagegen die meistverwendete Feder (siehe Kapitel Nutzfahrzeugtechnik).

Schraubenfeder
Schraubenfedern finden vorwiegend im Pkw als Druckfedern Verwendung.
Vorteile: Niedriges Gewicht, kleiner Raumbedarf
Nachteile: Fast dämpfungsfrei, keine Übertragung von Radkräften (Längs- und Querkräfte).

Normalerweise haben Schraubenfedern eine lineare Federkennlinie. Weiche Schraubenfedern unterscheiden sich von harten durch
- kleineren Drahtdurchmesser
- größeren Feder-Innendurchmesser
- höhere Anzahl von Windungen.

Um größere Zuladung bei aureichendem Komfort in unbeladenem Zustand zu ermöglichen, müssen Schraubenfedern mit progressiver Kennlinie eingebaut werden. Dies erreicht man durch
- unterschiedliche Steigung der Windung
- unterschiedliche Größe des Innendurchmessers z. B. Kegelform, Taillenform
- unterschiedlichen Drahtdurchmesser **(Bild 1)**.

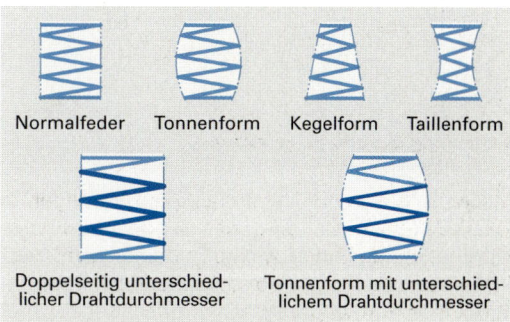

Bild 1: Arten von Schraubenfedern

Die tonnenförmig gewickelte Miniblock-Feder **(Bild 2)** hat gegenüber der zylindrischen Schraubenfeder den Vorteil, dass sich die Federwindungen im Fahrbetrieb beim Einfedern nicht berühren können, da sich jede Windung spiralenförmig in die größere legt. Das ergibt eine geringe Bauhöhe der Feder, ohne Verzicht auf lange Federwege bei hoher Tragfähigkeit. In der Miniblock-Feder lassen sich alle 3 Möglichkeiten einer progressiven Feder vereinigen.

Bild 2: Miniblock-Feder

> Schraubenfedern können keine Radführungskräfte übertragen.

Sie finden daher nur bei solchen Achskonstruktionen Verwendung, bei denen die Antriebs-, Brems- und Seitenkräfte durch andere Elemente übertragen werden (Quer- und Längslenker, McPherson-Federbein). Schwingungsdämpfer werden heute wegen des zeitraubenden Ein- und Ausbaus nur noch selten im Inneren der Schraubenfeder angeordnet.

Drehstabfeder

Bei der Drehstabfeder wird ein Stab aus Federstahl **(Bild 1)** durch einen Hebel, an dem das Rad befestigt ist, auf Verdrehung beansprucht.

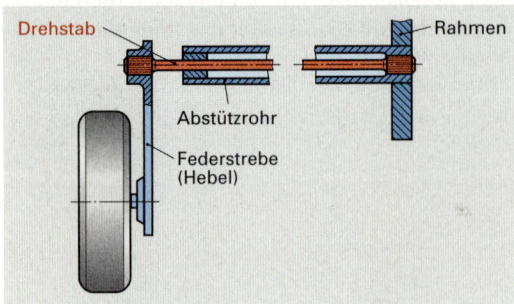

Bild 1: Drehstabfederung

Als Drehstäbe finden meist Rundstangen, Vierkantstäbe und Pakete von Flachstäben Verwendung. Sie können längs und quer angeordnet werden; bei Längsanordnung sind größere Längen und damit größere Verdrehwinkel möglich. Die Feder wird weicher und lässt längere Federwege zu.

Drehstäbe können nicht auf Biegung beansprucht werden; sie werden deshalb oft in einem Rohr gelagert, das gegen Verbiegung abstützt und gleichzeitig als Schutzrohr dient.

Die Einspannköpfe sind meist verzahnt. Mit Hilfe der Verzahnung lässt sich die Vorspannung verändern und für alle Räder gleichmäßig einstellen.

Stabilisator

Er ist ein Federelement, das zur Verbesserung der Straßenlage beiträgt. Meistens werden runde Drehstäbe verwendet **(Bild 2)**.

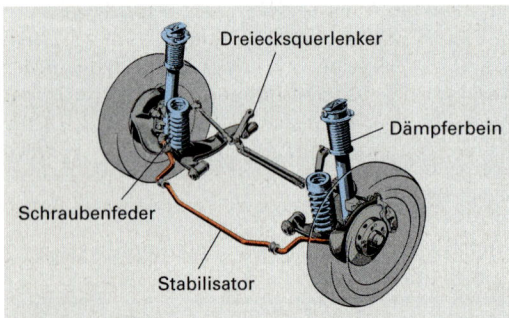

Bild 2: Stabilisator

Der Mittelteil des Stabilisators ist drehbar an der Karosserie, die beiden Hebel sind über Gummielemente an den Radaufhängungen, z. B. Querlenkern, angebracht.

Beim Anheben eines Rades (Einfedern) wird über die Verdrehung des Stabilisators das andere Rad auch angehoben, beim Absenken ebenso abgesenkt. Bei Kurvenfahrt wird dem übermäßigen Wanken (seitliches Neigen) der Karosserie entgegengewirkt. Bei gleichzeitigem Einfedern beider Räder tritt der Stabilisator nicht in Aktion.

4.3.2.2 Gummifeder

Natur- und Kunstgummi sind sehr elastisch und haben eine hohe Eigendämpfung. Die Gummifeder **(Bild 3)** wird in vielen Arten hergestellt, zur eigentlichen Wagenfeder aber nicht verwendet. Man nützt die hohe Eigendämpfung des Gummis in Verbindung mit der großen Elastizität zum Abfangen von Rüttelbewegungen mit hoher Frequenz und zur Geräuschdämpfung aus. Man lagert dazu die eigentlichen Fahrzeugfedern, oder die Aufhängungen, z. B. Querlenker, in Gummikissen. Auf diese Weise wird auch eine Verbesserung der Querfederung erreicht.

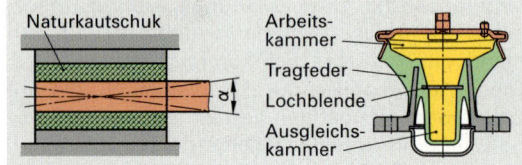

Bild 3: Gummifeder   **Bild 4: Hydrolager**

Um die Übertragung von Schwingungen unterschiedlicher Frequenzen vom Motor auf die Karosserie weitgehend zu unterdrücken, verwendet man anstelle einfacher Gummifedern hydraulisch gedämpfte Elastomerlager (Hydrolager, **Bild 4**). Sie bestehen aus einer elastischen Tragfeder aus Naturkautschuk, die die mechanische Verbindung zwischen Motor und Karosserie übernimmt und einem hydraulischen Teil, der aus einer Arbeits- und Ausgleichskammer besteht und mit Hydraulikflüssigkeit befüllt ist. Eine Lochblende zwischen beiden Kammern behindert den Flüssigkeitsstrom in die Ausgleichskammer und sorgt für eine Dämpfung der eingeleiteten Schwingung (siehe auch Kapitel Motor, Kurbelgehäuse)

4.2.3.3 Gasfeder

Bei der Gasfeder wird das elastische Verhalten einer eingeschlossen Gasmenge (Luft oder Stickstoff) zur Federung ausgenutzt.

Luftfeder

Sie wird am meisten gebaut, benötigt aber eine Druckerzeugungsanlage und wird deshalb vorzugsweise in Omnibussen und Nutzkraftwagen verwendet, die bereits eine solche Anlage für die Bremsen besitzen (siehe Kapitel Nutzfahrzeugtechnik).

Die Luftfeder hat eine progressive Kennlinie und bietet die großen Vorteile, dass sich durch Änderung des Luftdrucks die Federwege der Belastung anpassen lassen und außerdem die Lade- oder Einstiegshöhe eingestellt oder durch Niveauregelung gleichbleibend gehalten werden kann.

Beim Pkw wird zusätzlich ein geschwindigkeitsabhängiges Heben und Senken der Karosserie ermöglicht, die Neigung der Karosserie beim Befahren von Kurven kann durch regelungstechnische Eingriffe erheblich verringert werden.

Zur Vermeidung von Druckverlusten erfolgt die Abdichtung der eingeschlossenen Luftmenge in einem eingespannten Gummibalg. Dieser kann in Form eines Rollbalges oder Faltenbalges (**Bild 1**) ausgeführt sein.

Bild 1: Rollbalg und Faltenbalg

Luft hat nur geringe Eigendämpfung. Deshalb müssen zusätzlich Schwingungsdämpfer eingebaut werden, oder es wird ein Federbein verwendet, das aus einer Kombination von Gummibalg und Zweirohr-Gasdruckdämpfer besteht.

Luftfedern können keine Radkräfte übertragen, sie werden deshalb zwischen Lenkern oder Achsen, z. B. Verbundlenkerachsen (**Bild 2**), und der Karosserie eingebaut.

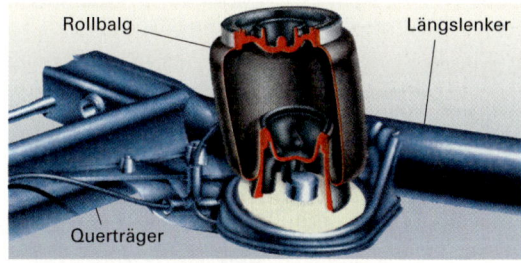

Bild 2: Verbundlenkerachse mit Rollbalg

Hydropneumatische Feder

Die hydropneumatische Feder (**Bild 3**) ist im Prinzip eine Gasdruckfeder kombiniert mit einem Arbeitszylinder. Sie hat die Wirkung einer Federung und eines Stoßdämpfers in einem. In einer Federkugel wird eine unveränderliche Gasmenge (meist Stickstoff) durch Einpumpen oder Ablassen von Hydrauliköl mehr oder weniger verdichtet. Die Trennung von Gas und Öl erfolgt durch eine Membrane. Gas und Öl haben den gleichen Druck. Er wird durch eine Hochdruckpumpe erzeugt und liegt bei etwa 180 bar.

Aus Platzgründen kann die Federkugel seitlich neben dem Arbeitszylinder oder ganz getrennt davon, angeordnet werden.
Die Ventile zwischen Arbeitszylinder und Federkugel drosseln den Ölstrom in beiden Richtungen und wirken wie ein Schwingungsdämpfer.

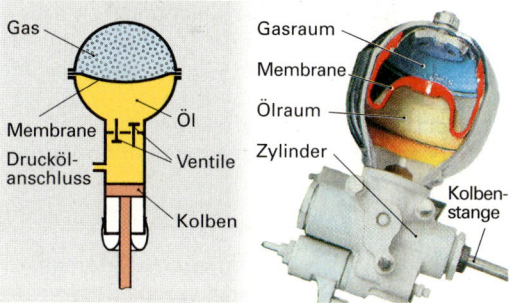

Bild 3: Hydropneumatische Federelemente

Alle Federelemente sind durch ein Leitungsnetz miteinander verbunden. Die Kolbenstange des Hydraulikzylinders ist am Längslenker oder am Querlenker der Radaufhängung befestigt.

Niveauausgleich. Über ein handbetätigtes Niveauregelventil kann die Bodenfreiheit der Karosserie z. B. für schwierige Wegstrecken oder zum Radwechsel verändert werden. Ein automatischer Niveauausgleich für alle Beladungszustände erfolgt durch ein Gestänge, das fest mit dem Längslenker verbunden ist, und auf den Kolben des Höhenreglers wirkt (**Bild 4**). Bei starker Beladung sinkt das Heck ab, die Kolbenstange im Zylinder fährt ein, zugleich wird über Längslenker und Gestänge der Kolben im Höhenregler verschoben, wodurch der Zulauf des Drucköles freigegeben wird. Die Kolbenstange im Zylinder fährt solange aus, bis das alte Niveau erreicht ist und der Zulauf des Öles im Höhenregler wieder verschlossen ist. Die Zunahme der Beladung führt zu einer Zunahme des Öldruckes im Zylinder, und auch der Druck in der Stickstofffüllung nimmt in gleicher Weise zu. Die Feder wird härter und da auch die Schwingungszahl der Karosserie zunimmt, wird das Federungsverhalten unkomfortabler.

Durch Einbau einer dritten Federkugel je Achse vergrößert sich das Gas- und damit das Federvolumen; das Fahrwerk wird für Geradeausfahrt komfortabler.

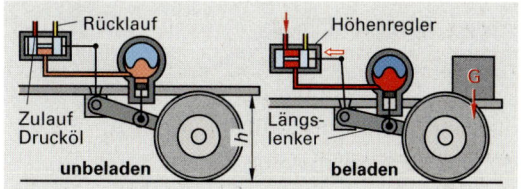

Bild 4: Hydropneumatische Federung

Aktive Fahrwerk-Stabilisierung AFS

Aufbau (Bild 1). Das hydropneumatische Federungssystem wird durch zusätzliche Bauteile zu einem Fahrwerk, das in der Lage ist
- die Seitenneigung der Karosserie bei Kurvenfahrt aktiv zu verhindern
- den Federungskomfort fließend zwischen weich und hart zu verändern, unabhängig von der Wahl der Komfort- oder Sportabstimmung.

Als zusätzliche Bauteile werden benötigt:
- Querstabilisator mit Arbeitszylinder für Vorder- und Hinterachse
- Neigungskorrektor
- Magnetventil
- AFS-Federkugel mit integriertem Härteregler
- Elektronisches Steuergerät.

Wirkungsweise. Um die Seitenneigung der Karosserie bei Kurvenfahrt zu korrigieren und das Fahrzeug wieder in eine waagrechte Lage zu bringen, ist ein variabler Stabilisator nötig, dessen Abstimmung von weich auf hart und umgekehrt schnell verändert werden kann. Ein starrer Stabilisator verbessert zwar die Kurvenlage, der Komfort leidet aber dauerhaft darunter. Ein weicher Stabilisator lässt hohen Fahrkomfort zu, trägt aber zur Kurvensicherheit wenig bei.

Beim System der aktiven Fahrwerkstabilisierung wird ein relativ steifer Stabilisator verwendet, der über einen Arbeitszylinder am rechten Längslenker der Hinterachse befestigt wird. An der Vorderachse wird der Stabilisator über einen Arbeitszylinder an der linken Radaufhängung angebracht. Die beiden diagonal angeordneten Arbeitszylinder sind hydraulisch über ein Magnetventil miteinander verbunden. Wird Druck aufgebaut, so fahren die Kolbenstangen der beiden Arbeitszylinder aus, die Wirkung an den beiden Achsen ist aber unterschiedlich. Während die Karosserie vorne links angehoben wird, wird sie hinten links abgesenkt oder umgekehrt, je nachdem ob eine Rechtskurve oder eine Linkskurve durchfahren wird.

Einfluss der aktiven Fahrwerk-Stabilisierung auf das Federungssystem. Durch die Wahl des Fahrprogrammes „Komfort" oder „Sport" kann sich der Fahrer für eine weiche oder harte Federung entscheiden. Das bedeutet jedoch nicht, dass z. B. bei der Wahl des Programmes „Komfort" immer eine weiche Federung vorhanden ist. Je nach Fahrbedingung (z. B. Kurvenfahrt) kann durch ein Sensorsignal (z. B. Lenkradeinschlag) die Federung stufenlos in Richtung hart verstellt werden.

Funktion der aktiven Fahrwerk-Stabilisierung (Beispiel einer weichen Federung, Bild 1, Seite 459). Das Magnetventil wird vom Steuergerät nicht mit Strom versorgt, der Kolbenschieber (1) des Härtereglers bleibt in Ruhestellung und versperrt den Hochdruckanschluss. Am Ventil mit dem Kolbenschieber (2) liegt einerseits der niedrige Druck

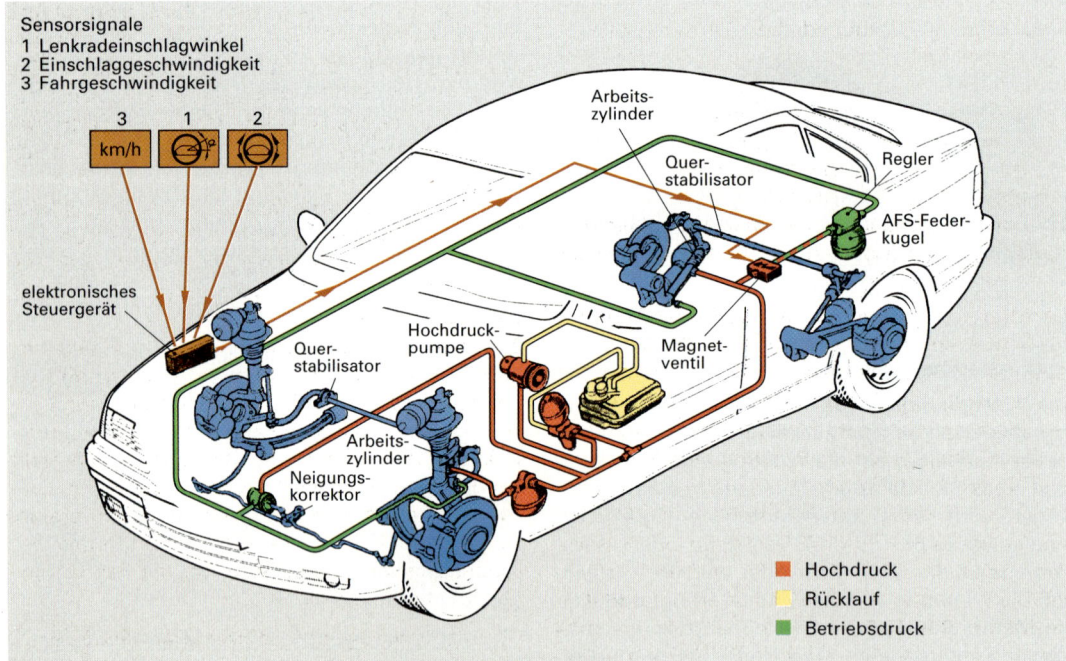

Bild 1: Bauteile und System der Aktiven Fahrwerk-Stabilisierung

Federung

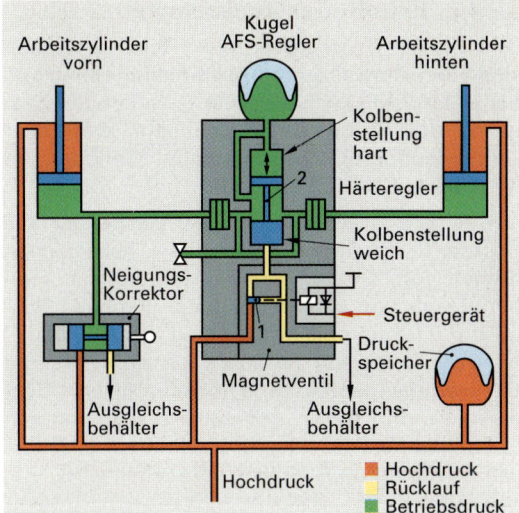

Bild 1: AFS am Beispiel einer weichen Federung

des Ausgleichsbehälters, andererseits der höhere Druck der Arbeitszylinder, wodurch der Kolbenschieber in der Stellung „weich" bleibt. Der Weg des Öles von den Arbeitszylindern zur AFS-Federkugel, die als drittes Federvolumen wirkt, ist frei, der Härtezustand des Stabilisators ist „weich".
Der Übergang zu einer härteren Federung erfolgt stufenlos durch Sensoren, die dem Steuergerät Informationen übermitteln über
- Einschlagwinkel und Einschlaggeschwindigkeit
- Verstellgeschwindigkeit des Fahrpedales
- Höhe des Bremsdruckes
- Bewegungsgeschwindigkeit der Karosserie
- Fahrgeschwindigkeit.

Wird z. B. das Fahrzeug abgebremst, so geht der Rechner im Steuergerät von einem Eintauchen des Vorderwagens aus. Entsprechend der Information des Bremsdrucksensors wird der Kolbenschieber im Regler in Richtung „hart" verschoben, das Ausgleichsvolumen der AFS-Federkugel entfällt und der jetzt harte Stabilisator wirkt dem Eintauchen entgegen.

Funktion der aktiven Fahrwerk-Stabilisierung (Befahren einer Rechtskurve, Bild 2). Beim Einschlagen des Lenkrades nach rechts erhält das Steuergerät über Sensoren Informationen über
- Einschlagwinkel und Einschlaggeschwindigkeit
- Bewegungsgeschwindigkeit der Karosserie
- Fahrgeschwindigkeit.

Im ersten Schritt wird der Regler auf „hart" gestellt und die AFS-Federkugel als Ausgleichsvolumen gesperrt. Kann der harte Stabilisator einer weiteren Neigung der Karosserie nicht entgegenwirken, so tritt der an der Vorderachse liegende Neigungskorrektor in Aktion. Über Schubstangen wird ein Kolben im Neigungskorrektor verscho-

ben, wodurch das Hochdrucköl Zufluss zu den Arbeitszylindern erhält und die Kolbenstangen ausfahren lässt. Dadurch wird die Karosserie vorne links angehoben und hinten rechts abgesenkt, sie erhält wieder ihre waagerechte Position. Nach Durchfahren der Kurve wird über den Neigungskorrektor und das Steuergerät der Ausgangszustand der Federung wieder hergestellt.

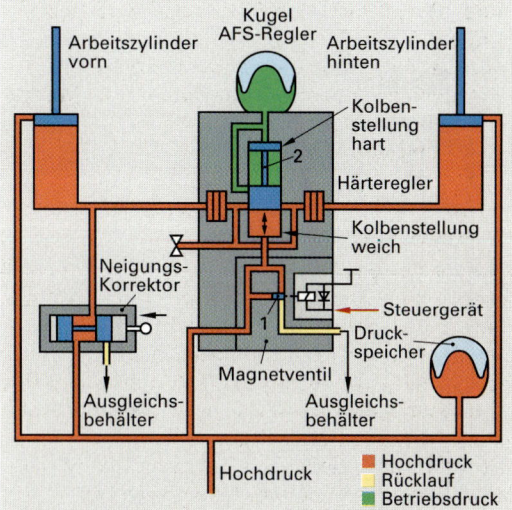

Bild 2: AFS beim Durchfahren einer Rechtskurve

4.2.4 Schwingungsdämpfer

Schwingungsdämpfer (Stoßdämpfer) lassen die Schwingungen schneller abklingen. Beim Kraftfahrzeug erhöhen sie dadurch die Sicherheit und den Fahrkomfort. Eingebaut werden sie zwischen der Radaufhängung und der Karosserie. Die Schwingungen der Räder und der Karosserie haben verschiedene Frequenzen. Ein guter Dämpfer muss so eingestellt sein, dass er für beide Schwingungen wirksam ist.

Man verwendet heute fast ausschließlich hydraulische Schwingungsdämpfer. Bei diesen bewegt sich ein Kolben in einem Zylinder und verdrängt dabei Öl durch kleine Bohrungen oder Ventile (Drosselstellen).

Zugstufe. Das Rad bewegt sich nach unten (Ausfedern) und zieht den Schwingungsdämpfer teleskopartig auseinander (Teleskopstoßdämpfer).

Druckstufe. Das Rad bewegt sich nach oben (Einfedern) dabei wird der Schwingungsdämpfer wieder zusammengeschoben.

Durch Verändern des Durchströmungswiderstandes für das Öl beim Hin- und Herbewegen des Kolbens ist eine Anpassung an die Fahrzeugeigenschaften möglich.

> Durch Schwingungsdämpfer wird die Bewegungsenergie in Wärmeenergie umgewandelt.

4.2.4.1 Zweirohr-Schwingungsdämpfer

Hydraulische Schwingungsdämpfer bestehen grundsätzlich aus einem Zylinder, in dem sich ein Kolben mit Kolbenstange auf- und abbewegen kann.

Beim Zweirohr-Schwingungsdämpfer (**Bild 1**) ist die Kolbenstange mit Schutzrohr an der Karosserie befestigt, der Zylinder dagegen an der Radaufhängung.

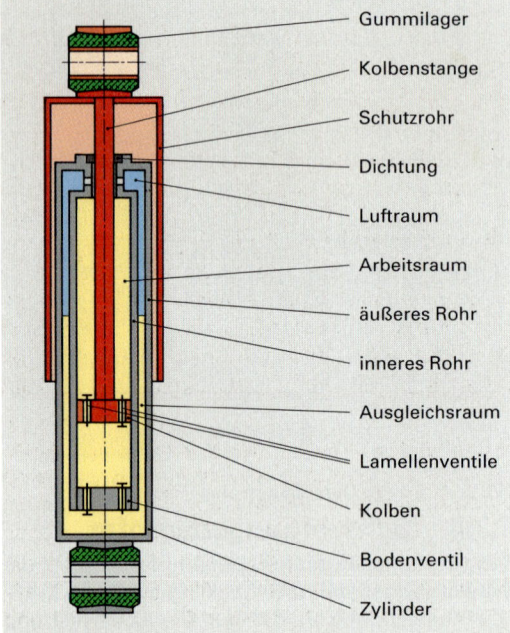

Bild 1: Zweirohr-Schwingungsdämpfer

Der Zylinder besteht aus einem inneren und einem äußeren Rohr. Im inneren Rohr befindet sich der **Arbeitsraum**, in dem sich der **Kolben** bewegt. Er ist vollständig mit Öl gefüllt.

Zwischen innerem und äußerem Rohr befindet sich der **Ausgleichsraum**; er ist nur teilweise mit Öl gefüllt und soll beim Einfahren der Kolbenstange das aus dem Arbeitsraum verdrängte Öl aufnehmen.

Im Kolben und im Arbeitsraum sind Ventile eingebaut, die den Ölstrom unterschiedlich stark drosseln. In der Zugstufe findet die stärkere Dämpfung statt. Beim Hochbewegen des Kolbens muss das Öl durch feine Öffnungen des Lamellenventiles im Kolben gepresst werden. Während dieser Bewegung wird gleichzeitig Öl aus dem Ausgleichsraum über das Bodenventil nachgesaugt.

> Einbau nur mit der Kolbenstange nach oben, da sonst aus dem Ausgleichsraum Luft angesaugt würde, was zum Verschäumen des Öles und zum Ausfall der Dämpfung führen würde.

4.2.4.2 Einrohr-Gasdruckdämpfer

Der Einrohr-Gasdruckdämpfer (**Bild 2**) verhält sich beim Aufwärts- und Abwärtshub genau wie der Zweirohr-Schwingungsdämpfer. Für den Ausgleich des Kolbenstangenvolumens wird aber kein besonderer Ausgleichsraum benötigt, so dass das äußere Rohr entfällt.

Der Ausgleich erfolgt durch ein **Gaspolster** aus Stickstoff, das meist durch einen beweglichen **Kolben** vom Ölraum getrennt ist. Das unter einem Druck von 20 bar bis 30 bar stehende Gaspolster wird beim Abwärtsgehen des Arbeitskolbens durch das von der Kolbenstange verdrängte Öl zusammengepresst und höher verdichtet. Gaspolster und Öl stehen stets unter Druck, wodurch ein Schäumen des Öles und damit ein Nachlassen der Dämpfungswirkung vermieden wird.

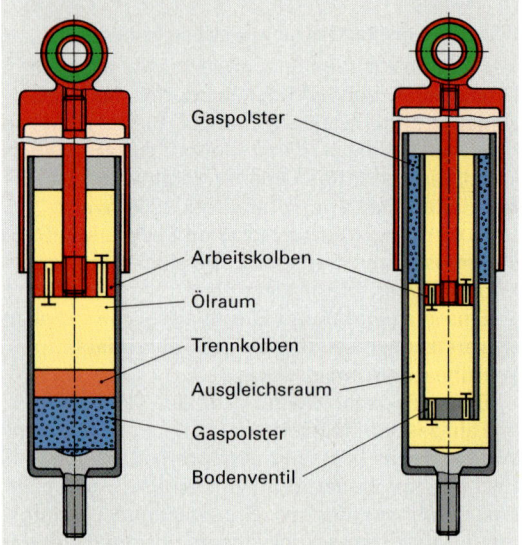

Bild 2: Einrohr-Gasdruckdämpfer

Bild 3: Zweirohr-Gasdruckdämpfer

> Einrohr-Gasdruckdämpfer mit Trennkolben können in jeder Lage eingebaut werden. Bei Ausführung mit einer Prallscheibe muss die Kolbenstange immer unten liegen.

4.2.4.3 Zweirohr-Gasdruckdämpfer

Der Zweirohr-Gasdruckdämpfer (**Bild 3**) entspricht im Aufbau dem Zweirohr-Schwingungsdämpfer. Im ringförmigen Ausgleichsraum befindet sich eine Gasfüllung aus Stickstoff mit einer Druckvorspannung von 3 bar bis 8 bar. Damit wird Dampfblasenbildung vermindert, die Dämpfungskräfte werden in nahezu allen Schwingungsbereichen verbessert.

Zweirohr-Gasdruckdämpfer mit variabler Dämpfung

Die Anpassung eines Stoßdämpfers an unterschiedliche Beladungszustände eines Fahrzeuges war bisher kaum möglich. Fahrzeuge mit großen Ladungen (z.B. Lkw mit Anhänger) benötigen eine starke Dämpfung, was aber im unbeladenen Zustand beim Überfahren von Bodenunebenheiten zu unangenehmem Rütteln und Springen führt.
Beim Zweirohr-Gasdruckdämpfer **(Bild 1)** wird durch eine oder mehrere Nuten in der Zylinderwand die gewünschte variable Dämpfungscharakteristik erreicht.

Geringe Beladung. Der Arbeitskolben bewegt sich im Bereich zwischen den beiden Nuten. Das Öl kann nicht nur die Kolbenventile, sondern auch die Nuten durchströmen. Durch diesen zusätzlichen Bypass wird die Dämpfungskraft vermindert, was zu einem Komfortgewinn führt.

Starke Beladung. Der Arbeitskolben bewegt sich unterhalb des Nutbereiches, so dass der zusätzliche Durchströmungsquerschnitt fehlt. Die Dämpfungskraft ist am größten.
Durch die Anzahl und Länge der Nuten, sowie deren Höhenversatz zueinander, lässt sich die Dämpfungskraft nicht nur an die Last anpassen, sondern auch an sämtliche verwendete Federungssysteme.

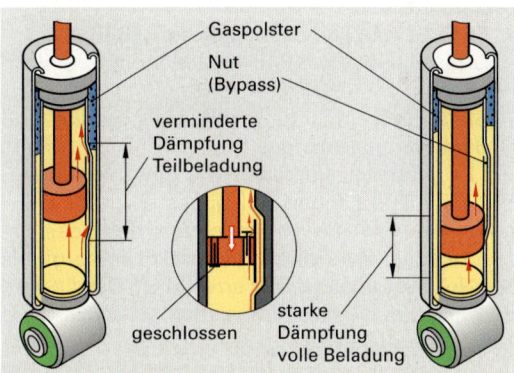

Bild 1: Zweirohr-Gasdruckdämpfer mit variabler Dämpfung

Prüfdiagramme

Schwingungsdämpfer ausgebaut. Um die Kennlinien eines Schwingungsdämpfers zu erhalten, benötigt man eine Prüfvorrichtung in die der Dämpfer eingespannt wird. Durch einen Kurbeltrieb wird der Dämpfer in Bewegung versetzt. Die über dem Kolbenweg auftretenden Dämpfungskräfte werden gemessen und in ein Diagramm eingetragen. Es entstehen geschlossene Kurven für einen konstanten Zug- und Druckhub **(Bild 2)**. Durch Vergrößerung des Kurbelradius an der Prüfvorrichtung wird auch der Zug- und Druckhub des Dämpfers vergrößert und es entstehen weitere geschlossene Kurven. Die Dämpfungskraft nimmt zu, da bei konstanter Drehzahl des Kurbeltriebes die Kolbengeschwindigkeit im Dämpfer zunimmt.

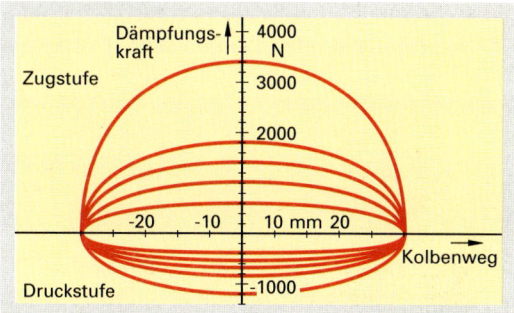

Bild 2: Prüfdiagramm eines Gasdruckdämpfers

Durch Einbau von Ventilen mit verschieden großem Durchströmungsquerschnitt im Kolben erreicht man unterschiedliche Dämpfungskräfte in der Zug- und Druckstufe. Das Verhältnis der Dämpfungskräfte von Zugstufe zu Druckstufe liegt zwischen 2 und 5.

Schwingungsdämpfer eingebaut. Auf einem Shocktester werden die Dämpfer einer Achse gleichzeitig geprüft. Die auf einer Platte stehenden Räder werden durch je einen Elektromotor über einen Exzenter und eine Druckfeder in schwingende Bewegung versetzt. Nach dem Abschalten des Motors wird der gesamte Frequenzbereich der Schwingung bis zum Stillstand durchlaufen und in einem Messgerät auf einer Scheibe aufgezeichnet **(Bild 3)**. An der Resonanzstelle erfolgt der größte Ausschlag (große Amplitude). Er gibt Aufschluss über das Dämpfungsvermögen des jeweiligen Dämpfers. Ist der gemessene Resonanzausschlag größer oder gleich dem angegebenen Grenzwert, so ist der Dämpfer defekt. Über ein Scheibendiagramm können die Schwingungen der Dämpfer einer Fahrzeugseite angegeben werden.

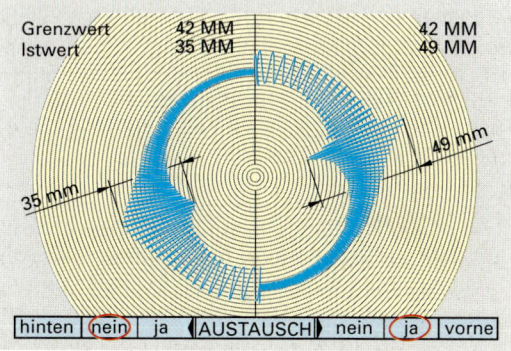

Bild 3: Schwingungsbilder von 2 Dämpfern

Schwingungsdämpfer im Verbundbau

Federbein

Die Verbindung eines Schwingungsdämpfers in verstärkter Bauweise mit einer Feder, meist einer Schraubenfeder, bezeichnet man als Federbein. Federbeine können auch als Radaufhängung verwendet werden, wenn sie mit einem zusätzlichen Achsschenkel versehen werden (**Bild 1**). Um bei einem defekten Schwingungsdämpfer nicht das ganze Federbein auswechseln zu müssen, verwendet man Schwingungsdämpferpatronen. Bei nachlassender Dämpfkraft kann die Patrone durch Öffnen einer Verschraubung am oberen Teil des Behälterrohres gewechselt werden.

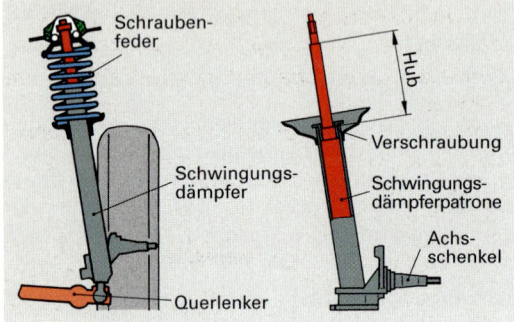

Bild 1: Federbein

Schwingungsdämpfer mit Niveauregelung

Die Federung im Pkw ist meist so ausgelegt, dass sich bei mittlerer Beladung die beste Straßenlage ergibt. Bei maximaler Zuladung sinkt das Fahrzeugheck stark ab, Bodenfreiheit und Federweg werden verkleinert, die Straßenlage verschlechtert sich. Dazu kommt oft unkontrolliertes Lenkverhalten, Seitenwindempfindlichkeit und Blendung des Gegenverkehrs bei Nachtfahrten. Der Fahrkomfort verschlechtert sich, da bei Stahlfedern mit zunehmender Beladung eine Veränderung der Schwingungsfrequenz eintritt. Eine bei allen Beladungszuständen gleichbleibende Eigenfrequenz von 1 Hertz (entspricht der Schwingzahl 60) lässt sich nur durch eine niveaugeregelte Gasfeder erreichen. Die Standhöhe des Fahrzeuges wird bei allen Beladungszuständen automatisch konstant gehalten, auch bei Anhängerbetrieb. Man unterscheidet rein pneumatische oder hydropneumatische Systeme.

Pneumatische Niveauregelung. Die Anlage besteht aus einem Kompressor, einem Steuergerät und zwei Luftfederdämpfern mit je einem Induktionssensor. Die Luftfederdämpfer bestehen aus einer Kombination von Einrohr-Gasdruckdämpfer mit Luftfeder (**Bild 2**). Sie tragen die gesamte Achslast.

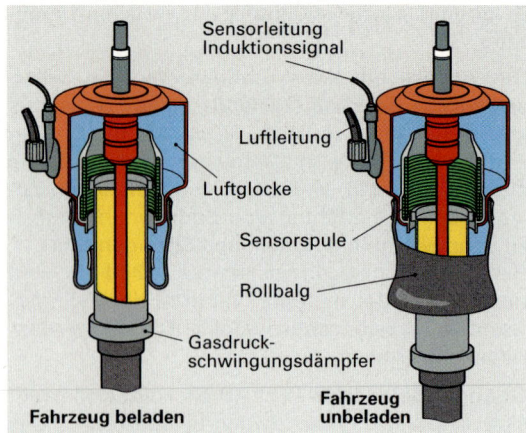

Bild 2: Luftfederdämpfer

Die Luftfeder, die über dem Gasdruckdämpfer angebracht ist, besteht aus einer Luftglocke und einem Rollbalg. Vergrößert sich die Beladung, so taucht das Dämpferrohr weiter in die in der Luftglocke integrierte Sensorspule ein und erzeugt eine Induktionsspannung, die als Signal an das Steuergerät geleitet wird. Das Steuergerät lässt über den Kompressor so lange Luft einströmen, bis die vorgegebene Standhöhe wieder erreicht ist. Der Druck im Luftbalg liegt je nach Beladung zwischen 5 bar und 11 bar.

Hydropneumatische Niveauregelung. Die Anlage besteht aus
- Federbeinen und Federspeichern (**Bild 3**),
- Druckölanlage mit Radialkolbenpumpe und Ölbehälter,
- Steuerungseinrichtung mit Niveauregler und Betätigungsgestänge.

Die Federspeicher arbeiten wie eine hydropneumatische Zusatzfeder. Bei abgesunkenem Fahrzeugheck wird das Federelement über das Niveauregelventil so lange mit Drucköl versorgt, bis das Normalniveau wieder erreicht ist. Das Öl wird danach durch die Pumpe fast drucklos zum Behälter zurückgeführt.

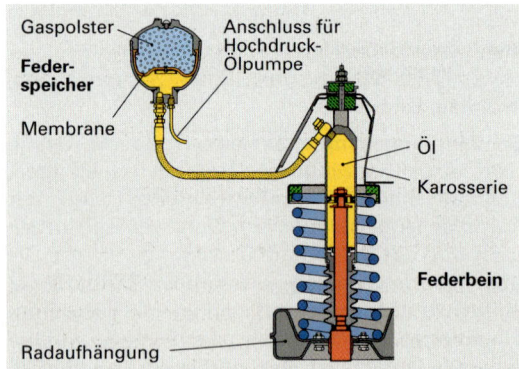

Bild 3: Federbein mit Federspeicher

4.3 Fahrdynamik

> Sie befasst sich mit der Wirkung der am Fahrzeug angreifenden Kräfte beim Fahren und den sich daraus ergebenden Bewegungen des Fahrzeugs.

Die Bewegungen können in Richtung und um die **Längsachse**, **Querachse** und **Hochachse** erfolgen **(Bild 1)**.

Die Kräfte werden durch die Reifen des Fahrzeugs auf die Fahrbahn übertragen. Hier wirken Gegenkräfte auf sie ein.

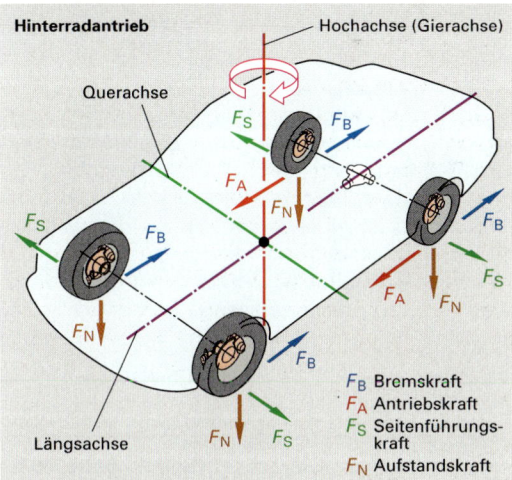

Bild 1: Kräfte und Achsen am Fahrzeug

Man unterscheidet
- Kräfte in Richtung der Längsachse: Antriebskraft, Bremskraft, Reibungskraft
- Kräfte in Richtung der Querachse: Fliehkraft, Windkraft, Seitenführungskraft
- Kräfte in Richtung der Hochachse: Radlast, Kräfte durch Fahrbahnstöße.

Die Bewegungen, die sich beim Zusammenwirken aller Kräfte ergeben, drücken sich im Fahrverhalten des Fahrzeugs aus.

Einflüsse auf das Fahrverhalten haben
- Lage von Schwerpunkt, Wankzentrum, Wankachse, Fahrachse
- Antriebsart und Anordnung der Triebwerksaggregate
- Radaufhängung und Radstellungen
- Federung und Stoßdämpfer
- Radregelsysteme wie z.B. ABS, ASR, ESP.

Wankzentrum (Momentanzentrum) **(Bild 2)**. Es ist der Punkt **(W)** auf einer in Achsmitte gedachten Senkrechten, um den sich der Fahrzeugaufbau unter Einwirkung von Seitenkräften zu drehen beginnt.

Das Wankzentrum einer Fahrzeugachse liegt von vorne gesehen in der Mitte des Fahrzeugs. Seine Höhenlage ist von der Art der Radaufhängung abhängig.

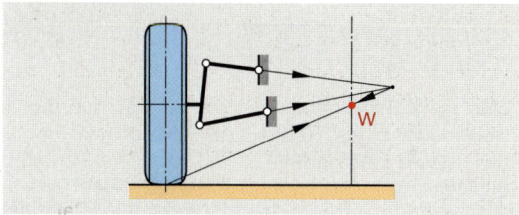

Bild 2: Wankzentrum

Wankachse. Sie wird durch Verbinden der Wankzentren von Vorderachse W_V und Hinterachse W_H gebildet **(Bild 3)**. Sie verläuft meist nach vorne abfallend, da bei den vorderen Radaufhängungen das Wankzentrum tiefer liegt als bei den hinteren.

Je näher der Schwerpunkt **S** bei der Wankachse liegt, desto weniger neigt sich das Fahrzeug bei Kurvenfahrt.

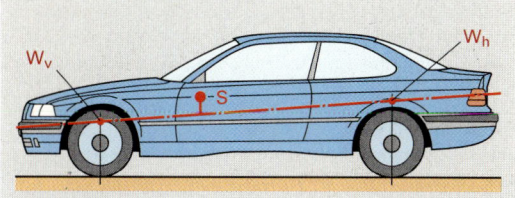

Bild 3: Wankachse

Symmetrieachse. Sie verläuft in Längsrichtung des Fahrzeugs durch die Mitten von Vorderachse und Hinterachse **(Bild 4)**.

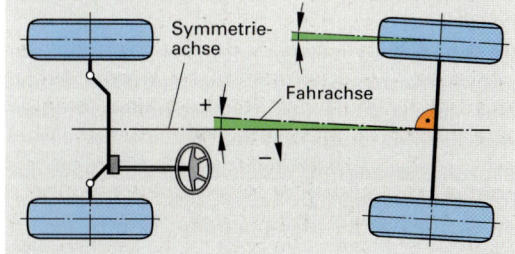

Bild 4: Symmetrieachse, Fahrachse

Fahrachse (geometrische Fahrachse). Sie wird durch die Radstellungen der Hinterräder gebildet und ist die Mittelsenkrechte auf die Hinterachse **(Bild 4)**. Im Normalfall überdecken sich Symmetrieachse und Fahrachse. Weicht die Fahrachse von der Symmetrieachse ab, so läuft das Fahrzeug schräg.

Radversatz (Bild 4) ist der Winkel, um den die Räder einer Achse von der Richtung der Symmetrieachse der Vorder- oder Hinterachse abweichen.

Schräglaufwinkel. Greift an einem rollenden Fahrzeug eine seitliche Störkraft (z.B. Windkraft, Fliehkraft) an, so wirken in den Aufstandsflächen aller vier Reifen Seitenführungskräfte F_S. Erfolgt keine Lenkkorrektur, so ändern die Räder ihre Fahrtrichtung, sie laufen um den Winkel α schräg zur ursprünglichen Fahrtrichtung **(Bild 1)**.

Der Schräglaufwinkel α ist der Winkel, den die Radebene eines Rades zur Bewegungsrichtung des Rades bildet.

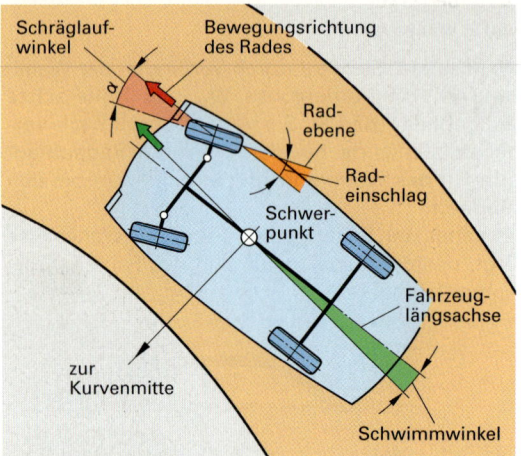

Bild 1: Schräglaufwinkel und Schwimmwinkel

Schwimmwinkel. Er bezieht sich auf das gesamte Fahrzeug **(Bild 1)**.

Der Schwimmwinkel ist der Winkel zwischen der Fahrtrichtung (Bewegungsrichtung des Fahrzeugs) und der Fahrzeuglängsachse.

Eigenlenkverhalten

Zur Beurteilung des Fahrverhaltens werden genormte Fahrmanöver, z.B. die stationäre Kreisfahrt durchgeführt und das Eigenlenkverhalten eines Kraftfahrzeugs ermittelt.

Bis zur Kurvengrenzgeschwindigkeit reicht der Kraftschluss zwischen Reifen und Fahrbahn aus, um die notwendigen Seitenkräfte aufzubauen.

Wird die Kurve schneller durchfahren, so entsteht an Vorderrädern oder Hinterrädern oder an allen Rädern Querschlupf. Wird der Schlupf zu groß, so verlässt das Fahrzeug die Fahrbahn.

Man unterscheidet
– **Untersteuern (Bild 2).** Die Schräglaufwinkel α_V der Vorderräder sind größer als die der Hinterräder α_H.
  Das Fahrzeug will einen größeren Kurvenradius fahren als dies den eingeschlagenen Vorderrädern entspricht und schiebt über die Vorderräder nach außen.

– **Übersteuern (Bild 3).** Die Schräglaufwinkel der Hinterräder α_H sind größer als die der Vorderräder α_V. Das Fahrzeug will einen kleineren Kurvenradius fahren als dies den eingeschlagenen Vorderrädern entspricht und bricht mit dem Heck aus.

– **Neutrales Fahrverhalten.** Die Schräglaufwinkel der Vorder- und Hinterräder sind gleich groß. Das Fahrzeug schiebt (driftet) gleichmäßig über alle Räder.

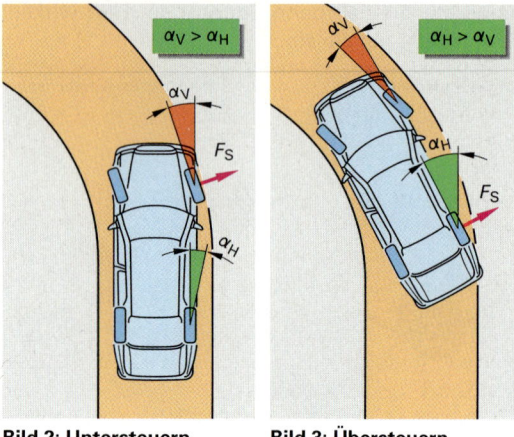

Bild 2: Untersteuern   Bild 3: Übersteuern

Gieren ist die Drehbewegung des Fahrzeugs um seine Hochachse (Gierachse) **(Bild 1, Seite 463)**. Die **Giergeschwindigkeit** wird bei Fahrzeugen mit ESP durch Giersensoren gemessen.

Wanken ist die Kippbewegung um die Fahrzeuglängsachse **(Bild 1, Seite 463)**.

Nicken ist die Drehbewegung eines Fahrzeugs um seine Querachse **(Bild 1, Seite 463)**.

Fahrzeuge mit
– Vorderradantrieb neigen zum Untersteuern
– Hinterradantrieb neigen zum Übersteuern
– Allradantrieb neigen zu einem neutralen Fahrverhalten.

WIEDERHOLUNGSFRAGEN

1. Wie heißen die 3 Raumachsen eines Fahrzeugs und wie nennt man die Bewegungen um sie?
2. Was versteht man unter dem Wankzentrum (Momentanzentrum)?
3. Wie wird die Wankachse eines Fahrzeugs gebildet?
4. Was versteht man unter dem Schräglaufwinkel?
5. Erklären Sie die Begriffe Untersteuern, Übersteuern und neutrales Fahrverhalten.

4.4 Radstellungen

Um die Fahreigenschaften eines Fahrzeugs bezüglich Eigenlenkverhalten, Geradeauslauf, Spurstabilität und Flatterneigung der Räder zu optimieren, werden die verschiedenen Radstellungen wie Sturz, Spreizung, Lenkrollhalbmesser, Nachlauf und Spur aufeinander abgestimmt. Dabei wird möglichst geringer Reifenverschleiß angestrebt.

Sturz

> Als Sturz bezeichnet man die Neigung der Radebene zu einer im Aufstandspunkt errichteten Senkrechten quer zur Fahrzeug-Längsachse **(Bild 1)**.

Der Sturzwinkel γ wird in Grad und Minuten angegeben. Man unterscheidet **positiven** und **negativen Sturz**.

Positiver Sturz: Die Radebene ist oben nach außen geneigt. Die meisten Kraftfahrzeuge haben an den gelenkten Vorderrädern bei Geradeausstellung der Räder einen positiven Sturz von + 0° 20' bis + 1° 30'. Abweichungen von ± 30' sind zulässig. Positiver Sturz bewirkt einen Kegelabrolleffekt. Dadurch neigt das Rad dazu, nach außen einzuschlagen (einzuschwenken).
Je größer der positive Sturz, desto geringer werden die Seitenführungskräfte bei Kurvenfahrt.

Negativer Sturz: Die Radebene ist oben nach innen geneigt. Durch den Kegelabrolleffekt neigt das Rad dazu, nach innen einzuschlagen.
Die meisten Pkw haben an den Hinterrädern einen negativen Sturz von – 0° 30' bis – 2°. Bei schnellen Fahrzeugen ist ein negativer Sturz auch an den Vorderrädern üblich.
Negativer Sturz verbessert die Seitenführung bei Kurvenfahrt, bewirkt jedoch stärkeren Reifenverschleiß auf der Innenseite der Lauffläche.

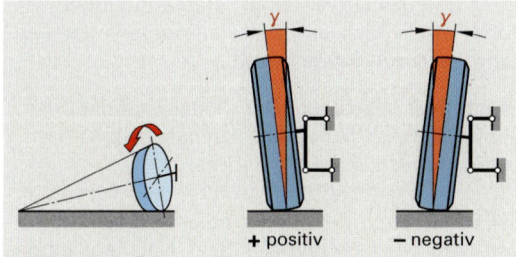

Bild 1: Positiver und negativer Sturz

Spreizung

> Als Spreizung bezeichnet man die Schrägstellung der Lenkdrehachse bzw. des Achsschenkelbolzens quer zur Fahrzeuglängsachse gegenüber einer Senkrechten zur Fahrbahn **(Bild 2)**.

Die Lenkdrehachse (Schwenkachse) verläuft z.B. durch die beiden Aufhängungspunkte des Rades.

Der Spreizwinkel δ wird in Grad und Minuten angegeben. Üblich sind Spreizwinkel von 5° bis 10°. Spreizung und Sturz bilden zusammen einen Winkel, der in seiner Größe beim Ein- und Ausfedern gleich bleibt (wird der Spreizwinkel δ kleiner, so wird der Sturzwinkel γ größer und umgekehrt). Die Spreizung bewirkt, dass das Fahrzeug beim Einschlagen der Räder vorne angehoben wird. Durch die Gewichtskraft des Fahrzeugs entsteht ein Moment, das die selbsttätige Rückstellung der eingeschlagenen Räder für die Geradeausfahrt bewirkt.

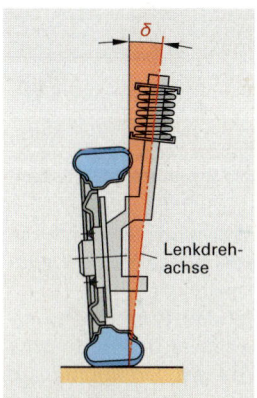
Bild 2: Spreizung

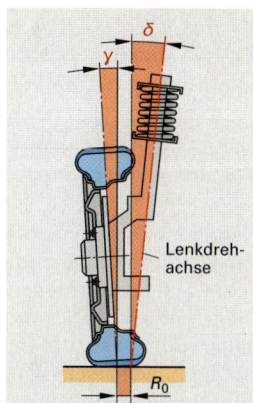
Bild 3: Positiver Lenkrollhalbmesser

Lenkrollhalbmesser

> Spreizung und Sturz bilden gemeinsam den Lenkrollhalbmesser R_0.
> Der Lenkrollhalbmesser R_0 ist der Hebelarm, an dem die zwischen Rad und Fahrbahn auftretenden Reibungskräfte angreifen **(Bild 3)**. Er wird zwischen der Mitte der Radaufstandsfläche und dem Durchstoßpunkt der verlängerten Lenkdrehachse durch die Fahrbahn gemessen.

Man unterscheidet **positiven Lenkrollhalbmesser, Lenkrollhalbmesser Null** und **negativen Lenkrollhalbmesser**.

Positiver Lenkrollhalbmesser (Bild 3):

> Die verlängerte Lenkdrehachse trifft die Fahrbahn außerhalb der Mitte der Reifenaufstandsfläche zur Reifeninnenseite hin.

Greift z.B. eine Bremskraft am Reifen an, so schwenkt das Rad nach außen. Bei unterschiedlicher Haftung der Räder wird das besser haftende Rad mehr nach außen geschwenkt, das Fahrzeug zieht schief. Es wird ein kleiner Lenkrollhalbmesser angestrebt, um die Beeinflussung der Lenkung durch äußere Kräfte gering zu halten.

Negativer Lenkrollhalbmesser

Die verlängerte Schwenkachse trifft die Fahrbahn außerhalb der Mitte der Reifenaufstandsfläche zur Reifenaußenseite hin (**Bild 1**).

Nachlauf

Der Nachlauf entsteht durch die Schrägstellung der Lenkdrehachse bzw. des Achsschenkelbolzens in Richtung der Fahrzeug-Längsachse gegenüber einer Senkrechten zur Fahrbahn (**Bild 4**).

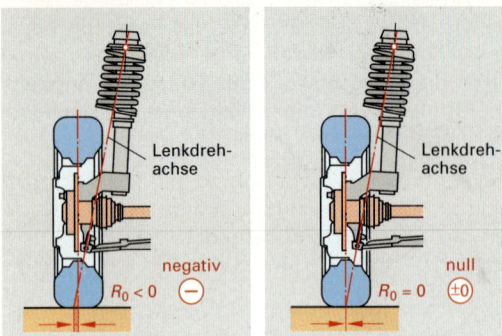

Bild 1: Negativer Lenkrollhalbmesser

Bild 2: Lenkrollhalbmesser Null

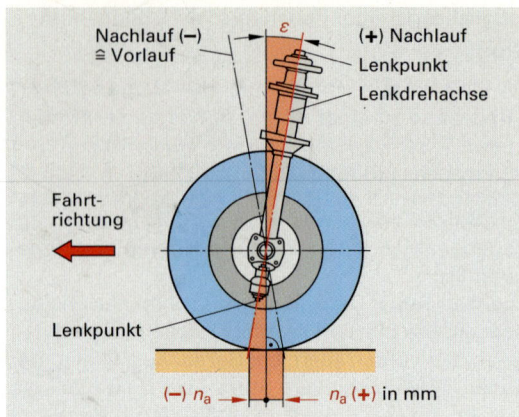

Bild 4: Nachlauf

Negativer Lenkrollhalbmesser wird z.B. durch die Verwendung von tiefen Radschüsseln und Faustsattel-Scheibenbremsen ermöglicht.

Die an einem Rad angreifenden Bremskräfte ergeben ein Drehmoment, welches das Rad vorne zur Innenseite schwenkt, da der Drehpunkt auf der Reifenaußenseite liegt. Treten z.B. beim Bremsen unterschiedliche Haftverhältnisse auf (ein Rad auf trockener, das andere auf vereister Fahrbahn oder bei Reifendefekt), so wird das Rad mit der größeren Haftwirkung stärker nach innen geschwenkt. Dadurch entsteht ein selbsttätiges Gegenlenken, welches dem Bestreben eines Fahrzeugs, zur Seite des stärker gebremsten Rades hinzuziehen, entgegenwirkt (**Bild 3**).

Der Nachlauf wird meist als Winkel ε in Grad und Minuten angegeben. Nachlauf kann auch als Strecke n_a in mm angegeben werden.

Positiver Nachlauf. Der Radaufstandspunkt befindet sich hinter dem Durchstoßpunkt der Lenkdrehachse auf der Fahrbahn.

Durch positiven Nachlauf werden die Räder gezogen. Dies wird bei Hinterradantrieb angewandt. Dadurch ergibt sich eine Stabilisierung der gelenkten Räder.
Bei positivem Nachlaufwinkel wird beim Einschlagen der Räder das kurveninnere Rad abgesenkt und das kurvenäußere Rad angehoben. Dadurch ergibt sich ein Rückstellmoment der Lenkung nach der Kurvenfahrt.

Negativer Nachlauf. Der Radaufstandspunkt befindet sich vor dem Aufstandspunkt der Lenkdrehachse auf der Fahrbahn.

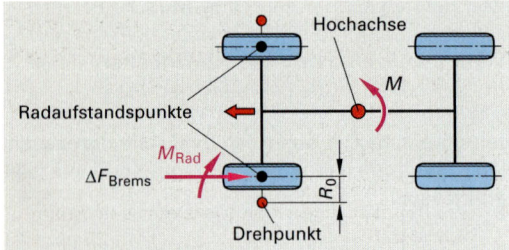

Bild 3: Wirkung des negativen Lenkrollhalbmessers

Lenkrollhalbmesser Null

Die verlängerte Schwenkachse trifft die Fahrbahn genau in der Mitte der Reifenaufstandsfläche (**Bild 2**).

Das Rad schwenkt beim Lenkeinschlag auf der Stelle. Bei stehendem Fahrzeug wird zum Einschlagen der Räder eine größere Lenkkraft als bei positivem und negativem Lenkrollhalbmesser benötigt.

Bei Fahrzeugen mit Vorderradantrieb wird Nachlauf Null oder kleiner negativer Nachlauf eingesetzt. Dies bewirkt eine Verkleinerung der Rückstellkräfte und verhindert ein zu schnelles Zurückdrehen der Räder nach Kurvenfahrt in die Geradeausstellung.

Nachlauf, Spreizung und Lenkrollhalbmesser beeinflussen gemeinsam die Rückstellkräfte an den eingeschlagenen Rädern. Sie wirken sich stabilisierend auf die Lenkung aus.

Radstellungen   4 Fahrwerk

Radstand

Der Radstand ist der Abstand zwischen den Radmitten der Vorderräder und der Hinterräder **(Bild 1)**.

Spurweite

Die Spurweite ist der Abstand der Räder einer Achse von Reifenmitte zu Reifenmitte, gemessen auf der Standebene **(Bild 2)**.

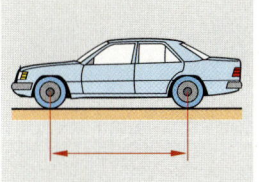
Bild 1: Radstand

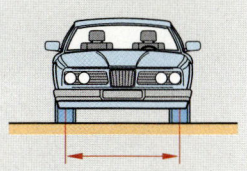
Bild 2: Spurweite

Radstand mal Spurweite ergeben zusammen die Radaufstandsfläche.

Spur

Die Spur ist die Längendifferenz $l_2 - l_1$, um welche die Räder bei Geradeausfahrt vorn und hinten auseinanderstehen.

Die Vorspur wird in Höhe der Radmitten von Felgenhorn zu Felgenhorn gemessen und kann als Gesamtspur (für beide Räder) sowohl in Millimeter als auch in Grad und Minuten angegeben werden.
Man unterscheidet – Vorspur   – Spur Null
                   – Nachspur.

Vorspur $(l_2 - l_1) > 0$ **(Bild 3)**
Sie wird angewandt bei Hinterradantrieb und positivem Lenkrollhalbmesser. Hierbei werden die Räder durch die Rollwiderstandskraft vorne nach außen geschwenkt.

Spur Null $(l_2 - l_1) = 0$
Nachspur $(l_2 - l_1) < 0$ **(Bild 4)**
Sie wird bei Vorderradantrieb mit positivem Lenkrollhalbmesser angewandt. Die Räder werden durch die an der Reifenaufstandsfläche wirkende Antriebskraft nach innen geschwenkt.

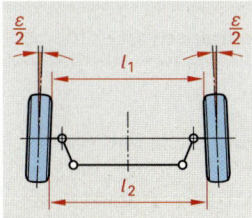
Bild 3: Vorspur

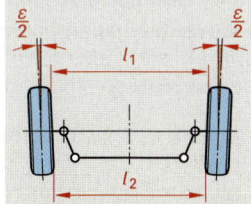
Bild 4: Nachspur

Spur, Sturz- Spreizung, Lenkrollhalbmesser und Nachlauf werden so aufeinander abgestimmt, dass folgende Ziele erreicht werden:
– Geringes und günstiges Eigenlenkverhalten
– guter Geradeauslauf
– geringer Reifenverschleiß
– Spielausgleich in den Radführungen
– keine bzw. geringe Flatterneigung der Räder.

Spurdifferenzwinkel

Der Spurdifferenzwinkel δ ist der Winkel, um den das kurveninnere Rad stärker eingeschlagen ist als das kurvenäußere Rad **(Bild 5)**.

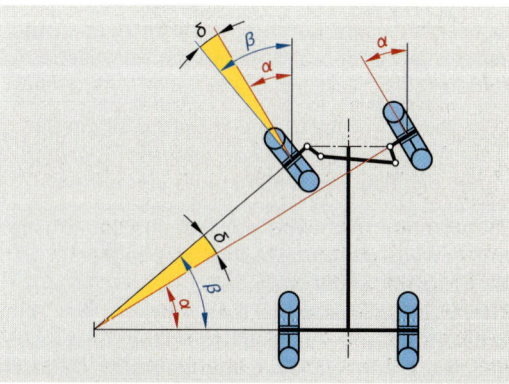
Bild 5: Spurdifferenzwinkel

Die Spurdifferenzwinkel werden bei einem Lenkdrehwinkel von 20° des kurveninneren Rades ermittelt.

Der Spurdifferenzwinkel wird bei der Überprüfung des Lenktrapezes auf Fehler (z.B. verbogene Spurhebel oder Spurstange) benötigt.

WIEDERHOLUNGSFRAGEN

1. Welche Radstellungen unterscheidet man?
2. Was versteht man unter positivem und negativem Sturz?
3. Erklären Sie den Begriff Spreizung.
4. Welchen Einfluss auf das Fahrzeug hat die Spreizung beim Einschlagen der Vorderräder?
5. Was versteht man unter dem Lenkrollhalbmesser?
6. Wie wirkt sich negativer Lenkrollhalbmesser beim Bremsen aus, wenn für das linke und rechte Vorderrad unterschiedliche Haftverhältnisse vorhanden sind?
7. Was versteht man unter Vorspur, Spur Null und Nachspur?
8. Wie wird der Spurdifferenzwinkel gemessen?

4.5 Radaufhängung

Radaufhängungen haben die Aufgabe, eine Verbindung zwischen Fahrzeugaufbau und Rädern herzustellen. Sie müssen hohe statische Kräfte (Zuladung) und dynamische Kräfte (Antriebs-, Brems- und Seitenkräfte) aufnehmen.

Die Radgeometrie soll sich beim Durchfedern der Achsen wenig oder in der gewünschten Weise ändern, um hohe Fahrsicherheit und Komfort bei geringem Reifenverschleiss zu erreichen. Man unterscheidet
– Starrachsen   – Einzelradaufhängung
– Halbstarrachsen.

4.5.1 Starrachse

Beide Räder sind durch eine starre Achse miteinander verbunden und gegen die Karosserie abgefedert.

Bei der Starrachse tritt bei gleichmäßigem Ein- und Ausfedern keine Änderung von Spur und Sturz ein, was den Reifenabrieb vermindert.

Beim Überfahren eines einseitigen Hindernisses wird jeweils die ganze Achse schräggestellt und der Sturz der Räder verändert.

Starrachse mit integriertem Antrieb. Hier sind Achsantrieb mit Ausgleichsgetriebe und Achswellen in einem Gehäuse untergebracht. Dadurch ergibt sich eine verhältnismäßig große ungefederte Masse, wodurch Fahrkomfort und Fahrsicherheit vermindert werden. Bei Nutzfahrzeugen erfolgt die Befestigung am Rahmen oder an der Karosserie am einfachsten durch Blattfedern. Diese übernehmen Radführung und Federung. Bei Verwendung von Schraubenfedern oder Luftfedern werden die Radkräfte durch Schubstreben (Längslenker), die Seitenkräfte durch eine Querstrebe (Panhardstab) übertragen **(Bild 1)**.

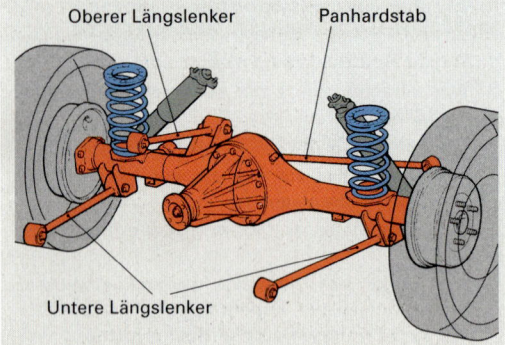

Bild 1: Starrachse mit integriertem Antrieb

Durch Verwendung mehrere Längslenker kann das Eintauchen beim Bremsen und das Absinken des Hecks beim Beschleunigen vermindert werden.

Starrachse mit getrenntem Antrieb (De Dion-Achse). Um die großen ungefederten Massen der angetriebenen Achse zu vermindern, wird der Achsantrieb von der Achse getrennt und am Aufbau befestigt. Die Kraftübertragung erfolgt über Gelenkwellen mit je 2 homokinetischen Gelenken mit zusätzlichem Längenausgleich. Die Seitenführung der starren Hinterachse kann durch ein Wattgestänge oder einen Panhardstab, die Längsführung durch Schubstreben erfolgen **(Bild 2)**.

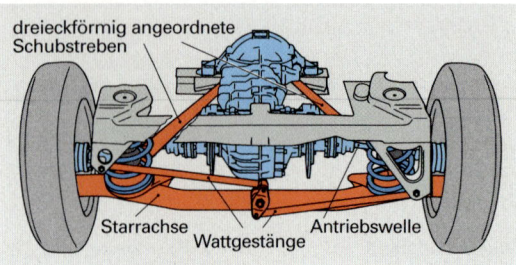

Bild 2: De Dion-Achse

Starrachse als Lenkachse (Bild 3). Sie besteht meist aus einem vergüteten Schmiedestück mit T-förmigem Querschnitt. Zur Aufnahme der Achsschenkel ist eine Faust – **Faustachse** oder eine Gabel – **Gabelachse** angeschmiedet.

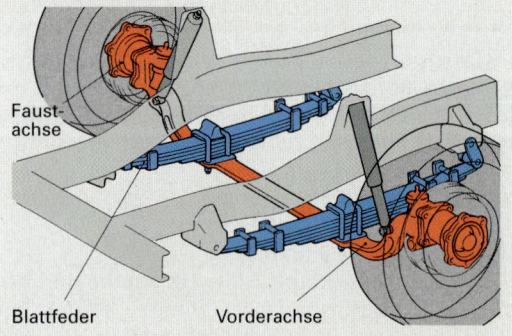

Bild 3: Starrachse als Lenkachse

4.5.2 Halbstarrachsen

Dabei sind die Räder durch Achsträger starr miteinander verbunden. Durch die Elastizität der Achsträger ist eine gewisse unabhängige Bewegung der Räder zueinander möglich.

Sie werden häufig bei Fahrzeugen mit Vorderradantrieb als Hinterachse verwendet. Die ungefederten Massen sind gering.

Halbstarrachsen verhalten sich bei gleichmäßigem Einfedern wie Starrachsen, bei ungleichmäßigem Einfedern wie Einzelradaufhängungen.

Verbundlenkerachse. Die Hinterräder sind an Längslenkern aufgehängt, die mit einem Querträger aus Federstahl verschweißt sind **(Bild 1)**. Der Querträger selbst ist mit Gummi-Metall-Lagern an der Karosserie angeschraubt. Federn beide Räder gleichmäßig ein, so wird der ganze Achskörper in den Lagern gleichmäßig geschwenkt. Federt nur ein Rad ein, so wird der Querträger in sich verdreht und wirkt wie ein Stabilisator, Es treten keine Spur- und Sturzänderungen auf.

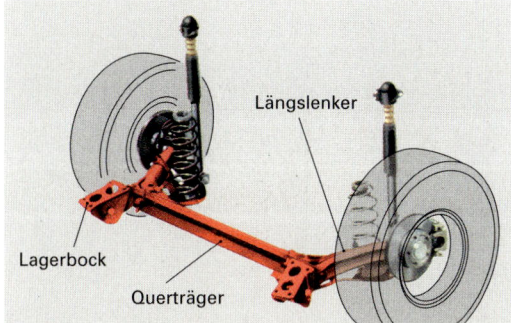

Bild 1: Verbundlenkerachse

Koppellenkerachse. Zwei Längslenker sind mit einem Achsträger aus torsionsweichem U-Stahl zusammengeschweißt **(Bild 2)**. Die Schweißstelle liegt nicht wie bei der Verbundlenkerachse am Ende, sondern etwa in der Mitte der Längslenker. Bei wechselseitigem Einfedern stellt sich deshalb der Achsträger schräg und wirkt hinsichtlich des Sturzverhaltens der Räder wie eine Schräglenkerachse.

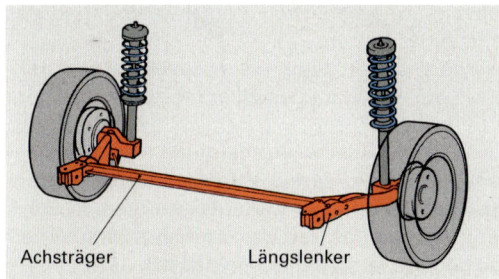

Bild 2: Koppellenkerachse

4.5.3 Einzelradaufhängung

> Bei der Einzelradaufhängung kann die Masse der ungefederten Teile klein gehalten werden. Beim Ein- oder Ausfedern beeinflussen sich die Räder gegenseitig nicht.

Vorderräder verden an Doppelquerlenkern, Längslenkern, McPherson-Achsen aufgehängt, Hinterräder an Längslenkern und Schräglenkern. Für aufwendige Vorder- und Hinterradaufhängung setzen sich Mehrlenkerachsen durch.

Radaufhängung an ungleichlangen Querlenkern (Trapezform, **Bild 3**). Bei der Aufhängung der Räder an zwei übereinanderliegenden, Querlenkern (Doppelquerlenkerachse) ist der obere Querlenker immer kürzer als der untere. Beim Ein- und Ausfedern ergibt sich ein negativer Sturz und eine geringe Spuränderung, wodurch die Kurvenstabilität verbessert wird.

Gleichlange Querlenker (Parallelogrammform). Beim Einfedern ändert sich der Sturz nicht, jedoch tritt eine Spuränderung auf.

Querlenker sind meist als Dreieckslenker ausgeführt, um die Steifheit in der Fahrtrichtung zu erhöhen. Sie sind am Fahrgestell mit zwei Lagern befestigt.

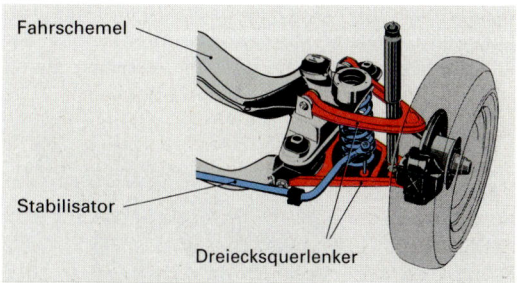

Bild 3: Radaufhängung an Doppelquerlenkern

Radaufhängung mit Federbein und Querlenker (McPherson-Achse). Die McPherson-Achse **(Bild 4)** ist aus der Doppelquerlenkerachse entstanden. Der obere Querlenker wurde durch ein Schwingungsdämpferrohr, an dem ein Achsschenkel befestigt ist, ersetzt. Die Kolbenstange des Dämpfers ist am Fahrzeugaufbau in einem elastischen Gummilager befestigt. Zwischen diesem Befestigungspunkt und dem Federteller am Dämpferrohr befindet sich eine Schraubenfeder. Wegen der großen Brems-, Beschleunigungs- und Seitenführungskräfte sind Kolbenstange und Kolbenstangenführung besonders kräftig ausgeführt.

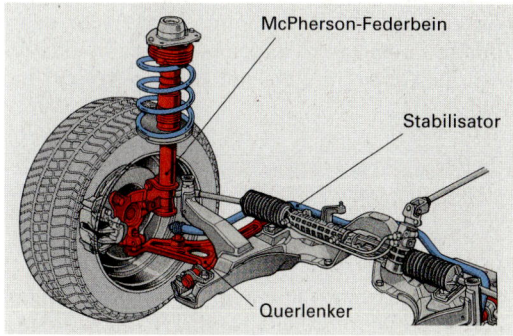

Bild 4: McPherson-Achse

Radaufhängung an Längslenkern. Sie eignet sich besonders bei Fahrzeugen mit Frontantrieb, da der Kofferraumboden zwischen den Hinterrädern tiefer gelegt werden kann. Bei waagrecht liegender Lenkerdrehachse ändern sich Spurweite, Vorspur und Sturz beim Ein- und Ausfedern der Räder nicht.

Um Geräusche und Schwingungen besser von der Karosserie fernhalten zu können, werden Lenker nicht direkt an der Karosserie befestigt, sondern an einem **Fahrschemel (Bild 1)**. Der Fahrschemel besteht aus 2 Aufnahmearmen, die mit einem Querrohr verbunden sind. Er wird über 4 Gummilager mit der Karosserie verschraubt, wobei die vorderen Gummilager als Hydrolager ausgebildet sind. Die beiden Längslenker sind über Kegelrollenlager am Fahrschemel befestigt. Um Spuränderungen durch die bei Kurvenfahrt auftretenden Seitenkräfte zu minimieren, ist der Längslenker mit einem Zuganker versehen. Beide zusammen bilden ein Gelenkviereck.

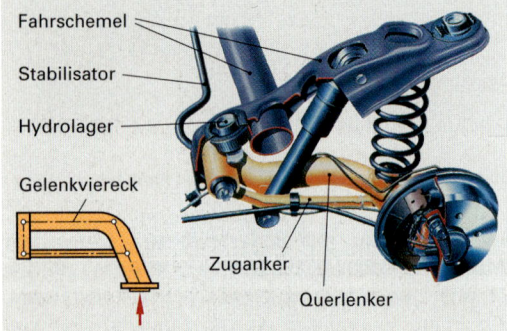

Bild 1: Radaufhängung an Längslenkern

Radaufhängung an Schräglenkern. Schräglenkerachsen **(Bild 2 und Bild 3)** bestehen aus 2 Dreieckslenkern, bei denen die Drehachse der beiden Anlenklager schräg zur Querachse des Fahrzeuges (α = 10° bis 20°) und horizontal oder leicht zur Fahrzeugmitte geneigt (β) verläuft.

Die Spur- und Sturzänderungen beim Ein- und Ausfedern sind von der Schräglage und Neigung der Schräglenker abhängig. Vergrößert man die Winkel α und β, so bekommen die Räder beim Einfedern stärkeren negativen Sturz, wodurch sich die Seitenführungskraft bei Kurvenfahrt erhöht.

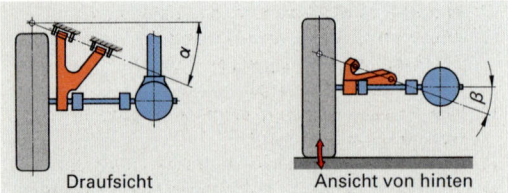

Bild 2: Neigungswinkel an Schräglenkern

Bei dieser Radaufhängung ergeben sich beim Ein- und Ausfedern Längenänderungen an den Antriebswellen, wodurch auf jeder Seite 2 Gelenke mit je einem Längenausgleich nötig werden.

Verläuft die Drehachse unter einem Winkel α = 45° und trifft in der Verlängerung auf das Gelenk der Antriebswelle, so kann die Antriebswelle ebenfalls um die Drehachse schwingen. Dadurch ist nur ein Gelenk ohne Längenausgleich erforderlich.

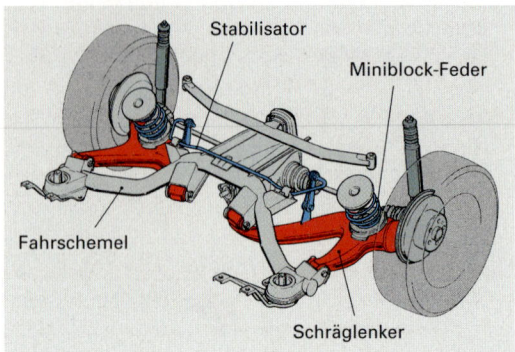

Bild 3: Hinterradaufhängung an Schräglenkern

Mehrlenkerachsen. Alle bisherigen Radaufhängungen lassen aufgrund der elastischen Lagerung an Karosserie, Fahrschemel oder Radträger während der Fahrt unerwünschte Lenkbewegungen zu. Lenkbewegungen entstehen, wenn Kräfte auf das Rad einwirken und es aus der Fahrtrichtung um einen Lenkwinkel in Richtung Vorspur oder Nachspur bewegen. Dies kann, z.B. bei Seitenwind, zu erheblichen Kursabweichungen des Fahrzeuges führen.

Im **Bild 4** ist der durch die Antriebskraft entstandene Lenkwinkel dargestellt. Während der hintere Stablenker auf Zug beansprucht wird und sich durch die elastische Aufhängung etwas verlängert, wird der vordere Stablenker auf Druck beansprucht, was zu einer geringen Verkürzung führt. Dadurch wird das Rad aus der Fahrtrichtung heraus gedreht **(elastischer Lenkfehler)**.

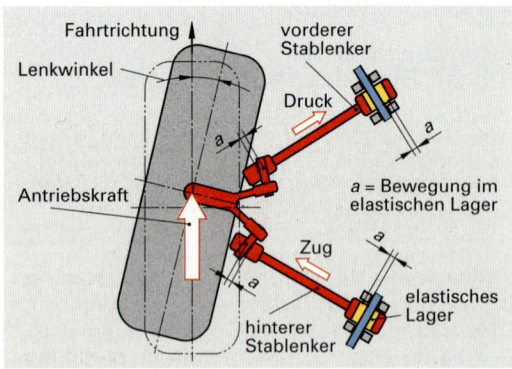

Bild 4: Entstehung eines Lenkwinkels

Zusätzlich zur Abfederung von Straßenunebenheiten müssen Radaufhängungen die Kurvenneigung abstützen, sowie einen guten Geradeauslauf ermöglichen, indem unerwünschte Radbewegungen weitgehend ausgeschaltet werden.

Art und Wirkung von Kräften auf die Räder:
- **Antriebskräfte** wirken in Radmitte in Fahrzeuglängsrichtung und drehen das Rad in Richtung Vorspur.
- **Bremskräfte** wirken in der Mitte des Reifen-Latsches in Fahrzeuglängsrichtung und drehen das Rad in Richtung Nachspur.
- **Seitenkräfte** wirken knapp hinter der Mitte des Reifen-Latsches quer zur Fahrzeuglängsachse. Bei Kurvenfahrt wird das kurvenäussere Rad in Richtung Nachspur gelenkt, was die Kurvensicherheit vermindert.

Raumlenkerachse. Sie gleicht elastische Lenkfehler aus. Entwickelt wurde sie aus der Doppelquerlenkerachse mit Stabilisator; die ursprünglich starr verbundenen Lenker sind in 5 einzelne Stablenker aufgelöst worden, die in genau festgelegter Position zueinander im Raum liegen und das Rad führen **(Bild 1)**. Der Schnittpunkt der Lenkermittellinien liegt außerhalb der Rad-Mittelebene, so dass das Rad z.B. bei Einfluss von Antriebskräften gerade so viel nach außen lenkt (M_2), wie durch den elastischen Fehler nach innen gelenkt wird (M_1).

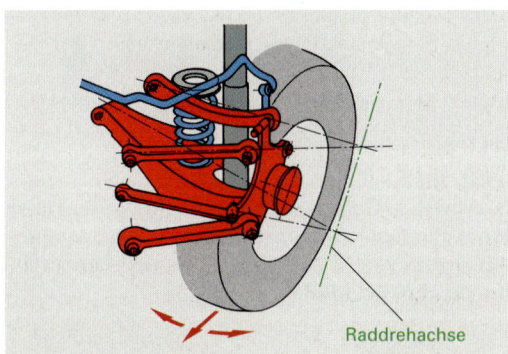

Bild 1: Raumlenkerachse

4.5.4 Wankzentrum und Wankachse

Bei Kurvenfahrt neigt sich ein Fahrzeug aufgrund der Fliehkraft nach außen. Die Kurvenneigung ist abhängig von Fahrgeschwindigkeit, Kurvenradius, Fahrzeugmasse, Federung, Schwerpunktlage und Wankzentrum.

Wankzentrum (Momentanzentrum). Es ist der Punkt, um den die durch Federn mit dem Fahrwerk verbundene Karosserie unter dem Einfluss einer Seitenkraft kippt. Momentan bedeutet, dass sich dieser Punkt nur für einen Augenblick in dieser Lage befindet. Bis zum Beginn einer angreifenden Seitenkraft befindet er sich in Fahrzeugmitte **(Bild 2)**. Bei allen parallel geführten Rädern (Längslenker, gleichlange Querlenker) befindet sich das Wankzentrum in der Fahrbahnebene, bei ungleich langen Querlenkern wandert es beim Einfedern etwas. Bei Starrachsen liegt es in Höhe des Anlenkpunktes der Feder an der Achse.

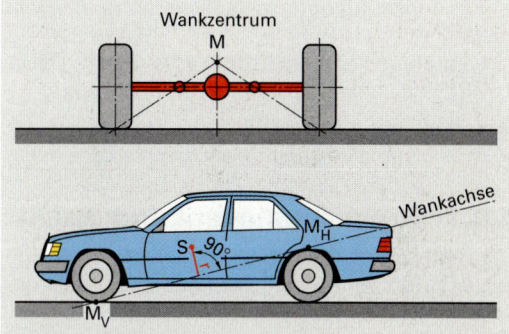

Bild 2: Wankzentrum und Wankachse

Je höher das Wankzentrum liegt, desto geringer wird der Abstand zum Schwerpunkt des Fahrzeuges, d.h. der Hebelarm an dem die Fliehkraft angreift wird kleiner, die Seitenneigung nimmt ab. Nachteilig wirkt sich aber die größere Spurweitenänderung mit unruhigem Geradeauslauf aus. Die Verbindungslinie durch die Wankzentren von Vorder- und Hinterachse ergibt die Wankachse (Rollachse). Ihr Abstand zum Schwerpunkt bestimmt die Seitenneigung der Karosserie.

WIEDERHOLUNGSFRAGEN

1. Welche Vor- und Nachteile haben Starrachsen?
2. Was versteht man unter Halbstarrachsen?
3. Nennen Sie die wichtigsten Arten von Halbstarrachsen und Einzelradaufhängungen?
4. Welchen Vorteil hat die Radaufhängung an Doppelquerlenkern?
5. Was ist ein Fahrschemel?
6. Was versteht man unter einem elastischen Lenkfehler?
7. Wie ist eine McPherson-Achse aufgebaut?
8. Welche Kräfte wirken während der Fahrt auf das Rad, und wie reagiert es darauf?
9. Was sind Schräglenker?
10. Wie ist eine Raumlenkerachse aufgebaut und welche Vorteile hat sie?
11. Was versteht man unter dem Wankzentrum?
12. Wie wirkt sich ein hochliegendes Wankzentrum auf das Fahrverhalten eines Fahrzeuges aus?

4.6 Lenkung

Hauptteile der Lenkung im Kraftfahrzeug (**Bild 1**):
- Lenkrad
- Lenkgetriebe
- Spurstange
- Lenkspindel
- Spurstangenhebel.

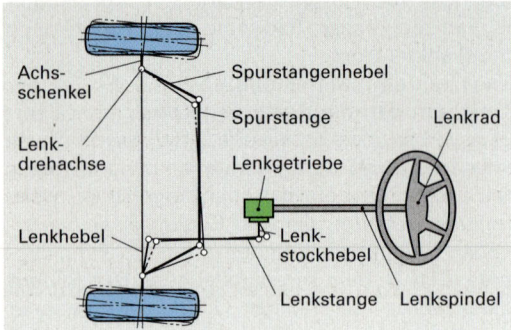

Bild 1: Hauptteile der Lenkung

Aufgaben
- Einschlagen (schwenken) der Vorderräder
- Ermöglichung unterschiedlicher Einschlagwinkel
- Verstärkung (Übersetzung) des durch Handkraft am Lenkrad erzeugten Drehmoments.

Bauarten
- Drehschemellenkung
- Achsschemellenkung.

4.6.1 Drehschemellenkung (Bild 2)

Die Räder der Lenkdrehachse werden beim Einschlagen um einen gemeinsamen Drehpunkt geschwenkt. Durch die Verkleinerung der Standfläche wir die Kippneigung größer. Die Drehschemellenkung wird bei zweiachsigen Anhängern verwendet. Sie besitzt gute Rangierfähigkeit.

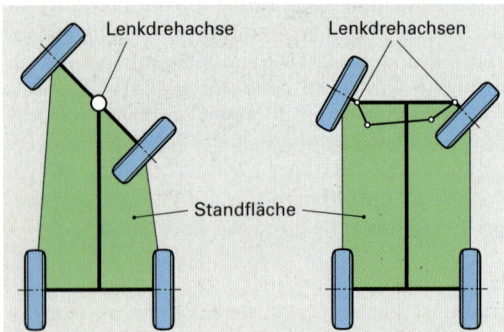

Bild 2: Drehschemellenkung, Achsschemellenkung

4.6.2 Achsschemellenkung (Bild 2)

Jedes Rad kann um eine eigene Achse, die Lenkdrehachse geschwenkt werden. Sie wird durch die Verbindung der beiden Lenkpunkte der Radaufhängung (**Bild 4, Seite 466**) oder durch die Längsachse des Achsschenkelbolzens gebildet.

Die Achsschenkellenkung wird bei allen zweispurigen Kraftfahrzeugen verwendet. Beim Einschlagen der Räder um die Lenkdrehachse bleibt die Standfläche annähernd gleich groß.

Abrollen der Räder bei Kurvenfahrt

Werden beide gelenkten Räder z.B. bei Kurvenfahrt gleich stark eingeschlagen, kann keines auf seiner natürlichen Bahn abrollen. Jedes Rad wird vom anderen Rad auf eine unnatürliche Bahn gezwungen und führt zusätzlich zur Rollbewegung noch eine Gleitbewegung aus (**Bild 3**).
Sollen beide Räder ohne seitliche Gleitbewegung abrollen, so muss das kurveninnere Rad stärker als das kurvenäußere Rad eingeschlagen werden. Nach dem Ackermann-Prinzip müssen sich die verlängerten Mittellinien der Achsschenkel der eingeschlagenen Räder auf der verlängerten Mittellinie der Hinterachse treffen. Die von den Vorder- und Hinterrädern durchfahrenen Kreisbahnen haben dann einen gemeinsamen Mittelpunkt.

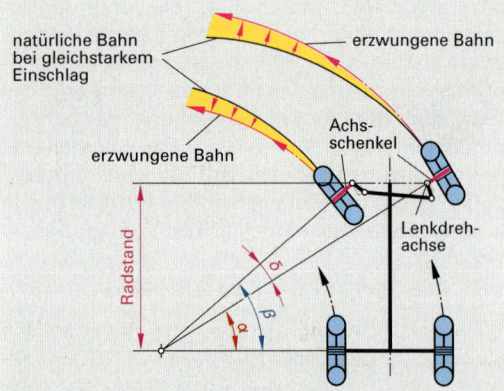

Bild 3: Achsschenkellenkung

Lenktrapez

Es wird bei Geradeausstellung der Vorderräder durch die Spurstange, die beiden Spurstangenhebel und die Verbindungslinie der Lenkdrehpunkte gebildet (**Bild 4**).

> Das Lenktrapez ermöglicht unterschiedliche Einschlagwinkel der Vorderräder, wobei das kurveninnere Rad stärker eingeschlagen wird als das kurvenäußere.

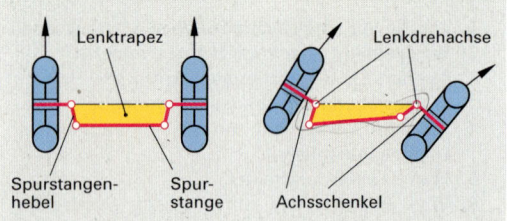

Bild 4: Lenktrapez

4.6.3 Lenkgestänge

Aufgaben
- Übertragung der vom Lenkgetriebe erzeugten Lenkbewegung auf die Vorderräder
- Führung der Räder in einer bestimmten Spurstellung zueinander.

Hauptteile
Spurstange(n), Spurstangengelenke, Spurstangenhebel, evtl. Zwischenhebel und Lenkstange.

Starre Vorderachse. Bei Nkw werden als Lenkgetriebe meist Kugelumlauf-Lenkgetriebe verwendet. Vom Lenkstockhebel des Lenkgetriebes wird die Bewegung über die Lenkstange auf Zwischenhebel und Spurhebel (Spurstangenhebel) übertragen. Dieser ist durch ein Spurstangengelenk mit der **einteiligen Spurstange** und dem Spurhebel der anderen Achsseite verbunden **(Bild 1)**.

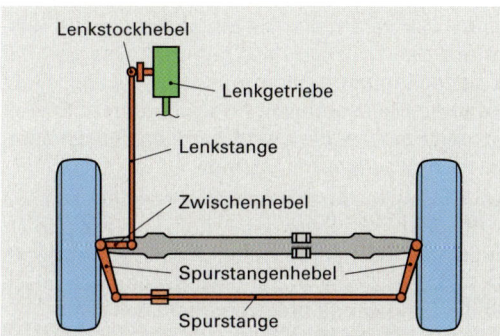

Bild 1: Starrachse mit einteiliger Spurstange

Einzelradaufhängung. Die gelenkten Räder können sich unabhängig voneinander auf und ab bewegen. Dabei ändert sich der Abstand zwischen den Spurhebeln, was bei Verwendung einer einteiligen (ungeteilten) Spurstange zu Spuränderungen führen würde. Die Lenkgestänge für Einzelradaufhängung haben deshalb **geteilte Spurstangen** (zwei- oder dreiteilige Spurstangen).
Die meist verwendeten Zahnstangen-Lenkgetriebe besitzen zweiteilige Spurstangen **(Bild 2)**.

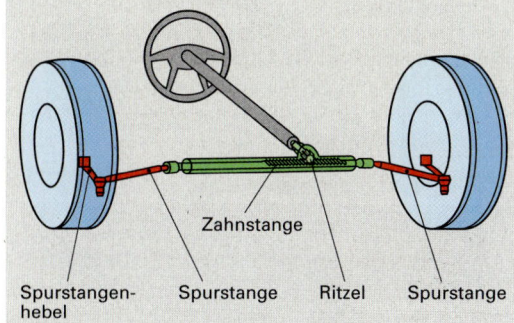

Bild 2: Zahnstangen Lenkgetriebe mit seitlich befestigter zweiteiliger Spurstange

4.6.4 Lenkgetriebe

Aufgaben
- Umwandlung der Drehbewegung des Lenkrads in ein Schwenken des Lenkstockhebels bzw. ein Verschieben der Zahnstange
- Vergrößerung (Übersetzung) des durch Handkraft erzeugten Drehmomentes am Lenkrad.

Die Übersetzung im Lenkgetriebe muss so ausgelegt sein, dass die maximale Betätigungskraft am Lenkrad z.B. 250 N nicht übersteigt. Sie beträgt bei Personenkraftwagen bis etwa $i = 19$, bei Nutzkraftwagen bis etwa $i = 36$.

Bei Personenkraftwagen werden heute fast ausschließlich **Zahnstangenlenkgetriebe (Bild 3)** verwendet.

Aufbau
Ein Ritzel, das im Lenkgehäuse gelagert ist und auf der Lenkspindel sitzt, greift über eine Schrägverzahnung in die Verzahnung der Zahnstange ein. Die Zahnstange wird in Büchsen geführt und ständig über ein Druckstück durch Tellerfedern fast spielfrei an das Ritzel gedrückt.

Wirkungsweise
Dreht man am Lenkrad, so wird die Zahnstange durch die Drehbewegung des Ritzels axial verschoben und schwenkt über Spurstangen und Spurhebel die Räder.

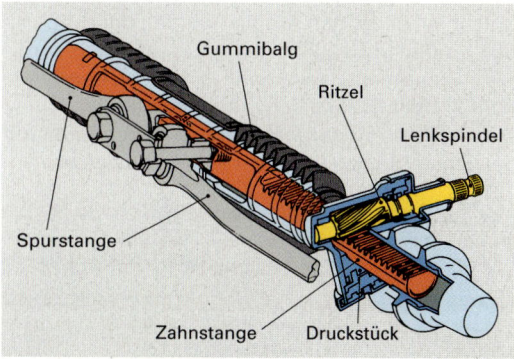

Bild 3: Zahnstangen-Lenkgetriebe

Zahnstangen-Lenkgetriebe zeichnen sich durch direkte Übersetzung, leichte Rückstellung und flache Bauweise aus.

Neben der konstanten Übersetzung im Lenkgetriebe gibt es auch die variable Übersetzung.

Variable Übersetzung
Bei rein mechanischen Lenkgetrieben ohne hydraulische Servowirkung wird die Übersetzung so ausgelegt, dass die Lenkung im Bereich kleiner Ausschläge direkter wirkt als bei großen Ausschlä-

gen (**Bild 1**). Dies wird erreicht, indem die Zahnstange unterschiedliche Zahnteilungen erhält. Im Mittenbereich ist die Zahnteilung (Abstand von Zahn zu Zahn) größer als im Außenbereich.

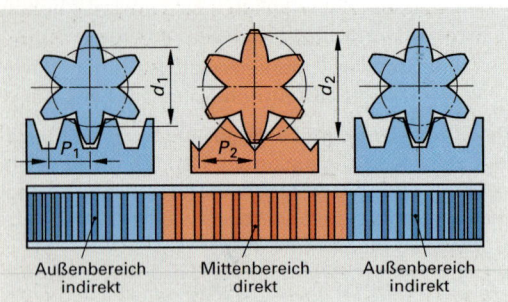

Bild 1: Variable Übersetzung

Vorteile der variablen Übersetzung:
– Direktere Lenkung für schnelle Geradeausfahrt,
– geringerer Kraftaufwand beim Einparken.

4.6.5 Zahnstangen-Hydrolenkung

Aufbau
Die Zahnstangen-Hydrolenkung (**Bild 2**) besteht aus dem **mechanischen Zahnstangen-Lenkgetriebe**, dem integrierten **hydraulischen Arbeitszylinder**, dem **Steuerventil** und der **Flügelzellenpumpe**. Der Antrieb der Zahnstange erfolgt über das Ritzel, der Abtrieb zu den Spurstangen ist zweiseitig als Seitenabtrieb ausgeführt.
Das Gehäuse, in dem die Zahnstange untergebracht ist, bildet den Arbeitszylinder, der durch einen Kolben in zwei Arbeitsräume unterteilt wird.
Als Steuerventil werden Drehschieberventile (**Bild 2**) oder Drehkolbenventile verwendet.
Der Drehstab ist durch 2 Stifte an einem Ende mit der Steuerbüchse und dem Antriebsritzel, am anderen Ende mit der Lenkspindel und dem Drehschieber drehfest verbunden.
Drehschieber und Steuerbüchse bilden das Drehschieberventil. Sie besitzen auf ihren Mantelflächen Steuernuten. Die Nuten der Steuerbüchse münden in Gehäusekanälen, die zu den beiden Arbeitsräumen, zur Flügelzellenpumpe und zum Vorratsbehälter führen.

Wirkungsweise
Wird das Lenkrad eingeschlagen, so wird die manuell aufgebrachte Lenkkraft über den Drehstab auf das Antriebsritzel übertragen. Dabei wird der Drehstab entsprechend der Gegenkraft auf Torsion beansprucht und geringfügig verdreht. Dies bewirkt ein Verdrehen des Drehschiebers gegenüber der ihn umschließenden Steuerbüchse. Dadurch werden die Stellungen der Steuernuten zueinander verändert. Die Einlassschlitze (**P**) werden für den Drucköldurchlauf geöffnet. Das von der Flügelzellenpumpe kommende Drucköl fließt durch die Einlassschlitze (**P**) in die untere Radialnut der Steuerbüchse und wird in den entsprechenden Arbeitsraum geleitet.

Der Flüssigkeitsdruck wirkt entweder auf die rechte oder linke Seite des Arbeitskolbens und erzeugt hier die hydraulische Unterstützungskraft. Sie wirkt zusätzlich zu der vom Ritzel mechanisch auf die Zahnstange übertragenen Lenkkraft.

Wird das Lenkrad nicht mehr weiter verdreht, so gehen Drehstab und Drehschieberventil in die Neutralstellung zurück. Die Steuerschlitze zu den Arbeitsräumen werden geschlossen, die für den Rücklauf (**T**) sind geöffnet.

Das Öl fließt von der Pumpe über das Steuerventil zurück zum Vorratsbehälter.

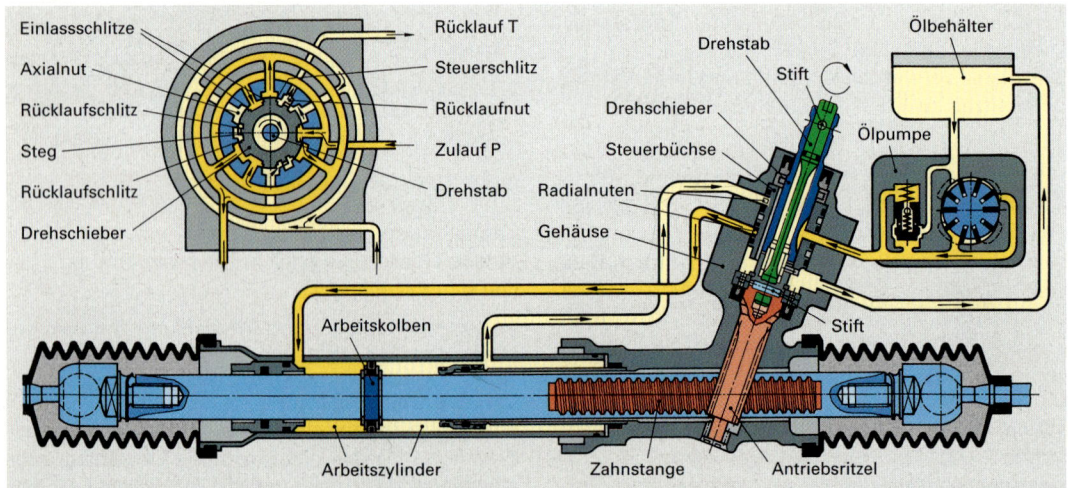

Bild 2: Zahnstangenhydrolenkung mit Drehschieberventil bei Rechtseinschlag

4.6.6 Servotronic

Sie ist eine elektronisch gesteuerte Hydrolenkung, bei der die hydraulischen Unterstützungskräfte ausschließlich von der Fahrgeschwindigkeit beeinflusst werden.

Bei geringer Fahrgeschwindigkeit wirkt die volle Unterstützungskraft der Hydrolenkung. Mit zunehmender Fahrgeschwindigkeit wird diese Unterstützungskraft geringer, die Lenkung wird direkter.

Bauteile (Bild 1): Elektronischer Tachometer, Steuergerät, elektro-hydraulischer Wandler, Hydrolenkung, Druckölpumpe, Ölbehälter.

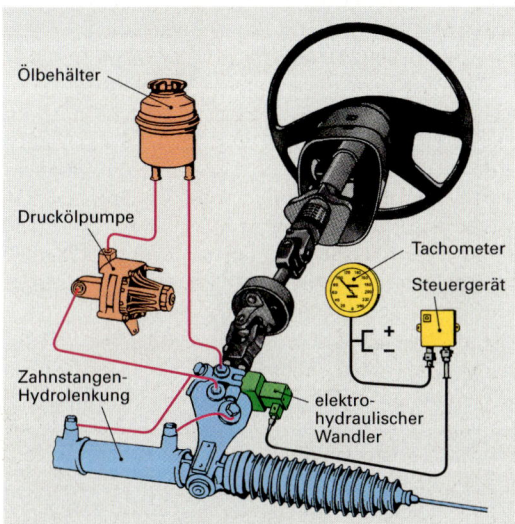

Bild 1: Servotronic mit Hydrolenkung

Wirkungsweise. Bei Geschwindigkeiten unter 20 km/h bleibt das vom Steuergerät beeinflusste Magnetventil geschlossen.
Wird z.B. bei Rechtseinschlag **(Bild 2)**, die Lenkspindel im Uhrzeigersinn gedreht, so wird der rechte Ventilkolben **(6)** nach unten gedrückt. Das Drucköl strömt sowohl in den rechten Arbeitsraum **(12)** als auch über das Rückschlagventil **(8)** in den rechten Rückwirkungsraum **(4)** und über die beiden Drosseln **(10, 11)** in den linken Rückwirkungsraum **(5)**. Das Rückschlagventil **(9)** ist dabei geschlossen. In beiden Rückwirkungsräumen herrschen gleiche Drücke. Deshalb entsteht kein Rückwirkungsmoment auf den Drehstab, der volle Unterstützungsdruck wird wirksam. Das Lenkrad kann leicht gedreht werden.

Fahren mit hoher Geschwindigkeit. Das Magnetventil ist ganz geöffnet. Das Drucköl fließt vom rechten Arbeitsraum **(12)** über das rechte Rückschlagventil **(8)**, die Drossel **(10)** und das Magnetventil zum Rücklauf. Der rechte Rückwirkungsraum **(4)** ist durch die Drosselwirkung der Drossel **(10)** mit höherem Druck beaufschlagt als der linke fast drucklose Rückwirkungsraum **(5)**. Dadurch entsteht ein linksdrehendes Rückwirkungsmoment auf die Lenkspindel, das die Ventilkolben **(6, 7)** in die Neutrallage zurückdreht. Es kann kein Unterstützungsdruck für die Hydrolenkung aufgebaut werden; die Lenkung erfordert vom Fahrer mehr Lenkkraft und ist dadurch direkter.

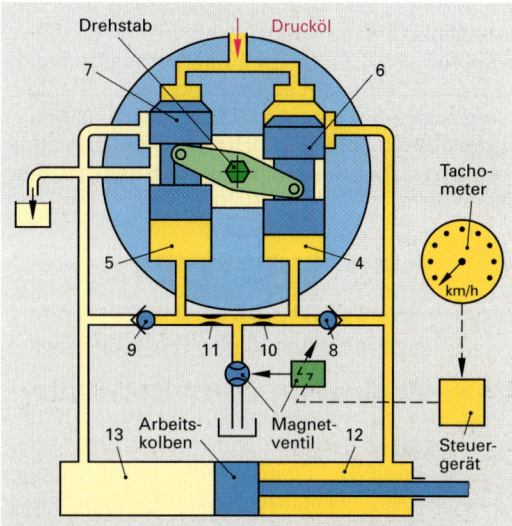

Bild 2: Servotronic: Hydraulisches System

4.6.7 Elektrische Servolenkung

Die für die Servowirkung benötigte Unterstützungskraft wird von einem Elektromotor erzeugt, der von der Starterbatterie bei Bedarf mit elektrischer Energie versorgt wird.

Die **Komponenten** des elektrisch unterstützen Lenksystems (**E**lectrical **P**ower **S**teering = **EPS**) sind im Systembild **(Bild 3)** dargestellt.

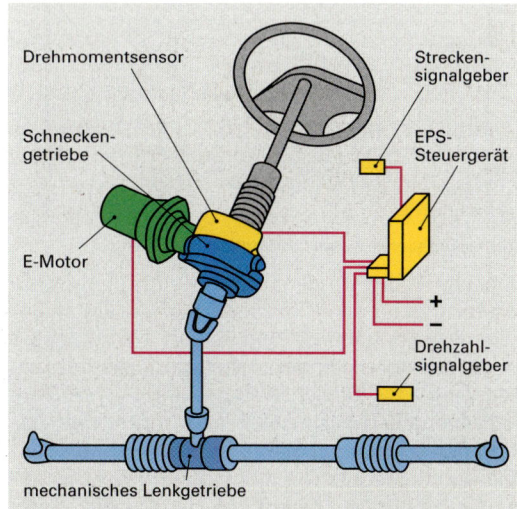

Bild 3: Lenksystem Elektrische Servolenkung

Wirkungsweise. Das vom Fahrer aufgebrachte Lenkdrehmoment wird von einem Torsionsstab (Drehmomentsensor) erfasst und als Eingangssignal dem **EPS**-Steuergerät zugeleitet. Die Information über die Fahrgeschwindigkeit kommt vom Wegstreckensensor.

Das **EPS**-Steuergerät berechnet das benötigte Drehmoment und dessen Wirkrichtung und sendet entsprechende Ausgangssignale an den Elektromotor. Mit Hilfe der im Steuergerät abgelegten Kennfelder wird vom Elektromotor ein Unterstützungsmoment erzeugt. Dieses Unterstützungsmoment wird durch ein Schneckengetriebe übersetzt und z.B. auf ein Zahnstangen-Lenkgetriebe übertragen.

4.7 Achsvermessung

4.7.1 Achsvermessung mit optischem Achsmessgerät

Bestandteile. Sie sind in **Bild 1** dargestellt.
Bevor das zu vermessende Fahrzeug auf den Achsmessplatz gefahren wird, ist es auf Felgen- und Reifengröße, Zustand von Lenkgestänge, Radlagerspiel, Felgenzustand, Reifenluftdruck und Felgenschlag zu überprüfen. Das Fahrzeug ist dann rechtwinklig zur Längsachse des Achsmessgerätes auszurichten.

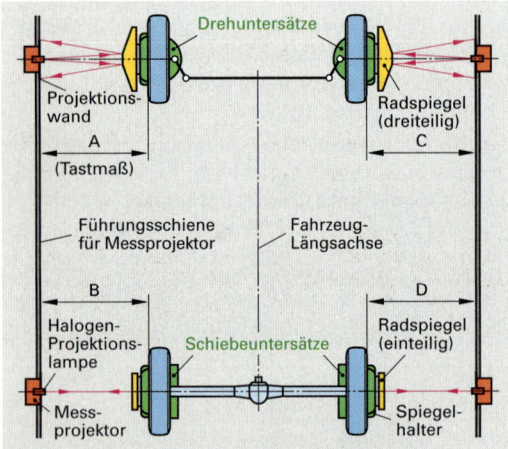

Bild 1: Achsvermessung mit optischem Gerät

Danach werden an den Vorderrädern je ein dreiteiliger und an den Hinterrädern je ein einteiliger Radspiegel angebracht und justiert. Nachdem die Messprojektoren eingeschaltet sind, werden die Radspiegel zur Radachse eingestellt.
Jetzt werden die Unterlegplatten unter die Vorderräder geschoben, die Vorderachse abgelassen und durchgefedert. Die Rollenplatten werden unter die Hinterräder gelegt, die Hinterachse abgelassen und durchgefedert.

Achsvermessung mit 4 Projektoren
Sturzmessung. Die Sturzwerte werden auf der senkrechten Sturzskale abgelesen **(Bild 2)**.
Für die Sturzmessung an den Vorderrädern ist deren Spur auf Null zu stellen.

Spurmessung. Die Einzelspurwerte werden auf den waagerechten Spurskalen abgelesen **(Bild 2)**. Beim Vermessen der Vorderachse müssen die Räder in Lenkmittelstellung stehen. Die Gesamtspur erhält man durch Addition der Einzelspurwerte.

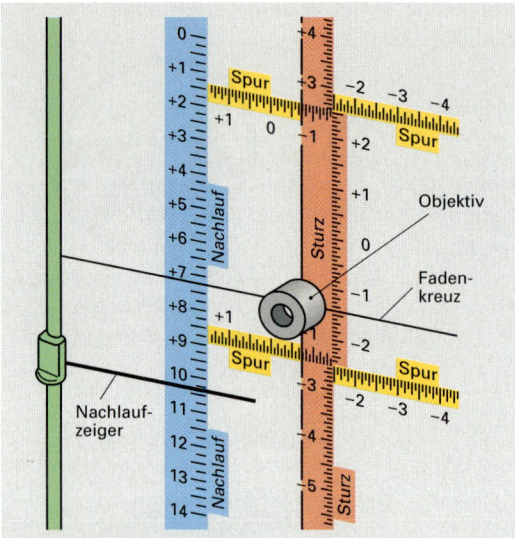

Bild 2: Ablesen von Sturz, Spur, Nachlauf

Spurdifferenzwinkelmessung. Das linke Vorderrad wird um 20° nach links eingeschlagen (auf dem Skalenbild wird durch den linken abgewinkelten Spiegel Spur 0 angezeigt).
Der für das rechte Rad angezeigte Spurwert ist der Spurdifferenzwinkel bei Linkseinschlag.
Entsprechend erhält man den Spurdifferenzwinkel für Rechtseinschlag.

Nachlaufmessung
Linkes Vorderrad. Es wird um 20° nach links eingeschlagen und der Nachlaufzeiger der linken Bildwand auf Null gestellt. Danach wird dieses Rad um 20° nach rechts eingeschlagen. Jetzt kann der Nachlaufwert für das linke Rad auf der Nachlaufskale der linken Bildwand mit Hilfe der Fadenkreuz-Waagrechten abgelesen werden **(Bild 2)**.

Rechtes Vorderrad. Dazu wird dieses Rad um 20° nach links eingeschlagen und der Nachlaufzeiger der rechten Bildwand auf Null gestellt. Dann wird dieses Rad um 20° nach rechts eingeschlagen und der Nachlaufwert für das rechte Rad auf der Nachlaufskale abgelesen.

4.7.2 Computer-Achsvermessung

Sie ist eine elektronische Achsvermessung, bei der z.B. 6 Messwertaufnehmer (Winkelaufnehmer) die Größen für die Radstellungen aufnehmen und als elektrische Signale an den Rechner (zentrale Steuereinheit CPU) weitergeben (**Bild 1**). Dieser verarbeitet die erhaltenen Daten zu digitalen Anzeigewerten, die auf dem Bildschirm oder dem Drucker ausgegeben werden.
Die einzelnen Messgrößen können mit einer Genauigkeit von ± 5 bis ± 10 Winkelminuten angegeben werden.

Geometrische Fahrachse

> Bei der Computer-Achsvermessung der Vorderräder wird die geometrische Fahrachse automatisch vom System als Bezugslinie verwendet.

Die geometrische Fahrachse wird durch die Radstellungen der Hinterräder gebildet (**Bild 1**).
Weicht die geometrische Fahrachse von der Symmetrieachse des Fahrzeugs ab, so läuft das Fahrzeug schräg. Es muss vermessen werden.
Ein exaktes Ausrichten des Fahrzeugs vor dem Vermessen ist nicht erforderlich.
Beim Messvorgang werden auf dem Bildschirm die Istwerte angezeigt.
Stimmen beim Soll/Istwert-Vergleich die Werte nicht überein, so muss am Fahrzeug die entsprechende Radstellung korrigiert werden.

Vermessungs-Ablauf

- Fahrzeug auf waagerechte Fläche stellen
- Vorderräder auf Drehuntersätze, Hinterräder auf Schiebeuntersätze stellen
- Winkelaufnehmer durch Spannvorrichtungen an den Rädern befestigen
- Winkelaufnehmer durch elastische Seile miteinander verbinden
- Anschluss der Winkelaufnehmer an den Rechner
- Abrufen der gewünschten Größen über die Tastatur oder Fernbedienung des Rechners auf den Bildschirm.

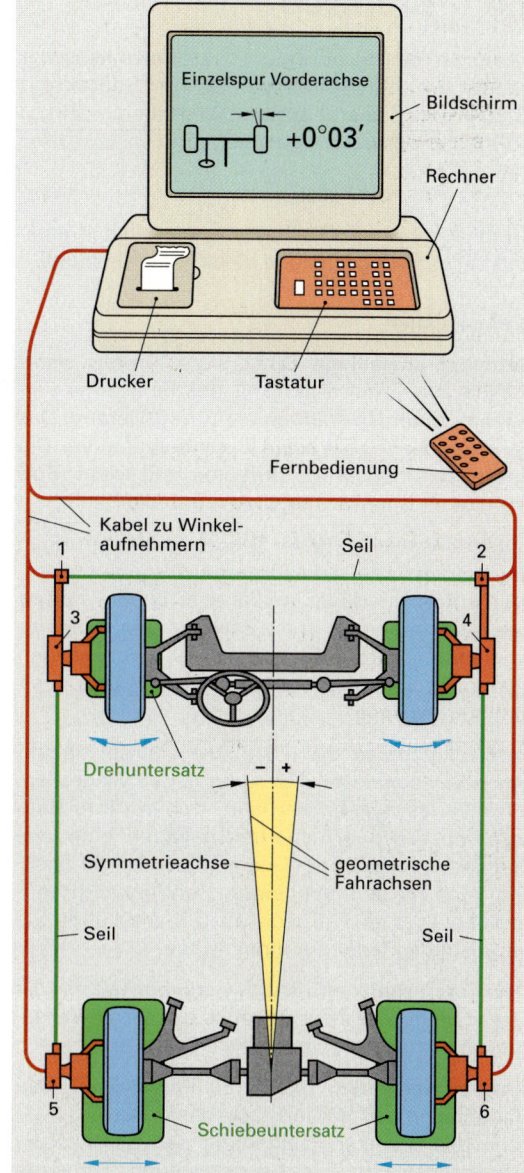

Bild 1: Computer-Achsvermessung

WIEDERHOLUNGSFRAGEN

1. Welche Aufgaben hat die Lenkung?
2. Welche Merkmale besitzt die Drehschemellenkung, wo wird sie verwendet?
3. Wie verläuft die Lenkdrehachse bei den Rädern einer Achsschenkellenkung?
4. Erklären Sie das Abrollen der Vorderräder einer Achsschenkellenkung bei Kurvenfahrt.
5. Wie wird das Lenktrapez gebildet?
6. Welche Aufgabe hat das Lenktrapez?
7. Welche Aufgaben haben Lenkgetriebe?
8. Wie ist eine Zahnstangenlenkung aufgebaut?
9. Was versteht man bei Lenkgetrieben unter einer variablen Übersetzung?
10. Wie ist eine Zahnstangen-Hydrolenkung aufgebaut, wie funktioniert sie?
11. Erklären Sie das Prinzip der Servotronic.
12. Aus welchen Komponenten besteht die Elektrische Servolenkung (EPS)?

4.8 Bremsen

Bremsen dienen bei einem Kraftfahrzeug zum Verzögern, zum Abbremsen bis zum Stillstand und zum Sichern gegen Wegrollen. Beim Bremsen wird Bewegungsenergie in Wärme umgewandelt.

Bremsausrüstung. Sie besteht aus allen Brems- und Verzögerungsanlagen eines Kraftfahrzeugs.

Bremsanlagen

Betriebsbremsanlage (BBA). Sie soll, wenn erforderlich, die Geschwindigkeit des Fahrzeugs verringern, unter Umständen bis zum Stillstand. Das Fahrzeug soll dabei seine Spur beibehalten. Die Betriebsbremse wird stufenlos mit dem Fuß betätigt (Fußbremse) und wirkt auf alle Räder.

Hilfsbremsanlage (HBA). Sie soll bei Störungen der Betriebsbremsanlage deren Aufgaben, eventuell mit verminderter Wirkung, erfüllen. Es muss keine unabhängige dritte Bremse sein, sondern es genügt der intakte Kreis einer zweikreisigen Betriebsbremsanlage oder eine abstufbare Feststellbremsanlage.

Feststellbremsanlage (FBA). Sie soll ein haltendes oder abgestelltes Fahrzeug gegen Wegrollen, auch bei geneigter Fahrbahn, sichern. Ihre Bauteile müssen aus Sicherheitsgründen eine mechanische Verbindung (Gestänge, Seilzug) haben. Sie wird meist durch einen Handhebel (Handbremse) oder ein Fußpedal abstufbar betätigt. Sie wirkt auf die Räder nur einer Achse.

Dauerbremsanlage (DBA). Sie soll bei Talfahrt die Geschwindigkeit des Fahrzeugs auf einem vorgeschriebenen Wert halten (Dritte Bremse).

Antiblockiersystem (ABS). Es besteht aus den Bauteilen einer Betriebsbremsanlage, die während des Bremsens selbsttätig den Schlupf der Räder regeln. Die Räder werden durch Sensoren überwacht. Mit Hilfe ihrer Signale werden die Bremskräfte an den Rädern geregelt.

Aufbau einer Bremsanlage (Bild 1)

Eine Bremsanlage besteht aus
- Energieversorgungseinrichtung
- Betätigungseinrichtung
- Übertragungseinrichtung
- eventuell Zusatzeinrichtung für Anhängefahrzeuge, z. B. Anhängersteuereinrichtung
- Feststellbremse
- Betriebsbremse
- eventuell Bremskraftregelung wie z. B. ABS
- Radbremse an Vorderachse und Hinterachse.

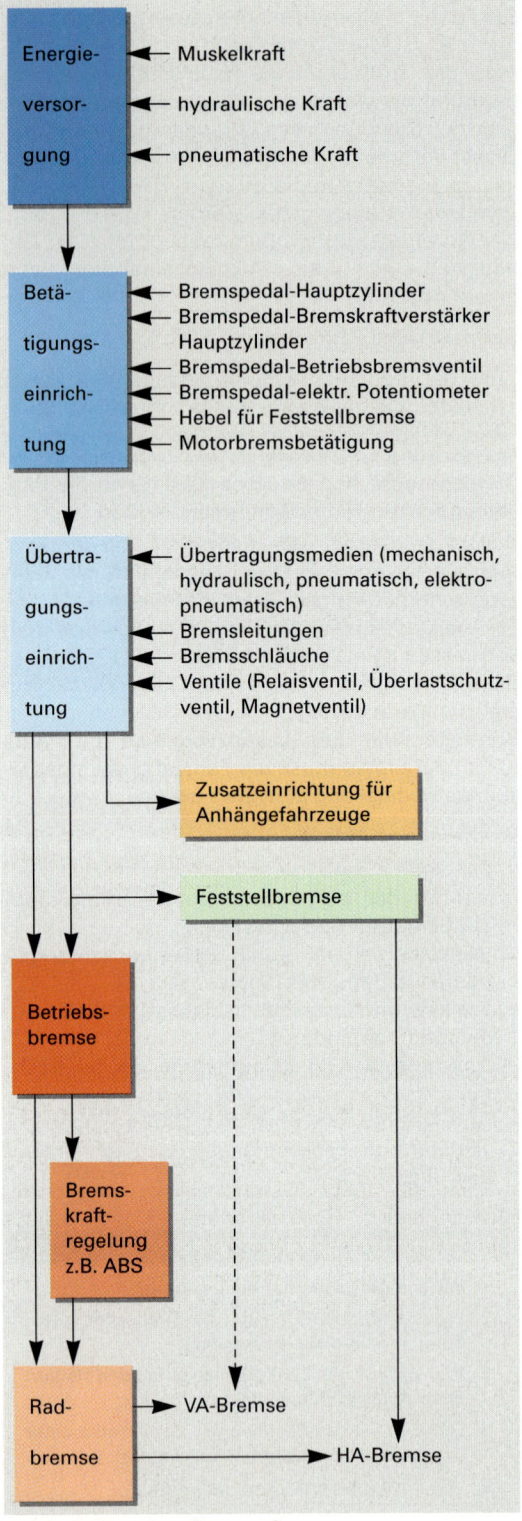

Bild 1: Aufbau einer Bremsanlage

Bremsen

Gesetzliche Vorschriften (Auszüge)

Die gesetzlichen Vorschriften für die Bremsen der Kraftfahrzeuge sind in der StVZO, den EG-Richtlinien und den ECE-Regelungen festgelegt.

Tabelle 1: Klasseneinteilung der Kraftfahrzeuge (Auszüge)

L	Krafträder und Dreiräder	
M	M_1	Pkw mit 9 Sitzplätzen inkl. Fahrer
	M_2	KOM mit > 9 Sitzpl. bis < 5 t Gesamtgew.
	M_3	KOM mit > 9 Sitzpl. und > 5 t Gesamtgew.
N	N_1	Lkw ≤ 3,5 t Gesamtgewicht
	N_2	Lkw > 3,5 t bis 12 t Gesamtgewicht
	N_3	Lkw > 12 t Gesamtgewicht
O	Anhänger und Sattelanhänger	

Vorgeschriebene Bremsanlagen (§ 41 StVZO)

Kraftfahrzeuge der Klassen M und N müssen zwei voneinander unabhängige Bremsanlagen (BBA, FBA) haben oder eine Bremsanlage mit zwei voneinander unabhängigen Bedienungseinrichtungen. Jede der Bedienungseinrichtungen muss auch dann wirken können, wenn die andere ausfällt.

Eine der beiden Bremsanlagen muss mechanisch wirken und zur Verhinderung des Abrollens feststellbar sein (FBA). Wenn mehr als zwei Räder gebremst werden können, so dürfen gemeinsame Bremsflächen und gemeinsame mechanische Übertragungseinrichtungen benutzt werden.

Kraftfahrzeuge der Klassen $M_{2/3}$ und $N_{2/3}$ und mit einer durch die Bauart bestimmten Höchstgeschwindigkeit über 60 km/h müssen mit ABS ausgerüstet sein.

Dauerbremswirkung (RREG 71/320 EG)

Kraftfahrzeuge der Klasse M_3 ab 5,0 t Gesamtgewicht (außer Stadtbusse) und Fahrzeuge der Klasse N_3 ab 12 t zulässigen Gesamtgewicht müssen für lange Gefällstrecken eine Dauerbremswirkung (Dauerbremse) haben. Diese muss einer Beanspruchung gewachsen sein, wie sie beim Befahren eines Gefälles von 7 % und 6 km Länge mit einer Geschwindigkeit von 30 km/h auftritt.

Mindestabbremsung § 29 StVZO (HU-Bremsenrichtlinie Anl. 2)

Die Mindestabbremsung kann aus den an Bremsenprüfständen ermittelten Messwerten errechnet werden.

Berechnungsformel:

$$z = \frac{\text{Summe der Radbremskräfte}}{\text{Fahrzeuggewichtskraft}} \times 100\,\%$$

Tabelle 2: Mindestabbremsung z in %

Fahrzeugklasse		BBA	FBA
M_1	Pkw	50 (40)	16 (15)
M_2, M_3	KOM	50 (48)	16 (15)
N_1	Lkw < 3,5 t Gsgwt.	50 (45)	16 (15)
N_2, N_3	Lkw > 3,5 t Gsgwt.	45 (43)	16 (15)

( )-Werte gelten für Kfz, genehmigt vor 01.01.91

Bremsleuchten (§ 53 StVZO)

Die Betätigung der Betriebsbremse muss bei Kraftfahrzeugen der Klasse M, N und O nach rückwärts durch zwei Bremsleuchten mit rotem Licht sichtbar gemacht werden. Fahrzeuge der Klasse M_3, dürfen seit 18.3.93 hinten in der Mitte eine so genannte dritte Bremsleuchte haben.

Untersuchung der Kraftfahrzeuge und Anhänger (§ 29 StVZO)

Die Halter von Kraftfahrzeugen und Anhängern haben auf ihre Kosten in festgelegten Zeitabständen feststellen zu lassen, ob die Fahrzeuge den Vorschriften entsprechen.

Arten der Bremsanlagen nach der Energieversorgung

Muskelkraftbremse

Die Fußkraft des Fahrers (Pkw max. 500 N, Lkw max. 700 N) erzeugt die Bremskraft an jedem Rad. Die größte Gesamtbremskraft entspricht dabei der Gesamtgewichtskraft des Fahrzeugs. Die Fußkraft muss daher durch **mechanische** und/oder **hydraulische Übersetzung** vergrößert werden.

Hilfskraftbremse (Servobremse)

Reicht die Fußkraft mit Übersetzung zur Erzeugung ausreichend großer Bremskräfte nicht mehr aus, so müssen Hilfskräfte, z. B. Saugrohrdruck, hydraulischer Speicherdruck oder Druckluft, herangezogen werden. Es muss gewährleistet sein, dass bei Ausfall der Hilfskraft das Fahrzeug noch bremsbar bleibt. Die Fußkraft darf dabei 800 N nicht übersteigen.

Fremdkraftbremse (Druckluftbremse)

Es kann auch eine Fremdkraft, z. B. Druckluft, zur Erzeugung der Bremskraft eingesetzt werden; der Fahrer steuert dabei nur noch mit dem Bremspedal die Druckluft.

4.8.1 Hydraulische Bremse

Aufbau
Die hydraulische Bremsanlage (**Bild 1**) besteht aus dem Bremspedal, dem Tandem-Hauptzylinder mit Bremskraftverstärker, dem Leitungssystem evtl. mit Bremsdruckminderer, den Bremszylindern mit den Radbremsen.

Radbremsen. Vorderräder haben Scheibenbremsen, Hinterräder manchmal noch Trommelbremsen.

Aus Sicherheitsgründen ist eine Zweikreisbremsanlage mit einem Tandem-Hauptzylinder vorgeschrieben. Wenn ein Bremskreis ausfällt, kann man mit dem anderen Bremskreis das Fahrzeug noch abbremsen.

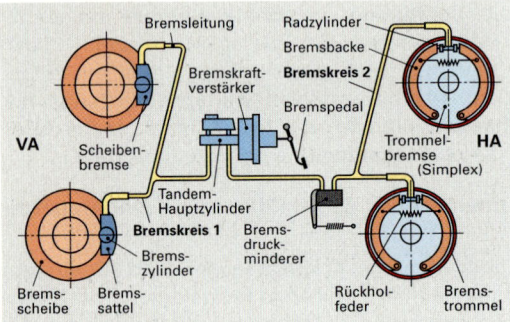

Bild 1: Hydraulische Bremsanlage

Wirkungsweise
Die Wirkungsweise der hydraulischen Bremse beruht auf dem Pascalschen Gesetz:

> Der Druck auf eine allseitig eingeschlossene Flüssigkeit wirkt gleichmäßig nach allen Seiten.

Die Kraft, mit der das Bremspedal auf den Kolben im Hauptzylinder drückt, erzeugt den Flüssigkeitsdruck. Dieser wirkt über die Bremsleitungen und erzeugt die Spannkräfte (Anpresskräfte).
Mit der hydraulischen Kraftübertragung ist meist eine Kraftübersetzung verbunden (**Bild 2**).
Die Kräfte verhalten sich zueinander wie die Kolbenflächen, d. h. an der größeren Fläche entsteht die größere Kraft. Die Kolbenwege dagegen verhalten sich umgekehrt wie die Kräfte: Der größere Weg erfordert nur eine kleinere Kraft.

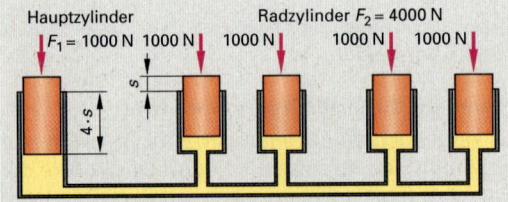

Bild 2: Schema einer hydraulischen Bremse

Die hydraulische Bremse kann mit hohen Drücken (bis 120 bar, kurzzeitig bis 180 bar) arbeiten. Dies ergibt kleine Abmessungen der hydraulischen Bauelemente.
Da sich Bremsflüssigkeit praktisch nicht zusammendrücken lässt und die Lüftspiele klein sind, werden nur geringe Flüssigkeitsmengen bewegt; der Druckanstieg erfolgt rasch und die Bremsen sprechen schnell an.
Die hydraulische Bremse ist über einen längeren Zeitraum wartungsfrei.

4.8.1.1 Hauptzylinder
Für die zwei Bremskreise benötigt man einen Tandem-Hauptzylinder. Er wird vom Bremspedal über den Bremskraftverstärker betätigt.

Aufgaben
- Rascher Druckaufbau in jedem Bremskreis
- rascher Druckabbau zum schnellen Lösen der Bremsen
- Volumenausgleich für die Bremsflüssigkeit bei Temperaturänderung
- Nachfüllen von Bremsflüssigkeit bei Vergrößerung des Lüftspiels durch Belagabnützung.

Aufbau
Der Tandem-Hauptzylinder (**Bild 1**) enthält zwei hintereinander angeordnete Kolben, den **Druckstangenkolben** und den schwimmend gelagerten **Zwischenkolben**. Sie bilden in einem Gehäuse zwei getrennte Druckräume. Beide Kolben sind als Doppelkolben ausgeführt, d. h. zwischen dem vorderen und hinteren abdichtenden Kolbenteil liegt jeweils ein ringförmiger Nachlaufraum. Dieser ist über die Nachlaufbohrung stets mit Bremsflüssigkeit gefüllt. Die Primärmanschette sitzt vorne an jedem Kolben und dichtet den Druckraum ab.

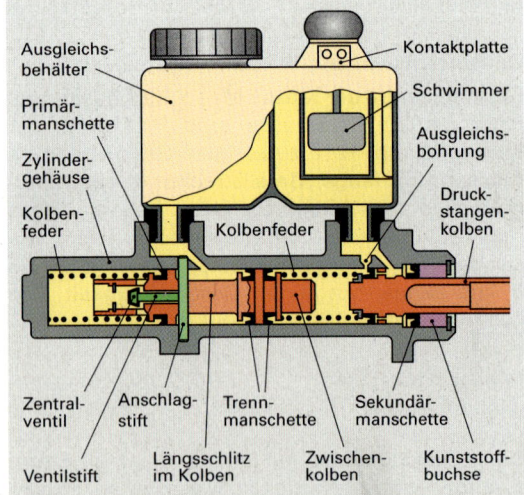

Bild 3: Tandem-Hauptzylinder

Der Druckstangenkolben wird hinten von der Sekundärmanschette abgedichtet. Zwei Trennmanschetten dichten den Zwischenkolben gegen den Druckstangenkreis ab. Er hat einen Längsschlitz, in dem von vorne eine Zentralbohrung mündet. In dieser Bohrung sitzt das Zentralventil. Ein Anschlagstift, der durch den Längsschlitz des Zwischenkolbens geht, fesselt diesen im Zylinder und bildet den vorderen und hinteren Anschlag.

Zentralventil. Es wird bei Fahrzeugen mit ABS verwendet und übernimmt die Funktion von Ausgleichbohrung und Primärmanschette. Es gibt auch Tandem-Hauptzylinder, die an beiden Kolben ein Zentralventil haben.

Wirkungsweise

Ruhestellung. Die Kolbenfedern drücken die Kolben gegen ihren Anschlag. Die Primärmanschette am Druckstangenkolben gibt die Ausgleichbohrung frei und der Zwischenkolben liegt vorne am Anschlagstift an. Dadurch ist das Zentralventil (**Bild 1**) durch den ebenfalls anliegenden Ventilstift geöffnet und übernimmt die Funktion der Ausbleichbohrung. Beide Druckräume sind jetzt mit dem Ausgleichbehälter verbunden. Der Volumenausgleich der Bremsflüssigkeit z. B. bei Temperaturänderung kann erfolgen.

Ist die Ausgleichbohrung durch falsche Ruhestellung des Druckstangenkolbens oder durch Verschmutzung verschlossen, so ist kein Ausgleich der Bremsflüssigkeit möglich. Bei ihrer Ausdehnung durch Erwärmung kommt es zu zunehmender Bremswirkung.

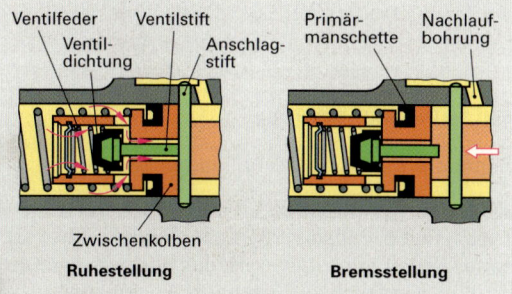

Bild 1: Wirkungsweise des Zentralventils

Bremsbetätigung. Beim Bremsen überfährt die **Primärmanschette (Bild 2)** am Druckstangenkolben die Ausgleichbohrung und dichtet den Druckraum ab. Die Füllscheibe verhindert dabei ihr Eindrücken in die Füllbohrungen und somit ihre Beschädigung. Der Zwischenkolben wird jetzt durch die Bremsflüssigkeit etwas verschoben. Der Anschlagstift gibt den Ventilstift frei und das Zentralventil schließt. In beiden Bremskreisen baut sich Druck auf (**Bild 1**). Ist das Zentralventil durch

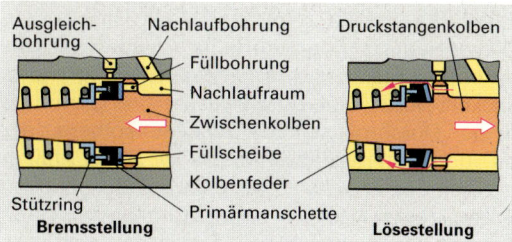

Bild 2: Wirkungsweise der Primärmanschette

Verschmutzung (z. B. Späne) undicht, so kann sein Bremskreis ausfallen. Ohne Zentralventil und mit der dann erforderlichen Ausgleichbohrung könnte im ABS-Regelfall durch die auftretenden Druckspitzen die Primärmanschette durch Eindrücken in die Ausgleichbohrung beschädigt werden. Auch die Primärmanschette des Druckstangenkolbens wird durch den Schließweg des Zentralventils (ca. 1 mm) an ihrer Ausgleichbohrung nicht beschädigt, da sie diese bereits überfahren hat, bis der Druckaufbau in den Bremskreisen erfolgt.

Lösen der Bremse. Beim Lösen der Bremse drücken der Flüssigkeitsdruck und die Kolbenfedern die Kolben wieder zurück. Die Primärmanschette am Druckstangenkolben hebt ab, die Füllscheibe klappt um und Bremsflüssigkeit fließt aus dem Nachlaufraum durch die Füllbohrungen in den sich vergrößernden Druckraum (**Bild 2**). Es kann somit keine Saugwirkung auftreten, wodurch Luft an den Bremszylindern in den Druckraum eindringen könnte. Der Zwischenkolben läuft an den Anschlagstift an und der Ventilstift öffnet das Zentralventil. Der Druck baut sich in beiden Druckräumen schnell ab und die Bremsen werden rasch frei.

Ausfall von Kreis 1 (Bild 3).
Der Druckstangenkolben wird bis zum Anschlag auf den Zwischenkolben aufgeschoben. Die Betätigungskraft wirkt jetzt direkt auf den Kolben des intakten Kreises 2 und erzeugt dort den Bremsdruck.

Ausfall von Kreis 2 (Bild 3).
Der Zwischenkolben wird durch den Flüssigkeitsdruck in Kreis 1 bis zu seinem Anschlag vorgeschoben. Er dichtet den intakten Kreis 1 zum undichten Kreis 2 hin ab. In Kreis 1 erfolgt nun der Druckaufbau.

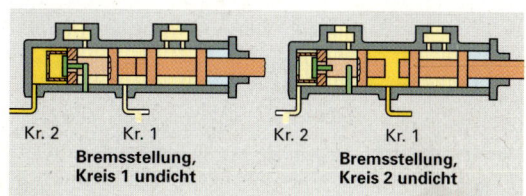

Bild 3: Ausfall eines Bremskreises

Gestufter Tandem-Hauptzylinder (Bild 2).
Dieser Hauptzylinder wurde für Anlagen mit Vorderachs-Hinterachs-Bremskreisaufteilung entwickelt. Die Zylinderdurchmesser sind gestuft, d. h. der Durchmesser des Zwischenkolbens, der auf den Hinterachsbremskreis wirkt, ist kleiner als der des Druckstangenkolbens. Bei intakten Bremskreisen herrscht beim Bremsen in beiden Kreisen der gleiche Druck. Durch den größeren Durchmesser im Vorderachsbremskreis wird beim Bremsen mehr Flüssigkeitsvolumen verschoben, wodurch die Bremsen schneller ansprechen. Bei Ausfall des Vorderachsbremskreises wird beim Bremsen der Druckstangenkolben auf den Zwischenkolben aufgeschoben und die Kolbenstangenkraft wirkt jetzt direkt auf ihn. Der Pedalweg wird verlängert und im Hinterachsbremskreis entsteht durch den kleineren Durchmesser des Zwischenkolbens ohne Pedalkrafterhöhung ein höherer Druck. Man erreicht somit bei entsprechender Auslegung der Bremszylinder eine noch ausreichende Bremswirkung mit den Hinterachsbremsen.

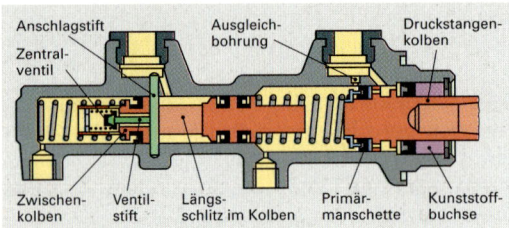

Bild 1: Gestufter Tandem-Hauptzylinder mit Zentralventil

4.8.1.2 Bremskreisaufteilung

„Vorderachs-Hinterachs"-Aufteilung (TT):
Vorderachse und Hinterachse bilden jeweils einen getrennten Bremskreis. Bei Verwendung eines gestuften Tandem-Hauptzylinders neigt die Hinterachse nicht zum Blockieren, da ihre Bremskräfte verringert sind. Ferner erhält man bei Ausfall der Vorderachsbremsen bei kaum erhöhter Pedalkraft noch ausreichende Bremswirkung mit den Hinterachsbremsen.

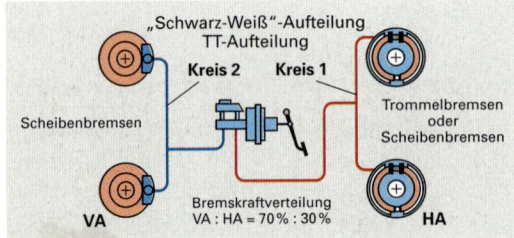

Bild 2: „Vorderachs-Hinterachs"-Aufteilung

Es können an allen Rädern Trommelbremsen oder Scheibenbremsen oder vorn Scheiben- und hinten Trommelbremsen verwendet werden.

„Diagonal"-Aufteilung (X): Jeweils ein Vorderrad und ein diagonal gegenüberliegendes Hinterrad bilden einen Bremskreis. Beim Ausfall eines Bremskreises kann ein Giermoment auftreten, wenn Räder des noch intakten Bremskreises blockieren. Stabilisierend wirken die Seitenführungskräfte, die die Räder des ausgefallenen Bremskreises übertragen.

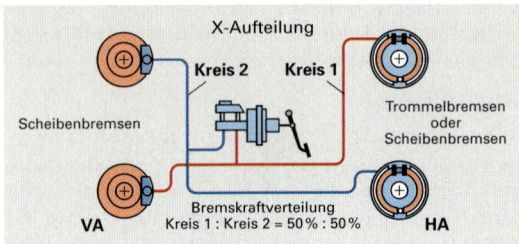

Bild 3: „Diagonal"-Aufteilung

„Dreieck"-Aufteilung (LL): Bei Verwendung von Zweizylinder-Faustsattel- bzw. Vierzylinder-Festsattel-Scheibenbremsen an der Vorderachse wirkt jeder Bremskreis auf die Vorderachse und auf ein Hinterrad.

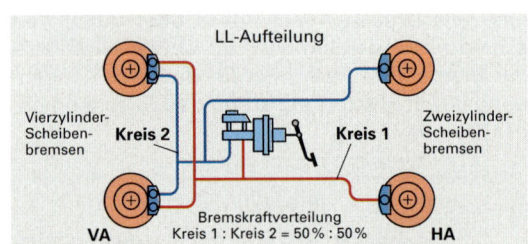

Bild 4: „Dreieck"-Aufteilung

Seltenere Bremskreisaufteilungen sind:

„Vier-Zwei"-Aufteilung (HT). Man verwendet Zweizylinder-Faustsattel- bzw. Vierzylinder-Festsattel-Scheibenbremsen an der Vorderachse und an der Hinterachse Einzylinder-Faustsattel- bzw. Zweizylinder-Festsattel-Scheibenbremsen oder Trommelbremsen. Ein Kreis wirkt auf Vorder- und Hinterachse (4 Räder), der andere nur auf die Vorderachse (2 Räder).

„Vier-Vier"-Aufteilung (HH). Sie ist möglich, wenn an allen Rädern Vierzylinder-Festsattel- oder Zweizylinder-Faustsattel-Scheibenbremsen verwendet werden. Jeweils ein Zylinderpaar bzw. Zylinder an jedem Rad bilden den einen Bremskreis (4 Räder), die restlichen Zylinderpaare bzw. Zylinder (4 Räder) den anderen.

4.8.1.3 Trommelbremse

Trommelbremsen als Innenbackenbremsen werden heute vorwiegend als Bremsen für Hinterräder von Pkw oder in Nutzfahrzeugen verwendet. Ihre Teile sind in **Bild 1** dargestellt.

Aufbau und Wirkungsweise

Die Bremstrommel sitzt fest auf der Radnabe und läuft mit ihr um. Die Bremsbacken und die Teile zur Erzeugung der Spannkraft sitzen auf dem Bremsträger. Dieser ist an der Radaufhängung (Achsschenkel, Tragrohr) befestigt und steht still. Beim Bremsen werden die Bremsbacken mit ihren Belägen durch die Spannvorrichtung gegen die Bremstrommel gedrückt und erzeugen so die notwendige Reibung. Die Spannkraft kann hydraulisch durch Radzylinder (Betriebsbremse) oder mechanisch durch Seilzug und Spannhebel oder Spreizschloss (Feststellbremse) erzeugt werden.

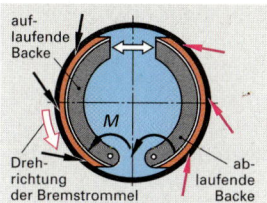

Bild 2: Selbstverstärkung der Trommelbremse

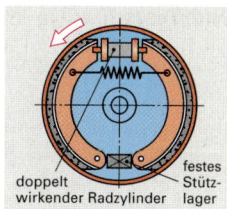

Bild 3: Simplex-Bremse

Bauarten

Nach Art der Betätigung und Abstützung der Bremsbacken unterscheidet man:
- Simplex-Bremse
- Duplex-Bremse
- Duo-Duplex-Bremse
- Servo-Bremse
- Duo-Servo-Bremse.

Simplex-Bremse (Bild 3). Sie ist die einfachste Bauart einer Trommelbremse. Sie hat **eine auflaufende** und **eine ablaufende Bremsbacke**. Zum Spannen der Bremsbacken dient ein gemeinsames Element, z. B. **doppelt wirkender Radzylinder**, S-Nocken, Spreizkeil oder Spreizhebel. Jede Bremsbacke hat einen festen Dreh- oder Abstützpunkt, z. B. Stützlager.
Simplexbremsen haben bei Vorwärts- und Rückwärtsfahrt gleichmäßige Wirkung, aber nur geringe Selbstverstärkung. Die Belagabnutzung an der auflaufenden Bremsbacke ist größer. Eine Feststellbremse ist einfach auszuführen.

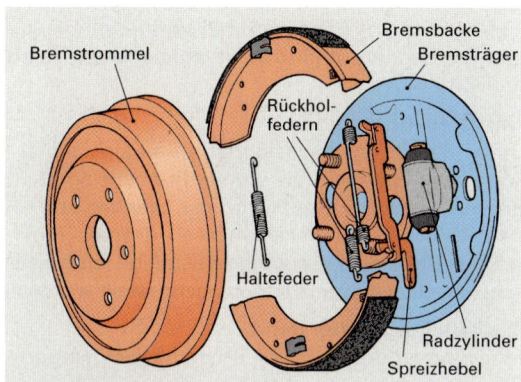

Bild 1: Teile der Trommelbremse

Eigenschaften

- **Selbstverstärkung (Bild 2).** Die Reibung erzeugt ein Drehmoment, das die auflaufende Backe in die Trommel hineinzieht und die Bremswirkung verstärkt. Die Anpressung der ablaufenden Backe verringert sich.
- **Schmutzgeschützter Aufbau** innerhalb der Radschüssel
- **Feststellbremse einfacher auszuführen**
- **Standzeit** der Bremsbeläge **groß**
- **Baugröße** von der Radschüssel **begrenzt**
- **Belagwechsel** und Wartung sind **aufwendig**
- **Wärmeabfuhr schlecht**; Bremse neigt daher zum „Fading".

Fading ist ein Nachlassen der Bremswirkung, z. B. bei einer Dauerbremsung. Die Reibungszahl des Belags nimmt bei hoher Temperatur oder großer Gleitgeschwindigkeit ab. Auch kann die Bremstrommel trichterförmig aufgehen, weil die Wärme zur Radnabe hin besser abgeleitet wird. Die Bremsfläche wird kleiner.

Duplex-Bremse (Bild 4). Sie hat **zwei auflaufende Bremsbacken**. Das erfordert für jeden Backen eine getrennte Spanneinrichtung. Sie wird meist nur mit hydraulischer Betätigung gebaut und hat **zwei einfach wirkende Radzylinder**. Jeder Radzylinder dient auch als Stützlager für die andere Bremsbacke.
Die Bremswirkung in Fahrtrichtung ist wegen zwei auflaufender Bremsbacken besser. Bei Rückwärtsfahrt ist nur die Wirkung zweier ablaufender Backen vorhanden. Die Ausführung einer Feststellbremse ist schwierig.

Duo-Duplex-Bremse. Sie hat **zwei doppelt wirkende Radzylinder**. Ihre Bremswirkung ist wegen der hohen Selbstverstärkung in beiden Fahrtrichtungen gleich gut.

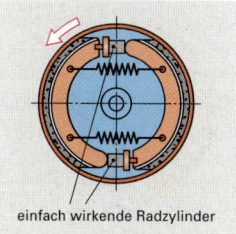

Bild 4: Duplex-Bremse

Bild 5: Duo-Servo-Bremse

Duo-Servo-Bremse (Bild 5, Seite 483). Bei ihr wird die Selbstverstärkung der auflaufenden Bremsbacke zur Anpressung der zweiten auch auflaufenden Bremsbacke ausgenützt. Das **Stützlager** ist **schwimmend**. Die Abstützung erfolgt am **doppelt wirkenden Radzylinder**. Die Bremswirkung ist bei Vorwärts- und Rückwärtsfahrt gleich. Sie dient häufig als Feststellbremse in Topfscheiben **(Bild 3)**. Anstelle des Radzylinders tritt dann ein seilzugbetätigtes Spreizschloss.

Spannvorrichtungen
Sie sollen beim Bremsen die Bremsbacken spannen bzw. spreizen und an die Bremstrommel anpressen. Man verwendet bei hydraulischen Bremsen meist Radzylinder. Bei mechanisch betätigten Feststellbremsen Spannhebel oder Spreizschloss.

Radzylinder (Bild 1). Man unterscheidet doppelt wirkende Radzylinder mit zwei Kolben und einfach wirkende Radzylinder mit nur einem Kolben. Im Radzylinder wirkt der im Hauptzylinder erzeugte Druck auf die Kolben und erzeugt die Spannkraft. Ihre Kolben sind durch Gummimanschetten (Nutringmanschetten, selten Topfmanschetten) abgedichtet. Staubkappen verhindern das Eindringen von Schmutz. Auf der Rückseite des Radzylinders befinden sich Gewindebohrungen für seine Befestigung am Bremsträger und für den Anschluss der Bremsleitung. An der höchsten Stelle ist ein Entlüftungsventil eingeschraubt.

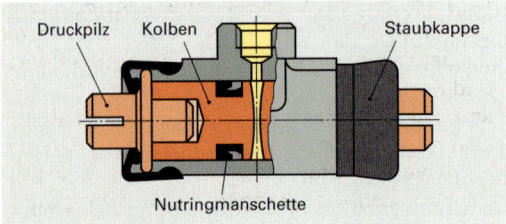

Bild 1: Radzylinder

Spannvorrichtungen für die Feststellbremse (Bild 2). Sie werden meist an den Trommelbremsen der Hinterachse zusätzlich eingebaut. Durch Seilzug und Spannhebel können die Bremsbacken zur Betätigung der Feststellbremse unabhängig von der hydraulischen Bremse gespreizt werden.

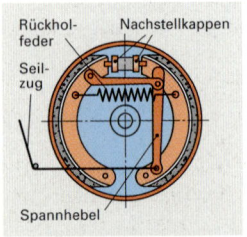 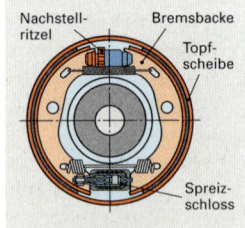

Bild 2: Spannvorrichtung für Feststellbremse

Bild 3: Feststellbremse in Topfscheibe

Bremstrommel
Eigenschaften
– Große Verschleißfestigkeit – Formsteifigkeit
– gute Wärmeleitung.

Werkstoff
– Meist Gusseisen – Temperguss
– Gusseisen mit Kugelgraphit – Stahlguss
– Verbundguss von Leichtmetall mit Gusseisen.
Die Bremstrommel muss zentrisch und schlagfrei laufen. Die Bremsfläche ist feingedreht oder geschliffen.

Bremsbacken
Sie erhalten ihre Steifigkeit durch ein T-Profil und werden aus einer Leichtmetalllegierung gegossen oder aus Stahlblech geschweißt. An einem Ende haben sie eine Anlagefläche für den meist geschlitzten Druckbolzen des Radzylinders. Das andere Ende ist in einem Bolzen gelagert oder es liegt gleitend am festen Stützlager an. Die Backen können sich so in der Trommel zentrieren. Sie liegen besser an und die Belagabnutzung wird gleichmäßiger.

Nachstellvorrichtungen
Durch den Belagverscheiß vergrößert sich allmählich das Lüftspiel zwischen Bremsbelag und Bremstrommel. Dadurch wird der Leerweg am Pedal größer. Die Bremsen müssen deshalb regelmäßig von Hand oder durch selbsttätige (automatische) Nachstellvorrichtungen nachgestellt werden.

Nachstellungen von Hand
Man verwendet z. B. im Bremsträger gelagerte Exzenterbolzen, mit denen die Bremsbacken verstellt werden können oder es werden Druckschrauben mit gezahnten Nachstellkappen am Radzylinder **(Bild 2)** oder Nachstellritzel am Stützlager **(Bild 3)** verwendet. Die Nachstellung erfolgt von außen durch Löcher im Bremsträger.

Selbsttätige Nachstellungen
Heute werden Radzylinder mit selbsttätiger Nachstellung, Klemmscheiben, Bolzen mit Sägengewinde in einer Nachstellzange und Nachstellvorrichtungen an der Druckstange der Feststellbremse eingebaut.

Nachstellvorrichtung an der Druckstange der Feststellbremse (Bild 1, Seite 485). Sie wird bei Simplex-Bremsen verwendet. Die Druckstange besteht dabei aus einem Nachstellrohr, einer Nachstellschraube und dem Nachstellritzel. Der in der auflaufenden Bremsbacke gelagerte Nachstellhebel wird durch die Nachstellfeder vorgespannt. Er bleibt dadurch mit einem Schenkel ständig mit der Druckstange in Kontakt, während der andere Schenkel mit seiner abgewinkelten Nase in das Sägezahnprofil des Nachstellritzels eingreift.

Bei Betätigung der Betriebsbremse werden die Bremsbacken gespreizt. Durch die Abstandsvergrößerung wird der Nachstellhebel von der Nachstellfeder nach unten verdreht. Liegt seine Nase an der steilen Flanke eines Ritzelzahns an, so wird das Ritzel um den Weg des Lüftspiels gedreht. Die Druckstange wird dadurch verlängert und die Bremse wird nachgestellt.

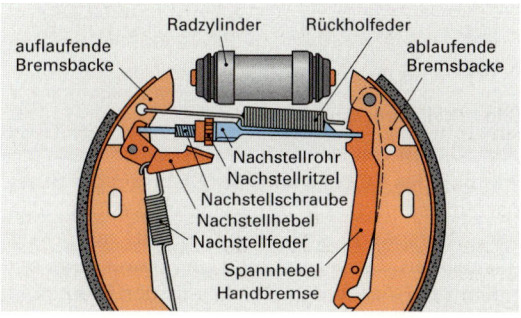

Bild 1: Automatische Nachstellung an der Druckstange

Beim Lösen der Bremse wird der Nachstellhebel von der Druckstange zurückgedreht. Seine Nase gleitet dabei an der schrägen Flanke des Zahns entlang, denn der Weg zwischen zwei Ritzelzähnen ist so groß wie beim Lüftspiel und der größtmöglichen Trommeldehnung. Erst, wenn durch Belagverschleiß der Abstand der Bremsbacken größer geworden ist, wird das Ritzel soweit verdreht, dass der Nachstellhebel beim Rücklauf über einen Ritzelzahn rastet. Bei der nächsten Bremsbetätigung wird nun das Ritzel wieder um den Weg des Lüftspiels weitergedreht.

> **WIEDERHOLUNGSFRAGEN**
>
> 1. Wozu dienen Bremsen?
> 2. Welche Arten von Bremsanlagen unterscheidet man nach der Verwendung?
> 3. Erklären Sie den Aufbau einer Bremsanlage.
> 4. Welche Bremsanlagen sind in den Fahrzeugklassen M und N vorgeschrieben?
> 5. Wie unterscheidet man die Bremsanlagen nach der Betätigung?
> 6. Aus welchen Teilen besteht eine hydraulische Bremsanlage?
> 7. Welche Aufgaben hat der Hauptzylinder?
> 8. Wie wirkt die Primärmanschette?
> 9. Welche Aufgaben hat das Zentralventil?
> 10. Wie arbeitet der Tandem-Hauptzylinder bei Ausfall von jeweils einem Bremskreis?
> 11. Wozu verwendet man gestufte Hauptzylinder?
> 12. Welche Bremskreisaufteilungen gibt es?
> 13. Welche Eigenschaften haben Trommelbremsen?
> 14. Geben Sie die Unterscheidungsmerkmale von Trommelbremsenarten an.
> 15. Nennen Sie Nachstellvorrichtungen.

4.8.1.4 Scheibenbremse

Es werden vornehmlich **Teilscheibenbremsen (Bild 2)** verwendet. Sie können mit einem Festsattel oder einem Faustsattel versehen sein. Im Bremssattel, der nur einen kleinen Teil der Bremsscheibe umspannt, sind Bremskolben untergebracht. Diese drücken beim Bremsen die Beläge gegen die Bremsscheibe.

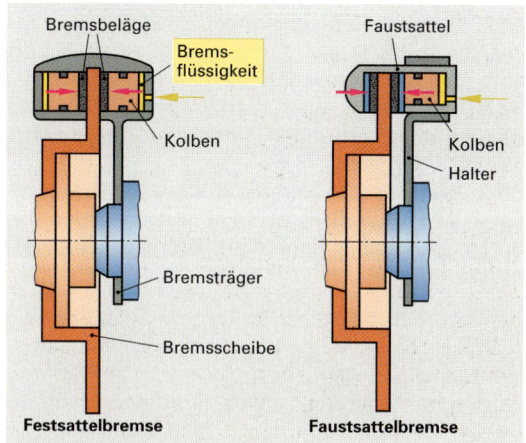

Bild 2: Teilscheibenbremsen

Eigenschaften
– **Keine Selbstverstärkung** wegen der ebenen Bremsflächen. Dies erfordert größere Anpresskräfte, daher sind Bremszylinder mit größerem Durchmesser (40 mm bis 50 mm) als bei den Radzylindern der Trommelbremse und Bremskraftverstärker erforderlich
– **kaum Schiefziehen und die Bremskraft lässt sich gut dosieren**, da durch die fehlende Selbstverstärkung und die nur geringen Reibungszahl-Änderungen kaum Bremskraftschwankungen auftreten
– **gute Kühlung, wenig Fading**, obwohl wegen der kleinen Bremsflächen und der großen Anpresskräfte örtlich höhere Temperaturen auftreten können
– **starker Belagverschleiß** durch die hohen Anpresskräfte
– **Wartung** und **Belagwechsel einfach**
– **selbsttätige Nachstellung des Lüftspiels**
– **Bremswirkung unabhängig** von der **Fahrtrichtung**
– **gute Selbstreinigung** durch die Fliehkraft
– **Neigung zur Dampfblasenbildung**, weil die Bremskolben dicht am Bremsbelag anliegen
– **Feststellbremse relativ aufwendig** anzuordnen. Es werden häufig Trommelbremsen an der Hinterachse verwendet oder in der Topfscheibe sitzt eine Trommelbremse als Feststellbremse **(Bild 3, Seite 484)**.

Bauarten

Festsattel-Scheibenbremse

Man unterscheidet Zweizylinder- und Vierzylinder-Festsattel-Scheibenbremsen (**Bild 1**).
Der feststehende Träger der Bremszylinder ist mit der Radaufhängung verschraubt. Er greift zangenförmig um die Bremsscheibe herum. Man bezeichnet ihn als Festsattel. Er besteht aus einem zweiteiligen Flanschgehäuse. Jedes Gehäuseteil enthält einen (Pkw) bzw. zwei (Lkw) Bremszylinder, diese liegen sich paarweise gegenüber und enthalten die Bremskolben mit Dichtring, Schutzkappe und Klemmring. Die Bremszylinder sind durch Kanäle verbunden. Oben am Gehäuse sitzt das Entlüfterventil.

Beim Bremsen drücken die Kolben die Bremszylinder gegen die Bremsbeläge. Diese werden dadurch beiderseits gegen die Bremsscheibe gedrückt.

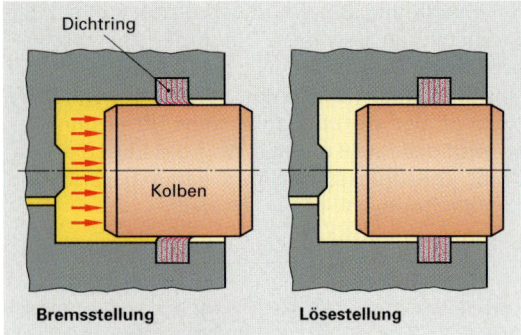

Bild 2: Kolbenrückstellung

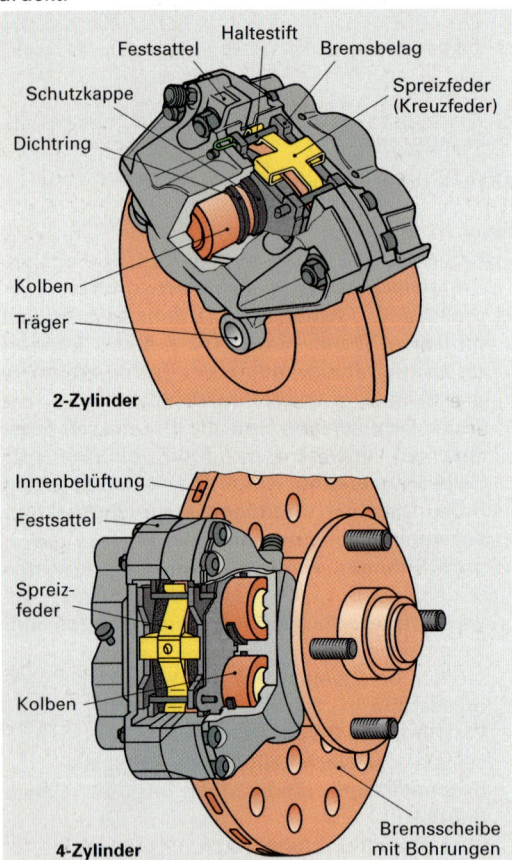

Bild 1: Festsattel-Scheibenbremse

Kolbenrückstellung (Bild 2)

In einer Nut im Bremszylinder befindet sich ein Gummidichtring, der den Kolben abdichtet. Der Innendurchmesser des Dichtrings ist etwas kleiner als der Kolbendurchmesser. Er umfasst daher den Kolben mit Vorspannung. Bei der Bremsbewegung des Kolbens wird der Dichtring durch seine Haftreibung und die Kolbenbewegung elastisch verspannt. Im Dichtring ist jetzt Kraft gespeichert. Diese bringt ihn und damit auch den Kolben bei Abfall des Druckes in der Bremsflüssigkeit wieder in seine Ausgangsform bzw. Ausgangsstellung zurück. Dies ist nur bei vollständigem Druckabbau im Leitungssystem der Scheibenbremse möglich. Es darf deshalb kein Vordruck bestehen bleiben. Den Weg, um den der Kolben zurückgenommen wird, bezeichnet man als **Lüftspiel**. Es beträgt etwa 0,15 mm und genügt zum Freiwerden der Scheibenbremse.

Spreizfeder. Sie legt die Bremsbeläge an die Kolben an und vermeidet damit ein Schlagen und Klappern der Beläge. Ferner unterstützt sie die Kolbenrückführung beim Druckabbau.

Faustsattel-Scheibenbremse (Bild 1, Seite 487).

Sie besteht nur aus zwei Hauptbauteilen, dem **Halter** und dem **Gehäuse** oder Faustsattel. Sie hat folgende Merkmale:
– Geringes Gewicht
– kleine Baugröße, daher Verwendung eines negativen Lenkrollhalbmessers ohne stark gewölbte Radschüssel möglich
– gute Wärmeableitung durch massives Gehäuse
– große Belagflächen
– Beläge und Scheibe gut ausbaubar, da Halter nicht demontiert werden muss
– geringe Dampfblasenbildung, da nur ein bzw. zwei Bremszylinder auf der Halterseite
– wartungsfreie Gehäuseführungen, daher unempfindlich gegen Schmutz und Korrosion.

Der Halter ist an der Radaufhängung befestigt. In ihm wird das Gehäuse geführt. Man verwendet Faustsattel-Scheibenbremsen mit unterschiedlichen Führungen, wie z. B.
– Zahnführung   – Bolzenführung
– Bolzenführung mit aufklappbarem Faustsattel
– Bolzen- und Zahnführung kombiniert.

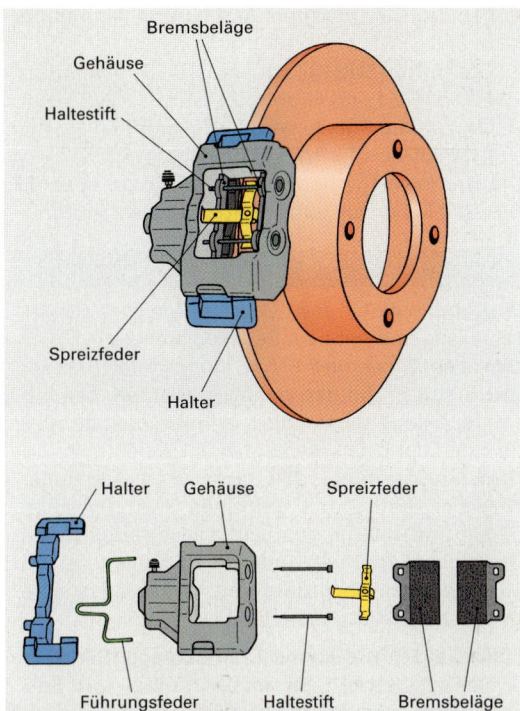

Bild 1: Faustsattel-Scheibenbremse mit Zahnführung

Faustsattel-Scheibenbremse mit Zahnführung (Bild 1)

Der Halter hat an beiden Seiten je zwei Zähne. Das Gehäuse ist mit seinen zwei halbrunden Nuten in den Zähnen des Halters verschiebbar gelagert. In den Nuten ist Gleitwerkstoff eingepresst. Dadurch lässt sich das Gehäuse leicht verschieben und Schmutz und Korrosion führen nicht zum Festklemmen. Die Führungsfeder drückt das Gehäuse an die Zähne des Halters, damit keine Klappergeräusche entstehen.

Faustsattel-Scheibenbremse mit Bolzenführung (Bild 2)

Bei ihr sind auf der Zylinderseite des Halters zwei Führungsbolzen am Gehäuse angeschraubt. Der Halter hat zwei Bohrungen, die Gleiteinsätze aus Teflon enthalten. In diesen Bohrungen ist das Gehäuse mit den Führungsbolzen verschiebbar gelagert.

Bremsvorgang. Der Kolben im Gehäuse drückt den inneren Bremsbelag nach Überwindung des Lüftspiels gegen die Bremsscheibe. Durch die Reaktionskraft wird das Gehäuse darauf in entgegengesetzter Richtung verschoben. Nach Überwindung des weiteren Lüftspiels wird jetzt auch der äußere Bremsbelag gegen die Bremsscheibe gepresst. Beide Bremsbeläge befinden sich im Gehäuseschacht. Bei der Zahnführung stützt sich der innere Belag direkt am Halter, der äußere am Gehäuse gegen die Umfangskraft ab. Bei der Bolzenführung stützen sich beide Bremsbeläge am Gehäuse ab. Beim Lösen der Bremse sorgt die Rückstellkraft des Dichtrings mit Unterstützung durch die Spreizfeder für die Wiederherstellung des Lüftspiels.

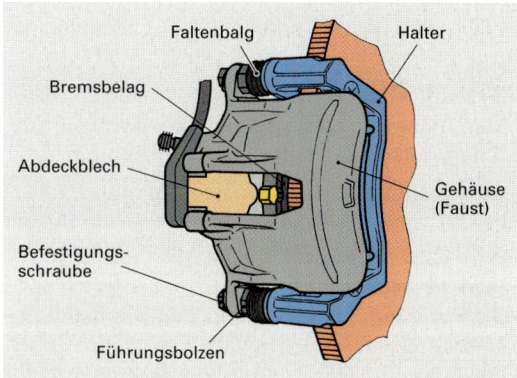

Bild 2: Faustsattel-Scheibenbremse mit Bolzenführung

Bremsscheibe

Sie ist meist topfförmig gestaltet und besteht aus Gusseisen, Temperguss oder Stahlguss. Bei Rennfahrzeugen auch aus kohlefaserverstärktem Verbundwerkstoff. Bei besonders hoher Beanspruchung werden innenbelüftete Bremsscheiben eingesetzt. Diese enthalten radial angeordnete Luftkanäle, die so gestaltet sind, dass bei der Drehung eine Ventilatorwirkung entsteht. Man erreicht damit eine bessere Kühlwirkung. Teilweise enthält die Bremsfläche auch noch Bohrungen und evtl. auch ovale Nuten. Dadurch wird beim Bremsen mit nassen Scheiben eine schnellere Abfuhr des Wassers erreicht. Die Bremsen sprechen gleichmäßig an, die Fadinggefahr ist gering, da keine Gaspolster durch Ausgasungen aus dem Belag entstehen. Die Bohrungen bringen gleichzeitig noch eine Gewichtserleichterung.

4.8.1.5 Bremsbeläge

Der Reibwerkstoff, aus dem der Bremsbelag besteht, erzeugt eine große Reibung und verhindert das Festfressen. Bei Trommelbremsen wird er auf die Bremsbacke aufgenietet oder aufgeklebt. Bei Scheibenbremsen ist er mit dem Belagträger aus Stahl verklebt.

Der Reibbelag soll folgende Eigenschaften haben:
- Große **Warmfestigkeit, mechanische Festigkeit** und hohe **Standzeit**
- **gleichbleibende Reibungszahl** auch bei höheren Temperaturen und Gleitgeschwindigkeiten
- **unempfindlich** gegen Wasser und Schmutz
- **kein Verglasen** bei hoher thermischer Belastung.

Es werden meist **organische Bremsbeläge** verwendet. Für besonders hohe Beanspruchungen werden auch **Sintermetallbeläge** eingesetzt.
Organische Bremsbeläge enthalten z. B. folgende Stoffe:
- **Metalle** wie Stahlwolle (20 %) und Kupferpulver (16 %)
- **Füllstoffe** wie Eisenoxid (10 %), Schwerspat (9,5 %), Glimmermehl (6,5 %) und Aluminiumoxid (1,2 %)
- **Gleitmittel** wie Kokspulver (16 %), Antimontrisulfid (6 %) und Graphit (4 %)
- **Organische Anteile** wie Harzfüllstoffpulver (4 %), Aramidfaser (1,4 %) und Bindeharz (5,4 %).

Die Bremsbeläge haben Reibwerte von etwa 0,4. Sie sind bis etwa 800°C temperaturbeständig.

4.8.1.6 Werkstattarbeiten und Diagnose

Man unterscheidet Arbeiten an der hydraulischen Anlage und solche an den Radbremsen.

Arbeiten an der hydraulischen Anlage
Fehler sind meist Undichtheiten, durch die Bremsflüssigkeit aus- und Luft eintreten kann.

Fehlerfeststellung
Sichtprüfung. Überwachung des Bremsflüssigkeitsstandes im Ausgleichsbehälter; Suche nach feuchten dunklen Flecken an Bremszylindern und Verbindungsstellen und nach Korrosion an Bremsleitungen, bzw. Scheuerstellen an Bremsschläuchen.

Funktionsprüfung. Es baut sich kein Bremsdruck auf; bei anhaltend betätigtem Bremspedal wird der Pedalweg langsam größer; schwammiges Gefühl im Bremspedal; Druckaufbau erst durch „Pumpen". Die beiden ersten Beobachtungen lassen auf undichte Primärmanschette schließen, die beiden letzten können von Lufteinschlüssen kommen.

Dichtheitsprüfungen (Bild 1).
Man benötigt dazu ein Druckprüfgerät und einen Pedalfeststeller. Das **Kombi-Druckprüfgerät** enthält eine Nieder-Hochdruckmanometer-Kombination, ein weiteres Hochdruck- und ein Unterdruckmanometer. Vor den Prüfungen müssen die Bremsanlage und das mit Bremsflüssigkeit gefüllte Druckprüfgerät entlüftet werden.
Niederdruckprüfung. Am Entlüftungsventil einer Radbremse wird die Nieder-Hochdruckmanometer-Kombination des Druckprüfgerätes angeschlossen und mit dem Pedalfeststeller ein Druck zwischen 2 bar und 5 bar eingesteuert. Dieser Druck soll 5 Minuten gehalten werden. Die gesamte Anlage muss dabei in Ruhe bleiben. Ändert sich der Druck, so liegt eine Undichtheit vor.
Hochdruckprüfung. Mit dem Pedalfeststeller wird der Bremsdruck auf einen Wert zwischen 50 bar und 100 bar gebracht. Dieser eingestellte Druck darf innerhalb 10 Minuten höchstens um 10 % abfallen. Bei größerem Druckabfall ist eine Undichtheit vorhanden.

Füllen und Entlüften der Bremsanlage (Bild 2)
Diese Arbeiten können mit einem **Füll- und Entlüftergerät** von einer Person durchgeführt werden. Als Hilfsmittel benötigt man einen Entlüfterstutzen und einen durchsichtigen Entlüfterschlauch mit Auffangflasche. Bei Fahrzeugen mit ABS Firmenvorschriften beachten.
Das Füll- und Entlüftergerät mit dem Entlüfterstutzen am Ausgleichsbehälter anschließen und an einem Entlüfterventil den Entlüfterschlauch der Auffangflasche aufstecken. Jetzt den Absperrhahn am Füllschlauch des Geräts und dann das Entlüfterventil öffnen, bis neue klare Bremsflüssigkeit blasenfrei ausströmt. Dann das Entlüfterventil schließen. Den Vorgang an allen Entlüfterventilen wiederholen. Zum Schluss den Absperrhahn schließen. Vor Abbau des Entlüfterstutzens ein Entlüfterventil kurz öffnen und den Druck ablassen.

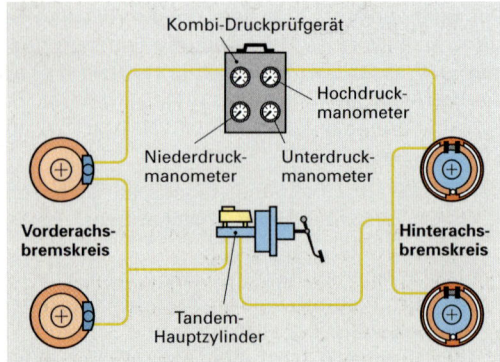

Bild 1: Dichtheitsprüfung

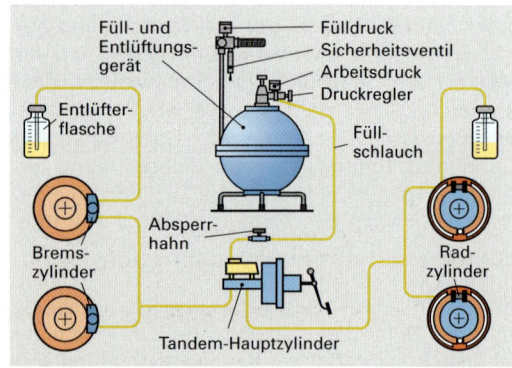

Bild 2: Entlüften mit Gerät

Entlüften durch „Pumpen". Dazu sind immer zwei Personen erforderlich. Im Ausgleichsbehälter muss stets auf ausreichend Bremsflüssigkeit geachtet werden. Man beginnt am Zwischenkolbenkreis und am weitest entfernten Entlüfterventil.

Am Entlüfterventil wird der Entlüfterschlauch aufgesteckt. Er taucht in Bremsflüssigkeit in der Entlüfterflasche. Der Helfer baut durch Pumpen mit dem Bremspedal Druck auf. Dann wird das Entlüfterventil um eine halbe Umdrehung geöffnet und sobald das Bremspedal durchgetreten ist, wieder geschlossen. Anschließend lässt der Helfer das Pedal zurückkommen. Dieser Vorgang wird solange wiederholt, bis am Pedal sofort Widerstand fühlbar wird und keine Luftblasen mehr austreten. Danach sind alle anderen Entlüfterventile ebenfalls so zu entlüften.

Manche Fahrzeughersteller lehnen ein Entlüften durch „Pumpen" ab, um Schäden am Hauptzylinder zu vermeiden.

Arbeiten an den Radbremsen

Bei zu großem Lüftspiel (großer Pedalweg) müssen Trommelbremsen nachgestellt werden. Über die Nachstellvorrichtung wird z. B. zunächst die eine Bremsbacke fest an die Bremstrommel angelegt und dann so weit gelöst, bis das Rad sich frei drehen lässt. Der Vorgang wird dann an der zweiten Bremsbacke wiederholt. Scheibenbremsen und Trommelbremsen mit selbsttätiger Nachstellvorrichtung stellen sich selbsttätig nach.

Bei der Kontrolle der Bremsen müssen die Bremstrommeln und Bremsscheiben auf Riefen, Unrundheit oder Schlag (je nach Fahrzeugtyp 0,05 mm bis 0,22 mm) untersucht werden. Bremsscheiben mit zu großem Seitenschlag müssen erneuert werden. Die Bremsbacken, die Scheibenbremsbeläge, der Schwimm- und der Faustsattel müssen leichtgängig sein. Unrunde oder mit Riefen versehene Bremstrommeln, riefige oder kegelig abgenützte Bremsscheiben (Dickentoleranz bis 0,02 mm bei 0,004 mm Rauhtiefe) müssen aus- bzw. abgedreht werden. Es ist das maximale Ausdrehmaß bzw. die minimale Scheibenstärke zu beachten, gegebenenfalls sind die Bremsscheiben durch neue zu ersetzen. Bremstrommeln oder Bremsscheiben mit Rissen bzw. beschädigte Bremssättel erneuern.

Die Bremsbeläge sind auf ihre Stärke und Verölung zu prüfen (Mindeststärke: Trommelbremsbelag genietet 2 mm, geklebt 1,5 mm, Scheibenbremsbelag 2 mm). Sind die Bremsbeläge abgenutzt, so müssen die Bremsbacken bei genieteten Belägen neu belegt oder bei geklebten gegen neue ausgetauscht werden. Dies gilt auch bei Verölung. Deren Ursache ist zu beseitigen.

Zum Aufnieten der Beläge verwendet man Hohlniete aus Kupfer oder Aluminium. Die Niete führt man in die versenkten Löcher im Belag ein und nietet von der Mitte ausgehend abwechselnd rechts und links. Die belegten Bremsbacken müssen gleichmäßig tragen. Für ausgedrehte Trommeln verwendet man Übergrößen von Bremsbelägen.

ARBEITSREGELN

- Bei jeder Kontrolle Flüssigkeitsstand im Ausgleichsbehälter prüfen. Bei Scheibenbremsen kann der abgesunkene Flüssigkeitsstand ein Merkmal für starken Belagverschleiß sein.
- Die Dicke der Trommelbremsbeläge kann an Schaulöchern, wenn vorhanden, kontrolliert werden.
- Zur Kontrolle der Bremstrommel diese abziehen; dabei die Bremse von Abrieb reinigen.
- Den Abrieb absaugen, nicht ausblasen!
- Die Erneuerung von Bremsbelägen muss an den Bremsen einer Achse gleichzeitig erfolgen.
- Die Bremsflüssigkeit nach Firmenvorschrift erneuern, z. B. jährlich.
- Abgelassene Bremsflüssigkeit nicht mehr verwenden; in gekennzeichnetem Behälter lagern und durch Entsorgungs- oder Wiederaufbereitungsfirma beseitigen lassen.
- Zum Nachfüllen nur die vorgeschriebene Bremsflüssigkeit verwenden.
- Fett und Öl von den Bremsenteilen fernhalten.
- Zum Reinigen nur Bremsenreiniger, evtl. Alkohol (Spiritus) verwenden.

WIEDERHOLUNGSFRAGEN

1. Welche Eigenschaften haben Scheibenbremsen?
2. Wie ist eine Festsattel-Scheibenbremse aufgebaut?
3. Wie stellt sich bei Scheibenbremsen das Lüftspiel ein?
4. Welche Faustsattel-Scheibenbremsen unterscheidet man nach der Sattelführung?
5. Beschreiben Sie den Bremsvorgang bei der Faustsattel-Scheibenbremse.
6. Nennen Sie Eigenschaften der Bremsbeläge.
7. Welche Prüfungen werden an der hydraulischen Bremse durchgeführt?
8. Wie kann das Füllen und Entlüften der hydraulischen Bremse erfolgen?

4.8.2 Hilfskraftbremse

Zur Erzeugung der Hilfskraft (Servokraft) wird dem Hauptzylinder der hydraulischen Bremse ein Unterdruck- oder ein hydraulischer Bremskraftverstärker vorgeschaltet.

Unterdruck-Bremskraftverstärker
Bei Fahrzeugen mit Ottomotor kann der Unterdruck dem Ansaugrohr entnommen werden. Die geringe Druckdifferenz zwischen Luftdruck und Saugrohrdruck von etwa 0,2 bar erfordert große Flächen des Arbeitskolbens, um die Druckstangenkraft bis z. B. auf das 4fache zu verstärken.
Bei Dieselmotoren wird der Druck durch eine vom Motor angetriebene Vakuumpumpe erzeugt.

Aufbau (Bild 1). Der Hauptzylinder ist meist an das Verstärkergehäuse angeflanscht. Der Arbeitskolben unterteilt das Gehäuse in Unterdruckkammer und Arbeitskammer. Die Arbeitskammer wird wechselweise über ein Unterdruck- und Außenluftventil mit der Außenluft oder mit der Unterdruckkammer verbunden. Das Doppelventil wird vom Bremspedal über die Kolbenstange betätigt. Diese drückt auch über Ventilkolben und Reaktionsscheibe (Gummi) auf die Druckstange des Hauptzylinders. Auf sie wirkt auch der Arbeitskolben mit seiner Verstärkerkraft.

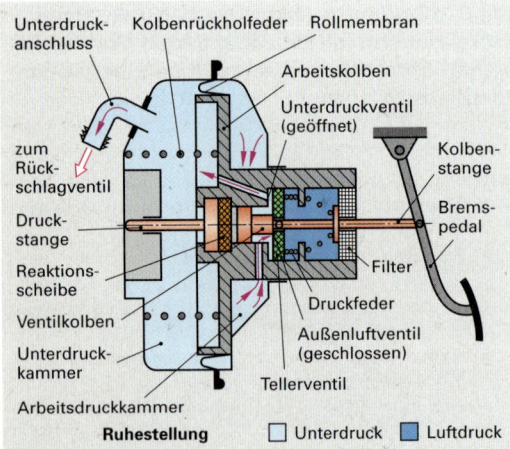

Bild 1: Unterdruck-Bremskraftverstärker

Wirkungsweise: Lösestellung (Bild 1). Das Außenluftventil ist geschlossen, die Arbeitskammer ist über das geöffnete Unterdruckventil mit der Unterdruckkammer verbunden. Beiderseits des Arbeitskolbens herrscht somit der gleiche Druck.

Teilbremsstellung (Bild 2). Beim Bremsen wird die Druckstange vorgeschoben, das Unterdruckventil geschlossen. Die Reaktionsscheibe wird

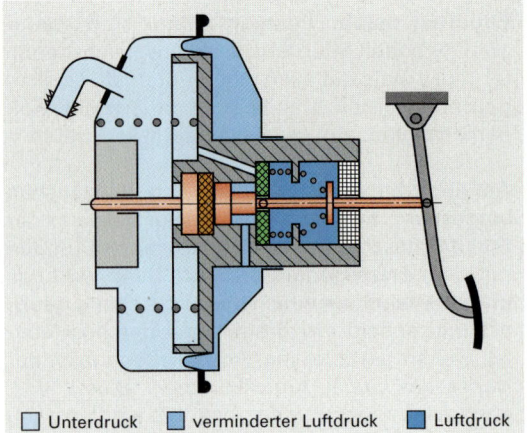

Bild 2: Teilbremsstellung

vom Ventilkolben zusammengedrückt und das Außenluftventil geöffnet. Die in der Arbeitskammer entstehende Druckdifferenz zur Unterdruckkammer wirkt als Verstärkerkraft auf den Arbeitskolben. Dieser wird mit Steuergehäuse und Druckstange so lange vorgeschoben, bis die vom Hauptzylinder wirkende Reaktionskraft gleich groß ist. Bei stillstehender Druckstange dehnt sich nun die Reaktionsscheibe wieder aus und drückt auf den Ventilkolben. Dadurch schließt das Außenluftventil. Die Verstärkerkraft auf Arbeitskolben und Druckstange bleibt konstant.

Vollbremsung (Bild 3). Bei voller Pedalkraft wird durch die Kolbenstange und die Gegenkraft von der Druckstange die Reaktionsscheibe dauernd zusammengedrückt, wodurch das Außenluftventil ständig geöffnet bleibt. Es herrscht die größtmögliche Druckdifferenz zwischen beiden Kammern und damit wirkt die größte Verstärkerkraft auf Arbeitskolben und Druckstange.

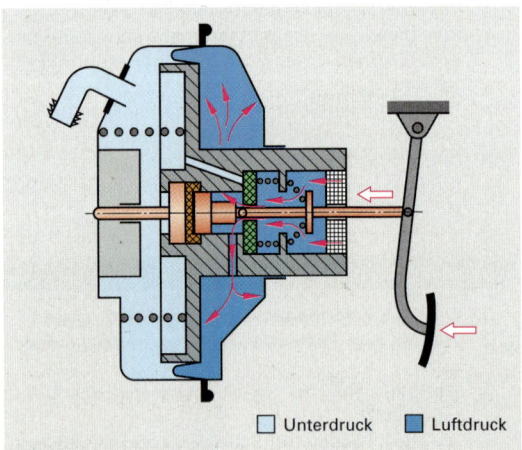

Bild 3: Vollbremsstellung

Bremsen   4 Fahrwerk

Hydraulischer Bremskraftverstärker (Bild 1)

Die Anlage besteht aus der Hochdruckölpumpe der Servolenkung, dem Hydospeicher, dem druckgesteuerten Ölstromregler und dem hydraulischen Bremskraftverstärker mit Tandem-Hauptzylinder sowie dem Ölvorratsbehälter.

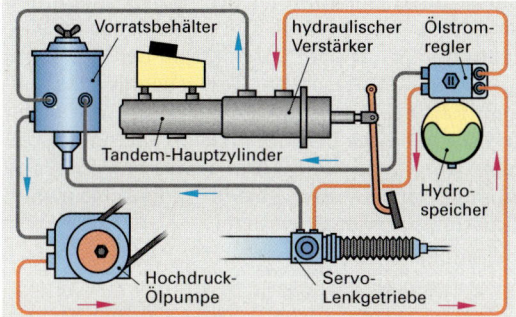

Bild 1: Hydraulische Bremskraftverstärkeranlage

Wirkungsweise. Die Hochdruckölpumpe fördert Öl in den Hydrospeicher. Das Öl presst darin den Stickstoff über eine Membran zusammen und lädt den Speicher mit einem Druck von 37 bar bis 56 bar. Der Bremskraftverstärker und der Druckölraum des Hydrospeichers sind durch eine Leitung verbunden. Beim Betätigen der Bremse wird der Verstärkerkolben des Bremskraftverstärkers mit Drucköl beaufschlagt und erzeugt dadurch eine Hilfskraft. Diese verstärkt die Druckstangenkraft des Tandem-Hauptzylinders. Der Öldruck wirkt gleichzeitig auf den Steuerkolben im Verstärker. Dieser vermittelt dem Fahrer das Gefühl für die Stärke der Bremsung. Nach Lösen der Bremse fließt das Drucköl vom Verstärker zurück in den Vorratsbehälter. Bei Ausfall des Motors ist noch Drucköl für etwa 12 Bremsungen gespeichert.

4.8.3 Bremskraftverteilung

Die beim Bremsen eintretende Achslastverschiebung hängt ab von der Größe der Bremsverzögerung, der Belastung, der Verteilung der Last auf dem Fahrzeug und der Höhe seines Schwerpunktes. Beim Bremsen bei gerader Fahrt werden die Vorderräder mehr belastet und die Hinterräder entlastet. Beim Bremsen in der Kurve werden die kurvenäußeren Räder zusätzlich belastet. Die Bremsen sind meist so ausgelegt, dass sich für die mittlere Verzögerung und die mittlere Belastung das beste Verhalten beim Bremsen ergibt. Bei starkem Bremsen können aber die Hinterräder blockieren und das Fahrzeug schleudern. Diese Gefahr beseitigen Bremsdruckminderer.

Bremsdruckminderer. Er steuert in der Bremsleitung den Bremsdruck der Hinterräder. Sie werden ab einem bestimmten Umschaltdruck nur noch mit vermindert ansteigendem Druck abgebremst.

Lastabhängiger Bremsdruckminderer (Bild 2). Er wirkt wie der normale Bremsdruckminderer, jedoch wird bei ihm der Umschaltdruck in Abhängigkeit von der Belastung und der Achslastverlagerung beim Bremsen gesteuert.

Wirkungsweise. Bis zum Umschaltdruck sind Hauptzylinderdruck und der Druck zu den Hinterradbremsen gleich. Steigt der Hauptzylinderdruck weiter, so verschiebt sich der Stufenkolben gegen die Kraft der Regelfeder und die Kraft, die der Druck auf seine Ringfläche erzeugt, so weit, bis das Ventil im Stufenkolben schließt. Die Kraft, die diese Verschiebung bewirkt erzeugt der Druck, der auf die Kreisfläche des Stufenkolbens wirkt. Diese ist größer als die gemeinsame Kraft von Regelfeder und Ringfläche. Bei stärkerem Bremsen steigt der Hauptzylinderdruck im Ringraum weiter bis der Stufenkolben zurückgeschoben wird und das Ventil wieder öffnet. Jetzt wird Bremsflüssigkeit zur Kreisfläche durchgelassen, bis der ansteigende Druck den Kolben wieder verschiebt und das Ventil schließt. Dieser Vorgang erfolgt mehrfach. Der Hauptzylinderdruck wird dabei im Verhältnis der Flächen am Stufenkolben, z.B. 1:3, zum niedrigeren Radbremsdruck gemindert. Bei größerer Belastung des Fahrzeugs wird die Regelfeder durch die einfedernde Hinterachse über ein Gestänge stärker vorgespannt. Die Kraft auf den Stufenkolben wird dadurch größer und der Umschaltdruck wird erhöht. Beim Lösen der Bremsen sinkt der Hauptzylinderdruck ab. Der Stufenkolben bewegt sich nun gegen die Regelfeder bis sich der Druck in beiden Räumen ausgeglichen hat, wodurch das Ventil öffnet. Der Stufenkolben geht nun wieder in seine Ruhestellung.

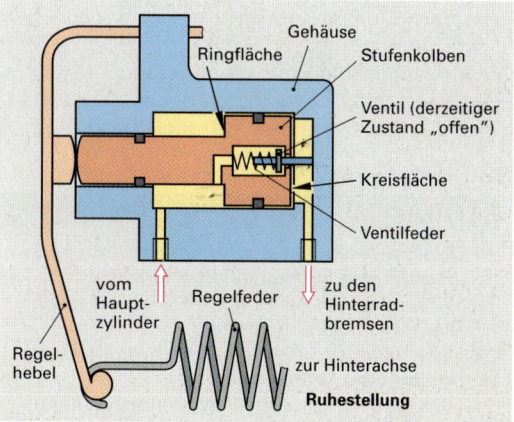

Bild 2: Lastabhängiger Bremsdruckminderer

4.8.4 Mechanisch betätigte Bremse

Mechanisch betätigte Bremsen werden meist nur noch als Feststellbremse in Fahrzeugen mit hydraulischer Betriebsbremsanlage sowie als Betriebsbremse in Kleinkrafträdern und Einachsanhängern verwendet.

Der Wirkungsgrad der mechanischen Kraftübertragung ist gering ($\approx$ 50 %). Im Winter können bei Nässe und Frost die Betätigungsorgane der Bremse evtl. festfrieren.

Bremsseile. Es sind Stahlseile, die über Rollen in Rohren oder Metallschläuchen (Bowdenzügen) geführt werden. Zur Verringerung der Reibung und zum Schutz vor Vereisung und Korrosion sind diese mit Kunststoff überzogen. Zum genauen Einstellen der Seilzüge werden Spannschrauben angebracht.

Bremsausgleich (Bild 1). Er kann zwischen den beiden Rädern einer Achse durch einen Ausgleichhebel erfolgen oder über eine feste Rolle.

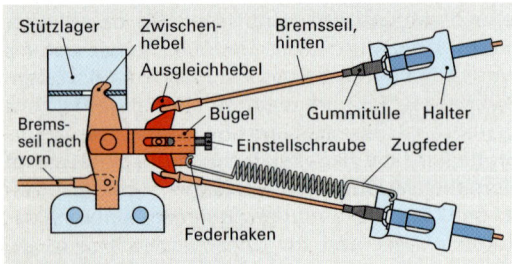

Bild 1: Bremsausgleich

Gestänge. Sie werden bei Anhängern für die Auflaufbremse verwendet.

4.8.5 Bremsenprüfung

Die Überprüfungen der Bremsen, z. B. nach § 29 StVZO, sind auf der Straße kaum möglich. Man verwendet deshalb Bremsenprüfstände, meistens Rollenbremsenprüfstände, mit denen die notwendigen Messwerte ermittelt werden können.

Rollenbremsenprüfstand. Seinen Aufbau zeigt **Bild 2**. Er hat zwei gleiche Rollensätze, damit auf ihm die Bremsen der beiden Räder einer Achse gleichzeitig geprüft werden können. Diese treiben jeweils ein abgebremstes Rad bei der Prüfung an. Die Antriebsrollen werden jeweils gemeinsam durch einen Elektromotor über ein Getriebe und eine Kette angetrieben. Die dritte Rolle ist eine Tastrolle. Sie schaltet automatisch den Prüfstand und den Blockierschutz. Gemessen wird an jedem Rad die Bremskraft (Umfangskraft). Das jeweils zugehörige Instrument kann analog oder digital anzeigend sein. Die gemessenen Werte können auch über einen angeschlossenen Drucker protokolliert werden.

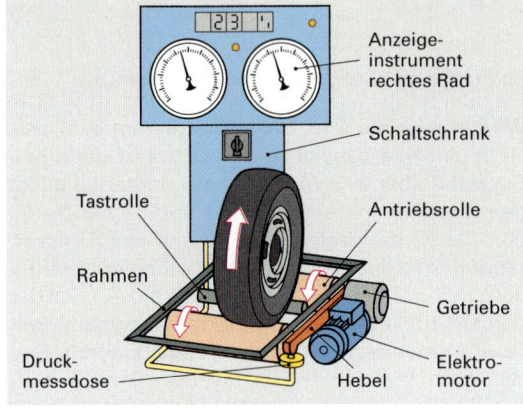

Bild 2: Rollenbremsenprüfstand

Mit dem Rollenbremsenprüfstand kann für jedes Rad gemessen werden
– die Bremskraft
– die Schwankung der Bremskraft z. B. bei unrunder Trommel
– der Rollwiderstand
– der Eintritt der Blockierneigung.

Bestimmt wird meist die **Abbremsung in Prozent** (siehe **Seite 479**). Der Bremskraftunterschied an einer Achse darf nicht mehr als 30 % betragen. Kraftfahrzeuge mit permanentem Allradantrieb und variabler Motormomentenverteilung werden auf speziellen Prüfständen geprüft.

WIEDERHOLUNGSFRAGEN

1. Welche Arten von Bremskraftverstärkern verwendet man bei hydraulischen Bremsen?
2. Warum ist der Unterdruck-Bremskraftverstärker verhältnismäßig groß?
3. Wie wirkt der Unterdruck-Bremskraftverstärker bei einer Vollbremsung?
4. Wie ist die Anlage eines hydraulischen Bremskraftverstärkers aufgebaut?
5. Was versteht man unter dynamischer Achslastverschiebung beim Bremsen?
6. Welche grundsätzlichen Arten von Bremsdruckminderern werden verwendet?
7. Wie wirkt der Bremsdruckminderer?
8. Welche Messungen ermöglicht der Rollenbremsenprüfstand?
9. Wie wird die Abbremsung ermittelt?

4.8.6 Elektronische Fahrwerk-Regelsysteme

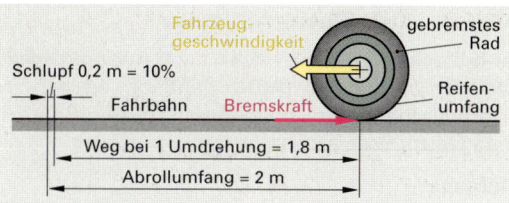

Bild 1: Schlupf am gebremsten Rad

Elektronische Regelsysteme sollen ein sicheres Führen eines Kraftfahrzeugs beim Beschleunigen, Lenken und Bremsen gewährleisten.

Folgende Regelsysteme finden Anwendung:
- **ABS** (Anti-Blockier-System), verhindert Blockieren der Räder beim Bremsen
- **BAS** (Brems-Assistent), erkennt Notsituationen und sorgt für volles Eingreifen der Bremsen
- **ASR** bzw. **ASC** (Antriebs-Schlupf-Regelung), verhindert Durchdrehen der Räder beim Anfahren und Beschleunigen
- **EMS** (Elektronische Motorleistungs-Steuerung), verringert das Motormoment bis die Räder greifen
- **MSR** (Motor-Schleppmoment-Regelung), verringert den Bremsschlupf der Antriebsräder im Schiebebetrieb durch Motormomenterhöhung
- **FDR** (Fahr-Dynamik-Regelung wie **ESP** bzw. **DSC**), verhindert Schleudern des Fahrzeugs.

Grundlagen

Jede Bewegung oder Bewegungsänderung lässt sich nur über Kräfte am Reifen erreichen. Dies sind
- **Umfangskraft** als Antriebs- bzw. Bremskraft. Sie wirkt in Längsrichtung des Reifens
- **Seitenkraft**, z. B. durch die Lenkung oder äußere Störeinflüsse wie Seitenwind
- **Normalkraft** durch Fahrzeuggewicht. Sie wirkt senkrecht zur Fahrbahnebene.

Wie stark diese Kräfte wirken, hängt ab vom
- Fahrbahnzustand, z. B. Teer, Beton, Sand
- Reifenzustand und -typ, Sommer-, Winterreifen
- Witterungseinflüssen, trocken, nass, Wind.

Die mögliche Kraftübertragung zwischen Reifen und Fahrbahn wird durch die Reibungskraft bestimmt. Die elektronischen Regelsysteme nützen die Haftreibung optimal aus.

Die Umfangskraft wird über die Haftreibung als Antriebs- (F_A) oder Bremskraft (F_B) auf die Fahrbahn übertragen. Ihre Größe ist gleich der Normalkraft mal der Haftreibungszahl.

$$F_{A,B} = \mu_H \cdot F_N$$

$F_{A,B}$ = Antriebs-, Bremskraft
F_N = Normalkraft; μ_H Haftreibungszahl

Die Haftreibungszahl μ_H bzw. der Kraftschlussbeiwert wird bestimmt durch die
- Materialpaarung zwischen Reifen und Fahrbahn
- auftretenden Witterungseinflüsse
- Geschwindigkeit des Fahrzeugs.

Schlupf (Bild 1). Während des Abrollens eines Reifens treten elastische Verformungen und Gleitvorgänge auf. Legt z. B. ein gebremstes Rad mit einem Abrollumfang von 2 m nur einen Weg von 1,8 m während einer Umdrehung zurück, so beträgt der Wegunterschied zwischen Reifenumfang und Bremsweg 0,2 m. Dies entspricht einem Schlupf von 10 %.

Blockiert ein Rad oder dreht es beim Antrieb durch, so ist der Schlupf 100 %.

Eine schlupflose Kraftübertragung zwischen Reifen und Fahrbahn ist nicht möglich, da der Reifen nicht mit der Fahrbahn verzahnt ist und beim Antrieb oder Bremsen etwas gleitet.

Zusammenhang von Kräften am Rad und Schlupf

Der Zusammenhang zwischen Antriebs-, Brems-, Seitenführungskraft und Schlupf bei Geradeausfahrt wird in **Bild 2** vereinfacht dargestellt. Schon bei geringen Schlupfwerten steigt die Bremskraft bis zu ihrem Höchstwert steil an. Danach fällt sie bei weiter steigenden Schlupfwerten wieder etwas ab. Verlauf und Höchstwert der Antriebs- bzw. Bremskraftkurve hängen vom Reibwert des Reifens auf der Fahrbahn ab. Der Höchstwert liegt zwischen 8 % bis 35 % Schlupf. Man nennt den ersten Bereich der Kurve den stabilen Bereich, weil das Rad fahrstabil und lenkbar bleibt. Hier hat das Rad die beste Kraftübertragung. **Elektronische Regelsysteme arbeiten deshalb in diesem Regelbereich.** Bei größeren Schlupfwerten nimmt die Seitenführungskraft stark ab, das Fahrzeug ist nicht mehr lenkbar und das Fahrverhalten wird instabil. Die Regelsysteme im Fahrzeug verhindern, dass der stabile Bereich verlassen wird.

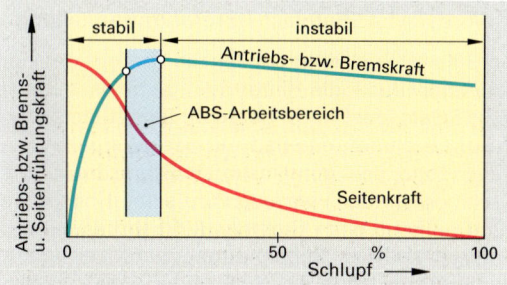

Bild 2: Kräfte am Rad in Abhängigkeit vom Schlupf

4.8.6.1 Anti-Blockier-System

Anti-Blockier-Systeme (ABS), auch **Automatische-Blockier-Verhinderer (ABV)** genannt, werden in hydraulischen Bremsanlagen und Druckluftbremsanlagen zur Bremskraftregelung verwendet.

Aufgabe

> Beim Bremsen den Bremsdruck eines Rades entsprechend seiner Haftfähigkeit auf der Fahrbahn so regeln, dass ein Blockieren des Rades verhindert wird.
> Nur rollende Räder sind lenkbar und können Seitenführungskräfte übertragen.

Vorteile
– Seitenführungskräfte und Fahrstabilität bleiben erhalten, wodurch die Schleudergefahr verringert wird
– Fahrzeug bleibt lenkbar, dadurch kann man Hindernissen ausweichen
– Erreichen eines optimalen Bremsweges auf normalen Straßen (kein Sand und Schnee)
– „Bremsplatten" an den Reifen werden verhindert, da kein Rad blockiert. Die Reifen werden geschont.

Aufbau
Ein ABS besteht aus folgenden Komponenten:
– Radsensoren (Drehzahlfühler) mit Impulsringen
– Elektronisches Steuergerät
– Magnetventile.

Die Magnetventile werden vom elektronischen Steuergerät in drei Regelphasen **Druckaufbau**, **Druckhalten** und **Druckabbau** geschaltet. Sie verhindern ein Blockieren der Räder.

Antiblockiersysteme
Nach der **Zahl der Regelkanäle** und der **Sensoren** verwendet man z. B. im Personenkraftwagen meist zwei Systeme
– **4-Kanal-System** (jedes Rad wird einzeln angesteuert) mit 4 Sensoren und diagonaler oder Vorderachs-/Hinterachs-Bremskraftaufteilung,
– **3-Kanal-System** mit 3 oder 4 Sensoren und Vorderachs-/Hinterachs-Bremskreisaufteilung.

Bei 3-Kanal-Systemen werden die Vorderräder einzeln (individual), die Hinterräder gemeinsam nach dem Select-low-Prinzip geregelt. Beim Select-low-Prinzip bestimmt das Rad mit der geringeren Bodenhaftung den gemeinsamen Bremsdruck. Ein Drehmoment des Fahrzeugs um seine Hochachse (Giermoment) beim Bremsen auf Fahrbahnen mit unterschiedlicher Bodenhaftung wird verringert, da die Bremskräfte der Hinterräder nahezu gleich sind.

Wirkungsweise

Die meisten Bremsvorgänge spielen sich bei nur geringem Schlupf ab. Das ABS ist dabei nicht wirksam. Erst bei einer starken Bremsung, bei der größerer Schlupf auftritt, wird der ABS-Regelkreis **(Bild 1)** aktiviert und verhindert das Blockieren der Räder. Der Regelbereich des ABS liegt zwischen 8 % ... 35 % Schlupf (siehe **Seite 493**). Ab ca. 6 km/h schaltet das ABS generell ab, damit das Fahrzeug zum Stehen kommt. **Tabelle 1** erklärt die Begriffe des ABS-Regelkreises.

Tabelle 1: ABS-Regelkreis	
Regelstrecke	Fahrzeugmasse am Rad, Reibpaarung von Reifen und Fahrbahn
Störgrößen	Fahrbahnverhältnisse, Zustand der Bremsen, Gewicht des Fahrzeugs, Reifenzustand (Luftdruck, Profil)
Regler	Sensor und ABS-Steuergerät
Regelgrößen	Drehzahl bzw. Drehzahländerung des Rades
Führungsgröße	über Pedalkraft vorgegebener Bremsdruck
Stellgröße	Bremsdruck im Bremszylinder

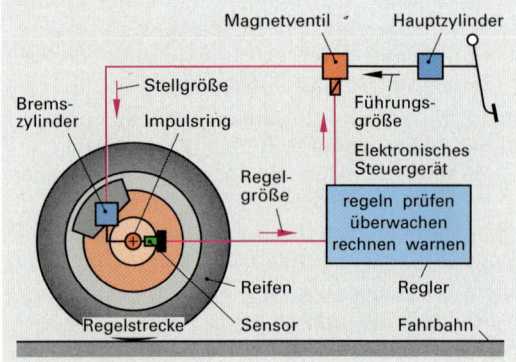

Bild 1: ABS-Regelkreis

Der mit jedem Rad umlaufende gezahnte Impulsring erzeugt durch Induktion in einem Drehzahlsensor eine Wechselspannung. Deren Frequenz ist der Raddrehzahl proportional. Die Spannungen werden an das elektronische Steuergerät weitergeleitet. Dieses bestimmt daraus mit Hilfe logischer Prozesse eine Referenzgeschwindigkeit. Diese entspricht der Fahrzeuggeschwindigkeit. Ferner ermittelt das Steuergerät durch ständiges Vergleichen der Radimpulse mit der Referenzgeschwindigkeit die Beschleunigung oder Verzögerung von jedem Rad.

Elektronische Regelsysteme   4 Fahrwerk

Neigt ein Rad beim Bremsen zum Blockieren und überschreitet einen vorgegebenen Schlupf, so erkennt das Steuergerät diesen Zustand und schaltet das Magnetventil des Rades auf Druckhalten. Sein Bremsdruck bleibt jetzt gleich. Nimmt der Schlupf und damit die Blockierneigung trotzdem weiter zu, so wird auf Druckabbau geschaltet. Nimmt der Schlupf nun ab und unterschreitet eine bestimmte Schwelle, so schaltet das Steuergerät das Magnetventil auf Druckaufbau. Der Bremsdruck erhöht sich, der Schlupf nimmt wieder zu und das Spiel beginnt von Neuem. Der Regelzyklus wiederholt sich nun so lange (z. B. 10 mal pro Sekunde), wie die Bremse betätigt wird und die Geschwindigkeit noch mehr als z. B. 5 km/h beträgt.

ABS mit Rückförderung im geschlossenen Kreis

Bei einem Regelvorgang in einem Regelkanal fließt zum Druckabbau Bremsflüssigkeit in einen Druckspeicher ab. Die laufende Rückförderpumpe pumpt sie gleichzeitig wieder in den zugehörigen Haupzylinder-Bremskreis zurück.

Aufbau (Bild 1)

Bei diesem ABS kommen zum herkömmlichen Bremssystem folgende Komponenten hinzu:
- Radsensoren   – Elektronisches Steuergerät
- Hydroaggregat   – Warnleuchte.

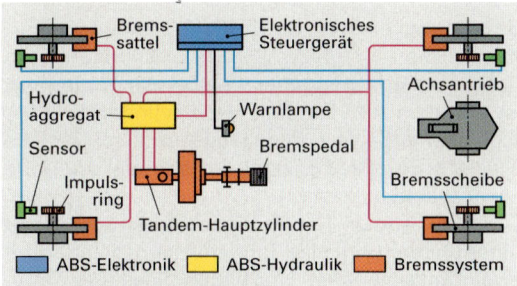

Bild 1: ABS mit Rückförderung im geschlossenen Kreis (Schemadarstellung)

Einzelaggregate

Elektronisches Steuergerät. Es besteht aus:
- **Eingangsverstärker.** Er bereitet die Impulse der Sensoren auf
- **Digitaler Rechner.** Er errechnet die Regelsignale in zwei getrennten digitalen Großschaltkreisen
- **Leistungsendstufe.** Sie steuert die Magnetventile im Hydroaggregat an
- **Sicherheitsschaltung.** Sie testet nach einem vorgegebenen Programm nach dem Starten die Anlage und überwacht sie während der Fahrt.

Radsensoren (Drehzahlfühler) **(Bild 2)**. Sie sitzen an jedem Rad. Zu jedem Sensor gehört ein mit dem Rad umlaufender Impulsring.

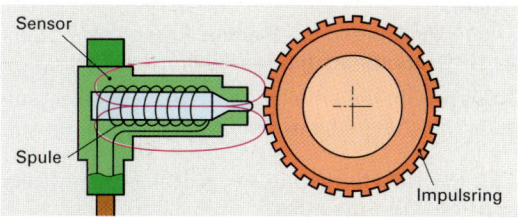

Bild 2: Radsensor (Drehzahlfühler)

Hydroaggregat. Es enthält z. B. drei oder vier 3/3-Magnetventile, einen Speicher für Bremsflüssigkeit je Hauptzylinder-Bremskreis und eine elektrisch angetriebene Rückförderpumpe.

Warnleuchte. Sie signalisiert beim Starten Funktionsbereitschaft des ABS. Bei Ausfall der ABS-Regelung leuchtet sie auf. Das Fahrzeug bleibt trotzdem voll bremsfähig.

Wirkungsweise mit 3/3-Magnetventilen (Bild 3). Zur Bremsdruckmodulation bei der ABS-Regelung schaltet das Steuergerät jedes der 3/3-Magnetventile im Hydroaggregat jeweils in die drei

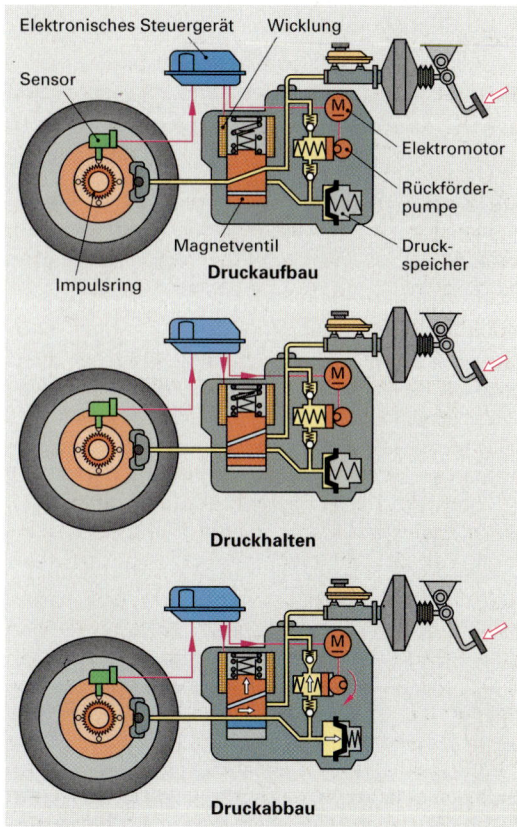

Bild 3: 3/3-Magnetventil-Wirkungsweise

Regelphasen und verbindet dabei die Radzylinder
- bei **Druckaufbau** mit dem **zugehörigen Bremskreis**
- bei **Druckhalten** mit **keinem Anschluss**
- bei **Druckabbau** mit der **Rückförderpumpe**.

Diese pumpt die anfallende Bremsflüssigkeit aus dem Speicher in den zugehörigen Bremskreis.

ABS mit Rückförderung im geschlossenen Kreis und 2/2-Magnetventilen.
Bei diesem System ist das Hydroaggregat mit kleineren, leichteren und schneller schaltenden 2/2-Magnetventilen ausgestattet. Jeder Regelkanal erfordert jetzt ein Einlass- und ein Auslassventil.

Wirkungsweise mit 2/2-Magnetventilen (Bild 1)
Das Steuergerät schaltet die Magnetventile in den Regelphasen wie folgt:
- Bei **Druckaufbau** ist das Einlassventil (EV) geöffnet, das Auslassventil (AV) geschlossen
- bei **Druckhalten** sind beide Ventile geschlossen
- bei **Druckabbau** ist das Einlassventil geschlossen und das Auslassventil geöffnet. Die laufende Rückförderpumpe fördert die überschüssige Bremsflüssigkeit aus dem Speicher zurück in den zugehörigen Bremskreis.

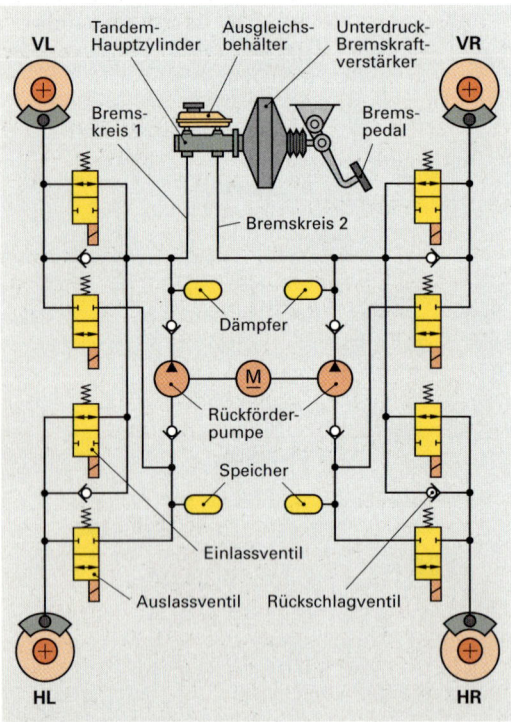

Bild 1: ABS mit geschlossenem Kreis und 2/2-Magnetventilen (Hydraulikschaltung)

ABS mit Rückförderung im offenen Kreis
Bei einem Regelvorgang fließt die überschüssige Bremsflüssigkeit drucklos in den Ausgleichbehälter zurück. Die Hydraulikpumpe wird vom Steuergerät über die Stellung des Pedalwegsensors geschaltet. Sie pumpt das fehlende Volumen an Bremsflüssigkeit aus dem Ausgleichbehälter mit hohem Druck wieder in den jeweiligen Bremskreis zurück und bringt das Bremspedal dadurch in seine Ausgangsstellung.

Aufbau
Zu den Radbremsen kommen folgende Komponenten:
- Elektronisches Steuergerät (Regler)
- Radsensoren
- Hydraulik-Einheit
- Betätigungseinheit
- Warnleuchten.

Elektronisches Steuergerät (Regler). Es ist über einen Kabelbaum mit der Hydraulik-Einheit, der Sensorik und den weiteren ABS-Komponenten verbunden. Es bereitet über zwei Mikroprozessoren die Sensorsignale auf und gibt sie als Regelsignale weiter an die Magnetventile. Die Signale des Wegsensors werden elektronisch aufbereitet und steuern bei der ABS-Regelung die Hydraulikpumpe. Zur Sicherheitsüberwachung erkennt das Steuergerät Fehler und Störungen und schaltet die ABS-Warnleuchten.

Radsensoren. Sie sitzen an jedem Rad zusammen mit den mit ihm umlaufenden Impulsringen.

Betätigungseinheit. Sie besteht aus einem herkömmlichen Unterdruck-Bremskraftverstärker, in dem ein Pedalweggeber (Wegsensor) integriert ist und dem ABS-Tandem-Hauptzylinder mit Ausgleichbehälter. Der Pedalwegsensor meldet die Stellung des Bremspedals an das elektronische Steuergerät.
Der ABS-Tandem-Hauptzylinder ähnelt im Aufbau einem herkömmlichen Tandem-Hauptzylinder mit zwei Zentralventilen. Nur haben diese hier Stahlkugeln anstelle der Gummidichtkörper, denn bei einer ABS-Regelung können die Hauptzylinder-Kolben durch den hohen Druck in der Bremsflüssigkeit bis in ihre Ruhestellung zurückgedrückt werden. Gummidichtkörper könnten diesen Belastungen nicht standhalten.

Hydraulik-Einheit. Sie enthält das Motor-Pumpen-Aggregat und den angeflanschten Ventilblock.

Motor-Pumpen-Aggregat. Es ist eine zweikreisige Hydraulikpumpe, die von einem Elektromotor angetrieben wird.

Ventilblock. Er enthält für jeden Regelkreis zwei 2/2-Magnetventile. Es sind ein Einlassventil (EV) und ein Auslassventil (AV) mit einem parallel geschalteten Rückschlagventil.

Wirkungsweise

Erkennt der elektronische Regler eine Blockiertendenz, z. B. am Rad vorne links, so schließt er dessen Einlassventil und öffnet das Auslassventil. Die Bremsflüssigkeit fließt nun drucklos in den Ausgleichbehälter zurück. Beim Schalten auf Druckaufbau schließt das Auslassventil und das Einlassventil öffnet. Die im Bremszylinder fehlende Bremsflüssigkeit wird vom Hauptzylinderkolben ergänzt. Der Hauptzylinder-Kolben und das Bremspedal verschieben sich dadurch etwas. Der Wegsensor informiert das Steuergerät. Dieses schaltet die Hydraulikpumpe ein. Diese pumpt nun zum Ausgleich des beim Druckabbau abgeführten Volumens aus dem Ausgleichbehälter Bremsflüssigkeit unter hohem Druck in den betroffenen Bremskreis zurück, bis Bremspedal und Wegsensor wieder ihre Ausgangsstellung haben.

Die Ventile werden bei den Regelphasen wie beim ABS mit geschlossenem Kreis geschaltet.

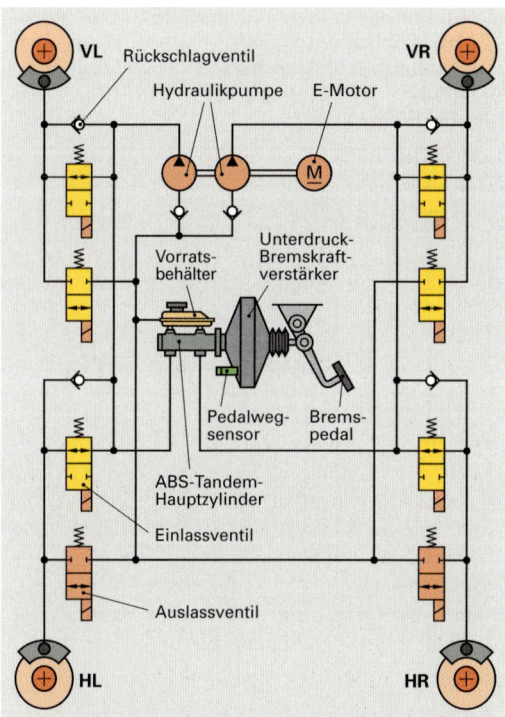

Bild 1: ABS mit offenem Kreis (Hydraulikschaltung)

4.8.6.2 Bremsassistent – BAS

Man hat festgestellt, dass viele Fahrer in kritischen Situationen zwar schnell, aber nicht stark genug auf das Bremspedal treten. Der Bremsweg wird daher länger und es kann zu Auffahrunfällen kommen. Der elektronische Bremsassistent sorgt in solchen Fällen sofort für die maximale Bremskraftverstärkung, wodurch der Bremsweg erheblich verkürzt wird.

Aufbau

Der Bremsassistent (**Bild 2**) besteht aus folgenden Komponenten:
– BAS-Steuergerät
– Schaltmagnet
– Wegsensor
– Löseschalter.

Wirkungsweise

Der Wegsensor ist ein Potentiometer. Er meldet jede Widerstandsänderung, die durch die Membran- bzw. Pedalbewegung erfolgt, an das BAS-Steuergerät. Beim Bremsen wertet dieses die vom Wegsensor gemessenen Signale aus. Durch einen ständigen Datenvergleich mit einem festgelegten Wert erkennt es sofort, wenn eine hohe Betätigungsgeschwindigkeit, wie z. B. bei einer Notbremsung, vorliegt. Es betätigt dann den Schaltmagnet. Dieser belüftet sofort die Arbeitskammer des Bremskraftverstärkers, wodurch sich die volle Verstärkerkraft aufbaut. Es kommt zur Vollbremsung. Das ABS regelt dann und verhindert ein Blockieren der Räder. Erst nach Lösen der Bremse, wenn das Bremspedal wieder seine Ruhestellung erreicht, wird der Schaltmagnet durch den Löseschalter abgeschaltet. Dadurch wird die Verstärkung aufgehoben.

Zum Datenaustausch ist das BAS-Steuergerät auch mit den Steuergeräten anderer elektronischer Fahrwerk-Regelsysteme wie z. B. ABS, ASR, ESP über CAN-Bus verbunden.

Durch eine spezielle Sicherheitsschaltung wird der Bremsassistent bei einer Störung abgeschaltet. Der Ausfall wird durch eine gelbe Warnleuchte angezeigt.

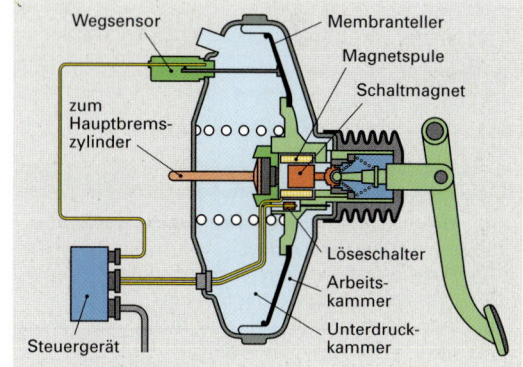

Bild 2: Bremsassistent

Elektrische Schaltung eines ABS

Der Stromlaufplan **Bild 1** zeigt ein 4-Kanal-ABS mit Rückförderung im geschlossenen Kreis, vier 3/3-Magnetventilen und 4 Sensoren.

Beim Einschalten des Fahrtschalters erhält die Steuerspule im Elektronik-Schutzrelais von Kl. 15 Spannung, schaltet und legt das Steuergerät über Pin 1 an Kl. 30 (Plus). Gleichzeitig leuchtet die Warnleuchte auf, da sie an Kl. 15 an Plus und über Kl. 1 am Ventilrelais und über die Diode an Masse liegt. Das Steuergerät überprüft nun das ABS auf Fehler. Wenn alles „OK" ist, legt es Pin 27 und damit die Steuerspule im Ventilrelais an Masse. Das Ventilrelais schaltet um. Pin 32 am Steuergerät erhält Plus von Kl. 30, gleichzeitig auch die Kathode der Diode. Die Warnleuchte erlischt. Ferner liegen jetzt die Magnetventile an Plus an.

Zeigen z. B. die Signale vom Drehzahlsensor VR Blockiergefahr an, so gibt das Steuergerät an Pin 28 Masse. Die Steuerspule im Motorrelais schaltet die Rückförderpumpe ein. Das Magnetventil VR kann jetzt durch Antakten von Masse an Pin 35 durch das Steuergerät in den Regelphasen geschaltet werden.

Voraussetzung für eine einwandfreie Funktion der Stromkreise sind Verbindungen, z. B. bei Steckverbindungen und Kabeln, ohne Übergangswiderstände.

Überprüfung der elektrischen Anlage

Sie kann erfolgen mit einem Spannungs- bzw. Widerstandsmesser, einer Prüfdiode oder mit einem speziellen Prüfgerät.

Vor Abziehen des Steckers vom Steuergerät muss unbedingt die Zündung ausgeschaltet werden.

1. **Prüfung. Steuergerät Spannungsversorgung**: Zündung „Ein"; zwischen Pin 1 und Masse U > 10 V.
2. **Ventilrelais Funktion**: Pin 27 an Masse, Zündung „Ein"; Schalten am Relais erfühlen, bzw. zwischen Pin 32 und Masse, U > 10 V. **Stromkreis Steuerspule**: Zündung „Aus", Widerstandsmesser zwischen Pin 1 und 27, $R \approx 80 \, \Omega$.
3. **Drehzahlfühler VR Widerstand**: Zündung „Aus", zwischen Pin 11 und 21, $R = 750 \, \Omega \ldots 1,6 \, k\Omega$. **Funktion**: Rad drehen, zwischen Pin 11 und 21 z. B. bei 1 Radumdrehung/Sekunde U > 30 mV Wechselspannung.
4. **Motorrelais Funktion**: Zündung „Ein", Pin 26 an Masse, Schaltfunktion erfühlen, bzw. Pin 14 und Masse, U > 10 V, Rückförderpumpe läuft (Geräusch).

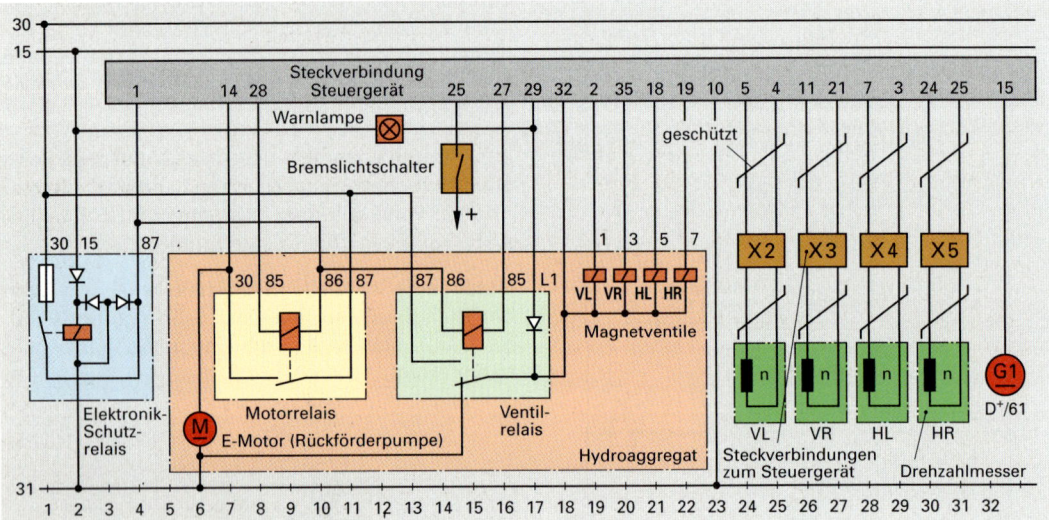

Bild 1: Stromlaufplan für ein 4-Kanal ABS

WIEDERHOLUNGSFRAGEN

1. Welche elektronischen Fahrwerks-Regelsysteme werden verwendet?
2. Welche Kräfte wirken am Fahrzeugrad?
3. Was versteht man unter Schlupf?
4. In welchem Schlupfbereich bleibt das Fahrzeug lenkbar und fahrstabil?
5. Welche Aufgaben hat ein ABS?
6. Nennen Sie die Komponenten eines ABS.
7. Nennen und erklären Sie die Begriffe des ABS-Regelkreises.
8. Nennen Sie die Regelphasen beim ABS.
9. Wodurch unterscheiden sich im Wesentlichen die Hydraulik-ABS-Konzepte?
10. Wie arbeitet der Bremsassistent?

4.8.6.3 Antriebsschlupf-Regelung (ASR)

Diese automatisch arbeitenden Systeme werden in Personenkraftwagen oder Nutzkraftwagen eingesetzt, um das zur Verfügung stehende Antriebsmoment des Fahrzeugs auf das maximal übertragbare Moment zwischen Reifen und Fahrbahn zu begrenzen. Es soll ein Verlust der Seitenführungskraft an den Antriebsrädern und somit ein Schleudern verhindert werden.

Vorteile
- Verbesserung der Traktion beim Anfahren oder Beschleunigen
- Erhöhung der Fahrsicherheit bei hoher Antriebskraft
- Automatische Anpassung des Motormoments an die Haftverhältnisse
- Information des Fahrers über das Erreichen der fahrdynamischen Grenzen.

Die Systeme arbeiten mit Motor- und Bremseneingriff, wobei der Datenaustausch üblicherweise über CAN-Datenbus erfolgt. Einfachere Systeme arbeiten nur mit Motoreingriff.

Antriebsschlupfregelung mit Motoreingriff
Aufbau und Wirkungsweise
Die bei diesem einfachen System verwendeten Bauteile sind im **Bild 1** dargestellt. Die Drehzahlsensoren erfassen die Raddrehzahlen und führen sie dem Steuergerät als Eingangssignale zu. Neigt ein Rad zum Durchdrehen, so wird der Schlupf vom Steuergerät erkannt und es nimmt die Drosselklappe zurück, indem es den Stellmotor der Drosselklappe antaktet. Dadurch wird das Antriebsmoment vermindert. Reicht diese Maßnahme nicht aus, so wird zusätzlich die Zündung zurückgenommen. Dies erfolgt soweit, bis kein Schlupf mehr vorhanden ist und die Räder sich im stabilen Zustand befinden. Die ASR-Leuchte signalisiert hierbei dem Fahrer den Systemeingriff.
Beim Fahren mit Schneeketten kann das System ausgeschaltet werden, da in dieser Situation ein gewisser Schlupf nötig ist.

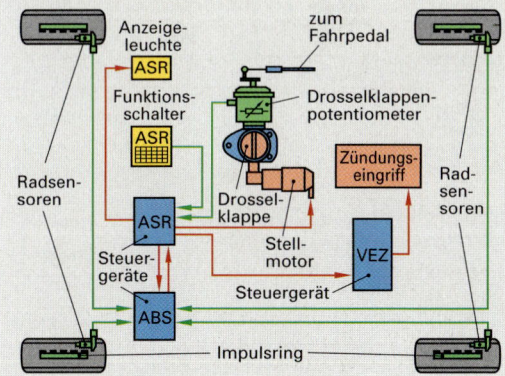

Bild 1: ASR-System mit Motoreingriff

ASR mit Motor- und Bremseneingriff

Diese Systeme (**Bild 3**) sind Weiterentwicklungen der Traktionshilfen bei Personenkraftwagen. Im **Bild 2** ist das Zusammenwirken von Motor- und Bremseneingriff dargestellt, um unzulässigen Radschlupf beim Anfahren (ASR-Betrieb) oder beim Schiebebetrieb (MSR-Betrieb) zu vermeiden.

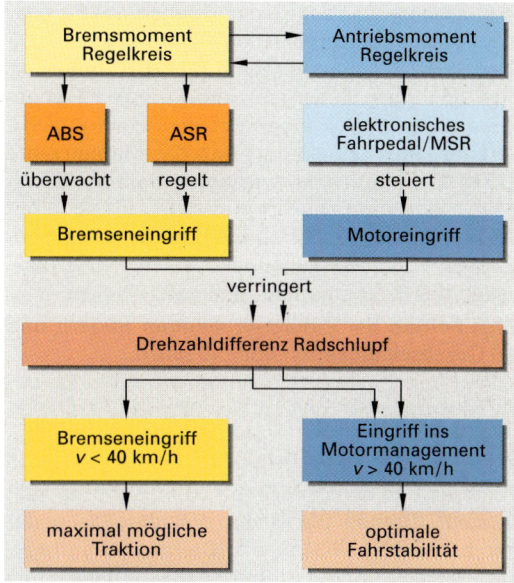

Bild 2: ASR-Blockschaltbild

Aufbau (Bild 3)
- ABS/ASR-MSR-Steuergerät
- ABS/ASR-Hydraulikeinheit
- Elektronisches Fahrpedal mit Steuergerät
- Sollwertgeber, Stellmotor und Drosselklappe.

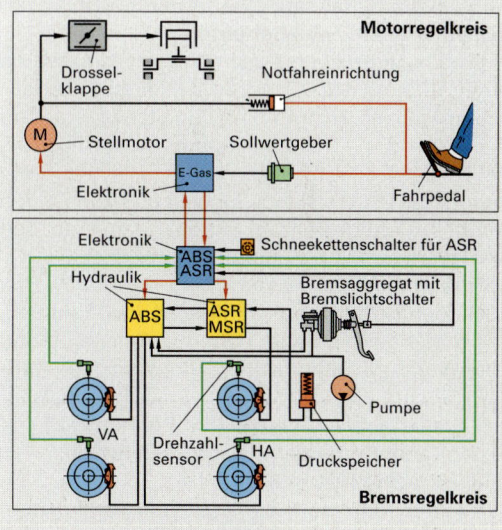

Bild 3: ASR-Systemübersicht

Wirkungsweise

Im ABS/ASR-Steuergerät werden alle Raddrehzahlen erfasst und verarbeitet. Neigen ein oder zwei Räder zum Durchdrehen, so beginnt die ASR-Regelung zu arbeiten.

Regelbetrieb bei einem durchdrehenden Rad und Fahrgeschwindigkeiten unter 40 km/h.

Hier arbeitet vorrangig die Bremsmomentregelung, da auf höchste Traktion Wert gelegt wird.
Dreht z. B. das hintere rechte Rad (HR) durch, so wird über das Steuergerät die Pumpe P1 angesteuert. Das Ansaugmagnetventil y15 wird geöffnet, das Umschaltventil y5 und das Magnetventil y10 (HL) hinten links wird geschlossen. Somit bremst der Pumpendruck das Rad (HR) ab. Über die Magnetventile y12 und y13 der Hydraulikeinheit kann durch Druckaufbau, -abbau und Druckhalten das Bremsmoment geregelt werden.

Regelbetrieb bei 2 durchdrehenden Rädern und bei Geschwindigkeiten über 40 km/h.

Nun arbeitet die Antriebsmomentregelung, um für eine optimale Traktion ein zu großes Antriebsmoment abzubauen. Hierbei wird über einen Stellmotor die Drosselklappenstellung zurückgenommen und der Zündzeitpunkt in Richtung spät verstellt. Drehen die Räder trotzdem schneller durch, wird zusätzlich die Bremsmomentregelung aktiviert, indem Bremsdruck von der Pumpe P1 über die Magnetventile y10 und y12 zu beiden Hinterrädern durchgesteuert wird, bis die Räder nicht mehr durchdrehen. Diese Regelung bewirkt höchste Fahrstabilität.

Regelbetrieb bei Kurvenfahrt und Geschwindigkeiten zwischen 20 km/h und 120 km/h.

Um eine hohe Fahrstabilität zu erhalten, wird wie bei zwei durchdrehenden Rädern geregelt.

Regelbetrieb im Schiebebetrieb.

Tritt beim plötzlichen Gaswegnehmen durch die Bremswirkung des Motors an den Antriebsrädern Schlupf auf, so erkennt dies das Steuergerät und aktiviert die **Motorschleppmoment-Regelung (MSR)**. Hierbei wird durch Ansteuern des Stellmotors die Drosselklappe so weit ausgelenkt und somit die Motordrehzahl erhöht, damit an den Antriebsrädern kein Schlupf mehr entsteht.

ASR-Warnleuchte. Sie informiert den Fahrer bei ASR-Regelbetrieb und bei Ausfall des Systems. Das Steuergerät schaltet dann die Anlage ab und informiert den Fahrer durch Ansteuern der ASR-Warnleuchte. Defekte werden im Fehlerspeicher des Steuergeräts abgelegt und können dort mit Testern oder Computern ausgelesen werden.

Hydraulik-Schaltplan (Bild 1)

Mit seiner Hilfe kann die hydraulische Funktion und das Zusammenwirken der Ventile erkannt und verstanden werden.

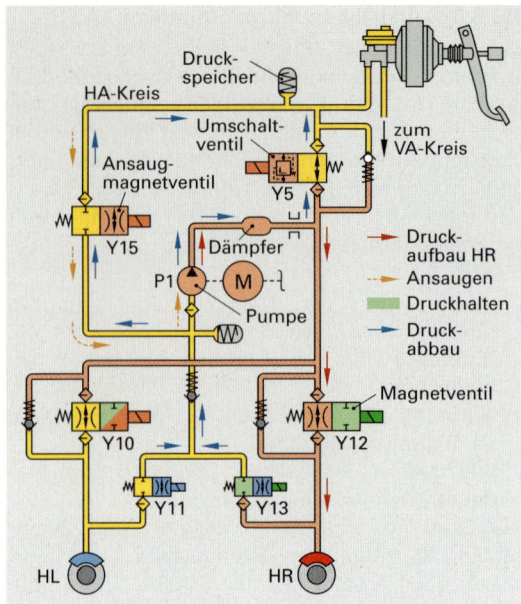

Bild 1: Hydraulikschaltplan eines Bremskreises

4.8.6.4 Fahrdynamik-Regelung FDR (Bild 2)

Hier soll z. B. das ABS ein Blockieren beim Bremsen verhindern, das ABV die Bremskraft optimal verteilen, das ASR dem Durchdrehen der Räder entgegenwirken und GMR ein Drehen um die Fahrzeughochachse vermeiden. Diese Systeme sind über einen Datenbus miteinander vernetzt und wirken als **Elektronisches-Stabilitäts-Programm (ESP)** zusammen. Somit wird in kritischen Fahrsituationen durch geregelten Bremseneingriff an den einzelnen Rädern ein zum Schleudern neigendes Fahrzeug stabilisiert.

Aufbau (Bild 2)
Folgende Sensoren werden verwendet:
– Bremsdrucksensor – Gierratensensor
– Lenkwinkelsensor – Raddrehzahlsensor
– Querbeschleunigungssensor.

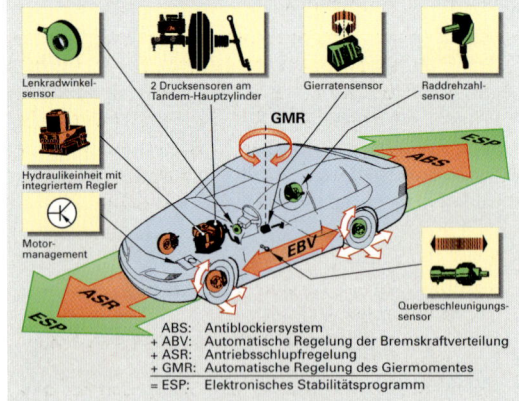

Bild 2: Komponenten des ESP-Systems

Wirkungsweise

Die über die Sensoren erfassten Signale wie z. B. Raddrehzahl, Lenkbewegung und Querbeschleunigung werden vom Steuergerät als Istwerte aufgenommen und mit eingespeicherten Sollwerten verglichen. Weichen die Istwerte vom gewünschten und tatsächlichen Kurs (Sollwert) ab, so greift das System, schneller als der Mensch es könnte, ein und regelt. Das Fahrzeug wird gezielt so gebremst, dass es sich stabil verhält.
Das ESP-System entscheidet
- welches Rad wie stark abgebremst oder beschleunigt wird
- ob das Motormoment herabgesetzt wird.

Im **Bild 1** ist der hydraulische und elektrische Leitungsverlauf des ESP-Systems dargestellt.

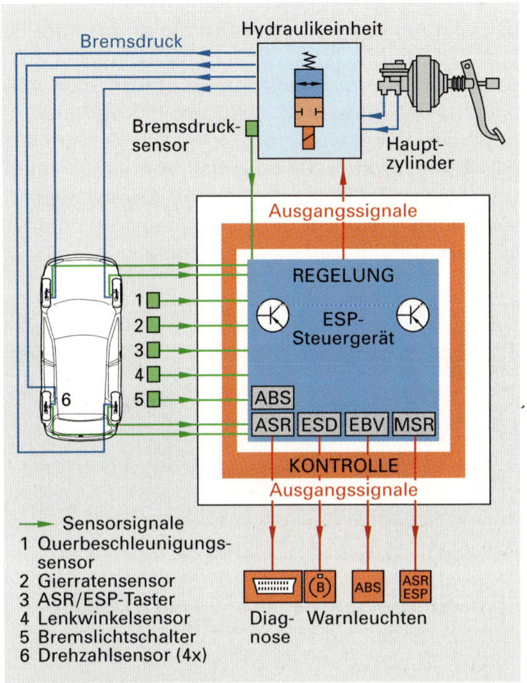

Hochachse und wirkt dem Untersteuern entgegen. Neigt das Fahrzeug zum Übersteuern und der Fahrer bremst in dieser Situation, so wird z. B. das kurvenäußere Rad über das System stärker gebremst und damit das Fahrzeug stabilisiert.

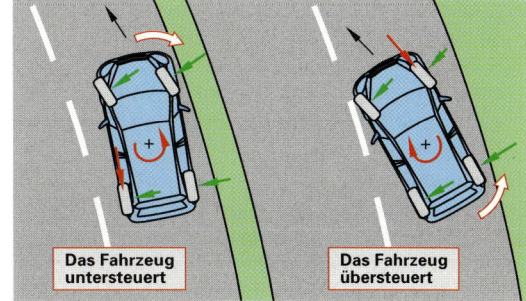

Bild 2: Unter- und Übersteuerndes Fahrzeug

Hydraulik-Schaltplan (Bild 3).
Es ist ein Bremskreis eines Rades dargestellt.
Druckaufbau. Nimmt das ESP einen Regeleingriff vor, fördert die Pumpe P1 Bremsflüssigkeit vom Vorratsbehälter in den Bremskreis. Die Rückförderpumpe P2 läuft ebenfalls, erhöht den Bremsdruck weiter, bis das Rad abgebremst wird. Hierbei ist das Hochdruckschaltventil Y1 und das Einlassventil Y2 geöffnet. Das Auslassventil Y3 ist geschlossen und das Schaltventil Y4 sperrt.
Druckhalten. In dieser Regelphase schließt das Hochdruckschaltventil Y1 und das Einlassventil Y2. Der Bremsdruck bleibt konstant.
Druckabbau. In dieser Phase wird das Auslassventil Y3 geöffnet und die Bremsflüssigkeit kann über das Schaltventil Y4 zum Vorratsbehälter des Hauptzylinders zurückfließen.

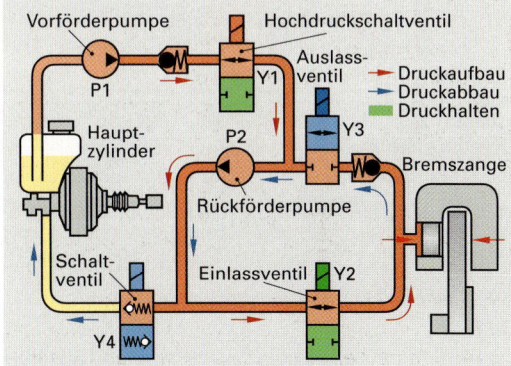

Bild 1: ESP-Systemaufbau

Hat das Fahrzeug bei Kurvenfahrt oder einem Ausweichmanöver untersteuernde Tendenzen **(Bild 2)**, so würde es über die Vorderachse geradeaus geschoben. Das ESP-System steuert über eine Vorförderpumpe **(Bild 3)** Bremsdruck an das kurveninnere Hinterrad ein. Das dadurch erzeugte Giermoment verdreht das Fahrzeug um die

Bild 3: Hydraulik-Schaltplan ESP-System

WIEDERHOLUNGSFRAGEN

1. Was versteht man unter einem Antriebsschlupfregelsystem?
2. Welche Vorteile haben Antriebsschlupfregelsysteme?
3. Welche Bauteile sind im ASR-System für den Bremsmomentregelkreis erforderlich?
4. Beschreiben Sie die Funktion des ASR-Systems mit Motor-und Bremseneingriff.
5. Welche Vorteile hat ein Elektronisches Stabilitäts-Programm?
6. Wie wirkt das ESP/FDR-System bei übersteuerndem Fahrzeug?

4.9 Räder und Bereifung
4.9.1 Räder
Anforderungen an die Räder
- Geringe Masse
- großer Innendurchmesser für große Bremsscheiben
- hohe Formfestigkeit und Elastizität
- gute Wärmeableitung (Reibungswärme)
- einfaches Auswechseln von Reifen und Felge bei Reifenschäden.

Aufbau des Rades
Das Rad besteht aus der Felge und der Radschüssel mit Mittelbohrung und Bolzenlöchern. Anstelle einer Radschüssel (Radscheibe) ist bei manchen Rädern auch ein Radstern vorhanden, oder die Felge wird mit der Nabe durch Stahlspeichen verbunden. Das Rad wird auf dem Flansch der Radnabe **(Bild 1)**, die auf dem Achsschenkelzapfen drehbar gelagert ist, mit Radmuttern oder Radschrauben befestigt. Außerdem ist noch die Bremstrommel bzw. die Bremsscheibe fest mit dem Flansch der Radnabe verschraubt. Bei offenliegenden Lagern übernimmt ein Nabendeckel den Schutz der Lager und ist zugleich Depot für den Fettvorrat.

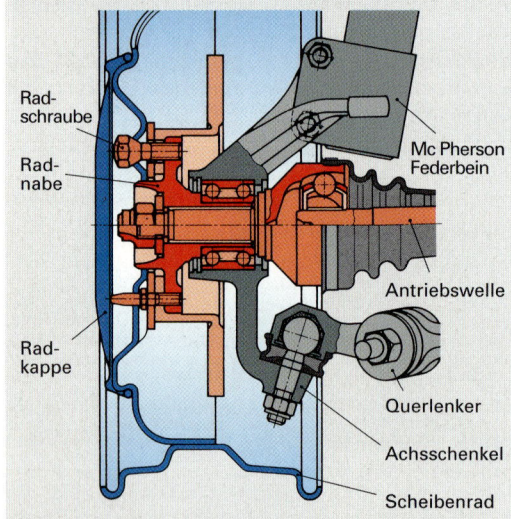

Bild 1: Pkw-Rad mit Radnabe verschraubt

Felgen
Es gibt fest mit der Radschüssel verbundene Felgen und abnehmbare Felgen. Außerdem unterscheidet man ungeteilte Felgen (Tiefbettfelgen) und mehrteilige Felgen, die bei Nutzfahrzeugen Verwendung finden (siehe Kapitel 6).

Tiefbettfelgen. Für Personenwagen werden fast nur ungeteilte Tiefbettfelgen verwendet. Sie sind fest mit der Radschüssel vernietet oder verschweißt bzw. mit der Radschüssel als ein Stück aus Leichtmetall gegossen oder geschmiedet **(Bild 2)**. Der Felgenquerschnitt kann symmetrisch oder unsymmetrisch sein.

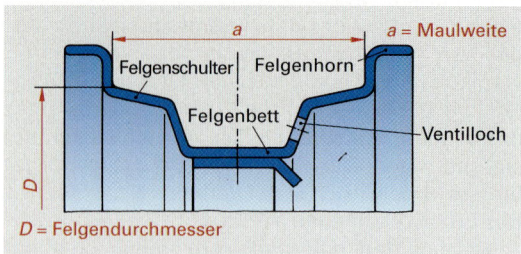

Bild 2: Ungeteilte, symmetrische Tiefbettfelge

Humpfelge. Bei Verwendung von schlauchlosen Gürtelreifen müssen Tiefbettfelgen verwendet werden, die auf der Felgenschulter, nahe dem Tiefbett, eine rundumlaufende Erhöhung = **Hump** (H) besitzen **(Bild 3)**. Ist die Erhöhung nicht rund ausgeführt, sondern abgeflacht, so spricht man von einem **Flat Hump** (FH). Beide sollen verhindern, dass der Reifenwulst bei schneller Kurvenfahrt durch die großen Seitenkräfte von der Felgenschulter ins Tiefbett gedrückt wird. Bei schlauchlosen Reifen entweicht die Luft schlagartig, so dass schwere Unfälle die Folge sein können.

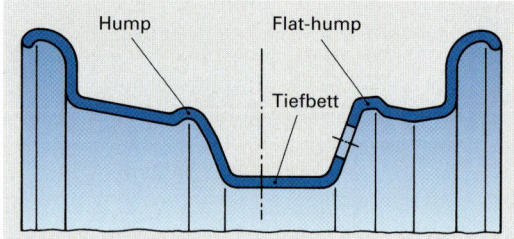

Bild 3: Unsymmetrische Hump-Felge

Abmessungen und Bezeichnungen an Felgen
Diese Angaben sind genormt. Die Felgenbezeichnung wird vom Hersteller in jedes Rad eingeschlagen. Sie besteht grundsätzlich aus 2 Maßen, der Maulweite a in Zoll und dem Felgendurchmesser D in Zoll. Beide Maße werden bei Tiefbettfelgen durch ein „x" getrennt. Kennbuchstaben nach der Maulweite bezeichnen die Form des Felgenhornes, Kennbuchstaben nach dem Felgendurchmesser geben Auskunft über die Felgenart.

Beispiel: $6\,{}^{1}\!/_{2}$ **J x 13 H S**

$6\,{}^{1}\!/_{2}$ = Maulweite in Zoll
J = Kennbuchstabe für die Abmessungen des Felgenhornes
x = Tiefbettfelge (ungeteilte Felge)
13 = Felgendurchmesser in Zoll
H = ein Hump auf der Außenschulter
S = symmetrische Felge

Weitere Kennbuchstaben für Felgenbezeichnungen:
H2 = beidseitiger Hump
FH = Flat Hump auf der Außenschulter
FH2 = beidseitiger Flat-Hump
CH = Combination Hump:
Flat Hump auf der Außenschulter und normaler Hump auf der Innenschulter
SDC = Halbtiefbettfelge (Semi-Drop-Center)
ET = Einpresstiefe in mm
TD = Spezielle Felge mit extra Sicherheitskontur der Felgenschulter und niedriger Hornhöhe. Es können nur Reifen mit der gleichen Sicherheitskontur verwendet werden, ein Abspringen der Reifen ist auch bei sehr niedrigen Drücken nicht möglich. Angabe von Maulweite und Felgendurchmesser in mm.

Einpresstiefe. Sie ist das Maß von der Felgenmitte bis zur inneren Anlagefläche des Scheibenrades **(Bild 1)**. Durch die Verschweißung von Felge und Radschüssel kann die Einpresstiefe gewählt werden. Das Rad ist somit auf ein bestimmtes Fahrwerk festgelegt, da die Einpresstiefe direkt mit der Größe des Lenkrollhalbmessers zusammenhängt.
Positive Einpresstiefe. Die innere Anlagefläche, bezogen auf die Felgenmitte, ist zur Radaußenseite verschoben.
Negative Einpresstiefe. Die innere Anlagefläche ist zur Radinnenseite verschoben. Durch Verwendung von Felgen mit negativer Einpresstiefe lässt sich die Spurweite von Kraftfahrzeugen vergrößern.

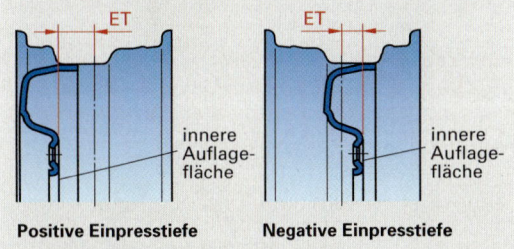

Bild 1: Einpresstiefe von Felgen

Räderarten
Scheibenräder sind aus Stahlblech gepresst oder aus Leichtmetall-Legierungen z.B. GK-AlSi 10 Mg gegossen oder geschmiedet. Vorteile der Räder aus Leichtmetall-Legierungen:
– Geringeres Gewicht (kleine ungefederte Masse)
– Wirksamere Bremsbelüftung und Wärmeableitung.

Leichtbauräder aus neu entwickelten Stählen, z.B. DP 600 oder HR 60, ermöglichen kleinere Wandstärken und sind gegenüber den bisherigen Stahlrädern aus RSt 37 um bis zu 40 % leichter geworden.

4.9.2 Bereifung
Anforderung an die Bereifung
– Aufnahme der Gewichtskraft des Fahrzeuges
– auffangen von kleineren Fahrbahnstößen
– übertragen von Antriebs-, Brems- und Seitenführungskräften
– geringer Kraftaufwand beim Einparken
– geringer Rollwiderstand (geringere Reibung und Wärme)
– ausreichende Lebensdauer
– geräusch- und vibrationsarmes Abrollen.

Aufbau
Zur Bereifung zählt man den Luftschlauch mit Ventil, den Reifen und das Felgenband. Letzteres wird nur noch bei Mopeds und Krafträdern verwendet, um den Schlauch gegen Beschädigungen durch die Nippelköpfe der Drahtspeichen zu schützen. Der Luftschlauch muss der Reifengröße entsprechen.

Der Reifen **(Bild 2)** besteht aus
– **Karkasse** (Gewebeunterbau)
– **Gürtel** (vorwiegend bei Radialreifen)
– **Zwischenbau** mit Lauffläche (Protektor)
– **Wülsten** mit eingelegten Stahldrahtkernen.

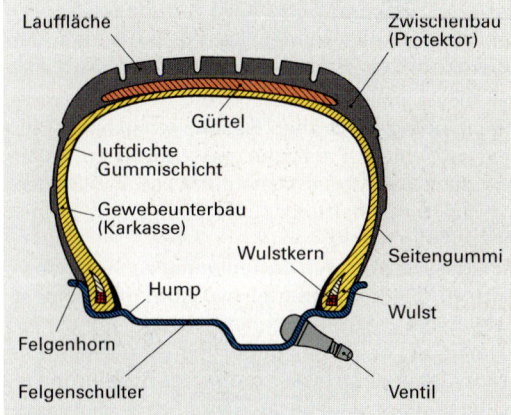

Bild 2: Aufbau des Reifens

Karkasse. Sie ist aus gummierten Cordfäden aufgebaut, die meist aus Rayon, Stahl, Polyester oder Aramid hergestellt sind. Die Fäden werden in Lagen übereinandergelegt und zwar entweder diagonal im spitzen Winkel zur Fahrtrichtung (Diagonalreifen) – oder radial – im rechten Winkel zur Fahrtrichtung (Radialreifen). Beim Wickeln werden die Fäden um zwei Stahlringe (Wulstkerne) herumgelegt und durch Einvulkanisieren fest verankert.

Zwischenbau. Er besteht aus mehreren Gewebeschichten und Gummipolstern, dämpft Stöße und schützt die Karkasse.

Gürtel. Er besteht aus mehreren Lagen in Gummi eingebetteter Stahldrähte, Textilfasern, Nylon- oder Aramidfasern. Der Gürtel liegt über der Karkasse und ist so gefertigt, dass sich die Drähte oder Fasern kreuzen. Bei Hochgeschwindigkeitsreifen können die Gürtel gefaltet sein **(Bild 1)**, wodurch sich die Stabilität erhöht.

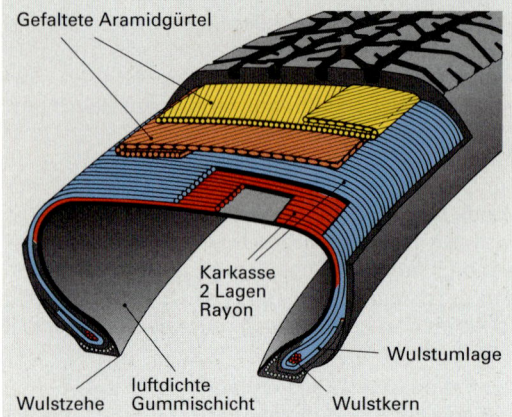

Bild 1: Anordnung von Karkasse und Gürtel im Reifen

Lauffläche. Sie ist mit einem Profil versehen. Das Längsrillenprofil gibt dem Reifen Seitenführung, das Querrillenprofil überträgt Antriebskräfte. Die seitlichen Schultern der Lauffläche bilden den Übergang zur Seitenwand, die die Karkasse schützt.

Aquaplaning. Bei hohen Geschwindigkeiten kann sich auf nasser Fahrbahn zwischen dem Reifen und der Straßenoberfläche ein Wasserkeil bilden, der die Bodenhaftung aufhebt und den Wagen lenkunfähig macht.

Um die Gefahren des Aquaplaning zu verhindern, müssen die Profilnuten eine bestimmte Mindesttiefe haben, damit sie viel Wasser aufnehmen können. Sie benötigen außerdem eine bestimmte Form, damit das Wasser mit hoher Strömungsgeschwindigkeit in kürzester Zeit nach außen abgeleitet werden kann. Die gesetzlich vorgeschriebene Mindestprofiltiefe von 1,6 mm reicht hierfür nicht aus.

Wulst. Er hat die Aufgabe den Reifen fest auf der Felge zu halten, damit die Übertragung von Brems- und Antriebsmoment gewährleistet ist. Er ist deshalb besonders fest ausgeführt durch Verwendung von Kabeln aus Stahldraht (Wulstkern). Eine zusätzliche Aufgabe ist bei schlauchlosen Reifen die Abdichtung der Luft zur Felge.

Abmessungen und Bezeichnungen am Reifen

Reifengröße. Sie erfolgt durch Angabe von 2 Maßen: Reifenbreite in Zoll oder mm; Felgendurchmesser in Zoll oder mm.

Die angegebenen Zahlenwerte stimmen aber mit den wirklichen Größen nicht überein. Genaue Werte müssen deshalb aus Normtabellen entnommen werden. Alle Maße gelten für den mit Normdruck aufgepumpten aber unbelasteten Reifen **(Bild 2)**.

Querschnittsverhältnis. Um unterschiedliche Reifengattungen, z.B. Ballonreifen, Niederquerschnittreifen, unterscheiden zu können, wird das Verhältnis aus Reifenhöhe H und Reifenbreite B gebildet. Bei Reifenbezeichnungen wird es in Prozent angegeben.

Heutige Reifen haben eine größere Breite als Höhe. Beträgt die Höhe des Reifens z.B. 80 % der Breite, so ist das Verhältnis H : B = 0,8 : 1. Da in der Reifenbezeichnung der Prozentwert übernommen wird, spricht man von einem 80er Reifen.

Wirksamer Halbmesser. Ein senkrecht stehender, belasteter Reifen hat einen kleineren Halbmesser (Abstand von der Radmitte zur Straßenoberfläche) als ein unbelasteter Reifen. Man bezeichnet ihn als statischen Halbmesser r_{stat}. Bei fahrendem Fahrzeug wird die Einfederung des Reifens durch die Fliehkraft teilweise wieder aufgehoben, der wirksame Halbmesser wird wieder größer. Man bezeichnet ihn als dynamischen Halbmesser r_{dyn} **(Bild 3)**.

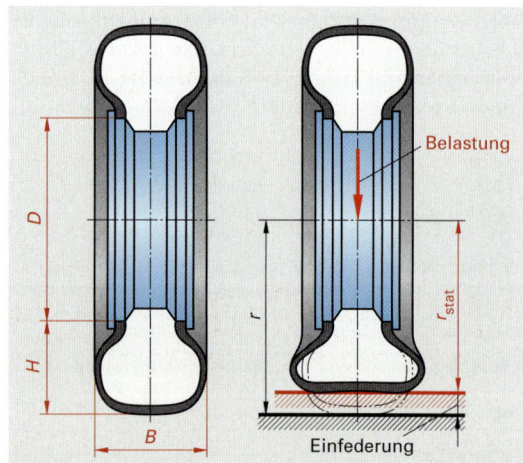

Bild 2: Maße am Reifen   **Bild 3: Belasteter Reifen**

Dynamischer Abrollumfang U_{dyn}. Er gibt die Wegstrecke an, die der Reifen je Umdrehung bei einer Geschwindigkeit von 60 km/h zurücklegt, wenn er mit der in der Norm festgelegten Tragfähigkeit belastet und dem vorgeschriebenen Luftdruck aufgepumpt wurde. Die Genauigkeit der Tachometeranzeige hängt vom Abrollumfang ab. Der dynamische und statische Halbmesser und der dynamische Abrollumfang wird in Reifentabellen angegeben.

Räder und Bereifung 4 Fahrwerk

Reifen-Geschwindigkeitskategorie. Sie unterscheidet die Reifen für Personenwagen und Krafträder nach ihrer zulässigen Höchstgeschwindigkeit **(Tabelle 1)**. Jeder Höchstgeschwindigkeit wird ein Kennbuchstabe zugeordnet.

Tabelle 1: Geschwindigkeitskategorien		
Reifen-Höchstgeschwindigkeit in km/h	Geschwindigkeitssymbol	Geschwindigkeitsbezeichnung
160	Q	
180	S	
190	T	
210	H	
240	V	
270	W	
300	Y	
über 240		ZR

Reifen-Tragfähigkeit (Tabelle 2). Diese unterscheidet die Reifen nach ihrer Beanspruchungsfähigkeit. Zur Kennzeichnung benützte man bisher die PR-Zahl. Die Angabe 4 PR (Ply Rating) bedeutet, dass ein Reifen aufgrund der Festigkeit seiner Karkasse ebenso belastet werden kann, wie ein Reifen mit 4 Lagen Baumwollcord. Die PR-Zahl stimmt heute nicht mehr mit der Anzahl der Lagen im Reifen überein. Sie wurde ersetzt durch die Tragfähigkeitskennzahl LI (Load Index). Sie ist eine Codezahl, die die Höchsttragfähigkeit des Reifens angibt.

Die Reifentragfähigkeit legt der Fahrzeughersteller in Abhängigkeit von Höchstgeschwindigkeit, Luftdruck und Sturz fest.

Tabelle 2: Reifentragfähigkeit (Auswahl)			
Kennzahl (LI)	Tragfähigkeit in kg	Kennzahl (LI)	Tragfähigkeit in kg
75	387	82	475
76	400	83	487
77	412	84	500
78	425	85	515
79	437	86	530
80	450	87	545
81	462	88	560

Reifenbezeichnungen (Bild 1). Nach der ECE-Regelung Nr. 20 (ECE = Economic Comission for Europe) müssen die im **Bild 1** aufgeführten Angaben zur Bezeichnung eines Reifens verwendet werden. Die ausführliche Reifenkennzeichnung ist dem Tabellenbuch-Kraftfahrzeugtechnik zu entnehmen.

Beispiele für Reifenbezeichnungen

195/60 R 14-88 H

R = Radialreifen; Reifennennbreite 195 mm; Querschnittsverhältnis 60 %; Felgendurchmesser 14"; Tragfähigkeit 560 kg Höchstgeschwindigkeit 210 km/h.

345/35 ZR 15

R = Radialreifen; Reifennennbreite 345 mm; Querschnittsverhältnis 35 %; Felgendurchmesser 15"; Höchstgeschwindigkeit über 240 km/h.

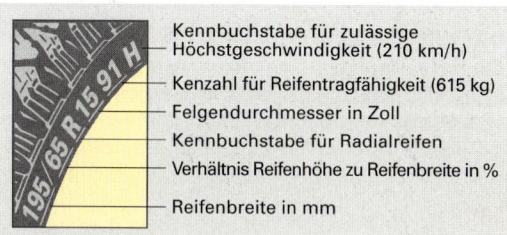

Bild 1: ECE-Reifenbezeichnung

Reifengattung

Nach dem Querschnittsverhältnis der Reifen unterscheidet man Ballon-Reifen, Super-Ballon-Reifen, Niederquerschnittreifen, Super-Niederquerschnittreifen, 70er-, 60er-, 50er-, 40er-, 35er-Reifen usw. **(Bild 2)**. Bei den einzelnen Formen ist das Verhältnis von Reifenhöhe zu Reifenbreite verschieden, was wiederum ein unterschiedliches Fahrverhalten zur Folge hat. Die Entwicklung ging vom beinahe kreisrunden Profil (Ballon) immer mehr in Richtung des flacheren und breiteren Querschnitts. Breitere Laufflächen und niedrigere Flanken haben größere Fahrsicherheit zur Folge, was bei den zunehmenden Geschwindigkeiten von großer Bedeutung ist.

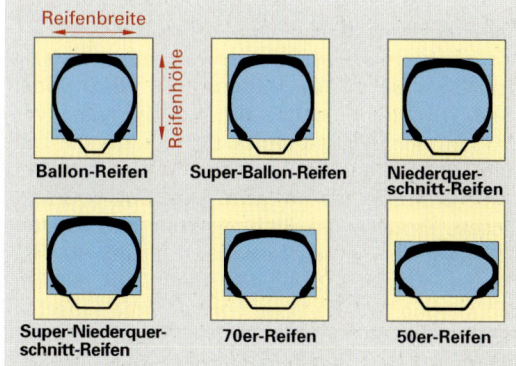

Bild 2: Querschnittsformen der Reifen

Ballon-Reifen (Höhe zu Breite = 0,98 : 1) z.B. 4.50-16, haben infolge ihrer großen Reifenhöhe eine gute Federung aber eine schlechte Seitenführung.
Super-Ballon-Reifen (H : B = 0,95 : 1) z.B. 5.60-15, unterscheiden sich durch breitere Form und kleineren Innendurchmesser (bis 15") von Ballon-Reifen.
Niederquerschnittreifen (H : B = 0,88 : 1) z.B. 6.00-14, haben Breitenmaße, die auf 1/2" abgestuft sind. Sie können zusätzlich mit dem Buchstaben L (Low; Niederquerschnitt = Low section) gekennzeichnet sein.
Super-Niederquerschnittreifen (H : B ~ 0,82) z.B. 165 R 13, wurden als Diagonalreifen und zum ersten Mal 1964 als Gürtelreifen gefertigt (80er-Reifen).
70er-Reifen (H : B = 0,70 : 1) z.B. 185/70 R 14 haben eine Höhe, die 70 % der Breite beträgt. Aus dieser Tatsache ergab sich die Bezeichnung dieser Reifen. Vorteile sind die höhere Haftkraft auf der Fahrbahn und das spurtreue Verhalten. Die höheren Seitenführungskräfte erlauben größere Kurvengeschwindigkeiten.
50er-Reifen (H : B = 0,5 : 1) z.B. 225/50 R 15, haben eine Höhe, die nur noch 50 % der Breite beträgt. Da der Abrollumfang der Reifen gleich bleibt, erhöht sich der Felgendurchmesser.

Vorteile
– Einbau von größeren und leistungsfähigeren Bremsscheiben mit besserer Belüftung
– Unempfindlicher gegen seitliche Verformung durch den niedrigen, flachen Querschnitt
– Hohe Seitenstabilität beim Anlenken von Kurven; Aufbau von großen Seitenkräften schon bei kleinen Schräglaufwinkeln, dadurch hohe Kurvengeschwindigkeiten möglich
– Größerer Widerstand gegen seitliches Verdrehen
– Präziseres Ansprechen auf Lenkbewegungen.

Nachteile
– Schlechteres Aquaplaningverhalten
– geringere Eigenfederung, Komforteinbuße
– größerer Kraftaufwand beim Lenken.

Reifenaufstandsfläche (Latsch, Positiv-Profil)
Mit wachsender Reifenbreite vergrößert sich die Aufstandsfläche des Reifens auf dem Boden **(Bild 1)**. Durch die größere Auflagefläche vergrößert sich die Reibungskraft, so dass die Haftung des Reifens bei schneller Kurvenfahrt und beim Bremsen erhöht wird. Das Coulomb'sche Gesetz, wonach die Reibungskraft nur von der Normalkraft (senkrechte Belastung) und der Reibungszahl abhängt, gilt für Reifen nur mit Einschränkung. Bei Reibung von gummielastischen Stoffen auf rauhen Oberflächen (Straßen) spielt die Größe der aufeinander reibenden Flächen aufgrund der Verzahnung eine Rolle.

Bild 1: Reifenaufstandsflächen

Negativ-Profil. Darunter versteht man die zwischen den einzelnen Profilstollen liegenden Quer-, Längs- und Schrägrillen. Bei großen Aufstandsflächen muss der Anteil an Negativ-Volumen in Bezug zur Aufstandsfläche erhöht werden, um durch mehr Wasseraufnahme ein Aufschwimmen der Reifen zu verhindern. Durch den höheren Bodendruck verbessern sich auch die Wintereigenschaften.

Air-Pumping-Effekt. Durch die Verformung der Reifenaufstandsfläche während der Fahrt entstehen je nach Ausführung des Negativprofiles abgeschlossene Hohlräume, die sich beim Ein- und Auslauf der Aufstandsfläche schlagartig mit Luft füllen und wieder leeren (Luftverdrängungsvorgänge). Dies führt zu erheblichen Fahrgeräuschen.

Reifenbauarten
Nach dem Aufbau der Karkasse eines Reifens unterscheidet man Diagonalreifen und Radialreifen (Gürtelreifen).

Diagonalreifen. Die Gewebelagen werden so diagonal übereinandergelegt, dass die Cordfäden mit der Fahrtrichtung des Reifens jeweils einen spitzen Winkel (Fadenwinkel) von 26° bis 40° bilden **(Bild 2)**. Mit kleiner werdendem Fadenwinkel wird der Reifen härter, die Seitenstabilität steigt, größere Höchstgeschwindigkeiten sind möglich. Diagonalreifen finden vor allem noch im Motorradreifenbau **(s. S. 531)** Anwendung.

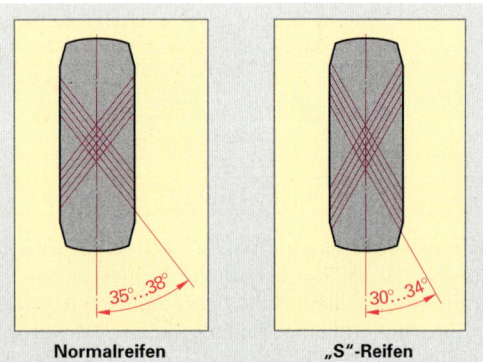

Bild 2: Fadenwinkel bei Diagonalreifen

Radialreifen (Bild 1 und 2). Alle Cordfäden der Karkasse liegen nebeneinander und verlaufen radial, d.h. 90° zur Fahrtrichtung. Zwischen der Karkasse und der Lauffläche des Reifens ist ein Gürtel aus mehreren Lagen Textil- oder Stahlcord oder Aramid im Winkel von etwa 20° zur Fahrtrichtung angeordnet, so dass sich die Lauffläche beim Abrollvorgang nur sehr wenig verformt. Im **Bild 1** sind 2 gekreuzte Stahlcord- und 2 umlaufende 0°-Nylongürtel dargestellt. Durch den 0°-Gürtel aus Nylon wird der Reifen hochgeschwindigkeitsfest.

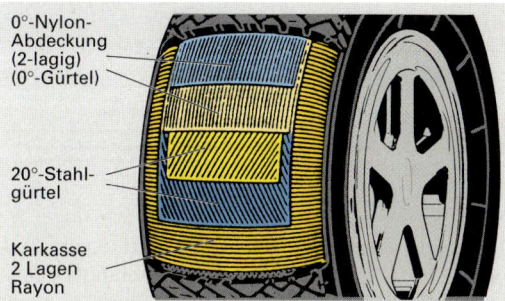

Bild 1: Aufbau eines Radialreifens

Radialreifen federn an der Flanke ein, die Verformung wird hauptsächlich auf die Walkzone begrenzt (geringere Walkarbeit, geringere Erwärmung des Reifens).

Bei kleineren Geschwindigkeiten laufen Gürtelreifen durch den versteifenden Gürtel härter ab als Diagonalreifen. Bei größeren und hohen Geschwindigkeiten kommt das Federungsvermögen der weichen Karkasse zur Geltung, so dass der Radialreifen mehr Laufruhe aufweist als der Diagonalreifen. Zusätzlich bewirkt der Gürtel eine gute Seitenstabilität und somit hohe Seitenführungskräfte.

Schlauchlose Reifen (Bild 2). Sie haben in ihrem Inneren eine abdichtende Gummischicht.

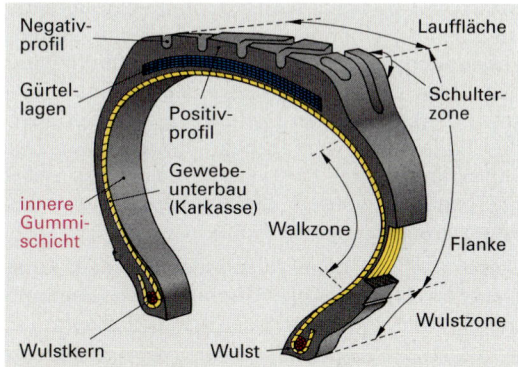

Bild 2: Schlauchloser Radialreifen

Diese Schicht reicht um den Wulst herum bis zur Höhe des Felgenhorns. Durch ein in die Felge eingesetztes Gummiventil wird eine einwandfreie Abdichtung gewährleistet. Schlauchlose Reifen tragen die Aufschrift „Tubeless" oder „sl".

Vorteile schlauchloser Reifen:
– Geringere Wärmeentwicklung, da die Reibung zwischen Reifen und Schlauch wegfällt
– geringeres Gewicht und einfachere Montage.

Schräglaufwinkel

> Ein Reifen kann nur Seitenkräfte übertragen, wenn er schräg zur Fahrtrichtung läuft.

Greifen an einem rollenden Fahrzeug Störkräfte (Windkraft, Fliehkraft) an, so stellt sich ein Schräglaufwinkel ein und die in den Aufstandsflächen der Reifen wirkenden Seitenkräfte stehen im Gleichgewicht mit den Störkräften.

> Den Winkel, der sich zwischen tatsächlicher Bewegungsrichtung und der Felgenlängsrichtung einstellt, nennt man Schräglaufwinkel α **(Bild 3)**.

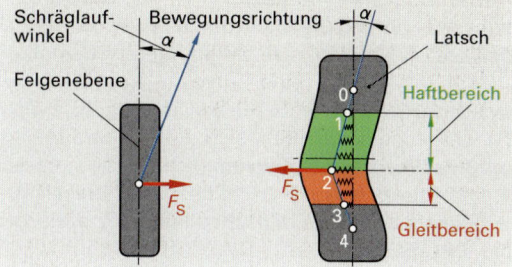

Bild 3: Schräglaufwinkel α

Der Aufbau der Seitenkraft im Reifen erfolgt durch die Verformung des Latsches z.B. bei Kurvenfahrt. Sobald sich ein Schräglaufwinkel einstellt, bewegt sich das Reifenprofil, das normalerweise beim Auftreffen auf die Fahrbahn auf der Reifenmittellinie liegt, immer weiter von dieser weg **(Bild 3)**. Dabei tritt eine Verspannung im Reifen auf, die um so größer ist, je weiter das Profil von der Mittellinie entfernt ist. Die Summe der Spannkräfte ergibt die Seitenkraft, sie wirkt im Schwerpunkt der verformten Latschfläche. Bei weiter ansteigendem Schräglaufwinkel kommt es im hinteren Bereich des Reifens zu Gleitreibung und die Spannkraft lässt nach. Trotzdem nimmt die Seitenkraft noch zu, da der Haftbereich noch größer ist als der Gleitbereich. Nimmt der Schräglaufwinkel weiter zu, so wird der Gleitbereich größer als der Haftbereich, die Seitenkraft nimmt ab.

Bei Kurvenfahrt kommt es an den kurvenäußeren Rädern einer Achse zu einer Erhöhung der Radlast, wogegen die kurveninneren Räder entlastet werden. Je höher die Radlast wird, desto größer wird der Aufbau der Seitenkraft im Reifen. Breitreifen sind in der Lage auch bei hohen Radlasten und Querbeschleunigungen große Seitenführungskräfte aufzubauen und damit die Kurvensicherheit zu erhöhen, während bei Super-Niederquerschnitt-Reifen z.B. 165/80 R 13 sogar ein Abbau der Seitenführungskraft eintritt **(Bild 1)**.

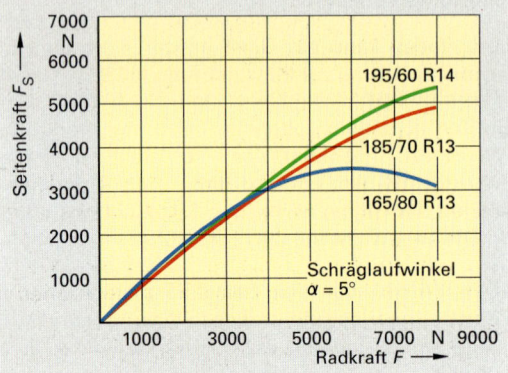

Bild 1: Seitenkraftaufbau für Radialreifen

Winterreifen (M+S-Reifen). Im Gegensatz zu den früheren grobstolligen Profilen werden heute kleinere Profilrillen mit vielen feinen Lamellen verwendet, die zu einer großen Kontaktfläche zwischen Reifen und Fahrbahn beitragen. Durch die Lamellen verzahnen sich Reifen und Belag besser. Um den Laufflächengummi bei tieferen Temperaturen elastisch zu halten, wird Kieselsäure **(Silica)** oder Naturkautschuk (NR) beigemischt.
Die **Vorteile** sind
– bessere Haftung zwischen Reifen und Belag
– geringerer Rollwiderstand
– gute Haltbarkeit des Profiles (geringe Eigenerwärmung).

Winterreifen sind bei einer Profiltiefe von weniger als 4 mm nicht mehr ausreichend wintertüchtig.

Abrieb-Indikatoren (Bild 2). Sie sind Erhebungen im Profilgrund. Wird das Profil auf die gesetzlich vorgeschriebene Mindestprofiltiefe von 1,6 mm Höhe abgefahren, so sind die Abrieb-Indikatoren mit dem Profil höhengleich. Die Lage der Indikatoren im Reifenprofil ist an der Reifenflanke durch die Buchstaben TWI (Treadwear indicator) oder ein Dreieck gekennzeichnet.

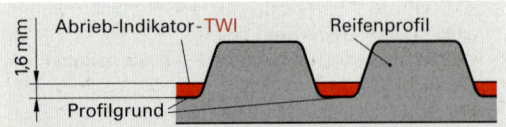

Bild 2: Abrieb-Indikator

Wegen der großen Aquaplaning-Gefahr besonders bei hohen Geschwindigkeiten und des zunehmenden Bremsweges auf nassen Straßen bei geringen Profiltiefen **(Tabelle 1)** ist es ratsam den Reifen zu wechseln, bevor die Abrieb-Indikatoren Fahrbahnkontakt bekommen.

Tabelle 1: Bremsweg beim Abbremsen von 100 km/h auf 60 km/h				
Profiltiefe (mm)	Bremsweg in m (nasse Fahrbahn)			
	20	40	60	80
7				
5				
3				
2				
1,6				

Auswuchten

Die Masse eines sich drehenden Rades ist nie völlig gleichmäßig über den ganzen Umfang verteilt. An den Stellen mit größerer Masse tritt Unwucht auf, d.h. es entstehen Fliehkräfte, die um so größer sind, je größer die Masse ist und je höher die Drehzahlen sind **(Bild 3)**.

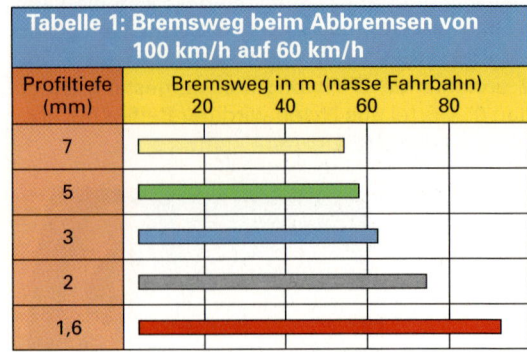

Bild 3: Fliehkräfte an einem Reifen 195/65 R 15

Statische Unwucht. Wird z.B. durch blockierende Bremsen an einer Stelle der Lauffläche Gummi abgerieben, so entsteht an der gegenüberliegenden Stelle durch die größere Masse eine Fliehkraft, die bei höheren Drehzahlen zum Springen des Rades auf der Fahrbahn führen kann. Der Fehler kann durch Auspendeln des Rades sichtbar gemacht werden, die schwerste Stelle des Rades kommt unten zur Ruhe.

Damit das Rad beim Auspendeln in jeder Lage stehenbleibt, muss die Summe aller Momente um die Drehachse des Rades gleich Null sein.

$$M_1 = M_2 \qquad G_1 \cdot r_1 = G_2 \cdot r_2$$

Gegenüber der schwersten Stelle des Rades muss eine Ausgleichsmasse m_2 mit der Gewichtskraft G_2 an der Felge befestigt werden, die so groß ist, dass das entstehende Drehmoment M_2 dem Drehmoment M_1 entspricht. Das Rad ist statisch ausgewuchtet (**Bild 1**).

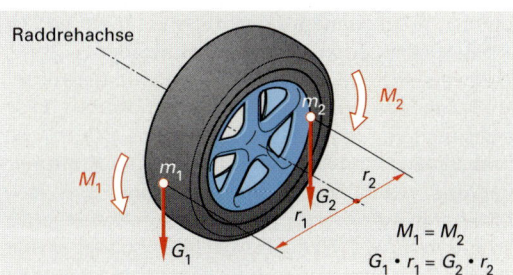

Bild 1: Auswuchten (statisch)

Dynamische Unwucht. Bei einem Rad liegt die Unwuchtmasse m_1 selten in der gleichen Ebene wie die an der Felge angebrachte Ausgleichsmasse m_2. Das Rad ist zwar statisch ausgewuchtet, bei höheren Drehzahlen bewirken die Fliehkräfte an m_1 und m_2 ein Drehmoment quer zur Achse und bringen das Rad zum Taumeln. Es hat in diesem Fall eine dynamische Unwucht. Liegt die Unwuchtmasse m_1 in der Radmittelebene, so wirkt nur das Drehmoment M_{C2} (**Bild 2**).

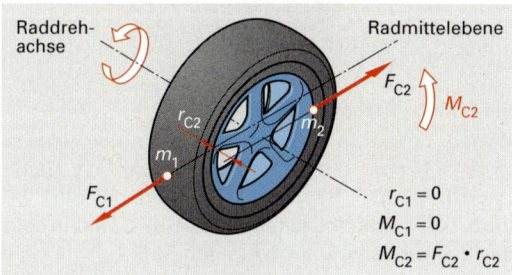

Bild 2: Dynamische Unwucht

Durch Anbringen einer zweiten Ausgleichsmasse m_3 an der Innenseite der Felge, kann das entstehende Drehmoment M_{C3} das Drehmoment M_{C2} ausgleichen, das Rad ist dynamisch ausgewuchtet (**Bild 3**). Größe und Lage der Ausgleichsmassen m_2 und m_3 werden an Auswuchtmaschinen ermittelt.

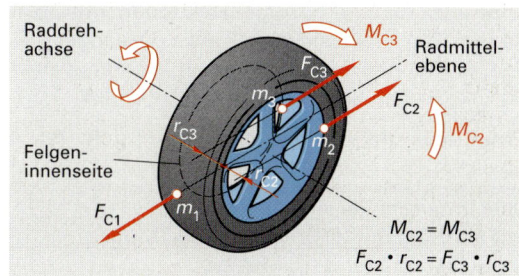

Bild 3: Auswuchten (dynamisch)

Läuft ein Rad trotz Auswuchten unrund, so kann ein Höhenschlag vorliegen. Überschreitet der Höhenschlag 1 mm an der Lauffläche, so muss versucht werden, den Höhenschlag durch Verdrehen des Reifens auf der Felge (Matchen) zu reduzieren.

ARBEITSREGELN

- Kraftfahrzeug vor dem Abmontieren der Räder gegen Wegrollen sichern
- Benützen Sie nur Felgen, die dem verwendeten Reifen zugeordnet sind (Fahrzeugschein)
- Felge auf Risse kontrollieren und Rostansatz beseitigen
- Radmuttern über Kreuz mit dem vorgeschriebenen Drehmoment anziehen
- Auf vorgeschriebenen Luftdruck achten, um Verlust an Lebensdauer zu vermeiden
- Mischbereifung zwischen Diagonalreifen und Radialreifen ist bei Pkw und Nkw ≤ 3,5 t nicht erlaubt
- Auf einer Achse dürfen nur Reifen gleicher Bauart verwendet werden. Das Profil sollte gleich sein.
- Nach der Demontage Räder kennzeichnen und in einem kühlen, trockenen und dunklen Raum lagern. Räder nicht stellen und nicht mehr als 4 Reifen übereinanderlegen.

WIEDERHOLUNGSFRAGEN

1. Aus welchen Teilen ist ein Rad aufgebaut?
2. Welche Arten von Felgen gibt es?
3. Warum verwendet man Hump-Felgen?
4. Welche Vorteile haben Räder aus Leichtmetall-Legierungen?
5. Aus welchen Teilen besteht die Bereifung?
6. Was versteht man unter dem dynamischen Abrollumfang eines Reifens?
7. Welche Vor- und Nachteile hat ein Reifen der Serie 50?
8. Wie sind Gürtelreifen aufgebaut?
9. Erklären Sie die Reifenbezeichnung 195/65 R 15 86 T M +S.
10. Was versteht man unter einen „Latsch"?
11. Wodurch unterscheiden sich Diagonalreifen von Radialreifen?
12. Was ist ein Abrieb-Indikator und wie ist seine Lage am Reifen gekennzeichnet?
13. Was versteht man unter dem Schräglaufwinkel?
14. Warum müssen Räder ausgewuchtet werden?
15. Was versteht man unter dynamischer Unwucht?
16. Wie kann eine Höhenschlag beseitigt werden?

5 Zweiradarten

5.1 Kraftradarten

Krafträder sind einspurige Fahrzeuge mit zwei Rädern. Man darf mit ihnen auch Anhänger ziehen. Sie können auch Beiwagen mitführen, wobei die Eigenschaft als Kraftrad erhalten bleibt.

> Krafträder müssen mit Sturzhelm gefahren werden.

Man unterscheidet:
- Fahrräder mit Hilfsmotor (Mofa, Moped)
- Kleinkrafträder (z. B. Mokick)
- Leichtkrafträder
- Motorroller
- Motorräder, Motorräder mit Beiwagen.

5.1.1 Fahrräder mit Hilfsmotor

Es sind einspurige, einsitzige Fahrzeuge, dessen Motorhubraum 50 cm³ nicht überschreiten darf. Die bauartbedingte Höchstgeschwindigkeit ist auf 25 km/h festgelegt. Das Mofa **(Bild 1)** kann sowohl durch den Motor als auch mit Tretkurbeln angetrieben werden.

> Mofas, Mopeds, Mokicks dürfen
> - Autobahnen nicht befahren
> - nur betrieben werden, wenn sie für das laufende Jahr (1. 3. bis 29. 2.) ein Versicherungskennzeichen besitzen.

Im Handel werden diese Fahrzeuge auch als City-Bike, Fun-Bike, Naked-Bike oder Enduro verkauft.

Bild 1: Mofa (City-Bike)

Das Mofa ist betriebserlaubnispflichtig, jedoch zulassungsfrei und somit auch steuerfrei. Ein Führerschein ist nicht erforderlich. Es kann nach Vollendung des 15. Lebensjahres gefahren werden. Jedoch müssen die Benutzer, die nach dem 1. 4. 1980 das 15. Lebensjahr vollendet haben, eine Prüfbescheinigung mitführen. Motorroller mit Hubraum unter 50 cm³ können durch Reduktion der Sitzbank auf einen Sitzplatz und durch ein geändertes Zündsteuergerät, welches die Geschwindigkeit begrenzt, zum führerscheinfreien Fahrzeug umgerüstet werden. Jedoch muss diese Änderung von einem anerkannten Sachverständigen abgenommen und in der Betriebserlaubnis eingetragen werden.

Motoren. Man verwendet vorwiegend gedrosselte 1-Zylinder-Zweitakt-Hubkolbenmotoren. Hierbei sind Leistungen von 0,5 kW bis 3,7 kW bei Drehzahlen bis 4000 1/min üblich. Die Kraftübertragung erfolgt entweder über eine Ein- bzw. Zweigang-Automatik oder durch ein Schaltgetriebe mit 2- bzw. 3-Gang Hand- oder Fußschaltung. Im **Bild 2** ist ein Einzylinder-Kleinkraftradmotor für Mofas mit integriertem Schaltgetriebe dargestellt.

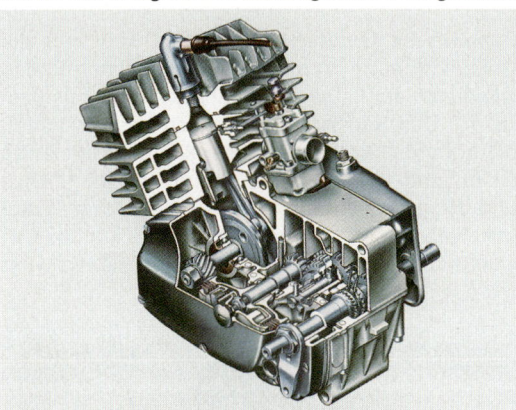

Bild 2: Mofa-Motor mit Getriebe

Moped. Es ist ein Fahrrad mit Hilfsmotor, dessen Motorhubraum auf 50 cm³ beschränkt ist. Seine bauartbedingte Höchstgeschwindigkeit darf 50 km/h nicht überschreiten. Es ist mit Tretkurbeln als zusätzlichem Antrieb ausgerüstet.

5.1.2 Kleinkrafträder

Als Mokick hat es Fußrasten, als Motorroller ein Trittbrett, Kickstarter und Elektrostarter. Sie haben einen Hubraum von 50 cm³ und ihre Höchstgeschwindigkeit ist auf 50 km/h beschränkt. Diese Zweiräder sind betriebserlaubnispflichtig, aber steuerfrei und zulassungsfrei. Der Fahrer muss eine Fahrerlaubnis der Klasse 4 bzw. der neuen Klasse M nach EG besitzen. Sie kann nach Vollendung des 16. Lebensjahres erteilt werden.

Motoren. Man verwendet für diese Fahrzeuge vorwiegend 1-Zylinder-Zweitakt-Hubkolbenmotoren. Hierbei sind Leistungen bis 7,4 kW bei Drehzahlen bis 6000 1/min üblich. Die Kraftübertragung erfolgt über Kettenantrieb vom 2 bis 6-Gang hand- oder fußgeschaltetem Getriebe auf das Hinterrad. Auch Ein- oder Zweigang-Automatik wird eingebaut.

5.1.3 Leichtkrafträder

Sie werden als Motorräder oder Motorroller, die einen Hubraum von mehr als 50 cm³ und nicht mehr als 80 cm³ haben, gebaut. Ihre Nennleistung darf 11 kW nicht überschreiten. Diese Fahrzeuge sind betriebserlaubnispflichtig, jedoch zulassungsfrei und somit auch steuerfrei. Sie müssen ein amtliches Kennzeichen führen und deshalb regelmäßig zur Hauptuntersuchung (HU) vorgeführt werden. Der Fahrer muss eine Fahrerlaubnis der Klasse 1b bzw. der neuen Klasse A1 nach EG besitzen. Diese kann ab dem vollendeten 16. Lebensjahr erteilt werden. Für Fahrer unter 18 Jahren ist die bauartbedingte Höchstgeschwindigkeit auf 80 km/h begrenzt.

5.1.4 Motorroller (Bild 1)

Sie sind eine Sonderbauart von Krafträdern, die ohne Knieschluss gefahren werden. Sie haben kleinere Räder, keine Tretkurbeln und weisen einen geringeren Radstand auf. Das Triebwerk ist verkleidet und befindet sich im hinteren Teil des Fahrzeugs oder in dem als Antriebsschwinge ausgeführten Motorgehäuse. Im Handel werden die Motorroller je nach Verkleidung und Ausführung als City-, Fun-, Sport-, Klassik-, Allround- oder Komfortroller angeboten.

Bild 1: Motorroller (Sportroller, 49 cm³, 3,2 kW)

Motoren. Für die Motorroller werden vorwiegend gedrosselte Einzylinder Zweitakt- oder Viertakt-Hubkolbenmotoren verwendet. Motordaten:

Hubraum	Leistung
49 cm³	bis 3,9 kW
bis 125 cm³	bis 9 kW
bis 250 cm³	bis 13 kW

Hierbei gehen die maximalen Motordrehzahlen bis 7 000 1/min. Als Alternativantriebe werden auch Gleichstrom-Elektomotoren mit bis zu 2,5 kW Leistung verwendet. Die Energie erhalten sie aus vier 12-Volt-Batterien. Mit dieser elektrisch gespeicherten Energie kann eine Höchstgeschwindigkeit von 50 km/h gefahren werden und eine Reichweite von ca. 60 km erzielt werden.

Triebwerk. Die Kraftübertragung erfolgt bei den heutigen Motorrollern meist in einer kompakten Triebsatzschwinge (**Bild 2**) bestehend aus:
– **Motor – Variator – Kupplung – Hinterradgetriebe**.
Diese Triebsatzschwinge ist meist als zweiteiliges Motor- und Antriebsgehäuse aus Aluminium ausgeführt. Es ist im Rahmen schwenkbar gelagert und dient gleichzeitig als Schwinge zur Führung des Hinterrades.

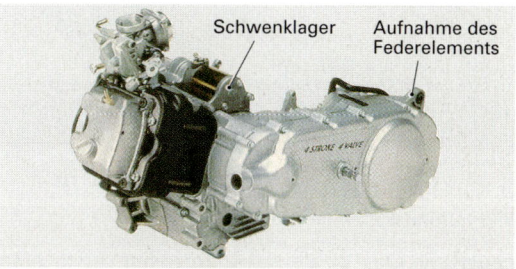

Bild 2: Triebsatzschwinge

Kraftübertragung (Bild 3). Der Antrieb erfolgt meist durch einen Einzylindermotor, welcher über einen Elektrostarter oder über einen Kickstarter gestartet werden kann. Die Kurbelwelle ist mit dem treibenden Riemenscheibenpaar, auch Variator genannt, verbunden. Die Rollen dienen als Fliehgewichte und verschieben eine Hälfte der antreibenden Riemenscheibe axial, abhängig von der wirkenden Fliehkraft. Somit ergibt sich eine drehzahlabhängige stufenlose Übersetzung der angetriebenen Riemenscheibe, weil sich der wirksame Antriebsscheibendurchmesser verändert. Die von einem Keilriemen angetriebene hintere Riemenscheibe gleicht durch die Druckfeder den wirksamen Durchmesser an. Die größte Übersetzung z. B. beim Anfahren stellt sich beim kleinsten Antriebsdurchmesser ein. An der Abtriebsscheibe drückt eine Feder die Scheiben zusammen und es ergibt sich ein großer wirksamer Durchmesser. Steigt die Antriebsdrehzahl, drücken die Fliehkraftrollen die treibenden Riemenscheiben zusammen und der wirksame Durchmesser wird vergrößert. Die Abtriebsdrehzahl steigt, weil die Übersetzung gering wird. Als Anfahrkupplung dient die auf der Abtriebswelle sitzende Fliehkraftkupplung. Sie überträgt die Antriebskraft über eine Zahnradpaarung auf die Achswelle, welche mit dem Hinterrad verbunden ist.

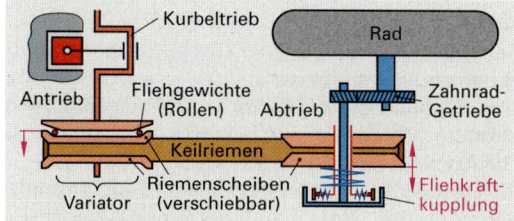

Bild 3: Kraftübertragung

Rahmen (Bild 1). Es ist meist ein gebogener Rohrrahmen mit Befestigungselementen, an denen die Triebsatzschwinge mit Monostoßdämpfer, die Teleskopgabel und die Verkleidungselemente befestigt werden können.

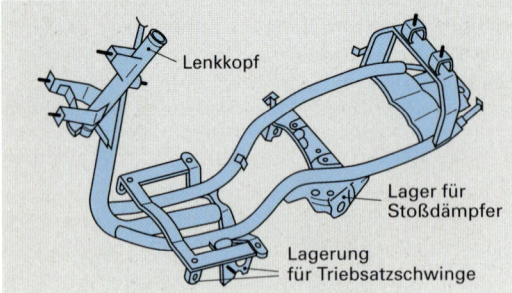

Bild 1: Rohrrahmen für Motorroller

Federung. Das Vorderrad wird meist durch eine Upside-Down-Teleskopgabel gefedert. Die Hauptlast der Motorroller wird am Hinterrad über einen Monostoßdämpfer mit außenliegender Schraubenfeder gefedert. Dieser ist zwischen Rahmen und Triebswerksschwinge angebracht.

Bremsen. Meist werden die Motorroller am Vorderrad mit einer oder zwei Scheibenbremsen, die hydraulisch betätigt sind, abgebremst. Das Hinterrad kann bei kleineren Motorrollern mit einem Fußhebel durch Trommelbremsen mit höherer Leistung durch Scheibenbremsen verzögert werden.

5.1.5 Motorräder

Es sind Krafträder, die mit Knieschluss gefahren werden. Der Motorhubraum beträgt über 50 cm³ und die bauartbedingte Höchstgeschwindigkeit liegt über 50 km/h. Sie sind betriebserlaubnis-, zulassungs- und steuerpflichtig und müssen ein amtliches Kennzeichen führen. Der Fahrer muss das 18. Lebensjahr vollendet haben und kann zunächst nur die Fahrerlaubnis der Klasse 1a erwerben. Sie ermöglicht das Führen von Motorrädern mit einer Motorleistung bis zu 25 kW. Hierbei darf das Verhältnis von Leistung zu Gewicht 0,16 kW/kg nicht überschreiten. Erst nach zweijähriger Fahrpraxis kann auf Antrag ohne weitere Ausbildung und Prüfung diese Begrenzung aufgehoben werden. Der Fahrer erhält dann die uneingeschränkte Fahrerlaubnis der Klasse 1 bzw. der neuen Klasse A nach EG, die ihn berechtigt, alle Krafträder zu führen.

Man unterscheidet leichte, mittelschwere und schwere Motorräder, wobei man sie auch nach der Art ihres Einsatzes unterscheiden kann.

Im Handel werden Enduro- oder Cross-Maschinen, Chopper oder Cruiser, Touren-Maschinen und Sport-Maschinen angeboten.

Enduro-, Cross-Maschine (Bild 2). Sie haben viel Bodenfreiheit, große Federwege, eine hochgelegte Auspuffanlage und die Reifen haben ein grobes Stollenprofil. Sie werden meist durch Einzylinder Zweitakt-Motoren, die einen Hubraum bis 600 cm³ haben, angetrieben. Die Motoren geben Leistungen bis 48 kW bei Drehzahlen bis 7 000 1/min ab.

Bild 2: Enduro-Cross-Maschine

Chopper, Cruiser (Bild 3). Sie haben einen hohen Lenker, der weit zurückgezogen ist, wobei die Vorderradgabel sehr schräg und weit vorgezogen sein kann. Die Sitzbank ist als Stufensitzbank ausgeführt. Die Aggregate und Bauteile sind frei sichtbar und verchromt. Das Hinterrad ist meist dicker. Die Motoren haben einen Hubraum bis 1 500 cm³ und geben eine Leistung bis 50 kW bei Motordrehzahlen bis 8 500 1/min ab.

Bild 3: Motorrad (Chopper)

Touren-Maschine (Bild 1, Seite 513). Sie haben hohe Lenker und eine komfortable Sitzbank für Beifahrer und Sozius. Das Motorrad ist meist mit einer Teil- oder Vollverkleidung versehen, die als Wind- und Wetterschutz dienen soll. Für das Gepäck sind Gepäcktaschen und Gepäckträger vorhanden. Der Motorhubraum geht bis 1 500 cm³ bei Motorleistungen bis 120 kW und Drehzahlen bis 7 500 1/min.

Bild 1: Touren-Maschine

Sport-Maschine (Bild 2). Sie besitzt einen flachen Lenker, oft auch nur eine Einzelsitzbank und ist mit einer aerodynamischen Vollverkleidung versehen. Sie soll dem Fahrer bei hohen Geschwindigkeiten als Windschutz dienen und vor allem einen sehr geringen Luftwiderstandsbeiwert (c_w-Wert) des Motorrads ermöglichen. Die Motoren haben Hubräume bis 1 200 cm³ und geben bis 130 kW Leistung ab, bei Drehzahlen bis zu 9 500 1/min.

Bild 2: Sport-Maschine

Kraftradmotoren. Man verwendet für kleinere Hubräume bis etwa 650 cm³ meist Ein- oder Zwei-Zylinder Zweitakt- oder Viertaktmotoren. Bei Motoren mit größerem Hubraum sind Mehrzylindermotoren mit 2, 3 oder 4 Zylindern gebräuchlich. Sie werden sowohl als Reihen-, Boxer- oder V-Motoren gebaut. Das Kurbelgehäuse des im **Bild 3** dargestellten Motorradmotors ist aus einer Leichtmetall-Aluminium-Druckgusslegierung gefertigt. Die Zylinderlaufbahnen haben eine hochabriebfeste reibungsarme Nickelsiliciumkarbid Dispersionsschicht. Die Kurbelwelle ist aus legiertem Vergütungsstahl geschmiedet und fünffach im Kurbelgehäuse in Dreistofflagern gelagert. Vom Kurbeltrieb aus wird das Drehmoment über einen schrägverzahnten Primärantrieb auf die Kupplung übertragen.

Der Gaswechsel erfolgt über zwei obenliegende Nockenwellen, die mit einer Steuerkette angetrieben werden. Diese sind im einteiligen Leichtmetallzylinderkopf fünffach gelagert und aus Schalenhartguss gefertigt. Sie betätigen die V-förmig angeordneten Ventile über Tassenstößel. Zur Verbesserung der Füllung werden pro Zylinder vier Ventile verwendet. Durch die Schrägstellung ergibt sich ein kompakter, dachförmiger Verbrennungsraum, wobei die Zündkerze zentral platziert wurde. Ventilführungen und -sitzringe sind aus Sintermetall hergestellt und eingeschrumpft.

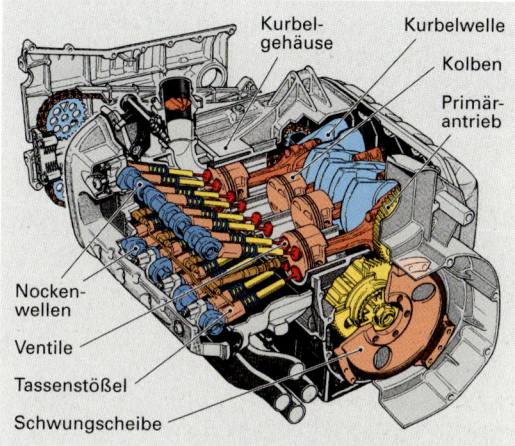

Bild 3: Vierzylinder-Reihenmotor 1 200 cm³

5.2 Kraftübertragung

Kupplung. Sie dient zur Kraftübertragung und zum Anfahren. Mofas und Mopeds haben meist eine selbsttätige Anfahrkupplung (Ein-Gang-Automatik) **(Bild 4)**. Wird die Drehzahl erhöht, so gehen die Fliehgewichte nach außen und der Antriebsträger wird mit der Kupplungstrommel, die mit der Antriebswelle verbunden ist, kraftschlüssig.

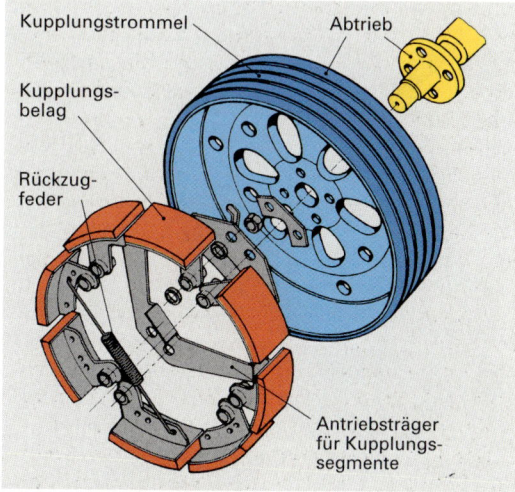

Bild 4: Fliehkraftkupplung

Bei der im **Bild 1** dargestellten Mofa Zwei-Gang-Getriebeautomatik erfolgt die Kraftübertragung vom Motor über das Planetengetriebe auf das Kettenrad, welches über eine Kette das Hinterrad antreibt. Beim Anfahren treibt das Hohlrad die Planetenräder an. Das Sonnenrad wird über den Freilauf abgestützt. Der Abtrieb erfolgt über den Planetenradträger auf das Kettenrad. Es wird eine Übersetzung ins Langsame hergestellt. Steigt die Abtriebszahl und somit die Fahrgeschwindigkeit, so gehen die Fliehgewichte, die am Planetenträger befestigt sind, nach außen und Hohlrad und Planetenradträger werden verblockt. Dadurch ergibt sich eine direkte Übersetzung 1 : 1 und der zweite Gang ist geschaltet.

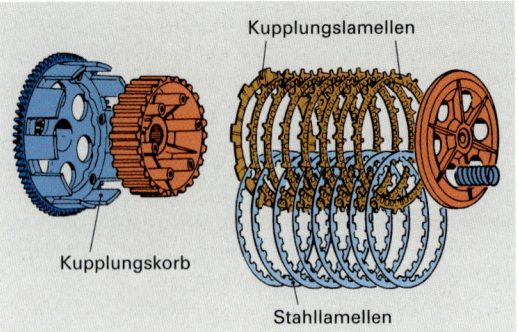

Bild 2: Lamellenkupplung

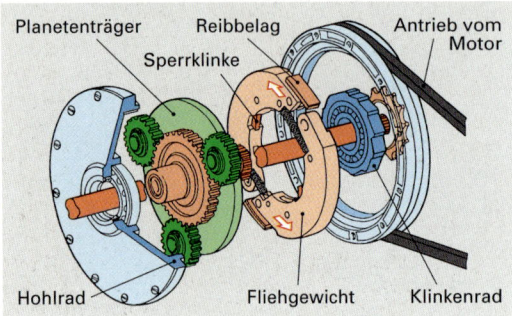

Bild 1: Mofa-Zwei-Gang-Getriebeautomatik

Lamellenkupplung (Bild 2). Diese Kupplungsbauart wird bei Krafträdern meistens verwendet. Sie besteht aus mehreren hintereinander im Wechsel angeordneten Kupplungsreiblamellen mit Außenverzahnung und Stahllamellen mit Innenverzahnung. Im eingekuppelten Zustand verbinden diese Lamellen den Antriebskupplungskorb mit der Kupplungsnabe. Die Reiblamellen laufen im Kupplungsgehäuse im Ölbad oder trocken.

Einscheibenkupplung mit hydraulischer Betätigung (Bild 3). Sie wird bei Motorrädern mit hoher Leistung und großem Hubraum eingebaut. Sie ist ähnlich wie bei Personenkraftwagen ausgeführt. Die Betätigung erfolgt über ein selbstnachstellendes Hydrauliksystem. Durch den Handhebel wird der Geberzylinder betätigt und der Druck wirkt auf den Nehmerzylinder. Dieser drückt die Druckstange gegen die Membranfeder. Die Druckplatte wird entlastet und die Kupplung ist gelöst.

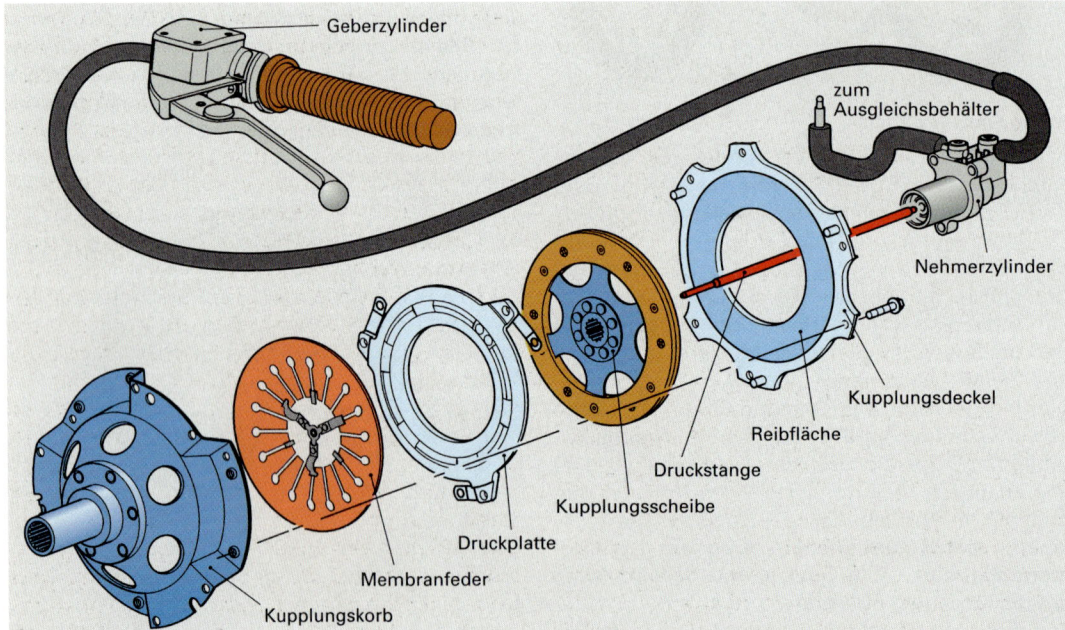

Bild 3: Einscheibenkupplung mit hydraulischer Betätigung

5.3 Kraftradvergaser

Sie sollen bei hohen Drehzahlen mittels großer Strömungsquerschnitte große Frischgasfüllungen des Motors ermöglichen. Dadurch werden die entsprechend hohen Motorleistungen erreicht. Bei niederen Drehzahlen wären bei diesen großen Strömungsquerschnitten nur geringe Durchströmungsgeschwindigkeiten möglich. Diese reichen für eine einwandfreie Bildung des Kraftstoff-Luft-Gemisches nicht aus. Deshalb besitzen Kraftradvergaser Schieber oder Kolben, um den Strömungsquerschnitt zu verändern. Dadurch werden in jedem Betriebsbereich die erforderlichen Strömungsgeschwindigkeiten zur ausreichenden Gemischbildung erreicht.

Kraftradvergaser werden eingeteilt nach der
- **Strömungsrichtung** in Flachstrom- und Schrägstromvergaser
- **Betätigung** in Schiebervergaser mit mechanischer Betätigung des Gasschiebers und in Gleichdruckvergaser mit pneumatischer Betätigung des Kolbens.

Flachstrom-Einschieber-Vergaser (Bild 1)
Er ist mit Startvergaser, Leerlaufsystem, Nadeldüsen-Teillaststeuerung und Beschleunigungseinrichtung ausgerüstet.

Leerlaufsystem (Bild 1). Der durch die Leerlaufdüse angesaugte Kraftstoff wird mit der einströmenden Luft aus dem Leerlaufluftkanal vermischt und tritt dann unmittelbar hinter dem Gasschieberkolben durch die Leerlaufaustrittsbohrung in das Saugrohr.

ein Unterdruck erzeugt. Dadurch wird Kraftstoff über die Haupt- und Nadeldüse angesaugt, der nach Austritt aus der Nadeldüse mit Luft vorgemischt wird. Die Luft wird von der Filterseite her durch den Zerstäubungsluftkanal ringförmig um die Nadeldüse zugeführt.

Im Teillastbereich wird weniger Kraftstoff benötigt als bei Volllast. Der Kraftstoffzufluss wird deshalb durch die mit dem Gasschieber verbundene konische Düsennadel gedrosselt, die zur Feineinstellung in mehreren Positionen im Gasschieber befestigt werden kann. Z.B. bewirkt höhere Position größeren Ringquerschnitt und größeren Kraftstoffdurchsatz (fetteres Gemisch).

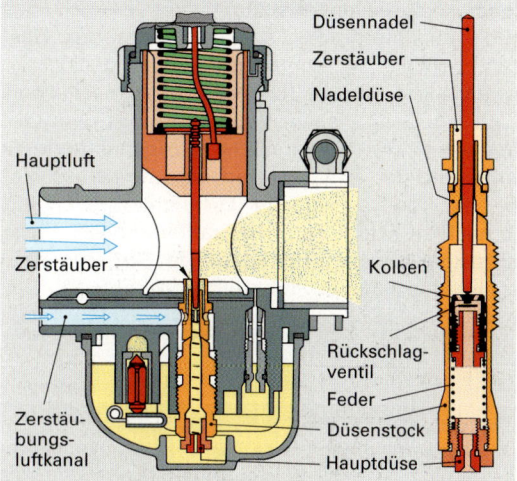

Bild 2: Hauptdüsensystem

Beschleunigungseinrichtung (Bild 2). Sie ist im Düsenstock eingebaut. Bei Leerlauf wird der Kolben von der Düsennadel nach unten gedrückt. Beim Beschleunigen wird durch schnelles Anheben der Düsennadel der Kolben freigegeben und durch die Feder nach oben gedrückt. Der über dem Kolben befindliche Kraftstoff wird mit Federdruck durch den Ringspalt gedrückt (Anfettung).

Startvergaser. Dieser Hilfsvergaser arbeitet parallel zum Hauptvergaser. Die Betätigung erfolgt durch einen Seilzug, wobei der Startschieber den Kraftstoff- und Luftzutritt zum Startvergaser öffnet. Das Startgemisch strömt durch einen Startkanal in den Vergaserquerschnitt. Beim Starten wird zunächst ein sehr fettes Gemisch gebildet. Nach Anspringen des Motors begrenzt die Startdüse den Kraftstoffnachfluss, um das Startgemisch nicht zu überfetten. Beim Starten ist der Gasschieber zu schließen.

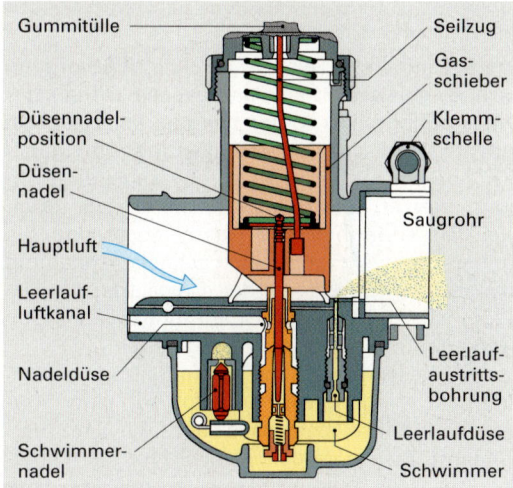

Bild 1: Leerlaufsystem

Hauptdüsensystem (Bild 2). Die vom Motor angesaugte Kraftstoff-Luft-Gemischmenge wird durch den Querschnitt im Vergaserdurchlass geregelt, der vom Gasschieber freigegeben wird. Durch die Luftströmung wird im freigegebenen Querschnitt

Zweischiebervergaser. Es ist als Starthilfe ein Luftschieber eingebaut. Durch Betätigen des Luftschiebers wird der Vergaserquerschnitt verkleinert und somit der Unterdruck an der Nadeldüse vergrößert. Das Gemisch wird zum Starten angefettet.

Gleichdruckvergaser (CD*-Vergaser)

Er hat
- veränderlichen Lufttrichterquerschnitt durch pneumatisch betätigten Kolben-Gasschieber
- veränderlichen Kraftstoff-Durchflussquerschnitt über Nadeldüse und konische Düsennadel
- annähernd konstanten Unterdruck an der Nadeldüse und etwa gleiche Strömungsgeschwindigkeit von 40 m/s ... 50 m/s
- etwa konstantes Mischungsverhältnis bei Teillast.

Wirkungsweise (Bild 1). Beim Öffnen der Drosselklappe mittels Seilzug wird Luft vorbei an der Unterseite des Gasschiebers angesaugt. Dies ist bei jeder Drosselklappenstellung der Bereich des größten Unterdrucks. Die Unterseite des Gasschiebers ist durch eine Bohrung mit dem abgeschlossenen Raum (Unterdruckkammer) oberhalb des Gasschiebers verbunden, aus dem Luft abgesaugt werden kann. Der Atmosphärendruck unterhalb der Rollmembran hebt den Gasschieber an. Dadurch wird der Lufttrichterquerschnitt je nach Last und Motordrehzahl verändert. Er ist abhängig von der herrschenden Strömungsgeschwindigkeit im Lufttrichterquerschnitt.

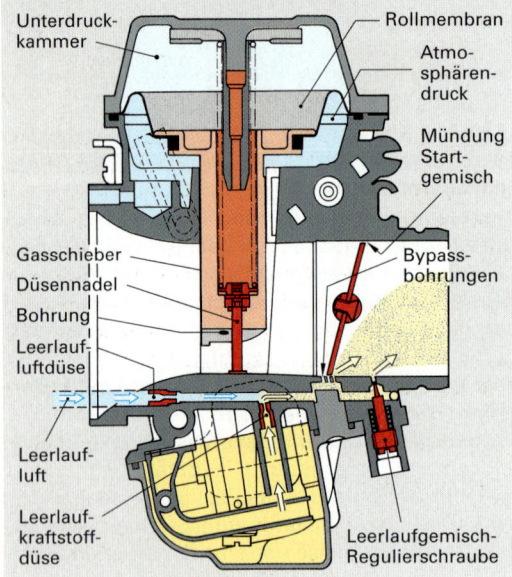

Bild 1: Leerlauf- und Bypasssystem

Leerlauf- und Bypasssystem (Bild 1). Bei geschlossener oder leicht geöffneter Drosselklappe wird das Gemisch von Leerlaufkraftstoff- und Leerlaufluftdüse bemessen. Ein Teil des Gemischs gelangt durch die Bypassbohrungen in den Lufttrichter, der restliche Teil wird durch die Leerlaufgemisch-Regulierschraube zugemessen und gelangt ebenfalls in den Lufttrichter.

* CD Constant Depression (engl.) Konstanter Unterdruck

Hauptdüsensystem (Bild 2). Beim Öffnen der Drosselklappe wird der Gasschieber pneumatisch angehoben. Der Kraftstoff wird von der Hauptdüse bemessen und zur Nadeldüse geführt. Dort vermischt er sich mit der von der Luftdüse bemessenen Luft und wird vorverschäumt. Die vorverschäumte Kraftstoffmenge tritt durch den von der konischen Düsennadel freigegebenen Ringspalt aus der Nadeldüse aus und vermischt sich dann mit dem Luftstrom im Lufttrichter. Die Kraftstoffmenge wird im Teillastbereich durch den jeweiligen Ringspalt bestimmt, im Vollastbereich durch die Hauptdüse.

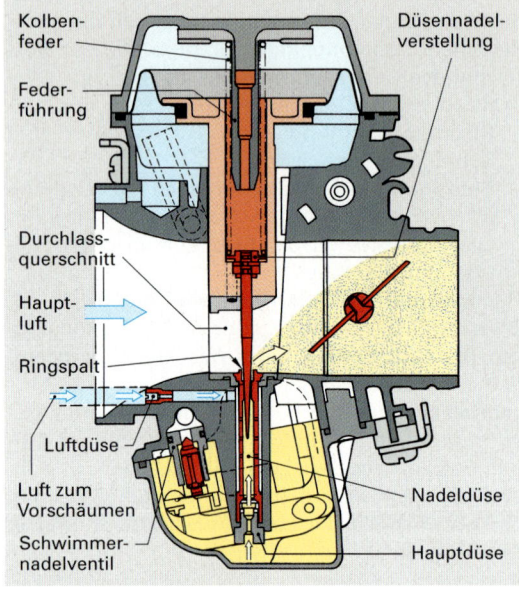

Bild 2: Hauptdüsensystem

Beschleunigung. Der Beschleunigungsvorgang wird eingeleitet durch das schnelle Öffnen der Drosselklappe. Der Motor benötigt kurzzeitig ein fetteres Gemisch. Die Anreicherung wird durch Erhöhen des Unterdrucks an der Nadeldüsenöffnung erreicht, es wird mehr Kraftstoff angesaugt. Die Massenträgheit des Gasschiebers und die Kolbenfeder verzögern seine schnelle Anhebung beim schnellen Öffnen der Drosselklappe. Dadurch wird der Unterdruck am Ringspalt kurzzeitig erhöht und das Gemisch angefettet.

Startvergaser. Er wird mit einem Seilzug betätigt. Beim Startvorgang wird Kraftstoff von einer Starterkraftstoffdüse bemessen und mit Luft verschäumt. Dieses Vorgemisch wird im Startvergaser mit Luft gemischt und ergibt das fette Startgemisch. Es wird durch eine Austrittsbohrung direkt hinter die Drosselklappe in den Lufttrichter gesaugt.

Flachstrom-Gleichdruckvergaser können bis zu etwa 25° geneigt eingebaut werden (in **Bild 1** und in **Bild 2** senkrecht dargestellt).

5.4 Motorkühlung

Kraftradmotoren mit bis zu 800 cm³ sind meist luftgekühlt. Die Luftkühlung kann bei offen liegenden Zylindern durch den Fahrtwind erfolgen. Wegen der guten Wärmeabfuhr sind die Zylinder und Zylinderköpfe aus Aluminiumlegierungen hergestellt und haben große Kühlrippen. Bei Motorrädern und Motorrollern, bei denen die Motoren verkleidet sind, wird die Gebläseluftkühlung angewandt. Flüssigkeitsgekühlte Motoren werden selbst in den kleinen Hubraumklassen angeboten. Diese Motoren sind wesentlich geräuschärmer und hinsichtlich der Wärmebelastung unempfindlicher. Es kommt meist eine Zwangsumlaufkühlung zur Anwendung.

Pumpenumlaufkühlung (Bild 1). Sie wird bei großvolumigen Motorrädern mit hoher Leistung zur Kühlung des Motors eingebaut. Der dargestellte Vierzylinder-Reihenmotor erreicht seine Betriebstemperatur schnell, weil die Kühler durch das geschlossene Thermostatventil vom Kühlwasser nicht durchströmt werden (kleiner Kreislauf). Ist die Betriebstemperatur erreicht, so öffnet das Thermostatventil und der große Kühlkreislauf ist wirksam. Die Kühler aus Aluminium führen die überschüssige Motorwärme ab. Somit ist der Motor vor Überhitzung geschützt. Ähnlich wie bei der Motorkühlung von Kraftwagen, ist an der höchsten Stelle ein Ausgleichsbehälter vorhanden. Dieser gleicht die temperaturbedingten Volumenänderungen der Kühlflüssigkeit aus. Außerdem kann der Fahrer dort den Flüssigkeitsstand über eine Anzeige kontrollieren. Der eingebaute Temperaturfühler steuert die Elektrolüfter abhängig von der Betriebstemperatur und informiert den Fahrer und das Einspritzsystem über die Motortemperatur.

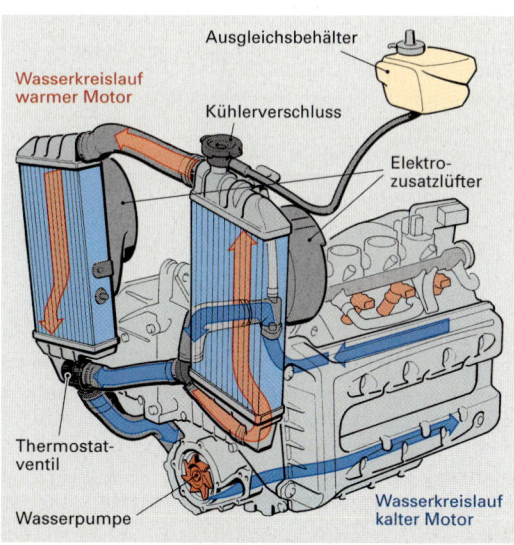

Bild 1: Pumpenumlaufkühlung (Motorradmotor)

5.5 Motorschmierung

Sie erfolgt bei kleineren Zweitaktmotoren meist als Mischungsschmierung mit einem Mischungsverhältnis von 1 : 20 bis 1 : 100. Daneben wird jedoch auch die Frischölschmierung **(Bild 2)** bei Zweitaktmotoren verwendet. Sie hat einen separaten Ölbehälter, wobei auch der Rahmen dazu dienen kann. Eine Kolbenpumpe führt in Abhängigkeit von Motordrehzahl und Gasschieberstellung jeweils eine minimal dosierte Frischölmenge den Schmierstellen und dem Kraftstoff zu.

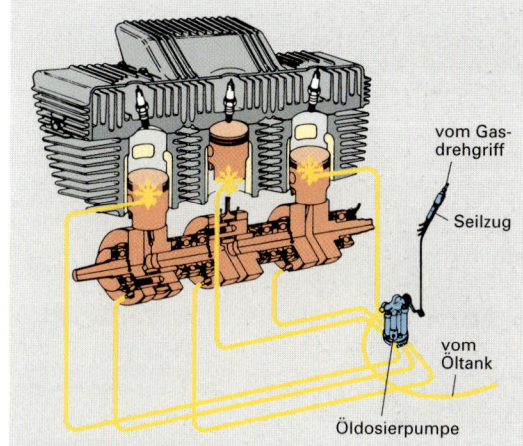

Bild 2: Frischölschmierung

Bei großen Viertakt-Motoren ist eine Druckumlaufschmierung **(Bild 3)** üblich. Sie ist ähnlich aufgebaut wie die bei Pkw-Motoren. Das Öl wird von der Ölpumpe aus der Ölwanne angesaugt, zur Reinigung durch den Ölfilter gepumpt und versorgt Kurbelwellenlager, Pleuellager und Nockenwellen mit Schmieröl. Ein Überdruck- und ein Überströmventil ist ebenfalls vorhanden. Zu niedriger Öldruck wird vom Öldruckschalter erkannt und eine Warnleuchte oder ein Manometer informiert den Fahrer über Störungen.

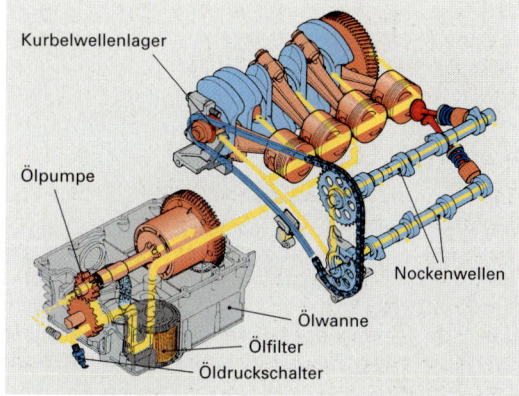

Bild 3: Ölkreislauf einer Druckumlaufschmierung

5.6 Elektrische Anlage

Sie besteht bei Motorrädern meist aus folgenden Hauptbestandteilen:
- Cockpit
- Zentralelektrik
- Startanlage
- Generator
- Zündsystem
- Scheinwerfersystem

Cockpit (Bild 1). Es informiert den Fahrer über fast alle wesentlichen Funktionen am Fahrzeug wie z.B.: Geschwindigkeit, Motordrehzahl, Öldruck, Tankinhalt, Ladeeinrichtung, ABS-Anlage, Blinkanlage, Lichtanlage.

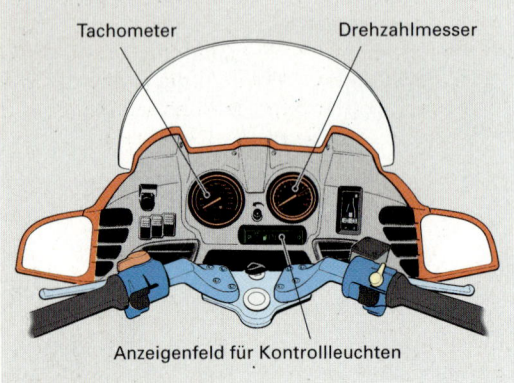

Bild 1: Motorradcockpit

Zentralelektrik. Sie ist in einem Gehäuse untergebracht. Dort befinden sich Sicherungen und Relais für z.B. folgende Einrichtungen: Starter, Benzinpumpe, Hupe, Blink-, Motronic-, ABS-Anlage.

Startanlage (Bild 2). Neben der mechanischen Kickstartanlage, die in den meisten Fahrzeugen noch eingebaut ist, verwendet man heute vorwiegend Elektrostartanlagen. Sie besteht aus einem Elektromotor, der mit einem Übersetzungsgetriebe und einem Ritzel mit Freilaufeinrichtung versehen ist. Bei größeren Motorrädern werden auch Vorgelegestarter, ähnlich wie bei Personenkraftwagen, verwendet.

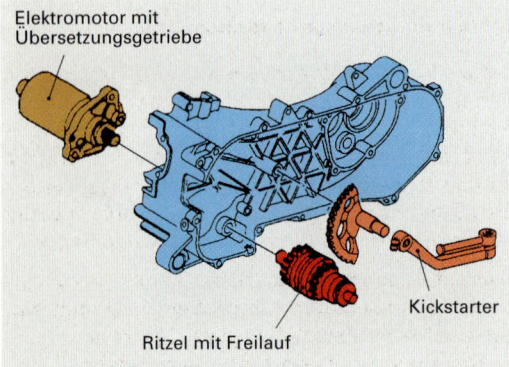

Bild 2: Starter eines Motorrollers

Spannungserzeugung (Bild 3). Bei Kleinmotoren werden meist Generatoranlagen in Kombination mit Magnetzündanlagen verwendet. Das Polrad mit Dauermagneten sitzt fest verschraubt, über einen Keil drehfest gesichert, auf der Kurbelwelle und dreht sich mit ihr. In dem mit dem Motorgehäuse fest verschraubten Spulen wird eine Wechselspannung erzeugt, die gleichgerichtet wird. Mit dieser Spannung wird die Zünd- und Lichtanlage betrieben, bzw. eine vorhandene Batterie geladen.

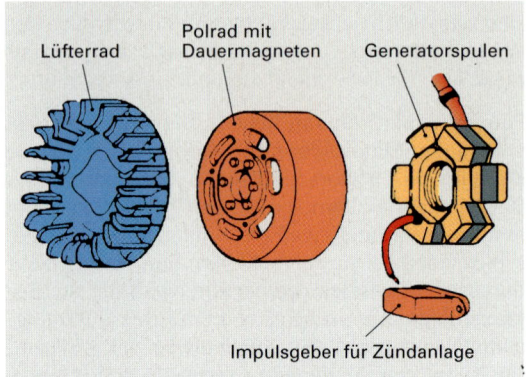

Bild 3: Generatoranlage eines Motorrollers

Bei größeren Motorrädern kommen heute fast ausschließlich folgende Drehstromgeneratoren zum Einsatz. Drehstromgeneratoren mit
- Permanenterregung
- elektromagnetischen Klauenpolläufern.

Drehstromgeneratoren mit Permanenterregung (Bild 4). Bei dieser Ausführung wird der Permanentmagnetrotor von der Kurbelwelle angetrieben. In der feststehenden Dreiphasen-Ständer-Wicklung wird Drehstrom erzeugt. Dieser wird außerhalb in einer elektronischen Baugruppe gleichgerichtet, wobei die Ladespannung auf 14 V begrenzt wird. Es werden Leistungen bis etwa 300 W erreicht.

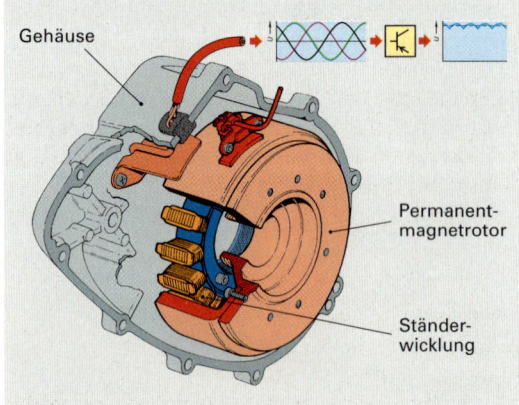

Bild 4: Drehstromgenerator mit Permanenterregung

Regelung (Bild 1). Unterhalb der Regelspannung lädt die erzeugte und gleichgerichtete Spannung die Batterie und versorgt die Verbraucher. Ist die Abregelspannung erreicht, so steuert der elektronische Regler die Thyristoren an, wodurch die Ständerwicklungen auf Masse kurzgeschlossen werden und somit keine Spannung mehr abgeben.

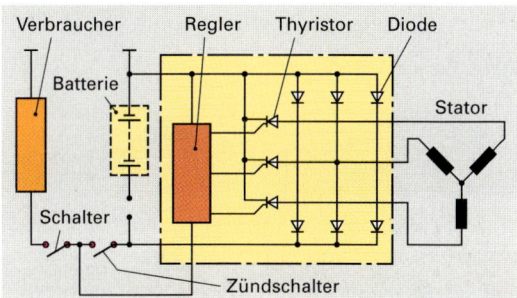

Bild 1: Schaltplan des Drehstromgenerators mit Permanenterregung

Drehstromgeneratoren mit Klauenpolläufer (Bild 2). Der Klauenpolläufer ist mit der Kurbelwelle verschraubt und induziert in der Dreiphasen-Ständer-Wicklung Drehstrom. Dieser wird wie bei Pkw-Generatoren über eine Transistor-Brückenschaltung gleichgerichtet. Über einen Regler wird der Erregerstrom spannungsgeregelt. Es wird eine Ladespannung von 14 Volt und Leistungen bis 850 Watt abgegeben.

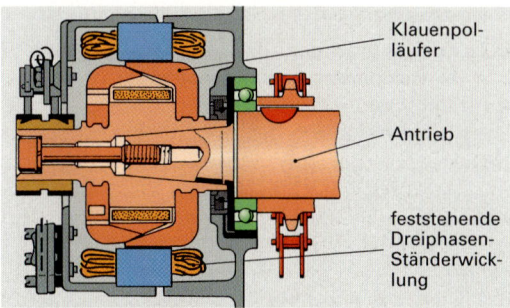

Bild 2: Klauenpolläufer

Zündsysteme. Bei den Krafträdern werden heute vorwiegend elektronisch gesteuerte Zündsysteme verwendet. Man kann sie nach ihrer Funktion in zwei Gruppen einteilen:
- Hochspannungs-Kondensatorzündung ohne oder mit Batterie
- Transistorzündsysteme.

Diese Systeme haben folgende **Vorteile**:
- kein mechanischer Verschleiß
- wartungsfrei
- hohe Sekundärspannung bei hoher Drehzahl
- unempfindlich gegen Kerzenverschmutzung

Hochspannungs-Kondensatorentladungszündung (Bild 3). Sie werden auch als Capacastive Discharge Ignition **(CDI)** bezeichnet.

Funktionsweise. Diese Anlage besitzt eine Kondensatorentladungsspule und einen Zündimpulsgeber. Dreht sich das Polrad mit dem Dauermagneten, so wird in der Kondensatorladespule eine Spannung von 100 V bis 400 V induziert. Diese Spannung wird gleichgerichtet und lädt den Kondensator. Durch die Zündimpulsgeberspule wird im Zündzeitpunkt der Thyristor am Gate angesteuert. Er schaltet durch und wird leitend. Der Kondensator, der in Reihe zur Primärwicklung geschaltet ist, entlädt sich schlagartig und bewirkt sekundärseitig eine hohe Zündspannung. Die Zündverstellung erfolgt drehzahlabhängig und wird über das CDI-Steuergerät gesteuert.

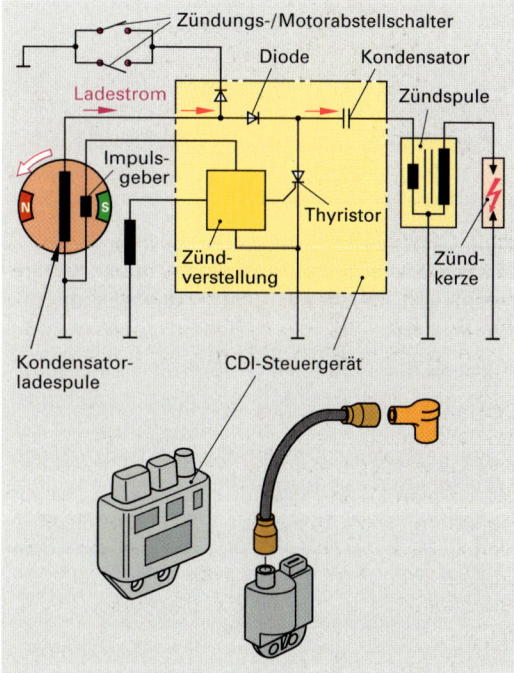

Bild 3: Hochspannungs-Kondensatorzündung

Gleichstrom-CDI-Zündsystem. Bei ihm wird eine Batterie zur Aufladung des Kondensators verwendet. Ein Spannungswandler im Steuergerät verstärkt die Batteriespannung auf 220 V, welche im Kondensator gespeichert wird. Dieses System bietet den Vorteil, dass auch bei niedrigen Drehzahlen eine hohe Zündspannung erzeugt wird.

Transistorzündsysteme. Diese Bauart wird vorwiegend bei Motoren mit großem Hubraum eingebaut. Man unterscheidet zwei Systeme:
- Transistorzündsysteme mit Impulsgeber
- Digital gesteuerte Transistorzündsysteme.

Transistorzündsysteme mit Impulsgeber (Bild 1).

Funktionsweise. Bei dieser Anlage wird die Basis des Transistors vom Impulsgeber angesteuert und der Primärstrom kann fließen. Wird der Basisstrom des Transistors unterbrochen, so wird der Primärstrom abgeschaltet und sekundärseitig wird in der Zündspule Hochspannung induziert. Eine Zündverstelleinrichtung im Steuergerät steuert den Zündzeitpunkt. Über eine Schließwinkelregelung wird die Dauer des Primärstroms bestimmt.

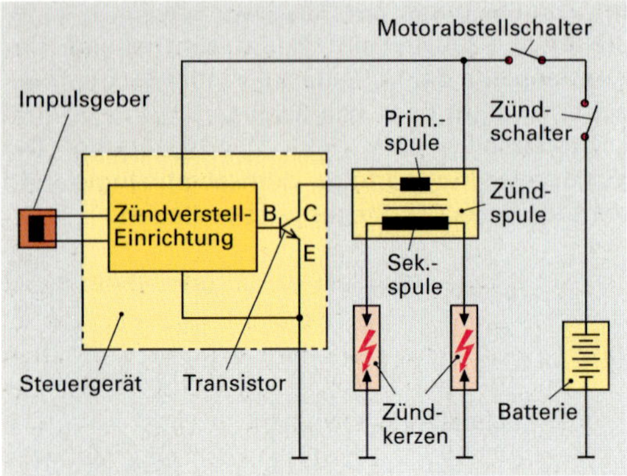

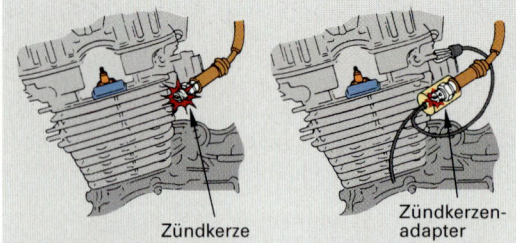

Bild 2: Funkenprobe

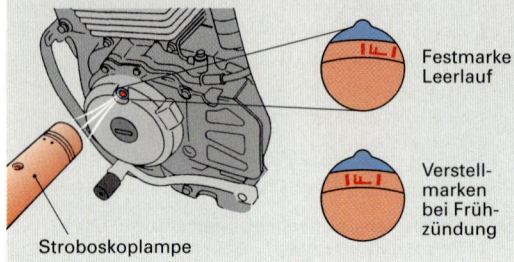

Bild 3: Prüfen des Zündzeitpunktes

Bild 1: Transistorzündanlage

Digital gesteuerte Transistorzündsysteme.

Aufbau. Sie bestehen aus einem oder zwei Impulsgebern, Zündsteuergerät, Zündspule(n) und Zündkerze(n).

Funktion. Ein Impulsgeber informiert das Steuergerät über Motordrehzahl und Kurbelwellenposition. Aufgrund dieser Information ermittelt das Steuergerät den optimalen Zündzeitpunkt aus abgespeicherten Zündkennfeldern.

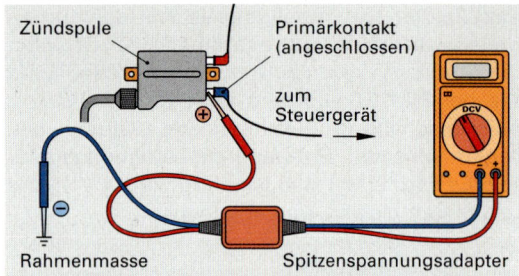

Bild 4: Messen des Primärstromes der Zündspule mit einem Spitzenspannungsadapter

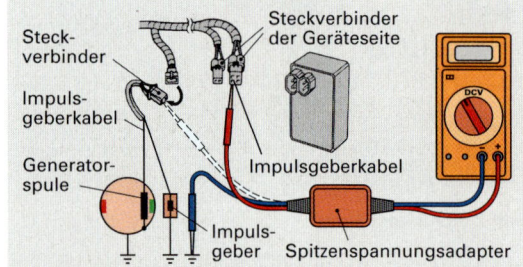

Bild 5: Messung von Impulsgeber und Generatorspule

Prüfarbeiten an Zündanlagen

- **Funkenprobe.** Damit kann geprüft werden, ob ein Zündfunke an der Zündkerze überspringt. Hierbei ist die ausgebaute Zündkerze, die mit dem Kerzenstecker verbunden ist, auf Masse zu klemmen **(Bild 2)**.
- **Zündzeitpunkt-Zündverstellungsprüfung (Bild 3).** Mit Hilfe einer Stroboskoplampe ist z. B. bei Leerlaufdrehzahl und vom Hersteller festgelegter Drehzahl die Markierung anzublitzen. Stimmen die Markierungen mit den Sollwerten für Leerlauf bzw. Frühzündung überein, so ist die Zündverstellung in Ordnung.
- **Primär- und Sekundärspannungsmessung** an der Zündspule mit einem für Hochspannung geeigneten Messgerät (Spitzenspannungsmessgerät) **(Bild 4)**.
- **Spannungsmessung** an der Erregerspule und dem Impulsgeber **(Bild 5)**.
- **Widerstandsmessung** an der Primär- und Sekundärwicklung der Zündspule **(Bild 6)**.

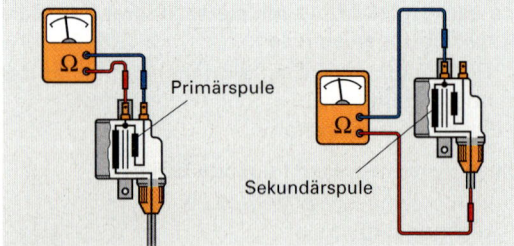

Bild 6: Widerstandsmessung von Primär- und Sekundärspule

5.7 Motronic-Anlage (Bild 1)

Bei Motorrädern mit großem Motorhubraum werden zur Steuerung der Zündung und der Einspritzanlage die Digitale Motor-Elektronik (**DME**) eingebaut. Das Steuergerät erhält folgende **Eingangssignale**:
- Motordrehzahl
- Luft- und Kühlmitteltemperatur
- λ-Signal.

Das Steuergerät errechnet die Einspritzmenge und regelt das Gemisch im λ-1-Bereich. Folgende **Aktoren** werden angesteuert:
- Kraftstoffpumpe
- Kaltstartautomatik
- Elektrolüfter
- Einspritzventile
- Zündanlage

Kraftstoffpumpe. Sie stellt den konstanten Kraftstoffsystemdruck von 3,5 bar bereit.

Einspritzventile. Sie werden masseseitig angesteuert und spritzen einmal pro Kurbelwellenumdrehung die halbe Kraftstoffmenge ein. Bei Kaltstart wird zweimal eingespritzt.

Kaltstartautomatik. Sie arbeitet elektronisch geregelt, indem sie mit einem Stellmotor mit Schneckengetriebe, die Drosselklappenleiste entsprechend anstellt. Somit wird bei allen Betriebszuständen eine stabile Leerlaufdrehzahl eingestellt.

Zündanlage. Das Steuergerät unterbricht den Primärstrom, wodurch der Zündfunken ausgelöst wird.

Notlauf. Fällt ein Eingangssignal aus, wird dies durch das Steuergerät erkannt, im Fehlerspeicher abgelegt und ein Ersatzwert bereitgestellt. Fällt das Drehzahlsignal aus, kann es nicht mehr ersetzt werden und der Motor läuft nicht mehr.

Diagnose. Über den Zentraldiagnosestecker können mit einem Computer alle Informationen zur Fehlerbehebung ausgelesen werden.

5.8 Auspuffanlage

Besonders bei Zweitakt-Motoren sind Auspuffleitung mit Schalldämpfer und die Ansaugleitung mit dem Luftfilter genau aufeinander abgestimmt. Veränderungen führen zum Erlöschen der Betriebserlaubnis und bewirken eine Leistungseinbuße bei bestimmten Drehzahlbereichen.

Die Auspuffanlagen sind aus lackiertem oder verchromtem Stahlblech, seltener aus Edelstahl hergestellt. Liegt der Auspuff in der Nähe von Fußrasten, so wird er mit einem Hitzeschild versehen. Die im **Bild 2** dargestellte zweistufige Motorroller-Rennauspuffanlage besteht aus einem Vorschalldämpfer und einem abschraubbaren Kohlefaserenddämpfer. Werden solche Anlagen eingebaut, muss eine Allgemeine Betriebserlaubnis vorliegen und mitgeführt werden bzw. durch einen vereidigten Sachverständigen in die Betriebserlaubnis eingetragen werden.

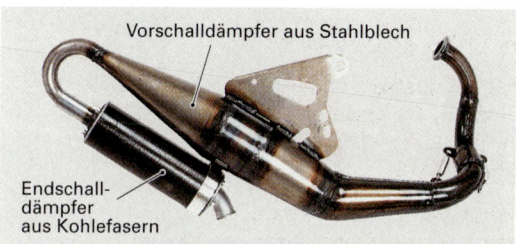

Bild 2: Rennauspuffanlage für Motorroller

Zur Schadstoffreduzierung werden in der Auspuffanlage ungeregelte oder geregelte Metallträger 3-Wege-Katalysatoren verbaut. Bei Motoren mit geregeltem Katalysator, erfasst die beheizte λ-Sonde den Restsauerstoffgehalt und das Steuergerät regelt davon abhängig die Gemischzusammensetzung so, dass ein stöchiometrisches Gemisch von λ = 1 vorhanden ist. Somit ist gewährleistet, dass dabei eine optimale Konvertierungsrate (Umsetzungsrate) der schädlichen Abgasbestandteile in unschädliche Bestandteile erfolgt.

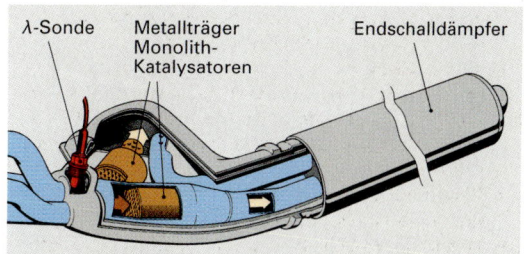

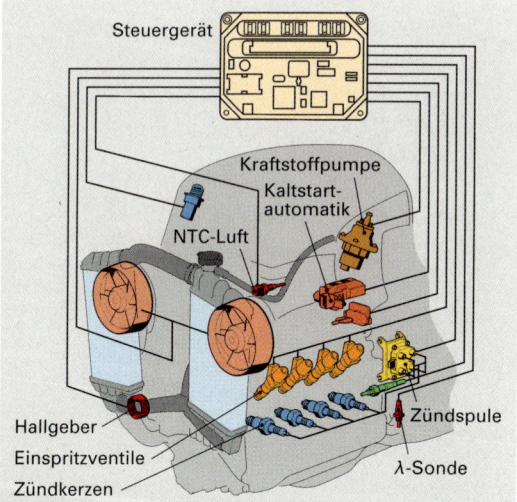

Bild 1: Digitale Motor-Elektronik (Motorradmotor)

Bild 3: Auspuffanlage mit 3-Wege-Katalysator

5.9 Kraftübertragung

Das vom Motor erzeugte Drehmoment wird vom **Primärantrieb (Bild 1)** auf die Kupplung übertragen. Er besteht aus einer Zahnradpaarung oder einer Zahnkette, welche das Drehmoment und die Drehzahl übersetzt. Im 4-Gang-Getriebe mit Fußschaltung erfolgt eine weitere Übersetzung.

Sekundärantrieb. Er überträgt die Antriebskraft vom Getriebe auf das Hinterrad. Es werden **Kettentriebe,** Kardanantriebe oder Zahnriementriebe **(Bild 3)** verwendet.

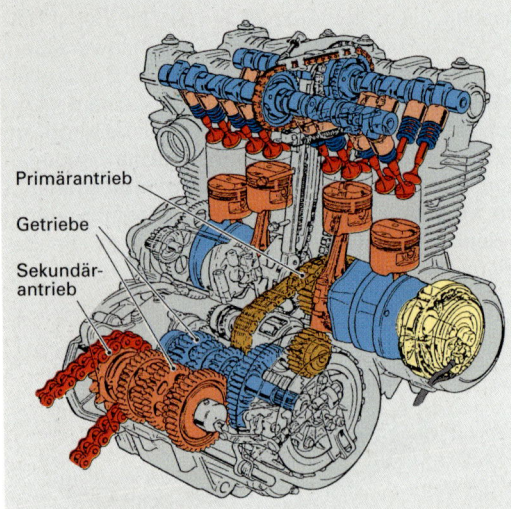

Bild 1: Motorradmotor mit Primärantrieb

Kettenantrieb (Bild 2). Bei dieser Antriebsart werden meist Rollenketten mit O-Ringen oder mit Hülsen verwendet. Es werden endlose Ketten oder geteilte Ketten mit Kettenschloss verwendet. In den Rollen befindet sich eine dauerhafte Schmiermittelfüllung. Die O-Ringe zwischen Rolle und Außenlasche sollen das Austreten des Schmiermittels vermindern. Bei hohen Raddrehzahlen oder hoher Motorleistung nimmt man vorzugsweise endlose Ketten.

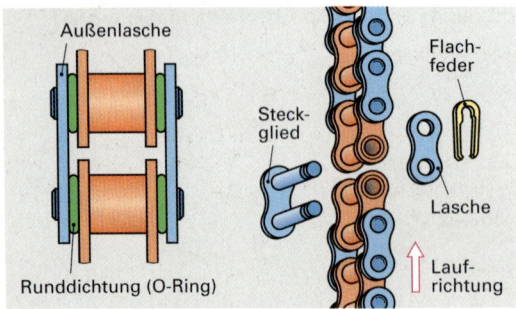

Bild 2: O-Ring Rollenkette und Kettenschloss

Kardanantrieb. Diese Antriebsart wird vorwiegend bei Motorrädern mit höherer Motorleistung angewendet. Die Antriebskraft wird vom Getriebe über eine Kardanwelle vom Antriebsritzel auf das Tellerrad übertragen. Die Übersetzung auf das Hinterrad beträgt meist i ≈ 3,0. Diese Bauart hat trotz hohem Bauaufwand folgende **Vorteile:**
– Wartungsfreiheit   – hohe Betriebssicherheit
– geräuscharmer Lauf   – schmutzunempfindlich.

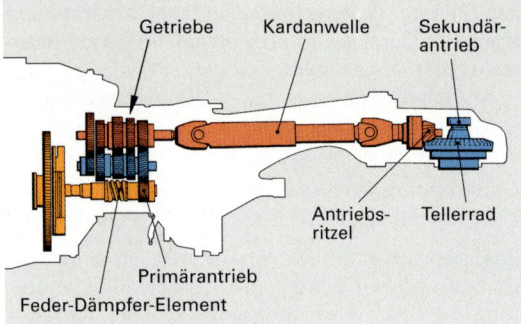

Bild 3: Antrieb mit Kardanwelle

Getriebe (Bild 4). Motorräder haben meist geradeverzahnte fußgeschaltete Schaltklauengetriebe. Die Antriebswelle, die mit einem Anfahrdämpfer (Feder-Dämpfer-Element) **(Bild 3)** versehen ist, treibt die Nebenwelle an. Auf der Nebenwelle und der Abtriebswelle sitzen die über die Schaltgabeln betätigten Schalträder. Der Fahrer betätigt beim Schalten über den Fußhebel die Schaltklinke. Diese wiederum verdreht die Schaltwalze und verschiebt über die Schaltkulissen die Schaltgabeln und Schalträder. Die Gänge werden durch Anheben hoch- oder durch Drücken des Fußhebels heruntergeschaltet (sequentielle Schaltung).

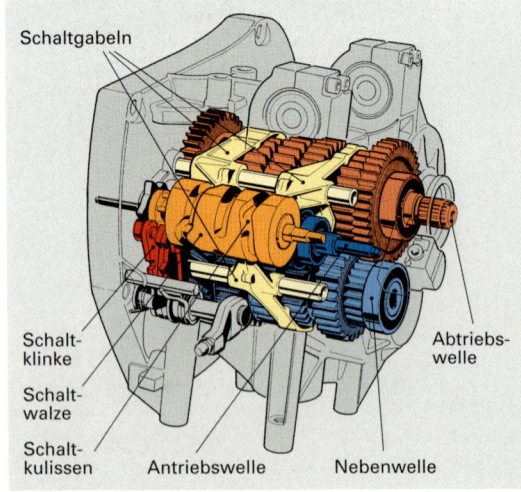

Bild 4: 6-Gang Motorradgetriebe

5 Zweiradtechnik

5-Gang-Schaltklauengetriebe (Bild 1). Das dargestellte Getriebe ist ungleichachsig. Alle Zahnräder sind ständig im Eingriff.

Die Gangräder z_1 (1. Gang) und z_3 (2. Gang) sitzen drehfest und axial nicht verschiebbar auf der Antriebswelle. Das Schaltrad z_5 (3. Gang) ist ebenfalls drehfest aber axial nach links und rechts verschiebbar auf der Antriebswelle gelagert.

Die Schalträder z_8 (4. Gang) und z_{10} (5. Gang) sind auch drehfest und axial verschiebbar auf der Abtriebswelle gelagert.

Ein Gang wird geschaltet, indem das für diesen Gang zuständige Schaltrad mit der Schaltgabel auf das entsprechende Gangrad geschoben wird. Nach vollzogenem Schaltvorgang greifen die Schaltklauen des Schaltrades in die Aussparungen des Gangrades.

Vor dem Schalten müssen die entsprechenden Schalträder und Gangräder auf gleiche Drehzahl gebracht werden. Diese Synchronisation geschieht selbsttätig durch Unterbrechung des Kraftflusses beim Betätigen des Schalthebels.

Wird der Kraftfluss von einem kleineren Zahnrad auf der Antriebswelle zu einem größeren Zahnrad auf der Abtriebswelle geführt, so erfolgt eine Drehmomenterhöhung und eine Drehzahlübersetzung ins Langsamere.

Bei Schaltklauengetrieben werden die Gänge durch eine Folgeschaltung (sequentielle Schaltung) mit Hilfe eines Fußhebels durchgeschaltet.

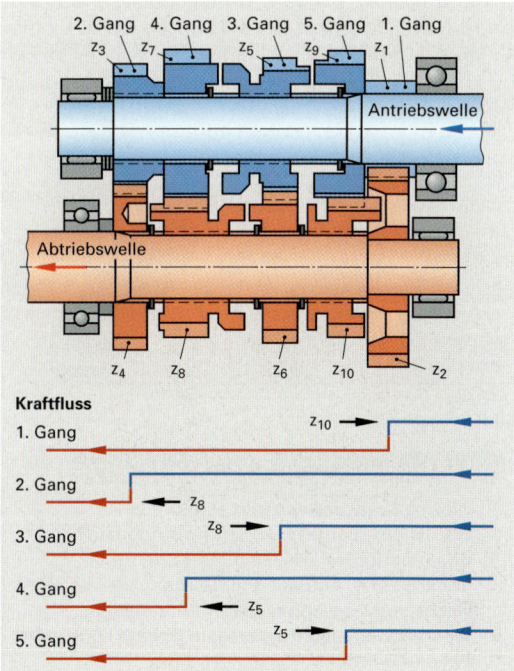

Bild 1: 5-Gang-Schaltklauengetriebe

Ziehkeilgetriebe (Bild 2). Sie werden für kleinere Krafträder verwendet, benötigen wenig Platz und lassen sich leicht schalten. Für die Übertragung großer Drehmomente sind sie jedoch nicht ausgelegt. Das im Bild dargestellte 5-Gang-Ziehkeilgetriebe ist ungleichachsig.

Die Zahnräder der Antriebswelle (Gangräder) sind fest mit dieser verbunden, die Zahnräder der Abtriebswelle (Schalträder) laufen als Losräder. Die Abtriebswelle ist als Hohlwelle ausgebildet und an den Lagerstellen der Schalträder durchbohrt. In den Bohrungen befinden sich Kugeln, die nach außen in die Nuten der Schalträder gedrückt werden können. Diese Kugeln stellen im geschalteten Zustand die formschlüssige Verbindung zwischen Antriebswelle und Schalträdern her.

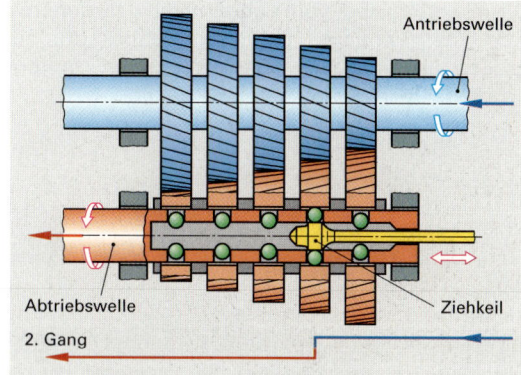

Bild 2: 5-Gang-Ziehkeilgetriebe

In der Hohlwelle befindet sich ein Ziehkeil, der zum Schalten der einzelnen Gänge axial bewegt werden kann. Dieser Ziehkeil drückt im gewählten Gang die Kugeln nach außen an die Nuten des entsprechenden Schaltrades **(Bild 3)**. Dadurch wird das Schaltrad mit der Getriebeabtriebswelle drehfest verbunden, der Gang ist geschaltet und der Kraftfluss hergestellt.

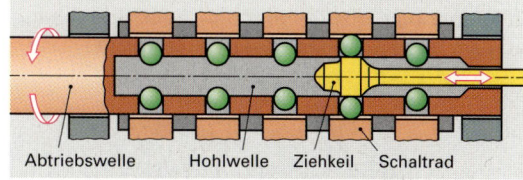

Bild 3: Verbindung Schaltrad-Getriebewelle

Gesamtübersetzung des Triebwerks i_{ges}.
Sie ergibt sich aus den Teilübersetzungen von Primärantrieb i_P, Getriebeübersetzung i_G und Sekundärantrieb i_S.

$$i_{ges} = i_P \cdot i_G \cdot i_S$$

z. B. 4. Gang: $i_{ges} = 1{,}29 \cdot 1{,}74 \cdot 3{,}04 = 6{,}82$

5.10 Fahrdynamik

Stabilisierung durch Kreiselpräzession (Bild 1). Motorräder sind einspurige Fahrzeuge, die sich beim Fahren in einem labilen Gleichgewicht befinden. Sie werden durch die Kreiselkräfte stabilisiert. Kippt ein sich drehendes Rad in Fahrtrichtung nach rechts, so spürt man eine Kraft um die Hochachse z. Sie schwenkt ein drehendes Vorderrad nach links. Diese Kraft ist umso größer, je größer die Drehgeschwindigkeit des Rades ist. Wird hingegen beim fahrenden Motorrad das Vorderrad nach links eingeschlagen, so bewirkt dies beim Fahren ein Kippen nach rechts. Durch diese beiden Wirkungen schwingt ein Motorrad beim Fahren ständig um die Mittelstellung, da dauernd Stabilisierungsvorgänge stattfinden. Diese werden aber vom Fahrer nicht wahrgenommen, da Reibungs- und Dämpfungskräfte zu große Lenk- oder Kippbewegungen unterdrücken.

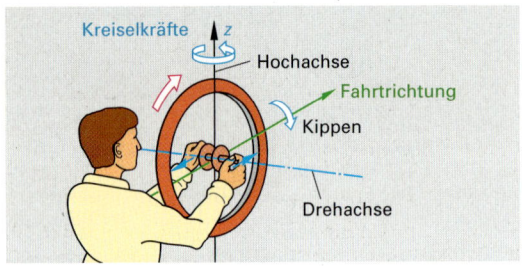

Bild 1: Kreiselpräzession

Wirkung des Nachlaufes (Bild 2). Der Nachlauf ist der Abstand des Durchstoßpunktes der Lenkachse zum Radaufstandspunkt auf der Fahrbahn. Durch Reibungskräfte oder Bremskräfte, die am Radaufstandspunkt wirken, entsteht z. B. am eingeschlagenen Rad ein Rückstellmoment M_R. Es ist umso größer, je größer der Nachlauf oder je größer der Einschlagwinkel ist. Es zieht das Rad in Geradeausstellung und stabilisiert das Fahrzeug. Eine geringe Flatterneigung, Lenkrückstellung und ein guter Geradeauslauf wird erreicht.

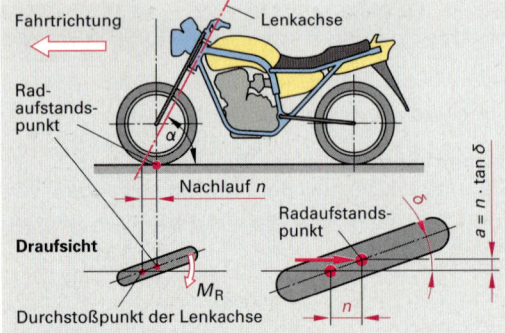

Bild 2: Nachlauf beim Motorrad

Kurvenfahrt. Beim Motorradfahren wird bei schneller Fahrt die Kurvenfahrt durch einen geringen Lenkeinschlag eingeleitet. Soll z. B. eine Kurve nach links gefahren werden, so wird kurz nach rechts gelenkt und das Fahrzeug kippt durch die Kreiselpräzession nach links. Die Stabilisierung bei idealer Kurvenfahrt erfolgt am Motorrad durch folgendes Momentengleichgewicht (**Bild 3**).

$$G \times l_1 = F_z \times h_S$$

Das Moment, gebildet aus Gewichtskraft und Schwerpunktabstand ist gleich mit dem Moment aus Zentrifugalkraft und Schwerpunktshöhe.

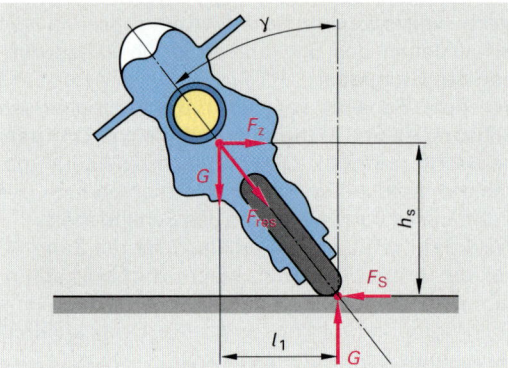

Bild 3: Momentengleichgewicht bei Kurvenfahrt

Da jedoch der Reifenaufstandspunkt beim realen breiten Reifen nicht in der Mitte liegt, wie im **Bild 3** gekennzeichnet, sondern weiter innen, ergibt sich ein kleineres Moment $G \times l_2$ (**Bild 4**), weil l_2 kleiner ist als l_1. Damit das Gleichgewicht wieder hergestellt ist, muss das Motorrad mit mehr Schräglage gefahren werden.

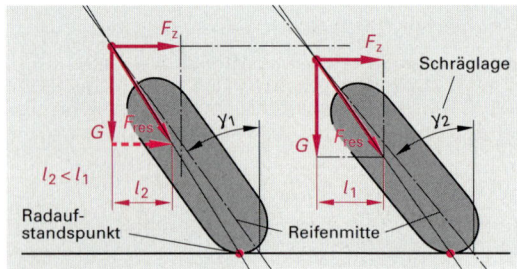

Bild 4: Reale Kurvenfahrt

WIEDERHOLUNGSFRAGEN

1. Welche Kraftradarten gibt es?
2. Wie ist eine Lamellenkupplung aufgebaut?
3. Wie funktioniert die Frischölschmierung?
4. Erklären Sie Aufbau und Wirkungsweise einer Hochspannungskondensator-Zündanlage.
5. Was versteht man unter dem Primär- und dem Sekundärantrieb?
6. Welche Vorteile haben O-Ring-Rollenketten?

5.11 Motorradrahmen

Er ist das tragende Element des Kraftrades und soll eine verwindungssteife Verbindung zwischen dem Vorderrad und der Hinterradaufhängung herstellen.

Anforderungen an den Rahmen:
- geringes Gewicht
- hohe Tragfähigkeit
- verwindungssteif
- hohe Bruchdehnung
- schwingungsarme Aufnahme des Motors
- ansprechendes Design.

Man unterscheidet Rohr-, Pressstahl-, Leichtmetall-Druckguss-Rahmen und Leichtmetall-Rahmen in Profilbauweise.

Rahmenbauarten. In Motorrädern werden je nach Anforderungen die unterschiedlichsten Rahmen verbaut. Der im **(Bild 1)** dargestellte Einschleifen-Rohrrahmen ist aus Vierkantstahlrohr gefertigt. Der Motor ist als mittragendes Element integriert. Ein zusätzlicher Rahmenunterzug versteift die Konstruktion.

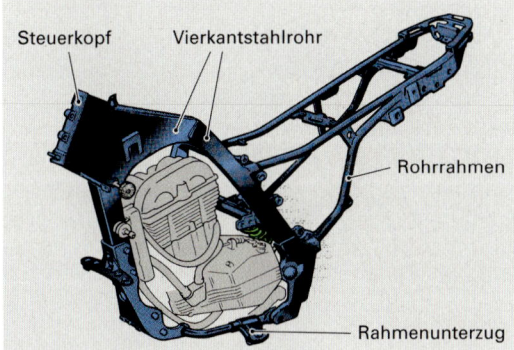

Bild 1: Einschleifen-Rohrrahmen

Doppelschleifen-Rahmen (Bild 2). Er ist aus Stahlrohren und Stahlschmiedeteilen zusammengeschweißt und bietet eine höhere Stabilität als Einschleifen-Rahmen.

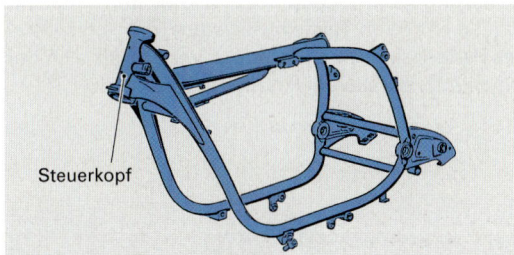

Bild 2: Doppelschleifen-Rahmen

Brücken-Rohrrahmen (Bild 3). Er ist aus Stahlrohren geschweißt und wird auch als offener Rahmen bezeichnet. Die Entkopplung von Motorschwingungen ist schwierig durchzuführen.

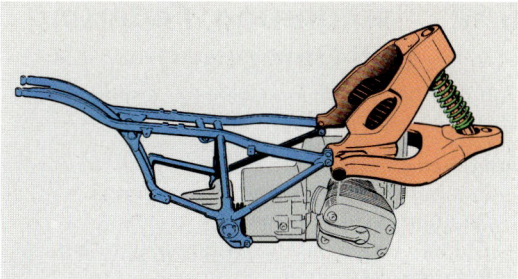

Bild 3: Brücken-Rohrrahmen

Brückenrahmen mit Kastenprofilen (Bild 4). Diese sehr biege- und verwindungssteife Bauform besteht aus einer Aluminium-Schweiß-Gusskonstuktion in Wabenform mit Stegen und Hohlräumen. Dadurch wird höchste Steifigkeit auf kleinstem Raum erreicht.

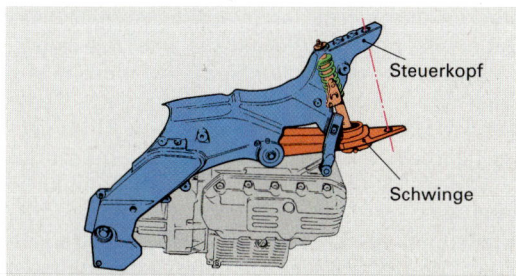

Bild 4: Brückenrahmen mit Kastenprofilen

Aluminium-Rahmen in Profilbauweise (Bild 5). Diese Bauart ist auf Gewicht und Steifigkeit optimiert. Durch die Profilgestaltung kann der Rahmen optimal angepasst werden.

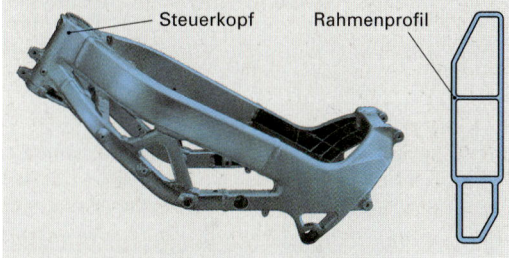

Bild 5: Aluminium-Rahmen

Gitterrohrrahmen (Bild 6). Er ist ein geschweißtes Tragwerk aus Stahlrohren und damit eine sehr verwindungssteife Konstruktion.

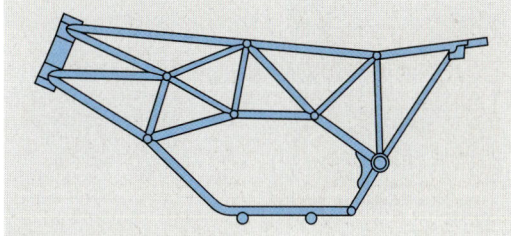

Bild 6: Gitterrohrrahmen

5.12 Radführung, Federung und Dämpfung

Von ihrer konstruktiven Gestaltung hängen Fahrverhalten und Fahrkomfort ab.

Aufgaben
- Fahrbahnstöße mindern und dämpfen
- Radführung übernehmen
- Brems- und Beschleunigungskräfte auf den Rahmen übertragen.

Vorderradführung. Folgende Bauarten werden angewendet:
- Teleskopgabeln   – Upside-Down-Gabel
- Telelever-System   – Aschsschenkellenkung.

Teleskopgabel (Bild 1). Das Lenkrohr ist im Steuerkopf des Rahmens gelagert. Durch die Gabelbrücken und die geklemmte Achse erhält diese Gabel eine hohe Steifigkeit. Die zwei teleskopartig ineinander gleitenden Rohre (Standrohr und Gleitrohr) werden durch eine integrierte Feder gefedert. Eine kleine Feder oder eine Gummifeder oberhalb der Dämpfungsstange begrenzt das Ausfedern. Das oberhalb des Kolbens befindliche Luftpolster wird beim Einfedern zusammengedrückt und ergibt eine progressive Federkennung. Die hydraulische Dämpfereinheit befindet sich im unteren Teil der Gabel. Beim Einfedern wird das Dämpferöl im unteren Raum verdrängt und strömt durch die Bohrungen der Ventileinheit. Diese hat in der Druckstufe eine geringe Dämpfwirkung, damit das Rad leicht und stoßfrei einfedert. Beim Ausfedern muss das Öl wieder zurückströmen. Dies wird aber durch Dämpferventile erschwert, wodurch die Zugstufe härter wird. Dadurch wird eine gute Dämpfwirkung und ein feinfühliges Ansprechen erzielt.

Upside-Down-Gabel. Bei dieser Bauart ist das Bauprinzip genau umgekehrt. Das stabilere Außenrohr ist als Standrohr ausgeführt. Das Gleitrohr, an dem die Achse befestigt ist, federt bei dieser Ausführung ein. Sie wird bei Motorrollern häufig eingesetzt und hat eine hohe Biegefestigkeit und Steifigkeit. Die Abdichtung des Dämpferrohrs ist aufwendiger.

Telelever-System (Bild 2). Bei diesem System ist die Gabelbrücke oben in einem Kugelgelenk im Rahmen gelagert. Der schwenkbar gelagerte Längslenker übernimmt die Führung des Vorderrades. Er wird durch ein gedämpftes Federbein gefedert. Das System hat folgende **Vorteile**:
- feinfühliges Ansprechverhalten durch geringe Reibung
- hohe Fahrstabilität beim Einfedern durch Nachlaufvergrößerung
- Anti-Dive-Effekt beim Bremsen.

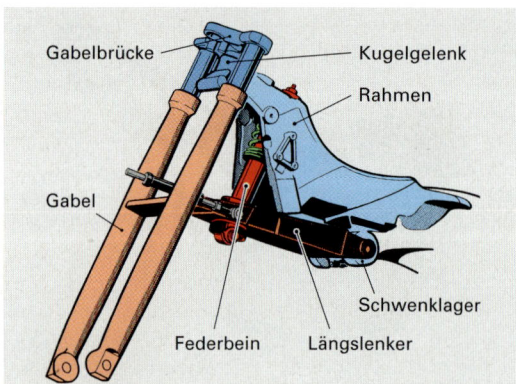

Bild 2: Telelever-System

Achsschenkellenkung. Bei dieser Ausführung wird das Rad durch zwei Schwingen geführt. Die Federung und Dämpfung erfolgt in ähnlicher Weise wie beim Telelever-System über ein zentrales Federbein. Beim Einfedern vergrößert sich der Nachlauf und die Lenkstabilität nimmt zu.

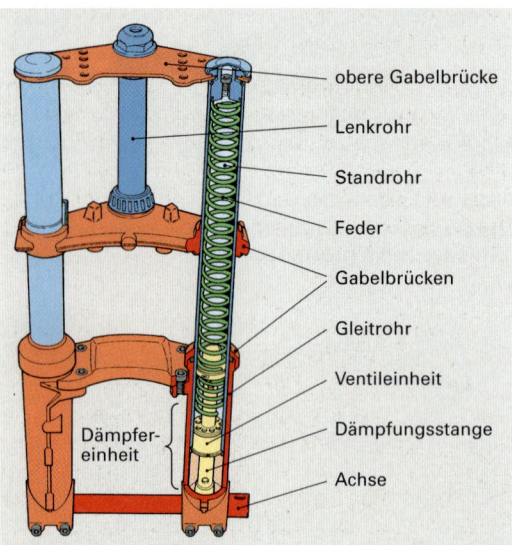

Bild 1: Teleskopgabel

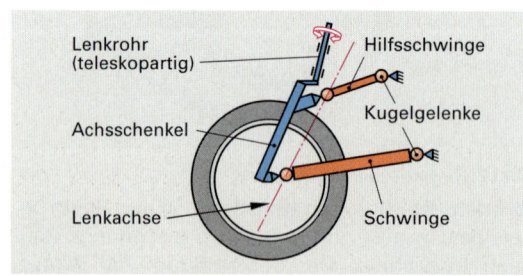

Bild 3: Achsschenkellenkung

Hinterradführung. Die Räder können durch folgende Systeme geführt werden:
- Zweiarmschwinge
- Einarmschwinge
- Cantilever-Federung
- Schwinge mit Hebel.

Die Schwingen stützen sich über Federbeine gegen den Rahmen ab. Durch die entsprechende Anlenkung der Federbeine und Hebel wird das Federungsverhalten, der Fahrkomfort und die Straßenlage beeinflusst.

Zweiarmschwinge (Bild 1). Diese Bauart kann als geschweißte Rohrkonstruktion aus Stahlrohren oder heute meist aus Aluminium in Kastenprofilbauweise hergestellt sein. Sie wird über eine drehbare Achse im Rahmen gelagert und nimmt zentral an der Querstrebe das Federbein und im hinteren Teil das Rad auf. Diese Konstruktion hat eine hohe Steifigkeit, der Radausbau ist aber aufwendiger im Vergleich zu Einarmschwingen.

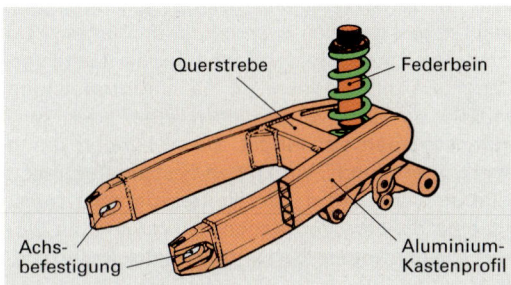

Bild 1: Zweiarmschwinge

Einarmschwingen. Die asymetrisch ausgeführte Schwinge in Aluminium-Kastenprofilbauweise wird im Rahmen oder am Motor drehbar gelagert und über ein zentrales Federbein gefedert. Das Rad wird durch eine Zentralverschraubung befestigt. Deshalb ist ein Radwechsel einfacher durchzuführen.

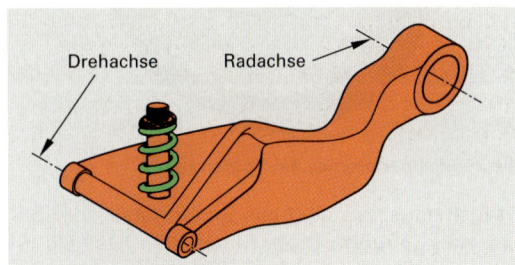

Bild 2: Einarmschwinge

Paralever-System (Bild 3). Es besteht aus einer Einarmschwinge und einer Schubstange. Die Schwinge führt das Rad und die Schubstange beeinflusst positiv das Federungsverhalten bei Lastwechsel. Große Aufstellmomente werden verhindert. Ein zentrales Federbein kann in der Federkennung und Dämpfung stufenlos eingestellt werden.

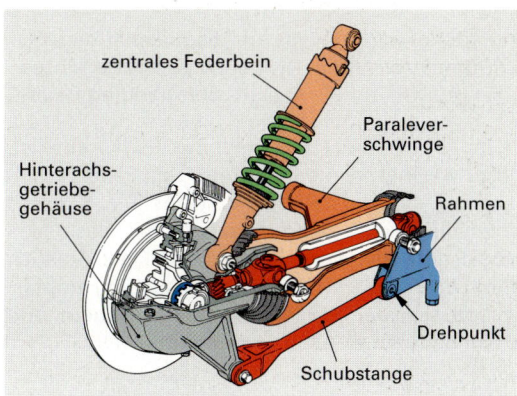

Bild 3: Paralever-System

Pro-Link-System (Bild 4). Die Schwinge dieser Federung ist im Rahmen gelagert. Das Federbein stützt sie über ein Hebelsystem ab. Federt das Rad ein, so ergibt sich ein kleiner Federweg auf das Federbeinlager. Bei weiterer Einfederung streckt sich das Hebelsystem und die Auslenkung und die Federkennung nimmt somit progressiv zu.

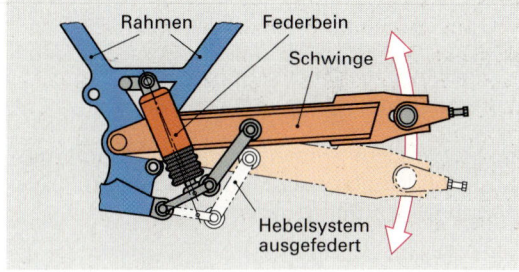

Bild 4: Pro-Link-System

Cantilever-Federung (Bild 5). Sie ist eine Hinterradfederung mit Winkelschwinge und einem im Tanktunnel zentral angeordneten Federbein. Bei diesem System sind große Federwege möglich und gute Dämpfung der Fahrbahnstöße erzielbar. Die steife Hinterradschwinge bewirkt eine stabile Führung des Motorrads.

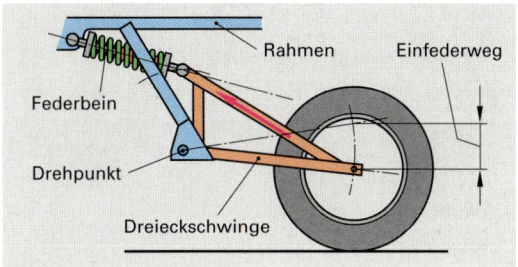

Bild 5: Cantilever-Federung

Dämpfungsverhalten bei Vorderradgabeln. Das Feder- und Dämpfungsverhalten wird durch folgende Komponenten beeinflusst:

- Federlänge
- Dämpferöl
- Federkennlinie
- ungefederte Masse von Rad und Reifen.

Je länger die Feder z. B. bei einer Federgabel ist, desto weicher ist die Federung. Das Federverhalten wird vom Hersteller so eingestellt, z. B. durch unterschiedliche Windungsabstände, dass sich eine progressive Kennlinie ergibt. Man kann auch durch Erhöhen der Ölfüllmenge das Luftkammervolumen in der Vorderradgabel verringern und erhält dadurch eine härtere Kennlinie.

Wartungshinweise

- Gabelöl nach Herstellervorschrift wechseln, damit Verschleiß und Dämpferwirkung erhalten bleibt.
- Richtige Ölmenge einfüllen, denn zu viel Öl bewirkt hartes Federverhalten.
- Gabeldichtringe auf Dichtheit prüfen.

Dämpfungsverhalten bei hinteren Federbeinen. Das Dämpfungs- und Federungsverhalten kann zusätzlich durch folgende Faktoren beeinflusst werden:

- Einstellung der Federvorspannung
- Einstellung von Zug- und Druckstufe.

Bei Motorrädern werden vorwiegend Einrohrgasdruckstoßdämpfer oder Einrohrdämpfer mit Ausgleichbehälter **(Bild 1)** verwendet.

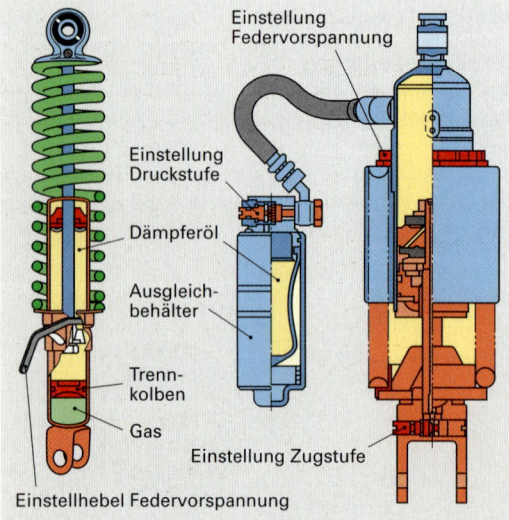

Bild 1: Einrohr- und Gasdruckdämpfer

Einrohrdämpfer. Bei ihnen kann nur die Druckstufe des Dämpfers verstellt werden. Bei Einrohrdämpfer mit Ausgleichbehälter kann die Druck- und die Zugstufe verstellt werden. Durch die Druckstufe wird das Einfederverhalten, durch die Zugstufe das Ausfederverhalten bestimmt werden.

5.13 Bremsen

Scheibenbremsen (Bild 1). Sie werden heute überwiegend bei Motorrädern und Motorrollern sowohl an Vorderrädern als auch an Hinterrädern verwendet. Die Handbremse wirkt meist auf das Vorderrad, die Fußbremse auf das Hinterrad. Die Betätigung erfolgt hydraulisch.

Bremsscheiben. Sie sind aus Edelstahl gefertigt und sind bei größeren Motorrädern schwimmend gelagert. Sie sind geschlitzt oder spiralförmig gelocht. Dadurch wird ein rasches gleichmäßiges Ansprechen bei Nässe erzielt, weil Wasser und Schmutz schnell von der Scheibenoberfläche verdrängt werden können. Je nach Motorleistung werden an den Vorderrädern eine oder zwei Bremsscheiben verwendet. Diese können durch Zwei- oder durch Vierkolben-Festsattelbremsen betätigt werden. An den Hinterrädern ist meist nur eine Scheibe vorhanden, die durch eine Ein- oder Zwei-Kolben-Schwimmsattelbremse betätigt wird.

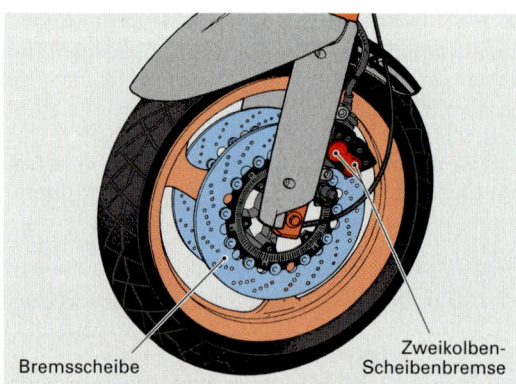

Bild 2: Scheibenbremse am Vorderrad

Bremsbeläge. Sie sind aus Sintermetall oder Semimetall gefertigt. Diese Materialien besitzen einen gleichbleibend hohen Reibwert in allen Betriebszuständen.

Trommelbremsen. Sie sind als Innenbackenbremsen bei Mofas an Vorder- und Hinterrädern noch gebräuchlich. Der mechanisch betätigte Bremshebel verdreht den Bremsnocken, wodurch die Bremsbacken gegen die Innenseiten der Bremstrommel gepresst werden.

Bremskraftgesteuertes Servomechanik-Bremssystem CBS (Combined Brake System) mit **Antriebsschlupfsystem TCS** (Traction Control System).

> Dieses kombiniert gebaute **CBS-TCS-System (Bild 1)** wird in Motorräder mit hoher Motorleistung eingebaut und ergibt optimale Fahrsicherheit und Fahrstabilität beim Bremsen und Beschleunigen.

- **CBS-System** passt die Bremskraftverteilung auf Vorder- und Hinterrad optimal auf den Fahr- und Beladungszustand an
- **ABS-System** verhindert das Blockieren der Räder beim Bremsen
- **TCS-System** soll Durchdrehen des Antriebsrades beim Beschleunigen verhindern.

CBS-System. Es ist eine servo-mechanische Einrichtung, die keinerlei elektrische Komponenten besitzt. Der kurze Radstand und die hohe Schwerpunktslage des Motorrads bewirken beim Bremsen aus hohen Geschwindigkeiten eine starke dynamische Radlastverteilung. Deshalb wird über ein ausgeklügeltes servomechanisches System der Bremsdruck entsprechend der Radlast auf Vorder- und Hinterrad verteilt. Der Bremsdruck wird so dosiert, dass ein gleichförmiges Ansprechverhalten erzielt wird. Der Fahrer kann das Motorrad über Hand- und/oder Fußhebel abbremsen. Die vom System bewirkte Bremsdruckverteilung ist abhängig von
- Geschwindigkeit   – Fahrbahnbeschaffenheit
- Fahrzeuggewicht   – Schwerpunktshöhe.

Das System bietet folgende **Vorteile**:
- Zwei voneinander unabhängige Bremskreise
- gleiche einfache Bedienung der Bremse
- keine gegenläufige Störeinflüsse von Hand- und Fußbremse
- Bremsgefühl an Hand- und Fußbremse bleiben erhalten.

Wirkungsweise.
Bremsen nur mit dem Handhebel. Der Bremsdruck wirkt auf die beiden äußeren Bremskolben der Vorderradbremse. Dabei überträgt eine ausgeklügelte Mechanik einen Teil der Bremskraft auf den Sekundärhauptzylinder. Dieser erzeugt dann einen Druck, der über das zwischengeschaltete Proportionalventil auf die beiden äußeren Kolben der Hinterradbremse wirkt. Das Ventil kann eine 3-stufige Bremskraftverteilung durchführen.

Bremsen nur mit dem Fußhebel. Der Bremsdruck wirkt auf den mittleren Kolben des Hinterrades und in der ersten Phase über das Verzögerungsventil nur auf den linken mittleren Kolben des Vorderrades. Dadurch ergibt sich ein sanftes Ansprechen der Bremse, da der Druck am Vorderrad um etwa 50 % reduziert wird. Mit steigendem Bremsdruck steuert das Verzögerungsventil Druck auf die rechte Vorderradbremszange ein. Der typische Bremsnickeffekt, der beim Bremsen mit der Vorderradbremse auftreten kann, wird durch diese Maßnahme stark reduziert.

ABS-TCS-System. Es besteht aus folgenden Baugruppen:
- Drehzahlsensoren   – Druckmodulatoren
- Driver-Einheit   – Steuergerät.

Wirkungsweise. Beim Einschalten der Zündung erfolgt eine Selbstdiagnose durch das Steuergerät. Bei Defekten wird das System ausgeschaltet und der Fahrer durch eine Warnleuchte informiert. Werden Antriebsschlupf oder Blockiertendenzen vom Steuergerät festgestellt, so wird über die Driver-Einheit der Druckmodulator angesteuert. Ein integrierter Elektromotor betätigt bei Blockierneigung einen Steuerkolben, der den Bremsdruck so regelt, dass ein Blockieren vermieden wird. Neigt das Hinterrad beim Beschleunigen zum Durchdrehen, so greift das TCS-System ein und das Steuergerät nimmt die Zündung zurück, bis die Schlupfneigung nicht mehr vorhanden ist. Eine Betriebsleuchte informiert hierbei den Fahrer.

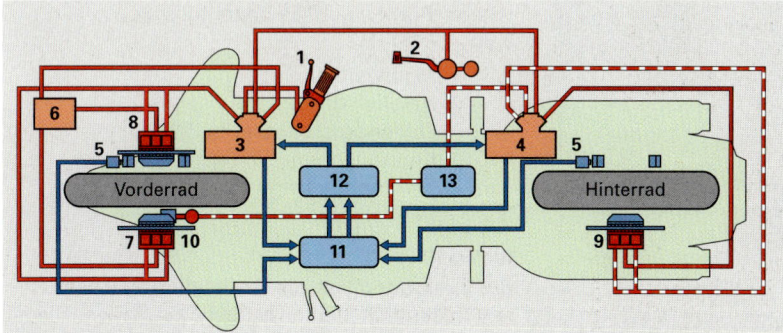

1. Handbremshebel
2. Bremspedal
3. Modulator vorn
4. Modulator hinten
5. Drehzahlsensoren
6. Verzögerungsventil
7. Bremszange links, vorn
8. Bremszange rechts, vorn
9. Bremszange hinten
10. Sekundärhauptzylinder
11. Elektron. Steuergerät
12. Driver-Einheit
13. Proportionalventil

Bild 1: CBS-ABS-TCS-System

Antiblockiersystem (Bild 1).

Es wird zusätzlich zur hydraulischen Bremsanlage in Motorräder mit höherer Motorleistung eingebaut, um die Fahrstabilität beim Bremsen zu erhöhen.

Aufbau: Das System besteht aus den im **Bild 1** dargestellten elektrischen und hydraulischen Komponenten.

Funktionsweise. Beim Drehen des Fahrtschalters wird zuerst ein Selbsttest durchgeführt. Sind alle Komponenten intakt, so ist das System betriebsbereit. Die Drehzahlsensoren erfassen die Raddrehzahl und das Steuergerät errechnet den Schlupf. Beim Bremsen ohne Blockierneigung lässt das ABS die beiden Bremskreise (Vorder- und Hinterradkreis) unbeeinflusst. Der jeweilige vom Fahrer erzeugte Bremsdruck wirkt auf die beiden Bremszangen. Beim Bremsen mit Blockierneigung wird der Elektromagnet im betreffenden Druckmodulator vom elektronischen Steuergerät angesteuert. Der Regelkolben wird nach unten gezogen und das Kugelventil schließt den Durchgang zur Bremszange. Durch den weiter nach unten gehenden Regelkolben ergibt sich eine Volumenvergrößerung und somit ein rascher Druckabbau im Bremskreis. Das Rad wird wieder beschleunigt. Dieser Regelvorgang wiederholt sich so lange, bis keine Blockierneigung mehr auftritt. Dann wird der Druckmodulator vom Steuergerät wieder auf Durchgang umgeschaltet.

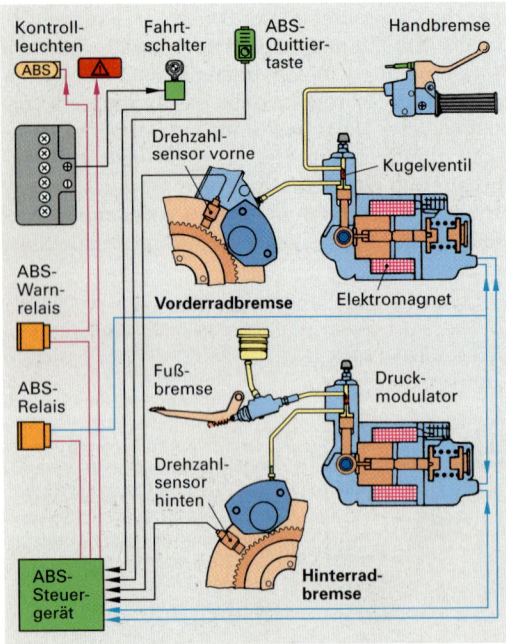

Bild 1: Antiblockiersystem

5.14 Räder, Reifen

Räder

Sie sollen den Reifen aufnehmen und Brems- und Beschleunigungskräfte übertragen. Hierbei werden an sie folgende Anforderungen gestellt:
- Geringe Masse
- hohe Formfestigkeit und Elastizität
- guter Rundlauf.

Bei Zweirädern werden folgende Bauarten verwendet:

Drahtspeichenräder (Bild 2). Die Felge ist aus Stahl oder Aluminium, die Drahtspeichen sind aus Stahl gefertigt. Man kann je nach Bauausführung Reifen mit Schlauch oder auch Schlauchlosreifen montieren. Diese Räder werden heute vorwiegend bei Geländemaschinen verwendet, da sie eine hohe Elastizität bei geringem Gewicht besitzen.

Leichtmetallräder (Bild 3) Sie werden als einteilige Räder aus Aluminiumdruckguss meist für Schlauchlosreifen hergestellt und bei Mofas, Rollern und Motorrädern verwendet.

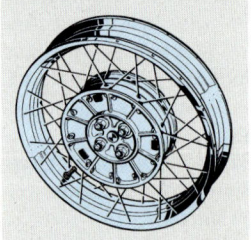 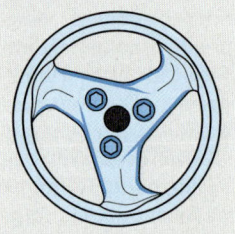

Bild 2: Drahtspeichenrad   Bild 3: Gegossenes Rad

Verbundräder. Sie sind aus Aluminiumdruckguss gefertigt, besitzen gute Rundlaufeigenschaften und sind sehr formstabil. Sie können aus 2 oder 3 Teilen bestehen; der Felge, den Speichen und der Nabe.

Felgenbezeichnung. Sie ist ähnlich aufgebaut, wie bei Pkw-Felgen. Es bedeutet z. B.
3,50 - 17 MT- H2

3,50	= Maulweite in Zoll
–	= Halbtiefbettfelge
17	= Felgendurchmesser in Zoll
MT	= Kennzeichnung für Motorradfelge
–	= Mehrteilige Felge
H 2	= Zwei Humps

Reifen

Bei Zweirädern ist die Aufstandsfläche der Reifen wesentlich kleiner als bei Pkw-Reifen. Sie ist jedoch für die Radführung des Motorrades von besonderer Bedeutung und beeinflusst maß-

Räder, Reifen

geblich das Fahrverhalten und die Sicherheit des Fahrzeugs. Aus diesen Gründen legen die Hersteller die Reifendimensionen, die montiert werden dürfen, fest und schreiben sogar eventuell Reifenfabrikate vor. Es werden meist unterschiedliche Reifengrößen und Profilierungen an Vorder- und Hinterrädern verwendet. Das Vorderrad muss vorwiegend Lenk- und Seitenführungskräfte übertragen, deshalb werden die ungefederten Massen möglichst gering gehalten. Das Hinterrad ist wegen der hohen Antriebs- und Seitenführungskräfte wesentlich breiter. Die Profilierung von Motorradreifen ist im **Bild 1** dargestellt. Das Profil des Vorderrades ist meist in Form von Längsrillen oder es ist in Laufrichtung pfeilförmig orientiert Diese Profilierung wirkt einer Schuppenbildung bei Verschleiß entgegen. Bei den Hinterradreifen geht die Tendenz bei leistungsstarken Motorrädern für die Straße zu Breitreifen. Die Kontur **(Bild 1)** dieser Reifen wird so ausgelegt, dass sich die Aufstandsfläche und somit die Haftfähigkeit mit zunehmender Schräglage erhöht. Das Profil des Hinterrades ist pfeilparabolisch ausgeführt, wodurch eine Stufenbildung auch nach hohen Laufzeiten vermieden wird. Speziell aus dem Rennsport entwickelte Gummimischungen erhöhen die Grenzstabilität und die Haftfähigkeit des Reifens.

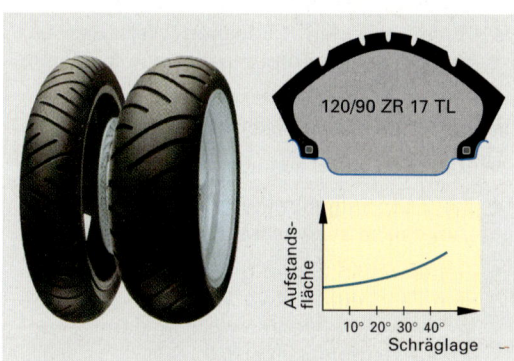

Bild 1: Motorradreifen und Reifenkontur

Motorradreifen sollen folgende Eigenschaften besitzen:
- Gute Haftfähigkeit unabhängig von der Profiltiefe
- hohe Seitenstabilität und Seitenführung
- guter Geradeauslauf
- gute Straßentauglichkeit oder gute Geländetauglichkeit je nach Einsatzart.

Reifenbauarten. Es werden vier Motorradreifenbauarten angeboten:
- Diagonalreifen
- Gürtelreifen mit Diagonalkarkasse
- Radialreifen mit Diagonalgürtel
- Radialreifen mit 0 ° Stahlgürtel.

Diagonalreifen (Bild 2). Bei dieser Bauart sind die 4 Nylon- oder Polyamidkarkassenlagen unter einem Winkel von etwa 45 ° diagonal aufeinander gelegt und um die Wulstdrähte aus Stahl gewickelt. Je nach Höhe der umgeschlagenen Seitenkarkassen können die Seitenführungskräfte entsprechend besser aufgenommen werden.

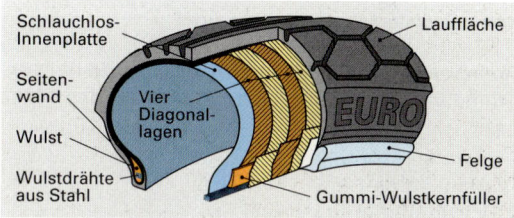

Bild 2: Diagonalreifen

Gürtelreifen mit Diagonalkarkasse (Bild 3). Der Gewebeunterbau besteht aus zwei diagonal übereinander gelegten Karkassenlagen und aus 2 Gürtellagen z. B. aus Kevlarfasern. Der Reifen besitzt dadurch guten Rundlauf und gute Seitenführung.

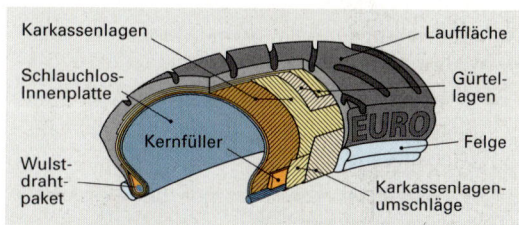

Bild 3: Gürtelreifen mit Diagonalkarkasse

Radialreifen mit Diagonalgürtel (Bild 4). Diese Bauform hat eine einlagige 90 ° Radialkarkasse und einen zweilagig diagonal angeordneten Gürtel aus Aramidfasern.

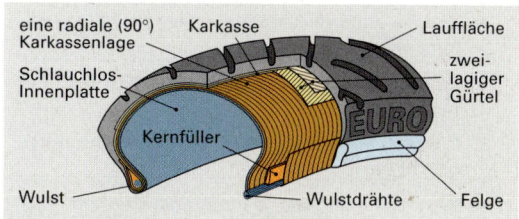

Bild 4: Radialreifen mit Diagonalgürtel

Radialreifen mit 0° Stahlgürtel (Bild 1). Bei dieser Ausführung liegt über der einlagigen Radialkarkassenlage ein einlagiger 0°-Stahlgürtel. Diese Bauart ist für hohe Geschwindigkeiten besonders geeignet, da die Kontur durch den Gürtel sehr stabil bleibt.

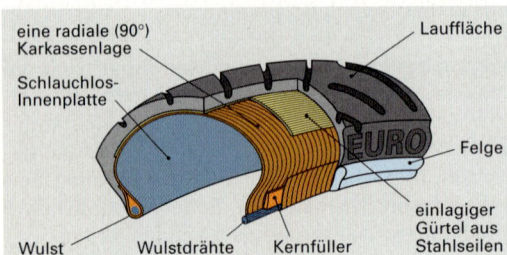

Bild 1: Radialreifen mit 0° Stahlgürtel

Reifenbezeichnungen. Im Folgenden sind die verschiedenen Reifenbezeichnungen aufgeschlüsselt.

Diagonalreifen: 4.10 – 18 60 P
4.10 = Reifenbreite in Zoll
18 = Felgendurchmesser in Zoll
60 = Kennziffer für die Reifentragfähigkeit
P = max. Höchstgeschwindigkeit 150 km/h.

Niederquerschnittsreifen: 120/90 ZR 17TL
120 = Reifenbreite in mm
90 = Höhen/Breitenverhältnis 90 %
Z = max. Höchstgeschwindigkeit beträgt über 240 km/h
R = Radialreifen
17 = Felgendurchmesser in Zoll
TL = Tubeless (Schlauchlosreifen).

Reifeneintragung. Die im Fahrzeugbrief bzw. -schein eingetragenen Reifengrößen müssen eingehalten werden. Bei vielen Motorrädern besteht die Möglichkeit, Alternativbereifungen aufzuziehen. Jedoch ist zu beachten, dass eine Freigabebescheinigung vorhanden ist. Auf dieser kann stehen:

- **Anbauabnahme und Eintragung ist nicht notwendig.** Der Fahrer muss die Freigabebescheinigung mitführen.
- **Anbauabnahme ist durch amtlichen Sachverständigen durchzuführen.** Anbaubescheinigung ist mitzuführen.
- **Anbauabnahme ist durch amtlichen Sachverständigen durchzuführen und eine Eintragung in die Fahrzeugpapiere ist zu bestätigen.**

Werkstatthinweise – Reifenmontage

- Reifen nur auf einwandfreie, korrosionsfreie, unbeschädigte Felgen montieren.
- Laufrichtungspfeile beim Montieren, falls vorhanden, beachten.
- Beim Reifenwechsel von Schlauchreifen wegen Faltenbildung immer neue Schläuche verwenden.
- Bei Speichenrädern immer neue Felgenbänder einziehen.
- Bei Schlauchlosreifen immer neue Gummiventile einziehen.
- Reifen auf den 1,5-fachen Wert des Betriebsdruckes aufpumpen, damit Reifen richtig im Wulst sitzt.
- Luftdruck richtigstellen.
- Rad und Reifen auswuchten.
- Ab 2,5er Felgenbreite mit Wuchtmaschine dynamisch auswuchten.
- Reifen muss wegen des Aufrauhens durch den Fahrbetrieb etwa 200 km in gemäßigter Weise eingefahren werden, damit er optimale Haftfähigkeit erhält.

Wiederholungsfragen

1. Welche Anforderungen werden an Motorradrahmen gestellt?
2. Welche Aufgaben hat die Radführung bei Motorrädern?
3. Welche Vorderrad- und Hinterradführungen gibt es bei Motorrädern?
4. Wovon hängt das Dämpfungsverhalten von Vorderradgabeln ab?
5. Erkläre das CBS-, ABS-, und TCS-System bei Motorrädern.
6. Erkläre die Felgenbezeichnung 3,25-17 MT-H2
7. Welche Eigenschaften sollten Motorradreifen besitzen?
8. Welche Motorradreifenbauarten gibt es?
9. Erkläre die Reifenbezeichnung 160/60 ZR 18 TL

6 Nutzfahrzeugtechnik

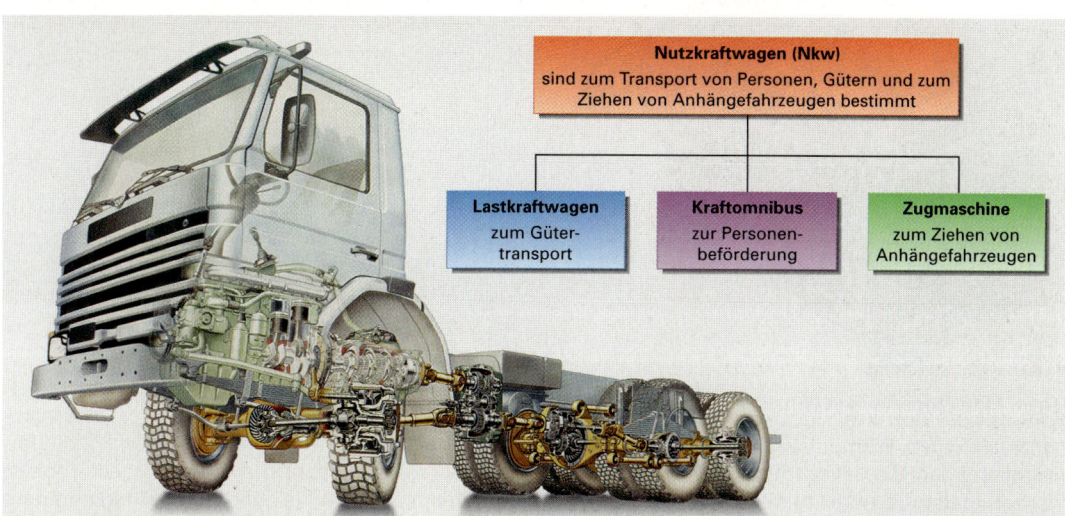

Bild 1: Einteilung der Nutzkraftwagen

6.1 Einteilung

Bei Nutzfahrzeugen unterscheidet man folgende Hauptbaugruppen:
- **Motor**, mit Kraftstoffanlage und Einspritzeinrichtung
- **Kraftübertragung**, mit Kupplung, Getriebe und Achsantrieb
- **Fahrwerk**, mit Rahmen, Aufbauten, Federung, Räder, Bereifung, Lenkung und Bremsanlage
- **Fahrzeugelektrik**, mit Batterien, Generator, Startanlage, Zusatzeinrichtung.

Unterscheidung von Nutzkraftwagen nach ihrem Verwendungszweck:

Vielzwecklastkraftwagen (Bild 2). Mit ihm können Güter auf einem offenen Aufbau z.B. Pritsche oder geschlossenen Aufbau z.B. Kasten, transportiert werden.

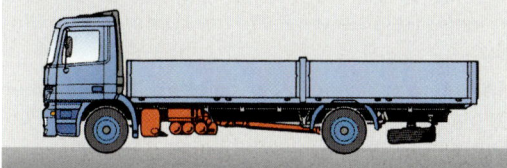

Bild 2: Vielzwecklastkraftwagen

Spezialastkraftwagen (Bild 3). Diese Fahrzeuge haben einen besonderen Aufbau. Weiter können auch spezielle Einrichtungen oder Ausrüstungen vorhanden sein, die vom Einsatzzweck bestimmt werden; z.B. Tank- oder Silowagen, Müllfahrzeug usw.

Bild 3: Speziallastkraftwagen

Kraftomnibus (Bild 4). Je nach Ausführung kann er als Reisebus, Linien- oder Spezialbus verwendet werden.

Bild 4: Reisebus

Zugmaschinen (Bild 5). Sattelzugmaschinen sind mit Sattelkupplung zur Aufnahme eines Sattelanhängers ausgerüstet. Beide zusammen bilden das Sattelkraftfahrzeug. Zugmaschinen werden nur zum Ziehen von Angehängefahrzeugen verwendet.

Bild 5: Zugmaschinen

6.2 Motoren

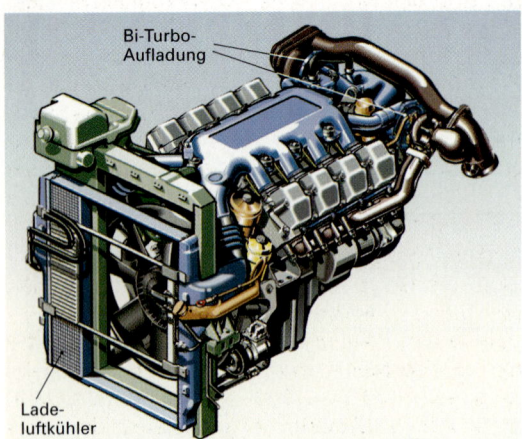

Bild 1: Motor für schweres Nutzkraftfahrzeug

Viertakt-Dieselmotor mit Direkteinspritzung

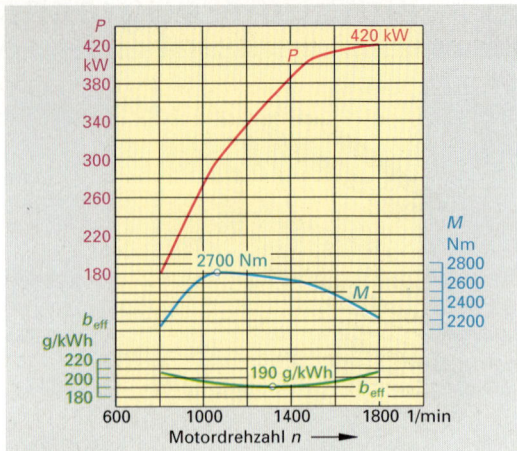

Bild 2: Motorkenndaten und Motorkennlinien

Nutzkraftwagen werden überwiegend mit direkt einspritzenden Dieselmotoren ausgerüstet. Sie werden meist mit Abgasturboladern (**Bild 4, Seite 373**) aufgeladen. Je nach zulässigem Gesamtgewicht und Einsatz des Fahrzeugs werden Motoren zwischen etwa 3 l Hubraum bis zu etwa 16 l Hubraum eingesetzt. Ihre Zylinderhubräume sind meist größer als 600 cm³. Die Leistung je Zylinder liegt dabei in der Regel über 25 kW. Es werden Motoren mit bis zu 16 Zylinder eingebaut; häufig haben die Motoren 6 bis 8 Zylinder (**Bild 1**). Leichte Nutzkraftwagen haben etwa 70 kW, schwere Nutzkraftwagen, Sattelzugmaschinen bzw. Omnibusse bis etwa 450 kW.

> Als Mindestmotorleistung müssen, auf Grund gesetzlicher Vorschriften, bei Lastkraftwagen, Kraftomnibussen und Sattelkraftfahrzeugen mindestens 4,4 kW je Tonne des zulässigen Gesamtgewichts des Kraftfahrzeugs und der jeweiligen Anhängelast vorhanden sein.

Das Höchstdrehmoment großer Nutzfahrzeug-Dieselmotoren (**Bild 2**) liegt im Bereich zwischen 1 500 Nm und 3 000 Nm. Dabei arbeiten diese Motoren meist in einem Betriebsdrehzahlband zwischen etwa 1 200 1/min und 2 400 1/min.; das Motordrehmoment bleibt über ein breites Drehzahlband nahezu konstant hoch (**Bild 2**).

Moderne Nutzfahrzeug-Dieselmotoren arbeiten sehr verbrauchsgünstig mit Volllastbestwerten des spezifischen Kraftstoffverbrauchs unter 200 g/kW h. Lastzüge und Sattelkraftfahrzeuge haben bei 40 t Gesamtgewicht mittlere Kraftstoff-Streckenverbräuche von etwa 32 l/100 km bis etwa 40 l/100 km. Laufleistungen von über 1 000 000 km ohne größere Instandsetzungen sind heute bei Nutzfahrzeug-Dieselmotoren üblich.

Bild 2 zeigt die Motorkennlinie eines 8-Zylinder-Motors mit PLD-Einspritzung und Abgasturboaufladung mit 2 EV/2 AV je Zylinder. **Motorkenndaten:**
V_H = 15 928 cm³; d = 130 mm; s = 150 mm; ε = 17,25.
P_{eff} = 420 kW bei n = 1 800 1/min
M_{max} = 2 700 Nm bei n = 1 080 1/min
b_{eff} = 190 g/kWh bei 1 300 1/min.

6.3 Kraftstoffanlage, Einspritzsysteme

Aufbau

Die Kraftstoffanlage besteht meist aus
- Kraftstoffbehälter
- Kraftstoffpumpe
- Kraftstofffilter
- Hochdruckeinspritzausrüstung
- ggf. Kraftstoffvorwärmeinrichtung

> Die Volllasteinspritzmengen sind aufgrund der Zylinderleistungen üblicherweise über 50 mm³ pro Einspritzung für einen Arbeitstakt.

Folgende Hochdruck-Einspritzsysteme für Einspritzdrücke bis etwa 2 000 bar kommen zum Einsatz:

Mit mechanischer oder elektro-hydraulischer Steuerung bzw. Regelung für Fördermenge, Förderbeginn, Förderende und Einspritzverlauf

- Reiheneinspritzpumpen **(PE)**
- Verteilereinspritzpumpen als Hubkolben- oder Radialkolben-Verteilereinspritzpumpen mit Magnetventilsteuerung **(VE)**
- Pumpe-Leitung-Düse-Systeme mit magnetventilgesteuerten Injektoren **(PLD)**
- Common-Rail-Einspritzungen mit magnetventilgesteuerten Einspritzdüsen (Injektoren) **(CR)**

Motoren 6 Nutzfahrzeugtechnik

Aufgaben

Diese Einspritzausrüstungen haben mit ihrer zugehörigen Kraftstoffanlage die Aufgaben, den Kraftstoff
- zu fördern
- zu filtern
- im richtigen Zeitpunkt
- in ganz bestimmter Menge
- unter hohem Druck
- während einer genau bestimmten Zeitspanne
- in den richtigen Zylinder

einzuspritzen.

Funktion (Bild 1)

Der Kraftstoff wird aus dem Kraftstoffbehälter von der Kraftstoffpumpe angesaugt und über den Kraftstofffilter zur Hochdruckpumpe gefördert. Dabei muss eine beträchtliche Kraftstoffmenge zur Kühlung die Hochdruckausrüstung durchströmen. Sie fließt über die Rückströmleitung zum Kraftstoffbehälter zurück.

6.3.1 Einspritzausrüstungen mit herkömmlichen Reiheneinspritzpumpen (Bild 1)

Dazu gehören, im Umfang der Kraftstoffanlage, die Kraftstoffförderpumpe, die Kraftstofffilter ggf. mit einer Kraftstoffvorwärmeinrichtung und die Hochdruckausrüstung. Diese besteht aus der Reihen-Einspritzpumpe, den Hochdruckeinspritzleitungen, den Düsenhaltern mit den Einspritzventilen und den Einspritzdüsen sowie der Rückströmleitung.

Der Kraftstoff wird bei dieser Ausrüstung aus dem Kraftstoffbehälter von der Kraftstoffpumpe angesaugt und über den Kraftstofffilter zum Saugraum der Einspritzpumpe gefördert. Sie drückt den Kraftstoff über die Hochdruckeinspritzleitungen zu den Einspritzdüsen und durch sie in die Verbrennungsräume der Zylinder. Die für die Hochdruckausrüstung erforderliche Kühlmenge fließt über das Überströmventil zur Rückströmleitung die zum Kraftstoffbehälter zurückführt.

Kraftstoffpumpe

Sie saugt den Kraftstoff aus dem Kraftstoffbehälter an und führt ihn über den Filter der Einspritzpumpe unter einem Druck von etwa 1 bar bis 1,5 bar zu. Sie muss eine ausreichende Förderleistung (etwa 150 l/h ... 200 l/h) haben, um sowohl die benötigte Einspritzmenge als auch die erforderliche Kraftstoffmenge zum Kühlen des Hochdruckeinspritzsystems umzupumpen. Häufig muss sie dabei große Förderstrecken bewältigen. Die Kraftstoffpumpe ist meist als einfach wirkende Kolbenpumpe (Bild 2) ausgeführt und an die Einspritzpumpe angeflanscht. Sie wird von einem Exzenter auf der Nockenwelle angetrieben. Das Druckventil kann durch eine Drosselbohrung ersetzt sein. Dadurch vereinfacht sich der Aufbau. Die Drosselbohrung erfüllt die Aufgabe des Druckventils, damit beim Saughub nur eine geringe Menge Kraftstoff vom Druckraum zum Saugraum zurückfließt.

Zusätzlich können zur Kraftstoffförderung auch Rollenzellenpumpen mit elektrischem Antrieb verwendet werden.

Zum Entlüften der Einspritzanlage, z.B. nach einem Filterwechsel, ist die Kraftstoffpumpe häufig mit einer Handpumpe ausgerüstet. Diese kann nach dem Lösen des Griffs betätigt werden. Nach Benutzung der Handpumpe ist es notwendig, den Griff wieder fest zu verschrauben.

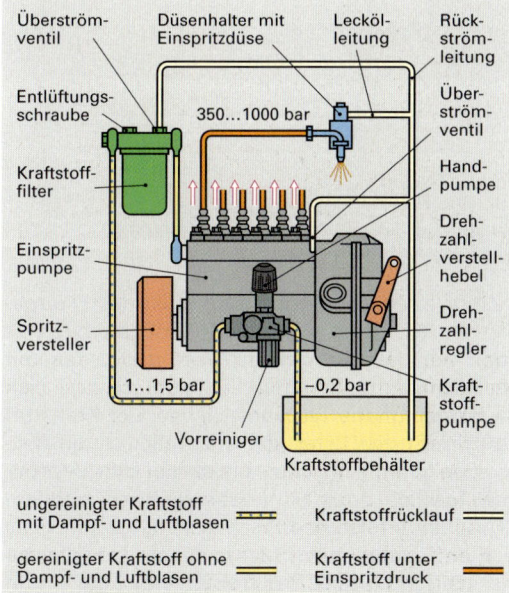

Bild 1: Kraftstoffumlauf in einer Einspritzausrüstung mit Reiheneinspritzpumpe

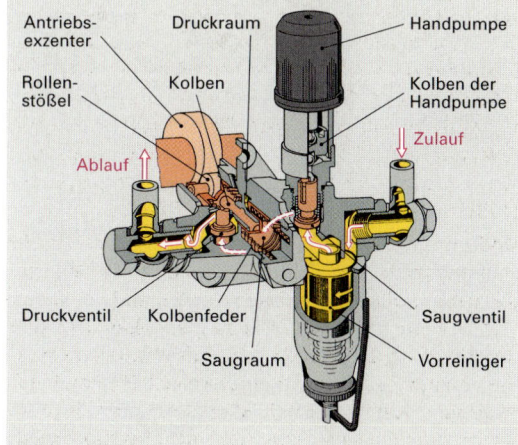

Bild 2: Kraftstoffförderpumpe als Kolbenpumpe

An der Kraftstoffpumpe kann ein Vorreiniger als Vorfilter angeflanscht sein, der grobe Verunreinigungen und Wasser zurückhält.

Wirkungsweise der einfach wirkenden Kraftstoff-Kolbenpumpe **(Bild 1)**.

Der Exzenter schiebt beim Zwischenhub über den Rollenstößel und Druckbolzen den Kolben vorwärts. Der Kraftstoff wird dadurch bei geschlossenem Saugventil über das Druckventil zum Druckraum gefördert. Die Kolbenfeder wird dabei zusammengedrückt und das federbelastete Druckventil schließt sich am Ende des Hubes wieder. Nachdem der Exzenter seinen größten Hub durchlaufen hat, drückt die Kolbenfeder den Kolben und die lose daran anliegenden Teile, Druckbolzen und Rollenstößel, wieder zurück. Dabei wird ein Teil des Kraftstoffs aus dem Druckraum über den Kraftstofffilter zur Einspritzpumpe gefördert. Während dieses Förderhubs wird gleichzeitig aus dem Kraftstoffbehälter Kraftstoff über Vorreiniger und Saugventil in den Saugraum gesaugt. Nur jeder 2. Hub des Kolbens ist ein Förderhub. Übersteigt der Druck in der Förderleitung einen bestimmten Wert, so kann die Kolbenfeder den Kolben nur teilweise zurück drücken. Damit verkleinern sich der Förderhub und die Fördermenge. Man spricht von einer „elastischen" Förderung. Dadurch werden Leitungen und Filter vor zu hohen Drücken geschützt.

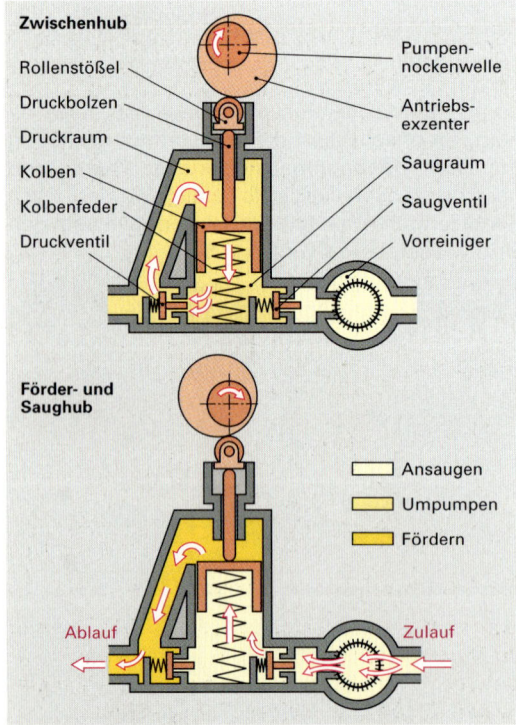

Bild 1: Schema der einfachwirkenden Kraftstoffpumpe

Kraftstofffilter

Die Kraftstofffilter haben die Aufgaben aus dem Kraftstoff
– Wasser auszuscheiden
– Schmutz, z.B. Feinstaubpartikel, abzuscheiden.

Diese für die Einspritzausrüstung überaus schädlichen Verunreinigungen gelangen z.B. über die Be- und Entlüftung des Kraftstoffbehälters in den Kraftstoff. Sie müssen unbedingt von der Einspritzpumpe und den Einspritzdüsen ferngehalten werden, da diese mit größter Genauigkeit hergestellt sind. Wasser könnte an den Oberflächen zu Korrosion führen und schon kleinste Fremdkörper könnten in verhältnismäßig kurzer Zeit so starken Verschleiß verursachen, dass Einspritzpumpen bzw. Einspritzdüsen unbrauchbar werden. Es ist also wesentlich wirtschaftlicher, den Kraftstofffilter regelmäßig zu warten, als die teuren Pumpenelemente und Düsen ersetzen zu müssen.

Filtereinsätze. Sie bestehen häufig aus Feinfilterpapier. Dieses lässt sich mit der jeweils erforderlichen Porenweite (4 μm ... 5 μm für Verteilereinspritzpumpen, 8 μm ... 10 μm für Reiheneinspritzpumpen) und Porenverteilung herstellen.

Die große Oberfläche des Papierfilters wird durch entsprechende Faltung des Filterpapieres erreicht. Dadurch wird eine lange Standzeit ermöglicht.

Man unterscheidet bei den Papierfiltereinsätzen
– Wickelfilter-Einsätze **(Bild 1)**
– Sternfilter-Einsätze **(Bild 1, Seite 537)**.

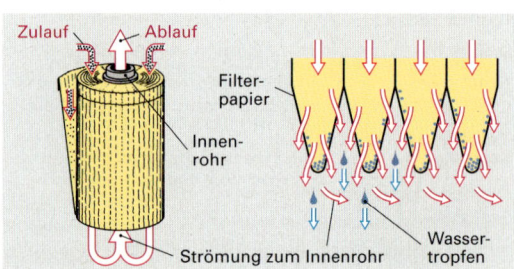

Bild 2: Wickelfilter-Einsatz

Beim Wickelfilter-Einsatz **(Bild 2)** ist das Filterpapier um ein Rohr gewickelt. Jede Papierbahn ist oben mit der nächsten äußeren und unten mit der nächsten inneren Bahn verklebt, so dass sich nach oben offene Taschen ergeben. Der Kraftstoff durchfließt den Filter von oben nach unten (axial). Die Schmutzteilchen bleiben in den V-förmigen Taschen zurück. Wasser sammelt sich am Grund der V-förmigen Taschen so lange an, bis es sich auf Grund seiner Masse durch das Filterpapier hindurchdrückt. Der Tropfen bleibt auf Grund seiner Oberflächenspannung geschlossen. Er sinkt wegen seiner hohen Dichte in den Wassersammelraum ab. Der gereinigte Kraftstoff fließt durch das Zentralrohr des Filters nach oben ab.

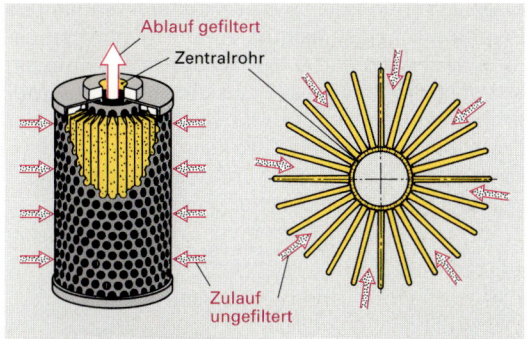

Bild 1: Sternfilter-Einsatz

Beim Sternfilter-Einsatz (**Bild 1**) ist das sternförmig gefaltete Papier um ein gelochtes Zentralrohr gelegt. Die Papierfalten sind oben und unten durch Deckscheiben abgeschlossen. Der Kraftstoff durchfließt den Filter von außen nach innen (radial). Die Schmutzteilchen bleiben an der Filteroberfläche hängen und sinken ggf. nach unten ab. Das Wasser kann die feinen Filterporen nicht durchdringen und läuft an der Außenseite des Filterpapiers auf Grund seiner, im Vergleich zum Dieselkraftstoff, höheren Dichte nach unten ab und sammelt sich im Wassersammelraum des Filtergehäuses. Der gefilterte Kraftstoff fließt durch die Löcher des Zentralrohres nach innen und dann weiter nach oben ab.

Weiterhin werden für die Reinigung des Kraftstoffs auch Kunststoffvlies-Filtereinsätze oder Filzrohr-Einsätze aus gepreßtem Filz verwendet. Diese werden z.B. auch bei Stufen-Boxfiltern (**Bild 1, Seite 538**) in der 1. Stufe als Grobfilter eingesetzt.

Man unterscheidet:
– Kraftstoff-Einfachfilter
– Kraftstoff-Stufenfilter
– Kraftstoff-Parallelfilter.

Kraftstoff-Einfachfilter werden neben den Filtern mit auswechselbaren Filtereinsätzen auch als Boxfilter (**Bild 2**) verwendet. Bei diesem Filter ist an den Filterdeckel eine Filterbox angeschraubt, die aus einem Blechgehäuse mit einem integrierten Papierfiltereinsatz, Kunststoffvliesfiltereinsatz oder einem Filzrohr-Filtereinsatz besteht. Die Filterbox hat z.B. 4 Zulaufbohrungen für den ungefilterten und eine Ablaufbohrung für den gefilterten Kraftstoff. Die Ablaufbohrung ist als Gewindebohrung ausgeführt und dient gleichzeitig als Verschraubung der Filterbox am Filterdeckel.

Der Filterwechsel erfolgt durch Austausch der unbrauchbar gewordenen Filterbox. Man schraubt diese vom Filterdeckel ab und ersetzt sie durch eine neue. Sie wird von Hand angeschraubt bis der Dichtring anliegt. Dann wird mit einer Viertelumdrehung fest gezogen. Anschließend muss die Einspritzanlage entlüftet und der Filterdichtring auf Dichtheit geprüft werden.

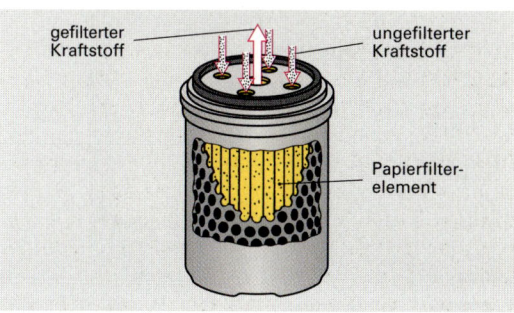

Bild 2: Boxfilter

Um Wasser abzuscheiden, das durch Kondensation, durch unsachgemäßes Lagern von Dieselkraftstoff oder durch mangelnde Sorgfalt beim Tanken in den Kraftstoffbehälter gelangt ist, verwendet man Boxfilter mit Wasserspeicher (**Bild 3**). Angesammeltes Wasser kann durch Verwendung einer durchsichtigen Filterkappe angezeigt werden oder von einem eingebauten Wassersensor (elektronische Leitfähigkeitssonde) erkannt und von einer Warnleuchte in der Instrumententafel angezeigt werden Eine Ablassschraube am Filtergehäuse ermöglicht, dass angesammeltes Wasser abgelassen werden kann.

> Wasser aus dem Kraftstofffilter muss umweltgerecht als Sondermüll entsorgt werden.

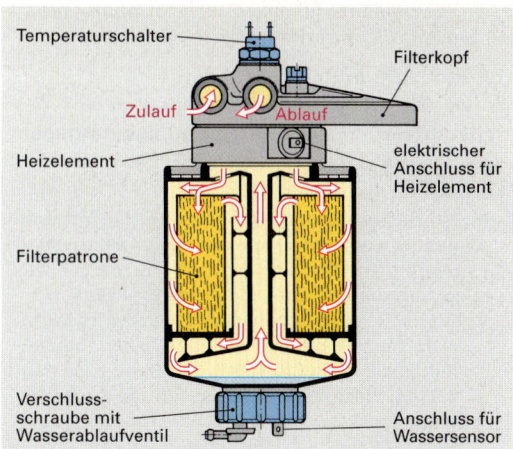

Bild 3: Kraftstoff-Boxfilter mit Wasserspeicher

Kraftstoff-Stufenfilter (Bild 1, Seite 538). Bei ihm fließt der Kraftstoff nach der Filterung im 1. Gehäuse (Grobfilter) weiter durch den gemeinsamen Deckel der beiden Filtergehäuse in den Feinfilter.

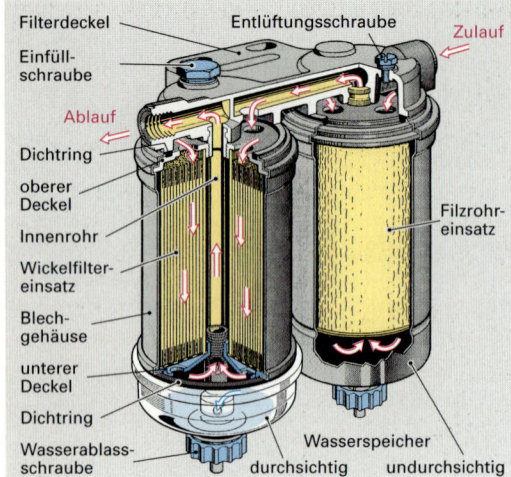

Bild 1: Stufen-Boxfilter mit Wasserspeicher

Beim Filzrohr-Einsatz des Grobfilters ist ein Filzrohr von einem netzartigen Metallmantel umgeben. Diese Filzeinsätze können in Dieselkraftstoff oder Petroleum mehrmals ausgewaschen werden. Dabei saugt sich der Filzeinsatz voll und wird anschließend mit Druckluft von innen nach außen durchgeblasen.

Kraftstoff-Parallelfilter werden für größere Dieselmotoren verwendet. Sie unterscheiden sich äußerlich nicht von den Kraftstoff-Stufenfiltern. Jedoch wird im Filterdeckel der zufließende Kraftstoff so aufgeteilt, dass jede der beiden mit Feinfiltereinsatz ausgerüsteten Filterboxen gleichzeitig Kraftstoff zum Filtern erhält. Auf diese Weise wird die wirksame Filterfläche verdoppelt und somit der mögliche Kraftstoffdurchsatz erhöht.

Kraftstoffvorwärmeinrichtungen
Sie werden häufig, meist unmittelbar vor dem Kraftstofffilter, in die Kraftstoffanlage eingebaut, um ein Verstopfen des Filtereinsatzes durch Paraffinausscheidung bei niederen Außentemperaturen zu verhindern. Im Dieselkraftstoff enthaltene Paraffine scheiden sich ab einer Kraftstofftemperatur unter etwa 4° C als wachsartige Schuppen aus dem Kraftstoff aus; diese können die Filterporen verstopfen. Um dies zu vermeiden, wird der Kraftstoff z.B. erwärmt. Dies kann über einen thermostatisch geregelten Kühlflüssigkeitsdurchlauf durch einen Wärmetauscher erfolgen **(Bild 2)**.

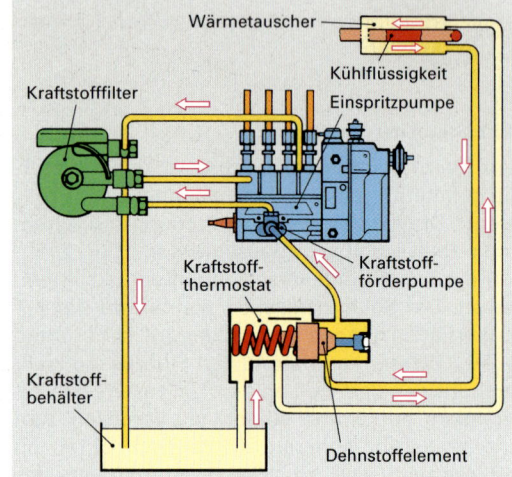

Bild 2: Kraftstoffvorwärmung durch Wärmetauscher im Kühlflüssigkeitskreislauf

Elektrische Heizelemente, z.B. als Zwischenflansch zwischen Filterdeckel und Filterbox **(Bild 3, Seite 537)**, werden ebenfalls für die Kraftstoffvorwärmung verwendet. Vorzugsweise werden als Heizelemente selbstregelnde PTC-Widerstände eingesetzt. Die elektrische Vorwärmung wird zusätzlich meist durch einen Thermoschalter bei einer Temperatur unter + 5° C ein- und über + 15° C ausgeschaltet.

ARBEITSREGELN

- Bei nachlassender Motorleistung den Vorreiniger der Kraftstoffpumpe oder den Kraftstofffilter überprüfen. Sie sind je nach Bauart bei Verschmutzung zu reinigen oder zu ersetzen.
- Filterbox nach Angaben des Herstellers wechseln (Wechselintervall etwa 80 000 km). Bei Stufen-Boxfilter die Box der 2. Stufe erst nach dem 3. bis 4. Wechsel der Box der 1. Stufe wechseln.
- Wasserspeicher von Boxfiltern nach Bedarf entleeren.
- Filtereinsatz richtig ins Gehäuse einsetzen und das Filtergehäuse bzw. die Filterbox mit dem Filterflansch dicht verschrauben (Dichtheitsprüfung).
- Nach jeder Reinigung des Filtergehäuses und nach jedem Filterwechsel die Einspritzanlage entlüften.
- Kraftstofffilter und Wasser aus Kraftstofffiltern umweltgerecht sammeln und als Sondermüll entsorgen.

WIEDERHOLUNGSFRAGEN

1. Aus welchen Komponenten besteht die Einspritzausrüstung für Nutzkraftwagenmotoren?
2. Woraus besteht die Kraftstoffanlage für Dieselmotoren?
3. Welche Kraftstoffpumpen werden für Ausrüstungen mit Reiheneinspritzpumpen verwendet?
4. Worauf ist bei der Entsorgung von Kraftstofffiltern und Ablasswasser aus diesen Filtern zu achten?

6.3.2 Reiheneinspritzpumpe mit mechanischer Steuerung und Regelung

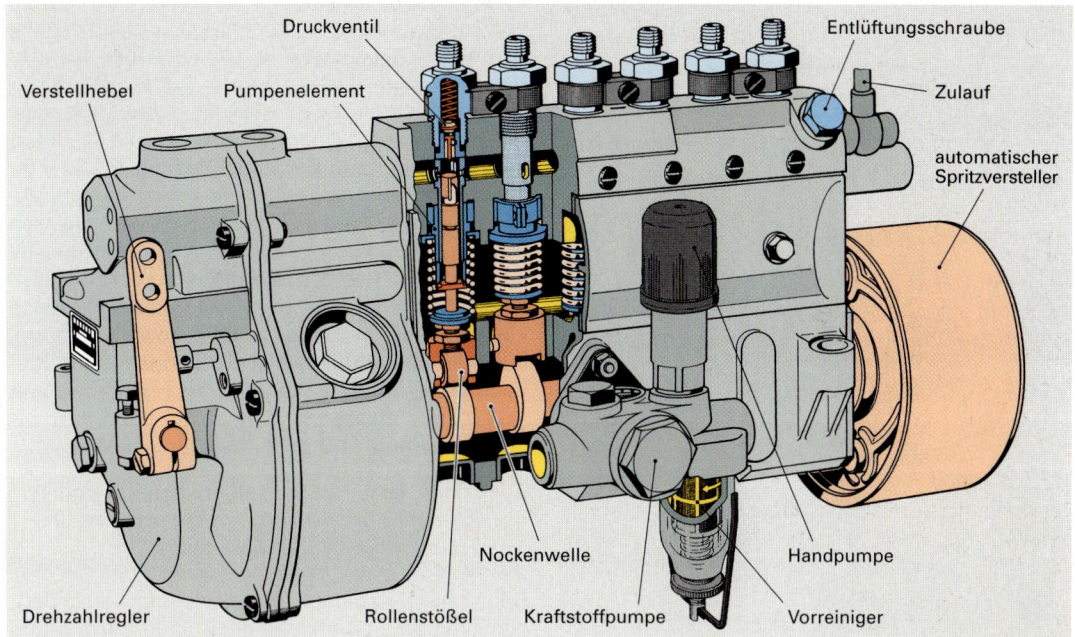

Bild 1: Reiheneinspritzpumpe

Aufgaben
- Erforderlichen Einspritzdruck erzeugen
- Einspritzmenge entsprechend der Fahrpedalstellung genau bemessen
- Einspritzzeitpunkt der Motordrehzahl anpassen
- Leerlauf und Höchstdrehzahl regeln.

Aufbau und Wirkungsweise

Die Reiheneinspritzpumpe (**Bild 1**) ist eine Kolbenpumpe mit je einem Pumpenelement für jeden Motorzylinder. Die einzelnen Pumpenelemente werden von einer im Pumpengehäuse eingebauten Nockenwelle über Rollenstößel angetrieben.

Jedes Pumpenelement (**Bild 2**) besteht aus einem Pumpenzylinder und einem Pumpenkolben. Der Pumpenkolben ist so fein in den Pumpenzylinder eingepasst, dass er auch bei sehr hohen Drücken und niedrigen Drehzahlen abdichtet. Dieses sehr geringe Spiel (2 μm ... 3 μm), das wegen der auftretenden hohen Drücke erforderlich ist, lässt nur einen gemeinsamen Austausch von Pumpenzylinder und Pumpenkolben zu. Der Mantel des Pumpenkolbens hat außer einer Längsnut und einer Ringnut, eine schraubenlinienförmig verlaufende Ausfräsung, wodurch die Steuerkante gebildet wird. Mit deren Hilfe kann man die Fördermenge regeln. Durch die Zulaufbohrung fließt Kraftstoff mit einem Druck von etwa 1 bar ... 1,5 bar in den Hochdruckraum.

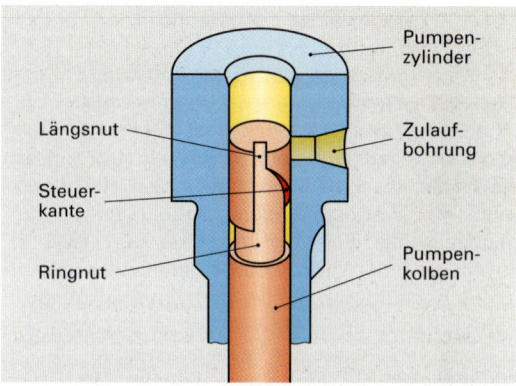

Bild 2: Pumpenelement der Reiheneinspritzpumpe

Der Nocken der Nockenwelle bewegt über den Rollenstößel den Pumpenkolben während des Druckhubs nach oben. Der Saughub wird durch die Kolbenfeder ausgeführt. Die Schmierung zwischen Pumpenkolben und Pumpenzylinder übernimmt der Dieselkraftstoff. Den Abschluss nach oben bildet ein federbelastetes Druckventil. Über den Pumpenzylinder ist die Regelhülse mit einem aufgeklemmten Zahnsegment geschoben (**Bild 1, Seite 540**). Zwei Längsschlitze im unteren Teil der Regelhülse dienen als Führung für die Kolbenfahne. Die Regelhülse ist ständig im Eingriff mit der Regelstange. Durch Verschieben der Regelstange werden die Pumpenkolben während des Betriebes der Einspritzpumpe verdreht. Dadurch ist es möglich, die Fördermenge stufenlos zu verändern. Die Regelstange wird meist über ein Gestänge vom Fahrpedal und vom Drehzahlregler betätigt.

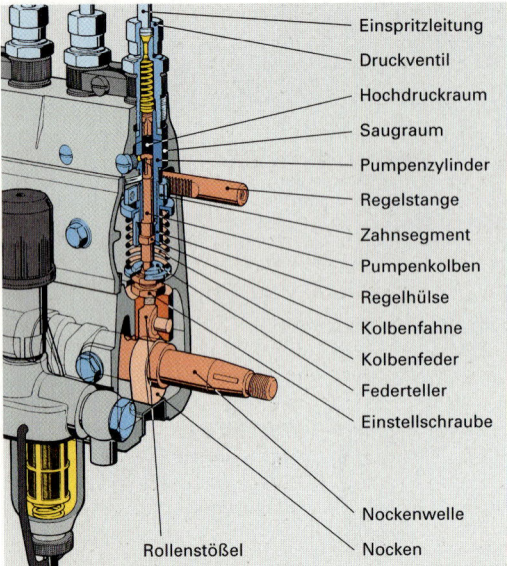

Bild 1: Schnitt durch das Pumpenelement einer Reiheneinspritzpumpe

Die Zumessung der Kraftstofffördermenge (Bild 2) erfolgt durch Kantensteuerung der Zulaufbohrung durch die Kolbenoberkante und durch die Steuerkante am Kolbenmantel.

Kraftstoffzulauf. Aus dem Saugraum strömt Kraftstoff über die Zulaufbohrung in den Hochdruckraum des Pumpenzylinders. Sobald die Kolbenoberkante die Zulaufbohrung frei gibt (Bild 2), strömt der unter Vorförderdruck stehende Kraftstoff in den Hochdruckraum über dem Pumpenkolben.

Förderbeginn. Beim Aufwärtsgehen des Pumpenkolbens verschließt die Kolbenoberkante die Zulaufbohrung; der Förderhub beginnt. Der Druck baut sich im Pumpenelement, über das Druckventil in der Hochdruckeinspritzleitung und im Düsenhalter bis zum Einspritzventil vor der Einspritzdüse auf. Wird ein bestimmter Druck überschritten, so öffnet das Einspritzventil und der Kraftstoff wird unter hohem Druck (bis etwa 1200 bar) durch die Düse in den Verbrennungsraum eingespritzt.

Förderende. Es ist erreicht, sobald die Steuerkante die Zulaufbohrung freigibt. Von diesem Augenblick an steht der Hochdruckraum des Pumpenzylinders über die Längs- und Ringnut mit dem Saugraum in Verbindung. Der Druck fällt ab, das Einspritzventil und das Druckventil schließen. Der weiterhin nach oben gehende Kolben drückt den Kraftstoff über die Längs- und die Ringnut aus dem Druckraum durch die Zulaufbohrung zurück in den Saugraum.

Förderhub. Er ist der Kolbenweg zwischen dem Verschließen der Zulaufbohrung durch die Kolbenoberkante und dem Öffnen der Zulaufbohrung durch die Steuerkante. Er ist somit der Teil des Hubs, bei dem Kraftstoff unter hohem Druck zur Einspritzdüse gefördert wird. Er richtet sich nach der jeweiligen Stellung der Steuerkante in Bezug zur Zulaufbohrung. Bei jeder Stellung ist der Förderbeginn gleich. Das Förderende ist jedoch, abhängig von der Fördermenge, verschieden. Je nach Stellung der Steuerkante ergibt sich zwischen Kolbenoberkante und Steuerkante ein unterschiedlich langer Förderhub und somit eine unterschiedliche Fördermenge. Wird der Kolben soweit verdreht, dass die Zulaufbohrung in die Längsnut des Kolbenmantels mündet, so kann im Hochdruckraum kein Druck entstehen; man bezeichnet dies als **„Nullförderung"**, z.B. zum Abstellen des Motors.

Der Hub des Pumpenkolbens bleibt immer gleich. Die Fördermenge wird durch Verdrehen des Pumpenkolbens gesteuert.

Beim Abwärtsgehen des Kolbens verschließt zunächst die Steuerkante die Zulaufbohrung und im weiteren Verlauf entsteht im Pumpenzylinder ein Unterdruck. Erst, wenn die Kolbenoberkante die Zulaufbohrung wieder freigibt, strömt Kraftstoff aus dem Saugraum in den Hochdruckraum.

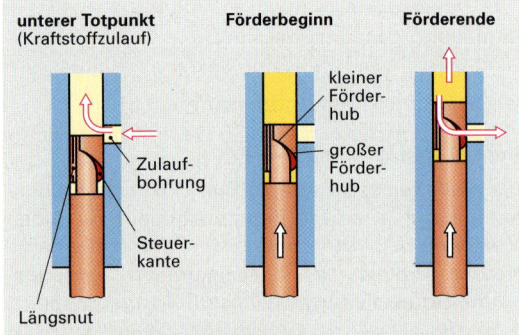

Bild 2: Kraftstoffförderung im Pumpenelement

Es werden auch Pumpenelemente verwendet, bei denen durch eine zweite, oben liegende Steuerkante am Pumpenkolben (Bild 3) der Förderbeginn lastabhängig verändert werden kann. Es wird im unteren Lastbereich der Förderbeginn etwas später gelegt. Dadurch werden bessere Abgaswerte erzielt.

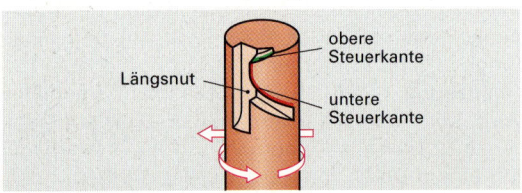

Bild 3: Pumpenkolben mit zusätzlicher Steuerkante

Druckventil (Bild 1). Es schließt die Einspritzleitung, die stets mit Kraftstoff blasenfrei gefüllt sein muss, so lange gegen den Pumpenzylinder ab, bis der Förderhub beginnt. Während des Förderhubs ist das Druckventil geöffnet. Bei Förderende wird es durch den jetzt in der Einspritzleitung höheren Druck und durch die Ventilfederkraft geschlossen. Dabei taucht ein kurzes, zylindrisches Schaftstück, das Entlastungskölbchen **(Bild 1)**, auch Entlastungsbund genannt, in die Ventilführung ein und schließt die Druckleitung sofort gegen das Hochdruckelement ab. Sinkt danach der Ventilkegel auf seinen Sitz, so vergrößert sich das dem Kraftstoff in der Einspritzleitung zur Verfügung stehende Volumen um das Volumen des Entlastungskölbchens. Dies bewirkt einen raschen Druckabfall in der Leitung und somit ein rasches Schließen des Einspritzventils.

Das Druckventil kann auch zusätzlich mit einer **Entlastungsdrossel (Bild 1)** ausgerüstet sein. Während des Einspritzvorgangs wird bei diesem Druckventil das mit einer Drosselbohrung versehene Ventilplättchen des Entlastungsventils abgehoben, so dass der Kraftstoff ungehindert zur Einspritzleitung fließen kann. Bei Förderende schließt die Druckfeder das Entlastungsventil und der Kraftstoff kann nur durch die Drosselbohrung zum Druckventil zurückströmen. Dadurch werden Druckwellen bzw. Druckschwingungen im Kraftstoff in der Einspritzleitung gedämpft. Die Düsennadel hebt nach dem Einspritzende nicht mehr vom Sitz ab, ein abgasschädliches Nachspritzen wird somit verhindert.

Das Druckventil hat folgende Aufgaben:
- Einspritzleitung beim Förderende entlasten, um ein rasches Schließen des Einspritzventils zu gewährleisten
- Restdruck in der Einspritzleitung aufrecht erhalten
- Nachtropfen bzw. Nachspritzen der Einspritzdüse verhindern.

Drehzahlregler. Er ist als Fliehkraftregler **(Bild 2)** ausgeführt. Dieser arbeitet abhängig von der Motordrehzahl und verändert die von der Einspritzpumpe einzuspritzende Kraftstoffmenge.
Bei der Reiheneinspritzpumpe für Nutzkraftwagen wird meist ein Zweipunktregler als Leerlauf-Enddrehzahlregler verwendet.

> Er hält die Leerlaufdrehzahl konstant und begrenzt die Höchstdrehzahl.

Die Leerlaufdrehzahl muss konstant gehalten werden, damit der Motor auf Grund der minimalen Einspritzmengen nicht unrund läuft oder gar abstirbt.
Die Höchstdrehzahl muss begrenzt werden, um zu verhindern, dass der Motor auf Überdrehzahl kommt („durchgehen"), die eine Zerstörung des Motors bewirken könnte.
Im Bereich zwischen Leerlauf und Enddrehzahl (höchste zulässige Drehzahl) ist eine Regelung nicht erforderlich, da in diesem Bereich der Fahrer über das Fahrpedal die Regelstange betätigt und somit den Lastzustand einstellt. Dadurch wird die Einspritzmenge und das erforderliche Drehmoment des Motors bestimmt.
Dieser Regler ist mit zwei Fliehgewichten ausgerüstet und wird von der Nockenwelle der Einspritzpumpe angetrieben. In jedem Fliehgewicht sind eine Leerlauf- und zwei Endregelfedern (Schraubenfedern) untergebracht. Die radialen Wege der Fliehgewichte wandeln zwei Paar Winkelhebel in axiale Bewegungen des Verstellbolzens um. Dieser überträgt sie auf einen Gleitstein. Der Gleitstein, in dem das untere Ende des Regelhebels gelagert ist, wird durch den Führungsbolzen geradlinig geführt und stellt über den Regelhebel und die Gelenkgabel die Verbindung mit der Regelstange her. Da der Regelhebel **(Bild 1, Seite 542)** einen verschiebbaren Drehpunkt hat, kann sich das Übersetzungsverhältnis des Hebels ändern.

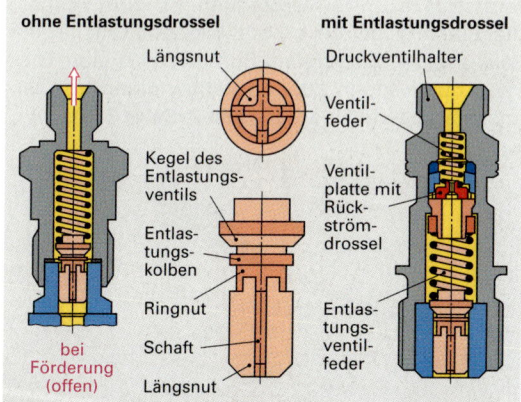

Bild 1: Druckventil mit Druckventilkolben

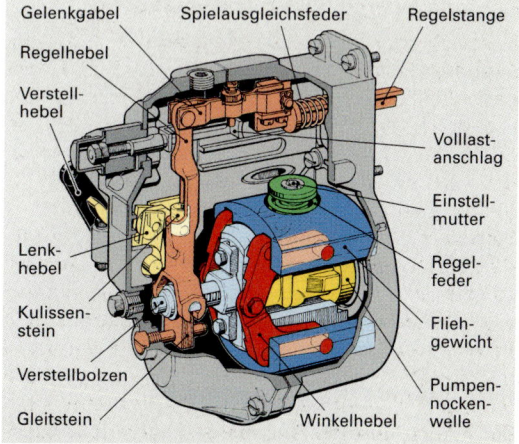

Bild 2: Drehzahlregler

Damit erreicht man im Leerlauf (kleine Fliehkräfte) bei kleiner Zugkraft am Verstellbolzen eine relativ große Verstellkraft an der Regelstange.

Wird das Fahrpedal betätigt, so bewegt sich damit auch der Verstellhebel und überträgt die Bewegung über den Lenkhebel und den Kulissenstein auf den Regelhebel und die Regelstange.

Mit zunehmender Drehzahl im Teillastbereich wandern die Fliehgewichte nach außen und legen sich an den Federtellern der Endregelfeder an, ohne sie zusammenzudrücken. Der Regler ist in diesem Betriebsbereich ohne Wirkung.

Wird die zulässige Höchstdrehzahl, z.B. bei Volllast überschritten, so werden die Endregelfedern zusammengedrückt und der Regler (**Bild 1**) nimmt durch diese Bewegung die Regelstange zurück und vermindert die Einspritzmenge.

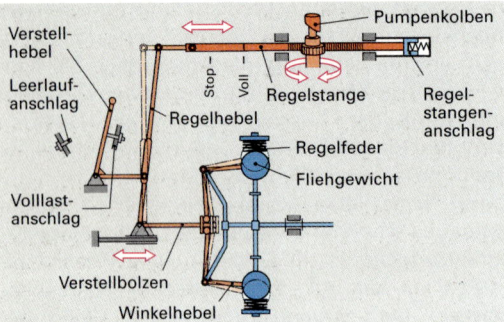

Bild 1: Regler bei Enddrehzahl (Volllast)

Regelstangenanschlag (Bild 2). Er hat die Aufgabe, die Volllasteinspritzmenge so zu begrenzen, dass der Motor unter Volllast rauchfrei arbeitet (Rauchgrenze). Da die Sauerstoffmenge der Zylinderfüllung nur zur Verbrennung einer bestimmten Kraftstoffmenge ausreicht, muss deshalb verhindert werden, dass eine zu große Kraftstoffmenge eingespritzt wird. Der Regelstangenanschlag begrenzt den Weg der Regelstange. Er ist häufig federnd (**Bild 2**) ausgeführt.

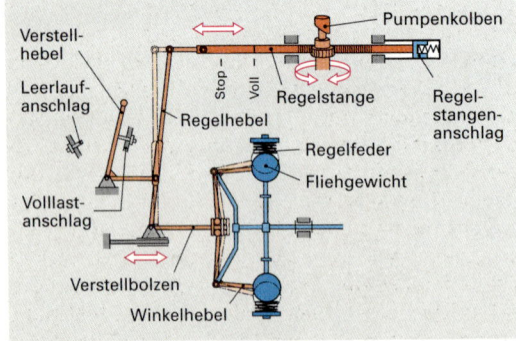

Bild 2: Federnder Regelstangenanschlag

Der federnde Regelstangenanschlag wird verwendet, wenn der Motor zum Starten eine größere Einspritzmenge als bei Volllast benötigt. Durch die Feder kann bei Start die Regelstange mit dem Fahrpedal (Vollgasstellung) etwas weiter durchgedrückt werden, um eine höhere Einspritzmenge zu erzielen. Übersteigt die Motordrehzahl etwa 800 1/min, so wird durch den Drehzahlregler die Einspritzmenge auf den Volllastwert zurückgenommen.

Beim Start Fahrpedalstellung auf Volllast.

Angleichung.

Sie passt die Fördermenge der Einspritzpumpe bei Volllast an die rauchfrei verbrennbare Einspritzmenge an.

Positive Angleichung. Der Saugmotor kann bei Volllast mit zunehmender Drehzahl, wegen verminderter Luftfüllung durch Ansaugverluste, weniger Kraftstoff rauchfrei verbrennen. Die Fördermenge (**Bild 3**) nimmt jedoch mit steigender Drehzahl zu, der Motor würde über etwa 1500 1/min rauchen. Es muss deshalb die Einspritzmenge reduziert werden, was man als positive Angleichung bezeichnet. Sie wird durch eine Angleichfeder im Regelfederpaket des Fliehkraftreglers erzielt.

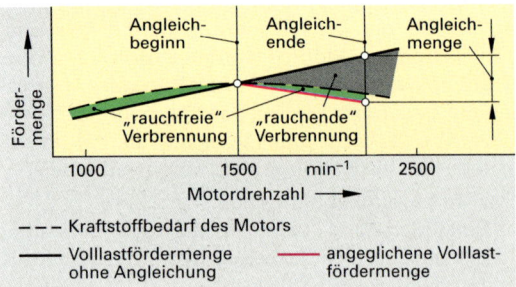

Bild 3: Positive Angleichung

Negative Angleichung. Aufgeladene Motoren erhalten mit zunehmender Drehzahl auf Grund des Ladedrucks mehr Luftfüllung. Somit kann mehr Kraftstoff rauchfrei verbrennen. Es kann deshalb die Einspritzmenge erhöht werden, um höhere Leistung bei rauchfreiem Betrieb zu erzielen. Dies kann durch einen ladedruckabhängigen Volllastanschlag bewirkt werden (**Bild 2, Seite 361**).

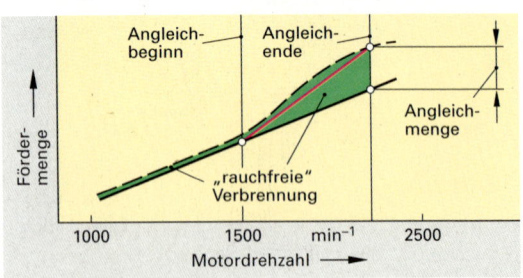

Bild 4: Negative Angleichung

Automatischer Spritzversteller (Bild 1).

Er verstellt den Förderbeginn mit zunehmender Drehzahl in Richtung „früh", da sich der Zündverzug beim Dieselmotor mit zunehmender Drehzahl nachteilig auswirkt. Die Entzündung des Kraftstoffs erfolgt dann nicht mehr zum Zeitpunkt, in dem der Motorkolben die richtige Stellung erreicht hat.

Ohne Förderbeginnverstellung ergibt sich:
- Harter Verbrennungsablauf
- erhöhter Schadstoffausstoß im Abgas
- erhöhte Geräuschentwicklung
- erhöhte Belastung des Kurbeltriebs
- Leistungsminderung.

Es muss jedoch stets gewährleistet sein, dass der maximale Verbrennungsdruck zum richtigen Zeitpunkt auf den Kolben wirkt (etwa 4° KW n.OT ... 6° KW n.OT). Dies geschieht mit Hilfe eines automatischen Spritzverstellers, mit dem während des Motorbetriebs die Einspritzpumpenwelle gegenüber der Kurbelwelle (Antriebswelle) bis zu 8° KW verdreht werden kann. Dadurch wird der Einspritzbeginn mit zunehmender Drehzahl vorverlegt und bei abnehmender Drehzahl zurückgenommen.

Aufbau und Wirkungsweise

Der automatische Spritzversteller besteht aus dem Gehäuse mit den Fliehgewichten und dem drehbar im Gehäuse gelagerten Verstelltopf mit der Verstellscheibe mit der die Nabe verbunden ist. Er benutzt zum Verstellen die Fliehkraft und arbeitet somit drehzahlabhängig. Steigt die Drehzahl an, so wandern die zwei Fliehgewichte nach außen und drücken dabei mit ihren Rollen auf die Kurvenbahnen der Verstellscheibe. Dadurch wird die Verstellscheibe und die mit ihr fest verbundene Nabe in Drehrichtung der Pumpenwelle verdreht. Da die Nabe des automatischen Spritzverstellers mit der Nockenwelle der Einspritzpumpenwelle starr verbunden ist, wird auch diese in Drehrichtung der Pumpennockenwelle verdreht. Somit wird die Pumpennockenwelle in Richtung „früh" verdreht. Dies hat eine Vorverstellung des Förderbeginns und somit eine Verstellung des Einspritzbeginns in Richtung „früher" zur Folge.

Der Antrieb des Spritzverstellers erfolgt von der Kurbelwelle, z.B. über einen Kettenantrieb, auf ein Zahnrad am Gehäuse des Spritzverstellers.

Anbau und Antrieb der Reiheneinspritzpumpen

Reiheneinspritzpumpen werden meist mit Hilfe eines Stirnflansches mit Langlöchern verstellbar am Kurbelgehäuse durch Verschraubung befestigt. Sie können aber auch auf einer ebenen Grundplatte oder in einer halbrunden Wanne durch Schrauben oder Spannband befestigt sein. Die Zuordnung der Nockenwellenstellung der Reiheneinspritzpumpe zur Stellung der Kurbelwelle des Motors muss so erfolgen, dass eine Übereinstimmung der entsprechenden Kurbelwellenstellung des Motors mit dem jeweiligen Einspritzzeitpunkt der Reiheneinspritzpumpe jederzeit gewährleistet ist. Die Einspritzfolge der Reiheneinspritzpumpe und die Zündfolge des Motors müssen ebenfalls übereinstimmen.

Zur Übertragung von Drehmoment und Drehzahl werden deshalb, je nach Motorkonstruktion, Zahnräder oder Kettenräder und Rollenketten verwendet. Die Pumpen werden bei Viertaktmotoren mit Nockenwellendrehzahl, bei Zweitaktmotoren mit Kurbelwellendrehzahl angetrieben.

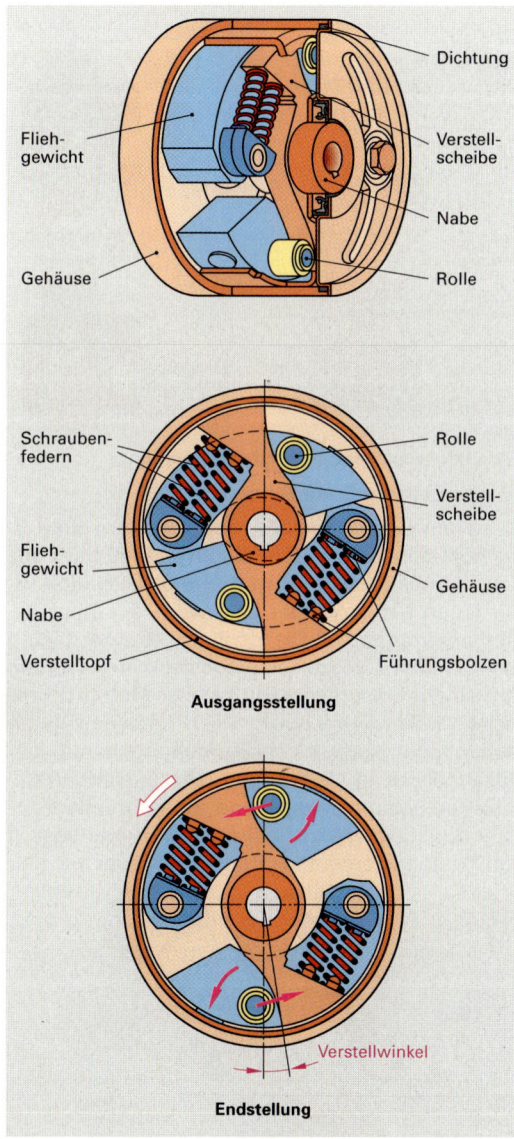

Bild 1: Automatischer Spritzversteller

6.3.3 Elektronisch geregelte Einspritzsysteme

Auch Nutzfahrzeugmotoren müssen zunehmend verschärfte Abgasgrenzwerte erfüllen, z. B. in Europa stufenweise nach 91/542/ EWG **(Tabelle 1)**, um den Schadstoffausstoß zu mindern.

Tabelle 1: Grenzwerte für schwere Nkw (m_{zul} > 3,5 t)					
Regelung	Datum	HC g/kWh	NO_x g/kWh	CO g/kWh	Partikel g/kWh
EURO II	1.10.96	1,1	7,0	4,0	0,15
EURO III	1.1.2002	0,6	5,0	2,0	0,1

Um diese Abgasgrenzwerte zu erfüllen, wird auch bei Nutzkraftwagen die Verwendung von elektronisch geregelten Einspritzsystemen unerlässlich. Ihre Komponenten sind:
- Sensorausrüstung
- elektronisches Steuergerät
- Aktorausrüstung
- hydraulisches Hochdrucksystem.

Reiheneinspritzpumpe mit elektronischer Regelung
An dieser Reiheneinspritzpumpe sind die mechanischen Steuer- und Regeleinheiten durch elektromechanische Steller mit ihren zugehörigen Sensoren ersetzt. Diese sind:
- Regelweg-Stellmagnet mit induktivem Weggeber für die Regelstangenstellung zur Kraftstoffmengenzumessung
- Hubschieber und Nadelbewegungsfühler eines Einspritzventils für die Förderbeginnverstellung.

Regelweg-Stellmagnet (Bild 1). Er ist mit der Regelstange verbunden und verschiebt diese, je nach Stellersignal vom Steuergerät, gegen die Regelstangenfeder in Richtung größere Fördermenge.

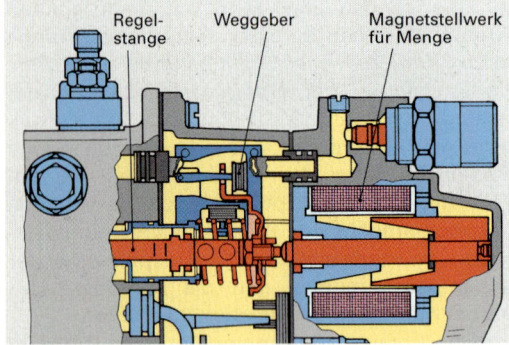

Bild 1: Stellwerk für Reiheneinspritzpumpe

Der induktive Weggeber meldet dabei dem Steuergerät die jeweilige Regelstangenstellung. Das Steuergerät kann nun aufgrund dieser Information, sowie der Fahrpedalstellung, der Drehzahl, und weiterer Korrekturgrößen aus den gespeicherten Kennfeldern die Solleinspritzmenge bzw. die dafür erforderliche Regelstangenstellung festlegen.

Hubschieber (Bild 2). Er dient zur Förderbeginnverstellung. Er ist ein in jedem Pumpenelement auf dem Pumpenkolben angeordneter, beweglicher Schieber mit der Absteuerbohrung. Der Kolben weist außen eine mit seiner Zentralbohrung verbundene schräge Steuernut mit der Steuerkante auf. Ein elektromagnetisches Stellwerk verstellt über eine Verstellwelle alle Schieber gemeinsam. Je nach Stellung des Schiebers (unten oder oben) beginnt die Förderung früher oder später. Die Rückmeldung über den Einspritzbeginn an das Steuergerät erfolgt über einen Nadelbewegungsfühler in einem Düsenhalter des Motors.

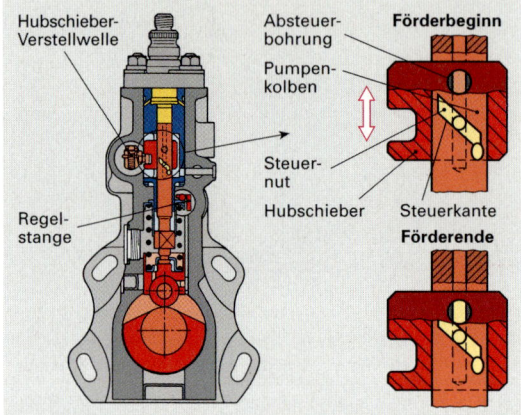

Bild 2: Hubschieber-Reiheneinspritzpumpe

Pumpe-Leitung-Düse-System (PLD).
Es ist ein Einzelpumpen-Einspritzsystem **(Bild 3)** für hohe Einspritzdrücke (bis etwa 1800 bar), das dem Pumpe-Düse-System **(Seite 365)** ähnlich ist. Für jeden Motorzylinder ist jeweils ein Einspritzelement vorhanden. Die Hochdruckelemente sind meist in den Motorblock eingesteckt und werden von einem Einspritznocken auf der Motornockenwelle direkt angetrieben. Die Pumpenelemente stehen über kurze Hochdruckleitungen mit den Düsenhaltern in Verbindung. Die Einspritzsteuerung für Einspritzmenge und Einspritzverlauf erfolgt durch ein elektronisches Steuergerät über in den Pumpenelementen integrierte Magnetventile.

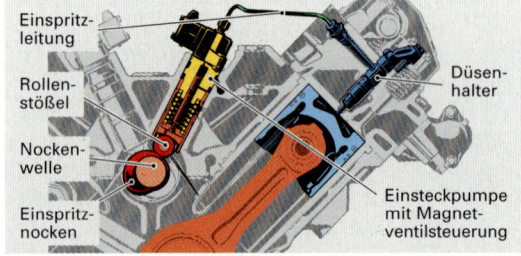

Bild 3: Pumpe-Leitung-Düse-System

6.4 Kraftübertragung
6.4.1 Antriebskonzepte
Sie werden entsprechend der angetriebenen und nicht angetriebenen Achsen nach folgendem Schema bestimmt:
- Erste Zahl: Gesamtzahl der Räder
- Zweite Zahl: Anzahl der angetriebenen Räder.

Ein Fahrzeug, welches die Bezeichnung 4 x 2 hat, besitzt vier Räder (evtl. Zwillingsbereifung) und es werden zwei Räder angetrieben.

6.4.2 Antriebsarten
Man unterscheidet folgende Bauarten:
- Hinterradantrieb mit einer Antriebsachse
- Hinterradantrieb mit Nachlaufachse **(Bild 1)** oder mit Vorlaufachse
- Hinterradantrieb mit zwei angetriebenen Achsen
- Allradantrieb.

Das im **(Bild 1)** dargestellte Fahrzeug wird mit 6 x 2 bezeichnet. Es hat 6 Räder, wobei 2 angetrieben werden.

Bei leerem oder teilbeladenem Fahrzeug kann die als Liftachse ausgeführte Nach- oder Vorlaufachse zur Verringerung des Rollwiderstandes und des Reifenverschleißes angehoben werden.

Bei Beladung kann sie bis zu 10 t Last aufnehmen, um die Antriebsachse zu entlasten. Zum Anfahren kann sie abgehoben werden, um der Antriebsachse mehr Belastung und somit mehr Traktion zu geben.

Bild 1: Dreiachsfahrzeug 6 x 2

Allradantriebe (Bild 2). Bei dieser 6 x 6 Anordnung wird ein Verteilergetriebe benötigt. Die erste Antriebsachse hat einen Durchtrieb zur zweiten angetriebenen Achse.

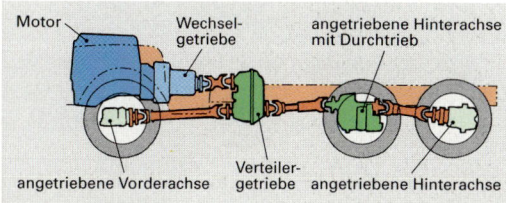

Bild 2: Allradantrieb

6.4.3 Lenkachsen
Nicht angetriebene Lenkachsen. Sie werden in Nutzkraftfahrzeugen verbaut als
- Gabelachse **(Bild 3)**
- Faustachse **(Bild 4)**.

Der Achskörper ist faust- oder gabelförmig ausgeführt. Der Achsschenkel verbindet den Achskörper mit der schwenkbar gelagerten Nabe.

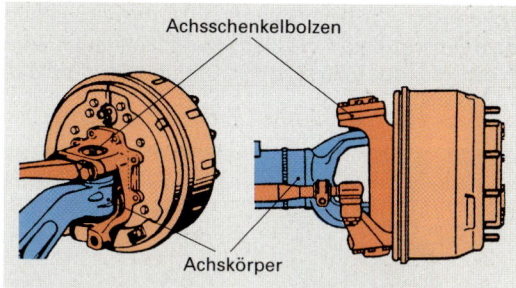

Bild 3: Faustachse   **Bild 4: Gabelachse**

Angetriebene Lenkachsen. (Bild 5). Die dargestellte lenkbare Antriebsachse hat einen Durchtrieb z.B. für einen 8 x 8 Antrieb. Die Antriebskraft wird durch die Antriebswelle zur vorderen Achse weitergeleitet. Ein darauf sitzendes Stirnradvorgelege übersetzt die Antriebskraft auf das Kegelradgetriebe mit Ausgleich. Die Achswellen treiben über Doppelkreuzgelenke die Radnabe an. In dieser sitzt ein Planetenradsatz, der die Drehzahl ins Langsame übersetzt und dadurch das Antriebsdrehmoment erhöht.

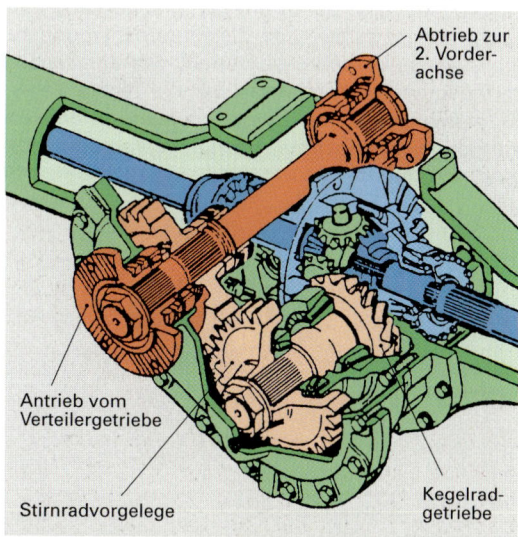

Bild 5: Angetriebene Vorderachse mit Durchtrieb

6.4.4 Antriebsachsen

Sie werden als Hypoidantrieb mit Kegel-Tellerrad und als Außenplanetenachse mit Kegelradantrieb und Planetengetriebe gebaut.

Antriebsachse mit Hypoidantrieb Sie läuft sehr leise, hat eine große Achsübersetzung von 6 bis 8 und besitzt dadurch ein großes Achsgehäuse mit geringer Bodenfreiheit.

Antriebsachse mit Außenplanetengetriebe (Bild 1). Durch den kleinen Kegelradantrieb mit einer Übersetzung von 1,1 bis 1,3 können die Antriebswellen klein dimensioniert werden. Das Planetengetriebe in der Radnabe übersetzt das Drehmoment um das 3...4-fache.

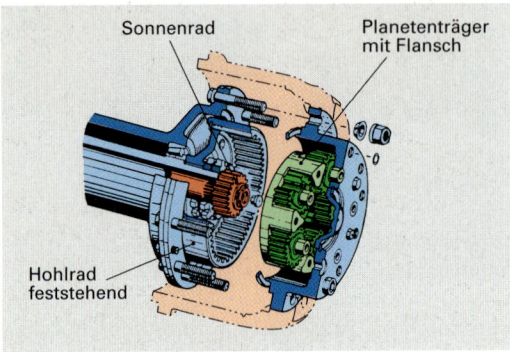

Bild 1: Außenplanetenachse

6.4.5 Verteilergetriebe (Bild 2)

Sie können ausgeführt sein
- ohne Ausgleichsgetriebe
- mit sperrbarem Ausgleichsgetriebe.

Hierbei wird z.B. durch ein Planetengetriebe das Drehmoment zu 65 % an die Hinterachse und zu 35 % an die Vorderachse verteilt. Mit der Schaltmuffe kann der Kraftfluss über die rechte Zahnradpaarung auf die Zwischenwelle umgelenkt werden, wobei nochmals ins Langsame übersetzt werden kann.

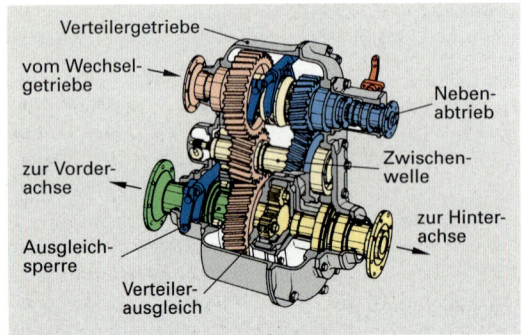

Bild 2: Verteilergetriebe mit Ausgleich

Nebenantriebe (Bild 2). Sie werden zum Antrieb von Zusatzaggregaten wie z.B. Pumpen, Seilwinden, usw. verwendet.

6.4.6 Gruppengetriebe (Bild 3)

Sie sind im Antriebsstrang nach dem Motor eingebaut. Mit ihm kann der Motor sowohl im günstigsten Verbrauchsbereich, als auch im obersten Leistungsbereich betrieben werden. Beim **Vorschaltgruppengetriebe** (Splitgruppen) ergeben sich feinere Abstufung der Gänge und kleinere Übersetzungssprünge. Beim **Nachschaltgruppengetriebe** (Bereichsgruppen) wird der Übersetzungsbereich und somit die Anzahl der Gänge erweitert.

6.4.7 Wechselgetriebe

Sie sind meist als gleichachsiges Dreiwellengetriebe ausgeführt und können mit einer Vorschaltgruppe und einer Nachschaltgruppe (Bild 3) gebaut werden.

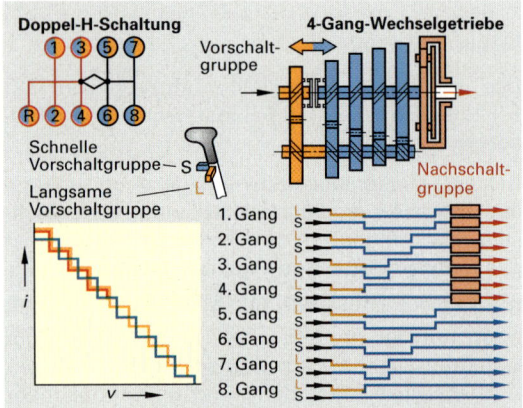

Bild 3: Wechselgetriebe mit Vor- und Nachschaltgruppe

6.4.8 (EPS) Elektro-Pneumatische Getriebesteuerung (Bild 4)

Bei diesem System werden die Schaltvorgänge über einen Schaltzylinder ausgeführt. Mit dem Schalthebel gibt der Fahrer bei betätigter Kupplung über ein Steuergerät die Befehle zum Hoch- oder Runterschalten.

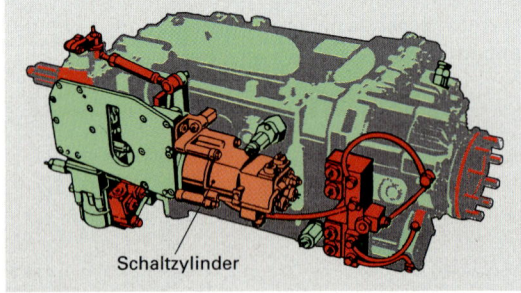

Bild 4: EPS-Getriebe

6.5 Fahrwerk
6.5.1 Federung

Im Nutzfahrzeugbau werden als Stahlfedern überwiegend **Blattfedern**, seltener Schraubenfedern eingebaut. Besonders im Omnibus ist die **Luftfederung** weit verbreitet.

Blattfeder
Sie ist eine Biegungsfeder und wird als geschichtete Blattfeder verwendet in Form der
- Halbelliptikfeder oder Trapezfeder
- Parabelfeder.

Halbelliptikfeder. Sie besteht aus Flachstahl, der die Form einer halben Ellipse hat. Mehrere Federblätter werden zu einem Paket zusammengefasst, das dann die Form eines Trapezes annimmt **(Bild 1)**. Die Federblätter sind in der Mitte durchbohrt und werden durch die Federschraube (Herzschraube) zusammengehalten, die gleichzeitig ein Verschieben der einzelnen Blätter in Längsrichtung verhindert. Gegen seitliches Verschieben schützen die Federklammern.

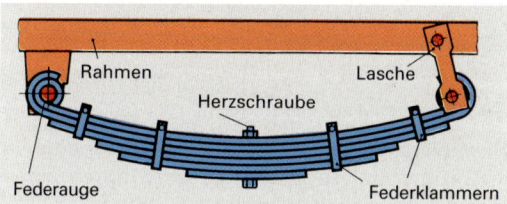

Bild 1: Halbelliptikfeder, Trapezfeder

> Trapezfedern sind harte Federn. Sie sind umso härter, je dicker die Federblätter sind und je mehr Federblätter aufeinander liegen.

Damit die Feder bei Leerfahrten nicht zu hart ist und die Achsen dadurch zum Trampeln neigen, wird oft ein zweites Federpaket zusätzlich eingebaut, das erst ab einer bestimmten Zuladung wirksam wird, d. h. die Blattfeder ist progressiv **(Bild 2)**.

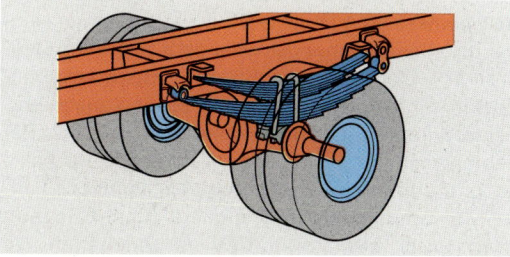

Bild 2: Doppelte Trapezfeder

Durch die Reibung der einzelnen Federblätter aufeinander beim Ein- und Ausfedern tritt eine starke Eigendämpfung auf, wodurch die Schwingungsdämpfung unterstützt wird. Zwischen den Federblättern darf sich kein Rost ansetzen, es soll stets eine Schmiermittelschicht vorhanden sein.

Blattfedern können Brems- und Beschleunigungskräfte sowie Seitenkräfte übertragen. Die Bauteile für die Federbefestigung an Rahmen oder Karosserie wie Federbügel, Bolzen, Buchsen und Federaugen werden dabei hoch beansprucht. Um bei Bruch des obersten Federblattes ein Lösen der Achse vom Rahmen zu verhindern, wird das vordere Ende des zweiten Federblattes ebenfalls um den Federbolzen gebogen. Das hintere Federauge hat eine Laschenaufhängung, die die Längung beim Durchfedern ausgleichen kann.

Parabelfeder. Die einzelnen Federblätter verjüngen sich von der Mitte ausgehend zu den beiden Enden parabelförmig.

Die Parabelfeder besteht nur aus wenigen kräftigen Federblättern mit Zwischenlagen aus Kunststoff, damit die Federblätter nicht aufeinander reiben können **(Bild 3)**. Wegen der längeren Federungsbewegung und der geringeren inneren Reibung arbeitet die Parabelfeder weicher und bietet mehr Komfort.

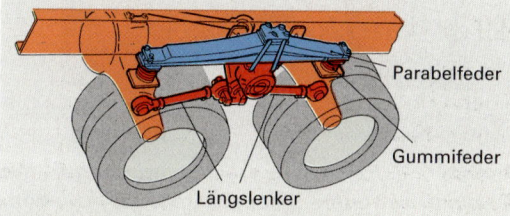

Bild 3: Parabelfeder

> Parabelfedern sind weiche Federn. Sie sind umso komfortabler, je weniger Federblätter verwendet werden und je dünner und länger die Federblätter sind.

Um die Lebensdauer von Blattfedern zu erhöhen, können die Federblätter auf ihrer Oberseite, wo große Zugbeanspruchungen auftreten, einer Strahlbehandlung unterzogen werden. Dabei werden kleine Stahlkugeln mit großer Kraft auf die Oberfläche geschleudert, was zu einer Erhöhung der Festigkeit in der Oberflächenschicht führt ohne die anderen Federeigenschaften zu verändern. Die Enden der Trapezfederblätter werden abgeschrägt, um ein Abhobeln der Unterseiten beim Einfedern zu verhindern.

Luftfederung

> Sie wird vorwiegend bei Omnibussen, Nutzkraftwagen und Anhängern angewendet. Dabei wird die Kompressibilität von Gasen zur Federung ausgenützt.

Die Luftfederung hat gegenüber der mechanischen Blattfederung folgende Merkmale:
- Erhöhung des Fahrkomforts und Schonung des Ladeguts durch kleinere Federrate und niedrigere Eigenfrequenz
- keine Eigendämpfung
- progressive Federkennlinie
- konstante Fahrzeughöhe unabhängig von der Beladung
- Niveauverstellung, z.B. bei Laderampenbetrieb möglich
- Steuerung von Liftachsen, z.B. als Anfahrhilfe oder Überlastschutz auf einfache Weise durchführbar
- sie kann keine Radführungskräfte übernehmen.

Aufbau. Als Federelemente verwendet man Falten- oder Rollbälge, die aus Gummi mit Gewebeeinlage hergestellt sind (**Bild 1**). Eine Gummihohlfeder begrenzt den Federanschlag und ermöglicht bei totalem Luftverlust die Manövrierfähigkeit des Fahrzeugs in Schrittgeschwindigkeit.

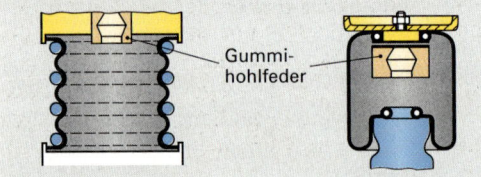

Bild 1: a) Faltenbalg   b) Rollbalg

Radführung (Bild 2). Sie wird von Längs- und Querlenkern oder Stabilenkern übernommen. Die Schwingungsdämpfung erfolgt durch Stoßdämpfer.

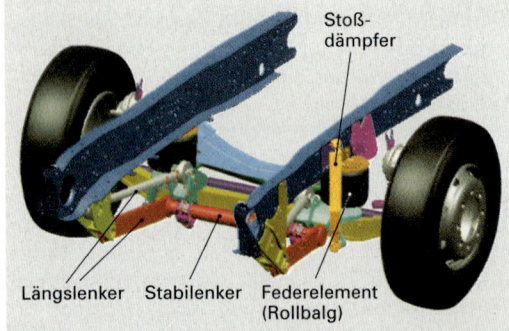

Bild 2: Radaufhängung einer luftgefederten Vorderachse

Elektronisch geregelte Luftfederungssysteme. Durch sie können eine Reihe von Funktionen erfüllt werden, wie z.B. Niveauregulierung, Niveauverstellung, Höhenbegrenzung, Liftachsensteuerung, Druckregelung, Fehlererkennung und -speicherung.

Soll-Niveauregulierung (Bild 3). Mit dem Fahrzeugrahmen verbundene Wegsensoren erfassen ständig die Höhenlage des Fahrzeugs und melden sie an die Steuerelektronik. Werden Abweichungen vom Sollniveau festgestellt, so werden die Magnetventile der Vorderachse und der Hinterachse angesteuert. Durch Be- und Entlüftung des Luftfederbalgs wird das Istniveau des Fahrzeugs innerhalb bestimmter Toleranzgrenzen dem Sollniveau angeglichen. Je nach Anzahl der Wegsensoren unterscheidet man dabei zwischen der Zwei-, Drei- und Vierpunktregelung. Häufig wird die Dreipunktregelung angewendet. Dabei werden z.B. zwei Wegsensoren für die Lenkachse und ein Wegsensor für die Antriebsachse verwendet.

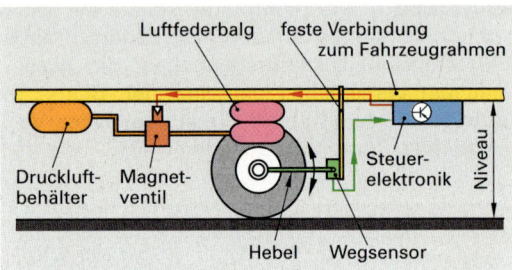

Bild 3: Prinzipbild zur elektronischen Niveauregulierung

Niveauverstellung durch Schalter. Dabei können fest programmierte Fahrzeughöhen durch einen Schalter angewählt werden, z.B. Absenken und Anheben des Fahrzeugniveaus bei Wechselaufbauten, wie Container.

Höhenbegrenzung. Wird der obere oder untere Höhengrenzwert (Gummihohlfederanschlag) erreicht, wird die Höhenverstellung beendet.

Liftachsensteuerung, -regelung. Die Liftachsen können über einen Schalter, z.B. zur Traktionsverbesserung der Antriebsachse angehoben werden. Ab einer bestimmten Achslast, z.B. 11 t senkt sich die Liftachse selbsttätig ab.

Druckregelung. Um den aktuellen Luftfederdruck zu messen und den Druck innerhalb bestimmter Grenzen zu halten werden Drucksensoren mit den Luftfederelementen verbunden. Diese wandeln den gemessenen Druckwert in ein Spannungssignal um. Das Spannungssignal geht zu einem Steuergerät, welches in Grenzfällen (Höchstdruck; Mindestdruck) Magnetventile entsprechend ansteuert.

Fehlererkennung und Fehlerspeicherung. Bei Fehlererkennung wird eine Warnlampe im Fahrzeuginnenraum aktiviert. Zugleich wird der Fehler im Steuergerät gespeichert. Das Fahrzeug kann unter Einhaltung des vorgegebenen Niveaus weitergefahren werden.

6.5.2 Räder und Bereifung

Reifen

Um bei Nutzkraftwagenreifen geringen Verschleiß, gute Traktion, hohe Traglasten und große Radinnendurchmesser zu erreichen, finden, fast ausschließlich, Niederquerschnitt-Gürtelreifen in Radialbauweise Verwendung (**Bild 1**). Dabei sind Karkasse und Gürtel wegen der bei Nkw geforderten hohen Tragfähigkeit überwiegend aus Stahlcord gefertigt.

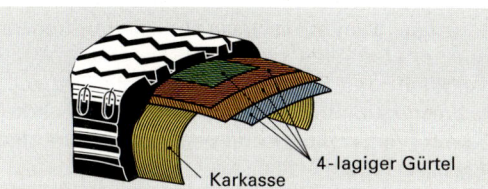

Bild 1: Gürtelaufbau eines Lkw-Radialreifens

Kennzeichnungen am Reifen (**Tabelle 1, Bild 2**).

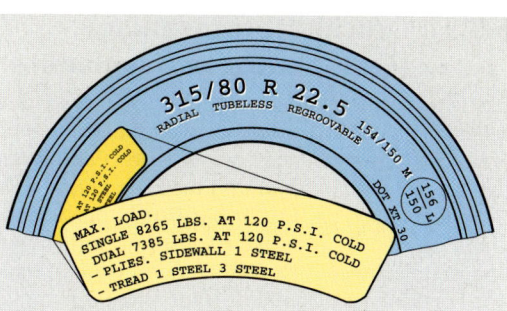

Bild 2: Reifenmaße und Zusatzkennzeichnungen

Tabelle 1: Reifenkennzeichnung

Beispiel: 315/80 R 22.5 154/150M $\frac{156}{150}$ L ...

315	Reifenbreite in mm
80	Reifenhöhe ≙ 80 % der Reifenbreite
R	Radialbauweise
22.5	Reifeninnendurchmesser in Zoll
154/150 M	Tragfähigkeitskennzahl für Einzel- und Zwillingsbereifung bei Geschwindigkeit entsprechend dem Speed-Index M (v_{max} = 130 km/h) und einem vom Reifenhersteller vorgegebenen Luftdruck, z.B. 8,5 bar.
156/150 L	Zusatzbetriebskennung für Einzel- und Zwillingsbereifung bei niedrigeren Geschwindigkeiten (L: v_{max} = 120 km/h.)
Regroovable	Reifen sind entsprechend Herstellervorschrift durch Fachleute nachschneidbar.
Tread: 3 Steel 1 Steel	Unter der Lauffläche befinden sich vier Stahlcordlagen. Drei Stahlcord-Gürtellagen und eine Stahlcord-Karkasslage.
Sidewall 1 Steel	In der Seitenwand befindet sich eine Lage Stahlcord (Karkasslage).
Single 8265 LBS. At 120 P.S.I.	Einzelbereifung, Last- und Druckkennzeichnung für USA-Kanada 1 LBS (pound) = 0,4536 kg; 1 P.S.I. (pound per square inch) = 0.06897 bar.

Reifensicherheit und Reifenlebensdauer sind abhängig von Last, Luftdruck und Geschwindigkeit. Es ist deshalb stets der vom Hersteller vorgegebene Luftdruck einzuhalten. Genauer Luftdruckwerte können aus Tabellen entnommen werden.

Räder

Die Räder bestehen aus der Felge zur Reifenaufnahme und der Radscheibe zur Befestigung des Rades an der Nabe. Bei Nutzkraftwagen werden vorwiegend folgende Felgenarten verwendet:

Ungeteilte Steilschulterfelgen (Bild 3). Diese sind an der Kennzeichnung „.5" am Felgendurchmesser erkennbar, z.B. 22.5.

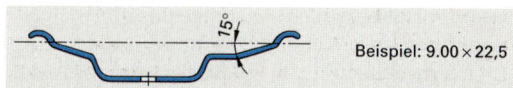

Beispiel: 9.00 × 22,5

Bild 3: 15° Steilschulterfelge

Längsgeteilte Schrägschulterfelgen (Bild 4) und **Halbtiefbettfelgen** (SDC-Felgen = Semi-drop-center-Felgen; H – Kennbuchstabe für Felgenhornmaße) **(Bild 5)**. Geteilte Felgen sind am Bindestrich „–" zwischen den Maßangaben zur Felgenmaulweite und zum Felgendurchmesser erkennbar.

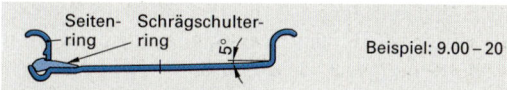

Beispiel: 9.00 – 20

Bild 4: Schrägschulterfelge

Beispiel: 6,50 H – 16 SDC

Bild 5: Halbtiefbettfelge

ARBEITSHINWEISE ZUR MONTAGE

- Seiten- und Verschlussringe müssen bei geteilten Felgen maßlich zur Felge passen.
- Felgen müssen sauber und rostfrei sein.
- Bei Neureifen sind neue Ventile bzw. Schläuche und Wulstbänder zu verwenden.
- Beim Aufpumpen von Nkw-Reifen dürfen 150 % des Normluftdruckes nicht überschritten werden. **Höchstens jedoch 10 bar!**
- Bei Zwillingsbereifung ist der Reifen mit dem größeren Durchmesser innen zu montieren.

6.5.3 Druckluftbremsanlage (Fremdkraftbremsanlage)

Die Druckluftbremsanlage wird in mittleren und schweren Nutzfahrzeugen verwendet. Es ist eine Fremdkraftbremsanlage, bei der der Fahrer nur das Bremsventil betätigt und die Fremdkraft, z. B. Druckluft, mit 8 bar bis 10 bar Druck, die Spannkräfte an den Radbremsen aufbringt. In leichten und mittelschweren Nutzfahrzeugen werden häufig kombinierte Druckluft-Hydraulik-Bremsanlagen eingebaut.

Darstellung von Druckluftbremsanlagen
Für die Geräte können zur genormten Darstellung graphische Symbole und für die Geräteanschlüsse Kennziffern verwendet werden.

Geräteanschlüsse
Ihre Kennzeichnung erfolgt durch ein- oder zweistellige Zahlen. Die erste Ziffer bedeutet
0 Ansauganschluss   5 Nicht belegt
1 Energiezufuhr   6 Nicht belegt
2 Energieabfluss   7 Gefrierschutzmittel-
   (nicht zur Atmosphäre)   anschluss
3 Entlüftung, Atmosphäre   8 Schmierölanschluss
4 Steueranschluss   9 Kühlwasseranschluss

Sind mehrere gleichartige Anschlüsse, z. B. bei Mehrkreisigkeit, vorhanden, so wird noch eine zweite Ziffer vorgesehen. Diese ist beginnend mit 1 lückenlos zu wählen, z. B. 21, 22, 23. Mehrere gleiche Anschlüsse aus einer Kammer erhalten die gleiche Kennzeichnung.

Anwendungsbeispiel
In **Bild 1** bedeutet
1   Energiefluss vom Kompressor
1-2   Befüllanschluss z. B. durch Fremdkompressor Verwendung als Reifenfüllanschluss
3   Entlüftung zur Atmosphäre
21   Energieabfluss (erster Anschluss)
22   Energieabfluss (zweiter Anschluss, Schaltanschluss)

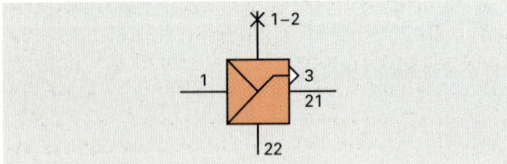

Bild 1: Druckregler

6.5.3.1 Zweikreis-Zweileitungs-Druckluftbremsanlage

Das **Bild 1, Seite 552** zeigt die Darstellung einer Zweikreis-Zweileitungs-Druckluftbremsanlage entsprechend der EG-Richtlinie „Bremsanlagen". Die Geräte gleicher Gerätegruppen sind farblich gekennzeichnet.

Gerätegruppen
– **Druckluftversorgungsanlage** (Energieversorgung) mit Kompressor, Druckregler, Lufttrockner, Regenerationsbehälter bzw. Frostschutzpumpe, Vierkreis-Schutzventil, 3 Luftbehälter mit Entwässerungsventil, Druckanzeigegeräte und Warndruckanlage
– **Zweikreis-Betriebsbremsanlage für das Zugfahrzeug** mit Betriebsbremsventil mit Druckverhältnisventil, automatisch lastabhängigem Bremskraftregler (ALB) mit Relaisventil, Kombibremszylinder mit Membranteil für die Hinterachse, Membranzylinder für die Vorderachse
– **Feststell- und Hilfsbremsanlage** mit Feststellbremsventil, Relaisventil mit Überlastschutz, Kombibremszylinder mit Federspeicherteil für die Hinterachse
– **Anhängersteueranlage** mit Anhängersteuerventil, Kupplungsköpfe „Vorrat" und „Bremse"
– **Zweileitungs-Anhängerbremsanlage** mit Vorrats- und Bremsleitung, Anhängerbremsventil, automatisch lastabhängiger Bremskraftregler (ALB), Bremszylinder
– **Dauerbremsanlage** mit Schaltventil, Arbeitszylinder mit Auspuffklappen- und Regelstangen-Betätigung
– **Feststellbremsanlage-Anhänger** (mechanisch wirkend) mit Handbremshebel, Gestänge, Bremshebel an den Radbremsen

Grundsätzliche Arbeitsweise der Druckluftbremsanlage (Bild 1, Seite 552)

Druckluftversorgungsanlage
Der Kompressor saugt über einen Luftfilter Außenluft an, verdichtet sie und drückt sie über den Druckregler zu den Geräten der Lufttrocknung. Der Druckregler regelt automatisch den Druck in einem Bereich zwischen z. B. 7 bar und 8,1 bar. Der Lufttrockner reinigt durch einen Filter die geförderte Druckluft und entzieht ihr ihre Wasserdampfmenge. Dazu wird sie durch ein Trockenmittel geleitet, an dessen Oberfläche ihre Feuchtigkeit haften bleibt. Die trockene Luft strömt dann zum Teil in den Regenerationsbehälter und zum Vierkreis-Schutzventil. Dieses verteilt die Druckluft auf vier Vorratskreise und sichert diese gegeneinander ab. Es sind:
– Kreis I   (21) (Betriebsbremse – Hinterachse)
– Kreis II (22) (Betriebsbremse – Vorderachse)
– Kreis III (23) (Feststellbremse, Anhänger)
– Kreis IV (24) (Dauerbremse, Nebenverbraucher).

Nach Erreichen seines Abschaltdruckes liefert der Druckregler keine Luft mehr. Gleichzeitig gibt er an den Lufttrockner einen Steuerimpuls.

Dessen Abschaltkolben öffnet dadurch den Auslass. Die trockene Luft aus dem Regenerationsbehälter strömt zurück über das Trockenmittel, nimmt dabei die anhaftende Feuchtigkeit auf und bläst sie ins Freie ab. Ein Heizelement im Bereich des Abschaltkolbens im Lufttrockner verhindert Funktionsstörungen durch Einfrieren. Ein Doppelmanometer zeigt dem Fahrer den Vorratsdruck in beiden Betriebsbremskreisen an. Fällt der Druck unter den Warndruck von etwa 5,5 bar, so leuchtet eine Kontrollleuchte auf.

Nach der Füllung der Bremsanlage steht die Druckluft an folgenden Stellen an:

- Betriebsbremskreis I und II an den Anschlüssen 11 und 12 des Betriebsbremsventils
- Anhängerbremskreis III über die Anschlüsse 11 und 21 des Anhängersteuerventils am Kupplungskopf „Vorrat" und bei gekuppeltem Anhänger über dessen zweiten Anschluss am Anschluss 12 des Anhängersteuerventils, sowie auch am Anhängerbremsventil und dessen Luftbehälter. Ferner am Feststell- und Hilfsbremsventil und am Relaisventil mit Überlastschutz an deren Anschlüssen 1
- Dauerbremskreis IV am Anschluss 1 des Schaltventils für die Motorbremse.

Druckluftversorgungsanlagen ohne Lufttrockner (Bild 1). Es muss eine Frostschutzpumpe eingebaut sein. Diese spritzt durch einen Impuls beim Abschaltdruck Frostschutzmittel ein und schützt dadurch die Anlage vor dem Einfrieren.

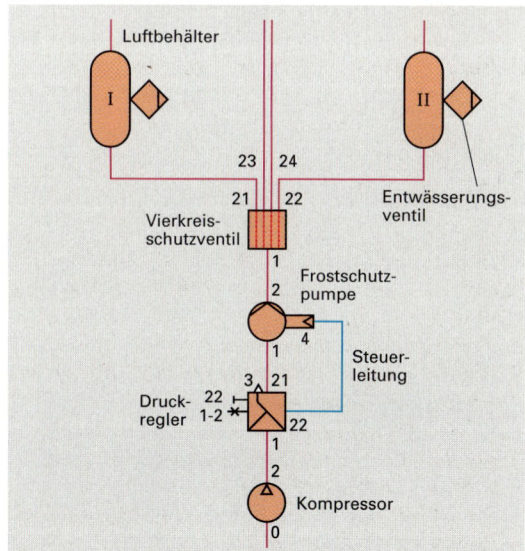

Bild 1: Druckluftversorgungsanlage mit Frostschutzpumpe

Betriebsbremsanlage im Zugfahrzeug (Bild 1, Seite 552)
Sie enthält ein Betriebsbremsventil mit integriertem Druckverhältnisventil zur lastabhängigen Vorderachsregelung. Diese erfolgt über den Steueranschluss 4, der vom ALB-Regler der Hinterachse angesteuert wird. Der ALB-Regler passt den Bremsdruck der Hinterachse der Beladung an. Der Bremsdruck der Vorderachse (Anschluss 22) wird in Abhängigkeit vom Druck des ALB-Reglers durch das Betriebsbremsventil ebenfalls lastabhängig geregelt. Bei leerem Fahrzeug ist der ausgesteuerte Druck kleiner als der Druck, der sonst der Bremsstellung des Betriebsbremsventils entspricht. Erst bei voller Beladung wird der ausgesteuerte Bremsdruck nicht mehr reduziert.

Fahrtstellung (Lösestellung). In beiden Kreisen des Betriebsbremsventils (Anschlüsse 21, 22) ist der Einlass geschlossen und der Auslass geöffnet. Die Bremszylinder der Vorderachse sowie die Steuerleitungen zum Relaisventil mit Überlastschutz (Anschlüsse 41, 42) und zum ALB-Regler (Steueranschluss 4) sind über ihre offenen Auslässe ins Freie entlüftet. Ferner sind über das Relaisventil mit Überlastschutz die Federspeicher der Kombibremszylinder (Anschlüsse 12) belüftet. Die Federn sind gespannt und alle Bremsen des Motorwagens sind gelöst.

Bremsstellung. Im Betriebsbremsventil werden die Auslässe geschlossen und die Einlässe (Anschlüsse 11 und 12) geöffnet. Durch die Pedalkraft wird die Druckluft nun dosiert vom Betriebsbremsventil in die Steuerleitung zum ALB-Regler (Anschluss 21 nach 4) für die Hinterachse eingesteuert. Der ALB-Regler steuert sein Relaisventil an und dieses belüftet entsprechend der Stärke der Bremsung und in Abhängigkeit vom Beladungszustand die Membranzylinder der Hinterachse (Anschluss 2 nach 11) mit Vorratsdruck. Die Vorderachse erhält ihren Bremsdruck vom Betriebsbremsventil (Anschluss 22). Dies passt den Bremsdruck mit dem integrierten Druckverhältnisventil proportional der Fahrzeugbeladung an. Ferner steuern zwei Steuerleitungen vom Betriebsbremsventil (Anschluss 21 nach 41 und 22 nach 42) das Anhängersteuerventil an. Bei gekuppeltem Anhänger wird die Anhängerbremsleitung jetzt dosiert belüftet und über das Anhängersteuerventil werden die Anhängerbremsen betätigt.

Bei Bremsanlagen mit einem Betriebsbremsventil ohne integriertes Druckverhältnisventil wird zur lastabhängigen Regelung des Vorderachsbremsdruckes ein gesondertes Druckverhältnisventil eingebaut **(Bild 1, Seite 553)**.

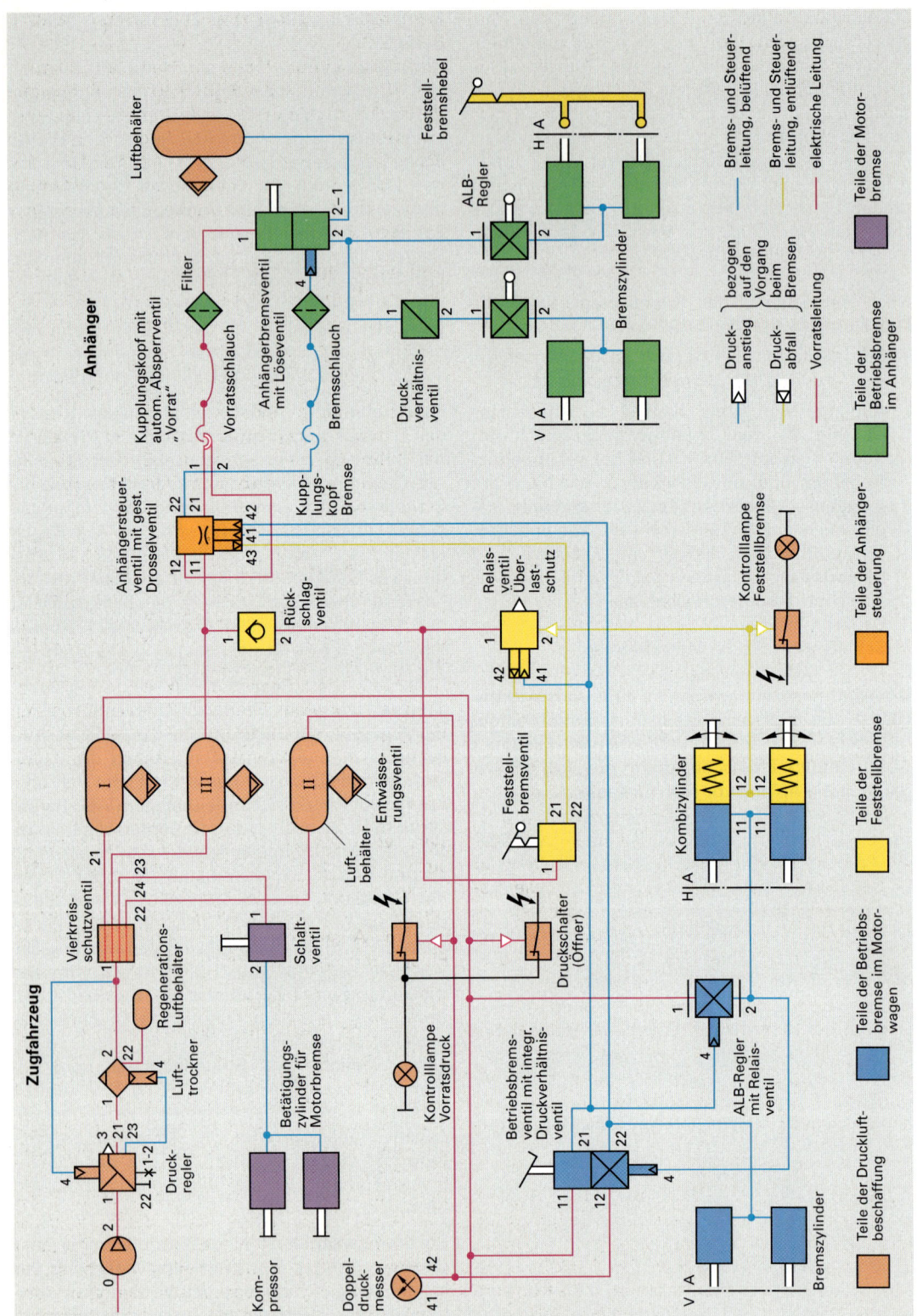

Bild 1: Zweikreis-Zweileitungs-Druckbremsanlage für einen Lastkraftwagenzug

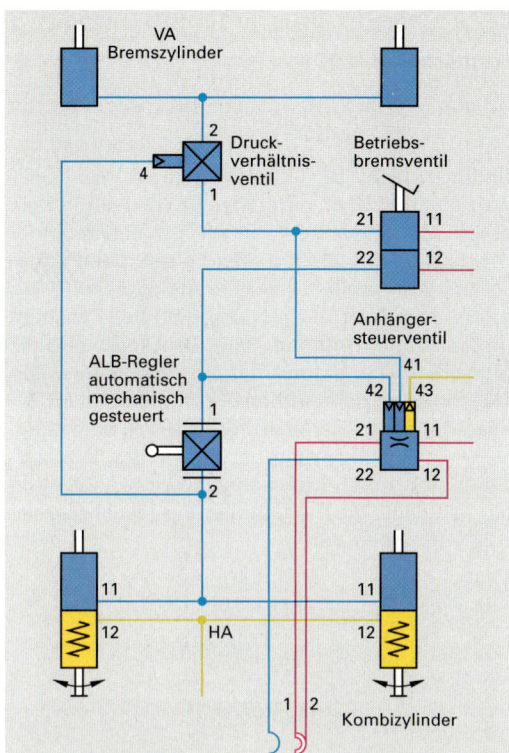

Bild 1: Betriebsbremsanlage mit Druckverhältnisventil

Feststell- und Hilfsbremsanlage

Vom Feststellbremsventil geht eine Steuerleitung zum Relaisventil mit Überlastschutz (Anschluss 21 nach 42) und eine zweite zum Anhängersteuerventil (Anschluss 22 nach 43). Durch sie können im Motorwagen die Federspeicher an der Hinterachse und im Anhänger die Betriebsbremse als Hilfs- oder Feststellbremse dosiert betätigt werden. Der Feststellbremskreis wird durch ein Rückschlagventil gegen Druckverlust im Vorratskreis III abgesichert.

Das bei der Hinterachse eingebaute Relaisventil mit Überlastschutz ermöglicht durch kurze Leitungen mit großem Querschnitt ein rasches Be- und Entlüften der Federspeicher. Die Bremsen können dadurch rasch gelöst oder betätigt werden.

Kontrollstellung. Nach Vorschrift muss die Feststellbremse des Motorwagens den gesamten Lastzug auch bei gelöster Anhängerbremse an einem Gefälle halten können. Zur Funktionsprüfung hat das Feststellbremsventil eine Kontrollstellung, bei der die Federspeicherbremse betätigt und die Anhängerbremse gelöst ist.

Fahrtstellung. Das Feststellbremsventil belüftet die Steuerleitung zum Relaisventil (Anschluss 21 nach 42). Dieses schaltet um und die Federspeicher (Anschluss 2 nach 12) werden mit Vorratsdruck beaufschlagt. Die Federn werden gespannt und die Bremsen gelöst. Gleichzeitig wird die Steuerleitung zum Anhängersteuerventil (Anschluss 22 nach 43) belüftet. Die Bremsleitung (Anschluss 22) wird nun drucklos. Die Anhängerbremsen sind daher gelöst.

Bremsstellung. Durch Betätigung des Feststellbremsventils kann man die Steuerleitungen zum Relaisventil (Anschluss 21 nach 42) und zum Anhängersteuerventil (Anschluss 22 nach 43) dosiert entlüften. Das Relaisventil schaltet um und in den Kombibremszylindern werden die Federspeicher entlüftet und die Bremsen durch die Federn angelegt. Das Anhängersteuerventil gibt am Anschluss 22 dosiert Vorratsluft über die Bremsleitung zum Anhängerbremsventil. Dieses bremst nun den Anhänger entsprechend ab.

Überlastschutz. Er wirkt, wenn z. B. bei betätigter Feststellbremse zusätzlich die Betriebsbremse betätigt wird. Die Feststellbremse wird dann nur soviel belüftet und gelöst, wie der Druck beträgt, der in der Betriebsbremse ansteigt. Es können deshalb nicht gleichzeitig die vollen Kräfte im Membran- und Federspeicherzylinder wirksam werden, wodurch Teile der Bremse überlastet werden könnten. Besteht dagegen keine Gefährdung (z. B. Spreizkeilbremse), so kann der Überlastschutz entfallen.

Dauerbremsanlage.
Wird vom Fahrer das Schaltventil betätigt, so strömt Druckluft vom Vierkreisschutzventil (Anschluss 24) in die Arbeitszylinder für die Motorbremse. Ein Arbeitszylinder schließt die Stauklappe im Auspuffrohr, der andere bringt die Einspritzpumpe in Stellung Nullförderung.

Anhängerbremsanlage

Sie ist eine Zweileitungsbremsanlage, d. h. es sind zwei Verbindungsleitungen, die **Vorratsleitung** und die **Bremsleitung**, zwischen Anhänger und Motorwagen vorhanden. Die vertauschgesicherten Kupplungsköpfe mit automatischem Absperrglied sind farblich – **„Vorrat" rot** und **„Bremse" gelb** – gekennzeichnet. Erst, wenn der Kupplungskopf „Vorrat" gekuppelt wird, öffnet sein Ventil und das Anhängersteuerventil erhält am Anschluss 21 Vorratsdruck. Die Druckluft kommt vom Vierkreisschutzventil (Anschluss 23) und strömt zum gesteuerten Drosselventil nach 11, das in das Anhängersteuerventil integriert ist. Von dort strömt sie zum Kupplungskopf „Vorrat"

(Anschluss 21 nach 1) und wieder zurück zum Anhängersteuerventil (Anschluss 2 nach 12). Die Vorratsleitung versorgt dauernd die Anhängerbremsanlage mit Vorratsluft.

Lösestellung. Durch das Anhängersteuerventil ist über Anschluss 22 die Bremsleitung entlüftet. Das Anhängerbremsventil hat dadurch die Anhängerbremsen ebenfalls entlüftet und gelöst.

Bremsstellung. Das Anhängersteuerventil wird vom Betriebsbremsventil über die Anschlüsse 41 und 42 mit Druckluft dosiert angesteuert. Es belüftet über Anschluss 22 die Bremsleitung. Durch deren Druckanstieg wird das Anhängerbremsventil dosiert betätigt und gibt Druckluft aus dem Vorratsbehälter im Anhänger an die beiden ALB-Regler der Anhängerachsen. Diese regeln nun den Bremsdruck für die Bremszylinder in Abhängigkeit von der Achslast. Ein Druckverhältnisventil reduziert die Bremskraft der Vorderachse bei leerem oder teilbeladenem Fahrzeug, um ein Überbremsen zu verhindern. Der Anhänger wird somit entsprechend der Stärke der Bremsung und der Beladung abgebremst.

Abriss der Vorratsleitung. Der Druck in der Vorratsleitung fällt ab. Das Anhängerbremsventil löst dadurch eine Vollbremsung des Anhängers aus. Dies ist auch der Fall beim Abkuppeln. Zum Bewegen des abgekuppelten Anhängers muss dann das Löseventil am Anhängerbremsventil betätigt werden.

Defekt in der Bremsleitung. Zunächst bleiben die Bremsen gelöst. Erst beim Betätigen einer Bremse im Motorwagen entweicht die Vorratsluft über die defekte Bremsleitung und den Anschluss 22 am Anhängersteuerventil. Dieser steht über Anschluss 12 mit Anschluss 2 am Kupplungskopf „Vorrat" in Verbindung. Der Druck in der Vorratsleitung fällt ab und das Anhängerbremsventil löst eine Vollbremsung des Anhängers aus. Nach dem Lösen der Bremse im Motorwagen wird auch die Anhängerbremse wieder frei.

Das Drosselventil im Anhängersteuerventil drosselt den Durchlass der Vorratsluft und sorgt dadurch für ein rasches Absenken des Druckes in der Vorratsleitung. Der Vorratsluftbehälter und die lange Leitung müssen dazu nicht entlüftet werden. Der Druck in der Vorratsleitung fällt dadurch schneller ab, weil nicht genügend Luft vom Luftbehälter her nachgespeist werden kann. Der Anhänger wird daher rascher abgebremst.

Feststellbremse im Anhänger
Sie arbeitet rein mechanisch. Bei Betätigung des Feststellbremshebels werden über Gestänge und Hebel die Hinterachsbremsen des Anhängers angelegt.

6.5.3.2 Teile der Druckluftbremsanlage

Kompressor (Bild 1)

Aufgabe – Versorgung der Bremsanlage mit Druckluft.

Wirkungsweise. Der Kompressor ist Ein- oder Zweizylinder-Kolbenverdichter. Er wird durch Keilriemen oder durch ein Zahnrad vom Fahrzeugmotor angetrieben und läuft ständig mit. Beim Saughub saugt der Kolben über die Ansaugleitung des Motors oder über ein eigenes Luftfilter Frischluft durch das Saugventil an. Beim Druckhub wird die Luft verdichtet und durch das Druckventil über den Druckregler zu den Luftbehältern gedrückt. Im Zylinderkopf sitzen Flatterventile, die sich selbsttätig steuern. Die Schmierung ist an die Druckumlaufschmierung des Motors angeschlossen. Es kann aber auch eine eigene Schmierung (Tauchschmierung) vorhanden sein.

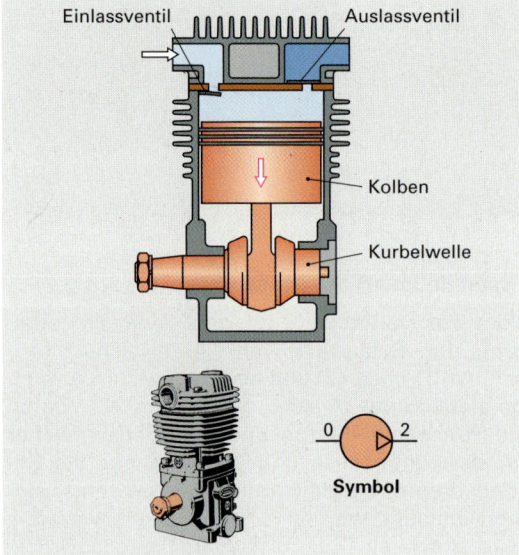

Bild 1: Kompresor

Druckregler (Bild 1, Seite 555)

Aufgaben

– Den Betriebsdruck zwischen Abschalt- und Einschaltdruck selbsttätig regeln

– Sicherung der Anlage vor Schmutz (Filter)

– Entnahme von Druckluft am Reifenfüllanschluss, z. B. zum Reifenfüllen oder Zuführung derselben, z. B. zum Füllen der Anlage von außen

– Anlage vor Überdruck schützen (Leerlaufventil wirkt als Sicherheitsventil)

– Lufttrockner bzw. Frostschützer steuern.

Wirkungsweise

Füllstellung. Die vom Kompressor kommende Druckluft strömt vom Anschluss 1 über das Filter zum Anschluss 21. Von dort geht die Luft durch den Lufttrockner zum Teil in den Regenerationsbehälter und zum Vierkreisschutzventil. Dieses verteilt sie in die Luftbehälter. Gleichzeitig baut sich über die Steuerleitung vor den Vierkreisschutzventil zum Druckregler Anschluss 4 im Raum unter dem Steuerkolben Druck auf. Bei Erreichen des Abschaltdruckes (z. B. 8,1 bar) wird dieser gegen die Kraft seiner Druckeinstellfeder hochgedrückt. Der Auslass schließt und der Einlass öffnet. Die Druckluft drückt jetzt den Abschaltkolben nach unten und das Leerlaufventil wird geöffnet. Gleichzeitig geht von Anschluss 22 ein Schaltimpuls z. B. an den Frostschützer bzw. vom Anschluss 23 an den Lufttrockner. Die Leerlaufstellung ist erreicht. Der Kompressor pumpt jetzt die Luft ins Freie. Das Rückschlagventil im Lufttrockner schließt und sichert den Druck in der Anlage.

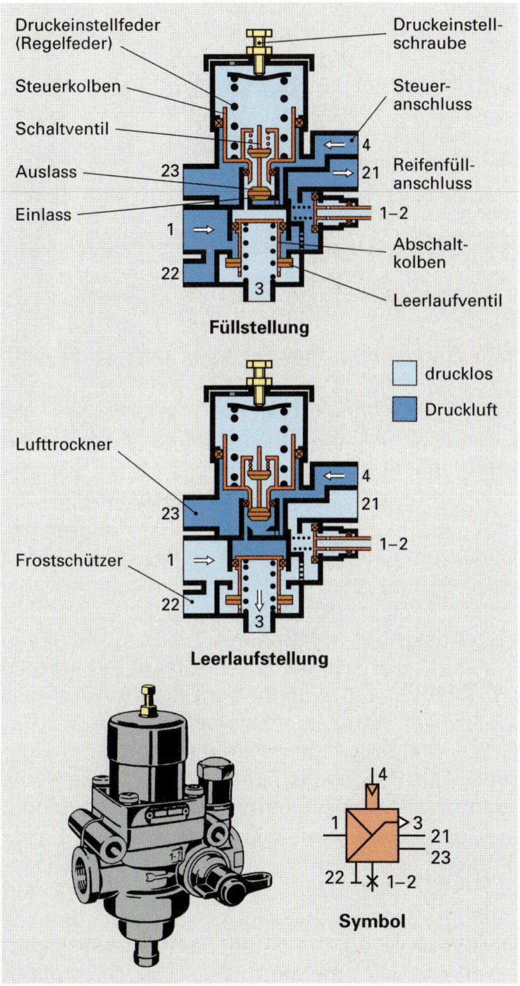

Leerlaufstellung. Sinkt durch Luftentnahme der Vorratsdruck um die Schaltspanne auf den Einschaltdruck, so drückt die Regelfeder den Steuerkolben herunter. Der Einlass schließt und der Auslass öffnet. Der Abschaltkolben ist jetzt druckentlastet und wird durch seine Feder hochgedrückt. Das Leerlaufventil schließt und die Luftbehälter werden wieder aufgefüllt.

Reifenfüllanschluss. Der Reifenfüllschlauch verschiebt beim Anschließen den Ventilkörper im Reifenfüllanschluss und sperrt den Anschluss 2. Der Anlage kann jetzt Druckluft entnommen oder zugeführt werden.

Der Abschaltkolben dient als Sicherheitsventil. Er öffnet bei ca. 2 bar über dem Abschaltdruck.

Vierkreisschutzventil (Bild 2 und Bild 1, Seite 556)

Aufgaben

- Verteilung der Druckluft auf die vier Bremskreise
- Drucksicherung der intakten Kreise bei Druckabfall in einem oder mehreren Bremskreisen
- eventuell vorrangige Belüftung der Betriebsbremskreise.

Wirkungsweise

Die Druckluft strömt vom Kompressor über Anschluss 1 zu. Bei Erreichen des Öffnungsdruckes von z. B. 7 bar öffnen die beiden Überströmventile zu den Anschlüssen der Betriebsbremskreise 21 und 22. Die Luft kann nun in die angeschlossenen Behälter einströmen. Gleichzeitig steht die

Bild 1: Druckregler

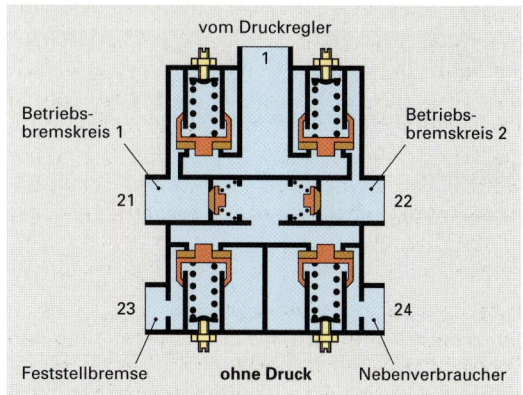

Bild 2: Vierkreisschutzventil

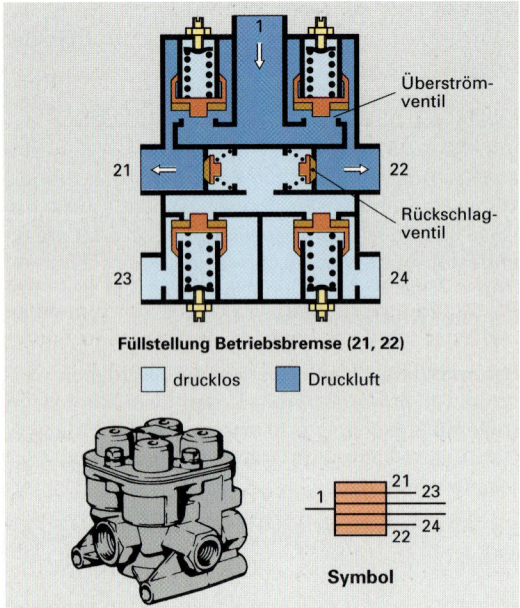

Bild 1: Vierkreisschutzventil

Druckluft über die Rückschlagventile an den Überströmventilen zu den Anschlüssen der Kreise 23 und 24 an. Erreicht der Druck z. B. 7,5 bar, so öffnen die Überströmventile. Die Luftbehälter der Betriebsbremse sind bereits weitgehend gefüllt. Diese beiden Kreise werden nun auch gefüllt.

Tritt z. B. im Kreis 21 ein Leck auf, so strömt Luft ab, der Druck und auch der in Kreis 22 fallen bis auf den Schließdruck von ca. 5,5 bar ab. Das Überströmventil von Kreis 21 schließt. Der Kompressor füllt dann wieder Kreis 22 bis zum Erreichen des Öffnungsdruckes des Überströmventils von Kreis 21 (z. B. 7 bar) auf. Der Druck in den Kreisen 23 und 24 bleibt gesichert, da die Rückschlagventile ein Entweichen der Luft über die Leckstelle verhindern. Die Feststellbremse (Kreis 23) bleibt daher weiterhin gelöst.

Betriebsbremsventil mit Druckverhältnisventil

Aufgaben

- Feinfühlig dosiertes Be- und Entlüften der Zweikreis-Betriebsbremsanlage im Zugfahrzeug
- Steuerung des Anhängersteuerventils
- evtl. mit Druckverhältnisventil (DVV) zur ladungsabhängigen Steuerung des Vorderachsbremsdruckes.

Wirkungsweise

Die Betätigungseinrichtung, z. B. Trittplatte, wirkt auf zwei hintereinander angeordnete Ventile.

Fahrtstellung (Bild 2). Der Einlass an den Anschlüssen 11 und 12 ist geschlossen. Die Betriebsbremskreise erhalten keine Vorratsluft. Der Auslass der Anschlüsse 21 und 22 ist geöffnet. Sie sind über Anschluss 3 ins Freie entlüftet.

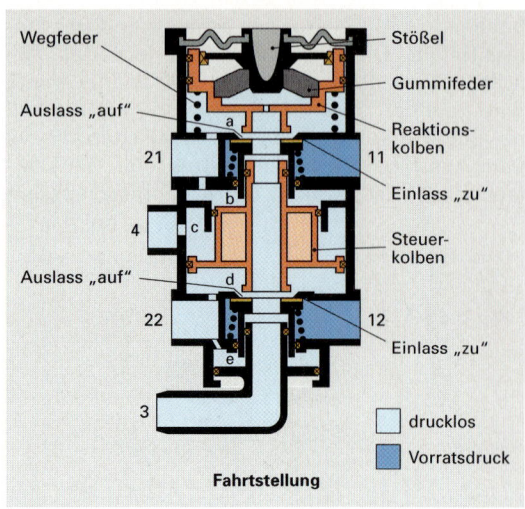

Bild 2: Betriebsbremsventil mit DVV – Fahrstellung

Teilbremsstellung (Bild 1, Seite 557). Bei Betätigung wird durch den Stößel der Reaktionskolben gegen die Federkraft der Wegfeder nach unten bewegt. Er verschließt seinen Auslass und öffnet den Einlass am Anschluss 11. Die Vorratsluft strömt über Raum a zum Anschluss 21 und von dort in die Bremsgeräte der Hinterachse. Gleichzeitig strömt Druckluft in den Raum b und wirkt dort auf eine Teilfläche des Steuerkolbens. Dieser bewegt sich nach unten. Er verschließt den Auslass von Anschluss 22 und öffnet den Einlass am Anschluss 12. Vorratsluft strömt jetzt vom Anschluss 12 über Raum d zum Anschluss 22 und von dort zum Vorderachsbremskreis. Der Steuerkolben ist als gestufter Kolben ausgeführt. Somit wird die Höhe des im Vorderachsbremskreis eingesteuerten Druckes abhängig von dem durch den ALB-Regler für den Hinterachsbrems-kreis ausgesteuerten Druck. Dieser ist ein von der Beladung abhängiger Druck und gelangt über den Anschluss 4 in den Raum c. Dort wirkt er auf die untere Teilfläche des Steuerkolbens und unterstützt die in Raum b auf den Kolben wirkende Kraft.

Druckluftbremsanlage — 6 Nutzfahrzeugtechnik

Die Bremsabschlussstellung ist erreicht, wenn der in Raum a auf den Reaktionskolben wirkende Druck, diesen gegen die Kraft der Wegfeder so lange aufwärts bewegt, bis sich beide Kräfte ausgleichen. Jetzt sind Einlass von Anschluss 11 und Auslass von Anschluss 21 geschlossen. Entsprechend bewegen die in den Räumen d und c ansteigenden Drücke den Steuerkolben aufwärts und schließen in der Bremsabschlussstellung dessen Einlass von Anschluss 12. Der Auslass von Anschluss 22 ist dabei ebenfalls geschlossen.

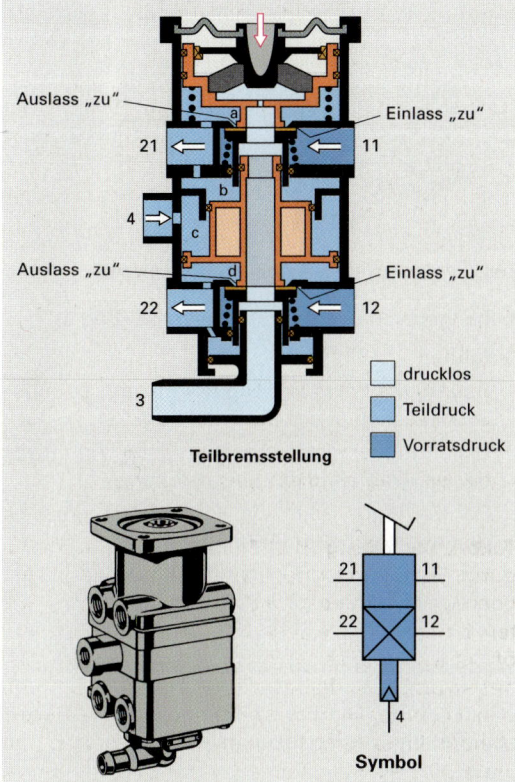

Bild 1: Betriebsbremsventil mit Druckverhältnisventil – Teilbremsstellung

Vollbremsung. Wird die Betätigungseinrichtung ganz durchgetreten, so wird der Reaktionskolben in seine Endstellung bewegt. Sein Einlass von Anschluss 11 ist jetzt ständig offen. Der Vorratsdruck in Raum b und der in Raum c wirkende, von der Beladung abhängige Druck der Hinterachse drücken den Steuerkolben in seine Bremsstellung. Auch sein Einlass ist nun bei voller Beladung ständig geöffnet. Beide Betriebsbremskreise erhalten jetzt den vollen Vorratsdruck.

Feststell- und Hilfsbremsventil (Bild 2)
Aufgaben
– Dosiertes Betätigen der Feststell- und Hilfsbremse mit den Federspeicherzylindern
– Kontrollstellung zur Prüfung der Wirkung der Feststellbremse im Zugfahrzeug.

Fahrtstellung. Federspeicher der Kombizylinder und Steuerleitung zum Anhängersteuerventil sind belüftet. Die Federn sind gespannt.

Feststellbremsstellung. Federspeicher und Steuerleitung zum Anhängersteuerventil sind entlüftet. Bremsen der Federspeicher und die im Anhänger sind gebremst.

Kontrollstellung. Die Hinterachse des Zugfahrzeugs ist durch die entlüfteten Federspeicher gebremst, über das Anhängersteuerventil sind die Anhängerbremsen gelöst. Der ganze Zug muss jetzt bei 12 % Gefälle mit den Feststellbremsen des Zugfahrzeugs gehalten werden können.

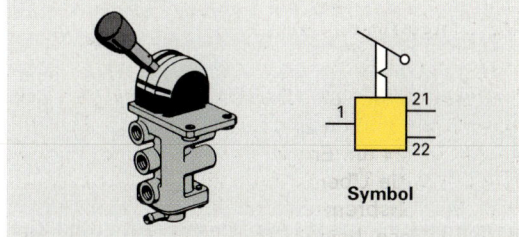

Bild 2: Feststellbremsventil (Bild 2)

Automatisch-lastabhängiger-Bremskraftregler mit Relaisventil (ALB, Bild 3).
Aufgaben
– Automatische Regelung der Bremskraft in Abhängigkeit von der Beladung
– Steuerung in luftgefederten Fahrzeugen durch den Druck im Federbalg, in mechanisch gefederten durch den Federweg
– Relaisventil zum schnellen Be- und Entlüften.

Bei entladenem Zustand wird der Bremsdruck z. B. etwa 5:1 vermindert, d. h. bei 6 bar Bremsdruck wirkt an den Radzylindern nur 1,2 bar, bei voller Beladung wirken 6 bar.

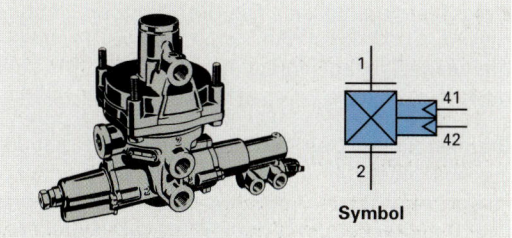

Bild 3: ALB mit Relaisventil

Bremszylinder (Bild 1)

Aufgaben
- Membranzylinder erzeugen die Spannkraft bei der Betriebsbremse
- Federspeicherzylinder erzeugen die Spannkraft bei der Feststell- und Hilfsbremse.

Membranzylinder werden an der Vorderachse eingesetzt. An der Hinterachse verwendet man Kombizylinder. Es ist die Kombination aus einem Membranteil für die Betriebsbremse und einem Federspeicherteil für die Feststell- und Hilfsbremse. Bei Ausfall der Druckluft kann ein gebremstes Fahrzeug durch eine Lösevorrichtung an den Federspeichern schleppfähig gemacht werden. Man verwendet z. B. eine Sechskantschraube mit der die Federn gespannt und so die Bremsen gelöst werden können **(Bild 1)**.

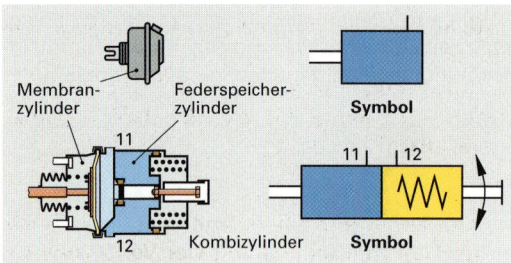

Bild 1: Bremszylinder

Anhängersteuerventil mit Drosselventil (Bild 2)

Aufgaben
- Steuerung der Anhängerbremsanlage über die Betriebsbremsanlage des Motorwagens
- Steuerung der Anhängerbremsanlage über das Feststell- und Hilfsbremsventil
- Versorgung der Anhängerbremsanlage mit Druckluft
- Drosselventil. Es sorgt bei einem Defekt der Bremsleitung für rasches Ansprechen der Anhängerbremsen in der vorgeschriebenen Zeit, Ansprechzeit nach EU-Richtlinien 2 s.

Fahrtstellung. Die Luft geht zum Anschluss 11 des Anhängersteuerventils und von Anschluss 21 zum Anschlusskopf „Vorrat". Bei gekuppeltem Anhänger geht sie weiter zum Anschluss 12, sein Einlass ist geschlossen. Die Bremsleitung ist über Anschluss 22 ins Freie entlüftet. Das Feststellbremsventil beaufschlagt Anschluss 43 mit Vorratsluft.

Bremsstellung. Das Betriebsbremsventil gibt an die Anschlüsse 41 und 42 Steuerdruck. Der Auslass an Anschluss 22 schließt und der Einlass öffnet. Die Bremsleitung zum Anhänger wird entsprechend der Stärke des Steuerdruckes belüftet.

Bei Betätigung des Feststellbremsventils wird der Anschluss 43 am Anhängersteuerventil entlüftet, die Anhänger-Bremsleitung wird belüftet, der Anhänger bremst. Die Vorratsleitung versorgt auch während des Bremsens den Anhänger mit Druckluft.

Drosselventil. Bei defekter Bremsleitung drosselt es die Luft vom Luftbehälter zum Anschluss 21. Da dadurch nur wenig Vorratsluft nachströmen kann und die lange Leitung zum Luftbehälter nicht entlüftet werden muss, sorgt es für schnellen Druckabbau in der Vorratsleitung und damit für eine Notbremsung im Anhänger.

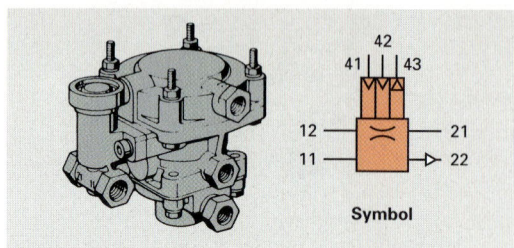

Bild 2: Anhängersteuerventil mit Drosselventil

Anhängerbremsventil mit Löseventil (Bild 3)

Aufgaben
- Betätigung der Anhängerbremsanlage über Druckanstieg in der Bremsleitung
- Einleitung einer Notbremsung im Anhänger bei Druckabfall in der Vorratsleitung
- Bei Vorhandensein von Vorratsluft bremst es den abgekuppelten Anhänger ab
- Löseventil. Es ermöglicht das Lösen des abgekuppelten Anhängers zum Rangieren.

Vorratsluft strömt bei Motorlauf ständig zum Anhängerbremsventil und in den Luftbehälter.

Fahrtstellung. Die Bremsleitungen sind ins Freie entlüftet und die Bremsen gelöst.

Bremsstellung. Kommt Steuerdruck über die Bremsleitung, so öffnet am Anschluss 2 der Auslass zu den Bremsen. Diese werden entsprechend der Stärke des Druckes belüftet und der Anhänger abgebremst.

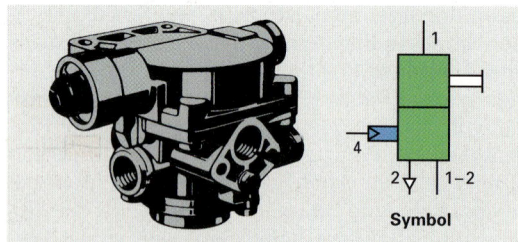

Bild 3: Anhängerbremsventil

Radbremsen

Es sind Reibungsbremsen, die durch Reibung die Bremskraft in Wärme umwandeln.
Bei Omnibussen und vielfach auch bei Lastkraftwagen werden an allen Rädern Scheibenbremsen eingesetzt. Zum Teil werden noch Trommelbremsen verwendet, z. B. bei Baustellenfahrzeugen oder an den Hinterachsen.

Trommelbremsen (Bild 1). Es werden meist Simplexbremsen verwendet, die mit S-Nocken oder Spreizkeil betätigt werden. Der Spreizkeil wird vom Membranzylinder direkt betätigt. Bremshebel und Bremswelle entfallen. Eine automatische Nachstellung des Belags bei Verschleiß ist meist integriert. Die Spreizkeilbremse hat die S-Nockenbremse meist abgelöst.

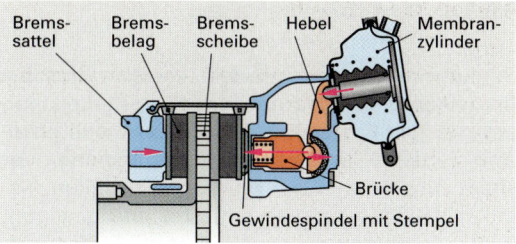

Bild 2: Pneumatisch betätigte Scheibenbremse

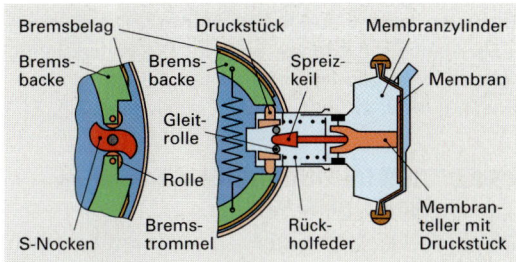

Bild 1: S-Nockenbremse und Spreizkeilbremse

Scheibenbremsen (Bild 2). Sie haben sich vielfach durchgesetzt wegen
- guter Dosierbarkeit
- guter Wärmeableitung
- guter Schmutzabweisung
- geringem Fading
- gleichmäßiger Bremswirkung.

6.5.3.3 Kombinierte Druckluft-Hydraulik-Bremsanlage (Bild 3)

Solche Bremsanlagen verwendet man in mittelschweren Lastkraftwagen und Omnibussen (6 t bis 13 t zul. Gesamtgewicht) ohne Anhängerbetrieb.

Vorteile durch die hydraulische Übertragung der Bremskräfte:
- Hohe Bremsdrücke bei kleinen Bauteilen
- Kurze Schwellzeiten und direkteres Ansprechen der Bremsen.

Aufbau
- Druckluftversorgungsanlage wie bei einer Druckluftbremsanlage mit vier Vorratskreisen, aber nur mit zwei Luftbehältern
- Ein Betriebsbremsventil steuert mit zwei Kreisen pneumatisch den Vorspannzylinder des Tandem-Hauptzylinders. Dieser betätigt hydraulisch über einen ALB die Radzylinder
- Ein Feststell- und Hilfsbremsventil steuert gestängelos und pneumatisch die Federspeicher an der Hinterachse.

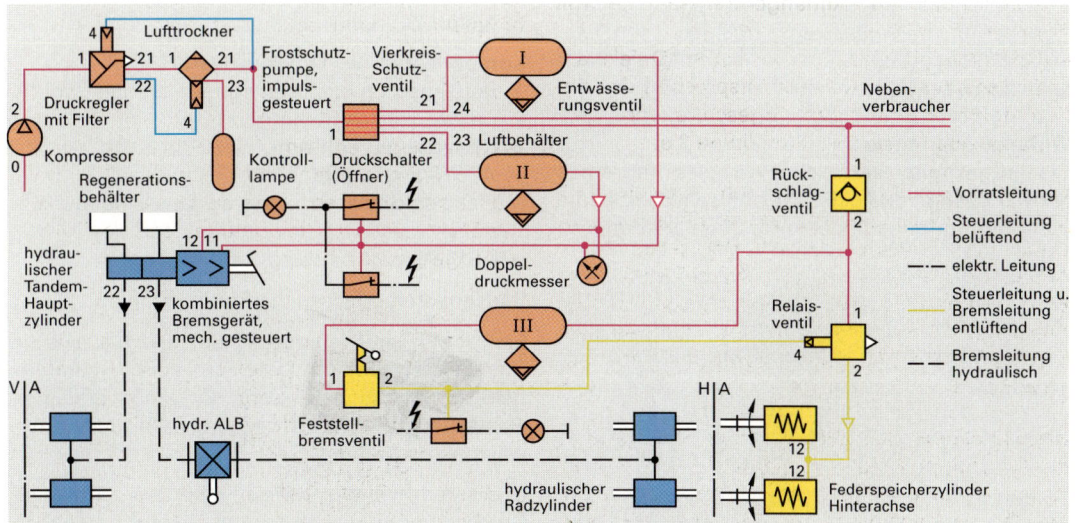

Bild 3: Kombinierte Druckluft-Hydraulik-Bremsanlage (schematische Darstellung)

6.5.3.4 Dauerbremsanlagen (Verlangsamer)

Dauerbremsanlagen wandeln verschleißlos die Bremsenergie in Wärme um. Sie arbeiten nur, solange das Fahrzeug rollt. Als Feststellbremse sind sie daher nicht verwendbar. Sie dienen vor allem zum Abbremsen an langen Gefällen, damit die Betriebsbremse entlastet und geschont wird. Oft werden sie auch als normale Verzögerungsbremsen in der Ebene eingesetzt. Bei ihrer Betätigung dürfen auch die Bremsleuchten aufleuchten.

Motorbremse

Beim Unterbrechen der Kraftstoffzufuhr wirkt der Motor bremsend. Je kleiner der eingelegte Getriebegang ist, umso stärker ist die Bremswirkung. Deswegen sollte jedes Gefälle mit dem Gang befahren werden, den man bergauf einschalten müsste.

Die bremsende Wirkung des Motors lässt sich noch verstärken, wenn man den 4. Takt auch zum Verdichten mit heranzieht. Dazu wird meist die Auspuffleitung in Motornähe durch einen Drehschieber oder eine Klappe verschlossen. Man erhält so die Motorbremse (**Bild 1**). Gleichzeitig mit dem Schließen der Auspuffleitung wird die Kraftstoffeinspritzung abgestellt. Die Einschaltung erfolgt durch Arbeitszylinder, die durch ein hand- oder fußbetätigtes Dreiwege-Magnetventil be- und entlüftet werden.

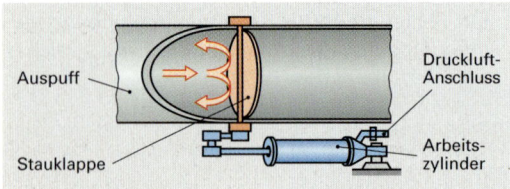

Bild 1: Motorbremse

Wirbelstrombremse

Die luftgekühlte elektrische Wirbelstrombremse (**Bild 2**) besteht aus einer Weicheisenscheibe, die von Halbrotoren gebildet wird. Diese drehen sich in einem von der Batterie erzeugten, regelbaren Magnetfeld (Spulen). Durch die entstehenden Wirbelströme wird die Scheibe abgebremst. Die durch die Wirbelströme in den Halbrotoren entstehende Wärme führt der Fahrtwind ab. Die Bremsregelung erfolgt durch Änderung des der Batterie entnommenen Erregerstromes.
Die Wirbelstrombremse wird zwischen Getriebe und Ausgleichgetriebe eingebaut.

Strömungsbremse (Retarder)

Sie wandelt die Bremsenergie durch Flüssigkeitsreibung in Wärme um. Die Bremse besteht aus dem feststehenden Stator und dem vom Ausgleichsgetriebe angetriebenen Rotor. Beide haben ähnlich wie eine hydrodynamische Kupplung Schaufeln, zwischen denen Hydrauliköl vom Rotor beschleunigt und vom Stator verzögert wird. Die Regelung erfolgt durch eine Pumpe. Durch diese kann man die Ölmenge ändern. Die entstehende Wärme führt das Hydrauliköl über einen Wärmetauscher an die Kühlflüssigkeit des Motors ab.

6.5.3.5 ABS für Druckluftbremsanlagen (Bild 1, Seite 561)

Schwere Lastkraftwagen, Sattelzugmaschinen $N_{2/3}$, Anhänger und Omnibusse $M_{2/3}$ haben ein Druckluft-ABS.

Vorteile des Druckluft-ABS:
- Fahrzeug bleibt richtungsstabil durch Giermomentverzögerung (GMV)
- Fahrzeug bleibt lenkbar
- Anhänger einer Fahrzeugkombination bricht nicht aus
- Optimale Verzögerungen lassen sich erreichen
- Fahrer muss nicht gegenlenken bei einseitig glatter Fahrbahn.

Komponenten des Druckluft-ABS:
- Radsensoren mit Impulsringen an den Rädern
- Elektronisches Steuergerät
- Drucksteuerventile
- ABS-Warnleuchte
- Elektronisches Schaltgerät für Anhängerkennung
- ABS-Steckverbindung zum Anhänger.

Radsensoren erfassen die Raddrehzahlen.

Elektronisches Steuergerät. Es wirkt als zentrale Regeleinheit und umfasst wie beim Hydraulik-ABS vier Funktionsbereiche: Eingangsverstärker, Computereinheit, Leistungsendstufe und Überwachungsschaltung.

Drucksteuerventile. Meist werden Einkanal-Drucksteuerventile verwendet. Jedem geregelten Rad ist ein Ventil zugeordnet. Beim ABS-Regelfall

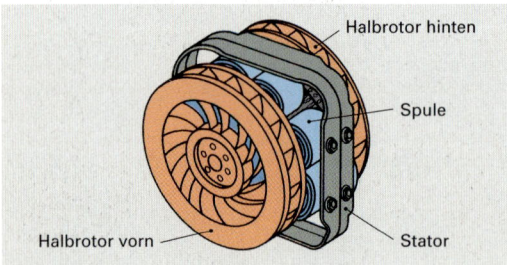

Bild 2: Wirbelstrombremse

schaltet das Steuergerät die zwei Magnetventile des Drucksteuerventils und regelt den Druck in der Radbremse so, dass kein Blockieren eintritt.

ABS-Warnleuchte. Sie wird vom Steuergerät gesteuert und erlischt, wenn das Fahrzeug etwa 7 km/h Geschwindigkeit überschritten hat. Bei Störungen des ABS leuchtet sie auf.

Elektronisches Schaltgerät für Anhängerkennung.
Im Zugfahrzeug befinden sich eine rote Warnleuchte und eine gelbe Informationsleuchte. Sie informieren den Fahrer wie folgt:
- Aufleuchten der Leuchten rot und gelb: Störungen im Anhänger-ABS
- Aufleuchten der gelben Informationsleuchte: Der mitgeführte Anhänger hat kein ABS.

ABS-Steckverbindung zum Anhänger. Das Zugfahrzeug besitzt eine fünfpolige ABS-Steckdose zum Anschluss der ABS-Leitung für den Anhänger. Beim Sattelzugfahrzeug sitzt die ABS-Steckdose im Sattelanhänger.

6.5.3.6 ASR (Antriebs-Schlupf-Regelung) für Druckluftbremsanlagen (Bild 1)

Beim Anfahren auf ein- oder beidseitig glatten Fahrbahnen oder beim Beschleunigen in Kurven können durchdrehende Räder schlupfabhängig geringe bzw. keine Seitenführungskräfte übertragen. Es ergibt sich dadurch ein instabiles Fahrverhalten. Ferner kann es bei durchdrehenden Rädern zu hohem Verschleiß an Reifen und am Ausgleichgetriebe kommen. ASR erhöht die Traktion und stellt die Spurtreue des Fahrzeuges sicher.

ASR-Regelkreise:
- ASR-Bremsregelkreis – ASR-Motorregelkreis

ASR-Bremsregelkreis:
- ABS-Komponenten der Hinterachse
- ABS/ASR-Steuergerät
- Zweiwegwechselventile
- ASR-Magnetventil.

Wirkungsweise
Neigt ein Rad beim Anfahren zum Durchdrehen, so wird es über das Steuergerät moduliert abgebremst. Das ASR wirkt so als automatische Ausgleichssperre. Gleichzeitig nimmt das Steuergerät durch den Motorregelkreis das Drehmoment des Motors auf einen optimalen Wert für das Gesamtantriebsmoment zurück. Der Bremsregelkreis wirkt bis zu einer Geschwindigkeit von etwa 30 km/h. Darüber wird z. B. nur noch das Motordrehmoment vom Motorregelkreis zurückgenommen.

ASR-Motorregelkreis. Er kann aus folgenden Systemen bestehen:
- Elektronische Motorleistungssteuerung (EMS)
- Elektronische Dieselregelung (EDC)
- Proportionalventil mit Stellzylinder (P)
- Stellmotor und Linearsteller (M).

Die Motormanagementsysteme EMS oder EDC beeinflussen das Motordrehmoment. Beim Stellsystem **P** reduziert das Steuergerät über ein Ventil mit Stellzylinder und beim System **M** über einen Stellmotor direkt die Einspritzmenge und somit das Motordrehmoment.

Die ASR-Informationsleuchte meldet das Arbeiten des ASR und dient als Schlupfanzeige.

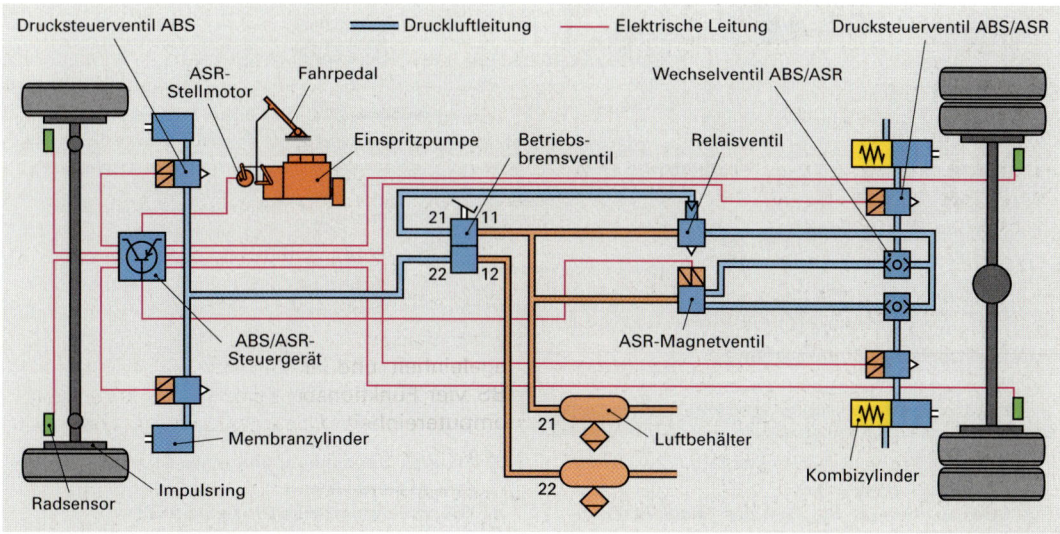

Bild 1: Druckluft ABS/ASR-Anlage

6.5.3.7 EBS (Elektronisches Bremssystem für Druckluftbremsanlagen) (Bild 1)

Aufbau. Die Anlage besteht aus zwei pneumatisch arbeitenden Bremskreisen für Vorderachse (VA), Hinterachse (HA) und einer Feststellbremse. Sie entspricht im Aufbau einer herkömmlichen Bremsanlage. Ihr überlagert sind elektropneumatische Bremskreise für die Betriebsbremsanlage.

Die Anlage besteht aus folgenden Komponenten:
- VA-HA-Modulatoren
- VA-ABS-Magnetventile
- Elektropneumatisches Anhängersteuerventil
- Radsensoren für ABS und ASR
- Wegsensoren für Belagverschleiß
- Drucksensoren für Ist-Bremsdruck
- EBS-Steuergerät.

Merkmale
- Komfortables Bremsen durch optimale Verzögerung an VA und HA abhängig vom Pedalweg
- Schnelleres, gleiches Ansprechen aller Radbremsen des gesamten Zuges
- Verkürzung des Bremsweges wegen kürzerer Ansprechzeiten und optimale Verzögerung
- gleichmäßigerer Belagverschleiß am gesamten Zug durch individuelle Abbremsung der Radbremsen
- bei Ausfall der Elektronik können alle Achsen trotzdem gebremst werden
- umfangreiche Diagnose möglich.

Wirkungsweise
Betätigt der Fahrer das Bremspedal, so wird über den Bremswertgeber der Pedalweg durch Wegsensoren erfasst. Diese elektrischen Signale werden dem Steuergerät zugeführt, welches dann den VA- und HA-Modulator elektrisch ansteuert. Diese wiederum steuern die errechneten Bremsdrücke in die jeweiligen Bremszylinder ein. Die Drucksensoren erfassen den eingesteuerten Druck, die Wegsensoren erfassen den Verschleißweg und übermitteln diese Daten dem EBS-Steuergerät zur Feststellung des Istzustands des Bremsvorgangs. Dieser wird dann entsprechend den eingespeicherten Daten geregelt.

ABS-Regelung. Besteht beim Bremsen Blockierneigung, so werden die VA-ABS-Ventile bzw. der HA-Modulator angesteuert, um ein Blockieren zu verhindern.

ASR-Regelung. Drehen beim Anfahren die hinteren Antriebsräder durch, so bewirkt der HA-Modulator Bremseneingriff.

Anhängersteuerung. Das elektropneumatische Anhängersteuerventil steuert soviel Bremsdruck zum Anhänger ein, wie das EBS-Steuergerät errechnet hat. Diese Vorgänge werden alle vom EBS-Steuergerät ausgelöst.

Ausfall der Elektrik. Es kann bei diesem Zustand die VA bzw. HA und der Anhänger ersatzweise (redundant) pneumatisch gebremst werden.

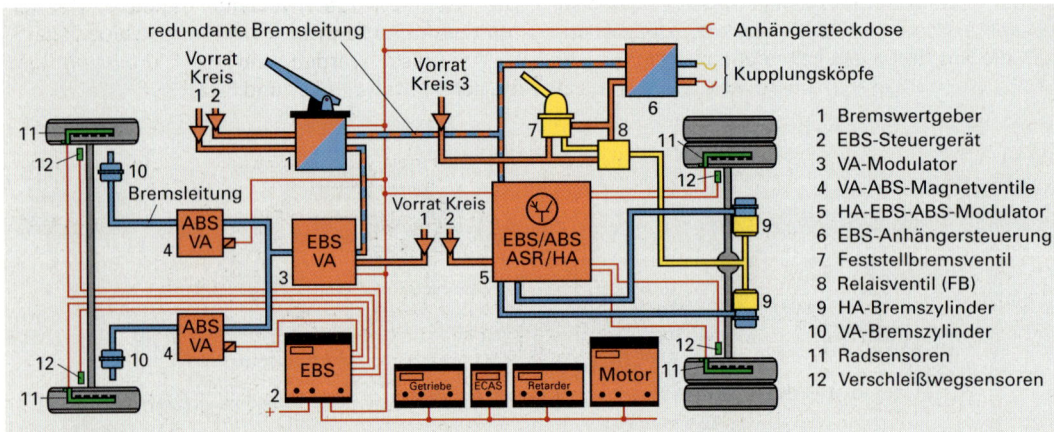

Bild 1: Elektronisches Bremssystem

> **WIEDERHOLUNGSFRAGEN**
>
> 1. Aus welchen Bauteilen besteht eine Zweikreis-Druckluftbremsanlage?
> 2. Wie funktioniert die Betriebs- und Feststellbremsanlage eines Nkw?
> 3. Erklären Sie die Funktion einer Druckluft-ABS-Anlage eines Nkw.
> 4. Wie funktioniert eine Druckluft-ASR?
> 5. Welche Merkmale hat ein EBS-System?

6.6 Startanlagen für Nutzfahrzeuge

Startanlagen bei Motoren bis etwa 12 l Hubraum können für 12 V oder 24 V ausgelegt sein. Größere Starter, die für Hubräume bis 24 l eingesetzt werden, sind immer für eine Spannung von 24 V ausgelegt. Der Grund dafür ist, dass bei gleich großer Leistung von zwei Startern bei 24 V-Anlagen nur der halbe Strom gegenüber 12 V-Anlagen fließt ($P = U \cdot I$). Bei höherer Spannung kann die Starterhauptleitung kleiner dimensioniert werden. Da Leitungen mit einem kleinen Querschnitt wegen ihrer verhältnismäßig großen Oberfläche die Wärme besser abführen können als solche mit einem großen Querschnitt, kommt es somit zu einer geringeren Widerstandsänderung durch Erwärmung bei Belastung. Der Spannungsabfall auf der Starterhauptleitung kann somit besser beherrscht werden. Jedoch ist bei 24 V-Anlagen die Gefahr der Kontaktkorrosion erhöht.

6.6.1 Startertypen

In leichten Nutzkraftfahrzeugen werden im allgemeinen wie in Personenkraftwagen **Schub-Schraubtrieb-Starter** eingesetzt. Bei schweren Nutzkraftfahrzeugen werden überwiegend **zweistufige Schubtrieb-Starter (Bild 1 und 2)** in den verschiedensten Bauformen, z. B. mit Reihenschluss- oder Doppelschlussmotor, verwendet.

Das Schnittbild **(Bild 1)** zeigt den Aufbau eines zweistufigen Schubtrieb-Starters mit Doppelschlussmotor.

Die Ankerwelle ist als Hohlwelle ausgeführt, die zur Ritzelseite hin zu einem Mitnehmerflansch ausgebildet ist. Dieser nimmt den Lamellenfreilauf auf. Auf der Kollektorseite sind Einrückmagnet und ein Steuerrelais angebracht.

Einrückmagnet und Steuerrelais. Wegen der baulichen Anordnung des Einrückmagneten muss das Ritzel über eine Einrückstange, die durch die als Hohlwelle ausgebildete Ankerwelle führt, in axialer Richtung zum Zahnkranz hin verschoben werden. Außerdem betätigt der Einrückmagnet über Auslösehebel, Sperrklinke und Anschlagplatte die Kontaktbrücke des Steuerrelais. Das Steuerrelais schaltet in zwei Stufen den Startermotor ein.

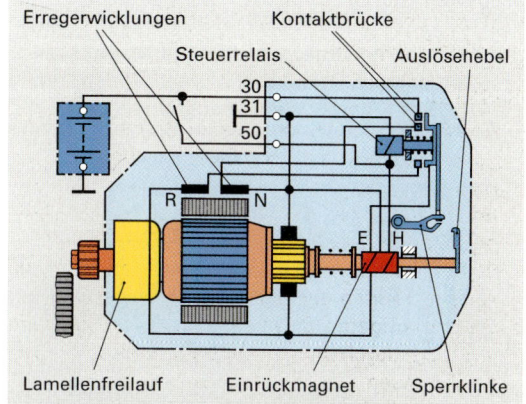

Bild 2: Schubtrieb-Starter (Ruhestellung)

Einspurgetriebe. Der Lamellenfreilauf sitzt auf dem Steilgewinde der Getriebespindel. Der Lamellenfreilauf kann auf dem Steilgewinde zusammengepresst werden und stellt den Kraftfluss zwischen Starteranker und Ritzel her.

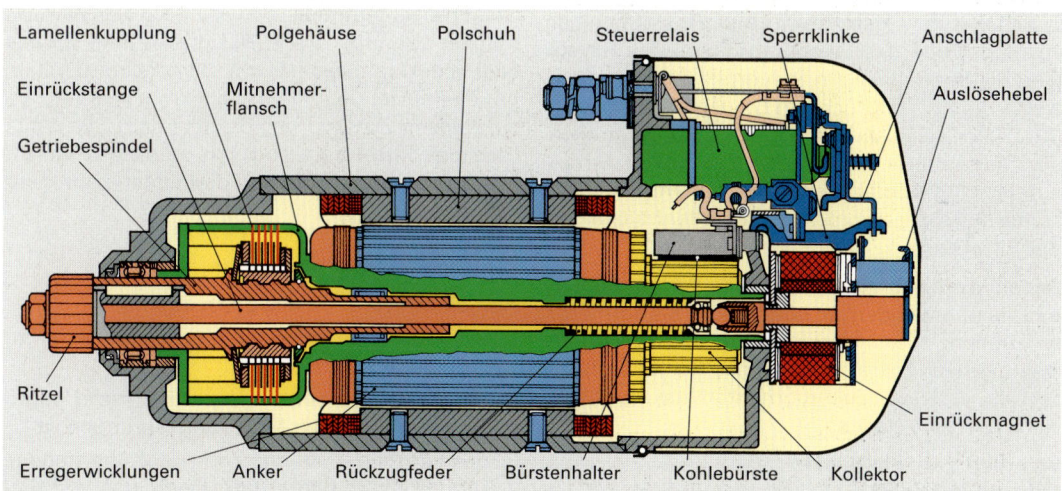

Bild 1: Zweistufiger Schubtrieb-Starter

1. Schaltstufe – Vorstufe (Bild 1). Beim Betätigen des Startschalters wird die Magnetspule des Steuerrelais und die Haltewicklung (H) des Einrückmagneten angesteuert. Über den Steuerrelaiskontakt (K) erhält auch die Einzugswicklung (E) des Einrückmagneten Spannung. Durch die im Einrückmagneten entstehende Kraftwirkung wird nun die Einrückstange axial verschoben, wobei das Ritzel in Richtung Zahnkranz gedrückt wird.

Die Nebenschlusswicklung (N) des Startermotors ist zunächst mit dem Starteranker in Reihe geschaltet. In ihr wird ein schwaches Magnetfeld aufgebaut, das ein geringes Drehmoment erzeugt. Der Startermotor dreht sich langsam.

> In der 1. Schaltstufe wird das Starterritzel unter langsamem Drehen axial verschoben, um ein sanftes Einspuren zu ermöglichen.

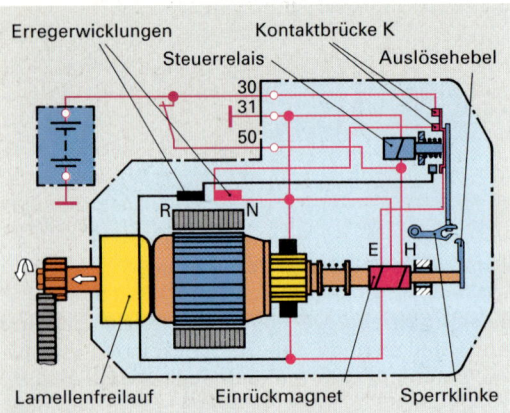

Bild 1: Schubtrieb-Starter (Schaltstufe 1)

2. Schaltstufe – Hauptstufe (Bild 2). Unmittelbar vor dem Ende des Einspurvorgangs des Ritzels wird die Sperrklinke am Steuerrelais angehoben, wobei die Kontaktbrücke im Steuerrelais schließt. Die Reihenschlusswicklung wird zugeschaltet, der Startermotor nimmt jetzt den vollen Strom auf und gibt sein Antriebsdrehmoment über den kraftschlüssig gewordenen Lamellenfreilauf an das Ritzel weiter.

Sobald das Losbrechmoment des Verbrennungsmotors überwunden ist, beginnt der Startermotor zu drehen; dies geschieht mit der Drehzahl-Drehmoment-Charakteristik eines Reihenschlussmotors, d. h. bei Drehmomententlastung steigt seine Drehzahl stark an.

Während des Umschaltvorgangs im Steuerrelais wird die Nebenschlusswicklung (N) direkt an die Bordspannung gelegt. Die zuvor in Reihe zu ihr liegende Einzugswicklung (E) des Einrückmagneten wird stromlos, weil beide Anschlüsse an Plus (+) liegen. Dieser Schaltvorgang bewirkt, dass

– der Reihenschlussmotor zum Doppelschlussmotor wird
– die Nebenschlusswicklung das Magnetfeld der Reihenschlusswicklung und somit auch das Drehmoment erhöht
– bei Entlastung des Startermotors die Drehzahl des Ankers begrenzt wird und er somit keine unzulässig hohen Drehzahlen erreicht.

> In der 2. Schaltstufe wird durch Umschaltung aus dem Reihenschlussmotor ein Doppelschlussmotor mit erhöhtem Drehmoment sowie Drehzahlbegrenzung bei Entlastung.

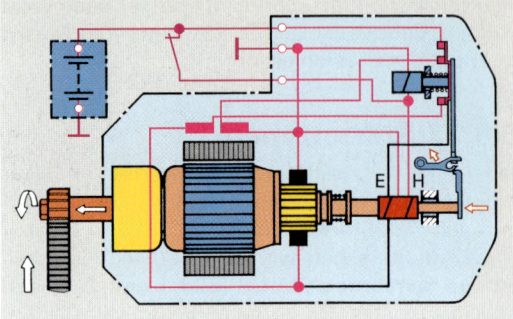

Bild 2: Schubtrieb-Starter (Schaltstufe 2)

Überholvorgang. Durch die Umkehr der Kraftrichtung wird der Kraftschluss im Lamellenfreilauf gelöst; Startermotor und Verbrennungsmotor sind nicht mehr kraftschlüssig verbunden.

Ausspurvorgang (Bild 2, Seite 563). Wird das Steuerrelais stromlos, so wird auch der Einrückmagnet stromlos. Die Rückzugfeder **(Bild 1, Seite 563)** in der Hohlwelle drückt über die Einrückstange das Ritzel aus dem Zahnkranz heraus; im stromlosen Zustand des Starters sorgt sie dafür, dass das Ritzel aufgrund von mechanischen Erschütterungen nicht in den drehenden Zahnkranz einspurt.

Lamellenfreilauf

Aufgaben. Während des Startvorgangs

– das Ritzel kraftschlüssig mit dem Startermotor verbinden
– den Kraftfluss bei eingespurtem Ritzel unterbrechen, wenn der Motor angesprungen ist
– das vom Ritzel auf den Zahnkranz übertragene Drehmoment begrenzen, wenn der Verbrennungsmotor blockiert (Überlastschutz).

Aufbau (Bild 1). Er ist eine Art Kupplung, die im Wesentlichen aus den metallischen Außen- und Innenlamellen besteht. Zur Übertragung des Antriebsmomentes werden diese kraftschlüssig zusammengepresst. Die Außenlamellen sind mit dem Mitnehmerflansch, die Innenlamellen mit dem Kuppelteil drehfest in Verbindung; sie können jedoch geringfügig beim Zusammenpressen axial verschoben werden. Der außenliegende Kuppelteil sitzt auf dem Steilgewinde, das auf der Getriebespindel aufgebracht ist.

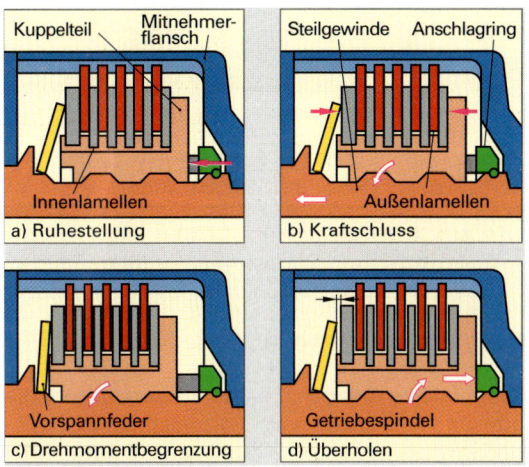

Bild 1: Lamellenfreilauf

Ruhestellung (Bild 1a). Die Außen- und Innenlamellen liegen unter geringer Vorspannung. Damit wird gesichert, dass der Kuppelteil beim Einspuren mitgenommen wird.

Kraftschluss (Bild 1b). Ist das Ritzel eingespurt und wird es dabei vom Zahnkranz festgehalten, so werden die Innenlamellen über den Kuppelteil, der auf dem Steilgewinde verschoben wird, mit den Außenlamellen stärker zusammengepresst. Die Pressung wird so weit fortgesetzt, bis das zum Starten erforderliche Startdrehmoment (Losbrechmoment) übertragen werden kann.

Drehmomentbegrenzung (Bild 1c). Um den Starter, das Ritzel und den Zahnkranz keinen unzulässig großen Belastungen auszusetzen, ist die Kupplung so ausgelegt, dass sie nach Erreichen eines maximal zulässigen Drehmomentes durchrutscht (Überlastkupplung).

Überholen (Bild 1d). Dreht nach dem Startvorgang der Zahnkranz schneller als das Ritzel, so werden die Innenlamellen über die Pressmutter vom Druck entlastet, die Lamellenkupplung löst sich. Sie wirkt dabei wie ein Freilauf. Dadurch können nach dem Starten des Motors keine gefährlichen Beschleunigungskräfte auf den Anker übertragen werden.

6.6.2 Zusatzrelais in Startanlagen

Sie werden hauptsächlich in Startanlagen von Nutzkraftfahrzeugen eingesetzt. Es gibt Zusatzrelais für folgende wichtigen Aufgabenbereiche:
- Batterieumschaltrelais
- Startwiederholrelais
- Starsperrrelais
- Batterierelais.

Batterieumschaltrelais

Es wird eingesetzt in Startanlagen, wenn die Bordspannung 12 V, die Starterspannung aus Gründen der Stromverringerung beim Startvorgang 24 V beträgt. Die Anlage besitzt grundsätzlich zwei gleich große Starterbatterien, die entweder parallel oder in Reihe geschaltet werden (**Bild 2**).

Grundstellung (Bild 2a). Die beiden Starterbatterien sind parallel geschaltet. Das Bordnetz und die Generatorspannung betragen 12 V.

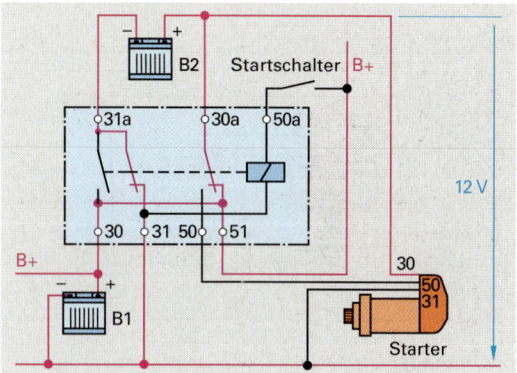

Bild 2a: Batterieumschaltrelais-Grundstellung

Startstellung (Bild 2b). Während des Startvorgangs werden die beiden Starterbatterien in Reihe geschaltet. Der Starter liegt nun an 24 V, im Bordnetz ist weiterhin 12 V vorhanden.

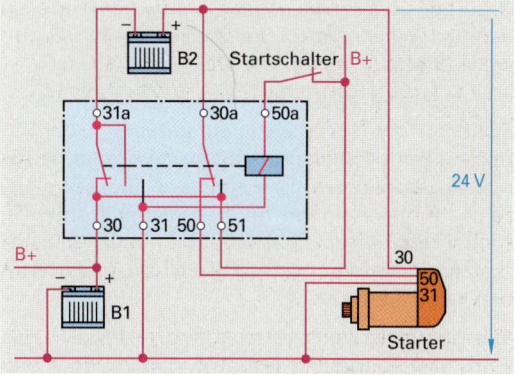

Bild 2b: Batterieumschaltrelais-Startstellung

Startsperrrelais

Es wird dann eingesetzt, wenn der Startvorgang nicht unmittelbar wahrgenommen werden kann.

Dies ist z. B. der Fall bei
- Fahrzeugen mit Unterflur- oder Heckmotor
- Startanlagen mit Fernbedienung
- vollautomatischen Startanlagen.

Folgende Funktionen bezüglich des Starters müssen erfüllt werden:
- Abschalten nach erfolgtem Start
- Startsperre bei laufendem Motor
- Startsperre bei auslaufendem Motor
- Startsperre nach Fehlstart.

Das Startsperrrelais **(Bild 1)** verbindet nur dann Kl. 30 mit Kl. 50f, wenn an Klemme D+ keine Spannung vorhanden ist. Weiterhin ist im elektronischen Bauteil eine Zeitsperre integriert, die eine Startwiederholung erst nach einigen Sekunden zulässt.

das Ritzel einspurt und der Hauptstromkreis geschlossen wird.

Beim Startversuch unterbricht das Relais die Verbindung zwischen Kl. 50g und 50h, wenn nach wenigen Sekunden an der Starterklemme 48 nicht mindestens 20 V anliegen. Dies ist dann der Fall, wenn das Ritzel nicht einspuren und das Steuerrelais dabei den Hauptstromkreis (Kl. 30) nicht schließen kann.

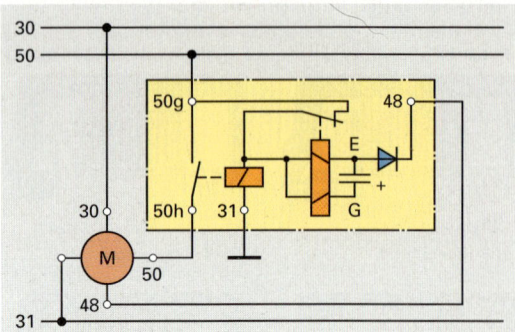

Bild 2: Startwiederholrelais

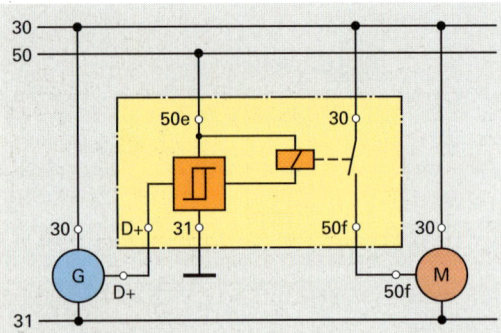

Bild 1: Startsperrrelais

Startwiederholrelais

Es wird ausschließlich bei schweren Nutzkraftfahrzeugen eingesetzt, die mit zweistufigen Schubtrieb-Startern ausgerüstet sind und bei denen der Startvorgang nicht unmittelbar wahrnehmbar ist. Der Einsatz des Startwiederholrelais ist nur möglich, wenn der Starter die Kl. 48 aufweist **(Bild 2)**.

Bei normalem Startvorgang spricht das Relais nicht an. Trifft jedoch Zahn auf Zahn, d. h. der Ritzelzahn kann nicht in eine Lücke des Zahnkranzes gleiten, erfolgt, trotz betätigtem Einrückrelais, keine Kontaktfreigabe für den Hauptstromkreis, da bei blockiertem Starter das Einrückrelais bei zu langer Betätigung thermisch überlastet werden kann.

Mit Hilfe eines verzögerten Öffnerrelais wird das Einrückrelais abgeschaltet und dann wieder eingeschaltet. Dieser Vorgang erfolgt so lange, bis

Kombinierte Anlagen. Es gibt Starteranlagen, die sowohl ein Startsperrrelais als auch ein Startwiederholrelais aufweisen. Dabei ist dem Startsperrrelais ein Startwiederholrelais nachgeschaltet. Die Kl. 50f des Startsperrrelais steuert die Kl. 50g des Startwiederholrelais an (s. Bilder 1 und 2). Die Einzelfunktionen beider Relais bleiben voll erhalten.

Batterierelais (Batteriehauptschalter)

Für elektrische Anlagen in Omnibussen und Tankwagen ist ein Batteriehauptschalter vorgeschrieben, mit dem das Bordnetz von den Batterien getrennt werden kann. Dadurch wird die Gefahr von Kurzschlüssen und Bränden bei Arbeiten am Fahrzeug und bei Unfällen verringert. Im Stillstand lässt sich durch Abschalten des Bordnetzes, insbesondere bei 24 V-Anlagen, die elektrochemische Korrosion an spannungsführenden Teilen, die im Winterbetrieb salzhaltigem Spritzwasser ausgesetzt sind, verringern.

> **WIEDERHOLUNGSFRAGEN**
>
> 1. Welche Vorgänge laufen in der 1. und 2. Schaltstufe ab?
> 2. Welche Aufgaben hat der Lamellenfreilauf?
> 3. Welche Vorteile bietet ein Batterieumschaltrelais?
> 4. Welche Funktionen übernimmt ein Startsperrrelais?

7 Elektrische Anlage

Sie ist zur Versorgung der elektrischen Anlage im Kraftfahrzeug mit elektrischer Energie nötig. Diese wird bei stehendem Motor einer Batterie entnommen. Bei laufendem Motor wird ein Generator angetrieben, der die Verbraucher mit elektrischer Energie versorgt und gleichzeitig die Batterie auflädt.

7.1 Spannungserzeuger

7.1.1 Starterbatterien

Aufbau (Bild 1). Eine Zelle ist die kleinste Einheit der Starterbatterie. Sie besteht im wesentlichen aus den positiven und negativen Plattenblöcken, den Scheidern und den für den Zusammenbau und Anschluss erforderlichen Teilen. Mittels der Zellenverbinder werden bei 6 V-Starterbatterien drei, bei 12 V-Starterbatterien sechs Zellen in Reihenschaltung in einem Blockkasten miteinander verbunden.

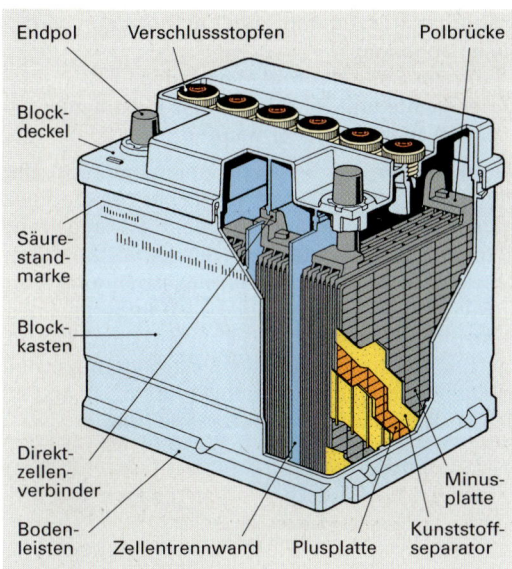

Bild 1: Starterbatterie

Elektrochemische Vorgänge

Geladener Zustand (Bild 2a). Die aktive Masse der positiven Platten besteht aus braunem Bleidioxid (PbO_2), die der negativen Platten aus grauem Blei (Pb). Der Elektrolyt ist verdünnte Schwefelsäure (H_2SO_4) mit einer Dichte von ϱ = 1,28 g/cm³.

Entladevorgang (Bild 2b). Das braune Bleidioxid der Plusplatten und das graue Blei (Pb) der Minusplatten wird in weißes Bleisulfat ($PbSO_4$) umgewandelt. Dabei wird Schwefelsäure (H_2SO_4) umgesetzt, es entsteht Wasser (H_2O). Die Säuredichte verringert sich **(Bild 2c)**.

$$PbO_2 + 2H_2SO_4 + Pb \rightarrow PbSO_4 + 2H_2O + PbSO_4$$

Ladevorgang (Bild 2d). Das weiße Bleisulfat ($PbSO_4$) der Plusplatten wird in braunes Bleidioxid (PbO_2), das der Minusplatten in graues Blei (Pb) umgewandelt. Dabei wird Wasser (H_2O) umgesetzt. Es entsteht Schwefelsäure (H_2SO_4). Die Säuredichte vergrößert sich **(Bild 2a)**.

$$PbSO_4 + 2H_2O + PbSO_4 \rightarrow PbO_2 + 2H_2SO_4 + Pb$$

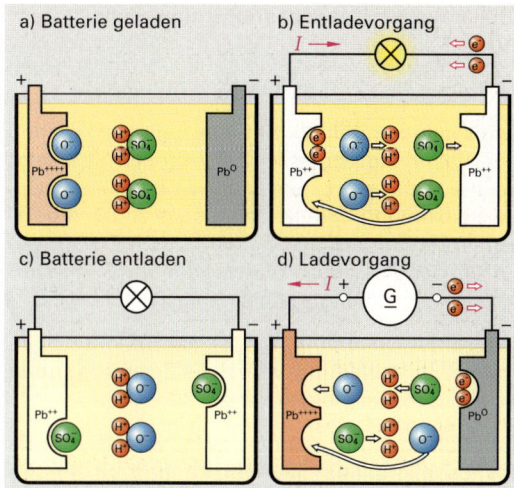

Bild 2: Vorgänge beim Entladen und Laden

Formieren. Beim Herstellungsprozess werden die aktiven Massen der Plus- und Minusplatten durch einen elektrochemischen Prozess in den geladenen Zustand versetzt. Bei der Inbetriebnahme muss noch Schwefelsäure mit einer Dichte von 1,28 g/cm³ eingefüllt werden. Nach einer Einwirkzeit von etwa 20 Minuten ist die Starterbatterie betriebsbereit.

Selbstentladung. Sie erfolgt im Inneren der Batterie, ohne dass der äußere Stromkreis geschlossen ist. Wärme, Verunreinigungen des Elektrolyten und Kriechströme beschleunigen den Vorgang. Bei + 15° C ist eine vollgeladene Starterbatterie nach etwa 4 Monaten, bei + 40° C etwa nach zwei Wochen entladen.

Kennwerte

Kennzeichnung (Bild 1). Sie setzt sich zusammen aus einer fünfstelligen Typnummer, der Nennspannung, der Nennkapazität und dem Kälteprüfstrom, z. B. **54419, 12 V, 44 Ah, 210 A**. Weiterhin können der Hersteller sowie weitere Informationsangaben enthalten sein.

Bild 1: Kennzeichnung von Starterbatterien

Spannungen

Nennspannung. Sie ist mit 2,0 V je Zelle festgelegt. Die Nennspannung einer Starterbatterie ergibt sich aus der Anzahl der in Reihe geschalteten Zellen mal der Nennspannung einer Zelle.

Ruhespannung (Leerlaufspannung). Sie wird an der unbelasteten Starterbatterie gemessen.

Ladespannung (Bild 2). Hat eine Zelle beim Laden eine Spannung von etwa 2,4 V erreicht, so fängt sie bei weiterem Laden stark zu gasen an (Gasungsspannung). Sie ist dabei etwa zu 80 % geladen. Während des Gasens wird durch Elektrolyse ein Teil des Wassers in Wasserstoff und Sauerstoff zerlegt; es entsteht das hochexplosive Knallgas.

Ladeschlussspannung. Sie ist die Spannung am Ende einer **Vollladung**, wobei die Zellenspannung bis auf 2,75 V ansteigen kann.

Eine Vollladung ist dann erreicht, wenn am Ende des Ladevorgangs Säuredichte und Spannung nicht mehr ansteigen. Dabei ist die gesamte aktive Masse chemisch umgewandelt.

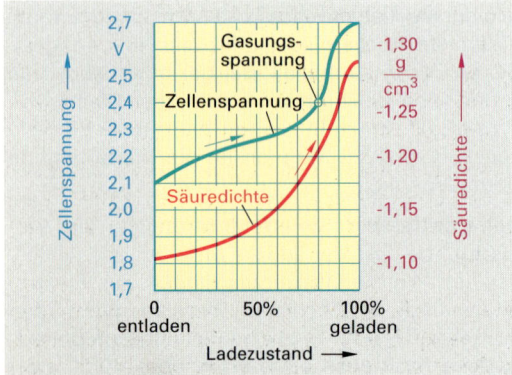

Bild 2: Ladevorgang (Ladespannung, Säuredichte)

Entladespannung (Bild 3). Eine Starterbatterie ist entladen, wenn bei vorgegebenen Bedingungen (Belastung und Elektrolyttemperatur) die Zellenspannung bis auf die **Entladeschlussspannung** von 1,75 V absinkt. Die Säuredichte sinkt dabei auf etwa 1,12 g/cm³. Die Bedingungen sind:
– Entladestrom, dessen Zahlenwert 1/20 der Nennkapazität entspricht
– Elektrolyttemperatur von + 27° C.

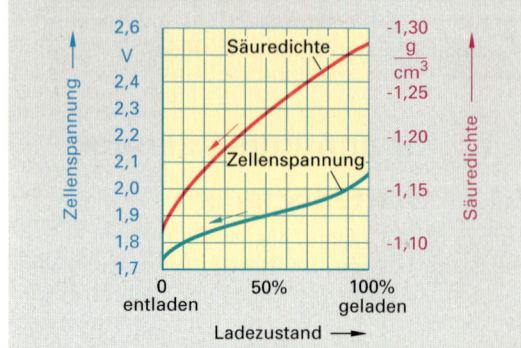

Bild 3: Entladevorgang (Entladespannung, Säuredichte)

Kapazitäten

Unter der Kapazität $K = I \cdot t$ versteht man die Strommenge in Amperestunden (Ah), die einer Starterbatterie zugeführt oder entnommen wird. Sie ist abhängig
– von der Höhe des Entladestromes
– der Dichte und Temperatur des Elektolyten
– dem Ladezustand der Batterie.

Nennkapazität K_{20}. Sie ist diejenige Kapazität, die eine vollgeladene Starterbatterie bei 20-stündiger Entladung und dem vorgegebenen Entladestrom (1/20 des Zahlenwertes der Nennkapazität) abgeben kann, bis die Entladeschlussspannung von 1,75 V je Zelle erreicht wird. Die Temperatur des Elektrolyten muss dabei +27° C betragen. Weicht der Entladestrom bzw. die Elektrolyttemperatur von den vorgegebenen Nennwerten ab, so ändert sich auch die Kapazität der Batterie **(Bild 4)**.

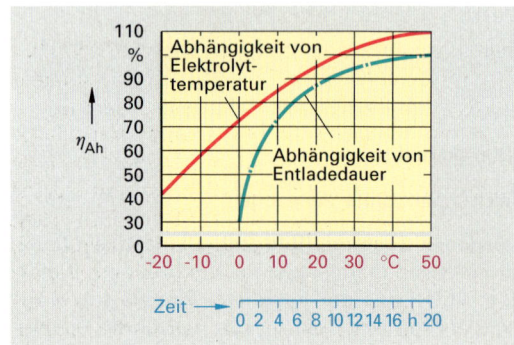

Bild 4: Abhängigkeit der Entladekapazität vom Entladestrom und der Elektrolyttemperatur

Bei Temperaturen über + 27° C erhöht sich die Entladekapazität gegenüber der Nennkapazität. Jedoch darf auf Dauer die Starterbatterie keinen höheren inneren Temperaturen als + 60° C ausgesetzt werden, da sonst die aktive Masse der Bleiplatten stärker angegriffen wird (Masseausfall, Gitterkorrosion) und die Selbstentladung wesentlich zunimmt. Je weiter die Elektrolyttemperatur unter + 27° C sinkt, desto kleiner wird die Entladekapazität.

Diese Abhängigkeit der Kapazität von der Temperatur ist darauf zurückzuführen, dass die elektrochemischen Vorgänge bei niedrigen Temperaturen langsamer verlaufen.

Kälteprüfstrom. Er ist eine dem Batterietyp zugeordnete hohe Entladestromstärke, mit der das Startverhalten bei tiefen Temperaturen beurteilt werden kann. Der auf dem Typenschild angegebene Kälteprüfstrom ist die Stromstärke, die eine vollgeladene Starterbatterie bei – 18° C abgeben muss, ohne dass die Zellenspannung nach 30 s Entladezeit 1,4 V bzw. nach 180 s Entladezeit 1,0 V unterschreitet. Werden die angegebenen Spannungswerte unterschritten, so erbringt die Starterbatterie nicht mehr die volle Leistung.

Sulfation (Sulfatierung). Sie kann auftreten, wenn die Starterbatterie längere Zeit in entladenem Zustand steht. Dabei wird das feinkristalline Bleisulfat in grobkristallines Bleisulfat umgewandelt. Ist der Umwandlungsprozess weit fortgeschritten, so kann er beim Laden nicht mehr rückgängig gemacht werden. Die aktive Masse fällt als Bleischlamm aus und die Starterbatterie ist unbrauchbar geworden.

Wartungsfreie Starterbatterien

Man unterscheidet „wartungsfreie Starterbatterien nach DIN" und „wartungsfreie Starterbatterien", die von manchen Herstellern auch als „Absolut wartungsfreie Starterbatterien" bezeichnet werden.

Wartungsfreie Starterbatterien nach DIN. Sie haben Einfüllstopfen zum Einfüllen der Batteriesäure und zum Auffüllen des Säurestandes mit destilliertem Wasser. Die Bleigitterplatten dieser Starterbatterien haben einen reduzierten Antimongehalt von etwa 2 % bis 3 %. Antimon dient zum Härten des Bleis und damit zur Erlangung der gewünschten Festigkeit der Bleigitterplatten. Durch die Verringerung des Antimongehaltes wird die Selbstentladung stark reduziert und damit auch der Wasserverbrauch. Unter Normalbedingungen soll sich der Elektrolytstand innerhalb von zwei Jahren nicht verändern.

Wartungsfreie Starterbatterien. Sie haben äußerlich keine sichtbaren Einfüllstopfen, da über die gesamte Lebensdauer kein Wasser nachgefüllt werden muss. Oftmals ist der Elektrolyt Schwefelsäure als Gel gebunden, d. h. er ist nicht mehr flüssig sondern pastös. Dieser gelförmige Elektrolyt kann in eine Glasfasermatte eingebracht werden, die gleichzeitig als Separator dient.

In einer Sonderbauform sind die Bleigitterplatten sowie der mit dem Elektrolyten getränkte Separator aufgewickelt **(Bild 1)**. Dadurch erhält man kleine Abstände zwischen den Plus- und Minusplatten, was zu einer Verringerung des inneren Widerstandes der Batterie führt. Die Batterie kann deswegen einen größeren Kurzschlussstrom abgeben, als dies bei einer gleichgroßen konventionellen Batterie der Fall ist.

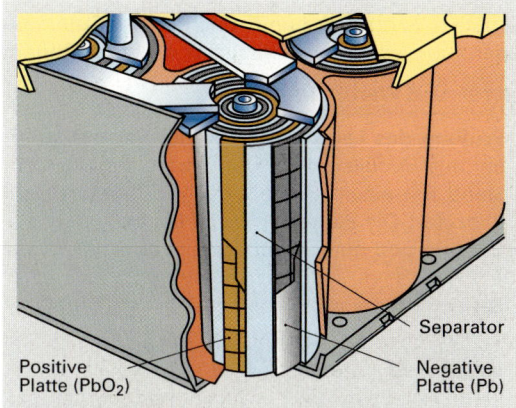

Bild 1: Bleibatterie mit Plus- und Minusplatte sowie Separator in Wickelform

Absolut wartungsfreie Starterbatterien sind sehr empfindlich gegen Überladen. Deswegen muss sichergestellt sein, dass die Ladespannung des Ladegerätes 2,2 V/Zelle nicht überschreitet.

Ladegeräte

Im Prinzip haben Ladegeräte drei verschiedene Arten von Kennlinien:
- **W**-Kennlinie Widerstandskennlinie
- **U**-Kennlinie Konstantspannungskennlinie
- **I**-Kennlinie Konstantstromkennlinie.

Aus der Kombination dieser drei Kennlinien wurden entsprechend den Ladeanforderungen Ladegeräte mit neuen Charakteristiken entwickelt.

W-Kennlinie (Bild 1). Es handelt sich um ein ungeregeltes Gerät. Es gibt im Betrieb eine konstante Gerätespannung ab. Die Ladespannung U_L der Batterie nimmt bis in den Gasungsspannungsbereich hinein zu. Ebenfalls nimmt der innere Widerstand der Batterie zu. Dies hat zur Folge, dass der Ladestrom stark abfällt. Geräte dieser Bauart sind üblicherweise einfache Werkstatt- oder auch Kleinladegeräte.

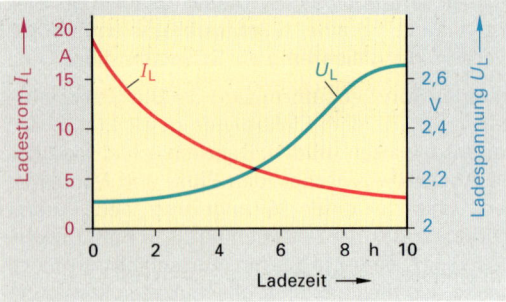

Bild 1: W-Kennlinie

IU-Kennlinie (Bild 2). Es handelt sich um ein geregeltes Gerät. Bis zum Erreichen der Gasungsspannung wird der Ladestrom I_L durch Regeln der Gerätespannung konstant gehalten. Danach bleibt die Ladespannung U_L konstant, der Ladestrom I_L sinkt entsprechend der W-Kennlinie stark ab. Geräte dieser Bauart eignen sich besonders zum Laden von wartungsfreien Starterbatterien, da sichergestellt ist, dass innerhalb des Gasungsbereichs nicht geladen werden kann.

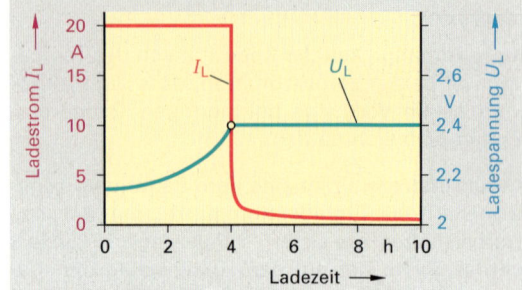

Bild 2: IU-Kennlinie

Prüf- und Wartungsarbeiten

Prüfung des Ladezustandes. Bei Starterbatterien mit Einfüllstopfen kann man den Ladezustand mit einem Säureheber (Aräometer) **(Bild 3)** prüfen. Die Säuredichte soll bei vollgeladener Batterie und einer Temperatur von + 20° C bis + 27° C etwa 1,28 g/cm³ betragen, bei entladener Batterie etwa 1,12 g/cm³.

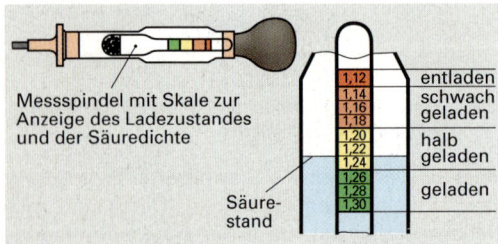

Bild 3: Säureheber (Aräometer)

Erhaltungsladung. Stillgesetzte Starterbatterien entladen sich selbstständig. Die Selbstentladung kann täglich bis zu 1 % der Kapazität betragen. Sie ist abhängig vom Alter und dem äußeren Zustand der Batterie, der Säurekonzentration und der Elektolyttemperatur. Die Erhaltungsladestromstärke beträgt etwa 0,1 % des Zahlenwertes der Nennkapazität. Ist keine Erhaltungsladung möglich, so ist in Abständen von etwa zwei Monaten eine Normalladung erforderlich.

Leistungsprüfung. Wartungsfreie Starterbatterien können nur einer Leistungsprüfung unterzogen werden. Dabei wird die Batterie etwa 5 s mit einem Strom, der annähernd dem Kurzschlussstrom des Starters entspricht, belastet. Dabei darf die durchschnittliche Zellenspannung nicht unter 1,1 V absinken.

Säurestand. Er soll etwa 10 mm bis 15 mm über der Plattenoberkante liegen. Bei Wasserverlust darf nur destilliertes oder entmineralisiertes Wasser nachgefüllt werden.

Laden von Starterbatterien

Man unterscheidet folgende Ladearten: Normalladung, Schnellladung, Erhaltungsladung.

Normalladung. Der Ladestrom beträgt etwa 10 % des Zahlenwertes der Nennkapazität.

Schnellladung. Der Ladestrom beträgt maximal 80 % des Zahlenwertes der Nennkapazität. Die Schnellladung darf jedoch nur bis zum Erreichen der Gasungsspannung durchgeführt werden, wobei die Elektrolyttemperatur 55° C nicht überschreiten darf.

WIEDERHOLUNGSFRAGEN

1. Welche Vorgänge spielen sich beim Laden bzw. Entladen einer Starterbatterie ab?
2. Wie groß ist die Elektrolytdichte bei einer voll geladenen bzw. entladenen Starterbatterie?
3. Welches sind die wichtigsten Nenndaten einer Starterbatterie?
4. Was versteht man unter dem Kälteprüfstrom und wie ist er festgelegt?
5. Warum muss beim Laden die Ladespannung unterhalb der Gasungsspannung liegen?
6. Wodurch unterscheidet sich die Schnellladung von der Normalladung?

7.1.2 Generatoren

7.1.2.1 Drehstromgeneratoren

Der Bedarf an elektrischer Energie hat bei modernen Kraftfahrzeugen stark zugenommen. In den 50er Jahren betrug die durchschnittliche Leistung eines Gleichstromgenerators 150 W bis 180 W.

Mit der Ablösung des Gleichstromgenerators durch den Drehstromgenerator waren nur bei kleiner Bauweise und geringem Gewicht Generatoren herstellbar, die einen elektrischen Leistungsbedarf zwischen 400 W und 1600 W abdecken konnten.

Mit zunehmendem Einzug der Elektronik in die Kraftfahrzeugtechnik wurden viele Steuerungs- und Regelungsaufgaben nicht mehr mechanisch, sondern durch elektrische Aggregate ausgeführt, z. B. elektrisch angetriebener Lüfter, elektrisch betätigte Einspritzventile, Katalysatorheizung, Fenster- und Spiegelbeheizung.

Ein weiterer Bedarf an elektrischer Energie wurde durch den Einzug der Komfortelektronik hervorgerufen, z. B. Klimaanlagen mit bis zu 10 Elektromotoren, Sitzheizung und Standheizung.

Eine neue Generation von Drehstromgeneratoren für Personenkraftwagen kann Leistungen von etwa 1600 W abgeben, dies entspricht bei 14 V-Generatoren einem Strom von etwa 120 A. Um die bei diesen Strömen im Generator entstehende Verlustwärme abführen zu können, wurden Generatoren entwickelt, die an den Kühlmittelkreislauf angeschlossen werden.

Die Erzeugung der elektrischen Energie im Kraftfahrzeug erfordert zusätzlichen Kraftstoff. Gibt ein Generator eine Stunde lang eine Leistung von 1 600 W ab, so verbraucht er zur Erzeugung dieser Energie etwa 0,8 l Ottokraftstoff.

Aufgaben

> Während des Betriebes des Kraftfahrzeuges die
> - elektrischen Verbraucher mit Energie zu versorgen
> - Starterbatterie zu laden.

Eigenschaften

- Hohe Leistung bei kleiner Bauweise und geringem Gewicht (kleines Leistungsgewicht)
- Leistungsabgabe schon bei Motorleerlauf möglich, dadurch frühzeitiger Ladebeginn der Starterbatterie
- verschleißarm, dadurch geringer Wartungsaufwand und lange Lebensdauer
- der Ladestrom wird feststehenden Klemmen entnommen, über Schleifkohlen und Schleifringe fließt nur ein kleiner Erregerstrom
- bei Verwendung eines entsprechenden Lüfterrades ist er drehrichtungsunabhängig
- die Plusdioden verhindern den Stromfluss von der Starterbatterie in den Generator
- Einsatz einfacher und billiger elektronischer Regler möglich
- kein Überlastungsschutz für den Generator erforderlich.

Aufbau

Ein Drehstromgenerator (**Bild 1**) besteht aus

- einem geblechten Ständer mit dreiphasiger Ständerwicklung
- Leistungsdioden (drei Plus-Dioden und drei Minus-Dioden) mit feststehenden Anschlüssen des Ladestromkreises
- drei Erregerdioden
- Läufer mit Schleifringen und Kohlebürsten. In einem der beiden Lagerschilde kann der Spannungsregler eingebaut sein.

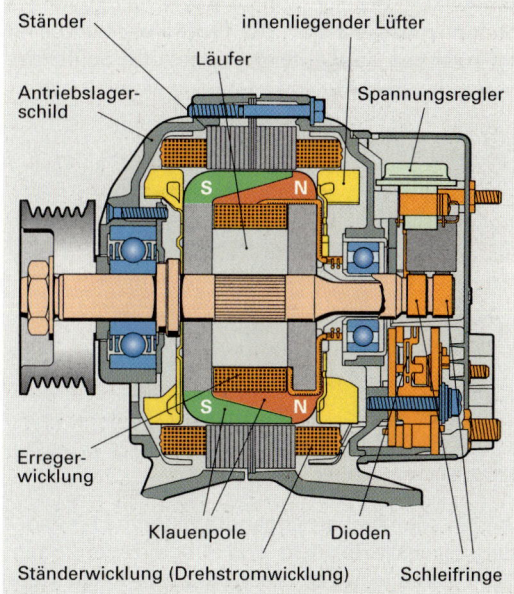

Bild 1: Drehstromgenerator (Schnittbild)

Ständer. Er besteht aus gegeneinander isolierten und mit Nuten versehenen Elektroblechen, die zu einem Ständerpaket zusammengepresst und miteinander verschweißt sind. In die Nuten sind die wellenförmig ausgeführten Windungen der Drehstromwicklung eingebettet (**Bild 1**).

Ständerwicklung. Sie besteht aus den drei voneinander unabhängigen Wicklungssträngen (Phasen), die meistens in Sternschaltung zusammengeschaltet sind **(Bild 1)**.

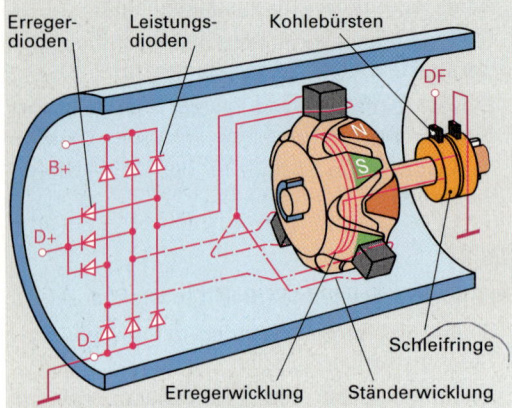

Bild 1: Drehstromgenerator (Prinzipbild)

Klauenpolläufer. Er besteht aus einer ringförmigen Erregerwicklung und zwei klauenartig ausgebildeten Polhälften, die über die Spule geschoben werden und wechselseitig ineinander greifen. Üblicherweise sind 12 Pole bzw. 6 Polpaare vorhanden. Die Wicklung und die Pole sitzen auf der Läuferwelle. Die Enden der Erregerwicklung sind auf zwei von der Läuferwelle isolierte Schleifringe geführt **(Bild 2)**.

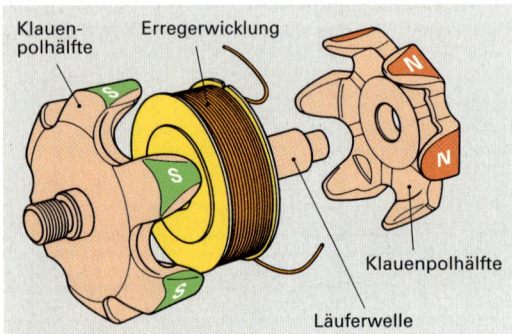

Bild 2: Klauenpolläufer

Dioden. Ein Drehstromgenerator enthält mindestens sechs Leistungs- und drei Erregerdioden. Die Leistungsdioden sind zu einer Drehstrombrückenschaltung zusammengeschaltet **(Bild 1)**. Die Dioden sitzen zur Abfuhr der Verlustwärme auf Kühlblechen.

Die Drehstrombrückenschaltung wird auch für den Erregerstrom verwendet. Dabei sind drei besondere Erregerdioden auf der Plusseite vorhanden, auf der Minusseite erfolgt die Gleichrichtung über die Minusdioden.

Kühlung

Die bei Belastung im Generator entstehende Wärme muss an die Außenluft abgeführt werden, um die Wicklungsisolation und die elektronischen Bauteile im Generator und Regler vor Überlastung (Überhitzung) und Zerstörung zu bewahren.

Wirkungsweise

Die Spannungserzeugung im Drehstromgenerator beruht auf dem elektrodynamischen Prinzip, d. h. wenn sich in einer Leiterschleife ein Magnetfeld verändert (die Leiterschleife „schneidet" die magnetischen Feldlinien), wird in ihr eine elektrische Spannung induziert.

Bei Drehstromgeneratoren für Kraftfahrzeuge dreht sich das Magnetfeld, das im Läufer erzeugt wird. In der Ständerspule wird die Generatorspannung erzeugt. Der Generatorstrom kann über feste Klemmenanschlüsse abgenommen werden.

Aufgrund der räumlichen Anordnung der drei Wicklungsstränge im Ständer entstehen bei Drehung eines Magnetfeldes mit einem Nordpol und einem Südpol drei Wechselspannungen bzw. Wechselströme, die jeweils 120° zueinander phasenverschoben sind **(Bild 3)**, d. h. es entsteht Drehstrom.

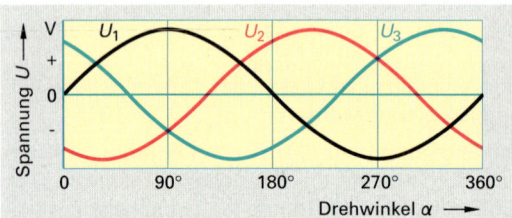

Bild 3: Dreiphasen-Wechselspannung

Wird anstelle eines Magneten mit einem Nord- und einem Südpol (zweipoliger Läufer) z. B. ein Klauenpolläufer mit 6 Nord- und 6 Südpolen (zwölfpoliger Läufer) verwendet, so entstehen jetzt bei jeder Umdrehung des Läufers anstelle von 6 Halbwellen (2 Pole x 3 Stränge) 36 Halbwellen (12 Pole x 3 Stränge) **(Bild 4)**.

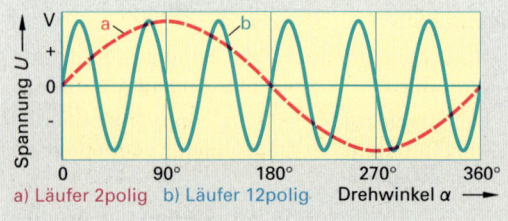

Bild 4: Induzierte Spannung

Die größere Anzahl von Polen führt zu einer besseren Ausnutzung des Generators, sowie nach der Gleichrichtung zu einer Gleichspannung mit geringerer Restwelligkeit **(Bild 1)**.

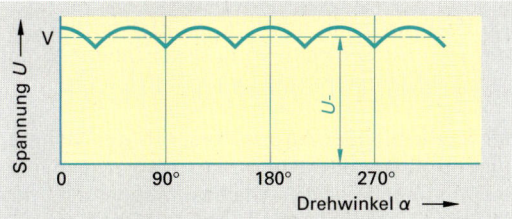

Bild 1: Gleichgerichtete Spannung

Gleichrichtung. Die Gleichrichtung des Drehstromes erfolgt durch 6 Leistungsdioden (3 Plus- und 3 Minusdioden), die in einer Drehstrom-Brückenschaltung zusammengeschaltet sind **(Bild 2)**. Es wird dabei in jede Phase je eine Diode an der Plusseite (Plusdiode) und eine an der Minusseite (Minusdiode) angeordnet. Bei dieser Vollweggleichrichtung werden auch die negativen Halbwellen des Drehstromes zur Erzeugung des Gleichstromes herangezogen.

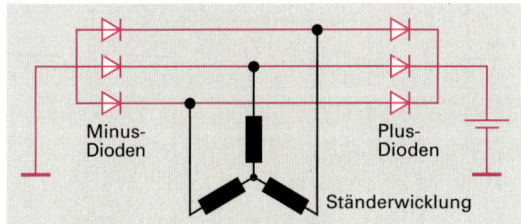

Bild 2: Drehstrom-Brückenschaltung

Die in den drei Wicklungssträngen entstehenden positiven Halbwellen werden von den Plusdioden, die negativen Halbwellen von den Minusdioden durchgelassen.

Die Plus- und die Minusdioden unterscheiden sich durch den unterschiedlichen Einbau in das metallische Gehäuse. Bei einer Plusdiode wird die Wechselspannung über die Anschlussfahne zugeführt und die Gleichspannung am Gehäuse abgenommen; bei einer Minusdiode ist es umgekehrt **(Bild 3)**.

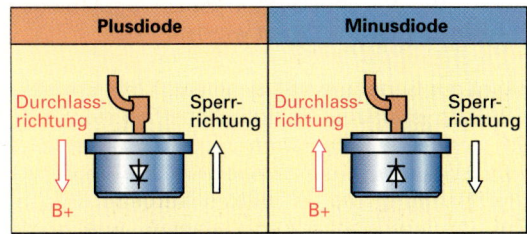

Bild 3: Diodenausführungen

Zur Gleichrichtung werden Siliciumdioden verwendet. Sind die Dioden in Durchlassrichtung gepolt, so entsteht in jeder Diode ein Spannungsabfall von etwa 1 V. Je nach Stärke des Stromes in der Diode kann in einer Leistungsdiode eine Verlustleistung bis 60 W, in einer Erregerdiode von etwa 5 W auftreten. Die dabei entstehende Verlustwärme kann nur durch unterschiedliche Baugrößen der Dioden und durch entsprechend große Kühlbleche abgeführt werden. Eine zu große Erwärmung der Dioden führt zu ihrer Zerstörung. Bei der Montage der Dioden muss deswegen für eine gute Wärmeableitung gesorgt werden.

Die Plusdioden haben noch die zusätzliche Aufgabe, einen Stromfluss von der Batterie in den Generator zu verhindern. Dies wäre der Fall, wenn die Generatorspannung kleiner als die Batteriespannung bzw. 0 V bei Stillstand ist. Man bezeichnet diese Wirkung auch als Rückstromsperre.

Elektrische Innenschaltung (Bild 4)

Ein Drehstromgenerator besteht aus

– der Drehstromwicklung mit den drei Wicklungssträngen, die in Sternschaltung miteinander verknüpft sind
– den drei Plus- und den drei Minusdioden, wobei jeweils eine Plus- und eine Minusdiode mit einem Wicklungsstrang verbunden ist
– den drei Erregerdioden, die mit den drei Minusdioden eine Drehstrombrückenschaltung bilden
– der Erregerwicklung
– dem elektronischen Spannungsregler
– den Anschlussklemmen.

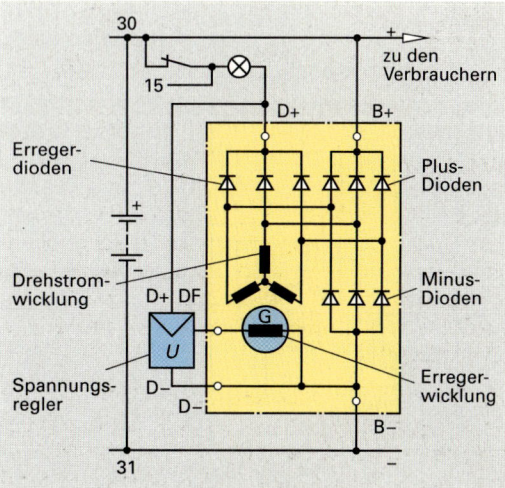

Bild 4: Innenschaltung eines Generators

Stromkreise

Beim Drehstromgenerator unterscheidet man drei Stromkreise: **Ladestromkreis, Erregerstromkreis, Vorerregerstromkreis**.

Ladestromkreis (Hauptstromkreis) (Bild 1). Er versorgt die Verbraucher sowie die Starterbatterie mit elektrischer Energie.
Er verläuft von Generator B+ → Batterie/Verbraucher → Masse B– → Minusdioden → Ständerwicklung → Plusdioden → Klemme B+.

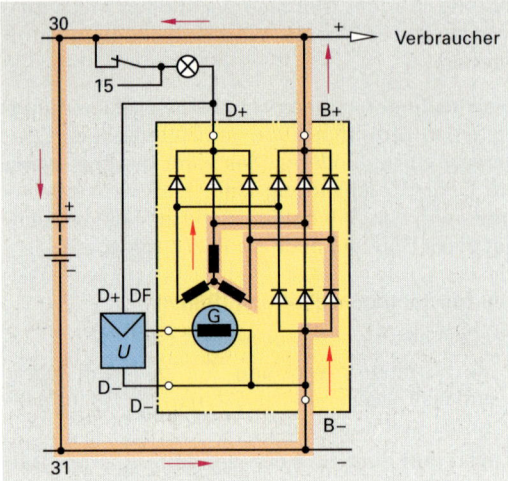

Bild 1: Ladestromkreis

Erregerstromkreis (Bild 2). Über den Regler wird der jeweils erforderliche Erregerstrom der Erregerwicklung zugeführt.
Er verläuft von Generator D+ → Regler D+ → Regler DF → Erregerwicklung DF → Masse D–/B– → Minusdioden → Ständerwicklung → Erregerdioden → Klemme D+.

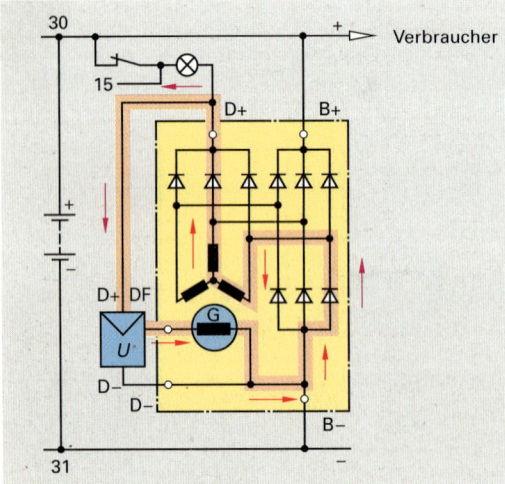

Bild 2: Erregerstromkreis

Vorerregerstromkreis (Bild 3). Ein Vorerregerstromkreis ist erforderlich, da der im Läufer vorhandene Restmagnetismus erst bei hohen Drehzahlen zur Induktion einer Spannung führt, die größer als die Schwellspannung (2 x 0,7 V = 1,4 V) der Plus- und Minusdioden ist. Erst nach Überschreiten der Schwellspannung der Dioden erregt sich der Generator selbst.

Bei ausreichender Stromaufnahme der Generatorkontrolllampe entsteht ein zum vorhandenen Restmagnetismus zusätzliches Magnetfeld, das ausreicht, um bei niederen Drehzahlen eine Spannung zu induzieren, die größer als die Schwellspannung der Dioden ist.

Der Vorerregerstromkreis verläuft über Starterbatterie +/30 → Fahrtschalter/ Kontrolllampe D+ → Regler D+ → Regler DF → Erregerwicklung DF → Masse D–/B– → Starterbatterie –/31.

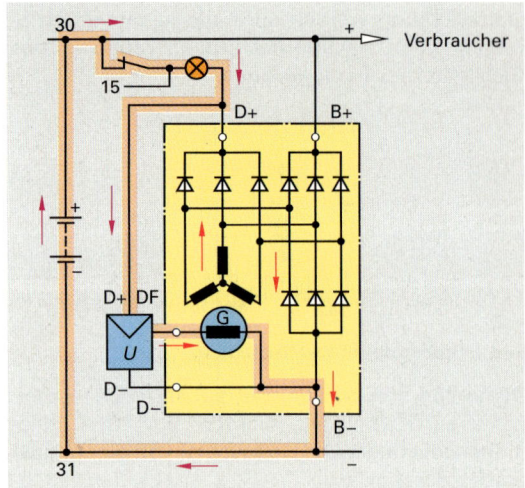

Bild 3: Vorerregerstromkreis

Regelung von Drehstromgeneratoren

Aufgabe. Der Regler muss die Generatorspannung bei allen Drehzahlen und Belastungsfällen nahezu konstant auf der erforderlichen Höhe halten, damit die Verbraucher keinen Spannungsschwankungen ausgesetzt werden.

Bleibt der Generator ungeregelt, d. h. die Erregerwicklung ist dauernd eingeschaltet, so stellt sich der maximale Erregerstrom I_{Emax} ein. Dieser wird vom Widerstand der Erregerwicklung begrenzt. Die Spannung des Generators würde in diesem Fall unzulässig hohe Werte erlangen, was zu einem Gasen der Starterbatterie führen würde.

Generatoren

7 Elektrische Anlage

Regelvorgang. Die Höhe der im Generator induzierten Spannung ist von der Drehzahl und der Stärke des Magnetfeldes bzw. dem Erregerstrom I_E abhängig. Da wegen der unterschiedlichen Fahrbedingungen sich die Generatordrehzahl laufend ändert, kann die Spannungsregelung nur über ein Verändern des Erregerfeldes bzw. des Erregerstromes erfolgen.

Der Regler ist so abgestimmt, dass er in 12-V-Anlagen die Generatorspannung auf annähernd 14 V, in 24 V-Anlagen auf annähernd 28 V einregelt. Die Generatorspannung liegt dabei knapp unterhalb der Gasungsspannung der Starterbatterie. Damit wird ein ausreichendes Laden gewährleistet und ein Schädigen durch Überladung verhindert.

Die Höhe des erforderlichen Erregerstromes ist von der augenblicklichen Belastung und der Generatordrehzahl abhängig **(Bild 1)**.

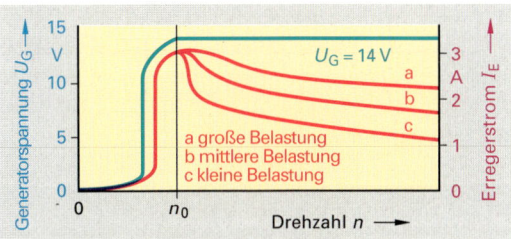

Bild 1: Erregerstrom I_E bei unterschiedlichen Belastungen

Der Regler verändert durch dauerndes Ein- und Ausschalten die Höhe des Erregerstromes I_E in der Erregerwicklung des Läufers. Dies hat ein Verstärken bzw. Schwächen des Erregerfeldes zur Folge **(Bild 2)**.

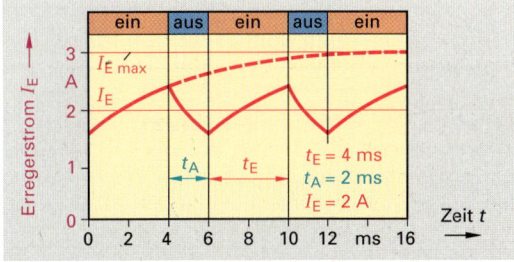

Bild 2: Erregerstrom I_E in Abhängigkeit von t_E/t_A

Der sich einstellende mittlere Erregerstrom I_E ist abhängig von der Einschaltdauer t_E und der Ausschaltdauer t_A. Diese sind wiederum abhängig von der Belastung und der Drehzahl des Generators.

Elektronische Spannungsregler

Sie werden nur noch in Hybrid- bzw. Monolithtechnik hergestellt. Dies bringt folgende Vorteile gegenüber elektronischen Reglern mit diskreten (einzelnen) elektronischen Bauelementen:

- Kleine Bauweise und geringes Gewicht; dadurch Einbau in den Generator möglich. Oftmals bildet der Regler eine Baueinheit mit den Schleifkohlen
- kein Verschleiß, deswegen lange Lebensdauer und Wartungsfreiheit, jedoch werden die Schleifkohlen abgenutzt
- kontaktloses Schalten verhindert Funkstörungen
- Schaltvorgang erfolgt trägheitslos. Deswegen sind hohe Schaltfrequenzen (kurze Schaltzeiten) möglich, die eine große Spannungskonstanz bewirken.

Aufbau

Die in Hybridtechnik hergestellten elektronischen Spannungsregler enthalten in einem hermetisch gekapselten Gehäuse alle Schaltkreise. Die Leistungsendstufe ist wegen ihrer Wärmeverluste direkt auf dem Metallsockel aufgelötet. Der Regler ist auf einem Bürstenhalter montiert und ohne Verkabelung direkt am Generator befestigt.

Wirkungsweise

Elektronische Regler arbeiten nach dem Prinzip Erregerstrom „Ein" bzw. „Aus".

Schaltzustand „Ein" (Bild 3). Hat der Istwert der Generatorspannung noch nicht seinen Sollwert erreicht, so sperrt die Z-Diode den Transistor T2. Dadurch liegt die Basis B von T1 über den Widerstand R3 an D–, wobei T1 durchschaltet. Der Erregerstrom wird über Erreger E und Kollektor C von T1 zur Erregerwicklung geführt.

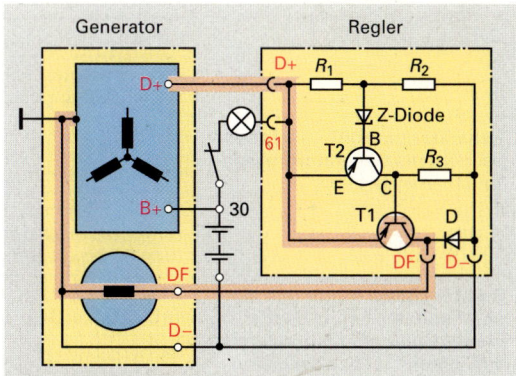

Bild 3: Schaltzustand „Ein"

Schaltzustand „Aus" (Bild 1). Überschreitet die Generatorspannung den vorgeschriebenen Sollwert, so wird die Z-Diode leitend, wobei die Basis B des Transistors T2 negativ wird. T2 schaltet durch, wobei die Basis B von T1 eine positive Spannung erhält. T1 wird nichtleitend und sperrt den Erregerstrom.

Die Generatorspannung sinkt. Wird ein bestimmter Sollwert unterschritten, sperrt die Z-Diode. Dadurch wird der Transistor T1 leitend, der Schaltzustand „Ein" ist wieder hergestellt.

Überspannungsschutzgerät (Bild 2). Das Überspannungsschutzgerät soll den Generator, die Dioden und den Spannungsregler vor Überspannungen schützen. Die Klemmen D+ und D– sind durch einen Thyristor miteinander verbunden. Zwischen einem Spannungsteiler (Widerstand R_2) und der Steuerelektrode des Thyristors liegt eine Z-Diode.

Übersteigt eine Spannungsspitze den Wert von 31 V, wird die Z-Diode durchlässig und zündet den Thyristor, d. h. er wird leitend. Die Klemmen D+ und D– sind dann kurzgeschlossen (miteinander verbunden). Die Generatorkontrolllampe leuchtet auf und der Generator liefert nur die kleine Spannung, die durch die Vorerregung bestimmt wird. Der einmal gezündete Thyristor kann nur durch Stillsetzen des Motors und Abschalten des Fahrtschalters nichtleitend gemacht werden.

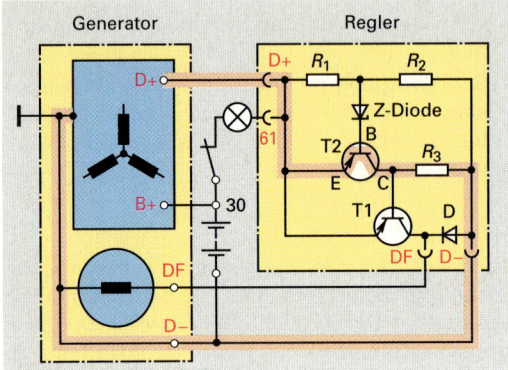

Bild 1: Schaltzustand „Aus"

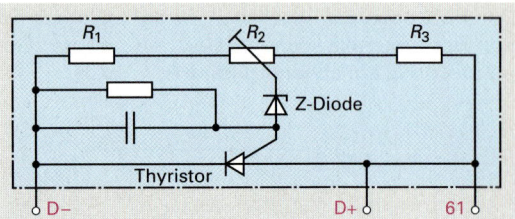

Bild 2: Überspannungsschutzgerät

Störungen und Werkstatthinweise		
Prüfen des Generators durch Beobachtung der Generatorkontrolllampe		
Generatorkontrolllampe	**Fehlerursache**	**Abhilfe**
Generatorkontrolllampe brennt nicht bei Stillstand des Motors und eingeschaltetem Fahrtschalter	Kontrolllampe durchgebrannt	Kontrolllampe erneuern
	Batterie entladen	Batterie aufladen
	Batterie schadhaft	Batterie austauschen
	Leitungen gelöst oder schadhaft	Leitungen ersetzen
	Regler schadhaft	Regler ersetzen
	Kurzschluss einer Plusdiode	Ladeleitung abklemmen, Generator instandsetzen
	Kohlebürsten abgenützt	Kohlebürsten austauschen
	Oxidschicht auf Schleifringen, Unterbrechung der Läuferwicklung	Generator instandsetzen
Generatorkontrolllampe brennt bei höheren Generatordrehzahlen unverändert hell	Leitung D+/61 hat Masseschluss	Leitung ersetzen
	Regler schadhaft	Regler ersetzen
	Dioden schadhaft, Schleifringe verschmutzt, Masseschluss in der Leitung DF bzw. Läuferwicklung	Generator instandsetzen, bzw. Leitung DF erneuern
Bei stehendem Motor und eingeschaltenem Fahrtschalter brennt Generatorkontrolllampe hell, glimmt jedoch bei laufendem Motor	Übergangswiderstände im Ladestromkreis oder in Leitung zur Lampe	Leitungen ersetzen, Anschlüsse reinigen und festziehen
	Regler schadhaft	Regler austauschen
	Generator schadhaft	Generator instandsetzen

Fehlersuche mit dem Oszilloskop

Aus der Form des Spannungsverlaufs lassen sich Rückschlüsse auf den Zustand des Generators, vor allem der eingebauten Dioden, ziehen **(Bild 1)**.

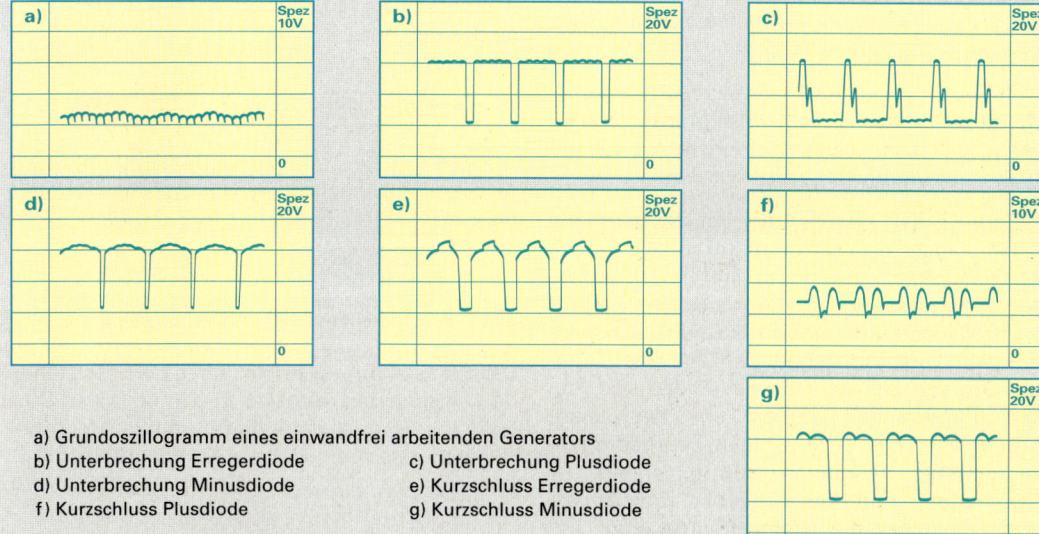

a) Grundoszillogramm eines einwandfrei arbeitenden Generators
b) Unterbrechung Erregerdiode
c) Unterbrechung Plusdiode
d) Unterbrechung Minusdiode
e) Kurzschluss Erregerdiode
f) Kurzschluss Plusdiode
g) Kurzschluss Minusdiode

Bild 1: Oszillogramme eines Drehstromgenerators

Regulierspannung (Bild 2). Der Anschluss an Klemme B+ wird abgeklemmt und daran ein Strommesser mit einem in Reihe geschalteten Belastungswiderstand gegen Masse angeschlossen. Die Regulierspannung wird zwischen B+ und Masse gemessen.

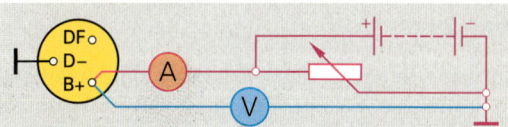

Bild 2: Prüfen der Regulierspannung

Rückstrom (Bild 3). Bei stehendem Motor und eingeschaltetem Fahrtschalter darf kein Strom in den Generator fließen. Fließt jedoch ein Strom, so liegt ein Kurzschluss in den Plusdioden vor.

Bild 3: Prüfen des Rückstroms

Dioden (Bild 4). Das Prüfen der ausgebauten Dioden kann mit einer 24 V-Gleichstromprüflampe oder mit einem Ohmmeter in Durchlass- und Sperrrichtung erfolgen.

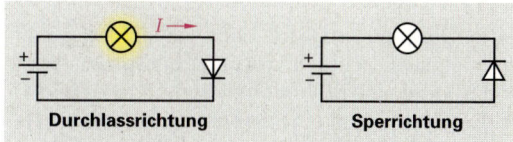

Bild 4: Prüfen der Dioden

WIEDERHOLUNGSFRAGEN

1. Welche besonderen Eigenschaften besitzt ein Drehstromgenerator?
2. Wodurch unterscheiden sich Plus- und Minusdioden?
3. Welche zusätzliche Aufgabe hat die Plusdiode?
4. Welche Stromkreise gibt es im Drehstromgenerator?
5. Welche Aufgabe hat die Regelung in Generatoren?
6. Wie wird die Spannung in Generatoren geregelt?
7. Welche Aufgabe hat der Vorerregerstromkreis?
8. Welche Vorteile bieten Hybridregler?
9. Wie erfolgt die Prüfung des Rückstromes?

7.2 Elektrische Verbraucher

7.2.1 Elektrische Motorantriebe

In Kraftfahrzeugen werden im wesentlichen Gleichstrommotoren als Starter und in den unterschiedlichsten Ausführungsarten als Hilfsantriebe, z. B. bei Ventilatoren, Scheibenwischern, Sitzverstelleinrichtungen, verwendet.

Sollen Einrichtungen im Kraftfahrzeug um genau definierte Strecken bzw. Winkelgrade verstellt werden, z. B. beim Leerlauffüllungsregler, so können Schrittmotoren eingesetzt werden.

Im Bereich der elektrischen Fahrzeugantriebe werden neben Gleichstrommotoren auch noch Drehstromasynchronmotoren und Synchronmotoren verwendet. Bei Drehstromasynchronmotoren und Synchronmotoren muss die Gleichspannung der Versorgungsbatterien in eine Drehspannung von unterschiedlicher Größe und Frequenz umgewandelt werden, um den elektrischen Antrieb den gewünschten Fahrbedingungen anpassen zu können. Zum Erzeugen der Drehspannung sind Wechselrichter, zum Anpassen der Frequenz der Drehspannung sind Umrichter erforderlich. Beide sind thyristorgesteuert.

7.2.1.1 Gleichstrommotoren

Wirkungsweise

Das Prinzip des Gleichstrommotors beruht auf der Tatsache, dass auf einem stromdurchflossenen Leiter im Magnetfeld eine Kraft ausgeübt wird.

Diese Kraft ist abhängig von
- der Stärke des elektrischen Stromes im Leiter
- der Stärke des Magnetfeldes (magnetische Flussdichte)
- der wirksamen Leiterlänge (Windungszahl).

Beim Gleichstrommotor befindet sich in einem magnetischen Polfeld mit ausgeprägtem Nord- und Südpol eine drehbar gelagerte Spule **(Bild 1)**. Wird an die Spule eine Spannung gelegt, so bewirkt der fließende Strom in der Spule ein Magnetfeld (Spulenfeld), das senkrecht zu den Windungsflächen verläuft **(Bild 2)**.

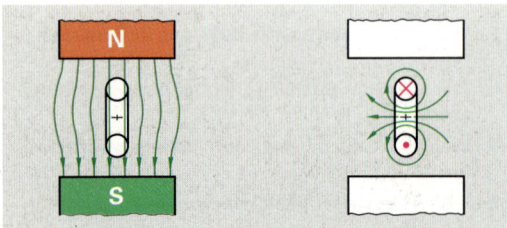

Bild 1: Polfeld   Bild 2: Spulenfeld

Das Polfeld (Hauptfeld) und das Spulenfeld (Ankerfeld) ergeben ein resultierendes Magnetfeld. Je nach der Stromrichtung in der Leiterschleife entsteht ein links- bzw. rechtsdrehendes Moment **(Bild 3)**. Die Spule dreht sich so weit, bis das Spulenfeld die gleiche Richtung hat wie das Polfeld, dann bleibt sie in der sogenannten neutralen Zone des Polfeldes stehen.

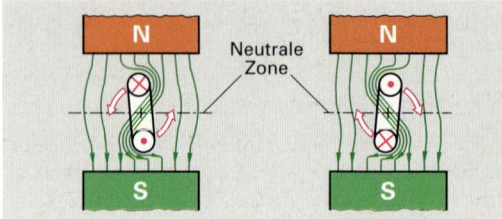

Bild 3: Resultierendes Feld und Drehbewegung

Die Stomzuführung erfolgt über zwei feststehende Kohlebürsten, die sich in der neutralen Zone befinden. Sie bilden mit dem Stromwender (Kommutator) einen schleifenden Kontakt **(Bild 4)**.

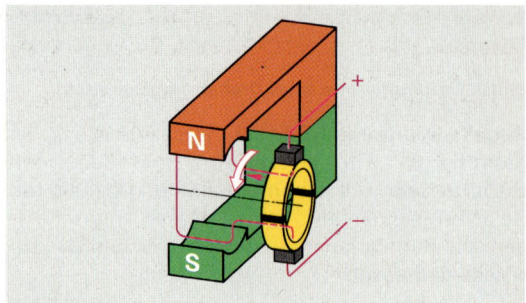

Bild 4: Stromwender

Soll eine fortlaufende Drehbewegung entstehen, so muss die Stromrichtung in der Ankerspule geändert werden, wenn sie sich in der neutralen Zone befindet. Die Umschaltung der Stromrichtung erfolgt durch einen Stromwender (Kommutator), an dem die Spulenanfänge bzw. Spulenenden angeschlossen sind. Dies hat zur Folge, dass der Strom in den Spulenseiten unter einem bestimmten Pol immer die gleiche Stromrichtung hat **(Bild 4)**.

Der Anker besitzt üblicherweise mehrere Spulen, damit am gesamten Ankerumfang eine Drehkraft entstehen kann. Dadurch wird das entstehende Drehmoment bei einer Drehung um 360° gleichmäßiger. Bei einer einzelnen Spule wäre die Drehbewegung ungleichmäßiger, da der Anker bei der Drehung beschleunigt und abgebremst wird.

Wird statt einer Ankerspule eine mehrspulige Ankerwicklung verwendet, so erfolgt die Stromwendung ebenfalls so, dass der Strom in den Spulenseiten unter einem bestimmten Pol immer die gleiche Richtung hat (**Bild 1**).

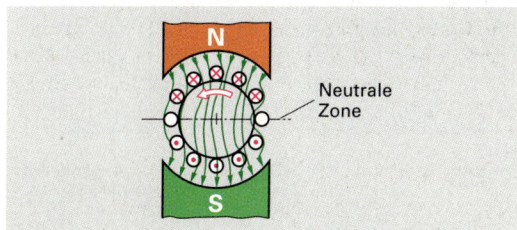

Bild 1: Mehrere Spulen in einem Anker

Drehen sich die Spulen des Ankers im Polfeld aufgrund der Motorwirkung, so wird in ihnen eine Spannung induziert, die der angelegten Spannung entgegenwirkt. Die Gegenspannung hängt von der Drehzahl und der Stärke des Polfeldes ab.

Das Betriebsverhalten von Gleichstrommotoren hängt von der Höhe der Gegenspannung ab. Im Stillstand ist die Drehzahl Null und damit die Gegenspannung ebenfalls Null. Der Ankerstrom, der nur vom sehr kleinen Ankerwiderstand begrenzt wird, ist am größten. Ebenso die Drehkraft und damit das Drehmoment (Losbrechmoment). Mit zunehmender Drehzahl wird die Gegenspannung in den Ankerspulen größer und damit die im Anker wirksam werdende Spannung kleiner. Der Ankerstrom wird deswegen kleiner, was zu einer Verringerung der Drehkraft und somit des Drehmomentes führt.

Einteilung von Gleichstrommotoren

Gleichstrommotoren kann man nach der Art der Erregung unterscheiden in:
– Nebenschlussmotoren
– Permanenterregte Motoren
– Reihenschlussmotoren
– Doppelschlussmotoren.

Jeder dieser Motoren hat eine eigene Drehzahl-Drehmoment-Charakteristik (**Bild 2**).

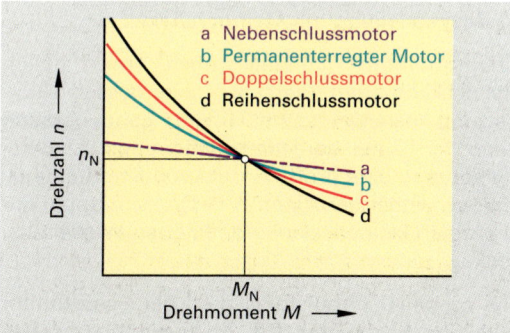

Bild 2: Drehzahl-Drehmoment-Charakteristik

Nebenschlussmotor (Bild 3). Die Erregerwicklung liegt parallel zum Anker. Sie liegt an der Betriebsspannung und erzeugt ein konstantes Erregerfeld (Polfeld). Wegen des geringen Anzugsmomentes und der geringen Drehzahlerhöhung bei Entlastung ist der Nebenschlussmotor als Startermotor weniger geeignet (**Bild 2a**).

Permanenterregter Motor (Bild 4). Das Erregerfeld wird durch starke Dauermagnete erzeugt. Es ergibt sich eine Drehzahl-Drehmoment-Charakteristik, die zwischen dem des Nebenschluss- und Reihenschlussmotors liegt (**Bild 2b**).

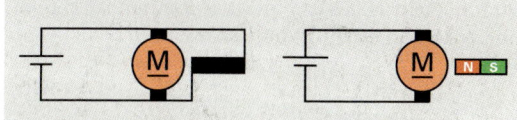

Bild 3: Nebenschlussmotor   **Bild 4: Permanenterregter Motor**

Reihenschlussmotor (Bild 5). Die Erreger- und Ankerwicklung sind in Reihe (hintereinander) geschaltet. Im blockierten Zustand des Ankers sind sowohl der Ankerstrom als auch der Erregerstrom am größten, d. h. das Losbrechmoment ist sehr groß. Mit zunehmender Drehzahl wird die Gegenspannung im Anker größer. Dadurch werden sowohl der Ankerstrom als auch der Erregerstrom und somit das Erregerfeld kleiner. Die Verringerung des Erregerfeldes hat ein starkes Ansteigen der Drehzahl bei Entlastung zur Folge (**Bild 2d**). Diese Drehzahl-Drehmoment-Charakteristik ist bei Startermotoren vorteilhaft, weil durch das rasche Hochdrehen die Startdrehzahl schnell erreicht wird.

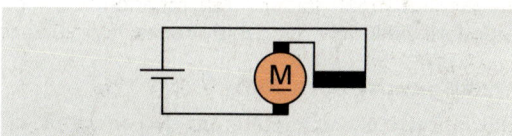

Bild 5: Reihenschlussmotor

Doppelschlussmotor (Bild 6). Er besitzt sowohl eine Reihenschlusswicklung als auch eine Nebenschlusswicklung. Wegen des großen Wicklungsaufwandes wird er nur bei großen Startern eingesetzt. Die Nebenschlusswicklung verstärkt das Drehmoment der Reihenschlusswicklung, vermindert jedoch das unzulässig starke Hochdrehen des Ankers bei Entlastung (**Bild 2c**).

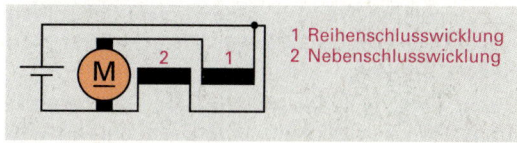

Bild 6: Doppelschlussmotor

7.2.1.2 Schrittmotoren

Beim Schrittmotor wird der Läufer und damit die Antriebswelle jeweils um einen bestimmten Winkel oder Schritt weitergedreht. Je nach Auslegung des Schrittmotors können kleine Winkelschritte herunter bis 1,5° erreicht werden.

Aufbau

Der Läufer eines Schrittmotors ist ein Zahnläufer aus einem Dauermagneten, wobei die Zähne in axialer Richtung magnetisiert sind. Dabei wechseln die Zähne fortlaufend zwischen Nord- und Südpol (**Bild 1**). Zwischen zwei Zähnen ist z. B. eine Lücke von einer halben Zahnbreite.

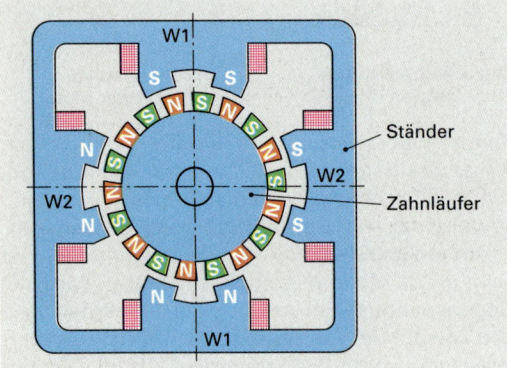

Bild 1: Schrittmotor – prinzipieller Aufbau

Im geblechten Ständer befinden sich im Beispiel nach Bild 1 zwei Erregerwicklungen W 1 und W2 (Phasen). Sie bilden die beiden Ständerpolpaare, wobei Nord- und Südpol eines Polpaares sich jeweils gegenüber liegen. Die Zahnteilung des Ständers entspricht der des Polrades.

Wirkungsweise

Das Polrad stellt sich immer so ein, dass z. B. einem Nordpol des Zahnläufers ein Südpol des Ständers gegenüber steht (**Bild 2a**). Beim Umpolen des Stromes in der Wicklung W1 ändert sich die Polarität im senkrecht stehenden Polpaar (**Bild 2b**), im horizontalen Polpaar bleibt sie erhalten. Der Läufer dreht sich um eine halbe Zahnteilung.

Die nächste Umpolung erfolgt an der Wicklung W2, wobei sich die Polarität im horizontalen Polpaar ändert. Der Läufer dreht sich um eine weitere Zahnteilung (**Bild 2c**). Jede weitere Umpolung in der Reihenfolge W1, W2, W1... bewirkt eine weitere Drehung.

Durch entsprechende Polung der Ständerwicklungen W1 und W2 kann eine Drehrichtungsumkehr erfolgen (**Bild 2d**).

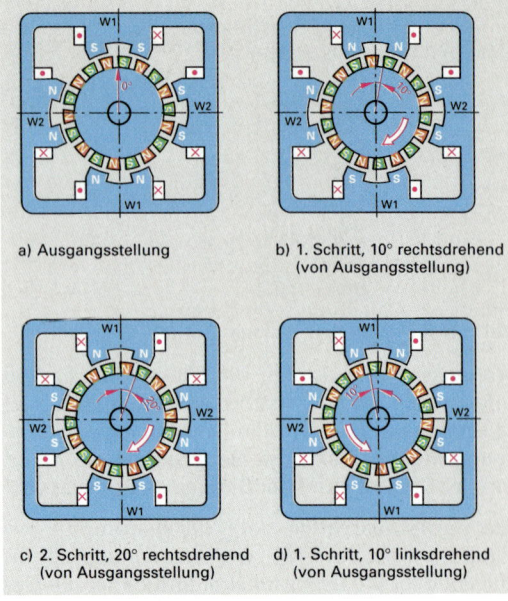

a) Ausgangsstellung

b) 1. Schritt, 10° rechtsdrehend (von Ausgangsstellung)

c) 2. Schritt, 20° rechtsdrehend (von Ausgangsstellung)

d) 1. Schritt, 10° linksdrehend (von Ausgangsstellung)

Bild 2: Schrittmotor – Wirkungsweise

Aufgrund von Sensorinformationen über die erforderliche Verstellung werden im Steuergerät folgende Größen festgelegt:

– Zahl der Schritte (entspricht Drehwinkel)
– erforderliche Drehrichtung
– Dreh- bzw. Verstellgeschwindigkeit.

Ist die Ständerwicklung stromlos, so bleibt der Läufer aufgrund der magnetischen Wirkung zwischen dem magnetischen Polrad und dem geblechten Ständer in seiner letzten Position stehen (Rastwirkung).

> Ein Schrittmotor kann eine beliebige Anzahl von Schritten in beide Richtungen ausführen.

Schrittmotoren werden z. B. verwendet bei der
– automatischen Drosselklappenverstellung
– Lüfterklappenverstellung bei Klimaanlagen
– elektrischen Außenspiegelverstellung
– Sitzverstellung mit Memoryeffekt.

Schrittmotoren können auch mit einem Schneckengetriebe versehen sein, dessen Übersetzung ins „Langsame" (i > 1) geht. Dadurch kann der Läufer bei jedem Steuerungs- bzw. Regelvorgang eine große Anzahl von Schritten ausführen, wobei der Aktor, z. B. Drosselklappe, nur um einen kleinen, genau definierten Winkel auslenkt.

Bei schneller Impulsfolge wird der Schrittmotor zum Synchronmotor. Der Anker dreht gleichlaufend (synchron) mit dem Ständermagnetfeld.

7.2.2 Starter

Verbrennungsmotoren müssen mit fremder Energie gestartet werden. Beim Starten sind die Massenträgheit, die Reibungs- und Verdichtungswiderstände des Motors zu überwinden.

7.2.2.1 Aufbau des Starters

Ein Starter (**Bild 1**) besteht in der Regel aus:
- Startermotor (Elektromotor)
- Einrückrelais (Relais, Einrückmagnet)
- Einspurgetriebe (Ritzel, Rollenfreilauf).

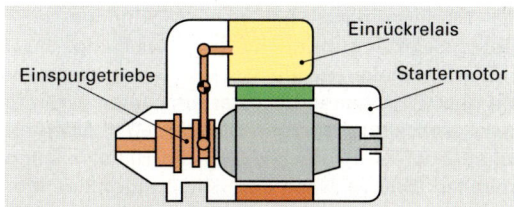

Bild 1: Baugruppen eines Startes

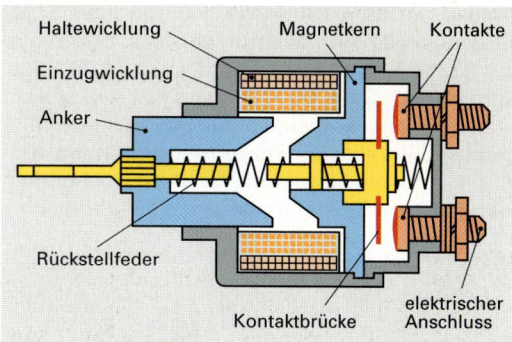

Bild 2: Einrückrelais

Startermotor

Polgehäuse. Es besteht aus einem Rohr, in dem die Polschuhe mit den Erregerwicklungen oder Dauermagnete angebracht sind. Es dient außerdem zum Rückschluss der magnetischen Feldlinien und ist daher aus einem magnetisch gut leitenden Stahl hergestellt.

Anker. Er nimmt die Ankerwicklungen auf. Durch das dauernde Wechseln der Stromrichtung in den Ankerspulen entsteht ein magnetisches Wechselfeld, das in einem massiven Eisenkern Wirbelströme hervorrufen würde, die zu einer unzulässig starken Erwärmung des Ankers führen könnten. Er besteht deswegen aus einzelnen Blechen, die gegeneinander isoliert sind.

In die Ankerbleche sind Nuten gestanzt, die der Aufnahme der Ankerwicklung dienen. Außerdem dient der Anker zur besseren Leitung der vom Nordpol zum Südpol verlaufenden magnetischen Feldlinien des Polfeldes. Deswegen muss auch der Luftspalt zwischen Polschuhen und Anker möglichst klein sein.

Einrückrelais (Bild 2)

Es ist eine Kombination aus Relais und Einrückmagnet. Es hat die Aufgaben
- das Ritzel zum Einspuren in den Zahnkranz des Motors vorzuschieben
- die Kontaktbrücke zum Einschalten des Starterhauptstromes zu schließen.

Einspurgetriebe (Bild 3)

Es besteht im wesentlichen aus:
- **Ritzel** zur Kraftübertragung sowie Drehzahl- und Momentwandlung
- **Freilauf** als Überholkupplung nach dem Starten
- **Einrückhebel** für den Einspurhub
- **Einspurfeder,** ermöglicht Einspuren bei Stellung Zahn auf Zahn.

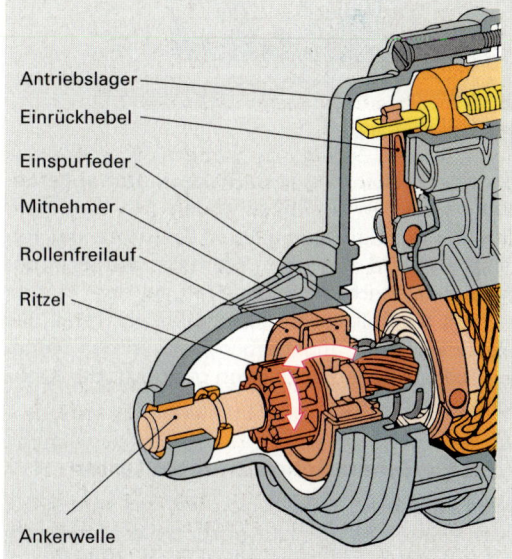

Bild 3: Einspurgetriebe eines Schub-Schraubtrieb-Starters

Ritzel. Es spurt während des Startvorgangs in den Zahnkranz ein. Dieser befindet sich auf dem Schwungrad. Das Übersetzungsverhältnis liegt im Bereich zwischen 10 und 15. Dadurch wird das am Schwungrad wirkende Drehmoment erhöht. Das Ritzel wird während des Einspurvorgangs und Betriebs mechanisch stark beansprucht.

Freilauf. Er hat die Aufgabe, während des Startvorgangs das Antriebsmoment des Startermotors kraftschlüssig auf das Ritzel zu übertragen. Springt der Motor an, d. h. wird der Anker vom Motor her angetrieben, so muss er das noch eingespurte Ritzel vom Startermotor trennen. Dadurch wird ein unzulässig starkes Hochdrehen und damit ein Zerstören des Ankers verhindert.

Man unterscheidet:
- **Rollenfreilauf.** Er wird bei kleineren Startern für Pkw und leichtere Lkw eingesetzt.
- **Lamellenfreilauf.** Er wird bei größeren Startern für Nkfz eingesetzt.

Rollenfreilauf (Bild 1). Er besteht aus dem Freilaufring mit den Rollengleitkurven, den Rollen und den Schraubenfedern. Die Rollen gleiten auf dem Ritzelschaft. Der Rollengleitkurven verengen sich in einer Richtung.

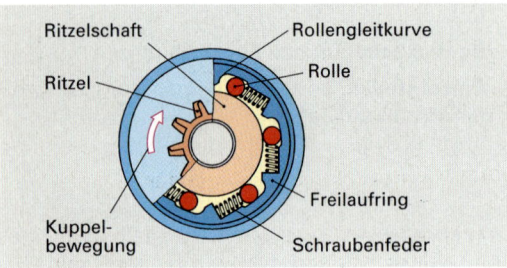

Bild 1: Rollenfreilauf

Wird der Freilaufring vom Startermotor angetrieben, so werden die Rollen in den sich verengenden Teil der Rollengleitkurven gedrückt; der Ritzelschaft wird dadurch mit dem Startermotor gekuppelt. Nach dem Anspringen des Motors werden die Rollen vom überholenden Ritzel, das jetzt vom Motor angetrieben wird, in den weiteren Teil der Rollengleitkurven gedrückt; der Kraftschluss wird gelöst.

7.2.2.2 Schub-Schraubtrieb-Starter

Beim Einspuren bewegt sich der mit dem Ritzel über einen Rollenfreilauf gekuppelte Mitnehmer auf dem Steilgewinde der Ankerwelle (**Bild 2**).

Der Mitnehmer wird federnd durch den vom Magnetschalter bewegten Einrückhebel vorgeschoben und durch das Steilgewinde in Drehung versetzt. Gelangt das Ritzel mit einem Zahn vor die Zahnlücke, so spurt es sofort ein. Stößt Zahn auf Zahn, so wird die Einspurfeder so weit zusammengedrückt, bis der Magnetschalter den Hauptstrom einschaltet. Der Anker dreht sich und das Ritzel schiebt sich auf der Stirnfläche des Zahnrades weiter, bis es einspuren kann.

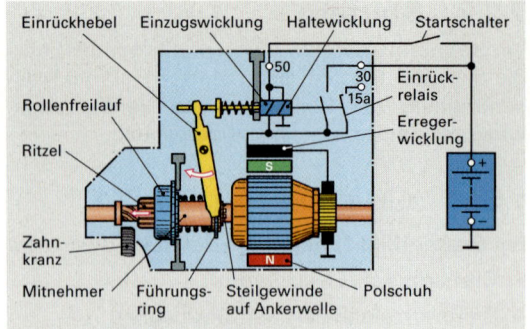

Bild 2: Schub-Schraubtrieb-Starter

Der Magnetschalter hat zwei Wicklungen, eine Einzugswicklung und eine Haltewicklung. Zum Einziehen wirken beide Wicklungen zusammen. Mit dem Einschalten des Starterstromes wird die Einzugswicklung kurzgeschlossen. Der Magnetschalter wird nur noch durch die Haltewicklung gehalten (**Bild 3**). Nach dem Anspringen des Motors läuft das Ritzel wegen des Rollenfreilaufs frei, es bleibt jedoch mit dem Zahnkranz im Eingriff, solange der Startschalter betätigt ist.

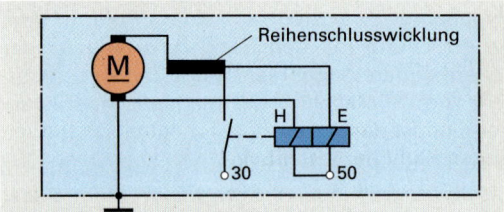

Bild 3: Innenschaltung eines Schub-Schraubtrieb-Starters

7.2.2.3 Schub-Schraubtrieb-Starter mit Permanentfeld und Vorgelege

Bei diesem Startertyp wird die Erregerwicklung durch Permanentmagneten (**Bild 4**) ersetzt.

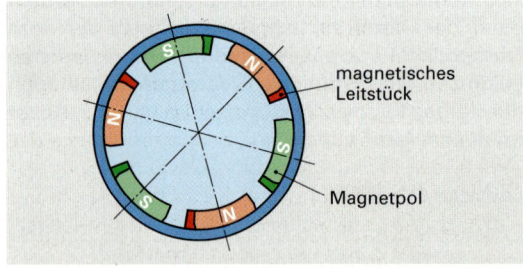

Bild 4: Polgehäuse mit Permanentmagneten

Die Dauermagnete sind in einem dünnwandigen Rohr befestigt. Dieses dient gleichzeitig auch als Startergehäuse. Bei gleicher Leistung kann gegenüber einem Schub-Schraubtrieb-Starter mit Erregerwicklung eine Gewichtseinsparung von bis zu 20 % erzielt werden. Außerdem werden die Abmessungen kleiner.

Einrückrelais und Einspurgetriebe sowie die Arbeitsweise sind bei beiden Startertypen gleich. Lediglich die elektrische Innenschaltung weicht ab (**Bild 1**). Beim Schalten des Starterstromkreises fließt der Strom direkt zu den Kohlebürsten und dem Anker.

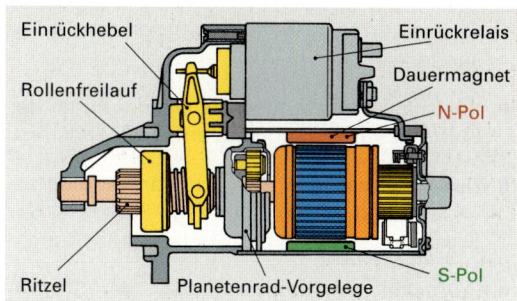

Bild 2: Vorgelegestarter

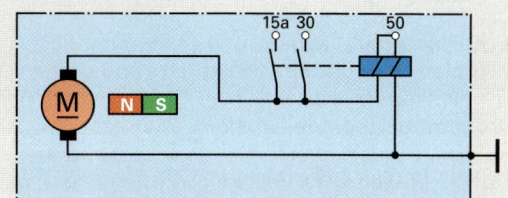

Bild 1: Innenschaltung eines Starters mit Permanenterregung

Schub-Schraubtrieb-Starter mit Permanentfeld haben eine Nebenschlusscharakteristik.

Da das Losbrechmoment bei Motoren mit Nebenschlusscharakteristik verhältnismäßig gering ist, werden sie mit einem Planetengetriebe, das als Vorgelege dient, versehen.

Einspur-, Ausspur- und Überholvorgang entsprechen denen des Schub-Schraubtrieb-Starters.

Das zwischen dem Startermotor und Ritzel zusätzlich als Vorgelege eingebaute Planetengetriebe hat die Aufgabe, die hohe Drehzahl des Starters zu verringern und gleichzeitig das Drehmoment am Ritzel zu erhöhen (**Bild 2**).

Einspur-, Ausspur- und Überholvorgang entsprechen denen des Schub-Schraubtrieb-Starters.

Das Planetenrad-Vorgelege besteht aus dem **Hohlrad**, den **Planetenrädern** mit Planetenradträgern und dem **Sonnenrad** (**Bild 3**).

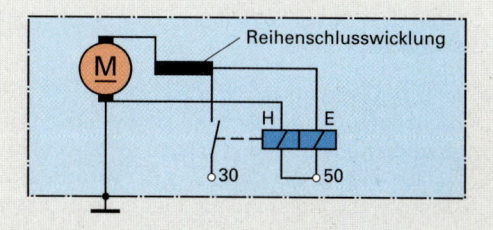

Bild 3: Anker mit Planetenrad-Vorgelege

Sonnenrad. Es sitzt auf der Ankerwelle und bildet das Antriebsrad des Planetenrad-Vorgeleges.

Planetenräder. Sie sind auf dem Planetenradträger gelagert. Dieser ist mit der Antriebswelle verbunden, die mit einem Steilgewinde versehen ist, auf dem das Ritzel verschiebbar gelagert ist.

Hohlrad. Es ist im Startergehäuse befestigt und wird aus Kunststoff hergestellt.

Prüf- und Werkstatthinweise

Im Kraftfahrzeug kann nur die Kurzschlussprüfung des Starters durchgeführt werden, d. h. der Anker des Starters wird blockiert, dabei nimmt er den größten Strom (Kurzschlussstrom) auf. Die Höhe des Kurzschlussstromes ist von der Kapazität und dem Ladezustand der Batterie sowie der Höhe der Leistungsaufnahme des Starters abhängig. Gleichzeitig ist der Kurzschlussstrom ein Maß für das Losbrechmoment, mit dem der Starter den Motor durchzudrehen beginnt.

Kurzschlussprüfung

- Ein Strom- und zwei Spannungsmesser nach **Bild 4** schalten. Größten Gang einlegen, Handbremse anziehen und Fußbremse betätigen.

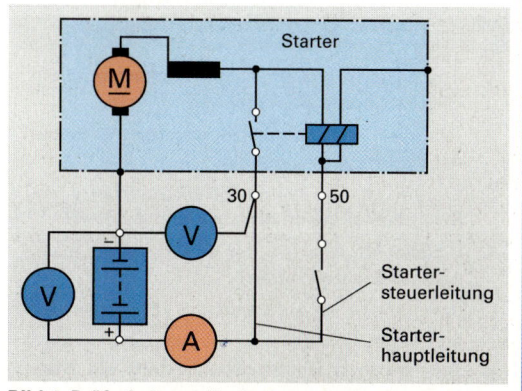

Bild 4: Prüfschaltung für Starter mit Magnetschalter

- Starter kurzzeitig betätigen (höchstens 5 Sekunden).

- Kurzschlussstrom, Klemmenspannung an der Starterbatterie, Spannung am Starter ablesen.

- Differenz zwischen Spannung an der Starterbatterie und der Spannung am Starter ist der Spannungsabfall in der Starterhauptleitung.

- Zulässiger Spannungsabfall in der Starterhauptleitung darf in 6-V-Anlagen 0,25 V, in 12-V-Anlagen 0,5 V, in 24-V-Anlagen 1 V nicht überschreiten.

- Klemmenspannung der Batterie darf bei Belastung mit dem zulässigen Kurzschlussstrom bei 6-V-Anlagen 3,5 V, bei 12-V-Anlagen 7 V, bei 24-V-Anlagen 14 V nicht unterschreiten.

- Ist der Kurzschlussstrom bei richtiger Klemmenspannung der Batterie kleiner als vorgeschrieben, dann befinden sich im Stromkreis zusätzliche Widerstände, z.B. vergrößerter Übergangswiderstand am Pluspolkopf, Querschnittsverringerung in der Starterhauptleitung bzw. Masseleitung.

    Zur Feststellung der Fehlerstelle wird der zu prüfenden Leitung ein Spannungsmesser parallel geschaltet und zwar bei Überprüfung der **Plusleitung** an den Pluspolkopf der Batterie und Plusanschluss am Starter (Klemme 30), **Minusleitung** an den Minuspolkopf der Batterie und dem Gehäuse am Starter.

- Erreicht der Starter nicht den vorgeschriebenen Kurzschlussstrom, obwohl die Batteriespannung und die Spannungsabfälle sich in den zulässigen Grenzen bewegen, dann ist der Starter defekt.

- Erreicht der Starter nicht den vorgeschriebenen Kurzschlussstrom und sinkt die Batteriespannung unter die zulässige Untergrenze, obwohl sich die Spannungsabfälle innerhalb der zulässigen Grenzen bewegen, so kann der Fehler sowohl im Starter als auch in der Batterie liegen.

- Kollektor auf saubere und glatte Oberfläche prüfen. Unrunde Kollektoren überdrehen. Kollektoren nicht mit der Feile oder mit Schmirgelpapier bearbeiten.

- Isolation ggf. zwischen den Lamellen etwa $1/2$ Spaltbreite tief aussägen oder ausfräsen.

- Kohlebürsten müssen in den Bürstenhaltern leicht beweglich sein. Stark abgenutzte Bürsten ersetzen.

- Selbstschmierende Lager (Buchsen) dürfen nicht ausgerieben und mit fettlösenden Reinigungsmitteln behandelt werden.

- Oxidierende Polklemmen der Batterie, lose Anschlussklemmen, verschmorte Schalterkontakte und schadhafte Leitungen erhöhen die Leitungswiderstände. Oxidschichten entfernen, Anschlüsse festziehen, Bauteile mit verschmorten Kontakten auswechseln. Klemmanschlüsse ggf. vor Korrosion durch geeignetes Fett schützen.

- Beim Starten nach Möglichkeit alle anderen elektrischen Verbraucher abschalten.

WIEDERHOLUNGSFRAGEN

1. Aus welchen wesentlichen Hauptteilen ist ein Gleichstrommotor aufgebaut?
2. Wie kann man Gleichstrommotoren nach der Art der Erregung einteilen?
3. Warum ist bei einem Gleichstrommotor die Stromaufnahme im Stillstand am größten?
4. Welche Aufgabe hat der Stromwender in einem Gleichstrommotor?
5. Beschreiben Sie Aufgaben und Wirkungsweise eines Schrittmotors.
6. Aus welchen Hauptteilen besteht ein Starter?
7. Beschreiben Sie Aufgaben und Wirkungsweise eines Rollenfreilaufs.
8. Aus welchen Teilen besteht ein Einspurgetriebe?
9. Welcher Motorcharakteristik entspricht ein Starter mit Permanenterregung?
10. Wie erfolgt der Einspurvorgang bei einem Schub-Schraubtrieb-Starter?
11. Welche Vorteile bieten Starter mit einem Planetenrad-Vorgelege gegenüber solchen ohne Vorgelege?
12. Welche Aussagen können aufgrund der Kurzschlussprüfung gemacht werden?

7.2.3 Zündanlagen

Bei allen Ottomotoren wird das Kraftstoff-Luft-Gemisch fremd gezündet. Dies geschieht durch einen elektrischen Funken.

Die Zündanlage hat die Aufgabe, das Kraftstoff-Luft-Gemisch unter allen Betriebsbedingungen im richtigen Augenblick zu entzünden und die Verbrennung einzuleiten. Dazu ist erforderlich, dass

- die Batteriespannung von 12 V auf die Zündspannung von etwa 8 000 V... 24 000 V transformiert wird
- genügend Zündenergie zur Verfügung steht, um in jedem Verdichtungstakt einen Zündfunken mit möglichst langer Brenndauer zu erhalten. Zündaussetzer können zur Zerstörung des Katalysators führen
- der Zündzeitpunkt im Rahmen des Motormanagements sich selbständig den jeweiligen Betriebsbedingungen anpasst, z. B. in Abhängigkeit der Motordrehzahl, Motorlast, Motortemperatur.

Diese Anpassung führt zu einer Optimierung der Drehmoment- und Leistungsentfaltung bei Minimierung des Kraftstoffverbrauchs und der Schadstoffanteile im Abgas. Außerdem verhindert sie eine klopfende Verbrennung, die zu Motorschäden führen kann.

Damit ein ausreichend kräftiger Funke an der Zündkerze entstehen kann, muss bei Batteriezündanlagen aus der Starterbatterie elektrische Energie angeliefert werden.

Aufgrund der Speicherart der elektrischen Energie unterscheidet man bei Batteriezündanlagen

- Spulenzündanlagen
- Kondensatorzündanlagen.

Spulenzündanlagen. Die elektrische Energie wird in der Zündspule in Form eines Magnetfeldes, das durch den Stromfluss in der Primärwicklung aufgebaut wurde, gespeichert.

Kondensatorzündanlagen. In einem Speicherkondensator wird durch Aufladen die elektrische Energie als elektrisches Feld gespeichert.

7.2.3.1 Spulenzündanlagen

Spulenzündanlagen (Bild 1) können unterschieden werden nach der Art

- des Zu- und Abschaltens des elektrischen Stromes in der Zündspule
- des Festlegens des Zündzeitpunktes und der damit verbundenen Zündwinkelverstellung
- der Hochspannungsverteilung an die einzelnen Zylinder.

Man unterscheidet folgende Zündsysteme:
- Konventionelle Spulenzündanlagen (SZ)
- Transistorisierte Spulenzündanlagen (TSZ)
- Transistorzündanlagen (TZ)
- Elektronische Zündanlagen (EZ)
- Vollelektronische Zündanlagen (VZ).

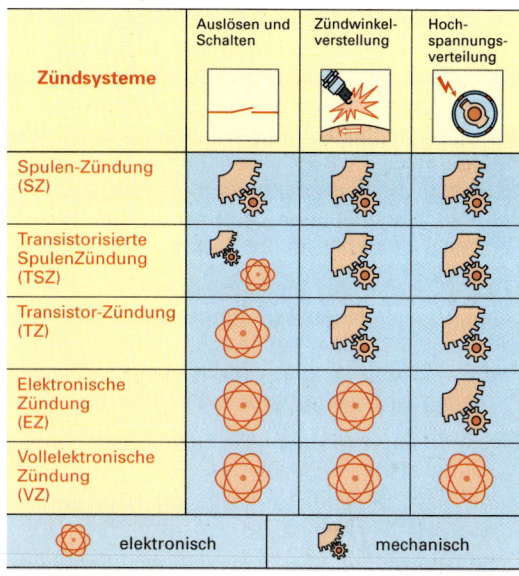

Bild 1: Zündsysteme

7.2.3.2 Vorgänge in Spulenzündanlagen

Die prinzipiellen Vorgänge beim Auf- bzw. Abbau des Magnetfeldes in einer Spulenzündanlage werden exemplarisch am Beispiel einer konventionellen Spulenzündanlage mit Unterbrecherkontakt (SZ) dargestellt. Deren wesentlichen Bestandteile (Bild 2) sind:

- Starterbatterie als Energielieferant
- Unterbrecherkontakt zur Primärstromsteuerung
- Zündkondensator zur Funkenlöschung
- Zündspule zur Hochspannungserzeugung.

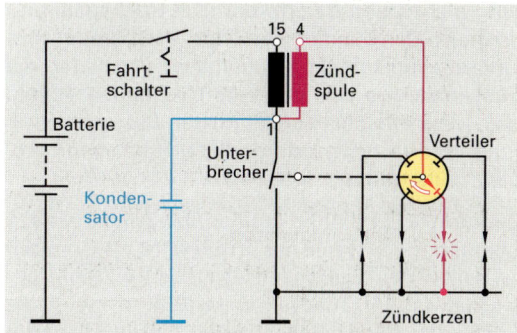

Bild 2: Konventionellen Spulenzündanlage

Aufbau des Magnetfeldes. Prinzipiell wird in allen Spulenzündanlagen in der Zündspule durch Stromfluss in der Primärwicklung ein Magnetfeld aufgebaut, das durch den Eisenkern verstärkt wird. Die elektrische Energie ist in Form eines Magnetfeldes gespeichert.

Beim Schließen des Primärstromkreises fließt von B + über Klemme 30, Fahrtschalter, Klemme 15 und 1 der Primärwicklung und dem Unterbrecherkontakt zur Masse ein Strom, der in der Primärwicklung ein Magnetfeld aufbaut (siehe **Bild 2, Seite 585**). Während des Aufbaus des Magnetfeldes entsteht in der Primärwicklung eine Selbstinduktionsspannung, die der angelegten Spannung entgegengerichtet ist und somit den raschen Aufbau des Magnetfeldes verzögert.

Die Zeit, in der das Magnetfeld aufgebaut wird, hängt u. a. von der Windungszahl der Primärwicklung und dem zulässigen Strom in der Primärwicklung ab. Sie wird kleiner bei kleinerer Windungszahl und größerem Primärstrom.

Die Höhe des zulässigen Stromes in der Primärwicklung ist abhängig von der
- Art der Zündspule, z. B. Hochleistungszündspule mit Vorwiderstand
- Schaltleistung des verwendeten Schalters, z. B. Unterbrecherkontakt max. 4 A Ruhestrom, Schalttransistor bis 30 A.

Abbau des Magnetfeldes. Im Zündzeitpunkt wird durch Öffnen der Unterbrecherkontakte der Stromfluss unterbrochen, das Magnetfeld bricht sehr rasch zusammen und erzeugt durch Induktion in der Sekundärwicklung eine Hochspannung, die Zündspannung. In der Primärwicklung entsteht eine Selbstinduktionsspannung von etwa 200 V bis 400 V.

Diese Selbstinduktionsspannung hat zur Folge, dass sich am Unterbrecherkontakt ein Funken bildet, der den schlagartigen Abbau des Magnetfeldes verhindert und somit in der Sekundärwicklung nicht mehr die erforderliche Hochspannung entsteht. Der Zündkondensator, der parallel zum Unterbrecherkontakt geschaltet ist, verhindert die Funkenbildung und stellt den schnellen Abbau des Magnetfeldes sicher. In der Sekundärwicklung wird jetzt die erforderliche Hochspannung, die Zündspannung, induziert.

Zündfunke. Ein Funke kann an der Zündkerze nur überspringen, wenn das Kraftstoff-Luft-Gemisch zwischen den Elektroden elektrisch leitfähig geworden ist. Im Zündzeitpunkt **(Bild 1)** steigt die Spannung in der Sekundärwicklung schlagartig von Null auf die Überschlagsspannung (Zündspannung) an. Nach dem Überschlag hat die Funkenstrecke zwischen den Elektroden einen kleineren Widerstand als vor dem Überschlag. Dadurch kann aus der Zündspule elektrische Energie abfließen, so dass über einen bestimmten Zeitraum hinweg ein Lichtbogen bestehen bleibt (Brennspannungsdauer, **Bild 1**). Reicht die in der Zündspule gespeicherte Energie nicht mehr aus, um den Lichtbogen aufrecht zu erhalten, kommt es zum Funkenabriss. Danach baut sich die Restenergie in einer gedämpften Schwingung (Ausschwingvorgang, **Bild 1**) ab.

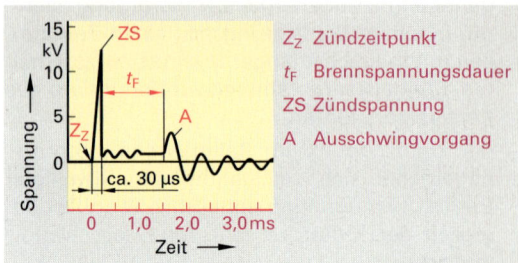

Bild 1: Zeitlicher Verlauf der Spannung an den Elektroden einer Zündkerze

Zündspule

Sie hat die Aufgabe, die Batteriespannung auf die erforderliche Zündspannung zu transformieren und diese in Form eines Hochspannungsstromstoßes an die Zündkerzen abzugeben.

Die Zündspule ist ein Transformator in Sparschaltung. Der Kern besteht aus lamelliertem Eisenblech. Auf dem Kern befindet sich die Hochspannungswicklung aus dünnem, darüber die Primärwicklung aus dickerem, isoliertem Kupferdraht **(Bild 2)**.

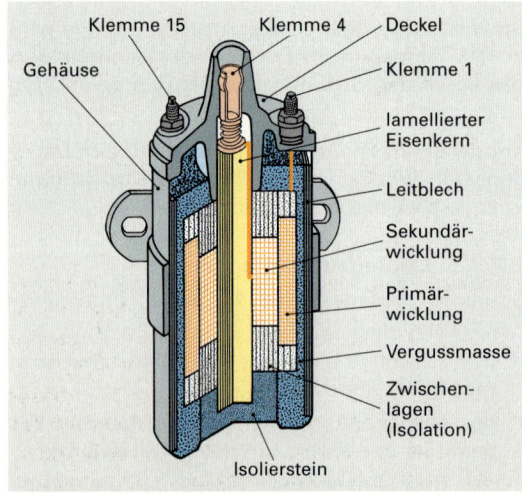

Bild 2: Aufbau einer Zündspule

Zündanlagen 7 Elektrische Anlage

Die Anfänge der Primär- und Sekundärwicklung sind miteinander verbunden und werden gemeinsam an Klemme 1 geführt (Sparschaltung). Das Ende der Primärwicklung wird auf Klemme 15, das Ende der Sekundärwicklung auf Klemme 4 geführt.

Steuerung des Primärstromkreises
Durch Schließen bzw. Öffnen des Primärstromkreises kann ein Stromfluss bewirkt bzw. ein vorhandener Stromfluss unterbrochen werden. Dies bedeutet, dass ein Magnetfeld in der Zündspule auf- bzw. abgebaut wird.

Die Steuerung des Primärstromkreises kann erfolgen durch einen
– mechanischen Unterbrecherkontakt
– Schalttransistor.

Die Ansteuerung des Schalttransistors kann erfolgen durch einen
– Induktionsgeber
– Hallgeber.

Anpassung des Zündzeitpunktes bzw. Zündwinkels an die Betriebsbedingungen
Der Zündzeitpunkt muss so festgelegt werden, dass der Verbrennungshöchstdruck bei allen Drehzahlen und Lastfällen kurz nach OT, etwa 10 ° KW bis 20 ° KW, vorhanden ist (**Bild 1**).

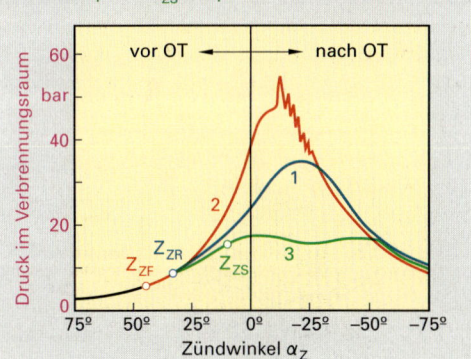

1 Zündzeitpunkt Z_{ZR} im richtigen Zeitpunkt
2 Zündzeitpunkt Z_{ZF} zu früh (klopfende Verbrennung)
3 Zündzeitpunkt Z_{ZS} zu spät

Bild 1: Zündwinkel und Druckverlauf

Zwischen dem Auslösen der Zündung und dem Durchbrennen eines stöchiometrischen Kraftstoff-Luft-Gemisches und somit dem Erreichen des Verbrennungshöchstdruckes, liegt eine Zeitspanne von etwa 1 ms bis 2 ms. Da sich in dieser Zeitspanne der Kolben ebenfalls in Richtung OT weiterbewegt, muss das Kraftstoff-Luft-Gemisch vor OT gezündet werden, um den Verbrennungshöchstdruck kurz nach OT zu erreichen.

Dem Zündzeitpunkt ist jeweils ein Zündwinkel auf der Kurbelwelle bzw. Schwungscheibe zugeordnet.

> Der Zündzeitpunkt Z_Z wird auf OT bezogen und in Grad Kurbelwinkel (° KW) angegeben.

Richtiger Zündzeitpunkt (Z_{ZR}). Bei konstanter Füllung ist die Zeit für das Durchbrennen des Kraftstoff-Luftgemisches immer gleich groß (**Bild 1**). Um sicherzustellen, dass der Verbrennungshöchstdruck bei allen Drehzahlen immer kurz nach OT auftritt, muss der Zündzeitpunkt drehzahlabhängig in Richtung „Früh" verstellt werden.

Bei Teillast verändert sich die Füllung lastabhängig. Es herrscht ein mageres Gemisch als bei Volllast. Der Verbrennungsvorgang verläuft langsamer. Deswegen muss zur drehzahlabhängigen Zündzeitpunktverstellung zusätzlich noch eine lastabhängige Zündzeitpunktverstellung in Richtung „Früh" erfolgen.

Zündzeitpunkt zu früh (Z_{ZF}). Es entstehen unkontrollierte Verbrennungsvorgänge mit hohen Druck- und Temperaturspitzen. Dabei tritt eine klopfende Verbrennung auf (**Bild 1**), die zur Zerstörung des Motors führen kann. Neben einer erheblichen Verschlechterung der Abgaszusammensetzung kann auch ein Leistungsverlust eintreten.

Zündzeitpunkt zu spät (Z_{ZS}). Da der Kolben sich schon zu weit in Richtung UT bewegt hat, ehe das Kraftstoff-Luft-Gemisch vollständig verbrannt ist, kann sich nicht genügend Druck aufbauen (**Bild 1**), um eine entsprechende Arbeit auf die Kurbelwelle zu übertragen. Um die gewünschte Leistung zu erhalten, wird der Fahrer üblicherweise dem Motor mehr Kraftstoff zuführen, was zu einem erhöhten Kraftstoffverbrauch führt. Außerdem trifft die Flammfront auf eine größere Zylinderoberfläche als bei richtiger Zündzeitpunkteinstellung. Dies kann zu Überhitzungsproblemen führen, wobei der Motor zerstört werden kann.

Zündverstellvorrichtungen
Bei konventionellen Spulenzündanlagen (SZ) und Transistorzündanlagen (TZ) erfolgt die Verstellung durch Fliehkraft- und Unterdruckverstelleinrichtungen.

Bei Elektronischen Zündanlagen (EZ) und Vollelektronischen Zündanlagen (VZ) werden die ins Steuergerät eingehenden Informationen mit einem abgespeicherten Kennfeld verglichen und der optimale Zündwinkel für den Zündzeitpunkt ermittelt. Außerdem können noch andere Einflussgrößen berücksichtigt werden, wie z. B. Luftdruck, Lufttemperatur, Motortemperatur, Schaltvorgang bei Automatikgetrieben, Antischlupfregelung.

Fliehkraftversteller (Bild 1).

Er hat die Aufgabe, den Zündzeitpunkt des Motors in Abhängigkeit von der Drehzahl zu verstellen. Seine Verstellkennlinie wird bei Volllastbetrieb ermittelt.

Der Unterbrechernocken sitzt beweglich auf der Verteilerwelle. Die Fliehgewichte des Fliehkraftverstellers werden mit zunehmender Drehzahl durch die Fliehkraft nach außen gezogen. Dabei wird der Unterbrechernocken in Drehrichtung der Verteilerwelle verstellt. Der Unterbrecherkontakt wird früher geöffnet bzw. bei elektronischen Zündimpulsgebern der Auslöseimpuls früher erzeugt.

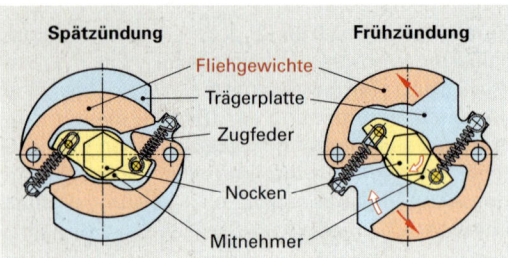

Bild 1: Wirkungsweise des Fliehkraftverstellers

Unterdruckversteller (Bild 2).

Er hat die Aufgabe, den Zündzeitpunkt des Motors in Abhängigkeit von der Belastung zu verstellen. Er ist meist nur im Teillastbereich wirksam.

Bei Teillast ist normalerweise ein mageres Gemisch vorhanden, das langsamer verbrennt als ein fettes Gemisch. Deshalb muss noch zusätzlich zur Fliehkraftverstellung die Zündung weiter in Richtung „Früh" verstellt werden.

Der im Ansaugrohr herrschende Unterdruck, der von der jeweiligen Belastung des Motors abhängt, wird auf die Unterdruckdose des Unterdruckverstellers gegeben. Die Änderung der Stellung der durch Federkraft vorgespannten Membrane wird über eine Zugstange auf die beweglich gelagerte Unterbrecherplatte geführt. Die Unterbrecherplatte mit Zündunterbrecher wird entgegen der Drehrichtung der Verteilerwelle verstellt; die Unterbrecherkontakte werden früher geöffnet.

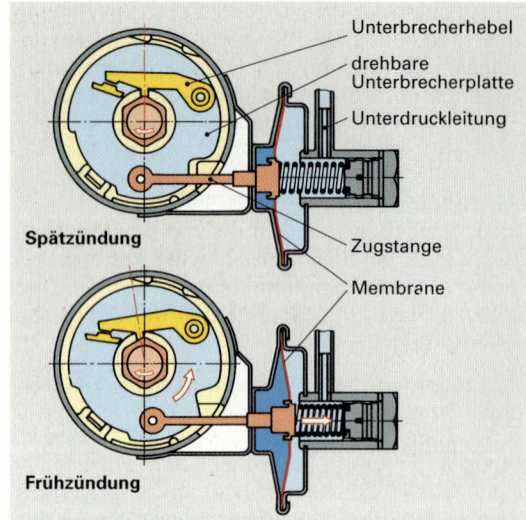

Bild 2: Wirkungsweise des Unterdruckverstellers

Hochspannungsverteilung

Bei konventionellen Spulenzündanlagen (SZ), Transistorzündanlagen (TZ) und Elektronischen Zündanlagen, (EZ) werden mechanische Zündverteiler mit einem rotierenden Verteilerläufer verwendet.

Zündverteiler für konventionelle Spulenzündanlagen (SZ). Sie haben eine Verteilerwelle mit Unterbrechernocken, eine Unterbrecherplatte mit Unterbrecherkontakt, Fliehkraft- und Unterdruckversteller und einen Zündkondensator (**Bild 3**).

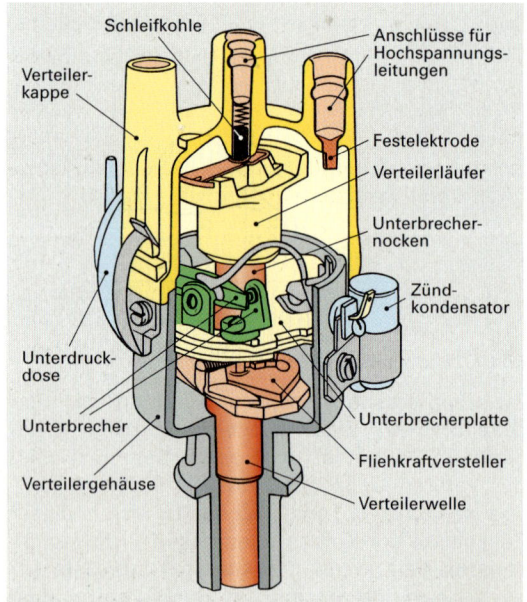

Bild 3: Zündverteiler

Ein Zündverteiler besteht aus der Verteilerkappe mit den Anschlüssen für die Hochspannungsleitungen und den Festelektroden, dem Verteilerläufer und der Verteilerwelle.

Die Hochspannung wird von der Zündspule über eine isolierte Hochspannungsleitung der mittleren Anschlussbuchse in der Verteilerkappe zugeführt. Über einen Schleifkontakt erhält der rotierende Verteilerläufer diese Hochspannung. Durch Funkenüberschlag gelangt sie zu der jeweiligen Festelektrode. Von der Verteilerkappe wird den Zündkerzen über Hochspannungsleitungen in der Zündfolge des Motors die Hochspannung zugeführt.

Zündverteiler für Transistorzündanlagen (TZ). Sie haben an Stelle des Unterbrecherkontaktes einen elektrischen Impulsgeber (Hall- oder Induktionsgeber), der im Steuergerät den Zündimpuls auslöst. Die Zündwinkelanpassung sowie die Hochspannungsverteilung erfolgt wie bei Zündverteilern für konventionelle Spulenzündanlagen.

Zündverteiler für Elektronische Zündanlagen (EZ). Sie haben nur noch die Funktion der Hochspannungsverteilung. Alle übrigen Bauteile innerhalb des Verteilers entfallen.

7.2.3.3 Kenngrößen von Zündanlagen

Die wichtigsten Kenngrößen sind:
- Schließzeit
- Schließwinkel
- Zündabstand
- Öffnungswinkel.

Schließzeit t_s. Sie ist diejenige Zeit, bei der der Primärstromkreis geschlossen ist. Da die Schließzeit sehr klein ist und sich außerdem noch mit der Motordrehzahl ändert, ist sie nicht für vergleichende Messungen (Motortest) geeignet. Man misst deshalb den der Schließzeit verhältnisgleichen Drehwinkel der Verteilerwelle **(Bild 1)**.

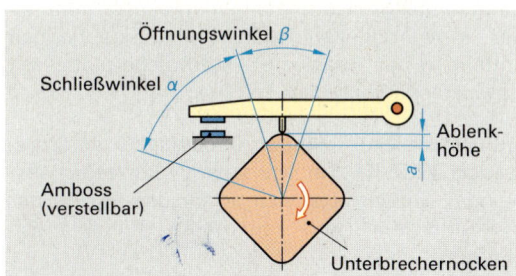

Bild 1: Winkel an der Verteilerwelle

Zündabstand γ. Er ist der Drehwinkel der Verteilerwelle, der zwischen zwei Zündfunken zurückgelegt wird **(Bild 1)**.

$$\gamma = \frac{360°}{\text{Zylinderzahl}}$$

Schließwinkel α. Er ist der Drehwinkel der Verteilerwelle, bei dem der Unterbrecherkontakt geschlossen ist **(Bild 1)**.

Öffnungswinkel β. Er ist der Drehwinkel der Verteilerwelle, bei dem der Unterbrecherkontakt geöffnet ist **(Bild 1)**.

Der Zündabstand γ ist die Summe aus Schließwinkel α und Öffnungswinkel β.

$$\gamma = \alpha + \beta$$

Häufig wird der Schließwinkel α auch in Prozent (α_P) des Zündabstandes γ angegeben. Dabei entspricht der Zündabstand $\gamma = 100\%$ **(Bild 2)**.

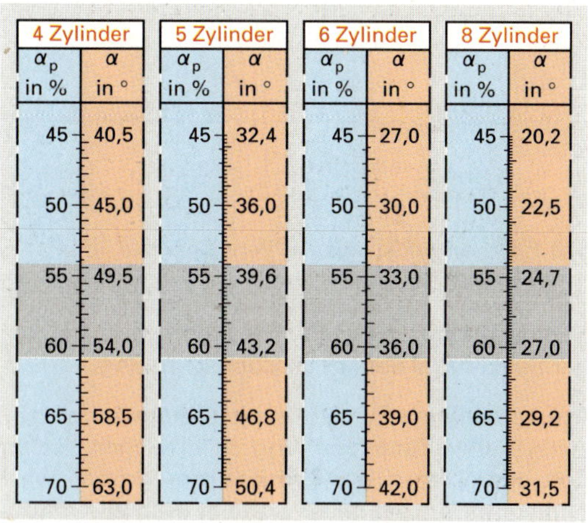

4 Zylinder		5 Zylinder		6 Zylinder		8 Zylinder	
α_P in %	α in °	α_P in %	α in °	α_P in %	α in °	α_P in %	α in °
45	40,5	45	32,4	45	27,0	45	20,2
50	45,0	50	36,0	50	30,0	50	22,5
55	49,5	55	39,6	55	33,0	55	24,7
60	54,0	60	43,2	60	36,0	60	27,0
65	58,5	65	46,8	65	39,0	65	29,2
70	63,0	70	50,4	70	42,0	70	31,5

Bild 2: Schließwinkel in Prozent und Grad

Üblicherweise liegt der Schließwinkel bei kontaktgesteuerten Spulenzündanlagen (SZ) im Bereich von 55 % bis 60 %.

Bei Einstellarbeiten an solchen Anlagen muss zuerst der Kontaktabstand und damit der Schließwinkel eingestellt werden, dann der Zündzeitpunkt. Eine Veränderung des Kontaktabstandes bewirkt eine Veränderung des Zündzeitpunktes.

> Eine Verkleinerung des Kontaktabstandes ergibt eine Vergrößerung des Schließwinkels und gleichzeitig ein Verschieben des Zündzeitpunktes in Richtung „Spät".
>
> Eine Vergrößerung des Kontaktabstandes ergibt eine Verkleinerung des Schließwinkels und gleichzeitig eine Verschiebung des Zündzeitpunktes in Richtung „Früh".

7.2.3.4 Spulenzündanlage mit Startanhebung

Sie ist in Fahrzeugen mit konventioneller Spulenzündanlage oder Transistorzündanlagen anzutreffen. Im Wesentlichen besteht sie aus Fahrtschalter, Hochleistungszündspule mit Vorwiderstand, Relaiskontakt zur Überbrückung des Vorwiderstandes, Zündverteiler mit Unterbrecher, Zündkondensator bei Kontaktsteuerung, Fliehkraftversteller, Unterdruckversteller und Zündkerzen **(Bild 1)**.

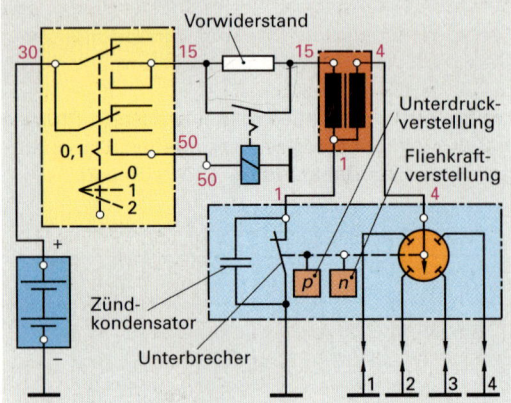

Bild 1: Spulenzündanlage mit Vorwiderstand und Verstelleinrichtungen

Hochleistungszündspule. Sie liefert auch bei hoher Funkenzahl eine hohe Zündspannung.

Um eine höhere Funkenzahl je Minute bei gleichzeitig hoher Zündspannung zu erreichen, ist es notwendig, dass der Primärstrom größer wird und außerdem schneller ansteigt **(Bild 2)**.

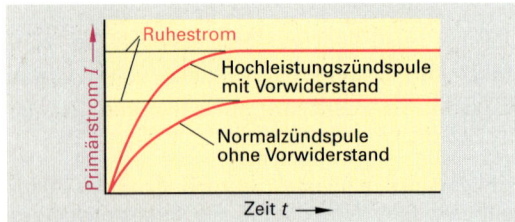

Bild 2: Verlauf des Primärstroms

Dies wird durch folgende Maßnahmen erreicht:
- Verringern des Widerstandes der Primärwicklung, um den Primärstrom zu erhöhen
- Verringern der Selbstinduktionsspannung durch Verkleinern der Windungszahl der Primärwicklung der Zündspule.

Ein größerer Primärstrom hat auch größere Wärmeverluste in der Primärwicklung zur Folge.

Um die Zündspule ruhestromsicher zu machen, muss der Primärstrom durch einen Vorwiderstand von 1 Ω bis 2 Ω, der sich außerhalb der Zündspule befindet, begrenzt werden. Der Vorwiderstand entlastet thermisch die Zündspule, weil ein Teil der Stromwärme in ihm entsteht und leicht abgeführt werden kann.

Beim Starten des Motors sinkt die Spannung der Starterbatterie ab, wobei die Zündspannung und damit auch die Zündleistung absinkt. Wird der Vorwiderstand durch ein Relais **(Bild 1)** bzw. durch ein besonderes Kontaktpaar im Magnetschalter des Starters überbrückt, so wird der Spannungsabfall der Starterbatterie ausgeglichen. Man nennt dies Startanhebung.

7.2.3.5 Transistor-Spulenzündanlagen

Sie werden nach der Art des Aufbaus des Steuergeräts unterteilt in
- Transistorisierte Spulenzündanlagen (TSZ)
- Transistor-Zündanlagen (TZ).

Zündleistung und Zündspannung sind bei einer konventionellen Spulenzündanlage (SZ) u. a. durch die mechanische und elektrische Schaltleistung des Unterbrecherkontakts begrenzt. Transistor-Spulenzündanlagen haben folgende Vorteile:
- Auch bei großen Funkenzahlen eine hohe, gleichmäßige Zündspannung
- trägheitslose Arbeitsweise der elektronischen Bauelemente
- große kontaktlose Schaltleistung der Leistungstransistoren
- Ansteuerung des Schaltgerätes kontaktlos durch einen Zündimpulsgeber.

Transistor-Spulenzündanlagen bestehen aus der Zündspule, dem Zündimpulsgeber, dem Steuergerät und einem mechanischen Zündverteiler mit Zündverstelleinrichtungen. Zündverteiler und Zündverstelleinrichtungen entsprechen dem einer konventionellen Spulenzündanlage, jedoch entfällt in der Regel die Unterbrecherplatte mit Unterbrecherkontakten.

Transistorisierte Spulenzündanlage-Kontaktgesteuert (TSZ-K). Sie wurden nur kurzzeitig verwendet, jedoch lässt sich an ihr das Prinzip der elektronischen Zünd-Steuergeräte exemplarisch erklären.

Der Primärstrom von etwa 9 A wird durch den Transistor geschaltet. Der Unterbrecherkontakt S steuert den Transistor in die Schaltstellungen „Sperren" (Aus) oder „Durchlassen" (Ein). Sobald der Unterbrecherkontakt S schließt, fließt ein kleiner Steuerstrom über Emitter E, Basis B und Unterbrecherkontakt an Masse. Dadurch wird der Transistor leitend. Es fließt nun der Primärstrom mit etwa 9 A über Emitter E, Kollektor C und Primärwicklung an Masse (**Bild 1**). Wegen der geringen Induktivität der Primärwicklung der Hochleistungszündspule baut sich sehr schnell ein Magnetfeld auf.

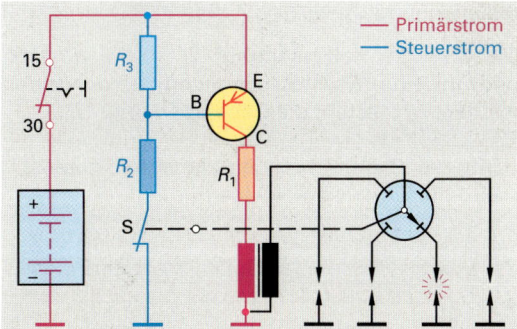

Bild 1: Kontaktgesteuerte Transistor-Spulenzündanlage

Im Zündzeitpunkt unterbricht der Unterbrecherkontakt den Steuerstromkreis; der Transistor sperrt den Primärstrom. Das Magnetfeld bricht rasch zusammen und induziert die Zündspannung. Am Unterbrecherkontakt entsteht kein Funke. Der Unterbrecherkontakt wurde bei Transistorzündanlagen, Elektronischen Zündanlagen sowie Vollelektronischen Zündanlagen durch elektrische Zündimpulsgeber ersetzt.

Zündimpulsgeber

Er hat die Aufgabe, kontaktlos Steuerimpulse zu erzeugen, die das Steuergerät so steuern, dass im richtigen Augenblick der Primärstrom ein- bzw. ausgeschaltet wird (**Bild 2**).

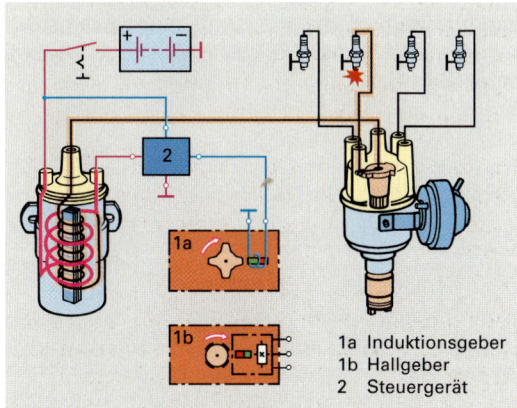

1a Induktionsgeber
1b Hallgeber
2 Steuergerät

Bild 2: Transistorzündanlage mit Impulsgeber

Zündimpulsgeber haben folgende Vorteile:
– kein Verschleiß; keine Wartung notwendig
– keine Verstellung des Zündzeitpunktes.

Nach der Art der Entstehung der Zündimpulse unterscheidet man
– Induktionsgeber
– Hallgeber
– Optoelektonische Geber.

Induktionsgeber (Bild 3)

Aufbau. Dauermagnet, Induktionswicklung und Kern bilden den Stator. Auf der Verteilerwelle sitzt der Rotor (Impulsgeberrad). Kern und Rotor bestehen aus weichmagnetischem, d. h. leicht magnetisierbarem Stahl. Rotor und Stator haben zackenförmige Fortsätze. Die Anzahl der Fortsätze entspricht der Zylinderzahl.

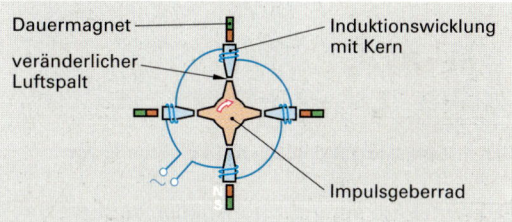

Bild 3: Induktionsgeber

Wirkungsweise. Der Induktionsgeber ist ein Generator. Beim Drehen des Rotors verändert sich der Luftspalt zwischen Rotorzacken und Statorzacken. Dadurch verändert sich das Magnetfeld periodisch in der Induktionswicklung und induziert dabei im unbelasteten I-Geber eine Spannung (**Bild 4a**).

Stehen sich Rotorzacken und Statorzacken gegenüber, so wird in diesem Augenblick die größte Spannung induziert. Dreht sich der Rotor weiter, so wird der Luftspalt zwischen den Zacken größer, die induzierte Spannung fällt steil ab.

Wird der Induktionsgeber durch das Steuergerät belastet, so erfolgt auf der negativen Halbwelle ein Spannungseinbruch, da der I-Geber nur während dieser Zeit vom Steuergerät belastet wird (**Bild 4b**).

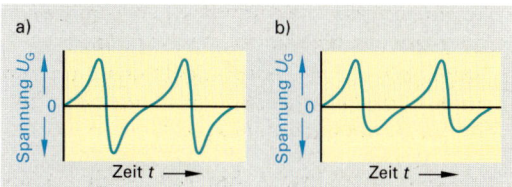

Bild 4: Impulsverlauf eines Induktionsgebers

Ist die Geberspannung zwischen den Klemmen 7 und 31d (**Bild 1**) positiv ansteigend, so ist die Endstufe im Steuergerät durchgeschaltet; es fließt der Primärstrom. Der Zeitpunkt, in dem der Leistungstransistor im Steuergerät durchschaltet, ist zusätzlich von der Funktion der Schließwinkelsteuerung abhängig. Mit zunehmender Drehzahl wird der Schließwinkel vergrößert.

Wird die Geberspannung negativ (siehe **Bild 4, Seite 591**), so ist die Endstufe im Steuergerät gesperrt; der Primärstrom wird unterbrochen und die Zündung ausgelöst.

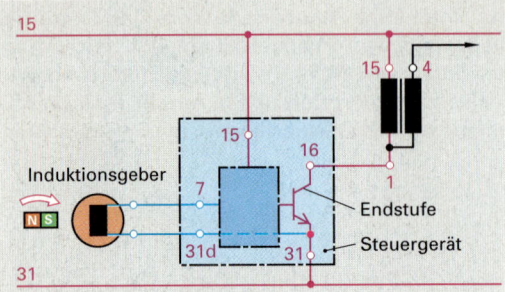

Bild 1: Transistorzündanlage mit Induktionsgeber

Steuergeräte für Induktionsgeber sind dadurch gekennzeichnet, dass die Klemme 7 das Ausgangssignal des I-Gebers aufnimmt und die Klemme 31d die gemeinsame Bezugsmasse für I-Geber und Steuergerät ist (**Bild 1**).

Hallgeber (Bild 2)

Aufbau. Er besteht aus der Magnetschranke (Dauermagnet mit weichmagnetischen Leitstücken) sowie dem Hall-IC (integrierte Halbleiterschaltung). Wesentlicher Bestandteil des Hall-IC ist der Hallgenerator. Der Verteilerläufer ist als Blendenrotor ausgebildet, dessen Anzahl an Blenden der Zylinderzahl des Motors entspricht. Die Blendenbreite b entspricht dem Schließwinkel; dieser kann sich nicht verändern. Der Blendenrotor bewegt sich im Luftspalt der Magnetschranke.

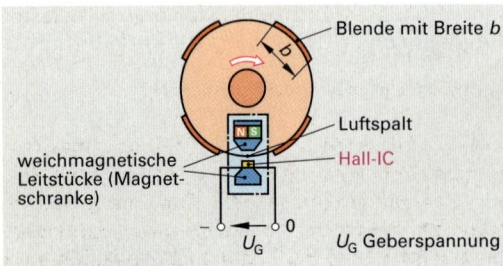

Bild 2: Hallgeber

Wirkungsweise. Der Hallgenerator besteht aus einer vom Versorgungsstrom I_v durchflossenen Halbleiterschicht (Hallschicht, siehe **Seite 204, Bild 3**). Ist senkrecht zur Hallschicht ein Magnetfeld vorhanden, so wird am Hallgenerator die Hallspannung abgenommen und dem Hall-IC zugeführt. Schiebt sich eine Blende des Blendenrotors in den Luftspalt der Magnetschranke, so wird das Magnetfeld vom Hallgenerator abgelenkt, die Hallspannung U_H wird Null (**Bild 3**).

Die erzeugte Hallspannung U_H muss verstärkt und in eine Rechteckspannung umgewandelt werden; es entsteht die Geberspannung U_G.

Tritt die Blende aus dem Luftspalt heraus, wird die Zündung ausgelöst.

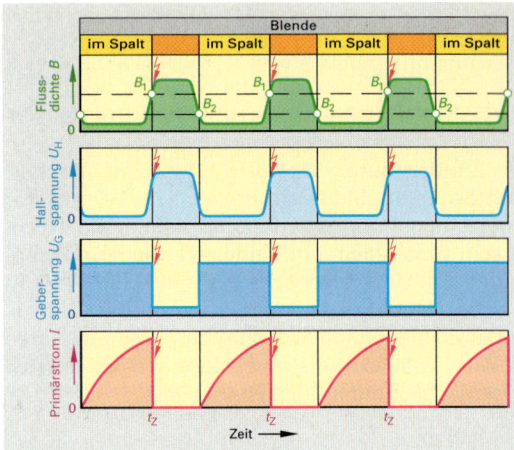

Bild 3: Impulsverlauf des Hallgebers

Steuergeräte für Hallgeber sind dadurch gekennzeichnet, dass die Stromversorgung für den Hallgeber über Klemme 8h und 31d vom Steuergerät aus erfolgt. Die Geberspannung U_G wird von der Klemme 0 auf die Klemme 7 des Steuergerätes geführt. Die Klemme 31d ist die gemeinsame Bezugsmasse für den Hallgeber und das Steuergerät (**Bild 4**).

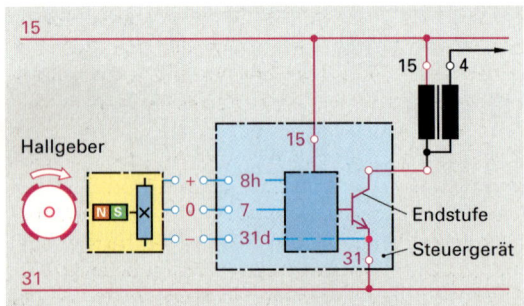

Bild 4: Transistorzündanlage mit Hallgeber

Steuergeräte für Transistorzündanlagen

Sie sind in Hybridtechnik aufgebaut. Es werden integrierte Schaltkreise (IC = Integrated Circuits) und Mikroprozessoren verwendet. Unter Hybridtechnik versteht man eine Dickfilmtechnik, bei der Einzelbauteile, z. B. ICs auf einer keramischen Grundplatte zu einer untrennbaren Baueinheit zusammengefasst werden. Dies führt zu einer erheblichen Verkleinerung der Bauweise, jedoch ist eine Reparatur unmöglich.

Die kompakten und leichten Steuergeräte werden oftmals mit der Zündspule zu einer Einheit zusammengebaut. Wegen der in der Zündspule und im Steuergerät entstehenden Verlustwärme muss für eine gute Wärmeabfuhr zur Karosserie hin gesorgt werden. Weiterhin muss das Steuergerät vor Feuchtigkeit und Spritzwasser geschützt werden.

Das Steuergerät hat bei Transistorzündanlagen folgende Aufgaben:
– Alle für die Auslösung der Zündung erforderlichen Informationen zu verarbeiten
– die erforderliche Zündspannung sicherzustellen
– die thermische Belastung von Zündspule und Leistungsendstufe im Steuergerät zu minimieren
– im richtigen. Augenblick zu zünden.

Die Funktionen (**Bild 1**) eines Steuergerätes in Hybridtechnik können erheblich erweitert werden, z. B. durch:
– Elektronische Schließwinkelsteuerung
– elektronische Schließwinkelregelung
– Primärstromregelung (Strombegrenzung)
– Ruhestromabschaltung.

Um eine konstante Zündspannung zu erhalten, ist bei allen Drehzahlen, Batteriespannungen und Widerstandsänderungen der Primärwicklung (verursacht durch die Stromwärme) ein Mindestprimärstrom über einen bestimmten Zeitraum hinweg erforderlich. Wählt man einen festen Schließwinkel, der den magnetischen Anforderungen der Zündspule bei höchsten Motordrehzahlen gerecht wird, so fließt bei niedrigen Drehzahlen unnötig lange der volle Primärstrom (Ruhestrom) in der Zündspule. Er erzeugt dabei im Steuergerät und in der Zündspule Verlustwärme, die den Leistungstransistor und die Zündspule thermisch überlasten. Die Schließwinkelregelung bzw. Schließwinkelsteuerung sorgt dafür, dass der Primärstrom nur so lange fließt, wie er zum Aufbau des Magnetfeldes notwendig ist.

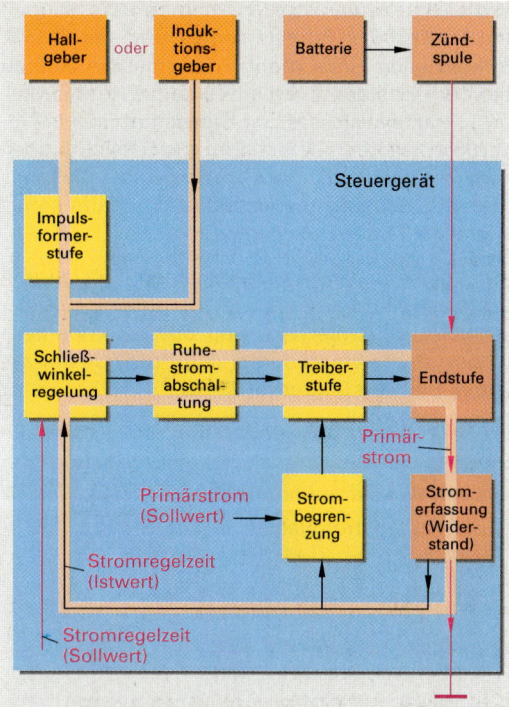

Bild 1: Blockschaltbild eines Steuergerätes mit Schließwinkelregelung und Strombegrenzung

Schließwinkelsteuerung. Der Schließwinkel wird elektronisch proportional mit der Drehzahl so verändert, dass die Schließzeit, d. h. die Zeit, in der der Primärstrom fließt, annähernd konstant bleibt.

Da bei einem Steuervorgang keine Rückmeldung zum Steuergerät über den tatsächlich fließenden Primärstrom erfolgt, kann der Primärstrom z. B. bei einem zu großen Schließwinkel einen zu hohen Wert erreichen (**Bild 2**).

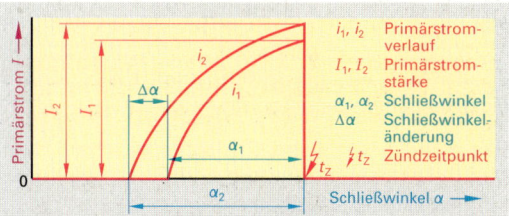

Bild 2: Schließwinkel und Primärstrom

Schließwinkelregelung. Im Primärstromerfassungssystem wird der Istwert erfasst und mit dem Sollwert verglichen. Bei Spannungsabsenkung bzw. bei Erhöhung des Primärspulenwiderstandes wird der Schließwinkel zusätzlich vergrößert.

Strombegrenzung. Um einen möglichst schnellen Anstieg des Primärstromes und damit verbunden auch einen möglichst schnellen Aufbau des Magnetfeldes zu erhalten, ist die Primärwicklung so ausgelegt, dass ihr Ruhestrom sich bei etwa 30 A einstellt. Dieser Strom darf sich jedoch nicht einstellen, da sowohl die Zündspule als auch der Leistungstransistor der Endstufe sofort thermisch zerstört werden würden.

Wenn aufgrund des vorgegebenen Schließwinkels der Soll-Primärstrom (etwa 10A bis 15A) erreicht ist, setzt die Regelung des Strombegrenzungssystems ein, die jetzt den Primärstrom auf seinen Sollwert begrenzt **(Bild 1)**.

Die Begrenzung kann dadurch erfolgen, dass die Endstufe (Leistungstransistor) im Steuergerät
- ihren Widerstand erhöht
- den Primärstrom taktet.

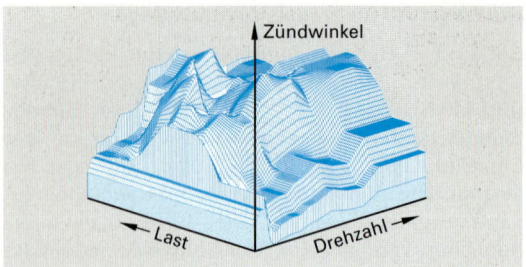

Bild 2: Zündkennfeld

Kombinierter Drehzahl- und Bezugsmarkengeber (Bild 3). An der Kurbelwelle befindet sich ein spezielles Zahnrad. Bei Drehung der Kurbelwelle wird durch die Zähne im Induktionsgeber eine magnetische Flußänderung hervorgerufen, die eine Wechselspannung zur Folge hat **(Bild 4)**. Mit Hilfe der Wechselspannungsimpulse kann im Steuergerät die Drehzahl erfasst werden.

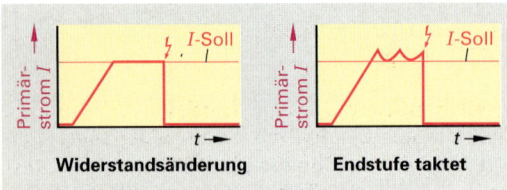

Bild 1: Arten der Primärstrombegrenzung

Ruhestromabschaltung. Um bei stehendem Motor und eingeschalteter Zündung die Zündanlage thermisch nicht zu überlasten, wird etwa nach einer Sekunde der Primärstrom abgeschaltet, wenn das Steuergerät keinen Drehzahlimpuls erhält.

7.2.3.6 Elektronische Zündung (EZ)

Sie unterscheidet sich von der Transistorzündung dadurch, dass sie den Zündzeitpunkt elektronisch errechnet und mit den Werten von Zündkennlinien oder Zündkennfeldern vergleicht, die in einem Mikrocomputer abgespeichert sind. Der optimale Zündwinkel wird bestimmt und die Zündung elektronisch im Schaltgerät ausgelöst.

Das Zündkennfeld eines Motors wird auf dem Motorenprüfstand ermittelt und im Mikrocomputer gespeichert **(Bild 2)**.

Die Hauptinformationen zur Bestimmung des Zündwinkels sind die
- Last am Motor
- Drehzahl des Motors.

Die Lastinformation erhält das Steuergerät aus dem augenblicklichen Luftbedarf bzw. aus der angelieferten Luftmasse.

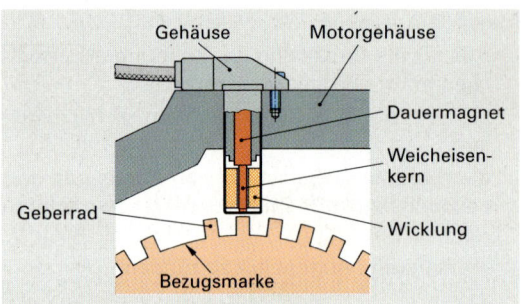

Bild 3: Gemeinsame Drehzahl- und Bezugsmarkenerfassung mit Induktivgeber

Zur Erfassung der Kurbelwellenstellung hat das Zahnrad eine Zahnlücke. Beim Vorbeidrehen der Lücke am Induktionsgeber wird wegen der größeren magnetischen Flußänderung eine höhere Spannung induziert. Dieser Impuls hat zudem nur die halbe Frequenz der Spannungsimpulse für die Drehzahlerfassung **(Bild 4)**.

Dieser verlängerte Impuls ist die Information für eine bestimmte Kurbelwellenstellung (Bezugsmarkengeber). Im Steuergerät wird er zur Bestimmung des Zündwinkels mit verarbeitet.

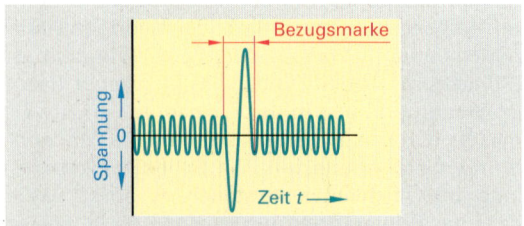

Bild 4: Impulse am Induktivgeber

Signalverarbeitung im Steuergerät (Bild 1). Die Sensoren liefern dem Steuergerät alle für die Zündwinkelbestimmung relevanten Informationen, die im Steuergerät aufbereitet und verarbeitet werden. Das Steuergerät gibt dann die Steuerbefehle in Form von Spannungen oder Spannungsimpulsen in die Aktoren. Die Aktoren (z. B. Zündspule) werden aktiviert und führen die erwünschte Operation durch (z. B. Bildung des Zündfunkens).

Die von den Sensoren gelieferten Signale müssen teilweise in einer Impulsumformerschaltung in definierte Digitalsignale (Rechtecksignale) umgewandelt werden (z. B. Signale des induktiven Drehzahlgebers). Analoge Signale (z. B. von Temperatursensoren) müssen im Analog-Digital-Wandler (A/D-Wandler) ebenfalls in digitale Signale umgewandelt werden, die dann vom Mikrocomputer verarbeitet werden können.

Es gibt Steuergeräte, die ein auswechselbares EPROM (**E**rasable **P**rogrammable **R**ead **O**nly **M**emory) besitzen. In diesem Fall kann der Datenspeicher umprogrammiert werden, so dass sich andere Zündwinkel für die Arbeitspunkte ergeben. Dieses Verfahren wird beim Motortuning und im Versuch angewendet.

Die Anpassung des Zündkennfeldes kann nach unterschiedlichen Kriterien erfolgen, z. B. zur

- Verbrauchsminimierung
- Schadstoffreduzierung
- Drehmomenterhöhung bei niedriger Drehzahl
- Leistungserhöhung
- Verbesserung der Laufkultur des Motors.

Je nach Vorgabe können diese einzelnen Kriterien unterschiedlich bewertet und entsprechend im Zündkennfeld berücksichtigt werden.

In allen Betriebszuständen (z. B. Start, Volllast, Teillast, Schubbetrieb) können Zündwinkelkorrekturen vorgenommen werden, wenn äußere Einflußgrößen (z. B. Motortemperatur, Lufttemperatur, Batteriespannung) dies erforderlich machen.

Weitere Zusatzfunktionen sind im Steuergerät integrierbar, wie z. B.

- Leerlaufdrehzahlbegrenzung
- Drehzahlbegrenzung
- Klopfregelung
- Notlaufprogramm
- Sensorüberwachung
- Eigendiagnose.

Leerlaufdrehzahlregelung (Leerlaufstabilisierung). Sinkt die Leerlaufdrehzahl unter einen zulässigen Wert, so wird die Zündung in Richtung „früh" verstellt, bis die gewünschte Solldrehzahl sich einstellt.

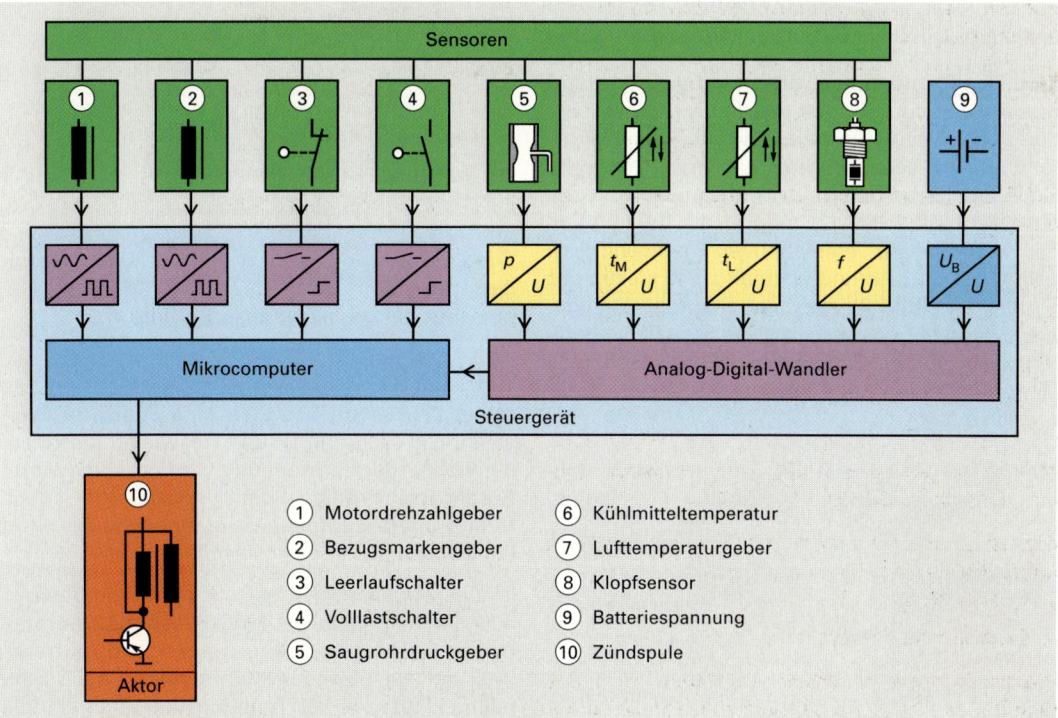

Bild 1: Blockschaltbild einer Elektronischen Zündanlage (EZ)

Drehzahlbegrenzung. Wird die höchstzulässige Drehzahl überschritten, so wird der Leistungstransistor nicht mehr angesteuert; es kann kein Zündfunke mehr entstehen.

Klopfregelung. Sie hat die Aufgabe, eine „klopfende" oder „klingelnde" Verbrennung des Kraftstoff-Luft-Gemisches zu verhindern und gleichzeitig den Zündwinkel in jedem Arbeitspunkt so weit in Richtung „Früh" zu stellen, dass der Motorbetrieb entlang der Klopfgrenze führt **(Bild 1)**. Dies vermindert den Kraftstoffverbrauch und erhöht gleichzeitig die Motorleistung.

Die Klopfgrenze ist abhängig von
- Kraftstoffqualität
- Gemischzusammensetzung
- Brennraumgestaltung
- Verdichtungsverhältnis
- Lastzustand
- Motorzustand.

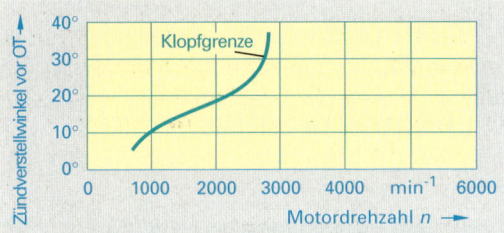

Bild 1: Beispiel für den Verlauf der Klopfgrenze

Klopfsignal und Signalverarbeitung. Die Klopfgrenze kann nur ermittelt werden, wenn die Zündung im jeweiligen Arbeitspunkt so weit in Richtung „Früh" verstellt wird, bis eine vereinzelte klopfende Verbrennung auftritt. Der Klopfsensor, ein Piezokristall **(Bild 2)**, nimmt die bei klopfender Verbrennung entstehenden mechanischen Schwingungen auf und wandelt sie in elektrische Signale um **(Bild 3)**, die dem Steuergerät zugeführt werden. Dort werden diese Signale so gefiltert, dass andere Schwingungen, die nicht von einer klopfenden Verbrennung herrühren, unterdrückt werden.

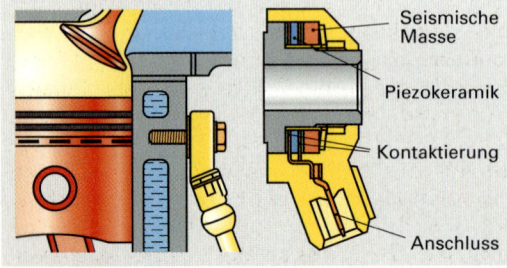

Bild 2: Klopfsensor

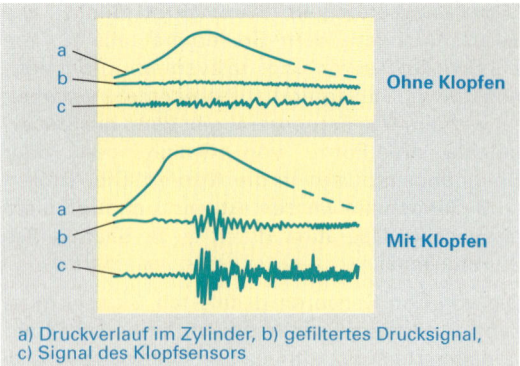

a) Druckverlauf im Zylinder, b) gefiltertes Drucksignal, c) Signal des Klopfsensors

Bild 3: Klopfsensorsignale

Eine Auswerteelektronik erkennt, ob eine klopfende Verbrennung stattgefunden hat. Ist dies der Fall, so wird in der Regelschaltung **(Bild 4)** veranlasst, dass die Zündung für diesen Arbeitspunkt z. B. um 2 ° Kurbelwinkel in Richtung „Spät" zurückgenommen wird. Tritt für diesen Arbeitspunkt weiterhin klopfende Verbrennung auf, so wird die Zündung um weitere 2 ° in Richtung „Spät" verstellt. Dies geschieht so lange, bis keine klopfende Verbrennung mehr auftritt.

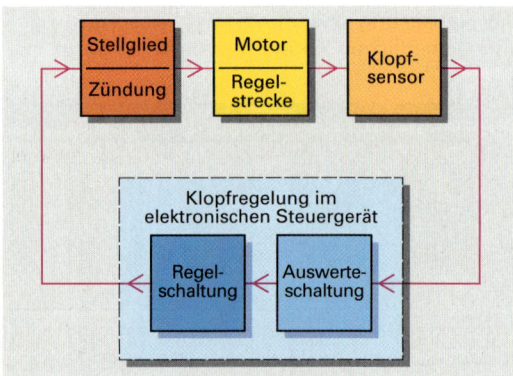

Bild 4: Blockschaltbild der Klopfregelung

Tritt keine klopfende Verbrennung mehr auf, so erfolgt in kleinen Schritten eine Zündwinkelverstellung in Richtung „Früh". Bei wieder auftretender klopfender Verbrennung wird der Zündwinkel wieder in Richtung „Spät" verstellt. Tritt jedoch keine weitere klopfende Verbrennung auf, so geht der Zündwinkel auf sein Kennfeld zurück.

Ist das Zündkennfeld auf „Superbenzin-Bleifrei" ausgelegt, so kann der Motor auch mit „Normalbenzin-Bleifrei" betrieben werden. Jedoch treten trotz der einsetzenden Klopfregelung noch zahlreiche klopfende Verbrennungsvorgänge ein, die jedoch zu keiner Motorschädigung führen.

Dieser kurzzeitig auftretende Klopfvorgang kann unterdrückt werden durch
- einen Kodierstecker, der durch Umstecken den Zündwinkel des gesamten Kennfeldes jeweils in Schritten von etwa 2° in Richtung „Spät" zurücknimmt
- ein zweites Kennfeld, welches für „Normalbenzin-Bleifrei" zusätzlich vorhanden sein muss. Es wird dann aktiviert, wenn die Klopfhäufigkeit eine vorgegebene Grenze überschreitet.

7.2.3.7 Vollelektronische Zündanlagen (VZ)

Sie unterscheiden sich von Elektronischen Zündanlagen (EZ) dadurch, dass der mechanisch arbeitende (rotierende) Zündspannungsverteiler durch eine ruhende (statische) Zündspannungsverteilung ersetzt wird. Sie hat folgende Vorteile:
- Keine Funken außerhalb des Verbrennungsraumes
- geringere Funkstörungen
- Geräuschminderung
- weniger Hochspannungsverbindungen
- geringerer mechanischer Aufwand (Verteiler und Verteilerantrieb entfallen).

Alle übrigen elektronischen Funktionen entsprechen denen einer Elektronischen Zündung (EZ). Jedoch ist neben dem Bezugsmarkengeber noch zusätzlich ein Positionsgeber „Zylindererkennung" erforderlich.

Zylindererkennung (Bild 1). Bei Zündanlagen mit ruhender Zündspannungsverteilung (RUV) benötigt das Steuergerät ein Signal, aus dem erkennbar ist, wann der 1. Zylinder sich im Verdichtungstakt befindet.

Als Sensor wird häufig ein von der Nockenwelle angetriebener Hallgeber verwendet. Dieser hat am Blendenrad nur eine Aussparung. Bei einer Nockenwellenumdrehung entsteht nur ein Rechtecksignal, das dem Verdichtungstakt des 1. Zylinders zugeordnet wird.

Bei einigen älteren Motorentypen sitzt der Positionsgeber im Verteilergehäuse. Dieser hat jedoch nur noch die Funktion, den Positionsgeber aufzunehmen.

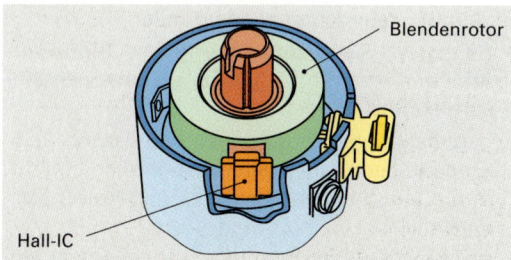

Bild 1: Positionsgeber für Zylindererkennung

Bei Vollelektronischen Zündanlagen (VZ) werden Einzelfunkenzündspulen und Zweifunkenzündspulen verwendet.

Einzelfunkenzündspule (Bild 2). Ihr Einsatz ist bei ungerader Zylinderzahl zwingend, bei gerader möglich. Jeder einzelne Zylinder hat seine eigene Zündspule mit Primär- und Sekundärwicklung, die unmittelbar auf die jeweilige Zündkerze aufgesetzt ist.

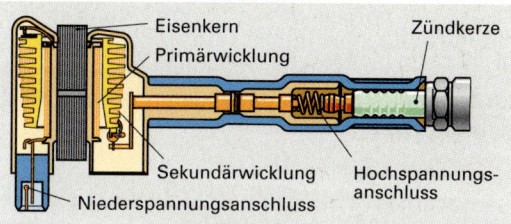

Bild 2: Einzelfunkenzündspule

Die Auslösung des Zündfunkens erfolgt niederspannungsseitig durch ein Leistungsmodul mit Verteilerlogik. Dieses schaltet aufgrund des Bezugsmarkensignals, das die Stellung der Kurbelwelle angibt, und des elektrischen Signals zur Zylindererkennung (Verdichtungstakt 1. Zylinder) die der Zündfolge entsprechende Primärwicklung zu und ab **(Bild 3)**.

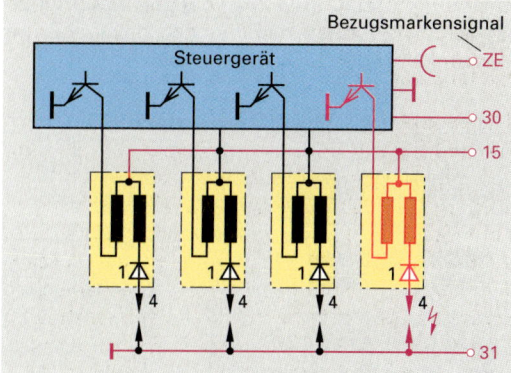

Bild 3: Anlage mit Einzelfunkenzündspulen

Aufgrund ihrer elektrischen Auslegung baut die Einzelfunkenzündspule sehr schnell ein starkes Magnetfeld auf, das zur Induktion einer Hochspannung führt, die zu einem ungewollten Funkenüberschlag an der Zündkerze führen könnte. Mit Hilfe der in den Sekundärkreis geschalteten Diode wird der Funkenüberschlag beim Magnetfeldaufbau unterdrückt **(Bild 3)**. Die beim Aufbau des Magnetfeldes entstehende Induktionsspannung hat gegenüber der beim Magnetfeldabbau entstehenden Spannung eine umgekehrte Richtung, d.h. der Funke springt von der Masseelektrode zur Mittelelektrode.

Doppelfunkenzündspule (Bild 1). Sie hat eine Primärwicklung und eine Sekundärwicklung mit zwei Ausgängen, an die je eine Zündkerze angeschlossen ist. Die Primärwicklung wird vom Steuergerät angesteuert. Im Zündzeitpunkt, der wie bei der Elektronischen Zündung (EZ) ermittelt wird, entstehen zwei Zündfunken. Der eine Zündfunke zündet im Arbeitstakt (Hauptfunke), der andere in den Auspufftakt (Stützfunke) des um 360° versetzten Zylinders **(Bild 2)**.

Wegen der vorgegebenen Stromrichtung in der Sekundärwicklung **(Bild 1)** springt in der einen Zündkerze der Zündfunke von der Mittelelektrode zur Masseelektrode, in der anderen von der Masseelektrode zur Mittelelektrode.

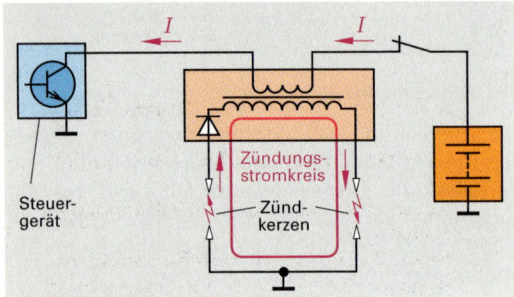

Bild 1: Stromverlauf in Doppelfunkenzündspulen

Im Oszilloskopbild **(Bild 2)** ist z.B. der Hauptfunke für den 1. Zylinder negativ, der dazugehörige Stützfunke für den 2. Zylinder positiv.

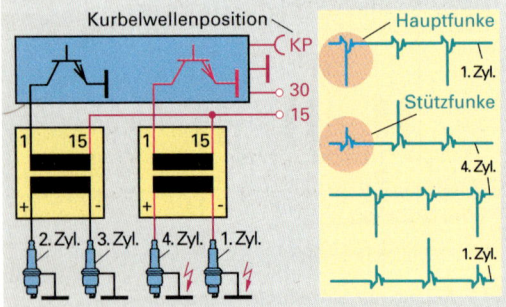

Bild 2: Zündanlage mit Doppelfunkenzündspulen und dazugehörigen Sekundärbildern

Bei 4-Zylinder-Motoren sind zwei, bei 6-Zylinder-Motoren sind drei Doppelfunkenzündspulen erforderlich, die jeweils zu einer Zündungseinheit zusammengefasst werden können.

Die Verteilerlogik sorgt dafür, dass die jeweils richtige Primärspule angesteuert wird.

Zylinderselektive Klopfregelung. Da bei einem Otto-Motor sich der Verbrennungsablauf von Zylinder zu Zylinder unterscheidet, muss zur Zündungsoptimierung für jeden einzelnen Zylinder der Zündwinkel ermittelt werden. Das Steuergerät erkennt aufgrund des Signals des Bezugsmarkengebers sowie des Sensors zur Zylindererkennung (z.B. Verdichtungstakt 1. Zylinder) den Zylinder, der sich gerade im Arbeitstakt befindet und ordnet diesem dann das Klopfsignal zu. Im Steuergerät wird dann der Zündwinkel individuell für jeden einzelnen Zylinder ermittelt.

Vollelektronische Zündanlagen eignen sich besonders für eine zylinderselektive Klopfregelung, da jede einzelne Zündkerze eine eigene Zündspule mit eigenem Steuer- und Regelkreis sowie Verstärkerteil (Leistungsendstufe) besitzt.

7.2.3.8 Motronic

Im Prinzip ist sie eine Kennfeldzündung (z.B. EZ, VZ) mit einer elektronisch gesteuerten Einspritzanlage (z.B. LE-Jetronic). Das Zündungs- und das Einspritzsystem werden von einem Mikrocomputer gemeinsam gesteuert bzw. geregelt. Zündung und Kraftstoffzumessung korrespondieren miteinander, d.h. sie stimmen sich gegenseitig ab und optimieren das Motorverhalten. Außerdem können, je nach Anforderung, weitere Funktionen als Teilsysteme in das Steuergerät integriert werden.

Diese Teilsysteme korrespondieren ebenfalls miteinander, d.h. die Informationen der Sensoren werden im Steuergerät untereinander ausgetauscht, verglichen und im Mikrocomputer verarbeitet. Neben den bei Zündanlagen und elektronisch gesteuerten Einspritzanlagen beschriebenen Funktionen kann das Steuergerät noch Teilsysteme enthalten, die ergänzende Funktionen übernehmen, z.B.

- Lambda-Regelung
- Ladedruckregelung
- Antriebsschlupfregelung
- Tankentlüftung
- Abgasrückführung
- Stop-Start-Betrieb
- Elektronisches Gaspedal
- Zylinderabschaltung.

Die Motronic bietet gegenüber dezentral aufgebauten elektronischen Steuereinheiten für die einzelnen Systeme folgende Vorteile

- Sensoren, Signalaufbereitung und Signalverarbeitung können für alle Teilsysteme gemeinsam genutzt werden
- gegensätzliche Forderungen, wie große Leistung bei geringem Kraftstoffverbrauch und minimiertem Schadstoffausstoß, lassen sich verwirklichen
- während der gesamten Betriebsdauer tritt keine Veränderung der Zündcharakteristik auf.

7.2.3.9 Unfallgefahren an elektronischen Zündanlagen

Elektronische Zündanlagen haben eine höhere Zündspannung und eine höhere Zündleistung als konventionelle Spulenzündanlagen. Beim Berühren spannungsführender Teile des Primär- und Sekundärstromkreises besteht erhöhte Unfallgefahr oder Lebensgefahr.

Elektronische Zündanlagen sind gefährliche Anlagen, bei Arbeiten an solchen Anlagen müssen besondere Sicherheitsmaßnahmen getroffen werden. Solche Arbeiten sind Auswechseln von Teilen, wie Zündkerzen, Zündspule, Zündverteiler, Zündleitungen, Anschließen von Testgeräten (z.B. Drehzahlmesser, Zündlichtpistole).

Grundsätzlich ist bei Arbeiten an elektronischen Zündanlagen die Zündung abzuschalten und möglichst auch die Starterbatterie abzuklemmen. Ist bei Arbeiten an der Zündanlage oder am Motor das Einschalten der Zündung erforderlich, so treten gefährliche Spannungen in der gesamten Zündanlage auf, und zwar sowohl an ihren Bauteilen als auch am Kabelbaum, beispielsweise am Diagnosestecker, am Anschluss des Drehzahlmessers, an Steckverbindungen und an den Prüfgeräten. Zusätzlich treten bei der HKZ gefährliche Spannungen am Schaltgerät auf, und zwar sowohl beim Betrieb als auch unmittelbar nach dem Abschalten der Zündung, z.B. wenn das Schaltgerät ausgebaut wird.

> **WIEDERHOLUNGSFRAGEN**
>
> 1. Welche Vorgänge spielen sich beim Schießen des Primärstromkreises ab?
> 2. Warum muss mit steigender Motordrehzahl der Zündzeitpunkt verstellt werden?
> 3. Welche Vorteile bieten kontaktlos gesteuerte Spulenzündanlagen?
> 4. Wie arbeitet im Prinzip ein Hallgeber?
> 5. Was versteht man unter „Elektronischen Zündanlagen"?
> 6. Welche Vorteile bieten Elektronische Zündanlagen gegenüber konventionellen?
> 7. Welche Aufgaben hat die Schließwinkelregelung?
> 8. Was versteht man unter der Stromregelung in Zündanlagen?
> 9. Welche Aufgaben hat die Ruhestromabschaltung?
> 10. Wie erfolgt die Klopfregelung bei Otto-Motoren?
> 11. Was versteht man unter Vollelektronischen Zündanlagen?
> 12. Welche Vorteile bieten Einzelfunkenzündspulen gegenüber Anlagen mit Doppelfunkenzündspule?
> 13. Welche Aufgabe hat die Diode im Sekundärkreis einer Einzelfunkenzündspule?
> 14. Warum tritt bei einer Zweifunkenzündspule ein Haupt- und ein Stützfunke auf?
> 15. Was versteht man unter einer zylinderselektiven Klopfregelung?

7.3 Zündungsoszillogramme

Mit dem Zündungsoszilloskop kann man eine umfassende und schnelle Überprüfung der gesamten Zündanlage vornehmen. Aus den Grundbildern des Primär- und Sekundärstromkreises kann die Wirkungsweise aus den Abweichungen von den Grundbildern der Zustand bzw. können Fehler an Teilen bzw. in deren Funktion festgestellt werden.

Zündbildeinstellungen

Mit dem Bildwählschalter können grundsätzlich vier verschiedene Zündbildeinstellungen (**Bild 1**) sowohl für den Primär- als auch für den Sekundärkreis vorgenommen werden.

a) Zeigt den Verlauf der Zündspannung an einem Zylinder auf der gesamten Bildschirmfläche. Es kann der Zündspannungsverlauf eines jeden Zylinders eingestellt werden.

b) Zeigt gleichzeitig den Verlauf der Zündspannungen an allen Zylindern nebeneinander.

c) Zeigt gleichzeitig den Verlauf der Zündspannungen an allen Zylindern übereinander.

d) Zeigt die Überlagerung der Zündspannungen aller Zylinder.

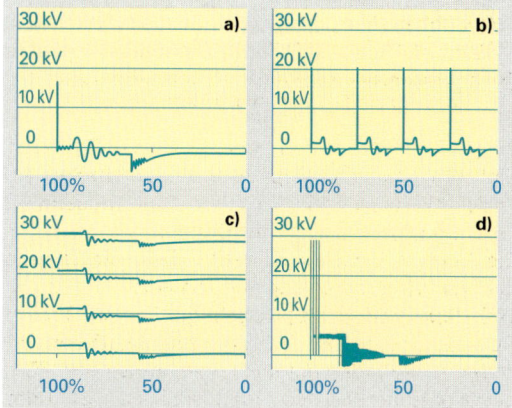

Bild 1: Zündbildeinstellungen

Normaloszillogramme

Zur Beurteilung und Auswertung der Oszillogramme müssen die Normaloszillogramme von Primär- und Sekundärstromkreis einer einwandfreien Zündanlage bekannt sein **(Bild 1 und 2)**.

7.3.1 Konventionelle Spulenzündung (SZ)

Die Oszillogramme des Primär- und Sekundärkreises können in 3 Hauptabschnitte eingeteilt werden: In die Funkendauer ①, den Ausschwingvorgang ② und den Schließabschnitt ③.

Der Unterbrecher öffnet ④. Die Kontakte sind während der Öffnungszeit ⑤ geöffnet. Das sich abbauende Magnetfeld induziert in der Sekundärspule eine Hochspannung, die Zündspannung ⑥, bis der Zündfunke an den Elektroden der Zündkerze überspringt. Der rasche Spannungsanstieg wird auch Zündspannungsnadel ⑦ genannt. Hat der Überschlag an den Elektroden der Zündkerze stattgefunden, so sinkt der Spannungsbedarf, der zur Aufrechterhaltung des Zündfunkens notwendig ist, auf die Höhe der Brennspannung ⑧ ab.

Die Länge der Brennspannungslinie ⑨ ist ein Maß für die Zeit, während der der Zündfunke vorhanden ist. Reißt der Zündfunke ab, so setzt der Ausschwingvorgang ②, eine gedämpfte Schwingung, ein. Dabei wird bei geöffneten Kontakten durch den Kondensator die restliche magnetische Energie, die für die Funkenbildung nicht verwertet wurde, abgebaut. Nach Beendigung der Öffnungszeit ⑤ schließt der Unterbrecherkontakt ⑩.

Nach dem Schließen des Unterbrecherkontaktes induziert das sich in der Primärspule aufbauende Magnetfeld in der Sekundärspule eine Spannung, die zusätzlich durch Schwingungen überlagert ist ⑪. Sobald das Magnetfeld aufgebaut ist, wird die induzierte Spannung null. Der Zeitraum, in dem der Kontakt geschlossen ist, nennt man den Schließabschnitt ③. Auf der Schließwinkelskala ⑫ kann der Schließabschnitt als Schließwinkel in % abgelesen werden.

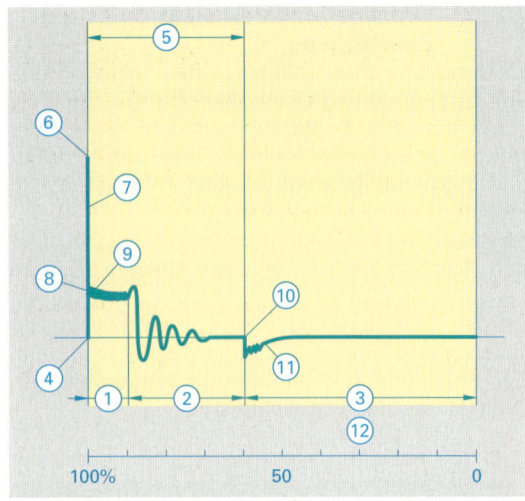

Bild 2: Normaloszillogramm des Sekundärkreises einer SZ

Auswertung der Oszillogramme

Im Folgenden werden nur die Oszillogramme des Sekundärkreises betrachtet und ausgewertet.

Die Höhe der Zündspannung sollte an allen Zylindern möglichst gleich sein. Bei Abweichungen von mehr als 4 kV müssen die Ursachen ermittelt werden. Diese können sein: Unterschiedlich große Elektrodenabstände bzw. Kompression, ungleichmäßige Gemischaufbereitung bzw. verschieden großer Liefergrad für die einzelnen Zylinder, falscher Zündzeitpunkt, Unterbrechungen in den Zündkabeln.

Liegt die Brennspannungslinie an allen Zylindern gleichmäßig schräg, so liegt ein stark erhöhter Widerstand im Verteilerfinger oder in der Zündleitung zwischen Zündspule und Verteiler vor. Tritt sie jedoch nur an einem Zylinder auf, so ist der entsprechende Entstörwiderstand schadhaft **(Bild 3a)**.

Ist die Brennspannungslinie schräg und unruhig (von kleinen Schwingungen überlagert) und der Ansatzpunkt der Brennspannungslinie evtl. springend, so ist die entsprechende Zündkerze stark verrußt oder verölt **(Bild 3 b)**.

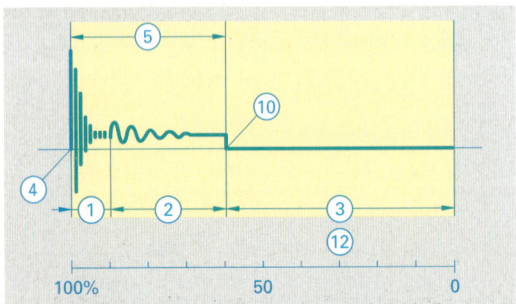

Bild 1: Normaloszillogramm des Primärkreises einer SZ

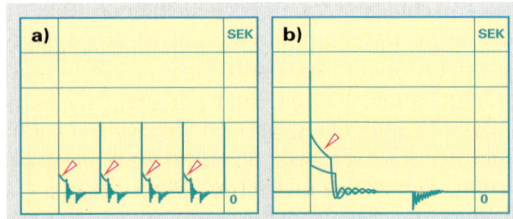

Bild 3: Auswertung der Oszillogramme

7.3.2 Transistorzündung (TZ) und Elektronische Zündung (EZ)

Das Normaloszillogramm des Sekundärbildes ist ähnlich dem einer konventionellen Spulenzündanlage (SZ). Jedoch ist der Ausschwingvorgang wegen des fehlenden Zündkondensators stark gedämpft und die Anzahl der Schwingungen verringert (**Bild 1a**).

Das Normaloszillogramm des Primärkreises (**Bild 1b**) weist jedoch wesentliche Unterschiede auf. Im Augenblick des Sperrens des Transistors (1) entsteht in der Primärwicklung eine Selbstinduktionsspannung, die in ihrer Höhe durch eine Zenerdiode begrenzt wird; die Höhe der Spannung (Spannungsnadel) wird auch als Zenerspannung (2) bezeichnet. Während des Ausschwingvorgangs (3) sind die negativen Spannungsanteile stark unterdrückt.

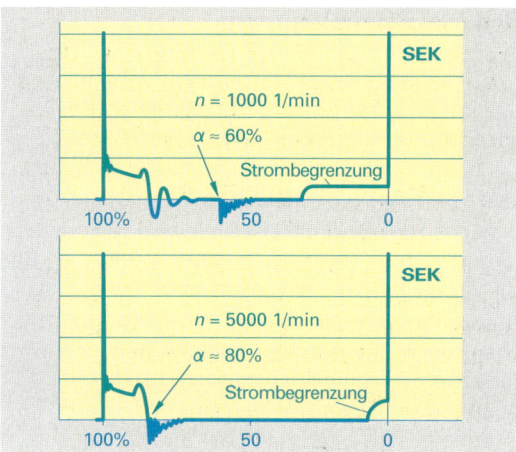

Bild 2: Transistorzündung mit Schließwinkelanpassung und Stromregelung

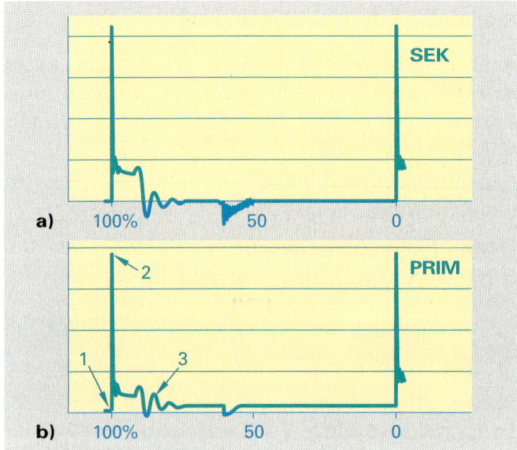

Bild 1: Normaloszillosgramme einer Transistorzündung

Schließwinkelanpassung und Strombegrenzung (Bild 2).

Mit zunehmender Drehzahl wird der Schließwinkel sowohl im Primär- als auch im Sekundärbild sichtbar größer. Der Zeitpunkt, in dem der Primärstromkreis geschlossen wird, wandert dabei immer weiter in Richtung des Ausschwingvorgangs. Damit wird die Zeit, die für den Aufbau des Magnetfeldes zur Verfügung steht, größer.

Wenn aufgrund der Schließwinkelanpassung der Soll-Strom sich in der Primärwicklung eingestellt und die Zündung noch nicht ausgelöst hat, verhindert das Strombegrenzungssystem einen weiteren Stromanstieg. So wird die Zündspule sowohl durch die Schließwinkelanpassung als auch durch die Strombegrenzung vor thermischer Überlastung geschützt.

7.3.3 Zündanlagen mit ruhender Hochspannungsverteilung

Einzelfunkenzündspule – EFS (Bild 3). Grundsätzlich entsprechen die Oszillogramme denen einer konventionellen Zündanlage, jedoch können system- und herstellerbedingt starke Abweichungen vom dargestellten Normaloszillogramm des Sekundärkreises auftreten.

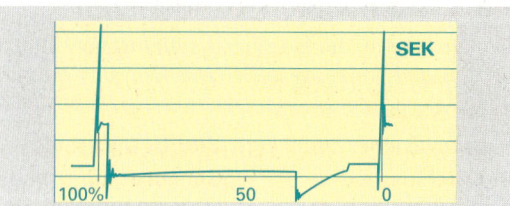

Bild 3: Normaloszillogramm einer Einzelfunkenzündspule (EFS)

Doppelfunkenzündspule – DFS (Bild 4). Je Sekundärkreis entstehen bei der Zündungsauslösung ein Haupt- und ein Stützfunke (s. S. 598, **Bild 2**) von unterschiedlicher Polarität. Die Addition z.B. aus dem positiven Haupt- und negativen Stützfunken ergibt ein Summensignal. Dieses wird zur Beurteilung des Zündablaufs verwendet.

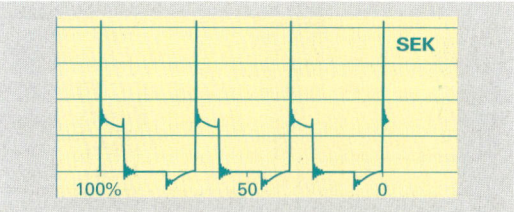

Bild 4: Normaloszillogramm des Summensignals einer Doppelfunkenzündspule

7.4 Zündkerzen

Aufgabe. Sie müssen das Kraftstoff-Luft-Gemisch im Verbrennungsraum durch einen Hochspannungsimpuls entzünden. Nach Erreichen der Zündspannung (etwa 8 kV bis 30 kV) findet zwischen der Masse- und Mittelelektrode ein Funkenüberschlag statt, der einen Lichtbogen von etwa 2 ms zur Folge hat. Dadurch wird eine sichere Entflammung auch bei unterschiedlichen Gemischzusammensetzungen gewährleistet.

Anforderungen. Zündkerzen sind extremen mechanischen, thermischen, elektrischen und chemischen Belastungen ausgesetzt, z.B.

- Druckschwankungen zwischen Ansaug- und Arbeitstakt von etwa 0,9 bar und 60 bar
- Temperaturschwankungen zwischen Ansaug- und Arbeitstakt von etwa 100 °C auf 2 500 °C
- bis zu 4000 Funkenüberschläge/Minute bzw. bis zu 66 Funkenüberschläge/Sekunde bei einer Motordrehzahl von 8 000 1/min
- Zündspannungen bis zu 40 kV bei kurzzeitigen Stromspitzen bis zu 300 A im Funkenkopf, die zur Erosion an den Elektroden führt
- chemischen Prozessen, die die Eigenschaften der Zündkerzenwerkstoffe verändern und damit eine Korrosion begünstigen.

7.4.1 Aufbau von Zündkerzen

Die Werkstoffe, die für die Herstellung von Zündkerzen verwendet werden, sind Metall, Keramik und Glas.

Hauptteile einer Zündkerze (Bild 1). Dies sind:
- Anschlussbolzen
- Isolator
- Gehäuse
- Elektroden

Isolator (Bild 1). Für den Isolatorkörper wird eine Spezialkeramik aus Aluminiumoxid verwendet. Um die Kriechstromfestigkeit zu erhöhen, ist der Isolator außerhalb des Gehäuses glasiert und mit Kriechstrombarrieren versehen.

Dichtsitz (Bild 1). Je nach Motorbauart erfolgt die Abdichtung zwischen Zylinderkopf und Zündkerze über einen
- Flachdichtsitz mit Dichtring **(Bild 1a)**
- Kegeldichtsitz mit kegeliger Fläche als Dichtelement, ohne Dichtring **(Bild 1b)**.

Elektroden (Bild 2). Zündkerzen haben eine Mittelelektrode und eine oder mehrere Masseelektroden.

Mittelelektrode. Die zylindrische Mittelelektrode ragt aus dem Isolatorfuß heraus. Sie besteht entweder aus einem Verbundwerkstoff (Kupferkern, der von einer Nickellegierung ummantelt ist) oder einem Edelmetall (z.B. Platin).

Masseelektroden. Sie sind am Gehäuse befestigt. Je nach Bauform der Zündkerze können eine Masseelektrode oder mehrere Masseelektroden vorhanden sein, z.B.
- Dachelektrode **(Bild 2a)**
- Seitenelektrode einer Platinkerze **(Bild 2b)**
- Mehrpolige Seitenelektrode **(Bild 2c)**
- Dreiecks-Masseelektrode **(Bild 2d)**.

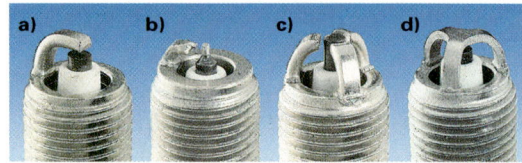

Bild 2: Elektrodenformen

Funkenlage (Bild 3). Es ist die Anordnung der Funkenstrecke im Verbrennungsraum. Der elektrische Funke soll dort überspringen, wo die Strömungsverhältnisse des Kraftstoff-Luft-Gemisches besonders günstig sind. Je nach Motortyp gibt es Zündkerzen mit
- normaler Funkenlage **(Bild 3a)**
- vorgezogener Funkenlage **(Bild 3b)**
- zurückgezogener Funkenlage **(Bild 3c)**.

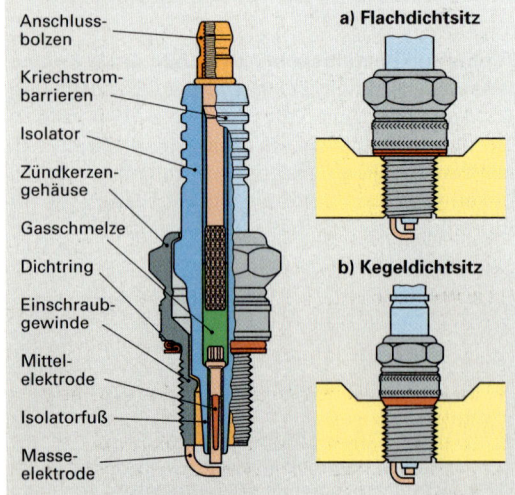

Bild 1: Aufbau einer Zündkerze

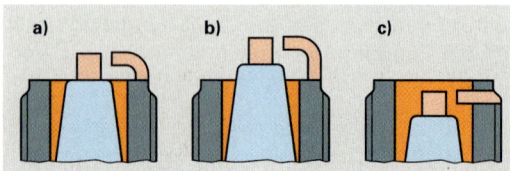

Bild 3: Funkenlage

Zündkerzen

7 Elektrische Anlage

Funkenstrecke (Bild 1). Man unterscheidet
- Luftfunkenkerzen
- Luft-/Gleitfunkenkerzen.

Luftfunkenkerze (Bild 1a). Der Funke springt direkt von der Mittelelektrode zur Masseelektrode über die Luft bzw. das Kraftstoff-Luft-Gemisch. Am Isolatorfuß können sich Rußablagerungen bilden, die zu elektrischen Nebenschlüssen führen. Als Folge entstehen Zündaussetzer.

Luft-/Gleitfunkenkerze (Bild 1b). Bei diesem Zündkerzentyp springt der Funke normalerweise direkt von der Mittelelektrode zur Masseelektrode über (Luftfunken).

Hat sich jedoch auf dem Isolatorfuß ein Rußbelag gebildet, so gleitet der Funke zunächst über die Isolatorfußspitze hinweg. Der Grund dafür ist, dass der Rußbelag eine höhere elektrische Leitfähigkeit hat als das Kraftstoff-Luft-Gemisch. Am Ende des Gleitweges, wenn nur noch ein kleiner Luftspalt zur Masseelektrode zu überwinden ist, springt der Funke über. Der gleitende Funke reinigt die Isolatorfußspitze von Ablagerungen, danach arbeitet sie wieder als Luftfunkenkerze.

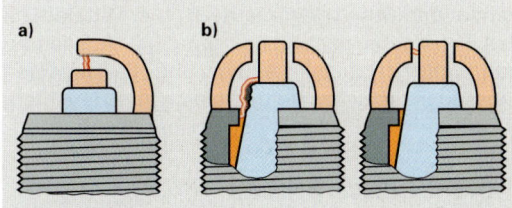

Bild 1: Funkenstrecke

7.4.2 Wärmewert – Temperaturverhalten

Wärmewert. Kraftfahrzeugmotoren unterscheiden sich hinsichtlich ihrer Belastung, Verdichtung, Hubraumleistung, innerer Kühlung, Gemischzusammensetzung und ihres spezifischen Kraftstoffverbrauches. Dadurch ist es nicht möglich, in allen Motortypen die gleichen Zündkerzen zu verwenden. Die Zündkerzen müssen deswegen den unterschiedlichen Betriebsbedingungen angepasst werden. Wichtige Kriterien sind Wärmewert, Elektrodenabstand und Lage der Elektroden im Verbrennungsraum.

> Der Wärmewert einer Zündkerze wird durch eine herstellerspezifische Wärmewert-Kennzeichnung (z.B. Wärmewertkennzahl) angegeben.

Temperaturverhalten. Der richtige Wärmewert ist gewählt, wenn die Zündkerze im Betrieb sehr schnell ihre Selbstreinigungstemperatur von über 450 °C erreicht und bei Volllast 850 °C nicht überschreitet. Nach Erreichen der Selbstreinigungstemperatur ist gewährleistet, dass Rückstände, wie z.B. Ölkohle, verbrennen.

Wärmewertkennzahl zu hoch. Die Temperatur des Isolatorfußes kann über 900 °C ansteigen; der stark erhitzte Isolatorfuß kann unkontrollierte Glühzündungen bewirken, die den Motor zerstören können.

Wärmewertkennzahl zu niedrig. Die Selbstreinigungstemperatur von etwa 450 °C wird unterschritten; der Isolatorfuß kann verschmutzen.

Bei normalen Betriebsbedingungen sind der Isolierkörper grauweiß bis rehbraun und die Elektroden hellbraun.

> Die Form des Isolatorfußes bestimmt den Wärmewert einer Zündkerze.

Langer Isolatorfuß (Bild 2a). Er hat zur Folge, dass die Wärme schlecht abgeführt werden kann; die Kerze wird heiß, sie hat eine hohe Wärmewertkennzahl („Heiße Kerze").

Kurzer Isolatorfuß (Bild 2b). Er hat zur Folge, dass die Wärme gut abgeführt werden kann; die Kerze bleibt kalt, sie hat eine niedrige Wärmewertkennzahl („Kalte Kerze")

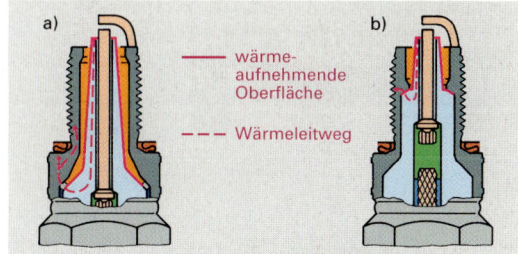

Bild 2: Wärmeableitung am Isolatorfuß

WIEDERHOLUNGSFRAGEN

1. Aus welchen Hauptteilen besteht eine Zündkerze?
2. Wie ist die Wirkungsweise von Zündkerzen mit Luftfunkenstrecke bzw. Luft-/Gleitfunkenstrecke?
3. Was versteht man unter der Funkenlage?
4. In welchem Bereich liegt die Arbeitstemperatur einer Zündkerze?
5. Was versteht man unter einer „Kalten Kerze"?
6. Welche Form hat der Isolatorfuß einer „Heißen Kerze"?

7.5 Beleuchtung im Kfz

Aufgaben der lichttechnischen Einrichtungen am Fahrzeug sind:
- Die Ausleuchtung der Fahrbahn (z.B. durch Fernscheinwerfer, Abblendscheinwerfer)
- die Konturen des Fahrzeugs bei Dunkelheit sichtbar zu machen (z.B. durch Begrenzungs- und Parkleuchten, Rückstrahler)
- anderen Verkehrsteilnehmern die Bewegungsabsichten des Fahrzeugführers anzuzeigen (durch Blinkleuchten, Bremsleuchten)
- andere Verkehrsteilnehmer zu warnen (z.B. Warnblinkanlage)
- den Fahrer auf bestimmte Schaltzustände der lichttechnischen Anlage aufmerksam zu machen (z.B. Fernlichtkontrolle).

Die gesetzlichen Vorschriften unterscheiden bei lichttechnischen Einrichtungen zwischen Scheinwerfern, Leuchten und rückstrahlenden Mitteln, z.B. Rückstrahler **(Bild 1)**.

Scheinwerfer. Sie dienen zur Ausleuchtung der Fahrbahn.

Leuchten. Sie sollen es ermöglichen, dass das Fahrzeug erkannt wird und die Absichten des Fahrers bezüglich seines Fahrverhaltens signalisiert werden.

> An Kraftfahrzeugen müssen die vorgeschriebenen und ferner dürfen zusätzliche lichttechnische Einrichtungen vorhanden sein.

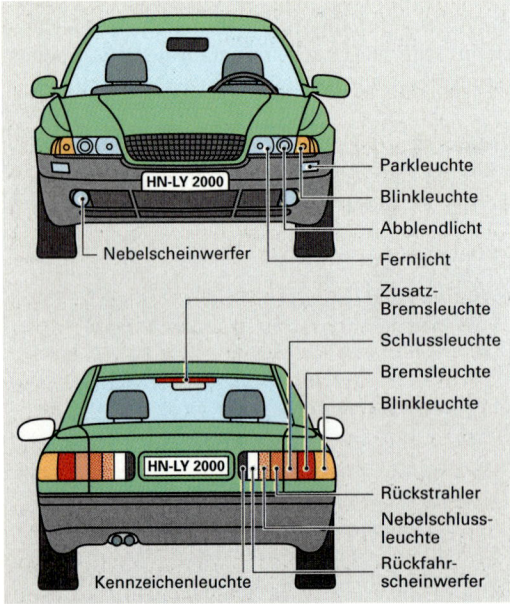

Bild 1: Lichttechnische Einrichtungen

Anordnungsmöglichkeiten von Scheinwerfern für Fern- und Abblendlicht (Bild 2).

Zwei-Scheinwerfersystem. Es werden Glühlampen mit zwei Glühdrähten (Bilux, Duplo) verwendet. Fern- und Abblendlicht werden in einem gemeinsamen Reflektor erzeugt.

Vier-Scheinwerfersystem. Ein Scheinwerferpaar wird entweder für Abblendlicht und Fernlicht oder nur für Abblendlicht ausgelegt, das zweite Scheinwerferpaar ist nur für Fernlicht ausgelegt.

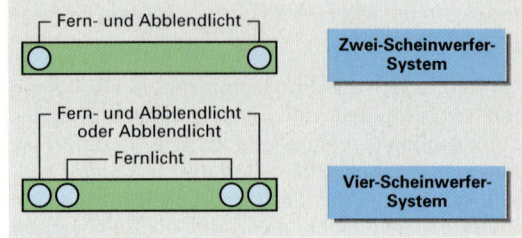

Bild 2: Scheinwerfersysteme

Allgemeine Ein- bzw. Anbauvorschriften.
Paarweise angeordnete Beleuchtungseinrichtungen müssen gleiche Höhe über der Fahrbahn haben; sie müssen symmetrisch zur Mittelebene des Fahrzeugs angebracht sein. Mit Ausnahme von Fahrtrichtungsanzeigern und Parkleuchten müssen sie gleichzeitig und gleich stark leuchten. Sie müssen alle ständig betriebsbereit sein.

7.5.1 Leuchtmittel

Im Kfz können in Scheinwerfern und Leuchten folgende Lampenarten verwendet werden
- Metalldrahtlampen
- Gasentladungslampen
- Neonentladungslampen
- Halogenlampen
- Leuchtdioden.

Metalldrahtlampen. Der Leuchtkörper (Glühdraht, Wendel) besteht aus Wolfram, das einen Schmelzpunkt von etwa 3400 °C hat. Die Wendel selbst kann Temperaturen bis zu 3000 °C erreichen. Um bei diesen hohen Temperaturen eine Oxidation (Verbrennung) zu verhindern und die entstehende Wärme leichter ableiten zu können, wird der Glaskolben zunächst evakuiert und mit geringen Mengen von Stickstoff oder Krypton gefüllt.

Wolfram ist ein Kaltleiter, d.h. es hat in kaltem Zustand einen kleineren Widerstand als in warmem Zustand. Beim Einschalten entsteht deswegen kurzzeitig ein hoher Stromstoß, der zur Zerstörung der Wendel führen kann. Bei den hohen Wendeltemperaturen kann Wolfram abdampfen und den Glaskolben von Innen schwärzen. Dadurch wird die Lichtausbeute vermindert.

Beleuchtung 7 Elektrische Anlage

Halogenlampen (Bild 1). Es sind Glühlampen, die ein Füllgas mit Halogenzusätzen (Brom, Jod) enthalten. Halogenlampen unterscheiden sich im Betriebsverhalten von Metalldrahtlampen durch:
- Höhere Temperatur des Glühdrahtes und des Glaskolbens
- höheren Innendruck der Gasfüllung (bis etwa 40 bar)
- größere Lichtausbeute wegen der höheren Temperatur des Glühdrahtes.

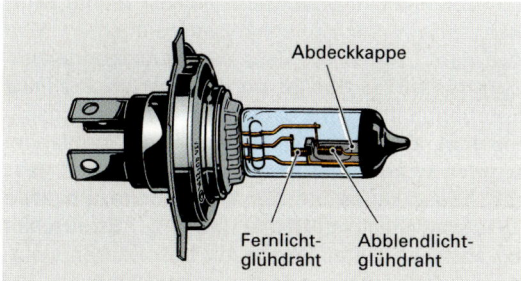

Bild 1: Halogenlampen Typ H4

Der Kolben einer Halogenlampe besteht aus Quarzglas. Er hat sehr kleine Abmessungen, damit er sich im Betrieb bis auf etwa 300 °C erwärmen kann. Die verdampften Wolframpartikel durchlaufen einen chemischen Prozess und setzen sich wieder auf der heißesten Stelle des Glühdrahtes ab (Kreisprozess).

> Bei Halogenlampen setzt sich wegen des Kreisprozesses am erwärmten Glaskolben kein verdampftes Wolfram ab. Er bleibt klar.

Gasentladungslampen (Bild 2). Zwischen zwei Elektroden, die sich in einem kleinen, kugelförmigen Glaskolben befinden, wird durch einen Hochspannungsstromstoß ein Lichtbogen erzeugt. Sie besitzen keinen Glühdraht.

Gegenüber einer Halogenlampe hat die Gasentladungslampe den Nachteil, dass sie zum Erreichen der vollen Beleuchtungsstärke etwa 5s benötigt, während dies bei Halogenlampen etwa 0,2 s dauert. Deswegen wird im Steuergerät während der Anlaufphase der Lampenstrom erhöht, um die erforderliche gleichmäßige Helligkeit zu erhalten. Nach der ECE-Kennzeichnung werden sie als D1- bzw. D2-Lampen bezeichnet.

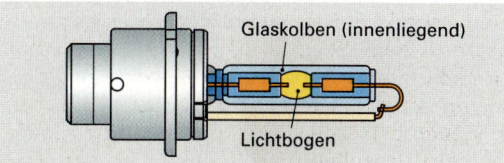

Bild 2: Gasentladungslampe

Eine Gasentladungslampe hat gegenüber einer Halogenlampe folgende Vorteile:
- Sie nimmt nur 35 W auf gegenüber 55 W bei einer H1-Lampe; die Lichtausbeute ist größer
- die Lichtfarbe entspricht eher dem Tageslicht
- sie hat eine etwa 5fach höhere Lebensdauer.

Zum Betrieb von Gasentladungslampen ist ein elektronisches Vorschaltgerät **(Bild 3)** erforderlich, das aus einem Zündteil und einem Steuerteil besteht.

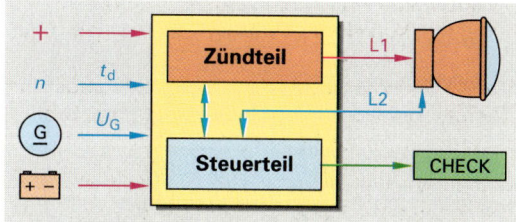

Bild 3: Elektronisches Vorschaltgerät für Gasentladungslampen

Gasentladungslampen können nur in Betrieb genommen werden, wenn das Vorschaltgerät ein Drehzahlsignal (t_d) und ein Generatorsignal (U_G) erhält. Über die Sicherheitsleitung (L2) werden dem Steuerteil Fehler gemeldet, z.B. ob
- ein Scheinwerfer geöffnet ist
- ein Glasbruch in der Abdeckscheibe des Scheinwerfers vorliegt
- eine Fehlerspannung durch die Hochspannungsleitung (L1) entstanden ist.

Im Fehlerfall wird über das Steuerteil eine Abschaltung der Spannung veranlasst und über „CHECK" eine Kontrolllampe angesteuert.

> Wegen der auftretenden Hochspannung von etwa 10 000 V beim Zünden bzw. der relativ großen Betriebsspannung von etwa 85 V besteht bei unsachgemäßer Wartung bzw. Beschädigung des Scheinwerfers Lebensgefahr. Die Sicherheitsvorschriften sind zu beachten.

Neonentladungslampe. Sie ist ebenfalls eine Gasentladungslampe, die in etwa 0,2 ms die volle Leuchtstärke erreicht, während Leuchtdioden etwa 2 ms und Metalldrahtlampen > 200 ms dazu benötigen. Deswegen werden sie überwiegend in Zusatzbremsleuchten verwendet.

Leuchtdioden (LED). Entsprechend der erforderlichen Beleuchtungsstärke und der gewünschten Lichtfarbe wird eine bestimmte Anzahl von Dioden zu einer Baueinheit zusammengeschaltet. Sie werden vor allem für Bremsleuchten verwendet.

7.5.2 Fern- und Abblendscheinwerfer

Sie bestehen im wesentlichen (**Bild 1**) aus:

Gehäuse. Es nimmt den Reflektor mit Streuscheibe, die Lichtquelle und die Scheinwerfereinstellvorrichtung auf.

Reflektor. Er reflektiert und bündelt das Licht der Glühlampe.

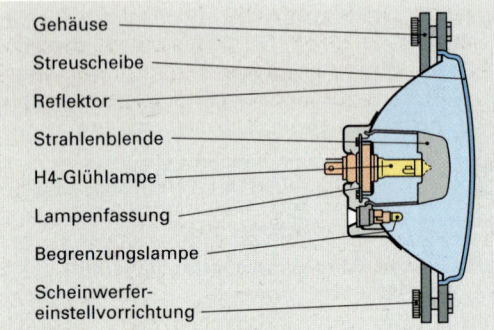

Bild 1: Aufbau eines H4-Scheinwerfers

Fernlicht (Bild 2). Es leuchtet der Fernlichtleuchtdraht, der genau im Brennpunkt des paraboloidförmigen Reflektors liegt. Das Licht wird so reflektiert und gebündelt, dass es parallel zur Scheinwerferachse austritt. Dabei erhöht sich durch diese Bündelung die Lichtstärke im Strahlbereich um etwa das Tausendfache gegenüber einer Glühlampe ohne Reflektor.

Abblendlicht (Bild 2). Es leuchtet der Abblendlichtleuchtdraht, der vor dem Brennpunkt des paraboloidförmigen Reflektors liegt. Wodurch alle Lichtstrahlen eine Neigung zur Spiegelachse hin erfahren.

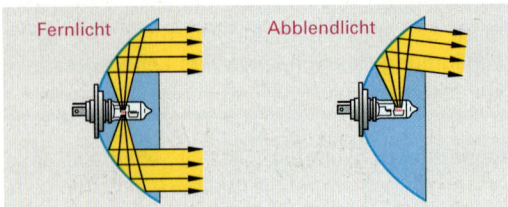

Bild 2: Fern- und Abblendlicht

Damit kein Licht nach oben austritt, ist eine Abdeckkappe unter dem Abblendlichtleuchtdraht angebracht (**Bild 3**). Dieser verhindert, dass Lichtstrahlen auf die untere Reflektorhälfte auftreffen und nach oben abgestrahlt werden. Außerdem bewirkt sie bei Abblendlicht eine scharfe Abgrenzung des Strahlengangs; es entsteht die Hell-Dunkel-Grenze (**Bild 4**).

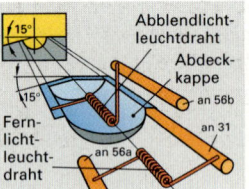

Bild 3: Abdeckkappe für Abblendlicht

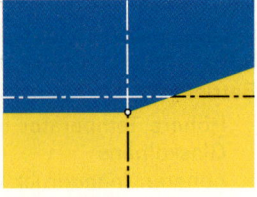

Bild 4: Hell-Dunkel-Grenze

Eine asymmetrische Lichtverteilung (**Bild 5**) ist bei Abblendlicht erwünscht, um die rechte Fahrbahnseite weiter und stärker auszuleuchten. Man will damit erreichen, dass evtl. auftretende Hindernisse früher erkannt werden können. Die linke Fahrbahnhälfte wird dabei weniger stark ausgeleuchtet, da sonst der Gegenverkehr geblendet werden würde. Dies wird dadurch erreicht, dass die Abdeckkappe auf der linken Seite um etwa 15° abgewinkelt ist (**Bild 3**) und in der Streuscheibe ein bestimmter Sektor mit besonderen Lichtbrechungselementen versehen ist (**Bild 6**).

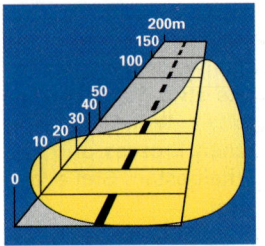

Bild 5: Asymmetrische Lichtverteilung

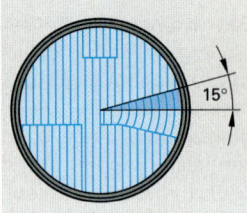

Bild 6: Streuscheibe mit 15° Sektor

Die Streuscheibe besteht aus Glas. Auf ihrer Innenseite sind Zylinderlinsen, Prismen und freie Flächen so angebracht, dass das aus dem Reflektor kommende Licht in der gewünschten Form verteilt wird.

Bauarten von Reflektoren. Man verwendet
- paraboloidförmige Reflektoren
- ellipsoidförmige Reflektoren
- Freiformreflektoren.

Paraboloidförmige Reflektoren (Bild 7).

Die Form entsteht dadurch, dass eine Parabel um ihre Achse rotiert. Die Rotationsachse ist auch die optische Achse. Es ist ein Brennpunkt vorhanden. Diese Reflektoren sind für Eindraht- und Zweidrahtlampen geeignet.

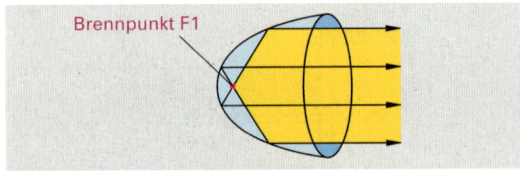

Bild 7: Paraboloidförmiger Reflektor

Um eine höhere Lichtausbeute und eine bessere Ausleuchtung der Fahrbahn zu erzielen, gibt es Abwandlungen des Paraboloid-Reflektors.

Stufenreflektor (Bild 1). Er ist aus paraboloidförmigen Teilreflektoren verschiedener Brennweite zusammengesetzt (Multifocus-Reflektor).

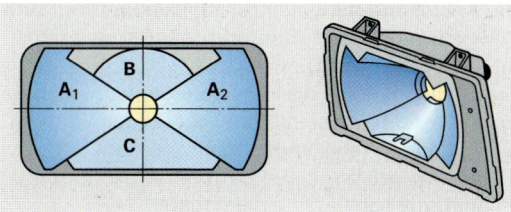

Bild 1: Stufenreflektor

Im Beispiel nach **Bild 1** haben die Teilreflektoren A1 und A2 eine große Brennweite; sie haben ferner eine große Reichweite. Die Teilreflektoren B und C haben eine kleine Brennweite; sie leuchten im wesentlichen das Vor- und Seitenfeld aus.

Ellipsoidförmige Reflektoren (Bild 2).

Die Form entsteht dadurch, dass eine Ellipse um ihre Achse rotiert; diese ist auch die optische Achse. Es sind zwei Brennpunkte vorhanden. Diese Reflektoren sind für Abblendlicht bzw. Nebellicht mit Eindrahtlampen geeignet.

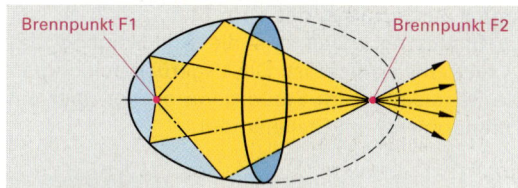

Bild 2: Ellipsoidförmiger Reflektor

Ellipsoid-Reflektor (Bild 3). Er besteht aus
- Ellipsoidförmigem Reflektor
- Streuoptik
- Blende
- Sammellinse

Im Brennpunkt F1 sitzt eine Halogen-Eindrahtlampe. Die Lichtstrahlen, die von F1 ausgehen, werden vom Reflektor zum Brennpunkt F2 reflektiert und von dort zur Sammellinse abgestrahlt. Die Sammellinse bündelt das Licht zu einem nahezu parallelen Lichtband.

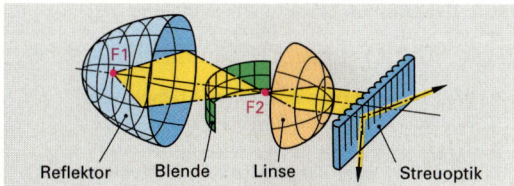

Bild 3: Ellipsoid-Reflektor mit Optik

Die Blende vor dem Brennpunkt F2 bewirkt eine scharfe Hell-Dunkel-Grenze, die Streuoptik sorgt für eine gleichmäßige Lichtverteilung. Gegenüber paraboloidförmigen Reflektoren wird eine höhere Lichtausbeute erzielt.

Mehrachs-Ellipsoid-Reflektor (Bild 4). Es ist ein Reflektor, dessen Grundform zwei Ellipsen mit gemeinsamem Scheitelpunkt, gemeinsamer Hauptachse und unterschiedlichen Nebenachsen bilden (Firmenbezeichnungen: DE-Reflektor $\triangleq$ Dreiachs-Ellipsoid-Reflektor; PES-Reflektor $\triangleq$ Poly-Ellipsoid-Reflektor). Sie bestehen aus dem Reflektor, der Blende und der Sammellinse, wobei der Reflektor aufgrund seiner komplizierten Form aus Kunststoff hergestellt ist.

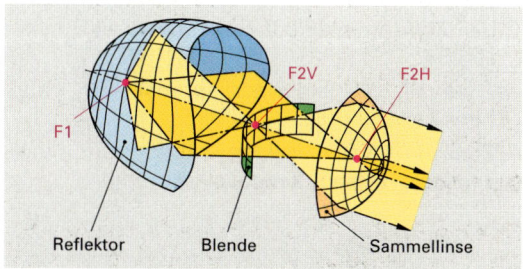

Bild 4: Mehrachs-Ellipsoid-Reflektor mit Optik

Aufgrund ihrer geometrischen Konstruktion haben diese Reflektoren eine sehr hohe Lichtausbeute mit wenig Streulicht. Die Blende vor dem Brennpunkt bewirkt eine scharfe Hell-Dunkel-Grenze, die Streuoptik sorgt für eine gleichmäßige Lichtverteilung. Sie sind für Abblendlicht oder Nebellicht mit Eindrahtlampen bzw. Gasentladungslampen geeignet.

Freiformreflektoren (Bild 5). Sie sind Reflektoren mit stufenlos variablem Brennpunkt (Fokus). Der Reflektor ist weder parabelförmig noch elliptisch.

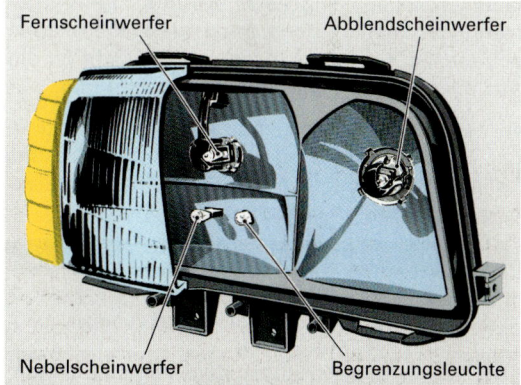

Bild 5: Scheinwerfer mit Freiformreflektoren

Im Prinzip handelt es sich um einen Reflektor mit vier Flächenbereichen, die sich wiederum aus vielen kleinen, computerberechneten Teilflächen zusammensetzen. Der Computer ermittelt die Reflektorgeometrie der einzelnen Teilflächen.

Firmenbezeichnungen sind:
- **F**rei-**F**lächen Reflektor (**FF**-Reflektor)
- **V**ariabler **F**okus Reflektor (**VF**-Reflektor)

Die Gestaltung der Reflektoroberfläche ergibt sich aufgrund der Anforderungen des Fahrzeugherstellers an die Lichtverteilung und Ausleuchtung der Fahrbahn (**Bild 2**). Dabei kommen den einzelnen Zonen folgende Aufgaben zu:
- **Zone I**: Asymmetrischer Sektor; Ausleuchtung der entfernten Zone der rechten Straßenseite.
- **Zone II**: Symmetrischer Sektor; Ausleuchtung der Zone unmittelbar unter der Hell-Dunkel-Grenze.
- **Zone III**: Nahfeldsektor; primär zur Fahrbahnausleuchtung.
- **Zone IV**: Nahfeldsektor; primär zur Kulissenausleuchtung (Randausleuchtung).

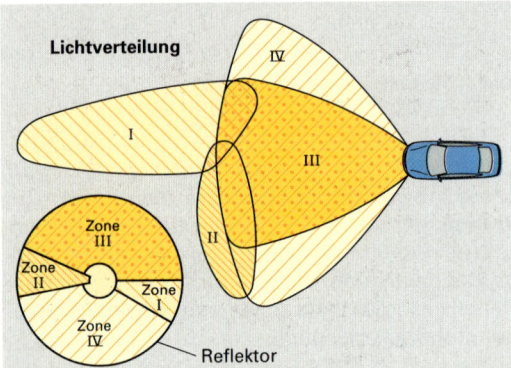

Bild 1: Freiformreflektor – Lichtverteilung

Freiformreflektoren können für alle Arten von Scheinwerfern mit Eindrahtlampen bzw. Gasentladungslampen eingesetzt werden. Beim Abblendlicht kann in der Lampe die Abdeckkappe entfallen; das gesamte erzeugte Licht steht für die Ausleuchtung der Fahrbahn zur Verfügung.

Weiterhin können die Lichtbrechungselemente in der Streuscheibe entfallen; die Abdeckung des Reflektors kann mit einer unprofilierten Glas- bzw. Kunststoffscheibe erfolgen.

7.2.5.3 Leuchtweitenregulierung

Für alle nach dem 01.01.1990 gebauten Personenkraftwagen ist eine Vorrichtung vorgeschrieben, mit der die Neigung des Lichtstrahls und damit auch der Leuchtweite der Scheinwerfer korrigiert werden kann, um eine Blendung des Gegenverkehrs zu vermeiden.

Die Auslösung der Leuchtweitenregulierung kann entweder von Hand (Steuervorgang) oder selbsttätig (Regelvorgang) erfolgen.

Die Stellelemente, die den Verstellmechanismus für die Neigungseinstellung betätigen, können auf folgende Weise angesteuert werden:
- Mechanisch
- pneumatisch
- hydraulisch
- elektrisch.

Die genaueste und schnellste Anpassung des Neigungswinkels des Lichtstrahls erfolgt bei der dynamischen Leuchtweitenregulierung.

Dynamische Leuchtweitenregelung (Bild 2).
Über induktive Achssensoren wird die Einfederung des Fahrzeugaufbaus gemessen. Einfluss auf die Einfederung haben z.B. Beladung, Fahrbahnunebenheiten, Abbremsen, Beschleunigung, Steigung, Gefälle, Wankbewegungen. Außerdem hat noch die Fahrgeschwindigkeit einen Einfluss auf die Geschwindigkeit des Regelvorgangs. Im Steuergerät werden im Mikroprozessor (μP) die von den Sensoren erhaltenen Informationen ausgewertet. Das Stellelement ist mit einem Elektromotor ausgestattet, der vom Steuergerät so lange Spannung erhält, bis die Soll-Neigung des Lichtstrahls erreicht ist. Die Lagerückmeldung an die Regeleinheit im Steuergerät erfolgt über ein Potentiometer am Stellelement.

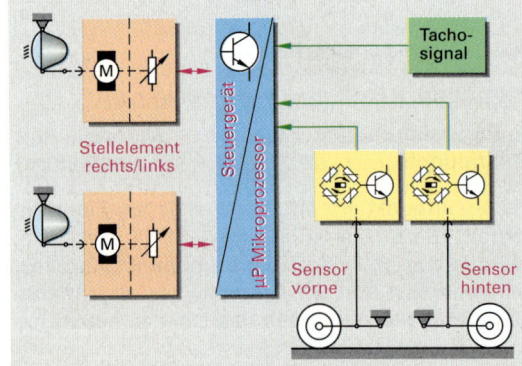

Bild 2: Dynamische Leuchtweitenregelung

WIEDERHOLUNGSFRAGEN

1. Welche Aufgaben haben Leuchtmittel?
2. Welche Arten von Leuchtmittel werden im Kraftfahrzeug verwendet?
3. Welche Aufgabe hat die asymmetrische Lichtverteilung?
4. Was versteht man unter dem Kreisprozess?
5. Wie ist ein Ellipsoid-Reflektor aufgebaut?
6. Wie ist ein Freiform-Reflektor aufgebaut?
7. Wie wirkt eine dynamische Leuchtweitenregelung?

7.6 Relais

> Es ist ein elektromechanisch betätigter Schalter, bei dem die Relaiskontakte durch eine Magnetspule betätigt werden.

Schließer, Öffner und Wechsler sind die Grundarten der Relaiskontakte.

Aufbau (Bild 1). Es besteht aus einer Relaisspule, einem Relaisanker mit Rückstellfeder und den Relaiskontakten. Die Relaisspule wird über einen Steuerstromkreis angesteuert.

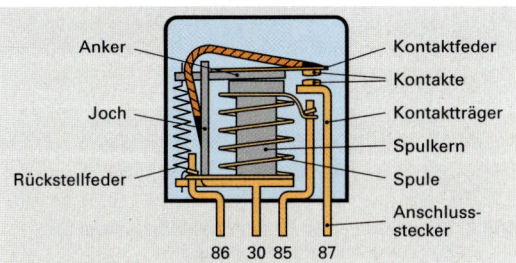

Bild 1: Aufbau eines Relais

Aufgaben. Es wird in Stromkreisen als fernbetätigter Schalter eingesetzt. Es soll dabei
- mittels eines kleinen Steuerstromes (etwa 0,15 A bis 1 A) große Arbeitsströme (z.B. bis 2 000 A in Startern) schalten
- die Hauptleitung zwischen Spannungsquelle und Verbraucher möglichst kurz halten, um einen geringen Spannungsabfall zu erhalten; die gering belastete Steuerleitung kann dabei entsprechend lang sein
- die Kontakte des Steuerschalters, z.B. Lichtschalter, nur gering belasten.

Relaisarten (Bild 2). Je nach Art der Schaltkontakte und ihrer Anordnung unterscheidet man

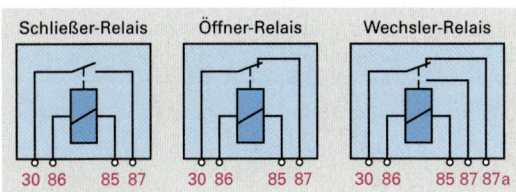

Bild 2: Relaisarten

Schließer-Relais. Es schließt den Schaltkreis zwischen Spannungsquelle und Verbraucher, d.h. der Verbraucher wird eingeschaltet.
Verwendung: Z.B. Haupt- und Zusatzscheinwerfer, Horn, Lüftermotor, Fensterheber.

Öffner-Relais. Es öffnet den Schaltkreis zwischen Spannungsquelle und Verbraucher, d.h. der Verbraucher wird abgeschaltet.

Verwendung: Z.B. Unterbrechung des Stromkreises von Verbrauchern während des Startvorgangs (Hauptscheinwerfer, Heckscheibenheizung, Rundfunkgerät u.a.).

Wechsler-Relais. Es ist eine Kombination aus einem Schließer- und Öffner-Relais, d.h. es betätigt gleichzeitig zwei Schaltkreise. Es wechselt den Stromverlauf von einem Verbraucher auf den anderen, in dem der Öffnerkontakt des einen Stromkreises zum Schließerkontakt des anderen Stromkreises wird.
Verwendung: Z.B. Umschalten von zweistufig arbeitenden Geräten wie Heckscheibenheizungen, Lüftermotoren; von Horn auf Fanfare.

Stromkreis mit Relais (Bild 3). Er besteht aus zwei unabhängigen Stromkreisen, dem
- Steuerkreis (Steuerstrom I_S)
- Schaltkreis (Arbeitsstrom I_A).

Wird der Schalter S geschlossen, so fließt der Steuerstrom I_S in der Relaisspule und der Relaisanker wird angezogen. Dabei werden die Relaiskontakte betätigt, z.B. beim Schließer-Relais geschlossen und im Verbraucher kann der Arbeitsstrom I_A fließen.

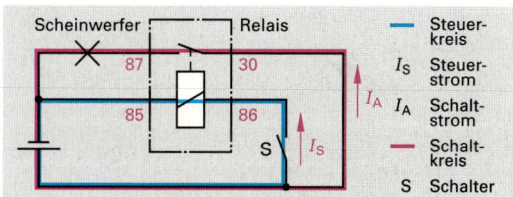

Bild 3: Relaisschaltung mit Arbeitskontakt

7.7 Mechanischer Schalter mit magnetischer Auslösung

Er wird auch als **Reedkontaktgeber** bezeichnet.

Aufbau (Bild 4). In einem schutzgasgefüllten Glasröhrchen sind zwei Kontaktzungen (Kontaktpaar) eingebaut. Sie haben eine sehr geringe Masse. Deswegen können sie bis zu 1 000 mal je Sekunde (Hertz) geschaltet werden.

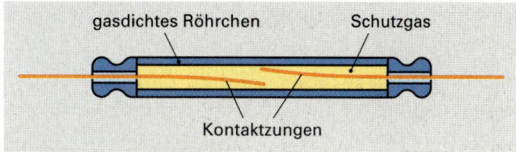

Bild 4: Reedkontaktgeber

Wirkungsweise. Durch ein Magnetfeld (Dauermagnet oder Elektromagnet) können die Zungenkontakte betätigt werden. Wirkt das Magnetfeld auf die Kontaktzungen ein, so schließt sich der Kontakt; wird das Magnetfeld abgelenkt, so öffnet er sich wieder.

Reedkontaktgeber werden z.B. eingesetzt
- als Drehzahlgeber für Geschwindigkeitsanzeige und Wegstreckenanzeige
- zum Überwachen bestimmter Funktionen (z.B. Lampenkontrolle, Kühlmittelstand).

Beim Einsatz eines Reedkontaktgebers für die Geschwindigkeits- und Wegstreckenanzeige wird z.B. ein Polrad mit vier Polpaaren, d.h. 8 Einzelpole, verwendet. Nord- und Südpol sind abwechselnd angeordnet (**Bild 1**). Bei einer Umdrehung des Polrades schaltet der Reedkontaktgeber acht mal ein und acht mal aus, d.h. das Steuergerät erhält acht rechteckförmige (digitale) Signale.

> Die Frequenz der digitalen Spannungssignale ist ein Maß für die Geschwindigkeit bzw. für die zurückgelegte Wegstrecke.

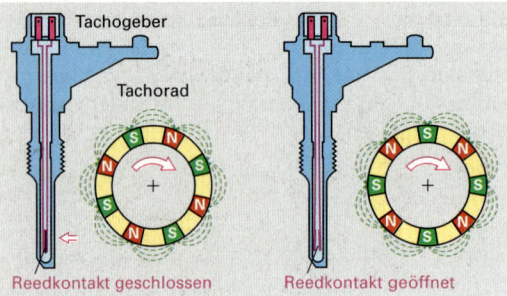

Bild 1: Reedkontakt als Tachogeber

7.8 Signalgeber

Der Fahrer muss seine Absichten in Bezug auf sein Fahrverhalten den übrigen Verkehrsteilnehmern deutlich erkennbar bekanntgeben können. Signalgeber sind:
- Bremsleuchten
- Fahrtrichtungsanzeiger
- Warnblinkanlage
- Lichthupe
- Signalhorn.

Bremsleuchten. Sie müssen bei Betätigung der Bremse aufleuchten. Ihre Farbe ist rot. Sie müssen wesentlich heller leuchten als die übrigen rückwärtsgerichteten Beleuchtungseinrichtungen (ausgenommen Nebelschlussleuchte).

Fahrtrichtungsanzeiger (Bild 2). Zum Betrieb der Blinkleuchten für gelbes Licht werden elektronische Blinkgeber verwendet. Die Blinkfrequenz muss 90 ± 30 Impulse je Minute betragen.

Warnblinkanlage (Bild 2). Mehrspurige Kraftfahrzeuge müssen eine Warnblinkanlage für gelbes Licht haben. Dazu werden alle Blinkleuchten parallel geschaltet. Beim Betrieb der Anlage müssen sie gleichzeitig blinken; das Einschalten muss durch eine rote Kontrollleuchte angezeigt werden.

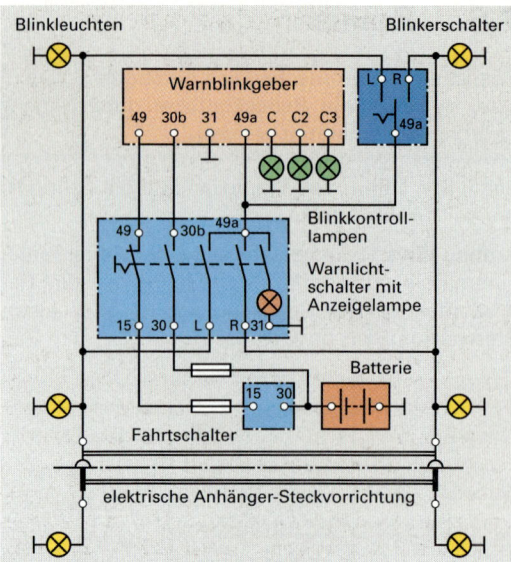

Bild 2: Schaltplan einer Blink-/Warnblinkanlage für Zug- und Anhängerfahrzeug

Horn (Bild 3). Es besteht aus einem Elektromagneten, einer schwingungsfähigen Ankerplatte mit Membran, Schwingungsteller, Membran und einem von der Ankerplatte betätigten Unterbrecher. Dem Unterbrecher ist ein Kondensator parallel geschaltet, um die Funkenbildung zu verhindern.

Beim Einschalten des Horns wird die Ankerplatte mit Membran vom Elektromagneten angezogen. Kurz vor dem Aufschlagen des Ankers auf den Magnetkern öffnet der Unterbrecher den Stromkreis. Die Ankerplatte federt wieder zurück, wodurch der Unterbrecherkontakt wieder schließt. Der Vorgang wiederholt sich so lange, wie das Horn eingeschaltet ist. Durch das Aufschlagen der Ankerplatte auf den Magnetkern (Aufschlaghorn) gerät der mit der Membran verbundene Schwingungsteller in Schwingungen. Die Luftsäule vor dem Schwingungsteller beginnt ebenfalls zu schwingen und erzeugt den Signalton.

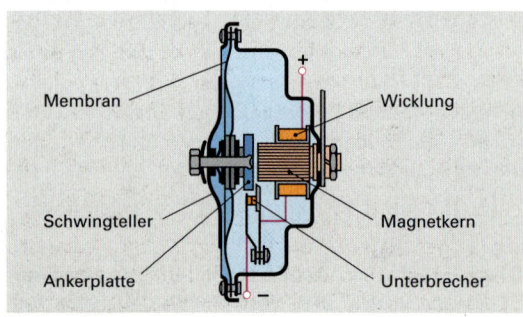

Bild 3: Aufschlaghorn

7.9 Komfortelektronik

Zu ihr gehören alle elektrischen und elektronischen Bauteile und Baugruppen im Kraftfahrzeug, die den Komfort und die allgemeine Sicherheit des Fahrzeugs erhöhen. Dies sind z. B.
- Zentralverriegelung
- Spiegel und Sitz-Memory
- Elektrischer Fensterheber
- Navigationssysteme
- Diebstahlwarnanlage mit Wegfahrsperre
- Sitzheizung
- Radio, Telefon.

7.9.1 Zentralverriegelung

Sie ermöglicht das Verriegeln, Entriegeln und Sichern aller Türen, der Heck- und Tankklappe eines Kraftfahrzeugs. Dies kann immer von einem Schließpunkt aus, z. B. der Fahrertür, Beifahrertür oder der Heckklappe erfolgen.
Je nach Komfort- und Sicherheitseinrichtungen am Kraftfahrzeug ermöglicht die Zentralverriegelung z. B. automatische Schiebedach- und Fensterschließung, so dass auch nach abgezogenem Fahrzeugschlüssel die Funktion von Schiebedach und Fensterheber noch für einige Zeit, z. B. 60 Sekunden, erhalten bleibt.
Damit die Schlösser in den Türen, der Heck- und der Tankklappe verriegelt bzw. entriegelt werden können, sind Stellelemente notwendig.
Je nachdem wie die Stellelemente betätigt werden, unterscheidet man zwei Systeme
- Elektrische Zentralverriegelung
- Elektro-pneumatische Zentralverriegelung.

Elektrische Zentralverriegelung
Mit ihr werden die grundsätzlichen Funktionen wie Entriegeln und Verriegeln, z. B. der Fahrzeugtüren durch das Ansteuern von Stellmotoren in elektrisch betätigten Stellelementen durchgeführt. Die Ansteuerung erfolgt meist mit zwei Wechslern, wobei sich einer im Türschloss, der andere im Stellelement befindet.
Der vereinfachte Schaltplan in **Bild 1** zeigt das Zusammenwirken. Beim Drehen des Schlüssels werden das Schloss und der Wechsler S1 mechanisch betätigt. Er befindet sich an den jeweiligen Schließpunkten z. B. an Fahrer-, Beifahrertür. Dadurch können über das Steuergerät alle Stellmotoren, die Bestandteil der Zentralverriegelung sind, angesteuert werden. Der Wechsler S1 besitzt zwei Schaltstellungen: Verriegeln (V) und Entriegeln (E). Der Wechsler S2 ist meist im Stellelement integriert und wird über ein Schaltgestänge oder ein Getriebe vom Motor betätigt. Er schaltet als Endlagenschalter mit zwei Schaltstellungen den Stellmotor ein oder aus. Die Steuersignale werden über Verkabelung oder ein Bussystem (CAN-Bus, Multiplexer) an ein Steuergerät übertragen.

Wirkungsweise
Verriegeln (Bild 1). Durch eine Schlüsseldrehung werden im Wechsler S1 die Klemme (Kl.) 30 und die Kl. V verbunden. Dieser Steuerimpuls veranlasst das Steuergerät, Kl. 83a mit Spannung zu versorgen. Der Stellmotor M1 läuft. Im Wechsler S2 bleiben die Kl. 83a und 83 solange verbunden, bis die Verriegelung ihre Endlage erreicht hat und die Verbindung 83a und 83 durch den Stellmotor M1 unterbrochen wird. Der Motor bleibt stehen.
Entriegeln. Durch eine entgegengesetzte Schlüsseldrehung werden im Wechsler S1 die Kl. 30 und die Kl. E verbunden. Dieser Steuerimpuls veranlasst das Steuergerät, Kl. 83b mit Spannung zu versorgen. Der Stellmotor M1 läuft jetzt in entgegengesetzter Richtung. Im Wechsler S2 bleiben die Klemmen 83b und 83 solange verbunden, bis die Entriegelung ihre Endlage erreicht hat und die Verbindung 83b und 83 durch den Stellmotor M1 unterbrochen wird. Der Motor bleibt stehen.

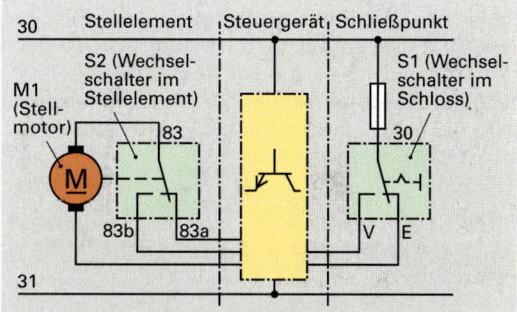

Bild 1: Vereinfachter Schaltplan eines Stellmotors mit zwei Wechslern

Elektrisch betätigtes Stellelement (Bild 2). Es betätigt die Verriegelung und Entriegelung. Das Ritzel des Stellmotors ist über ein Getriebe mit dem Antriebsritzel der Zahnstange mechanisch verbunden. Wird das Schloss im Schließpunkt einer ZV mit dem Schlüssel mechanisch betätigt, z. B. entriegelt, überträgt die Zug-Druckstange die Entriegelungsbewegung über Zahnstange und mehrere Zahnräder im Stellelement. Dabei wird der Wechselschalter (S2) mechanisch auf Endlage Entriegeln gestellt. Der Stellmotor bleibt stromlos.

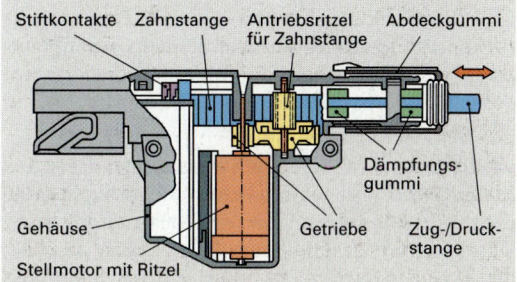

Bild 2: Elektrisch betätigtes Stellelement

Über die Stiftkontakte wird der Steuerimpuls Entriegeln an das Steuergerät weitergegeben. Die Stellmotoren aller übrigen Stellelemente werden mit Strom versorgt und führen den Entriegelungsvorgang aus.

Elektro-pneumatische Zentralverriegelung
Sie besteht aus einem elektrischen Steuerstromkreis und einem pneumatischen Einleitungs-Arbeitskreis **(Bild 1)**.

Elektrischer Steuerstromkreis. Er steuert über Mikroschalter (Wechsler) in den Schlössern und den elektro-pneumatischen Stellelementen den pneumatischen Einleitungs-Arbeitskreis. Beim Drehen des Schlüssels im Türschloss wird ein Mikroschalter betätigt. Dieses elektrische Steuersignal wertet das Steuergerät aus. Es veranlasst die pneumatische Steuereinheit alle anderen Schlösser pneumatisch zu betätigen (Elektro-Pneumatischer Arbeitskreis).

Pneumatischer Einleitungs-Arbeitskreis. Er betätigt die Stellelemente durch Unterdruck oder Überdruck in einer Leitung. Wird z. B. das Fahrzeug entriegelt, herrscht in der Leitung Überdruck, wird das Fahrzeug verriegelt, herrscht Unterdruck.

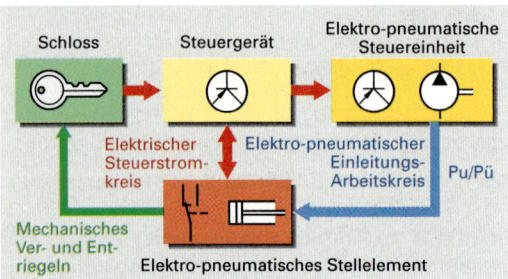

Bild 1: Schema Elektro-pneumatische Zentralverriegelung

Elektro-pneumatisches Stellelement (Bild 2). Es soll den Schließvorgang durchführen und ist an jeder zu schließenden Tür vorhanden. Wird von der pneumatischen Steuereinheit je nach Schließvorgang Unterdruck bzw. Überdruck erzeugt, wirkt dieser auf die Membrane in der Unter- bzw. Überdruckkammer des Stellelements. Die Membrane und das Schloss sind mit der Zug-Druckstange verbunden. Dadurch kann der Schließvorgang entweder mit dem Schlüssel direkt über das Gestänge oder pneumatisch durchgeführt werden.

Der Mikroschalter im Stellelement liefert bei verschlossenem Fahrzeug ein Massesignal an das Steuergerät. Bei einem Einbruchversuch wird über den entsprechenden Mikroschalter im Stellelement ein Plussignal zum Steuergerät geschaltet. Das Steuergerät reagiert. In der Safespule wird ein Magnetfeld aufgebaut und der Bolzen fährt in die Aussparung der Zug-Druckstange ein. Gleichzeitig wird in der pneumatischen Steuereinheit die Unterdruckförderung eingeschaltet. Das Schloss bleibt verriegelt.

Wirkungsweise (Bild 2)
Pneumatisch entriegeln. Der Überdruck wirkt auf die Membrane und drückt dadurch die Zug-Druckstange nach oben. Dadurch wird über ein Gestänge das Schloss mechanisch entriegelt.

Pneumatisch verriegeln. Der Unterdruck wirkt auf die Membrane und zieht die Zug-Druckstange nach unten. Das Schloss wird über das Gestänge mechanisch verriegelt.

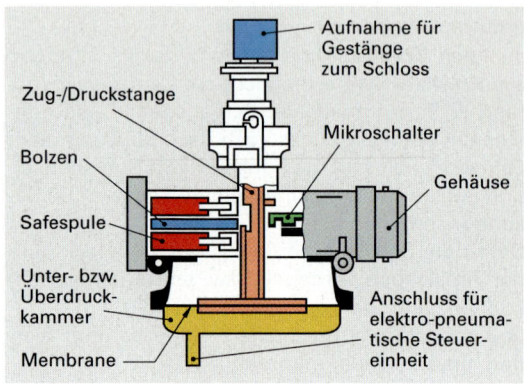

Bild 2: Elektro-Pneumatisches Stellelement

Pneumatische Steuereinheit. Sie besteht aus einer elektronischen Schaltung (Schnittstelle) und einer Bidruckpumpe. Die Elektronische Schaltung empfängt die Befehle des Steuergerätes und gibt sie an die Bidruckpumpe weiter.

Bidruckpumpe. Sie ist eine Flügelzellenpumpe, die Überdruck oder Unterdruck erzeugt. Dies wird dadurch erreicht, dass die Drehrichtung des Flügelrades geändert wird, z. B. bewirkt Linkslauf Überdruck und Rechtslauf Unterdruck.

Bedienung der Zentralverriegelungssysteme
Bei der Bedienung der Zentralverriegelung werden drei Systeme unterschieden:
– Mechanisches Schlüsselsystem
– Infrarot-Fernbedienungssystem
– Funk-Fernbedienungssystem.

Mechanisches Schlüsselsystem. Bei diesem System werden von einem oder mehreren Schließpunkten aus (meist die Vordertüren und die Heckklappe) durch Drehen des Schlüssels im Schließzylinder der jeweilige Schließpunkt mechanisch ver- bzw. entriegelt. Gleichzeitig wird durch einen elektrischen Schalter das Steuersignal für die Stellmotoren bzw. pneumatischen Stellelemente erzeugt, die die Verriegelung bzw. Entriegelung an den anderen Fahrzeugöffnungsstellen durchführen.

Infrarot-Fernbedienungssystem (Bild 1). Neben der Möglichkeit, die vorderen Türen und die Heckklappe mechanisch zu ver- und entriegeln, ist es mit diesem System möglich, den Schließvorgang über ein Infrarotsignal aus einer Entfernung von ca. 6 Metern einzuleiten.

Es kann aus folgenden Komponenten bestehen:
- Sendeschlüssel
- Infrarot-Steuergerät
- Steuergerät mit Kombifunktionen
- Relais für die Schließrückmeldung
- Empfängereinheit z. B. im Innenspiegel
- Pneumatische Steuereinheit
- Stellelemente.

Wirkungsweise. Der Infrarotsender z. B. im Schlüssel sendet über Infrarotwellen Signale zur Empfängereinheit Infrarot-Fernbedienung. Der Empfänger ist mit dem Infrarot-Steuergerät verbunden. Es erkennt über das Relais Schließrückmeldung, ob die Fahrzeugtüren verriegelt oder entriegelt sind. Wird das Fahrzeug verriegelt, wird dies dem Fahrer z. B. über einen Blinkcode mit den Blinkleuchten mitgeteilt.
Diese Informationen werden außerdem an das eigentliche Steuergerät mit Kombifunktionen weitergeleitet. Es ist über CAN-Bus mit der pneumatischen Steuereinheit verbunden. Sie erzeugt bei der elektro-pneumatischen Zentralverriegelung den erforderlichen Über- oder Unterdruck, um die Schließvorgänge zu ermöglichen.

Funk-Fernbedienungssystem. Zur Betätigung der Stellelemente kann auch ein Funkwellensystem eingesetzt werden. Funkwellen sind unempfindlicher in Hinsicht auf die Ausrichtung des Senders auf den Empfänger. Dies hat den Vorteil, dass z. B. die Einleitung des Schließvorgangs und Schärfen einer Alarmanlage verdeckt durchgeführt werden kann. Ein weiterer Vorteil besteht darin, dass bei Codierung des Schließsignals die Art der Codes wesentlich komplizierter sein kann und damit die Gefahr kleiner wird, dass Unbefugte diesen Code herausfinden können.

6.9.2 Diebstahlschutzsystem

Es ist meist in Verbindung mit der Zentralverriegelung in den Fahrzeugen eingebaut. Das Diebstahlschutzsystem hat folgende Aufgaben:
- Schutz vor Diebstahl des Fahrzeugs
- Schutz vor Diebstahl von Fahrzeugteilen wie z. B. Radio, Airbag
- Schutz vor Beschädigungen.

Das Diebstahlschutzsystem kann aus folgenden Komponenten bestehen:
- Wegfahrsperre
- Alarmanlage
- Innenraumüberwachung
- Rad- und Abschleppschutz.

Die Aktivierung des Diebstahlschutzsystems kann wie bei der Zentralverriegelung erfolgen durch:
- mechanisches Schlüsselsystem mit Türkontaktschalter
- Infrarot-Fernbedienungssystem
- Funktfernbedienungssystem.

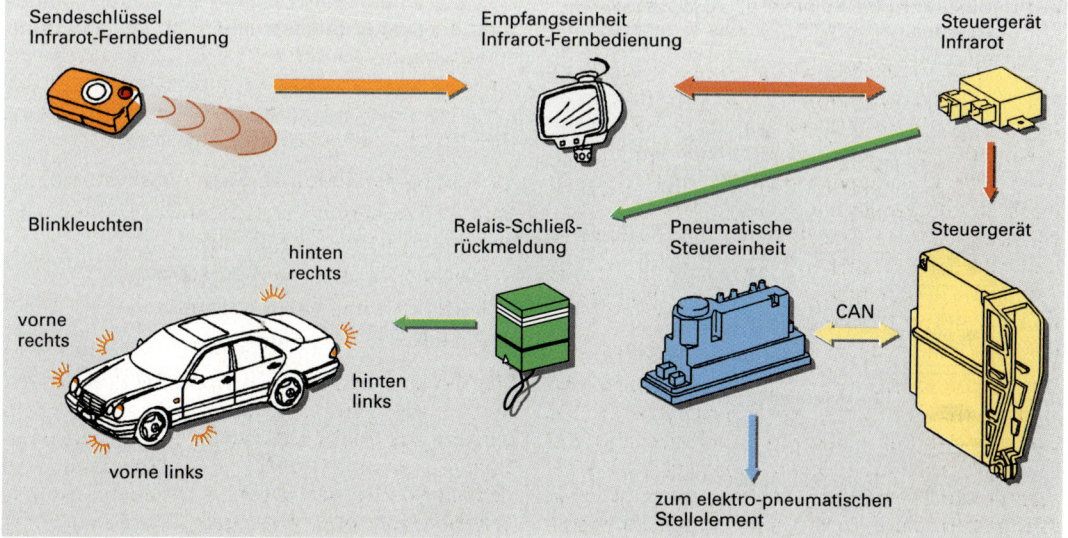

Bild 1: Aufbau eines Infrarot-Fernbedienungssystems

Wird das Fahrzeug mit dem Fahrzeugschlüssel verriegelt, erhält das Steuergerät über den Türkontaktschalter die Information zum Aktivieren des Diebstahlschutzsystems.

Wird das Fahrzeug über eine Infrarot- bzw. Funkfernbedienung verriegelt, wandelt der Infrarot-Empfänger das Infrarotsignal des Senders in ein elektrisches Signal um und leitet es an das Steuergerät weiter, welches das Diebstahlschutzsystem aktiviert.

Wegfahrsperre. Sie ist ein elektronisches System, das verhindert, dass unberechtigte Personen das Fahrzeug in Betrieb setzen können.

Die rechtliche Grundlage für die Sicherung des Fahrzeugs durch eine Wegfahrsperre ist u. a. in § 38a StVZO und der EU-Richtlinie ECE-R18 festgelegt. Danach gilt das Abziehen des Zündschlüssels und das Verschließen der Türen nicht als Sicherung des Fahrzeugs im Sinne des Gesetzes.

Die Wegfahrsperre besteht aus einem Steuergerät und je nach Hersteller entweder aus einem Handsender, mit elektronisch codiertem Zündschloss, einem Transponder oder einer Chipkarte.

Transponder (engl. Übertrager, **Bild 1**). Er besteht aus einem Mikrochip, der in einem Glaskörper gekapselt ist und einer Induktionsspule. Die Energieversorgung des Mikrochips erfolgt induktiv nach dem Transformatorprinzip von der Induktionsspule im Zündschloss zur Chipspule. Bei der Fertigung wird dem Mikrochip eine einmalige nicht löschbare Codenummer (Identifikationscode, ID-Code) zugewiesen. Gleichzeitig wird ein nachträglich programmierbarer Speicherbereich (EEPROM-Speicherbereich) für das Wechselcode-Verfahren reserviert.

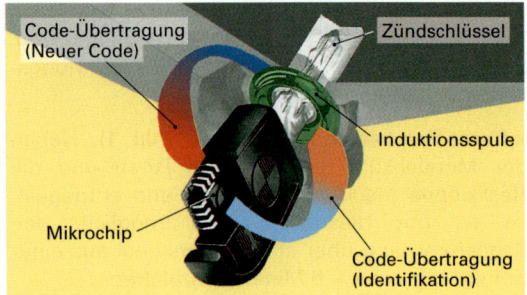

Bild 1: Transponder

Wirkungsweise. Wird der Schlüssel im Zündschloss gedreht, überträgt die Induktionsspule Energie in den Mikrochip.

Diese Energie reicht aus, um den Code im Mikrochip abzufragen. Der Abfragevorgang wird vom Steuergerät Wegfahrsperre **(Bild 2)** eingeleitet. Der Transponder erkennt das Abfragesignal und übergibt seinen Identifikationscode. Dieser Code wird mit dem gespeicherten Code verglichen.

Ist der Code gültig, gibt das Steuergerät Wegfahrsperre z. B. über einen CAN-Bus an das Steuergerät Digitale Motorelektronik (DME) ein seinerseits codiertes digitales Signal weiter. Wird dieses Signal vom Steuergerät DME akzeptiert, kann der Motor gestartet werden.

Ist der Code ungültig, wird dies der DME mitgeteilt, der Motor startet nicht.

Gleichzeitig erzeugt das Steuergerät der Wegfahrsperre nach dem Zufallsprinzip einen neuen Code, der in den programmierbaren Teil des Transponderspeichers geschrieben wird (Wechselcode-Verfahren). Dadurch wird gewährleistet, dass bei jedem Startvorgang ein neuer gültiger Code im Schlüssel gespeichert ist, der alte Code ist ungültig.

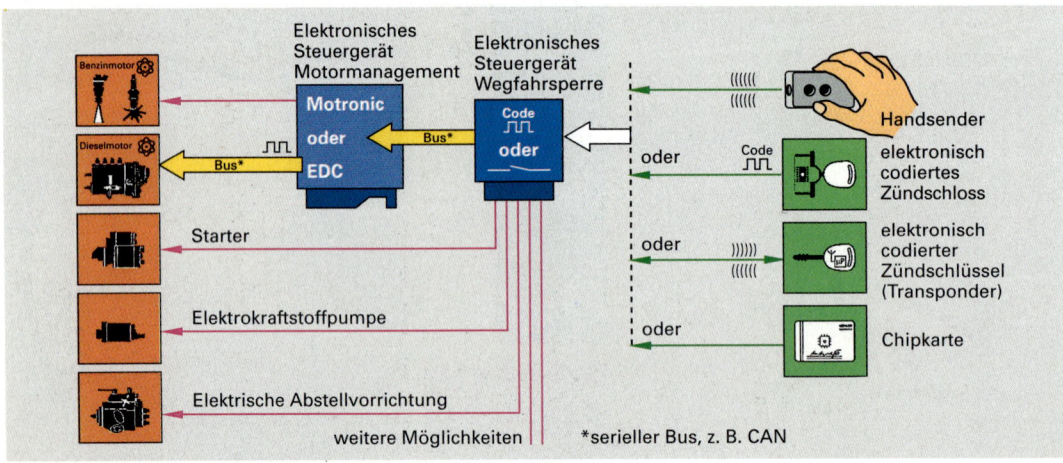

Bild 2: Systemübersicht Wegfahrsperre

7 Elektrische Anlage

Alarmanlage (Bild 1). Eine scharfgeschaltete Alarmanlage löst bei unbefugtem Eingriff oder Anstoß optische und akustische Warnsignale aus. Sie kann aus folgenden Komponenten bestehen:
- Fernbedienung
- Steuergerät mit Spannungsversorgung
- Ultraschall-Empfänger für Innenraumüberwachung
- Türkontaktschalter
- Kontaktschalter für z. B. Motorhaube, Heckklappe, Kofferraum, Handschuhfach
- Lagesensor für Rad- und Abschleppschutz
- Statusanzeige
- Ultraschallsender für Innenraumüberwachung
- Signalhorn
- Startanlage.

Wirkungsweise. Ist die Alarmanlage aktiviert, überprüft das Steuergerät, ob Türen, Fenster, Schiebedach, Motorhaube und Heckklappe bzw. Kofferraumdeckel verschlossen sind. Die Verriegelung der Türen wird über die Türkontaktschalter, die von Heckklappe bzw. Kofferraumdeckel über deren Kontaktschalter festgestellt. Sind alle Voraussetzungen für den Verriegelungszustand erfüllt, können nach einer Zeitverzögerung von 10 bis 20 Sekunden alle Alarmeingänge Alarm auslösen. Die Alarmbereitschaft des Diebstahlalarmsystems wird über eine Statusanzeige z. B. blinkende LED angezeigt.

Folgende Komponenten können Alarm auslösen:
- Alle Türen
- Heckklappe bzw. Kofferraumdeckel
- Innenraum
- Einschalten der Zündung
- Schlüssel mit ungültigem Transpondercode im Zündschloss
- Demontage des Innenraumsensors
- Motorhaube
- Radio
- Ablagefach in der Mittelkonsole
- Demontage des Alarmhorns
- Zeitweise Unterbrechung der Spannungsversorgung am Steuergerät.

Bei aktivem System kann der Alarm über das zusätzlich eingebaute Signalhorn, über Blinksignale der Warnblinkanlage und der Innenraumbeleuchtung ausgegeben werden. Die Alarmzeit wird durch Vorgaben der einzelnen Länder bestimmt, z. B. kann das Signalhorn ein akustisches Signal von 30 Sekunden und die Blinkanlage mit dem Abblendlicht Blinksignale über 30 Sekunden erzeugen. Gleichzeitig verhindert die heute üblicherweise eingebaute Wegfahrsperre das Starten des Motors.

Das Diebstahlschutzsystem wird durch das Betätigen der Entriegelungstaste der Fernbedienung bzw. durch den Schließzylinder beim Entriegeln des Fahrzeugs abgeschaltet.

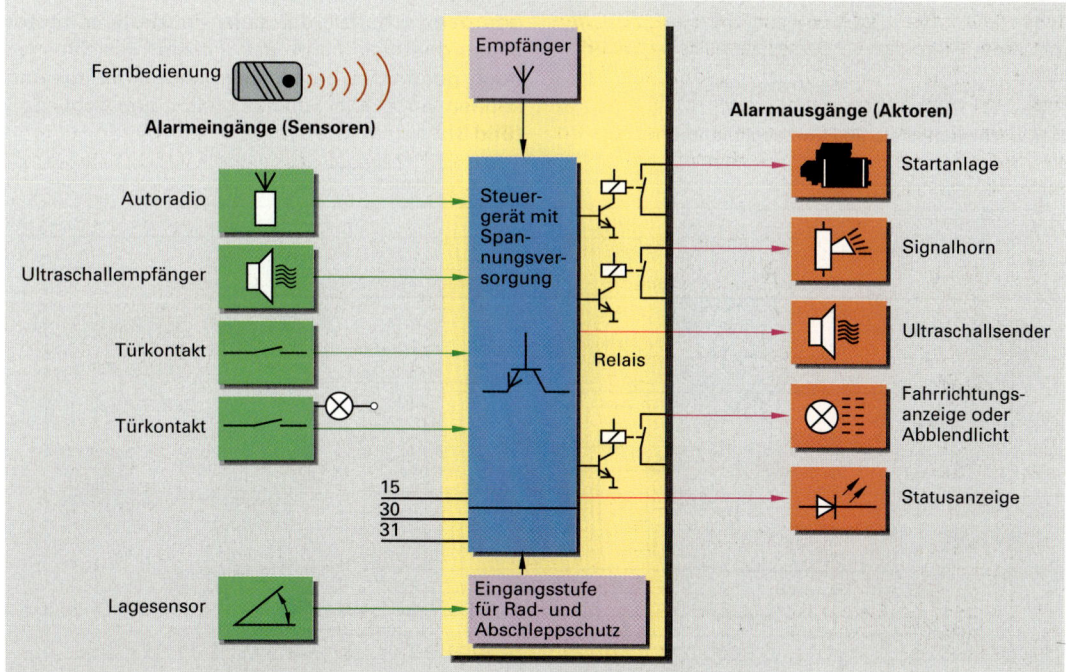

Bild 1: Systembild eines Diebstahlschutzsystems mit Rad- und Abschleppschutz

Innenraumüberwachung. Es sind folgende Systeme möglich:
- Infrarot-Innenraumüberwachung
- Ultraschall-Innenraumüberwachung.

Infrarot-Innenraumüberwachung. Bei ihr erfolgt die Überwachung des Innenraums durch einen Infrarot-Sensor. Mit dem Aktivieren der Alarmanlage, wird auch der Innenraum-Überwachungssensor aktiviert. Der Sensor führt innerhalb einer bestimmten Zeit, z. B. 10 Sekunden, einen Selbsttest durch und stellt anschließend durch Einmessen die räumlichen Gegebenheiten im Innenraum fest. Ändern sich diese Gegebenheiten mit einer Geschwindigkeit z. B größer 0,1 Meter je Sekunde, löst das System Alarm aus.

Ultraschall-Innenraumüberwachung (Bild 1). Ein Ultraschallsender erzeugt im Innenraum des Fahrzeugs ein Ultraschallfeld mit einer Frequenz von ca. 20 kHz. Ändert sich dieses Feld z. B. durch Hineingreifen oder Einschlagen einer Scheibe, so erkennt dies der Ultraschalldetektor anhand der Druckschwankungen im Feld. Die Auswerteelektronik löst Alarm aus.

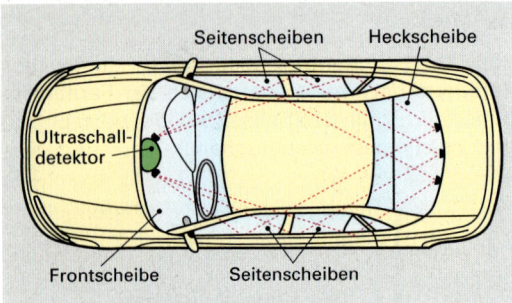
Bild 1: Ultraschallfeld im Fahrzeuginnenraum

7.9.3 Elektrische Fensterheber

Sie ermöglichen ein elektrisches Öffnen und Schließen der Fenster und gegebenenfalls des Schiebedachs über einen Wippschalter (Tastschalter).

Als Fensterantrieb dient hauptsächlich ein Seilzugantrieb **(Bild 2)**. Der Antriebsmotor betätigt über ein Schneckengetriebe einen Seilzug, der je nach Drehrichtung des Motors das Fenster öffnet oder schließt. Die selbsthemmende Wirkung des Schneckengetriebes verhindert ein gewaltsames Öffnen der Fenster.

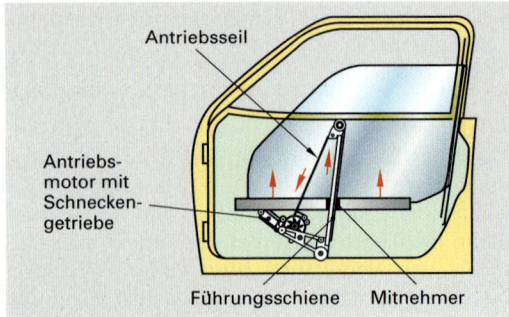
Bild 2: Seilzugantrieb

Elektrische Betätigung der Fenster. Sie kann erfolgen durch
- Wippschalter (manuelle Betätigung)
- Steuerelektronik kombiniert mit Wippschalter.

Betätigung mit Wippschalter. Über den jeweiligen Wippschalter, der dem Fensterhebermotor zugeordnet ist, kann das Fenster geschlossen oder geöffnet werden. Bei Zentralverriegelung können auch alle Fenster gleichzeitig schließen **(Bild 3)**.

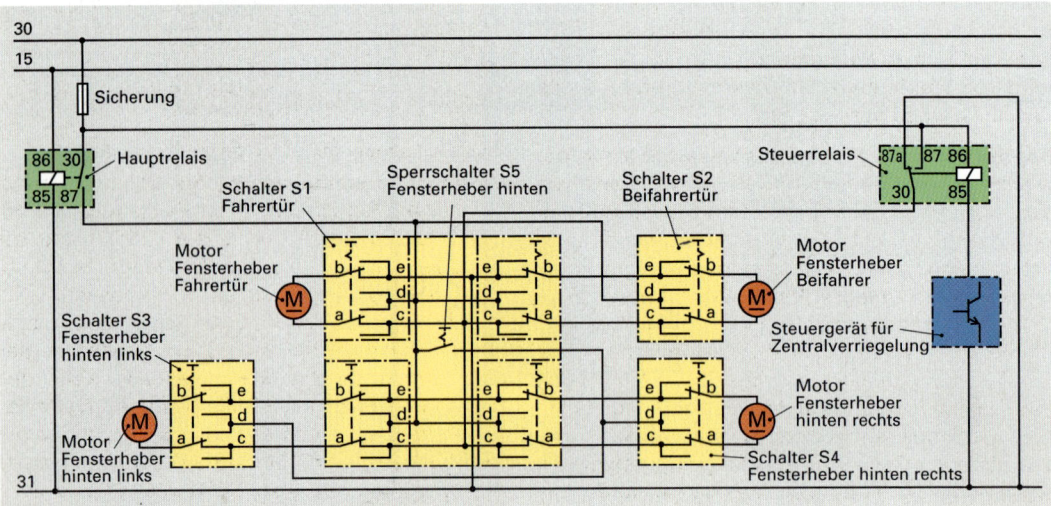
Bild 3: Schaltplan für die Betätigung mit Wippschalter

Wirkungsweise (Bild 3, Seite 616). Bei eingeschaltetem Fahrtschalter wird über Klemme 15 das Hauptrelais angesteuert. Es zieht an, verbindet Kl. 30 mit Kl. 87 und legt Spannung an Kl. d von Schalter S1 und S2. Mit Hilfe des Schalters S5, der in Schalter S1 des Fahrers integriert ist, können die Schalter S3 und S4 für die hinteren Türen mit Spannung versorgt bzw. die Spannungsversorgung abgeschaltet werden.

Schalterstellung: Fenster öffnen (Bild 1). Bei Betätigung eines Wippschalters (S1, S2, S3, S4) wird Kl. d (+) mit Kl. b und Kl. c (–) mit Kl. a verbunden. Der Fensterantrieb senkt das jeweilige Fenster ab.

Schalterstellung: Fenster schließen (Bild 1). Soll das Fenster geschlossen werden, wird im Wippschalter Kl. d (+) mit Kl. a und Kl. e (–) mit Kl. b verbunden. Die Drehrichtung des Antriebsmotors wird umgekehrt, da die Klemmen a und b umgepolt werden. Das Fenster schließt.

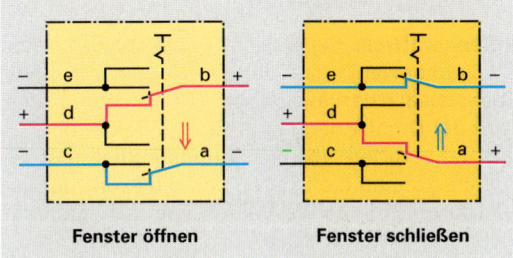

Bild 1: Schaltstellungen zur Fensterbetätigung mit Wippschalter

Schließen der Fenster bei Zentralverriegelung. Das Steuergerät für die Zentralverriegelung legt die Steuerspule des Steuerrelais Kl. 85 an Masse. Dadurch werden im Relais die Kl. 87 und die Kl. 30 verbunden. Die Schalterklemme a wird über die Kl. c an Plus gelegt. Über Kl. b und Kl. e wird die Verbindung zur Masse hergestellt. Die Fenster werden geschlossen.

Kombination von Fensterverstellung durch Wippschalter und Steuerelektronik. Dabei kann die Steuerelektronik zentral in einem Steuergerät untergebracht sein. Um den Kabelaufwand möglichst gering zu halten kann es im jeweiligen Fensterhebermotor integriert sein. Wird der jeweilige Bedienungsschalter des Fensterhebermotors kurz angetippt, veranlasst die Steuerelektronik, dass das Fenster geschlossen wird. Betätigt man den Testschalter länger, kann das Fenster in jede beliebige Position gefahren werden. Wird das Fahrzeug über die Zentralverriegelung abgeschlossen, schließen alle Fenster gleichzeitig bzw. werden sie in eine Lüftungsstellung gefahren.

Einklemmschutz. Um ein gefährliches Einklemmen von Körperteilen, wie z. B. Hände, Arme zu verhindern, darf die Schließkraft der Fenster einen bestimmten Höchstwert nicht überschreiten. Der Klemmschutz wirkt elektrisch, durch Abschalten des Elektromotors ab einer bestimmten Stromstärke oder mechanisch durch Lastkupplungen im Antrieb.

7.9.4 Navigationssysteme

Sie bieten Hilfe bei der Suche nach der richtigen Strecke zum Zielort und bei der Orientierung in unbekannten Gegenden. Navigationssysteme können folgende Aufgaben übernehmen:
– Eigenpositionsbestimmung
– Positionsübermittlung
– Berechnung der optimalen Streckenführung unter Berücksichtigung der aktuellen Verkehrssituation
– Zielführung durch Fahrtrichtungsempfehlungen.

In **Bild 2** sind alle beteiligten Komponenten und Teilsysteme dargestellt. Die Eingangssignale werden vom Navigationsrechner verarbeitet und auf dem Display in Form von Sprache und Bild ausgegeben.

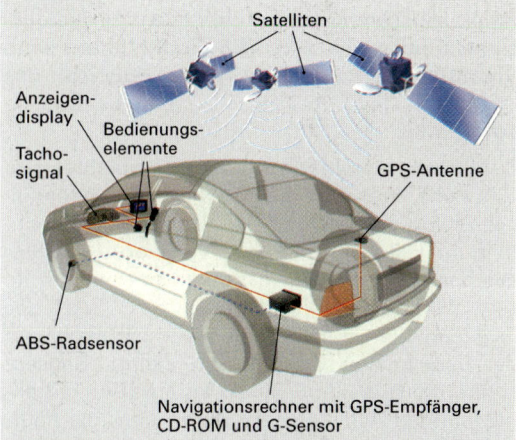

Bild 2: Komponenten eines Navigationssystems

Eigenpositionsbestimmung. Sie bildet die Grundlage für die Berechnung einer Fahrtroute. Mit Hilfe von **G**lobal **P**ositioning **S**ystem (**GPS**) kann die aktuelle Position des Kraftfahrzeugs bestimmt werden. GPS besteht aus 24 militärischen US-Satelliten, die sich auf verschiedenen Umlaufbahnen um die Erde befinden. Diese senden in gleichen Zeitabständen Identifikations-, Zeit- und Positionssignale aus. Für die Bestimmung der eigenen Position durch den Navigationsrechner im Kraftfahrzeug sind die Signale von mindestens drei Satelliten, die über GPS-Antenne und GPS-Empfänger empfangen werden, erforderlich. Die

Position kann mit den Daten von GPS auf etwa 30 bis 100 Meter genau bestimmt werden. Für den heutigen Verkehr auf den Straßen ist dies zu ungenau. Deshalb werden die Signale zusätzlicher Sensoren, wie z. B. Radsensoren, Tachosignal und G-Sensor im Navigationsrechner ausgewertet und verarbeitet. Eventuell erforderliche Korrekturen des Ortungsergebnisses, die durch äußere Einflüsse wie z. B. Fahrt durch einen Tunnel, Brücken usw. erforderlich sind, werden vom Navigationsrechner durchgeführt. Dadurch wird eine wesentliche Steigerung der Positions- und Zielgenauigkeit auf unter zwei Meter erreicht.

Positionsübermittlung. Sie dient dazu, um bei einem Notfall oder einem Fahrzeugdefekt den Rettungsdiensten oder Pannenhilfen den Standort des Kraftfahrzeugs zu übermitteln. Dadurch kann in kürzester Zeit Hilfe geleistet werden. Außerdem kann bei einem Fahrzeugdiebstahl das gestohlene Fahrzeug schneller gefunden werden.

Berechnung der optimalen Streckenführung. Gibt der Fahrer über die Bedienungselemente oder durch Sprache sein Fahrziel ein, wird anhand der Daten des Straßenplanspeichers die optimale Streckenführung berechnet. Aktuelle Verkehrssituationen wie z. B. Stau, Baustellen, Straßensperren können durch Kommunikationseinrichtungen wie z. B. **TIM** (Traffic Information System), **RDS** (Radio Data System) oder über das Internet in der Streckenberechnung berücksichtigt werden.

Zielführung durch Fahrtrichtungsempfehlungen. Gibt der Fahrer über die Bedienungselemente einen Zielort ein, bestimmt die Navigationseinrichtung mit Hilfe von GPS seinen Standort. Von hier aus berechnet der Navigationsrechner die Route zum Zielort. Das Navigationssystem führt das Fahrzeug durch Fahrrichtungsempfehlung auf der berechneten Strecke zum Zielort. Radsensoren, meist die ABS-Sensoren an der nicht angetriebenen Achse, liefern Daten über die Fahrzeugbewegung, wie z. B. die Anzahl der Radumdrehungen je Seite. So können z. B. Entfernungen gemessen werden und zwischen Geradeausfahrt und Kurvenfahrt unterschieden werden.

Bild 1: Anzeigendisplay

Bei neueren Systemen werden die Fahrzeugbewegungen durch das Tachosignal und den Signalen eines G-Sensors erfasst.

Tachometersignal. Es liefert Angaben über die zurückgelegte Wegstrecke.

G-Sensor (Drehratensensor, Gyroskop). Er erfasst die Drehbewegungen des Fahrzeugs um seine Hochachse (Gierbewegung) und registriert den Wert der Drehbewegung in Grad je Sekunde.

Mit den Werten von Tachometersignal und G-Sensor, können die Längen und die Krümmungswinkel von Kurvenabschnitten vom Navigationsrechner ermittelt werden.

Die von den Sensoren aufgenommenen Daten aus der gefahrenen Strecke werden mit den Daten der CD-Rom des Straßenplanspeichers verglichen und gegebenfalls korrigiert (Map-Matching). Dadurch kann die momentane Position des Fahrzeugs auf der eingeschlagenen Route genau bestimmt werden. Steht außerdem das GPS-Signal zu Verfügung, kann die Position zusätzlich geprüft werden. Fährt der Fahrer los, führt ihn das Navigationssystem auf der vorgeschlagen Route durch Fahrtrichtungsanzeigen auf Anzeigendisplay **(Bild 1)** oder über Sprachausgabe zum Ziel. Falsche Richtungsänderungen werden sofort durch eine alternative Routenführung korrigiert.

WIEDERHOLUNGSFRAGEN

1. Welche zwei Systeme werden bei Zentralverriegelung unterschieden?
2. Welche Aufgaben haben die Stellelemente bei Zentralverriegelungen?
3. Welchen Vorteil hat die Funk-Fernbedienung gegenüber einer Infrarot-Fernbedienung?
4. Aus welchen Baugruppen können Diebstahlalarmsysteme bestehen?
5. Was ist ein Transponder?
6. Welche Komponenten eines Diebstalschutzsystems können Alarm auslösen?
7. Welche Möglichkeiten der Innenraumüberwachung gibt es?
8. Erklären Sie die Funktion einer Wegfahrsperre.
9. Warum ist ein Einklemmschutz bei elektrischen Fensterhebern erforderlich?
10. Beschreiben Sie die Wirkungsweise eines Navigationssystems.

7.10 Messen, Testen, Diagnose

Kraftfahrzeuge bestehen aus Teilsystemen, wie z.B. Motor, Getriebe, Fahrwerk. In ihnen wirken die verschiedenen Bereiche der Technik, wie z.B. Mechanik, Hydraulik, Elektrik, Elektronik zusammen. Um die Funktion der Komponenten der Teilsysteme testen zu können, müssen Einstellwerte geprüft und falls erforderlich nachgestellt werden. Treten Fehler in den Komponenten auf, müssen durch geeignete Mess- und Testverfahren ihre Ursachen erkannt werden. Aus den gemessenen Werten können Schlüsse für eine Diagnose und Instandsetzung gezogen werden.
Dazu sind Mess- und Testgeräte erforderlich, die geeignete Mess- und Prüfverfahren ermöglichen.

Mess- und Prüfverfahren
Mechanische Mess- und Prüfverfahren. Bei ihnen werden mechanisch arbeitende Mess- und Prüfgeräte eingesetzt. Diese sind in **Tabelle 1** ihrem möglichen Einsatz zugeordnet.

Tabelle 1: Prüfungen und Tests mit mechanischen Prüfgeräten	
Mess- und Prüfgerät	**Einsatz**
Innenmessgerät mit Messuhr	Zylinderverschleißprüfung
Lehre	Ventilspiel prüfen
Messuhr	Rundlauf prüfen
Kompressionsdruckprüfer	Kompressionsdruckprüfung
Manometer	Öldruck prüfen

Elektrische Mess- und Prüfverfahren.
Bei ihnen werden elektrisch und elektronisch arbeitende Mess- und Prüfgeräte, wie z.B. Multimeter, Oszilloskop, Tester, Diagnosecomputer verwendet.

Multimeter
Mit ihm werden im Kraftfahrzeug meist Spannungen U, Ströme I und Widerstände R gemessen.
Spannungsmessung. Eine der häufigsten Ursachen (bis zu 60 %) für den Ausfall von elektrischen und elektronischen Systemen sind fehlerhafte Steckverbindungen.
Beispiel (Tabelle 2, Bild 1). Korrodierte Steckverbindungen im Stromkreis eines Scheibenwischermotors. Der Leistungsverlust an der Steckverbindung von z.B. 11,5 W wird in Wärme umgewandelt und kann zu Kabelbränden führen. Außerdem ist durch den Leistungsverlust die Funktion des Scheibenwischermotors stark beeinträchtigt.

Beachten Sie: Aufgrund des erhöhten Übergangswiderstandes fließt ein geringerer Strom.

Mit Hilfe der Spannungsmessung kann z.B. festgestellt werden, ob eine Steckverbindung normal oder korrodiert ist. Dabei wird der Spannungsabfall an der Steckverbindung gemessen. Beträgt er z.B. 0 Volt, so ist die Steckverbindung in Ordnung. Ist der Spannungsabfall größer 0 Volt, so ist die Steckverbindung korrodiert und muss erneuert werden.

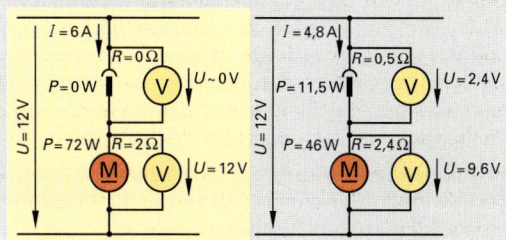

Steckverbindung normal   Steckverbindung korrodiert
Bild 1: Spannungsmessung an Steckverbindungen

Tabelle 2: Elektrische Größen im Stromkreis eines Scheibenwischermotors		
Elektrische Größen	**Normal**	**Korrodiert**
Wicklungswiderstand Scheibenwischermotor	2 Ω	2 Ω
Übergangswiderstand Steckverbindung	0 Ω	0,5 Ω
Spannungsabfall an der Steckverbindung	0 V	2,4 V
Spannungsabfall am Scheibenwischermotor	12 V	9,6 V
Strom I	6 A	4,8 A
Elektrische Leistung am Scheibenwischermotor	72 W	46 W
Leistungsverlust an der Steckverbindung	0 W	11,5 W

Widerstandsmessung. Dabei wird der Widerstand elektrischer Bauteile gemessen, wie z.B. Zündspule, Induktivgeber, Einspritzventil, Relais. Ist der gemessene Widerstandswert deutlich höher als der vom Hersteller angegebene Wert, liegt eine Unterbrechung ist er niedriger, liegt ein Windungsschluss vor.
Die Widerstandswerte einer Zündspule werden für die Primärwicklung zwischen Kl. 1 und Kl. 15, für die Sekundärwicklung zwischen Kl. 1 und Kl. 4 gemessen (**Bild 2**).

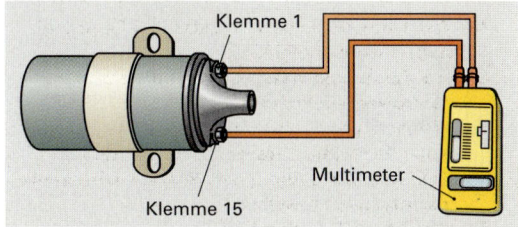

Bild 2: Widerstandsmessung an einer Zündspule

Messung der Batteriespannung. Für das einwandfreie Funktionieren der elektrischen Komponenten des Kraftfahrzeugs muss die Batteriespannung ausreichend hoch sein. Dazu muss die Spannung der Batterie gemessen werden, wenn sie belastet wird, z.B. bei eingeschaltetem Licht oder während des Startvorgangs. Ist die Batteriespannung im belasteten Zustand ausreichend hoch, so ist die Spannungsversorgung in Ordnung. Unterschreitet die Spannung einen bestimmten Wert, so ist die Batterie aufzuladen, im Schadensfall zu tauschen. Spannungsmessungen der Batterie im unbelasteten Zustand sind nicht aussagekräftig, da der Stromfluss durch das hochohmige Multimeter sehr klein ist. Die Batterie wird dadurch nicht belastet.

Spannungs- und Strommessung. Wird neben der Spannungsmessung z.B. während des Startvorgangs auch eine Strommessung durchgeführt, können nicht nur Schlüsse über den Zustand der Batterie, sondern auch über den Zustand des Starters gezogen werden **(Tabelle 1)**.

Tabelle 1: Spannungs- und Strommessung während des Startvorgangs		
Spannung	**Strom**	**Befund**
Zu niedrig	Zu niedrig	Batterie entladen oder defekt
In Ordnung oder zu niedrig	Zu hoch	Kurzschluss im Starter
In Ordnung	Zu niedrig	Schlechter Kontakt der Leitung

Oszilloskop
Mit ihm werden vorwiegend Spannungen, Signale und Frequenzen auf einem Bildschirm graphisch dargestellt.

Messen von Signalen. Bei der Prüfung des Zündsystems eines Otto-Viertaktmotors, kann z.B. das Signal eines Hallgebers auf dem Bildschirm des Oszilloskops dargestellt werden.

Messvorgang. Mit Hilfe einer geeigneten Messschaltung **(Bild 1)** wird das Signals auf dem Bildschirm des Oszilloskops dargestellt.

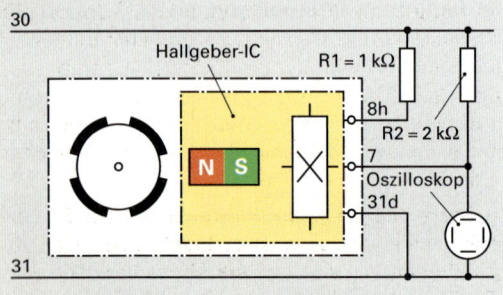

Bild 1: Schaltung zur Aufnahme eines Hall-Signals

Ausgabebildschirm (Bild 2). Die horizontale Ablenkung (Time/Div) gibt den zeitlichen Verlauf z.B. in Millisekunden je Teilung (ms/div) des Signals auf dem Bildschirm an, während in der Vertikalen der Messbereich des jeweiligen Kanals in Volt je Teilung (Volt/div) angezeigt wird.

Messergebnis (Bild 2). Auf dem Bildschirm des Oszilloskops lassen sich Informationen über Öffnungszeit, Schließzeit, Zündabstand und Spannungshöhe ablesen. Die Öffnungszeit beträgt 0,8 ms, die Schließzeit 1,8 ms, der Zündabstand 2,6 ms, die Spannung dam Hall-IC 12 V.

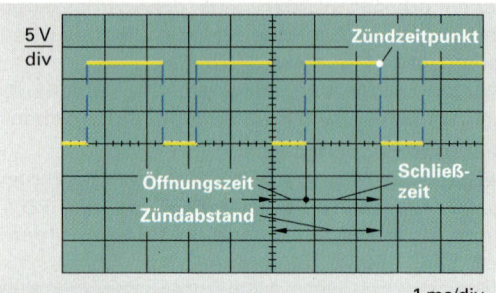

Bild 2: Hall-Signal auf dem Oszilloskop

Testen von Bauteilen und Komponenten. Mit dem Oszilloskop können elektronische Bauteile z.B. Widerstände, Dioden, Transistoren und Komponenten z.B. elektronische Schaltungen zerstörungsfrei überprüft und getestet werden **(Bild 3)**.

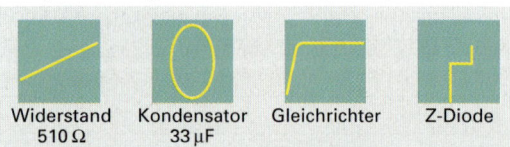

Bild 3: Testbilder von elektronischen Bauteilen

Adapterkabel. Um mit Multimeter und Oszilloskop arbeiten zu können, ist es erforderlich Steckverbindungen an geeigneten Schnittstellen zu lösen. Mit Adapterkabeln **(Bild 4)** ist die Verbindung zum Messobjekt z.B. Steuergerät, Sensor einfach herzustellen.

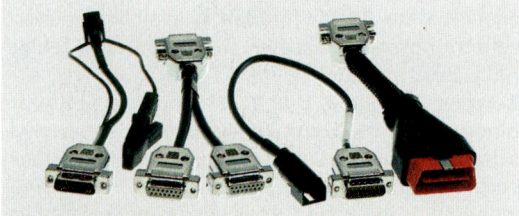

Bild 4: Adapterkabel

> Werden Messspitzen in Steckbuchsen gesteckt, besteht die Gefahr, dass die Steckverbindung beschädigt wird. Dies kann zu Unterbrechungen und Kurzschlüssen führen.

Pinbox (Bild 1). Sie kann z.B. an eine Diagnosesteckdose im Kraftfahrzeug oder an den Zentralstecker über geeignete Adapterkabel angeschlossen werden. Die Pinbox ermöglicht, dass alle Bauteile und Komponenten z.B. Drehzahlfühler durchgemessen und getestet werden können, ohne dass eine Steckverbindung unterbrochen oder mit Messspitzen in die Isolierung der Kabel gestochen werden muss.

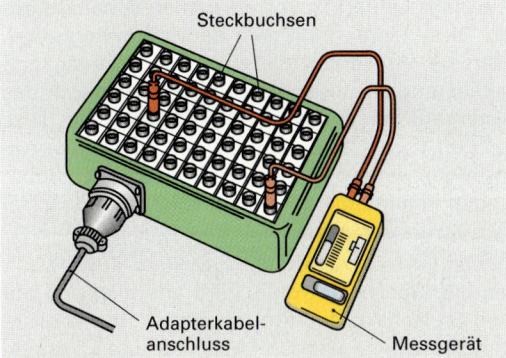

Bild 1: Pinbox

Tester (Bild 2). Er dient zur Überprüfung der Systemkomponenten eines Kraftfahrzeugs und zur Feststellung von Fehlern. Außerdem können mit ihm Einstellarbeiten, z.B. an der Zündung durchgeführt werden. Tester bestehen meist aus mehreren Geräten, die auf einem Gerätewagen nach dem Baukastenprinzip zusammengesetzt sind. Sie können aus folgenden Komponenten bestehen:

- Motortester   – AU-Tester
- Multimeter   – Abgastester
- Stroboskop   – Oszilloskop.

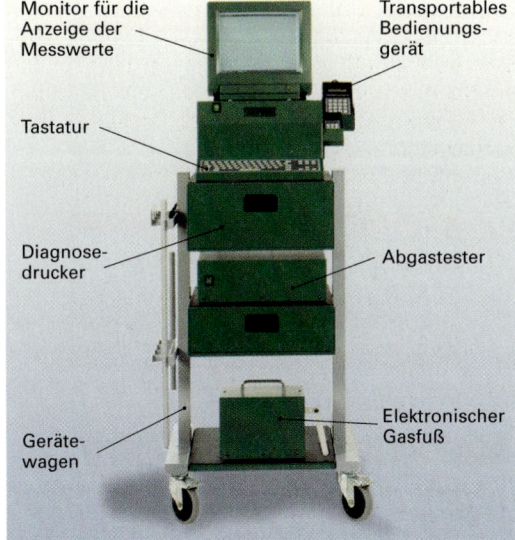

Bild 2: Tester

Der Anschluss des Testers an die Systemkomponenten erfolgt über eine Diagnose-Schnittstelle. Sie ist eine Steckbuchse, die meist im Motor- oder Fahrzeuginnenraum untergebracht ist.

Diagnosecomputer (Bild 3). Er besteht aus einem Computer mit Bildschirm und kann in Verbindung mit einem Tester für alle Diagnose- und Messverfahren verwendet werden. Über die Diagnosesteckdose kann die Verbindung zwischen Fahrzeug und Computer hergestellt werden. Folgende Arbeiten können ausgeführt werden:
- Steuergerätediagnose, Abfrage des Fehlerspeichers
- On Board Diagnose (OBD)
- Graphische Darstellung von Signalen, Messen von Spannung, Strom und Widerständen
- Kommunikationssystem, Datenabfrage
- Geführte Fehlersuche
- Expertensystem.

Bild 3: Diagnosecomputer

Steuergerätediagnose mit Abfrage des Fehlerspeichers. In modernen Kraftfahrzeugen werden Fehler, die während des Betriebs auftreten, im Speicher des Steuergerätes abgelegt. Die Abspeicherung der Fehler erfolgt in Zahlen, sogenannten Fehlercodes. Der Fehlercode kann entweder indirekt als Blinkcode über eine Diagnoseleuchte oder als Klartextaussage auf dem Monitor des Diagnosecomputers angezeigt werden. In diesem Fall entfällt die Entschlüsselung des Codes mit Hilfe von Werkstattunterlagen und Handbüchern. Z.B. kann der Fehlercode 57 Luftmengenmesser bedeuten, d.h. im Teilsystem Luftmengenmesser ist ein Fehler vorhanden oder tritt ein Fehler auf. Ist der Fehler behoben, so kann er im Speicher gelöscht werden.

On Board Diagnose (OBD). Sie ist Teil der Steuergeräte-Fehlerauslese und beschränkt sich auf die Informationen, die sich auf das Abgas beziehen, wie z.B. Lambdasondensignale, Katalysatorwirkungsgrad, Einspritzzeiten, Zündungsüberwachung.

Mit der Einführung der OBD ab dem Jahr 2000 in Europa wird eine einheitliche Schnittstelle mit Adapter geschaffen, die es den Behörden ermöglicht, jederzeit ein Datenprotokoll auszudrucken. Dadurch kann die Abgasemission eines Kraftfahrzeugs jederzeit kontrolliert werden. Die Schnittstellen der anderen Systeme, wie z.B. ABS, Airbag, Klima, Getriebe, Diebstahlwarnsystem usw. werden nicht vereinheitlicht.

Signaldarstellung. Es können auf dem Monitor des Computers, z.B. Spannungen, Ströme, Widerstände und Drehzahlen digital angezeigt werden. Außerdem kann der Verlauf von Signalen graphisch angezeigt werden, um eine Fehlerdiagnose zu ermöglichen. In **Bild 1** ist der Verlauf der Anlasser-Spannung während des Starvorgangs graphisch dargestellt und bewertet.

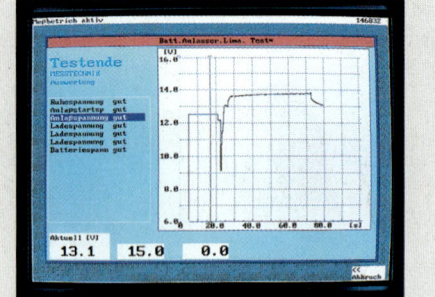

Bild 1: Spannungsverlauf während des Anlassvorgangs

Außerdem können zeitlich wiederkehrende Signale während des Fahrbetriebs unter Last erfasst und ausgewertet werden.

Kommunikationssystem. Es ermöglicht die Beschaffung von Daten und Informationen. Dazu ist es erforderlich, dass das Fahrzeug eindeutig identifiziert wird, z.B. anhand des Fahrzeugscheins. Die Daten des Fahrzeugs sind auf der Festplatte des Computers gespeichert. Dadurch ist ein schneller Zugriff möglich. Folgende Informationsquellen können zur Verfügung stehen:
Darstellungen von Bauteilen **(Bild 2)**, Technische Daten, Schaltpläne, Servicepläne, Systembeschreibungen, Fehlersuchpläne, Daten zur Abgasdiagnose, Fachbegriffe.

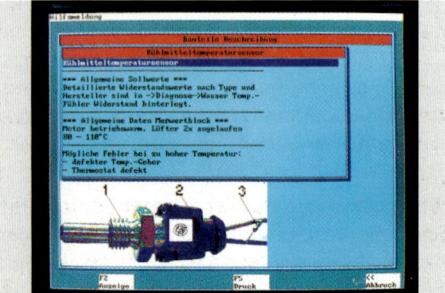

Bild 2: Informationen über Bauteile

Expertensystem. Mit ihm können Daten und Informationen Online von einer Datenbank abgerufen werden. Dort haben die Anwender des Systems zu bestimmten Problemen und Fehlern Lösungen gesammelt (Insiderinformationen) und abgelegt. Falls eines dieser Probleme bei einem anderen Fahrzeug auftritt, kann auf die bereits vorhandene Lösung zugegriffen und Fehler behoben werden.

Geführte Fehlersuche. Sie ermöglicht das Auffinden eines Fehlers in vorgegebenen Arbeitsschritten. Diese werden auf dem Bildschirm angezeigt. Führt der Anwender die einzelnen Arbeitsgänge nacheinander aus, so wird der Fehler durch das systematische Vorgehen schnell gefunden. Dies hat den Vorteil, dass der Anwender, z.B. bei Änderungen eines Fahrzeugtyps ohne lange Schulungen in der Lage ist, einen Fehler zu finden.

Beispiel einer Fehlersuche (Bild 3). Nach dem der Anwender das zu prüfende System ausgewählt hat, z.B. Bosch Motronic, wird anschließend auf dem Bildschirm das Problem markiert. Im nächsten Bildschirm werden Ursachen und Lösungsmöglichkeiten angegeben. Der Lösungsbildschirm kann mit Bildern von Bauteilen, Schaltplänen und Systemdarstellungen ergänzt werden.

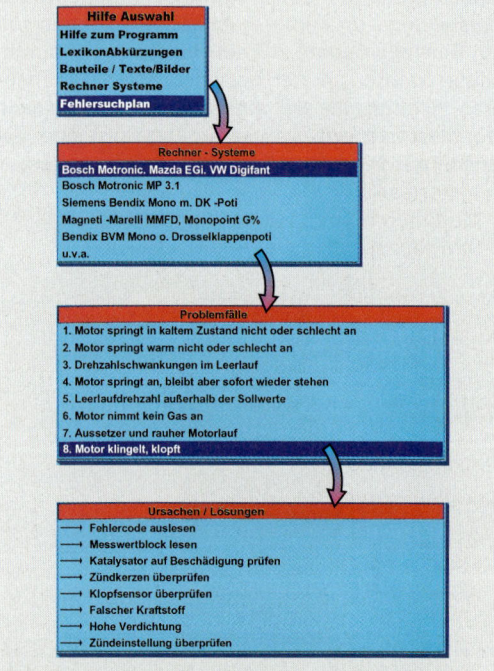

Bild 3: Menügeführte Fehlersuche

WIEDERHOLUNGSFRAGEN

1. Welche Möglichkeiten des Prüfens und Testens gibt es?
2. Was ist ein Expertensystem?

7.11 Schaltpläne

Einteilung der Schaltpläne

Ein Schaltplan ist die zeichnerische Darstellung elektrischer Betriebsmittel durch Schaltzeichen, durch Abbildungen oder vereinfachte Konstruktionszeichnungen.

Der Schaltplan zeigt, wie verschiedene elektrische Bauteile zueinander in Beziehung stehen und miteinander verbunden sind.

In der Kraftfahrzeugelektrik werden, je nach Aufgabe, folgende Schaltplanarten verwendet:
– Übersichtsschaltpläne
– Anschlusspläne
– Stromlaufpläne.

Übersichtsschaltplan (Bild 1). Er ist die vereinfachte Darstellung einer Schaltung, wobei nur die wesentlichen Teile berücksichtigt werden. Er zeigt die Arbeitsweise und Gliederung einer elektrischen Anlage.

Die Geräte werden durch Quadrate oder Rechtecke mit eingezeichneten Kennzeichen oder durch Schaltzeichen oder Bezeichnungen dargestellt.

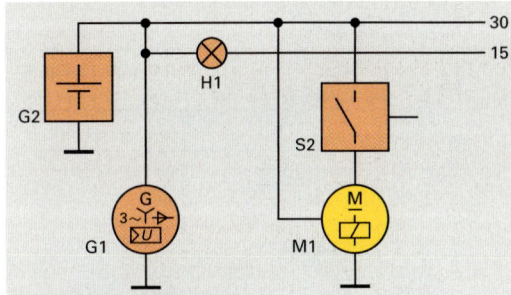

Bild 1: Übersichtsschaltplan

Anschlusspläne

Man unterscheidet:
– Anschlusspläne in zusammenhängender Darstellung
– Anschlusspläne in aufgelöster Darstellung.

Anschlussplan in zusammenhängender Darstellung (Bild 2). Er zeigt die Anschlusspunkte einer elektrischen Einrichtung und die daran angeschlossenen inneren und äußeren leitenden Verbindungen. Zu diesem Zweck werden die einzelnen Bauteile mit der Leitungsführung, sämtlichen Anschlusspunkten und Klemmenbezeichnungen meist lagegerecht dargestellt.

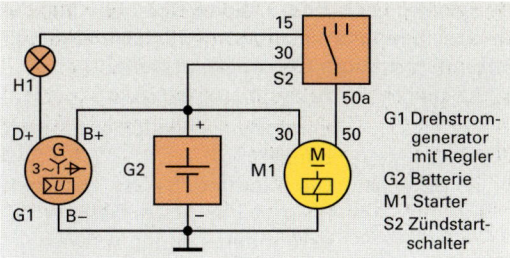

Bild 2: Anschlussplan (zusammenhängende Darstellung)

Anschlussplan in aufgelöster Darstellung (Bild 3). Bei der aufgelösten Darstellung entfallen die durchgehenden Verbindungslinien (Leitungen) von Gerät zu Gerät.

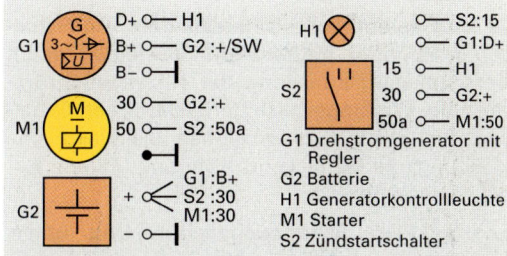

Bild 3: Anschlussplan (aufgelöste Darstellung)

Gerätekennzeichnung. Zur leichteren Erkennung werden die Schaltzeichen noch mit einer Gerätekennzeichnung versehen, die in unmittelbarer Nähe des Schaltzeichens angebracht sind. Sie besteht aus einer Folge von festgelegten Vorzeichen, Buchstaben und Zahlen, z. B. G1 für den Generator.

Zielhinweise. Alle vom Gerät abgehenden Leitungen erhalten einen Zielhinweis **(Bild 3)**, bestehend aus
– der Klemmenbezeichnung, von der die Leitung ausgeht, z. B. am Generator B+
– dem Leitungssymbol ○—
– dem Zielgerät, zu dem die Leitung hinführt, z. B. G2 für die Starterbatterie
– der Klemmenbezeichnung am Zielgerät, zu der die Leitung führt. Sie ist immer durch einen Doppelpunkt (:) von der Gerätekennzeichnung des Zielgerätes getrennt, z. B. G2 :+ bedeutet, dass die Leitung zum Pluspol der Starterbatterie führt
– der Leitungsfarbe, falls vorgeschrieben. Die Farbkennzeichnung ist immer durch einen Schrägstrich (/) von der Klemmenbezeichnung am Zielgerät getrennt, z. B. :+/sw bedeutet, dass die Verbindungsleitung in schwarzer Farbe ausgeführt ist.

Im Beispiel nach **Bild 3, Seite 623** bedeutet die Kennzeichnung am Generator G1, dass folgende Verbindungen vom Generator ausgehen:

D+ ○— **H1**	Die Klemme D+ ist mit der Generatorkontrollleuchte H1 verbunden.
B+ ○— **G2:+/sw**	Die Klemme B+ ist mit dem Pluspol der Starterbatterie G2 verbunden. Leitung schwarz.
B– ○—┤	Die Klemme B– ist mit Masse verbunden.

Der Verlauf der oben beschriebenen Verbindungsleitungen kann auch dem Anschlussplan in zusammenhängender Darstellung entnommen werden (**Bild 2, Seite 623**).

Stromlaufpläne
Sie sind ausführliche Darstellungen von Schaltungen in ihren Einzelteilen. Sie zeigen durch übersichtliche Darstellung der einzelnen Stromkreise die Wirkungsweise der elektrischen Schaltung. Ein Stromlaufplan enthält die elektrische Schaltung, die Gerätekennzeichnung und die Anschlussbezeichnung.

Aufgrund der Schaltzeichenanordnung unterscheidet man
- Stromlaufpläne in zusammenhängender Darstellung
- Stromlaufpläne in aufgelöster Darstellung.

Stromlaufplan in zusammenhängender Darstellung (Bild 1). Alle Bauteile, die in einem Schaltplan enthalten sind, werden unmittelbar beieinander zusammenhängend dargestellt. Auf die räumliche Lage der einzelnen Bauteile und ihre Anschlussstellen braucht keine Rücksicht genommen werden. Mechanische Verbindungen werden durch unterbrochene Verbindungslinien gekennzeichnet.

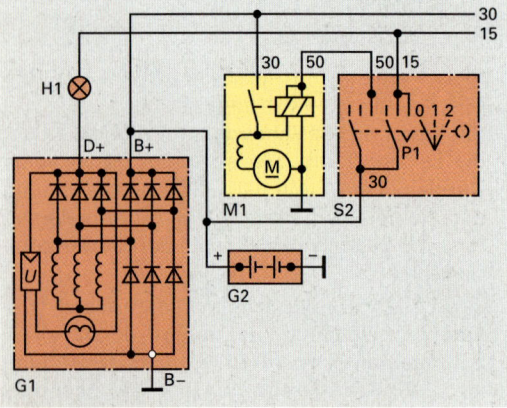

Bild 1: Stromlaufplan in zusammenhängender Darstellung

Stromlaufplan in aufgelöster Darstellung (Bild 2). Die Schaltzeichen der elektrischen Bauteile werden so angeordnet, dass die einzelnen Stromwege möglichst einfach zu verfolgen sind, wobei auf die räumliche Zusammengehörigkeit und den mechanischen Zusammenhang der einzelnen Bauteile und Baugruppen keine Rücksicht genommen wird.

Eine klare, geradlinige, kreuzungsfreie Anordnung der einzelnen Stromkreise hat Vorrang. Üblicherweise werden die Plus- und Minusleitungen als horizontal liegende Parallelen gezeichnet. Die einzelnen Strompfade verlaufen dann von Plus nach Minus, d. h. von oben nach unten. Falls unvermeidlich, können Teile eines Strompfades auch waagerecht gezeichnet werden.

Zum einfacheren Auffinden von Schaltungsteilen dient die am oberen Rand des Schaltplanes angebrachte Abschnittskennzeichnung (**Bild 2**). Dafür gibt es drei Möglichkeiten der Darstellung:

- Fortlaufende Zahlen (1, 2, 3, ...) in gleichen Abständen von links nach rechts
- Bezeichnung der Schaltungsabschnitte, z. B. Stromversorgung ...
- Kombination aus fortlaufenden Zahlen und bezeichneten Schaltungsabschnitten.

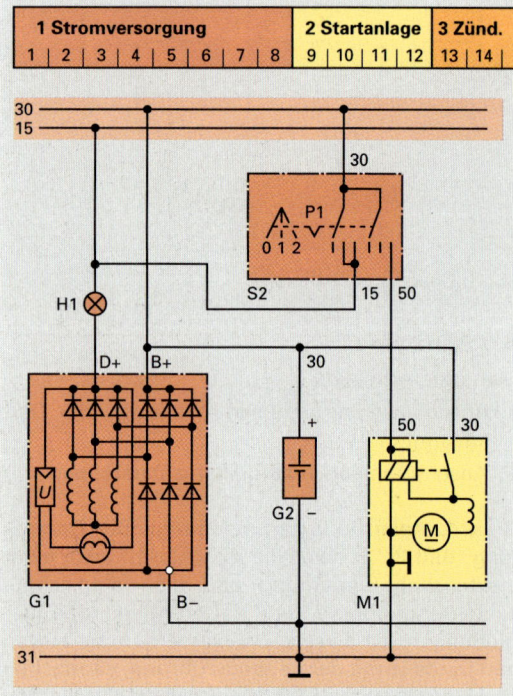

Bild 2: Stromlaufplan in aufgelöster Darstellung

Kennzeichen	Geräte	Abschnitt
E1	Zündverteiler	3 (4)
E2	Zündkerzen	3 (4)
E3	Innenleuchte m. Schalter	5, 10
E4	Heckscheibenheizung	7
E5	Rückfahrleuchte L und R	10
E7	Instrumentenbeleuchtung	7
E9	Kennzeichenleuchte L	10
E10	Kennzeichenleuchte R	10
E11	Begrenzungsleuchte L	10, 16
E12	Schlussleuchte L	10
E13	Begrenzungsleuchte R	10, 16
E14	Schlussleuchte R	10, 16
E15	Fern-Abblend-Scheinwerfer L	11
E16	Fern-Abblend-Scheinwerfer R	11
E17	Nebelscheinwerfer L	12
E18	Nebelscheinwerfer R	12
E19	Nebelschlussleuchte L	12, 16
E20	Nebelschlussleuchte R	12, 16
G1	Generator (mit Regler)	1
G2	Batterie	1
H1	Generatorkontrollleuchte	1
H2	Anzeigeleuchte für Heckscheibenheizung	7
H3	Öldruckwarnleuchte	6
H4	Warnlicht-Anzeigeleuchte	9
H5	Blinkkontroll-Anzeigeleuchte	9
H6	Blinkleuchte LV	9
H7	Blinkleuchte LH	9, 16
H8	Blinkleuchte RV	16
H9	Blinkleuchte RH	9, 16
H10	Bremsleuchte L	9, 16
H11	Bremsleuchte R	9, 16
H12	Fernlicht-Anzeigeleuchte	11
H13	Nebelschlusslicht-Anzeigeleuchte	12
H14	Startbereitschafts-anzeigeleuchte	3
K1	Relais, Entlastung Kl. 15	2, 3
K2	Wischintervallrelais	8
K3	Hornrelais	9
K4	Warnblinkgeber	9
K5	Nebelleuchten-Relais mit Diode	12
K17	Hauptrelais (Motronic)	4
K18	Kraftstoffpumpenrelais	4
K19	Thermozeitschalter	4
K20	Steuerrelais	4
M1	Startermotor	2
M2	Kühlgebläsemotor	7
M3	Frischluftgebläsemotor	7
M4	Scheibenspülermotor	8
M5	Wischermotor	8
M6	Heckwischermotor	8
M7	Heckscheiben-Spülermotor	8
M8	Lichtwischermotor mit Pumpensteuerung	8, 11
M9	Spülermotor für M8 und M10	8, 11
M10	Lichtwischermotor	8, 11
N1	Spannungskonstanthalter	6
P1	Zeituhr	5
P2	Drehzahlmesser	6
P3	Kühlwassertemperatur-anzeige	6
P4	Kraftstoffstandanzeige	6
R1	Vorwiderstand für T1	3
R2	Kraftstoffstandgeber	6
R3	Glühstiftkerze	3
R4	Regelwiderstand für E7	10
S1	Batterieschalter (mech)	1
S2	Zündstartschalter (Fahrt-Startschalter)	1
S4	Türkontaktschalter für E3, R	10
S5	Heckscheibenheizungs-schalter	7
S6	Öldruckschalter	6
S7	Temperaturschalter (Kühlung)	7
S8	Lüfterschalter	7
S9	Spüler-(Wascher-)schalter	8
S10	Wischerschalter	8
S11	Heckwischer-Spülerschalter	8
S12	Hornumschalter	9
S13	Horntaster	9
S14	Warnlichtschalter	9
S15	Blinkerschalter	9
S16	Bremslichtschalter	9
S17	Rückfahrlichtschalter	10
S18	Lichtschalter	10
S19	Abblendschalter	11
S20	Lichthupentaster	11
S21	Lichtwischertaster	8, 11
S22	Parklichtschalter	10
S23	Nebellichtschalter	12
S24	Türkontaktschalter für E3, L	10
S38	Autoalarmschalter	5
S53	Drosselklappenschalter	4
T1	Zündspule, Zündtrafo	3 (4)
W1	Autoantenne	5
X1	Steckdose (innen)	5
Y1	Leerlaufabschaltventil	6
Y3	Einspritzventil	4
Y3/1	Einspritzventil für Zylinder 1	4
Y10	Kaltstartventil	4
Y11	Zusatzluftschieber	4
Y12	Elektrokraftstoffpumpe	4

2.2 Stromlaufplan

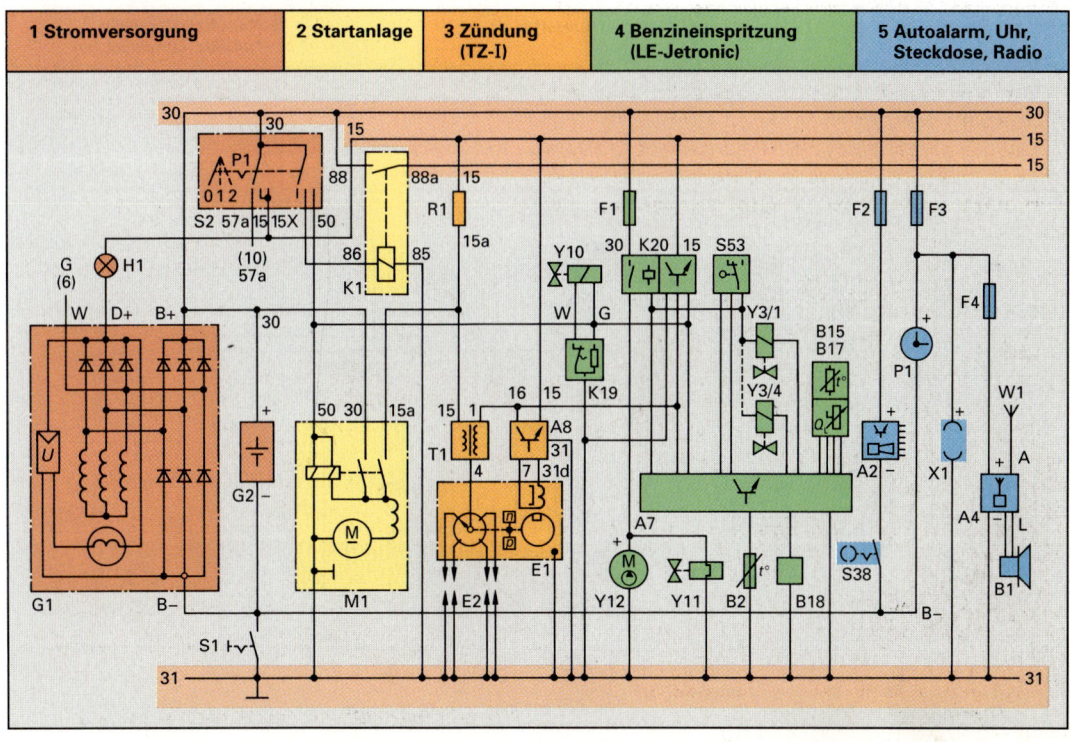

Stromlaufplan – Fortsetzung

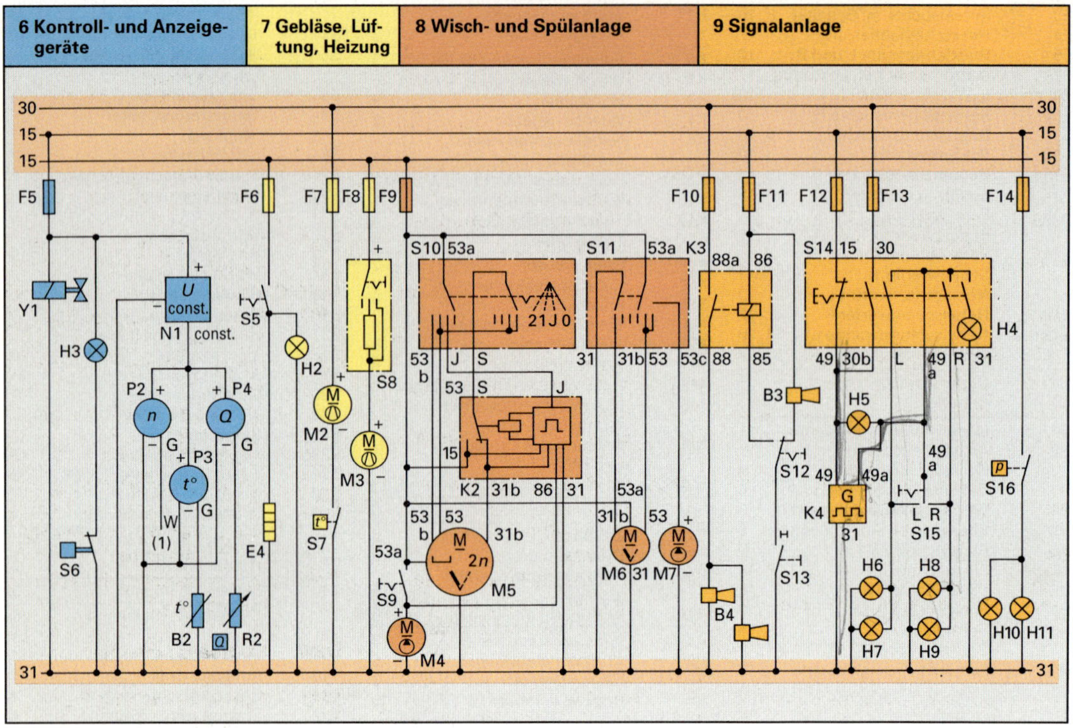

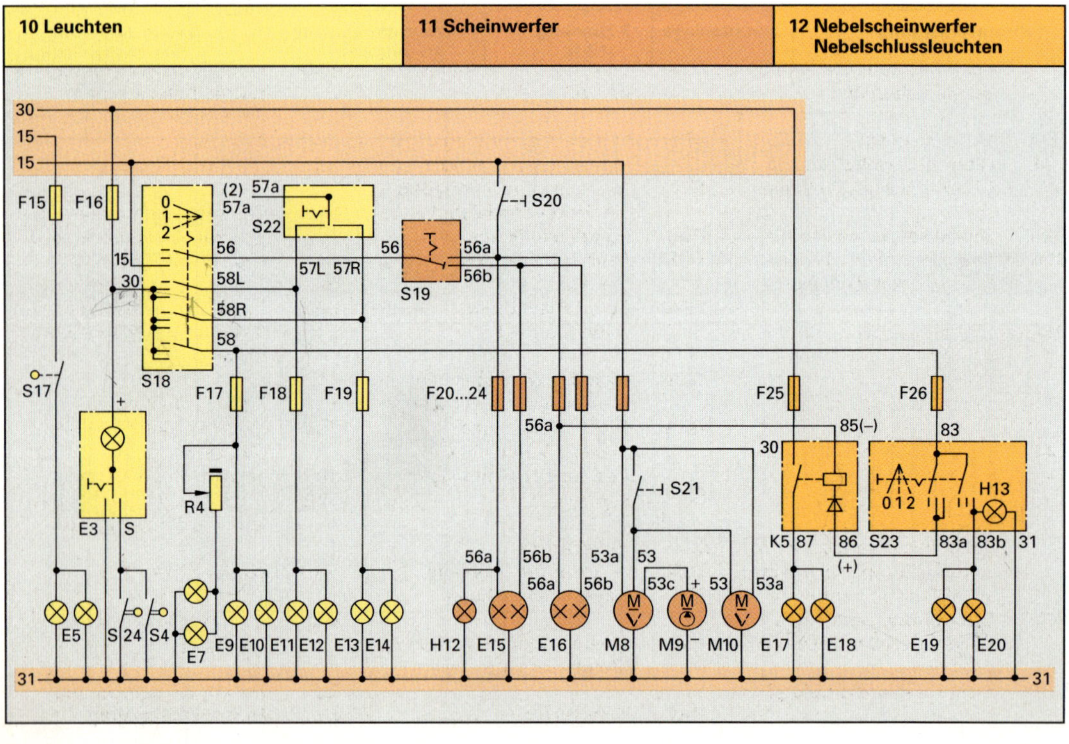

8 Abkürzungen und englische Begriffe

ABS	Anti-Blockier-System	EDC	Elektronic Diesel Control (Elektronisches Diesel-Motormanagement)	LED	Light Emitting Diode (Leuchtdiode)
ABV	Anti-Blockier-Verhinderer			LHD	Left-Hand Driver (Linkslenker)
ADS	Adaptives Dämpfersystem				
AGS	Automatische Getriebesteuerung	EDS	Elektronische Differenzialsperre	LLR	Leerlaufregelung
AHK	Aktive-Hinterachs-Kinematik	EDW	Einbruch-Diebstahl-Warnanlage	LWR	Leuchtweitenregelung
				LWS	Latentwärmespeicher
AKS	Automatisches Kupplungssystem	EGS	Elektronische Getriebesteuerung	MAF	Mass Air Flow (Luftmassenmesser)
ALB	Automatisch lastabhängiger Bremskraftregler	EHB	Electro-Hydraulic-Braking-System (Elektro-Hydraulisches-Bremssystem)	MODIC	Mobiler Diagnose Computer
ARF	Abgasrückführung			MSR	Motor-Schleppmoment-Regelung
ASC	Anti-Schlupf-Control (Automatische Stabilitätskontrolle)	EKS	Elektronisches Kupplungssystem		
		EML	Elektronische Motor-Leistungsregelung	NEFZ	Neuer Europäischer Fahrzyklus
ASR	Antriebsschlupf-Regelung			NF	Niederfrequenz
ASU	Abgassonderuntersuchung	EMV	Elektro-Magnetische-Verträglichkeit	NFZ	Nutzfahrzeug
ATF	Automatic Transmission Fluid (Automatikgetriebeöl)	EOBD	On-Board-Diagnose für Europa	NLS	Needle Lift Sensor (Nadelbewegungs-Sensor)
AU	Abgasuntersuchung	EPB	Elektro-Pneumatische-Bremse	NTC	Negativer Temperatur Koeffizient (Temperaturabhängiger Widerstand)
BAS	Bremsassistent				
BBA	Betriebsbremsanlage	EPHS	Electrically Powered Hydraulic Steering (elektro-hydraulische Lenkunterstützung)	PWM	Pulsweitenmoduliertes Magnetventil
BSU	Bremssonderuntersuchung				
				OBD	On Board Diagnose
CAN	Control-Area-Network (rechnergestütztes Datennetz)	ESD	Elektronisches Sperrdifferenzial	PCU	Pump Control Unit (Pumpensteuergerät)
		ESP	Elektronic-Stability-Program (Elektronisches Stabilitäts-Programm)	PTC	Positiver Temperatur Koeffizient (Temperaturabhängiger Widerstand)
CDI	Common Rail Diesel Injection (Common Rail Einspritzung)				
CVT	Continuous-Variable-Transmission (Stufenloses Übersetzungsgetriebe)	ETS	Elektronisches Traktionssystem	RDS	Radio Data System (Radiosender Datensystem)
		EWS	Elektronische Wegfahrsperre	RHD	Right-Hand Driver (Rechtslenker)
DBA	Dauerbremsanlage	FBA	Feststellbremsanlage		
DDE	Digitale-Diesel-Elektronik	FIS	Funkinnenraumschutz	RS	Rückhalte-System
DI	Direct Injection (Direkteinspritzung)	FDI	Fuel Direct Injection (Benzindirekteinspritzung)	SAE	Society of Automotive Engineers (Automobilingenieur Vereinigung)
DME	Digitale-Motor-Elektronik	FDR	Fahrdynamikregelung		
DOT	Departement of Transportation (Verkehrsministerium)	FDS	Fahrzeug-Diagnose-System	SP	Sicherheitsprüfung
		FWD	Four Wheel Drive (Vierradantrieb)	SRS	Supplement Restraint System (Sicherheits-Rückhaltesystem)
DSC	Digital-Stability-Control (Digitale Stabilitätskontrolle)	GDI	Gasoline Direct Injection (Benzindirekteinspritzung)		
DWA	Diebstahl-Warnanlage	GPS	Global Positioning System (Weltweites Positionsbestimmungssystem)	TC	Traction Control
EAG	Elektronisches Automatik-Getriebe			TCS	Traction Control System (Antriebsschlupfregelung)
EBS	Elektronisches Bremssystem			THZ	Tandem-Hauptzylinder
				TWI	Treat Wear Indicator (Reifenabnutzungsindikator
ECE	Economic Commission for Europe (Europäische Wirtschaftskommission)	HA	Hinterachse		
		HBA	Hilfskraftbremsanlage	VA	Vorderachse
		HU	Hauptuntersuchung		
ECVT	Elektronischgesteuertes stufenloses Übersetzungsgetriebe	ICM	Ignition Control Module (Zündungssteuergerät)	WÜK	Wandler-Überbrückungskupplung
EDC	Elektronische-Dämpfer-Control	KAT	Katalysator	ZU	Zwischenuntersuchung
				ZV	Zentralverriegelung

Acceleration – Beschelunigung
Accelerator pedal – Gaspedal
Acceptance test – Abnahmeprüfung
Accident damage – Unfallschaden
Accident prevention – Unfallverhütung
Acid level – Säurestand
Adjust – einstellen
Adjustable – verstellbar
Advanced ignition – Vorzündung, Frühzündung
After-sales service advisor – Kundendienstberater
Air-brake system – Druckluftbremsanlage
Air conditioning compressor – Kältekompressor
Air conditioning system – Klimaanlage
Air-flow sensor –Luftmengenmesser
Air-mass sensor – Luftmassenmesser
Air spring – Luftfeder
All-wheel drive – Allradantrieb
Alternator – Drehstromgenerator
Antiblock system – ABS, Antiblockiersystem
Antiknock properties – Klopffestigkeit
Articulated shaft – Gelenkwelle
Assembling – Zusammenbauen
Automatic injection control device – automatischer Spritzversteller
Automatic transmission – Automatikgetriebe
Automatic Transmission Fluid (ATF) – Automatikgetriebeöl
Auxiliary-air device – Zusatzluftschieber
Axial clearance – Axialspiel
Axle alignment – Achsvermessung
Axle shaft – Achswelle

Backup light – Rückfahrscheinwerfer
Balancer – Auswuchtmaschine
Balancing – Auswuchten
Ball bearing – Kugellager
Battery – Batterie
Battery ignition system – Batterie-Zündanlage
Battery terminal – Batterieklemme
Bearing – Lager (Halterung)
Belt tension – Riemenspannung
Body – Karosserie
Boot – Kofferraum
Boot lid – Kofferraumdeckel
Brake – Bremse
Brake caliper – Bremssattel
Brake disc – Bremsscheibe
Brake fluid – Bremsflüssigkeit
Brake hose – Bremsschlauch
Brake lining – Bremsbelag
Brake system – Bremsanlage
Brazing – Hartlöten

Bulb – Glühlampe

Camber – Sturz (Rad)
Camshaft – Nockenwelle
Carburettor – Vergaser
Catalyst – Katalysator
Car electrics – Autoelektrik
Charging – Laden (Batterie)
Chassis – Fahrwerk
Checking – prüfen
Clutch – Kupplung (Kraftübertragung)
Clutch control – Kupplungsbetätigung
Clutch operator – Kupplungsausrücker
Clutch play – Kupplungsspiel
Cogged belt – Zahnriemen
Coil ignition system – Spulenzündanlage
Combustion – Verbrennung (Motor)
Compensating tank – Ausgleichsbehälter
Compression check – Kompressionsdruckprüfung
Compression cycle – Verdichtungstakt
Compression-loss test – Druckverlust-Prüfung
Connecting rod – Pleuelstange
Coolant – Kühlflüssigkeit
Coolant pump – Kühlflüssigkeitspumpe
Cooling – Kühlung
Corrosion protection – Korrosionsschutz
Crankshaft – Kurbelwelle
Crankshaft bearing – Kurbelwellenlager
Cylinder – Zylinder (Motor)
Cylinder head – Zylinderkopf
Cylinder-head bolt – Zylinderkopfschraube
Cylinder-head gasket – Zylinderkopfdichtung

Declutching – Auskuppeln
Dent removal – Ausbeulen
Diesel engine – Dieselmotor
Differential – Ausgleichsgetriebe, Differenzial
Differential lock – Differenzialsperre
Dipped headlight – Abblendlicht
Direct injection – Direkteinspritzung
Direction indicator lamp – Blinkleuchte
Disc brake – Scheibenbremse
Dismantling – Zerlegen
Distributorless semiconductor ignition system – vollelektronische Zündanlage
Distributor-type injection pump – Verteilereinspritzpumpe
Door – Tür
Door lock – Türschloss

Driver's licence – Führerschein
Drum brake – Trommelbremse

Efficiency – Wirkungsgrad
Electric fan – Elektrolüfter
Electric system – elektrische Anlage
Enganging the clutch – Einkuppeln
Engine displacement – Hubraum
Engine hood – Motorhaube
Exchanging – Austauschen
Exhaust cycle – Auspufftakt
Exhaust gas – Auspuffgas
Exhaust gas turbocharger – Abgasturbolader
Exhaust manifold – Auspuffkrümmer
Exhaust pipe – Auspuffleitung
Exhaust system – Auspuffanlage
Exhaust tube – Auspuffrohr
Exhaust valve – Auslassventil

Fan – Ventilator
Fasten seat belt! – Gurt anlegen!
Filter – Filter
Four-stroke engine – Viertaktmotor
Friction bearing – Gleitlager
Front axle – Vorderachse
Front-wheel drive – Vorderradantrieb
Fuel-air mixture – Kraftstoff-Luft-Gemisch
Fuel consumption – Kraftstoffverbrauch
Fuel filter – Kraftstoff-Filter
Fuel pump – Kraftstoffpumpe
Fuel tank – Kraftstoffbehälter
Fully automatic gear – vollautomatisches Getriebe
Full load – Volllast (Motor)
Fuse – elektrische Sicherung

Gasket – Dichtung
Gasoline – Benzin
Gas-pressure shock absorber – Gasdruckdämpfer
Gear – Getriebe, Gang
Gearbox suspension – Getriebeaufhängung
Gear oil – Getriebeöl
Glove box – Handschuhfach
Glow plug – Glühkerze

Halogen lamp – Halogenlampe
Headlights – Scheinwerfer
Helical spring – Schraubenfeder
Horn – Horn, Hupe
Hydraulic brake – hydraulische Bremse

Ignition distributor – Verteiler (Zündung)
Ignition system – Zündanlage
Immobilizer system – Wegfahrsperre
Indicator light – Kontroll-Leuchte
Injection engine – Einspritzmotor

8 Abkürzungen und englische Begriffe

Injection nozzle – Einspritzdüse
Injection pump – Einspritzpumpe
Inlet valve – Einlassventil
In-line injection pump – Reiheneinspritzpumpe
Intake cycle – Ansaugtakt
Intake manifold – Ansaugkrümmer
Intake pipe – Ansaugrohr
Intake valve – Einlassventil

Joint – Gelenk

Knocking – Klopfen
Knocking combustion – klopfende Verbrennung

Lambda probe – Lambdasonde
Lamps – Leuchten (Fahrzeug)
Leaf spring – Blattfeder
Level control system – Niveauregulierung (Fahrzeug)
Licence plate – Nummernschild
Lighting – Beleuchtung
Lighting system – Beleuchtungsanlage
Liquid cooling – Flüssigkeitskühlung
Lubrication – Schmierung
Lubricating grease – Schmierfett

Main beam – Fernlicht
Maintenance – Instandhaltung
Master cylinder – Hauptzylinder (Bremse)
Measuring – Messen
Misfire – Fehlzündung
Multilink rear suspension – Raumlenkerachse
Muffler – Schalldämpfer

Nozzle holder – Düsenhalter
Nozzle needle – Düsennadel

Oil change – Ölwechsel
Oil drain plug – Ölablassschraube
Oil grade – Ölsorte
Oil loss – Ölverlust
One-way street – Einbahnstraße
Operating manual – Bedienungsanleitung
Out-of-balance – Unwucht
Overhauling – Überholung (Reparatur)

Painting – Lackieren
Parking position – Parkstellung (autom. Getriebe)
Partial load – Teillast (Motor)
Petrol injection – Benzineinspritzung
Piston – Kolben
Piston ring – Kolbenring
Planetary gear – Planetengetriebe
Plug socket – Kerzenstecker
Position light – Begrenzungsleuchte
Power output – Leistung (Motor)
Power steering – Servolenkung

Preheating system – Vorglühanlage
Pressure sensor – Druckfühler
Pulling off – Abziehen
Pump element – Pumpenelement

Radial shaft seal – Radialwellendichtring
Radial tyre run-out – Höhenschlag (Reifen)
Radiator – Kühler
Rear-engine drive – Heckmotorantrieb
Rear axle – Hinterachse
Rear light – Schlussleuchte
Rear-wheel drive – Hinterradantrieb
Rear window – Heckscheibe
Reference mark indicator – Bezugsmarkengeber
Reflector – Reflektor
Refuelling – Betanken
Relay – Relais
Removing – abmontieren, abbauen
Repair handbook – Reparaturanleitung
Replacing – Austauschen
Reset – Rückstellung
Respray – Reparaturlackierung
Retarder – Dauerbremse
Rigid axle – Starrachse
Rim – Felge
Roller bearing – Wälzlager
Roof – Dach

Screw – Schraube
Self-ignition – Selbstzündung
Setting the headlights – Scheinwerfer einstellen
Shock absorber – Stoßdämpfer
Short circuit – Kurzschluss
Silencer – Schalldämpfer
Shock absorber – Stoßdämpfer
Single disk clutch – Einscheibenkupplung
Single point injection – Zentraleinspritzung
Single spark ignition coil – Einzelfunkenzündspule
Soldering – Löten
Spare part – Ersatzteil
Spark – Funke
Spark ignition engine with fuel injection – Otto-Einspritzmotor
Spark plug – Zündkerze
Speed governor – Drehzahlregler (Motor)
Spring – Feder
Stabilizer – Stabilisator (Radaufhängung)
Starter – Starter
Starter battery – Starterbatterie
Steering – Lenkung
Steering column – Lenksäule
Steering gear – Lenkgetriebe
Steering wheel – Lenkrad
Stop light – Bremsleuchte
Stripping – Abisolieren

Suspension – Federung
Supercharging – Aufladung

Thermostat – Thermostat
Thread – Gewinde
Throttle valve – Drosselklappe
Tightening – festziehen
Traction control system – Antriebsschlupfregelung
Tread depth – Profiltiefe
Toe-in – Spur, Vorspur (Rad)
Toothed belt – Zahnriemen
Top coat – Decklackierung
Topping up – Auffüllen
Torque – Drehmoment
Torque converter – Drehmomentwandler
Torque wrench – Drehmomentschlüssel
Towing – Abschleppen
Tow rope – Abschleppseil
Tubeless – schlauchlos
Turn indicator lamp – Fahrtrichtungsanzeiger
Turn indicator system – Blinkanlage
Two-stroke engine – Zweitaktmotor
Tyre designation – Reifenbezeichnung
Tyre fitting – Reifenmontage
Tyres – Bereifung, Reifen

Undercoating – Unterbodenschutz
Universal joint – Universalgelenk
Unleaded gasoline – bleifreies Benzin

Vacuum brake booster – Unterdruck-Bremskraftverstärker
Valve – Ventil
Valve play – Ventilspiel
Valve seat – Ventilsitz
Variable-speed gearbox – Wechselgetriebe
V-belt – Keilriemen
Vehicle paintwork – Fahrzeuglackierung
Ventilation – Belüftung
Visual check – Sichtprüfung
Voltage – elektische Spannung
Voltage regulator – Spannungsregler

Welding – Schweißen
Wheel – Rad
Wheel bearing – Radlager
Wheel brake cylinder – Radbremszylinder
Wheel spinning – Durchdrehen der Räder
Wheel suspension – Radaufhängung
Windscreen – Windschutzscheibe
Wiper – Scheibenwischer
Wishbone – Querlenker
Working cycle – Arbeitstakt (Motor)
Wrong adjustment – falsche Einstellung

A

Abblendlicht, -scheinwerfer ... 606
Abfallbestimmungsverordnung . 223
Abgasanlage 319-321
-entgiftung 310
-grenzwerte 310
-regelung 291
-rückführung 311, 317, 356
-turbolader 373
-untersuchung 310, 315
-Wärmeübertrager 341
Abkanten 34
Abkürzungen und englische
  Begriffe 627-629
Ablaufsteuerung 145
Abmaße 18
Abriebindikation 508
ABS (Anti-Blockier-System) ....
  .... 493-498, 529
-für Druckluftbremsanlagen ... 560
Abschnittsreparatur 445
Absetzen 31, 36
Abstellvorrichtung,
  elektrisch 362
Abwasser im Kfz-Betrieb ... 224
ACEA-Leistungsklassen 219
Acetylen-Sauerstoff-Flamme ... 76
Achsgetriebe 419-422
-getriebe -Einstellarbeiten,
  Prüfen 422
-schenkellenkung 472, 526
-vermessung 476, 477
-wellen 416
Adapterkabel 620
Additive 218
Adressbus 149
AFS (Aktive Fahrwerkstabili-
  sierung) 458, 459
Airbag 438
Airless Spritzen 449
Aktive Sicherheit 435
Aktiver Korrosionsschutz 448
Aktivkohleregenerierung 278
Alarmanlage 615
Algorithmus 160
Alkylieren 214
Allradantrieb 382, 429-431, 546
Altautoentsorgung 225
Alternativantriebe 377-380
Altölverordnung 223
Aluminium 111
-Karosserie 434
ALUSIL-Verfahren 257
Amplitude 453
Analog anzeigende Mess-
  geräte (elektrisch) ... 183-184
Analog-Digital-Wandler 134
Analogmultimeter 185
Anaphorese 450
Angestellte Lager 209
Angleichung 542
Anhänger-Bremsanlage 553
-Bremsventil 558
-Steuerventil 558
Anreicherungseinrichtung 283-287
Ansaugtakt 234

Anschlussplan 623
Antiklopfmittel 215
Antriebsarten 381, 382
Antriebsglieder 136
Antriebsschlupfregelungen
  (ASR) 499
Anwendersoftware 164
API-Klassen 218
Aquaplaning 504
Arbeit, mechanische 119
-, elektrische 179
Arbeiten an der hydraulischen
  Bremse 488
Arbeitsdiagramm 238
-maschinen 117
-platz 158
-sicherheit 85, 86
-takt 234, 237, 238
-weise des Zweitaktmotors 346, 347
ASCII-Code 147
ASC, ASR 428, 493, 561
ASD 428
Assembler 161
Asymmetrische Lichtverteilung . 606
ATF-Öle 219
Audit 229
Aufbau metallischer Werk-
  stoffe 93
Aufbauschneide 48
Aufkohlen 107
Aufladung 371
Auftragsverfahren 449
Aufziehen 35
Ausbeulen 446
Ausgabegeräte 152
Ausgleichsbehälter 334, 335
-gehäuse 423, 425
-getriebe 423, 424
-sperren 424, 427
-steuerung 350
-wellen 253
Auslassventile 267
Auspuffanlage des Zweitakt-
  motors 352
Ausrücker 383
Ausrücklager 384
Außenspeichergeräte 153
Äußere Sicherheitszone ... 435
Ausstoßtakt 234
Auswuchten 508, 509
Autogenschweißen 75
Automatikgetriebe, Schalt-
  qualitätssteuerung 412
-, Schaltpunktsteuerung 412
-steuerung, adaptiv, elektro-
  hydraulisch 411-413
-steuerung, Schaltplan ... 413, 414
Automatischer Blockier-
  verhinder (ABV) 494-498
-Getriebe 406-415
-Starterklappe 284
Automatischer Spritzversteller 543
Automatisches Kupplungs-
  system (AKS) 392
-Sperrdifferenzial 428
Axiallager 207

B

Barcode 151
Barcodeleser 151
Batterieumschaltrelais 565
Bauelemente, elektro-
  nische 196-205
Baugruppen im Gesamt-
  system Kraftfahrzeug ... 125
Baustähle 103
-,Härten von 107, 108
Beanspruchung des Schmieröls 322
Bedienung und Instand-
  haltung technischer Systeme 128
Beheizung des Innenraums ... 340
Beissschneiden 60
Beleuchtungseinrich-
  tungen 604-608
Belüftung 284, 340
Benzinabscheider 225
Benzineinspritzung
  -Systemübersicht . 281, 288, 289, 307
Berechnung der optimalen
  Streckenführung 618
Bereifung 503-509
-, Nutzfahrzeug 549
-, Zweiräder 530-532
Berufsgenossenschaften 85
Berührungskorrosion 90
Beschichten 22, 23, 83, 84
Beschleunigungspumpe 286
Beschleunigungseinrichtung
  .... 283, 286, 515, 516
Betriebsanleitung 128
Betriebsbremsanlage(n) 478
-im Zugfahrzeug 551
Betriebsbremsventil 556, 557
Betriebsdatenspeicher 148
Betriebsstoffe 212
Betriebssystem 155
Bewegliche Verbindungen ... 62
Bezugsmarkengeber 594
Bidruckpumpe 612
Biegen 34
-von Blechen 34
-von Rohren 29
Biegeumformen 29
Bildschirmauflösung 152
Bildwiederholfrequenz 152
Bimetalle 115
Bimetallfeder 284
Binärsystem 147
Biodieselkraftstoff 216
Bit 147
Blattfeder 547
Blechbearbeitung 34
-bearbeitungsverfahren ... 34, 38
-scheren 59
-verbindungen 38
-versteifungen (Sicken) 37
Bleiverbindungen 310
Bördeln 37, 630
Bohren 49-51
Bohrer schleifen, spannen 50
Bohrmaschinen 50
Boxfilter 537
Boyle-Mariotte 236

Sachwortverzeichnis

Branchensoftware 164
Bremsanlage(n) 478
-, Anhänger 553
-, Arten von 479
-, Aufbau einer 478
-, Betriebs- 478
-, Dauer- 478, 560
-, Druckluft- 550-561
-, Füllen und Entlüften der ... 488
-, kombinierte Druckluft-
 Hydraulik- 559
Bremsbacken 484
Bremsbeläge 487
Bremsdruckminderer 491
-sensor 500
Bremsen 478-492
-, gesetzliche Vorschriften von- . 479
-prüfung 492
Bremsfading 483
Bremsflüssigkeit 221
Bremskraftverstärker
-,hydraulischer 497
-, Unterdruck- 496
Bremskreisaufteilung 482
Bremsleuchten 479
-scheibe 487
-seile 492
-trommel 484
-zylinder 558
Brennschneiden 77
Brennstoffzelle 378
Brennstoffzuheizer 341
Brinell-Härteprüfung 89
Browser 168
Bügelmessschraube 15
Bundesdatenschutzgesetz .. 172
Busstruktur 166
Bussystem 149
Bypassbohrungen ... 283, 285, 516
Bypassventil 290
Byte 147

C

Cache-Speicher 148, 149
CAN-Bus-System 121
Cantilever-Federung 527
CCMC-Klassen 219
CD-ROM 153
-Laufwerk 153
Cetanzahl 215
Chemikaliengesetz ... 222, 225
Chemikalienrecht 222
Chemische Korrosion 89
Client/Server Netzwerk ... 166
Common-Rail-Einspritzung . 366
Compiler 162
Computer, Aufbau 146-48
-Achsvermessung 477
-technik 146
-viren 170
CPU 148
Crackverfahren 213

D

Daten, personenbezogen ... 172
-arten 146
-bus 149
-kommunikation 166
-netze 166
-schutz, gesetzlicher 172
-sicherung 169
-übertragung 120, 166
-verarbeitung 146
Dauerbremsanlage .. 478, 553, 560
Dauermagnetismus 191, 192
De Dion-Achse 468
Dehnstoff-Thermostat 337
Dengeln 33
Desachsierung 243
Destillation 213
Diagnosecomputer 621
Diagonalreifen 506
Diamant 116
Dichte 87, 95
Dichtungen 210
Dickschichtmembran 298
Diebstahlschutzsystem 613
Dieselklopfen 356
Dieselkraftstoff 215, 216
Dieselmotor 354-368
-Starthilfsanlagen 358
-kennzeichnende Merkmale ... 356
-Nutzkraftwagen 534
-schnelllaufender 354
Dieselmotoren, Startwilligkeit
 von 358
-, Verdichtung 355
Dieseln 352
Dieselregelung, elektro-
 nische 362, 363
Differenzdruckventil 305
Digital anzeigende Messgeräte,
 elektrisch 184
-multimeter 185
Dioden 197
**Direkte Benzineinsprit-
 zung** 281, 290
Direkte Einspritzung (DI) . 357
Direktreduktionsverfahren . 96
Disketten 154
-laufwerk 153
Dongel 169
Doppelfunkenzündspule 598
-registervergaser 282
-schlussmotor 579
-vanos 273
-vergaser 282
DOS-Befehle 156
Dosierpumpe 351
DOT 221
Drahtspeichenräder 530
Drehen 52-55
-, Bewegungsvorgänge beim ... 52
-, Spannen von Werkstücken beim 52
-, Spanbildung beim 52
Drehmaschine, Bremsbelag-
-Bremstrommel- -scheiben-
 Ventilkegel- Ventilsitz- 58
-, Hauptbaugruppen 53
-, Universal- 53
Drehmeißel, Formen, Schnei-
 dengeometrie, Spannen 54
Drehmoment 118
-schlüssel 68, 263
Drehschemellenkung 472
Drehschiebersteuerung 349
Drehstabfeder 456
Drehsteller 294
Drehstrom 191
-Brückenschaltung 573
-generator 571-576
-generator, Stromkreise 574
Drehverfahren 52
Drehzalbegrenzung 596
Drehzahlgeber 594
Drehzahlregler 361, 541
Dreibackenfutter 55
Dreikanal-Zweitaktmotor .. 346
Dreiphasenwechselspannung . 191
Dreistofflager 254
Dreistromspülung 347
Drosselklappe(n) 283, 516
-ansteller 299, 300
-einspritzgehäuse 302
-schalter 294, 303
-steuereinheit 298
-teil 283
Drosselventile ... 140, 540, 558
Drosselzapfendüse 367
Druckbegrenzungsventil ... 325
Drucker 152
Druckgesteuerte Benzineinspritzung 297
-gießen 25
-luftbremsanlage 550-561
-luftversorgungsanlage ... 550, 551
-minderer für Schweißgase 76
-regler 292, 300, 302-304, 554
-sensor 297, 298
-steller 303, 305
-steuerventile 560
-umformen 31
-umlaufschmierung 322, 323
-ventil 541
-verhältnisventil 551, 556
-verlustprüfung 264
Dualzahl 147
Duo-Duplexbremse 483
-Servobremse 483, 484
Duplexbremse 483
Durchsetzen 36
Duroplaste 112, 114
Düsenhalter 368
-nadel 282, 515, 516
-öffnungsdruck 367
Dynamische Aufladung 371
-Dichtungen 210
-Unwucht 509
-Viskosität 217
Dynamischer Abrollumfang . 504

E

Edelstähle 103
EDV-System 146
Eigenlenkverhalten 464
Ein-/Ausgabebaustein 149
Einarmschwinge 527
Einfachvergaser 282

Einfüllverschluss 335
Eingabegerät 150
Einheiten des Messwertes 10
Einkomponentenlacke 451
Einlasssteuerung 349
-ventile 266
Einmetallkolben 245
Einpresstiefe 503
Einpulsschaltung 197
Einrückrelais 581
Einsatzhärten 107
-stähle 103
Einschichtlager 208
Einschiebervergaser 515
Einspritzaggregat 300
-ausrüstung mit Reihenein-
 spritzpumpe 535-543
-ausrüstung, Dieselmotor 359
-diagramme 289
-drücke bei Dieselmotoren 357, 367
-düsen 367
-systeme für Nutzkraftfahrzeuge 534
-systeme, elektronisch geregelte 544
-ventil 293, 304
-verfahren, Dieselmotor 357
Einspurgetriebe 581
**Einteilung der Benzineinspritz-
 systeme** 288
Einteilung der Kfz 232
Einzelentsorgungsnachweis . . . 223
-funkenzündspule 597
-punkteinspritzung 289
-radaufhängung 469-471
Einziehen (Stauchen) 35
Eisen-Kohlenstoff-Schaubild . . 106
Eisenerze 96
-gusswerkstoffe 92, 98-100
-schwamm 96
-werkstoffe 96-105
-, Bezeichnung der 100-102
-, Einfluss der Zusatzwerkstoffe
 auf die 100
Elastischer Bereich 241
Elastizität 88
Elastomere 112, 114
**Elektrisch betätigte Stell-
 elemente** 611
Elektrische Abstellvorrichtung . 363
-Anlagen 567-626
-Arbeit 179
-Fensterheber 616
-Leistung 178
-Leitfähigkeit 88
-Messgeräte 183-187
-Motorantriebe 578-580
-Schaltpläne 623-626
-Sicherungen 174
-Spannung 174
-Verbraucher 578-626
-Vielfachmessgeräte 185
-Zentralverriegelung 611
-Zuheizer 341
Elektrischer Lichtbogen 78
-strom 174
-Stromkreis 174
-Widerstand 176, 177

Elektrochemie 194-195
-chemische Spannungsreihe 89, 195
-hydraulische Automatikgetriebe
 steuerung 411
-hydraulischer Drucksteller 303, 305
-lyse 194, 195
-magnetismus 192
-motorenantrieb 379
-nenleitung 174
-pneumatische Zentral-
 verriegelung 612
-Stahlverfahren 97
Elektronisch geregelte Einspritzsysteme 544
-geregelte Heizung 340
-geregelte Reiheneinspritz-
 pumpe 544
Elektronische Bauelemente 196-205
-Datenverarbeitung 146
-Dieselregelung (EDC) 362, 363
-Fahrwerksregelsysteme . . 493-501
-Ladedruckregelung 375
-Motorsteuerung, EMS 493
-Zündung 594-597
Elektronischer Spannungs-
 regler 575-576
Elektronisches Bremssystem für
 Druckluftbremsanlagen (EBS) . 562
-Sperrdifferenzial (ESD) 428
-Stabilitätsprogramm (ESP) . . . 500
Elektrophorese 450
Elektrotechnik, Grundlagen
 der 173-205
**Ellipsoid-Reflektor mit
 Optik** 607
Emaillieren 84
Enduro-Cross-Maschine 511
Energie 120
-fluss 125
-gewinn, -verlust 238
-umsetzende Maschinen 119
Entlastungsdrossel 541
-kölbchen 541
Entlüften der Einspritzanlage . 535
Entsorgung 222-226
Entwicklung des Kfz 231
Epitrochoide 369
Erdgasantrieb 379
ESP 501
Europa-Test 310
Eutektoider Stahl 106
EVA-Prinzip 124, 133, 146, 162
Expansionsventil 344
Expertensystem 622
Externer Speicher 153
Exzenter, -welle 369

F

Fahrachse 463, 477
Fahrdynamik 463-464
-bei Krafträdern 524
-Regelung (FDR) 493, 500
Fahrgeräusche von Kfz 319
Fahrschemel 470
Fahrwindkühlung 330
Fahrwerk 432-509

-Regelsysteme, elektronische
 493-501
Fahrzeugaufbau 432
-, getrennte Bauweise 432
-, mittragende Bauweise 432
-, Gerippebauweise 433
Fahrzeuglackierung 449
Fahrzeugscheiben erneuern . . 445
Fahrzeugsicherheit 435
Fallstromvergaser 282
Faltenbalg 457
Falzen 38
Faustachse 468
FCKW 221
Federbein 462
Federrate 454
Federspeicherzylinder 558
Federung 453-461
Federverbindungen 71
**Fehlerstrom-Schutzeinrich-
 tungen** 182
Feilen 42, 43
Feinbearbeitung, mecha-
 nische Verfahren 57
Feinfilterelemente 326
Feingießen 25
Felgen 502
Fensterantrieb 616
-kolben 352
-steuerelemente 158
Fernlicht, -scheinwerfer 606
Ferrit 106
Fertigungsverfahren 22, 23
Feste Verbindungen 62
Festigkeit 88
-sklassen von Schrauben und
 Muttern 66
Festlager 209
-plattenlaufwerk 154
-wertspeicher 148
Feuersteg 244
Filterelemente 279
Filtrierbarkeit 215, 216
Filzrohr-Einsatz 537, 538
Flachbettscanner 151
Flächenkorrosion 90
-zapfendüse 367
Flachröhrenkühler 335, 336
Flachstromvergaser 282, 515
Flammhärten 108
-kerze 358
-punkt 215, 216
-richten 33
Fliehkraftkupplung 513
-regler 541
-versteller 588
Flügelzellenpumpe 360
Flüssigkeitsgekühlte Ölkühler . 328
Flüssigkeitskühlung . . 330, 331, 338
Flussmittel 73, 74
Förderbeginn, -ende 540
-beginnverstellung 543
-hub, -menge 540
Form (zum Gießen) 24, 25
Formatieren 154
Formlehren 117

Formschlüssige Verbindungen . . 61
Formung, spanende 39
Fotodiode 203
-transistor 204
-widerstand 202
Fraktionierende Destillation . . . 213
Fräsen 55
Freibrennen 296
-formen (Schmieden) 31
-formreflektor 607-608
-lauf 410, 582
-strahl-Zentrifuge 327
-winkel 39
Fremdaufladung 373
Frequenz 454
Frischluftbetrieb 342
-ölschmierung 329, 351, 517
Frontmotor-Antrieb 381
Fügen 22, 23, 61-82
Fühlerlehren 17
Füllungsgrad 235
-verlust 348
Funk-Fernbedienungssystem . . 613
Funktionseinheiten von
  Maschinen und Geräten . 124, 126

G

Gabelachse 468
Galvanische Elemente 195
Galvanisieren 84
Gasdruckdämpfer 460, 461
Gasentladungslampen 605
-feder 456
-flaschen 75
-schieber 515, 516
-schmelzschweißen 75-77
-turbine 380
-wechsel, offener 346
-wechsel, geschlossener 346
Gateway 167
Gay-Lussac 237
Geberzylinder 389
Gebläseluftkühlung 330
Gebotszeichen 85
Gefahren am Arbeitsplatz 86
-des elektrischen Stroms 181
Gefahrstoffverordnung 225
Gefederte Massen 454
Gefüge des unlegierten
  Stahls 95
Geführte Fehlersuche 622
Gehäusefilter 326
Gelenke 417-419
Gelenkwellen 416
Gemischänderung mittels
  Drucksteller 305
-anpassung 301
-bildung bei Ottomotoren 280
-bildung, äußere 280
-bildung, innere 280, 355
-bildungssysteme 281
-regler 303
Generatoren 571-580
Generatorprüfung 576-577
Gerätekennzeichnung in
  Schaltplänen 623

Gesenkformen (Schmieden) 32
-pressen 32
Gesetzlicher Datenschutz 172
Getrenntschmierung 351
Getriebe, Nutzfahrzeuge 546
-, Wechsel- Personenkraftwagen 394
-öle 216
Gewebescheibengelenke 419
Gewerbemüll 223
Gewinde 62
Gewindebohrer 45
-einsätze 65
-schneiden von Hand 45, 46
-stifte 65
Gierachse 463, 464
Gieren 464
Gierratensensor 500
-sensor 618
Gießbarkeit 89
Gießen 24, 25
Glasfaserverstärkte Verbund-
  werkstoffe 116
Gleasonverzahnung 420
Gleichdruckvergaser 282, 516
-druckverbrennung 356
-laufgelenke 418
-raumverbrennung 238
-richterschaltungen 197, 198
-strom 175
-strommotoren 578-580
Gleitfunkenkerze 603
-lager 207
-lagerwerkstoffe 207
-reibung 205
Glühen von Stahl 107
Glühstiftkerze 358
-zeitsteuerung 358
-zündungen 238
GPS 617
Grauguss 98
Grenzlehren 17
-maße 18
G-Rotorpumpe 324
Grundlagen der Elektro-
  technik 173-205
Grundöle 216
Grundschaltungen: Elektrisch,
  hydraulisch, mechanisch,
  pneumatisch 138-142
Gruppeneinspritzung 289
Gummifeder 456
Gürtelreifen 504
Gurtstraffer 437
Gusseisen mit Kugelgraphit 98
- mit Lamellengraphit 98

H

Haftreibung 205
Halbelliptikfeder 547
Halbstarrachsen 468, 469
Halbleiterwerkstoffe . 177, 196, 197
-widerstände 201, 202
Haldex-Kupplung 427, 431
Hall-Generator 204
Hallgeber 592

Halogenlampen 605
Härte 89
Härten von Baustahl 107
- von Werkzeugstahl 107
Härtende Kunststoffe 112
Hartlöten 74
Hauptbewegung bei Werk-
  zeugmaschinen 47
-düse 283, 286, 515, 516
-mündung 283
-düsensystem . . . 283, 286, 515, 516
-gemischaustritt 283
-platine 148
-stromölfilter 325
-verzeichnis 156
Hauptzylinder, Tandem 480
-, Gestufter Tandem 482
HD-Öle 218
Hebel 118, 119
-eisen 446
Heckmotor-Antrieb 357
Heißfilm-Luftmassen-
  messer 296, 297
Heißleiter 176, 201
Heizflansch 358
Heizung 340
High-Solid-Lacke 452
Hilfsbremsanlage 478, 550, 563
-kraftbremsanlage 479, 490
-stoffe 92, 212
Hinterrad-Antrieb 357
Hitzdraht-Luftmassenmesser . . 296
Hochdruckprüfung (Hydrau-
  lische Bremse) 488
Hochofen 96
Hochspannungs Kondensator-
  zündung 519
-verteilung 588
Höhenreißer 21
Höhere Gewalt 86
Hohlventile 267
Homogenes Kraftstoff-Luft-
  Gemisch 280
Honen 57
Horn 610
Hubkolben-Verteilereinspritz-
  pumpe 363
Hubraum 235
-leistung 242
Hubschieber-Reiheneinspritz-
  pumpe 544
Hubverhältnis 242
Humpfelge 502
Hybrid-Antriebe 377, 382
Hybridschaltungen 205
Hydraulikplan 292
-, ASR 500
-, ESP 501
Hydraulische Bremse 480, 489
-, Werkstattarbeiten an
  der 488, 489
Hydraulischer Bremskraft-
  verstärker 491
- Spritzversteller 360
- Stößel 268
Hydrieren 214

Sachwortverzeichnis

**Hydrodynamischer Dreh-
    momentwandler** 403, 404
Hydrodynamische Kupplung .. 391
Hydrolager 356
Hydropneumatische Feder 457
Hyperlinks 168
Hypoidantrieb 419

I

Impulsformer 134
In-Line-Pumpen 276
In-Tank-Pumpen 276
Indirekte Einspritzung (IDI) ... 357
Individualsoftware 164
Induktionsgeber 591
-härten 108
Induktiver Weggeber 544
Informationen 120
Informationsdarstellung 147
-fluss 120, 122, 125
-technik, Grundlagen 146, 155
-umsetzende Maschinen und
    Geräte 120
Infrarot-Innenraumüberwachung 616
-Fernbedienungssystem 613
Innenkühlung 287, 338
-messschraube 15
-raumbeheizung 340
Innere Gemischbildung 355
-Sicherheitszone 437
Inspektion, -splan 128, 129
Instandhaltung, -setzung ... 128
Integrierte Schaltungen 205
Interface 149, 150
Interferenzschalldämpfer 320
Interkristalline Korrosion 90
Interner Speicher 148
Internet 168
Interpreter 162
**Intervallanzeige zur Instand-
    haltung** 129
ISDN 167
Isolierstoffe 177
Isomerisieren 214

J

Joystick 151

K

Kältemittel 221
-kreislauf 343
Kälteprüfstrom 569
Kaltleiter 176, 202
-kleber 82
-startventil 293, 303
-startverhalten 214
Kamm'scher Reibungskreis ... 205
Kardanantrieb 522
Karkasse 503
Karosserie 432
-Gürtellinie 436
-Kunststoffreparatur 435
-Metallkleben 445
-Oberflächenbearbeitung 446
-Schadensbeurteilung 439
-Schwingzahlen 455

-teilersatz 445
-vermessen 441
-verzinnen 447
-werkstoffe 433
Kastenformerei 24
Katalysator 311-313
-Aufbau 311
-Betriebsbedingungen 313
-Wirkungsweise 312
Kataphorese 450
KE-Jetronic 303
Kegelrad-Achsgetriebe 419
-Ausgleichsgetriebe 423
Keilschneiden 60
-wellenverbindungen 71
-winkel 39
**Kennfeldgeregelter Ther-
    mostat** 338
**Kennwerte von Starter-
    batterien** 568
Keramische Beschichtungen .. 84
Kerbzahnprofil 71
Kettenspanner 270
-trieb 522
Kinematische Viskosität 217
Kipphebel 271
Klauenpolläufer 572
Kleben 82
Kleinkrafträder 510
Klimaanlagen 342
Klimatisierung 340-342
Klingelnbergverzahnung 420
**Klopfende Verbren-
    nung** 215, 237, 238
Klopfregelung 596
Klopfsignal 596
Kohlenmonoxid 310
-wasserstoffe 212, 213
-wasserstoffe, unverbrannte ... 310
Kokillenguss 25
Kolben 243-249
-bolzen 247
-bolzensicherung 352
-ringe 246
-schäden 247
-spiel 243, 244
-werkstoffe 244
Kombinationsfiltersysteme ... 326
Kombizylinder 558
Komfortelektronik 611
Kommunikationssystem 622
Kompensationsklappe 293
Kompressionsdruckprüfung ... 263
-druckverlustprüfung 264
-höhe 244
-ringe 246
Kompressor 343, 550, 554
Kondensator 343, 344
-elektrisch 194
Konservierungsverfahren 448
**Kontaktgesteuerte Spulen-
    zündanlage** 590, 591
Koppellenkerachse 469
Korrosion 89
Kräfte 117, 118
Kraftmaschinen 119

-radarten 510
-radmotoren 513
-radvergaser 282, 515, 516
-schlüssige Verbindung 61
-stoffanlage für Nutzkraftfahr-
    zeuge 534- 538
Kraftstoffbehälter 275
-druckregler
    ...... 278, 292, 299, 300, 302, 304
-druckspeicher 304
Kraftstoffe 212-216
Kraftstofffilter ... 276, 359, 536, 538
-fördermodul 276
-mengenteiler 303-305
-pumpe 276, 535
-versorgungsanlage 275
-vorwärmeinrichtungen ... 535, 538
Kraftübertragung 381-431
-bei Motorräder 513, 514
Kreiselpräzession 524
Kreiskolbenmotor 369, 370
**Kreislaufwirtschafts- und
    Abfallgesetz** 222
Kreuzgelenk 417
Kristallgemisch-Legierungen ... 95
Kristallgitter der reinen
    Metalle 93, 94
-von Metall-Legierungen 95
Kugellager 209
Kühlanlage mit Hoch- und
    Niedertemperaturteil 335
Kühler 334
Kühlflüssigkeitspumpe 332
-temperatur 332
-Thermometer 338
-temperatur-Warnleuchte 338
-Thermostat 336, 337
Kühlkreislauf, klein und groß .. 337
-schmierstoffe 48
-system, geschlossen 335
Kühlung 330
Künstliche Werkstoffe 92
Kundendienst 128
Kunststoffe 112-114
Kunststoffüberzüge 84
-vliesfilter-Einsatz 537
Kupfer 110
-basislote 74, 110
Kupplungen 383-393
-, Einschreiben- 394
-, Fliehkraft- 391
-, Lamellen- 387
-, Magnetpulver- 391
-, Membranfeder- 386
-, Schraubenfeder- 384
-, Zweischeiben- 386
Kupplungsbelagfederung 388
-beläge 387
-betätigung 389
-deckel 383
-punkt 404
-scheiben 383, 387
-spiel 390
Kurbelgehäuse 260
-welle 252
-wellenlager 253

Sachwortverzeichnis

Kurzhubmotoren 242
KVP -Kontinuierlicher Verbesserungsprozess 229

L

Lacke 451
Lackierung, Aufbau 450
Ladedruckabhängiger Volllastanschlag LDA 361, 542
-regelung 374
-regelung mit verstellbarer Turbinen-Geometrie VTG 375
Ladegeräte 569, 570
-luftkühlung 374
Längenausdehnung 87
-prüftechnik 9-11
Längslenker 470
-pressverbindungen 72
Läppen 57
Lageranordnung 209
Lambda-Regelkreis 313
-Sonde 314, 317
-Fehlersuche 317
Lamellenfreilauf 565
-kupplung 387, 514
Landesdatenschutzgesetze ... 172
Langhubmotoren 242
Laserdrucker 153
Latsch 506
Lauffläche 504
Laufgrenzen (Zündgrenzen) ... 280
LD-Verfahren 97
LDAC-Verfahren 97
Leerlauf 285, 286
-, Endrehzahlregler 541
-Anhebung, temperaturabhängig 362
-Enddrehzahlregler 361
-abschaltventil 283-85
-drehsteller 294
-drehzahlregelung 294
-füllungsschrittmotor 302
-spannung von Schweißmaschinen 78
-steller 294
-system 283, 285, 515, 516
Lehren 9, 17
Leichtkrafträder 511
Leichtmetalle 92, 109, 111
Leistung 120
-, elektrische 178
Leistungsgewicht 242
Leistungsmodus 290, 291
Leiterwerkstoffe, metallische .. 177
-widerstand 176
Leitschaufelverstellung 376
Lenkdrehachse 465, 466
-gestänge 473
-getriebe 473
-rollhalbmesser 465, 466
-trapez 472
Lenkung 472
Lenkwinkelsensor 500
Leuchtmittel 604-605
Leuchtweitenregulierung 608
LH-Motronic 296

Lichtbogenofen 97
-schweißen 77
Liefergrad 235
L-Jetronic 292
-, Stromlaufplan 295
L-Kolbenring 245, 246, 353
Lochdüse 367, 368
Lochkorrosion 90
LOKASIL-Verfahren 258
Lösbare Verbindungen 62
Loslager 209
Löten 73
Luftfeder 456, 457
-federung, Nfz 548
-filterarten 279
-führung im Kraftfahrzeug ... 342
-funkenkerze 603
-gekühlte Ölkühler 328
-gütesensor 343
-korrekturdüse 283, 286
-kühlung 330, 331
-mangel 280, 281
-mangelzonen 356
-massenmessung 296, 297
-mengenmesser 293, 294
-schieber 515
-trockner 550, 551
-überschuss 280, 281
-verhältnis 281
-zahl 281
Lumineszenzdiode 203

M

MAG-Schweißen 79
Magloc-Verfahren 446
Magnetbandgeräte 153
Magnetismus 191-192
Magneto-optische Schreib-Lese-Speichersysteme 155
Magnetpulverkupplung 391
Magnetventile 494-496
Mainboard 148
Martensit 106
Maschinen- und Gerätetechnik . 117
Maßlehren 17
Maus 151
- Ereignisse 164
McPherson-Achse 469
Mechanisch betätigte Bremse 492
Mechanische Arbeit 119, 120
Mechanisches Schlüsselsystem . 612
Mehrachs-Ellipsoid-Reflektor .. 607
-bereichsöle 217
-lenkerachse 470
-punkteinspritzung 289
-schichtlager 208, 254
-ventiltechnik 266
Meißeln 40
Membranfederkupplung 385
-steuerung 349
-ventil 349
Menschliches Versagen 86
Menüleiste 164
Mess- und Prüfverfahren 619
-abweichungen 10, 11

-bereich 12
Messen 9
-, direktes 12
-, indirektes 12
- von Signalen 620
Messerschneiden 60
Messgeräte 12
-schieber 10, 13
-schraube 15
-ständer 10
-uhr 10, 16
-unsicherheit 11
-verfahren 12
Messungen im elektrischen Stromkreis 183-187
Metallbindung 93
-gefüge, Entstehung des 94
-lichtbogenschweißen 77
-spritzen 83, 84
Metallic-Lackierung 451
Metallische Leiterwerkstoffe ... 177
- Überzüge 448
Metrische ISO-Gewinde 62
Mikroprozessor 147
Mindestmotorleistung für Nutzkraftfahrzeuge 534
Miniblockfeder 455
Mischkammer 283
Mischkristall-Legierungen ... 95
-reibung 206
-rohrschacht 283
Mischungsschmierung 329, 346, 351
-verhältnis, praktisch 280
-verhältnis, theoretisch 280
Mittelmotor-Antrieb 381
Mittendifferenzial 429
MO-Speicher 155
Modellausschmelzverfahren ... 25
Modem 167
Modulierdruck 409
Mofa, Moped 510
Mofa-Motor 510
Monitor 152
Mono-Jetronic 299
Motherboard 148
Motor 233
-antriebe, elektrische .. 578-580
-bremse 560
-kennlinien 241
-kühlung bei Motorräder 517
-schleppmomentregelung, EMS 493
-schmiersysteme 322
-schmierung bei Motorräder ... 517
-steuerung 265-271
Motorrad-Auspuffanlage 521
-Bremsen 528
-CBS -ABS -TCS-System 529
-Drehstromgenerator 518
-Elektrische Anlage ... 518-520
-Getriebe 522
-Kraftübertragung 511, 513
Motorrad-Auspuffanlage 521
-Bremsen 528-530
-Fahrdynamik 524
-Motoren 513
-Motorkühlung 517

-Motorschmierung 517
-Motronic-Anlage 521
-Räder, Reifen 530-532
-Radführung, Federung,
  Dämpfung 526-528
-Rahmen 512, 525
-Reifen 530
-Vorderradgabeln 528
-Zündsysteme 519, 520
Motorräder 512-532
Motorroller 511
Motronic 306, 598
-Schaltplan 308
MOZ 215
MSDOS 155
Muldenkolben 290
MULTEC-Zentraleinspritzung . . 302
Multi-User-System 155
-funktions-Tastatur 150
-meter 619
-plexverfahren 121
-plikationsfaktoren (Stähle) 102
-Tasking-System 155
Muschelkurven 241
Muskelkraftbremse 479
Muttern 66

N

Nachauslass 348
-dieseln 285
-laden 349
-laufen 285, 286
Nachlauf 466
-messung 476
Nachlinksschweißung 77
Nachrechtsschweißung 77
Nachstellvorrichtungen bei
  Bremsen 484
Nadelbewegungsfühler 544
-drucker 152
-düse 282, 515, 516
Nageln 356
Nasenkolben 290
Nass-Siedepunkt 221
-luftfilter 279
Natriumgefülltes Ventil 267
Natürliche Werkstoffe 92
Navigationssysteme 617
Nebenkammer 357
-luft 287
-luftrichter (Vorzerstäuber) 286
-schlussmotor 579
-stromölfilter 325, 326
Negative Angleichung 542
Nehmerzylinder 389
Neonentladungslampen 605
Netzwerkstrukturen 166
Neutrale Faser 29
Nichteisenmetalle 109-111
-schwermetalle 110
Nichtmetallische Überzüge . . . 448
Nicken 464
Niederdruckleitungen 344
-prüfung (hydr. Bremse) 488
Nietverbindungen 95
NIKASIL-Verfahren 257

Nitrieren 108
Nitrierstähle 103
Niveau-Regelung 462
Nockenwelle 270
-, Anordnung der 265
-nverstellung 272
Nonius 13, 14
Normalglühen 107
NTC-Widerstand 176, 201
Nullförderung 540
Nur-Lese-Speicher 148
Nutzfahrzeugtechnik 533
-, Antriebsachsen, Lenkachsen . 546
-, Antriebsarten 546
-, Dieselmotor 534
-, Einspritzsysteme 534
-, Mindestmotorleistung 534

O

Obengesteuerter Motor 265
Offener Gaswechsel 346
Öffner-Relais 609
Öffnungswinkel 589
Ohmsches Gesetz 178
Oktanzahl 215
Ölabstreifring 246
-anteil 351
-badluftfilter 279
-druckkontrollleuchte 324, 325
-druckschalter 325
-filter 325, 326
-filter im Hauptstrom 325
-filter im Nebenstrom 325, 326
-gekühlte Kolben 245
-kühlung 328
-manometer 324
-pumpen 323
-stand 329
-verbrauch 329
-wanne 323
Omega-Kolbenmulde 357
On Board Diagnose . . 310, 317, 621
Online-Dienste 167
Optoelektronik 202, 204
-elektronische Koppler 204
Oszilloskop 186, 187, 620
Otto-Viertaktmotor 233
-Zweitaktmotor 346-353
-kraftstoffe 214, 215
-motor 233
Overboost 375
Oxidationskatalysator 356
Oxidieren 84

P

Panzerventil 267
Papierfiltereinsätze 536, 537
Papierfeinfilterelement 326
Parabelfeder 547
Paraffinausscheidung 535, 538
Paralever-System 527
Parallele Schnittstellen 149
Parallelendmaße 13
-filter 537, 538
-reißer 21
-schaltung von Widerständen . . 179

Partikelbildung 356
-filter 356
Passive Sicherheit 435
Passiver Korrosionsschutz 448
Passlager 254
Passungen 19
Passwortschutz 169
Peer to Peer 166
Peripheriegeräte 148, 149
Perlit 106
Permanenter Allradantrieb 382, 429
Permanenterregter Motor 579
Personenbezogene Daten 172
Physikalische Eigenschaften . 87-89
Piezo-Element 204
Pinbox 621
Planartechnik 205
Planetengetriebe 400
Plastigage 254
Plattenlaufwerke 154
Pleuelstange 250
Plotter 152
PN-Übergang 197
Pneumatische Steuereinheit . . 612
Polikondensation 112
Poltern 35
Polyaddition 112
-merisation 112
-merisieren 214
Positionsübermittlung 618
Positive Angleichung 542
Potentiometer 177
**Praktisches Mischungs-
  verhältnis** 280
Pressschweißen 75, 81
-verbindung 72
Pretty Good Privacy 170
Primärantrieb 522
Printer 152
Pro-Link-System 527
Programmieren 160-164
Progressive Kennlinie 454
Provider 167
**Prüfdiagramme Schwingung-
  dämpfer** 461
Prüfen 9
-des Kompressionsdruckes 263
Prüfgegenstand 9
-mittel 9
-technik 9-21
PTC-Heizung 341
PTC-Widerstand 176, 202
Pulldown-Einrichtung 284
Pulverlacke 452
Pumpe-Düse-Element (PDE) . . . 365
Pumpe-Leitung-Düse-System . . 544
Pumpenelement der Reihen-
  einspritzpumpe 539
Pumpenumlaufkühlung 331
p-V-Diagramm 238
Punktschweißen 75, 81

Q

QM-Handbuch 229
Qualitätskreis 228
-management 228

Sachwortverzeichnis

-regelung 354
-sicherung 228
-sicherungs-Systeme 228
-stähle 103
Quantitätssteuerung 280, 282
Querbeschleunigungssensor . . 500
-federung 453
-lenker 469
-pressverbindung 72
-schnittsverhältnis (Reifen) 504
-stromkühler 334

R

Radaufhängung 468-471
-bremsen 480
Räder 502, 503
-, Nutzfahrzeug 549
-, Zweirad 530-532
Radialkolben-Verteilereinspritz-
  pumpe 364
-lager 207
-reifen 507
-wellendichtring 210
Radsensor 494, 496, 560-562
-stand 467
-stellungen 465-467
-versatz 463
-zylinder 484
Raffination 214, 216
Raildruck 366
RAM-Bereich 148
Randschichthärten 107, 108
-verformung von Blechen 37
-versteifung von Blechen 37
Raumlenkerachse 471
Ravigneaux-Satz 401
Reaktionsklebstoff 82
Recycling 226, 227
Reedkontakt 609
Reflektoren 606-608
Reflexionsschalldämpfer 320
Reformieren 214
Refraktometer 220
Regelgrößen 130-132
-kreis 131
-kolben 245
-stangenanschlag 542
-strecke 132
Regeln, Definition 131
Regelung von Drehstrom-
  generatoren 574, 575
Regelungstechnik 130, 145
Regelweg-Stellmagnet . . . 299, 301
Regenerierventil 299, 301
Registervergaser 282
Regulierspannung 577
-ventil 290
Reibahlen 44
Reiben von Hand 44
Reibung 205
Reibungskupplungen 383
-kupplungen, Funktionsprüfun-
  gen an 393
Reifen 503-509
Reiheneinspritzpumpe, Anbau

und Antrieb 543
-, elektronisch geregelt 544
-, Hubschieber- 544
-, mechanisch gesteuert und
  geregelt 539-541
Reihenschaltung von Widerständen 179
Reihenschlussmotor 579
Reinigen 83
- des Vergasers 287
Reißnadel 21
Reparaturlackierung 452
-wegbestimmung 440
Resonanz- und Schwingsaug-
  rohrsysteme 373
-aufladung 372
-kammer 350
-verstimmung 350
**Reststoffbestimmungsver-
  ordnung** 223
Reststoffe 223
Rettungszeichen 85, 86
Richtbank 441
Richten 33, 443
Richtwerkzeuge 443
-winkelsystem 443
Ringstruktur 166
Ritzel 581
Roheisen 96
Rohrbiegen 29
Röhrenkühler 335
Rollbalg 457
-reibung 205
Rollen-Blechschere 59
-bremsenprüfstand 492
-freilauf 582
-lager 209
-zellenpumpe 277
ROM-Bereich 148
Rootslader 376
Rotationskolbenmotor . . . 369, 370
Rotorpumpe 324
ROZ 215
Rücklaufsperrventil 325
Rückschlagventile 140
Rückstrom 577
Ruhestromabschaltung 594
Runden von Blechen 35

S

SAE-Viskositätsklassen 217
Sägen 41
Sammelentsorgungsnachweis . 223
Sandformen 24
Sauerstoff-Blasverfahren 97
-flasche 75
Saugrohrdruckgeführte
  Benzineinspritzung 297
Saugrohreinspritzung 289
Saugstrahlpumpe 278
Scanner 151
Schaben 43
Schadensbeurteilung 439
Schadstoffminderung im
  Abgas 309-318

Schalldämpfer 320, 321
-pegel 319
Schaltgetriebe 395
-Fehlersuche, Wartungsarbeiten 399
Schaltklauengetriebe 523
Schaltlogik 401
Schaltmuffengetriebe 395
Schaltpläne, elektr. 623-626
Schaltpunktsteuerung 412
Schaltqualitätssteuerung 412
Schaltung von Spannungs-
  erzeugern 190
Scheibenbremse 485-487, 559
Scheren 59
Scherschneiden 59
Schiefe Ebene 119
Schlammfang 225
Schleifen 56
-spülung 348
Schleifmaschine
- Zylinderblock-, Zylinderkopf- . . 58
**Schleifscheiben, -Bezeichnung,
  Bindemittel, Körnung** 56
Schleppendes Schweißen 80
Schlepphebel 271
Schleudergießen 25
Schlichten 36, 43
Schließer-Relais 609
Schließwinkel 589
-regelung 593
-steuerung 593
Schlitzträger 304
Schlüsselstop 362
Schmelzschweißen 75-80
-temperatur 88
Schmieden 31, 32
Schmierfette 220
-öle 216, 217
-stoffarten 206
Schmierung 206, 332
- der Gleitlager 207
Schneidbrenner 77
-eisen 46
-keil 39
-keramik 116
-stoffe 116
Schneiden mit Scheren 59
Schnellarbeitsstähle . 102, 105, 116
Schnelllaufender Dieselmotor . 354
Schnittbewegung 47
-stellen 150
Schräglaufwinkel 464
-stromvergaser 282
Schrauben 64-66
-feder 455
-pumpe 277
-sicherungen 67
Schraubverbindungen 64-68
-werkzeuge 68
Schreib-Lese-Speicher 148
Schrittmotor 302, 580
Schubabschaltung 305
**Schubschraubtrieb-
  Starter** 581, 582
- mit Vorgelege 582
Schubtrieb-Starter 563-564

Sachwortverzeichnis

Schutz vor Gefahren des elektrischen Stroms 181-182
-gasschweißen 79, 80
Schweifen 35
Schweißbarkeit 89
-flamme 76
-gase 75
-richtung 77, 80
-stromquellen 78
-verfahren 75
-werkzeuge 78
Schweißen 75, 81
Schwerkraftventil 275
-metalle 92
Schwimmereinrichtung ... 283, 284
-nadelventil 284
Schwimmwinkel 464
Schwinghebel 271
-saugrohr-Aufladung 371
-saugrohrsysteme 372
Schwingungen 453, 454
Schwingungsdämpfer 253, 459-462
-vorgänge (Zweitaktmotor) ... 348
Schwungrad 252
Seitenaufprallschutz 436
-kanalpumpe 277
Sekundärantrieb 522
-luftsystem 315, 317
Selbstinduktion 193
Selbsttragende Bauweise ... 432
Senken, Senkerarten 51
Sequentielle Einspritzung ... 289
Servobremse, Duo- 483-484
Servolenkung elektrische ... 475
-hydraulische 474
Servotronic 475
Sichelpumpe 324
Sicherheit, -aktive, passive ... 435
- am Arbeitsplatz 85
Sicherheitsglas 439
-gurte 437
-karosserie 436
-lenksäule 439
-schaltung 292, 411
-einrichtungen Klimaanlage ... 344
-vorlage 75
-vorschriften 85
- -Airbag, Gurtstraffer 438
Sicherungen, elektrische ... 174
Sicherungskopie 169
Sichtprüfung, Karosserie ... 440
Sicken 37
Siebscheibenfilter 327
Siedekurven 214
Signalarten 133, 134
-, analog 133
-, binär 134
-, digital 134
-, elektrisch 142
-, elektropneumatisch 143
Signalerzeugung 120
-geber 610
-glieder 134-136
-halteglieder 142
-umformung 134
-verarbeitung im Steuergerät ... 595

Silberhaltige Hartlote 74
Silentblocgelenke 419
Simplexbremse 483
Simpson-Satz 402
Simultaneinspritzung 289
Single-Tasking-System ... 155
Single-User-System 155
Sintern 26
Sinterpad 388
Sinterwerkstoffe 27
Skalenanzeige 10
-teilungswert 12
Software 146
Sonderabfälle 223
-müll 537, 538
Space-Frame 433
Spaltfilter 327
Spanarten, -bildung 48
Spanende Formung 39
- mit Werkzeugmaschinen .. 47-58
Spannschiene 34
Spannung 88
-, elektrische 174
Spannungs- und Strommessung 620
Spannungsarmglühen 107
-erzeuger 567-577
-erzeugung 188-189
-messung 183, 619
-regler 575, 576
-stabilisierung 198
Spanwinkel 39
Sparmodus 290, 291
Speicher, externe 153
-, interne 148
-einspritzsystem 366
-kapazität 148
Sperrsynchronisiereinrichtungen 396-398
Sperrventile 140
-wert 424
Spezifischer elektrischer Widerstand 176
Spielausgleichselement 268
Spielpassung 19
Spiralbohrer 49
-, Schneidengeometrie des ... 49
Spiralbohrer - Typen 49
- Schleifen, Schleiffehler ... 50
-, Spannen von 50
Spitzzirkel 21
Spreizung 465
Spritzen 449
Spritzversteller 543
-, hydraulisch 360
Sprödigkeit 89
Spulenzündanlagen 585-587
Spülverfahren 347
Spur 467
-messung 476
-differenzwinkel 467
-stangen 473
Sputtern 208
Stabelektroden 78
Stabilisator 456
Stahl, Gefüge des unlegierten .. 95

-, Wärmebehandlung von . 106-108
Stahlblech, höherfest 105, 433
-, verzinktes 434
Stähle, Werkzeug- 104
-, Bau- 103
-, Bezeichnungen für 101, 102
-, Einteilung und Verwendung der 103-105
-, Handelsformen der 105
Stahlerzeugung 97
Stahlguss 99
Standardsoftware 164
Standheizung 341
Stangenzirkel 21
Starrer Ventilatorantrieb ... 332
Startanhebung 590
Startanlagen für Nutzkraftfahrzeuge 563-566
Startautomatik 284
Starter 581-584
-batterien 567-570
-klappe 284
Starthilfsanlagen, Dieselmotor . 358
-menü 157
-sperrelais 566
-vergaser 515, 516
-wiederholrelais 566
Startwilligkeit von Dieselmotoren 358
Statische Dichtungen 210
Stauklappe 293, 294
-scheibe 303, 305
Stechendes Schweißen 80
Stellglieder 136
Sternfilter-Einsatz ... 536, 537
-struktur 166
Steuerbus 149
-diagramm, symmetrisch ... 348
-, unsymmetrisch 349
-diagramme 239
-einrichtung 131, 133
-geräte für Transistorzündanlagen 593, 594
-kette 131, 270
-strecke 131
-walze 350
Steuern, Definition 130
Steuerung, Motor- 266
-sarten 137-145
- -messung 142
- -elektropneumatisch 143
- -hydraulisch 139, 140
- -mechanisch 137
- -pneumatisch 138
- -stechnik 130-145
-, Wandlerüberbrückungskupplung 412
Stickoxide 310
Stiftverbindungen 69
Stoffeigenschaftändern ... 22, 23
-fluss 125
-schlüssige Verbindungen ... 61, 62
-umsetzende Maschinen ... 117
Störungen an Zweitaktmotoren 353
Stößel, Ventil- 268

Stoßpunkter 81
Streamer 153
Strecken 35
Streuscheibe 606
String 146
Strom, elektrischer 174
-arten 175
-begrenzung 594
-dichte 175
-kreis, elektrischer 174
-kreise im Drehstromgenerator . 574
-laufpläne 624-626
-leitung in Flüssigkeiten 194
-leitung in metallischen
    Leitern 174-175
-messung 183
-richtung 175
-wirkungen 180
Stromberg-Vergaser siehe
    Gleichdruckvergaser 516
Struktogramm 161
Stufenfilter 537, 538
**Stufenlose Automatische
    Getriebe** 415
Stufenreflektor 607
-vergaser 282
Sturz 465
-messung 476
Symbolleiste 158
Symmetrieachse 463
**Synchronisiereinrich-
    tungen** 396-398
Synthetische Öle 217
Systemdruckregler . . . 300, 302-304
-einheit 148, 149
-grenze 124
-steuerung 158

T

Tabellenkalkulationsprogramm
    165
Taktfrequenz 148
-geber 148
Tankdichtheitsdiagnose 278
-entlüftung 278, 317
Tastatur, Multifunktions- 150
Taster 10, 12
Tauchen 449
Technische Systeme 117
Teillastanreicherung 287
-kennlinien 241
Teilsysteme im Kfz 124
Telelever 526
Teleskopgabel 526
Temperaturregelung 226, 345
Temperguss 98
Testen von Bauteilen und
    Komponenten 620
Tester 621
Textverarbeitungsprogramm . . 165
**Theoretisches Mischungs-
    verhältnis** 280
Thermometer, Kühlflüssig-
    keits- 338
Thermoplaste 112, 113
Thermoumlaufkühlung 331

Thermostat 336
-, kennfeldgeregelter 338
Thyristor 200
Tiefbettfelgen 502
Tiefenmessschieber 14
Tiefziehen 30
Tintenstrahldrucker 153
Toleranzen 18
Topfgelenke 418
Torsen-Differenzial 426, 431
Torsionsdämpfer 388
Trackball 151
Transaxle-Antrieb 381
Transistor 199, 200
-Spulenzündanlage . . 590, 591, 614
**Transistorisierte Spulen-
    zündanlagen** 590-591
Trapezfeder 547
Treiben 36
Trennen 22, 23, 39
- durch Spanen 39-46
- durch Zerteilen 59, 60
Triebsatzschwinge 511
Triebwerk 381
Triggerung 186
Tripodegelenke 418
Trockengelenke 419
-luftfilter 279
-reibung 206
-sumpfschmierung 323
Trommelbremse 483, 485, 559
Tupfer 284
Turbo-Pascal 162-164

U

Übergangseinrichtung 283, 285
-passung 20
Übermaßpassung 19
Übersichtsschaltplan 623
Übersteuern 464
-strömen 346, 347
-strömkanal 346-348
Überströmventil 325
**Ultraschall-Innenraumüber-
    wachung** 616
Umformbarkeit 89
Umformen 22, 23, 28-32
Umkehrspülung 347, 348
Umluftbetrieb 342
-ventil 375
Umweltbelastung 221
-recht 221
Unfallgefahren an elektroni-
    schen Zündanlagen 599
-schadensreparatur 443
-ursachen 86
-verhütung 85-86
-verhütungsvorschriften (UVV) . . 85
Ungefederte Massen 454
Unilackierung 450
Universaldrehmaschine 53
-winkelmesser 16
Unlösbare Verbindung 62
Untengesteuerter Motor 265
Unterdruck-Bremskraftver-
    stärker 490

-versteller (Zündung) 588
Unterflurmotor-Antrieb 381
Untersteuern 464
Unvollkommene Verbrennung . 237
Unwucht 508, 509
Upside-Down-Gabel 526
Urformen 22, 24-26

V

Vakuumdestillation 213, 216
Variable Nockenwellen-
    steuerung 273
- Steuerzeiten 272
Variabler Ventilatorantrieb 332, 333
Variabler Ventiltrieb 274
Variator 511
Varistor 201
Verbrennungsablauf 237
Ventilator 332
Ventildrehvorrichtung 268, 269
Ventile, Anordnung der 265
-, Auslass-, Einlass- 266, 267
Ventilfeder 269
-führung 268
-schaftabdichtung 268
-sitz 267, 269
-spiel 267
-spielausgleich 268
-stößel 268
-überschneidung 235, 346
Verbotszeichen 85
Verbrennungsaussetzer 317
Verbundlenkerachse 469
-räder 530
-werkstoffe 92, 116
-werkstoffe, Faserverstärkte . . 116
-werkstoffe, Glasfaserverstärkte 116
-werkstoffe, Kohlenfaserver-
    stärkte 116
-werkstoffe, Schicht- 115
-werkstoffe, Teilchenverstärkte . 115
-werkstoffe, Sinter 115
Verdichtung von Dieselmotoren 355
Verdichtungsraum
    . . . . 235, 236, 258, 259
-ringe 246
-takt 234
-verhältnis 235, 236
Verflüssiger, Klimaanlage 344
Vergaser 282-287
-, Arbeiten am 287
-, Bauarten der 282
- für Krafträder 515, 516
-, Störungen am 287
-, Wirkungsweise 282, 515, 516
-, Zusatzeinrichtungen am 283-286
Vergüten 108
Vergütungsstähle 103
Verknüpfungsschaltungen 141
Verlangsamer 560
Verlappen 38
Vermessen, Karosserie 440
Versagen, menschliches 86
-, technisches 86
Verschäumung 282
Verspachteln, Karosserie 447
Verstellbarer Kettenspanner . . 273

Verteilereinspritzpumpe,
  mechanisch gesteuerte 359
-, Radialkolben 364
Verteilergetriebe 398
Verzinnen, Karosserie 447
Vielfachmessgeräte, elektrische 185
Vierkreisschutzventil 555
Viertakt-Ottomotoren 234
Viertaktern 352
Visco-Kupplung 426, 431
Viskosität 217
Visco-Ventilatorkupplung 333
Vollelektronische Zündan-
  lagen 597-598
Vollkommene Verbrennung ... 237
Volllastanreicherung 287
-anschlag, ladedruckab-
  hängig 361, 542
-kennlinien 241, 288
Volllaufsicherung 292
Voransaugen 346, 347
Vorauslass 348
Vorderrad-Antrieb 382
Vorfilter 536
Vorgelegestarter 582
Vorgemisch 282
Vorgespannt formschlüssige Ver-
  bindung 62
Vorglühanlage 358
Vorkammer 357
Vorreiniger 536
Vorschub 47
Vorteile, Benzineinspritzung ... 288
Vorverdichtung 346, 347
Vorzerstäuber 283

W

Wälzkörperformen 209
Wandfilm 280
Wandler-Überbrückungs-
  kupplung 405, 412
Wankachse 463
Wankelmotor 369, 370
Wanken 464
Wankzentrum 463, 471
Warmarbeitsstähle 104
Wärmeausdehnung 87
-behandlung von Eisenwerkstoffen 106-108
-leitfähigkeit 87
-schutz für Einspritzdüsen 368
-schutzhülse 368
-tauscher 340
-wert 603
Warmkammerverfahren 25
Warmkleber 82
-laufphase 294
-laufverhalten 214
Warnblinkanlage 610
-leuchte, Kühlflüssigkeitstemperatur 338
-zeichen 85, 86
Wartung 128
Wartungsabstände 129
-arme Gleitlager 208
-freie Gleitlager 208

-freie Starterbatterie 569
-plan 128
Wassergefährdungsklassen ... 224
-haushaltsgesetz 224
-kühlung 331
-lacke 452
-recht 222
-sensor 537
-speicher 537
Wasserstoffantrieb 378
-herstellung 378
Wechselcode-Verfahren 614
Wechselfilter 327
-getriebe 394
-spannung 190
-strom 175, 190
-ventile 140
Wechsler-Relais 609
Wegeventile 139, 140
Wegfahrsperre 614
-geber, induktiv 544
Weichglühen von Stahl 107
-löten 73
Weißrauchemission 358
Welle-Nabe-Verbindung 71
Werkstoffe, Eigenschaften
  der 87-91
-, Einteilung der 92
-technik 87-116
Werkzeugmaschinen 47
- Bewegung an 47
- spanende Formung mit .. 47-58
Werkzeugstähle 92, 104
Werkzeugstahl, Härten von ... 107
Wickelfilter-Einsatz 536
Widerstand, elektrischer .. 176, 177
Widerstandsmessung ... 183, 619
-pressschweißen 81
WIG-Schweißen 79
Wilson-Satz 402
Windows 95 157
Winkel am Schneidkeil 39
-lehren 17
-messer 16
Winterdieselkraftstoff 215
-reifen 508
Wirbelkammer 357
-strombremse 560
Wirksamer Reifenhalbmesser .. 504
Wirkungen des elektrischen
  Stroms 180
Wirkungsgrad 120, 179
Wulst 504
Wulsten 37

Z

Zähigkeit 89
Zahnradprofile 71
-radpumpe 323
-riemen 270
-ringpumpe 277
Zahnstangen-Hydrolenkung .. 474
-Lenkgetriebe 473
Zapfendüse 367
Zeichenketten 146
Zeilenfrequenz 152

Zeitspanungsvolumen 47
Zementit 106
Zener-Diode 198
Zentraleinheit 148
-einspritzung 299, 302
-einspritzventil 300, 302
-ventil 481
-verriegelung 611
Zertifizierung 229
Ziehkeilgetriebe 523
Zielführung durch Fahrtrichtungsempfehlungen 618
Ziffernanzeige 10
-schrittwert 12
Zugdruckumformen 30
-festigkeit 86
-umformen 30
Zündabstand (Verteilerwelle)
  .... 240, 587, 589
-anlagen 585, 618
-folgen 239, 240
-grenzen (Laufgrenzen) 280
-impulsgeber 591-592
-kerzen 602
-verstelleinrichtungen ... 587, 588
-verteiler 588
-verzug 356
-willigkeit 215
-zeitpunkt 587
Zündung, elektronisch ... 594-597
Zündungsoszillo-
  gramme 599-601
Zusatzgemisch 285
-system 285
Zusatzheizsysteme 341
-relais in Startanlagen 565-566
Zustellbewegung 47
Zwangsöffnung 284
Zwangsumlaufkühlung 331
Zweiarmschwinge 527
-feder-Düsenhalter 368
-komponentenlacke 451
-massenschwungrad 255
-pulsschaltung 198
-punktregler 541
-rohr-Schwingungsdämpfer
  .... 460, 461
-schiebervergaser 515
-spurige Kraftfahrzeuge 232
Zweiradtechnik 510-532
Zweitaktmotor 346-353
-, Arbeitsweise 346, 347
-, Störungen am 353
-, Vor- und Nachteile des 353
Zwischenbau 503
Zyklonvorabscheider 279
Zylindernummerierung 239
Zylinder, flüssigkeitsgekühlte .. 256
-, luftgekühlte 257
-einspritzung 290
-erkennung 597
-kopf 258
-kopfdichtung 259
-laufbuchse 257
-selektive Klopfregelung 598
-verschleiß 261